B

B

Herausgeber: Professor V.H. Heywood PhD DSc FLS FIBiol

Professor D.M. Moore PhD FLS
I.B.K. Richardson BSc
Professor W.T. Stearn Hon DSc Leiden,
Hon ScD Cambridge, Hon DPhil Uppsala, FLS FIBiol

Illustrationen: Victoria Goaman
Judith Dunkley
Christabel King

Redaktion der deutschen Ausgabe: Dr. phil. Katharina Urmi-König
Dr. phil. E. Urmi

Blütenpflanzen

der Welt

Birkhäuser Verlag
Basel · Boston · Stuttgart

MITARBEITER

Die englische Originalausgabe ist unter dem Titel «Flowering Plants of the World» bei Elsevier International Projects Ltd., Oxford, erschienen.

© 1978 Elsevier Publishing Projects S.A., Lausanne

Deutsche Übersetzung:
Paula Cook-Kick
Barbara Maag-Stiner
Marguerite Moser-Léchot
Jutta Riesen

Wissenschaftliche Beratung für die Übersetzung:
Brigitta Ammann-Moser, Dr. phil.
Klaus Ammann, Dr. phil.
Ursula Hofmann, Dr. phil.
Katharina Urmi-König, Dr. phil.
Edwin Urmi, Dr. phil.

Lektorat: Urs Aregger
Schutzumschlaggestaltung:
Konrad Bruckmann
Satz: Trettin + Schilli, Derendingen (Schweiz)
Einband: Buchbinderei Grollimund AG, Reinach/BL (Schweiz)

CIP-Kurztitelaufnahme der Deutschen Bibliothek

Blütenpflanzen der Welt / [Hrsg.: V. H. Heywood ... Ill.: Victoria Goaman ... Dt. Übers.: Paula Cook-Kick ...]. Basel ; Boston ; Stuttgart : Birkhäuser, 1982.
Einheitssacht.: Flowering plants of the world
ISBN 3-7643-1305-6
NE: Heywood, Vernon H. [Hrsg.]; EST

© 1982 der deutschsprachigen Ausgabe
Birkhäuser Verlag Basel
Printed in Great Britain
ISBN 3-7643-1305-6

S. C. H. B.   **S. C. H. Barrett** BSc PhD
Toronto University, Canada

B. N. B.   **B. N. Bowden** BSc DPhil
Chelsea College
University of London, England

D. B.   **D. Bramwell** BSc MSc PhD
Jardín Botánico
Tafira Alta, Las Palmas de
Gran Canaria, España

S. R. C.   **S. R. Chant** BSc PhD Dip Ag Sci DJA
Chelsea College
University of London, England

W. D. C.   **W. D. Clayton** PhD BSc ARCS
Royal Botanic Gardens, Kew, England

C. D. C.   **Professor C. D. K. Cook** BSc PhD FLS
Botanischer Garten und Institut
für Systematische Botanik
Universität Zürich, Schweiz

J. C.   **J. Cullen** BSc PhD
Royal Botanic Garden, Edinburgh, Scotland

D. C.   **D. E. C. Cutler** BSc PhD DIC
Royal Botanic Gardens, Kew, England

J. E. D.   **J. E. Dandy** MA
British Museum (Natural History)
Tring, England

M. C. D.   **M. C. Doggett** BSc
University of Reading, England

J. M. E.   **J. M. Edmonds** BSc PhD MA
University of Cambridge, England

T. T. E.   **T. T. Elkington** BSc PhD
University of Sheffield, England

B. S. F.   **B. S. Field** BSc MPhil
University College
University of London, England

S. A. H.   **S. A. Heathcote** BSc
British Museum (Natural History),
London, England

I. H.   **I. C. Hedge** BSc
Royal Botanic Garden, Edinburgh, Scotland

V. H. H.   **Professor V. H. Heywood** PhD DSc FLS FIBiol
University of Reading, England

U. H.   **U. Hofmann** Dr. phil.
Systematisch-Geobotanisches Institut
Universität Göttingen, BRD

F. B. H.   **F. B. Hora** MA DPhil
University of Reading, England

C. J. H.   **C. J. Humphries** BSc PhD
British Museum (Natural History)
London, England

P. F. H.   **P. F. Hunt** MSc MIBiol
Frome, Somerset, England

C. J.   **C. Jeffrey** BA
Royal Botanic Gardens, Kew, England

S. W. J.   **S. W. Jones** BSc
British Museum (Natural History),
London, England

S. L. J.   **S. L. Jury** BSc FLS
University of Reading, England

M. K.   **M. Kovanda** PhD
Tschechoslowakische Akademie
der Wissenschaften
Pruhonice, Tschechoslowakei

F. K. K.   **F. K. Kupicha** BSc PhD
British Museum (Natural History)
London, England

D. J. M.   **D. J. Mabberley** MA DPhil
University of Oxford, England

B. F. M.   **B. F. Matthew** FLS
Royal Botanic Gardens, Kew, England

A. F. M.   **A. F. Mitchell** BA BAg (For) VMH
Forest Research Station
Farnham, Surrey, England

D. M. M.   **Professor D. M. Moore** BSc PhD
University of Reading, England

B. M.   **B. Morley** PhD
The Botanic Garden of Adelaide,
Australia

B. P.   **B. Pickersgill** BSc PhD
University of Reading, England

M. C. F. P.   **M. C. F. Proctor** MA PhD
University of Exeter, England

A. R.-S.   **A. Radcliffe-Smith** BSc
Royal Botanic Gardens, Kew, England

I. B. K. R.   **I. B. K. Richardson** BSc
Royal Botanic Gardens, Kew, England

R. H. R.   **R. H. Richens** MA PhD
Commonwealth Bureau of Plant
Breeding and Genetics, Cambridge,
England

N. K. B. R.   **N. K. B. Robson** BSc PhD
British Museum (Natural History)
London, England

G. D. R.   **G. D. Rowley** BSc
University of Reading, England

N. W. S.   **N. W. Simmonds** ScD AICTA FRSE FBiol
University of Edinburgh, Scotland

C. A. S.   **C. A. Stace** BSc PhD FLS
University of Leicester, England

W. T. S.   **Professor W. T. Stearn** FLS DSc ScD FilD
British Museum (Natural History),
London, England

R. F. T.   **Professor R. F. Thorne** PhD ABMS
Rancho Santa Ana Botanic Garden,
California, USA

D. A. W.   **Professor D. A. Webb** ScD
University of Dublin, Eire

T. C. W.   **T. C. Whitmore** MA PhD ScD
University of Oxford, England

H. P. W.   **H. P. Wilkinson** BSc PhD FLS
Royal Botanic Gardens, Kew, England

T. J. W.   **T. J. Wright** BSc
Wye College (University of London),
England

VORWORT

Nachdem die englische Originalausgabe des vorliegenden Werkes sowohl bei Laien als auch bei Fachleuten eine solch gute Aufnahme gefunden hat, ist es gewiß wünschenswert, den deutschsprachigen Lesern den Zugang dazu durch eine Übertragung ins Deutsche zu erleichtern. Daher haben wir auf Anfrage gerne die Redaktion der Übersetzung übernommen.

Ein besonderes Anliegen war es, die wissenschaftlichen Pflanzennamen durch möglichst viele deutsche Bezeichnungen zu ergänzen. Wo verschiedene Namen zur Wahl standen, benützten wir gewöhnlich denjenigen, der im deutschen Sprachraum am häufigsten gebraucht wird. Als Quellen dienten uns dabei außer HEGIs «Illustrierter Flora» und dem «Urania Pflanzenreich» (s. S. 336) hauptsächlich die folgenden Werke: A. BINZ 1976: «Schul- und Exkursionsflora für die Schweiz», 16. Aufl. (Bearbeitung A. BECHERER), Basel; K. FRITSCH 1922: «Exkursionsflora für Österreich und die ehemals österreichischen Nachbargebiete», 3. Aufl., Wien und Leipzig; SCHMEIL-FITSCHEN 1976: «Flora von Deutschland», 86. Aufl. (von W. RAUH und K. SENGHAS), Heidelberg; «Blumen & Garten», 1975 – 77, 104 Hefte in 8 Bdn., Hamburg; H. HALLIER 1925: «Der Stammbaum der Bedecktsamer», in L. REINHARDT: «Die Geschichte des Lebens der Erde», Leipzig.

Aus der Tatsache, daß die Bedeutungen englischer und deutscher Fachwörter einander häufig nicht genau entsprechen, ergaben sich öfter besondere Übersetzungsprobleme. Dies betrifft z. B. schon den Titel des Buches: Mit dem Begriff «Blütenpflanzen» werden im deutschen Sprachraum fast allgemein die Angiospermen (Bedecktsamer) und die kleine Gruppe der Gymnospermen (Nacktsamer) zusammengefaßt. Im Gegensatz dazu verstehen englischsprachige Botaniker unter «flowering plants» gewöhnlich nur die Angiospermae.

Obwohl wir gegenüber den Ansichten der Autoren in bezug auf morphologische Deutungen oder Umfang, Rang und Verwandtschaft der Sippen in einigen Fällen Vorbehalte haben, hielten wir uns im wesentlichen an den ursprünglichen Text. Lediglich bei den höheren Kategorien ließen sich Rangänderungen nicht vermeiden. Die mit der Endung «-idae» versehenen Sippen stehen nur als Unterklassen in Übereinstimmung mit den Empfehlungen des «Internationalen Code der Botanischen Nomenklatur». Die Monokotylen (Einkeimblättrige) und die Dikotylen (Zweikeimblättrige) mußten daher zu Klassen aufgewertet werden. Dies entspricht im übrigen durchaus dem in deutschsprachigen Ländern üblichen Gebrauch. Aus dieser Einteilung folgt schließlich die Behandlung der Angiospermen als Unterabteilung (s. Tab. S. 10).

In wenigen Fällen, in denen der Abschnitt «Nutzwert» einseitig auf die Britischen Inseln zugeschnitten war, paßten wir ihn den mitteleuropäischen Verhältnissen an. Wir glauben, daß einige Kapitel durch die deutsche Bearbeitung gewonnen haben, indem manche Unstimmigkeiten behoben und vereinzelt neuere Erkenntnisse mit verarbeitet werden konnten. Wer nicht nur einheimische Pflanzen, sondern auch exotische Familien kennenlernen will oder die bereits vorhandenen Kenntnisse in einen größeren Zusammenhang stellen möchte, wird sicher gerne zu diesem Buch greifen, da es annähernd alle Familien der Bedecktsamer (Angiospermae) sehr übersichtlich in Wort und Bild vorstellt. Wie oft fällt einem doch auf einer Reise eine bestimmte Pflanze auf, von der man nicht mehr als den Namen erfahren kann.

Wir danken namentlich den Herren Dr. phil. H. R. Schneebeli und lic. phil. Urs Aregger für die gute Zusammenarbeit. Herrn Prof. Dr. C. D. K. Cook, Direktor des Instituts für Systematische Botanik an der Universität Zürich, sind wir für die Erlaubnis zur Benützung der Bibliothek der Botanischen Institute dankbar, für die Durchsicht einzelner Familien bzw. für wertvolle Anregungen oder Auskünfte verschiedenster Art den Herren Prof. Dr. C. U. Kramer, Prof. Dr. P. Endress und Dr. K. Huber.

K. und E. Urmi-König

INHALT

BLÜTENPFLANZEN

Die Blütenpflanzen, wissenschaftlich als Klasse der Angiospermae bezeichnet*, sind heute weltweit die vorherrschende Gruppe der Gefäßpflanzen. Sie erschienen vor ungefähr 120 Mio Jahren, zu Beginn der Kreidezeit, und bestimmten bereits am Ende dieses Zeitalters, also vor rund 80 bis 90 Mio Jahren, als charakteristische Pflanzengruppe das Landschaftsbild der Erde.

Die Blütenpflanzen stellen die größte und erfolgreichste Pflanzengruppe dar und sind auch von grundlegender Bedeutung für Leben und Überleben der Menschheit. In unseren Bedürfnissen sind wir in höchstem Maße von ihnen abhängig. Sie stehen uns ja nicht nur direkt als Nahrung in Form von landwirtschaftlichen Produkten wie Getreide, Hülsenfrüchte und Obst zur Verfügung, sondern auch indirekt als tierische Produkte, liefern sie doch das Futter für unsere Haustiere. Eine wichtige Rolle spielen sie auch als Quelle von Rohstoffen für Obdach und Kleidung, Papier und Gummi; zudem liefern sie uns Öle, Wachse, Gewürze, Harze, Heilmittel, Gerbstoffe, Rauschmittel, Getränke usw. – die Liste scheint endlos.

Als umfangreichste Pflanzensippe haben die Angiospermen den größten Anteil am Pflanzenkleid der Erde und bilden somit den Lebensraum der meisten Landtiere. Auch für den Menschen sind sie von ökologischer Bedeutung als Schutz gegen Wind und Erosionstätigkeit des Wassers sowie bei der Begrünung von Aufschüttungen. Andererseits bereichern sie unseren Alltag, so z.B. als Zierpflanzen in Gärten, Alleen, Parks und in unserem Heim.

Auch bei der Entwicklung des menschlichen Kulturbewußtseins spielten die Blütenpflanzen eine wichtige Rolle. Sie konnten bis heute in religiösen und weltlichen Zeremonien und Bräuchen ihren Platz behaupten und haben als Symbole Eingang gefunden in die verschiedensten Kulturen. Die Formenmannigfaltigkeit von Sproß, Blatt und Blüte hat in vielen Teilen der Welt die Formgebung in Kunst und Architektur inspiriert.

Die Angiospermen zeichnen sich durch den Besitz von echten Blüten aus, die höher entwickelt und komplexer gebaut sind als die der Fortpflanzung dienenden Sprosse der Gymnospermen (z.B. Nadelhölzer), von welchen sie letztlich mit einiger Sicherheit abzuleiten sind.* Die Bezeichnung «Blütenpflanzen» und das umgangssprachliche Wort «Blume» für eine ganze Pflanze zeigt, daß die Blüte das bezeichnendste Merkmal dieser Sippe ist. So nimmt man denn herkömmlicherweise an, daß der Ursprung der Angiospermen mit der Entstehung der Blüten zusammenfällt.

Die Blüte wird meist als gestauchter, stark abgewandelter, sporentragender Sproß aufgefaßt, der möglicherweise auf das Fortpflanzungsorgan (Strobilus oder Zapfen) gymnospermenähnlicher Vorfahren zurückgeht. Sie besteht im Prinzip aus 4 Serien an einer Achse stehender Bauelemente: a) eine äußere Hülle aus abgewandelten Hochblättern, die Kelchblätter, welche in ihrer Gesamtheit den Kelch bilden, häufig grün sind und Schutzfunktion ausüben; b) eine innere Hülle aus abgewandelten Hochblättern, die Kronblätter, welche die Krone bilden, sehr oft farbig sind und der Anlockung von Bestäubern dienen; c) ein oder mehrere Kreise männlicher Organe, die pollentragenden Staubblätter, die zusammen das Androeceum ausmachen, und d) eine Serie weiblicher Teile, die Samenanlagen enthaltenden Fruchtblätter, die zum Gynoeceum zusammentreten (Taf. I und IV).

Der Name Angiospermen geht auf eines der wichtigsten Merkmale dieser Sippe zurück. Die Samenanlagen sind in einem Fruchtknoten eingeschlossen. Dieser endet in einem Griffel mit Narbe, die den Pollen auffängt. Diese Anordnung steht im Gegensatz zu den Verhältnissen bei den Gymnospermen, welche die Samenanlagen offen und ungeschützt darbieten.

Die wichtigste Aufgabe der Blüten besteht im Hervorbringen von Samen. Die Samenbildung beginnt im Anschluß an Fremd- oder Selbstbestäubung und darauf folgende Fremd- oder Selbstbefruchtung. Seltener ist sie die Folge eines Apomixis genannten, ungeschlechtlichen Vorganges. Fremdbefruchtung bringt Evolutionsvorteile mit sich, und viele Blütenpflanzen besitzen Einrichtungen, die diese fördern. Darwin nannte die Fremdbestäubung einen Trieb der Natur, welcher der Erhaltung der Lebenskraft und der Fruchtbarkeit diene.

*vgl. Vorwort zur deutschen Übersetzung

Seit es überhaupt Blüten gibt, besteht zwischen ihnen und ihren Bestäubern eine enge Beziehung. Die ursprünglichen Blüten der frühen Kreidezeit wurden offenbar von Käfern bestäubt. Die Evolution der Blüten war eng gekoppelt mit derjenigen ihrer Bestäuber und führte zur heutigen Vielfalt an Gestalten, Farben und Düften. Tatsächlich konnten enge Beziehungen zwischen den Blütenformen und den Sinnesleistungen bestimmter Gruppen von Bestäubern nachgewiesen werden.

Höchstwahrscheinlich stand Insektenbestäubung mit dem Schließen der ursprünglich laubigen Fruchtblätter insofern im Zusammenhang, als die Samenanlagen in den eingefalteten, durch Verschmelzen der Ränder zusätzlich verschlossenen Fruchtblättern besser vor räuberischen Insekten geschützt sind. Diese Schutzanpassung löste eine weitere Entwicklung aus, welche die Insektenbesuche in den Dienst der Bestäubung stellte.

Mit der Evolution der Angiospermenblüte in Beziehung zu bringen ist auch die Rückbildung des weiblichen Gametophyten (dasjenige Stadium im pflanzlichen Lebenszyklus, welches die Eizelle hervorbringt) zum achtkernigen Embryosack (Taf. X). Dieser wird durch 2 männliche, im Pollenkorn entstandene Geschlechtszellen befruchtet. Eine der 2 Spermazellen vereinigt sich mit der Eizelle, welche daraufhin zum Embryo heranwächst. Die andere verschmilzt mit 2 weiteren Kernen des Embryosackes, und aus dieser Verbindung entsteht das Nährgewebe (Endosperm) des Samens. Der achtkernige Embryosack und die doppelte Befruchtung wurden im Pflanzenbereich nur ein einziges Mal «erfunden» und gelten als gutes Indiz für die gemeinsame Abstammung der Blütenpflanzen.

Die Angiospermen zeichnen sich aber nicht nur durch sehr komplexe und vielfältige Fortpflanzungsorgane aus, sondern besitzen zudem hoch entwickelte Zell- und Gewebesorten. Ein Beispiel dafür sind die röhrenförmigen Zellstränge (Gefäße) des wasserleitenden Gewebes (Xylem), die nur bei einigen ursprünglichen Formen fehlen. Das hohe Niveau ihrer physiologischen Leistungen, der breite Spielraum ihrer vegetativen Gestaltungsmöglichkeiten und die Mannigfaltigkeit im Bau der Blüten ermöglichen den Blütenpflanzen die Besiedlung fast jedes vorstellbaren Lebensraumes. Diese Tatsache wiederum äußert sich in einer fast verwirrenden Vielfalt von Wuchsformen. Die Angiospermen prägen alle wichtigen Pflanzenformationen der Erde, wie Wälder, Gasländer und Wüsten, sowie vieler Gewässer. Innerhalb der einzelnen pflanzengeographischen Gebiete bilden sie eine große Zahl von Pflanzengemeinschaften, in denen häufig bestimmte Familien, Gattungen oder Arten vorherrschen.

Die meisten Angiospermen-Familien sind hauptsächlich in den Tropen verbreitet, und rund 2 Drittel der Arten sind auf die Tropen und angrenzende Gebiete beschränkt. Leider ist die tropische Flora viel schlechter bekannt als diejenige der gemäßigten Zonen. Dies beruht weniger auf der relativ niedrigen Zahl der Wissenschaftler und botanischen Institute in Entwicklungsländern als vielmehr auf der überwältigend großen Artenzahl, durch welche sich die tropische Vegetation auszeichnet. Obwohl die Pflanzensystematik seit über 200 Jahren wissenschaftlich betrieben wird, sind unsere Kenntnisse der Systematik und Biologie des größten Teils aller Pflanzen noch sehr lückenhaft. Ob uns noch genügend Zeit bleibt, dieses Wissen genügend zu vertiefen, ist ungewiß, da die tropischen Länder mit den reichsten Floren unter großem wirtschaftlichem Druck stehen. Bevölkerungszuwachs, Energiebedarf, wirtschaftliche Schwierigkeiten und Inflation zwingen sie, ihren Reichtum an pflanzlichen Rohstoffen übermäßig zu beanspruchen und ihn so zu zerstören. Erst während der letzten Jahre wurde man sich allmählich des Ausmaßes bewußt, in welchem der Mensch seine Umwelt, vor allem in den Tropen, beansprucht, verändert und zerstört. Die Bedrohung der Pflanzenwelt hat mittlerweile ein beunruhigendes Maß erreicht, da die Anbaufläche ständig vergrößert wird, um die Ernährung der unaufhaltsam anwachsenden Weltbevölkerung sicherzustellen, und der zunehmende Bedarf an Bau-, Brenn- und Papierholz zum Kahlschlag von Wäldern führt. Die Zunahme der Siedlungsfläche, die Entwicklung des Verkehrs und die unaufhaltsame Industrialisierung verringern zusätzlich den Bestand an Grünfläche. Oft führen falsche und unvernünftige Anbautechniken zu massiver Zerstörung des Bodens. So hinterläßt z.B. die Brandrodungswirtschaft, welche ohnehin Erträge nur während einem oder 2 Jahren sichert, in tropischen Waldgebieten erschöpfte und erodierte Böden mit degradierter Vegetation. Die Mechanisierung des Anbaus, insbesondere der Einsatz schwerer Maschinen, scheint oft darauf ausgerichtet zu sein, die natürliche Pflanzendecke ein für allemal zu zerstören.

Tafel I   *Vergleich ursprünglicher und abgeleiteter Blütenmerkmale*

Ursprünglich
viele Blütenorgane
in unbestimmter Zahl
Blütenorgane (Blätter) frei
und spiralig angeordnet
alle Organtypen vorhanden
zwitterig
Fruchtknoten oberständig
mehrere Symmetrieebenen

Magnolia campbelli

Nymphaea elegans

Amtliche Schätzungen der Unesco zeigen, daß jährlich 10 Mio Hektaren tropischer Wälder geschlagen werden — d.h. alle 6 1/2 Minuten ein Gebiet von der Größe des Botanischen Gartens in Kew (126 ha). Berechnungen ergeben, daß beim derzeitigen Maß an Zerstörung der gesamte tropische Tiefland-Regenwald bis zum Ende dieses Jahrhunderts unwiederbringlich verloren sein wird. Zahlreiche Pflanzenarten, die im Regenwald und in andern Pflanzenformationen vorkommen, werden ausgerottet sein, bevor sie überhaupt gesammelt und zum ersten Mal beschrieben werden können. Unzählige weitere Arten werden verschwinden, ehe sie genau untersucht und auf ihren Nutzen hin geprüft worden sind.

Der große Reichtum an Formen und Farben der Blütenpflanzen und ihre Anpassungsfähigkeit an verschiedene Standorte werden bei jedem Leser dieses Buches bestimmt einen bleibenden Eindruck hinterlassen. Erwähnenswert sind unter anderen die winzigen, im Wasser lebenden Pflänzchen von *Wolffia microscopica*, der kleinsten bekannten Angiosperme, die bis zu 150 m aufragenden australischen Eukalyptusarten, die als die höchsten Blütenpflanzen gelten, die eigenartigen Affenbrotbäume *(Adansonia digitata)*, mit bizarr angeschwollenen und weichholzigen Stämmen, die an Moose erinnernden, im Wasser lebenden Podostemaceae, der mächtige Banyan *(Ficus benghalensis)*, dessen Äste Luftwurzeln in den Boden senken und so sein Leben unbeschränkt verlängern, die majestätischen glattstämmigen Palmen der Gattung *Roystonea*, die den Eindruck erwecken, aus Beton gegossen zu sein, oder *Rafflesia*, ein bemerkenswerter Parasit, dessen vegetative Teile auf Zellfäden in Wurzel und Sproß seiner Wirtspflanze reduziert sind, der aber riesige, fleischige und nach Aas riechende Blüten hervorbringt. Es ist diese unglaubliche Vielfalt, die das Hauptthema des vorliegenden Buches bildet.

Wie man den steckbriefartigen Zusammenfassungen, die jeder Familie vorangehen, entnehmen kann, ist der Nutzwert vieler Pflanzen unbestreitbar. Die Zahl der wirtschaftlich wichtigen Pflanzen ist schwierig abzuschätzen. Eines der einschlägigen Standardwerke nennt über 6000 Arten, welche in der Land- und Forstwirtschaft, im Obst- und Gemüsebau und als Heilpflanzen von Bedeutung sind. Einige von ihnen werden weltweit gehandelt, andere werden lediglich lokal genutzt und sind — als Quelle von Nahrung, Arzneimitteln und anderen, geschätzten Gebrauchsartikeln im täglichen Leben von Naturvölkern — eher von völkerkundlichem Interesse. Zusätzlich kennt man mehr als doppelt so viele Arten, die nur als Zierpflanzen kultiviert werden.

Beschränkt man sich auf die für die Menschheit wichtigsten Nutzpflanzen, kommt man immer noch auf die stattliche Zahl von 1000 bis 2000 Arten, von denen etwa 100 bis 200, also relativ wenige, im Welthandel erscheinen. Nur 15 davon liefern die wichtigsten Grundnahrungsmittel der Menschheit, nämlich Reis, Weizen, Mais, Hirse, Gerste, Zuckerrohr und Zuckerrübe, Kartoffeln, Süßkartoffeln, Maniok, Bohnen, Sojabohnen und Erdnuß, Kokosnuß und Bananen. Wenn man sich die Tausende von Blütenpflanzen vor Augen hält, welche von den Menschen genutzt werden, überrascht die unglaublich kleine Zahl von Grundnahrungsmitteln. An Versuchen, diese Zahl zu vergrößern, fehlt es nicht. Sie scheitern aber oft an Schwierigkeiten wirtschaftlicher, anbautechnischer und gesellschaftlicher Art. Wenig bedeutende, nur lokal verwendete Produkte sind aber zahlreich. Sie werden neuerdings unter dem Einfluß des Tourismus, dank fortschrittlicher Konservierungs- und Verpackungsmethoden sowie verbesserter Transportmöglichkeiten immer weiteren Kreisen bekannt. Das Interesse an der Suche nach neuen pflanzlichen Quellen von Ölen, Fasern und Drogen hat sich belebt, und moderne chemische Testmethoden erlauben eine schnelle Untersuchung potentiell wertvoller Arten. Der Einsatz neu entdeckter pflanzlicher Wirkstoffe ermöglichte sehr große Fortschritte in Medizin und Pharmakologie. Wahrscheinlich sind in dieser Hinsicht noch viele Überraschungen zu erwarten. Allerdings liegen die reichsten Vorkommen neuer Nutzpflanzen in den Tropen, also da, wo die Zerstörung der Pflanzengemeinschaften am schnellsten voranschreitet.

System der Pflanzen

Heute sind etwa 250 000 Arten von Blütenpflanzen bekannt. Jede dieser Arten trägt einen wissenschaftlichen Namen. Die Namengebung unterliegt den Regeln des «Internationalen Code der Botanischen Nomenklatur». Die Arten, als

Abgeleitet
wenige Blütenorgane
in bestimmter Zahl
Blütenorgane verwachsen
und in Kreisen angeordnet
Rückbildung oder Verlust
von Organen
eingeschlechtig
Fruchtknoten unterständig
nur eine Symmetrieebene
(zygomorph)

*Lamium
maculatum*

*Helianthus
decapetalus*

Grundeinheiten des Systems, werden zu höheren und umfassenderen Einheiten vereinigt, deren Benennung ebenfalls im «Code» festgelegt ist. Die wichtigsten systematischen Kategorien sind in der untenstehenden Tabelle dargestellt.

Die Bedecktsamer werden heute, je nach System, entweder als Abteilung, Unterabteilung oder als Klasse behandelt. Sie enthalten 2 Unterklassen (oder Klassen), welche aus mehreren Ordnungen bestehen, die ihrerseits in Familien aufgeteilt sind. Die bekannteste, sowohl Botanikern wie auch Laien vertrauteste Sippe ist die Familie, welche die Grundlage dieses Buches bildet.

Heute anerkannte Familien, wie z.B. die Palmen (Palmae oder Arecaceae), Gräser (Gramineae oder Poaceae) und Doldenblütler (Umbelliferae oder Apiaceae) wurden ihrer typischen Merkmale wegen schon vor langer Zeit als systematische Einheiten erkannt. Die Umbelliferen, von denen einige Vertreter bereits prähistorischen Völkern vertraut waren, erfuhren als erste Familie allgemeine Anerkennung. Der griechische Wissenschaftler THEOPHRASTUS (ungefähr 372 bis 287 v.Chr.) führt sie in seiner Liste der Pflanzenfamilien auf, und mehrere Doldenblütler erscheinen auch in der «Materia Medica», dem klassischen chinesischen Werk der späteren Han-Dynastie (2. oder 3. Jh. v.Chr.), welches offensichtlich auf mündlicher Überlieferung beruht.

Die Zahl der in neueren Systemen aufgeführten Familien ist relativ klein. Die Engländer BENTHAM und HOOKER zählen in ihrer Behandlung der Blütenpflanzen, welche im letzten Jahrhundert (1862 bis 1883) erschien, 179 Familien auf. Das System des Amerikaners CRONQUIST von 1968 enthält deren 354. 321 finden sich im phylogenetischen System des Amerikaners THORNE (1976), und der Russe TAKHTAJAN anerkannte 1969 418 Familien. Diese Zahlen widerspiegeln die verschiedenen Ansichten darüber, welcher systematische Rang den einzelnen Sippen zukommen soll. So betrachten einige Systematiker z.B. die 3 Hauptgruppen der Leguminosen als Unterfamilie (Papilioneideae, Caesalpinioideae, Mimosoideae), andere hingegen fassen sie als Familie auf (Papilionaceae, Caesalpiniaceae, Mimosaceae). Probleme ergaben sich vor allem auch beim Versuch, bestimmte Gruppen gegeneinander abzugrenzen. Zudem erachten einige Systematiker umfangreiche, andere wiederum kleinere Sippen als besser geeignet, ihren Vorstellungen über stammesgeschichtliche Verwandtschaften Ausdruck zu verleihen, vor allem dann, wenn Stammformen und ihre Tochtersippen zueinander in Beziehung gesetzt werden sollen. Bei der Behandlung der einzelnen Familien soll immer wieder auf solche verschiedenen Ansichten in bezug auf Verwandtschaft und Gliederung einzelner Gruppen hingewiesen werden.

Die Zahl der Arten, die zu einer Familie zusammengefaßt werden, ist sehr verschieden groß. So bestehen z.B. die Trochodendraceae, Brunoniaceae und die Adoxaceae nur aus einer einzigen Art (monotypische Familien). Andere (polytypische Familien) wiederum enthalten Hunderte von Gattungen und Tausende von Arten, so die Compositae, Euphorbiaceae und Rubiaceae.

Während sich die meisten Systematiker in der Anerkennung der rund 200 wichtigsten Familien einig sind, konnte eine solche Übereinstimmung bei der nächsthöheren systematischen Einheit, der Ordnung, bis anhin nicht erreicht werden. So unterscheiden sich die heute üblichen Systeme nicht nur in der Zahl der aufgestellten Ordnungen (sogar der Überordnungen), sondern zusätzlich auch in deren Umfang und Benennung. In den verschiedenen Systemen erscheint ein und dieselbe Ordnung unter verschiedenen Namen, und einzelne Familien werden

Stellung der Gartenbohne im System und Rangstufenfolge der systematischen Einheiten

Einheit	Wissenschaftlicher Name der Sippe	Deutscher Name
Unterabteilung	Angiospermae	Bedecktsamer
Klasse	Dicotyledoneae	Zweikeimblättrige
Unterklasse	Rosidae	
Ordnung	Fabales	Hülsenfrüchtige
Familie	Fabaceae (Leguminosae)	Hülsenfrüchtler
Unterfamilie	Papilion**oideae**	Schmetterlingsblütler
Tribus	Phaseol**eae**	
Subtribus	Phaseol**inae**	
Gattung	*Phaseolus*	Bohnen
Art	*Phaseolus vulgaris*	Gartenbohne
Varietät	*Phaseolus vulgaris* var. *nanus*	Buschbohne
Sorte	*P. vulgaris* var. *nanus* «Saxa»	

Halbfett: empfohlene bzw. vorgeschriebene Endungen zur Bezeichnung der Rangstufe

	Dikotyle	Monokotyle	
	EMBRYO: 2 Keimblätter, Same mit oder ohne Endosperm	EMBRYO: ein Keimblatt, Same häufig mit Endosperm	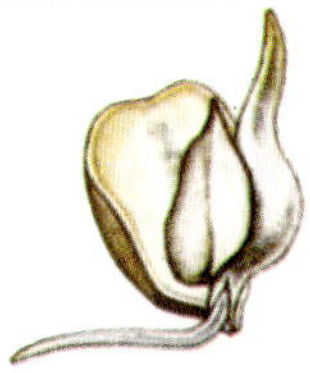
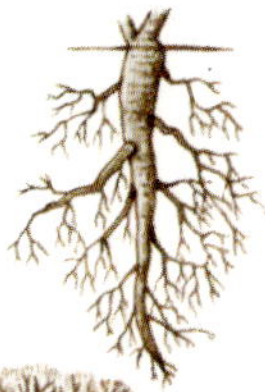	WURZELN: Die Keimwurzel bleibt meist erhalten und wird oft zu einer kräftigen Pfahlwurzel mit schwächeren Seitenwurzeln	WURZELN: Die Keimwurzel wird bald durch Nebenwurzeln ersetzt, die ein büscheliges Wurzelsystem bilden	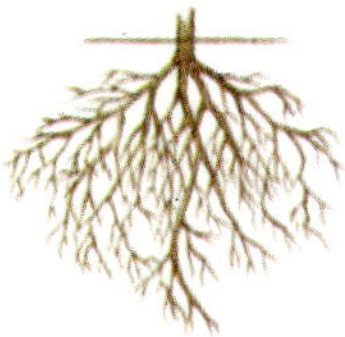
	WUCHSFORM: holzig oder krautig	WUCHSFORM: vorwiegend krautig, wenige baumartig	
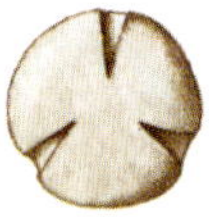	POLLENKÖRNER: grundsätzlich tricolpat (mit 3 Keimfalten oder -poren)	POLLENKÖRNER: grundsätzlich monocolpat (mit einer Keimfalte oder -pore)	
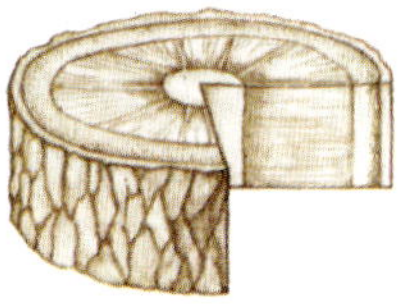	LEITGEWEBE: gewöhnlich in einem Leitbündelring angeordnet und dann durch sekundäres Dickenwachstum vermehrt; Stamm in Rinde und Zentralzylinder gegliedert	LEITGEWEBE: in vielen im Grundgewebe zerstreuten Leitbündeln angeordnet; nur ausnahmsweise sekundäres Dickenwachstum; keine Gliederung in Rinde und Zentralzylinder	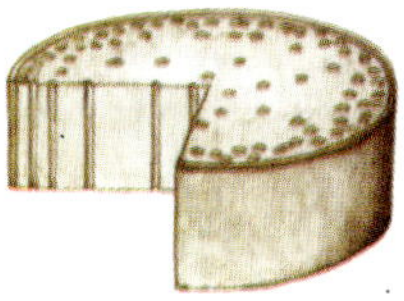
	BLÄTTER: gewöhnlich netznervig (fieder- oder handnervig), meist breit, selten mit scheidigem Grund, aber häufig gestielt und oft mit Nebenblättern	BLÄTTER: gewöhnlich streifennervig, häufig zungenförmig oder lineal und oft mit scheidigem Grund, selten mit Stiel oder Nebenblättern	
	BLÜTEN: gewöhnlich vier- oder fünfzählig	BLÜTEN: gewöhnlich dreizählig	

Tafel II   *Unterscheidungsmerkmale der Dikotylen und Monokotylen*

einmal in diese, einmal in jene Ordnung gestellt. Glücklicherweise werden Ordnungen als systematische Kategorie außer in formalen Übersichten wenig gebraucht. Viele Systematiker ziehen oberhalb des Familienniveaus eine unverbindliche Gruppierung vor oder weisen nur gelegentlich auf höhere systematische Kategorien hin.

Die Einteilung der Angiospermae in 2 Gruppen (Klassen oder Unterklassen) wird heute allgemein akzeptiert. Die Monokotyledonen (Einkeimblättrige) und Dikotyledonen (Zweikeimblättrige) unterscheiden sich in mehreren Merkmalen, die Tafel II entnommen werden können.

Die heute gebräuchlichen Systeme begnügen sich nicht mehr nur mit der Anerkennung von Gruppen höheren und niedrigeren Ranges, sondern versuchen vielmehr, den Verwandtschaftsgrad der einzelnen Sippen darzustellen und diese in einem Schema übersichtlich anzuordnen. Die vorgeschlagenen verwandtschaftlichen Beziehungen sollten, wenn immer möglich, Abstammungsgemeinschaften kennzeichnen und somit Organisationshöhe und Ursprung der Familien widerspiegeln. Der Mangel an Fossilfunden bringt es mit sich, daß versucht werden muß, die Entstehungsgeschichte natürlicher Pflanzensippen aufgrund vergleichender Betrachtungen an heute lebenden Pflanzen zu rekonstruieren. Verschiedene phylogenetische Gesetze wurden formuliert, welche Aussagen darüber zulassen, in welcher Richtung die stammesgeschichtliche Abwandlung eines Merkmales verläuft, d.h. welche Merkmale als primitiv (ursprünglich) oder fortgeschritten (abgeleitet) zu betrachten sind. Solche Regeln ermöglichen uns, Entwicklungshöhe und systematische Stellung einer Familie zu beurteilen, welche durch die betreffenden Merkmale gekennzeichnet ist. Obwohl einige dieser Gesetze allgemein anerkannt sind, wird ihre praktische Anwendung oft heftig diskutiert, da sie davon abhängt, welche Merkmale als wesentlich und welche als unwesentlich betrachtet werden. Zudem werden laufend neue Arbeiten auf den Gebieten der Anatomie, Embryologie, Pollenkunde, Pflanzenchemie und Morphologie veröffentlicht, deren Ergebnisse kritisch begutachtet und beim Aufstellen eines neuen Systems berücksichtigt werden sollten.

Es ist bis heute noch nicht gelungen, ein gut untermauertes, konsequent durchdachtes System aufzustellen. Dies liegt einerseits an der Fülle der zu berücksichtigenden Befunde, andererseits daran, daß die Auswertung dieser Information oft recht subjektiv erfolgt. Man kommt nicht umhin festzustellen, daß fast jedes der modernen Systeme ohne angemessene Grundlagen veröffentlicht wird. Zusätzliche, technische Schwierigkeiten ergeben sich beim Versuch, ein hochkomplexes, vieldimensionales Netzwerk von Beziehungen in einem zweidimensionalen Schema darzustellen. Früher wurden stammesgeschichtliche Zusammenhänge vorzugsweise in Form eines Stammbaumes verdeutlicht. Unser heutiges Verständnis des Evolutionsgeschehens läßt sich aber angemessener in der Form eines «phylogenetischen» Strauches darstellen, dessen zahlreiche Hauptstämme und Äste durch geologische Zeiten bis zur Jetztzeit emporgewachsen sind. Eine realistischere Darstellungsweise ist diejenige eines Querschnittsbildes durch das Astsystem dieses Strauches (Taf. III). Der Verlauf und die Zusammengehörigkeit seiner Äste sind weitgehend unbekannt, die Distanz zwischen den einzelnen Flekken (= Sippen) und der Mitte des Diagramms (= ausgestorbene, gemeinsame Vorfahren) zeigt in einigen Fällen den Grad der Ableitung der einzelnen Sippen an.

Solche Schemata haben den Vorteil, daß sie zwar der jetzigen Kenntnis über die Vielfalt der Beziehungen zwischen heute lebenden Verwandtschaftsgruppen gerecht werden, stammesgeschichtliche Zusammenhänge jedoch weitgehend offen lassen.

Es würde den Rahmen des vorliegenden Buches sprengen, ein vollständig neues System vorzustellen. Die hier gegebene Einteilung lehnt sich sehr eng an die Gliederung in Familien und Ordnungen an, welche G. L. STEBBINS 1974 in seinem Buch «Flowering Plants — Evolution above the Species Level» benützt, weil sie, obwohl auf CRONQUISTS «Evolution and Classification of Flowering Plants» (1968) basierend, bis zu einem gewissen Grad als Synthese mehrerer moderner Systeme zu betrachten ist. Stebbins' System wird vor allem praktischer Erwägungen wegen angewandt, was keineswegs heißen soll, daß dies die einzig richtige Möglichkeit der Klassifizierung sei. Wahrscheinlich werden künftige Systeme vollständig anders aussehen. In einigen Fällen sind wir von Stebbins' System insofern abgewichen, als wir kleine isolierte Familien mit nahestehenden «Eltern-Familien» zusammengeschlossen haben.

Die Familien wurden von einem Team von Wissenschaftlern bearbeitet, welche im Felde der Systematik Spezialisten sind und sich in vielen Fällen in ihrer Forschung längere Zeit mit den Familien, die sie vorstellen, beschäftigt haben. Deshalb wurde den einzelnen Autoren die Freiheit zugestanden, ihre eigenen Ansichten über die verwandtschaftlichen Beziehungen «ihrer» Familie zu vertreten. Die Benennung der Ordnungen und Familien folgt aber durchwegs dem System von Stebbins. Ich selber habe hin und wieder zusätzliche, der neueren Literatur entnommene Informationen hinzugefügt. Ein Überblick über die systematische Gliederung ergibt sich aus der Liste auf den Seiten 14 und 15 dieses Buches.

Es war immer unser Ziel, eine möglichst breite Leserschaft anzusprechen. Leider ist aber die Botanik — in viel stärkerem Maße als die Zoologie — auf den Gebrauch einer erschreckend hohen Zahl von Fachausdrücken angewiesen, die dem Laien unvertraut sind. Dies trifft vor allem dann zu, wenn einzelne Pflanzensippen wirklich genau beschrieben werden sollen. In einem illustrierten Glossar am Ende dieser Einleitung (Seiten 16 bis 26) werden diese Ausdrücke, die sich oft nicht vermeiden lassen und auch nicht vermieden werden sollen, definiert und erklärt. Zudem wird jede Familie durch eine Verbreitungskarte und, in Stichworten, durch die wichtigsten Informationen eingeleitet.

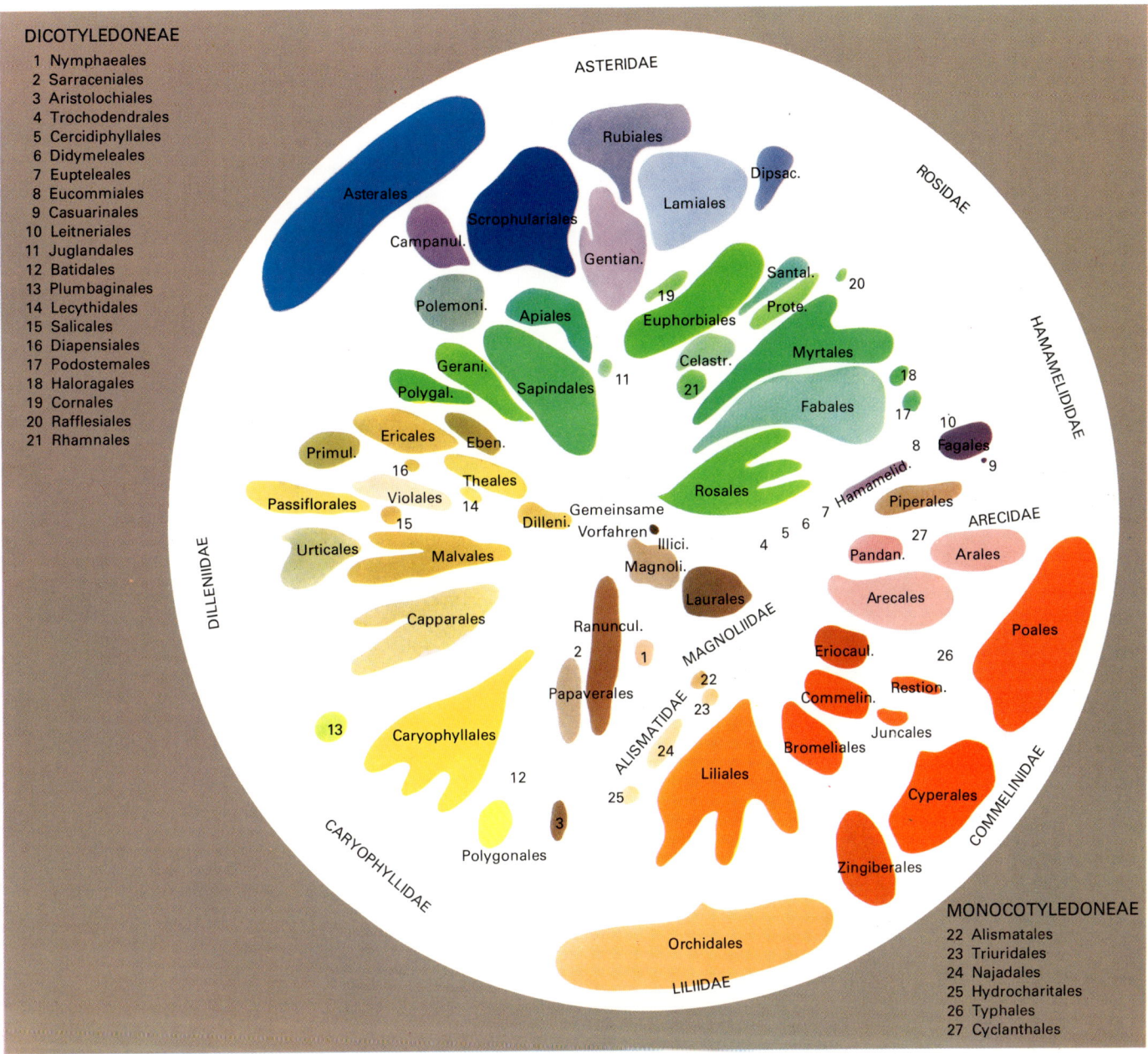

DICOTYLEDONEAE
 1 Nymphaeales
 2 Sarraceniales
 3 Aristolochiales
 4 Trochodendrales
 5 Cercidiphyllales
 6 Didymeleales
 7 Eupteleales
 8 Eucommiales
 9 Casuarinales
10 Leitneriales
11 Juglandales
12 Batidales
13 Plumbaginales
14 Lecythidales
15 Salicales
16 Diapensiales
17 Podostemales
18 Haloragales
19 Cornales
20 Rafflesiales
21 Rhamnales

MONOCOTYLEDONEAE
22 Alismatales
23 Triuridales
24 Najadales
25 Hydrocharitales
26 Typhales
27 Cyclanthales

Tafel III *Stammesgeschichtliche Beziehungen und relative Entwicklungshöhe der Ordnungen der Angiospermen (nach STEBBINS, 1974)*

Von unbestreitbarer Einmaligkeit und Schönheit sind die Abbildungen. 3 botanische Zeichner, die über eine große Erfahrung mit botanischen Illustrationen verfügen, haben sie sorgfältig ausgewählt. Jede Bildtafel verdeutlicht die wichtigsten Merkmale der betreffenden Familie. Die dazugehörigen Legenden weisen vielfach auf solche Merkmale hin; es empfiehlt sich aber trotzdem, die Abbildungen in engem Zusammenhang mit dem Haupttext zu betrachten. Die meisten Bildtafeln beziehen sich nur auf eine einzige Familie; nur ausnahmsweise werden 2 sehr eng verwandte Familien auf derselben Tafel abgebildet.

Es bleibt mir die angenehme Pflicht, dem Direktor und der Belegschaft des Royal Botanic Garden, Kew, für die große Hilfe zu danken, die sie mir und dem Verlag zukommen ließen.

V.H. Heywood

SYSTEM

DICOTYLEDONEAE

MAGNOLIIDAE

Magnoliales
Magnoliaceae
Magnoliengewächse
Winteraceae
Himantandraceae
Canellaceae
Kaneelgewächse
Annonaceae
Schuppenapfelgewächse
Myristicaceae
Muskatnußgewächse
Degeneriaceae

Illiciales
Illiciaceae
Sternanisgewächse
Schisandraceae

Laurales
Austrobaileyaceae
Lactoridaceae
Eupomatiaceae
Gomortegaceae
Monimiaceae
Calycanthaceae
Gewürzstrauchgewächse
Chloranthaceae
Lauraceae
Lorbeergewächse
Hernandiaceae

Piperales
Piperaceae
Pfeffergewächse
Saururaceae
Molchschwanzgewächse
Peperomiaceae
Zwergpfeffergewächse

Aristolochiales
Aristolochiaceae
Osterluzeigewächse
Nepenthaceae
Kannenpflanzen

Nymphaeales
Ceratophyllaceae
Hornblattgewächse
Nymphaeaceae
Seerosengewächse

Ranunculales
Berberidaceae
Sauerdorngewächse
Ranunculaceae
Hahnenfußgewächse
Lardizabalaceae
Fingerfruchtgewächse
Menispermaceae
Mondsamengewächse

Papaverales
Papaveraceae
Mohngewächse
Fumariaceae
Erdrauchgewächse

Sarraceniales
Sarraceniaceae
Schlauchblattgewächse

HAMAMELIDIDAE

Trochodendrales
Trochodendraceae
Radbaumgewächse

Hamamelidales
Cercidiphyllaceae
Katsuragewächse
Platanaceae
Platanengewächse
Hamamelidaceae
Zaubernußgewächse

Eucommiales
Eucommiaceae

Leitneriales
Leitneriaceae

Myricales
Myricaceae
Gagelstrauchgewächse

Fagales
Betulaceae
Birkengewächse
Fagaceae
Buchengewächse
Balanopaceae

Casuarinales
Casuarinaceae
Streitkolbengewächse

CARYOPHYLLIDAE

Caryophyllales
Cactaceae
Kakteen
Aizoaceae
Mittagsblumengewächse
Caryophyllaceae
Nelkengewächse
Nyctaginaceae
Wunderblumengewächse
Amaranthaceae
Fuchsschwanzgewächse
Phytolaccaceae
Kermesbeerengewächse
Chenopodiaceae
Gänsefußgewächse
Didiereaceae
Armleuchterbäume
Portulacaceae
Portulakgewächse

Basellaceae
Schlingmeldengewächse
Batidales
Batidaceae

Polygonales
Polygonaceae
Knöterichgewächse

Plumbaginales
Plumbaginaceae
Bleiwurzgewächse

DILLENIIDAE

Dilleniales
Dilleniaceae
Rosenapfelgewächse
Paeoniaceae
Pfingstrosengewächse
Crossosomataceae

Theales
Theaceae
Teestrauchgewächse
Ochnaceae
Grätenblattgewächse
Dipterocarpaceae
Flügelnußgewächse
Guttiferae
Hartheugewächse
Elatinaceae
Tännelgewächse
Quiinaceae
Marcgraviaceae
Honigbechergewächse

Malvales
Scytopetalaceae
Elaeocarpaceae
Tiliaceae
Lindengewächse
Sterculiaceae
Kakaogewächse
Bombacaceae
Wollbaumgewächse
Malvaceae
Malvengewächse
Sphaerosepalaceae
Sarcolaenaceae

Urticales
Ulmaceae
Ulmengewächse
Moraceae
Maulbeergewächse
Urticaceae
Brennesselgewächse

Lecythidales
Lecythidaceae
Deckeltopfbäume

Violales
Violaceae
Veilchengewächse
Flacourtiaceae
Lacistemataceae
Passifloraceae
Passionsblumengewächse

Turneraceae
Safranmalvengewächse
Maleshderbiaceae
Fouquieriaceae
Ocotillogewächse
Caricaceae
Melonenbaumgewächse
Bixaceae
Cochlospermaceae
Nierensamengewächse
Cistaceae
Zistrosengewächse
Tamaricaceae
Tamariskengewächse
Ancistrocladaceae
Frankeniaceae
Nelkenheidegewächse
Achariaceae
Begoniaceae
Schiefblattgewächse
Loasaceae
Blumennesselgewächse
Datiscaceae
Scheinhanfgewächse
Cucurbitaceae
Kürbisgewächse

Salicales
Salicaceae
Weidengewächse

Capparales
Capparaceae
Kaperngewächse
Tovariaceae
Cruciferae
Kreuzblütler
Resedaceae
Waugewächse
Moringaceae
Bennußgewächse

Ericales
Clethraceae
Scheinellergewächse
Grubbiaceae
Cyrillaceae
Ericaceae
Heidekrautgewächse
Epacridaceae
Australheidegewächse
Empetraceae
Krähenbeerengewächse
Pyrolaceae
Wintergrüngewächse

Diapensiales
Diapensiaceae

Ebenales
Sapotaceae
Breiapfelgewächse
Ebenaceae
Ebenholzgewächse
Styracaceae
Storaxgewächse

Primulales
Primulaceae
Primelgewächse
Myrsinaceae

ROSIDAE

Rosales
Cunoniaceae
Pittosporaceae
Klebsamengewächse
Droseraceae
Sonnentaugewächse
Brunelliaceae
Eucryphiaceae
Bruniaceae
Rosaceae
Rosengewächse
Crassulaceae
Dickblattgewächse
Cephalotaceae
Krugblattgewächse
Saxifragaceae
Steinbrechgewächse
Chrysobalanaceae
Goldpflaumengewächse

Fabales
Leguminosae
Hülsenfrüchtler

Podostemales
Podostemaceae
Blütentange

Haloragales
Theligonaceae
Hundskohlgewächse
Haloragaceae
Seebeerengewächse
Hippuridaceae
Tannenwedelgewächse

Myrtales
Sonneratiaceae
Trapaceae
Wassernußgewächse
Lythraceae
Weiderichgewächse
Rhizophoraceae
Mangrovengewächse
Penaeaceae
Thymelaeaceae
Seidelbastgewächse
Myrtaceae
Myrtengewächse
Punicaceae
Granatapfelgewächse
Onagraceae
Nachtkerzengewächse
Oliniaceae
Melastomataceae
Schwarzmundgewächse
Combretaceae
Strandmandelgewächse

Cornales
Nyssaceae
Tupelobaumgewächse
Garryaceae
Alangiaceae
Cornaceae
Hartriegelgewächse

Proteales
Elaeagnaceae
Ölweidengewächse

Proteaceae
Silberbaumgewächse

Santalales
Santalaceae
Sandelholzgewächse
Medusandraceae
Olacaceae
Olaxgewächse
Loranthaceae
Mistelgewächse
Misodendraceae
Federmistelgewächse
Cynomoriaceae
Hundskolbengewächse
Balanophoraceae
Kolbenschmarotzer

Rafflesiales
Rafflesiaceae
Hydnoraceae
Lederblumengewächse

Celastrales
Geissolomataceae
Celastraceae
Spindelbaumgewächse
Stackhousiaceae
Salvadoraceae
Senfbaumgewächse
Corynocarpaceae
Icacinaceae
Aquifoliaceae
Stechpalmengewächse
Dichapetalaceae

Euphorbiales
Buxaceae
Buchsbaumgewächse
Pandaceae
Euphorbiaceae
Wolfsmilchgewächse

Rhamnales
Rhamnaceae
Kreuzdorngewächse
Vitaceae
Weinrebengewächse

Sapindales
Staphyleaceae
Pimpernußgewächse
Melianthaceae
Honigstrauchgewächse
Connaraceae
Sapindaceae
Seifenbaumgewächse
Sabiaceae
Julianiaceae
Hippocastanaceae
Roßkastaniengewächse
Aceraceae
Ahorngewächse
Burseraceae
Anacardiaceae
Sumachgewächse
Simaroubaceae
Bitterholzgewächse
Coriariaceae
Gerbersträucher

Meliaceae
Zedrachgewächse
Cneoraceae
Zwergölbäume
Rutaceae
Rautengewächse
Zygophyllaceae
Jochblattgewächse

Juglandales
Juglandaceae
Nußbaumgewächse

Geraniales
Humiriaceae
Linaceae
Leingewächse
Geraniaceae
Storchschnabelgewächse
Oxalidaceae
Sauerkleegewächse
Erythroxylaceae
Kokastrauchgewächse
Limnanthaceae
Sumpfblumengewächse
Balsaminaceae
Springkrautgewächse
Tropaeolaceae
Kapuzinerkressengewächse

Polygalales
Malpighiaceae
Trigoniaceae
Tremandraceae
Vochysiaceae
Ritterspornbäume
Polygalaceae
Kreuzblumengewächse
Krameriaceae

Apiales
Araliaceae
Efeugewächse
Umbelliferae
Doldenblütler

ASTERIDAE

Gentianales
Loganiaceae
Brechnußgewächse
Gentianaceae
Enziangewächse
Apocynaceae
Hundsgiftgewächse
Asclepiadaceae
Seidenpflanzengewächse
Oleaceae
Ölbaumgewächse

Polemoniales
Nolanaceae
Solanaceae
Nachtschattengewächse
Convolvulaceae
Windengewächse
Menyanthaceae
Fieberkleegewächse
Lennoaceae
Polemoniaceae
Sperrkrautgewächse

Ehretiaceae
Hydrophyllaceae
Wasserblattgewächse
Boraginaceae
Boretschgewächse

Lamiales
Verbenaceae
Eisenkrautgewächse
Labiatae
Lippenblütler
Tetrachondraceae
Callitrichaceae
Wassersterngewächse
Phrymaceae

Plantaginales
Plantaginaceae
Wegerichgewächse

Scrophulariales
Columelliaceae
Myoporaceae
Scrophulariaceae
Rachenblütler
Globulariaceae
Kugelblumengewächse
Gesneriaceae
Gesneriengewächse
Orobanchaceae
Sommerwurzgewächse
Bignoniaceae
Trompetenbaumgewächse
Acanthaceae
Akanthusgewächse
Pedaliaceae
Sesamgewächse
Hydrostachyaceae
Martyniaceae
Gemshorngewächse
Lentibulariaceae
Wasserschlauchgewächse

Campanulales
Campanulaceae
Glockenblumengewächse
Lobeliaceae
Lobeliengewächse
Stylidiaceae
Brunoniaceae
Goodeniaceae

Rubiales
Rubiaceae
Krappgewächse

Dipsacales
Adoxaceae
Moschuskrautgewächse
Caprifoliaceae
Geißblattgewächse
Valerianaceae
Baldriangewächse
Dipsacaceae
Kardengewächse
Calyceraceae
Kelchhorngewächse

Asterales
Compositae
Korbblütler

MONO-COTYLEDONEAE

ALISMATIDAE

Alismatales
Butomaceae
Schwanenblumengewächse
Limnocharitaceae
Wassermohngewächse
Alismataceae
Froschlöffelgewächse

Hydrocharitales
Hydrocharitaceae
Froschbißgewächse

Najadales
Aponogetonaceae
Wasserährengewächse
Scheuchzeriaceae
Blasenbinsen
Juncaginaceae
Dreizackgewächse
Lilaeaceae
Najadaceae
Nixenkräuter
Potamogetonaceae
Laichkrautgewächse
Zannichelliaceae
Teichfadengewächse
Ruppiaceae
Saldengewächse
Zosteraceae
Seegrasgewächse
Posidoniaceae
Neptunsgräser
Cymodoceaceae
Tanggrasgewächse

Triuridales
Triuridaceae

COMMELINIDAE

Commelinales
Xyridaceae
Rapateaceae
Mayacaceae
Moosblümchen
Commelinaceae
Commelinengewächse

Eriocaulales
Eriocaulaceae

Restionales
Flagellariaceae
Peitschenklimmer
Centrolepidaceae
Restionaceae

Poales
Gramineae
Gräser

Juncales
Juncaceae
Simsengewächse
Thurniaceae

Cyperales
Cyperaceae
Riedgräser

Typhales
Typhaceae
Rohrkolbengewächse
Sparganiaceae
Igelkolbengewächse

Bromeliales
Bromeliaceae
Ananasgewächse

Zingiberales
Musaceae
Bananengewächse
Strelitziaceae
Zingiberaceae
Ingwergewächse
Cannaceae
Blumenrohrgewächse
Marantaceae
Pfeilwurzgewächse

ARECIDAE

Arecales
Palmae
Palmen

Cyclanthales
Cyclanthaceae
Scheinpalmen

Pandanales
Pandanaceae
Schraubenpalmen

Arales
Lemnaceae
Wasserlinsengewächse
Araceae
Aronstabgewächse

Liliidae

Liliales
Pontederiaceae
Hechtkrautgewächse
Philydraceae
Iridaceae
Schwertliliengewächse
Liliaceae
Liliengewächse
Amaryllidaceae
Narzissengewächse
Agavaceae
Agavengewächse
Xanthorrhoeaceae
Grasbaumgewächse
Velloziaceae
Baumliliengewächse
Haemodoraceae
Taccaceae
Erdbrotgewächse
Stemonaceae
Cyanastraceae
Smilacaceae
Stechwindengewächse
Dioscoreaceae
Yamswurzgewächse

Orchidales
Burmanniaceae
Orchidaceae
Orchideen

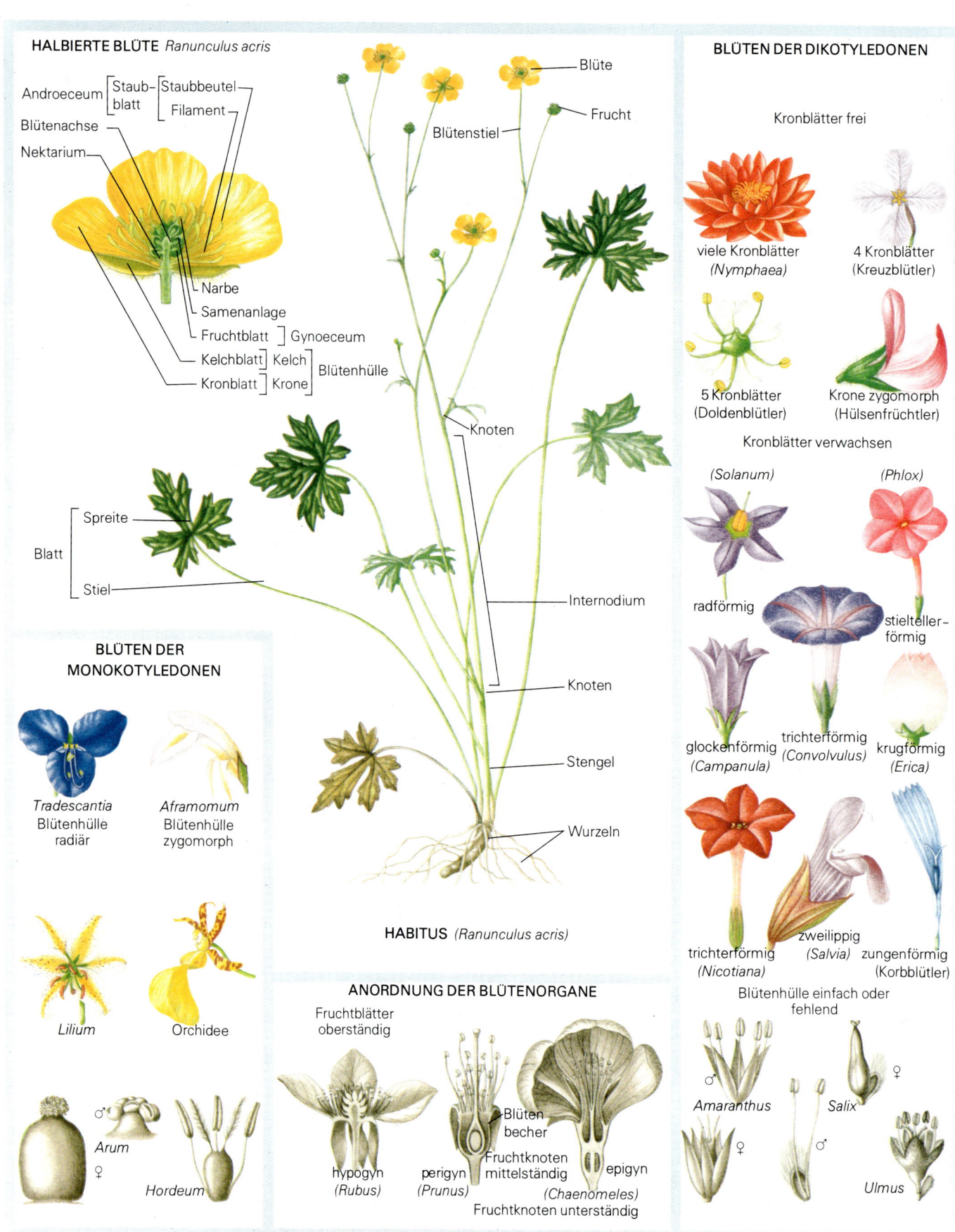

HALBIERTE BLÜTE *Ranunculus acris*

Androeceum
Staub-blatt
Staubbeutel
Filament
Blütenachse
Nektarium

Blüte
Frucht
Blütenstiel

Narbe
Samenanlage
Fruchtblatt] Gynoeceum
Kelchblatt] Kelch
Kronblatt] Krone] Blütenhülle

Knoten

Spreite
Blatt
Stiel

Internodium

Knoten

Stengel

Wurzeln

HABITUS (*Ranunculus acris*)

BLÜTEN DER MONOKOTYLEDONEN

Tradescantia
Blütenhülle
radiär

Aframomum
Blütenhülle
zygomorph

Lilium

Orchidee

Arum ♂ ♀

Hordeum

ANORDNUNG DER BLÜTENORGANE

Fruchtblätter
oberständig

Blüten
becher
Fruchtknoten
mittelständig

hypogyn
(*Rubus*)

perigyn
(*Prunus*)

epigyn
(*Chaenomeles*)

Fruchtknoten unterständig

BLÜTEN DER DIKOTYLEDONEN

Kronblätter frei

viele Kronblätter
(*Nymphaea*)

4 Kronblätter
(Kreuzblütler)

5 Kronblätter
(Doldenblütler)

Krone zygomorph
(Hülsenfrüchtler)

Kronblätter verwachsen

(*Solanum*)

(*Phlox*)

radförmig

stielteller-
förmig

glockenförmig
(*Campanula*)

trichterförmig
(*Convolvulus*)

krugförmig
(*Erica*)

trichterförmig
(*Nicotiana*)

zweilippig
(*Salvia*)

zungenförmig
(Korbblütler)

Blütenhülle einfach oder
fehlend

Amaranthus ♂ ♀

Salix ♀ ♂

Ulmus

GLOSSAR

Abaxial: an der vom Stengel abgewandten Seite, bei einem Blatt also die Unterseite

abgeleitet: innerhalb der betrachteten Sippe nicht dem ursprünglichen Zustand entsprechend, sondern im Laufe der Stammesgeschichte aus diesem entwickelt (z.B. ein Merkmal); der abgeleitete Zustand kann — verglichen mit dem ursprünglichen — komplizierter oder einfacher sein

abwechselnd: auf Lücke stehend, z.B. Staubblätter mit den Kronblättern

Achäne: einsamige Schließfrucht, aus einem unterständigen Fruchtknoten hervorgegangen (Taf. VI)

Achse: vgl. Sproßachse

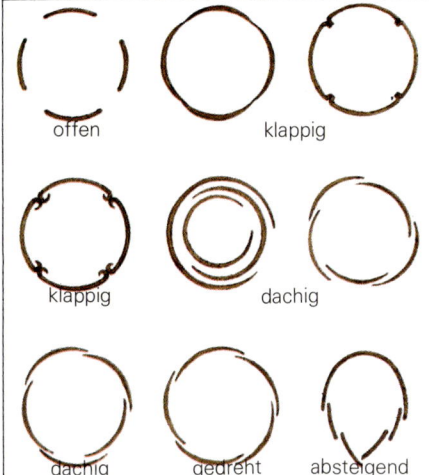

offen · klappig · klappig · dachig · dachig · gedreht · absteigend

Tafel V *Knospendeckung*

achselständig: im Winkel zwischen Stengel und Blatt stehend (z.B. Knospe oder Blüte)

adaxial: an der dem Stengel zugewandten Seite, bei einem Blatt also die Oberseite

Adventivwurzel: vgl. Nebenwurzel

Ährchen: ähriger Teilblütenstand bei Gräsern und grasähnlichen Pflanzen (Taf. VIII)

Ähre (adj. ährig): einfacher traubiger Blütenstand mit sitzenden Blüten (Taf. VIII)

amphibisch: zum Wachstum sowohl im Wasser als auch zu Lande befähigt

amphitrop: (Samenanlage) mit gekrümmtem Nucellus und Emryosack (Taf. X)

anatrop: (Samenanlage) umgewendet, d.h. der Funiculus setzt unmittelbar neben der Mikropyle an (Taf. X)

andin: mit Hauptverbreitung in den Anden

Androeceum: Staubblattformation, d.h. Gesamtheit aller Staubblätter einer Blüte (Taf. IV und XII)

Androgynophor: Verlängerung der Blütenachse zwischen Blütenhülle und Staubblättern (Taf. XII)

Angiosperme: Blütpflanze, deren Samenanlagen in den Fruchtblättern eingeschlossen sind; sie bilden daher Narben aus

Anthere: vgl. Staubbeutel

Anthocyane (Mz.): rote oder blaue Farbstoffe vieler Blütenpflanzen

Anthophor: Verlängerung der Blütenachse zwischen Kelch und Krone

Apertur: Keimstelle eines Pollenkorns

aperturat: (bei Pollenkörnern) mit vorgebildeten Keimstellen

apikal: am Scheitel (an der Spitze) eines Organs oder eines Sprosses gelegen (z.B. Taf. XI)

Apomixis (Adj. apomiktisch): äußerlich normal erscheinende Fortpflanzung (bei Blütenpflanzen Samenbildung) ohne Verschmelzung von Geschlechtszellen

Arillus: zusätzliche, meist fleischige Hülle um einen Samen

Art: die Grundeinheit des Systems (vgl. S. 10)

ätherische Öle: ölartiges Gemisch von Stoffen, die z.T. flüchtig sind, meist mit intensivem Geruch (z.B. Blütendüfte)

atrop: (Samenanlage) geradläufig, d.h. der Funiculus setzt genau gegenüber der Mikropyle an (Taf. X)

ausdauernd: länger als 2 Jahre lebend

ausgerandet: Form der Blattspitze (Taf. IX)

Außenkelch: kelchartige Hülle außerhalb der Kelchblätter

Australasien: umfaßt Australien, Neuguinea, Neuseeland und die benachbarten kleineren pazifischen Inseln

Balg: Fruchtblatt, das bei der Reife entlang der Bauchnaht aufspringt (Taf. VI)

basifix: Filament am Grunde des Staubbeutels ansetzend (Taf. XII)

Beere: fleischige, meist mehrsamige Frucht ohne Steinkern, die aus einem oder mehreren verwachsenen Fruchtblättern hervorgeht (Taf. VI)

Befruchtung: Verschmelzung einer männlichen Geschlechtszelle mit einer Eizelle

bereift: mit abwischbarem, weißlichem Überzug

Bestäubung: Übertragung von Blütenstaub auf eine Narbe

Betalaine (Mz.): rote oder gelbe Farbstoffe der meisten Nelkenartigen

bipolar: (als Verbreitungsangabe) sowohl auf der Nord- als auch auf der Südhalbkugel, jedoch den beiden Polen näher als dem Äquator

Blatt: seitliches Organ eines Sprosses; meist ein Laubblatt (Taf. IV und IX)

Blattachsel: Winkel zwischen einem Blatt und einem Stengel, an dem dieses ansetzt

Blatthäutchen: meist zartes Gebilde auf der Oberseite eines Blattes, am Übergang von der Scheide zur Spreite (Taf. IX)

Blattoberseite: die anfänglich dem Stengel zugewandte Seite eines Blattes, auch wenn sie später gegen unten gedreht ist

Blattscheide: Blattgrund, der den Stengel als geschlossene oder einseitig offene Röhre umgibt (Taf. IX)

Blattspindel: Fortsetzung des Blattstiels zusammengesetzter Blätter, an der die Fiedern ansetzen

Blattspreite: der flächige Teil eines Blattes (Taf. IV)

Blattstiel: unterer, sehr schmaler, aber fester Teil des Blattes; trägt die Spreite (Taf. IV und IX)

Blattunterseite: anfänglich vom Stengel abgewandte Seite eines Blattes

Blüte: ein Sproß (oder der obere Teil eines Sprosses), welcher der geschlechtlichen Fortpflanzung dient und sein Wachstum mit der Bildung von Staub- und Fruchtblättern (oder wenigstens einem von beidem) abschließt; außerdem meist mit besonders gestalteten Blättern versehen, die eine Blütenhülle bilden (Taf. IV)

Blütenachse: meist stark verkürzte und oft verdickte Fortsetzung des Blütenstiels, an der die Blütenorgane sitzen (Taf. IV)

Blütenbecher: stark verbreiterte und vertiefte Blütenachse, an deren Rand die Blütenhülle und meist auch die Staubblätter sitzen (Taf. IV)

Blütenhülle: Gesamtheit der unteren (äußeren) Blätter einer Blüte, die im Knospenzustand die Staub- und Fruchtblätter einhüllen; einfache B' vgl. Perigon, doppelte B' vgl. Kelch bzw. Krone (Taf. IV)

Blütenstand: Gruppe von Blüten (manchmal sehr groß) (Taf. VIII)

Blütenstaub: Inhalt der Staubbeutel (vgl. Pollenkorn)

Blütenstiel: unverzweigter Teil der Sproßachse, die mit einer Blüte abschließt (Taf. IV und VIII)

boreal: in einer Zone zwischen der gemäßigten und der arktischen (der Nordhalbkugel), also unter kaltem, aber noch nicht extrem kaltem Klima

Brettwurzeln: brettartige Wurzelansätze vieler Bäume der tropischen Regenwälder; ziehen oft hoch am Stamm hinauf

Brutknospe: Sproßknospe, die sich ablöst und eine neue Pflanze bilden kann; oft knöllchenförmig; dient der ungeschlechtlichen Vermehrung

Büschelwurzel: oft büschelig angeordnete, meist wenig verzweigte Nebenwurzeln, die alle etwa gleich stark sind

Chalaza: Teil der Samenanlage, auf dem der Nucellus sitzt (Taf. X)

chorikarp: mit freien Fruchtblättern

Cladodium: abgeflachter Stengel mit Form und Funktion eines Laubblattes

Cyme: Blütenstand, in dem jeder Sproß neben der Blüte höchstens 2 Knoten umfaßt und daher nicht mehr als 2 Seitensprosse trägt (Taf. VIII)

cymös: eine Cyme darstellend (oder aus Cymen bestehend) (Taf. VIII)

Cystolith: in die Zelle hineinragende, kristallartige Bildung der Zellwand

dachig: Knospendeckung der Blütenhüllblätter; überlappend wie die Ziegel eines Daches (Taf. V)

Deckelkapsel: mit einem Deckel aufspringende Kapsel (Taf. VI)

Dichasium: Cyme (vgl. dort), bei der jeder Zweig 2 Seitenzweige oder Blüten trägt

didynamisch: (Androeceum) mit 2 längeren und 2 kürzeren Staubblättern (Taf. XII)

Dikotyle: Pflanze, die zur Klasse der Dicotyledoneae gehört (vgl. Taf. II)

Dimorphismus (Adj. dimorph): Auftreten des gleichen Organs oder der ganzen Pflanze in 2 verschiedenen Formen (bei einer Art)

diploid: mit dem doppelten Chromosomensatz in jeder Zelle; bei Blütenpflanzen der Normalfall (außer Embryosack und Pollenkörner)

Disjunktion (Adj. disjunkt): die Tatsache, daß eine Sippe in 2 oder mehreren durch große Verbreitungslücken getrennten Gebieten vorkommt

Diskus: meist polsterförmige Bildung der Blütenachse (evtl. auch der Staubblätter) aus Drüsengewebe, das Nektar ausscheidet

Dolde (Adj. doldig): Blütenstand, bei dem alle Blütenstiele am gleichen Punkt ansetzen; oft zusammengesetzt — Doppeldolde (Taf. VIII)

Doldentraube: (Blütenstand) Traube, bei der die Blüten verschieden lang gestielt sind, so daß sie mehr oder weniger in einer Ebene liegen (Taf. VIII)

doppelt gefiedert: (Blätter) zusammengesetzt und die Fiedern ihrerseits gefiedert

Dorn: ein ganzes Organ (Zweig, Blatt, Fieder oder größere Teile davon), das zu einer stechenden Spitze umgewandelt ist.

dorsal: an der Rückenseite, z.B. bei einem Fruchtblatt die von der Mitte der Blüte abgewandte Seite

dorsifix: Filament am Rücken des Staubbeutels ansetzend (Taf. XII)

dreischnittig: (Blätter) fast bis zum Grunde der Spreite in 3 Abschnitte geteilt

dreizählig gefiedert: (Blätter) zusammengesetzt aus nur 3 Fiedern; z.B. Kleeblatt

Drüse: Gewebe, das Stoffe ausscheidet

Drüsenhaar: mit einem Köpfchen versehenes Haar, meist klebrig

Ebenstrauß: rispiger Blütenstand, bei dem alle Blüten in einer ebenen oder gewölbten Fläche liegen (hier manchmal ungenau auf Doldentrauben angewandt)

eiförmig: Blattform (vgl. Taf. IX)

eingebürgert: am betreffenden Ort nicht ursprünglich vorhanden; durch den Menschen eingeführt oder eingeschleppt und ohne menschliches Zutun sich haltend und evtl. ausbreitend

eingeschlechtig: (Blüten) entweder nur Fruchtblätter (weiblich) oder nur Staubblätter (männlich) enthaltend

einhäusig: weibliche und männliche Blüten auf der gleichen Pflanze

einjährig: die ganze Entwicklung von der Keimung bis zur Samenreife in weniger als 2 Jahren durchlaufend und danach ganz absterbend

Elaiosom: mehr oder weniger fleischiges Anhängsel am Samen, das z.B. Ameisen dazu veranlaßt, diese zu verschleppen

elliptisch: von der Form einer Ellipse (aber oft mit spitzen Enden) (Taf. IX)

Embryo: junge unentwickelte Pflanze im Samen (Taf. VI)

embryologisch: nicht nur «den Embryo betreffend», sondern auch die Entwicklung der Samenanlage, des Embryosacks, des Endosperms und sogar die Pollenentwicklung

Embryosack: Inhalt des Nucellus; im E' entsteht aus der befruchteten Eizelle der Embryo (Taf. X)

Endblüte: diejenige Blüte, die die Hauptachse eines Blütenstandes abschließt

endemisch: nur in einem bestimmten (meist nicht sehr großen) Gebiet vorkommend

Endokarp: innerste Schicht der Fruchtwand (Taf. VI)

Endosperm: Nährgewebe des Samens, das aus dem Embryosack entsteht (Taf. VI)

endständig: einen Sproß abschließend

Epidermis (Adj. epidermal): Oberhaut, d.h. die äußerste Zellschicht des Pflanzenkörpers

epigyn (Subst. Epigynie): (Blüte) Androeceum und Blütenhülle über dem versenkten Fruchtknoten ansetzend, d.h. mit unterständigem Fruchtknoten (Taf. IV)

Epiphyt: Überpflanze, d.h. Pflanze, die nicht im Boden wurzelt, sondern auf einer anderen Pflanze wächst

Evolution: Entwicklung im Laufe der Stammesgeschichte

Exine: äußere Wandschicht der Pollenkörner

Exokarp: die äußerste Schicht der Fruchtwand (Taf. VI)

extrors: (Staubbeutel) außenwendig, d.h. sich nach außen hin öffnend (Taf. XII)

Fach: einzelne Kammer eines durch Scheidewände unterteilten Fruchtknotens (Taf. XI)

Fächel: Blütenstand (Monochasium), bei dem alle Verzweigungen in einer Ebene liegen und jeweils die Seite wechseln (Taf. VIII, Schema neben *Iris pseudacorus*)

fachspaltig: Öffnungsweise einer Kapselfrucht, bei der die einzelnen Fruchtblätter am Rücken aufspringen, d.h. mit Längsspalten durch die Mitte der Außenwand jedes Faches (Taf. VI)

Familie: mittlere Einheit des Systems — eine Gruppe verwandter Gattungen (vgl. S. 10)

Fieder: Teilblättchen eines zusammengesetzten Blattes (Taf. IX)

fiedernervig: (Blatt) mit Mittelrippe, von der ungefähr gleichwertige Seitennerven abgehen (Taf. IX)

fiederschnittig: (Blatt) fast bis zur Mittelrippe geteilt

fiederspaltig: (Blatt) vgl. Taf. IX

Filament: Staubfaden; der Stiel eines Staubbeutels (Taf. XII)

flächenständige Samenanlagen: solche, die nicht am Rand, sondern auf der Fläche des Fruchtblattes stehen

Flora: gesamter Bestand eines Gebietes an Pflanzenarten

Flügelnuß: trockene, einsamige Schließfrucht, die mit einem flächigen Schweborgan versehen ist (Taf. VI)

Formation: Klasse ähnlicher Pflanzengemeinschaften, z.B. sommergrüner Laubwald, Mangrove oder alpine Matte (Hochgebirgsrasen)

fossil: (Reste von Lebewesen) in geologischen Ablagerungen zu finden, weil nicht vollständig abgebaut

Fremdbefruchtung: Befruchtung durch männliche Geschlechtszellen, die von einer anderen Pflanze stammen

Fremdbestäubung: Bestäubung durch Blütenstaub von einer anderen Pflanze

Frucht: das, was nach Befruchtung der Samenanlagen aus der Blüte wird

Fruchtbecher: becherartige Hülle um eine Frucht (z.B. bei der Eichel)

Fruchtblatt: ein Blatt, das Samenanlagen trägt und bzw. oder umschließt; steht immer zuinnerst in der Blüte, ist meist gefaltet und oft mit anderen F' verwachsen (Taf. IV und VII)

Fruchtknoten: unterer Teil eines aus verwachsenen Fruchtblättern bestehenden Gynoeceums, in welchem sich die Samenanlagen befinden (Taf. VII)

FLEISCHIGE FRÜCHTE

Beere (Tomate)

Sammelsteinfrucht (Brombeere)

Steinfrucht (Pflaume)

Kernfrucht (Apfel)

Sammelnußfrucht (Erdbeere)

Hagebutte (Rose)

Hesperidium (Orange)

FRUCHTSTÄNDE

Maulbeere

Feige

Ananas

Fruchtstand: Gruppe von Früchten (Taf. VI)

Fruchtwand: Außenwand einer Frucht, den oder die Samen einschließend (Taf. VI)

Funiculus: Stiel der Samenanlage (Taf. X)

gabelig: in 2 gleichwertige Zweige gespalten

ganzrandig: (Blatt) mit völlig ungegliedertem Rand (Taf. IX)

Gattung: Einheit des Systems — Gruppe verwandter Arten (vgl. S. 10)

gedreht: Knospendeckung, bei der die Hüllblätter drehsymmetrisch angeordnet sind (Taf. V)

gefächert: (Fruchtknoten) durch Scheidewände unterteilt

Gefäß: Zellreihe ohne Querwände in einem Leitbündel; dient der Wasserleitung

gefiedert: (Blatt) zusammengesetzt, d.h. die Spreite aus mehreren, vollständig getrennten Teilblättchen (Fiedern) bestehend (Taf. IX)

gefingert: (Blatt) handförmig gefiedert, d.h. alle Fiedern setzen am gleichen Punkt an (Taf. IX)

gegenständig: (Beblätterung) an den Knoten paarweise einander gegenüberstehend (Taf. IX)

gekerbt: (Blattrand) gegliedert, mit stumpfen Vorsprüngen und spitzen Buchten (Taf. IX)

gekniet: mit scharfer Krümmung, knieartig (Taf. XIII)

gelappt: (Blatt) wenig tief geteilt, mit meist stumpfen Zipfeln (Taf. IX)

genagelt: (Kronblätter) in Nagel und Platte gegliedert (vgl. dort)

geöhrt: vgl. Öhrchen

gesägt: (Blattrand) in der Art eines Sägeblattes gegliedert, d.h. Vorsprünge und Buchten spitz (Taf. IX)

geschweift: (Blattrand) schwach gegliedert, mit seichten und stumpfen Vorsprüngen und Buchten (Taf. IX)

gestutzt: (Blattspitze) sehr stumpf, wie abgeschnitten (Taf. IX)

gewellt: (Blatt) nicht eben, sondern wellig (besonders am Rand) (Taf. IX)

gewimpert (Subst. Wimpern): (Behaarung) am Rand mit mehr oder weniger abstehenden Haaren versehen (Taf. IX)

gezähnt: (Blattrand) gegliedert, mit spitzen Vorsprüngen und stumpfen Buchten (Taf. IX, in der Abb. nicht klar dargestellt)

Granne: borstenförmige Anhängsel, meist als Fortsetzung einer Blattrippe

---

Tafel VI *Einige Fruchtformen und ihr Bau*

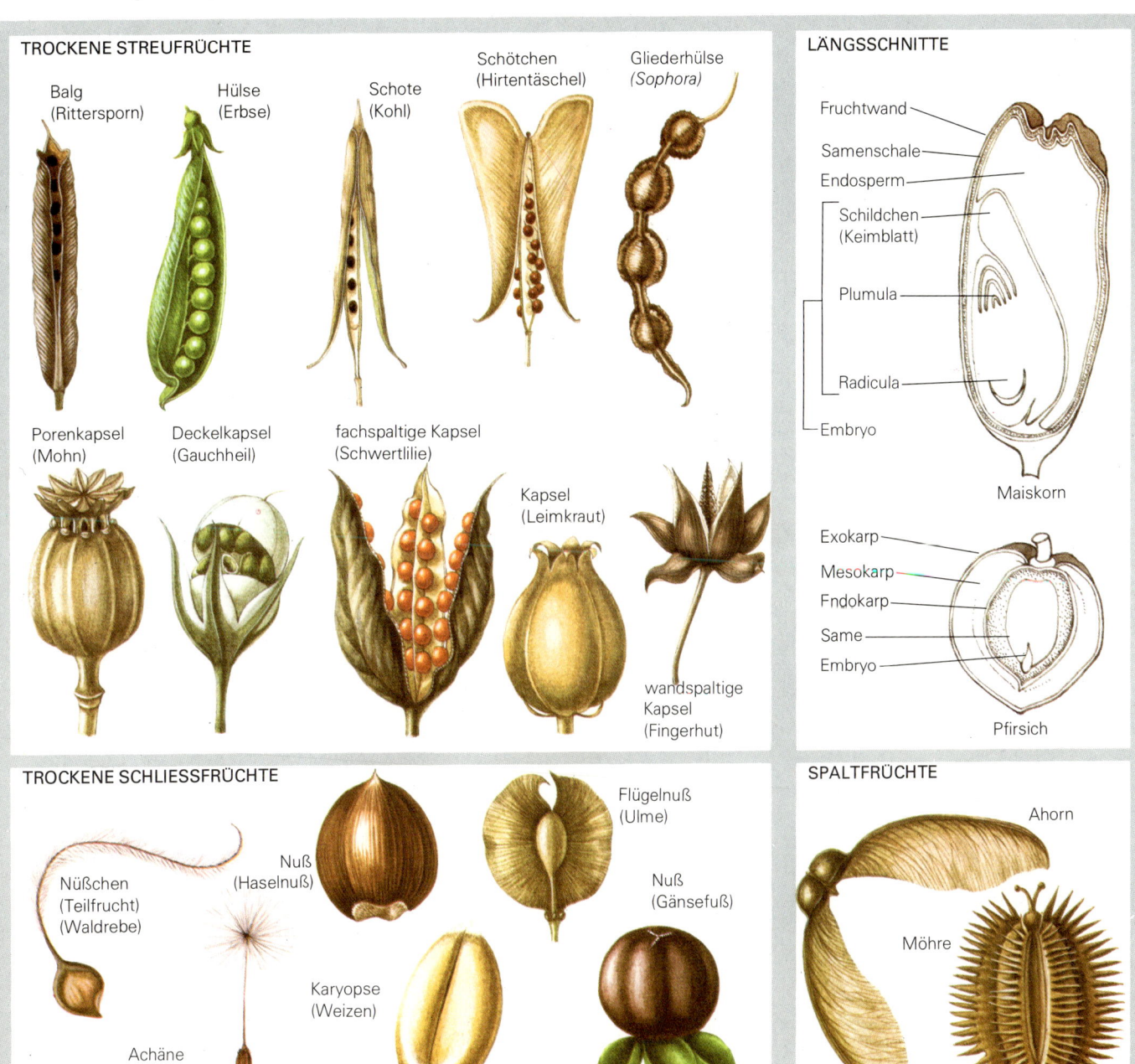

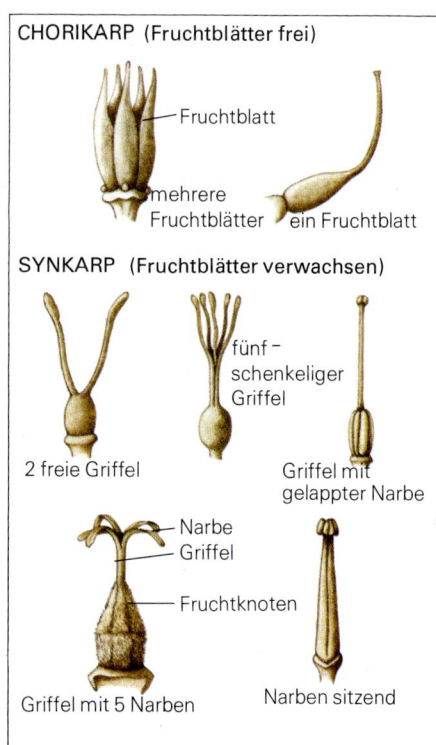

CHORIKARP (Fruchtblätter frei)

Fruchtblatt

mehrere
Fruchtblätter ein Fruchtblatt

SYNKARP (Fruchtblätter verwachsen)

fünf-
schenkeliger
Griffel

2 freie Griffel

Griffel mit
gelappter Narbe

Narbe
Griffel

Fruchtknoten

Griffel mit 5 Narben   Narben sitzend

Tafel VII *Einige Gynoeceen*

Griffel: verschmälerter Teil eines freien oder mehrerer verwachsener Fruchtblätter, der die Narbe(n) trägt (Taf. VII und XIII)
grundständig: am Grunde des tragenden Organs eingefügt oder nahe der Erdoberfläche abgehend
gynobasischer Griffel: Griffel eines stark aufgewölbten Fruchtblattes oder an einem tief geteilten Fruchtknoten; scheinbar am Grunde ansetzend (Taf. XIV)
Gynoeceum: Fruchtblattformation, d.h. Gesamtheit aller Fruchtblätter einer Blüte (Taf. IV und VII)
Gynophor: Stiel eines Gynoeceums

Habitus: Tracht, äußere Erscheinung (Taf. IV)
Halbparasit: grüne Pflanze, die mittels Haustorien (vgl. dort) eine Wirtspflanze befällt
Halbstrauch: ausdauernde Pflanze, bei der die Zweige im oberen Teil nicht verholzen und im Winter absterben
handförmig: (Blatt) handnervig und strahlig geteilt oder zusammengesetzt (Taf. IX)
handnervig: mit Hauptnerven, die am Grunde der Spreite in einem Punkt zusammenlaufen (Taf. IX)
hapaxanth: nach einmaliger Blüte ganz absterbend
Haustorium: Organ (meist an Wurzeln), mit dem Parasiten in den Wirt eindringen und dessen Leitbündel anzapfen
herzförmig: Blattform (vgl. Taf. IX)
Hesperidium: fleischige Frucht einiger Rutaceae (Taf. VI)
Heteromorphie (Adj. heteromorph): 2 oder mehr verschiedene Ausbildungen des gleichen Organs bei einer Art (z.B. 2 Blütenformen bei Primeln)

Heterophyllie: die Erscheinung, daß verschiedene Laubblattformen an der gleichen Pflanze vorkommen (z.B. Efeu)
Hilum: Stelle am Samen, an der er sich vom Funiculus gelöst hat
hinfällig: sehr frühzeitig abfallend (z.B. Nebenblätter)
Hochblatt: umgebildetes, oft vereinfachtes Blatt im oberen Teil eines Sprosses; meist im Bereich der Blütenstände und oft gleichzeitig Tragblatt (Taf. VIII)
Honigblatt: Blütenhüllblatt, das Nektar absondert und dementsprechend umgebildet ist
Hüllblatt: Hochblatt, das (meist mit anderen zusammen) einen Teilblütenstand umgibt
Hüllchen: Hülle zweiter Ordnung in einem umhüllten Blütenstand (bei Doldenblütlern) (Taf. VIII)
Hülle: Gesamtheit der Hochblätter, die einen Teilblütenstand umgeben (Taf. VIII)
Hülse: trockene Streufrucht aus einem Fruchtblatt, das an der Bauch- und Rückennaht aufspringt
hypogyn (Subst. Hypogynie): (Blüte) Androeceum und Blütenhülle am Grunde des Fruchtknotens ansetzend, d.h. mit oberständigem Fruchtknoten (Taf. IV)

Indomalesien: umfaßt Vorder- und Hinterindien sowie Malesien
insektenblütig: von Insekten bestäubt
Integument: Teil der Samenanlage — Hülle um den Nucellus (gewöhnlich 2) (Taf. X)
internes Phloem: Phloem, das sich nicht wie gewöhnlich außerhalb, sondern innerhalb des Xylems im Mark des Stengels befindet
Internodium: Stengelglied, d.h. zwischen 2 Knoten liegender Abschnitt eines Stengels (Taf. IV)
intrors: (Staubbeutel) innenwendig, d.h. sich zur Mitte der Blüte hin öffnend (Taf. XII)

Kambium: Bildungsgewebe des Stammes zwischen Holz und Rinde
kampylotrop: (Samenanlage) krummläufig, d.h. mit leicht gekrümmtem Nucellus, jedoch mehr oder weniger geradem Embryosack (Taf. X)
Kapsel: meist trockene, aufspringende, mehrsamige Frucht; aus mehreren, verwachsenen Fruchtblättern entstanden (Taf. VI)
Karyopse: trockene, einsamige Schließfrucht, bei der der Same mit der Fruchtwand verklebt ist (v.a. bei Gräsern) (Taf. VI)
Kätzchen: im typischen Fall hängender Blütenstand aus kleinen, meist vereinfachten Blüten (v.a. bei Windblütlern) (Taf. VIII)
Keimblatt: das erste bzw. die beiden ersten (untersten) Blätter einer Pflanze; im Samen bereits vorhanden
Keimling: gekeimte Jungpflanze mit wenigen Blättern
Kelch: die äußere (untere) von 2 Blütenhüllen (Taf. IV)
Kelchblatt: eines der Blätter, die den Kelch bilden (Taf. IV)

Kelchzipfel: freie Teile verwachsener Kelchblätter (Taf. VI)
Kernfrucht: mehr oder weniger fleischige Frucht mit pergamentartigem Endokarp, aus unterständigem Fruchtknoten hervorgehend (Taf. VI)
klappig: (Knospendeckung) nicht überlappend (Taf. V)
Klasse: große Einheit des Systems, Gruppe verwandter Ordnungen (vgl. S.10)
Klausen: Teilfrüchte, die aus stark aufgewölbten Fruchtblatteilen entstehen, z.B. bei Lippenblütlern
kleistogam: (Blüte) sich nie öffnend und daher selbstbestäubt
Klimmer: Kletterpflanze
Klimmstaude: ausdauernde, nicht verholzte Kletterpflanze
Klon: Gesamtheit aller Pflanzen, die durch vegetative Vermehrung aus einer einzigen entstanden sind (alle erbgleich)
Knolle: meist unterirdisches, massives (selten hohles) Speicherorgan; verdickter Stengel oder verdickte Wurzel
Knospendeckung: Art und Weise, in der die Blütenhüllblätter in der Knospe angeordnet sind (Taf. V)
Knoten: Stelle am Stengel, an der ein Blatt ansetzt und auch ein Seitensproß entspringen kann (Taf. IV)
Kolben: ähriger Blütenstand mit verdickter Blütenstandsachse (Taf. VIII)
Kommissur: «Naht»; gewöhnlich die Linie, an der man sich die Grenze zwischen 2 Organen vorstellt, wenn diese von Anfang an miteinander verwachsen sind
Konnektiv: Zwischenband, Fortsetzung des Filamentes zwischen den Theken eines Staubbeutels (Taf. XII)
konvergente Evolution: Entwicklung, die auf stammesgeschichtlich verschiedenen Wegen zum gleichen oder zu einem ähnlichen Ergebnis führt
Köpfchen (Adj. kopfig): Blütenstand mit sehr kurzer und verdickter Blütenstandsachse und gewöhnlich einer Hochblatthülle (Taf. VIII)
kosmopolitisch: bedeutet eigentlich auf der ganzen Welt vorkommend; wird meist aber verwendet im Sinne von «in allen Erdteilen, mit Ausnahme von Antarktika»
Kraut (Adj. krautig): Pflanze ohne holzige Teile, oft aber ausdauernd
kreuzgegenständig: (Beblätterung) gegenständig und die aufeinanderfolgenden Blattpaare versetzt, somit im Grundriß ein Kreuz bildend (Taf. IX)
Kronblatt: eines der Blätter, die die Krone bilden (Taf. IV)
Krone: die innere (obere) von 2 Blütenhüllen (Taf. IV)
Kronzipfel: freie Teile einer verwachsenblättrigen Krone
Kutikula: dünne Auflagerung auf die Epidermis (Verdunstungsschutz)

lanzettlich: (Blattform) von der Form einer Lanzenklinge (Taf. IX, unter «Rand: ganzrandig»)
Laubblatt: (meist einfach als «Blatt» bezeichnet) mehr oder weniger flächiges seitliches Organ eines Sprosses, das fast immer grün ist und der Photosynthese dient (Taf. IX)

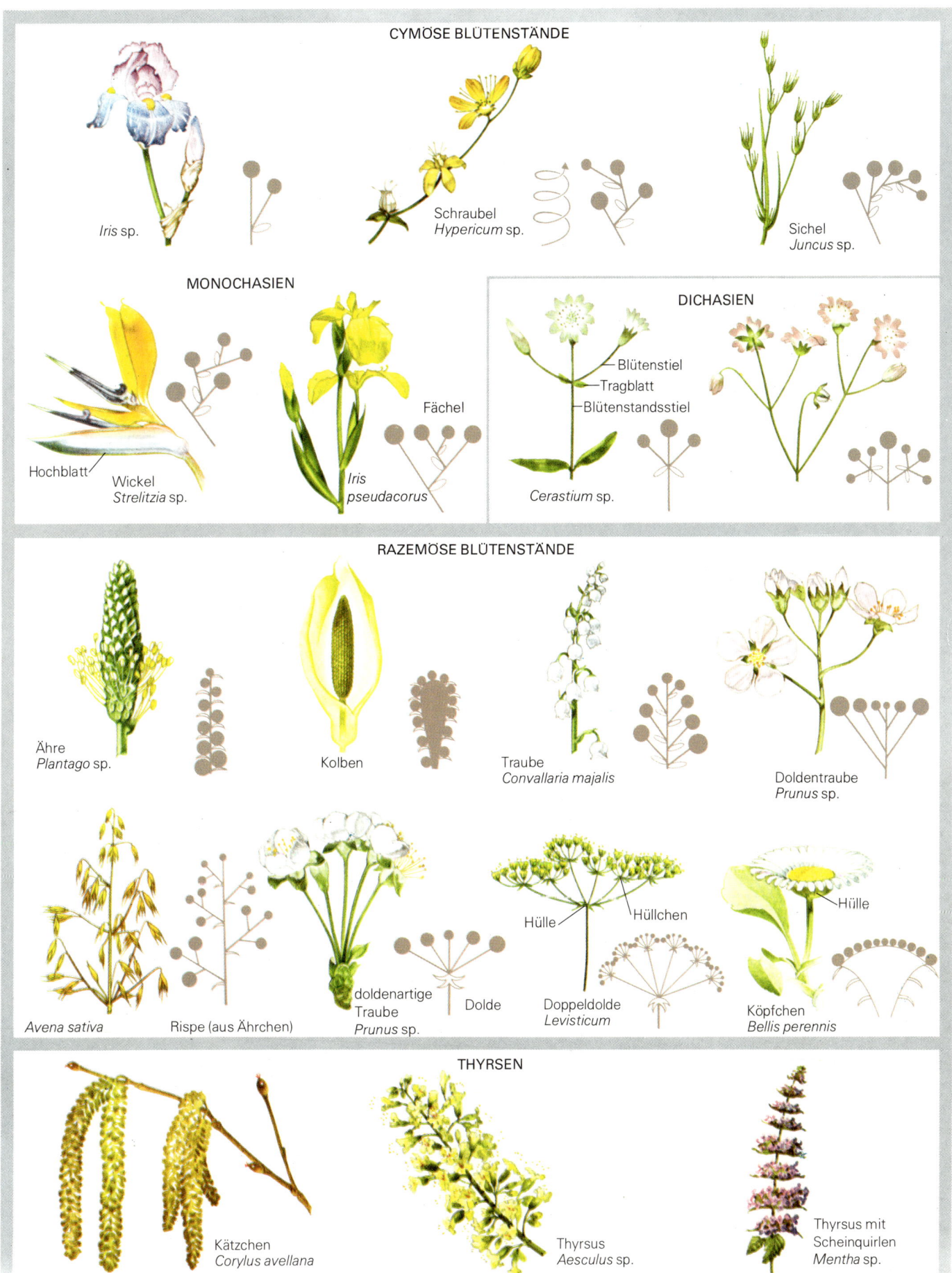

CYMÖSE BLÜTENSTÄNDE

Iris sp.

Schraubel
Hypericum sp.

Sichel
Juncus sp.

MONOCHASIEN

Hochblatt
Wickel
Strelitzia sp.

Fächel

Iris pseudacorus

DICHASIEN

Blütenstiel
Tragblatt
Blütenstandsstiel

Cerastium sp.

RAZEMÖSE BLÜTENSTÄNDE

Ähre
Plantago sp.

Kolben

Traube
Convallaria majalis

Doldentraube
Prunus sp.

Hülle   Hüllchen

Hülle

Avena sativa

Rispe (aus Ährchen)

doldenartige Traube
Prunus sp.

Dolde

Doppeldolde
Levisticum

Köpfchen
Bellis perennis

THYRSEN

Kätzchen
Corylus avellana

Thyrsus
Aesculus sp.

Thyrsus mit Scheinquirlen
Mentha sp.

Tafel VIII   *Einige Blütenstände (in den Schemata zu den Beispielen entsprechen die größten Kreise den ältesten Blüten)*

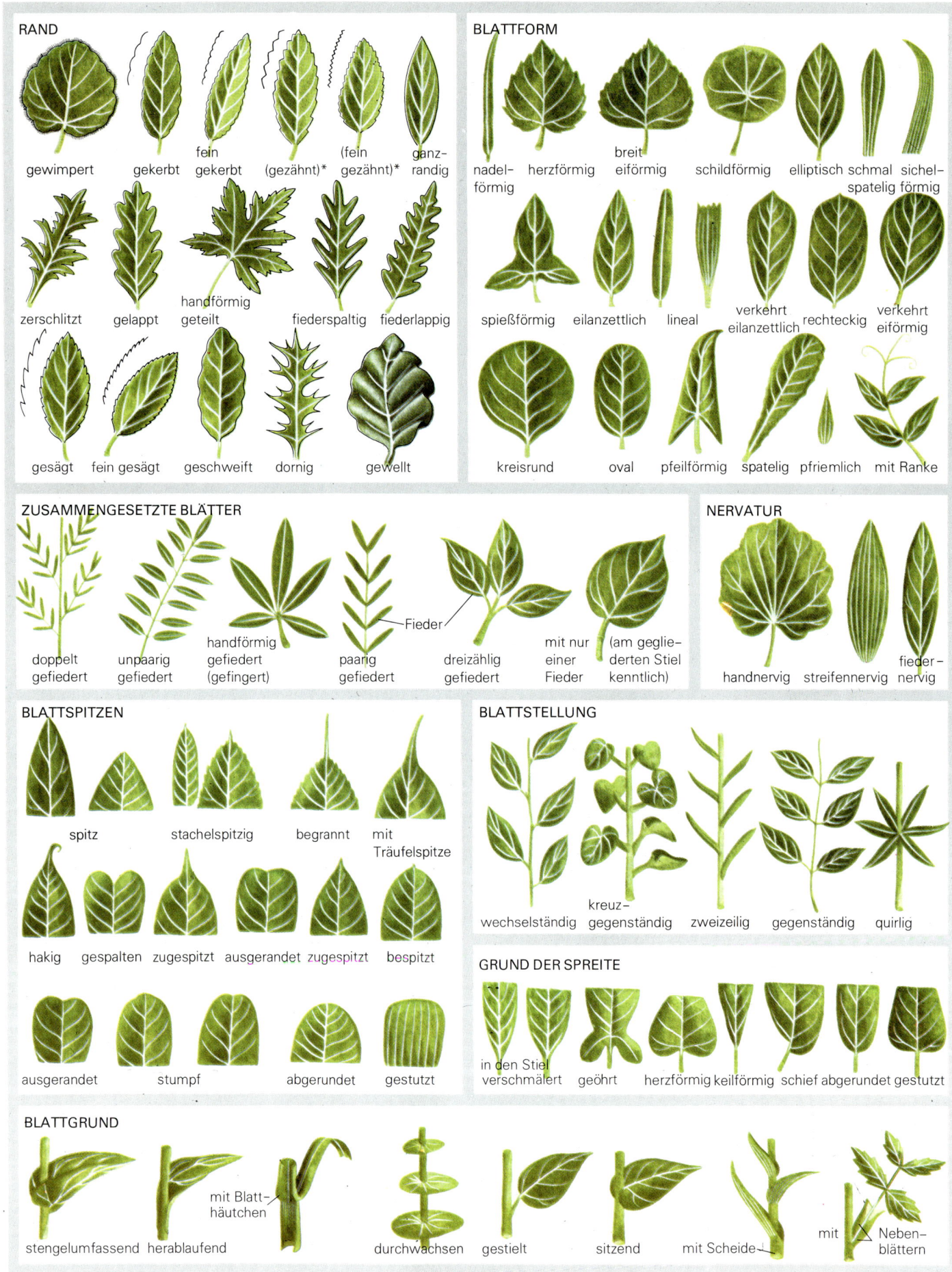

RAND

gewimpert · gekerbt · fein gekerbt · (fein gezähnt)* · (fein gezähnt)* · ganzrandig

zerschlitzt · gelappt · handförmig geteilt · fiederspaltig · fiederlappig

gesägt · fein gesägt · geschweift · dornig · gewellt

BLATTFORM

nadelförmig · herzförmig · breit eiförmig · schildförmig · elliptisch · schmal spatelig · sichelförmig

spießförmig · eilanzettlich · lineal · verkehrt eilanzettlich · rechteckig · verkehrt eiförmig

kreisrund · oval · pfeilförmig · spatelig · pfriemlich · mit Ranke

ZUSAMMENGESETZTE BLÄTTER

doppelt gefiedert · unpaarig gefiedert · handförmig gefiedert (gefingert) · paarig gefiedert · Fieder · dreizählig gefiedert · mit nur einer Fieder · (am gegliederten Stiel kenntlich)

NERVATUR

handnervig · streifennervig · fiedernervig

BLATTSPITZEN

spitz · stachelspitzig · begrannt · mit Träufelspitze

hakig · gespalten · zugespitzt · ausgerandet · zugespitzt · bespitzt

ausgerandet · stumpf · abgerundet · gestutzt

BLATTSTELLUNG

wechselständig · kreuzgegenständig · zweizeilig · gegenständig · quirlig

GRUND DER SPREITE

in den Stiel verschmälert · geöhrt · herzförmig · keilförmig · schief · abgerundet · gestutzt

BLATTGRUND

stengelumfassend · herablaufend · mit Blatthäutchen · durchwachsen · gestielt · sitzend · mit Scheide · mit Nebenblättern

Tafel IX   *Blätter: Form, Bau und Stellung (teils nach RADFORD et al., 1974)*   *vgl. S. 19

laubwerfend: die Blätter am Anfang der ungünstigen Jahreszeit verlierend und erst zu Beginn der Vegetationsperiode durch Austreiben neuer Sprosse ersetzend

Leitbündel: Gewebestrang, welcher der Leitung von Wasser und in diesem gelöster Stoffe dient

Lentizellen: Korkwarze, d.h. Stelle in der Borke, an der luftdurchlässiger Kork gebildet wird

Liane: holzige Kletterpflanze

lineal: (Blattform) über den größten Teil der Länge gleich schmal (Taf. IX)

Luftwurzel: größtenteils oder ganz oberirdische Wurzel

Makaronesien: umfaßt die nordatlantischen Inselgruppen der Azoren, Kanaren, Kapverden und Madeira

Malesien: umfaßt den südlichen Teil der Malaiischen Halbinsel, die Großen und Kleinen Sundainseln (Malaiischer Archipel), die Philippinen und Neuguinea

Mannigfaltigkeitszentrum: Gebiet, in dem am meisten Arten einer Gattung oder Familie vorkommen

männliche Blüte: Blüte, die außer der Blütenhülle nur Staubblätter ausbildet (Zeichen ♂) (Taf. IV)

marginale Plazentation: am Rand der Fruchtblätter stehende Samenanlagen

marin: im Meer lebend

Meristem (Adj. meristematisch): Bildungsgewebe, d.h. Gewebe aus unbeschränkt teilungsfähigen Zellen

Mesokarp: mittlere Schicht der Fruchtwand (Taf. VI)

Mikropyle: Öffnung in den Integumenten an der Spitze der Samenanlagen; Zugang zum Nucellus (Taf. X)

Milchröhre: schlauchförmige Zelle bzw. Zellreihe, die Milchsaft enthält

Milchsaft: meist milchig weiße Flüssigkeit, die bei Verletzung aus der Pflanze austritt, z.B. bei Wolfsmilch; kann z.T. technisch genutzt werden (Kautschuk)

Mittelrippe: der Hauptnerv eines Blattes (Taf. IV)

mittelständig: (Fruchtknoten) von einem nicht oder nur teilweise mit ihm verwachsenen Blütenbecher umgeben (Taf. IV)

Monochasium: Cyme (vgl. dort), in der jeder Sproß außer der Blüte nur einen Knoten umfaßt und daher nicht mehr als einen Seitensproß trägt (Taf. VIII)

monocolpat: (bei Pollenkörnern) mit einer Keimfalte

monogenerisch: (Familie) nur eine Gattung umfassend

Monokotyle: Pflanze, die zur Klasse der Monocotyledoneae gehört (vgl. Taf. II)

monopodial: mit durchgehender Hauptachse

monoporat: (bei Pollenkörnern) mit einer Keimpore (vgl. Pore)

monotypisch: (Gattung oder Familie) nur eine Art umfassend

montan: hier verwendet im Sinne von «in Gebirgen, aber noch unterhalb der Waldgrenze»

morphologisch: den Bau betreffend

Mycorrhiza: nicht rein parasitische Beziehung eines Pilzes zu den Wurzeln höherer Pflanzen

Nagel: schmaler und oft abgewinkelter Teil eines Kronblattes (vgl. Platte)

Narbe: der Aufnahme des Blütenstaubes dienender, oberster Teil des Fruchtblattes oder mehrerer verwachsener Fruchtblätter (Taf. VII und XIII)

Nebenblätter: oft blattartige Teile des Laubblattes, häufig paarweise und immer am Blattgrund stehend (Taf. IX)

Nebenkrone: Gesamtheit von Anhängseln an der Oberseite der Kronblätter (seltener der Perigonblätter), z.B. bei Nelkengewächsen

Nebenwurzel: sproßbürtige Wurzel, d.h. Wurzel, die nicht der Hauptwurzel, sondern einem Stengel entspringt

Nektar: stark zuckerhaltiger Saft, der meist in Blüten ausgeschieden und von Insekten aufgenommen wird (bei Bienen Rohstoff für Honig)

Nektarium: Drüse, die Nektar ausscheidet (Taf. IV)

Nerv: Leitbündel und begleitendes Festigungsgewebe eines Blattes (Transport- und Stützfunktion) (Taf. IV)

Nervatur: Gesamtheit der Nerven eines Blattes (Taf. IX)

netznervig: mit netzartiger Nervatur

Nucellus: innerer, kompakter Teil der Samenanlage (Taf. X)

Nuß: trockene, einsamige Schließfrucht; geht aus einem oberständigen Fruchtknoten hervor (Taf. VI)

Nüßchen: trockene, einsamige Teilfrüchte; gehen aus je einem von mehreren freien Fruchtblättern hervor (Taf. VI)

oberständig: (Fruchtknoten) nicht eingesenkt und daher deutlich über den Ansatzstellen aller übrigen Blütenorgane stehend (Taf. IV)

obligat: auf eine bestimmte ökologische Bedingung angewiesen, d.h. ganz bestimmte Ansprüche an den Lebensraum stellend und sonst nicht vorkommend (z.B. bei Parasiten die Anwesenheit des Wirtes)

Öhrchen (Adj. geöhrt): mehr oder weniger lappige Anhänge am Blattgrund oder am Grund der Spreite (Taf. IX)

Ordnung: größere Einheit des Systems — Gruppe verwandter Familien (vgl. S.10)

oval: (Blattform) vgl. Taf. IX

paarig gefiedert: (Blatt) zusammengesetzt, mit einer geraden Zahl von Fiedern, d.h. ohne Endfieder (Taf. IX)

pantropisch: in den Tropen aller Erdteile vorkommend

papillös: (bei Oberflächen) im strengen Sinne «mit nach außen vorspringenden Zellwandverdickungen (der Epidermis)», auch verwandt im Sinne von «mit nach außen vorspringenden Epidermiszellen» (z.B. Taf. XIII)

Parasit: Schmarotzer, d.h. Lebewesen, das auf oder in einem Wirt sitzt und sich (wenigstens teilweise) von dessen Gewebe oder Flüssigkeit ernährt

Parenchym (Adj. parenchymatisch): Grundgewebe, d.h. Gewebe aus Zellen, die weder sehr langgestreckt sind noch besonders stark verdickte Wände haben und auch sonst nicht auffallend umgebildet sind

parietal: vgl. Plazentation

Perigon: einfache Blütenhülle

Perigonblatt: eines der Blätter, die das Perigon bilden

perigyn (Subst. Perigynie): (Blüte) mit einem Blütenbecher, der höchstens teilweise mit dem Fruchtknoten verwachsen ist; Fruchtknoten mittelständig (Taf. IV)

Perisperm: Nährgewebe des Samens, das aus dem Nucellus hervorgeht

petaloid: kronblattartig (z.B. Taf. XIII)

Pflanzengemeinschaft: Kombination aller Pflanzenarten eines Ortes (oft auch: Gesamtheit oder Typ der Pflanzenbestände gleicher Zusammensetzung)

pfriemlich: (Blatt) von der Form einer Ahlenspitze (Pfriem) (Taf. IX)

Phloem: Siebteil eines Leitbündels, d.h. Gewebe, das v.a. der Leitung von Zuckern und anderen Stoffen dient

Photosynthese (Adj. photosynthetisch): der Aufbau energiereicher Stoffe aus Kohlendioxid und Wasser mittels Chlorophyll und Sonnenlicht

Tafel X *Bau der Samenanlagen (Längsschnitte)*

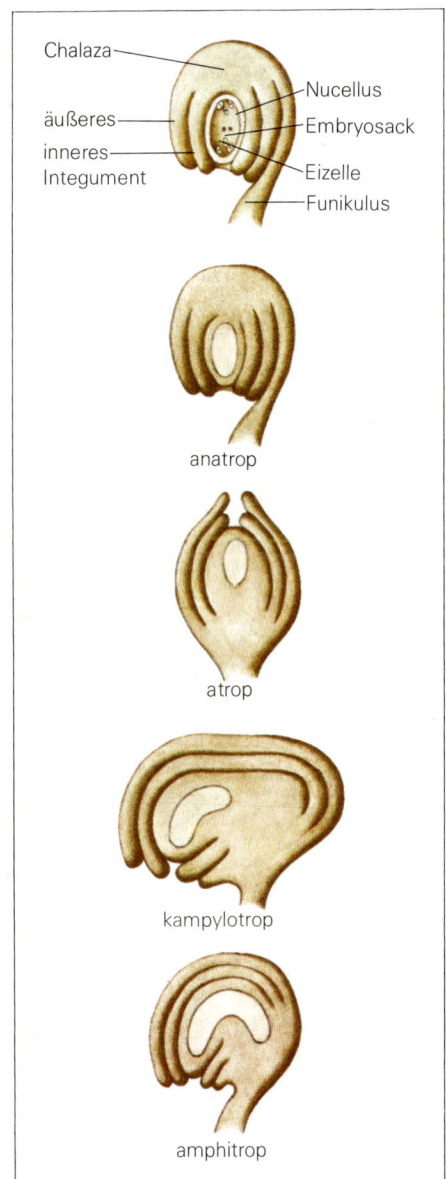

Chalaza
Nucellus
äußeres
inneres
Integument
Embryosack
Eizelle
Funikulus

anatrop

atrop

kampylotrop

amphitrop

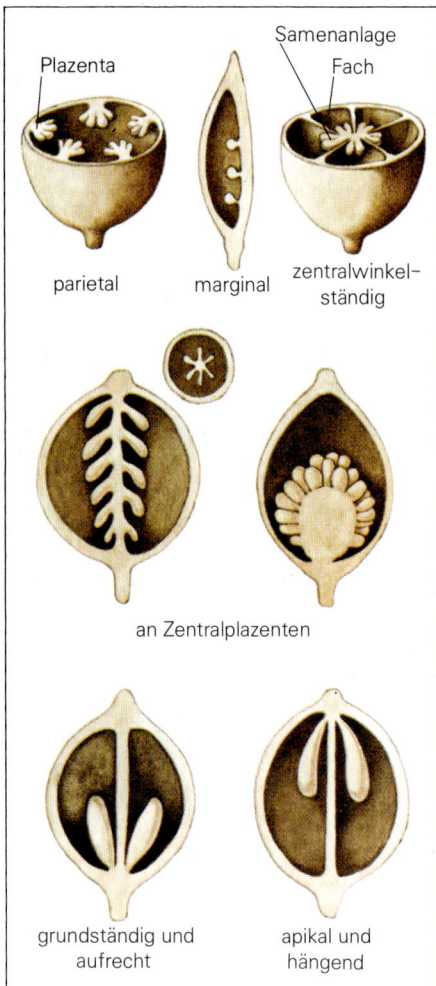

Plazenta

Samenanlage

Fach

parietal — marginal — zentralwinkelständig

an Zentralplazenten

grundständig und
aufrecht

apikal und
hängend

Tafel XI   *Anordnung der Samenanlagen*

Phyllodium: abgeflachter Blattstiel mit
der Form und Funktion einer Blattspreite
Platte: breiter oberer und oft abgewinkelter Teil eines Kronblattes (vgl. Nagel)
Plazenta: Bereich des Fruchtblattes, in
dem die Samenanlagen ansetzen (oft etwas
verdickt) (Taf. XI)
Plazentation: Anordnung der Samenanlagen am Fruchtblatt bzw. im Fruchtknoten (Taf. XI)
a) zentralwinkelständige P': Samenanlagen
in der Mitte des Fruchtknotens, in den
Winkeln, die von den zusammenstoßenden
Scheidewänden gebildet werden
b) parietale P': Samenanlagen an der Wand
eines ungefächerten Fruchtknotens
c) basale P': Samenanlagen am Grund des
Fruchtknotens
Plumula: Sproßknospe des Embryos
(Taf. VI)
Pollen: Blütenstaub (vgl. dort)
Pollenkorn: einzelnes Korn des Blütenstaubes; Bestäubungseinheit und Träger
der männlichen Geschlechtszellen
Pollensack: ein Fach (von meist 4) in einem
Staubbeutel
Pollinium: der Inhalt eines Pollensackes,
wenn alle Pollenkörner beisammenbleiben
und als Ganzes übertragen werden
(Taf. XII)

polygam (Subst. Polygamie): mit eingeschlechtigen und zwitterigen Blüten auf
einer Pflanze
polyploid (Subst. Polyploidie): mit mehr
als 2 Chromosomensätzen in jeder Zelle
Population: mehr oder weniger große
Gruppe von Einzelpflanzen an einem
bestimmten Ort, die gewöhnlich auch
regelmäßig gegenseitig bestäubt werden
Pore: (bei Staubbeuteln und Früchten)
runde Öffnung; (bei Pollenkörnern) runde
Keimstelle (Taf. VI und XII)
Pseudanthium: Teilblütenstand, der als
übergeordnete Einheit mehrere Blüten
umfaßt, aber den Eindruck einer Einzelblüte (Blume) macht und oft als Ganzes der
Anlockung von Bestäubern dient
punktiert: mit andersfarbenen oder durchscheinenden Punkten

Quirl (Adj. quirlig): (Beblätterung) Wirtel,
d.h. mehr als 2 Blätter an einem Knoten
(Taf. IX)

radförmig: (Krone) mit kurzer Röhre und
flach ausgebreitetem Saum (Taf. IV)
radiär: (Blüte) strahlig, d.h. mit mindestens
2, meist aber mehr Symmetrieebenen
Radicula: Keimwurzel, d.h. Wurzelanlage am Embryo (Taf. VI)
Ranke: mehr oder weniger gewundenes
Kletterorgan (umgebildeter Sproß oder
umgebildetes Blatt bzw. Blatteil)
Raphe: (bei Samen, die aus anatropen
Samenanlagen entstehen) Streifen, unter
dem das Leitbündel des Funikulus liegt
razemös: (Blütenstände) traubig im
weitesten Sinne, d.h. mit einer Hauptachse,
die mehr als 2 etwa gleichwertige Seitensprosse trägt, welche Einzelblüten sind
oder aber ihrerseits wieder in ähnlicher
Weise verzweigt sind (Taf. VIII)
reduziert: gegenüber dem ursprünglichen
Zustand verkleinert und vereinfacht, oft
nicht funktionsfähig, im Extremfall
verkümmert oder vollständig fehlend
Rhizom: Wurzelstock; kriechender und
bzw. oder unterirdischer Stengel mit
Nebenwurzeln
Rhizomstaude: ausdauernde, krautige
Pflanze mit Rhizom
Rispe (Adj. rispig): razemöser Blütenstand, dessen Seitensprosse wenigstens z.T.
mehrfach verzweigt sind (Taf. VIII)
Rosette: Sproßabschnitt, dessen Internodien sehr kurz sind, so daß die Blätter
sehr nahe beisammen stehen
ruminiert: (Endosperm) mit unregelmäßigen, sehr tiefen und oft verzweigten
Einstülpungen

Saftmal: mit der Blütenfarbe kontrastierende Zeichnung auf der Krone, welche
den Bestäubern den Weg zum Nektar weist
Salzpflanze: Pflanze, die auf salzhaltigen
Böden wächst
Same: das, was nach der Befruchtung aus
der Samenanlage wird; enthält den Embryo
und ist oft (aber nicht immer) die Ausbreitungseinheit der Blütenpflanzen
(Taf. VI)
Samenanlage: knospenförmiges Organ an
einem Fruchtblatt, das den Embryosack
mit der Eizelle birgt (Taf. X und XI)

Samenschale: die Integumente (vgl. dort)
am reifen Samen (Taf. VI)
Sammelfrucht: Frucht, die aus mehreren
freien Fruchtblättern hervorgeht (Taf. VI)
Saponine: giftige, seifenartige Stoffe
Saprophyt (Adj. saprophytisch): Moderpflanze, d.h. meist bleiche Pflanze, die
keine Photosynthese betreibt, sondern sich
von den Überresten toter Lebewesen oder
deren Zersetzungsprodukten ernährt
Sarcotesta: fleischiger Teil der Samenschale
Säule: Verwachsungsprodukt von Androeceum und Gynoeceum (Staubblätter mit
dem Griffel verwachsen) (Taf. XII)
Saum: oberer Abschnitt einer verwachsenblättrigen Krone, in dem die Kronblätter
mehr oder weniger frei sind
Schaft: langer unbeblätterter Blüten- oder
Blütenstandsstiel bei Pflanzen mit nur
grundständigen Blättern
Scheide: vgl. Blattscheide
Scheidewand: (bei Fruchtknoten)
vereinigte Flanken benachbarter Fruchtblätter, die die Fächer des Fruchtknotens abteilen
Scheinquirl: 2 einander gegenüberstehende, stark zusammengezogene cymöse
Teilblütenstände in einem Thyrsus, die
den Eindruck eines einfachen Blütenquirls erwecken (Taf. VIII)
Scheitel: Spitze eines Organs
schildförmig: (Blattform) Stiel nicht am
Rande, sondern auf der Unterseite der
Spreite ansetzend (Taf. IX)
Schildhaar: schildförmiges Haar, das mehr
oder weniger in der Mitte befestigt ist
schirmförmig: (Blütenstände) traubig oder
rispig, wobei alle Blüten in einer Ebene
oder einer gewölbten Fläche liegen
Schließfrucht: Frucht, die sich nicht öffnet
(Taf. VI)
Schlund: Eingang der Kronröhre am
Übergang zum Saum
Schötchen: Schotenfrucht (vgl. Schote),
die aber höchstens dreimal so lang wie
breit ist (Taf. VI)
Schote: langgestreckte Frucht, bei der sich
2 Klappen von einem stehenbleibenden
Mittelteil lösen (Taf. VI)
Schraubel: Blütenstand (Monochasium),
der so verzweigt ist, daß die Blüten in einer
Schraube angeordnet sind (Taf. VIII)
Sektion: Einheit des Systems, zwischen
Art und Gattung; Gruppe näher verwandter Arten
sekundäres Dickenwachstum: durch die
Tätigkeit des Kambiums verursachtes
Dickenwachstum (vgl. Kambium)
Selbstbefruchtung: Befruchtung, die auf
Selbstbestäubung folgt (vgl. dort)
Selbstbestäubung (Adj. selbstbestäubend): Bestäubung mit eigenem Blütenstaub (streng genommen auch Bestäubung
mit Pollen von anderen Blüten der gleichen
Pflanze, meist aber nur auf Bestäubung
innerhalb der Blüte angewandt)
selbstinkompatibel: unverträglich gegen
eigene Geschlechtszellen, d.h. es gibt keine
Selbstbefruchtung
selbststeril: soviel wie selbstinkompatibel,
d.h. nach einer Bestäubung mit eigenem
Pollen findet keine erfolgreiche Selbstbefruchtung statt

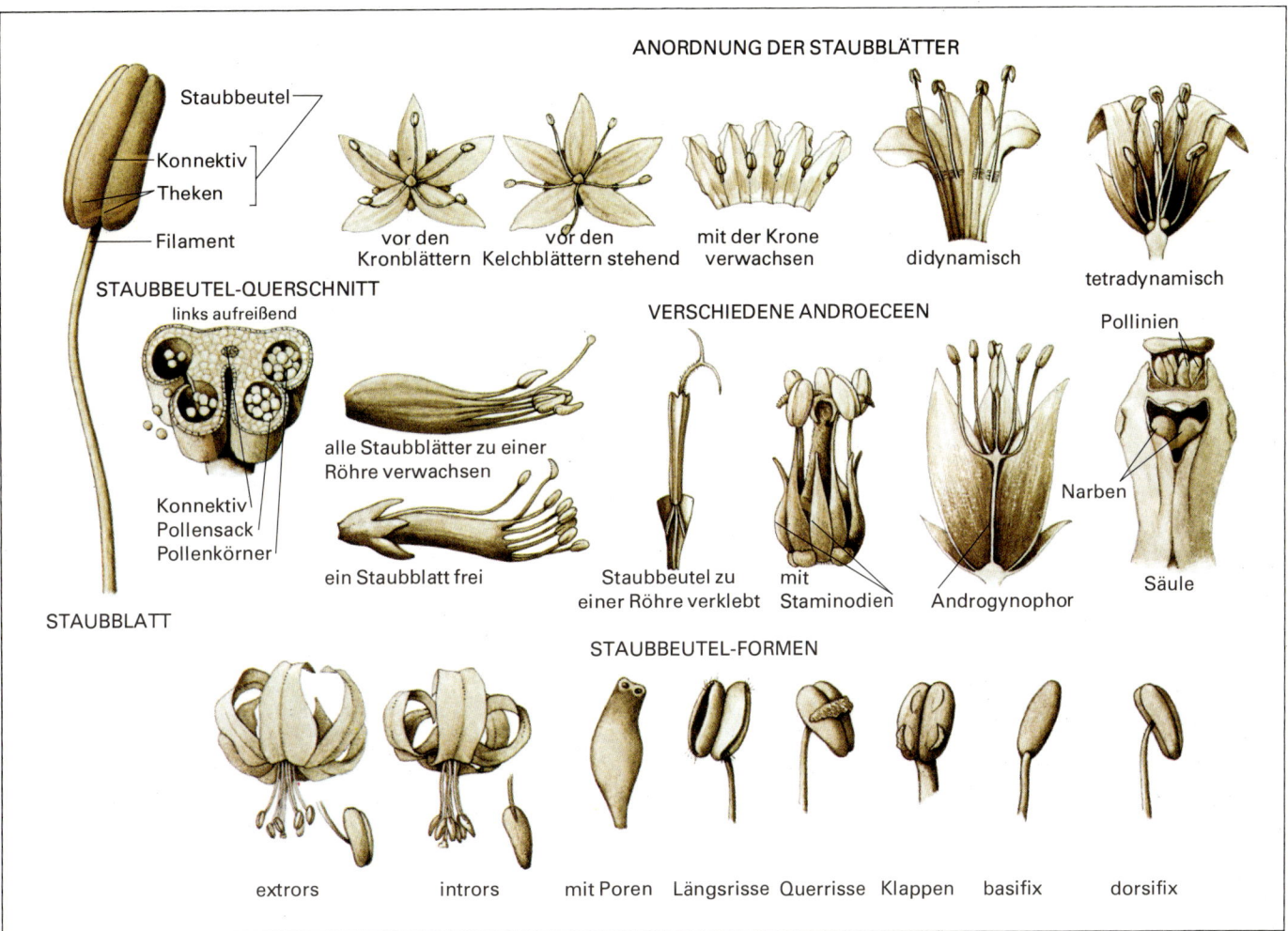

ANORDNUNG DER STAUBBLÄTTER

Staubbeutel
Konnektiv
Theken
Filament

vor den Kronblättern

vor den Kelchblättern stehend

mit der Krone verwachsen

didynamisch

tetradynamisch

STAUBBEUTEL-QUERSCHNITT
links aufreißend

Konnektiv
Pollensack
Pollenkörner

STAUBBLATT

VERSCHIEDENE ANDROECEEN

alle Staubblätter zu einer Röhre verwachsen

ein Staubblatt frei

Staubbeutel zu einer Röhre verklebt

mit Staminodien

Androgynophor

Pollinien

Narben

Säule

STAUBBEUTEL-FORMEN

extrors   intrors   mit Poren   Längsrisse   Querrisse   Klappen   basifix   dorsifix

Tafel XII   *Androeceum und Staubblätter*

Sichel: Blütenstand (Monochasium), bei dem alle Blüten in einer Ebene liegen und alle Verzweigungen nach der gleichen Seite hin erfolgen (Taf. VIII)
Sippe: Gruppe verwandter Pflanzen irgendeiner Rangstufe
sitzend: ungestielt (Taf. IX und XIII)
skulptiert: (bei Oberflächen) nicht glatt, sondern in irgendeiner Weise rauh, papillös, gerippt, stachelig usw.
Spaltfrucht: Frucht, bei der sich die einzelnen Fruchtblätter als einsamige Teilfrüchte voneinander lösen (Taf. VI)
spatelig: (Blattform) aus schmalem Grund gegen oben löffelartig verbreitert (Taf. IX)
Spatha: Blütenscheide; mehr oder weniger großes Hochblatt am Grunde eines Blütenstandes, diesen oft einhüllend
spezialisiert: (bei Merkmalen einzelner Organe) eine ganze bestimmte Funktion ausübend und dementsprechend gestaltet, für andere Funktionen nicht oder sehr wenig geeignet; (bei Arten) an einen bestimmten, eng umschriebenen Lebensraum so stark angepaßt, daß ein Vorkommen außerhalb desselben nicht oder kaum möglich ist
spießförmig: (Blattform) vgl. Taf. IX
spitz: (Blattspitze) mit geraden oder konvexen Rändern (Taf. IX)

Sporn: Aussackung bei Blütenhüll- oder Honigblättern, meist als Nektarbehälter dienend
Spreite: vgl. Blattspreite
Spreuschuppen: mehr oder weniger häutige Tragblätter in kopfigen Blütenständen
Sproß: ein Stengel mit Blättern und Seitenzweigen, die ihrerseits wieder Sprosse sind
Sproßachse: derjenige Teil eines Sprosses, der die Blätter und evtl. Seitenzweige trägt
Stachel: stechende Bildung der Epidermis (z.B. die «Dornen» der Rosen)
stachelspitzig: mit kleiner, sehr scharfer und aufgesetzt erscheinender Spitze
Staminodium: unfruchtbares Staubblatt (Taf. XII)
Standort: Lebensraum
Staubbeutel: Anthere; oberer, meist verbreiterter, verdickter und anders gefärbter Teil des Staubblattes, der Pollen enthält
Staubblatt: Blütenorgan, das Pollensäcke trägt (Taf. XII)
Staude: ausdauerndes Kraut
Steinfrucht: mehr oder weniger fleischige Frucht mit holzigem Endokarp (harter Steinkern) (Taf. VI)
Stempel: Gynoeceum, dessen Fruchtblätter bis zum Narbenbereich verwachsen sind

Stengel: Sproßachse; Organ, das Blätter und evtl. Seitensprosse trägt (Taf. IV)
steril: unfruchtbar
Sternhaar: sternförmig verzweigtes Haar
Stiel: vgl. Blattstiel und Blütenstiel
stielrund: im Querschnitt kreisrund
stieltellerförmig: (Krone) mit langer, dünner Röhre und flach ausgebreitetem Saum (Taf. IV)
Stipelle: nebenblattartige Bildung am Grund einer Blattfieder
Strahlblüten: Randblüten eines Köpfchens, wenn nur diese zungenförmig sind
strahlend: nach außen hin vergrößert und oft anders gefärbt (Strahlblüten); häufige Eigenschaft von Randblüten scheiben- oder schirmförmiger Blütenstände
streifennervig: (Blatt) mit parallel oder bogig verlaufenden, etwa gleichwertigen Längsnerven (Taf. IV)
Streufrucht: meist mehrsamige Frucht, die aufspringt und ihre Samen ausstreut
subepidermal: unmittelbar unter der Epidermis
sukkulent (Subst. Sukkulenz): fleischigsaftig, verdickt und mit viel Wasserspeichergewebe
Symbiose: Zusammenleben zweier oder mehrerer Arten zum Vorteil aller Beteiligten, jedenfalls ohne wesentliche Nachteile für jeden Partner

sympodial: ohne durchgehende Hauptachse, bzw. Seitensprosse verschiedener Ordnung bilden eine scheinbare Hauptachse

synkarp: (Gynoeceum) mit verwachsenen Fruchtblättern

systematisch: das System betreffend

Teilfrucht: als Ausbreitungseinheit dienender, meist einsamiger Teil einer Frucht

terrestrisch: landlebend, also nicht im Wasser, sondern am Land vorkommend

tetradynamisch: mit 2 kürzeren und 2 längeren Staubblättern (Taf. XII)

Thallus: nicht in Sproß und Wurzel gegliederter Körper einer Pflanze

Theka: Staubbeutelhälfte (Taf. XII)

Thyrsus: Blütenstand, der in traubiger Anordnung Cymen trägt (vgl. dort) (Taf. XII)

Tracheide: Zellreihe mit durchbrochenen Querwänden in einem Leitbündel

Tragblatt: Blatt, dessen Achsel ein Seitensproß entspringt (Taf. VIII)

Traube (Adj. traubig): einfacher, razemöser Blütenstand mit einer Hauptachse, entlang welcher gestielte Einzelblüten entspringen (Taf. VII)

Träufelspitze: vgl. Taf. IX

Tribus: Einheit des Systems zwischen Familie und Gattung, d.h. Gruppe näher verwandter Gattungen (vgl. S.10)

tricolpat: (bei Pollenkörnern) mit 3 Keimfalten

triploid: mit 3 Chromosomensätzen in jeder Zelle

trockenhäutig: dünn, bald vertrocknend und dann weißlich oder bräunlich

ungefächert: (Fruchtknoten) ohne Scheidewände, daher mit nur einer Höhlung

unpaarig gefiedert: (Blatt) zusammengesetzt, mit ungerader Zahl von Fiedern, d.h. mit Endfieder (Taf. IX)

unterständig: (Fruchtknoten) in die Blütenachse versenkt, übrige Blütenorgane daher über dem Fruchtknoten ansetzend

Unterwuchs: Gesamtheit der Pflanzen unter einer Baumschicht

ursprünglich: (bei einem Merkmal) innerhalb der betrachteten Sippe dem ursprünglichen Zustand entsprechend; (bei einer Sippe) mit vielen ursprünglichen Merkmalen

vegetativ: ungeschlechtlich, ohne Blüten

ventral: an der Bauchseite, z.B. bei einem Fruchtblatt die gegen die Blütenmitte gewandte Seite

verkehrt eiförmig: (Blattform) vgl. Taf. IX

vivipar (Subst. Viviparie): «lebendgebärend»; bei Pflanzen heißt das: die Samen keimen auf der Mutterpflanze und lösen sich erst als Keimlinge von ihr

Vorblatt: eines der ersten (untersten) beiden Blätter eines Sprosses; oft anders gestaltet als die folgenden und manchmal das einzige bzw. die einzigen Blätter (etwa an Blütenstielen)

vormännlich: Staubblätter (oder männliche Blüten) früher reifend (bzw. blühend) als die Fruchtblätter (oder weiblichen Blüten); erschwert Selbstbestäubung

vorweiblich: Fruchtblätter (oder weibliche Blüten) vor den Staubblättern (oder männlichen Blüten) reifend (bzw. blühend)

wandspaltig: (Kapsel) über den Scheidewänden aufreißend, wobei diese gespalten werden (Taf. VI)

wechselständig: (Beblätterung) an jedem Knoten nur ein Blatt; aufeinanderfolgende Blätter in der Richtung abwechselnd (Taf. IX)

weibliche Blüte: Blüte, die neben der Blütenhülle nur Fruchtblätter umfaßt (Zeichen ♀) (Taf. IV)

Wickel: Blütenstand (Monochasium), in dem die Verzweigungen abwechselnd nach 2 Richtungen hin erfolgen, die einen Winkel von etwa 90 Grad einschließen (Taf. VIII)

winterhart: in Mitteleuropa durchschnittlich kalte Winter ohne Schaden im Freien überstehend

Wurzel: ein Grundorgan der Blütenpflanze; typischerweise am unteren Ende des Hauptsprosses, unterirdisch und verzweigt, oft aber auch sproßbürtig; dient im allgemeinen der Verankerung und der Wasser- und Nährstoffaufnahme (Taf. IV)

Wurzelstock: unterirdischer (oft verzweigter) Stengel mit Nebenwurzeln

xeromorph: im Bau an die Bedingungen trockener Lebensräume angepaßt

Xerophyt (Adj. xerophytisch): an trockenen Standorten vorkommende Pflanze

Xylem: Holzteil eines Leitbündels; Gewebe, das v.a. der Wasserleitung dient

Zellkern: derjenige Teil der Zelle, der die Chromosomen und damit die Erbanlagen enthält

Zentralplazenta: Plazenta, die die Mitte des Fruchtknotens einnimmt und deren Zuordnung zu den einzelnen Fruchtblättern nicht offensichtlich ist (Taf. XI)

zentralwinkelständig: vgl. Plazentation

zerschlitzt: (Blattform) unregelmäßig eingeschnitten (Taf. IX)

zugespitzt: (Blattspitze) spitz, aber mit konkaven Rändern (Taf. IX)

Zungenblüte: zungenförmige Blüte (vgl. zungenförmig)

zungenförmig: (bei Blättern) aus breitem Grund über den größeren Teil der Länge gleich breit; (bei Blüten) Krone verwachsenblättrig, aber an einer Seite weit offen, daher mehr oder weniger bandförmig

zusammengesetzt: (Blatt) mit einer Spreite, die aus mehreren völlig getrennten Teilen besteht (Taf. IX)

zweihäusig: weibliche und männliche Blüten auf verschiedenen Pflanzen

zweilippig: (Kelch oder Krone) Kelch- oder Kronblätter untereinander verschieden hoch verwachsen, so daß 2 bzw. 3 zusammen je eine Lippe bilden (Taf. IV)

Zwiebel: gewöhnlich unterirdisches Speicherorgan, das vorwiegend aus den verbreiterten und verdickten unteren Teilen von Blättern (Zwiebelschuppen) besteht

Zwitterblüte: Blüte, die sowohl Staub- als auch Fruchtblätter enthält

zwitterig: zweigeschlechtig, gemischtgeschlechtig

zygomorph: (Blüte) mit nur einer Symmetrieebene (Taf. IV)

Tafel XIII *Einige Narbenformen (nach RADFORD et al., 1974)*

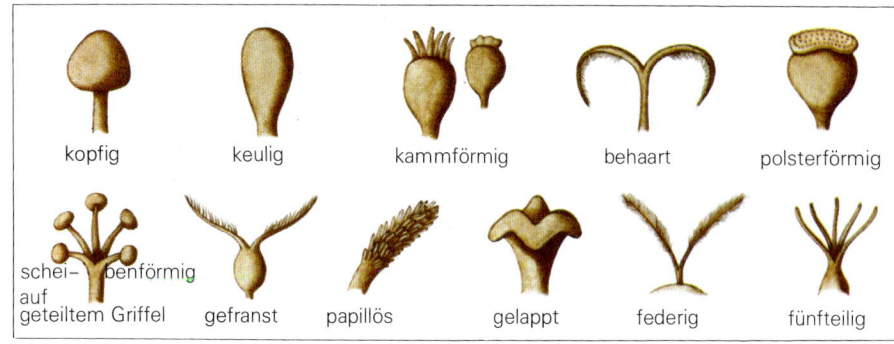

kopfig — keulig — kammförmig — behaart — polsterförmig

scheibenförmig auf geteiltem Griffel — gefranst — papillös — gelappt — federig — fünfteilig

---

Tafel XIV *Einige Griffelformen (nach RADFORD et al., 1974)*

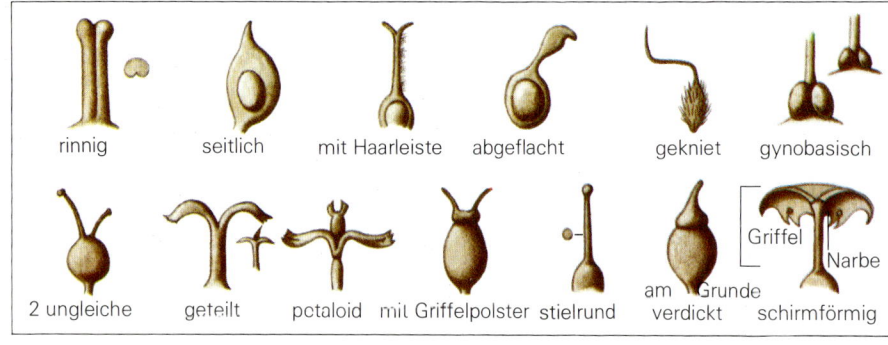

rinnig — seitlich — mit Haarleiste — abgeflacht — gekniet — gynobasisch

2 ungleiche — geteilt — petaloid — mit Griffelpolster — stielrund — am Grunde verdickt — schirmförmig (Griffel / Narbe)

DICOTYLEDONEAE Zweikeimblättrige

MAGNOLIIDAE

MAGNOLIALES
Magnolienartige

MAGNOLIACEAE *Magnoliengewächse*
Die Magnoliaceae sind eine Familie mit ca. 220 Arten von Bäumen und Sträuchern, die in Asien und Südamerika heimisch ist. Die im Gartenbau besonders wichtigen Arten der Gattung *Magnolia* sind ihre bekanntesten Vertreter.
Verbreitung: Etwa ⁴/₅ der Arten wachsen in den gemäßigten und tropischen Zonen Südostasiens, vom Himalaja ostwärts bis nach Japan und südostwärts über die malaiische Inselgruppe bis nach Neuguinea und Neubritannien; die restlichen Arten sind vom gemäßigten südöstlichen Teil Nordamerikas über das tropische Südamerika bis nach Brasilien verbreitet. Alle amerikanischen Arten gehören zu den 3 Gattungen *Magnolia, Talauma* und *Liriodendron*, die auch in Asien vorkommen und somit ein unterbrochenes Verbreitungsgebiet haben. Fossile Funde belegen, daß diese Familie früher eine viel weitere Verbreitung hatte (z. B. Grönland und Europa).
Merkmale: Die Familie ist an einigen typischen Merkmalen leicht zu erkennen. Die Blätter sind wechselständig, ungeteilt und gestielt. Die großen hinfälligen, stengelumfassenden Nebenblätter lassen eine ringförmige Narbe zurück. Die gestielten Blüten sind zwitterig (selten eingeschlechtig) und oft groß und prächtig; sie stehen meist einzeln am Ende kurzer oder längerer Zweige. Der Stiel des Blütenstandes trägt ein oder mehrere tutenförmige Hochblätter, deren oberstes die Blüte zunächst umfaßt, bei deren Aufblühen jedoch abfällt. Die Blütenhülle besteht aus 2 oder mehreren (gewöhnlich 3) Quirlen freier, kronblattartiger Perigonblätter. Die zahlreichen freien Staubblätter stehen spiralig angeordnet und besit-

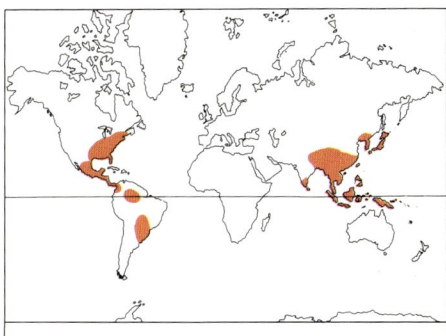

Gattungen: 12
Arten: rund 220
Verbreitung: Schwerpunkt im gemäßigten und tropischen SO-Asien
Nutzwert: beliebte Zierpflanzen (Magnolien und Tulpenbaum), einige Nutzhölzer

zen kräftige Staubfäden. Die Staubbeutel bestehen aus 2 längs aufspringenden Theken. Die zahlreichen oder wenigen (selten nur eines) Fruchtblätter sind spiralig angeordnet, frei oder teilweise verwachsen. Jedes Fruchtblatt enthält 2 oder auch mehrere

MAGNOLIACEAE. **1.** *Magnolia stellata:* Blatt und blühender Sproß mit Hochblättern an den Blütenstielen (× ²/₃). **2.** *M. heptapeta:* halbierte Blüte mit 2 Kreisen von Blütenhüllblättern, zahlreichen spiralig stehenden Staubblättern und verlängerter Blütenachse mit mehreren freien Fruchtblättern (× ¹/₂). **3.** *M. grandiflora:* reife Früchte; die fleischigen Samen hängen an dünnen Fäden (× ²/₃). **4.** *Liriodendron tulipifera:* **a)** Blüte und Blatt (× ¹/₂); **b)** Längsschnitt durch ein Fruchtblatt (× 1¹/₃); **c)** Sammelfrucht (× ²/₃). **5.** *Talauma ovata:* Frucht, verwachsen, obere Teile der Fruchtblätter abgelöst, 1 bis 2 Samen pro Fruchtblatt freigebend (× ¹/₃).

1

2

4a

3

5

4b

4c

randständige Samenanlagen. Die Sammelfrucht setzt sich aus getrennten oder verwachsenen Fruchtblättern zusammen, die geschlossen bleiben oder aber längs oder ringsum aufspringen. Die großen Samen besitzen meist eine Sarcotesta und sind nicht mit der Fruchtwand verwachsen. Oft hängen sie an einem seidigen Faden aus den geöffneten Fruchtblättern heraus. Bei *Liriodendron* haften sie am Endokarp und haben keine Sarcotesta. Die Samen sind reich an Nährgewebe und enthalten einen winzigen Embryo.

Systematik: Es gibt 12 Gattungen, die 2 Tribus bilden. *Liriodendron* unterscheidet sich von den übrigen Gattungen durch ihre charakteristisch gelappten Blätter, extrorse Staubbeutel und abfallende, geflügelte Teilfrüchte. Ihre Vertreter bilden die kleine Tribus der LIRIODENDREAE. Alle übrigen Gattungen gehören zur Tribus der MAGNOLIEAE; sie weisen Staubbeutel auf, die sich gegen innen oder seitlich öffnen, und Samen mit einer Sarcotesta, die nicht am Endokarp haftet. Zu den Magnolieae mit endständigen Blüten gehören die beiden größten Gattungen, *Magnolia* (über 80 Arten) und *Talauma* (über 50 Arten), die in Asien und Amerika verbreitet sind. Weitere Gattungen aus dem asiatischen Raum sind *Manglietia* (25 Arten), *Alcimandra* (eine Art), *Aromadendron* (4 Arten), *Pachylarnax* (2 Arten) und *Kmeria* (2 Arten). Die Arten mit scheinbar seitlichen Blüten stammen alle aus Asien; zu ihnen gehören *Michelia* (ungefähr 40 Arten), *Elmerrillia* (6 Arten), *Paramichelia* (3 Arten) und *Tsoongiodendron* (eine Art). Die Magnoliaceae bilden eine außerordentlich natürliche Gruppe und unterscheiden sich deutlich von jeder anderen bekannten Familie. Nach ihnen ist die Ordnung der Magnoliales benannt, zu der eine ganze Anzahl anderer Familien gehören, so etwa die Winteraceae und die Annonaceae, die aufgrund ihres ähnlichen Blütenbaus herkömmlicherweise mit den Magnoliaceae in Verbindung gebracht wurden. Die Magnoliaceae stehen jedoch ziemlich isoliert und besitzen keine wirklich nahen Verwandten. Es gibt gute Gründe dafür, sie überhaupt als die ursprünglichste der noch existierenden Familien unter den Blütenpflanzen zu betrachten, wenn auch viele Systematiker diese Ansicht nicht teilen.

Nutzwert: Das Holz des nordamerikanischen Tulpenbaumes (*Liriodendron tulipifera*) wird als wertvolles Nutzholz aus dem östlichen Teil der Vereinigten Staaten geschätzt. Andere Arten, z.B. *Magnolia hypoleuca* und *Michelia champaca* (Schampakka) liefern Holz für den lokalen Bedarf. Rinde und Blütenknospen von *Magnolia officinalis* und andere Arten werden als wertvolle Drogen aus China exportiert und für medizinische Zwecke verwendet. Am bekanntesten sind die Magnoliaceae allerdings als Zierpflanzen: Die Gattung *Magnolia* mit ihren zahlreichen Arten und Zuchtformen stellt einige der beliebtesten Bäume und Sträucher. Einzelne Arten von *Manglietia*, *Michelia* und *Liriodendron* werden auch in Ländern der gemäßigten Zone kultiviert, während *Michelia champaca* und *M. figo* nur in wärmeren Gebieten gedeihen. J.E.D.

WINTERACEAE

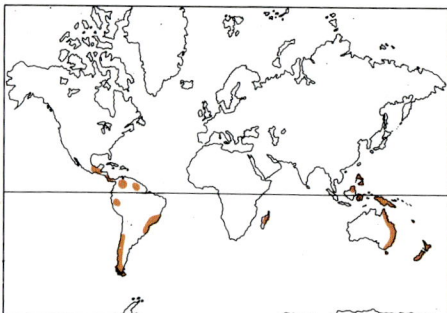

Gattungen: 7 oder 8
Arten: 60 bis 120
Verbreitung: tropische Bergwälder bis kühlgemäßigte Wälder der Inseln im S-Pazifik und der angrenzenden Kontinente
Nutzwert: einige Garten- und Medizinalpflanzen

Die kleine Familie der Winteraceae ist für die Erforschung der Stammesgeschichte der Blütenpflanzen von besonderem Interesse. Das Holz der Vertreter dieser Familie weist keine Gefäße auf, so daß sie möglicherweise die ursprünglichsten aller Blütenpflanzen darstellen.

Verbreitung: Die meisten der ungefähr 120 Arten von Winteraceae sind bezeichnend für die tropischen Bergregenwälder und die kühlgemäßigten feuchten Wälder auf dem Festland und den Inseln des südlichen Pazifikraumes. Die 4 amerikanischen Arten von *Drimys* kommen vom tropischen Hochland Mexikos bis nach Guayana und Südost-Brasilien, dem Kap Horn und den Juan-Fernández-Inseln vor. Die übrigen Gattungen sind von Neuseeland und Tasmanien nordwärts über Neukaledonien und Südaustralien bis zu den Salomoninseln und Neuguinea reich vertreten; eine noch weiter verbreitete Art ist auch auf Borneo und den Philippinen zu finden. Selbst auf Madagaskar wurde eine noch wenig bekannte Art entdeckt.

Merkmale: Mit ihren wechselständigen, ledrigen, ganzrandigen einfachen Blättern ohne Nebenblätter entsprechen die Bäume und Sträucher der Winteraceae dem typischen Bild von Regenwaldgewächsen; sie sind aber an der bereiften Unterseite ihrer Blätter leicht zu erkennen. Es handelt sich hier um eine Wachsschicht, die die Spaltöffnungen verstopft. Besondere Merkmale der Familie sind die aus 2 Zelltypen bestehenden Markstrahlen, die langgestreckten Kambiumzellen und das Holz, das keine Gefäße besitzt, jedoch Spiraltracheiden aufweist. Die zwitterigen oder auch eingeschlechtigen Blüten stehen meist in Büscheln oder Cymen; ihre Organe sind vorwiegend frei, spiralig angeordnet und von unbestimmter Zahl. Kron- und Kelchblätter unterscheiden sich nur wenig — erstere decken sich dachig, letztere klappig. Die kurzen, blattartigen Staubblätter tragen seitliche oder apikale Pollensäcke. Die Pollenkörner sind monoporat und hängen in Vierergruppen zusammen. Die Fruchtblätter sind meist gestielt

und anscheinend längs gefaltet, wobei die teilweise freien Ränder der Bauchnaht Papillen tragen und doppelte Narbenkämme bilden. Die vielen bis wenigen anatropen Samenanlagen sind randständig. Die Sammelfrüchte bestehen meist aus Beeren, die sich offensichtlich von Bälgen ableiten.

Das primitive, gefäßlose Holz, die meist zwitterigen Blüten mit wenig differenzierten Staubblättern, der monoporate Pollen, die freien, griffellosen Fruchtblätter mit z.T. als Narben ausgebildeten Rändern und die anatropen Samenanlagen, die sich zu primitiven Samen entwickeln — all dies sind urtümliche Merkmale, die die Winteraceae als die vielleicht engsten Verwandten der ausgestorbenen Angiospermen-Vorfahren auszeichnen.

Systematik: Es gibt 7 oder 8 nahverwandte Gattungen mit 60 bis 120 Arten: *Drimys* in Amerika, *Belliolum*, *Bubbia*, *Exospermum*, *Pseudowintera*, *Tasmannia* und *Zygogynum* von Australasien bis Malesien sowie eine noch unbeschriebene Art auf Madagaskar. Die Winteraceae sind so verschieden von anderen verwandten Familien, daß sich eine eigene Unterordnung, Winterineae, rechtfertigt. Es ist jedoch nicht zu zweifeln an ihrer Zugehörigkeit zu anderen ursprünglichen Gruppen der Ordnungen Magnoliales, Illiciales, Laurales, Piperales und Aristolochiales — Ordnungen, die in den meisten modernen Pflanzensystemen unter einer einzigen Ordnung, Annonales, zusammengefaßt werden. Die nächsten Verwandten der Winteraceae sind die Illiciaceae und die Schisandraceae. Die Magnoliaceae, Degeneriaceae, Annonaceae und Myristicaceae sind ebenfalls nah verwandt.

Nutzwert: Die scharf-würzigen Blätter und Rinden einiger Arten sollen zusammenziehende und anregende Heilwirkung haben. Die Rinde der südamerikanischen Art *Drimys winteri* (Winters Gewürzrindenbaum) wurde früher von Seeleuten vorbeugend gegen Skorbut verwendet. Einige Arten, insbesondere *Drimys winteri*, werden in Parks und botanischen Gärten gezogen.
R.F.T.

HIMANTANDRACEAE

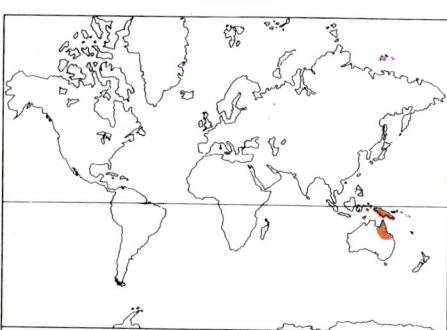

Gattungen: 1
Arten: 3
Verbreitung: NO-Australien und Teile von Neuguinea und der Molukken
Nutzwert: keiner

Die Himantandraceae sind eine kleine Familie mit nur einer einzigen Gattung: *Galbulimima*. Diese Gattung besteht aus lediglich 3 baumförmigen Arten.

Verbreitung: Die Familie ist im Nordosten Australiens verbreitet und kommt auch auf einigen der nächstgelegenen Molukken und in Teilen Neuguineas vor.

Merkmale: Es handelt sich durchwegs um wohlriechende Bäume mit einem flaumigen Überzug aus schildförmigen Haaren. Die Blätter sind wechselständig und einfach; Nebenblätter fehlen. Die radiären Zwitterblüten stehen einzeln. Ihre Blütenknospen weisen 2 ungewöhnlich ledrige Kelchblätter auf, die eine Kappe bilden. Die Staubblätter (ungefähr 40) gleichen den Kronblättern (4 bis 5) in Form und Beschaffenheit stark; die Staubbeutel sitzen an den Kanten der flachen, lanzettlichen Spreite. Die 7 bis 10 freien, oberständigen Fruchtblätter sind mit je einer bis 2 hängenden Samenanlagen ausgestattet. Bei der Reife entwickeln sich die Fruchtblätter zu einer kugeligen Sammelfrucht. Die Samen weisen ein öliges Nährgewebe und einen kleinen Embryo auf.

Systematik: Diese Familie ist interessant, weil sie ursprünglich ist — ein botanisches Relikt. Zu ihren urtümlichen Merkmalen gehören u.a. die kronblattähnlichen Staubblätter, die einfache Form der Fruchtblätter, Gefäße mit leiterförmigen bis einfachen Durchbrechungen und Pollen mit einer einzigen Apertur. Die verwandtschaftlichen Beziehungen der Himantandraceae sind noch ungeklärt. Die Familie scheint zur Gruppe der Annonaceae — Magnoliaceae — Winteraceae — Degeneriaceae zu gehören. In den Merkmalen der Staubblätter, des Pollens und des Kelchs gleichen sie den Degeneriaceae; die schildförmigen Haare haben sie mit den Annonaceae gemeinsam, unterscheiden sich von diesen jedoch in anderen Merkmalen.

Nutzwert: Die Familie ist wirtschaftlich gesehen bedeutungslos. S.W.J.

CANELLACEAE
Kaneelgewächse

Die Canellaceae sind eine kleine Familie aromatisch riechender Bäume, von denen einige medizinische Eigenschaften haben.

Verbreitung: Diese rein tropische Familie ist disjunkt verbreitet: 3 Gattungen in Mittelamerika und in der Karibik, die beiden anderen in Ostafrika und auf Madagaskar.

Merkmale: Die Blätter sind ledrig, ganzrandig und mit Drüsen übersät; Nebenblätter fehlen. Die Staubblätter der zwitterigen Blüten sind zu einer Röhre verwachsen. Der ungefächerte Fruchtknoten ist oberständig. Die Frucht ist eine Beere. Für die aromatischen Eigenschaften des Holzes sind Sekretzellen verantwortlich.

Systematik: *Cinnamosma* zeichnet sich durch teilweise verwachsene Kronblätter

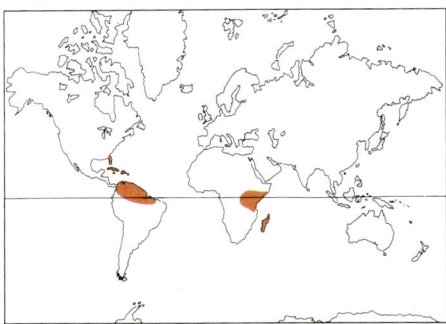

Gattungen: 5
Arten: 16 oder 17
Verbreitung: Tropen, jedoch disjunkt
Nutzwert: Quelle des Tonikums Weißer Zimt, einige lokale Verwendungen.

aus; es gibt 3 auf Madagaskar beschränkte Arten. *Canella* mit 2 Arten in Florida und der Karibik besitzt freie Kronblätter und einen endständigen Blütenstand. Die Blüten der übrigen Gattungen stehen seitlich. *Pleodendron* mit einer oder 2 Arten auf Puerto Rico hat 12 Kronblätter, während *Cinnamodendron* 8 bis 10 Kronblätter und zahlreiche Staubblätter besitzt und mit 7 Arten im tropischen Südamerika und in der Karibik vertreten ist. *Warburgia* findet sich in

WINTERACEAE. 1. *Drimys axillaris:* blühender Sproß (× ²/₃). **2.** *D. winteri:* **a)** Trieb mit Büscheln auffälliger Blüten (× ²/₃); **b)** halbierte Blüte mit freien Kelch- und Kronblättern, zahlreichen kurzen Staub- und freien Fruchtblättern mit Samen längs der Bauchnaht (× 2); **c)** beerenartige Früchtchen (× 2). **ILLICIACEAE. 3.** *Illicium floridanum:* beblätterter Trieb mit achselständigen Blüten (× ²/₃). **4.** *I. anisatum:* reife Samenfrucht aus Balgfrüchtchen (× 1¹/₃).

3 Arten im tropischen Ostafrika und weist 10 Kronblätter und ebensoviele Staubblätter auf.

Die Familie wird gewöhnlich als verwandt mit den Annonaceae und Myristicaceae betrachtet; der Samenbau deutet aber auf eine engere Verwandtschaft mit den Winteraceae hin, von denen sie sich jedoch durch den Besitz von Gefäßen unterscheidet.

Nutzwert: Aus der aromatischen Rinde von *Canella winterana* wird Zimtrinde oder Weißer Zimt gewonnen und als Stärkungs- und Anregungsmittel (daneben auch als Gewürz) verwendet. Die orangefarbene Rinde dient auf Puerto Rico beim Fischfang als Gift. Die violetten Blüten verströmen einen moschusartigen Geruch, wenn man sie zuerst trocknet und dann in Wasser einweicht. Die Rinde von *Cinnamodendron corticosum* aus der Karibik wird ebenfalls als Tonikum geschätzt. Das aromatische Holz von *Cinnamosma fragrans* wird über Sansibar nach Bombay exportiert, wo es bei religiösen Zeremonien Verwendung findet. *Warburgia ugandensis*, ein Baum aus Uganda, liefert ein Harz, das zur Befestigung von Werkzeuggriffen gebraucht wird, während die Blätter gelegentlich als Zutat von Curry-Gerichten dienen. Die Rinde schließlich gilt als Abführmittel. D.J.M.

ANNONACEAE
Schuppenapfelgewächse

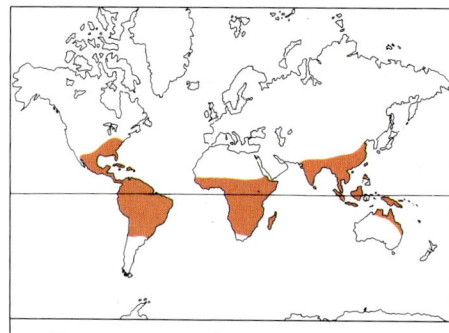

Gattungen: rund 120
Arten: rund 2000
Verbreitung: pantropisch, Schwerpunkt in den Tropen der Alten Welt
Nutzwert: wird angepflanzt wegen der Früchte (Chirimolya, Sauersack) und der aromatischen Öle

Die Annonaceae sind eine große Familie vorwiegend tropischer Bäume und Sträucher, von denen einige wegen ihrer Früchte kultiviert werden.

Verbreitung: Die Annonaceae sind weltweit in den Tropengebieten verbreitet und für die Tiefland-Regenwälder verschiedener Gebiete der Alten Welt besonders typisch.

Merkmale: Mit einer Ausnahme sind alle Bäume oder Sträucher − einige kletternd, die meisten immergrün, mit Harzkanälen und gefächertem Mark in den Stämmen. Sie sind im Feld oft am bläulichen oder metallischen Glanz ihrer zweizeilig gestellten Blätter zu erkennen. Die duftenden, radiären Blüten öffnen sich oft, bevor all ihre Organe voll entwickelt sind. Die Blütenhülle besteht meist aus 3 dreizähligen Kreisen. Zahlreiche Staubblätter stehen meist spiralig. Bei den Sammelfrüchten von *Annona* sind die einzelnen Beeren mit der Blütenachse zu einer wohlschmeckenden, fleischigen Masse verwachsen. Die Früchte ziehen Fledermäuse, Eichhörnchen und Affen an; diejenigen von *Anaxagora javanica* öffnen sich explosionsartig. Die Samen einiger Gattungen tragen einen Arillus oder eine andere ähnliche Bildung, z.B. ein zusätzliches Integument zwischen dem inneren und dem äußeren. Bei vielen Arten sind die Blüten mit einem Fallenmechanismus für bestäubende Käfer ausgestattet.

Systematik: Während die Familie gut gegen andere abgegrenzt ist, fällt eine Unterteilung in «natürliche» Gattungsgruppen schwer. Zwei afrikanische Gattungen, *Mo-*

ANNONACEAE. **1.** *Annona squamosa:* **a)** Trieb mit 2 Zeilen von Blättern und Blüte (× 2/3); **b)** junge Frucht (× 1); **c)** Längsschnitt durch die Frucht (Rahmapfel), die aus zahlreichen Beerenfrüchtchen und der fleischigen Blütenachse besteht (× 2/3). **2.** *Monodora myristica:* **a)** Blätter und Blüte (× 2/3); **b)** Blütenachse mit zahlreichen Staubblättern und verwachsenen Fruchtblättern, Ansicht (links) und Längsschnitt (rechts) (× 3); **c)** Längsschnitt durch vielsamige Frucht (× 2/3). **3.** *Asimina triloba:* **a)** blühender Zweig (× 2/3); **b)** Gynoeceum aus 5 freien Fruchtblättern (× 2); **c)** Staubblatt, Anthere mit verdicktem Konnektivanhängsel (× 5); **d)** junge Frucht (× 2/3).

1a

1b

1c

2a

2b

2c

3a

3b

3c

3d

nodora und *Isolona*, haben synkarpe Fruchtknoten und können als Unterfamilie MONODOROIDEAE abgetrennt werden. Die andere Unterfamilie, ANNONOIDEAE, besteht nach Sinclair aus 6 Tribus. Zu den größeren Gattungen gehören: die überall in den Tropen verbreitete Gattung *Xylopia* (etwa 150 Arten), die altweltlichen Gattungen *Uvaria* (etwa 100 Arten), *Polyalthia* (etwa 100 Arten), *Friesodielsia* (etwa 50 Arten) und *Artabotrys* (etwa 100 Arten kletternder oder aufrechter Sträucher mit Blütenständen auf hakenartigen Stielen), die amerikanische Gattung *Annona* (etwa 100 Arten, davon einige in Afrika) und *Monanthotaxis* (56 Arten in Afrika und Madagaskar).

Die Annonaceae gehören zu der Gruppe der primitiven Blütenpflanzenfamilien — manchmal auch Annoniflorae genannt —, die oft eine unbestimmte Zahl freier Blütenteile und spiralig angeordneter Staubblätter besitzen. Sie sind verwandt mit den Magnoliaceae, von denen sie sich durch ruminiertes Endosperm und das Fehlen der Nebenblätter sowie durch ihr Vorkommen in tieferen Lagen und niedrigen Breiten unterscheiden; weitere Verwandte sind die Winteraceae, die allerdings keine Gefäße besitzen, die Myristicaceae (keine freien Staubblätter), Laura-

ceae und Calycanthaceae (nicht immer oberständiger Fruchtknoten).

Nutzwert: Schon früh wurden die südamerikanischen Arten von *Annona* (vor allem Chirimolya und Sauersack) ihrer Früchte wegen in die Alte Welt eingeführt, obwohl auch die Früchte von *Artabotrys* aus den altweltlichen Tropen eßbar sind. Die Familie ist bekannt für ihre aromatischen Öle. So liefern z. B. die Blüten von *Cananga odorata* das Ilang-Ilang-Öl, und das Parfüm von *Mkilua fragrans* wird von Araberinnen und Suaheli-Frauen geschätzt. Die würzigen Früchte der westafrikanischen *Xylopia aethiopica* werden als Gewürz (Meleguatapfeffer) verwendet. Die Früchte von *Monodora myristica* aus dem gleichen Gebiet dienen als Ersatz für Muskatnüsse. Als Nutzhölzer haben sie wenig Bedeutung (Sperrholz), obwohl das Holz einiger Arten von *Xylopia* genutzt wird.   D.J.M.

MYRISTICACEAE *Muskatnußgewächse*
Die Myristicaceae sind eine Familie tropischer Bäume. *Myristica* (ungefähr 150 Arten, darunter die Muskatnuß) ist die größte Gattung; das Zentrum ihrer Verbreitung liegt in Neuguinea. Einige Arten der südamerikanischen Gattung *Virola* stellen

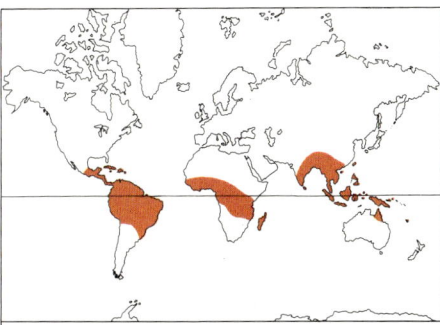

Gattungen: 16
Arten: 380
Verbreitung: tropisch, vor allem Tiefland-Regenwälder
Nutzwert: Muskatnuß und Muskatblüte

einen bedeutenden Teil des Baumbestandes im Amazonasgebiet.

Verbreitung: Die Familie kommt nur in den Tropen vor. Beinahe alle ihre Glieder wachsen in den Tiefland-Regenwäldern. Man findet sie in der malesischen Region (vor allem auf Neuguinea), im tropischen Amerika (vor allem im Amazonasbecken) und in Afrika (mit Madagaskar).

MYRISTICACEAE. 1. *Virola glaziovii:* **a)** Blatt und männlicher Blütenstand (× ²/₃); **b)** männliche Blüte (× 4); **c)** halbierte weibliche Blüte (× 4); **d)** halbierte Frucht (× ²/₃). 2. *Knema pectinata:* Blatt und männliche Blüten (× ²/₃). 3. *Myristica fragans:* **a)** Zweig mit Blüten und geöffneter Frucht, Samen (Muskatnuß) mit rotem Arillus freigebend (× ²/₃); **b)** aufgeschnittene Frucht (× ²/₃); **c)** Längsschnitt durch Samen (× ²/₃); **d)** halbierte männliche Blüte (× 2); **e)** zu Säule verwachsene Staubblätter (× 4); **f)** Längsschnitt durch Säule (× 4); **g)** halbierte weibliche Blüte (× 2); **h)** ausgebreitete weibliche Blüte (× 2). 4. *Horsfieldia macrocoma:* **a)** männlicher Blütenstand (× ²/₃); **b)** weibliche und **c)** männliche Blüte, je ein Kelchblatt entfernt (× 4); **d)** aufgeschnittene Frucht (× ²/₃); **e)** Querschnitt durch Samen (× ²/₃).

Merkmale: Die Familie besteht aus zweihäusigen Bäumen mit wechselständigen, ganzrandigen Blättern, die häufig Ölzellen enthalten. Viele Arten zeigen eine besondere Wuchsform, da die Äste in Quirlen und fast horizontal am Stamm stehen. Wenn das Holz verletzt wird, sondert es einen roten Saft ab. Die Blüten sind klein und unauffällig; sie bilden kopfige, büschel- oder schirmförmige Blütenstände. Die einfache Blütenhülle besteht meist aus 3 zum Teil verwachsenen, wirtelig angeordneten Blättern. Die männlichen Blüten weisen 2 bis 30, oft zu einer Säule vereinigte Staubblätter auf. Die Staubbeutel springen längs auf. Die weiblichen Blüten verfügen über einen ungefächerten Fruchtknoten mit einer basalen Samenanlage. Das Gynoeceum wird (entgegen anderslautenden Ansichten) von einem einzigen Fruchtblatt gebildet. Die reife Frucht ist fleischig; sie springt zwei- bis vierklappig auf, wobei der große Same sichtbar wird. Bei den meisten Arten wird das fett- und stärkereiche Endosperm von Gewebewucherungen der Samenanlage durchzogen (ruminiertes Endosperm). Der Same ist von einem derben, lebhaft gefärbten Gewebe umgeben, dem Arillus, der vom Funiculus gebildet wird.

Systematik: Die Myristicaceae umfassen etwa 380 Arten. Lange ordnete man diese einer einzigen Gattung — *Myristica* — zu, wohl weil die weiblichen Blüten und Früchte der ganzen Familie einen sehr einheitlichen Bau aufweisen. Eingehendere Untersuchungen führten später jedoch zu einer Aufteilung in zahlreiche Gattungen; heute sind 16 anerkannt, darunter *Knema, Virola, Pycnanthus* und *Horsfieldia*. Die Gattungen sind je auf Malesien, Afrika und Amerika beschränkt und unterscheiden sich vor allem im Bau der Staubblattsäule, des Arillus und des Blütenstandes.

Die Familie unterscheidet sich stark von anderen. Die Ansichten über ihre systematische Stellung gehen auseinander. Am häufigsten werden als nächste Verwandte die Monimiaceae (ihrerseits mit den Lauraceae verwandt) und die Annonaceae genannt; zu diesen beiden Familien gehören Bäume des tropischen Regenwaldes mit aromatischen Blättern. Die Monimiaceae stimmen mit den Myristicaceae in bezug auf die vorwiegend eingeschlechtigen Blüten mit einfacher Hülle und die einsamigen Fruchtblätter überein. Den Annonaceae und Myristicaceae sind ihrerseits die dreizählige Blütenhülle und der große Same mit dem ruminierten Endosperm gemeinsam.

Nutzwert: *Myristica fragrans* ist der Muskatbaum, der die Gewürze Muskatnuß und Muskatblüte (Macis) liefert. Aus der Fruchtschale wird auch eine Art Gelee hergestellt, während minderwertige Samen zu Muskatbutter verarbeitet werden, die zur Parfümherstellung dient. Das Fett einiger Arten — z.B. der indischen *Gymnacranthera farquhariana* und der brasilianischen *Virola surinamensis* (Ucahuba) — wird zur Herstellung von Kerzen und zu Nahrungszwecken gebraucht. Das Holz dieser Familie ist wegen des hohen Feuchtigkeitsgehaltes von schlechter Qualität und wird wenig verwendet.   F.K.K.

DEGENERIACEAE

Gattungen: 1
Arten: 1
Verbreitung: Fidschiinseln
Nutzwert: keiner

Die einzige, baumförmige Art der Degeneriaceae, *Degeneria vitiensis*, kommt auf den Fidschiinseln vor. Die Blätter sind wechselständig, ganzrandig und nebenblattlos. Die zwitterigen Einzelblüten gelten als primitiv: 3 Kelchblätter, 12 bis 13 Kronblätter, zahlreiche fleischige Staubblätter und Staminodien in mehreren Kreisen. Das Gynoeceum besteht aus einem oberständigen Fruchtblatt, dessen dicht aneinander liegende Ränder als Narben ausgebildet sind und das im jungen Zustand offen ist. Zahlreiche Samenanlagen sitzen in Reihen an 2 Plazenten. Die Schließfrucht ist außen fleischig und innen ledrig. Sie enthält zahlreiche abgeplattete Samen mit reichlich Endosperm und einem winzigen Embryo. Die Familie ist mit den Magnoliaceae und den Winteraceae nah verwandt und teilt mit ihnen viele ursprüngliche Merkmale. Keinerlei Nutzung ist bekannt.   S.R.C.

ILLICIALES *Sternanisartige*

ILLICIACEAE *Sternanisgewächse*

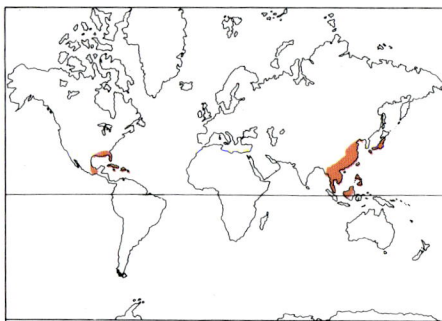

Gattungen: 1
Arten: rund 40
Verbreitung: Karibik, N-Amerika, Japan, China und SO-Asien
Nutzwert: Sternanis, Anislikör

Die Illiciaceae bestehen aus einer einzigen Gattung von Sträuchern und kleinen Bäumen (*Illicium*), die in der Karibik, in Nordamerika, Japan, China und Südostasien verbreitet sind.

Die Blätter sind wechselständig, einfach und ganzrandig; sie besitzen keine Nebenblätter, aber häufig Ölzellen. Die zwitterigen Einzelblüten weisen eine mehrkreisige Blütenhülle mit 7 bis vielen freien Blättern und oft zahlreiche Staubblätter auf. Die äußersten Blütenhüllblätter sind klein und eher kelchblattähnlich, gegen innen werden sie kronblattartiger. Das Gynoeceum besteht aus einem Kreis von 5 bis 20 oberständigen, freien und einsamigen Fruchtblättern. Die Früchtchen sind Bälge. Die glänzenden Samen enthalten einen winzigen Embryo und reichlich Endosperm. Verwandt sind die Illiciaceae mit den Magnoliaceae, Winteraceae und Schisandraceae. Aus der Rinde von *Illicium parviflorum* (Gelber Sternanis) und den Früchten und Samen von *I. verum* (Sternanis) werden Gewürze gewonnen.   S.R.C.

SCHISANDRACEAE

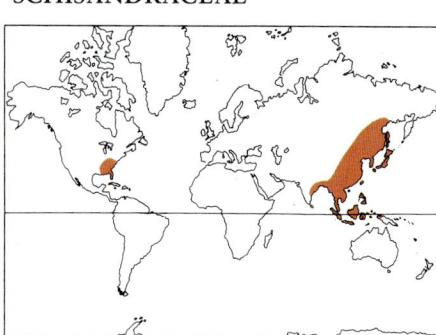

Gattungen: 2
Arten: 47
Verbreitung: Indien, Ost- und Südostasien, Südosten der USA
Nutzwert: Zierpflanzen

Die Schisandraceae sind eine Familie mit 2 Gattungen von kriechenden Sträuchern und Lianen: *Kadsura* und *Schisandra,* in Indien, Ost- und Südostasien beheimatet. Eine Art der Gattung *Schisandra* kommt auch im Südosten der USA vor.

Die einfachen Blätter sind wechselständig und besitzen häufig durchscheinende Drüsen. Die Blüten sind meist klein, eingeschlechtig und radiär. Die Blütenhülle ist nicht klar in Kelch- und Kronblätter gegliedert, doch sind die inneren Teile stärker kronblattartig. Die wenigen bis vielen Staubblätter tragen kurze Staubbeutel an kurzen Filamenten, die am Grunde oder vollständig verwachsen und oft verbreitert und fleischig sind. Das Gynoeceum besteht aus 12 bis zahlreichen freien Fruchtblättern an einer oft verlängerten Blütenachse. Jedes Fruchtblatt enthält 2 (selten mehr) Samenanlagen; die Frucht ist aus zahlreichen Steinfrüchtchen zusammengesetzt, die je eine bis 5 flache Samen mit kleinem Embryo und reichlich Endosperm enthalten.

Die Schisandraceae sind mit den Magnoliaceae verwandt, unterscheiden sich von ihnen jedoch durch das Fehlen von Nebenblättern.

Einige Arten von *Schisandra* werden als Gartenzierpflanzen kultiviert.   S.R.C.

LAURALES *Lorbeerartige*

AUSTROBAILEYACEAE

Gattungen: 1
Arten: 2
Verbreitung: Queensland
Nutzwert: keiner

Die Austrobaileyaceae sind schlingende Sträucher oder große Lianen aus einer einzigen Gattung, *Austrobaileya*, die in Queensland (Australien) beheimatet ist.

Die Blätter sind gegenständig, ganzrandig und mit kleinen Nebenblättern ausgestattet. Die Blüten stehen einzeln in Blattachseln und besitzen eine Blütenhülle aus etwa 12 grünlichen freien Blättern. Von den 12 bis 25 kronblattartigen Staubblättern sind die innersten unfruchtbar. Das Gynoeceum besteht aus 6 bis 14 freien Fruchtblättern, deren Griffel an der Spitze zweispaltig sind. Die Fruchtblätter enthalten mehrere Samenanlagen in 2 Reihen und entwickeln sich zu orange-roten, etwa 5 cm langen Beeren.

Die Austrobaileyaceae sind eine ursprüngliche Familie, die vorläufig der Ordnung Laurales zugeordnet wird. Ihre systematische Stellung ist aber noch nicht geklärt. Es ist keine Nutzung bekannt. S.R.C.

LACTORIDACEAE

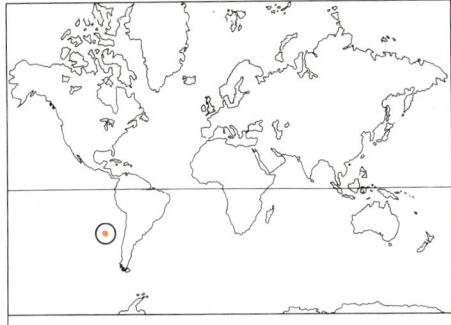

Gattungen: 1
Arten: 1
Verbreitung: Juan-Fernández-Inseln
Nutzwert: keiner

Es handelt sich um eine einzige strauchige Art, *Lactoris fernandeziana*, die auf den Juan-Fernández-Inseln endemisch ist.
Die Blätter sind klein, drüsig punktiert und mit Nebenblättern versehen. Die Blüten sind dreizählig: 3 Hüllblätter, je 3 Staub-

blätter in 2 Kreisen, 3 freie Fruchtblätter mit je 6 bis 8 Samenanlagen. Die Früchtchen sind Bälge. Die Samen enthalten reichlich ölführendes Endosperm.

Lactoris nimmt innerhalb der Angiospermen eine isolierte Stellung ein. Wegen ihrer dreizähligen Blüten kann sie nicht zu den Magnoliales gezählt werden, denen sie sonst ähnelt. Sie wird hier zur abgeleiteten Ordnung der Laurales gestellt, innerhalb welcher sie möglicherweise den Chloranthaceae, einer Familie mit Nebenblättern, nahe steht.

Eine wirtschaftliche Bedeutung ist nicht bekannt. Leider ist die einzige Art und damit die Familie unmittelbar vom Aussterben bedroht. 1965 gab es nur noch 3 lebende Exemplare. S.W.J.

EUPOMATIACEAE

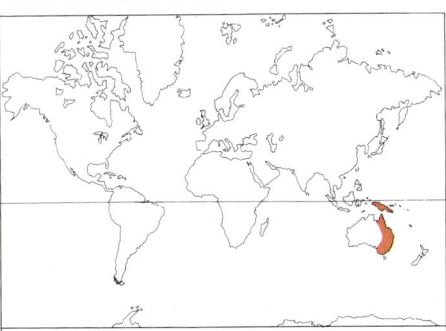

Gattungen: 1
Arten: 2
Verbreitung: Ostaustralien und Neuguinea
Nutzwert: Holz zum lokalen Gebrauch

Die Eupomatiaceae umfassen eine einzige Gattung von Sträuchern oder kleinen Bäumen.
Verbreitung: Die Familie ist vorwiegend in den Regenwäldern Ostaustraliens und auf Neuguinea beheimatet.
Merkmale: Die Blätter sind wechselständig, einfach und nebenblattlos. Die auffälligen Einzelblüten sind perigyn und zwittrig, mit einfacher Blütenhülle. Die einzelnen Blütenhüllblätter sind völlig miteinander verwachsen und fallen als «konischer» Deckel ab. Die Staubblätter sitzen auf dem Rand der becherförmigen Blütenachse. Die inneren unfruchtbar und kronblattartig (Staminodien), die äußersten fruchtbar und zugespitzt. Die Fruchtblätter werden vom kreiselförmigen Blütenbecher umschlossen; jedes Fruchtblatt enthält einige Samenanlagen. Der ganze Komplex reift zu einer abgeflachten Beere mit Öldrüsen heran. In jedem Fruchtblatt entwickeln sich ein bis 2 eckige Samen mit reichlich Endosperm und einem winzigen Embryo.
Systematik: Die Gattung umfaßt nur 2 Arten. *Eupomatia bennettii* (Queensland) wächst als Strauch mit knolligen Wurzeln. Ihre bis 2,5 cm großen Blüten weisen gelbe innere und orangefarbene äußere Staminodien auf. Die reifen Staubblätter biegen sich gegen den Blütenstiel zurück. Die Bestäubung durch Käfer deutet auf den ursprünglichen Charakter dieser Pflanze hin. Die zweite Art, *E. laurina* (Victoria, Neusüd-

wales, Queensland und Neuguinea) hat weiße Blüten und abstehende Staubblätter und wächst zu bis 10 m hohen Bäumen heran.

Die Eupomatiaceae wurden früher zu den Annonaceae gezählt, mit denen sie vermutlich verwandt sind, obwohl sie einige abgeleitete Merkmale zeigen. Mit den Magnoliaceae scheinen sie jedoch ebenfalls verwandt zu sein.
Nutzwert: Das Holz von *Eupomatia laurina* wird gebietsweise gelegentlich genutzt, weil es hübsch gemasert ist. *E. bennettii* hat eine gewisse Bedeutung als Zierpflanze. B.M.

GOMORTEGACEAE

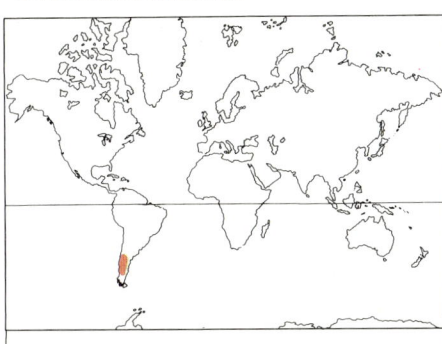

Gattungen: 1
Arten: 1
Verbreitung: Chile
Nutzwert: keiner

Die Gomortegaceae bestehen aus einer einzigen immergrünen Baumart, *Gomortega keule* (*G. nitida*), die in Drüsen ätherische Öle enthält.
Verbreitung: *Gomortega keule* ist im südlichen Chile beheimatet.
Merkmale: Die Bäume tragen einfache, fiedernervige, glänzende und gegenständige Blätter ohne Nebenblätter.
Die Blüten sind radiär und zwittrig und bilden end- oder achselständige Rispen. Sie besitzen 2 Hochblätter. Ihre Blütenhülle besteht aus 6 bis 10 spiralig angeordneten Blättern, die am ehesten als Kelchblätter zu betrachten sind. Die 2 bis 11 Staubblätter stehen ebenfalls spiralig. Ihre sehr kurzen Staubfäden sind frei; die innersten weisen am Grunde 2 kurz gestielte Drüsen auf. Die Staubbeutel öffnen sich mit Klappen. Der Fruchtknoten ist unterständig und besteht aus 2 oder 3 verwachsenen Fruchtblättern; er ist zwei- bis dreifächerig mit einer hängenden Samenanlage in jedem Fach. Der Griffel endet in 2 oder 3 Narbenlappen.
Die Steinfrucht besitzt ein sehr hartes Endokarp und fleischige äußere Schichten. Der Same enthält einen großen Embryo und viel ölhaltiges Endosperm.
Systematik: Die Familie zeigt Merkmale anderer Familien aus der Ordnung der Laurales, der sie gewöhnlich zugerechnet wird. Ihre nächste Verwandtschaft ist möglicherweise die Lorbeerfamilie (Lauraceae).
Nutzwert: Es ist keine wirtschaftliche Nutzung bekannt. S.R.C.

MONIMIACEAE. 1. *Monimia rotundifolia:* **a)** Blatt mit Blütenstand in der Achsel (× ²/₃); **b)** weibliche Blüte mit behaartem Blütenbecher und freien Griffeln (× 4); **c)** weibliche Blüte mit freien Fruchtblättern (Längsschnitt) (× 4); **d)** männliche Blüte mit zahlreichen Staubblättern (× 4); **e)** Staubblatt, am Grunde mit 2 Drüsen (× 18). **2.** *Hedycarya arborea:* **a)** Zweig mit achselständigen, männlichen Blütenständen (× ²/₃); **b)** Zweig mit weiblichen Blüten und Früchten (× ²/₃); **c)** männliche Blüte (× 2); **d)** weibliche Blüte mit zahlreichen freien Fruchtblättern (× 2); **e)** Fruchtblatt (× 6). **3.** *Tambourissa elliptica:* **a)** Blüte (× 2); **b)** Längsschnitt durch Frucht, die Nüßchen tief in die Blütenachse eingesenkt (× 2). **4.** *Tambourissa* sp.: Frucht (× ²/₃).

MONIMIACEAE

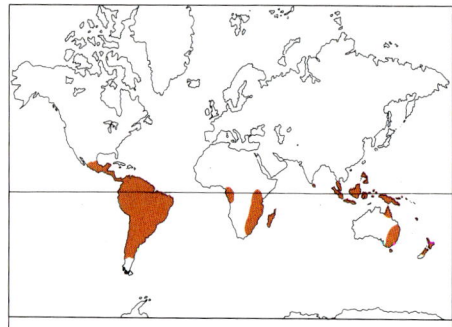

Gattungen: 30
Arten: rund 450
Verbreitung: Tropen; Polynesien, Australien, Madagaskar, Amerika
Nutzwert: lokale Verwendung der Früchte und des Holzes, auch zur Herstellung von Parfüm, Heilmitteln und Farbstoffen

Die Monimiaceae umfassen 30 Gattungen mit etwa 450 holzigen Arten (Bäume, Sträucher, selten Lianen), von denen viele ätherische Öle liefern.
Verbreitung: Die Familie ist in südlichen Gebieten heimisch, so in Polynesien, Australasien, Madagaskar und im tropischen Amerika. Bemerkenswerterweise ist sie in Indien gar nicht und in Afrika nur schwach vertreten. *Hortonia* ist auf Sri Lanka endemisch.
Merkmale: Die immergrünen ledrigen Blätter sind gegenständig und nebenblattlos. Sie enthalten bei vielen Arten ätherische Öle. Die Blüten sind meist perigyn, stehen einzeln, in Trauben oder Cymen. Sie sind radiär und häufig eingeschlechtig. Die Blütenhülle besteht aus 4 bis vielen Blättern in 2 oder mehr Kreisen (selten fehlend). Manchmal sind die äußeren Reihen kelchblattartig, während die inneren Kronblättern gleichen. Die wenigen bis zahlreichen Staubblätter sind in einem oder 2 Kreisen angeordnet und weisen kurze Staubfäden auf. Die Staubbeutel öffnen sich längs, quer oder klappig. Der Fruchtknoten ist oberständig und besteht aus vielen freien Fruchtblättern (selten auf wenige oder nur eines reduziert). Jedes Fach enthält eine aufrechte grundständige oder (selten) hängende Samenanlage. Die Fruchtblätter reifen zu Nüßchen, die oft mehr oder weniger stark im Fruchtbecher eingeschlossen sind. Die Samen enthalten reichlich Endosperm.
Systematik: Zahlreiche Gattungen sind monotypisch, so *Lauterbachia* (Neuguinea), *Hedycaryopsis* und *Schrameckia* (Madagas-

kar), *Amborella* (gelegentlich zu einer selbständigen Familie, Amborellaceae, erhoben) und *Carnegiea (Carnegieodoxa;* Neukaledonien), *Hennecartia* (Paraguay und Brasilien), *Macropeplus* und *Macrotorus* (östliches Brasilien) und *Peumus* (Chile). Zu den größeren Gattungen gehören: *Mollinedia* mit etwa 75 Arten in den amerikanischen Tropen, *Kibara* mit 30 indo-malesischen und tropisch-australasischen Arten, *Tambourissa* mit 25 Arten auf Madagaskar und den Maskarenen, *Hedycarya* mit 15 Arten in Polynesien und Australasien und *Wilkiea* mit 5 Arten, die auf Ostaustralien beschränkt sind.
Zu den 7 Gattungen, die oft zu einer eigenen Familie — Atherospermataceae — vereinigt werden, gehören: *Siparuna* (tropisches Amerika), *Laurelia, Atherosperma* (2 Arten in Tasmanien und Victoria) und die monotypische Gattung *Doryphora* (australische Sassafras; Neusüdwales). Den Monimiaceae zugeordnet werden hier auch die Gattungen *Trimenia* und *Piptocalyx,* die manchmal als selbständige Familie Trimeniaceae abgetrennt werden.
Die Monimiaceae bilden ein interessantes Bindeglied zu den Magnoliales, besonders zu den Magnoliaceae, mit denen sie über die Calycanthaceae verwandt sind, über *Athe-*

CALYCANTHACEAE. 1. *Chimonanthus praecox:* a) blühender Zweig, die vor den Blättern erscheinenden Einzelblüten in der Knospe von Schuppen umhüllt (× ²/₃); b) halbierte Blüte mit hochblattartigen äußeren und kronblattartigen inneren Blütenhüllblättern (× 3); c) halbierte Sammelfrucht mit vom fleischigen Fruchtbecher eingeschlossenen Nüßchen (× ²/₃); d) Blatt (× ²/₃). 2. *Calycanthus occidentalis:* a) Zweig mit Blättern und seitlichen Blüten, die zahlreiche kronblattartige Blütenhüllblätter aufweisen (× 1); b) halbierte Blüte mit Blütenhüllblättern, Staubblättern mit kurzen Filamenten und den im Blütenbecher stehenden freien Fruchtblättern (× 2).

rosperma aber auch zu den Lauraceae. Die Blüte der Monimiaceae erinnert im Bau an eine magnolienähnliche Blüte mit einer mehr oder weniger konkaven Blütenachse, in welche die Frucht, z.T. auch die Staubblätter, eingesenkt sind.

Nutzwert: Das Holz einiger Arten findet lokale Verwendung. Die ätherischen Öle aus Blättern und Rinde werden vielerorts zur Herstellung von Parfüm (*Doryphora sassafras*) und Heilmitteln (*Peumus boldus*) gebraucht; die zweitgenannte Art liefert zudem einen Rindenfarbstoff, eßbare Früchte und ein Hartholz (Boldo). B.M.

CALYCANTHACEAE
Gewürzstrauchgewächse

Die Calycanthaceae sind eine kleine Familie winterharter, laubwerfender oder immergrüner Sträucher.

Verbreitung: Die 3 Gattungen besitzen ein unterbrochenes Verbreitungsgebiet. *Calycanthus* (4 Arten) ist im Südwesten und Osten der USA beheimatet, *Chimonanthus* (3 Arten) in Ostasien und *Idiospermum* in den Regenwäldern von Nordost-Queensland.

Merkmale: Die gegenständigen Blätter sind einfach, ganzrandig und nebenblattlos. Die duftenden, zwitterigen und radiären Blüten stehen einzeln in den Blattachseln. Die spiraligen Blattorgane der Blüten zeigen einen fließenden Übergang von Kelch- zu Kronblättern. Die äußersten Blätter sind hochblatt- oder schuppenartig, die übrigen auffallend gefärbt. Zusammen mit den zahlreichen Staubblättern sind sie dem Rand einer krugförmigen Blütenachse eingefügt. Die Staubblätter haben kurze, freie Staubfäden und Staubbeutel mit 2 Theken, die längs aufspringen; die innersten sind als Staminodien ausgebildet. Die zahlreichen (bis 20) freien Fruchtblätter sind in einen Blütenbecher eingesenkt. Jedes Fruchtblatt enthält 2 übereinanderliegende, anatrope Samenanlagen. Die Früchte sind einsamige Nüßchen, die vom fleischigen, später trockenen Blütenbecher eingeschlossen sind. Die Samen besitzen kein Endosperm, jedoch einen großen Embryo mit 2 spiralig gerollten oder 3 bis 4 dicken, fleischigen Keimblättern.

Systematik: Die 3 Gattungen weisen eine Reihe auffallender Merkmale auf. *Calycanthus* umfaßt laubwerfende Sträucher mit rötlichen oder violetten Blüten, bei welchen Blütenhülle und Staubblätter spiralig stehen. Die Arten von *Chimonanthus* wachsen als laubwerfende oder immergrüne Sträucher mit kleinen, gelblichen Blüten und spiraliger Blütenhülle. Ihre Staubblät-

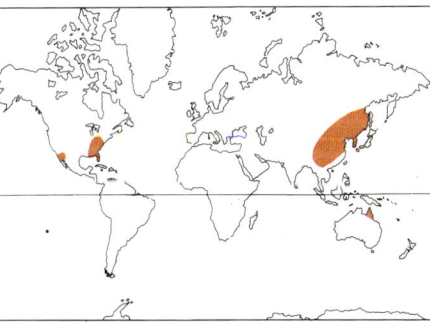

Gattungen: 3
Arten: 8
Verbreitung: Nordamerika, Ostasien, Queensland
Nutzwert: Ziersträucher, Heilmittel und Gewürze (Carolina-Piment)

ter sind jedoch zweikreisig, wobei der innere Kreis aus Staminodien besteht. *Idiospermum* ist ein großer immergrüner Baum mit flächigen Staubblättern und einem Gynoeceum, das aus einem oder 2 freien Fruchtblättern mit fast sitzenden Narben besteht. Die Familie zeigt in einer ganzen Anzahl von Merkmalen Anklänge an die Magnoliaceae und Annonaceae, so z.B. in der spira-

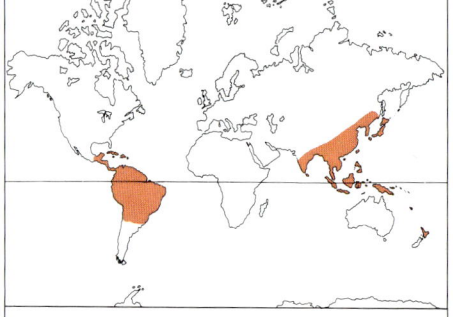

CHLORANTHACEAE. 1. *Chloranthus angustifolius:* **a)** Rhizom mit Wurzeln und oberirdischen Sproßbasen (× ²/₃); **b)** beblätterter Sproß mit Blüten-stand (× ²/₃); **c)** zwittrige Blüte von hinten (oben) und vorne (unten) (× ²/₃); **d)** Androeceum, mittleres Staubblatt vierfächerig, die 2 seitlichen zwei-fächerig (× 3); Gynoeceum: **e)** Ansicht und **f)** Längsschnitt (× 3). **2.** *Sarcandra glabra:* fruchtender Zweig (× 1). **3.** *Ascarina lanceolata:* **a)** Zweig mit männlichem Blütenstand (× ²/₃); **b)** männliche Blüte mit Tragblatt (× 6); **c)** Staubbeutel (× 6); **d)** weiblicher Blütenstand (× ²/₃); **e)** Steinfrüchte (× 4); **f)** Längsschnitt durch Frucht (× 6). **4.** *Hedyosmum brasiliense:* **a)** Zweig mit männlichem Blütenstand (× ²/₃); **b)** weibliche Blüten (× 4); **c)** Gynoeceum (× 4); **d)** männliche Blüte (× 8).

ligen Anordnung der Blütenhüllblätter.
Nutzwert: Mindestens 2 Arten von *Calyc-anthus* werden wegen ihrer angenehm duf-tenden Blüten als Ziersträucher gezogen. Sowohl *Calycanthus floridus* (Gewürz-strauch) als auch der in Kalifornien hei-mische *C. occidentalis* werden rund 3 m hoch und bringen große Blüten von 5 bis 7,5 cm Durchmesser hervor. Neben ihrem Wert als Ziersträucher bringen 2 Arten von *Calycanthus* noch weiteren Nutzen: Aus-züge aus Rinde, Blättern und Wurzeln von *C. fertilis* werden medizinisch genutzt; die aromatische Rinde von *C. floridus* wird von den Indianern als Gewürz geschätzt.
Nur eine Art von *Chimonanthus, C. fra-grans* (*C. praecox*) wird in größerem Um-fang kultiviert; in Japan werden die Blüten zur Parfümherstellung verwendet. S.R.C.

CHLORANTHACEAE
Die Chloranthaceae sind eine kleine Fami-lie von Kräutern, Sträuchern und Bäumen, die in den Tropen und der südlichen ge-mäßigten Zone wachsen.
Verbreitung: Arten dieser Familie kom-men im tropischen Amerika (Gattung *Hedyosmum*), in Ostasien und im Pazifik-raum vor, einige aus der Gattung *Ascarina* sogar noch weiter südlich, in Neuseeland.

Gattungen: 5
Arten: 65
Verbreitung: tropisches Amerika, Ostasien, pazifischer Raum
Nutzwert: beschränkte Verwendung als Zierpflanzen, lokal auch als Getränk und Heilmittel

Merkmale: Die einfachen Blätter tragen kleine Nebenblätter. Vielfach besitzen sie Ölzellen. Sie sind gegenständig und am Grunde oft miteinander verwachsen. Die kleinen Blüten sind oft eingeschlechtig, die männlichen meist in großer Zahl zu ährigen Blütenständen vereinigt. Sie haben ein oder 3 verwachsene Staubblätter, während Kelch-blätter fehlen. Weibliche und zwittrige

Blüten besitzen einen dreizähnigen Kelch und bilden wenigblütige Trauben oder Äh-ren. Der Fruchtknoten ist unterständig und enthält eine einzige Samenanlage, die vom Scheitel der Ovarhöhle herabhängt. Die Narben und der Griffel sind kurz. Die eiför-mige oder kugelige Steinfrucht ist klein und besitzt eine mehr oder weniger saftige äußere Wand. Der einzige Same mit einem winzigen Embryo enthält reichlich Nährge-webe.
Systematik: Die Gattungen *Chloranthus* und *Sarcandra* bringen zwitterige Blüten hervor, erstere mit 3, letztere mit nur einem Staubblatt. *Ascarina, Ascarinopsis* und *He-dyosmum* besitzen eingeschlechtige Blüten. Die männlichen Blüten dieser 3 Arten ha-ben 2 Vorblätter. Bei *Ascarina* und *Ascari-nopsis* sind die weiblichen Blüten nackt, während die Vorblätter der Blüten von *Hedyosmum* becherförmig verwachsen sind. Die Familie unterscheidet sich von den verwandten Pfeffergewächsen (Pipera-ceae) durch gegenständige Blätter, verwach-sene Blattbasen und den aus einem Frucht-blatt bestehenden, einsamigen und unter-ständigen Fruchtknoten.
Nutzwert: Mindestens eine Art von *Chlor-anthus* (*C. glaber*) wird als Zierstrauch an-gepflanzt. Aus den Blättern von *C. officina-*

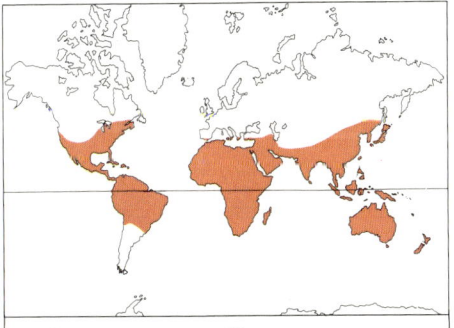

LAURACEAE. 1. *Hypodaphnis zenkeri:* a) Zweig mit Blütenstand (× ²/₃); b) halbierte Blüte (× 4); c) 1 Staubblatt vom zweiten und 2 Staubblätter vom dritten Kreis mit Drüse (× 4). **2.** *Persea gratissima* (Avocado): Frucht a) ganz, b) aufgeschnitten, um den harten Samen zu zeigen (× ²/₃). **3.** *Cinnamomum litseifolium:* a) Blütenstand (× ²/₃); b) Zweig mit in fleischigen Achsenbechern stehenden Früchten (× ²/₃); c) halbierte Blüte mit gegen innen oder außen aufreißenden Staubblättern (× 8); d) Staubblatt mit Drüsen und klappig aufreißenden Staubbeuteln (× 2); e) halbierte Frucht (× 1). **4.** *Cassytha filiformis:* a) Habitus dieser parasitischen Pflanze (× ²/₃); b) Blüte von oben (× 8); Frucht: c) Längsschnitt und d) Querschnitt (× 2).

lis wird in Teilen von Malaysia und Indonesien ein Getränk hergestellt. Die Blüten von *Chloranthus inconspicuus* benützt man in verschiedenen Gebieten Ostasiens zum Würzen von grünem Tee; aus Blüten und Blättern wird ein Hustentee aufgegossen. Der Blattextrakt von *Hedyosmum brasiliense* wird lokal als Stärkungsmittel, Aphrodisiakum, harn- und schweißtreibendes Mittel sowie zur Behandlung von Magenbeschwerden verwendet.   S.R.C.

LAURACEAE *Lorbeergewächse*

Die Lauraceae sind eine Familie von Sträuchern und Bäumen; daneben gibt es einige wenige parasitische Kletterpflanzen mit Schuppenblättern.
Verbreitung: Obwohl Vertreter dieser Familie überall in tropischen und subtropischen Gebieten, vor allem in Tiefland- und Bergregenwäldern, vorkommen können, liegen die Hauptzentren der Verbreitung doch in Südostasien und im tropischen Amerika. Gattungen, die die gemäßigten Zonen erreichen, sind z.B. *Lindera*, *Persea* und *Sassafras*. Mehrere Gattungen kommen in den Restbeständen der Lorbeerwälder auf den Kanarischen Inseln, auf Madeira und Sizilien vor, z.B. *Apollonias*, *Laurus*, *Ocotea* und *Persea*.

Gattungen: etwa 32
Arten: rund 2500
Verbreitung: Tropen, Subtropen, v.a. SO-Asien und Brasilien
Nutzwert: Avocado, Zimt, Kampfer, Sassafrasöl, Lorbeerblätter, Nutzholz und einige Zierpflanzen

Merkmale: Die Blätter sind wechsel- oder gegenständig, meist ledrig und immergrün. Nebenblätter fehlen. Fast alle Teile der Pflanze enthalten zahlreiche Ölzellen. Zu den Lauraceae gehören denn auch bekannte Gewürzpflanzen. Die Blütenstände stellen meist Rispen oder auch Cymen dar. Bei der Tribus Laureae sind die Cymen von einer großblättrigen Hochblatthülle umgeben.

Die Blüten sind radiär und zwitterig oder eingeschlechtig. Die Blütenorgane sind in dreizähligen Wirteln angeordnet. Eine deutliche Gliederung in Kelch und Krone fehlt, und die Blütenhülle ist recht unscheinbar. Die Staubblätter (in 3 oder 4 Kreisen) sind oft am Grunde mit der Blütenhülle zu einem Becher verwachsen. Häufig sind die Staubblätter des innersten Kreises staminodial. Die Staubbeutel tragen 2 oder 4 Pollensäcke, die sich meist klappig gegen innen öffnen, diejenigen des dritten Wirtels jedoch oft gegen außen. Der Fruchtknoten ist mittel-, selten unterständig, also vom kurzen, krugförmigen Blütenbecher umgeben, jedoch nicht mit ihm verwachsen; er ist ungefächert und enthält eine hängende, anatrope Samenanlage. Der Griffel ist einfach, die Narbe klein. Die Frucht entwickelt sich als eine Beere (selten Steinfrucht), die mehr oder weniger häufig vom fleischig werdenden Blütenbecher (Cupula) umschlossen ist. Der Same enthält einen geraden Embryo, dessen Keimblätter Nährstoffe speichern.
Systematik: Die Familie wird in 2 sehr verschieden große Unterfamilien geteilt, die CASSYTHOIDEAE — mit einer Gattung parasitischer Kletterpflanzen — und die LAUROIDEAE. Diese wurden gelegentlich, je nach der

Zahl der Pollensäcke pro Staubblatt (2 oder 4), in 2 Unterfamilien gegliedert. Heute unterteilt man die Lauroideae in 5 Tribus. Die einzige Tribus mit Hochblatthülle bilden die LAUREAE (Litseeae), zu der *Laurus* mit 2 und *Litsea* mit über 400 Arten gehören. Eine Tribus, bei der nur der untere Teil der Frucht von einer fleischigen Cupula umgeben ist, sind die CINNAMOMEAE mit Gattungen wie *Ocotea* und *Cinnamomum*. Die Tribus PERSEEAE besitzt keine Cupula, die Frucht ist frei. Zu ihr gehört die bekannte Gattung *Persea* (Avocado) mit über 150 Arten. *Beilschmiedia* und *Endiandra* sind 2 weitere große Gattungen dieser Gruppe. Die übrigen beiden Tribus bringen Früchte hervor, die vom vergrößerten und verhärteten Fruchtbecher völlig umschlossen sind: die kleine Tribus HYPODAPHNIDEAE mit unterständigem Fruchtknoten und die CRYPTOCARYEAE, zu denen mehrere Gewürzpflanzen (Arten von *Cryptocarya* und *Ravensara*) zählen.

Die Lauraceae bilden eine relativ wenig abgeleitete Familie und werden meist in die Nähe der Monimiaceae gestellt, von denen sie sich durch das klappige Aufspringen der Staubbeutel unterscheiden. Man bringt sie auch mit den Magnoliaceae in Verbindung.

Nutzwert: *Cinnamomum* liefert Zimt (*C. verum*) und Kampfer (*C. camphora*). *Persea americana* bringt eine geschätzte Tropenfrucht (Avocado) hervor. Viele Gattungen ergeben wertvolle Nutzhölzer, so z.B. Arten von *Beilschmiedia*, *Endiandra*, *Ocotea* und *Litsea*; *Litsea* ist auch die Quelle verschiedener Heilmittel von lokaler Bedeutung. Arten von *Laurus* und *Lindera* werden als Zierpflanzen kultiviert. Die aromatischen Blätter des Lorbeers, *Laurus nobilis*, werden zum Würzen von Fisch- und Fleischgerichten verwendet. I.B.K.R.

HERNANDIACEAE

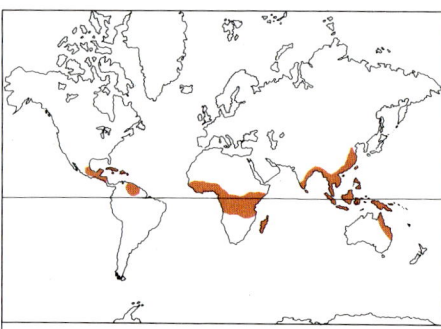

Gattungen: 4
Arten: 76
Verbreitung: pantropisch, meist in Küstengebieten
Nutzwert: Holz zum lokalen Gebrauch

Die Hernandiaceae sind eine Familie tropischer Bäume, Sträucher und einiger Lianen.
Verbreitung: Die Familie ist pantropisch und wächst vor allem in Küstenwäldern.
Merkmale: Die wechselständigen Blätter sind groß, einfach oder handförmig geteilt und nebenblattlos. Die cymösen Blütenstände tragen radiäre, eingeschlechtige oder zwittrige Blüten. Die Blütenhülle besteht aus 3 bis 10 kelchblattartigen Organen. Die 3 bis 5 klappig aufspringenden Staubblätter

folgen auf einen oder 2 äußere Kreise von Staminodien. Der ungefächerte Fruchtknoten ist unterständig, enthält eine hängende Samenanlage und trägt einen einfachen Griffel. Die Frucht ist eine geflügelte oder ungeflügelte Nuß. Der Same mit ledriger Samenschale enthält kein Endosperm.
Systematik: Es gibt 4 Gattungen: *Sparattanthelium* (15 Arten, Mittelamerika) mit einfachen Blättern und ungeflügelten, gerippten Früchten; *Hernandia* (24 Arten, Zentralamerika, Guayana, Karibik, Westafrika, Indomalesien, pazifische Inseln) mit schildförmigen Blättern und Früchten, die von einer aufgeblasenen Blütenhülle umgeben sind, monözisch; *Illigera* (30 Arten, tropisches Afrika, Madagaskar, Ostasien und Westmalesien) als Lianen mit zwei- bis vierflügeliger Frucht; *Gyrocarpus* (7 Arten, Tropen) mit zweiflügeligen Früchten und eingeschlechtigen Blüten. Die Familie ist am nächsten verwandt mit den Monimiaceae.
Nutzwert: Das weiche, leichte Holz einiger Arten von *Hernandia* und *Gyrocarpus* wird lokal für Kisten und als billiges Sperrholz verwendet. S.R.C.

PIPERALES *Pfefferartige*

PIPERACEAE *Pfeffergewächse*

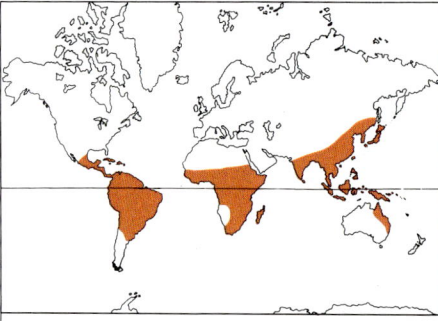

Gattungen: etwa 5
Arten: rund 2000
Verbreitung: pantropisch, häufig in Regenwäldern
Nutzwert: Pfeffer und Kawa

Die Piperaceae sind eine tropische Familie von kleinen Bäumen und aufrechten oder schlingenden Sträuchern. Ihre wichtigste Gattung, *Piper*, liefert den Pfeffer.
Verbreitung: Die Familie ist pantropisch und kommt vor allem in Regenwäldern vor.
Merkmale: Die Blätter sind wechselständig, einfach, ganzrandig und mit Drüsen punktiert, die scharfe, ätherische Öle enthalten. Die geflügelten Blattstiele umfassen den auffällig gegliederten Stengel. Nebenblätter sind, wenn vorhanden, meist am Blattstiel angewachsen. Die hüllblattlosen Blüten sind winzig. Sie bilden Trauben oder Ähren; diese sind ursprünglich endständig, werden aber durch einen Seitenzweig, der unmittelbar unter dem Blütenstand entspringt, in

eine seitliche Stellung gedrängt. Die Blüte besitzt 2 bis mehrere Staubblätter. Der oberständige Fruchtknoten besteht aus 2 bis 4 oder mehr verwachsenen Fruchtblättern und ist von 3 schuppenartigen Trag- und Vorblättern umgeben. Die Frucht ist eine fleischige, einsamige Steinfrucht, die häufig in die Achse des Blütenstands eingesenkt oder mit den Trag- und Vorblättern verwachsen ist. Die Familie ist durch einen ungewöhnlichen inneren Bau gekennzeichnet: einige Leitbündel der Sproßachsen sind — ähnlich wie bei den Monokotylen — zerstreut angeordnet, jedoch geschlossen.
Systematik: Die Piperaceae umfassen nach Ansicht einiger Botaniker nur die Gattung *Piper* (mit etwa 2000 Arten), während andere Wissenschaftler mehrere kleinere Gattungen unterscheiden, z.B. *Ottonia* (70 Arten, Südamerika), *Pothomorphe* (10 Arten, Tropen) und *Sarcorhachis* (4 Arten, Mittel- und tropisches Südamerika), die durch Unterschiede in Typ und Stellung der Blütenstände charakterisiert sind.

Die Familie, die mit den Piperaceae am nächsten verwandt ist, sind die Peperomiaceae, zu der die große Gattung *Peperomia* gehört. Manche Bearbeiter vereinigen diese beiden Familien allerdings. *Peperomia* unterscheidet sich von *Piper* hauptsächlich darin, daß sie krautig ist. Ihre Blüten sind noch stärker reduziert, auf ein einziges Fruchtblatt und 2 Staubblätter; Vorblätter fehlen. Die Piperaceae sind auch recht nah verwandt mit den Saururaceae. Diese unterscheiden sich von ihnen durch die ringförmig angeordneten Leitbündel der Sproßachse, die spiralig stehenden Staub- und Fruchtblätter und (bei *Saururus*) freien Fruchtblätter sowie den nicht vollständig geschlossenen Fruchtknoten. Aufgrund dieser Merkmale werden die Saururaceae oft als Bindeglied zwischen Piperaceae und Magnoliaceae betrachtet.
Nutzwert: Die wenigen nutzbaren Erzeugnisse der Piperaceae werden fast auf der ganzen Welt hoch geschätzt. Der Pfeffer wird von *Piper nigrum* geliefert. Kawa, das berühmte «Nationalgetränk» der Polynesier, wird aus den Wurzeln von *P. methysticum* gewonnen. Ursprünglich wurde dieser betäubende Beruhigungstrank von Kindern und jungen Frauen bereitet, die die geschälten Wurzeln kauten und die Kaumasse dann in ein Gefäß spien, wo sie mit Wasser angesetzt und vergoren wurde. Heutzutage wird die Pflanze jedoch mechanisch geraffelt. In Ostafrika und Südostasien werden Blätter von *Piper betle* zusammen mit der Betelnuß gekaut. F.K.K.

SAURURACEAE
Molchschwanzgewächse

Die Saururaceae sind eine kleine Familie mehrjähriger Kräuter in tropischen und gemäßigten Gebieten. Sie werden wegen der Form ihrer Blütenstände im Volksmund Eidechsen- oder Molchschwänze genannt.
Verbreitung: Die Familie kommt in Ostasien und in Nordamerika vor.
Merkmale: Die Blätter sind wechselständig und einfach, die Nebenblätter teilweise mit dem Blattstiel verwachsen. Die Blüten sind

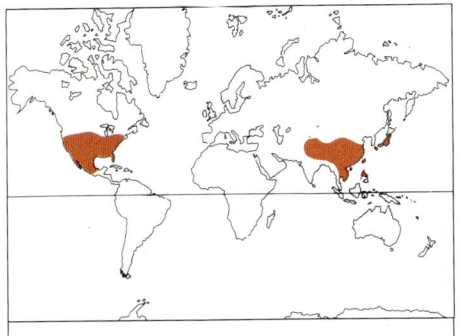

Gattungen: 5
Arten: 7
Verbreitung: O-Asien und N-Amerika
Nutzwert: Gartenzierpflanzen und Naturheilmittel

radiär, zwitterig und erscheinen in dichten Trauben oder Ähren. Die großen farbigen Tragblätter der untersten Blüten umgeben oft den Grund des Blütenstandes. Eine Blütenhülle fehlt. 3, 6 oder 8 Staubblätter sind frei oder teilweise mit den Fruchtblättern verwachsen. Die 3 bis 5 Fruchtblätter sind ober- oder unterständig und manchmal am Grunde verwachsen, die Griffel aber frei. Die freien Fruchtblätter wachsen zu Balg-

früchtchen heran, die verwachsenen zu dikken Kapseln, die sich an der Spitze öffnen. Jeder Same besitzt nur wenig Endosperm und einen kleinen Embryo, aber ein klar abgegrenztes, mehliges Perisperm.

Systematik: Die Familie besteht aus 5 Gattungen: *Houttuynia* mit einer Art von Himalaja bis nach Japan, *Saururus* (nach dem griechischen Wort für Echsenschwanz) mit je einer Art im Osten Nordamerikas und in Ostasien, *Anemopsis* mit einer einzigen Art im Südwesten Nordamerikas, die beiden chinesischen Gattungen *Gymnotheca* mit 2 Arten und *Circaeocarpus* mit nur einer Art. Botaniker stellten die Familie in die Nähe der Piperaceae und Chloranthaceae. Es besteht jedoch auch eine gewisse Ähnlichkeit mit den Polygonaceae.

Nutzwert: Wie gewisse *Polygonum*-Arten ist *Houttuynia cordata* ein guter Bodendecker; sie ist wohl der am häufigsten kultivierte Vertreter dieser Familie. Die Pflanze wurde um 1820 mit einer Samensendung an den Botanischen Garten in Kew in Europa eingeführt. Die ersten Exemplare erblühten dort 1826. Der besondere Reiz dieser Pflanze liegt zum Teil in den Blättern, die an sonnigen Standorten purpurn überlaufen sind, während sie im Schatten grün bleiben, sich jedoch üppiger entfalten. Die endstän-

dige Blütenähre weist einen Kragen aus 4 weißen Hochblättern auf. Der ganze Blütenstand erscheint wie eine einzige Blüte. In dieser Hinsicht gleicht sie einer ganzen Anzahl von *Cornus*-Arten. *Houttuynia cordata* wird in Vietnam lokal kultiviert; ihre Blätter werden für Salate und zur Behandlung von Augenleiden verwendet. Zur Gattung *Saururus* (Molchschwanz) zählen 2 Arten von Sumpfpflanzen: *Saururus chinensis* (Philippinen und Ostasien) mit cremefarbenen, zylindrischen Blütenähren und *S. cernuus* (östliches Nordamerika) mit duftenden weißen Blütenähren und auffälligen, langen Staubblättern; diese Gattung wird gelegentlich kultiviert.

Anemopsis californica wächst an sonnigen Standorten und ist örtlich als Yerba Mansa bekannt. Sie besitzt einen wohlriechenden, verzweigten Wurzelstock, der früher von den Indianern zu zylindrischen Schmuckperlen verarbeitet wurde — daher auch der volkstümliche Name «Apachenperlen». Ein Aufguß aus diesem Wurzelstock soll Linderung bei Malaria und Ruhr bringen. Die Ähre mit den winzigen Blüten ist von kronblattartigen Hochblättern umgeben, wodurch der ganze Blütenstand eine erstaunliche Ähnlichkeit mit einer Anemone aufweist.   B.M.

SAURURACEAE. **1.** *Anemopsis californica:* **a)** Sproß mit oberen Blättern und von kronblattartigen Hochblättern umgebenem Blütenstand (× ²/₃); **b)** Sproß mit Fruchtstand (× ²/₃); **c)** Blatt (× ²/₃); **d)** nackte Blüte mit in die Blütenstandsachse eingesenktem Gynoeceum (× 4); **e)** Querschnitt durch Blütenstand (× 1¹/₂). **2.** *Gymnotheca chinensis:* **a)** blühender Sproß mit herzförmigen Blättern (× ²/₃); **b)** Blüten (× 2); **c)** Gynoeceum (× 4); **d)** Gynoeceum aufgeschnitten, um die parietale Plazentation zu zeigen (× 6). **3.** *Saururus cernuus:* **a)** Blüte mit Tragblatt (× 2); **b)** halbierte Blüte mit freien Fruchtblättern (× 3). **4.** *Houttuynia cordata:* **a)** blühender Sproß (× ²/₃); **b)** Blüte (× 4); **c)** Frucht, an der Spitze aufreißend (× 4); **d)** ausgebreitete Frucht mit Samen (× 4).

PEPEROMIACEAE
Zwergpfeffergewächse

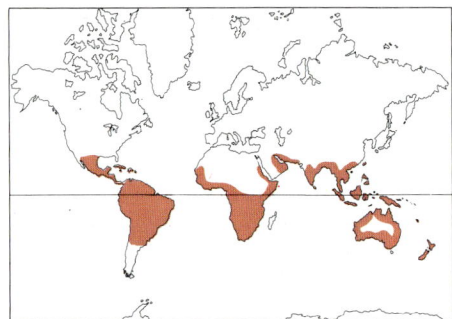

Gattungen: etwa 4
Arten: rund 1000
Verbreitung: tropisch und subtropisch, vor allem in Amerika und der Karibik
Nutzwert: gewisse Arten von Peperomiaceae werden lokal als Nahrungs- und Heilmittel verwendet; einige werden auch als Zimmer- und Gewächshauspflanzen kultiviert

Die Peperomiaceae sind eine kleine Familie sukkulenter Kräuter (seltener Halbsträucher); manche sind Epiphyten oder wachsen an felsigen Standorten.

Verbreitung: Die Familie ist in tropischen und subtropischen Gebieten beheimatet, vor allem im tropischen Amerika und in der Karibik.

Merkmale: Die Blätter können sehr groß werden; sie haben keine Nebenblätter und sind gewöhnlich wechsel-, selten gegenständig oder in Quirlen angeordnet. Die Blüten sind zwitterig, sehr klein und gewöhnlich zu dichten Blütenähren mit sukkulenten Tragblättern vereint. Sie besitzen weder Kelch- noch Kronblätter und nur 2 Staubblätter, deren Staubbeutel vereinfacht sind. Das ungefächerte Gynoeceum enthält eine grundständige Samenanlage. Der Griffel ist einfach (selten geteilt). Die Frucht stellt eine Beere mit fleischiger, dünner oder trockener Fruchtschale dar. Sie enthält einen kleinen Samen mit einem winzigen Embryo und mehligem Endosperm.

Systematik: 3 Gattungen sind in der Karibik beheimatet: *Manekia* (eine Art), *Piperanthera* (eine Art) und *Verhuellia* (3 Arten). Die tropisch bis subtropische Gattung *Peperomia* (etwa 1000 Arten) wächst hauptsächlich in Amerika. Zahlreiche Arten von *Peperomia* bringen Wurzelknollen hervor, viele sind Epiphyten. Bei *Peperomia* sind die Leitbündel im Innern der Sproßachse in gleicher Weise wie bei Monokotylen zerstreut angeordnet. Die meisten Arten von *Peperomia* enthalten in der äußeren Rinde, der Epidermis und den Blättern durchsichtige Zellen.

Die 4 Gattungen können aufgrund der ährenförmigen Blütenstände, der zwitterigen, nackten Blüten und des ungefächerten, einsamigen Fruchtknotens als Verwandte der Piperaceae betrachtet werden. Sie unterscheiden sich von ihnen jedoch durch das Fehlen von Nebenblättern, den Besitz von nur 2 Staubblättern und in anatomischen Merkmalen.

Nutzwert: *Peperomia* (Zwergpfeffer) ist die einzige Gattung von wirtschaftlicher Bedeutung. Die jungen Blätter und Stengel der epiphytischen *Peperomia vividispica* werden in vielen Gegenden von Mittel- und Südamerika ungekocht gegessen. Mehrere Arten von *Peperomia* bringen schön gezeichnete Blätter hervor und eignen sich als Topfpflanzen, z.B. *P. caperata* (zahlreiche herzförmige Blätter mit tiefgefurchter Oberfläche und langen, weißen Blütenähren), *P. obtusifolia* (violette Stengel, eiförmige, sukkulente Blätter und zahlreiche weiße Blütenähren) und *P. argyreia* oder *P. sandersii* (runde bis eiförmige, silbrige Blätter mit dunkelgrünen Nerven und roten Blattstielen). S.R.C.

PEPEROMIACEAE. **1.** *Peperomia fraseri:* **a)** Trieb mit gegenständigen, ganzrandigen Blättern und Blütenständen (× ²/₃); **b)** Frucht, Ansicht und Längsschnitt mit grundständiger Samenanlage (× 6); **c)** Staubbeutel (× 6); **d)** fleischiges Tragblatt (× 6); **e)** Teil eines Fruchtstandes (× 2). **2.** *Verhuellia brasiliensis:* **a)** kriechender Sproß mit Nebenwurzeln (× ²/₃); **b)** Blütenstand (× 3); **c)** Blüte (× 9). **3.** *Peperomia ovalifolia:* **a)** Habitus (× ²/₃); **b)** Blüte mit 2 Staubblättern (× 3); **c)** Frucht (× 3); **d)** Längsschnitt durch Frucht mit winzigem Embryo (× 3). **4.** *P. marmorata:* **a)** Sproß mit Blütenähre (× ²/₃); **b)** Teil der Blütenähre (× 1½); **c)** Blüte mit pilzförmigem, fleischigem Tragblatt, 2 Staubblättern und Fruchtknoten mit gefranster Narbe (× 6); **d)** Blüte (× 6).

ARISTOLOCHIALES
Osterluzeiartige

ARISTOLOCHIACEAE
Osterluzeigewächse

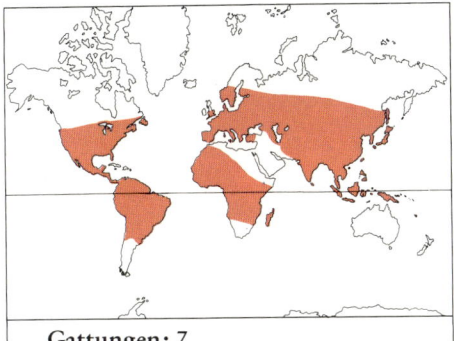

Gattungen: 7
Arten: etwa 625
Verbreitung: tropische und gemäßigte
Gebiete in Asien, Afrika, Europa
und Amerika, meist waldbewohnend
Nutzwert: Zierpflanzen

Die Aristolochiaceae sind eine klar umrissene Familie von Kräutern und Sträuchern und vielen windenden Lianen. Sie kommen vorwiegend in Wäldern und Gebüschen tropischer und warmgemäßigter Gebiete vor.

Verbreitung: Die Familie ist im ganzen tropischen und gemäßigten Eurasien und Amerika verbreitet.

Merkmale: Die Blätter sind wechselständig, häufig handnervig und besitzen keine Nebenblätter. Die zwitterigen Blüten stehen einzeln in den Blattachseln oder bilden razemöse oder cymöse Blütenstände. Der Kelch ist entweder radiär drei- oder vierlappig, oder (wenn zygomorph) sehr mannigfaltig ausgebildet. Die Krone fehlt meistens; selten sind 3 (oft verkümmerte) Kronblätter vorhanden. Die 6 bis 40 Staubblätter sind in einem oder 2 Kreisen angeordnet. Sie können frei, verwachsen oder an der Griffelsäule angewachsen (Gynostemium) sein. Der Fruchtknoten ist gewöhnlich unterständig, mit 3 bis 6 Fächern und Narben versehen. Die Frucht erscheint meist als vielsamige Kapsel. Die reichlich mit Endosperm ausgerüsteten Samen enthalten einen kleinen Embryo.

Systematik: Die 7 Gattungen können auf 3 Tribus verteilt werden:

SARUMEAE: mehrjährige Kräuter; zygomorphe Einzelblüten, Kronblätter vorhanden oder fehlend; Staubblätter in 2 Kreisen, frei oder mit am Grunde verwachsenen Filamenten; Fruchtknoten halb oder ganz unterständig; Frucht Balg oder eine Kapsel. *Saruma* (eine Art) mit gut entwickelten Kronblättern (China). *Asarum* (etwa 100 Arten), keine oder verkümmerte Kronblätter, vorwiegend im gemäßigten Eurasien und Nordamerika.

BRAGANTIEAE: Sträucher oder Halbsträucher, radiäre Blüten in Trauben oder Cymen; keine Kronblätter; Staubblätter in einem oder 2 Kreisen, frei oder mit dem Griffel verwachsen; Fruchtknoten unterständig; Frucht eine Kapsel. *Thottea* (10 Arten) mit 12 bis etwa 40 Staubblättern in 2 Kreisen (Malesien). *Apama* (12 Arten) mit 6 Staubblättern in einem Kreis (Malesien, östliches Indien).

ARISTOLOCHIEAE: Sträucher oder Stauden, oft auch Lianen; Blüten zygomorph, einzeln oder in Trauben oder Cymen; Kronblätter fehlen; Staubblätter in einem Kreis, mit dem Griffel verwachsen; Fruchtknoten unterständig; Frucht eine Kapsel. *Holostylis* (eine Art) mit schwach zweispaltigem Kelch (Südamerika). *Aristolochia* (etwa 500 Arten) mit ein- bis dreispaltigem, drei- bis sechszähnigem Kelch (gemäßigtes bis tropisches Eurasien und Amerika). *Euglypha* (eine Art) mit zygomorphem, ungeteiltem Kelch. Einige Pollenmerkmale und das Vorhan-

ARISTOLOCHIACEAE. **1.** *Aristolochia elegans:* **a)** Sproßranke mit wechselständigen Blättern und Einzelblüten mit farbigem Kelch (× ²/₃); **b)** Blütenachse und Säule aus 6 sitzenden Staubbeuteln (unten) und 6 Narbenlappen (oben) (× 1); **c)** Säule (× 1¹/₂); **d)** Frucht – vom Grunde her aufspringende Kapsel (× ²/₃). **2.** *Asarum europaeum:* **a)** Habitus, kriechender oberirdischer Sproß mit Schuppen- und Laubblättern und Einzelblüten (× ²/₃); **b)** Blüte, Blütenhülle entfernt, um die zahlreichen Staubblätter und den dicken Griffel mit gelappter Narbe zu zeigen (× 4); **c)** halbierte Blüte mit radiärer Blütenhülle und unterständigem Fruchtknoten mit zentralwinkelständigen Samenanlagen (× 3).

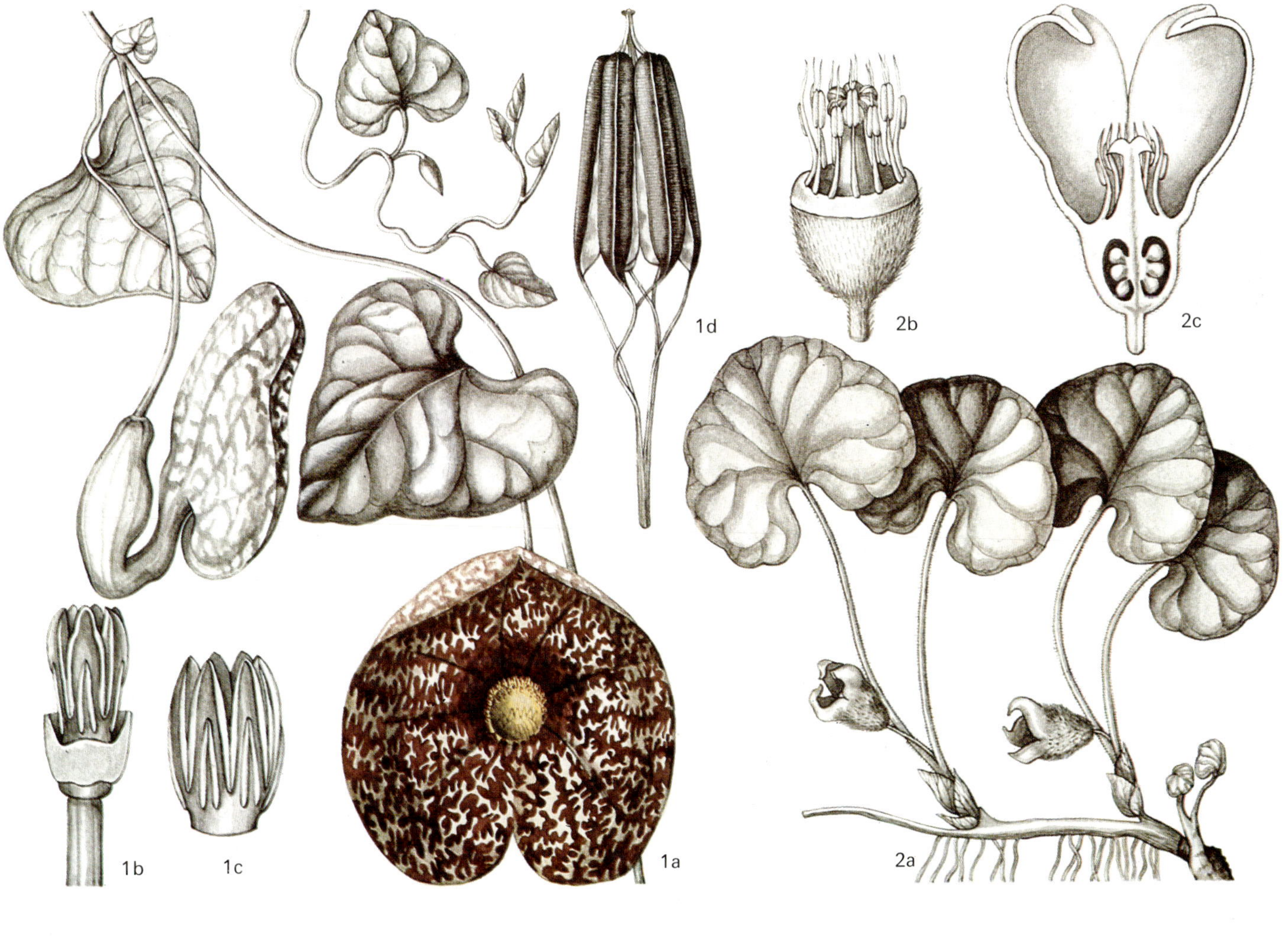

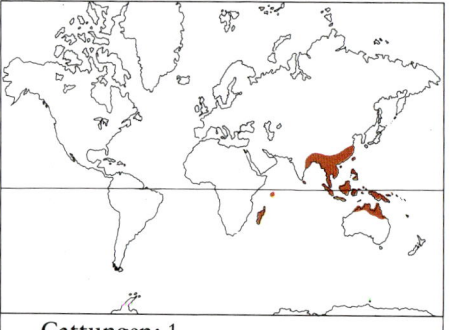

NEPENTHACEAE. **1.** *Nepenthes rafflesiana:* **a)** Blatt, dessen oberer Abschnitt als Kanne ausgebildet ist (× ²/₃); **b)** Blütenstand (× ²/₃); **c)** Blätter, in Ranken endend (× ²/₃); **d)** männliche Blüte, Filamente zu Säule vereinigt (× 1¹/₂); **e)** weibliche Blüte mit sitzender Narbe (× 1¹/₂); **f)** Kapsel (× ²/₃); **g)** Kapsel, vierklappig aufspringend (× ²/₃). **2.** *N. bicalcarata:* Längsschnitt durch Kanne (× ¹/₂). **3.** *N. fimbriata:* Querschnitt durch den vierfächerigen Fruchtknoten mit zahlreichen, zentralwinkelständigen Samenanlagen (× 2²/₃).

densein von Zellen mit ätherischen Ölen deuten darauf hin, daß die Aristolochiaceae den Magnoliaceae und mit diesen verwandten Familien am nächsten stehen könnten. **Nutzwert:** Viele Arten von *Aristolochia* und *Asarum* (Haselwurz) werden wegen ihrer eigenartig geformten Blüten gezogen, z.B. die Pfeifenblumen *Aristolochia macrophylla*, *A. ornithocephala* und *A. grandiflora*. Die amerikanische Schlangenwurzel (*Aristolochia serpentaria*) und die europäische Osterluzei (*A. clematitis*) sollen medizinische Eigenschaften besitzen.

D.M.M.

NEPENTHACEAE *Kannenpflanzen*

Die Nepenthaceae sind eine Familie tierfangender, tropischer Kräuter und Sträucher. Die meisten wachsen als holzige Kletterpflanzen, manche als Epiphyten.
Verbreitung: Die Familie besitzt Vertreter in den altweltlichen Tropen, mit Schwerpunkt in Borneo und Ausstrahlungen im Osten bis nach Nordaustralien und Neuguinea, im Westen bis zu den Seychellen und nach Madagaskar. Die Pflanzen brauchen sehr feuchte Bedingungen. Mit Ausnahme von *Nepenthes distillatoria* (Feuchtsavannen von Sri Lanka) sind sie Dschungelpflanzen, die von Meereshöhe bis auf über 2500 m Höhe vorkommen.

Gattungen: 1
Arten: rund 70
Verbreitung: Dschungel der altweltlichen Tropen, Nordaustralien
Nutzwert: beschränkte lokale Verwendung

Merkmale: Die Blätter sind wechselständig; sie besitzen keine Nebenblätter und oft auch keinen deutlichen Blattstiel. Der geflügelte Grund verengt sich zuerst und verbreitet sich dann zu einem zungenförmigen, spreitenähnlichen Blatteil. Die Pflanzen klettern mittels Ranken, die eine Verlängerung der Blattmittelrippe darstellen. Das Ende der «Ranke» ist schlauchförmig und bildet so die Kanne, deren Öffnung von einem Deckel verschlossen ist. Dieser öffnet sich erst, wenn die Kanne, die sich durch

eine schlauchartige Eintiefung der Blattfläche entwickelt, voll ausgebildet ist. Der Rand der Kanne ist kragenartig verdickt. Die Blattspitze ist an dieser Entwicklung nicht beteiligt. Sie sitzt als Sporn hinter dem Deckelansatz, an der Außenseite der Kanne. Der Rand der Kanne ist mit Nektardrüsen besetzt; darunter liegt eine Gleitzone. Insekten werden vom Nektar oder von der lebhaften Färbung der Kanne (rot oder grün, oft gefleckt) angelockt. Wenn sie erst einmal in der Kanne sind, können sie wegen der glatten Oberfläche nicht mehr herausklettern und ertrinken schließlich im Wasser, das sich auf dem Kannengrund angesammelt hat. Die Zersetzungsprodukte werden von der Pflanze absorbiert. Viele Glieder der Nepenthaceae sind Epiphyten und entwickeln kletternde Rhizome von bis zu 3 cm Durchmesser. Die kleinen Blüten von roter, gelber oder grüner Farbe sind radiär, eingeschlechtig und einhäusig verteilt; sie bilden traubenartige Rispen. Die Blütenhülle besteht aus 3 bis 4 Kelchblättern. In der männlichen Blüte sind die Filamente der bis zu 24 Staubblätter zu einer Säule verwachsen. Die Staubbeutel stehen dicht beieinander. Die weibliche Blüte zeigt eine scheibenförmige Narbe. Der Griffel ist kurz oder fehlt ganz. Der oberständige Fruchtknoten besteht aus 3 bis 4 verwach-

CERATOPHYLLACEAE. 1. *Ceratophyllum demersum:* **a)** untergetauchte, wurzellose Wasserpflanze mit quirlständigen Blättern (× ²/₃); **b)** Frucht — Nuß mit bleibendem, gekrümmtem, dornartigem Griffel und seitlichen Stacheln (× 4); **c)** Staubbeutel mit gegabeltem Konnektivfortsatz (× 8); **d)** Knoten mit blattachselständiger männlicher (rechts) bzw. weiblicher (links) Blüte (× 3). **2.** *C. submersum:* **a)** Blatt (× 4); **b)** weibliche Blüte (× 10); **c)** männliche Blüte (× 10); **d)** Staubblatt (× 16); **e)** Frucht (× 4). **3.** *C. oxyacanthum:* **a)** Frucht (× 2²/₃); **b)** Querschnitt durch Frucht (× 8). **4.** *C. pentacanthum:* Frucht (× 2²/₃).

senen Fruchtblättern. Er besitzt ebensoviele Fächer mit zahlreichen Samenanlagen an zentralwinkelständigen Plazenten. Die Frucht erscheint als ledrige Kapsel. Die leichten Samen weisen haarähnliche Fortsätze auf.

Nepenthes ampullaria besitzt 2 Arten von Blättern. Einige sind mit Ranken versehen und kannenlos; andere wiederum sitzen als gestielte Kannen in einer grundständigen Rosette. In Borneo gibt es Arten, deren Kannen bis zu 2 l Wasser fassen.

Systematik: Allgemein nimmt man an, daß die Familie nur aus einer einzigen Gattung, *Nepenthes*, bestehe. Einige Bearbeiter vertreten jedoch die Meinung, die auf den Seychellen wachsende *Nepenthes pervillei* stelle eine eigene Gattung — *Anurosperma* — dar. Die Nepenthaceae zeigen aufgrund ihrer Anpassung an dem Insektenfang Beziehungen zu den Sarraceniaceae und den Droseraceae. Einige Systematiker fassen deshalb die 3 Familien in der Ordnung Sarraceniales zusammen. Gewöhnlich werden sie jedoch zu den Aristolochiales bzw. Sarraceniales und Rosales gestellt.

Nutzwert: Die Stengel einiger Arten (*Nepenthes distillatoria* auf Sri Lanka und *N. reinwardtiana* in Malesien) werden lokal zum Korbflechten und für eine Art Tauwerk verwendet. S.A.H.

NYMPHAEALES
Seerosenartige

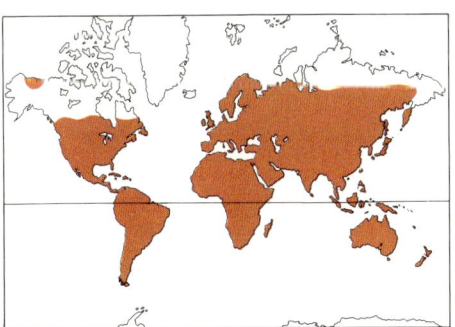

CERATOPHYLLACEAE
Hornblattgewächse

Gattungen: 1
Arten: 2 oder etwa 30
Verbreitung: weltweit in Süßwasser
Nutzwert: Schutz für Fischbrut

Die Ceratophyllaceae sind eine kosmopolitische Familie wurzelloser Wasserpflanzen. Sie bestehen aus einer einzigen Gattung.

Verbreitung: *Ceratophyllum* kommt fast weltweit vor und bildet sehr rasch schwimmende Massen, die Wasserwege verstopfen können.

Merkmale: Die Arten von *Ceratophyllum* sind untergetauchte Kräuter, die ein Trokkenfallen nicht ertragen. Wurzeln fehlen vollständig, sogar beim Embryo. Manchmal entwickeln sich farblose, wurzelartige Zweige, die die Pflanze im Substrat verankern. Die Stengel sind meist verzweigt und bilden nur einen Seitenzweig an einem Knoten. Die Blätter stehen in drei- bis zehnblättrigen Quirlen; sie sind ziemlich starr, oft spröde und ein- bis vierfach gegabelt. Die Blattzipfel tragen 2 Reihen winziger Zähnchen und laufen in 2 Borsten aus. Die Blüten sind eingeschlechtig und stehen einzeln in der Achsel eines einzigen Blattes pro Quirl. Gewöhnlich finden sich an den Knoten abwechslungsweise männliche und weibliche Blüten. Die Blütenhülle besteht aus 8 bis 12 linealen, hochblattartigen Blättchen, die am Grunde vereinigt sind. Die Staubblätter sind zahlreich und enden in einem zweispitzigen Konnektivfortsatz. Die Filamente sind kurz oder fehlen ganz. Die Staubbeutel sind extrors. Das Gynoeceum ist oberständig und besteht aus einem Fruchtblatt mit einer einzigen, hängenden Samenanlage. Die Frucht erscheint als einsamige Nuß mit einem bleibenden, dornartigen Griffel; häufig ist sie mit zusätzlichen seitlichen oder basalen Dornen ausgerüstet.

NYMPHAEACEAE. **1.** *Nymphaea micrantha:* **a)** Habitus: Schwimmblätter, Blüte über der Wasseroberfläche (× ¹/₃); **b)** halbierte Blüte mit grün-lichen Kelchblättern, zahlreichen Kronblättern, die allmählich in die Staubblätter übergehen, und dem in die Blütenachse eingesenkten Gynoeceum (× 1). **2.** *Barclaya motleyi:* **a)** Habitus (× ²/₃); **b)** Querschnitt durch die vielsamige Frucht (× ²/₃). **3.** *Nelumbo nucifera:* Blütenachse mit eingesenk-ten Nüßchen; **a)** Ansicht zur Fruchtzeit (× ²/₃) und **b)** Längsschnitt zur Blütezeit (× ¹/₃). **4.** *Victoria amazonica:* Längsschnitt durch die Blüte (× ²/₃).

Systematik: *Ceratophyllum* ist sehr verän-derlich, eine Gliederung in Arten dement-sprechend schwierig. Neben klar definier-ten kosmopolitischen Arten, *Ceratophyl-lum demersum* und *C. submersum*, sind über 30 lokale Arten beschrieben worden, die sich vor allem in der Zahl und Anord-nung der Fruchtdornen unterscheiden. Die meisten von ihnen dürften jedoch nur For-men der Hauptarten sein.

Die Familie besteht ganz aus hochspeziali-sierten und stark vereinfachten Wasser-pflanzen. Sie haben weder Wurzeln, Kuti-kula und Spaltöffnungen noch verholztes oder sonstiges Festigungsgewebe. Das Feh-len vergleichbarer Merkmale erschwert die Einordnung dieser Familie. Meist wird sie in die Nähe der Nymphaeaceae gestellt. Die einsamige Frucht und der Same mit dem großen Embryo (mit fleischigen Keimblät-tern und weit entwickelter Plumula, aber ohne Keimwurzel, Endosperm oder Peri-sperm) deuten auf eine besondere Bezie-hung zur Gattung *Nelumbo* hin.

Nutzwert: *Ceratophyllum* (Hornblatt) schwebt gewöhnlich in Teppichen knapp unter der Wasseroberfläche. Diese Teppiche bilden einen Schutz für Fischbrut, aber ebenso für Bilharziose übertragende Schnecken und die Larven von Malaria und Filariose verbreitenden Mücken. C.D.C.

NYMPHAEACEAE *Seerosengewächse*

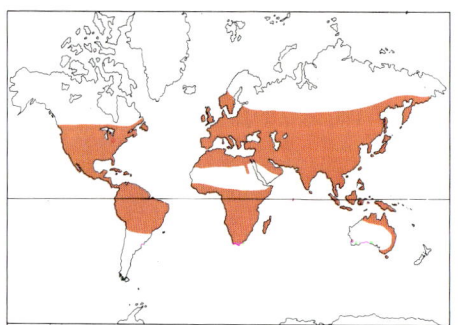

Gattungen: 9
Arten: über 90
Verbreitung: kosmopolitisch in Süß-wasser
Nutzwert: Wasserzierpflanzen (z.B. Seerosen, Lotosblumen, *Victoria*); einige Arten liefern eßbare Samen und Rhizome

Die Nymphaeaceae sind eine Familie von Wasserpflanzen, zu der die Seerosen, die heiligen Lotosblumen (*Nelumbo*) und die eindrücklichen Victoria-Seerosen (*Vic-toria amazonica*) gehören.

Verbreitung: Sie kommen kosmopolitisch in Teichen, Wasserläufen und Seen vor.
Merkmale: Alle Arten sind mehrjährige Wasserpflanzen; häufig besitzen sie große Rhizome und schild- oder herzförmige Blätter (gelegentlich auch fein zerschlitzte Unterwasserblätter). Die Blütenhülle be-steht aus 3 bis 6 grünen oder farbigen Kelch-blättern und 3 bis vielen Kronblättern (bei *Ondinea* fehlen diese), die bei einigen Gat-tungen allmählich in die zahlreichen Staub-blätter übergehen. Die ober- oder unter-ständigen 5 bis 35 Fruchtblätter sind ver-eint oder frei. Die schwammigen Früchte öffnen sich durch Aufquellen des in ihnen enthaltenen Schleims. Die Blüten werden gewöhnlich von Käfern bestäubt.
Systematik: *Nymphaea* besitzt Samen mit einem Arillus und halbunterständige Fruchtknoten (50 Arten in tropischen und gemäßigten Zonen); *Nuphar* hat keinen Arillus, jedoch ein schleimiges Perikarp, das Luftblasen enthält (25 Arten in nördlich-ge-mäßigten Zonen); *Ondinea* weist weder einen Arillus noch Kronblätter auf (eine Art in Westaustralien, *O. purpurea*); *Victoria* zeigt einen unterständigen Fruchtknoten und Blätter bis zu 2 m im Durchmesser, mit aufwärts gebogenen Rändern (2 bis 3 Arten im tropischen Südamerika); *Euryale* besitzt große runzlige, flachrandige Blätter (eine

BERBERIDACEAE. **1.** *Berberis darwinii:* **a)** blühender Zweig (× ²/₃); **b)** Blüte aufgeschnitten, um die kleinen, kronblattartigen Kelch-, die großen Kronblätter, die zahlreichen Staubblätter und das einzige Fruchtblatt zu zeigen (× 4). **2.** *Mahonia aquifolium:* Beeren (× ²/₃). **3.** *Jeffersonia dubia (Plagiorhegma dubium):* **a)** Habitus (× ²/₃); **b)** Staubblätter (× 4); **c)** Gynoeceum, Ansicht (links) und Längsschnitt (rechts) (× 4); **d)** Querschnitt durch Fruchtknoten (× 4). **4.** *Epimedium perralderianum:* **a)** Habitus (× ²/₃); **b)** Blüte (× 1); **c)** Gynoeceum, Ansicht (links) und Längsschnitt (rechts) (× 3); **d)** Staubblatt (× 3); **e)** Honigblatt (× 3); **f)** Kapsel (× 3).

Art in China und Südostasien, *Euryale ferox); Brasenia* hat freie Fruchtblätter (eine Art in den Tropen, *B.schreberi); Gabomba* bringt dreizählige Blüten hervor wie die Monokotylen (6 Arten in warmen Gegenden Amerikas). *Victoria* und *Euryale* werden manchmal in einer eigenen Familie (Euryalaceae) zusammengefaßt, ebenso *Cabomba* und *Brasenia* (Cabombaceae). *Nelumbo* (2 Arten in Amerika und Ostasien) wird hier den Nymphaeaceae zugerechnet, unterscheidet sich aber sehr stark von diesen. *Barclaya* (3 bis 4 völlig untergetauchte Arten der indomalaiischen Region) besitzt unterständige Fruchtknoten; ihre Vertreter werden manchmal als Barclayaceae abgetrennt.

Man betrachtet die Nymphaeaceae gewöhnlich als Verwandte der ursprünglichen Familien aus der Ordnung Ranunculales; sie haben jedoch viele Gemeinsamkeiten mit den Monokotylen.

Nutzwert: Viele Arten werden kultiviert, vor allem *Nymphaea* (Seerose), *Nuphar* (Teichrose), *Euryale, Victoria* und *Cabomba* (zur Sauerstoffversorgung in Aquarien). Die Samen und Rhizome von *Nymphaea*-Arten sind eßbar, ebenso die gerösteten Samen von *Victoria* und *Nelumbo.* Aus den Samen von *Euryale* wird ein Stärkemehl gewonnen. D.J.M.

RANUNCULALES
Hahnenfußartige

BERBERIDACEAE   *Sauerdorngewächse*

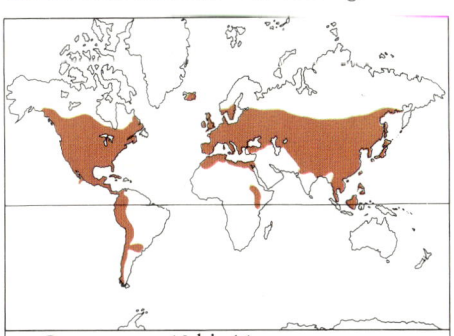

Gattungen: 13 bis 16
Arten: 550 bis 600
Verbreitung: vorwiegend nördlich-gemäßigte Zone und südamerikanische Gebirge
Nutzwert: Ziersträucher, Früchte, Farbstoffe und Heilmittel

Die Berberidaceae sind eine Familie von Sträuchern und mehrjährigen Kräutern, z.B. Sauerdorn oder Berberitze.
Verbreitung: Die krautigen Arten sind in der nördlich-gemäßigten Zone der Alten

und Neuen Welt beheimatet. Als Sträucher sind sie sogar bis nach Feuerland zu finden.
Merkmale: Die Blätter sind normalerweise wechselständig (bei *Podophyllum* nahezu gegenständig), bei einigen krautigen Arten grundständig, einfach bis gefiedert oder dreizählig zusammengesetzt (schildförmig bei *Podophyllum* und *Diphylleia*). Nebenblätter fehlen meist. *Mahonia, Nandina* und einige Arten von *Berberis* sind immergrün. Bei *Berberis* werden die Blätter der Langtriebe oft zu Dornen abgewandelt. Die Kurztriebe tragen einfache Blätter. Der gegliederte Blattstiel weist darauf hin, daß es sich beim ungeteilten *Berberis*-Blatt um eine reduzierte Form handelt, die im Laufe der Evolution aus einem Fiederblatt entstanden ist, wie es heute noch bei *Mahonia* und *Nandina* vorkommt. Die rispigen Blütenstände von *Nandina* werden über Trauben auf die grundständigen Einzelblüten von *Jeffersonia* reduziert, die unbeblätterte Stiele besitzen. Die Blüten der Berberidaceae sind zwitterig und radiär. Die Blütenhülle besteht aus mehreren, gewöhnlich vier- bis sechsgliedrigen Kreisen verschiedener Ausbildung. Die innersten Blütenblätter (Kronblätter) unterscheiden sich von den äußeren (oft ein zweikreisiger Kelch) dadurch, daß sie als große oder aber stark rückgebildete, oft schuppenartige Honigblätter ausgestal-

tet sind. *Achlys* weist jedoch keine Blütenhülle und somit auch keine Nektarien auf; bei *Podophyllum*, *Diphylleia* und *Nandina* fehlen lediglich die Honigblätter. Vor den innersten Blütenblättern befinden sich 6 Staubblätter, außer bei *Epimedium* (4) und *Podophyllum* (bis zu 18). Die Staubbeutel öffnen sich bei *Nandina* und *Podophyllum* längs, bei anderen Arten jedoch mit Klappen. Das meist einzelne Fruchtblatt ist oberständig und enthält mehrere oder viele Samenanlagen entlang der Bauchnaht, manchmal auch nur eine einzige, grundständige. Der Griffel ist kurz; selten ist die Narbe sitzend. Die Frucht ist fleischig bei *Nandina*, *Berberis*, *Mahonia* und *Podophyllum*, bei *Epimedium* und *Vancouveria* dagegen eine zweiklappige Kapsel und bei *Leontice* ein pergamentartiger Balg, der durch den Wind verbreitet wird. *Caulophyllum* ist insofern bemerkenswert, als ihre beerenähnlichen Samen die Fruchtknotenwandung durchstoßen und so heranreifen. *Gymnospermium* bringt ebenfalls freiliegende Samen hervor.

Systematik: Einige Artengruppen sind einander in vielen Merkmalen derart ähnlich, daß man sie zu einer Gattung vereinigen könnte (z.B. *Mahonia* mit *Berberis*, *Vancouveria* mit *Epimedium*, *Dysosma* mit *Podophyllum*, *Plagiorhegma* mit *Jeffersonia*, *Gymnospermium* mit *Leontice*). Auf der andern Seite unterscheiden sich die Gattungen doch sehr stark. Ihre Merkmale überschneiden sich allerdings in mannigfacher Weise. Die Berberidaceae werden somit eher durch die Beziehungen zusammengehalten, die zwischen den Merkmalskombinationen einzelner Gattungen bestehen, als durch Merkmale, die sie als Ganzes gegen andere Familien abgrenzen.

Hutchinson ordnet die holzigen Gewächse 2 verschiedenen Familien zu, den Nandinaceae (*Nandina*) und den Berberidaceae (*Berberis* und *Mahonia*), während er alle krautigen Gattungen in der Familie der Podophyllaceae zusammenfaßt, einschließlich *Leontice* und ihr verwandte Arten, die manchmal als eigene Familie (Leonticaceae) betrachtet werden. Diese Gruppierung läßt allerdings außer acht, daß *Berberis* und *Mahonia* (holzig) mit *Epimedium* und *Vancouveria* (krautig) enger verwandt sind als mit *Podophyllum* und *Diphylleia*, welche für sich stehen. Eine natürlichere Einteilung ordnet die beiden letzteren der Unterfamilie PODOPHYLLOIDEAE zu, die übrigen den BERBERIDOIDEAE mit den Tribus NANDINEAE, BERBERIDEAE, EPIMEDIEAE und ACHLYEAE.
Die Familie steht den Ranunculaceae und Papaveraceae nahe, ohne mit diesen jedoch eng verwandt zu sein.

Nutzwert: Viele Arten der Berberidaceae werden als beliebte Zierpflanzen in Gärten gezogen, z.B. *Berberis buxifolia*, *B. darwinii*, *B. calliantha*, *B. × stenophylla*, *Mahonia aquifolium*, *M. bealei*, *M. lomariifolia* und *Nandina domestica*. Die Rhizome des Maiapfels — fälschlicherweise auch Alraune genannt (*Podophyllum peltatum* und *P. hexandrum*) — enthalten ein Harz mit starker Wirkung, das als Abführ- und Brechmittel wirkt und Bestandteil bestimmter kommerzieller Abführtabletten ist. W.T.S.

RANUNCULACEAE
Hahnenfußgewächse

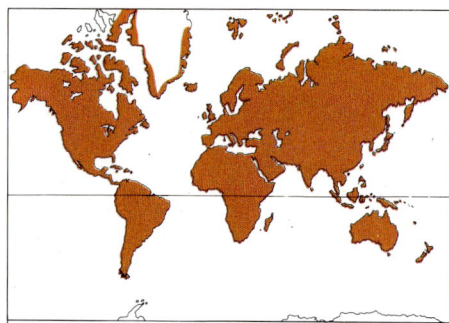

Gattungen: rund 50
Arten: über 1800
Verbreitung: überwiegend in den gemäßigten und kalten Zonen der nördlichen Hemisphäre
Nutzwert: Zierpflanzen (*Clematis*, Trollblume, Rittersporn, Jungfer im Grünen); Aconitin (aus dem Eisenhut) wird als Betäubungs- und Schmerzmittel eingesetzt

Die große Familie der Ranunculaceae enthält viele bekannte Wild- und Gartenblumen, wie z.B. Hahnenfuß, Anemone, Akelei, Christrose und einige sehr giftige Pflanzen, darunter Eisenhut.

Verbreitung: Die Familie ist kosmopolitisch, kommt aber vor allem in den gemäßigten und kalten Zonen der nördlichen und südlichen Hemisphäre vor. Der wichtigste Schwerpunkt liegt in Ostasien.

Merkmale: Die Pflanzen sind vorwiegend krautig, selten holzige Kletterpflanzen wie *Clematis*. Die Stauden überdauern gewöhnlich mit einem dichten, oft sympodial wachsenden Wurzelstock. Am Grunde des blühenden Sprosses bildet sich eine Seitenknospe, aus der der Blütentrieb des folgenden Jahres entsteht. Gewöhnlich sterben die alten Wurzeln ab. Neue Nebenwurzeln bilden sich an der Knospe. Bei *Aconitum* und *Ranunculus* schwellen sie häufig zu Knollen an. Die Blätter sind grund- oder wechselständig, bei *Clematis* gegenständig. Im allgemeinen sind sie stark, oft handförmig geteilt. Bei *Myosurus* und einigen Arten von *Ranunculus* sind sie ganzrandig und schmal, bei *R. ficaria* und einigen Arten von *Caltha* herzförmig und bei *Zanthorrhiza* und *Clematis* z.T. fiederlappig. Die untergetauchten Blätter der Wasserpflanzen der Gattung *Ranunculus* (Untergattung *Batrachium*) haben gewöhnlich stark zerschlitzte Blätter mit haarförmigen Abschnitten. Bei *Clematis* können die Blattstiele ranken, da sie auf Berührungsreize reagieren. Sie verankern den Sproß in der gleichen Weise wie gewisse Arten von *Tropaeolum*. Bei *Clematis aphylla* wird das ganze Blatt zur Ranke. Die Photosynthese findet in der Stengelrinde statt. In der ganzen Familie umfaßt der scheidenartige Grund des Blattstiels den Stengel. Nebenblätter fehlen, außer bei *Thalictrum*, *Caltha*, *Trollius* und einigen *Ranunculus*-Arten.

Der Blütenstand ist endständig. Bei *Eranthis* und einigen Arten von *Anemone* stehen die Blüten einzeln. Meist jedoch bilden sie

Thyrsen oder Cymen. *Anemone*, *Pulsatilla* und *Nigella* zeichnen sich durch eine Hochblatthülle aus, deren Glieder mit den Kelchblättern abwechseln. Die Blüten sind gewöhnlich zwitterig und radiär. Die Blütenteile stehen spiralig an einer mehr oder weniger verlängerten Blütenachse; häufig sind die Blütenhüllblätter jedoch in Kreisen angeordnet. Die Zahl der Kelchblätter schwankt zwischen 3 und vielen, am häufigsten sind es 5. Sie sind selten bleibend (*Helleborus*) und häufig kronblattartig. Die Blütenhülle ist selten klar in Kelch und Krone gegliedert. Die zahlreichen spiralig angeordneten Staubblätter öffnen sich extrors oder intrors. Die Zahl der Fruchtblätter reicht von einem (*Actaea*) bis vielen (*Ranunculus*, wo sie spiralig stehen). Bei *Nigella* sind die Fruchtblätter zu einer Kapsel vereint; sonst besteht die Frucht aus Nüßchen oder vielsamigen Bälgen. Bei *Actaea* ist sie eine Beere. Die Samen weisen einen kleinen, geraden Embryo und reichlich Endosperm auf.

Die Blüten dieser Familie sind sehr verschieden gebaut und werden auf verschiedene Weise bestäubt. Insektenbestäubung herrscht vor; einige Arten von *Thalictrum* sind jedoch windbestäubt, und viele der einjährigen Arten bestäuben sich selbst. Die insektenbestäubten Arten werden wegen ihres Blütenstaubes oder wegen des Nektars aufgesucht; dies läßt eine Unterscheidung in 2 Typen zu. Die Gattungen *Anemone*, *Pulsatilla* und *Clematis* bieten nur Blütenstaub an. Nektarblüten mit tüten- oder spornartigen Honigblättern finden sich bei *Nigella*, *Aquilegia*, *Delphinium* und *Helleborus*. Bei *Anemone* und *Clematis* werden die Insekten durch lebhaft gefärbte Kelchblätter angelockt, bei *Ranunculus* durch auffällige Kronblätter mit vorragenden Nektartaschen (Honigblätter), bei *Aconitum* durch eine auffällige Blütenhülle und bei einigen Arten von *Thalictrum* durch farbige Filamente oder Staubbeutel. Die Ranunculaceae sind im allgemeinen vormännlich; die Staubblätter entleeren den Pollen, bevor die Narben empfängnisfähig sind; es kommt aber auch das Gegenteil, Vorweiblichkeit, vor. Diese Eigenschaften können auch nur schwach entwickelt sein, so daß einige Staubbeutel ihren Blütenstaub noch nicht freigegeben haben, wenn die Narben schon fast fertig entwickelt sind. Diese Vorgänge begünstigen Fremdbestäubung und -befruchtung.

Die Samen werden auf verschiedene Weise verbreitet: Bei *Clematis* und *Pulsatilla*

RANUNCULACEAE: **1.** *Trollius europaeus:* Blütentrieb (× ²/₃). **2.** *Helleborus cyclophyllus:* Blütentrieb (× ²/₃). **3.** *H. niger* (Christrose): halbierte Blüte mit großen Kelch-, kleinen röhrenförmigen Honig-, zahlreichen Staubblättern und den am Grunde leicht verwachsenen, vielsamigen Fruchtblättern (× ²/₃). **4.** *Eranthis hyemalis* (Winterling): a) Habitus (× ²/₃); b) Sammelfrucht aus Balgfrüchtchen (× 1¹/₃); c) Same (× 4). **5.** *Aquilegia caerulea:* Sproß mit radiären Blüten und gespornten Honigblättern (× ²/₃). **6.** *Nigella damascena:* mit federigen Hochblättern umgebene Kapselfrucht (× ²/₃). **7.** *Aconitum napellus:* a) Stengel mit zygomorphen Blüten (× ²/₃); b) halbierte Blüte mit helmartigem oberem Blütenhüllblatt (× 1¹/₃).

8

9a

9b

10a

10b

11

12a

12b

13

wachsen die Griffel nach der Bestäubung zu langen, federartigen Gebilden aus, die an Windverbreitung angepaßt sind; die Früchtchen einiger Arten von *Ranunculus* (etwa *R. arvensis*) sind mit kleinen Knötchen oder Dornen mit Widerhaken versehen und werden durch Tiere ausgebreitet; die Samen von *Helleborus* besitzen Elaiosomen (ölhaltige Körper), und die dadurch angelockten Ameisen verbreiten dann die Samen (Myrmekochorie).

Systematik: Die Familie kann wie folgt in 2 Unterfamilien und 5 Tribus unterteilt werden (andere Gruppierungen sind ebenfalls möglich):

UNTERFAMILIE HELLEBOROIDEAE

Fruchtblätter mit mehr als einer Samenanlage; Sammelfrucht aus Bälgen; Kapsel oder Beere.

HELLEBOREAE: Blüten radiär; *Caltha, Calathodes, Trollius, Helleborus, Eranthis, Coptis, Isopyrum, Nigella, Actaea, Aquilegia, Xanthorrhiza.*

DELPHINIEAE: Blüten zygomorph; *Aconitum, Delphinium.*

UNTERFAMILIE RANUNCULOIDEAE

Fruchtblätter mit einer Samenanlage; fast immer Sammelnußfrucht.

RANUNCULEAE: Blätter grundständig oder am Stengel wechselständig; Blütenhülle dachig, Blüten ohne Hochblatthülle, Kelch oft hinfällig, Honigblätter (selten fehlend); Sammelfrucht aus Nüßchen, selten Beeren. *Trautvetteria, Ranunculus, Hamadryas, Myosurus, Callianthemum, Adonis, Knowltonia, Thalictrum.*

ANEMONEAE: Blätter grundständig oder am Stengel wechselständig; Blüten oft mit Hochblatthülle, Blütenhülle dachig, meist kronartig und selten nach dem Verblühen abfallend; Nüßchen. *Anemone, Pulsatilla, Hepatica, Barneoudia.*

CLEMATIDEAE: Stengel krautig oder holzig und kletternd; Blätter gegenständig, Blütenhülle klappig, kronartig; Honigblätter flächig oder staubblattähnlich, jedoch meist fehlend; Nüßchen zahlreich, oft mit federartigem Griffel. *Clematis, Clematopsis.*

Die Ranunculaceae werden heute allgemein als ursprüngliche Familie betrachtet, eine Ansicht, die Antoine Laurent de Jussieu bereits 1773 vertrat. Man nimmt an, daß sie dieselben Vorfahren wie die Magnoliales haben, sich aber nur wenig weiter entwickelten. Die Familie ist verwandt mit den Menispermaceae und Lardizabalaceae sowie den monogenerischen Glaucidiaceae, Hydrastidaceae und Circaeasteraceae (Fami-

RANUNCULACEAE (Forts.). 8. *Anemone coronaria:* Blatt und Blüte (× ²/₃). 9. *Thalictrum minus:* a) Blatt und endständiger Blütenstand (× ²/₃); b) Blüte mit unscheinbarer Blütenhülle und vielen großen Staubblättern (× 4). 10. *Clematis alpina:* a) Trieb mit achselständigen Einzelblüten, gegenständigen Blättern und langen, rankenden Blattstielen (× ²/₃); b) Sammelfrucht aus Nüßchen mit bleibendem, federigem Griffel (× 2²/₃). 11. *Ranunculus* sp.: halbierte Blüte mit freien Kelch- und Kronblättern sowie zahlreichen Staub- und Fruchtblättern, letztere mit einer einzigen Samenanlage (× 2). 12. *Myosurus minimus:* a) Habitus (× 2²/₃); b) Blüte mit vielen Fruchtblättern an verlängerter Blütenachse (× 2²/₃). 13. *Ranunculus ficaria:* Pflanze mit Wurzelknollen (× ²/₃).

lien, die ebenfalls in diesem Kapitel behandelt werden) sowie mit den Berberidaceae. Diese Familien werden oft, wie dies auch hier geschieht, zur Ordnung der Ranunculales gerechnet. (Der Name Ranales von Engler wird heute nicht mehr akzeptiert, da die Ordnung nach der Gattung *Ranunculus* und nicht nach dem lateinischen Namen für Frosch, *rana*, benannt ist.) Die Ranunculales unterscheiden sich von den Magnoliales dadurch, daß sie vorwiegend krautig sind und keine Zellen mit ätherischen Ölen besitzen. Sie lassen auch die folgenden ursprünglichen Merkmale vermissen, die bei verschiedenen Vertretern der Magnoliales anzutreffen sind: nicht vollständig geschlossene Fruchtblätter, Pollenkörner mit einer einzigen Apertur, Käferbestäubung, flächige Staubblätter und das Fehlen von Gefäßen. Holzige Arten werden als sekundär holzig betrachtet, da sie alle gut entwickelte Markstrahlen aufweisen.

Man ist sich jedoch auch heute noch nicht darüber einig, welche Gattungsgruppen als eigenständige Familien anerkannt werden sollen.

Die Familie Glaucidiaceae mit der einzigen Gattung *Glaucidium* wird oft zu den Ranunculaceae gezählt. Sie unterscheidet sich jedoch in einer Anzahl wichtiger Merkmale auffallend von diesen: Bau von Gynoeceum und Samenanlage, Öffnungsweise des Balges und Kernverhältnisse.

Die Ranunculaceae sind mit den Berberidaceae verwandt, vor allem mit jenen krautigen Gattungen, die auch als eigene Familie Podophyllaceae abgetrennt werden können. *Hydrastis canadensis* (in Japan und im Osten Nordamerikas), heute durch übertriebenes Sammeln der Rhizome für medizinische Zwecke beinahe ausgestorben, steht irgendwo zwischen den Familien Paeoniaceae, Ranunculaceae und Berberidaceae und wird oft als selbständige Familie, Hydrastidaceae, betrachtet. Sie unterscheidet sich von den Paeoniaceae durch die handförmig gelappten Blätter, das Fehlen der Honigblätter und die Vereinigung der Staubbeutel zu 3 oder mehr Gruppen. Von den Ranunculaceae unterscheidet sie sich durch das Fehlen von Honigblättern und die fleischigen Sammelfrüchte, von den Berberidaceae durch die honigblattlosen Blüten mit den zahlreichen Staub- und Fruchtblättern, und von den Glaucidiaceae durch die Knospenlage der Blätter, die Gefäße in Blütenstiel und -achse und andere Merkmale. Die Gattung *Circaester,* deren einzige Art vom nordwestlichen Himalaja bis ins nordwestliche China verbreitet ist, besteht aus kleinen, stark reduzierten einjährigen Pflanzen. Sie wird von einigen Bearbeitern zu den Ranunculaceae gezählt, während sie anderen genügend verschieden erscheint, um sie als eigene Familie, Circaeasteraceae, abzutrennen. Die Ranunculaceae und die Berberidaceae sind auch in chemischer Hinsicht verwandt, da sie beide das Alkaloid Berberin enthalten.

Man nimmt an, daß die Ordnung Ranunculales mit den Nymphaeales einerseits und den Magnoliales und Illiciales andererseits nah verwandt ist. Einige Evolutionsforscher sehen auch Verbindungen zu den Alismata-

les, einer ursprünglichen Ordnung der Monokotylen. Andere sind jedoch der Ansicht, daß diese Ähnlichkeit lediglich auf konvergenter Evolution beruhe. Eine nahe Verwandtschaft einiger Familien der Ranunculales (Berberidaceae, Glaucidiaceae) mit der Ordnung der Papaverales wird allgemein angenommen.

Nutzwert: Obwohl die Familie von großem botanischem Interesse ist, kommt ihr doch keine besondere wirtschaftliche Bedeutung zu. Manche Gattungen enthalten Arten, die sich vorzüglich als Gartenpflanzen eignen und den Pflanzenzüchtern und Gärtnern als schmucke Pflanzen für das Staudenbeet bekannt sind (*Clematis,* Waldrebe, als Kletterpflanzen): *Trollius* (Trollblume), *Aconitum* (Eisenhut), *Helleborus* (Christrose, Nieswurz). Andere Gattungen, zu deren auch Zierpflanzen gehören, sind: *Actaea* (Christophskraut), *Anemone* (Windröschen), *Aquilegia* (Akelei), *Ranunculus* (Hahnenfuß), *Caltha* (Dotterblume), *Delphinium* (Rittersporn), *Eranthis* (Winterling), *Hepatica* (Leberblümchen), *Nigella* (Jungfer im Grünen, Schwarzkümmel), *Pulsatilla* (Küchenschelle), *Thalictrum* (Wiesenraute) und *Cimicifuga* (Wanzenkraut). Einige Gattungen sind sehr giftig und haben schon Todesfälle verursacht. Medizinisch verwendet werden heute fast nur noch *Aconitum* als Betäubungs- oder Schmerzmittel und *Adonis* (Adonisröschen) — als herzwirksames Mittel. S.L.J.

LARDIZABALACEAE
Fingerfruchtgewächse

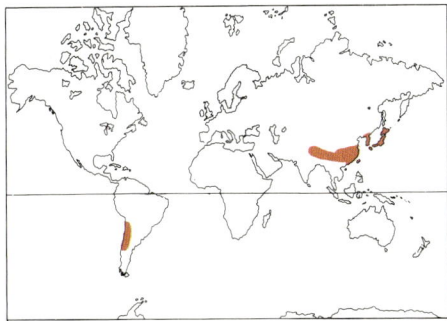

Gattungen: 9
Arten: 36
Verbreitung: Himalaja bis nach Japan; Chile
Nutzwert: Zierpflanzen und Früchte zum lokalen Gebrauch

Die Lardizabalaceae sind eine Familie von Kletterpflanzen (seltener Sträucher), von denen einige als Zierpflanzen gezogen werden, vor allem *Akebia, Holboellia, Stauntonia, Lardizabala* und *Decaisnea* (Blauschote).

Verbreitung: Die Familie kommt vom Himalaja bis nach China und Japan vor, ebenso in Chile.

Merkmale: Die Blätter sind gegenständig, handförmig, seltener gefiedert (bei *Sargentodoxa* dreizählig gefiedert). Häufig sind die Blattstiele am Ansatz verdickt. Die Blüten sind radiär und eingeschlechtig (selten zwitterig), ein- oder zweihäusig. Die meist traubigen Blütenstände stehen in den Ach-

LARDIZABALACEAE. **1.** *Sargentodoxa cuneata:* **a)** dreizähliges Blatt mit männlichem Blütenstand in der Achsel (× ²/₃); **b)** Androeceum (× 4);
c) halbierte weibliche Blüte (× 2); **d)** Frucht (× ²/₃); **e)** Längsschnitt durch einsamiges Früchtchen (× 3). **2.** *Akebia quinata:* Sproß mit großen weiblichen und kleinen männlichen Blüten (× ²/₃). **3.** *Decaisnea fargesii:* **a)** männlicher Blütenstand (× ²/₃); **b)** Teil eines Blattes mit verdickter Ansatzstelle der Fiedern (× ²/₃); **c)** weibliche Blüte und junge Frucht (× ²/₃); **d)** Androeceum der männlichen Blüte mit teilweise verwachsenen Staubblättern (× 2); **e)** Gynoeceum mit verkümmerten Staubblättern (× 2); **f)** Längsschnitt durch vielsamigen Fruchtknoten (× 3); **g)** Querschnitt durch
Fruchtblatt (× 3); **h)** Frucht aus 3 Balgfrüchtchen (× ²/₃).

seln von Schuppenblättern am Grunde der
Zweige. Die 3 oder 6 überlappenden Kelchblätter sind oft kronblattartig ausgebildet.
Die 6 Honigblätter sind kleiner als die
Kelchblätter; sie können auch ganz fehlen.
Zwischen Kron- und Staubblättern befindet
sich oft ein Doppelkreis von Nektarien. Die
6 Staubblätter sind frei oder teilweise verwachsen. In eingeschlechtigen Blüten finden sich oft verkümmerte Staub- bzw.
Fruchtblätter. Es gibt 3 oder mehr in Kreisen angeordnete, spreizende Fruchtblätter,
jedes mit einer schiefen Narbe. Bei *Sargentodoxa* sind die Fruchtblätter zahlreich und
spiralig angeordnet. Sie enthalten eine einzige oder zahlreiche Samenanlagen, die in
senkrechten Reihen angeordnet sind (*Sargentodoxa* besitzt eine einzige, hängende
Samenanlage); sie reifen zu einer farbigen,
fleischigen und vielsamigen Frucht (Balg
oder Beere) heran. Die Samen sind oval
oder nierenförmig und enthalten fleischiges
Endosperm und einen kleinen Embryo.
Systematik: *Akebia* (Ostasien) umfaßt 5
laubwerfende, einhäusige Arten mit duftenden weiblichen Blüten ohne Honigblätter.
Diese bringen würstchenförmige, grau-vio-
lette Früchte mit weißem Fruchtmark hervor. Die 5 immergrünen, zweihäusigen Arten von *Holboellia* (Himalaja bis nach

China) besitzen freie Staub-, fleischige
Kelch- und winzige Honigblätter. Zu *Stauntonia* gehören 15 immergrüne, zweihäusige
Arten (Ostasien) mit verwachsenen Staub-
und zarten Kelchblättern; die Honigblätter
fehlen. *Lardizabala* (Chile) ist zweihäusig
und umfaßt 2 Arten mit dreizähligen Blättern und Vorblättern an den Blütenstielen.
Decaisnea (Himalaja und China) besteht
aus 2 einander sehr ähnlichen Arten von
aparten Sträuchern mit gefiederten Blättern.
Andere einhäusige Gattungen sind *Sino-
franchetia* (eine Art in Westchile) und *Par-
vatia* (3 Arten im Osthimalaja und in
China), während *Boquila* (eine Art in Chile)
zweihäusig ist. *Sargentodoxa* ist mit einer
einzigen zweihäusigen Art in China beheimatet. Es handelt sich um eine Liane mit
Merkmalen der Lardizabalaceae wie auch
der Schisandraceae; sie wird oft als selbständige Familie abgetrennt.
Die Lardizabalaceae bilden zusammen mit
den Ranunculaceae, Berberidaceae und
Menispermaceae eine Gruppe eindeutig
miteinander verwandter Familien.
Nutzwert: Die eßbaren Früchte der *Ake-
bia-, Lardizabala-* und *Stauntonia*-Arten
werden nur lokal gehandelt. Zahlreiche Arten sind Zierpflanzen, z.B. *Akebia quinata*
und *Holboellia coriacea.* B.M.

MENISPERMACEAE
Mondsamengewächse

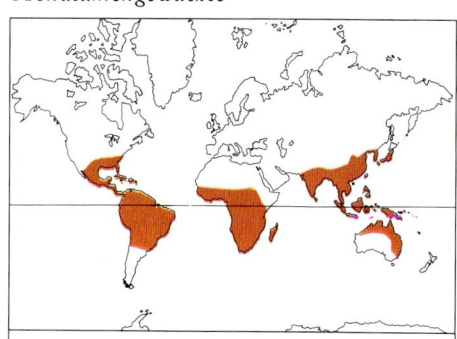

Gattungen: 65
Arten: rund 350
Verbreitung: vorwiegend im
tropischen Regenwald
Nutzwert: Medikamente
(Curare), Sarsaparille-Ersatz

Die Menispermaceae setzen sich aus Lianen,
einigen Sträuchern und wenigen Bäumen
oder Kräutern zusammen.
Verbreitung: Die meisten Arten wachsen
im tropischen Regenwald; nur wenige dringen auch in außertropische Gebiete vor.

MENISPERMACEAE. **1.** *Tinospora cordifolia:* **a)** Spitze eines windenden Sprosses mit seitlichen Blütenständen (× ²/₃); **b)** männliche Blüte mit je 3 Kelch- und Kronblättern (× 4); **c)** Kron- und Staubblatt (× 6); **d)** weibliche Blüte (× 2); **e)** weibliche Blüte, Kelch entfernt, um die 3 freien Fruchtblätter mit sitzenden Narben zu zeigen (× 6). **2.** *Coscinium fenestratum:* **a)** Teil des windenden Sprosses mit seitlichen Blüten- und Fruchtständen (× ²/₃); **b)** männliche Blüte von oben (× 4); **c)** weibliche Blüte von oben (× 6); **d)** weibliche Blüte, Blütenhülle entfernt, um die 6 freien Fruchtblätter mit sitzenden Narben zu zeigen (× 10); **e)** Längsschnitt durch Fruchtblatt (× 18); **f)** Früchte mit Steinfrüchtchen (× ²/₃).

Die Gattung *Menispermum* (Mondsame) ist von der Atlantikküste Nordamerikas und Mexikos bis nach Ostasien weit verbreitet. *Chondrodendron, Disciphania* und *Hyperbaena* sind in Südamerika beheimatet. Das Verbreitungsgebiet der großen Gattung *Cocculus* erstreckt sich vom Osten Nordamerikas und Mexiko über Afrika und Indien bis nach Indomalesien. Zu ihr gehören riesige Lianen, aber auch einige kleinere Bäume. Letztere wachsen nicht nur im Regenwald, sondern auch als Zwergbäume in Halbwüsten und im laubwerfenden Busch von Afrika, Madagaskar und Socotra. *Cissampelos* hat eine ähnliche Verbreitung. Weitere afrikanische Gattungen sind *Jateorhiza*, die große Gattung *Triclisia* (auch auf Madagaskar und Socotra) und *Tiliacora*, die bis nach Indien, Burma und Sri Lanka vordringt. *Tinospora* und die artenreiche Gattung *Pycnarrhena* wachsen in den Wäldern Indiens; sie sind bis nach Thailand, Kambodscha, den Philippinen, Indomalesien und Nordaustralien verbreitet.

Merkmale: Die Blätter sind wechselständig, manchmal schildförmig und besitzen keine Nebenblätter. Die meist eingeschlechtigen Blüten sind sehr klein, oft grünlich-weiß, häufig zweihäusig verteilt. Sie weisen meist 2 dreizählige Kelchblattkreise (manchmal auch mehr) und 2 bis 3 Kreise von Kronblättern auf. Die 3 bis mehreren Staubblätter können frei oder zu Bündeln zusammengefaßt sein; oft ist das Androeceum vollkommen verwachsen. Die ein bis 32 Fruchtblätter enthalten je 2 Samenanlagen, von denen eine verkümmert. Die Narbe ist vielgestaltig. Die aus den Fruchtblättern entstehenden Steinfrüchtchen sind gewöhnlich gekrümmt, oft sogar hufeisenförmig. Das Endokarp zeigt ein hübsches Relief.

Systematik: Die Familie wird in 8 Tribus unterteilt, vor allem aufgrund des Samenbaus.

TRICLISIEAE: Blütenhülle in Kelch und Krone gegliedert; 3 bis viele Fruchtblätter; Endokarp gerade und innen ohne Wucherung (ohne Condylus) oder gekrümmt (mit Condylus); Endosperm fehlt (z.B. *Tiliacora* und *Chondrodendron*).

PENIANTHEAE: Blütenhülle in Kelch und Krone gegliedert; 3 bis 12 Fruchtblätter; Endokarp gerade, mit Condylus; Endosperm fehlt (z.B. *Penianthus*).

COSCINIEAE: Blütenhüllblätter gleichartig; 3 bis 6 Fruchtblätter; Endokarp gerade; wenig Endosperm (*Coscinium, Anamirta* und *Arcangelisia*).

FIBRAUREAE: Blütenhüllblätter gleichartig; meist 3 Fruchtblätter; Endokarp gerade, meist skulptiert; wenig oder kein Edosperm (z.B. *Fibraurea*)

TINOSPOREAE: Blütenhülle in Kelch und Krone gegliedert; meist 3, selten 4 oder 6 Fruchtblätter; Endokarp gerade, meist skulptiert (z.B. *Jateorhiza* und *Tinospora*).

ANOMOSPERMEAE: Blütenhüllblätter gleichartig; 3 Fruchtblätter; Endokarp meist gekrümmt, wenig skulptiert; wenig Endosperm (z.B. *Anomospermum*).

HYPERBAENEAE: Blütenhülle in Kelch und Krone gegliedert; 3 Fruchtblätter; Endokarp gekrümmt, nicht skulptiert; kein Endosperm (*Hyperbaena*).

MENISPERMEAE: Blütenhülle in Kelch und Krone gegliedert; Krone manchmal fehlend; 6 Fruchtblätter; Endokarp gekrümmt, gerippt oder skulptiert; wenig oder kein Endosperm (z.B. *Menispermum, Cocculus*). *Sinomenium, Stephania* und *Cissampelos*).

Nutzwert: Curare wird vor allem aus *Chondrodendron tomentosum* gewonnen. Es findet als Muskelentspannungsmittel bei Operationen und in der Nervenheilkunde Verwendung. Die Steinfrüchte von *Anamirta cocculus* (Kokkelskörner) enthalten ein Gift, das lokal zum Fischfang und zur Behandlung von Hautleiden benützt wird. Ein Tonikum und fiebersenkendes Mittel wird aus den Wurzeln von *Jateorhiza palmata* (Kalumba) gewonnen. H.P.W.

PAPAVERACEAE. 1. *Eschscholzia californica:* **a)** beblätterter Sproß und Blüte mit 4 Kronblättern (× 1); **b)** Blütenknospe mit mützenförmigem Kelch (× 1¹/₂); **c)** zweiklappige Kapselfrucht (× 1); **d)** Querschnitt durch Frucht (× 7). **2.** *Glaucium flavum:* **a)** Schote (× ²/₃); **b)** Spitze der geöffneten Schote mit Klappenspitzen und Samen (× 1¹/₂). **3.** *Platystemon californicus:* Frucht aus Balgfrüchtchen (× 1¹/₂). **4.** *Macleaya cordata:* Teil des Blütenstandes (× ²/₃). **5.** *Argemone mexicana:* aufspringende, stachlige Kapsel mit Samen (× ²/₃). **6.** *Papaver dubium:* **a)** Sproß mit geteilten Blättern und Einzelblüte (× ²/₃); **b)** Kapsel mit Poren (× 1¹/₂); **c)** Längsschnitt durch Kapsel (× 1¹/₂); **d)** Querschnitt durch Kapsel (× 1¹/₂).

PAPAVERALES *Mohnartige*

PAPAVERACEAE *Mohngewächse*

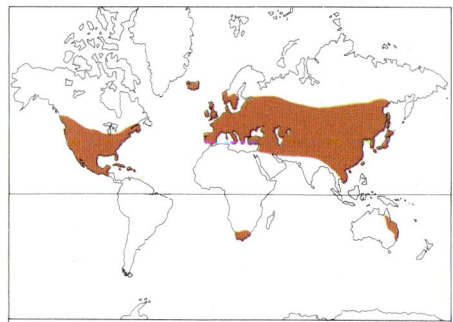

Gattungen: 26
Arten: rund 250
Verbreitung: gemäßigte Zonen
Nutzwert: Opium; viele Arten
werden als Zierpflanzen gezogen

Zu den Papaveraceae gehören vorwiegend ein- und mehrjährige Kräuter, seltener Sträucher; sie enthalten alle Milchsaft.

Verbreitung: Die Familie ist vor allem in der nördlich-gemäßigten Zone beheimatet.
Merkmale: Die Blätter sind gegenständig, ganzrandig, aber oft gelappt oder fiederschnittig. Nebenblätter fehlen. Die Stengel und Blätter enthalten ebenso wie die übrigen Pflanzenteile ein ausgedehntes System von Sekretbehältern, die gelben, weißen oder farblosen Milchsaft führen. Die Blüten sind groß und auffällig. Sie stehen einzeln oder in razemösen Blütenständen, sind radiär, zwitterig und hypogyn, mit 2 freien Kelchblättern, die abfallen, bevor sich die Blüte öffnet. Meist gibt es 2 Kreise mit je 2 freien, zumeist großen Kronblättern (außer bei *Macleaya*), die in der Knospe oft zerknittert sind. Gewöhnlich entwickeln sich mehrere Kreise mit zahlreichen Staubblättern. Die manchmal kronblattartigen Filamente tragen Staubbeutel mit 4 Pollensäcken, die sich längs öffnen. Das Gynoeceum besteht aus 2 bis zahlreichen verwachsenen Fruchtblättern (bei *Platystemon* sind sie nur am Grunde verwachsen). Der ungefächerte Fruchtknoten ist oberständig. Die nach innen vorspringenden parietalen Plazenten, deren Zahl gewöhnlich jener der Fruchtblätter entspricht, tragen zahlreiche Samenanlagen. Die Narben stehen über oder zwischen den Plazenten. Die Frucht ist eine Kapsel, die sich mit Klappen oder Poren öffnet (bei *Platystemon* entlang der Bauchnaht); sie enthält Samen mit einem kleinen Embryo und reichlich mehligem oder öligem Endosperm.
Systematik: *Papaver* ist die größte Gattung mit etwa 100 Arten. *Meconopsis* (40 Arten, Nordamerika), *Glaucium* (25 Arten, Europa und Asien) und *Argemone* (10 Arten, Amerika) weisen ähnliche Blüten auf wie *Papaver*; die Blätter einiger Arten von *Argemone* sind stachlig. Die Blüten der 10 Arten von *Eschscholzia* sind sehr veränderlich. Die 60 amerikanischen Arten von *Platystemon* zeichnen sich dadurch aus, daß die zahlreichen Fruchtblätter nur am Grunde verwachsen sind. Die Gattungen *Bocconia* (10 Arten, Asien und tropisches Amerika) und *Macleaya* (2 asiatische Arten) sind besonders interessant, weil ihre kronblattlosen Blüten Rispen bilden. *Sanguinaria* ist durch eine nordamerikanische Art vertreten. Die Gattung *Pteridophyllum* bringt nur 4 Staubblätter hervor und wird manchmal zusammen mit der Gattung *Hypecoum* (Fumariaceae) als Hypecoaceae behandelt oder für sich allein als Pteridophyllaceae abgetrennt. Die Papaveraceae werden gelegentlich mit den Cruciferae, Capparaceae und Resedaceae in der Ordnung Rhoeadales zusam-

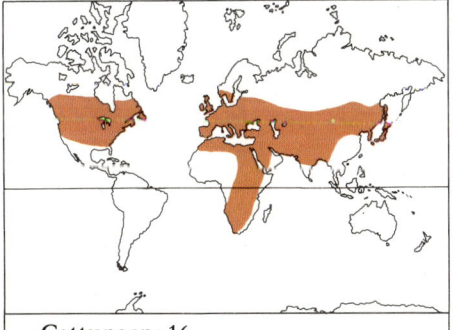

FUMARIACEAE. 1. *Corydalis lutea:* **a)** Trieb mit zusammengesetzten Blättern und zygomorphen Blüten in einer Traube (× ²/₃); **b)** halbierte Blüte mit gesporntem Kronblatt und länglichem Fruchtknoten (× 4); **c)** Längsschnitt durch Frucht (× 2). **2.** *Pteridophyllum racemosum:* **a)** Pflanze mit farnartigen Blättern (× ²/₃); **b)** Blüte – die einfachste Form dieser Familie (× 2); **c)** Längsschnitt durch Fruchtknoten (× 4). **3.** *Fumaria muralis:* **a)** Blütentrieb (× ²/₃); **b)** halbierte Blüte mit gesporntem Kronblatt und 2 Staubblattbündeln (× 3); **c)** Längsschnitt durch Frucht (× 6). **4.** *Dicentra spectabilis:* **a)** Blatt und Blütenstand (× 1); **b)** in ihre Teile zerlegte Blüte mit verschieden ausgebildeten Kronblättern und 2 Staubblattbündeln (× 2).

mengefaßt. Hier werden sie jedoch, zusammen mit den Fumariaceae (zygomorphe Blüten), als Glieder der Ordnung Papaverales behandelt.

Nutzwert: Die wirtschaftlich wichtigste Art ist *Papaver somniferum* (Schlafmohn); aus ihr wird Opium gewonnen. Die Samen enthalten kein Opium und dienen als Nahrungsmittel. Sie liefern auch ein wertvolles, schnell trocknendes Öl (für Ölfarben). Auch die Samen von *Glaucium flavum* und *Argemone mexicana* enthalten Öl, das für die Seifenherstellung von Bedeutung ist. Manche Arten werden als Gartenzierpflanzen gezogen, z.B. *Dendromecon rigida* (Strauchmohn), *Eschscholzia californica* (Goldmohn), *Papaver alpinum* (Alpenmohn), *P. nudicaule* (Islandmohn), *P. orientale* (Türkenmohn) und *Macleaya cordata* (Federmohn). S.R.C.

FUMARIACEAE *Erdrauchgewächse*
Die Fumariaceae sind eine Familie von ein- und mehrjährigen Kräutern, darunter die bekannten Gattungen *Fumaria* (Erdrauch), *Corydalis* (Lerchensporn) und *Dicentra*.
Verbreitung: Die Fumariaceae besiedeln fast ausschließlich die nördlich-gemäßigte Zone. Nur wenige finden sich südlich des Äquators – einige Arten von *Corydalis* in

Gattungen: 16
Arten: rund 400
Verbreitung: vorwiegend gemäßigte Zonen
Nutzwert: Gartenzierpflanzen (*Corydalis* und *Dicentra*)

ostafrikanischen Gebirgsgegenden, die kleinen Gattungen *Phacocapnos, Cysticapnos, Trigonocapnos* und *Discocapnos* im südlichen Afrika.
Merkmale: Mehrjährige Arten besitzen oft verdickte Wurzelstöcke. Die Keimpflanzen vieler *Corydalis*-Arten entwickeln nur ein einziges Keimblatt – eine Erscheinung, die falsche Monokotylie genannt wird. Einige Arten sind Klimmpflanzen mit rankenden Blattspindeln. Alle enthalten Alkaloide, je-

doch in kleineren Mengen als die Papaveraceae. Die Blätter sind meist wechselständig, häufig gefiedert oder handförmig. Nebenblätter fehlen. Der Blütenstand ist ein Thyrsus, oft auch eine Traube. Die Blüten sind recht eigenartig gestaltet. Die Ableitung ihres Baus von demjenigen einfacherer, mohnartiger Blüten kann jedoch durch Zwischenformen deutlich gemacht werden. Im einfachsten Falle (bei *Pteridophyllum*) entwickeln sich 2 kleine Kelchblätter, 4 Staubblätter und ein Fruchtknoten aus 2 verwachsenen Fruchtblättern. Die 2 inneren Kronblätter sind etwas größer als die beiden äußeren. Am Grunde der Staubfäden wird wenig Nektar abgesondert.
Etwas stärker abgewandelt ist die Blüte von *Hypecoum*, deren 2 innere Kronblätter aus einem mittleren, löffelförmigen und 2 seitlichen Lappen bestehen. Der löffelförmige Teil umhüllt die Staubbeutel, und der Blütenstaub fällt in die Kammer, die von den Löffeln gebildet wird. Die 2 äußeren Filamente besitzen an ihrem Grunde je 2 Nektardrüsen.
Vom Bau der Blüte von *Hypecoum* her wird nun auch derjenige der Blüte von *Dicentra* verständlich. Hier hängen die ähnlich gebildeten Löffel (weiße, innere Kronblätter) an der Spitze zusammen und umhüllen die

Staubblätter. Die äußeren, roten Kronblätter besitzen einen Sporn. Die komplexe Struktur der an der Spitze dreigeteilten Staubblattbündel läßt sich von den 4 Staubblättern bei *Hypecoum* ableiten. Die vor den inneren Kronblättern stehenden Staubblätter sind halbiert. Jede ihrer mit einem halben Staubbeutel versehenen Hälften ist mit den benachbarten, vor den äußeren Kronblättern stehenden Staubblättern verwachsen. Letztere besitzen einen vollständigen Staubbeutel. Am Grunde bilden die verwachsenen Staubfäden ein Rinne im Kronblattsporn, die Nektar ausscheidet. Bei den übrigen Gattungen ist nur eines der beiden äußeren Kronblätter gespornt, was eine eigenartige, zygomorphe Blüte ergibt. Die Anordnung der Staubblätter ist ähnlich wie bei *Dicentra*. Der Fruchtknoten besteht aus 2 Fruchtblättern, die meist mehrere Samenanlagen enthalten. Nur bei *Fumaria* und ihr nahestehenden Gattungen kommt eine einzige Samenanlage vor. Die Frucht ist meist eine Kapsel, die manchmal aufgeblasen ist. Seltener ist sie eine Schließfrucht – eine Nuß oder eine mehrsamige Schote, die in einsamige Teilfrüchte zerfällt. *Ceratocapnos heterocarpa* bringt 2 Arten von Früchten hervor. Der Same enthält einen kleinen Embryo und fleischiges Endosperm.

Systematik: Die Fumariaceae können in 2 klar getrennte Unterfamilien aufgeteilt werden, HYPECOOIDEAE (mit den Gattungen *Pteridophyllum* und *Hypecoum*) und FUMARIOIDEAE (mit 2 Tribus). Die größte Gattung ist *Corydalis* (etwa 320 Arten). *Fumaria* umfaßt etwa 50 Arten. Alle übrigen Gattungen sind klein. Viele Botaniker vereinigen diese und die vorhergehende Familie unter dem Namen Papaveraceae.

Nutzwert: Die Familie ist von untergeordneter wirtschaftlicher Bedeutung. Einige Arten von *Corydalis* (Lerchensporn) und *Dicentra* (Herzblume oder Tränendes Herz) werden als Gartenzierpflanzen gezogen. Mehrere Arten von *Fumaria* (Erdrauch) sind Unkräuter, z.B. *Fumaria officinalis*. 　　　　J.C.

Gattungen: 3
Arten: 17
Verbreitung: sumpfige Gebiete der atlantischen und pazifischen Küsten N-Amerikas und des nördl. S-Amerika
Nutzwert: Gartenzierpflanzen, jedoch selten

SARRACENIALES
Schlauchblattartige

SARRACENIACEAE
Schlauchblattgewächse

Die Sarraceniaceae sind eine kleine Familie mit 3 Gattungen; alle fangen Tiere in Fallenblättern.

Verbreitung: Die Sarraceniaceae finden sich an der Atlantikküste von Nordamerika (*Sarracenia*), in Kalifornien (*Darlingtonia*) und im tropischen Südamerika (*Heliamphora*). Alle Arten sind mehrjährige Kräuter, die an das Leben in nährstoffarmen Sumpfböden angepaßt sind.

Merkmale: Die Blätter sind stark abgewandelt und stehen in Rosetten am ausdauernden Rhizom. Alle oder einige der Blätter sind zu elegant gebogenen, oft mit Deckeln versehenen Trichtern, den Fallen, umgebildet. Die Beute wird auf verschiedene Weise

SARRACENIACEAE. **1.** *Heliamphora nutans:* **a)** Schlauchblätter und Blüten an blattlosem Schaft (× ²/₃); **b)** Staubblätter und Fruchtknoten (× 2); **c)** Scheibe aus dem dreifächerigen Fruchtknoten mit zentralwinkelständigen Samenanlagen (× 3). **2.** *Sarracenia purpurea:* **a)** Schlauchblätter und Blütenstiel (× 2); **b)** Blüte mit grünen Kelch- und rötlichen Kronblättern (× 1); **c)** Gynoeceum (× 1); **d)** Querschnitt durch Fruchtknoten, Samenanlagen an eingeschlagenen Fruchtblatträndern (× 2). **3.** *Darlingtonia californica:* **a)** Schlauchblätter und Blüte (× ²/₃); **b)** Längsschnitt durch Fruchtknoten und 2 Staubblätter (× 3).

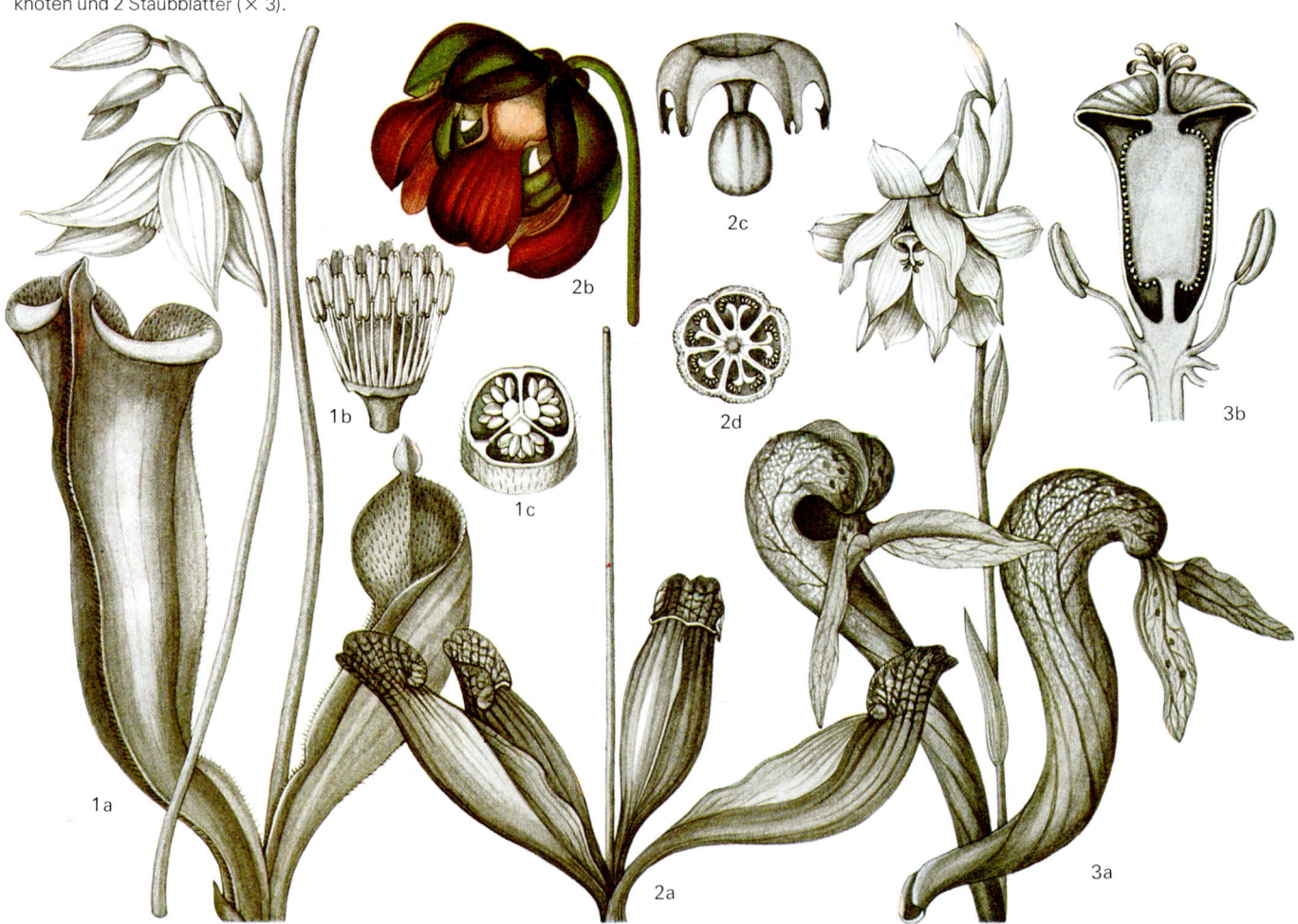

zum Rand der Falle gelockt: durch starke Gerüche, die Absonderung von Nektar aus Drüsen am oberen Kannenrand, durch Anlockfarben (meist rötliche Streifen) und glänzende, fensterartige Öffnungen rings um den Kannenhals. Wenn sie erst einmal im Trichter sind, rutschen die Insekten auf einer Gleitzone weiter nach unten, passieren eine Zone mit nach unten gerichteten Härchen und gelangen schließlich in eine Wasserlache, in der sie ertrinken. Die Beute wird durch Säuren und Enzyme verdaut, die vom Blatt abgesondert werden.

Die nickenden Blüten stehen auf blattlosen Stengeln (Schäften) in der Mitte der Rosette. Jede von ihnen besteht aus 3 bis 6 freien, oft überlappenden Kelchblättern, 5 weißen oder farbigen Kronblättern, vielen kurzen Staubblättern und einem drei- bis fünffächerigen Fruchtknoten, der zahlreiche Samenanlagen an zentralwinkelständigen Plazenten aufweist.

Systematik: Die 10 Arten von *Sarracenia* besitzen Einzelblüten mit schirmförmigem Griffel und Fallen mit ovalem Deckel. Die monotypische *Darlingtonia* bringt ebenfalls Einzelblüten hervor, jedoch Griffel mit einer fünflappigen Narbe und auswärts gebogene Fallenblätter mit fischschwanzförmigem Anhängsel. Die 6 Arten von *Heliamphora* weisen traubige Blütenstände, stumpfe Griffel und Blätter mit zipfelförmigem Deckel auf.

Wegen des Insektenfanges stehen die Sarraceniaceae in Beziehung zu den Nepenthaceae und Droseraceae. Alle 3 Familien wurden früher in der Ordnung Sarraceniales zusammengefaßt. Heute werden sie jedoch zu 3 verschiedenen Ordnungen gestellt, den Sarraceniales, Aristolochiales und Rosales.

Nutzwert: *Darlingtonia californica* und einige Arten und Kreuzungen von *Sarracenia* (Schlauchblatt) werden als Zierpflanzen im Treibhaus oder Garten kultiviert.

C.J.H.

HAMAMELIDIDAE

TROCHODENDRALES
Radbaumartige

TROCHODENDRACEAE
Radbaumgewächse

Gattungen: 1
Arten: 1
Verbreitung: Japan, Taiwan, Ryu-Kyu-Inseln
Nutzwert: Vogelleim

Die Trochodendraceae sind eine sehr kleine Familie von Waldbäumen mit einer einzigen Gattung, *Trochodendron*.

Verbreitung: Die einzige Art der Familie, *Trochodendron aralioides*, ist in Japan, Taiwan und auf den Ryu-Kyu-Inseln bis in eine Höhe von 3000 m ü.M. beheimatet.

Merkmale: Der Stamm dieser Bäume kann bis 5 m im Durchmesser erreichen. Die ledrigen, glänzenden Blätter stehen in Scheinquirlen und sind nebenblattlos, lang gestielt und immergrün. Die radiären Blüten sind zwitterig und zu endständigen Trauben oder armblütigen Rispen vereinigt. Sie entwickeln keine Blütenhülle, jedoch viele Staubblätter in 3 oder 4 Kreisen. Der oberständige Fruchtknoten besteht aus 6 bis zahlreichen, schwach verwachsenen Fruchtblättern mit freien Griffeln. Jedes Fruchtblatt enthält mehrere hängende Samenanlagen. Die Sammelfrucht ist aus spreizenden, seitlich verwachsenen Balgfrüchtchen zusammengesetzt. Die zahlreichen Samen weisen einen winzigen Embryo und ölhaltiges Endosperm auf.

Systematik: Die Gattung *Euptelea* wird oft zu dieser Familie gezählt. Mitunter wird sie aber als eigene Familie, Eupteleaceae, abgetrennt, da sie sich von *Trochodendron* durch freie, gestielte Fruchtblätter und geflügelte Früchte unterscheidet. Fraglicher ist, ob *Tetracentron*, oft als selbständige Familie Tetracentraceae betrachtet, zu den Trochodendraceae gestellt werden kann.

Die Familie ist wahrscheinlich mit den Winteraceae und Illiciaceae verwandt. Das Holz enthält keine Gefäße — ein ursprüngliches Merkmal, das sie mit den Winteraceae und anderen verwandten Familien teilt.

Nutzwert: Aus der aromatischen Rinde von *T. aralioides* wird lokal ein Vogelleim hergestellt. B.M.

HAMAMELIDALES
Zaubernußartige

CERCIDIPHYLLACEAE
Katsuragewächse

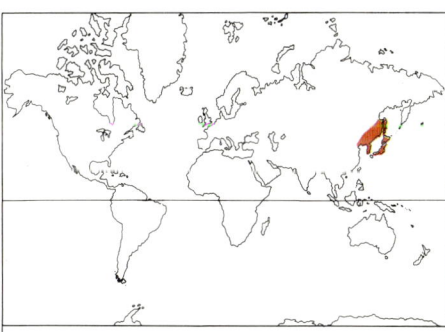

Gattungen: 1
Arten: 1
Verbreitung: China und Japan
Nutzwert: beschränkte Nutzung des Holzes, Zierbaum

Die Cercidiphyllaceae sind eine nur aus einer Art bestehende Familie asiatischer Bäume.

Verbreitung: Die Familie ist in China und Japan heimisch.

Merkmale: *Cercidiphyllum japonicum* ist laubwerfend und bringt 2 Formen von einfachen Blättern hervor: Blätter an Kurztrieben sind handnervig und wechselständig, Blätter an Langtrieben jedoch fiedernervig und meist gegenständig. Die Nebenblätter sind den Blattstielen angewachsen.

Die Blüten sind eingeschlechtig und diözisch verteilt; es gibt keine Kronblätter. Die seitlichen, männlichen Blüten stehen einzeln oder in dichten Köpfchen. Sie tragen an einer konischen Blütenachse 4 kleine Kelchblätter (oder Hochblätter) und 15 bis 20 Staubblätter mit langen, schlanken Filamenten. Die weiblichen Blüten sitzen zu 2 bis 6 in der Achsel eines Tragblattes. Sie bestehen aus einem Fruchtblatt. Die zahlreichen Samenanlagen sind in 2 Reihen an einer parietalen Plazenta angeordnet. Der fädige Griffel endet in 2 langen Narbensäumen. Die Balgfrucht öffnet sich der Bauchnaht entlang und gibt viele flache, geflügelte Samen frei. Der Same enthält reichlich Endosperm.

Systematik: Diese Häufung ungewöhnlicher Merkmale (z.B. dimorphe Blätter, Lang- und Kurztriebe, kronblattlose, eingeschlechtige Blüten und der Bau des Fruchtblattes) findet sich bei keiner anderen Dikotylen-Familie. Fossile Funde deuten darauf hin, daß diese Gattung ein ursprüngliches Relikt darstellen könnte. Obwohl sie sowohl mit den Magnoliaceae wie auch mit den Ranunculaceae in Verbindung gebracht wurde, gibt es keine klaren Hinweise darauf, daß sie mit diesen oder mit anderen dikotylen Familien verwandt ist.

Nutzwert: Das weiche, feinporige Holz wird für Tischlerarbeiten sehr geschätzt. Als Zierbaum ist *Cercidiphyllum* (Katsurabaum) nicht häufig anzutreffen. S.R.C.

PLATANACEAE *Platanengewächse*
Die Platanaceae sind eine kleine Familie großer, schöner Bäume mit abblätternder Rinde; sie sind in städtischen Anlagen verbreitet, vor allem die Ahornblättrige Platane (*Platanus × hybrida* = *P. × acerifolia*).

Verbreitung: Außer *P. orientalis* (Balkan und Himalaja) und *P. kerrii* (Indochina) stammen alle Arten aus Nordamerika.

Merkmale: Die Blätter sind einfach, handförmig mit 3 bis 9 Lappen (bei *P. kerrii* elliptisch bis länglich, nicht gelappt, fiedernervig statt handnervig). Der Grund des langen Blattstiels bedeckt als Kappe die Achselknospe. Die Nebenblätter sind groß

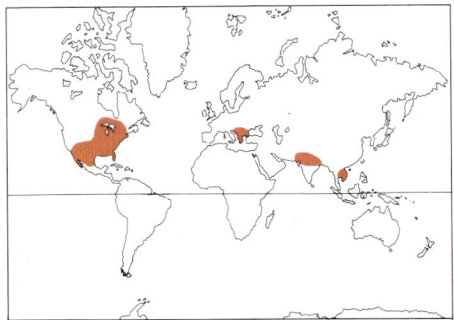

Gattungen: 1
Arten: 10
Verbreitung: vorwiegend N-Amerika
Nutzung: Zierbäume in Parkanlagen und Alleen, Holz für Furniere

und stengelumfassend; sie fallen früh ab. Alle vegetativen Teile sowie Kelch, Fruchtknoten und Frucht sind sternhaarig. Die eingeschlechtigen Blüten sind einhäusig verteilt, in einem oder mehreren kurzgestielten, kugeligen Blütenständen längs einer langen Blütenstandsachse. Die Blütenhülle besteht aus 3 bis 8 kleinen, freien Kelchblättern und ebenso vielen spateligen Kronblät-

tern. Die männliche Blüte weist 3 bis 8 fast sitzende Staubblätter auf, deren Konnektive oben zu einem auffälligen dachförmigen Schildchen umgebildet sind. Männliche und weibliche Blüten bringen gelegentlich 3 oder 4 Staminodien hervor. Die weibliche Blüte hat 6 bis 9 (manchmal 3) freie, oberständige Fruchtblätter. Die Narbenfläche liegt an der Innenseite der sich gegen oben verjüngenden Griffel. Jedes Fruchtblatt besitzt eine (selten 2) hängende Samenanlage. Der kugelige Fruchtstand besteht aus kreiselförmigen Nüssen mit bleibenden Griffeln, die am Grunde von langen borstigen Haaren umgeben sind. Die einzelnen Früchte werden durch den Wind verbreitet. Ihr Same hat wenig oder kein Endosperm. **Systematik:** Die Familie ist möglicherweise mit den Hamamelidaceae verwandt. **Nutzwert:** Die Platanen sind als Park- und Alleebäume sehr beliebt. Das harte, feinporige Holz wird als Furnier und zu anderen Zwecken verwendet. F.B.H.

HAMAMELIDACEAE
Zaubernußgewächse
Die Hamamelidaceae sind eine mittelgroße Familie von Bäumen und Sträuchern, zu denen die in der Pharmazeutik verwendete Zaubernuß (*Hamamelis virginiana*), der

Amberbaum (*Liquidambar*), welcher Storax und Holz liefert, sowie Zierpflanzen gehören.
Verbreitung: Die Familie hat eine disjunkte Verbreitung in den gemäßigten und subtropischen Zonen beider Hemisphären.
Merkmale: Die Hamamelidaceae sind Sträucher und Bäume mit meist wechsel-

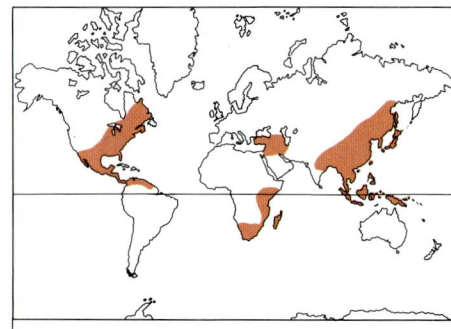

Gattungen: 23
Arten: rund 100
Verbreitung: sehr disjunkt, in subtropischen und gemäßigten Zonen
Nutzwert: Holz, Balsamharz (Storax) für Parfümerien, Gesichtswasser; Zierpflanzen

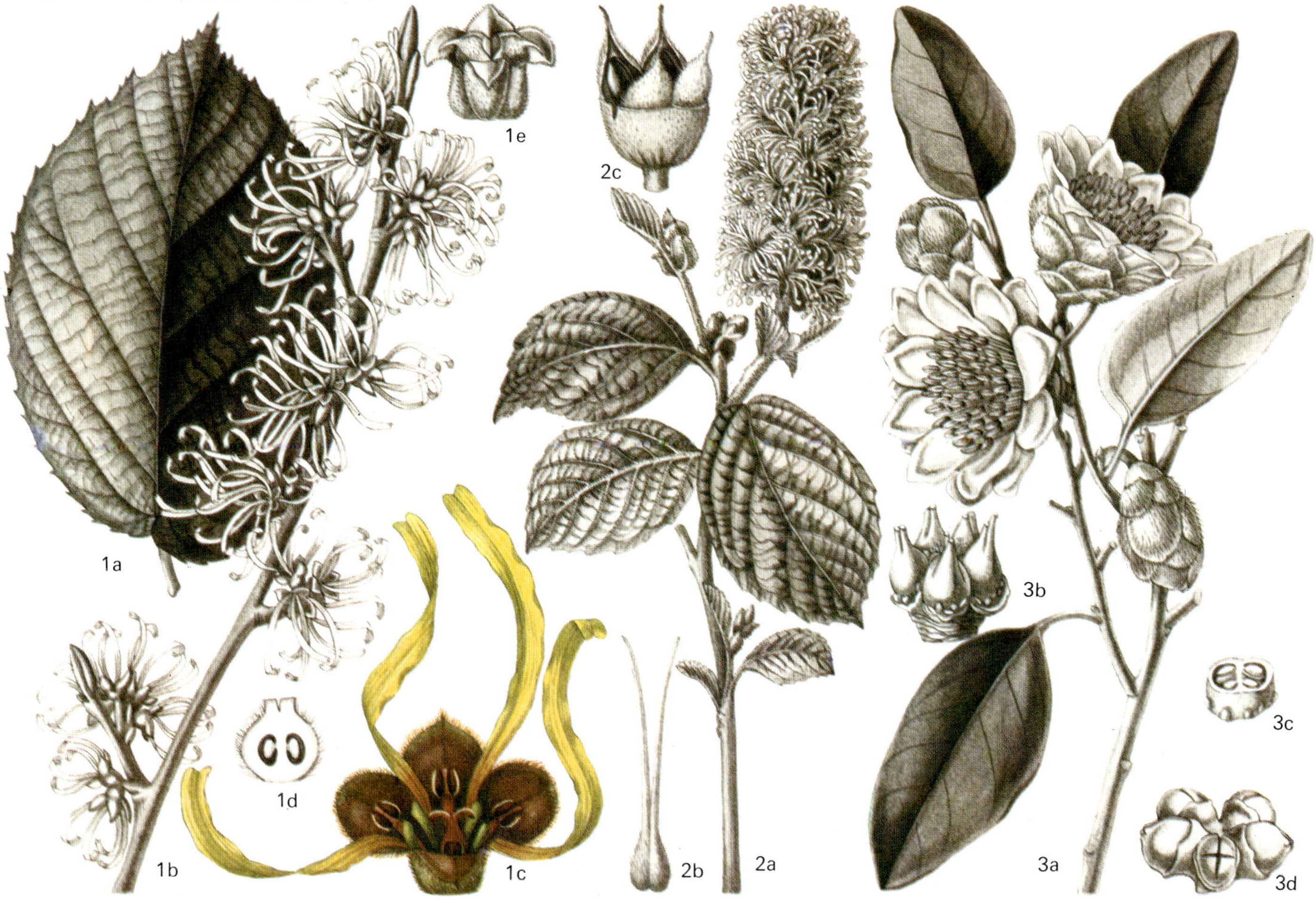

HAMAMELIDACEAE. 1. *Hamamelis mollis:* **a)** Blatt (× ²/₃); **b)** blühender Zweig (× ²/₃); **c)** Blüte mit 4 behaarten Kelch-, 4 bandförmigen Kron-, 4 Staubblättern und zweilappiger Narbe (× 3); **d)** Längsschnitt durch Fruchtknoten (× 9); **e)** verholzte Kapselfrucht (× 2). **2.** *Fothergilla major:* **a)** Zweig mit Blütenstand (× ²/₃); **b)** Gynoeceum mit 2 Fruchtblättern (× 3); **c)** reife Frucht (× 2). **3.** *Rhodoleia championii:* **a)** Sproß mit vielblütigen, von Hochblättern umgebenen Köpfchen, die wie Einzelblüten aussehen (× ²/₃); **b)** die 5 Fruchtknoten eines Köpfchens (× 1); **c)** Querschnitt durch Fruchtknoten (× 2); **d)** reife Früchte (× 1).

ständigen, einfachen und handförmigen Blättern und Nebenblättern. Gelegentlich besitzen sie Sternhaare. Die Blüten sind von Gattung zu Gattung verschieden; sie können zwitterig oder eingeschlechtig (sowohl monözisch als auch diözisch verteilt) sein. Oft sind sie zu Ähren oder Köpfchen vereinigt; gelegentlich entwickeln sie farbige Hochblätter. Der Kelch besteht aus 4 bis 5 meist freien Kelchblättern, die Krone aus ebenso vielen Kronblättern (*Liquidambar*, *Fothergilla* und *Altingia* ohne Krone). Es werden 2 bis 14 Staubblätter ausgebildet. Der Fruchtknoten ist ober-, mittel- oder unterständig. Er ist zweifächerig und besitzt 2 Griffel. Jedes Fach enthält eine oder mehrere Samenanlagen. Das Exokarp der Frucht ist holzig, das Endokarp etwas knorpelig. Der Samen enthält einen geraden Embryo und wenig Endosperm.

Systematik: Die Familie wird meist in 5 Unterfamilien gegliedert. Hier werden nur die Hauptgattungen angeführt.

DISANTHOIDEAE: Blüten in zweiblütigen Köpfchen, lange schmale Kronblätter, bis zu 6 Samenanlagen pro Fach; *Disanthus* (nur in Japan).

HAMAMELIDOIDEAE: zwitterige und weibliche Blüten einzeln erkennbar (männliche Blüten bisweilen nicht); eine oder 2 Samenanlagen pro Fach; *Hamamelis* (Ostasien und Nordamerika), *Trichocladus* (Ost- und Südostafrika, die einzige afrikanische Gattung), *Diocoryphe* (Madagaskar), *Corylopsis* (größte Gattung, Himalaja bis Ostasien), *Parrotia* (Iran).

RHODOLEIOIDEAE: Blüten zwitterig in fünf- bis zehnblütigen Köpfchen, die von zahlreichen Hochblättern umgeben sind und den Eindruck einer einzigen Blüte erwecken; *Rhodoleia* (Nordburma und Südchina bis Sumatra).

EXBUCKLANDIOIDEAE: Pflanzen mit sowohl eingeschlechtigen wie auch zwitterigen Blüten, jedoch in verschiedenen Köpfchen. Die 2 bis 5 Kronblätter der zwitterigen Blüten sind schmal; es entwickeln sich 10 bis 14 Staubblätter. Die Blätter sind handnervig, die Nebenblätter breit und um die Achselknospe gefaltet; *Exbucklandia* (Ost- und Südostasien).

LIQUIDAMBAROIDEAE: Pflanzen zweihäusig, weibliche Blüten aber oft mit Staminodien. Der männliche Blütenstand ist eine endständige Traube ohne Blütenhülle. Die weiblichen Blüten besitzen eine Blütenhülle aus vielen Schuppen und sind zu einem kugeligen Köpfchen vereinigt. Der Fruchtknoten ist zweifächerig, die Narbe verlängert; *Altingia* (Assam bis nach Südostasien, Java und Sumatra), *Liquidambar* (Ostasien, Kleinasien und Nordamerika).

Die Gattung *Myrothamnus* (tropisches Afrika und Madagaskar), eine isolierte Restgruppe von Halbsträuchern, wird manchmal zu den Hamamelidaceae gerechnet, meist aber als eigene Familie, Myrothamnaceae, betrachtet. Sie unterscheidet sich durch ihre Zweihäusigkeit und die gegenständigen Blätter. Ihre Blüten bringen keine Blütenhülle hervor. Die Filamente sind verwachsen, und die 3 bis 4 Fruchtblätter enthalten zahlreiche Samenanlagen.

Es konnte gezeigt werden, daß die Hamamelidaceae Verbindungsglieder zwischen den Rosales (Cunoniaceae) und einem Teil der früheren «Amentiferae» (Kätzchenblütler), insbesondere der Fagales, darstellen. Andere Untersuchungsergebnisse lassen auch die Ansicht vertreten, daß die Casuarinaceae und Urticales ebenfalls von den Vorfahren der Hamamelidaceae abstammen könnten.

Nutzwert: *Liquidambar styraciflua* (Amerikanischer Amberbaum) liefert ein schweres, feinporiges Kernholz (Nuß-Satinholz) für die Möbelherstellung und weißes Splintholz. Der aus dem Harz von *L. orientalis* (Westasien) hergestellte Balsam wird in der Parfümerie, als Inhalations- und schleimlösendes Mittel sowie als Räucherharz zur Behandlung von Hautkrankheiten verwendet. *Liquidambar*-Arten, die größten der Familie, werden häufig auch wegen ihres farbigen Herbstlaubes gepflanzt. *Altingia excelsa* (Rasmala) liefert ein schweres Holz und ein duftendes Harz zur Parfümherstellung. Die Zaubernuß (*Hamamelis*) tritt in mehreren Arten und Varietäten als Zierpflanze auf. *Hamamelis virginiana* liefert eine viel gebrauchte, adstringierende und kühlende Lotion für kleinere Verletzungen. Rutengänger bevorzugen Zweige der Zaubernuß für ihre Wünschelrute. *Corylopsis* (Scheinhasel), *Fothergilla* (Federbuschstrauch) *Loropetalum* (Riemenblume) und *Parrotia* sind ebenfalls Ziersträucher. S.L.J.

EUCOMMIALES

EUCOMMIACEAE

Die Eucommiaceae enthalten eine einzige Art, *Eucommia ulmoides*, den kleinen Chinesischen Guttaperchabaum.

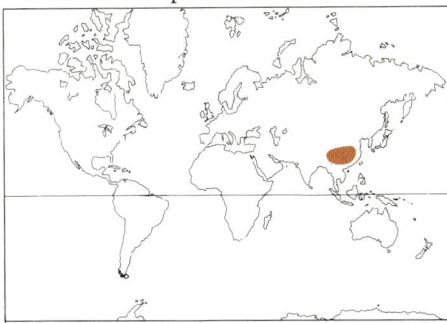

Gattungen: 1
Arten: 1
Verbreitung: China
Nutzwert: beschränkter Gebrauch als Heilmittel, Gummi

Verbreitung: Der Baum ist in China heimisch, wurde jedoch noch nie wild gefunden.

Merkmale: Der laubwerfende Baum wird etwa 9 m hoch. Die Blätter sind einfach, gesägt und entwickeln keine Nebenblätter. Die Blüten sind eingeschlechtig und zweihäusig verteilt. Eine Blütenhülle fehlt. Die männlichen Blüten stehen in losen Büscheln

und bestehen aus etwa 10 Staubblättern in der Achsel eines Tragblattes. Die weiblichen Blüten sitzen einzeln in den Tragblattachseln des unteren Teils der Triebe. Sie bestehen aus einem abgeflachten, oberständigen Fruchtknoten mit 2 Fruchtblättern und 2 spreizenden Narben, die in einer Kerbe im Scheitel stehen. Der Fruchtknoten enthält 2 apikale, hängende Samenanlagen. Er reift zu einer einsamigen Flügelnuß heran (ähnlich den Ulmenfrüchten), deren Flügel trocken und zäh sind. Der Same hängt vom Scheitel der Fruchtkammer herab. Der Embryo ist gerade, das Endosperm umfangreich. Milchsaft findet sich nur in den jüngeren Teilen der Pflanze, nicht jedoch im Holz. Wenn die Zweige geknickt und sorgfältig auseinandergezogen werden, kann eine Reihe feiner Fäden herausgezogen werden. An diesem Merkmal ist die Pflanze leicht zu erkennen.

Systematik: Man nimmt an, daß *Eucommia* trotz der fehlenden Blütenhülle mit den Ulmaceae verwandt ist.

Nutzwert: Die Rinde des Chinesischen Guttaperchabaumes ist lokal als Tu-Chung oder Tze-Lien bekannt. Sie gilt in der chinesischen Arzneikunde als Tonikum und Mittel gegen Arthritis. Der Baum liefert auch einen minderwertigen, guttaperchaähnlichen Gummi, dessen Gewinnung jedoch nicht wirtschaftlich ist. B.M.

LEITNERIALES

LEITNERIACEAE

Gattungen: 1
Arten: 1
Verbreitung: SO- und N-Amerika
Nutzwert: leichtes Holz als Schwimmer für Fischernetze

Die Leitneriaceae bestehen aus einer einzigen Art laubwerfender Sträucher, *Leitneria floridana*, dem «Korkbaum von Missouri».

Verbreitung: *Leitneria* kommt in den sumpfigen Gebieten im Südosten der USA vor.

Merkmale: Die Blätter sind wechselständig, einfach, ganzrandig und etwas ledrig; sie besitzen lange Stiele ohne Nebenblätter. Die eingeschlechtigen Blüten bilden kätzchenartige Ähren, die vor den Blättern erscheinen. Jede männliche Blüte hat ein Tragblatt, aber keine Blütenhülle; sie besteht aus nur 3 bis 12 freien Staubblättern und einem verkümmerten Fruchtknoten. Die weibliche Blüte sitzt ebenfalls in einer Tragblattachsel. Sie entwickelt eine «Blütenhülle» aus

2 bis 6 Schuppenblättchen. Der einfächerige Fruchtknoten ist oberständig und enthält eine Samenanlage, die am oberen Teil der Bauchnaht steht. Der einzige Griffel ist eingeschnürt und endet in einer langen Narbe. Die Frucht ist eine ledrige, ziemlich flache Steinfrucht mit bleibendem Tragblatt. Der Same enthält einen großen, geraden Embryo, der von dünnem, fleischigem Endosperm umgeben ist.

Systematik: Die extreme Vereinfachung im Bau der Blüten deutet darauf hin, daß die Leitneriaceae eine hochabgeleitete Familie sind. Für nähere Verwandtschaftsbeziehungen zu anderen Familien als den Myricaceae gibt es keine Hinweise.

Nutzwert: *Leitneria* ist wirtschaftlich gesehen nicht von großer Bedeutung. Das feinporige weiche Holz wird als Schwimmer für Fischernetze gebraucht, da es noch leichter ist als Kork.   S.R.C.

MYRICALES *Gagelstrauchartige*

MYRICACEAE *Gagelstrauchgewächse*
Die Myricaceae sind eine kleine Familie von Bäumen und Sträuchern mit aromatischen Blättern.
Verbreitung: Die Familie kommt ziemlich zerstreut fast auf der ganzen Welt vor.

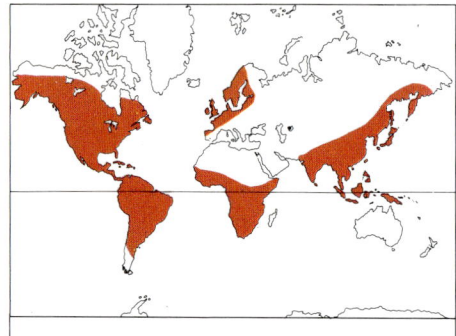

Gattungen: 2
Arten: etwa 35
Verbreitung: nahezu weltweit
Nutzwert: Auskochen der Früchte zur Wachsgewinnung

Merkmale: Die Blätter sind wechselständig, einfach oder fiederspaltig. Die Nebenblätter können fehlen. Die eingeschlechtigen Blüten stehen in seitlichen kätzchenartigen Ähren; männliche und weibliche Blüten erscheinen fast stets auf der gleichen Pflanze. Die männlichen Blüten bringen meist 2 Vorblätter und einen Diskus hervor, der in der Regel 4, manchmal auch 2 oder bis zu 20 Staubblätter trägt. Der einfächerige Fruchtknoten ist oberständig, besteht aus 2 verwachsenen Fruchtblättern und enthält eine einzige, aufrechte Samenanlage. Er trägt 2 fadenförmige Narben. Die Frucht ist eine kleine, rauhe, oft mit Wachs überzogene Steinfrucht mit hartem Endokarp.

Systematik: Alle Arten der Myricaceae entsprechen dieser Beschreibung. Die einzige Ausnahme, die monotypische *Canacomyrica* in Neukaledonien, unterscheidet sich beträchtlich in bezug auf den Blütenbau. Anstelle der weiblichen Blüten besitzt sie zwitterige. Sie weisen 6 Staubblätter auf, die unterhalb des Fruchtknotens zu einem Ring verwachsen sind. Der Fruchtknoten ist zudem von einem sechslappigen Diskus umgeben, der sich an der Frucht vergrößert, so daß er den Fruchtknoten ganz umschließt. Diese morphologischen Besonderheiten lassen ihre Verwandtschaft zu der im übrigen einheitlichen Familie zweifelhaft erscheinen.

Man nimmt an, daß die Myricaceae mit den Betulaceae verwandt sind. Sie unterscheiden sich von ihnen jedoch genügend, um ihre Sonderstellung als eigene Ordnung zu rechtfertigen. Einige Bearbeiter bringen sie auch mit den Juglandaceae in Verbindung.
Nutzwert: Die Früchte einiger *Myrica*-Arten liefern beim Auskochen ein Wachs.
I.B.K.R.

MYRICACEAE. 1. *Myrica gale:* **a)** Sproß mit kätzchenartigen, männlichen und weiblichen Blütenständen (× ²/₃); **b)** weibliche Blüte (× 10); **c)** Frucht (× 5); **d)** Querschnitt durch Frucht (× 5); **e)** männliche Blüte (× 5). **2.** *Canacomyrica monticola:* **a)** beblätterter Zweig (× ²/₃); **b)** Frucht, vom verdickten Diskus eingeschlossen (× 10). **3.** *Myrica asplenifolia:* **a)** Blütentrieb (× ²/₃); **b)** männliche Kätzchen (× ²/₃); **c)** halbierte weibliche Blüte (× 2); **4. M. nagi:** **a)** fruchtender Trieb (× ²/₃); **b)** weibliche Blüte (× 4); **c)** Gynoeceum (× 4); **d)** männliche Blüte (× 4); **e)** Frucht angeschnitten, um das harte Endokarp zu zeigen (× ²/₃).

FAGALES *Buchenartige*

BETULACEAE *Birkengewächse*

Die Betulaceae sind eine Familie von laubwerfenden Bäumen und Sträuchern, zu der Birken *(Betula)*, Erlen *(Alnus)*, Hagebuchen *(Carpinus)* und Haselsträucher *(Corylus)* zählen.

Verbreitung: Die Familie gehört vorwiegend der nördlich-gemäßigten Zone an, kommt jedoch auch in den Anden und in Argentinien vor.

Merkmale: Die Blätter sind einfach und wechselständig. Nebenblätter sind vorhanden. Alle Arten bringen getrennte männliche und weibliche Blüten hervor und sind mönözisch. Die Blüten stehen einzeln, zu zweit oder dritt in den Achseln von Tragblättern, denen sie oft anhaften. Die männlichen Blütenstände sind hängende, zylindrische Kätzchen, die aus Einzelblüten oder dreiblütigen Cymen bestehen. Die steifen, oft aufrechten weiblichen Blütenstände sind aus Zweier- oder Dreiergruppen zusammengesetzt. Die Blütenhülle (sofern vorhanden) besteht aus einer schwankenden Zahl von Schuppenblättchen. Jede männliche Blüte enthält ein bis 6 Staubblätter mit meist gespaltenen Staubbeuteln. Die weibliche Blüte besitzt einen unterständigen

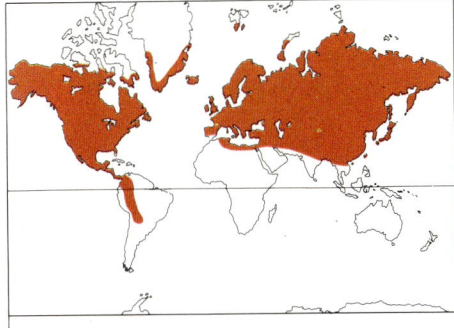

Gattungen: 6
Arten: etwa 170
Verbreitung: Nordhalbkugel, einige Arten auch in tropischen Gebirgen und in Südamerika
Nutzwert: Holz, Haselnüsse von den *Corylus*-Arten und Zierbäume

Fruchtknoten aus 2 verwachsenen Fruchtblättern. Die Bestäubung erfolgt im Vorfrühling durch den Wind. Die Frucht ist eine einsamige Nuß, die oft geflügelt ist und durch den Wind verbreitet wird. Sie erreicht die Reife im Spätsommer oder Herbst. Die Samen besitzen kein Endosperm und einen geraden Embryo.

Systematik: Die Familie umfaßt 2 Unterfamilien:

BETULOIDEAE: Die männlichen Blüten stehen in Cymen und haben eine Blütenhülle. Die einzige Tribus, BETULEAE, besteht aus 2 Gattungen: *Betula* (rund 50 Arten) und *Alnus* (rund 30 Arten).

CORYLOIDEAE: Die männlichen Blüten stehen einzeln; der Blütenstand erscheint daher als Ähre. Die weiblichen Blüten besitzen eine Blütenhülle, bei den männlichen kann sie fehlen. Die Tribus der CORYLEAE (männliche Blüten mit durchschnittlich 4 Staubblättern) hat 2 Gattungen: *Corylus* (etwa 15 Arten) und *Ostryopsis* (etwa 2 Arten). Die Tribus CARPINEAE (männliche Blüten mit durchschnittlich 6 Staubblättern) umfaßt 2 Gattungen: *Carpinus* (rund 30 Arten) und *Ostrya* (rund 10 Arten).

Allgemein wird angenommen, daß die Betulaceae zusammen mit den Fagaceae zur Ordnung der Fagales gehören. Oft wird aber jede Familie in eine eigene Ordnung gestellt. Einige Botaniker gehen noch weiter und teilen die Betulaceae auf, indem sie jede der 3 Tribus als eigenständige Familie anerkennen: Betulaceae, Corylaceae und Carpinaceae. Das Fehlen fossiler Funde zwingt dazu, den Ursprung der Familie anhand der lebenden Formen zu bestimmen. Aufgrund von Indizien (z.B. kleine, eingeschlechtige Blüten in zusammengesetzten Blütenständen, unterständiger Fruchtkno-

---

BETULACEAE. 1. *Betula pendula:* **a)** Baum mit hängenden Ästen; **b)** beblätterter Zweig mit gesägten, wechselständigen, einfachen Blättern und jungen männlichen Kätzchen (× ²/₃); **c)** hängende, reife Kätzchen (× ²/₃); **d)** Blätter und fruchtende Kätzchen (× ²/₃). **2.** Borke einiger Birkenarten: **a)** *B. pendula;* **b)** *B. humilis;* **c)** *Betula sp.* (× ²/₃). **3.** *Alnus glutinosa:* **a)** Habitus; **b)** männliche Kätzchen (× ²/₃); **c)** Zweig mit (von unten nach oben) alten Fruchtzäpfchen, unreifen Zäpfchen und jungen männlichen Kätzchen (× ²/₃).

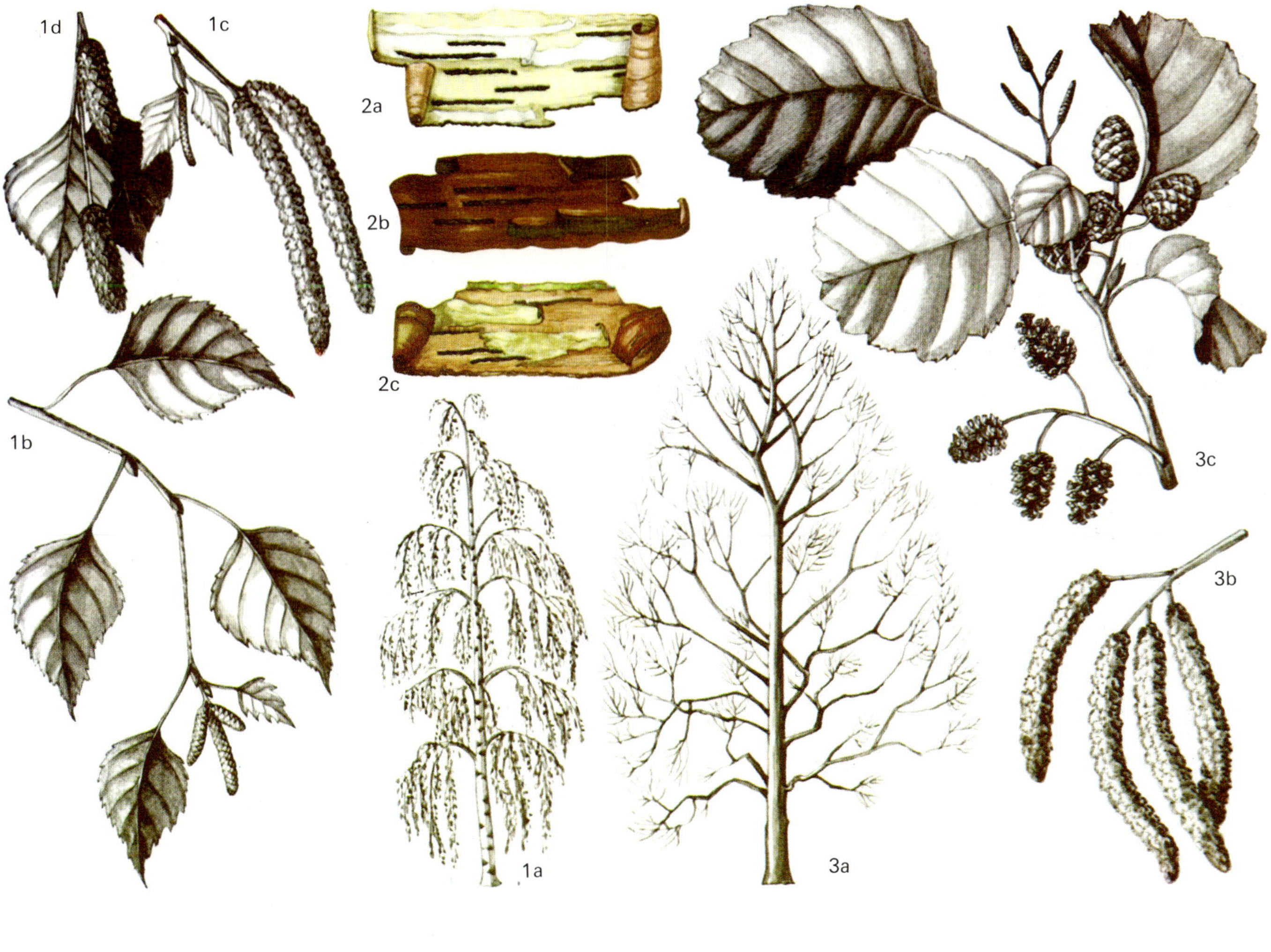

ten, Fehlen von Nektar und Duft, Windbestäubung) nimmt man an, daß es sich hier um eine relativ hoch entwickelte Familie handelt. Gewisse Merkmale aus der Holzanatomie bestätigen dies.

Nutzwert: Birken liefern ein wertvolles Hartholz. *Betula lutea* (Gelbbirke) und *B. lenta* (Zuckerbirke) werden in Nordamerika sehr häufig für die Herstellung von Möbeln, Türen, Böden usw. verwendet, *B. papyrifera* (Papierbirke) zur Herstellung von Sperrholz, Kisten und für Drechslerarbeiten. Aus der Rinde der letztgenannten Art stellen die Indianer Kanus und Ziergegenstände her. Aus den dünnen Zweigen der Birken werden Reisigbesen gebunden. Auch *Alnus rubra* liefert ein wertvolles Holz, das dem Mahagoni sehr ähnlich sieht. Beide Gattungen ergeben erstklassige Holzkohle. *Ostrya* (Hopfenbuche) besitzt sehr hartes Holz, das zur Herstellung von Holzhämmern dient. Haselnüsse stammen von *Corylus*-Arten. Birken, Haselsträucher und Hagebuchen sind auch Ziergehölze. S.L.J.

FAGACEAE *Buchengewächse*

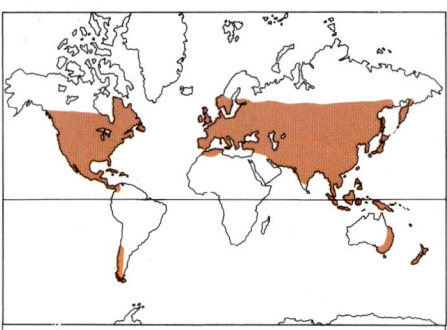

Gattungen: 8
Arten: rund 1000
Verbreitung: gemäßigte und tropische Wälder, in jenen oft vorherrschend
Nutzwert: Hartholz (*Quercus, Fagus, Nothofagus*), eßbare Früchte (*Castanea*) und Zierpflanzen

Die Fagaceae sind eine wichtige Familie von Hartholzbäumen und (seltener) Sträuchern der gemäßigten bis tropischen Zonen. Zu ihr gehören Buche, Eiche und Edelkastanie.

Verbreitung: Die Fagaceae sind wichtige und häufig vorherrschende Gehölzarten der Laubwälder, die große Teile der mittleren Breiten in der nördlichen und etwas weniger ausgeprägt auch südlichen Hemisphäre bedecken oder in historischen Zeiten bedeckt haben. In den ausgedehnten Laub- und Mischwäldern Nordamerikas und Eurasiens spielen Buche, Eiche und Edelkastanie eine wichtige Rolle, während die vergleichbaren Wälder der südlichen Anden hauptsächlich aus Südbuchen (*Nothofagus*) bestehen. Immergrüne Eichen sind ein wichtiger Bestandteil der Wälder am Golf von Mexiko, im südlichen China und Japan, während die «Black-birch»-Wälder im Süden Neuseelands von immergrünen Südbuchen beherrscht werden. In Südostasien ist die Zusammensetzung der Bergmisch-

wälder stark durch immergrüne Vertreter der Familie geprägt, vor allem durch Eichen und Südbuchen. Insgesamt stellt die Familie der Fagaceae eine außerordentlich große Biomasse dar; sie wird vermutlich nur noch von den Nadelbäumen übertroffen. Die Fagaceae sind weit zurück fossil belegt. Es ist anzunehmen, daß ihr Ursprung in der mittleren Kreidezeit (also vor etwa 90 Mio Jahren) liegt.

Merkmale: Die Fagaceae sind laubwerfende oder immergrüne Bäume, selten Sträucher, mit wechselständigen (selten in Quirlen), einfachen, ganzrandigen oder gelappten Blättern und meist hinfälligen Nebenblättern. Die Blüten sind eingeschlechtig und häufig zu Kätzchen oder kurzen Ähren vereinigt (bei *Nothofagus* stehen die männlichen Blüten einzeln). Die Blütenstände können eingeschlechtig sein (z. B. Eiche). Mitunter stehen die weiblichen Blüten am Grunde der sonst männlichen Blütenstände, eine ursprünglichere Anordnung, die sich z. B. bei der Kastanie (*Castanea*) erhalten hat. Die Blütenhülle besteht aus 4 bis 7 kelchartigen, miteinander verwachsenen Blättchen. Die männlichen Blüten enthalten gleich oder doppelt so viele freie Staub- wie Blütenhüllblätter, gelegentlich bis zu 40. Ein verkümmerter Stempel kann vorhanden sein oder auch fehlen. Die weiblichen Blüten stehen in Einer- bis Dreiergruppen; jede ist von einer becherförmigen Hülle, dem Fruchtbecher, umgeben. Der Fruchtknoten ist unterständig, mit 3 bis 6 Griffeln und Fächern und 2 Samenanlagen in jedem Fach. Die Früchte sind einsamige Nüsse, die einzeln oder zu zweit oder dritt im meist verhärteten Fruchtbecher sitzen. Die Samen weisen kein Endosperm auf. Der Bau des Pollens und andere Merkmale (z. B. ein stark duftender Blütenstand) lassen darauf schließen, daß die Urform der Fagaceae insektenbestäubt war; dies ist eine Bestäubungsweise, die sich bei den meisten Arten erhalten hat, mit Ausnahme von *Fagus, Nothofagus* und den Eichen-Arten der gemäßigten Gebiete.

Der bekannte Eichelbecher gibt ein Beispiel für den Formenreichtum des Fruchtbechers, der eine oder mehrere Früchte umschließen kann und ein ausschließliches Merkmal dieser Familie ist. Seine Natur hat zu langen Diskussionen Anlaß gegeben. Erst die Entdeckung der erstaunlichen Gattung *Trigonobalanus*, beschränkt auf Borneo, Celebes, Nordthailand, Malaya und Sarawak, im Jahre 1961 erlaubte es, mit großer Sicherheit den Fruchtbecher als eine Weiterentwicklung eines dreilappigen Auswuchses des Blütenstiels zu betrachten, der verschiedenartig um jede Einzelblüte oder Blütengruppe verschmolzen ist. Der Fruchtbecher stellt möglicherweise eine Verbindung zu den Samenfarnen, den Vorfahren der Blütenpflanzen (Angiospermae), her. Die große Mannigfaltigkeit von Schuppen und Zähnen, die den Fruchtbecher besetzen, scheint von verzweigten Stacheln abgeleitet zu sein.

Die Früchte der Fagaceae werden nur langsam und über kurze Distanzen verbreitet; ihre Keimfähigkeit nimmt sehr schnell ab.

Diese Eigenschaften, zusammen mit dem Alter der Fagaceae, geben der Familie eine große Bedeutung in der Diskussion um die Pflanzenwanderungen früherer geologischer Epochen, die durch die Kontinentalverschiebung verursacht wurden. Besonders aufschlußreich ist in dieser Hinsicht *Nothofagus*.

Systematik: Die Fagaceae werden in 3 Unterfamilien aufgeteilt:

FAGOIDEAE: Blütenstände ein- bis vielblütige, achselständige Büschel; *Fagus* (männliche Blütenstände lang gestielt und vielblütig, Griffel lang), *Nothofagus* (männliche Blütenstände sitzend oder kurz gestielt, eine bis 3 Blüten, Griffel kurz).

QUERCOIDEAE: kätzchenartige Blütenstände, Blüten meist mit 6 Staubblättern und mehr oder weniger basifixen Staubbeuteln von 0,5 bis 1 mm Länge; *Quercus* (weibliche Blüten einzeln, Frucht im Querschnitt rund, Fruchtbecher nicht gelappt), *Trigonobalanus* (weibliche Blüten in Dreiergruppen, gelegentlich bis zu 7 in einer Gruppe, Frucht dreieckig, Fruchtbecher gelappt).

CASTANEOIDEAE: kätzchenartige Blütenstände, Blüten meist mit 6 Staubblättern und dorsifixen Staubbeuteln von 0,25 mm Länge; *Chrysolepis* (Fruchtbecher in freie Klappen geteilt), *Castanea* (Klappen des Fruchtbechers anfangs vereint, 6 oder mehr Griffel, laubwerfend), *Castanopsis* (Klappen des Fruchtbechers anfangs vereint, 3 Griffel, immergrüne Blätter), *Lithocarpus* (Fruchtbecher ohne Klappen).

Die Familie ist mit den Betulaceae am engsten verwandt.

Nutzwert: Die Vertreter der Fagaceae liefern einige der wichtigsten Harthölzer der Welt, so vor allem Eiche (*Quercus*; speziell die amerikanischen Weißeichen), Buche (*Fagus*), Kastanie und (in geringerem Ausmaß) Südbuchen. Diese Verwendung und die Rodungen zum Gewinn von Ackerland haben dazu geführt, daß große Bestände dieser Bäume zerstört wurden. Die tropischen Gattungen *Castanopsis* und *Lithocarpus* wurden bisher wenig genutzt, obwohl auch ihr Holz von guter Qualität ist. Das Holz der verschiedenen Gattungen läßt sich außerordentlich vielseitig verwenden, so etwa zur Herstellung von Parkettböden, Möbeln, Whiskyfässern und (früher) Segelschiffen. Die Borke der mediterranen Korkeiche (*Quercus suber*) wird als Kork verwendet; in Südosteuropa und Kleinasien liefern die Gallen gewisser Eichen Gerbstoff (Tannin). Viele Kastanienarten, insbesondere die Edelkastanie (*Castanea sativa*) werden in Südeuropa wegen ihrer großen, eßbaren Früchte angebaut,

FAGACEAE. 1. *Quercus ilex*: Zweig mit hängenden, männlichen Kätzchen und weiblichen Blüten (× ²/₃). 2. *Fagus orientalis*: beblättertes Zweigende mit aufrechten weiblichen und hängenden männlichen Blütenständen (× ²/₃). 3. *Trigonobalanus verticillata* (× ²/₃). 4. *Quercus robur*: Trieb mit in Bechern stehenden Eicheln (Nüsse) (× ²/₃). 5. *Castanea sativa*: junge, in stachlige Hülle eingeschlossene Früchte am Grunde des verblühten männlichen Kätzchens (× ²/₃). 6. *Quercus robur*: Baum im Winter. 7. *Fagus sylvatica*: Baum im Winter. 8. *Nothofagus procera*: geöffneter, vierklappiger Fruchtbecher (× 2).

die z. B. als Vermicelles, marrons glacés, vor allem aber geröstet als Maroni gegessen werden. Die Nüsse der Buche (Bucheckern) sind sehr ölhaltig (46 %) und haben wie die Eicheln in einigen Gebieten eine gewisse Bedeutung als Schweinefutter.

Wegen ihrer Form und ihres farbenprächtigen Herbstlaubes werden viele Fagaceae in Park- und Gartenanlagen gepflanzt, vor allem Eichen, Buchen und Kastanien, weniger oft auch Südbuchen. Die amerikanische Goldkastanie (*Castanopsis chrysophylla*) und *Lithocarpus densiflora* werden gelegentlich in wärmeren Gegenden als Zierbäume gezogen. D.M.M.

BALANOPACEAE

Die Balanopaceae sind eine isolierte Familie mit einer Gattung (*Balanops*) von zweihäusigen Bäumen und Sträuchern, die nur in Queensland (Nordostaustralien), Neukaledonien und auf den Fidschiinseln vorkommen.

Die Blätter sind wechselständig oder stehen in Scheinquirlen und haben keine Nebenblätter. Die männlichen Blüten sind zu Kätzchen vereint und weisen schuppenförmige Tragblätter auf, während die weiblichen einzeln stehen. Jede männliche Blüte besteht aus 2 bis 12 (meist 5 oder 6) Staubblättern; die weiblichen Blüten sind von

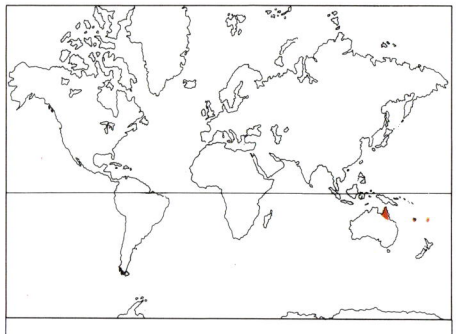

Gattungen: 1
Arten: 12
Verbreitung: südwestl. Pazifikraum
Nutzwert: keiner

vielen schuppigen Hochblättern umgeben und besitzen 2 bis 3 Fruchtblätter. Die Frucht ist eine eichelähnliche Steinfrucht mit einem oder 2 Samen.

Die Familie steht im System abseits. Möglicherweise ist sie entfernt verwandt mit den Buchen (Fagaceae). Die Blüten sind derart einfach gebaut, daß einige Botaniker sie als sehr altertümlich betrachten. Sie könnten jedoch auch zurückgebildet, in diesem Falle hoch abgeleitet sein.

Eine wirtschaftliche Bedeutung der Familie ist nicht bekannt. D.J.M.

CASUARINALES

CASUARINACEAE
Streitkolbengewächse

Die Casuarinaceae sind eine Familie auffallender Bäume und Sträucher, die einem trockenen Lebensraum angepaßt sind. Es gibt nur eine Gattung, *Casuarina*.

Verbreitung: Die Familie kommt in Nordostaustralien, Malesien, Neukaledonien, auf den Fidschiinseln und den Maskarenen vor.

Merkmale: Die Casuarinaceae sind vorwiegend hohe Bäume von charakteristischer Form, die durch ihre hängenden, schachtelhalmartigen Zweige bedingt ist. Die Blätter sind recht eigenartig. Sie stehen in Quirlen und sind auf Schuppen reduziert, die am Grunde zu Scheiden verwachsen sind. Auch die Blüten sind stark vereinfacht und meist eingeschlechtig. Die männlichen und weiblichen Blüten finden sich an verschiedenen Stellen der gleichen Pflanze; die männlichen bilden einfache oder verzweigte Ähren, die am Ende kurzer Zweige stehen. Die einzelnen Blüten stehen in den Achseln von quirlig angeordneten, zu einem Becher vereinigten Tragblättern. Jede Blüte ist aus einem Staubblatt und 2 kleinen Blütenhüllblättern zusammengesetzt, außerhalb derer 2 kleine, blattartige Schuppen oder Vorblätter ste-

CASUARINACEAE. 1. *Casuarina suberosa:* **a)** Teil eines vielgliedrigen Triebes mit weiblichen Blütenständen an Seitenzweigen (× ²/₃); **b)** weiblicher Blütenstand (× 3); **c)** weibliche Blüte mit Tragblatt, Fruchtknoten, kurzem Griffel und zweiteiliger Narbe (× 9); **d)** zapfenartige Fruchtstände (× ²/₃); **e)** Längsschnitt durch Samen, dahinter ein verholztes Vorblatt (× 10); **f)** Zweigspitze mit männlichen Blütenständen (× ²/₃); **g)** Blütenstandsabschnitt mit 2 Quirlen männlicher Blüten (× 6); **h)** aus einem einzigen Staubblatt bestehende männliche Blüte (× 12). **2.** *Casuarina* sp.: Teil des kantigen, grünen Sprosses mit Quirl aus vereinfachten Blättern (× 12). **3.** *Casuarina sumatrana:* Habitus.

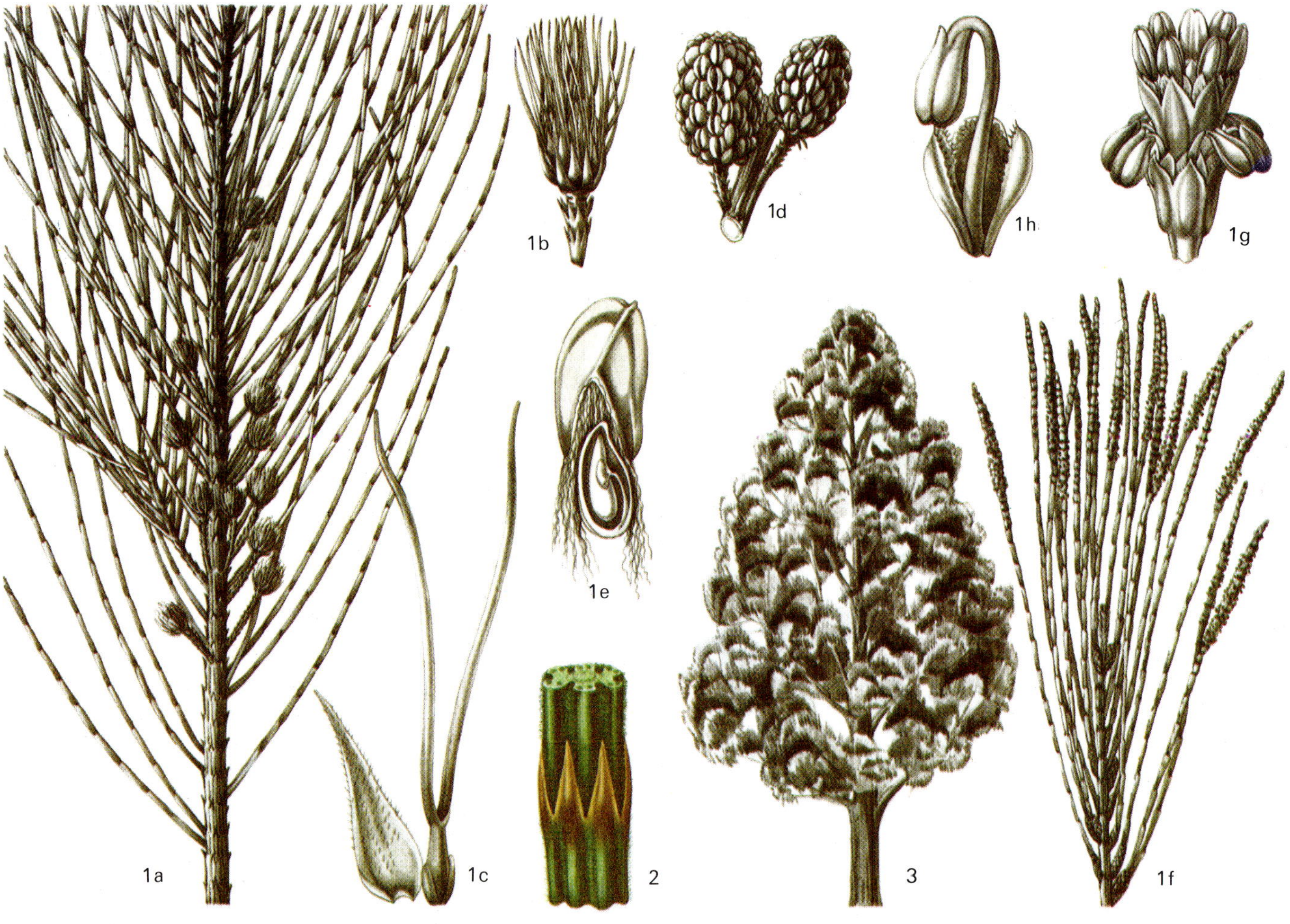

1b   1d   1h   1g

1e

1a   1c   2   3   1f

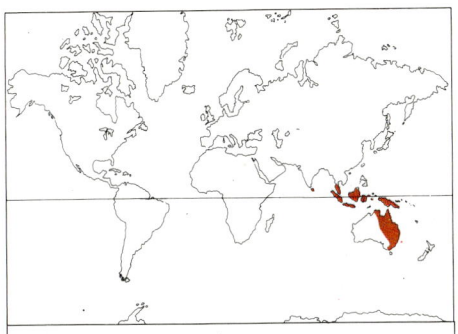

Gattungen: 1 4
Arten: etwa 65
Verbreitung: Südostasien und südwestlicher Pazifikraum
Nutzwert: Hartholz für Möbelschreinerei

hen. Die weiblichen Blüten befinden sich meist weiter unten an kurzen Seitenästen. Sie sind in dichten, kugeligen oder ovalen Köpfchen angeordnet und besitzen Trag- und Vorblätter, jedoch keine Blütenhülle. Die Blüten bestehen aus einem winzigen, zweifächerigen Fruchtknoten, der von 2 verwachsenen Fruchtblättern gebildet wird. Das eine Fach ist leer, das andere enthält 2

Samenanlagen. Der Griffel ist kurz und teilt sich in 2 lange Narbenäste, die weit über die Tragblätter hinausragen, um den windverbreiteten Blütenstaub aufzufangen. Nach der Befruchtung entwickelt sich der Fruchtknoten zu einer einsamigen, geflügelten Nuß. Die Früchte sind von den verhärteten Vorblättern umschlossen, die sich bei der Reife öffnen. Dadurch gleicht der Fruchtstand einem Streitkolben. Der Same besitzt einen geraden Embryo, jedoch kein Endosperm.

Kasuarinen sind trockenen Standorten mit hohen Temperaturen und wenig Niederschlag sehr gut angepaßt und somit xeromorph. Neben der bereits erwähnten Reduktion der Blätter sind auch die Zweige auffällig abgewandelt. Sie sind rutenartig, mehr oder weniger rund, aber tief gefurcht. Das grüne photosynthetische Gewebe und die Spaltöffnungen finden sich nur in den Furchen, wo sie vor Austrocknung geschützt sind. Die Kanten sind mit Festigungsgewebe gepanzert, was zur Wirkung hat, daß die Zweige in Trockenzeiten nicht welken.

Systematik: Auf den ersten Blick wirken die Kasuarinen wie eine Familie, die sich von allen übrigen Blütenpflanzen deutlich unterscheidet. In der Frage, ob es sich um

eine ursprüngliche oder eine hochentwickelte Familie handelt, gehen die Meinungen der Systematiker auseinander. Früher neigte man zur Ansicht, daß sie, aufgrund ihrer reduzierten Blätter und der kleinen, windbestäubten Blüten, die älteste Gruppe von Blütenpflanzen darstellten und wahrscheinlich mit den Gymnospermen verwandt seien (besonders mit denen der Gattung *Ephedra*).

Heute neigt man eher dazu, die Familie als abgeleitet zu betrachten. Ihre charakteristischen Merkmale wären somit Ausdruck einer extremen Spezialisierung, die alle vegetativen und blühenden Pflanzenteile betrifft.

In vielen Merkmalen gleichen die Casuarinaceae kronblattlosen, baumförmigen Arten der Hamamelidaceae, und es wird heute angenommen, daß beide Familien einen gemeinsamen Ursprung haben.

Nutzwert: Das Holz mehrerer Arten ist sehr hart und wird für die Möbelherstellung geschätzt (Eisenhölzer). *Casuarina equisetifolia* ist die am weitesten verbreitete kultivierte Art. Andere wertvolle Nutzhölzer sind z.B. die australische *C. stricta* und die forstlich angebaute *C. cunninghamiana;* in Australien werden sie «Eichen» genannt.

C.J.H.

CARYOPHYLLIDAE

CARYOPHYLLALES
Nelkenartige

CACTACEAE *Kakteen*
Die Cactaceae bilden eine große Familie mehrjähriger xerophytischer Bäume, Sträucher oder Zwergsträucher mit charakteristischer Wuchsform. Alle sind mehr oder weniger sukkulent und fast oder ganz blattlos (mit Ausnahme von *Pereskia*). Viele Arten sind geschätzte Zierpflanzen.

Verbreitung: Kakteen sind vor allem Pflanzen der Halbwüsten in den wärmeren Gebieten von Nord-, Mittel- und Südamerika. Möglicherweise sind sie auch in Afrika, Madagaskar und auf Sri Lanka ursprünglich. Sie wurden dort jedoch wahrscheinlich früh eingeführt *(Rhipsalis)*. *Opuntia* ist in Australien, Südafrika und im Mittelmeerraum eingebürgert. Der für Kakteen typische Standort weist unregelmäßige Niederschläge und lange Trockenperioden auf; wenn die Temperatur fällt, bildet sich oft reichlich Tau.

Merkmale: Die meisten Kakteen haben Dornen. Dornen, Zweige und Blüten werden an besonderen, abgeflachten Kissen oder Areolen getragen, die als verkürzte Seitenzweige betrachtet werden können. Sie finden sich entweder einzeln auf Polstern oder in einer Zeile auf erhöhten Rippen. Büschel mit kurzen, stacheligen Haaren (Glochiden) können zusätzlich vorhanden sein. Die Photosynthese findet in den jungen, grünen Trieben statt, die mit dem Alter verkorken. Bei baumförmigen Arten entwickeln sie sich zu einem holzigen, dornen-

Gattungen: 87
Arten: über 2000
Verbreitung: Halbwüsten von Nord-, Mittel- und Südamerika
Nutzwert: Zierpflanzen in Garten und Haus, Früchte zum lokalen Gebrauch

losen Stamm. Das Leitbündel-System bildet ein hohles, zylindrisches und netzartiges Skelett. Gefäße können fehlen. Die Wurzeln liegen in der Regel nahe an der Oberfläche. Bei größeren Arten sind sie zu einem ausgebreiteten System entwickelt und so zur raschen Wasseraufnahme befähigt.

Die Einzelblüten sind ungestielt (*Pereskia* ausgenommen), mit wenigen Ausnahmen zwittrig und radiär bis zygomorph. Das Spektrum der Blütenfarben reicht von Rot und Violett über verschiedene Nuancen von Orange und Gelb bis Weiß; Blau fehlt. Die zahlreichen Staub-, Kron-, Kelch- und Hochblätter stehen spiralig. Der Übergang von grünen Hoch- zu farbigen Kronblättern ist fließend. Der ungefächerte Fruchtknoten ist unterständig und besteht aus 2

bis zahlreichen Fruchtblättern. Er enthält zahlreiche Samenanlagen an parietalen Plazenten, steht auf einer Areole und ist meist mit Haaren, Borsten oder Dornen bedeckt. Der Griffel ist einfach. Bei *Opuntia* bilden die losgelösten «Früchte» (Scheinfrucht) Wurzeln und Triebe aus und wachsen zu einer Pflanze heran. Die Frucht ist eine Beere, die fast immer saftig ist; sie kann aber auch trocken und ledrig sein. Sie öffnet sich auf verschiedene Weise, um die Samen freizugeben. Die Samen besitzen einen geraden bis gebogenen Embryo und wenig oder gar kein Endosperm.

Systematik: Die Cactaceae sind für den Botaniker von besonderem Interesse wegen ihrer ursprünglichen Blüten und den hochentwickelten vegetativen Teilen. Es sind bemerkenswerte Pflanzen, einerseits aufgrund ihrer Fähigkeit, unter ungünstigen Bedingungen und großer Trockenheit zu überleben, andererseits auch im Hinblick auf ihre Wuchsformen, die auch von anderen, mit ihnen nicht verwandten Xerophyten entwickelt wurden, z.B. *Stapelia*, *Euphorbia* und *Pachypodium*. Den Systematiker stellen sie vor große Probleme, da sie offensichtlich auch heute noch neue Formen hervorbringen. Er kann sich bei seiner Arbeit zudem kaum auf gepreßte Pflanzen stützen, wie dies sonst üblich ist. Von Sammlern und gewerbemäßigen Züchtern wurden viele neue «Gattungen» und «Arten» geschaffen, die jedoch eher Untergattungen und Unterarten oder gar Varietäten in anderen Pflanzenfamilien entsprechen. In diesem Werk wird die Familie in 87 Gattungen aufgeteilt; andernorts werden bis über 300 Gattungen

1

3a

3b

2

4

5

6

anerkannt. Es können 3 Unterfamilien unterschieden werden:

PERESKIOIDEAE: mit Blättern und ohne Glochiden, Same schwarz, ohne Arillus; Gattungen *Maihuenia* und *Pereskia*.

OPUNTIOIDEAE: sowohl Blätter wie auch Glochiden, Same mit sehr hartem, hellfarbenem Arillus oder geflügelt; 3 Gattungen: *Opuntia, Pereskiopsis* und *Pterocactus*.

CACTOIDEAE: Blätter fehlend oder winzig klein, keine Glochiden, Same schwarz oder braun, ohne Arillus; 80 Gattungen in 2 Tribus: CEREEAE, Pflanzen vorwiegend säulenförmig, Sprosse gegliedert mit wenigen Rippen, bei Zwergformen an den alten Areolen blühend, 40 Gattungen, darunter *Cereus, Carnegiea, Echinocereus* und *Echinopsis*; CACTEAE, vorwiegend Zwergformen, meist ungegliederte Sprosse mit vielen Rippen, an jungen Areolen blühend; 40 Gattungen, darunter *Rhipsalis, Schlumbergera, Notocactus, Echinocactus, Mammillaria, Lophophora* und *Ferocactus*.

Die Cactaceae haben keine nahen Verwandten und widerstanden lange allen Versuchen, sie im bestehenden System unterzubringen. Heute werden sie meist in die Nähe der Phytolaccaceae, Portulacaceae und Aizoaceae gestellt.

Nutzwert: Abgesehen von ihrer Beliebtheit bei Kakteenzüchtern und -sammlern finden sie kaum Verwendung. Die fleischigen Früchte vieler Arten werden lokal gesammelt und roh gegessen oder zu Konfitüren und Sirup eingekocht. Einige werden als lebende Hecken angepflanzt, während verholzte Arten zu Möbeln und Nippsachen verarbeitet werden. Opuntien (Feigenkakteen) werden in einigen Gegenden Mexikos und in Kalifornien wegen ihrer großen, saftigen Früchte gewerbsmäßig angebaut.

Vermutlich werden sämtliche 87 Gattungen kultiviert; die Sammler lassen sich von der schwierigen Pflege nicht abschrecken. Die beliebtesten Gattungen sind jene, die zwergwüchsig bleiben, farbige Dornen und interessante Rippenformen zeigen und zudem noch üppig blühen, z.B. *Rebutia, Lobivia, Echinopsis, Mammillaria, Notocactus, Parodia* und *Neoporteria*. *Astrophytum* wird wegen seiner markanten Rippen und flauschig-weißen Haarbüschel geschätzt, *Leuchtenbergia* wegen der außergewöhnlich langen Warzen. Die warzigen, langsam wach-

CACTACEAE. 1. *Rhipsalis megalantha*: epiphytischer Kaktus mit gegliederten, unbewehrten Trieben, die oft in Quirlen stehen (× ²/₃). 2. *Mammillaria zeilmanniana*: Zwergkaktus, unverzweigtes Stämmchen mit spiralig stehenden Höckern, die Dornen in Büscheln, die Blüten stehen am Grunde der Höcker (× ²/₃). 3. *Gymnocalycium mihanovichii*: a) Blüte, den allmählichen Übergang von Hochblättern zu Kelch- und Kronblättern zeigend (× 2); b) Längsschnitt durch Blüte mit unterständigem Fruchtknoten und zahlreichen Staubblättern (× 2). 4. *Opuntia engelmannii*: abgeflachter, gegliederter Sproß mit zahlreichen Dornen und Glochiden – leicht abbrechenden, dünnen Dornen (× ²/₃). 5. *Carnegiea gigantea*: charakteristischer, verzweigter Kandelaberkaktus mit gerippten Sproßachsen (× ¹/₇₂). 6. *Ariocarpus fissuratus*: Zwergkaktus mit ungegliedertem Stämmchen, die Blüten an jungen Warzen (× ²/₃).

senden Arten von *Ariocarpus, Pelecyphora* und *Strombocactus* mit ihrer seltsam gedrungenen Gestalt sind eher etwas für Kenner. *Melocactus* (Melonenkaktus) ist eine der ersten Kakteengattungen, die nach Europa kamen.

Noch weiter verbreitet sind die Epiphyten, die in Habitus und Ansprüchen so verschieden sind von den obgenannten Gattungen, daß mancher Hobbygärtner seine geliebten Weihnachtskakteen gar nicht mit den echten Kakteen in Verbindung bringt. Die großblütigen *Epicacti* sind das Ergebnis einer langen Reihe von Kreuzungen innerhalb einer Gattung, wie man sie sonst nur bei Orchideen kennt. Sie stellen die einzige Kakteengruppe dar, bei der die Hybridisierung in großem Rahmen betrieben wurde, und sind die einzigen Kakteen, die in erster Linie wegen ihrer Blüten gezüchtet werden. Die Bezeichnung «Kaktus» wird oft fälschlicherweise auf manche dornige oder fleischige Pflanzen angewendet, die mit den Cactaceae nichts zu tun haben. G.D.R.

AIZOACEAE *Mittagsblumengewächse*

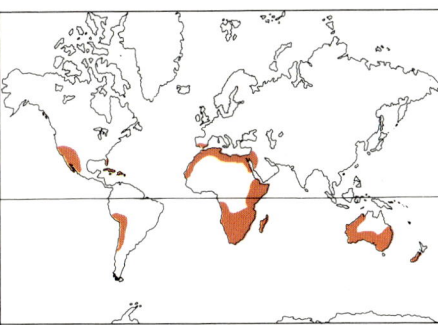

Gattungen: 143
Arten: rund 2300
Verbreitung: Schwerpunkt im südlichen Afrika
Nutzwert: viele Treibhaus- und Gartenzierpflanzen (z.B. *Mesembryanthemum* und *Lampranthus*); als Kuriositäten («Blühende» Steine)

Die Aizoaceae sind eine große Familie sukkulenter Pflanzen mit meist auffälligen, margeritenartigen Blüten, die leuchtende Farbenteppiche bilden, wenn sie in Mengen auftreten. Zu ihr gehören viele beliebte Gartenpflanzen. Am bekanntesten sind die Aizoaceae durch Arten der Unterfamilie Ruschioideae (größerer Teil von *Mesembryanthemum* im alten Sinn), sukkulenten Xerophyten mit auffälligen Blüten und oft sonderbaren Wuchsformen.

Verbreitung: Das Zentrum ihrer Verbreitung liegt in Südamerika. Einige Vertreter sind tropische Unkräuter, die bis in die Karibik, den Südwesten Nordamerikas, Florida, Südamerika und Australien vorstoßen.

Merkmale: Die Aizoaceae sind ein- oder mehrjährige Kräuter oder kleine Sträucher, meist mehr oder weniger sukkulent, mit wechsel- oder gegenständigen, fast immer einfachen und ganzrandigen Blättern, mit oder ohne Nebenblätter. Die Blüten stehen einzeln oder in Thyrsen, sind radiär und meist zwitterig. Die Blütenorgane sind in Kreisen angeordnet. Sie weisen 4 bis 8 (ge-

wöhnlich 5) dachige oder klappige, am Grunde mehr oder weniger verwachsene Kelchblätter auf. Die vielen Kronblätter sind staminodialen Ursprungs; gelegentlich fehlen sie. Die meist zahlreichen Staubblätter sind mitunter am Grunde verwachsen. Der Fruchtknoten ist ober- bis unterständig, mit einer bis 20 (in der Regel 5) Narben und Fächern mit meist zahlreichen Samenanlagen. Die Frucht ist eine trockene Kapsel, selten eine Beere oder eine Nuß. Der Same weist einen großen, gekrümmten Embryo und mehliges Endosperm auf.

Viele Merkmale der Aizoaceae sind das Ergebnis einer Anpassung an ein außerordentlich trockenes Klima (Xeromorphie). Typische Vertreter der Familie können lange Perioden extremer Sonnenbestrahlung und Dürre überleben, z.B. in den Wüstengebieten des südlichen Afrika. Die Blätter sind mehr oder weniger sukkulent. Einige Arten besitzen außerdem auch sukkulente Wurzeln oder Stengel. Häufig ist die Pflanze auf ein einziges Paar einjähriger, gegenständiger Blätter reduziert, die in ihrer Form einer Kugel gleichen, mit minimaler Oberfläche im Verhältnis zum Volumen, was die Pflanze dazu befähigt, dem Austrocknen besonders lange zu widerstehen.

Die Aizoaceae zeigen auch anatomische Besonderheiten. Große, wasserspeichernde Zellen, die Zucker (Pentosen) enthalten, sind für sie charakteristisch. Bei *Muiria* können diese Zellen bis zu 1 mm Durchmesser haben. Sie geben das Wasser während Wochen nicht ab, auch wenn sie abgetrennt und trockener Luft ausgesetzt werden. Oft finden sich 2 verschiedene Blattformen an ein und derselben Pflanze (*Mitrophyllum, Monilaria*). Das zu Beginn der Ruhezeit gebildete Blattpaar ist kompakter als das während der Wachstumsperiode gebildete. Es dient dem Sproßscheitel als Schutz. Bei anderen Gattungen sind ganze Pflanzenteile in den Boden verlagert, und nur das durchsichtige «Fenster» an jedem Blattende ragt über die Oberfläche hinaus. Durch ein optisches System im Scheitelgewebe, das reich an Kalziumoxalat-Kristallen ist, wird das Sonnenlicht zu tiefer gelegenen dünnen, chlorophyllhaltigen Geweben geleitet (*Fenestraria, Frithia, Ophthalmophyllum*).

Andere (sogenannte Mimikry-Pflanzen) sehen ihrer Umgebung verblüffend ähnlich und sind schwierig zu entdecken, wenn sie nicht blühen. Man nennt sie «Lebende Steine». Jede Art ist einem besonderen Untergrund angepaßt und findet sich sonst nirgends. *Titanopsis* mit weißen Einschlüssen in den Blättern kommt nur auf Silikatgestein vor. Dies ist eines der seltenen Beispiele für eine Schutzfärbung bei Pflanzen.

Eine Besonderheit des Stoffwechsels, der diurnale Säurezyklus, der sich unabhängig bei einer Anzahl verschiedener Familien von Sukkulenten entwickelt hat, ist auch bei Vertretern der Aizoaceae anzutreffen.

Die meist prächtigen, tagsüber geöffneten Blüten mit vielen Kronblättern haben eine oberflächliche Ähnlichkeit mit jenen der Compositae. Sie sind insektenbestäubt. Die meisten öffnen sich nur bei vollem Sonnen-

licht. Einige entfalten und schließen sich zu festgelegten Zeiten. *Carpobrotus* hat eine eßbare Beere, die Hottentottenfeige. Die übrigen Arten bilden trockene Kapseln aus, die sich durch einen Mechanismus öffnen, der auf Feuchtigkeit anspricht. Die Klappen spreizen sich ab, wenn es feucht ist, und schließen sich wieder, wenn sie austrocknen. In Trockengebieten sichert dies eine Keimung während der kurzen Regenzeit. Samen von *Conicosia* und einigen verwandten Arten werden auf 3 verschiedene Weisen ausgebreitet. Die Kapsel öffnet sich unter dem Einfluß von Feuchtigkeit, und einige Samen werden durch den Regen herausgeschwemmt. Die Früchte bleiben beim Austrocknen offen, so daß die verbleibenden losen Samen wie aus einer Streubüchse herausgeschüttelt werden. Schließlich bricht die ganze Frucht auseinander, und die flügelartigen Samentaschen mit bis zu 2 Samen werden durch den Wind verbreitet. Diese Arten zeigen die am höchsten spezialisierten Fruchtformen unter den Angiospermen.

Systematik: Die Aizoaceae werden in 5 Unterfamilien aufgeteilt, von denen 4 auf die *Mesembryanthemum*-Gruppe entfallen. Diese − von Linné als einzige Gattung behandelt − wird heute aufgrund des Fruchtbaus in 125 Gattungen mit über 2000 Arten aufgespalten. Einige Autoren behandeln die *Mesembryanthemum*-Gruppe als eigene Familie, Mesembryanthemaceae, wodurch die Aizoaceae auf eine kleine Gruppe ziemlich unbedeutender und kleinblütiger, krautiger Gattungen reduziert werden.

Die Aizoaceae gehören zu den Caryophyllales und enthalten wie die meisten Familien dieser Ordnung als Blütenpigment Betalaine anstelle von Anthocyanen. Am nächsten stehen ihnen die Phytolaccaceae.

Nutzwert: Die Sträucher der Mittagsblumen, Ruschioideae (*Lampranthus, Oscularia, Drosanthemum, Erepsia* usw.), sind nur bedingt winterhart und werden vor allem in Südeuropa in Sommerbeeten angepflanzt, wo sie üppig blühen. Nur eine Art, *Ruschia uncinata*, ist praktisch winterhart. Auch *Carpobrotus* übersteht in Küstengebieten die milderen Winter. Die Pflanze wird deshalb häufig als Sandbinder angepflanzt. Hybriden des einjährigen *Doro-*

theantus erfreuen sich großer Beliebtheit; sie haben als Gartenpflanzen das Eiskraut, *Mesembryanthemum crystallinum*, ersetzt, dessen Blattwerk von kugeligen, wasserhaltigen Haaren übersät ist.　　　G.D.R.

CARYOPHYLLACEAE
Nelkengewächse

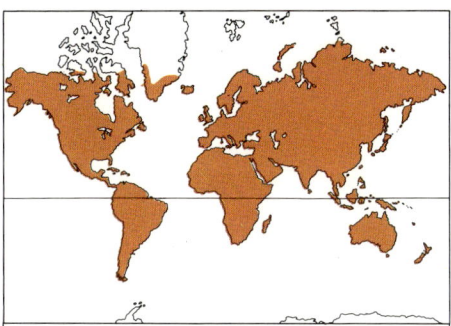

Gattungen: rund 80
Arten: rund 2000
Verbreitung: vor allem gemäßigte Zonen, mit Zentrum im Mittelmeerraum
Nutzwert: viele beliebte Gartenpflanzen, z.B. verschiedene Nelkenarten; andere Arten weitverbreitete Unkräuter

Die Caryophyllaceae sind eine große Familie vorwiegend in gemäßigtem Klima vorkommender krautiger Pflanzen, deren Beziehungen zueinander noch nicht vollständig geklärt sind. Sie bilden einjährige oder ausdauernde Kräuter oder Halbsträucher, seltener Sträucher, und umfassen die beliebten Nelken und einige bekannte Wildpflanzen wie Leimkraut und Vogelmiere.

Verbreitung: Die Familie ist in allen Teilen der Welt mit gemäßigtem Klima verbreitet, seltener in gebirgigen Gegenden der Tropen. Einige Arten von *Stellaria* (Sternmiere) und *Cerastium* (Hornkraut) haben sich zu fast kosmopolitischen Unkräutern entwickelt, was sie der Verschleppung durch den Menschen verdanken. Der Schwerpunkt der Verbreitung liegt jedoch im Mittelmeerraum und den angrenzenden Gebieten Europas und Asiens. In den gemäßigten Zonen der südlichen Hemisphäre kommen nur wenige Arten und Gattungen vor (*Krauseola, Polycarpaea* usw.). Alle größeren Gattungen (*Silene, Dianthus, Arenaria* usw.) wachsen nur auf der nördlichen Hemisphäre und sind besonders im Mittelmeerraum sehr reich vertreten.

Merkmale: Trotz ihrer Größe sind die Caryophyllaceae eine verhältnismäßig einheitliche und leicht zu erkennende Familie. Alle Pflanzen sind vorwiegend krautig, ein- oder mehrjährig und bis auf die unterirdischen Teile absterbend. Einige Arten sind Gewächse mit bleibenden, verholzten Sproßachsen. Die Blätter sind fast ausnahmslos kreuzgegenständig, die Stengelknoten oft verdickt. Der Blattansatz ist häufig stengelumgreifend. Die Blätter sind immer einfach, ganzrandig und meist schmal. Nebenblätter fehlen häufig; wenn sie vorhanden sind (etwa bei der Unterfamilie Paronychioideae), sind sie trockenhäutig.

Die Blütenstände sind grundsätzlich thyr-

sisch, jedoch verschieden ausgebildet und wenig- bis reichblütig. Oft sind endständige Dichasien anzutreffen, bei denen jedem der beiden Vorblätter einer Endblüte ein Seitenzweig mit Endblüte und Vorblättern entspringt, welcher seinerseits diesen Bau wiederholt. Die Unterdrückung einzelner Blüten oder Verzweigungen kann zu traubigen oder monochasialen Blütenständen und schließlich zu einer endständigen Einzelblüte führen.

Die Blüten sind radiär und meist zwittrig, selten durch Unterdrückung der Staubblätter oder des Fruchtknotens eingeschlechtig. Der Kelch besteht aus 4 oder 5 freien Kelchblättern (Unterfamilie Alsinoideae) oder aus ebenso vielen verwachsenen Kelchblättern (Unterfamilie Silenoideae), die zuweilen trockenhäutig, selten aufgeblasen sind. Bei einigen Gattungen (z.B. bei *Dianthus*) finden sich außerhalb des Kelches einige Hochblätter. Die Krone besteht aus 4 oder 5 freien Blütenblättern; bei der Unterfamilie Paronychioideae und einigen anderen Arten (z.B. *Scleranthus*) fehlen sie. Die Kronblätter sind oft deutlich in Platte und Nagel gegliedert. Am Übergang von Nagel und Platte können an der Innenseite 2 kleine sog. Krönchenschuppen vorhanden sein. Die Platte ist häufig ausgerandet, tief zweilappig oder gar gefranst. In der Regel zählt man doppelt soviele Staub- wie Kronblätter. Sie können aber auch auf die gleiche Zahl oder noch stärker reduziert sein (z.B. *Stellaria media*). Meist sind sie frei und stehen an der Blütenachse. Bei einigen Vertretern der Unterfamilie Paronychioideae, die keine Kronblätter besitzen, sind sie den Kelchblättern angewachsen, wodurch die Blüte perigyn wird. Die Filamente der inneren Staubblätter tragen gelegentlich am Grunde einfache oder gespaltene Nektarien. Der Fruchtknoten ist oberständig und besteht aus 2 bis 5 verwachsenen Fruchtblättern. Er wird oft im Laufe der Entwicklung durch Schwund der Scheidewände einfächerig. Die «freie» Zentralplazenta wird von den Rändern der Fruchtblätter gebildet. Bei einigen Arten von *Silene* und *Lychnis* ist der Fruchtknoten deutlich gefächert. Die Griffel sind meist frei und den Fruchtblättern gleichzählig. Die häufig zahlreichen Samenanlagen können auf eine einzige reduziert sein, die dann grundständig ist. Die Frucht ist in den meisten Fällen eine Kapsel, die sich von Scheitel her entweder fach- oder wandspaltig mit Zähnen öffnet; diese können in der gleichen oder doppelten Anzahl der Fruchtblätter vorhanden sein. In selteneren Fällen ist die Frucht eine Nuß (bei Gattungen mit nur einer Samenanlage). Die Samen sind meist zahlreich; der Embryo ist oft hufeisenförmig um das Nährgewebe gekrümmt; dieses besteht meist aus Perisperm (diploides Nuzellusgewebe) und nicht aus Endosperm (Gewebe aus dem triploiden Kern des befruchteten Embryosackes). Bei *Silene* und *Lychnis* sind Kronblätter, Staubblätter und Fruchtknoten vom Kelch durch ein kurzes Achsenstück getrennt (Anthophor).

Systematik: Die Familie wird in 3 Unterfamilien aufgeteilt:

ALSINOIDEAE: Nebenblätter fehlen, Kelch-

AIZOACEAE. 1. *Lampranthus* sp.: a) Trieb mit fleischigen, gegenständigen Blättern und endständigen Einzelblüten (× ²/₃). b) halbierte Blüte mit freien Kelchblättern, mehrkreisiger Krone, zahlreichen Staubblättern und Gynoeceum mit freien Griffeln und vielen Samenanlagen (× 2). 2. *Sesuvium portulacastrum*: gegliederter, fleischiger Sproß mit gegenständigen Blättern und Blüten (× ²/₃). 3. *Pleiospilos bolusii*: Pflanze mit Blüte zwischen 2 sukkulenten Blättern (× ²/₃). 4. *Ruschia uncinata*: blühender Trieb (× ²/₃). 5. *Lithops pseudotruncatella* und 6. *L. lesliei* («Blühende Steine»): Blüten stehen in der von 2 Blättern gebildeten Spalte (× ²/₃). 7. *Oscularia deltoides*: blühender Sproß (× ²/₃). 8. *Faucaria tigrina*: dichte Rosette aus bestachelten Blättern (× ²/₃). 9. *Mesembryanthemum crystallinum*: a) Eiskraut, so genannt wegen der glitzernden Papillen, die die ganze Pflanze bedecken (× ²/₃); b) aufspringende Kapsel (× 2); c) Kapsel von oben (× 1¹/₃).

1

3b

3c

3d

3e

2b

3a

6b

5

2a

4

6a

NYCTAGINACEAE. 1. *Bougainvillea spectabilis:* a) Sproß mit Blüten in den Achseln auffälliger Hochblätter (× ²/₃); b) Hochblatt und halbierte Blüte mit petaloidem Kelch, Kronblätter fehlend (× 2). 2. *Mirabilis jalapa:* a) Sproß mit von kelchähnlicher Hochblatthülle umschlossenen Blüten (× ²/₃); b) Frucht (× 3¹/₃); c) Längsschnitt durch die einsamige Frucht (× 3¹/₃). 3. *Pisonia aculeata:* drüsige Frucht, die durch Vögel verschleppt wird (× 1). 4. *Abronia fragrans:* a) Sproß mit Blütenknäueln (× ²/₃); b) Blüte (× 1); c) unterer Teil der Kelchröhre mit Staubblättern und Griffel (× 2); d) Gynoeceum mit langer, papillöser Narbe (× 4).

blätter frei. Zu dieser Unterfamilie gehören bekannte und weitverbreitete Gattungen, wie *Arenaria, Minuartia, Stellaria, Cerastium, Sagina, Colobanthus* und *Lyallia*.
SILENOIDEAE: Nebenblätter fehlen, Kelchblätter verwachsen. Diese Unterfamilie enthält etwa gleich viele Arten wie die Alsinoideae. Auch zu ihr gehoren wohlbekannte Gattungen wie *Silene, Melandrium, Dianthus, Gypsophila, Agrostemma* und *Lychnis*. Diese beiden Unterfamilien sind klar umgrenzt und gut zu erkennen. Ihre Aufteilung in Gattungen ist jedoch schwierig und umstritten.
PARONYCHIOIDEAE: Nebenblätter vorhanden. Diese Unterfamilie ist nicht so einheitlich wie die beiden andern und besteht im wesentlichen aus 2 Gattungsgruppen:

CARYOPHYLLACEAE. 1. *Stellaria graminea:* Sproß mit gegenständigen Blättern, verdickten Knoten und charakteristischem, dichasialem Blütenstand (× ²/₃). 2. *Telephium imperati:* a) blühende und fruchtende Triebe (× ²/₃); b) Blüte mit je 5 Kelch-, Kron- und Staubblättern und 3 Griffeln (× 4). 3. *Dianthus deltoides:* a) Habitus (× ²/₃); b) halbierte Blüte (× 3); c) Querschnitt (× 8) und d) Längsschnitt durch Fruchtknoten (× 9); e) Frucht (× 3). 4. *Arenaria purpurascens:* Habitus (× ²/₃). 5. *Silene dioica:* Stengel mit Blüten (× ²/₃). 6. *Herniaria ciliolata:* a) Sproß mit knäueligen Blütenständen (× ²/₃); b) Blüte (× 12).

a) Gattungen mit Krone. Die Frucht ist eine Kapsel mit mehreren bis vielen Samen. Die Gruppe besteht aus den Tribus der SPERGULEAE und der POLYCARPEAE und umfaßt u.a. die Gattungen *Spergula, Spergularia* und *Polycarpon*. Die Pflanzen sind den Alsinoideae sehr ähnlich. Der einzige Unterschied liegt darin, daß sie Nebenblätter besitzen.
b) Gattungen ohne Krone; die Frucht ist eine Nuß. Die Gruppe umfaßt neben einer oder 2 anderen die Tribus PARONYCHIEAE; sie wird gelegentlich als die selbständige Familie Illecebraceae geführt. Die bekanntesten Gattungen sind *Paronychia, Herniaria* und *Corrigiola*. Ihre Beziehung zu anderen Vertretern der Familie ist unsicher.
Die Caryophyllaceae werden im allgemeinen mit einer Anzahl anderer Familien (Chenopodiaceae, Aizoaceae, Phytolaccaceae, Nyctaginaceae usw.) zur Ordnung der Centrospermae (Caryophyllales) zusammengefaßt. Diese Anordnung basiert auf den morphologischen Merkmalen, insbesondere jenen des Embryos, der gewöhnlich stark gekrümmt ist. Die Entdeckung, daß die meisten Centrospermae (nicht aber die Caryophyllaceae) eine Gruppe chemischer Pigmente (Betalaine) anstelle der sonst üblichen Anthocyane enthalten, hat zu einer (nicht allgemein anerkannten) Abtrennung

der Caryophyllaceae vom Rest der Gruppe geführt.
Nutzwert: Die Caryophyllaceae stellen eine große Anzahl von vielerorts gezogenen Gartenzierpflanzen. Die wichtigste Art ist die Gartennelke (*Dianthus caryophyllus*), die heute in zahlreichen Gartenformen anzutreffen ist und vor allem für den Schnittblumenmarkt kultiviert wird. Andere, häufig angepflanzte Gattungen sind *Silene* (Leimkraut), *Gypsophila* (Gipskraut), *Lychnis* (Lichtnelke) und *Saponaria*.
Einige Arten, vor allem *Stellaria media* (Vogelmiere), sind weitverbreitete einjährige Unkräuter in Feldern und Gärten. *Agrostemma githago* (Kornrade), ein giftiges Getreideunkraut, stellt heute wegen der gezielten Anwendung von Unkrautvertilgern keine Gefahr mehr dar. *Spergula arvensis* var. *sativa* (Saat-Spark) wird gelegentlich in trockenen, sandigen Gegenden als Futterpflanze angebaut. Die Wurzeln von *Saponaria officinalis* (Seifenkraut) wurden früher als Waschmittel verwendet.
J.C.

NYCTAGINACEAE
Wunderblumengewächse
Die Nyctaginaceae sind eine Familie vorwiegend tropischer Kräuter, Sträucher und Bäume, die oft mehrköpfige, holzige Pfahlwurzeln bilden.

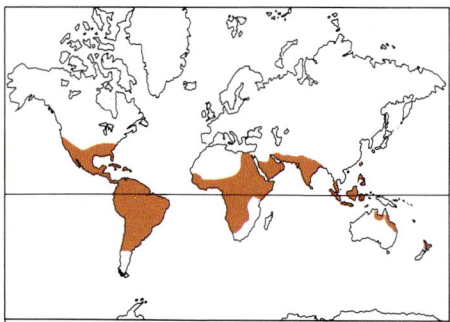

Gattungen: 30
Arten: etwa 290
Verbreitung: pantropisch, vor allem in Amerika
Nutzwert: *Bougainvillea* und *Mirabilis* werden als Zierpflanzen gezogen, *Pisonia* als Gemüse

Verbreitung: Die Familie kommt überall in den Tropen vor, besonders in Amerika.
Merkmale: Die Blätter sind wechsel- oder gegenständig und ganzrandig. Nebenblätter fehlen. Der Blütenstand ist meist thyrsisch, die Blüten zwitterig oder eingeschlecht. Gelegentlich sind sie von farbigen Hochblättern umgeben. Die Blütenhülle ist gewöhnlich kronblattartig und röhrenförmig. Ihr unterer Teil überdauert bis zur Fruchtreife. Kronblätter fehlen. Die Staubblätter (eines bis viele, meist 5) wechseln mit den 5 Blütenhüllblättern ab. Die Filamente sind frei oder an der Basis verschmolzen, gelegentlich oben verzweigt. Der oberständige Fruchtknoten wird aus einem einzigen Fruchtblatt mit einer grundständigen, aufrechten Samenanlage gebildet. Er trägt einen langen Griffel. Die Frucht ist eine Schließfrucht, die manchmal vom überdauernden, unteren Teil der Blütenhülle umschlossen ist. Die Samen weisen Endosperm, Perisperm und einen geraden oder gekrümmten Embryo auf.
Systematik: *Mirabilis* umfaßt rund 60 amerikanische Arten, darunter *Oxybaphus*. Der Grund der Blütenröhre ist von einer fünfteiligen Hülle aus Hochblättern umgeben, die einem Kelch sehr ähnlich sieht. Diese Hülle bildet den Überrest eines stark gestauchten, ursprünglich dreiblütigen Dichasiums, von dem nur eine Blüte voll entwickelt ist. Diese Ableitung wird durch Arten wie *Mirabilis coccinea* gestützt, bei der die Hülle mehr als eine Blüte umschließt. Bei *Mirabilis* erfüllt diese Hülle eine fallschirmähnliche Funktion zur Ausbreitung der Frucht. Die Blüten von *Mirabilis jalapa* öffnen sich gegen Abend, was einen ihrer volkstümlichen Namen – «Vieruhrblume» – erklärt. Ein anderer gebräuchlicher Name, «Wunderblume», nimmt Bezug auf die Blüten, die weiß, gelb oder rot sind. Diese Pflanze ist ein bekanntes Objekt der Vererbungsforschung.
Bei *Bougainvillea*, einer 18 südamerikanischen Arten umfassenden Gattung, sind die 3 dekorativen «Blütenblätter» in Wirklichkeit Hochblätter. Sie umschließen 3 unscheinbare Blüten mit röhrenförmigem Kelch. In ihrer Heimat werden die Bougainvilleen von Kolibris bestäubt.

Zu *Pisonia* gehören 50 tropische und subtropische Arten, deren drüsenbedeckte, klebrige Früchte durch Tiere ausgebreitet werden.
Weitere Vertreter der Familie sind die monotypische *Nyctaginia* (Nordamerika, Mexiko), die 40 krautigen Arten der Gattung *Boerhavia* (Tropen, Subtropen), 35 Arten der Gattung *Abronia* (Nordamerika) und *Neea* mit rund 80 Arten (tropisches Amerika).
Nutzwert: *Bougainvillea*-Arten werden in warmen Gegenden als Schutz- und Zierhecken gezogen, weiter nördlich nur im Treibhaus. Die beiden häufigsten Arten sind *Bougainvillea glabra* und *B. spectabilis*. Aus der Kreuzung zwischen *B. peruviana* und *B. × buttiana* sind viele Gartenformen hervorgegangen. *Mirabilis jalapa* und *M. coccinea* gehören zu den vielen Arten von *Mirabilis*, die wegen ihrer farbenprächtigen Blüten als Gartenpflanzen gehalten werden. Die knolligen Wurzeln von *M. jalapa* enthalten einen purgierenden Wirkstoff und werden als Ersatz für Echten Jalape verwendet. Die Blätter von *Pisonia grandis* und *P. alba* dienen als Gemüse. Ein Absud aus den Blättern von *P. aculeata* wie auch aus den Früchten von *P. capitata* wird als Heilmittel bei einer Reihe von Beschwerden angewandt. **B.M.**

AMARANTHACEAE
Fuchsschwanzgewächse

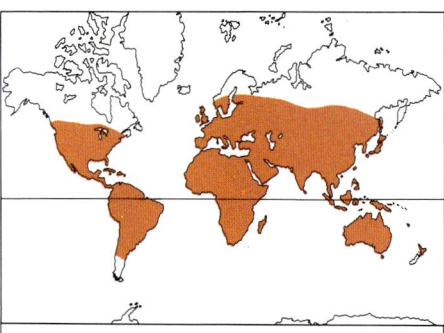

Gattungen: 65
Arten: 900
Verbreitung: beinahe weltweit, die tropischen Vertreter mit Schwerpunkt in Afrika und Amerika
Nutzwert: weit verbreitet als Gartenzierpflanzen, einige Arten auch als Suppenkräuter und Gemüse

Die Amaranthaceae sind eine große Familie von Kräutern und Sträuchern, zu der eine Anzahl bekannter Arten gehören, die im Gartenbau von Bedeutung sind, z.B. Hahnenkamm (*Celosia*-Arten) und Fuchsschwanz (*Amaranthus caudatus*).
Verbreitung: Die Familie (etwa 65 Gattungen und 900 Arten) wächst in den tropischen, subtropischen und gemäßigten Zonen. Die tropischen Vertreter der Familie kommen vor allem in Afrika und Amerika vor.
Merkmale: Die meisten Arten sind Kräuter oder Sträucher, selten Kletterpflanzen, mit ganzrandigen, gegen- oder wechselständigen Blättern. Nebenblätter fehlen. Die Blüten können einzeln oder in achselständigen Dichasien stehen. Diese treten zu ähren-

oder köpfchenförmigen Blütenständen zusammen, welche meistens Tragblätter besitzen. Die Blüten sind zwitterig (selten eingeschlechtig), gewöhnlich radiär mit 4 oder 5 gelegentlich verwachsenen Blütenblättern. Die ein bis 5 Staubblätter sind frei oder häufig an der Basis zu einer Röhre vereinigt. Zwischen den Staubfäden stehen bei einigen Gattungen petaloide Zipfel. Der oberständige Fruchtknoten ist aus 2 bis 3 verwachsenen Fruchtblättern zusammengesetzt, die von der Blütenhülle oft fest umschlossen sind. Er enthält eine einzige Kammer mit einer bis zahlreichen Samenanlagen. Die Blütenhülle ist oft trockenhäutig und farblos. Zuweilen sind die seitlichen Blüten unfruchtbar und oft zu Dorn-, Haarbüscheln oder Flügeln umgewandelt, die der Fruchtausbreitung dienen (z.B. bei *Froelichia*). Die Blüten besitzen gut entwickelte, trockenhäutige Vorblätter, die oft sehr auffällig gefärbt sind. Die Frucht ist eine Beere oder eine Nuß. Die Samen besitzen häufig eine glänzende Schale.
Systematik: Die Familie kann in 2 Unterfamilien mit je 2 Tribus aufgeteilt werden.
AMARANTHOIDEAE: Staubblätter mit 4 Pollensäcken, Frucht ein- bis mehrsamig; Tribus CELOSIEAE mit den Hauptgattungen *Celosia* und *Deeringia*; Tribus AMARANTHEAE mit den Hauptgattungen *Amaranthus*, *Ptilotus* und *Achyranthes*.
GOMPHRENOIDEAE: Staubblätter mit 2 Pollensäcken, Frucht einsamig; Tribus BRAYULINEAE mit den kleinen Gattungen *Brayulinea* und *Tidestromia*; Tribus GOMPHRENEAE mit den Gattungen *Froelichia*, *Pfaffia*, *Alternanthera*, *Gomphrena* und *Iresine*.
Wie die meisten anderen Familien der Centrospermae enthalten auch die Amaranthaceae Betalaine anstelle der sonst üblichen Anthocyane. Sie sind nahe verwandt mit den Chenopodiaceae, von denen sie sich jedoch durch die trockenhäutige Blütenhülle und die häufig röhrenartig verwachsenen Staubblätter unterscheiden.
Nutzwert: Die Familie umfaßt viele Unkräuter. Einige Arten sind jedoch weit verbreitete Gartenzierpflanzen oder werden als Suppenkräuter und Gemüse verwendet. Die Samen einiger *Amaranthus*-Arten (Fuchsschwanz) dienten früher oft als Nahrung, vor allem in Mittel- und Südamerika. Einige dieser Arten werden auch heute noch angebaut. *Celosia*-Arten werden häufig als Topf- oder Gartenpflanzen gezogen. *Celosia cristata* (Hahnenkamm) ist ein einjähriges, tropisches Kraut. *Alternanthera*-Arten (Papageienblatt) aus den Tropen zieht man wegen ihrer dekorativen Blätter. Die fleischigen Blätter von *A. sessilis* werden in verschiedenen Ländern der Tropen gegessen. Ebenfalls beliebt als Zimmer- oder Gartenpflanzen sind die Iresinen, besonders *Iresine herbstii* und *I. linderii*, beide aus Südamerika. Einige Arten sollen Heilwirkung haben. Der australische *Ptilotus* (*Trichinium*) *manglesii* (Haarschöpfchen) mit kugeligen Köpfchen aus federig bewimperten rosa und weißen Blüten wird manchmal als Garten- oder Treibhauspflanze gezogen. *Gomphrena globosa* (Kugelamarant) ist eine einjährige Tropenpflanze mit weißen, roten oder violetten Köpfchen. **V.H.H.**

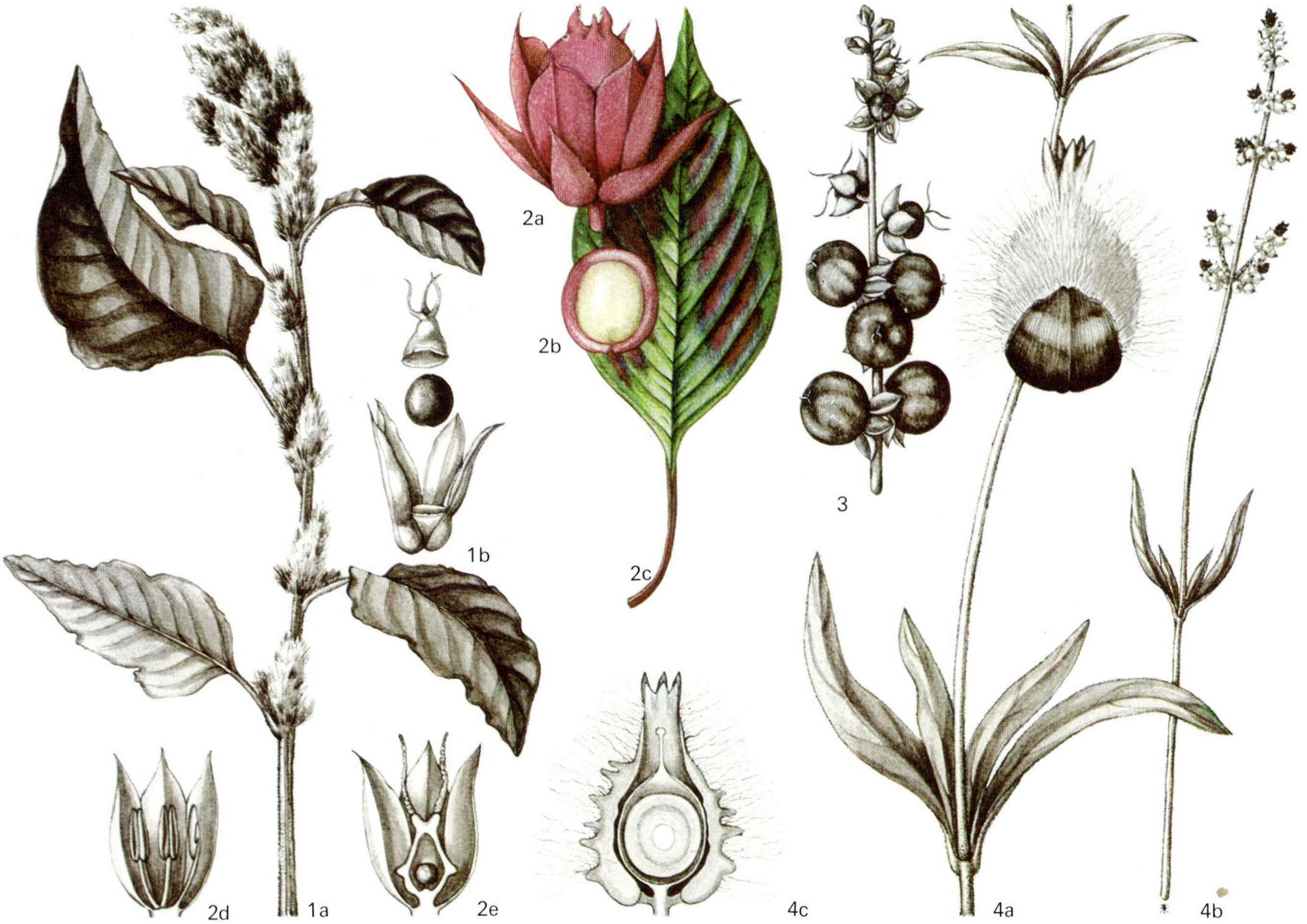

AMARANTHACEAE. 1. *Amaranthus retroflexus:* **a)** blühender Sproß (× ²/3); **b)** reife Deckelkapsel, den runden Samen entlassend (× 6). **2.** *A. caudatus:* **a)** Frucht mit roten Trag- und Vorblättern und Blütenhülle (× 14); **b)** Same (× 14); **c)** Blatt (× ²/3); **d)** Längsschnitt durch männliche Blüte (× 12); **e)** Längsschnitt durch weibliche Blüte (× 4). **3.** *Deeringia amaranthoides:* Blütenstand, am Grunde fruchtend (× 3). **4.** *Froelichia gracilis:* **a)** Sproß mit großen, seitlichen, behaarten und unfruchtbaren Blüten (× ²/3); **b)** Blütenstand (× ²/3); **c)** Längsschnitt durch unfruchtbare Blüte (× ²/3).

PHYTOLACCACEAE
Kermesbeerengewächse

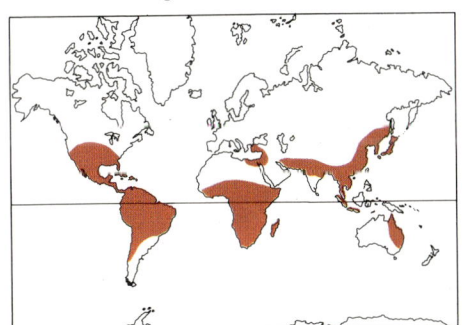

Gattungen: 22
Arten: etwa 125
Verbreitung: vorwiegend tropisch und subtropisch, Amerika und Karibik
Nutzwert: viele Heilmittel, roter Farbstoff, Zierpflanzen und Gemüse

Die Phytolaccaceae sind eine Familie von Bäumen, Sträuchern, holzigen Kletterpflanzen und Kräutern; sie stellen auch einige Heilkräuter und Zierpflanzen.
Verbreitung: Die meisten Vertreter der Familie sind in den Tropen Amerikas und der Karibik beheimatet. Einige kommen auch in Zentralamerika, im östlichen Mittelmeerraum, in Afrika, Madagaskar, auf dem indischen Subkontinent, in Malesien, China, Japan und Australien vor.
Merkmale: Die Blätter sind wechselständig, einfach und ganzrandig, die Nebenblätter winzig oder fehlend. Die kleinen Blüten bilden meist end- oder achselständige Trauben oder Cymen. Sie sind radiär (selten zygomorph) und zwitterig (selten eingeschlechtig, dann zweihäusig verteilt). Die Blütenhülle besteht beinahe immer aus einem Kreis von 4 oder 5 meist freien und bleibenden Blütenblättern; sie kann aber auch scheibenförmig sein. Mitunter sind auch Kronblätter vorhanden. Die Staubblätter sind meist hypogyn, manchmal am Ansatz verwachsen, mit den Blütenhüllzipfeln gleichzählig. Der Fruchtknoten ist meist oberständig, manchmal gestielt, selten mehr oder weniger unterständig, und aus einem bis mehreren freien oder verwachsenen Fruchtblättern gebildet, wovon jedes eine grundständige Samenanlage enthält. Oft finden sich gleich viele Griffel wie Fruchtblätter. Sie sind kurz oder mehr oder weniger fadenförmig; manchmal fehlen sie. Die Frucht ist eine Beere, eine Nuß oder eine fachspaltige Kapsel (selten). Der Same weist mehliges Perisperm und den für diese Ordnung typischen gebogenen Embryo auf.
Systematik: Die Familie gliedert sich in 4 Unterfamilien:

PHYTOLACCOIDEAE: Blütenhülle einfach, eine atrope Samenanlage pro Fruchtblatt; enthält 5 Sektionen: PHYTOLACCEAE (*Anisomeria, Ercilla, Phytolacca*), BARBEUIEAE (*Barbeuia*), GYROSTEMONEAE (*Gyrostemon, Codonocarpus, Didymotheca*), RIVINEAE (*Hilleria, Ledenbergia, Monococcus, Petiveria, Rivina, Seguieria, Trichostigma*) und AGDESTIDEAE (*Agdestis*).
STEGNOSPERMATOIDEAE: Blütenhülle doppelt, Samenanlagen epitrop, Frucht eine Kapsel, Same mit rotem Arillus, Drüsen mit Oxalat-Kristallen; enthält nur die Gattung *Stegnosperma*.
MICROTEOIDEAE: Blütenhülle einfach, Gynoeceum mit 2 bis 4 Narben, grundständige Samenanlage, Nuß; enthält *Microtea* und *Lophiocarpus* (diese Gattung wird gelegentlich mit *Microtea* vereint).
ACHATOCARPOIDEAE: Blüten eingeschlechtig, Pflanzen zweihäusig, ungefächerter Fruchtknoten mit 2 verwachsenen Fruchtblättern, 2 Narben, eine Samenanlage, Beere); hierzu gehören *Achatocarpus* und *Phaulothamnus*.
In den letzten Jahren wurde die holzige Kletterpflanze *Barbeuia madagascariensis* von einigen Bearbeitern zur einzigen Art der Familie Barbeuiaceae erklärt. Eine weitere monotypische Familie wurde für *Agdestis clematidea* vorgeschlagen, ebenso eine Familie Stegnospermataceae für die 3 Arten

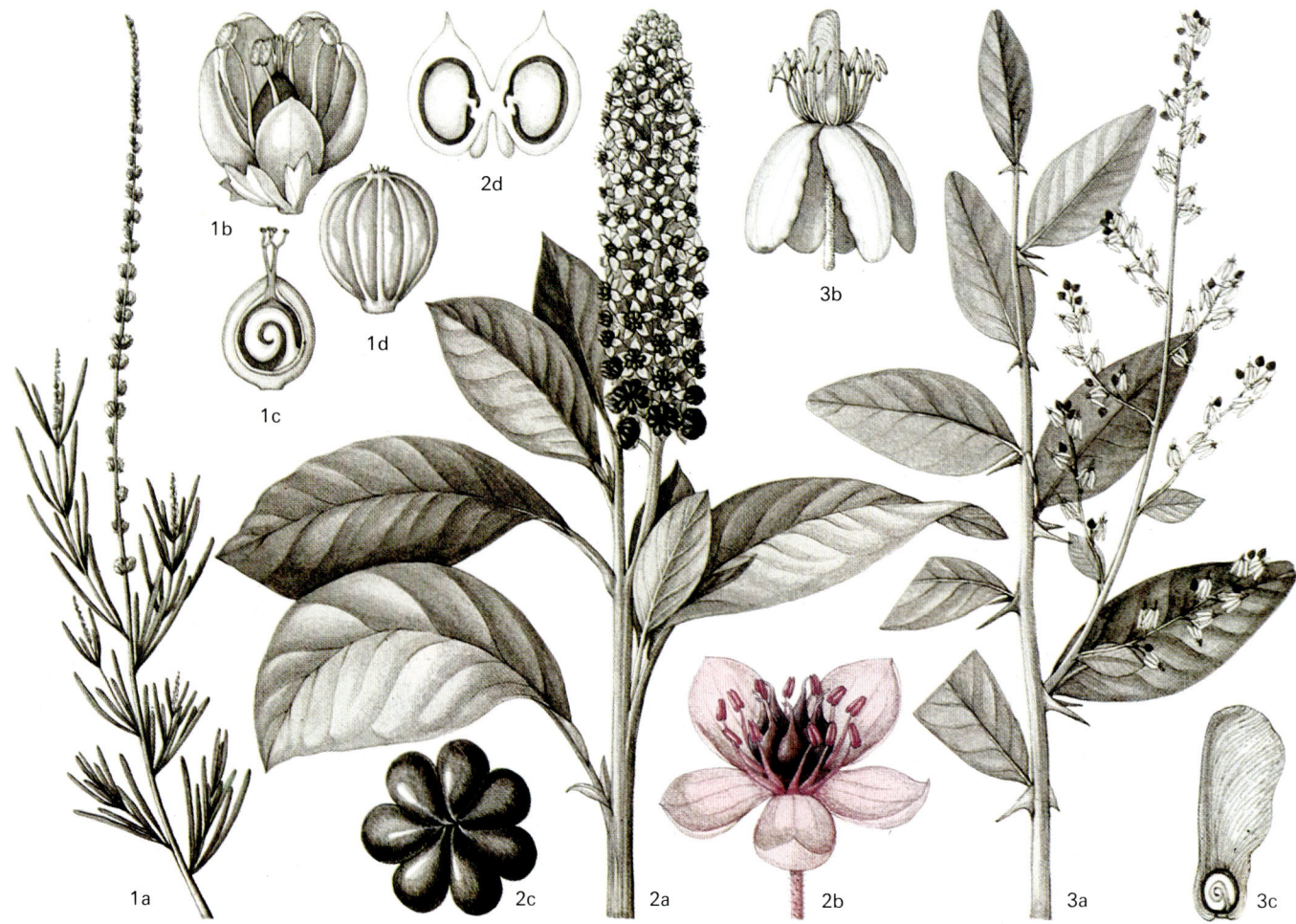

PHYTOLACCACEAE. 1. *Lophiocarpus burchellii:* **a)** blühender Sproß (× ²/₃); **b)** Blüte mit einem einzigen Kreis von 5 Blütenhüllblättern (× 10); **c)** Gynoeceum (Längsschnitt) mit gekrümmter, grundständiger Samenanlage und gegabelten Griffeln (× 20); **d)** Frucht – eine Nuß (× 10). **2.** *Phytolacca clavigera:* **a)** Sproß mit den Blättern gegenüberstehendem Blütenstand, Früchte und Blüten tragend (× ²/₃); **b)** Blüte mit zahlreichen, am Grunde verdickten Staubblättern und 7 freien Fruchtblättern (× 6); **c)** fleischige Frucht (× 3); **d)** Frucht (Längsschnitt)(× 4). **3.** *Seguieria coriacea:* **a)** blühender Sproß mit Nebenblattdornen (× ²/₃); **b)** Blüte (× 4); **c)** geflügelte Frucht (Längsschnitt) mit stark gekrümmtem Embryo (× 1).

der Gattung *Stegnosperma.* Die Sektion Gyrostemoneae (5 Gattungen) wurde ebenso als selbständige Familie anerkannt wie die Achatocarpoideae (Achatocarpaceae) mit 2 Gattungen. Schließlich kann die ganze Sektion Rivineae (Fruchtknoten mit einem Fruchtblatt, Styloidzellen mit Oxalat in den Blättern, anormale Holzanatomie) als Familie Petiveriaceae abgesondert werden.

Mit ihrem gebogenen Embryo, dem Perisperm und den Betalainpigmenten werden die Phytolaccaceae zu Recht zu den Centrospermae (Caryophyllales) gezählt. Die Familie läßt enge Beziehungen zu den Nyctaginaceae erkennen, während die Unterfamilie Microteoideae als Übergang zu den Chenopodiaceae betrachtet wird.

Nutzwert: *Rivina humilis* wird in Treibhäusern gezogen. Aus ihren Beeren gewinnt man einen roten Farbstoff. *Petiveria alliaceae* (mit auffälligem Zwiebelgeruch) wird in Südamerika als Heilpflanze geschätzt. *Trichostigma peruvianum* wird oft als Treibhauspflanze kultiviert. *Phytolacca americana* (*P. decandra,* Kermesbeere) ist ein Zierstrauch. Wie andere *Phytolacca*-Arten besitzt auch sie eßbare Blätter. Aus den Beeren wird roter Farbstoff gewonnen. Die Heilwirkungen sind zahlreich und verschiedenartig. Ihre Anwendung reicht von

der Behandlung von Tollwut, Insektenstichen, Lungenkrankheiten und Tumoren (vor allem durch Wurzelpräparate) bis zur Syphilistherapie mit *Agdestis* (ebenfalls Wurzelpräparate).   F.B.H.

CHENOPODIACEAE
Gänsefußgewächse

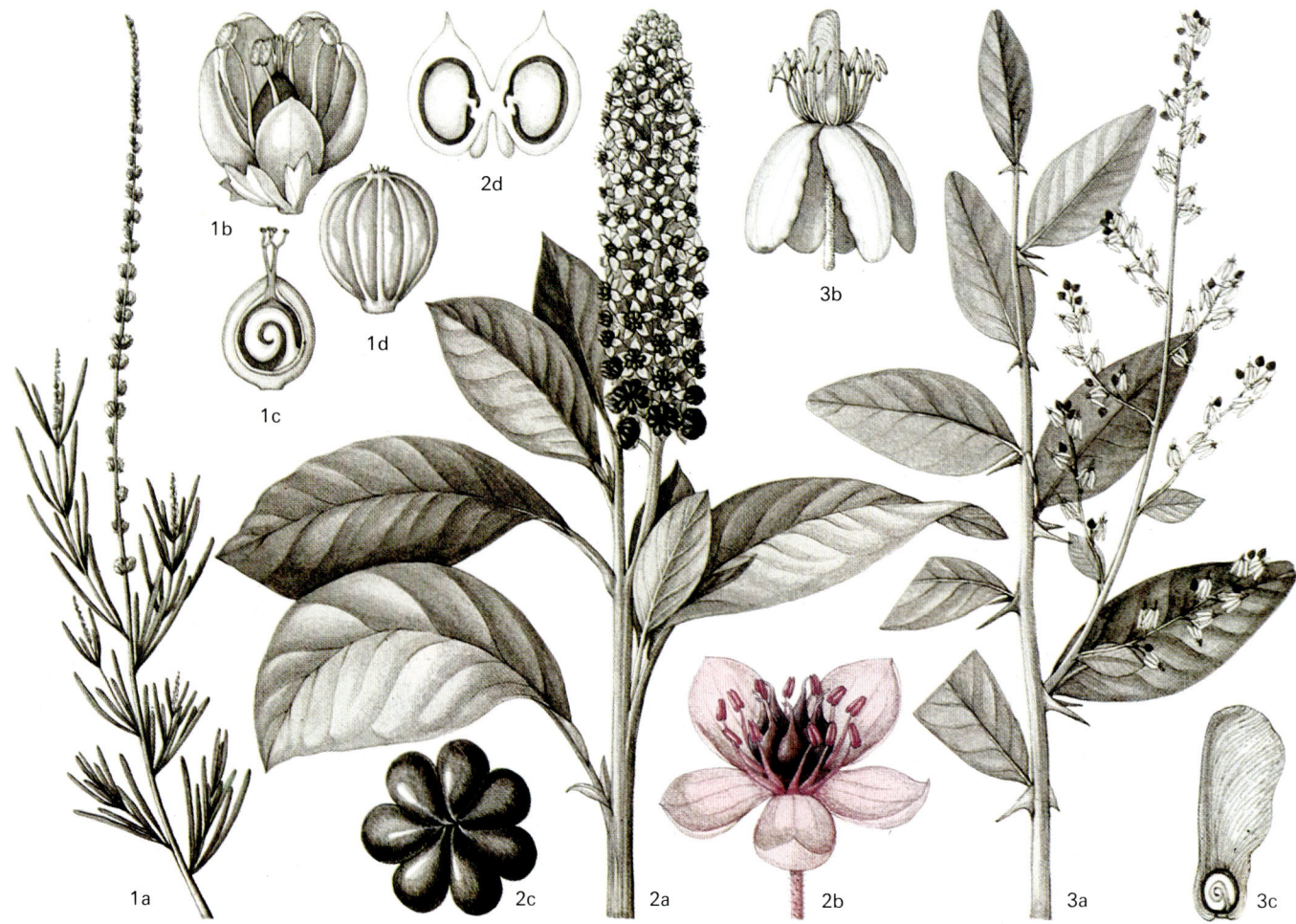

Gattungen: rund 100
Arten: rund 1500
Verbreitung: kosmopolitisch, oft auf salzhaltigen Böden
Nutzwert: Zuckerrübe, Rote Rübe, Mangold, Spinat

Die Chenopodiaceae, eine große Familie von Kräutern, selten Sträuchern oder kleinen Bäumen, sind größtenteils Halophyten, d.h. gedeihen auf Böden mit ungewöhnlich hohem Gehalt an anorganischen Salzen und sind deshalb fähig, sowohl Meeresküsten als auch Sulfat- und Sodaböden des Binnenlandes zu besiedeln. Sie bilden einen Großteil der Pflanzendecke von Salzsümpfen. Da salzhaltige Böden häufig in Steppen und Halbwüsten vorkommen, zeigen einige von ihnen xerophytische Merkmale.

Verbreitung: Die Familie ist an salzhaltigen Standorten der gemäßigten und subtropischen Zonen weit verbreitet, besonders am Mittelmeer, am Roten und Kaspischen Meer, in den salzreichen Steppen von Zentral- und Ostasien, am Rande der Sahara, in den alkalischen Prärien der USA, in Südafrika, Australien und den Pampas Argentiniens. Sie wachsen auch als Unkräuter in nitratreichen Böden bei Siedlungen.

Merkmale: Die Vertreter der Familie entwickeln oft tief in den Boden eindringende Wurzeln, mit denen sie zum Grundwasser vorstoßen, und haben häufig kleine, mit Blasen- oder Sternhaaren bedeckte, gelappte oder dornige, wechselständige Blätter. Nebenblätter fehlen. Einige Gattungen (z.B. *Salicornia*) besitzen sukkulente, gegliederte

CHENOPODIACEAE. 1. *Kochia scoparia:* **a)** Sproß mit unauffälligen Blüten (× 2/3); **b)** zwitterige Blüten mit 5 Blütenhüllblättern und auffälligen Staubblättern (× 8); **c)** weibliche Blüte (× 8); **d)** Gynoeceum mit 2 Griffelästen (× 8); **e)** Frucht (Längsschnitt) (× 8); **f)** Schnitt durch den Samen mit kreisförmigem Embryo, das Perisperm umgebend (× 16). 2. *Salicornia europaea:* **a)** Habitus, die fleischigen Stengel mit winzigen Blättchen zeigend (× 2/3); **b)** Ausschnitt aus einem blühenden Trieb (× 4); **c)** in die Sproßachse eingesenkte Blüte, herausgelöst (× 8). 3. *Atriplex triangularis:* **a)** blühender Seitensproß (× 2/3); **b)** fruchtender Sproß (× 2/3); **c)** Frucht, von vergrößerten Hüllblättern eingeschlossen (× 4); **d)** Frucht (× 4). 4. *Salsola kali:* **a)** Frucht, eines der geflügelten Blütenhüllblätter entfernt (× 4); **b)** Frucht (× 6); **c)** Same (× 6).

Stengel mit stark reduzierten Blättern, welche nur als flache Erhebungen erkennbar sind, was der Pflanze ein eigenartiges, kaktusähnliches Aussehen verleiht. Die unauffälligen Blüten in grundsätzlich thyrsischen Blütenständen sind meist radiär, zwitterig oder eingeschlechtig und oft windbestäubt. Die weiblichen Blüten einiger Gattungen (z. B. *Atriplex*) bestehen nur aus einem von 2 Hüllblättern eingeschlossenen Fruchtknoten. Die einfache Blütenhülle besteht meist aus 5, häufig auch einem bis 4 grünen oder rötlichen Blättchen. Benachbarte Blüten verwachsen oft miteinander (*Beta, Spinacia*). Die den Blütenhüllblättern meist gleichzähligen Staubblätter (gelegentlich weniger) sind oft einem Diskus eingefügt. Der einfächerige Fruchtknoten ist oberständig (halbunterständig bei *Beta*) und enthält eine einzige grundständige Samenanlage. Der Griffel weist 2 (selten auch eine oder mehr als 2) Narben auf. Die Frucht ist eine kleine Nuß oder selten eine Deckelfrucht (*Hablitzia*).

Systematik: Die über 100 Gattungen können aufgrund der Embryoform in 2 Gruppen unterteilt werden.

CYCLOLOBEAE: Der Embryo ist ring-, hufeisen- oder halbkreisförmig, das Perisperm ganz oder teilweise umschließend. Wichtige

Vertreter dieser Gruppe sind die Gattungen *Chenopodium, Kochia* und *Atriplex* (gemäßigte und subtropische Gebiete), die Halophyten *Salicornia, Halocnemum* und *Arthrocnemum* sowie die bekannten Nutzpflanzen *Beta* und *Spinacia* (Spinat).

SPIROLOBEAE: Der Embryo ist spiralig aufgerollt und teilt das Perisperm in 2 Hälften. Wichtige Vertreter dieser Gruppe sind die an Küsten und in Steppen wachsenden Gattungen *Salsola, Anabasis, Petrosimonia, Haloxylon* und *Suaeda*.

Die Familie gehört zu den Centrospermae (Caryophyllales).

Nutzwert: *Beta vulgaris* ist die einzige Art mit größerer landwirtschaftlicher Bedeutung; zu ihr gehören Zucker- und Runkelrübe. Heute werden Zuckerrüben als Rohstoff für Zucker in fast allen Ländern Europas angebaut, ebenso in der UdSSR, den USA, der Türkei, im Iran, Teilen von Afrika, Korea, Japan und zum Teil in Australien. In Südamerika werden sie in Argentinien, Chile und in Uruguay kultiviert; hier ist die Hauptquelle des Zuckers allerdings immer noch das Zuckerrohr. Andere Varietäten von *B. vulgaris* sind die Rote und die Gelbe Rübe sowie Mangold. Die Heimat des Spinats (*Spinacia oleracea*) ist wahrscheinlich im westlichen Asien zu suchen.

Andere Kulturpflanzen der Chenopodiaceae sind Reismelde (*Chenopodium quinoa*), die an der Westküste Südamerikas wegen ihrer eßbaren Blätter und Samen als Grundnahrungsmittel gepflanzt wird.   C.J.H.

DIDIEREACEAE *Armleuchterbäume*

Die Didiereaceae sind eine eigenartige Familie hauptsächlich säulenförmiger, kaktusähnlicher Pflanzen.

Verbreitung: Die 4 Gattungen der Familie sind auf die Halbwüsten Madagaskars beschränkt.

Merkmale: Die gegenständigen, einfachen und ganzrandigen Blätter besitzen keine Nebenblätter. Sie fallen bei einigen Arten frühzeitig ab, und die dornigen Triebe bleiben blattfrei. Die Blüten sind eingeschlechtig und zweihäusig verteilt (bei *Decaryia* zwitterig und weiblich). Die männlichen Blüten bestehen aus 2 gegenständigen, kronblattähnlichen Kelchblättern und 4 Kronblättern. Sie umschließen die 8 bis 10 Staubblätter, die am Grunde wenig verwachsen sind. Die Blütenhülle der weiblichen Blüten ist wie diejenige der männlichen gebaut. Der oberständige, einfächerige Fruchtknoten besteht aus 3 verwachsenen Fruchtblättern, von denen jedoch nur eines fruchtbar ist und eine einzige, grundständige Samenan-

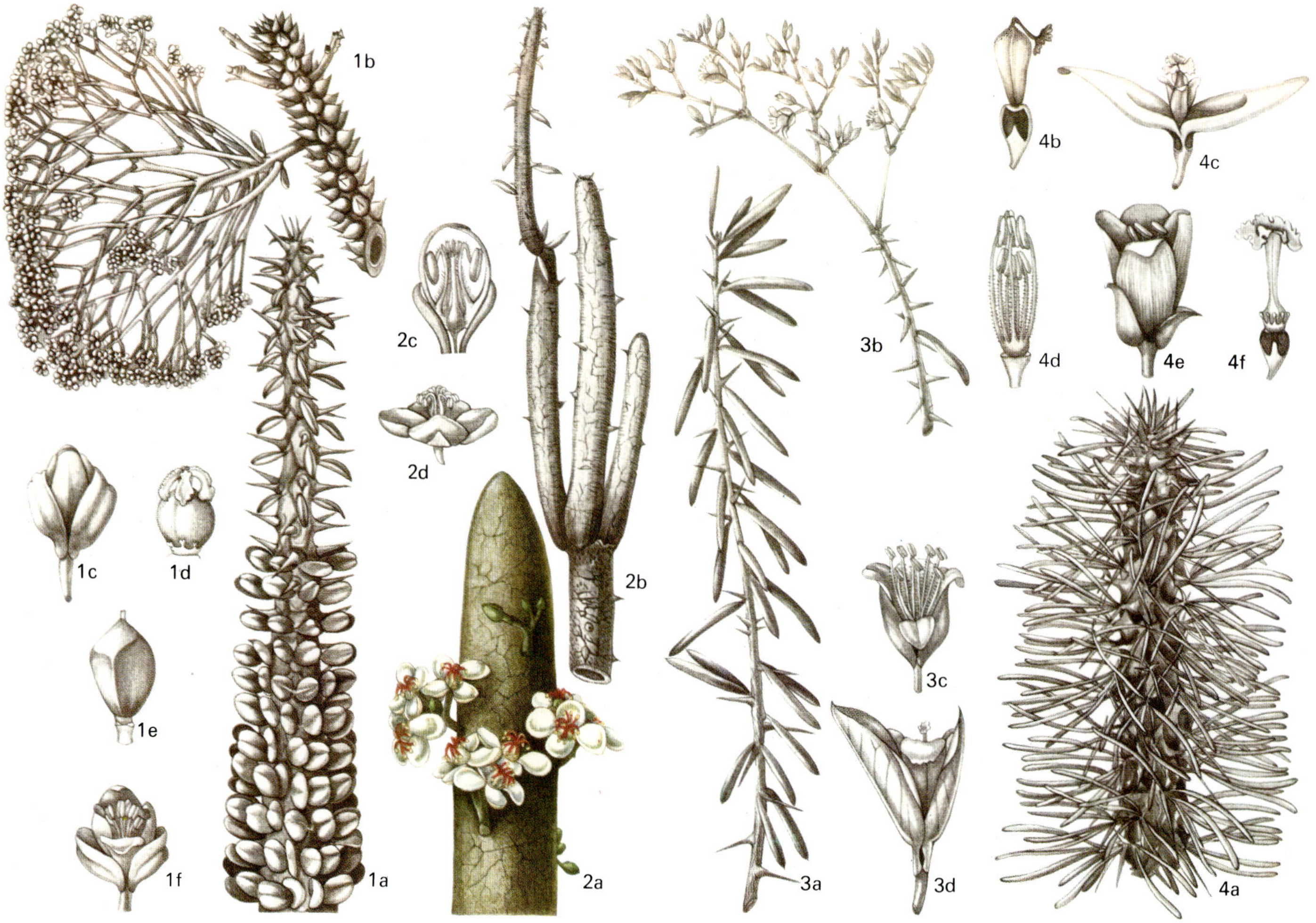

DIDIEREACEAE. 1. *Alluaudia procera:* a) oberer Teil eines blühenden Sprosses (× ⅓); b) Sproß mit männlichem Blütenstand (× ⅑); c) weibliche Blüte (× 4); d) Gynoeceum (× 7); e) Frucht (× 7); f) männliche Blüte (× 2). 2. *A. dumosa:* a) oberer Teil eines blühenden Sprosses (× ⅔); b) Äste mit Dornen (× ⅓); c) männliche Blütenknospe (Längsschnitt) (× 3⅓); d) männliche Blüte (× 1½). 3. *Alluaudiopsis fiherenensis:* a) dorniger Sproß (× ⅓); b) Sproß mit männlichen Blüten (× ⅓); c) männliche Blüte (× 1⅔); d) weibliche Blüte (× 1½). 4. *Didierea madagascariensis:* a) Zweigspitze (× ⅑); b) Frucht (× 3); c) ausgebreitete weibliche Blüte (× 2); d) Staubblätter (× 2); e) männliche Blüte (× 2); f) Gynoeceum (× 3½).

Gattungen: 4
Arten: 11
Verbreitung: trockene Gebiete Madagaskars
Nutzwert: kaum kultiviert

lage enthält. Der Griffel endet meist in 3 oder 4 unregelmäßigen Narbenlappen. Die dreikantigen, trockenen Früchte sind Nüsse. Der Same enthält einen stark gekrümmten Embryo mit fleischigen Keimblättern und wenig oder kein Endosperm.
Systematik: Die Familie umfaßt 4 Gattungen – *Alluaudia* (6 Arten), *Alluaudiopsis* (2 Arten), *Decaryia* (eine Art) und *Didierea* (2 Arten). Besonders eigentümlich ist *Alluaudia procera*, die wie eine krumme, dornenbesetzte Telefonstange aussieht und bis

zu 15 m hoch wird. Ihre Blütenbüschel entspringen unvermittelt der Sproßspitze.
Die beiden Arten von *Didierea* haben ein etwas konventionelleres Aussehen und erinnern an gewisse baumartige Euphorbien. *Didierea madagascariensis* weist aufrechte Äste von 4 bis 6 m Länge auf; *D. trollii* ist kleiner und besitzt horizontal ausgebreitete Äste. Die Sproßachsen sind durch dünne Scheidewände aus Markgewebe gekammert, so daß sie leicht und dennoch stabil sind. Die einzige Art von *Decaryia* ist durch ausgebreitete, dornige und zickzackartig gekrümmte Langtriebe gekennzeichnet.
Die Didiereaceae gehören zur Gruppe der Centrospermae (Caryophyllales), die Betalainpigmente anstelle der üblichen Anthocyane enthalten.
Nutzwert: Die Pflanzen finden sich selten in Sukkulentensammlungen. B.M.

PORTULACACEAE *Portulakgewächse*
Die Portulacaceae sind eine Familie mittlerer Größe von ein- oder mehrjährigen, mehr oder weniger sukkulenten Kräutern oder Halbsträuchern, von denen einige als Zierpflanzen gezogen werden.
Verbreitung: Die Familie ist kosmopolitisch, besonders reich vertreten im südlichen Afrika und in Südamerika.

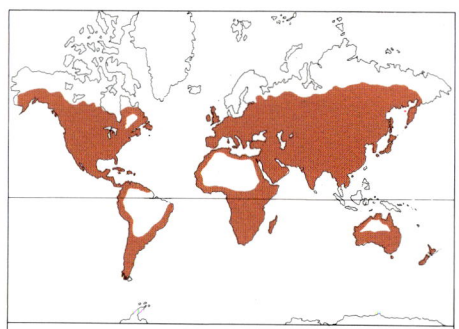

Gattungen: 19
Arten: rund 500
Verbreitung: kosmopolitisch, mit Schwerpunkt im südlichen Afrika und in Amerika
Nutzwert: Zierpflanzen, Gemüse

Merkmale: Die Blätter sind mehr oder weniger fleischig, wechsel- oder gegenständig und ganzrandig; sie tragen haarförmige oder trockenhäutige Nebenblätter, die Stengel und Blätter umfassen können (*Anacampseros papyracea*). Die Blüten sind eher klein, außer bei einigen beliebten Zierpflanzen wie *Portulaca grandiflora* und *Lewisia tweedyi*. Sie sind radiär, zwitterig und bestehen gewöhnlich aus 2 grünen Kelchblättern, 5 freien Kron- und Staubblättern

PORTULACACEAE. **1.** *Lewisia cotyledon:* **a)** Habitus, grundständige Blattrosette und Blütenstand (× ²/₃); **b)** Fruchtknoten mit grundständigen Samenanlagen (Längsschnitt) (× 3). **2.** *Portulaca grandiflora:* **a)** blühender Sproß mit haarförmigen Nebenblättern (× ²/₃); **b)** ungefächerter Fruchtknoten (Querschnitt) (× 4); **c)** halbierte Blüte mit überlappenden Kronblättern (× 4). **3.** *Montia fontana:* **a)** Habitus (× ²/₃); **b)** Frucht – eine dreiklappige Kapsel (× 6); **c)** Blüte (× 6). **4.** *Claytonia perfoliata:* **a)** Habitus; Blütenstiele aufrecht vor, nach unten geneigt nach der Befruchtung und wiederum aufrecht zur Fruchtzeit (× ²/₃); **b)** reife Kapsel, eines der 2 bleibenden Kelchblätter entfernt (× 6); **c)** Blüte, Kronblätter zum Teil entfernt (× 12).

(gelegentlich 4 oder 6), einem mehr oder weniger oberständigen Fruchtknoten aus 3 (mitunter 4 oder 5) verwachsenen Fruchtblättern, die 2 bis zahlreiche Samenanlagen an einer grundständigen Plazenta hervorbringen. Der Griffel ist meist geteilt. Einige Bearbeiter fassen die grünen Kelchblätter als Hochblätter und die Krone als einfache Blütenhülle auf. Die Blüten sondern Nektar ab und sind insektenbestäubt. Die Blüten von *Anacampseros papyracea* entfalten sich nur selten und sind praktisch kleistogam. Die Kapselfrucht öffnet sich durch 2 bis 3 Klappen oder einen Deckel. Die Samen enthalten einen großen, das Perisperm umschließenden Embryo.

Systematik: Neuestens unterteilt man die Familie in 7 Tribus und 19 Gattungen. Einige dieser Gattungen sind schlecht abgegrenzt und können nur durch die mikroskopischen Merkmale ihrer Samen voneinander unterschieden werden. Die Portulacaceae werden zu den Centrospermae (Caryophyllales) gezählt und teilen mit andern Familien dieser Ordnung das Vorhandensein von Betalain (statt Anthocyanen) in den Blüten. Morphologisch kommen sie den Caryophyllaceae und Basellaceae am nächsten; mit den Aizoaceae sind sie über *Portulaca* und *Lewisia* verbunden.

Nutzwert: *Portulaca oleracea* (Gemüseportulak) wurde schon im Altertum als Salat und Gemüse gezogen. Die lange Zeit als *Portulaca grandiflora* (Portulakröschen) bekannte Pflanze wird heute als Zuchtform hybriden Ursprungs betrachtet. Einige Arten von *Lewisia* (Bitterwurz) werden von Sammlern in Alpengärten oder Kalthäusern gezogen. Die stärkehaltigen Wurzelstöcke von *Lewisia rediviva* dienen den Indianern als Nahrung.

Einige Gattungen sind in Sukkulentensammlungen vertreten, so z.B. die afrikanischen *Anacampseros* (Liebesröschen), *Ceraria* und *Portulacaria* (Strauchportulak) und *Talinum* (Amerika, Afrika). Mehrere Arten von *Claytonia* werden in Steingärten gezogen. G.D.R.

BASELLACEAE *Schlingmeldengewächse*
Die Basellaceae sind eine kleine Familie von rechtswindenden, ausdauernden Kletterpflanzen, die vor allem im tropischen Amerika vorkommen.

Verbreitung: Außerhalb von Amerika, wo sie vorwiegend in den Anden heimisch ist, kommen einige Arten auch im tropischen Afrika, auf Madagaskar, in Südasien, Neuguinea und auf einigen pazifischen Inseln vor.

Merkmale: Die Blätter sind meist einfach und stehen wechselständig am windenden Trieb. Der Wurzelstock schwillt oft knollig an. Die Blüten sind klein, radiär, zwitterig oder eingeschlechtig. Sie sitzen in einer zweiblättrigen Hochblatthülle und bilden achselständige Ähren oder Trauben. Die meist perigyne Blüte besitzt 5 unterwärts mehr oder weniger verwachsene Blütenhüllblätter, die bei einigen Arten farbig sind. Die 5 Staubblätter stehen vor den Blütenhüllblättern und sind mit ihnen am Grunde verwachsen. Der oft oberständige, ungefächerte Fruchtknoten besteht aus 3 vereinigten Fruchtblättern und enthält eine basale Samenanlage. Gewöhnlich trägt der einzige Griffel 3 Narben. Die Steinfrucht bleibt meist in der bleibenden, fleischigen Blütenhülle eingeschlossen. Der Same enthält reichlich Endosperm und einen spiraligen oder ringförmigen Embryo.

Systematik: Die 4 Gattungen können in 2 Tribus gruppiert werden. BASELLEAE: Staubfäden in der Knospe aufrecht und gerade; *Basella* mit den 2 Hauptarten *Basella rubra* und *B. alba* (Malabarspinat) mit roten bzw. weißen Blüten; *Tournonia, Ullucus* (Knollenbaselle). ANREDEREAE: Staubfäden in der Knospe gegen außen gebogen; *Anredera* (*Boussingaultia*, Madeira-Wein).

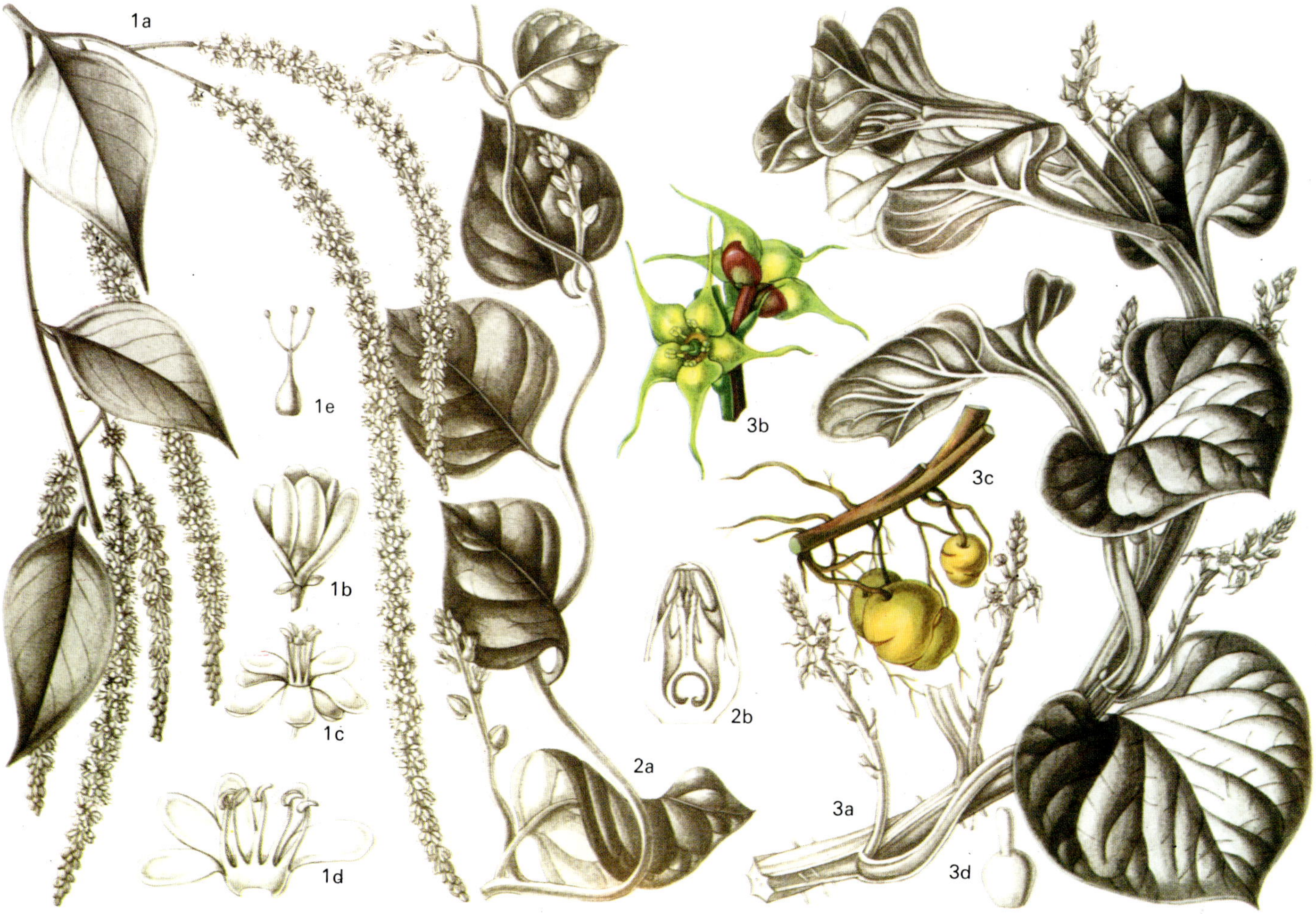

BASELLACEAE. **1.** *Anredera cordifolia:* **a)** windender Sproß mit wechselständigen Blättern und Blütenrispen (× ²/₃); **b)** halb offene Blüte mit Vorblattpaar (× 4); **c)** offene Blüte mit 5 Blütenhüllblättern und 5 Staubblättern (× 4); **d)** ausgebreitete Blütenhülle, Staubblätter mit ihren Grund verwachsen (× 6); **e)** Gynoeceum, Griffel tief in 3 Narben geteilt (× 3). **2.** *Basella alba:* **a)** schlingender Sproß (× ²/₃); **b)** halbierte Blütenknospe mit ungefächertem und einsamigem Fruchtknoten (× 6). **3.** *Ullucus tuberosus:* **a)** schlingender Sproß (× ²/₃); **b)** Blüten mit auffällig gefärbten Vor- und 5 grünlichen Blütenhüllblättern (× 2); **c)** Wurzelknollen (× ²/₃); **d)** Gynoeceum (× 6).

achselständige Brutknospen, die in Mittelmeerländern und in Ägypten gegessen werden, aber fade schmecken. B.N.B.

BATIDALES

BATIDACEAE

Die Familie Batidaceae enthält eine einzige Gattung mit 2 Arten, *Batis maritima* und *B. argillicola.*
Verbreitung: *Batis maritima* wächst an beiden Küsten Mittelamerikas, auf den Galapagosinseln und auf Hawaii; *B. argillicola* kommt an den Küsten von Neuguinea und Nordaustralien vor.
Merkmale: Beide *Batis*-Arten sind reich verzweigte, kleinere Sträucher mit gegenständigen, walzlichen, fleischigen Blättern und winzigen Nebenblättern. Die unscheinbaren Blüten sind eingeschlechtig. Bei der zweihäusigen *B. maritima* bilden die Blüten beider Geschlechter mit ihren schuppenförmigen Tragblättern vierkantige Ähren am Ende von meist nicht weiter verzweigten Seitenachsen; bei der einhäusigen Art *B. argillicola* stehen die männlichen Blüten einzeln am Ende von Seitenachsen, die 2 bis 4 weiblichen in den Achseln der Laubblätter darunter. Die männlichen Blüten bestehen

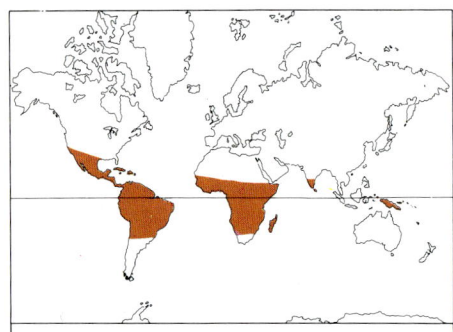

Gattungen: 4
Arten: 22
Verbreitung: vor allem tropisches Amerika
Nutzwert: begrenzte Verwendung als Gemüse und Zierpflanzen

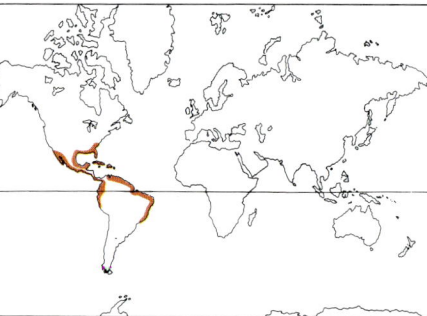

Gattungen: 1
Arten: 2
Verbreitung: Küsten des mittleren Amerika, Galapagosinseln, Hawaii, Neuguinea, Nordaustralien
Nutzwert: unbedeutende Verwendung als Salat

Die Familie ist mit den Portulacaceae und den übrigen Familien der Centrospermae (Caryophyllales) verwandt.
Nutzwert: Die Blätter von *Basella rubra* und *B. alba* werden als Spinat gegessen; die Knollenbaselle bildet kleine Knollen aus, die als Kartoffelersatz dienen. *Anredera baselloides* wird wegen ihrer dekorativen Wirkung (als Bekleidung von Veranden, Stützbalken usw.) gezogen. Sie wächst rasch und vermehrt sich vor allem durch blatt-

aus einer ein- oder zweiblättrigen, verwachsenen Hülle, die 4 freie Kronblätter (auch als Staminodien gedeutet) und 4 Staubblätter einschließt. Die weiblichen Blüten setzen sich nur aus den nackten, von 2 Fruchtblättern gebildeten Fruchtknoten mit sitzenden Narben zusammen. Bei *B. maritima* sind die 4 bis 16 Blüten einer Ähre zu einem zuletzt beerenartig-fleischigen Fruchtstand verwachsen. Im Inneren ist jeder Frucht-

BATIDACEAE. 1. *Batis maritima:* a) männlicher Blütensproß (× 2/3); b) männlicher Blütenstand, Ansicht (links) und Längsschnitt (rechts) (× 7); c) männliche Blüte mit zweizähligem «Kelch», 4 Kron- und 4 Staubblättern (× 20); d) Tragblatt einer männlichen Blüte (× 14); e) weiblicher Blüten-sproß (× 2/3); f) weiblicher Blütenstand, Ansicht (rechts) und Längsschnitt (links) (× 10); g) halbierte weibliche Blüte mit sitzender Narbe und je einer grundständigen Samenanlage pro Fach (× 14); h) Tragblatt einer weiblichen Blüte (× 14); i) reife Früchte (× 3); j) Fruchtähre (Querschnitt): 2 Früchte mit je 4 Samen (× 12); k) Frucht (Längsschnitt) (× 20).

knoten in 4 Fächer mit je einer grundständigen Samenanlage gegliedert; die innersten Wandschichten entwickeln sich zu einer Art Steinkern, der einen endospermlosen Samen umschließt.

Systematik: Die Verwandtschaft von *Batis* ist noch ungeklärt. Vermutete Beziehungen zu den Centrospermae (Caryophyllales) — besonders Vertreter der Chenopodiaceae gleichen *Batis* äußerlich — können ebensowenig bestätigt werden wie solche zu den Capparales. Deshalb wird *Batis* hier als Vertreter einer eigenen Ordnung aufgefaßt.

Nutzwert: Die Blätter werden roh als Salat gegessen. U.H.

POLYGONALES
Knöterichartige

POLYGONACEAE *Knöterichgewächse*
Die Polygonaceae bilden eine große, kosmopolitische Familie von Kräutern, einigen Sträuchern und wenigen Bäumen, mit einigen Zierpflanzen und Arten, die eßbare Samen (Buchweizen), Blattstengel (Rhabarber), Blätter (Sauerampfer) oder Beeren (*Coccoloba*) hervorbringen.
Verbreitung: Die meisten Gattungen wachsen in nördlich-gemäßigten Gebieten.

Einige sind tropisch oder subtropisch, insbesondere *Antigonon* (Mexiko und Zentralamerika), *Coccoloba* (tropisches Amerika und Jamaica) und *Muehlenbeckia* (Australien und Südamerika)
Merkmale: Die Blätter sind gewöhnlich wechselständig, einfach und besitzen eine Ochrea, eine häutige, stengelumfassende Nebenblattscheide, welche für diese Familie charakteristisch ist. Die kleinen weißen, grünlichen oder rötlichen Blüten stehen einzeln oder in Trauben oder reichblütigen Thyrsen. Sie sind meist zwitterig, gelegentlich eingeschlechtig. Die 3 bis 6, oft kronblattartigen Kelchblätter vergrößern sich häufig bis zur Fruchtreife und werden häutig. Kronblätter fehlen. Die 6 bis 9 Staubbeutel mit 2 Theken öffnen sich längs. Der oberständige, ungefächerte Fruchtknoten setzt sich aus 2 bis 4 Fruchtblättern zusammen. Er enthält eine einzige basale Samenanlage. Es sind 2 bis 4 gewöhnlich freie Griffel vorhanden. Die Frucht ist eine dreikantige Nuß. Die Samen enthalten reichlich Endosperm und einen gekrümmten oder geraden Embryo. Die vergrößerten Kelchblätter dienen der Fruchtverbreitung.
Systematik: 3 Hauptgruppen von Gattungen können unterschieden werden. Die erste umfaßt Pflanzen, die tropisch oder in ge-

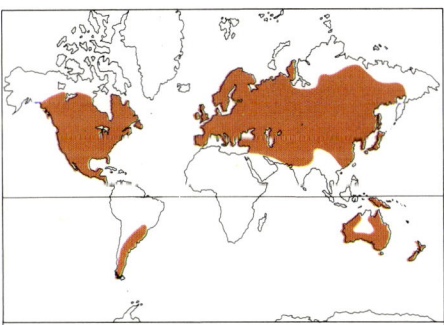

Gattungen: rund 30
Arten: rund 750
Verbreitung: kosmopolitisch, vorwiegend in nördlich-gemäßigten Gebieten
Nutzwert: Zier- und Nutzpflanzen (Buchweizen, Rhabarber)

mäßigten Zonen halbwinterfest sind. Zu *Antigonon* gehören 3 oder 4 kletternde Arten mit leuchtenden Blüten. *Brunnichia* ist eine Gattung mit 2 Arten von laubwerfenden Kletterpflanzen, die mit *Polygonum* nahe verwandt sind. Die große Gattung *Coccoloba* umfaßt etwa 125 Arten tropischer Bäume, Sträucher und Kletterpflanzen. *Muehlenbeckia* (mit *Coccoloba* verwandt) enthält etwa 15 Arten von kletternden oder holzigen, winterfesten oder halb-winterfesten Pflanzen, die oft in Treibhäusern gezogen werden.

In der zweiten Gruppe der winterfesten oder halbwinterfesten Wüstensträucher und -halbsträucher sind vor allem die folgenden Gattungen bemerkenswert: *Atraphaxis* (der buschige «Buchweizen» der Halbwüstengebiete von Südosteuropa und Zentralasien), *Calligonum* (100 Arten, ginsterartige Xerophyten aus Zentralasien), *Padopterus* (dessen einzige Art, *Padopterus mexicanus,* ein hübscher Dornstrauch mit rosa Blüten ist und unter trockenen Bedingungen in Treibhäusern kultiviert wird) und *Eriogonum* (eine Gattung mit über 100 Arten ein- oder mehrjähriger Kräuter und Halbsträucher, die vor allem in warmen, trockenen Gebieten im Westen Nordamerikas vorkommen). Die meisten ihrer Arten sind dicht, wollig behaart und besitzen Knäuel weißer Blüten. Die dritte Gruppe von Gattungen, deren typischer Standort die gemäßigte Zone ist, umfaßt Nahrungspflanzen, schnellwüchsige Zierpflanzen sowie Unkräuter. Zu *Fagopyrum* gehören 15 ein- oder mehrjährige krautige Arten, oft mit sukkulenten Stengeln, die in der gemäßigten Zone Eurasiens beheimatet sind. Die 50 Arten von *Rheum* — kräftige, großblättrige Kräuter — stammen aus Sibirien,

dem Himalaja und Ostasien. *Polygonum* umfaßt 150 rasch wachsende, häufig wuchernde Arten von vorwiegend mehrjährigen und winterharten Kräutern sowie einige wenige holzige Kletterpflanzen. Die häufig rosaroten oder weißen Blüten sind insektenbestäubt. Bei *Rumex* sind die grünlichen, gelegentlich rötlichen oder gelblichen Blüten (150 nördlich-gemäßigte Arten) windbestäubt.

Die Polygonaceae sind mit den Plumbaginaceae am nächsten verwandt; beide Familien haben Beziehungen zu den Caryophyllales.

Nutzwert: Zu den Zierpflanzen gehören z.B. *Antigonon leptopus* (Korallenrebe), *Muehlenbeckia axillaris,* ein kleiner kriechender Steingartenstrauch, *Atraphaxis frutescens,* die ihrer Blüten wegen gezogen wird, *Eriogonum*-Arten für den Steingarten mit grau-weißen Blättern, die Uferpflanzen *Rheum palmatum* und *Rumex hydrolapathum* sowie viele rasch wachsene *Polygonum*-Arten. Die dunkel-violetten Beeren der karibischen *Coccoloba uvifera* (Meer- oder Seetraube) sind eßbar, ebenso die Blätter des Sauerampfers *(Rumex acetosa)* und die Blattstiele der Speiserhabarber *(Rheum rhabarbarum).* *Fagopyrum esculentum* (Echter Buchweizen) wird wegen seiner Samen und als Gründüngung und Mulch

angepflanzt. Zu ähnlichen Zwecken, wenn auch eher lokal, wird *F. tataricum* (Tatarischer Buchweizen) verwendet, obwohl seine Samen für den Menschen ungenießbar sind.
T.J.W.

PLUMBAGINALES
Bleiwurzartige

PLUMBAGINACEAE
Bleiwurzgewächse

Die Plumbaginaceae bilden eine mittelgroße Familie ein- oder mehrjähriger Kräuter, Sträucher und Kletterpflanzen, von denen viele als Gartenzierpflanzen dienen.

Verbreitung: Die Familie ist kosmopolitisch, findet sich jedoch besonders häufig an trockenen oder salzreichen Standorten, z.B. an Meeresküsten oder in Salzsteppen.

Merkmale: Die Blätter stehen in einer grundständigen Rosette oder wechselständig an den verzweigten Stengeln. Sie sind einfach, drüsig und haben keine Nebenblätter. Die Blütenstände sind cymös, traubig (z.B. *Limonium*), ährig (z.B. *Acantholimon*) oder bilden dichte, köpfchenartige Büschel (z.B. *Armeria*). Die trockenhäutigen Hochblätter haben oft eine Hülle. Die Blüten sind zwitterig, radiär und fünfzählig. Die 5 bleibenden Kelchblätter bilden eine

POLYGONACEAE. 1. *Rumex hymenosepalus:* **a)** Sproß mit Blüten und geflügelten Früchten (× ²/₃); **b)** reife Früchte mit bleibender Blütenhülle (× ²/₃); **c)** Frucht (Querschnitt) (× 1); **d)** Blüte (× 2). **2.** *Oxyria digyna:* **a)** Habitus (× ²/₃); **b)** geflügelte Frucht (× 4); **c)** Frucht (Querschnitt) (× 4). **3.** *Polygonum amplexicaule:* **a)** Blütenstand mit Ochreae, die den Stengel oberhalb des Blattgrundes umfassen (× ²/₃); **b)** ausgebreitete Blütenhülle mit 8 Staubblättern (× 2); **c)** Längsschnitt durch Fruchtknoten (× 4). **4.** *Coccoloba platyclada:* **a)** blühender Sproß (× ²/₃); **b)** Blütenknospen und junge Früchte (× 4); **c)** reife Früchte (× 4); **d)** Same (× 4); **e)** Querschnitt durch Samen (× 4); **f)** Blüte von oben (× 7).

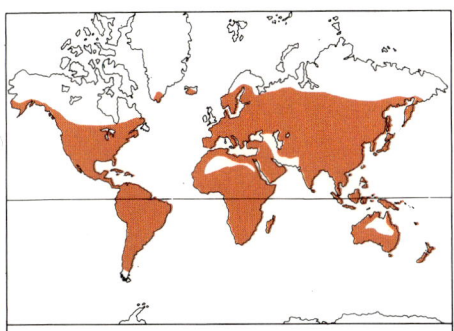

Gattungen: 10
Arten: etwa 560
Verbreitung: kosmopolitisch, vor allem an trockenen oder salzreichen Standorten
Nutzwert: Zierpflanzen (Grasnelke, Bleiwurz) und Heilmittel

fünfzähnige oder -lappige Röhre, die oft häutig, gerippt und farbig ist. Die 5 Kronblätter stehen entweder frei, sind nur am Grunde etwas verwachsen oder bilden eine lange Röhre. Die 5 vor den Kronblättern stehenden Staubblätter sind frei oder dem Grunde der Krone eingefügt. Die Staubbeutel öffnen sich längs. Der ungefächerte, oberständige Fruchtknoten besteht aus 5 verwachsenen Fruchtblättern. Er enthält eine einzige grundständige Samenanlage und endet in 5 Griffeln oder 5 sitzenden Narben. Die Frucht ist meist im Kelch eingeschlossen; in der Regel ist es eine Nuß. Der Same enthält einen geraden Embryo, der von mehligem Endosperm umgeben ist.
Systematik: Die wichtigsten Gattungen sind *Limonium* (rund 300 Arten), *Acantholimon* (150 Arten), *Armeria* (80 Arten), *Plumbago* (12 Arten), *Limoniastrum* (10 Arten) und *Ceratostigma* (8 Arten). *Plumbago* besitzt wie *Ceratostigma* beblätterte Sprosse, jedoch freie Staubblätter und einen drüsigen Kelch, im Gegensatz zu den mit der Krone verwachsenen Staubblättern und dem drüsenfreien Kelch der *Ceratostigma*-Arten. *Limonium*, *Armeria* und *Acantholimon* weisen meist grundständige Blätter auf. Die Arten von *Armeria* und *Acantholimon* zeigen im allgemeinen dichtere Blütenköpfe als diejenigen von *Limonium*, können jedoch aufgrund verschiedener Blüten- und vegetativer Merkmale voneinander unterschieden werden.
Die Familie ist mit den Polygonaceae verwandt; beide haben Beziehungen zur Ordnung der Caryophyllales. Es werden auch Verbindungen zu den Primulaceae und Linaceae angenommen.
Nutzwert: Eine Anzahl Arten liefern Extrakte, die als Heilmittel Anwendung finden; Inhaltsstoffe (z.B. vom Halbstrauch *Plumbago europaea* und der krautigen Kletterpflanze *P. scandens*) werden zur Behandlung von Zahnschmerzen herangezogen, jene von Blättern und Wurzeln der tropischen *P. zeylanica* zur Therapie von Hautkrankheiten. Wurzelextrakte des europäischen *Limonium vulgare* werden bei Bronchialblutungen eingesetzt.
Viele Vertreter der Familie werden in Gärten gezogen; so pflanzt man mehrere Arten von *Armeria* (Grasnelken) in Rabatten und Steingärten. Es sind dies mehrjährige Polsterpflanzen mit schmalen Blättern und kugeligen, weißen oder rosa Blütenköpfchen auf drahtigen Stengeln.
Viele Arten von *Limonium* (Strandnelke) sind Gartenzierpflanzen, die getrocknet als «Strohblumen» Verwendung finden. *Acantholimon glumaceum* und *A. venustum* werden in Steingärten gepflanzt. Sie bilden lockere Ähren mit kleinen, rosaroten Blüten. Zwei kletternde Arten, *Plumbago auriculata* (hellblaue Blüten) und *P. rosea* (rote Blüten) wachsen in warmen Treibhäusern; *P. europaea* (mehrjähriges Kraut mit violetten Blüten) und *P. micrantha* (mehrjähriges Kraut mit weißen Blüten) sind unter kühlgemäßigten Bedingungen winterhart. *Ceratostigma willmottianum* ist ein beliebter Gartenzierstrauch. S.R.C.

PLUMBAGINACEAE. **1.** *Limonium imbricatum:* **a)** Habitus, Teil der Hauptwurzel, Blattrosette und Blütenstand (× ¹/₃); **b)** Teil des Blütenstandes (× 2). **2.** *L. tunetanum:* **a)** halbierte Blüte mit dem Grund der Krone angewachsenen Staubblättern (× 8); **b)** Querschnitt durch einsamigen Fruchtknoten (× 40). **3.** *L. thouini:* Längsschnitt durch Frucht (× ²/₃). **4.** *Aegialitis annulata:* Schließfrucht mit bleibendem Kelch (× 1). **5.** *Armeria pseudarmeria:* Habitus, grundständige Blätter und Blütenköpfchen (× ²/₃). **6.** *A. maritima:* halbierte Blüte mit ausgerandeten Kronblättern, diesen angewachsenen Staubblättern und Fruchtknoten mit behaarten Griffeln und einer einzigen, grundständigen Samenanlage (× 4). **7.** *Plumbago auriculata:* Sproß mit einfachen Blättern und Blütenstand (× ²/₃).

DILLENIACEAE. 1. *Hibbertia tetrandra:* **a)** blühender Zweig (× ²/₃); **b)** halbierte Blüte mit ausgerandeten Kron- und freien Fruchtblättern mit je einer grundständigen Samenanlage (× 3). **2.** *Dillenia indica:* **a)** Gynoeceum mit eiförmigem Fruchtknoten und freien Griffeln und Narben (× ²/₃); **b)** Querschnitt durch Fruchtknoten mit vielen, verwachsenen Fruchtblättern (× 1). **3.** *D. suffruticosa:* **a)** Sproß mit Blattscheiden (× ²/₃); **b)** Querschnitt durch Fruchtknoten (× 1); **c)** Gynoeceum (× ²/₃). **4.** *Tetracera masuiana:* **a)** blühender Sproß (× ²/₃); **b)** Längsschnitt durch Gynoeceum mit freien Fruchtblättern (× 6).

DILLENIIDAE

DILLENIALES *Rosenapfelartige*

DILLENIACEAE *Rosenapfelgewächse*
Diese große Familie von tropischen Bäumen, Sträuchern und Kletterpflanzen umfaßt eine Anzahl stattlicher Arten, einige davon mit großen, weißen oder gelben Blüten.
Verbreitung: Die Familie ist pantropisch verbreitet, in Afrika jedoch nur mit einer Gattung, *Tetracera*, vertreten. Von den Gattungen mit mehr als 40 Arten kommt *Dillenia* (einschließlich *Wormia*) in Indomalesien, Australien, auf den Fidschiinseln und auf Madagaskar vor, *Hibbertia* in Australasien und auf Madagaskar.
Merkmale: Die meisten Pflanzen der Familie sind laubwerfend. Die wechselständigen Blätter gleichen jenen der Japanischen Mispel. Nebenblätter können fehlen. Die Blüten sind gewöhnlich radiär und zwitterig. Sie stehen einzeln oder in Cymen und bestehen aus 5 bleibenden Kelch-, 5 freien, hinfälligen Kronblättern und zahlreichen Staubblättern, die oft an der Frucht verblei-

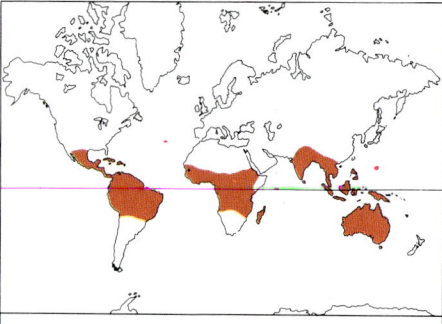

Gattungen: 18
Arten: 530
Verbreitung: pantropisch, mit Schwerpunkten in Asien und Australasien
Nutzwert: *Dillenia* und *Hibbertia* werden als Zierpflanzen gezogen

ben. Die zahlreichen Fruchtblätter sind frei oder leicht, selten vollständig verwachsen. Jedes enthält eine oder mehrere aufrechte Samenanlagen. Die Griffel sind getrennt und spreizend; jeder trägt eine Narbe. Die

Früchte können aufspringen oder sind Beeren ähnlich. Die Samen (einer bis wenige) besitzen einen zusammengerollten oder gefransten Arillus. Die Samenschale ist krustig, das Endosperm fleischig und der Embryo sehr klein.
Systematik: Die Dilleniaceae werden hier zusammen mit den Crossosomataceen und Paeoniaceen zur Ordnung der Dilleniales zusammengefaßt. Obwohl sich jede dieser Familien klar umgrenzen läßt, verbindet sie doch alle eine einmalige Kombination von Merkmalen. Diese Ordnung ist mit den Magnoliales und ihnen nahestehenden Ordnungen verwandt.
Nutzwert: Einige Arten sind dekorative Kletterpflanzen oder Bäume; andere bringen rauhe Blätter hervor, die in ländlichen Gebieten als Schmirgelpapier benützt werden. Das Holz einiger Arten von *Dillenia* wird im Haus- und Schiffsbau verwendet. Nach E. J. H. Corner sehen die Blüten von *Dillenia* wie «riesige Butterblumen» aus. Bei *Dillenia obovata* können sie 15 cm im Durchmesser erreichen und sind gelb, bei *D. indica* (Rosenapfel) werden sie bis 20 cm

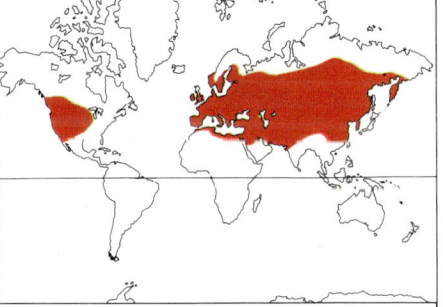

PAEONIACEAE. 1. *Paeonia peregrina:* **a)** Trieb mit oberen Blättern und Endblüte (× ²/₃); **b)** junge, aus 3 Bälgen bestehende Frucht (× ²/₃); **c)** geöffnete Frucht (× ²/₃); **d)** Längsschnitt durch Samen mit reichlich Endosperm und kleinem Embryo (× 2); **e)** junge, beblätterte Triebe (× ¹/₂). **2.** *P. wittmanniana:* **a)** Querschnitt durch Fruchtblatt (× ²/₃); **b)** Längsschnitt durch Fruchtblatt (× ²/₃); **c)** junge Frucht (× ²/₃). **3.** *P. mascula:* Frucht mit 5 Bälgen (× ²/₃). **4.** *P. emodi:* Frucht (× ²/₃). **5.** *P. tenuifolia:* Blüte (× ²/₃).

groß und sind weiß. Sie blühen nur einen Tag lang: *Dillenia obovata* vor dem Blattaustrieb, *D. ovata* zur gleichen Zeit.
Eine Gruppe von *Dillenia*-Arten (mit Früchten, die sich noch am Baum öffnen) wurde auch schon als eigene Gattung, *Wormia*, abgetrennt. Sie besitzen aber den gleichen Volksnamen wie *Dillenia*. Zu ihnen gehört auch *D. excelsa*, ein edler, bis zu 25 m hoher Baum mit roten Knospen, gelben Blüten von 10 cm Durchmesser und dunkelvioletten Staubbeuteln. Die australische Kletterpflanze *Hibbertia scandens* wird oft in Treibhäusern angetroffen, in wärmeren Klimazonen auch im Freien. *Tetracera sarmentosa* ist ebenfalls eine immergrüne Kletterpflanze, die häufig im Halbschatten gezogen wird.   B.M.

PAEONIACEAE *Pfingstrosengewächse*
Die Familie Paeoniaceae besteht aus einer Gattung mit 33 Arten mehrjähriger Kräuter und Sträucher mit Rhizomen, zu denen mehrere beliebte Zierpflanzen mit prächtigen Blüten und schönem Laub gehören.
Verbreitung: Die Familie ist in der nördlich-gemäßigten Zone beheimatet, vor allem in Südeuropa, China und im nordwestlichen Amerika.
Merkmale: Die Blätter sind aus mehreren, oft gelappten Teilblättchen zusammengesetzt. Sie sind wechselständig und nebenblattlos. Die auffälligen Blüten sind radiär, zwitterig und schalenförmig. Oft sind Hochblätter vorhanden, die durch Rückbildung der Spreite und Verbreiterung des Blattgrundes zu den 5 bleibenden Kelchblättern überleiten. Die 5 bis 10 Kronblätter sind groß, mit Übergängen zu immer schmaleren Formen. Die vielen Staubblätter entstehen in zentrifugaler Folge und tra-

Gattungen: 1
Arten: 33
Verbreitung: nördlich-gemäßigte Zonen, vor allem gemäßigtes Asien und Südeuropa
Nutzwert: Zierpflanzen und -sträucher (Pfingstrose), lokaler Gebrauch als Heilmittel

gen Staubbeutel, die sich längs öffnen. Die 2 bis 5 Fruchtblätter sind frei und von einem fleischigen Diskusring umgeben. Sie tragen eine dicke Narbe und enthalten zahlreiche Samenanlagen in Doppelreihen. Die Frucht besteht aus 2 bis 5 großen, ledrigen Bälgen mit großen Samen, die im Zustand der Reife glänzend schwarz sind. Die Samen weisen einen Arillus, reichlich Endosperm und einen kleinen Embryo auf.
Die meisten Arten der Pfingstrose bringen große Blüten mit bis zu 14 cm Durchmesser hervor. Die unterschiedliche Fiederung der Blätter kann zur Bestimmung der Arten und Unterarten herangezogen werden.
Systematik: Früher wurde *Paeonia* zu den Ranunculaceae gezählt, von denen sie sich jedoch durch ihre bleibenden Kelchblätter, die Kronblätter, welche von Kelch- und nicht von Staubblättern abgeleitet sind, ihren Diskus und den mit einem Arillus versehenen Samen unterscheidet. Corner wies 1946 erstmals darauf hin, daß die Paeoniaceae den Dilleniaceae viel näher stehen; neuere Untersuchungen bestätigen seine Ansicht.
Nutzwert: Viele Arten werden als Gartenpflanzen gezogen. Von *P. officinalis* (in Südeuropa heimisch) gibt es eine ganze Anzahl von Sorten, z.B. «Alba-plena» (gefüllte weiße Blüten), «Rosea-plena» (gefüllte

rosarote Blüten) und «Rubra-plena» (gefüllte karmesinrote Blüten). Eine aus Sibirien stammende Art, *Paeonia lactiflora*, bildet duftende, rein weiße Einzelblüten aus. Diese Wildart wird selten kultiviert, doch gibt es heute von ihr mehrere tausend Sorten – unsere «Gartenpfingstrosen», z.B. «Holbein» (einfach blühend, hellrosa), «Sarah Bernhardt» (apfelblütenfarben, gefüllt) oder «Karl Rosenfield» (dunkelkarminrote, gefüllte Blüten). Beliebte Wildarten sind die südeuropäischen *P. arietina* (behaarte Stengel und rosarote Einzelblüten) und *P. mlokosewitschii* (einzeln stehende, gelbe, schalenförmige Blüten) aus dem Kaukasus.

Einige Strauchpäonien sind auch beliebte Zierpflanzen: *P. lutea* (China) ist ein laubwerfender, ausladender Strauch mit tief eingeschnittenen hellgrünen Blättern und großen gelben Blüten. «Chromatella» und «L'Espérance» sind Hybriden dieser Art mit *P. suffruticosa* (gefüllte oder halbgefüllte gelbe Blüten). *P. suffruticosa* (*P. moutan*), die Baum-Pfingstrose, ist ebenfalls in China beheimatet; sie wird bis 2,5 m hoch und hat große bläulich-rosarote Blüten mit einem Durchmesser von bis zu 18 cm.

Die Blütenblätter von *Paeonia officinalis* werden gegen Gicht angewendet.   S.R.C.

CROSSOSOMATACEAE

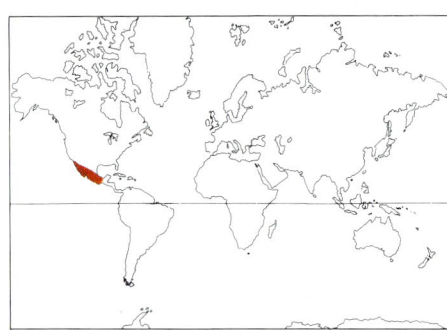

Gattungen: 1
Arten: 4
Verbreitung: südlicher Teil Nordamerikas
Nutzwert: Zierpflanzen

Die Crossosomataceae sind eine kleine Familie von Sträuchern mit auffallenden weißen und violettlichen Blüten.
Verbreitung: Die Familie besteht aus der Gattung *Crossosoma* mit 4 Arten, die auf trockene Standorte im Südwesten der USA und in Mexiko beschränkt sind.
Merkmale: Die Sträucher sind kahl und manchmal dornig. Die Blätter (Nebenblätter fehlen) sind einfach, wechselständig und graugrün. Sie können abfallen oder abgestorben am Strauch hängenbleiben. Die Einzelblüten gleichen oberflächlich jenen der Dilleniaceae. Sie sind radiär, zwittrig und weisen 5 Kelch-, 6 Kron- und zahlreiche Staubblätter auf. Der oberständige Fruchtknoten besteht aus 3 bis 6 Fruchtblättern mit kurzen Griffeln, köpfchenförmigen Narben und zahlreichen Samenanlagen. Die Frucht besteht aus Bälgen. Die vielen Samen tragen einen auffällig gefran-

sten Arillus und enthalten wenig Endosperm und einen leicht gebogenen Embryo.
Systematik: Aufgrund der fehlenden Nebenblätter und anderer Merkmale wurde oft angenommen, *Crossosoma* sei mit den Spiraeoideae (Rosaceae) verwandt. Meist wird sie aber zu den Dilleniaceae in Beziehung gebracht, vor allem aufgrund der Samenmerkmale; einige Bearbeiter rechneten sie sogar dieser Familie zu.
Nutzwert: Zierpflanzen an sonnigen Standorten. Einige Arten werden an sonnigen Standorten auch in Europa als Zierpflanzen gezogen.   D.J.M.

THEALES *Teestrauchartige*

THEACEAE *Teestrauchgewächse*

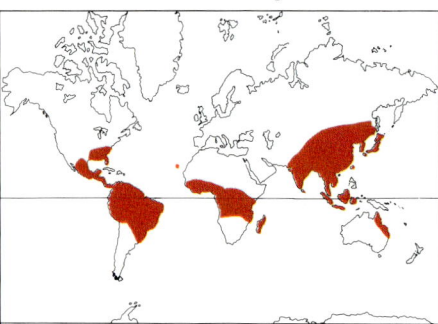

Gattungen: etwa 29
Arten: rund 1100
Verbreitung: tropische und subtropische Zonen, Schwerpunkte in Amerika und Asien
Nutzwert: Tee (*Camellia sinensis*), Teesamenöl (*C. sasanqua*), Nutzholz und Zierpflanzen (Kamelien)

Die Theaceae – früher auch Ternstroemiaceae genannt – sind eine mittelgroße Familie von Bäumen und Sträuchern, selten Kletterpflanzen. Die wirtschaftlich wichtige Teepflanze, *Camellia sinensis* (früher als *Thea* bezeichnet), wird heute zur älteren Gattung *Camellia* gestellt.
Verbreitung: Die Familie ist im wesentlichen auf tropische und subtropische Gebiete beschränkt (Schwerpunkte in Amerika und Asien).
Merkmale: Die Blätter sind gewöhnlich wechselständig und oft immergrün und ledrig. Nebenblätter fehlen meist. Die radiären Blüten stehen oft einzeln, gelegentlich auch in einem verzweigten Blütenstand. Sie besitzen 4 bis 7 bleibende Kelch- und Kronblätter, 4, 8 oder häufiger zahlreiche Staubblätter, die frei oder zu Bündeln oder einer Röhre vereint sind. Der Fruchtknoten ist meist oberständig und weist 3 bis 5 (selten 2 oder 8 bis 25) verwachsene Fruchtblätter und die gleiche Anzahl Fächer auf, von denen jedes 2 bis zahlreiche (selten eine) zentralwinkelständige Samenanlagen enthält. Die Früchte sind Kapseln, Beeren oder Steinfrüchte. Der Same enthält meist wenig oder kein Endosperm und einen Embryo, der gefaltet oder spiralig gedreht sein kann.
Systematik: Im hier angenommenen Umfang umfaßt die Familie 29 Gattungen mit

beinahe 1100 Arten. Viele Fachleute unterteilen sie jedoch in eine Anzahl kleinerer Familien. Im engsten Sinne (16 Gattungen und 500 Arten) umfaßt sie 2 Tribus:
CAMELLIEAE: Staubbeutel beweglich, meist fachspaltige Kapseln; die wichtigsten Gattungen sind *Camellia*, *Gordonia* und *Stewartia*.
TERNSTROEMIEAE: Staubbeutel basifix, Beeren oder Steinfrüchte; die wichtigsten Gattungen sind *Ternstroemia*, *Adinandra* und *Eurya* (*Annesleya* und *Visnea* besitzen einen halbunterständigen Fruchtknoten, *Symplocarpon* einen unterständigen).
Die Zugehörigkeit der folgenden kleinen Familien ist heute allgemein anerkannt:
ASTEROPEIACEAE (eine Gattung, 7 Arten, Madagaskar), 9 bis 15 Staubblätter, Fruchtknoten mit 3 (selten 2) Fruchtblättern, 2 bis zahlreiche Samenanlagen pro Fach, ein Griffel.
BONNETIACEAE (3 Gattungen, 22 Arten, tropisches Asien und Amerika), zahlreiche Staubblätter, Fruchtknoten mit 3 bis 5 Fruchtblättern und Griffeln, zahlreiche Samenanlagen.
PELLICIERACEAE (eine Gattung, eine Art, tropisches Amerika), 5 Staubblätter, Fruchtknoten mit 2 Fruchtblättern, eine Samenanlage pro Fach, ein Griffel.
PENTAPHYLACACEAE (eine Gattung, 2 Arten, Südostasien), 5 Staubblätter, Fruchtknoten mit 5 Fruchtblättern, 2 Samenanlagen pro Fach, ein Griffel.
TETRAMERISTACEAE (eine Gattung, 3 Arten, Malesien), 4 Staubblätter, Fruchtknoten mit 4 Fruchtblättern, eine Samenanlage pro Fach, ein Griffel.
Fragwürdiger ist die Zugehörigkeit der folgenden Familien:
MEDUSAGYNACEAE: (eine Gattung, eine Art, Seychellen), Blätter gegenständig oder quirlig, zahlreiche Staubblätter, Fruchtknoten mit 17 bis 25 Fruchtblättern und Griffeln, 2 Samenanlagen pro Fach.
STACHYURACEAE: (eine Gattung, 10 Arten, Ostasien), Blätter mit Nebenblättern, 8 Staubblätter, Fruchtknoten mit 4 Fruchtblättern, zahlreiche Samenanlagen pro Fach, ein Griffel.
CARYOCARACEAE: (2 Gattungen, 25 Arten, tropisches Amerika), Blätter gegen- oder wechselständig, mit Nebenblättern, zahlreiche Staubblätter, Fruchtknoten mit 4 oder 8 bis 20 Fruchtblättern und Griffeln, eine Samenanlage pro Fach.
SYMPLOCACEAE: (2 Gattungen, 500 Arten, Tropen und Subtropen, Afrika ausgenommen), Krone aus 5 oder 10 Kronblättern; 5, 10, 15 oder mehr Staubblätter, Fruchtknoten unterständig oder halbunterständig, mit 2 bis 5 Fruchtblättern, 2 bis 4 Samenanlagen pro Fach, ein Griffel. Die Stellung dieser Familie ist besonders umstritten, und viele Bearbeiter ordnen sie den Ebenales zu.
Innerhalb der Theales sind die Theaceae mit den Dipterocarpaceae, Guttiferae und Marcgraviaceae am nächsten verwandt. Die Theales scheinen der Ausgangspunkt mehrerer anderer Ordnungen zu sein, z.B. der Capparales, Ebenales, Ericales, Malvales, Primulales und Violales.
Eine weitere Familie, die ACTINIDIACEAE

(Kiwi-Strauchgewächse), kann zwar nicht in die Theaceae eingeschlossen werden, zeigt aber Beziehungen zu ihnen (3 Gattungen, etwa 320 Arten, Asien und Amerika).

Nutzwert: Von *Haploclathra paniculata* stammt ein schönes, rötliches Holz, aus den Samen von *Camellia sasanqua* Teesamenöl. Eine der vielen Zierpflanzen ist *Franklinia altamaha*, die ursprünglich nur in der engeren Umgebung von Forth Barrington (Georgia, USA) vorkam, heute aber in ganz Nordamerika und in Europa gezogen wird. Die bekanntesten Zierpflanzen sind Sorten von *Camellia japonica* (Kamelie).

Der Teestrauch, *C. sinensis*, ist in Südostasien beheimatet und wird in China seit langem angepflanzt — vermutlich ursprünglich als Heil-, später als Genußmittel. Der charakteristische Geschmack des anregenden Getränkes ist auf die Inhaltsstoffe Koffein, Polyphenole und ätherische Öle zurückzuführen, deren Anteile je nach Alter der Blätter und Behandlung nach dem Pflücken variieren. Schwarztee wird von ungefähr der Hälfte der Weltbevölkerung getrunken. Die Hauptanbaugebiete liegen in Indien und auf Sri Lanka, daneben auch in Ostafrika, Japan, Indonesien und Rußland.

B.S.F.

OCHNACEAE *Grätenblattgewächse*

Die Ochnaceae sind eine große Familie von Bäumen, Sträuchern und einigen Kräutern, darunter mehrere Zierpflanzen.

Verbreitung: Die Familie kommt überall in den Tropen vor, mit Schwerpunkt in Südamerika.

Merkmale: Die Ochnaceae haben wechselständige, einfache Blätter mit Nebenblättern (*Godoya splendida* jedoch große, gefiederte Blätter). Die radiären, zwitterigen Blüten bilden Rispen, Trauben und Cymen. Die Kelchblätter sind frei oder am Grunde verwachsen. Die Krone weist 5, selten 10 bis 12 gedrehte Kronblätter auf. Die 5, 10 oder zahlreichen Staubblätter sind hypogyn oder stehen an der verlängerten Achse. Der oberständige Fruchtknoten besteht aus 2 bis 5 (selten 10 bis 15) Fruchtblättern, die durch den Griffel locker vereint sind und eine, 2 oder zahlreiche aufrechte (selten hängende) Samenanlagen enthalten. Bei einigen Gattungen schwillt die Achse an und ist zur Fruchtreife fleischig. Die Frucht besteht aus mehreren Steinfrüchtchen; manchmal ist sie jedoch eine Beere oder Kapsel. Der Same kann Endosperm enthalten; der Embryo ist meist gerade.

Systematik: Die Gattungen werden vor allem aufgrund von Blütenmerkmalen un-

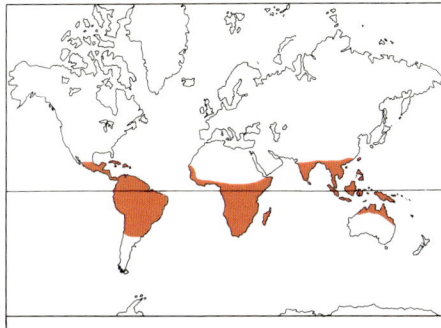

Gattungen: rund 40
Arten: rund 600
Verbreitung: tropische Zone, vor allem Südamerika
Nutzwert: Nutzholz, Zierpflanzen, in Treibhäusern und tropischen Gärten

terschieden. *Ochna* (85 Arten laubwerfender Bäume) besitzt eine unbestimmte Anzahl von Staubblättern mit Filamenten, die gleich lang oder länger als die Staubbeutel sind, und einen Fruchtknoten mit 3 bis 15 Fruchtblättern und zahlreichen Samenanlagen pro Fruchtblatt. Die Gattung zeigt einen charakteristischen, leuchtendroten

THEACEAE. 1. *Camellia rosiflora:* blühender Zweig (× ²/₃). **2.** *C. japonica* var. «Kimberley»: Blüte mit halbunterständigem Fruchtknoten und zahlreichen, am Grunde verwachsenen Staubblättern (× ²/₃). **3.** *C. salicifolia:* a) Gynoeceum mit 3 Narben (× 4); b) Querschnitt durch dreifächerigen Fruchtknoten (× 6); c) Staubblätter mit verwachsenen Filamenten (× 3); d) Staubblatt (× 4); e) Kapsel (× 2). **4.** *Symplocarpon hintonii:* a) halbierte Blüte mit unterständigem Fruchtknoten; b) trockene Schließfrucht (× 1). **5.** *Eurya macartneyi:* a) Sproß mit weiblichen Blüten (× ²/₃); b) weibliche Blüte (× 6); c) männliche Blüte (× 6); d) an den Kronblättern angewachsene Staubblätter, längs geöffnet (× 12). **6.** *E. japonica:* Beere.

oder violetten Kelch, der sich zur Fruchtreife nicht wie sonst üblich vergrößert. Die
Kronblätter sind grünlich-gelb. Jedes
Fruchtblatt bildet eine Steinfrucht, und die
Fruchtachse wird fleischig. *Ouratea* (300
Arten immergrüner Bäume und Sträucher,
vor allem in Südamerika) besitzt nur 10
Staubblätter. Die Filamente sind kürzer als
die Staubbeutel; der Fruchtknoten ist fünflappig. Die meisten Arten bringen gelbe
Blüten und Früchte hervor; diese bestehen
aus 5 oder weniger Steinfrüchten, welche
einem verbreiterten Fruchtstiel aufsitzen.
Euthemis (2 asiatische Arten) hat 5 Staubblätter und Staminodien; der Fruchtknoten
enthält 4 bis 5 Fächer mit je einer oder 2
Samenanlagen. *Godoya*, eine Baumgattung,
ist mit 5 Arten von Peru bis Kolumbien vertreten. Sie tragen reinweiße, duftende Blüten. *Sauvagesia* umfaßt 30 Arten vorwiegend südamerikanischer Kräuter und Sträucher mit gewimperten Nebenblättern und
weißen, rosaroten oder violetten Blüten,
zusammengerollten Kronblättern und 5
fruchtbaren Staubblättern, die von zahlreichen Staminodien umgeben sind.
Die Ochnaceae sind mit den Dipterocarpaceae sehr nahe verwandt.
Nutzwert: Die einzige Gattung mit nutz-
barem Holz ist *Lophira*; ihre beiden Arten,
Lophira alata und *L. lanceolata*, werden sowohl Afrikanische Eiche wie auch Eisen-

baum genannt. Zu den in tropischen Gärten
und Treibhäusern gezogenen Pflanzen gehören *Ochna kibbiensis* und *O. flava*, *Sauvagesia erecta*, *Cespedesia bonplandii* und
C. discolor.   S.A.H.

DIPTEROCARPACEAE
Flügelfruchtgewächse
Die Dipterocarpaceae sind eine Familie von
niedrigen bis sehr hohen Bäumen, die in den
Tiefland-Regenwäldern Asiens nahezu be-
standbildend sind. Sie gehören zu den ein-
drücklichsten Pflanzen der Tropen und sind
eine wichtige Quelle von Hartholz.
Verbreitung: Mit Schwerpunkten in Ma-
lakka, Indonesien, Borneo und Palawan ist
die Familie im ganzen tropischen Asien und
in Indomalesien verbreitet, mit 2 Gattungen
auch im tropischen Teil Afrikas. In den
Monsungebieten Indiens und Burmas gibt
es große Wälder, die fast ausschließlich aus
einer einzigen Art bestehen, z.B. *Shorea
robusta* oder *Dipterocarpus tuberculatus*.
Auch in den feuchten immergrünen Wäldern von Malesien dominiert diese Familie.
Merkmale: Dipterocarpaceae sind meist
von charakteristischer Form. Oberhalb der
Brettwurzeln wächst der Stamm glatt und
ohne Äste oft zu großer Höhe und endet in
einer offenen, blumenkohlförmigen Krone.
Außer bei den afrikanischen Arten enthalten alle Pflanzenteile Harzkanäle. Bei Ver-

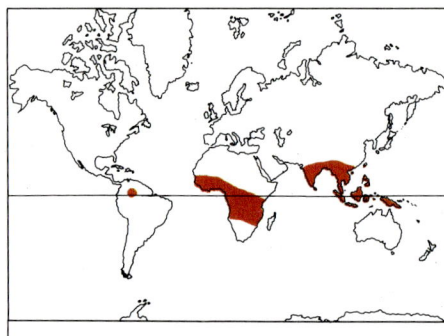

Gattungen: etwa 15
Arten: etwa 58
Verbreitung: Schwerpunkt in den
tropischen Regenwäldern Malesiens
Nutzwert: weltweit wichtigste Quelle
von Hartholz

letzungen wird das ölige, aromatische Dammarharz abgesondert.
Die einfachen, ganzrandigen und wechselständigen Blätter sind mit hinfälligen Nebenblättern versehen. Die radiären, zwittе-
rigen Blüten bilden meist Trauben. Sie sind
der Insektenbestäubung angepaßt, also
groß, auffällig und häufig duftend. Kelch
und Krone bestehen aus je 5 freien oder am
Grunde verwachsenen Teilen. Die 5 bis
zahlreichen Staubblätter tragen Staubbeutel

OCHNACEAE. 1. *Luxemburgia ciliosa:* **a)** Blatt (× ²/₃); **b)** Blüte (× 1); **c)** Frucht (× 1); **d)** Querschnitt durch Frucht (× 2). **2.** *Ochna atropurpurea:*
a) blühender Sproß (× ²/₃); **b)** Staubblatt und Staubbeutel mit endständiger Pore (× 8); **c)** Frucht – Steinfrüchtchen an fleischiger Blütenachse mit
bleibendem, farbigem Kelch (× 1); **d)** Gynoeceum (× 6). **3.** *Ouratea intermedia:* **a)** Sproß mit endständigem Blütenstand (× ²/₃); **b)** Blüte mit 10
Staubblättern (× 2); **c)** Blüte, Blütenhülle entfernt, um das Gynoeceum und die Staubblätter mit sehr kurzen Filamenten zu zeigen (× 4).

mit unfruchtbarer Spitze. Der oberständige, dreifächerige Fruchtknoten besteht aus 3 Fruchtblättern mit je 2 hängenden Samenanlagen. Die Frucht ist eine einsamige Nuß, die im geflügelten und häutigen Kelch eingeschlossen ist. Der Same enthält meist kein Endosperm.

Systematik: Die Dipterocarpaceae werden in 2 Unterfamilien aufgeteilt: MONOTOIDEAE (afrikanische Arten) und DIPTEROCARPOI-DEAE (asiatische Arten). Vor kurzem wurde jedoch im südamerikanischen Hochland eine neue Art einer noch unbeschriebenen Gattung bzw. Unterfamilie entdeckt.

Die Dipterocarpaceae sind mit Vertretern der Ordnung Theales verwandt, insbesondere mit den Ochnaceae, Guttiferae und Theaceae.

Nutzwert: Eine Reihe von Gattungen (in erster Linie *Dipterocarpus*, *Hopea*, *Shorea* und *Vatica*) wächst zusammen in sogenannten *Dipterocarpus*-Regenwäldern. Diese Wälder bilden die weltweit wichtigste Quelle von Hartholz. Sie drohen jedoch bis zum Ende dieses Jahrhunderts zu verschwinden, falls die bestehenden Programme zur Erhaltung und Wiederaufforstung nicht strenger durchgeführt und ausgebaut werden. Das Holz von *Dipterocarpus* wird für den Verkauf in mehrere Klassen eingeteilt. Zylindrische Stämme von 20 bis 30 m Länge und einem Umfang

von 2 bis 4 m sind häufig. Das Holz ist leicht und hellfarben. Ein Großteil davon wird an Ort und Stelle oder in Japan oder Korea zu Sperrholz verarbeitet. Der wichtigste Absatzmarkt ist Nordamerika. Zu den Nebenprodukten zählen Dammarharz, das für Speziallacke verwendet wird, und ein Kakaobutterersatz von *Shorea*-Arten aus Borneo.

GUTTIFERAE *Hartheugewächse*

Die Guttiferae sind eine große, kosmopolitische Familie von Bäumen und Sträuchern, von denen viele Nutzholz, Heilmittel, Farbstoffe oder Früchte liefern.

Verbreitung: Die Familie ist beinahe überall verbreitet; allerdings kommen nur *Hypericum* (weit verbreitet) und *Triadenum* (Asien und Nordamerika) außerhalb der Tropen vor.

Merkmale: Die meisten Vertreter der Familie weisen einfache, gewöhnlich gegenständige, ganzrandige Blätter ohne Nebenblätter auf. Die zwitterigen oder eingeschlechtigen (dann zweihäusig verteilten) Blüten stehen einzeln, in Cymen oder Thyrsen. Die Blütenhülle besteht häufig aus vier- bis fünfzähligen Quirlen, meist mit klarer Gliederung in Kelch und Krone. Die freien Kronblätter decken sich in der Knospe, entweder dachig oder gedreht. Das Androeceum besteht im Prinzip aus 2 Krei-

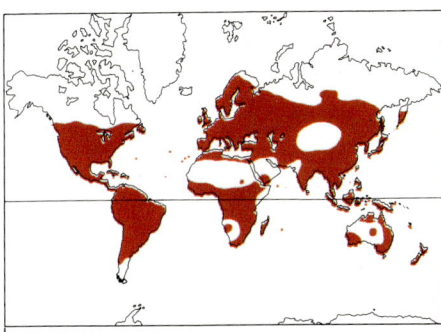

Gattungen: rund 40
Arten: rund 1000
Verbreitung: kosmopolitisch, mit Schwerpunkt in den Tropen
Nutzwert: Holz, Früchte (Mangostane, Mammei-Apfel), Heilmittel, Gummi und ätherische Öle für Kosmetika

sen zu je 5 Staubblattbündeln. Die Filamente sind fast bis zum Ansatz frei. Der äußere, vor den Kelchblättern stehende Kreis ist gewöhnlich unfruchtbar oder fehlt; der innere ist immer fruchtbar (außer in weiblichen Blüten) und durch Verwachsung und Verminderung zu Büchseln vereinigter Staubbeutel oder zu mehr oder weniger zahlreichen, scheinbar freien Staubblättern abgewandelt. Bei *Hypericum gentianoides*

DIPTEROCARPACEAE. 1. *Shorea ovalis:* Habitus. **2.** *Monoporandra elegans:* **a)** Laubzweig mit Früchten und Blütenstand (× ²/₃); **b)** Blütenanalyse, mit Kelchblatt (links), Kronblättern und Gynoeceum (im Längsschnitt, Mitte) und am Grunde verwachsenen Staubblättern mit langen Konnektiven (rechts) (× 6); **c)** Querschnitt durch Fruchtknoten (× 6). Die Früchte werden häufig vom geflügelten Kelch eingehüllt; zu sehen sind hier: **3.** *Dipterocarpus incanus* (× ²/₃). **4.** *Doona ovalifolia* (× 1¹/₂) und **5.** *Monotes tomentellus* (× ²/₃). **6.** *Dipterocarpus oblongifolia:* Längsschnitt durch einsamige Frucht (× 1).

ist z.B. jedes Staubblattbündel auf ein einziges Staubblatt reduziert. Der ungefächerte oder mehrfächerige, oberständige Fruchtknoten besteht im allgemeinen aus 5 bis 3, selten 2 oder bis zu 13 vereinten Fruchtblättern und enthält eine bis viele Samenanlagen an zentralwinkelständigen oder parietalen Plazenten. Die Narbenzahl entspricht der Zahl der Plazenten. Der Griffel ist frei, verwachsen oder fehlt. Die Frucht ist gewöhnlich eine wandspaltige Kapsel, kann aber auch eine Beere oder eine Steinfrucht sein. Der Same, gelegentlich geflügelt oder mit einem Arillus versehen, weist kein Endosperm auf. Der meist gerade Embryo besitzt Keimblätter, die voll entwickelt oder verkümmert und dann durch ein Speicher-Hypokotyl ersetzt sind.

Die Sekretbehälter in Stamm, Blättern und Blütenorganen sondern ätherische Öle und Fette, Anthocyanine und Harze ab und lagern sie.

Systematik: Die Unterteilung der Guttiferae in 5 Unterfamilien basiert in erster Linie auf der Geschlechtsverteilung und dem Bau von Androeceum, Fruchtknoten, Frucht und Samen. Die Hypericoideae wurden oft als selbständige Familie, Hypericaceae, behandelt. Eine Abtrennung ist jedoch nur dann gerechtfertigt, wenn alle anderen, ebenso gut abgrenzbaren Unterfamilien gleich behandelt werden.

KIELMEYEROIDEAE: Blüten meist zwitterig, Staubblätter frei, Griffel lang und vollständig verwachsen, zahlreiche Samen ohne Arillus, Embryo mit dünnen Keimblättern; *Kielmeyera, Mahurea, Caraipa.*

HYPERICOIDEAE: Blüten zwitterig, äußerer Staubblattkreis unfruchtbar oder fehlend, Griffel lang, frei oder mehr oder weniger verwachsen; Frucht häufig eine Kapsel oder Beere, selten eine Steinfrucht; die 5 bis vielen Samen besitzen keinen Arillus, Embryo mit dünnen Keimblättern; *Hypericum, Cratoxylum, Vismia.*

CALOPHYLLOIDEAE: Blüten eingeschlechtig, zwitterig oder polygam (d.h. weibliche, männliche und zwitterige Blüten auf der gleichen Pflanze); der äußere Staubblattkreis fehlt, Griffel lang und frei; Frucht manchmal eine Kapsel, meist aber eine Steinfrucht; Samen (einer bis 4) ohne Arillus; Embryo, gewöhnlich mit verwachsenen Keimblättern; *Mesua, Calophyllum, Endodesmia.*

MORONOBEOIDEAE: Blüten zwitterig, äußerer Staubblattkreis unfruchtbar; Griffel lang, mehr oder weniger verwachsen; Frucht beerenähnlich; die vielen (selten einzelnen) Samen ohne Arillus, Embryo undifferenziert; *Pentadesma, Montrouziera, Symphonia.*

CLUSIOIDEAE: Die 2 von Engler beschriebenen Tribus dieser Unterfamilie scheinen recht deutlich unterscheidbar zu sein und verdienen wohl den Status von Unterfamilien.

CLUSIEAE: Blüten eingeschlechtig oder selten polygam; äußerer Staubblattkreis fruchtbar oder unfruchbar; Griffel kurz, frei bis vollständig verwachsen oder fehlend; Frucht eine Kapsel (selten Beere); 5 bis viele Samen ohne Arillus, Embryo mit verdicktem Hypokotyl und winzigen oder ohne Keimblätter; *Clusia, Tovomita,* möglicherweise auch *Decaphalangium* und *Allanblackia.*

GARCINIEAE: Blüten eingeschlechtig oder selten zwitterig; äußerer Staubblattkreis unfruchtbar oder fehlend; Griffel sehr kurz, verwachsen oder meist fehlend; Steinfrucht; Samen (einer bis 5, manchmal 13) ohne Arillus; Embryo mit verdicktem Hypokotyl, Keimblätter fehlend; *Garcinia, Mammea.*

Die Guttiferae sind mit den Bonnetiaceae (hier bei den Theaceae eingeordnet) und über sie mit den Dilleniaceae verwandt. Sie unterscheiden sich von diesen Familien durch Drüsensekrete, meist gegenständige Blätter und Kronblätter, die sich in der

GUTTIFERAE. **1.** *Symphonia globulifera:* **a)** Laubzweig mit endständigem Blütenstand (× ²/₃); **b)** Staubblattröhre, die fünflappige Narbe umgebend (× 3); **c)** Beere (× 1¹/₃). **2.** *Hypericum calycinum:* **a)** Trieb mit kreuzweise gegenständigen Blättern und Endblüte (× ²/₃); **b)** halbierte Blüte mit Staubblattbündeln und zahlreichen, zentralwinkelständigen Samenanlagen (× 1); **c)** Kapsel (× 1). **3.** *H. frondosum:* Querschnitt durch ungefächerten Fruchtknoten, Samenanlagen an parietalen Plazenten (× 3). **4.** *Calophyllum inophyllum:* **a)** Sproß mit Blütenständen in den Achseln der obersten Blätter (× ²/₃); **b)** Gynoeceum mit langem, gekrümmtem Griffel (× 4); **c)** Staubblatt (× 4).

Knospe meist gedreht decken. Möglicherweise sind sie auch mit den Myrtaceae verwandt.

Nutzwert: Die Guttiferae liefern hartes und dauerhaftes Holz (*Cratoxylum, Mesua, Calophyllum, Montrouziera, Platonia*), leicht bearbeitbares Holz (*Harungana, Calophyllum*), Heilmittel oder Farbstoffe (Rinde von *Vismia, Psorospermum, Harungana, Calophyllum*), Gummi, Harze und Pigmente (Stamm von *Garcinia, Clusia*), Heilmittel (Blätter von *Hypericum, Harunga madagascariensis*), Heilmittel und Kosmetika (Blüten von *Mesua ferrea*), eßbare Früchte (z. B. *Garcinia mangostana, Mammea americana* und *Platonia insignis*), Fette und Öle (Samen von *Calophyllum, Pentadesma, Allanblackia, Garcinia, Mammea*). N.K.B.R.

ELATINACEAE *Tännelgewächse*

Die Elatinaceae sind eine weit verbreitete Familie von Kräutern und strauchartigen Pflanzen, die am und im Wasser sowie an trockenen Standorten vorkommen.

Verbreitung: Die Gattung *Elatine* ist fast kosmopolitisch. Die Mehrzahl ihrer Arten findet sich in den gemäßigten Zonen. *Bergia* ist eine Gattung wärmerer Gebiete, mit wenigen Arten in den gemäßigten Zonen.

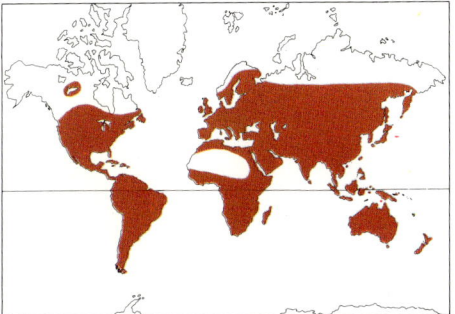

Gattungen: 2
Arten: etwa 33
Verbreitung: kosmopolitisch, mit Schwerpunkt in den gemäßigten und subtropischen Zonen
Nutzwert: Unkraut in Reisfeldern und Bewässerungskanälen

Merkmale: Die Elatinaceae sind ein- oder mehrjährige Kräuter oder gelegentlich leicht verholzte, strauchartige Pflanzen mit kreuzgegenständigen Blättern. Die einzige Ausnahme macht *Elatine alsinastrum*, deren Blätter in Quirlen stehen. Der Blattgrund trägt ein Paar kleiner Nebenblätter. Die Spreite ist einfach und lineal bis eiförmig. Die zwittrigen und radiären Blüten stehen einzeln in den Blattachseln oder in Cymen und sind meist unauffällig. Die 2 bis 5 Kelchblätter sind frei oder am Grunde verwachsen, die freien Kronblätter den Kelchblättern gleichzählig. Der oberständige, zwei- bis fünffächerige Fruchtknoten enthält zahlreiche zentralwinkelständige Samenanlagen. Die Frucht öffnet sich längs der Scheidewände. Die Samenschale trägt ein charakteristisches und kompliziertes, netzartiges Muster. Die Samen enthalten einen gebogenen oder geraden Embryo und sehr wenig oder kein Endosperm.

Systematik: Die Gattung *Bergia* ist durch 5 freie, spitze Kelchblätter mit deutlichem Nerv und in dichten Büscheln stehende Blüten gekennzeichnet. Von ihren 20 Arten ist etwa die Hälfte an Wasser gebunden, während die übrigen Arten trockene Standorte besiedeln. *Bergia*-Arten sind kräftig und auffällig, jene von *Elatine* klein und unauffällig. *Elatine* besitzt 2 bis 4 am Grunde verwachsene Kelchblätter mit abgerundeter Spitze und undeutlichen Nerven. Die meisten Arten sind wechselnden Wasserständen angepaßt und kommen in flachen Gewässern vor, die jahreszeitlich austrocknen. Sie besiedeln vor allem Reisfelder und regelmäßig entleerte Fischteiche.

Die Elatinaceae sind noch wenig erforscht,

ELATINACEAE. **1.** *Bergia ammannioides:* **a)** Habitus (× ²/₃); **b)** blattachselständige Blütenstände (× 1¹/₃); **c)** Blüte von oben, mit je 3 Kelch-, Kron- und Staubblättern und dem vierteiligen Fruchtknoten (× 8); **d)** offene Kapsel mit Samen (× 20); **e)** Querschnitt durch Frucht (× 20). **2.** *B. capensis:* **a)** Teil eines kriechenden Sprosses mit sproßbürtigen Wurzeln (× ²/₃); **b)** Frucht (× 20). **3.** *Elatine hydropiper:* **a)** Habitus: lange sproßbürtige Wurzeln; **b)** blattachselständige Einzelblüte (× 4); **c)** Blüte mit 4 Kelch- und Kronblättern, 8 Staubblättern und kugeligem, oberständigem Fruchtknoten (× 8); **d)** aufspringende Frucht (× 8); **e)** gekrümmter Same (× 20).

und ihre Beziehungen zu anderen Familien sind unklar. Sie zeigen Ähnlichkeiten zu den Guttiferae, Frankeniaceae, Lythraceae und Haloragaceae.

Nutzwert: *Elatine* wird im allgemeinen als nützliche Pflanze betrachtet, da sie Schlamm wirksam bindet. *Elatine* und *Bergia* sind jedoch häufig als Unkräuter in Reisfeldern und Bewässerungskanälen anzutreffen.

C.D.C.

QUIINACEAE

Die Quiinaceae sind wenig bekannte Bäume und große Sträucher, die in den Tropenwäldern Südamerikas und der Karibik heimisch sind.

Die Blätter sind gegenständig oder quirlig, einfach oder gefiedert, mit einer glatten, glänzenden Oberfläche. Nebenblätter sitzen in einem bis 4 Paaren an den Stengelknoten. Die kleinen, zwittrigen (manchmal eingeschlechtigen) Blüten bilden Trauben oder Rispen. Sie weisen 4 oder 5 Kelch-, 4, 5 oder 8 Kron- und 15 bis 20 oder viele (160 bis 170) Staubblätter auf. Der oberständige Fruchtknoten weist 3 oder 7 bis 11 Fächer und die gleiche Zahl langer, gebogener Griffel, jeder mit einer schrägen Narbe, auf. Jedes Fach enthält 2 Samenanlagen. Die Frucht ist eine Beere mit einem bis 4

Gattungen: 4
Arten: 52
Verbreitung: tropisches Südamerika
Nutzwert: keiner, aber potentielles Nutzholz

Samen oder besteht aus 3 getrennten einsamigen Fruchtblättern. Der Same enthält kein Endosperm; die Samenschale ist häufig samtig.

Quiina ist mit 35 Arten die größte Gattung. Weitere Gattungen sind *Touroulia* (4 Arten), *Lacunaria* (11 Arten) und *Froesia* (2 Arten). Es lassen sich Ähnlichkeiten zu den Guttiferae und Ochnaceae aufzeigen; die

Beziehungen zwischen diesen Familien sind jedoch nicht klar ersichtlich.

Das Kernholz einiger Arten könnte sich als nutzbar erweisen. Gegenwärtig ist es jedoch ohne wirtschaftliche Bedeutung.

S.W.J.

MARCGRAVIACEAE
Honigbechergewächse

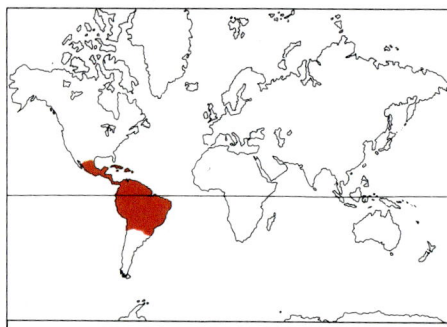

Gattungen: 5
Arten: etwa 125
Verbreitung: tropisches Amerika
Nutzwert: keiner

Die Marcgraviaceae sind tropische Kletterpflanzen oder lianenartige Gehölze mit

MARCGRAVIACEAE. 1. *Marcgravia umbellata:* **a)** kletternder Sproß mit Jugendblättern und sproßbürtigen Wurzeln (× ²/₃); **b)** Nektarkanne (× ²/₃); **c)** Blüte mit zu einer hinfälligen Haube vereinigten Kronblättern (× 2). **2.** *M. exauriculata:* **a)** Sproßende mit Altersblättern und Blütenstand (× ²/₃); **b)** junge Blüte (× 1¹/₃). **3.** *Norantea peduncularis:* Blüte und Nektarkanne (× ²/₃). **4.** *Ruyschia clusiifolia:* **a)** Blüte (× 2); **b)** Staubblatt (× 4); **c)** Frucht (× 1¹/₃). **5.** *Souroubea* sp.: Querschnitt durch Fruchtknoten (× 3). **6.** *Marcgravia nepenthoides:* **a)** Sproß mit Altersblättern, Blütenstand mit unfruchtbaren Blüten, die auffällige Nektarkannen tragen (× ²/₃); **b)** halbierte Blüte (× 1¹/₃); **c)** Gynoeceum (× 2); **d)** Querschnitt durch Fruchtknoten (× 2). **7.** *M. affinis:* halbierte Blüte (× 1¹/₃).

mehreren interessanten Merkmalen, wie z.B. stark abgewandelte Nektarien.

Verbreitung: Die Familie ist auf die Tropen Amerikas beschränkt.

Merkmale: Die Vertreter der Familie sind Klettersträucher sowie häufig Epiphyten. Die Blätter sind einfach, oft ledrig. Nebenblätter fehlen. Bei einigen Gattungen (z.B. *Marcgravia* und *Norantea*) sind die Blätter der Kletter- und Blütenstandstriebe verschieden ausgebildet (Heterophyllie). Die zwitterigen Blüten treten zu meist hängenden, traubigen oder doldenartigen Blütenständen zusammen, wobei die Tragblätter der unfruchtbaren Blüten zu verschieden gestalteten, kannenähnlichen Nektarblättern abgewandelt sind. Die Innenfläche der Kanne ist die Blattunterseite. Die Blüten weisen 4 oder 5 unscheinbare, dachige Kelchblätter und 5 freie oder verwachsene ledrige Kronblätter auf. Diese bilden eine Haube, welche abgestoßen wird, sobald sich die Blüte öffnet (*Marcgravia*). Die 3 bis vielen Staubblätter stehen in einem Kreis und sind frei oder verschieden stark untereinander und mit der Krone verwachsen. Der Fruchtknoten ist oberständig und entwickelt zuerst ein Fach, später durch Hineinwachsen der Plazenten 2 bis zahlreiche Fächer mit vielen Samenanlagen. Der kurze Griffel trägt eine fünfstrahlige Narbe. Die Früchte sind kugelig, fleischig und öffnen sich oft nicht. Sie enthalten viele kleine Samen ohne Endosperm. Jeder Same besitzt zudem einen schwach gekrümmten Embryo mit großer Keimwurzel und kleinen Keimblättern.

Systematik: *Marcgravia*, die namengebende Gattung, erhielt ihren Namen zur Erinnerung an Georg Marcgraaf (geb. 1610), der sich im 17. Jahrhundert als einer der ersten mit der Naturgeschichte Brasiliens befaßte. Die etwa 55 Arten dieser interessanten Gattung sind kletternde Epiphyten, welche 2 verschiedene Blattformen aufweisen. Die Klettertriebe bilden kleine, zweizeilig sitzende, häufig rötliche Blätter aus. Sie sind ungestielt, fast kreisrund und liegen dem Untergrund an. Diese Blätter werden als Jugendform betrachtet. Der Sproß entwickelt an den Knoten stammbürtige Luft- und Haftwurzeln. Mit zunehmendem Alter oder infolge noch unbekannter Umweltfaktoren entwickeln sich frei hängende Triebe, deren Blätter gestielte, grüne, ledrige und länglich-elliptische Spreiten hervorbringen. Die Entwicklung ist umkehrbar.

Der blühende Trieb schließt am Sproßende durch traubenartige Dolden von grünen Blüten und krugförmigen Nektarien ab. Bei Arten wie *Marcgravia rectiflora* stehen Blütenstand und Blüten aufrecht, die Nektarien hingegen hängen; bei anderen Arten hängt der ganze Blütenstand. Einige Arten werden durch Kolibris bestäubt, andere durch Eidechsen oder Bienen; wieder andere bestäuben sich vor dem Öffnen der Blüten selbst.

Ruschya umfaßt 10 Arten mit am Grunde leicht verwachsenen Kronblättern. Die Blüten weisen 5 Staubblätter und einen zweifächerigen Fruchtknoten auf und sind von dreilappigen, kugel- oder löffelförmigen Nektarien begleitet. Die zahlreichen duftenden Blüten werden in Trauben getragen. *Norantea* (etwa 35 Arten) besitzt oft viele Staubblätter. Die Nektarien sind löffeloder krugförmig, der Fruchtknoten drei- bis fünffächerig, die Blütentrauben dicht. *Souroubea* (etwa 25 Arten) hat 3 bis 5 Staub-, dreilappige Tragblätter und einen fünffächerigen Fruchtknoten. *Caracasia* (2 Arten) besitzt 3 freie Staub- und freie Kronblätter.

Man nimmt an, daß die Marcgraviaceae mit den Theaceae verwandt sind.

Nutzwert: keiner bekannt.   B.M.

MALVALES *Malvenartige*

SCYTOPETALACEAE

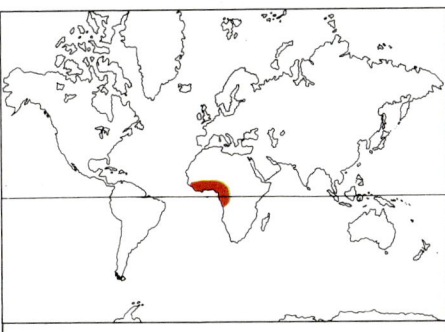

Gattungen: 5
Arten: 20
Verbreitung: tropisches Westafrika
Nutzwert: Holz wird lokal für den Hausbau genutzt

Die Scytopetalaceae sind eine kleine Familie tropischer Bäume, Sträucher und Klettersträucher.

Verbreitung: Die Familie ist ausschließlich im tropischen Westafrika heimisch.

Merkmale: Die Blätter weisen keine Nebenblätter auf, sind wechselständig, häufig zweizeilig, einfach, manchmal gezähnt. Der Spreitengrund ist asymmetrisch. Die Blüten sind zwitterig, radiär und häufig lang gestielt. Sie entspringen dem alten Holz oder stehen an jungen Zweigen, in endständigen Rispen oder blattachselständigen Trauben. Der schüsselförmige, ganzrandige oder gezähnte Kelch besteht aus 3 bis 4 Kelchblättern. Die 3 bis 16 Kronblätter sind frei oder am Grunde mehr oder weniger verwachsen und decken sich klappig. Sie sind gelegentlich dick und zur Blütezeit von den Staubbeuteln weggebogen, oder aber sie fallen zu einer Haube vereint ab. Die Blüte besitzt einen Diskus, dem die zahlreichen Staubblätter am Rande oder auf der Fläche in 3 bis 6 Reihen eingefügt sind. Die Staubfäden sind mitunter am Grunde verwachsen. Die Staubbeutel öffnen sich mittels Poren an der Spitze oder mit Längsrissen. Der drei- bis achtfächerige Fruchtknoten ist oberständig und enthält 2 oder mehr hängende, zentralwinkelständige Samenanlagen in jedem Fach. Er endet in einem einfachen Griffel mit kleiner Narbe.

Die Frucht ist häufig eine holzige fachspaltige Kapsel, in einigen Fällen eine einsamige Steinfrucht. Die ein bis 8 Samen sind manchmal mit Schleimhaaren bedeckt. Der Same enthält einen schmalen Embryo, der von reichlich Endosperm umgeben ist; dieses sieht rauh oder gemasert aus und ist oft zerklüftet.

Systematik: Die 5 Gattungen *Oubanguia*, *Scytopetalum*, *Rhaptopetalum*, *Brazzeia* und *Pierrina* können anhand von Blütenstands- und Blütenmerkmalen unterschieden werden. *Oubanguia* z.B. hat lange, lockere Rispen und am Grunde verwachsene Staubfäden, im Gegensatz zu den übrigen Gattungen, die die Blüten entweder in Büscheln am alten Holz (*Brazzeia*) oder in blattachselständigen Trauben tragen, wie *Scytopetalum* (einige bis viele Kronblätter, Staubfäden ungleich lang, einsamige Frucht) und *Rhaptopetalum* (freie Kronblätter, Staubfäden alle gleich lang, Same behaart).

Die Scytopetalaceae wurden mit verschiedenen anderen Familien in Beziehung gebracht, vor allem mit den Tiliaceae, Sterculiaceae, Malvaceae und Olacaceae. Die Vertreter all dieser Familien sind verholzt, haben wechselständige, einfache Blätter, zwitterige Blüten mit meist zahlreichen, gelegentlich leicht verwachsenen Staubblättern und mehrfächerigen Fruchtknoten.

Nutzwert: Mit Ausnahme von *Scytopetalum tieghemii* wird keine Art wirtschaftlich genutzt. Dieser rund 2,5 m hohe Baum, dessen Holz widerstandsfähig gegen Fäulnis ist, wird in Ghana und Sierra Leone zu Balken für den Hausbau verarbeitet.
                                                       S.R.C.

ELAEOCARPACEAE

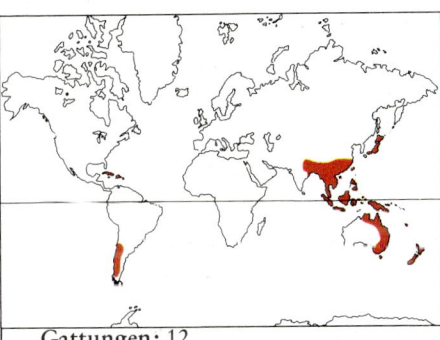

Gattungen: 12
Arten: rund 350
Verbreitung: tropische und subtropische Zonen
Nutzwert: beschränkt, Zierpflanzen und lokale Verwendung eßbarer Früchte

Die Elaeocarpaceae sind eine kleinere Familie von tropischen Bäumen und Sträuchern, von denen einige als Zierpflanzen gezogen werden.

Verbreitung: Das Areal dieser Familie umfaßt Ostasien, Indomalesien, Australasien, den pazifischen Raum, Südamerika und die Karibik.

Merkmale: Die Blätter sind wechsel- oder gegenständig und mit Nebenblättern versehen. Die radiären und zwitterigen Blüten bilden Trauben, Rispen oder Cymen. Sie tragen 4 oder 5 freie oder teilweise verwachsene Kelchblätter. Die 4 bis 5 Kronblätter sind meist frei oder fehlen. Sie sind

ELAEOCARPACEAE. **1.** *Aristotelia racemosa:* **a)** Sproß mit seitlichen Blütenrispen (× ²/₃); **b)** männliche Blüte mit dreilappigen Kron- und zahlreichen Staubblättern (× 3); **c)** Gynoeceum mit freien, zurückgebogenen Griffeln (× 6); **d)** Früchte (× ²/₃). **2.** *Elaeocarpus dentatus:* **a)** Sproß mit Blütenstand (× ²/₃); **b)** zwitterige Blüte (× 2); **c)** zweifächeriger Fruchtknoten (links Längs-, rechts Querschnitt) (× 6). **3.** *Muntingia calabura:* halbierte Blüte (× 2). **4.** *Sloanea jamaicensis:* **a)** halbierte Blüte, zahlreiche Staubblätter mit kurzen Filamenten und langen Staubbeuteln (× 1¹/₂); **b)** Querschnitt durch vierfächerigen Fruchtknoten mit zahlreichen, zentralwinkelständigen Samenanlagen (× 3); **c)** aufspringende Frucht (× ¹/₃).

häufig an der Spitze gefranst oder zerschlitzt. Die zahlreichen freien Staubblätter weisen Staubbeutel auf, die den Blütenstaub durch 2 apikale Poren entlassen. Der oberständige Fruchtknoten enthält 2 bis viele hängende Samenanlagen. Der Griffel ist einfach und gelegentlich an der Spitze gelappt. Die Frucht ist eine Kapsel oder Steinfrucht. Die Samen enthalten einen geraden Embryo und reichlich Endosperm.

Systematik: Die größte Gattung, *Elaeocarpus*, umfaßt rund 200 Arten und ist von Ostasien über Indomalesien und Australasien bis in den pazifischen Raum verbreitet. Die andere große Gattung der Familie ist *Sloanea* mit etwa 120 Arten tropischer, asiatischer und amerikanischer Bäume. Anstelle einer fleischigen Frucht wie *Elaeocarpus* besitzt sie eine harte, von steifen Borsten bedeckte Kapsel. Die bekanntesten der kleineren Gattungen sind *Aristotelia* (5 Arten, Australasien und Südamerika) und *Crinodendron* (2 Arten, gemäßigtes Südamerika). Die Familie ist mit den Tiliaceae, Combretaceae und Rhizophoraceae verwandt. Ebenfalls in ihre Nähe gestellt werden die Sarcolaenaceae (Chlaenaceae) und Sphaerosepalaceae (Rhopalocarpaceae).

Nutzwert: Mehrere Arten von *Elaeocarpus*, *Crinodendron* und *Aristotelia* werden kultiviert. *Elaeocarpus reticulatus (E. cyaneus)* ist in Australien heimisch und besitzt cremefarbene Blüten und blaue Steinfrüchte; *E. dentatus* aus Neuseeland bringt strohfarbene Blüten hervor. Beide Arten werden in Europa angepflanzt. Besser bekannt sind jedoch die beiden immergrünen, kultivierten Arten der Gattung *Crinodendron*. Die urnenförmigen roten, etwa 2,5 cm langen Blüten von *Crinodendron hookerianum* hängen an roten, bis 7 cm langen Stielen und heben sich wirkungsvoll von den schmalen, 10 cm langen, dunkelgrünen Blättern ab. Die Pflanze wächst bis zu einer Höhe von 9 m und bietet zur Blütezeit einen herrlichen Anblick. Die Blätter von *C. patagua* sind kleiner und eher oval, die Blüten weiß und glockenförmig. Beide Arten sind frostempfindlich und verlangen feuchten, sauren Boden. Die chilenische *Aristotelia chilensis (A. macqui)* erreicht bis zu 3 m Höhe. Sie bringt unauffällige grünweiße Blüten und schwarze, erbsengroße Früchte hervor.

Die Beeren von *A. chilensis* sollen heilkräftige Eigenschaften besitzen und werden in Chile zu Wein verarbeitet. Die Früchte und Samen mehrerer *Elaeocarpus*-Arten sind eßbar, z. B. *E. calomala* (Philippinen), *E. dentatus* (Neuseeland) und *E. serratus*

(«Ceylon-Oliven»). Die karibischen Arten *Sloanea berteriana* und *S. woollsii* liefern ein schweres bzw. leichtes Holz. Das Holz der neuseeländischen *Aristotelia racemosa* und des australischen *Elaeocarpus grandis* wird in der Möbelschreinerei verwendet.
B.M.

TILIACEAE *Lindengewächse*

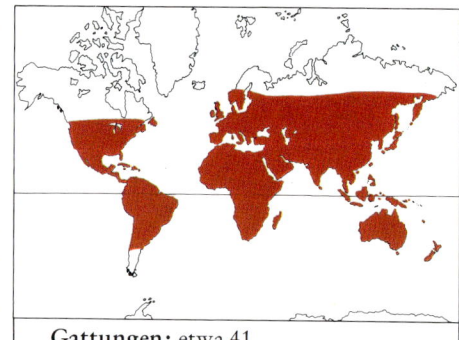

Gattungen: etwa 41
Arten: rund 400
Verbreitung: tropisch, einige Arten in gemäßigten Zonen
Nutzwert: Jute, Nutzholz und Zierbäume

TILIACEAE. **1.** *Triumfetta subpalmata:* Sproß mit Blüten und Früchten (× ²/₃). **2.** *Corchorus bullatus:* **a)** beblätterter Trieb mit schmalen Nebenblättern, Blüten und Früchten (× ²/₃); **b)** Kapsel, Wand entfernt, um Samen zu zeigen (× ²/₃). **3.** *Tilia platyphyllos:* Baum im Winter. **4.** *Grewia parvifolia:* **a)** blühender Sproß (× ²/₃); **b)** Blüte mit röhrenförmigem Kelch und freien, kleinen Kronblättern (× 5); **c)** Querschnitt durch vierfächerigen Fruchtknoten (× 10); **d)** Längsschnitt durch Gynoeceum (× 15). **5.** *Tilia petiolaris:* **a)** blühender Sproß (× ²/₃); **b)** halbierte Blüte (× 4); **c)** Querschnitt durch Fruchtknoten (× 6); **d)** Staubblätter (× 12); **e)** Früchte mit bleibendem Tragblatt (× ²/₃); **f)** Querschnitt durch Frucht (× 1 ¹/₂).

Die Tiliaceae sind eine mittelgroße Familie von Bäumen und Sträuchern, seltener Kräutern tropischer und gemäßigter Gebiete. Zu ihr gehören die Linden und wirtschaftlich wichtige Faserpflanzen (*Corchorus, Grewia*).

Verbreitung: Die Familie ist vor allem in der tropischen Zone der Erde weit verbreitet, so in Südamerika, Afrika und Südostasien. Die größte Gattung, *Grewia*, kommt im tropischen Afrika, Asien und Australien vor. *Triumfetta* ist eine wichtige Gattung der neuweltlichen Tropen. *Corchorus*, die einzige Gattung mit krautigen Arten, wächst in Afrika und Asien. Das Areal von *Sparmannia* reicht vom tropischen Afrika bis in die gemäßigten Zonen des Kaps der Guten Hoffnung. *Tilia* strahlt bis in die gemäßigten Zonen Europas und Nordamerikas aus.

Merkmale: Die wechselständigen Blätter sind zweizeilig, wobei sich beide Zeilen eher auf der oberen Seite der waagrechten Triebe befinden. Sie sind einfach, asymmetrisch und mit verzweigten Haaren bedeckt. Am Grunde des Blattstiels finden sich kleine Nebenblätter. Die Rinde ist oft faserig und enthält, wie die Blätter, Schleime.
Die Blüten werden in Cymen in den Blattachseln getragen. Sie sind gewöhnlich zwitterig, radiär, klein und grün, gelb oder weiß.

Häufig duften sie und sondern Nektar ab. Die 5 Kelchblätter sind frei und klappig oder verwachsen; die 5 Kronblätter weisen am Grunde Drüsenhaare auf. Bei einigen Arten kann die Krone fehlen. Die vielen Staubblätter sind zu Bündeln von je 5 bis 10 verbunden; diese stehen zuweilen auf einem Androgynophor.
Der oberständige Fruchtknoten besteht aus 2 bis 10 oder vielen verwachsenen Fruchtblättern mit je einer bis vielen Samenanlagen. Der einfache Griffel endet in einer kopfigen oder gelappten Narbe. Die mehrsamigen Früchte zeigen viele Formen, von den kugeligen, nußähnlichen Schließfrüchten von *Tilia* bis zu den runden Kapseln von *Corchorus* und *Sparmannia*. Die Samen enthalten Endosperm und einen gut ausgebildeten, geraden Embryo mit oft gelappten oder eingeschnittenen Keimblättern.

Systematik: Die Familie ist mit den Malvaceae verwandt (von denen sie sich durch Staubbeutel mit 4 Pollensäcken, statt 2, unterscheiden), daneben auch mit den Bombacaceae und Vitaceae.

Nutzwert: Die Gattung *Tilia* umfaßt mehrere Waldbäume mit wertvollem Holz: *Tilia cordata* (Winterlinde), *T. platyphyllos* (Sommerlinde) und *T. vulgaris* (Europäische Linde), *T. americana* (Amerikanische

Linde) und *T. japonica.* Das Holz von *Tilia cordata* ist besonders geeignet für die Herstellung von Möbeln und Musikinstrumenten, da es sich leicht bearbeiten läßt. Lindenblüten liefern einen ausgezeichneten Honig und Heiltee. Wegen der dekorativen Blätter und duftenden Blüten sind die Linden beliebte Zierbäume in öffentlichen Anlagen, Pärken und Alleen vieler europäischer Städte. *Sparmannia africana* (Zimmerlinde) wird im südlichen Afrika wegen ihrer schönen weißen Blütenbüschel angepflanzt und auch bei uns als Zimmerpflanze geschätzt.
Jute gewinnt man aus den Bastfasern von *Corchorus capsularis*, der vor allem im Ganges-Brahmaputra-Delta angebaut wird, in geringerem Maße auch aus *C. olitorius,* der in Afrika kultiviert wird. Die Blätter von *C. olitorius* dienen in den östlichen Mittelmeerländern als Gemüse. Fasern aus der Rinde vieler tropischer Bäume und Sträucher dieser Familie, z.B. Arten von *Grewia, Triumfetta* und *Clappertonia*, werden auch zur Herstellung von Seilen verwendet.

B.N.B.

STERCULIACEAE *Kakaogewächse*

Die vorwiegend tropische Familie der Sterculiaceae besteht aus Bäumen und Sträuchern sowie wenigen Kräutern und Kletter-

STERCULIACEAE. 1. *Dombeya burgessiae:* **a)** Blütenstand und Blatt mit Nebenblättern (× ²/₃); **b)** 2 äußere Staminodien und 3 fruchtbare Staubblätter (× 1¹/₂); **c)** Gynoeceum mit fünfteiliger Narbe (× 1¹/₂); **d)** Querschnitt durch fünffächerigen Fruchtknoten mit zentralwinkelständigen Samenanlagen (× 4). **2.** *Melochia depressa:* Habitus (× ²/₃). **3.** *Theobroma cacao:* **a)** aufgeschnittene, unreife Frucht mit Samen – die Kakaobohnen (× ²/₃); **b)** Blüten und junge Früchte, am Stamm sitzend (× ²/₃). **4.** *Cola acuminata:* **a)** blühender Sproß (× ²/₃); **b)** männliche Blüte (× ²/₃); **c)** Staubblattröhre (× 2); **d)** Gynoeceum (× 2); **e)** Querschnitt durch Fruchtknoten (× 2). **5.** *Sterculia rupestris:* Habitus.

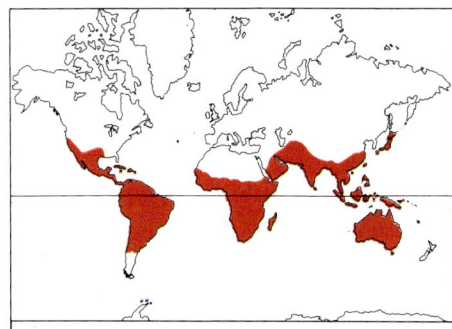

Gattungen: etwa 60
Arten: rund 700
Verbreitung: pantropisch
Nutzwert: Kakao und Kola, einige
Ziersträucher

pflanzen. Zu ihr gehören die wirtschaftlich wichtigen Gattungen *Cola* und *Theobroma* (Kakao).
Verbreitung: Die Familie ist pantropisch, mit Vertretern in den Subtropen.
Merkmale: Die wechselständigen, einfachen oder gelappten Blätter weisen hinfällige Nebenblätter auf. Viele Arten besitzen Sternhaare. Die radiären Blüten sind zwitterig oder eingeschlechtig, die Pflanzen einhäusig. Die 3 bis 5 Kelchblätter sind am

Grunde verwachsen, die 5 Kronblätter frei oder über eine Staubblattröhre miteinander vereint; häufig sind sie klein, gelegentlich fehlen sie ganz. Der äußere Staubblattkreis besteht oft aus Staminodien oder fehlt, während der innere Kreis Staubbeutel mit je 4 Pollensäcken trägt. Der oberständige Fruchtknoten besteht meist aus 2 bis 12 Fruchtblättern, selten auch aus mehr oder nur einem einzigen. Jedes Fach enthält 2 oder mehr zentralwinkelständige Samenanlagen. Die Griffel sind einfach oder gelappt, selten vollständig frei, die Früchte trocken, seltener beerenähnlich und zerfallen häufig in Teilfrüchte. Die Samen enthalten fleischiges, wenig oder kein Endosperm und einen gekrümmten oder geraden Embryo.
Systematik: *Sterculia*, die größte Gattung mit rund 300 Arten, trägt ihren Namen nach dem römischen Gott der Kloaken — Sterculius (lat. *stercus* bedeutet Mist) — aufgrund des Geruchs der Blüten und Blätter gewisser Arten. *Cola* ist eine weitere große Gattung mit rund 125 afrikanischen Arten. Die 30 oder 50 Arten von *Theobroma* sind in Amerika heimisch. Zu *Dombeya* gehören rund 350 Arten aus Afrika, Madagaskar und den Maskarenen. Diese Gattung wurde zu Ehren von J. Dombey (1742 bis 1794), einem französischen Botaniker, benannt, der Ruiz

und Pavon auf ihrer Expedition nach Südamerika begleitete. Andere wichtige Gattungen sind *Pterospermum* und *Reevesia* (40 bzw. 15 asiatische Arten), *Firmiana* (15 Arten, Afrika und Asien) und *Brachychiton* (11 Arten, Australien). Die Familie ist eng verwandt mit den Tiliaceae, Malvaceae und Bombacaceae.
Nutzwert: Die beiden wichtigsten Produkte aus dieser Familie sind der Kakao (*Theobroma cacao*) und Kola (*Cola nitida* und *C. acuminata*).
Zu den bekanntesten Zierpflanzen der Sterculiaceae gehören die hübschen Sträucher der beiden kleinen Gattungen *Fremontodendron* (Kalifornien und Mexiko) und *Abroma* (Asien und Australien). Es gibt mehrere schöne *Dombeya*-Arten und -Hybriden: große Sträucher mit malvenähnlichen, rosaroten oder weißen Blüten in aufrechten oder hängenden Büscheln. *Pterospermum acerifolium* (Indien) hat bemerkenswerte große, aufrechte, braunfilzige Blütenknospen, die sich zu lilienähnlichen Blüten öffnen und ein Büschel von etwa 12 cm langen Staubblättern freigeben. Das Laubwerk ist auffällig, zäh, filzig und in der Jugend bronzefarben; mit dem Alter verfärbt sich die Unterseite grau. *Reevesia thyrsoidea* (Hongkong) ist ein immergrüner

BOMBACACEAE. 1. *Bombax ceiba:* **a)** Habitus; **b)** gefingertes Blatt (× ²/₃); **c)** aufgeschnittene Blüte mit Kronblättern und zahlreichen Staubblattbündeln (× ²/₃); **d)** Gynoeceum mit oberständigem Fruchtknoten, einfachem Griffel und freien Narbenästen (× ²/₃); **e)** Querschnitt durch Fruchtknoten (× 3); **f)** Frucht mit in Haaren eingebetteten Samen (× ²/₃). 2. *Durio zibethinus:* **a)** stammbürtige Blüten mit Hochblattpaar, Kelch, Krone und
Staubblattröhre, die den Griffel umgibt (× ²/₃); **b)** Blatt (× ²/₃); **c)** stachelige (übelriechende) Durianfrucht (× ¹/₂); **d)** Längsschnitt durch Teil der
Frucht mit Samen (× ¹/₄).

Strauch mit endständigen, duftenden weißen Büscheln aus 45 bis 50 Blüten. Arten
von *Firmiana* und *Brachychiton* (Flaschen-
baum) werden ebenfalls kultiviert.   B.M.

BOMBACACEAE *Wollbaumgewächse*
Die Bombacaceae sind eine kleine Familie
tropischer Bäume mit auffallenden Blüten;
zu ihnen gehören die Affenbrot-, Balsa-,
Durian- und Kapokbäume.
Verbreitung: Die meisten Arten sind in
Südamerika zu finden, vor allem in Brasilien. Einige wenige kommen in Südostasien vor, und einige ungewöhnliche Arten
auch in Afrika und Madagaskar. Meist sind
es Bäume der Regenwälder Südamerikas
und der Savannen Afrikas.
Merkmale: Mehrere der baumförmigen Arten sind an trockene Standorte angepaßt
und deshalb von ungewöhnlichem Äußerem (z.B. *Adansonia digitata*, der Affenbrotbaum, *Cavanillesia platanifolia* in Kolumbien und Peru sowie Arten von *Chorisia*). Sie besitzen kleine Kronen und ungewöhnlich dicke, flaschen-, ei- oder faßför-
mige Stämme, die der Wasserspeicherung
dienen. Viele Arten sind laubwerfend und
verlieren ihre einfachen, handförmigen oder
gefingerten Blätter und Nebenblätter nach
jeder Regenzeit. Sie blühen während der

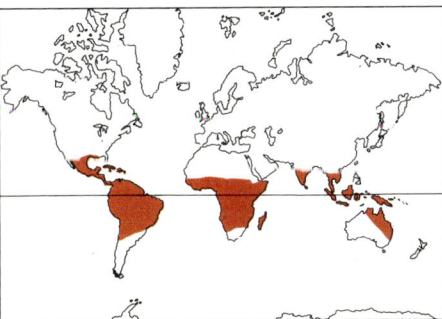

Gattungen: 20
Arten: etwa 180
Verbreitung: Tropen, vor allem
Regenwälder Südamerikas
Nutzwert: Der Affenbrotbaum wird
lokal (Afrika) genutzt, *Ceiba pentandra*
liefert Kapok und *Durio zibethinus*
Durianfrüchte

blattlosen Zeit. Die Blüten sind bei den
meisten Gattungen der Familie groß, aber
selbst kleine Blüten fallen durch weiße oder
leuchtende Farben auf. Sie sind immer
zwitterig und entspringen oft direkt den
Ästen oder Stämmen, bei einigen tropischen
Regenwald-Gattungen, etwa *Durio*, manch-

mal nahe am Boden. Kelch und Krone bestehen aus 5 Kelch- bzw. Kronblättern, die
gelegentlich zu einer Röhre verwachsen
sind. Außerhalb des Kelchs steht mitunter
ein weiterer, kelchblattähnlicher Kreis, der
Außenkelch. Die 5 bis zahlreichen Staubblätter sind frei oder röhrig verwachsen.
Der oberständige Fruchtknoten besteht aus
2 bis 5 verwachsenen Fruchtblättern mit je
2 bis zahlreichen Samenanlagen. Der Griffel
ist einfach und kopfig oder gelappt. Die
Frucht ist eine Kapsel mit glatten Samen,
die häufig von langen, baumwollartigen
Haaren umgeben sind. Die Haare von *Ceiba*
werden als Kapok gehandelt. Die Samen
enthalten wenig oder kein Endosperm.
Mehrere Arten der altweltlichen Gattung
Adansonia und ihrer Verwandten werden
durch Ameisen bestäubt, die als Kolonien
in den Dornen leben. Die Nektarien an
Blättern, Kelch und Blütenstielen bilden
eine wichtige Futterquelle der Ameisen,
welche die Blüten vor Schädlingen schützen.
Systematik: Wichtige Gattungen der
Familie sind *Adansonia*, *Bombax*, *Ceiba*
(Kapokbaum), *Durio* (Südostasien) und
Eriotheca, *Chorisia*, *Cavanillesia*, *Ochroma*
sowie *Matisia* (Bäume des tropischen Südamerika).

MALVACEAE. 1. *Malva sylvestris:* **a)** blühender Sproß (× ²/₃); **b)** Gynoeceum (× 4); **c)** Staubblätter und Grund der Krone (× 4); **d)** Frucht mit bleibendem Kelch, von oben (× 1¹/₂). **2.** *Malope trifida:* **a)** blühender Sproß (× ²/₃); **b)** junge Frucht, oberer Teil des Griffels entfernt (× 2); **c)** Längsschnitt durch junge Frucht (× 2); **d)** reife Frucht, in Kelch und Außenkelch eingeschlossen (× ²/₃); **e)** Blüte (× 1). **3.** *Hibiscus schizopetalus:* **a)** Sproß mit Blüte und Frucht – eine Kapsel (× ²/₃); **b)** Längsschnitt durch unteren Teil der Blüte, den Fruchtknoten mit zentralwinkelständigen Samenanlagen zeigend (× 1); **c)** Querschnitt durch den fünffächerigen Fruchtknoten (× 2).

Die Bombacaceae sind nahe verwandt mit den Malvaceae und wurden gelegentlich auch zu diesen gestellt. Da sie jedoch eine Gruppe eng verwandter Bäume mit glattem statt stacheligem Pollen bilden, werden sie meist gesondert behandelt.

Nutzwert: Die wahrscheinlich wichtigste Art aus wirtschaftlicher Sicht ist *Ochroma pyramidale,* die das Balsaholz liefert. Holz für die Herstellung von Zündhölzern, Kisten und Furnieren wird von verschiedenen *Bombax*-Arten gewonnen. Der Affenbrotbaum spielt eine wichtige Rolle im afrikanischen Stammesleben. Die Fruchthaare von *Ceiba pentandra* und *Bombax ceiba* (*B. malabaricum*) liefern Kapok. Die Arillen aus den Samen der begehrten Durianfrüchte (*Durio zibethinus*) sind wohlschmeckend, trotz ihres üblen Geruchs. C.J.H.

MALVACEAE *Malvengewächse*
Die Malvaceae sind eine kosmopolitische Familie von Kräutern, Sträuchern und Bäumen. Ihre bekanntesten Vertreter liefern Baumwolle, Okra und Chinajute. Zu ihnen gehören auch viele Gartenpflanzen, z.B. Stockrose (*Althaea*), Malve (*Malva*) und Eibisch (*Hibiscus*).
Verbreitung: Vertreter dieser Familie kommen fast auf der ganzen Erde vor, mit

Gattungen: rund 80
Arten: rund 1000
Verbreitung: kosmopolitisch, mit Schwerpunkt in Südamerika
Nutzwert: Fasern (Baumwolle, Kenaf, Chinajute), Früchte (Okra) und Zierpflanzen (Malve, Stockrose)

Ausnahme von sehr kalten Gebieten. Sie sind besonders reich im tropischen Südamerika vertreten. *Hibiscus* stellt die größte Gattung mit rund 300 weit verbreiteten, meist tropischen Arten; *Hibiscus trionum* und *H. roseus* sind die einzigen europäischen Arten. *Abutilon* ist vorwiegend tropisch, *Lavatera* mediterran. *Althaea* kommt in gemäßigten und warmen Zonen vor;

Althaea rosea ist die aus dem östlichen Mittelmeerraum stammende Stockrose. *Malva* selbst stammt aus nördlich-gemäßigten Gebieten.

Merkmale: Die Blätter sind wechselständig, nebenblattlos und häufig mit Sternhaaren versehen, die Blüten zwitterig, radiär und fünfzählig. Der Kelch besteht aus 5 freien, gelegentlich verwachsenen Kelchblättern. Er ist häufig von einem Außenkelch umgeben, den man als verwachsene Hochblätter oder aber als Nebenblätter interpretiert. Die Krone setzt sich aus 5 freien, in der Knospenlage meist gedrehten Kronblättern zusammen. Die zahlreichen Staubblätter vereinigen sich zu einer Röhre, die am Grunde mit der Krone verwachsen ist. Die Längsspaltung der Staubfäden führt dazu, daß die halben Staubbeutel nur 2 Pollensäcke besitzen. Der oberständige Fruchtknoten besteht aus 5 oder mehr verwachsenen Fruchtblättern mit zentralwinkelständiger Plazentation. Der Griffel ist verzweigt. Die Frucht ist eine trockene Kapsel oder Spaltfrucht, außer bei *Malvaviscus,* der Beeren trägt. Der Same ist oft mit feinen Haaren bedeckt, die häufig recht lang sind (z.B. bei *Gossypium*). Er enthält wenig oder kein Endosperm und einen geraden oder gekrümmten Embryo.

Systematik: Die Gliederung der Malvaceae ist recht problematisch, und die Ansichten über die Abgrenzung von Gattungen und Tribus gehen auseinander. In den meisten neueren Systemen werden 5 Tribus anerkannt:

MALOPEAE: Fruchtblätter in 2 oder mehreren Stockwerken; *Malope, Palaua* und *Kitaibelia*.

HIBISCEAE: Frucht eine fachspaltige Kapsel; *Hibiscus* und *Gossypium*.

MALVEAE: Spaltfrucht, Narben an den Griffelästen nach unten laufend; *Malva, Malvastrum, Lavatera, Althaea, Sidalcea* und *Hoheria*.

ABUTILEAE: Spaltfrucht, Narben an der Spitze der Griffeläste; *Abutilon, Sphaeralcea, Modiola* und *Sida*.

URENEAE: doppelt so viele Griffeläste wie Fruchtblätter; *Malvaviscus, Pavonia* und *Urena*.

Die Malopeae sind die primitivste Tribus; ihre Fruchtblätter stehen in 2 oder mehreren Stockwerken übereinander. Bei allen anderen Tribus stehen die Fruchtblätter in einem einzigen Kreis. Die Hibisceae, Malveae und Abutileae besitzen gleich viele Griffeläste wie Fruchtblätter. Die Ureneae sind möglicherweise die am stärksten abgeleiteten Tribus; sie weisen doppelt so viele Griffeläste wie Fruchtblätter auf. Die Malvaceae sind mit den Tiliaceae verwandt, unterscheiden sich von diesen jedoch durch die «halben» Staubbeutel und die verwachsenen Staubblätter. Vermutlich stammen sie von holzigen Vorfahren von *Tilia* ab.

Nutzwert: *Gossypium* liefert die Baumwolle und ist wirtschaftlich gesehen die weitaus wichtigste Gattung der ganzen Familie. Die jungen Früchte von *Hibiscus esculentus*, Okra, werden als Gemüse geschätzt. Mehrere Arten liefern Fasern, vor allem *Abutilon avicennae* (Chinajute) und *Hibiscus cannabina* (Kenaf). Verschiedene Arten von *Abutilon* (Schönmalve), *Althaea, Hibiscus, Lavatera* (Buschmalve), *Malope* (Trichtermalve), *Malvastrum* (Scheinmalve), *Pavonia, Sida* und *Sidalcea* (Präriemalve) sind Zierpflanzen. S.L.J.

SPHAEROSEPALACEAE

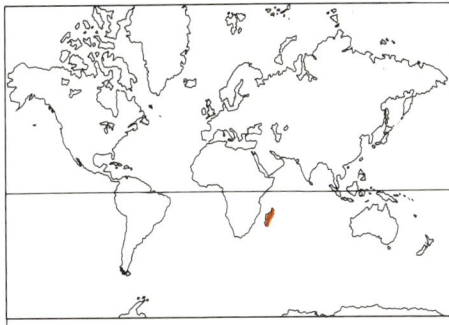

Gattungen: 2
Arten: 14
Verbreitung: Madagaskar
Nutzwert: keiner

Die Sphaerosepalaceae (Rhopalocarpaceae) sind eine kleine, auf Madagaskar heimische Familie von Bäumen und Sträuchern. Die Blätter sind einfach und mit Nebenblätter

versehen. Die radiären, zwitterigen Blüten bilden end- und achselständige Rispen oder Cymen. Sie weisen 4 oder 6 dachige Kelch- und 4 (selten 3) Kronblätter auf. Die zahlreichen Staubblätter sind am Grunde leicht verwachsen. Die Staubbeutel haben ein breites Konnektiv. Der gynobasische Griffel steht oft in der Mitte der 2 (seltener 4) Fruchtblätter des oberständigen Fruchtknotens. Dieser ist oft von einem breiten, becherartigen Diskus umgeben. Jedes Fruchtblatt enthält 2 bis 7 aufrechte, grundständige Samenanlagen. Die ein- oder zweisamige Frucht ist eine kugelige Beere oder besteht aus hornförmigen Teilfrüchten. Die Samen enthalten einen winzigen Embryo. *Rhopalocarpus* besteht aus 13 Arten, *Dialyceras* aus einer einzigen. Man nimmt an, daß die Familie mit den Thymelaeaceae verwandt ist; in Blättern und Blüten gleicht sie besonders *Gonystylus* (tropisches Asien); *Gonystylus* besitzt jedoch keine Nebenblätter, bringt 5 klappige Kelch- und Kronblätter hervor, und sein Diskus steht außerhalb der Staubblätter. Auch in den Fruchtmerkmalen unterscheidet er sich. Andere Bearbeiter brachten die Familie auch mit den Malvaceae oder den ebenfalls auf Madagaskar beschränkten Sarcolaenaceae in Verbindung. Gelegentlich wird die Familie auch bei den Cochlospermaceae untergebracht oder in die Nähe der Guttiferae oder Flacourtiaceae gestellt. Eine Nutzung ist nicht bekannt. D.J.M.

SARCOLAENACEAE

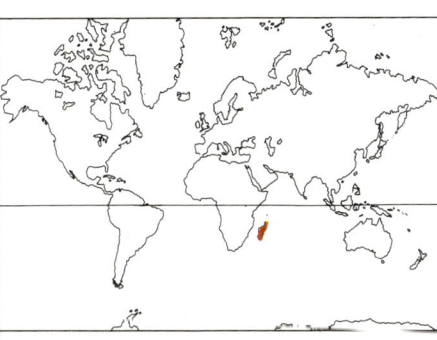

Gattungen: 8
Arten: 39
Verbreitung: östliches Madagaskar
Nutzwert: Holz, lokal für den Hausbau verwendet

Die Sarcolaenaceae (Chlaenaceae) sind eine kleine Familie stattlicher, vorwiegend auf die Regenwälder des östlichen Madagaskar beschränkter Bäume. Auch die Wälder der westlichen Abhänge waren ehemals von diesen Bäumen beherrscht, wurden jedoch durch mehrfaches Abbrennen zerstört und in Grasland verwandelt. Sie besitzen einfache, wechselständige Blätter mit Nebenblättern, häufig auffällige Blüten mit 3 bis 5 Kelchblättern, 5 bis 6 großen Kronblättern, oft einem Diskus, 5 bis 10 oder vielen Staubblättern und einem oberständigen Fruchtknoten aus einem bis 5 verwachsenen Fruchtblättern mit aufsteigenden oder hängenden Samenanlagen. Die Frucht ist eine

vielsamige Kapsel oder einsamige Schließfrucht, häufig von verholzten Hochblättern umgeben. Die Samen enthalten einen geraden Embryo und fleischiges oder hartes Endosperm.

Die größten Gattungen sind *Sarcolaena* (10 Arten), *Leptolaena* (12 Arten) und *Schizolaena* (7 Arten). Die Familie wird gewöhnlich mit den Malvaceae in Verbindung gebracht, mit denen sie die Schleimzellen im Mark gemeinsam hat. Der Bau des Blattstieles deutet jedoch eher auf eine nähere Beziehung zu den Dipterocarpaceae hin, die aber Harzkanäle besitzen. Der Pollen unterscheidet sich von demjenigen all dieser Familien. Obwohl die Sarcolaenaceae hier mit Vorbehalten den Malvales zugeordnet werden, stehen sie den Theaceae vermutlich näher.

Das Holz von *Leptolaena pauciflora* wird lokal für den Hausbau benutzt. Weitere Nutzungsweisen sind nicht bekannt. D.J.M.

URTICALES *Nesselartige*

ULMACEAE *Ulmengewächse*

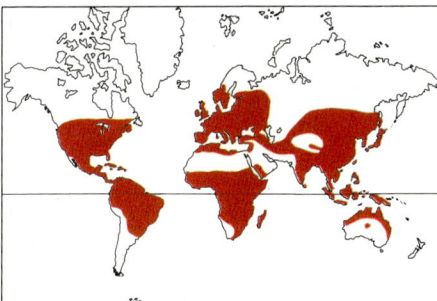

Gattungen: 16
Arten: rund 150
Verbreitung: ein nördlich-gemäßigtes und ein tropisch-subtropisches Verbreitungsgebiet
Nutzwert: wichtige Quelle von hochwertigem Hartholz; geschätzte Zierbäume

Die Ulmaceae wachsen als Bäume und Sträucher in tropischen und gemäßigten Gebieten. Ihre bekanntesten Vertreter sind die Ulmen.

Verbreitung: Die beiden Tribus der Ulmaceae zeigen eine unterschiedliche Verbreitung. Von den Ulmeae, der nördlich-gemäßigten Gruppe, ist eine Gattung, *Ulmus*, auf allen 3 nördlichen Kontinenten heimisch. Die anderen Gattungen sind weniger weit verbreitet, *Hemiptelea* und *Pteroceltis* z.B. in China und *Planera* in Nordamerika. *Holoptelea* kommt auf der indischen Halbinsel und in Westafrika vor. Die Celtideae sind vorwiegend tropische oder subtropische Pflanzen. Nur *Celtis* dringt in die gemäßigten Zonen vor; *Trema* ist pantropisch verbreitet. 3 der kleineren Gattungen sind auf das tropische Afrika und die malesische Region, 3 weitere auf die tropischen und subtropischen Gebiete Amerikas und eine auf Afrika beschränkt.

Merkmale: Alle Vertreter der Familie sind Bäume und Sträucher mit meist wechselständigen und einfachen Blättern. Die Nebenblätter werden bei der Entfaltung der Blätter abgeworfen. Die Blüten sind zwitterig oder eingeschlechtig, häufig grün, unauffällig und zu Büscheln vereint. An der Basis der Blütenhülle sitzen die Staubblätter; meist befindet sich vor jedem Kelchblatt ein Staubblatt. Der ein-, selten zweifächerige, oberständige Fruchtknoten (verkümmert in den männlichen Blüten) besteht aus 2 Fruchtblättern mit je einer hängenden Samenanlage. Die 2 Griffel weisen auf der Innenseite eine Narbenfläche auf. Die Frucht ist eine Nuß, Flügelnuß oder Steinfrucht. Der einzige Same enthält einen geraden Embryo und wenig bis kein Endosperm. Der Bau des Holzes ist unterschiedlich. Zu mehreren Gattungen gehören Arten, deren Gefäße wellenförmige, konzentrische Bänder bilden, das sogenannte «ulmiforme» Muster. Charakteristisch für die Familie ist vor allem das Fehlen von systematisch brauchbaren Inhaltsstoffen; Leucoanthocyane sind jedoch meist vorhanden.

Systematik: Die Ulmaceae werden in 2 Tribus unterteilt − die ULMEAE, mit fiedernervigen Blättern und flachen Samen ohne Endosperm, und die CELTIDEAE, die sowohl fiedernervige Blätter wie auch solche mit 3 dem Spreitengrund entspringende Hauptnerven besitzen. Die Samen sind gewöhnlich rund und enthalten zumindest etwas Endosperm. Die Hauptgattungen der Ulmeae sind *Holoptelea*, *Planera*, *Ulmus* und *Zelkova*, jene der Celtideae *Aphananthe*, *Celtis*, *Gironniera* und *Trema*.

Der Blütenbau der Ulmaceae ist demjenigen der größeren Familien der Moraceae und Urticaceae ähnlich. Die Moraceae unterscheiden sich von ihnen durch Milchröhren, die Urticaceae durch ihre meist krautige Form. In diesen Verwandtschaftskreis gehören möglicherweise auch die Eucommiaceae.

Nutzwert: Die Ulmaceae liefern wertvolle Nutzhölzer. Die meisten Arten von *Ulmus* besitzen hochwertiges Holz mit charakteristischer Maserung, das für die Herstellung von Möbeln und Pfählen geschätzt wird. Das Holz ist gegen Zerfall im Wasser besonders widerstandsfähig und wird daher für Unterwasserpfähle verwendet. Einige Arten von *Aphanante*, *Celtis* (Zürgelbaum), *Holoptelea*, *Trema* und *Zelkova* besitzen ebenfalls zähes Holz. Die Blätter einiger *Celtis*-Arten dienen als Viehfutter. Die groben Rindenfasern von *Celtis*-, *Trema*- und *Ulmus*-Arten werden lokal verwendet. Die einzigen eßbaren Früchte von einiger Bedeutung liefert *Celtis*. Das wichtigste Heilmittel ist die schleimhaltige Rinde von *Ulmus rubra*.   R.H.R.

MORACEAE *Maulbeergewächse*

Die Moraceae sind eine wirtschaftlich wichtige und wissenschaftlich interessante Familie von vorwiegend tropischen und subtropischen Bäumen und Sträuchern.

Verbreitung: Die Familie ist in den tropischen, subtropischen und zum Teil in den gemäßigten Zonen beider Hemisphären weit verbreitet.

Merkmale: Mit Ausnahme von *Cannabis*, *Dorstenia* und *Humulus* sind alle Vertreter Bäume oder Sträucher. Durch den Milchsaft, der Latex enthält, unterscheiden sich die meisten Moraceae von anderen verwandten Familien. Die Latex-Produktion beginnt bereits im Embryo und wird während der ganzen Lebensdauer der Pflanze aufrechterhalten. Die Funktion des Latex ist noch unbekannt. Die Blätter sind wechselständig, spiralig oder gegenständig, einfach oder gelappt, ganzrandig oder gezähnt. Nebenblätter werden ausgebildet. Die eingeschlechtigen, ein- oder zweihäusig verteilten und kleinen Blüten weisen 4 Blütenhüllblätter (5 bei *Cannabis* und *Humulus*) auf. Sie bilden Köpfchen oder Kätzchen. Einzelblüten besitzt nur die Gattung *Chlorophora*. Bei *Cannabis* und *Humulus* umgeben die weiblichen Blüten große, bleibende Tragblätter. Die männliche Blüte enthält 4 Staubblätter (selten eines oder 2, bei

ULMACEAE. 1. *Ulmus campestris:* **a)** Habitus; **b)** beblätterter Zweig (× ²/₃); **c)** blühender Zweig (× ²/₃); **d)** kronblattlose Blüte mit Kelch, 5 Staubblättern und 2 Griffeln; **e)** Staubbeutel von hinten (rechts) und von vorne (links) (× 24); **f)** Gynoeceum; Griffel mit Narbenfläche an der Innenseite (× 12); **g)** geflügelte Frucht (× 1). **2.** *Trema orientalis:* **a)** Zweig mit Blättern und Blüten (× ²/₃); **b)** Frucht (× 6). **3.** *Celtis integrifolia:* **a)** männliche Blüte mit 5 Staubblättern und behaartem, verkümmertem Fruchtknoten (× 6); **b)** zwitterige Blüte, 5 Staubblätter und Gynoeceum mit 2 an der Spitze gegabelten Griffeln (× 4); **c)** Längsschnitt durch Fruchtknoten mit der einzigen, hängenden Samenanlage (× 4).

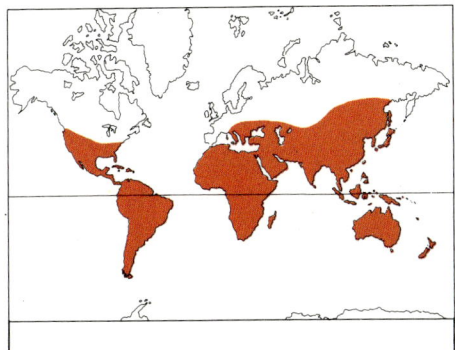

Gattungen: 75
Arten: rund 3000
Verbreitung: Schwerpunkt in den Tropen und Subtropen, wenige Arten in den gemäßigten Zonen
Nutzwert: Früchte (Feigen, Maulbeeren, Brotfrucht), Fasern (Hanf), Drogen (Haschisch) und Hopfen

knoten zu beobachten. *Artocarpus* hat z.B. oberständige Fruchtknoten, *Castilla* unterständige. Zwischenformen sind bei verwandten Gattungen deutlich zu erkennen. Die gleichen Übergänge sind auch innerhalb anderer Gattungsgruppen anzutreffen.

Die Fruchtstände sind sehr verschieden, wenn reif häufig eßbar. Ihr fleischiger Teil wird oft nicht durch den Fruchtknoten, sondern die verdickte Blütenachse gebildet, in der die Samen eingebettet sind (z.B. bei *Ficus* und *Artocarpus*). Manchmal ist die Frucht eine Nuß, die von bleibenden Tragblättern eingehüllt ist (z.B. bei *Humulus*).

Systematik: Das bekannteste System der Moraceae beruht auf den Blütenstandstypen und führt zur Bildung von 6 Tribus. Die Moraceae wurden auch schon zu den Urticaceae gerechnet; diese unterscheiden sich jedoch von ihnen durch die einfachen Griffel, die basale Samenanlage und das Fehlen von Milchsaft. Die Grenze zwischen den beiden Familien ist jedoch nicht scharf, da einigen Übergangsgattungen der Moraceae der Milchsaft fehlt (sie besitzen aber zumindest Schleimgänge). *Cannabis* und *Humulus* werden oft wegen ihrer fünfzähligen Blüten als selbständige Familie (Cannabaceae) abgetrennt.

Nutzwert: Die wichtigsten eßbaren Früchte sind Feigen (*Ficus*), Maulbeeren

(*Morus*) und die Brotfrucht (*Artocarpus*); weitere nutzbare Früchte liefern *Brosimum* und *Pseudolmedia*. Aus *Cannabis sativa* (Hanf) gewinnt man Hanffasern und Betäubungsmittel. Hopfen (*Humulus lupulus*) wird für die Verwendung in der Bierbrauerei angepflanzt; er gibt dem Bier den bitteren Geschmack. Latex von *Castilloa elastica* (Panama-Kautschuk) und einige *Ficus*-Arten wurden früher zur Gummiherstellung verwendet. Nutzholz liefern *Maclura* (Osage-Orange), *Chlorophora excelsa* (Afrikanischer Mahagoni) und *C. tinctoria* (Gelbholz). S.W.J.

URTICACEAE *Brennesselgewächse*
Die Urticaceae sind eine mittelgroße Familie, zu der z.B. *Urtica* (die Brennesseln nördlich-gemäßigter Gebiete) gehört.

Verbreitung: Die Familie ist in den meisten tropischen und subtropischen Zonen zu finden; sie ist in Australien jedoch verhältnismäßig schwach vertreten.

Merkmale: Die meisten Gattungen sind Kräuter oder kleine Sträucher. Eine der Tribus enthält vor allem Baumarten. Die Blätter sind wechsel- oder gegenständig und weisen Nebenblätter auf. Ihre Epidermis enthält meist auffallende Cystolithen. Die Blütenstände sind häufig Trugdolden, die oft zu Köpfchen zusammengezogen sind.

Cannabis und *Humulus* 5). Die weibliche Blüte besitzt 2 Fruchtblätter, von denen eines verkümmert ist (meist mit Ausnahme des Griffels). Der Fruchtknoten enthält eine einzige, hängende Samenanlage. Innerhalb der Familie der Moraceae ist ein Übergang von ober- zu unterständigen Frucht-

MORACEAE. **1.** *Ficus religiosa:* **a)** Sproß mit Fruchtständen und Blatt mit Träufelspitze (× ²/₃); **b)** Fruchtstand von unten (× ²/₃); **c)** gestielte und sitzende weibliche Blüten (× 5); **d)** unfruchtbare weibliche oder Gallenblüte (× 5); **e)** männliche Blüte (× 5). **2.** *Morus nigra:* **a)** Zweig mit Maulbeeren — Fruchtstand aus Nüssen, die von der fleischigen Blütenhülle umgeben sind (× ¹/₃); **b)** weiblicher Blütenstand (× 1¹/₂); **c)** weibliche Blüte (× 3). **3.** *Ficus benghalensis:* Banyanbaum. **4.** *Ficus carica:* Kulturfeige, Fruchtstand aus zahlreichen Nüssen in fleischigem Achsenbecher (× ¹/₂). **5.** *Artocarpus communis:* **a)** Fruchtstand aus zahlreichen Nüssen, fleischiger Blütenhülle und Fruchtstandsachse (× 1); **b)** weiblicher Blütenstand (× 1); **c)** Blatt (× ¹/₄).

Die grünlichen, radiären und eingeschlechtigen Blüten (meist einhäusig verteilt, selten zwitterig) besitzen fast immer 4 oder 5 Blütenhüllblätter. Die männlichen Blüten bringen 4 bis 5 Staubblätter hervor, die in der Knospe meist nach unten und innen gebogen sind und zur Reifezeit zurückschnellen. Der oberständige Fruchtknoten besteht aus einem Fruchtblatt und weist eine einzige, aufrechte und grundständige Samenanlage auf. Er ist eingrifflig. Die Frucht ist meist eine Nuß; der Samen enthält reichlich Endosperm und einen geraden Embryo.

Systematik: Die Familie wird vor allem aufgrund von Blütenmerkmalen in 6 Tribus unterteilt. Die URTICEAE sind an den Brennhaaren zu erkennen. Zu dieser Tribus gehören *Urtica* (50 Arten) und die weitverbreitete tropische Gattung *Urera* (35 Arten) mit bleibender, fleischiger Blütenhülle und somit beerenähnlicher Frucht. Zu den Urticeae gehört auch *Laportea* (Australien) mit baumförmigen Vertretern. Die größte Tribus sind die PROCRIDEAE. Die Blütenhülle der weiblichen Blüte ist dreizählig, die Narbe pinselförmig. Hierher gehört *Pilea*, eine weit verbreitete tropische Gattung, zu der die sogenannte «Kanonier-Pflanze» (sie verdankt ihren Namen dem explosionsartigen Ausschleudern des Pollens), *Elatostema* und die tropische, asiatische und polynesische *Pellionia* gehören. Die männlichen Blüten der kleinen Tribus der FORSKOHLEEAE (mit *Forskohlea*, 6 Arten von den Kanarischen Inseln bis in die Karibik) bestehen aus einem einzigen Staubblatt. Die Tribus PARIETARIEAE unterscheidet sich von den BOEHMERIEAE durch eine Hochblatthülle aus verwachsenen Vorlättern. Ihre größte Gattung ist *Parietaria* (30 Arten) mit zwitterigen Blüten — eine Ausnahme in dieser Familie. Zu den Boehmerieae gehören die Gattungen *Boehmeria* (100 Arten, tropische und nördliche, subtropische Gebiete) und *Maoutia* (15 Arten, von Indonesien bis Polynesien). Die weiblichen Blüten von *Maoutia* sind insofern ungewöhnlich, als sie keine Blütenhülle aufweisen. Die Tribus CONOCEPHALEAE umfaßt *Cecropia* (Bäume mit leichtem Holz, das zum Bau von Flossen verwendet wird) und *Poikilospermum* (20 Arten, vom Osthimalaja bis nach Südchina und Malaysia). Sie unterscheidet sich von den übrigen Gattungen der Familie durch aufrechte Staubblätter und wurde deshalb (und wegen anderer Merkmale) früher zu der verwandten Familie der Moraceae gestellt. Diese Ansicht wird heute immer noch allgemein geteilt. Der Milchsaft der meisten Gattungen der Moraceae wie auch ihr Fruchtbau ergeben aber gute Unterscheidungsmerkmale. Die Ulmaceae gehören ebenfalls in diesen Verwandtschaftskreis.

Nutzwert: *Urtica dioica*, die Große Brennnessel, ist ein verbreitetes, hartnäckiges Unkraut, das in kleinen Mengen Bastfasern liefert. Fasern von anderen Vertretern dieser

Gattungen: etwa 45
Arten: über 1000
Verbreitung: in den meisten tropischen und gemäßigten Gebieten
Nutzwert: Ramiebast und mehrere lästige Unkräuter

URTICACEAE. **1.** *Pilea microphylla:* **a)** Knospe einer männlichen Blüte (× 10); **b)** männliche Blüte (× 12); **c)** Blütenhülle der weiblichen Blüte (× 24); **d)** Gynoeceum (× 24); **e)** Längsschnitt durch Fruchtknoten (× 24). **2.** *Parietaria judaica:* **a)** zwitterige Blüte (× 4); **b)** ausgebreitete Blütenhülle, den einfachen Griffel mit behaarter, kopfiger Narbe zeigend (× 6). **3.** *Forskohlea angustifolia:* männliche Blüte (× 6). **4.** *Myrianthus serratus:* **a)** Sproßabschnitt mit blattachselständigem Blütenstand (× ²/₃); **b)** Längsschnitt durch Fruchtknoten (× 8); **c)** Staubblatt, Pollen entlassend (× 18); **d)** Früchte (× ²/₃). **5.** *Urtica magellanica:* **a)** blühender Sproß (× ²/₃); **b)** Knospe einer männlichen Blüte (× 10); **c)** männliche Blüte (× 12); **d)** halbierte männliche Blüte mit becherförmigem, verkümmertem Fruchtknoten (× 12); **e)** weibliche Blüte (× 12).

Familie, vor allem von *Boehmeria nivea* (Ramiebast oder «Chinagras»), werden in der Textilindustrie verarbeitet.   I.B.K.R.

LECYTHIDALES

LECYTHIDACEAE *Deckeltopfbäume*

Die Lecythidaceae sind eine Familie tropischer Bäume, deren bekannteste Art, *Bertholletia excelsa*, die Paranüsse liefert.

Verbreitung: Das Verbreitungszentrum der Familie liegt in den Regenwäldern des tropischen Südamerika. Einige Gattungen sind afrikanisch oder asiatisch.

Merkmale: Die Blätter der großen, einfachen, sehr niedrigen bis sehr großen Bäume stehen spiralig in Büscheln an den Zweigenden. Sie besitzen meist eine Ölbehälter. Nebenblätter sind nur selten vorhanden. Die zwitterigen Blüten bilden bis zu 1 m lange Ähren (z.B. bei *Couroupita guianensis*). Die Ähren sind endständig oder entwickeln sich an Seitentrieben oder am alten Holz. Sie sind im allgemeinen groß und auffällig, in Schattierungen von Rot, Rosa, Gelb und Weiß. Die oft weit herausragenden, zahlreichen Staubblätter verleihen ihnen ein flauschiges Aussehen. Die Blühdauer ist meist kurz. Die Blüten von

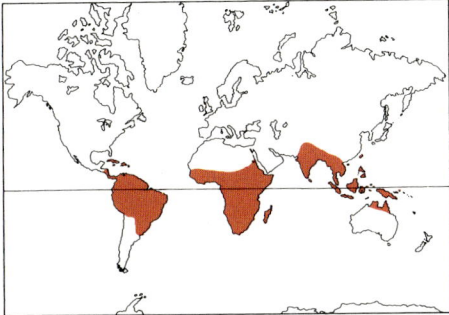

Gattungen: etwa 20
Arten: rund 450
Verbreitung: Tropen, mit Schwerpunkt in Südamerika
Nutzwert: Nüsse (Para- und Paradiesnüsse), Nutzholz

Barringtonia sind nur eine Nacht lang geöffnet, und die Staub- und Kronblätter fallen bei Tagesanbruch ab. Die radiären oder zygomorphen Blüten besitzen 4 bis 6 freie oder zu einer Röhre verwachsene Kronblätter, die bei *Foetidia* fehlen. Die Staubblätter sind miteinander und mit dem Grunde der Kronblätter verwachsen und stehen in einem oder mehreren Kreisen. Der Fruchtknoten besteht aus 2 bis 6 Fruchtblättern, die mit der Blütenachse vollständig verwachsen oder teilweise darin eingesenkt sind. Jeder der 6 oder mehr Fächer weist eine bis viele Samenanlagen auf. Der Griffel ist einfach, die Narbe gelappt oder scheibenförmig. Die Bestäubung erfolgt häufig durch Fledermäuse, die von den duftenden Blüten angelockt werden. Die meist großen Früchte sind außen fleischig, innen hart und verholzt. Sie öffnen sich oft mit einem Deckel. Der Same ist groß, holzig und enthält kein Endosperm.

Systematik: *Barringtonia*, die größte Gattung der Alten Welt (Südostasien und Afrika) umfaßt bekannte Bäume. Weitere Gattungen sind *Careya*, *Combretodendron*, *Crateranthus*, *Foetidia*, *Napoleona* und *Planchonia*. Die meisten Lecythidaceae sind in Südamerika heimisch, besonders die wirtschaftlich wichtigsten. Zu ihnen gehören *Bertholletia*, *Couroupita*, *Grias*, *Gustavia* und *Lecythis*. In einigen Systemen werden die afrikanischen und asiatischen Gattungen als eigene Familie, Barringtoniaceae, abgetrennt. Hutchinson bildete aus den afrikanischen Gattungen *Crateranthus* und *Napoleona* sowie einer amerikanischen Gattung, *Asteranthus*, eine weitere selbständige Familie, die Napoleonaceae.

LECYTHIDACEAE. **1.** *Gustavia pterocarpa:* **a)** blühender Sproß (× ²/3); **b)** Blüte, Krone und Staubblätter entfernt, Griffel mit gelappter Narbe zeigend (× ²/3). **2.** *Napoleona imperialis:* **a)** kronblattlose Blüte mit mehreren Staubblattwirteln und äußerstem, tellerförmigem und kronblattartigem Staminodialkreis (× ²/3); **b)** halbierte Blüte, Kelch und Staminodien entfernt, mit fruchtbaren äußeren Staubblattwirteln, welche die Blütenachse mit abgeflachtem Griffel umgeben (× 1¹/3); **c)** Frucht mit Deckel (× ²/3). **3.** *Barringtonia racemosa:* **a)** Ähre; Blüten mit zahlreichen Staubblättern (× ²/3); **b)** Längsschnitt durch Blütengrund mit in Blütenachse eingesenktem Fruchtknoten (× 2); **c)** Frucht (× ²/3).

VIOLACEAE. 1. *Anchietea salutans:* fruchtender Sproß mit wechselständigen Blättern (× 2/3). **2.** *Rinorea moagalensis:* halbierte Blüte, mit am Grunde verwachsenen Filamenten und Staubbeuteln mit häutiger Verlängerung des Konnektivs (× 10). **3.** *Viola hederacea:* **a)** Habitus (× 2/3); **b)** Längsschnitt durch die Blüte, die zygomorphen Kronblätter und die den Fruchtknoten anliegenden Staubbeutel zeigend (× 4). **4.** *Corynostylis hybanthus:* **a)** Sproß mit Blatt und Blütenstand (× 2/3); **b)** Querschnitt durch den ungefächerten Fruchtknoten mit zahlreichen Samenanlagen an parietalen Plazenten (× 4). **5.** *Hybanthus (Ionidium) enneaspermum* var. *latifolium:* aufspringende Kapsel (× 4). **6.** *Hymenanthera obovata:* beblätterter Sproß mit Früchten (× 2/3).

Traditionsgemäß wird die Familie in die Nähe der Myrtaceae gestellt oder sogar darin eingeschlossen, da die beiden Familien viele gemeinsame Merkmale besitzen (vor allem Blütenmerkmale). Es bestehen jedoch wichtige Unterschiede in der Entwicklung des Embryos und in der Anatomie. Nähere Verwandte sind vermutlich Vertreter der Malvales, da bei einigen Gattungen der Lecythidaceae neben der Ähnlichkeit der Blüten auch die für diese Ordnung so charakteristischen Schleimkanäle vorhanden sind.

Nutzwert: *Bertholletia excelsa* liefert die Paranuß; noch besser sollen die Sapucaja- und Paradiesnüsse einiger *Lecythis*-Arten schmecken. Die Früchte dieser 2 Gattungen sind holzige, topfartige Deckelkapseln. Die leeren Kapseln werden angeblich als Affenfallen verwendet — daher die Bezeichnung «Affentopf». *Couroupita guianensis* (Kanonenkugelbaum, Südamerika) wird wegen ihrer 10 cm großen, süß duftenden roten und gelben Blüten und den auffälligen roten Früchten von 15 bis 20 cm Druchmesser — den «Kanonenkugeln» — als Zierpflanze gezogen. *Lecythis grandiflora* («Guyana-Warnara»), *Careya* (Malaya und Indien) und *Bertholletia excelsa* (Brasil-Nußbaum) liefern Nutzholz. S.W.J.

VIOLALES *Veilchenartige*

VIOLACEAE *Veilchengewächse*
Die Violaceae sind eine mittelgroße Familie ausdauernder (selten einjähriger) Kräuter und Sträucher; zu ihnen gehören z.B. die Veilchen und Stiefmütterchen.
Verbreitung: Die Familie ist weltweit verbreitet, jedoch typischer für die gemäßigten Zonen; in den Tropen besiedelt sie eher gebirgige Regionen.
Merkmale: Die meisten Arten weisen einfache, wechselständige Blätter mit kleinen Nebenblättern auf. Nur *Hybanthus* und *Ionidium* enthalten Arten mit gegenständigen Blättern. Die Blüten stehen in Trauben oder einzeln in den Blattachseln. Sie sind radiär (mit Ausnahme von *Viola*), zwittrig und tragen 5 Kelch- und Kronblätter. Die Filamente der 5 Staubblätter sind meist am Grunde zu einem Ring verwachsen, der den Fruchtknoten umgibt. Der einfächerige Fruchtknoten ist oberständig, besteht aus 3 verwachsenen Fruchtblättern mit zahlreichen Samenanlagen an parietalen Plazenten und trägt einen meist einfachen Griffel. Die Frucht ist häufig eine Kapsel. Sie öffnet sich, oft explosiv, dem Mittelnerv der Fruchtblätter entlang mit 3 oder 5 Klappen.

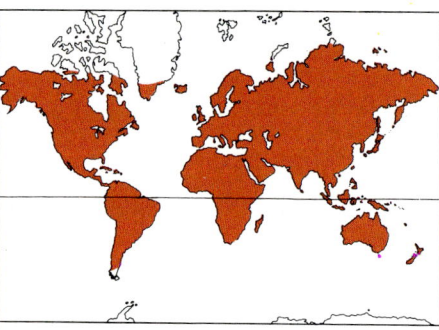

Gattungen: 22
Arten: rund 900
Verbreitung: kosmopolitisch, hauptsächlich in gemäßigten Zonen
Nutzwert: geschätzte Zierpflanzen (Veilchen und Stiefmütterchen), Verwendung zum Parfümieren und Würzen

Die Samen sind meist kugelig und bei einigen tropischen, kletternden Arten geflügelt. Sie enthalten einen geraden Embryo und fleischiges Endosperm.
Alle *Viola*-Arten bringen ungleiche Kronblätter hervor. Das unterste, oft größte Kronblatt, bildet einen Sporn. Durch ihre Farbe und ihren Geruch locken die Kron-

FLACOURTIACEAE. 1. *Oncoba spinosa:* **a)** blühender Trieb, mit seitlichen Dornen bewaffnet (× ²/₃); **b)** Querschnitt durch die Frucht (× ²/₃);
c) ganze Frucht, unten Blütenreste (× ²/₃). 2. *Idesia polycarpa:* **a)** hängender Blütenstand (× ²/₃); **b)** Querschnitt durch den ungefächerten Fruchtknoten mit Samenanlagen an 5 großen, parietalen Plazenten (× 2); **c)** Längsschnitt durch die weibliche Blüte mit verzweigten Griffeln (× 2);
d) männliche Blüte mit zahlreichen, kurzen Staubblättern (× 2); **e)** reife Früchte (× ²/₃). 3. *Azara microphylla:* **a)** blühender Sproß (× ²/₃); **b)** Längsschnitt durch die Blüte mit nur einem Griffel und großen Staubblättern (× 9); **c)** Teil des Blütenstandes (× 3); **d)** Querschnitt durch den ungefächerten Fruchtknoten (× 18).

blätter Insekten an, die vermutlich durch
Linienmuster — farbige Streifen (Saftmale)
auf den Kronblättern — zum Sporn geführt
werden. Vom Grund der 2 untersten Staubblätter wird Nektar in den Sporn abgegeben. Um ihn zu erreichen, muß das Insekt die Narbe berühren; diese wird durch
den mitgebrachten Pollen bestäubt. Zugleich berührt es die Anhängsel der Staubbeutel. Dadurch wird Blütenstaub auf seinen Rücken geschüttelt, den es dann zur
Narbe einer anderen Blüte trägt. Viele
Viola-Arten besitzen kleine, unauffällige,
kleistogame Blüten, die sich nie öffnen und
selbstbestäubend sind.
Systematik: Die Hauptgattungen bilden
Viola (rund 400 Arten von hauptsächlich
im gemäßigten Norden verbreiteten Kräutern, daneben auch einige kleine Sträucher),
Rinorea (*Alsodeia*, ungefähr 340 Sträucher
tropischer und gemäßigter Zonen), *Hymenanthera* (7 Straucharten aus Australien,
Neuseeland und von der Insel Norfolk),
Paypayrola (7 Arten tropischer, südamerikanischer Sträucher), *Hybanthus* (rund
150 Arten tropischer und subtropischer
Kräuter), *Anchietea* (8 Arten von Sträuchern
und Lianen aus dem tropischen Südamerika), *Leonia* (6 Arten tropischer, südamerikanischer Sträucher) und *Corynostylis* (4

Arten tropischer, amerikanischer Sträucher).
Die Violaceae haben ihre engsten verwandtschaftlichen Beziehungen zu den Flacourtiaceae; möglicherweise bestehen auch Verbindungen zu den Resedaceae.
Nutzwert: Mit Ausnahme von *Viola* sind
die Violaceae wirtschaftlich wenig bedeutend. *Viola odorata* (Wohlriechendes Veilchen) wird in Südfrankreich zur Gewinnung ätherischer Öle angebaut, die zur
Herstellung von Parfümen, Aromastoffen,
Kosmetika und eines sehr süßen, veilchen-
farbenen Likörs (parfait amour) verwendet
werden. Man bewahrt die Blüten auch als
kandierte Veilchen in Zucker auf, vor allem
zu Dekorationszwecken. Viele *Viola*-Arten
sind beliebte Zierpflanzen (Stiefmütterchen
und Veilchen). Die Gartenstiefmütterchen
sind eine Gruppe von Hybriden (*Viola* ×
wittrockiana).
Einige Arten sind von beschränkter medizinischer Bedeutung: Die Wurzel von *Hybanthus ipecacuanha* etwa wird als Ersatz
für echte Brechwurz als Brechmittel verwendet. Auch die Wurzeln von *Anchietea
salutaris* dienen als Brechmittel sowie zur
Behandlung von Halsschmerzen und lym-
phatischer Tuberkulose; die Wurzeln von
Corynostylis hybanthus wirken ebenfalls als

Brechmittel.
Als Gemüse werden die schleimigen Blätter von *Viola verucunda*, die früher in
China angebaut wurde, gegessen. Das sehr
weiche Holz von *Melicytus ramiflorus* wird
in Neuseeland zu Holzkohle verarbeitet;
diese dient zur Herstellung von Schieß-
pulver. Die Pflanze wird auch gerne vom
Vieh gefressen.   B.N.B.

FLACOURTIACEAE

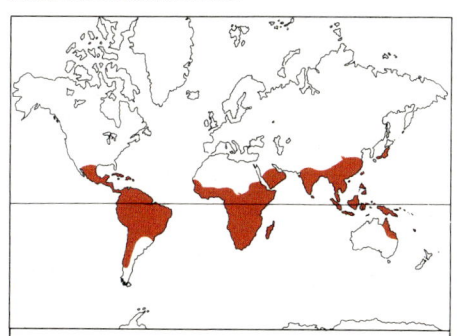

Gattungen: 89
Arten: rund 1250
Verbreitung: tropisch und subtropisch,
wenige in gemäßigten Gebieten
Nutzwert: wenige Zierpflanzen;
Chaulmoogra-Öl und Nutzholz

Die Flacourtiaceae sind eine große, hauptsächlich aus Bäumen bestehende Familie von begrenzter wirtschaftlicher Bedeutung.

Verbreitung: Die Familie ist in den Tropen und Subtropen weit verbreitet. Einige Arten kommen in den gemäßigten Zonen vor.

Merkmale: Die Blätter sind einfach, wechsel-, gegen- oder quirlständig, gezähnt oder ganzrandig. Die Zweige sind manchmal dornig, die Blüten radiär, zwitterig oder eingeschlechtig und zweihäusig. Sie stehen selten einzeln, meist jedoch in achsel- oder endständigen, traubigen, schirmförmigen oder rispigen Blütenständen. Die Blütenhülle kann manchmal nicht deutlich in Kelch und Krone geschieden werden. Es sind 2 bis 16 freie, sich überlappende oder gedrehte Kelchblätter vorhanden. Die normalerweise überlappenden oder gedrehten, manchmal verwachsenen Kronblätter sind gewöhnlich ziemlich klein und mit den Kelchblättern gleichzählig. In seltenen Fällen sind sie mehrzählig und stehen dann ohne symmetrische Beziehung zu den Kelchblättern. Sie können auch fehlen. Die Kronblätter sind meist hypogyn oder mehr oder weniger perigyn und können innen am Grunde einen schuppenartigen Auswuchs haben.

Die Staubblätter sind oft zahlreich, manchmal mit den Kronblättern gleichzählig, vor denen sie dann stehen. Die Filamente können frei oder zu Bündeln verwachsen sein und mit Drüsen abwechseln; selten sind sie zu einer Röhre verwachsen. Die Staubbeutel öffnen sich meist mit Längsrissen, selten mit Poren. Die Lage des einfächerigen Fruchtknotens variiert von oberständig über halbunterständig bis unterständig. Er besteht aus 2 bis 10 verwachsenen Fruchtblättern, die mehrere Samenanlagen an 2 bis 10 parietalen Plazenten enthalten. Die Griffel sind frei oder verwachsen, selten stark verzweigt oder fehlend und — wie auch die Narben — von gleicher Zahl wie die Fruchtblätter. Die Früchte sind Kapseln, Beeren, Steinfrüchte, trockene und geflügelte Schließfrüchte, hornig oder stachlig und enthalten Samen, die manchmal einen Arillus oder seidige Haare und meist viel Endosperm besitzen. Der Embryo ist gerade oder gekrümmt, die Kelchblätter breit.

Systematik: Aufgrund der Blütenmerkmale ergeben sich 12 Tribus. Die Hauptgattungen sind: *Erythrospermum* (6 Arten, Madagaskar, Sri Lanka, Burma, China, Malesien, Polynesien), *Hydnocarpus* (40 Arten, Indomalaysia), *Scolopia* (45 Arten, tropisches und südliches Afrika, Asien und Australien), *Homalium* (200 Arten, Tropen und Subtropen), *Flacourtia* (15 Arten, tropisches und südliches Afrika, Maskarenen, Südostasien, Malesien und Fidschiinseln), *Azara* (10 Arten, südliches Bolivien und Brasilien bis Chile und Argentinien), *Xylosoma* (100 Arten in warmen Regionen) und *Casearia* (160 tropische Arten).

Stammesgeschichtlich stehen die Flacourtiaceae zwischen den Dilleniaceae und Tiliaceae und stellen die ursprünglichste Familie der Violales dar. Das heißt jedoch nicht, daß sie die Vorfahren anderer Familien dieser Ordnung sind, sondern daß sie die am wenigsten hoch entwickelte von mehreren parallel verlaufenden Entwicklungslinien bilden.

Nutzwert: Zierpflanzen sind *Oncoba spinosa*, *Berberidopsis corallina*, *Carrierea calycina* und *Idesia polycarpa*. *Hydnocarpus wightiana* (SW-Indien) und *Taraktogenos kurzii* (Burma) haben Samen, die das zur Leprabehandlung verwendete Chaulmoogra-Öl enthalten. *Gossypiospermum praecox* liefert ein Nutzholz.   B.M.

LACISTEMATACEAE

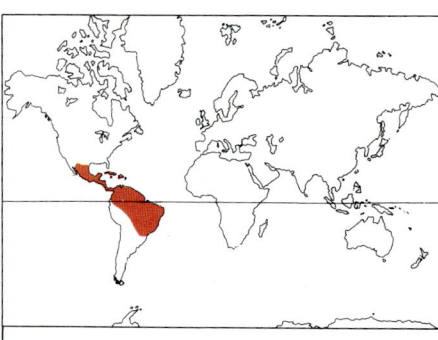

Gattungen: 2
Arten: 27
Verbreitung: tropisches Amerika, Westindische Inseln
Nutzwert: keiner

Die Lacistemataceae sind eine kleine Familie tropischer Sträucher.

Verbreitung: Die Familie ist auf den Westindischen Inseln und im tropischen Amerika beheimatet.

Merkmale: Die Blätter sind einfach und wechselständig und weisen keine oder 2 kleine, hinfällige Nebenblätter auf. Die sehr kleinen, grünen Blüten besitzen keine Kronblätter. Sie sind eingeschlechtig oder zwittrig und eng zu achselständigen Ähren oder Trauben gebündelt. Jede Blüte steht in der Achsel eines breiten, schuppenförmigen Tragblattes; außerdem besitzen sie 2 Vorblätter. Die 4 bis 6 Kelchblätter sind unterschiedlich groß oder fehlen. Der Blütenboden ist zu einem fleischigen, konkaven Diskus verbreitert, der ein einziges, oft gespaltenes Staubblatt trägt. Der oberständige, ungefächerte Fruchtknoten besteht aus 2 oder 3 verwachsenen Fruchtblättern. Die 2 oder 3 parietalen Plazenten tragen je eine oder 2 hängende Samenanlagen. Der kurze Griffel trägt 2 oder 3 sitzende Narben. Die Frucht ist eine Kapsel mit einem bis 3 Samen. Jeder Same enthält einen geraden, von reichlich fleischigem Endosperm umgebenen Embryo.

Systematik: Die beiden Gattungen dieser Familie können aufgrund von vegetativen wie auch von Blütenmerkmalen unterschieden werden. *Lacistema* (20 Arten) besitzt ganzrandige Blätter und ährenartige Blütenstände mit auffälligen Tragblättern, während *Lozania* (7 Arten) gezähnte Blätter und traubige Blütenstände mit kleinen Tragblättern aufweist.

Die Familie hat große Ähnlichkeit mit den Flacourtiaceae.

Nutzwert: keine wirtschaftliche Nutzung bekannt.   S.R.C.

PASSIFLORACEAE
Passionsblumengewächse

Die Passifloraceae sind eine mittelgroße Familie von Lianen, Bäumen, Sträuchern und Kräutern, von denen einige Arten prächtige Blüten und eßbare Beeren hervorbringen.

Verbreitung: Die Familie ist in den Tropen und Subtropen beheimatet. *Passiflora* ist mit 400 bis 500 Arten in den wärmeren Teilen Amerikas, mit wenigen Arten in Asien und Australasien und einer Art in Madagaskar verbreitet, wird aber weltweit kultiviert. *Adenia* umfaßt ungefähr 80 Arten im tropischen Afrika und Asien. 13 Gattungen sind auf das tropische und subtropische Afrika beschränkt.

Merkmale: Die Pflanzen sind Bäume, Sträucher oder oft Lianen, deren Ranken als umgebildete, unfruchtbare Blütenstiele aufgefaßt werden. Die wechselständigen, ganzrandigen oder gelappten Blätter weisen kleine, oft hinfällige Nebenblätter auf. Die Blüten sind radiär und meist zwitterig, weniger häufig eingeschlechtig und dann meist einhäusig (nur bei *Adenia* zweihäusig). Der einblütige Blütenstandsstiel ist gegliedert und mit 3 kelchartigen Hochblättern versehen. Die 5 Kelchblätter sind frei oder am Grunde verwachsen. Die normalerweise 5 Kronblätter können gelegentlich fehlen und wie die Kelchblätter frei oder am Grunde verwachsen sein. Dem Rand der Blütenachse sind, innerhalb der Kronblätter, oft eine oder mehrere Reihen kron- oder staubblattähnlicher, fadenartiger Fortsätze eingefügt, die eine Nebenkrone bilden. Die Staubblätter sind den Kronblättern oft gleichzählig und stehen vor ihnen. Oft stehen sie an einem Androgynophor. Der oberständige Fruchtknoten ist einfächerig und besitzt 3 bis 5 parietale Plazenten und zahlreiche Samenanlagen. Die Griffel sind frei oder verwachsen, die 3 bis 5 Narben kopfig oder scheibenförmig. Die Frucht ist eine Beere oder Kapsel. Die Samen werden von einem weichen, saftigen Arillus umgeben und enthalten fleischiges Endosperm und einen großen, geraden Embryo.

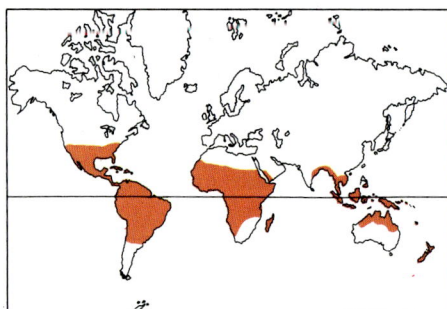

Gattungen: 20
Arten: rund 600
Verbreitung: tropisch und subtropisch, hauptsächlich in Amerika und Afrika
Nutzwert: Einige Arten von *Passiflora* werden wegen ihrer eßbaren Früchte (Passionsfrucht, Granadilla) und als Zierpflanzen kultiviert

Systematik: *Passiflora* ist die einzige wichtige Gattung. *Smeathmannia*, *Soyauxia* und *Barteria* (Afrika) sind aufrechte Sträucher ohne Ranken und werden als die ursprünglichsten Vertreter der Familie angesehen. Sie verbinden die Passifloraceae mit den Flacourtiaceae. Beide Familien zeichnen sich durch Fruchtknoten mit parietaler Plazentation aus. Die Passifloraceae sind jedoch stärker abgeleitet, da sie einen perigynen Kelch und eine perigyne Krone, eine Nebenkrone und Ranken besitzen. Die Familie wird auch als Verwandte der Cucurbitaceae und Loasaceae angesehen. In neueren Arbeiten werden alle diese Familien als sehr eng verwandt betrachtet.

Nutzwert: Zwischen 50 und 60 Arten von *Passiflora* tragen eßbare Früchte, aber nur wenige werden zu kommerziellen Zwecken kultiviert. *Passiflora quadrangularis* (die Melonen-Granadille) wird wegen ihrer saftigen, bis zu 25 cm langen, eßbaren Früchte überall in den Tropen angebaut. Auf Hawaii bildet *P.edulis* var. *flaviocarpa* (die Gelbe Passionsfrucht) die Grundlage eines ganzen Industriezweiges — der Gewinnung des Passionsfruchtsaftes. In Australien, Indien und auf Sri Lanka wird *P.edulis* (die Passionsfrucht oder Purpur-Granadille) kultiviert. In Australien werden beide Sorten gezogen; die erstgenannte dient aber lediglich als Unterlage, auf die *P.edulis* gepfropft wird. Die Passionsfrucht wird zu Getränken, Bonbons und Süßigkeiten verarbeitet. *Passiflora maliformis* (Westindische Inseln) enthält einen nach Trauben schmeckenden Saft. Andere Arten werden in den Tropen lokal genutzt.

Ungefähr 20 Arten von *Passiflora* werden wegen ihrer schönen und eigenartigen Blüten kultiviert. S.L.J.

TURNERACEAE
Safranmalvengewächse

Die Turneraceae sind eine Familie, die meist aus Sträuchern oder kleinen Bäumen und wenigen Kräutern besteht; sie ist ohne besondere wirtschaftliche Bedeutung.

Verbreitung: Die Familie ist auf die tropischen und subtropischen Gebiete der Neuen Welt und Afrikas, auf Madagaskar und die Maskarenen beschränkt.

Merkmale: Die Blätter sind wechselständig, am Rande oft mit drüsigen Zähnen versehen und normalerweise nebenblattlos. Die meist einzeln in den Blattachseln stehenden Blüten sind zwitterig und radiär. Die 5 gedrehten Kelchblätter weisen häufig eine Schwellung an der Innenseite auf und sind mit den 5 Kron- und Staubblättern zu einem Becher verwachsen, der den Fruchtknoten umgibt. Dieser ist mittelständig und ungefächert. Er besteht aus 3 verwachsenen Fruchtblättern, besitzt 3 parietale, 3 bis viele Samenanlagen tragende Plazenten und wird von 3 Griffeln überragt. Die Frucht ist eine dreiklappige Kapsel. Die Samen besitzen einen Arillus und enthalten reichlich Endosperm.

Die meisten Arten zeigen 2 Typen von Blüten: lang- und kurzgrifflige. Bei manchen Arten sitzen die Nektarien am Grunde der

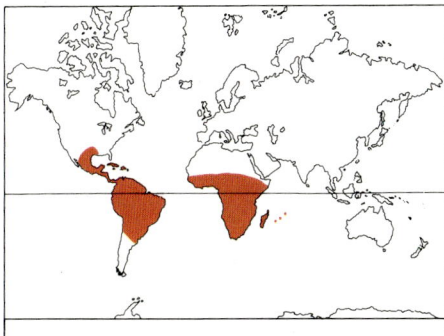

Gattungen: 8
Arten: rund 100
Verbreitung: tropische und subtropische Zonen, hauptsächlich in Amerika
Nutzwert: beschränkter medizinischer Gebrauch, Würzstoffe

PASSIFLORACEAE. **1.** *Passiflora caerulea:* **a)** Stengel mit gewundenen Ranken, Einzelblüten mit auffallender, fädiger Nebenkrone und laubigen Hochblättern, fünflappige Blätter (× ²/₃); **b)** Längsschnitt durch eine Blüte (von unten nach oben): laubige Hochblätter, becherförmige Blütenachse, die begrannte Kelch-, Kronblätter und Filamente trägt (letztere bilden die Nebenkrone), verlängerter Achsenabschnitt (Androgynophor), den Fruchtknoten mit langem Griffel und kopfigen Narben wie auch die nach unten gebogenen Staubblätter tragend (× 1½); **c)** Frucht (× ²/₃); **d)** Querschnitt durch die zahlreiche Samen enthaltende Frucht (× 1½); **e)** Same (× 6).

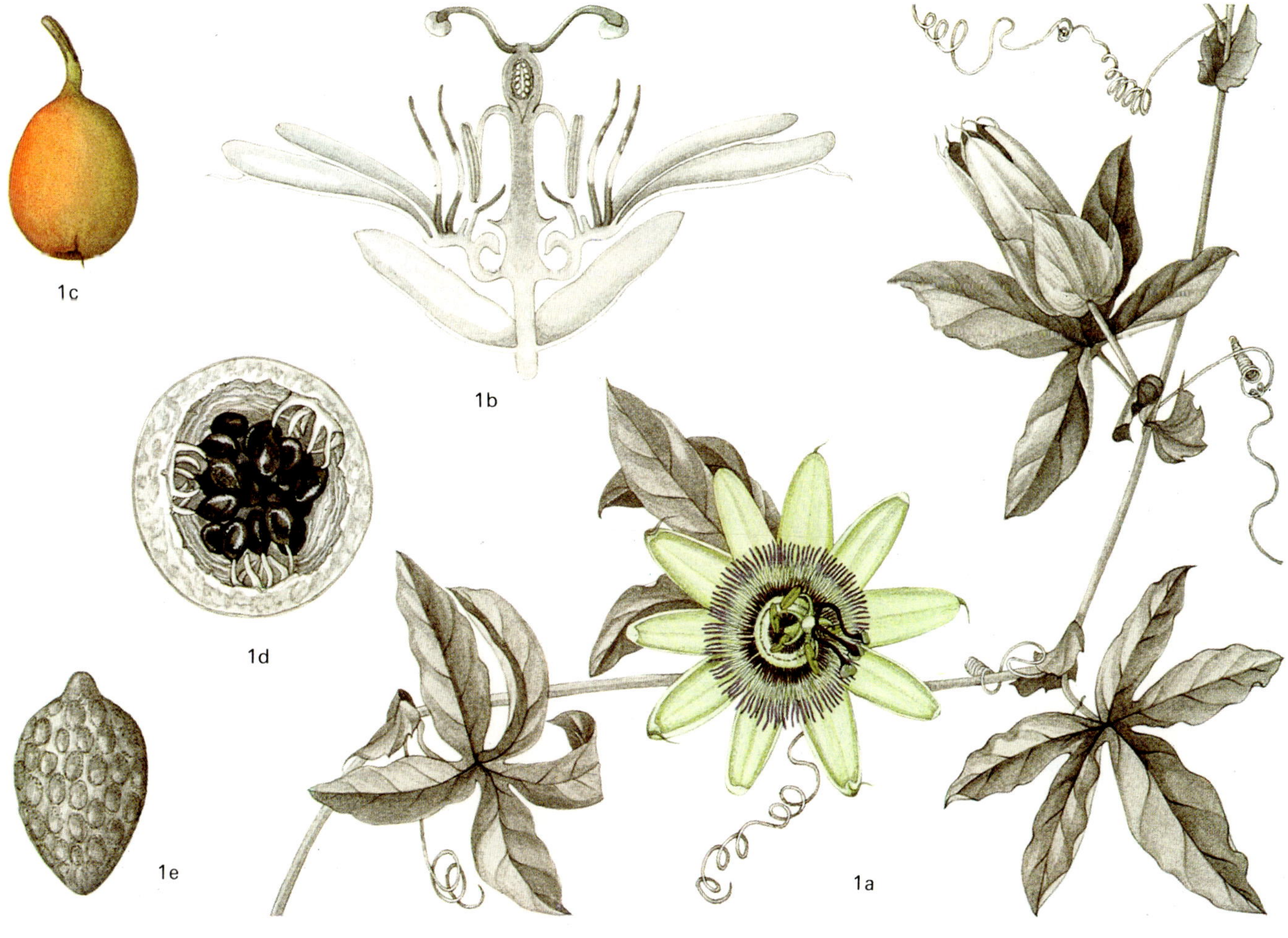

1c

1b

1d

1e

1a

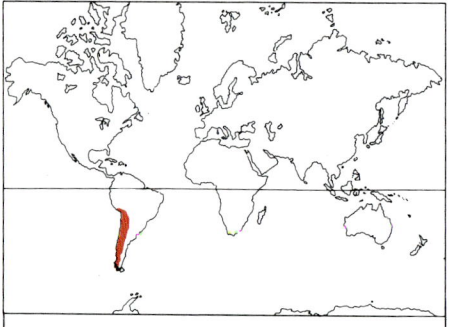

TURNERACEAE. 1. *Wormskioldia heterophylla:* **a)** Sproß mit wechselständigen Blättern, traubigen Blütenständen und länglichen Früchten (× 2/3); **b)** ausgebreitete Blütenhülle (× 2); **c)** Gynoeceum (× 2); **d)** Frucht – eine Kapsel (× 1); **e)** Längsschnitt durch den Samen (× 4). **2.** *Turnera berneriana:* **a)** beblätterter Sproß mit Blättern und Einzelblüten (× 2/3); **b)** halbierte Blüte (× 3); **c)** Staubblatt (× 8); **d)** Gynoeceum mit gefransten Narben (× 8); **e)** Längsschnitt durch den Fruchtknoten (× 15); **f)** Querschnitt durch den Fruchtknoten mit Samenanlagen an 3 parietalen Plazenten (× 15). **3.** *Turnera angustifolia:* **a)** blühender Trieb (× 2/3); **b)** ausgebreitete Blütenhülle (× 2/3); **c)** Gynoeceum (× 1); **d)** dreiklappige Frucht (× 1½).

Blätter. Beim Ausbleiben von Insektenbesuch kommt es zur Selbstbefruchtung.
Systematik: Die 8 Gattungen können aufgrund einer Reihe von Merkmalen unterschieden werden. Bei *Mathurina* sind die Blüten hängend, und die Samen tragen einen langen, mit fadenartigen Haaren bedeckten Arillus. *Erblichia* und *Piriqueta* besitzen eine Nebenkrone; *Erblichia* hat winzige Nebenblätter, die bei *Piriqueta* gänzlich fehlen. Unter den Gattungen, die keine Nebenkrone hervorbringen, besitzt *Hyalocalyx* nur halbverwachsene Kelchblätter, *Turnera* Einzelblüten mit verschieden gelappten Narben und *Loweia* Einzelblüten und Blätter mit Harzdrüsen und Sternhaaren. *Streptopetalum* ist ein Kraut mit traubigen Blütenständen, dem Schlund der Kelchröhre eingefügten Kronblättern und kurzen Früchten. *Wormskioldia* zeigt die gleichen Merkmale wie *Streptopetalum*, abgesehen davon, daß die Kronblätter der Kelchröhre fast am Grunde eingefügt und die Früchte länglich sind.
Nutzwert: Die Blätter weniger Arten von *Turnera* werden lokal für medizinische Zwecke verwendet. In Mexiko benützt man sie auch als Ersatz für Schwarztee und zum Würzen von Weinen und anderem.

I.B.K.R.

MALESHERBIACEAE

Gattungen: 1 oder 2
Arten: 27
Verbreitung: westliches Südamerika
Nutzwert: keiner

Die Malesherbiaceae sind eine kleine Familie von Kräutern und Halbsträuchern.
Verbreitung: Die Familie ist im westlichen Südamerika beheimatet.
Merkmale: Die Blätter sind wechselständig, einfach, nebenblattlos und oft mit einem dicken Haarfilz bedeckt. Die zwitterigen, radiären Blüten bilden Trauben, Cymen oder Rispen. Der fünfzipfelige Kelch hat die Form einer langen Röhre; die 5 Kronblät-

ter decken sich wie die Kelchblätter klappig.
Der Fruchtknoten ist oberständig und sitzt auf einer behaarten Achse, an der auch die 5 Staubblätter eingefügt sind (Androgynophor). Die Staubbeutel öffnen sich längs. Der einfächerige Fruchtknoten besteht aus 3 oder 4 verwachsenen Fruchtblättern und enthält ebenso viele parietale Plazenten mit zahlreichen Samenanlagen. Er wird von 3 oder 4 dünnen, fadenartigen und vollständig freien Griffeln überragt. Die Frucht ist eine vom bleibenden Kelch eingeschlossene Kapsel. Der Same enthält fleischiges Endosperm und einen geraden Embryo.
Systematik: Zur Frage, ob alle Arten zu einer einzigen Gattung (*Malesherbia*) gehören oder einige als zweite Gattung (*Gynopleura*) abgetrennt werden können, gehen die Meinungen auseinander. Die Grundlage für eine solche Abtrennung bilden folgende Merkmale: *Malesherbia* zugehörige Arten besitzen in Trauben stehende Blüten mit Kronblättern, die kürzer sind als die Kelchzipfel, während die Blüten von *Gynopleura* zugeordneten Arten in Rispen oder dichten Büscheln sitzen und Kronblätter haben, die länger sind als die Kelchzipfel.
Die Malesherbiaceae sind mit den Passifloraceae und Turneraceae eng verwandt, un-

terscheiden sich von ersteren jedoch durch tiefer geteilte Griffel, von letzteren durch den Besitz eines bleibenden Kelchs. Als weiteren Unterschied tragen die Samen der Malesherbiaceae keinen Arillus.

Nutzwert: Von keiner der beiden Gattungen dieser Familie ist eine wirtschaftliche Nutzung bekannt. S.R.C.

FOUQUIERIACEAE *Ocotillogewächse*

Gattungen: 2
Arten: 8
Verbreitung: Mexiko und Südwesten der USA
Nutzwert: beschränkte Nutzung als Hecken; Wachs

Die schön blühenden, dornigen Bäume oder Sträucher, aus denen diese Familie besteht, bieten einen vertrauten Anblick im trockenen Südwesten Nordamerikas.

Verbreitung: Die Fouquieriaceae treten nur in Mexiko und den angrenzenden Staaten der USA auf.

Merkmale: Die Blätter sind klein, sukkulent, stehen in Gruppen oder einzeln und tragen keine Nebenblätter. Die auffälligen Blüten sind gelb (*Idria*) oder rot (*Fouquieria*). Sie stehen in Rispen oder Ähren, sind radiär und zwitterig, besitzen 5 Kelch-, 5 zu einer Röhre verwachsene Kron- und 10 bis 17 meist freie oder mehr hypogyne Staubblätter. Der Fruchtknoten ist oberständig und setzt sich aus 3 verwachsenen Fruchtblättern zusammen. Die Fruchtknotenhöhle ist im unteren Teil dreifächerig mit zentralwinkelständiger Plazentation, im oberen Teil hingegen nur unvollständig gefächert. Die Griffel sind bis zur Mitte verwachsen (*Fouquieria*) oder frei (*Idria*). Die Frucht ist eine Kapsel mit länglichen und geflügelten Samen, die einen geraden Embryo mit dicken, flachen Keimblättern enthalten.

Systematik: Die Fouquieriaceae enthalten 2 Gattungen: die monotypische *Idria* (mit normalerweise verzweigtem Stamm) und die 7 Arten von *Fouquieria* (mit meist unverzweigtem Stamm).

Fouquieria splendens (Ocotillo) ist eine charakteristische Pflanze einiger Gebiete der Mojave- und Coloradowüste. Sie blüht zwischen März und Juli. Die Blätter auf den wenig verzweigten oder rohrartigen, bis 7 m hohen Stämmen werden bald abgeworfen und nach den Frühjahrs- und späten Sommerregen nur für kurze Zeit ersetzt. *Idria columnaris* zeigt einen bizarren Habitus mit einem unterwärts verdickten, konischen und oft hohlem Stamm mit einigen

langen, aufrechten Zweigen, die seltsame Formen annehmen, indem sie sich nach der Seite hin umlegen.

Die verwandtschaftlichen Beziehungen der Familie sind umstritten; manchmal wird sie – wie hier – den Violales zugeordnet, oder als isoliert stehender Vertreter der Caryophyllales wie auch als nahe Verwandte der Polemoniaceae betrachtet.

Nutzwert: *F. splendens* wird wegen ihrer merkwürdigen, dornigen Tracht manchmal als Hecke angepflanzt. Aus der Rinde oder dem Stamm einiger Arten von *Fouquieria* wird Wachs gewonnen. B.M.

CARICACEAE *Melonenbaumgewächse*

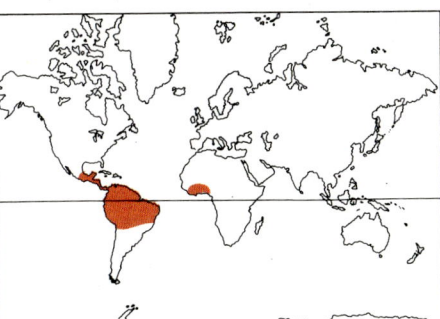

Gattungen: 4
Arten: 30
Verbreitung: tropische Gebiete Amerikas und Westafrikas, Schwerpunkt in Südamerika
Nutzwert: *Carica papaya* wird wegen ihrer Früchte (Papayafrucht) und ihres Milchsaftes (mit dem Enzym Papain) kultiviert; Früchte anderer Arten werden lokal verzehrt

Die Caricaceae sind eine tropische Familie kleiner Bäume, die bekannt sind wegen der eßbaren Frucht von *Carica papaya*. Diese Pflanze wird in den Tropen überall kultiviert und ist weiterum bekannt als Papaya oder Melonenbaum.

Verbreitung: Die Familie ist fast ausschließlich auf die Neue Welt begrenzt. Am stärksten vertreten ist sie in Südamerika, doch finden sich auch in Mittelamerika Vertreter. *Cylicomorpha* mit 2 Arten ist in Teilen des tropischen Westafrika heimisch.

Merkmale: Die Pflanzen wachsen als kleine, wenig verzweigte Bäume mit weichem Holz; alle Teile enthalten weißen, oft scharfen Milchsaft in gegliederten Milchröhren. Die Blätter sind wechselständig, oft handförmig gelappt oder gefingert, sitzen gehäuft in Büscheln an den Zweigspitzen und besitzen keine Nebenblätter. Die Blüten sind eingeschlechtig, selten zwitterig, und die Bäume meist zweihäusig, selten einhäusig oder polygam. Sie treten oft zu Büscheln oder Rispen zusammen, können aber auch zu ein bis 3 in den Blattachseln sitzen. Sie sind radiär und fünfzählig und die kleinen Kelchblätter mehr oder weniger frei. Die Deckung der Kronblätter ist gedreht oder klappig. Eine relativ lange Kronröhre findet sich bei den männlichen, eine kurze bei den weiblichen Blüten. Die Staubblätter sind den Kronblättern angewachsen, und die Staubbeutel öffnen sich nach innen. Der Fruchtknoten ist oberständig, besteht aus

5 verwachsenen Fruchtblättern und weist einen bis 5 Fächer (falsche Scheidewände) mit vielen anatropen Samenanlagen an parietalen Plazenten auf. Der Griffel ist kurz und von 5 Narben gekrönt. Die Frucht ist eine Beere. Jeder der zahlreichen Samen besitzt eine gelatinöse Hülle, ölhaltiges Endosperm und einen geraden Embryo.

Systematik: Es gibt 4 Gattungen. *Jacaratia* (6 Arten, tropisches Amerika und Afrika) besitzt Kronblätter, die vor den Kelchblättern stehen, und handförmig gefiederte Blätter. Bei der dornigen *Cylicomorpha* (2 Arten, Afrika) wechseln die Kelch- mit den Kronblättern ab; die Blätter sind meist ganzrandig. *Jarilla* (eine Art, Mexiko) bringt Früchte mit 5 vorstehenden basalen Hörnern hervor. Die Frucht von *Carica* (21 Arten) besitzt keine Hörner.

Die Caricaceae sind am engsten verwandt mit den Passifloraceae, zu denen sie manchmal gestellt werden, vielleicht aber auch mit den Cucurbitaceae.

Nutzwert: Der wirtschaftliche Wert der Familie beruht weitgehend auf *Carica papaya*, die eine große, weiche und saftige Frucht hervorbringt und überall in den Tropen extensiv kultiviert wird. Diese Art bringt duftende, nachts blühende und daher falterbestäubte Blüten hervor. Wie bei vielen anderen Kulturpflanzen ist ihre Herkunft unbekannt; sie ist wohl durch Kreuzung verschiedener Arten entstanden. Die rohe Frucht schmeckt am besten mit Zitronen- oder Limettensaft oder als Fruchtsalat. Sie kann auch zu Konserven, Marmelade, Eiscreme, Gelee, Obstpasteten oder Eingelegtem verarbeitet oder kandiert werden. Im unreifen Zustand bereitet man sie wie Kürbis- oder Apfelkompott zu. Die grüne Frucht erzeugt Milchsaft, der das eiweißspaltende Enzym Papain enthält. Zähes Fleisch wird in Blätter gewickelt, damit es mürbe wird. Die im Handel befindlichen Papainsorten verdauen 35mal ihr Eigengewicht an magerem Fleisch und bilden einen wichtigen Handelsartikel für medizinische und industrielle Zwecke (z.B. Ledergerberei, Fleischkonserven). Einige andere Arten von *Carica* werden in Lateinamerika ihrer eßbaren Frucht oder süßen, saftigen Samenhüllen wegen kultiviert, z.B. *C. chrysophila* und *C. pentagona*, beide aus Kolumbien, sowie *C. candicans* aus Peru. *C. cundinamarcensis* aus den Anden besitzt kleine Früchte und wird erfolgreich in tropischen Höhenlagen angebaut, wo *C. papaya* nicht mehr wachsen kann. Die Früchte von *Jarilla caudata* und *Jacaratia mexicana* werden lokal verzehrt. T.C.W.

BIXACEAE

Die Bixaceae sind eine aus einer einzigen tropischen Gattung (*Bixa*) bestehende Familie von Sträuchern oder kleinen Bäumen.

Verbreitung: Die Familie ist im tropischen Amerika und auf den Westindischen Inseln beheimatet; eine Art, *Bixa orellana*, ist im tropischen Afrika eingebürgert.

Merkmale: Die Blätter sind wechselständig, einfach, ganzrandig, handnervig und besitzen Nebenblätter. Sie bilden lange Blattstiele aus und sind mit Büschelhaaren bedeckt. Sowohl Blätter als auch Stämme

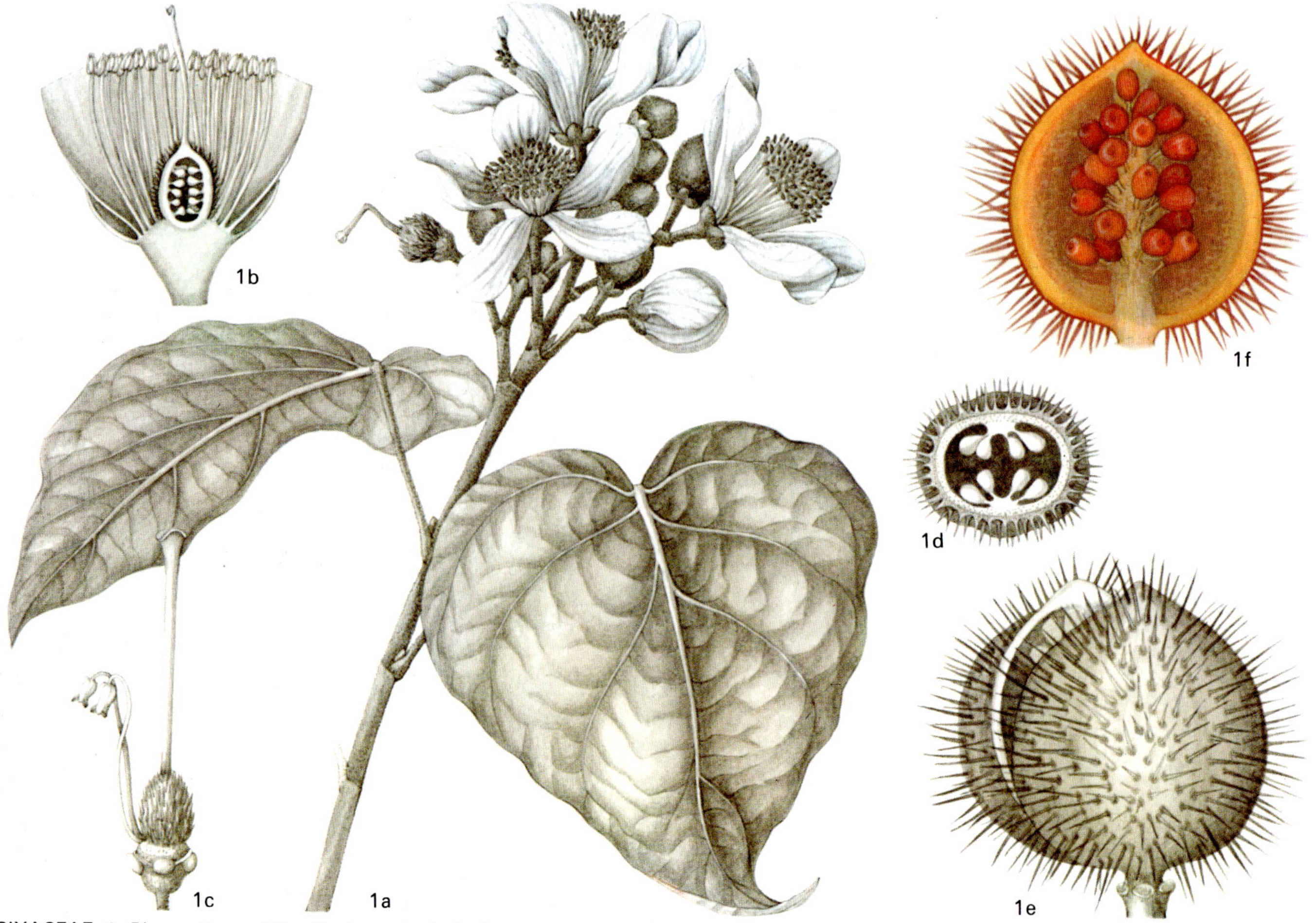

BIXACEAE. 1. *Bixa orellana:* **a)** Sproß mit wechselständigen Blättern und endständiger Rispe (× 1); **b)** halbierte Blüte (unterer Teil) mit zahlreichen Staubblättern und Fruchtknoten mit vielen Samenanlagen an parietalen Plazenten (× 2); **c)** Staubblätter mit kurzen Rissen und Fruchtknoten, von langem Griffel und zweilappiger Narbe gekrönt (× 3); **d)** Querschnitt durch den Fruchtknoten, Samenanlagen an parietalen Plazenten zeigend (× 8); **e)** zweiklappig aufspringende Kapsel (× 1); **f)** Längsschnitt durch Frucht mit zahlreichen roten Samen (× 1).

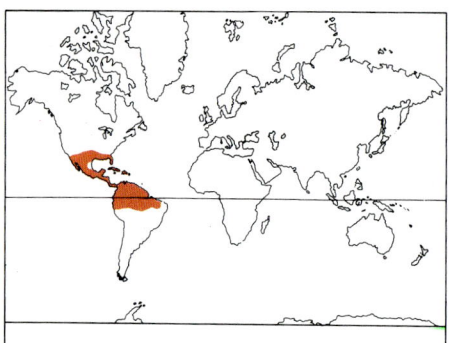

Gattungen: 1
Arten: 1 oder 4
Verbreitung: Südamerika und West-indische Inseln
Nutzwert: *Bixa orellana* wird wegen der Anattofarbe und als Zierpflanze gezogen

enthalten rötlichen Saft. Die Blüten sind radiär, zwitterig und stehen in auffälligen, rispigen Blütenständen. Sie weisen 5 dachige, hinfällige Kelchblätter auf. Die 5 großen, dachigen Kronblätter liegen zerknittert in der Knospe. Die zahlreichen Staubblätter haben freie Filamente und hufeisenförmige, am Scheitel mit kurzen Rissen aufspringende Staubbeutel mit 2 Pollensäcken. Der ungefächerte Frucht-

knoten ist oberständig, besteht aus 2 verwachsenen Fruchtblättern und weist 2 parietale Plazenten auf, die zahlreiche Samenanlagen tragen. Er wird überragt von einem langen, schlanken, in einer zweilappigen Narbe endenden Griffel. Die Frucht springt den Mittelnerven der Fruchtblätter entlang auf und ist oft mit Haaren oder kräftigen Stacheln bedeckt. Sie enthält viele verkehrt-eiförmige Samen mit einer zinnoberroten, fleischigen Samenschale. Die Samen enthalten einen großen Embryo, der von stärkereichem oder körnigem Endosperm umgeben ist.

Systematik: Die Gattung *Bixa* besteht — je nach Auffassung — aus einer oder 4 Arten. Die Bixaceae sind möglicherweise mit den Cochlospermaceae verwandt, die ebenfalls wechselständige Blätter mit Nebenblättern aufweisen und zudem manchmal orangen oder rötlichen Saft enthalten. Beide Familien tragen auffällige Blüten. Die Chochlospermaceae unterscheiden sich von den Bixaceae hauptsächlich durch ihre handförmig gelappten Blätter, die drei bis fünfklappigen Früchte und das ölhaltige Endosperm. Die Bixaceae könnten auch verwandtschaftliche Beziehungen zu den ursprünglicheren Dilleniaceae haben. Hufeisenförmige Staubbeutel findet man auch bei den Thymelaeaceae.

Nutzwert: Wirtschaftlich gesehen ist die Familie wegen *Bixa orellana* wichtig, die oft als schnellwachsender Zierstrauch in warmen Ländern kultiviert wird. Die Schale ihrer Samen liefert rötlich-gelben Farbstoff (Anatto) zum Färben von Nahrungsmitteln, z.B. Käse oder Butter. In Plantagenbetrieben werden die Bäume in Abständen von ungefähr 5 m gezogen. Ausgewachsene Pflanzen ergeben 80 bis 100 kg Samen pro Hektar. Die braunen oder dunkelroten, eiförmigen Früchte hängen in großen Büscheln an den Zweigenden. Sie werden kurz vor der Reife geerntet. Nach dem Aufspringen der Kapsel werden die Samen entweder getrocknet als Anattosamen oder als Paste verkauft. S.R.C.

COCHLOSPERMACEAE
Nierensamengewächse
Diese kleine Familie tropischer Bäume und Sträucher enthält eine Reihe von Arten mit schönen gelben Blüten.
Verbreitung: Die Vertreter der Familie sind oft in trockeneren Teilen der Tropen beheimatet — in Amerika, im westlichen Zentralafrika, in Indomalesien und im nördlichen und westlichen Australien.
Merkmale: Die Chochlospermaceae sind meist Bäume und Sträucher, die einen farbigen Saft enthalten können. Einige Arten

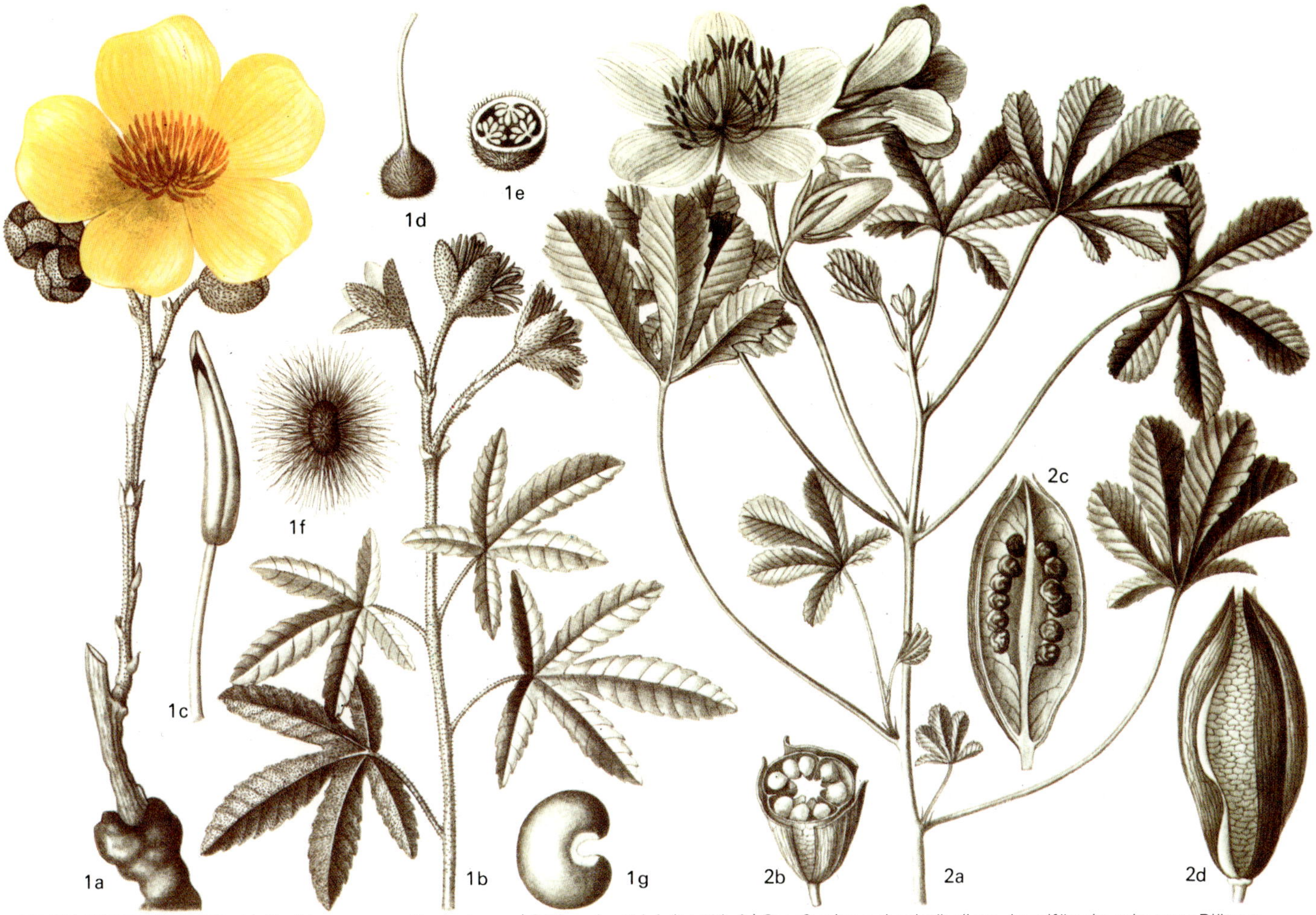

COCHLOSPERMACEAE. 1. *Cochlospermum tinctorium:* **a)** blühender Trieb (× ²/₃); **b)** Sproß mit wechselständigen, handförmig gelappten Blättern (nach der Blütezeit) (× ²/₃); **c)** Staubblatt mit Staubbeuteln, die sich mit Rissen öffnen (× 6); **d)** Gynoeceum (× 2); **e)** Querschnitt durch den ungefächerten Fruchtknoten (× 3); **f)** mit wolligen Haaren bedeckter Same (× 2); **g)** Same nach Entfernung der Haare (× 4). **2.** *Amoreuxia schiedeana:* **a)** blühender Trieb (× ²/₃); **b)** Fruchthälfte mit 3 Fächern und Klappen, die durch die Trennung von inneren und äußeren Schichten der Fruchtwand entstehen (× ²/₃); **c)** Längsschnitt durch Frucht (× ²/₃); **d)** ganze Frucht (× ²/₃).

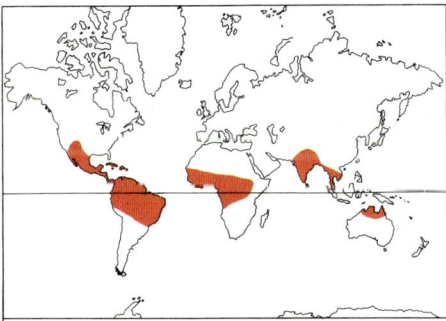

Gattungen: 2
Arten: etwa 38
Verbreitung: tropisch, oft in trockeneren Gebieten
Nutzwert: tropische Zierpflanzen; beschränkter Gebrauch als Kapok, für Tauwerk und als medizinischer Gummi

von *Cochlospermum* besitzen kräftige, knollenartige unterirdische Stämme. Die Blätter sind wechselständig, handförmig gelappt und weisen Nebenblätter auf. Die Blüten sind radiär oder schwach zygomorph, zwitterig, oft auffällig und bilden Trauben oder Rispen. Es sind 5 freie, dachige und hinfällige Kelchblätter, 5 dachige oder gedrehte Kronblätter und zahlreiche freie Staubblät-

ter vorhanden. Die Staubbeutel öffnen sich an der Spitze mit Poren oder kurzen Spalten. Der Fruchtknoten ist oberständig und setzt sich aus 3 bis 5 verwachsenen Fruchtblättern zusammen. Bei *Cochlospermum* weist er parietale, bei *Amoreuxia* fast zentralwinkelständige Plazenten auf. Die Samenanlagen sind zahlreich. Der Griffel ist einfach und endet in einer winzigen Narbe. Die Frucht ist eine drei- bis fünfklappige Kapsel, die behaarte oder kahle, gerade oder gekrümmte Samen enthält. Diese bilden ölhaltiges Endosperm aus. Die Keimblätter sind breit, und der Embryo zeigt die gleiche Gestalt wie der Same.

Systematik: Die Familie umfaßt 2 Gattungen. *Cochlospermum* (ungefähr 30 Arten) und *Amoreuxia* (8 Arten, südlicher Teil der USA bis Peru). Bei *Cochlospermum* ist der Fruchtknoten ungefächert, obwohl Scheidewände am Scheitel oder am Grunde vorhanden sein können. Die Samen sind mit wolligen Haaren bedeckt. Bei *Amoreuxia* ist der Fruchtknoten dreifächerig, und die Samen weisen keine Haare auf oder sind schwach behaart.

Die Cochlospermaceae wurden früher den Bixaceae zugeordnet, von denen sie sich jedoch durch ihre handförmigen Blätter, die drei- bis fünfklappigen Kapseln und das ölhaltige Endosperm unterscheiden.

Nutzwert: Die groß- und oft reichblütigen Arten von *Cochlospermum* sind brauchbare, wenn auch manchmal karge Zierpflanzen in trockenen Gärten der Tropen. Die zentralamerikanische Art *Cochlospermum vitifolium* wird in vielen Gebieten der Tropen kultiviert, besonders in trockeneren Gegenden. Sie wächst als ungefähr 10 m hoher, schlanker Baum mit offener Krone. Die Pflanzen sind kahl, wenn die großen, gelben Blüten von Januar bis April an den Triebspitzen erscheinen. In außeramerikanischen, tropischen Gebieten können die Pflanzen während des ganzen Jahres sporadisch erblühen. Die fünf- bis siebenlappigen Blätter entfalten sich im Juni. Eine gefüllte, unfruchtbare Form beeindruckt durch ihre großen Blüten (bis zu 14 cm Durchmesser). *C. religiosum*, in Indien beheimatet, besitzt ähnliche Blüten wie *C. vitifolium*, ist jedoch oft reichblütiger. In Queensland wächst eine rotblühende Form von *C. gillivraei* als prächtige Zierpflanze, ebenso *C. heteroneurum* im nördlichen Australien. *C. gillivraei* liefert, ebenso wie einige andere Arten, einen brauchbaren Kapok. Die Rindenfasern von *C. vitifolium* werden lokal zur Seilherstellung verwendet. *C. religiosum* enthält einen wohlriechenden, farblosen Saft. Ältere Bäume scheiden den bernsteinfarbenen Kuteragummi aus.   B.M.

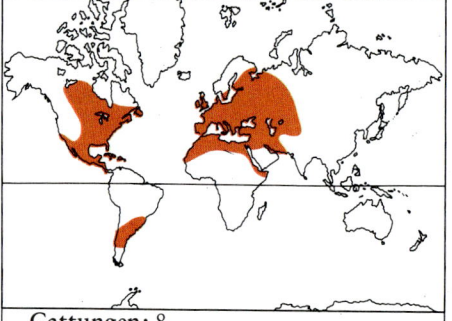

CISTACEAE. 1. *Fumana procumbens:* **a)** Habitus, mit einfachen, gegenständigen Blättern und Einzelblüten (× ²/₃); **b)** Blüte ohne Kronblätter, den äußeren Kreis gegliederter, unfruchtbarer Staubblätter und den inneren Kreis fruchtbarer Staubblätter zeigend, die den am Grunde gebogenen Griffel mit scheibenförmiger Narbe umgeben (× 6); **c)** dreiklappige Kapsel mit Samen (× 2²/₃). **2.** *Tuberaria guttata:* Habitus (× ²/₃). **3.** *Cistus ladanifer* var. *maculatus:* **a)** Habitus (× ¹/₂); **b)** zehnklappige Kapsel (× 2); **c)** Querschnitt durch die Kapsel mit Samen (× 2²/₃). **4.** *C. symphytifolius:* Querschnitt durch den Fruchtknoten mit vorspringenden Plazenten und zahlreichen Samenanlagen (× 4). **5.** *Lechea mexicana:* halbe Blüte mit Fruchtknoten und 2 aufrechten Samenanlagen (× 8).

CISTACEAE *Zistrosengewächse*

Die Cistaceae sind eine mittelgroße Familie von Sträuchern und Halbsträuchern (gelegentlich Kräuter) trockener, sonniger Standorte. Sie bringen auffällige, kurzlebige Blüten hervor; viele Arten werden als Zierpflanzen gezogen.

Verbreitung: Die Familie tritt in den gemäßigten Zonen der Alten Welt auf, besonders im Mittelmeerraum. Einige ihrer Vertreter sind in Nord- und Südamerika beheimatet.

Merkmale: Die Blätter sind gegenständig (selten wechselständig, so bei *Halimium*, *Hudsonia*, *Fumana*), einfach, meist mit Nebenblättern und oft mit Drüsen oder Drüsenhaaren versehen (ätherische Öle). Die Blüten sind radiär, zwitterig und stehen einzeln oder in Cymen. Sie besitzen 5 Kelchblätter (von denen 2 oft klein sind und dann als Vorblätter betrachtet werden) und keine, 3 (*Lechea*) oder 5 Kronblätter, die sich überlappen (gedreht bei *Hudsonia*) und in der Knospe oft zerknittert sind. Die zahlreichen hypogynen Staubblätter weisen freie Filamente auf, die bei einigen Arten reizbar sind. Bei *Tuberaria* und *Fumana* sind die äußeren Staubblätter unfruchtbar. Der ungefächerte Fruchtknoten ist oberständig, besteht aus 5 bis 10 oder 3 verwachsenen Fruchtblättern, die 2 bis zahlreiche Samenanlagen an jeder parietalen Plazenta tragen. Es sind 3 bis 5 freie oder verwachsene Griffel vorhanden. Die Frucht ist eine fünf- bis zehnklappige Kapsel (bei *Helianthemum* dreiklappig), welche zahlreiche Samen mit Endosperm und einen gekrümmten Embryo enthält.

Systematik: *Cistus* umfaßt ungefähr 20 Ar-

Gattungen: 8
Arten: etwa 165
Verbreitung: hauptsächlich im gemäßigten Norden (besonders Mittelmeergebiet)
Nutzwert: Zierpflanzen (besonders *Cistus*, Zistrose) und wohlriechendes Ladanumharz

ten immergrüner Sträucher mit großen, weißen oder rosaroten Blüten und zerknitterten Kronblättern. Sie bilden einen wichtigen Bestandteil mediterraner Strauchgesellschaften. *Halimium* (9 Arten) enthält kleinere, meist gelbblühende Sträucher. Man findet sie hauptsächlich auf der Iberischen Halbinsel, an ähnlichen Standorten wie *Cistus*. *Tuberaria* (11 Arten) umfaßt kleine, einjährige und ausdauernde Kräuter mit gelben Blüten. Das Gebiet der weit verbreiteten, mediterranen und einjährigen *Tuberaria guttata* erstreckt sich nordwärts bis in die Küstenheiden von Wales und Irland. *Fumana* (10 Arten) und *Helianthemum* (rund 70 Arten) sind meist Zwergsträucher mit gelben Blüten und besiedeln oft in großer Zahl trockenes, basenreiches Grasland oder offene, felsige Böden der Mittelmeerregion und anstoßender Gebirge. *Helianthemum nummularium* (Gemeines Sonnenröschen) dringt bis nach Großbritannien und Skandinavien vor; *H. canum* und *H. oelandicum* bilden eine vielgestaltige Gruppe mit weiter, aber disjunkter Verbreitung in den zentral- und südeuropäischen Gebirgen, mit Vorposten auf den Britischen Inseln, Öland und in Rußland. Zu *Crocanthemum* gehören ungefähr 25 Arten von Zwergsträuchern mit auf-

TAMARICACEAE. **1.** *Tamarix aphylla:* **a)** Trieb mit winzigen Blättern und in dichten Trauben stehenden Blüten (× ²/₃); **b)** Teilblütenstand (× 4); **c)** Staubblätter und Gynoeceum (× 6); **d)** Gynoeceum (× 8); **e)** Längsschnitt durch Fruchtknoten mit grundständigen Samenanlagen (× 10). **2.** *Reaumuria linifolia:* **a)** beblätterter Sproß mit Einzelblüten (× ²/₃); **b)** Gynoeceum (× 2); **c)** Kronblatt (× 1¹/₂). **3.** *Tamarix africana:* Habitus (×¹/₁₂₀). **4.** *Myricaria germanica:* **a)** blühender Trieb (× ²/₃); **b)** Blüte (× 2); **c)** verwachsene Staubblätter (× 4); **d)** Kapsel (× 2); **e)** aufspringende Kapsel mit behaarten Samen (× 2); **f)** an der Spitze behaarter Same (× 4).

fälligen gelben, wie auch winzigen, kleistogamen Blüten. Die Gattung ist von der Atlantikküste der USA bis nach Chile verbreitet. *Lechea* (rund 17 Arten) und *Hudsonia* (3 Arten im östlichen Nordamerika) sind schlanke Halbsträucher oder Kräuter mit winzigen Blüten.

Die Cistaceae sind am engsten mit den Bixaceae verwandt.

Nutzwert: Arten und Kreuzungen von *Cistus* und *Halimium* (Scheinröschen) sowie von *Helianthemum nummularium* werden oft kultiviert. Die Blätter von *Cistus ladanifer* und *C. incanus* ssp. *creticus* erzeugen das aromatische, früher in der Medizin verwendete Ladanum-Harz. *C. salviifolius* (Salbeiblättrige Zistrose) wurde in Griechenland als Schwarztee-Ersatz verwendet.

M.C.F.P.

TAMARICACEAE
Tamariskengewächse

Die Tamaricaceae sind eine Familie heidekrautartiger Sträucher und kleiner Bäume.
Verbreitung: Die Familie ist hauptsächlich in gemäßigten und subtropischen Gebieten verbreitet. Sie kommt von den norwegischen Küsten- und Sandgebieten und dem Mittelmeergebiet über Zentralasien bis nach Indien und China sowie auch in Südwestafrika vor.

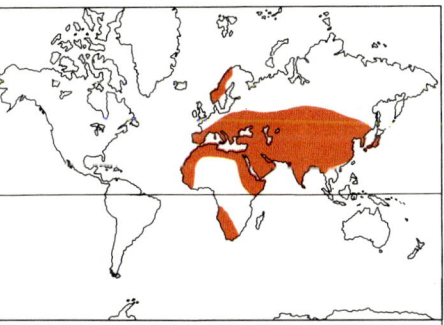

Gattungen: 4
Arten: rund 120
Verbreitung: hauptsächlich gemäßigt und subtropisch, an Küsten oder anderen sandigen Standorten
Nutzwert: einige Zierpflanzen; Farben, Arzneimittel und Tannin aus Gallen

Merkmale: Die Tamaricaceae besiedeln sehr trockene Gebiete und Salzböden. Ihre schlanken Zweige tragen wechselständige, kleine und spitz zulaufende oder schuppenartige Blätter ohne Nebenblätter. Die Blüten sind winzig, radiär, zwitterig, weisen keine Hochblätter auf und stehen einzeln (*Reaumuria*) oder in dichten Ähren oder

Trauben (*Tamarix*). Die 4 bis 5 Kelch- und Kronblätter sind frei. Aus einem fleischigen Nektardiskus gehen 5 bis 10 oder zahlreiche Staubblätter hervor. Sie sind am Grunde leicht verwachsen oder frei und tragen längs aufspringende Staubbeutel. Der ungefächerte Fruchtknoten ist oberständig und besteht aus 2, 4 oder 5 verwachsenen Fruchtblättern mit wenigen bis zahlreichen Samenanlagen an parietalen oder grundständigen Plazenten. Die Griffel sind meist frei. Bei einigen Arten fehlen sie, und die Narben sind sitzend (z.B. bei *Myricaria*). Die Frucht ist eine Kapsel, welche Samen mit oder ohne Endosperm enthält.

Die Samen sind manchmal geflügelt, bei den meisten Arten jedoch ringsum oder am Scheitel lang behaart. Der Embryo ist gerade und weist flache Keimblätter auf.
Systematik: Die 4 Gattungen werden in 2 Tribus gestellt — die REAUMURIEAE und die TAMARISCEAE. Zu den ersteren zählen *Reaumuria* (20 Arten) und *Hololachna* (2 Arten). Beide weisen Einzelblüten und endospermhaltige Samen auf. Die verschiedenen Arten von *Reaumuria* wachsen im östlichen Mittelmeergebiet und in Zentralasien als salzertragende Sträucher und Halbsträucher. Ihre Blüten stehen einzeln und besitzen auffällige Kronblätter mit je 2 An-

ANCISTROCLADACEAE. **1.** *Ancistrocladus vahlii:* **a)** blühender Trieb, mit Haken versehene Sproßende, einfache, wechselständige Blätter und lockere Blütenstände zeigend (× ²/₃); **b)** Trieb mit Früchten, deren Flügel die bleibenden Kelchblätter sind (× ²/₃); **c)** Blüte, ein Kelchblatt entfernt, um den verdickten Griffel und die 3 Narben sichtbar zu machen (× 8); **d)** ausgebreitete Krone und Staubblätter mit kurzen, fleischigen Filamenten (× 8); **e)** Staubblatt (× 12); **f)** halbierte, einen einzigen Samen enthaltende Frucht (× 1). **2.** *A. heyneanus:* **a)** blühender Trieb (× ²/₃); **b)** Blüte (× 2); **c)** ausgebreitete Blüte (× 2); **d)** Staubblatt (× 6); **e)** vom bleibenden Kelch umgebene Nuß (× ²/₃).

hängseln auf ihrer Oberseite. Die zahlreichen Staubblätter sind frei oder stehen mehr oder weniger gebündelt vor den 5 Kronblättern. Der Fruchtknoten trägt 5 Griffel. Die beiden in Zentralasien heimischen Arten von *Hololachna* bringen blattachselständige Einzelblüten hervor, deren Kronblätter keine Anhängsel tragen. Sie besitzen nur 5 bis 10 freie oder am Grunde wenig verwachsene Staubblätter. Der Fruchtknoten trägt 2 bis 4 Griffel.

Die Tamarisceae bestehen aus *Tamarix* (90 Arten) und *Myricaria* (10 Arten), die beide durch blütenreiche und ährenähnliche Trauben sowie zahlreiche, endospermlose Samen charakterisiert sind.

Die *Tamarix*-Arten (Tamarisken) sind salzertragende Sträucher und kleine Bäume, die in Westeuropa, im Mittelmeergebiet, in Nordafrika, Nordostchina und Indien beheimatet sind. Die Blütenstände erscheinen an holzigen Seitenzweigen oder endständig an jungen Trieben.

Myricaria (Rispelstrauch) besteht aus 10 in Europa, China und Zentralasien verbreiteten Arten von Halbsträuchern. Der Blütenstand ist eine lange, endständige Traube, und die Blüten weisen 10 am Grunde verwachsene Staubblätter auf. Der Fruchtknoten ist von 3 sitzenden Narben gekrönt.

Die Tamaricaceae sind wahrscheinlich am engsten mit den Frankeniaceae verwandt. Beiden ist ein heidekrautartiger, strauchiger Habitus eigen. Sie zeichnen sie auch durch nebenblattlose Blätter, radiäre Blüten, Kelch- und Kronblätter, oberständige, ungefächerte Fruchtknoten mit parietaler oder basaler Plazentation, Samen mit geradem Embryo und Kapselfrüchte aus.

Nutzwert: Die durch den Stich des Insektes *Coccus maniparus* verursachte, weiße, süße Ausscheidung von *T. mannifera* (Ägypten bis Afghanistan) wird als Manna gesammelt. Insektengallen auf *T. articulata* und *T. gallica* liefern Tannin und Farbstoffe und werden lokal medizinisch verwendet. Das Holz von *T. articulata* dient wegen seiner Härte in Nordafrika zum Hausbau. Es wird auch zur Herstellung von Holzkohle und Geräten benutzt.

Tamarix gallica und *T. africana* werden wegen ihrer zierlichen Erscheinung, den kätzchenartigen Blütenständen und schlanken Ästen oft als Ziersträucher gezogen. *T. pentandra*, ein etwas größerer Strauch (3,5 bis 4,5 m) besitzt lange Ähren von rosaroten Blüten («Rubra» mit tiefroten Blüten) und wird, wie *T. gallica*, manchmal in Ferienorten an der Mittelmeerküste als Hecke und Windschutz gezogen. S.R.C.

ANCISTROCLADACEAE

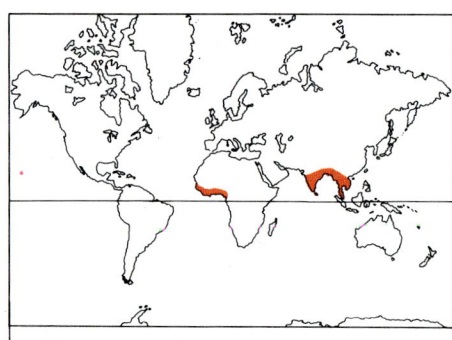

Gattungen: 1
Arten: 20
Verbreitung: altweltliche Tropen
Nutzwert: begrenzter lokaler Gebrauch

Diese tropische Familie von Lianen enthält als einzige Gattung *Ancistrocladus*.

Verbreitung: Die 20 Arten sind im tropischen Afrika, auf Sri Lanka, in Burma, im östlichen Himalaja und in Südchina bis Westmalesien heimisch.

Merkmale: Die meisten Arten sind Lianen (selten Sträucher), sympodial verzweigt, wobei jeder Trieb in einem gekrümmten Haken endet. Die einfachen, wechselstän-

FRANKENIACEAE. 1. *Frankenia boissieri:* a) blühender Sproß mit kleinen, erikaartigen, gegenständigen Blättern und cymösen Blütenbüscheln (× 2/3); b) Blütenstand, Rollblätter und Blüten mit behaarten, röhrenförmigem Kelch und radiäre Blütenhülle mit freien Kronblättern zeigend (× 3); c) Querschnitt durch den ungefächerten Fruchtknoten mit Samenanlagen an 3 parietalen Plazenten (× 8); d) aufspringende Kapsel (× 6); e) genageltes Kronblatt mit Schuppe (× 6). 2. *F. laevis:* a) blühender Trieb (× 2/3); b) Blüte (× 6). 3. *Hypericopsis persica:* a) blühender Trieb (× 2/3); b) aufgeschnittene, unvollständige Blüte (× 4). 4. *Beatsonia portulacifolia:* a) blühender Sproß (× 2/3); b) Blüte (× 3); c) Gynoeceum (× 6); d) Längsschnitt und e) Querschnitt durch den Fruchtknoten (× 6).

digen und ganzrandigen Blätter tragen sehr kleine, hinfällige Nebenblätter, die manchmal fehlen. Ihre kleinen, radiären und zwitterigen Blüten haben gegliederte Stiele und sind in Cymen mit zurückgebogenen Zweigen angeordnet. Die 5 überlappenden Kelchblätter sind am Grunde etwas vereint und an der Frucht flügelartig vergrößert. Die 5 mehr oder weniger fleischigen, gedrehten Kronblätter sind leicht verwachsen oder nur zusammenhängend. Die 10, selten 5 Staubblätter stehen in einem einzigen Kreis und weisen kurze, fleischige, unten verwachsene Filamente und längs aufspringende Staubbeutel auf. Der Fruchtknoten besteht aus 3 verwachsenen Fruchtblättern und ist halbunterständig. Er ist ungefächert, die einzige, aufrechte Samenanlage grundständig. Die 3 freien oder verwachsenen Griffel enden in 3 freien Narben. Die trockene und holzige Frucht ist von flügelartigen Kelchzipfeln umgeben. Die Samen zeigen ein deutlich ruminiertes Endosperm und tief gefaltete Keimblätter.

Systematik: Die verwandtschaftlichen Verhältnisse der Ancistrocladaceae sind sehr unklar. Man stellte sie früher zu den Dipterocarpaceae. Verwandtschaftsbeziehungen zu den Violaceae und Ochnaceae wurden ebenfalls vorgeschlagen.

Nutzwert: Es wird berichtet, daß *Ancistrocladus extensus* auf der Malaiischen Halbinsel gekocht und gegen Durchfall eingenommen wird. Die jungen Blätter dienen in Thailand zum Würzen. V.H.H.

FRANKENIACEAE
Nelkenheidegewächse
Die meisten Vertreter dieser kleinen Familie sind Kräuter, seltener Halbsträucher von charakteristischem Aussehen, mit kleinen, etwas heidekrautähnlichen Blättern. Sie besiedeln oft salzhaltige Böden von Küsten und Wüsten (Salzpflanzen) und sind fähig, Kochsalz aktiv durch Epidermisdrüsen auszuscheiden.

Verbreitung: Die relativ große Gattung *Frankenia* (rund 80 Arten) ist überall in den warmgemäßigten und subtropischen Zonen verbreitet, am reichsten jedoch im Mittelmeerraum und in Regionen mit ähnlichem Klima. Wegen ihres halophilen Charakters sind Arten dieser Gattung in ariden und Küstengebieten reich vertreten. 2 kleine Gattungen, *Anthobryum* (4 Arten) und *Niederleinia* (3 Arten) sind auf Südamerika beschränkt, während die monotypische *Hypericopsis* im südlichen Iran heimisch ist.

Merkmale: Die Blätter sind kreuzgegenständig, einfach, ganzrandig und neben-

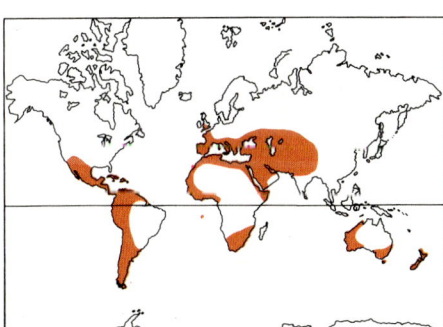

Gattungen: 4
Arten: rund 90
Verbreitung: warmgemäßigt und subtropisch
Nutzwert: begrenzte Nutzung als ausgefallene Zierpflanzen; lokaler Gebrauch von *Frankenia*-Arten als Fischgift

blattlos. In Anpassung an die trockenen Standortsbedingungen besitzen sie eine dicke Kutikula. Die nach unten umgerollten Blattränder bilden einen zusätzlichen Schutz gegen übermäßige Verdunstung. Die rosa-violetten bis fleischfarbenen Blüten sind radiär und zwitterig, außer bei der patagonischen *Niederleinia*, bei der sie eingeschlechtig und ein- oder zweihäusig verteilt sind. Sie stehen meist in end- oder ach-

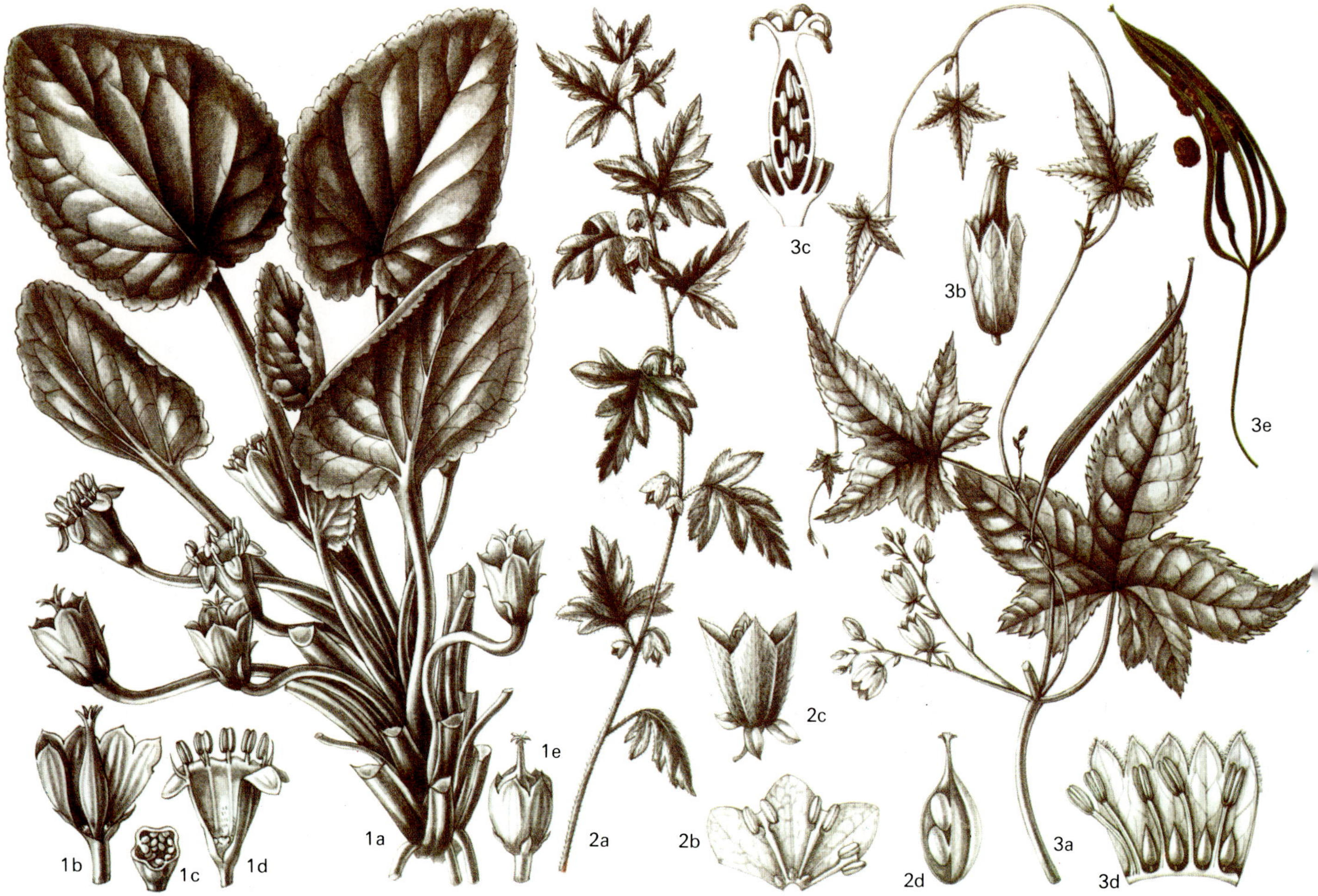

ACHARIACEAE. 1. *Guthriea capensis:* **a)** Habitus – ein stengelloses, einhäusiges Kraut (× ²/₃); **b)** aufgeschlitzte weibliche Blüte mit Fruchtknoten und gelappter Narbe (× ²/₃); **c)** Querschnitt durch den ungefächerten Fruchtknoten mit parietalen Plazenten (× 1); **d)** ausgebreitete männliche Blüte (× ²/₃); **e)** die Frucht (eine Kapsel), umgeben von der bleibenden Kronröhre (× ²/₃). **2.** *Acharia tragodes:* **a)** Habitus – ein holziger Zwergstrauch (× ²/₃); **b)** ausgebreitete männliche Blüte (× 2); **c)** weibliche Blüte (× 2); **d)** Kapsel, eine Klappe entfernt (× 1). **3.** *Ceratiosicyos ecklonii:* **a)** Habitus (× ²/₃); **b)** weibliche Blüte (× 2); **c)** Längsschnitt durch den Fruchtknoten (× 2); **d)** ausgebreitete männliche Blüte mit fleischigen Staminodien (× 2); **e)** aufspringende Kapsel (× ²/₃).

selständigen Cymen, seltener einzeln. Der Kelch ist röhrenförmig und weist 4 bis 7 kurze Zipfel auf. Die Kronblätter sind den Kelchzipfeln gleichzählig, frei (bei *Antho-bryum* mit zusammenlaufenden Nägeln) und in einen langen, von der Kelchröhre umschlossenen Nagel und eine breite Platte geliedert. Jedes Kronblatt besitzt am Grunde dieser verbreiterten Platte eine Schuppe, die den Rändern des Nagels entlang nach unten läuft. Normalerweise sind 6 Staubblätter in 2 oft ungleichen Kreisen vorhanden (bei *Hypericopsis* ungefähr 24), die am Grunde verwachsen oder frei sind. Die Staubbeutel sind nach außen gewendet und springen längs auf. Der ungefächerte Fruchtknoten ist oberständig und setzt sich aus 2 bis 4 miteinander verwachsenen Fruchtblättern zusammen. Die Plazenten sind parietal, die wenigen bis vielen Samenanlagen anatrop oder aufsteigend, mit gekrümmtem Stiel. Der Griffel ist einfach, die Narbe meist zwei- oder dreilappig. Die Frucht ist eine entlang der Fruchtblattmittelnerven aufspringende, im bleibenden Kelch eingeschlossene Kapsel. Die meist zahlreichen, endospermhaltigen Samen enthalten einen geraden Embryo. Bei der einsamigen *Niederleinia* ist nur eine einzige Plazenta fruchtbar.

Systematik: Die Familie hat enge Beziehungen zu den Tamaricaceae.
Nutzwert: Die Familie ist von geringer wirtschaftlicher Bedeutung. Einige Arten sind als Zierpflanzen anzutreffen. Der größte Vertreter wächst als eindrücklicher, gut 60 cm hoher Strauch auf St.Helena und wurde früher als Schwarztee-Ersatz verwendet. Zur lokalen Nutzung von *Frankenia*-Arten gehört auch die Verwendung von *Frankenia ericifolia* als Fischgift auf den Makaronesischen Inseln. Das durch die Blätter von *F.berteroana* (Chile) ausgeschiedene Salz wird durch Veraschung der Pflanzen gewonnen.   I.B.K.R.

ACHARIACEAE

Die Achariaceae sind eine sehr kleine, 3 monotypische Gattungen umfassende Familie kleiner Sträucher und stengelloser oder kletternder Kräuter.
Verbreitung: Die Familie ist auf Südafrika beschränkt.
Merkmale: Die Blätter sind wechsel- oder grundständig, einfach, gesägt oder handförmig gelappt und nebenblattlos. Bei *Guthriea* sind sie grundständig.
Die Blüten stehen einzeln oder zu wenigen in den Blattachseln oder treten zu Trauben zusammen. Sie sind radiär, eingeschlecht

Gattungen: 3
Arten: 3
Verbreitung: Südafrika
Nutzwert: keiner

und einhäusig. Sowohl männliche als auch weibliche Blüten tragen 3 bis 5 am Grunde verwachsene Kelchblätter. Die Kronblätter sind zu einer drei- bis fünflappigen glockenförmigen Röhre verwachsen. Die Staubblätter sind mit den Kronblättern gleichzählig und mit den Filamenten je nach Art verschieden stark mit der Kronröhre verwachsen. Das Konnektiv ist stark verbreitert. Bei der weiblichen Blüte setzt sich der ungefächerte oberständige Fruchtknoten aus 3 bis 5 miteinander verwachsenen Frucht-

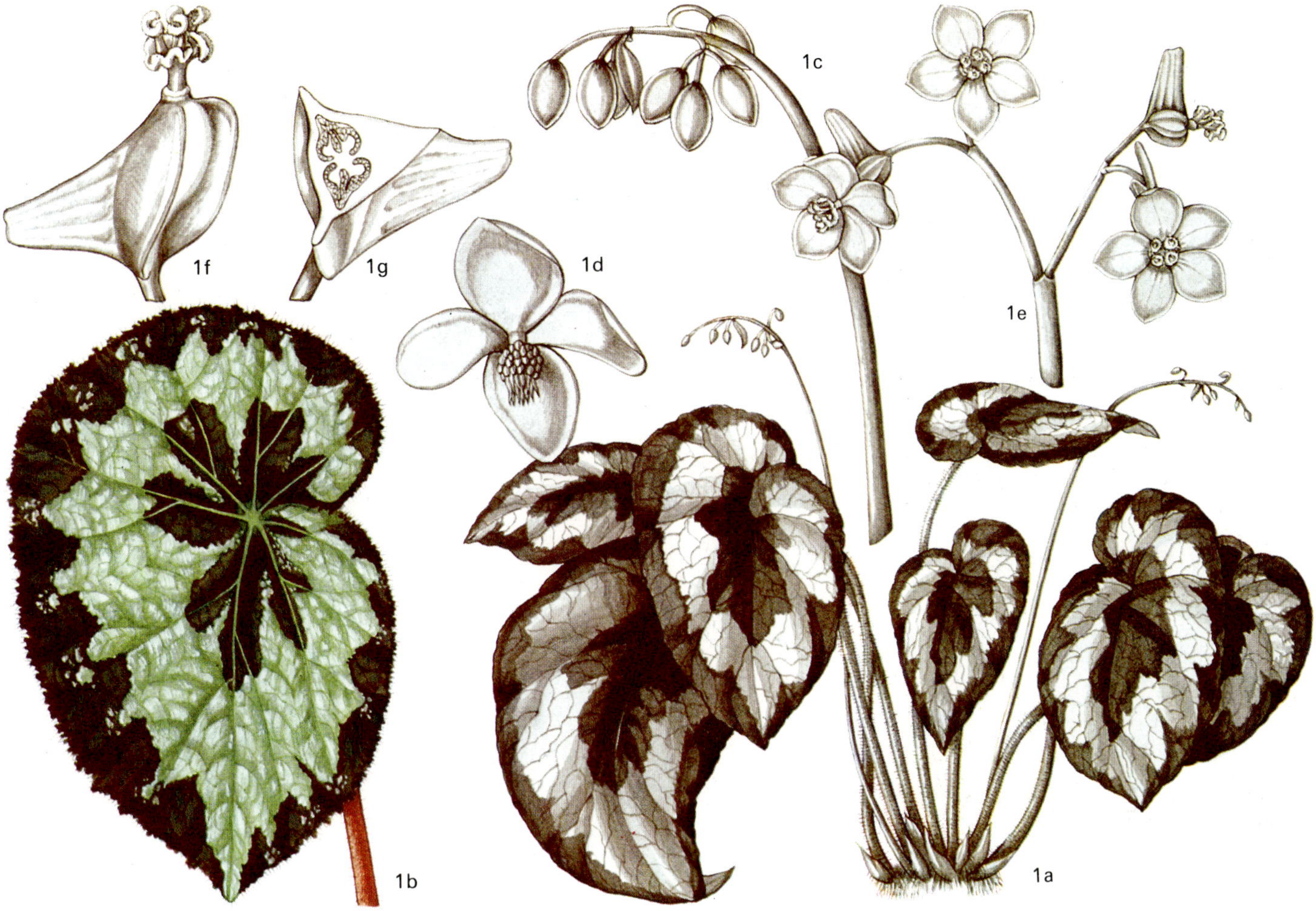

[Figures: 1f, 1g, 1d, 1c, 1e, 1b, 1a]

BEGONIACEAE. 1. *Begonia rex:* **a)** Habitus – Blätter mit Nebenblättern und seitlichen Blütenständen (× ¹/₃); **b)** asymmetrisches Blatt – ein charakteristisches Merkmal (× 1); **c)** männliche Blütenknospen (× 1); **d)** männliche Blüte mit vierteiliger Blütenhülle und einem Büschel von Staubblättern, von denen jedes mit einem verlängerten Konnektiv versehen ist (× 1); **e)** weibliche Blüten mit fünfteiliger Blütenhülle (× ²/₃); **f)** junge, geflügelte Frucht mit bleibenden Griffeln, die am Grunde verwachsen sind und je 2 gedrehte, papillöse Narbenäste aufweisen (× 2); **g)** Querschnitt durch eine junge, geflügelte Frucht mit 2 Kammern und zahlreichen Samen an verzweigten, zentralwinkelständigen Plazenten (× 2).

blättern zusammen und enthält wenige bis zahlreiche Samenanlagen an 3 bis 5 parietalen Plazenten. Es ist ein einziger Griffel vorhanden, der von oft zweispaltigen Narbenästen überragt wird. Es gibt keine Anzeichen für ein rudimentäres Gynoeceum in der männlichen Blüte oder rudimentäre Staubblätter oder Staminodien in der weiblichen. Die Frucht ist eine kugelige Kapsel, die sich im reifen Zustand mit 3 bis 5 Klappen öffnet und die wenigen bis zahlreichen Samen freigibt. Die Samen tragen einen Arillus und enthalten einen kleinen, von reichlich Endosperm umgebenen Embryo.

Systematik: Die 3 Gattungen *Acharia*, *Ceratiosicyos* und *Guthriea* bestehen aus nur je einer Art. Sie lassen sich durch den Habitus, die entweder früh abfallenden oder bis zur Fruchtreife bleibenden Kronblätter, die Stellung der Staubblätter und die Gestalt der Frucht unterscheiden. Die Staubblätter von *Guthriea* (eine Rhizomstaude mit grundständiger Blattrosette) und *Acharia* (ein holziger Halbstrauch) sind der bleibenden Kronröhre bis zum Schlund angewachsen, während die Staubblätter von *Ceratiosicyos* (eine krautige Schlingpflanze) am Grunde der Kronröhre, die kurz nach der Blüte abfällt, eingefügt sind.

Diese Familie hat eine Reihe von Merkmalen mit den Passifloraceae gemeinsam. Das Vorhandensein von Kelch- und Kronblättern (wobei die Staubblätter den Kronblättern gleichzählig sind), eines ungefächerten, oberständigen Fruchtknotens mit 3 bis 5 parietalen Plazenten und zahlreichen Samenanlagen, die sich zu endospermhaltigen Samen entwickeln, sind gemeinsame Merkmale beider Familien, welche vermutlich zudem in verwandtschaftlicher Beziehung zu den Cucurbitaceae (Kürbisgewächse) stehen.

Nutzwert: Es ist keiner bekannt. S.R.C.

BEGONIACEAE *Schiefblattgewächse*

Die Begonien sind eine Familie ausdauernder Kräuter und Sträucher. Die Mehrzahl der Arten gehört der Gattung *Begonia* an, die viele, ihres Laubens und ihrer Blüten wegen beliebte Zierpflanzen stellen.

Verbreitung: *Begonia* selbst ist in den Tropen und Subtropen weithin verbreitet. 2 der 4 weiteren Gattungen sind südamerikanisch: *Semibegoniella* (2 Arten, Ecuador) und *Begoniella* (5 Arten, Kolumbien). Die beiden anderen Gattungen wachsen im Pazifikraum: die monotypische *Hillebrandia* auf Hawaii und die 13 Arten von *Symbegonia* in Neuguinea.

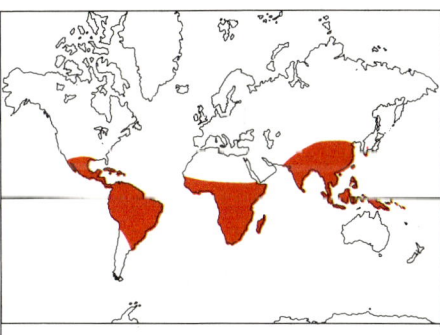

Gattungen: 5
Arten: über 900
Verbreitung: Tropen und Subtropen
Nutzwert: Zierpflanzen (Begonien);
begrenzter lokaler Gebrauch

Merkmale: Die meisten Arten besitzen einen charakteristischen, fleischigen und oft gegliederten Stengel. Viele entwickeln ein dickes Rhizom oder Knollen, und einige klettern mit Hilfe von Wurzeln; einige wenige weisen holzige Achsen und Büschelwurzeln auf. Die meist wechselständigen und in 2 Reihen angeordneten Blätter sind asymmetrisch und tragen große, häutige, hinfällige Nebenblätter. Manchmal entwickeln sich achselständige Brutknöllchen, die

der vegetativen Vermehrung dienen. Die cymösen oder selten razemösen Blütenstände bringen männliche und weibliche Blüten hervor, die sich auch in der Blütenhülle voneinander unterscheiden. Die Blütenhüllblätter sind bei *Begonia* und *Hillebrandia* frei, bei den andern Gattungen verwachsen; sie können radiär oder zygomorph sein. Die männlichen Blüten besitzen häufig 4 kronblattartige, kreuzgegenständige Blütenblätter. Die beiden unteren, größeren bilden den Kelch, die beiden oberen die Krone; beide Paare decken sich in der Knospe klappig. Die weiblichen Blüten tragen meist 2 bis 5 dachige, petaloide Blütenblätter; *Hillebrandia* hat deren 10. Die Staubblätter der männlichen Blüten sind zahlreich (4 bei *Begoniella*), frei oder am Grunde verwachsen und besitzen Staubbeutel mit einem verlängerten Konnektiv. Sie öffnen sich mit Längsrissen, selten mit Poren. Der Fruchtknoten der weiblichen Blüten ist unterständig (bei *Hillebrandia* teilweise) und meist geflügelt. Er besteht häufig aus 2 oder 3 verwachsenen Fruchtblättern und Fächern mit einfachen oder verzweigten, zentralwinkelständigen Plazenten, die zahlreiche, anatrope Samenanlagen tragen. Die Griffel können ganz oder am Grunde verwachsen sein; die häufig zweilappigen Narben sind oft gedreht und papillös. Die Frucht ist eine harte oder fleischige, meist geflügelte, fachspaltige Kapsel. Die Samen enthalten einen geraden Embryo und kein Endosperm.
Systematik: In den neuesten Studien wird vorgeschlagen, *Symbegonia* und *Begoniella* zu *Begonia* zu stellen.
Die Familie ist eine homogene Gruppe ohne offensichtliche Beziehungen zu anderen Familien. Sie wird meist zu den Violales gestellt, unterscheidet sich aber von der Mehrheit der Familien dieser Ordnung durch den Bau ihrer Blütenstruktur (z.B. den unterständigen Fruchtknoten). Sie ist wahrscheinlich am engsten mit den Datiscaceae verwandt.
Nutzwert: *Begonia*-Arten stellen viele sehr beliebte Zierpflanzen. 2 Gruppen von Arten und Hybriden sind besonders populär, nämlich die als *Begonia rex* hervorgegangenen Züchtungen mit Rhizom und behaarten, warzigen Zierblättern und die *Semperflorens*-Begonien für das Freiland, die keine Knollen bilden, unbehaart und sehr reichblütig sind. Blatter von *B. tuberosa* werden auf den Molukken lokal als Gemüse gekocht, während andere Arten medizinisch verwendet werden. I.B.K.R.

LOASACEAE *Blumennesselgewächse*
Die Loasaceae sind eine vorwiegend aus Kräutern bestehende Familie mit borstigen, oft brennenden Haaren.
Verbreitung: Die Familie ist in den amerikanischen Tropen und Subtropen heimisch; 2 Arten von *Kissenia* sind in Südarabien und Südwestafrika beheimatet.
Merkmale: Die Pflanzen sind Kräuter, selten Sträucher oder Lianen. Meist sind sie mit (oft starren) Haaren bedeckt, die mit Widerhaken versehen sein können (z.B. bei *Petalonyx,* Südwesten Nordamerikas). Oft besitzen sie Brennhaare. Die Blätter

sind wechsel- oder gegenständig, ganzrandig oder unterschiedlich gelappt; Nebenblätter fehlen. Die Blüten sind zwitterig, radiär und stehen einzeln oder in Cymen oder Köpfchen. Der Kelch besteht aus 5 oder 4 bis 7 am Grunde zu einer Röhre verwachsenen Kelchblättern, die mit dem Fruchtknoten verwachsen sein können. Die 4 oder 5 Kronblätter sind frei, selten verwachsen und oft konkav. Es sind meist zahlreiche Staubblätter vorhanden, manchmal nur 5. Die inneren sind oft zu Nektarschuppen umgewandelt, die zu einem großen, farbigen Nektarium vereinigt sind (z.B. bei *Blumenbachia* oder *Loasa*). Der Fruchtknoten ist unterständig und besteht meist aus 3 bis 5 verwachsenen Fruchtblättern. Er wird durch die weit vorspringenden parietalen Plazenten oft in 2 bis 5 Fächer aufgeteilt und enthält eine bis viele Samenanlagen. Der Griffel ist einfach, die Frucht eine Kapsel. Die Samen schließen

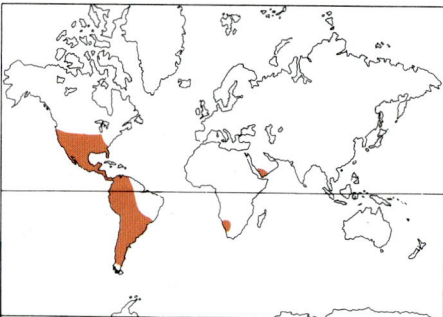

Gattungen: 15
Arten: 250
Verbreitung: amerikanische Tropen und Subtropen, Arabien und SW-Afrika
Nutzwert: Gartenpflanzen

einen geraden Embryo ein.
Systematik: Die Loasaceae werden meist in 3 Unterfamilien gegliedert – die MENTZELIOIDEAE mit 3 bis 5 (selten 6) Fruchtblättern und zahlreichen Samenanlagen, 10 bis zahlreichen Staubblättern, Staminodien meist fehlend; die LOASOIDEAE mit 3 bis 5 Fruchtblättern und zahlreichen Samenanlagen, 12 bis vielen Staubblättern und vor dem Kelch stehenden Staminodien; schließlich die GRONOVIOIDEAE mit einer vom Scheitel des Fruchtknotens herabhängenden Samenanlage und 5 Staubblättern, von denen einige gelegentlich Staminodien sind.
Die Loasaceae sind am engsten mit den Begoniaceae verwandt.
Nutzwert: Wegen ihrer auffälligen Blüten gezogen werden *Loasa, Mentzelia, Eucnide,* die meist kletternde *Blumenbachia* und der windende *Grammatocarpus volubilis.* D.M.M.

DATISCACEAE *Scheinhanfgewächse*
Die Datiscaceae sind eine kleine Familie tropischer und subtropischer Bäume und Sträucher von geringem wirtschaftlichem Wert.
Verbreitung: *Datisca glomerata* tritt im trockenen, südwestlichen Teil Nordamerikas auf, *D. cannabina* vom Mittelmeergebiet bis nach Zentralasien, *Octomeles* hauptsächlich auf den Westindischen Inseln und

Gattungen: 3
Arten: 4
Verbreitung: Tropen und Subtropen, Schwerpunkt im Südwesten Nordamerikas, in Westasien, Indochina, Malesien und Indonesien
Nutzwert: einige Zierpflanzen

Tetrameles in Indochina sowie in Malesien.
Merkmale: Die Familie umfaßt Bäume (*Octomeles, Tetrameles*) oder ausdauernde Kräuter (*Datisca*). Die Blätter sind wechselständig, gefiedert (*Datisca*) oder einfach und nebenblattlos. Die Blüten von *Datisca* sind eingeschlechtig und zweihäusig oder zwitterig und in Ähren oder Büscheln an langen, belaubten Zweigen zusammengedrängt. Der Kelch ist mit 3 bis 9 ungleichen Zipfeln versehen; die Kronblätter fehlen. Es sind 8 bis viele Staubblätter mit kurzen, deutlichen Filamenten und großen, längs aufreißenden Staubbeuteln vorhanden. Die zwitterigen Blüten weisen oft Staminodien auf. Bei den weiblichen und zwitterigen Blüten ist die Kelchröhre am unterständigen, einfächerigen Fruchtknoten angewachsen, der aus 3 bis 5 verwachsenen Fruchtblättern besteht. Die 3 bis 5 parietalen Plazenten tragen zahlreiche Samenanlagen. Die 3 bis 5 freien, fadenartigen Griffel sind an der Spitze oft tief gegabelt. Die Frucht ist eine häutige Kapsel, die Samen mit einem geraden Embryo und wenig oder kein Endosperm enthält.
Bei *Octomeles* und *Tetrameles* sind die Blüten eingeschlechtig und die Pflanzen zweihäusig; die männlichen Blüten haben 4 bis 8 Kelchzipfel und 6 bis 8 (*Octomeles*) oder keine (*Tetrameles*) Kronblätter. Die 4 bis 8 Staubblätter mit langen Filamenten springen längs auf. Der einfächerige Fruchtknoten ist unterständig und besitzt 4 bis 8 parietale Plazenten, die zahlreiche Samenanlagen tragen sowie 8 (*Octomeles*) oder 4 (*Tetrameles*) Griffel. Die Frucht ähnelt derjenigen von *Datisca*.
Systematik: Je nach Interpretation umfaßt die Familie entweder 3 Gattungen mit 4 Arten oder eine Gattung (*Datisca*) mit 2 Arten. Es wurde die Vermutung geäußert, *Octomeles* und *Tetrameles* seien mit den Lythraceae verwandt, *Datisca* jedoch mit den Haloragaceae. Diskutiert wird auch die Beziehung von *Datisca* zu den beiden anderen Gattungen, die manchmal als eigene Familie (Tetramelaceae) abgetrennt werden.
Nutzwert: Die *Datisca*-Arten werden hin und wieder als Ziersträucher kultiviert. Die Blätter, Wurzeln und Stengel von *D. cannabina* liefern eine gelbe Farbe, die früher für das Färben von Seide verwendet wurde. S.R.C.

CUCURBITACEAE *Kürbisgewächse*

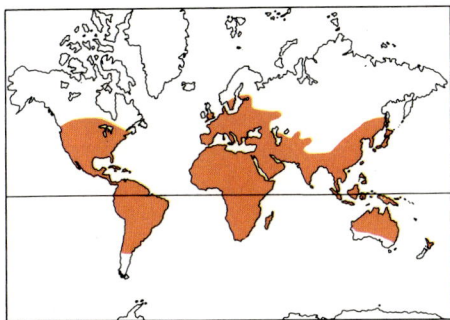

Gattungen: rund 90
Arten: rund 700
Verbreitung: Schwerpunkt in den Tropen, einige Halbwüstenarten
Nutzwert: wichtige Nahrungspflanzen, z.B. Gurken, Kürbisse, Flaschenkürbisse, Melonen, Chayote; viele andere Verwendungsarten

Die Cucurbitaceae sind eine mittelgroße und stark abgeleitete Familie meist kletternder Pflanzen. Sie sind als Nahrungsquelle von großer Bedeutung.

Verbreitung: Die Cucurbitaceae sind in den feuchten und mäßig trockenen Tropen der Alten wie auch der Neuen Welt gut vertreten, besonders in den Regenwaldgebieten Südamerikas und dem Wald-, Gras- oder Buschland Afrikas. Einige Arten sind Bestandteil der Halbwüsten- oder sogar Wüstenvegetation. Die Cucurbitaceae sind in Australasien und den gemäßigten Zonen schwach vertreten.

Merkmale: Die Vertreter dieser Familie sind meist Kletterpflanzen mit handnervigen Blättern, spiraligen Ranken, unterständigen Fruchtknoten und eingeschlechtigen Blüten mit gelblichen Kronblättern, wie z.B. Gurken, Melonen, Wassermelonen, Kürbisse und Flaschenkürbisse. Die wenigen nicht kletternden Arten sind wahrscheinlich nicht ursprünglich. Die meisten Arten wachsen als ausdauernde Kräuter mit einem vergrößerten, knolligen Wurzelstock, der unterirdisch oder ganz oder teilweise oberirdisch sein kann. Einige Arten sind einjährig, andere schwach verholzte Lianen. Der Wurzelstock entsteht durch früh im Keimlingsstadium beginnendes Anschwellen des Hypokotyls. Die Stengel der meisten Arten sind durch Leitbündel mit innerem und äußerem Phloem charakterisiert. Die Blätter sind wechselständig, einfach und handförmig gelappt oder zusammengesetzt, mit 3 oder mehr Fiedern. Bei den meisten Arten wächst neben jedem Blatt eine einzelne, verzweigte oder unverzweigte Ranke. Die Rankenspitze windet sich um jede erreichbare Stütze, z.B. Pflanzenstengel; die restliche Ranke windet sich sprungfederartig und zieht den Stengel nahe zu sich heran. Die Blüten sind fast immer eingeschlechtig, die Pflanzen ein- oder zweihäusig. Die Kelch- und Kronblätter (meist je 5) stehen am Rande einer becher- oder röhrenförmigen Blütenachse (Blütenbecher). Die Kronblätter sind oft am Grunde mehr oder weniger verwachsen. Die Staubblätter sind durch die verschieden starke Verwachsung der Filamente und Staubbeutel, die Reduktion der Zahl der Pollensäcke in jedem Staubbeutel von 4 auf 2 und durch die Krümmungen und Windungen der Pollensäcke ausgezeichnet. Gewöhnlich sind 3 am unteren Teil des Blütenbechers eingefügte Staubblätter vorhanden; davon sind 2 doppelt mit je 4 Pollensäcken und eines einfach mit 2 Pollensäcken. In anderen Fällen sind die Filamente mehr oder weniger vollkommen zu einer einzigen, zentralen Säule verwachsen. Bei den weiblichen Blüten ist der einfächerige Fruchtknoten unterständig und weist meist eine oder 3 parietale Plazenten auf. Jede Frucht enthält einen bis viele Samen. Die Samenanlagen sind anatrop, die endospermlosen Samen meist groß. Die Früchte sind beerenartig mit fleischiger Mittel- und Innenschicht, fleischig oder trockene Kapseln oder auch ledrige Schließfrüchte.

Systematik: Es gibt 2 Unterfamilien — die Cucurbitoideae mit 8 Tribus und die Zanonioideae mit einer Tribus.

UNTERFAMILIE CUCURBITOIDEAE: Pflanzen mit einem Griffel, Ranken unverzweigt oder tief zwei- bis siebenästig und erst über dem Verzweigungspunkt spiralig gewunden; der Pollen ist verschiedenartig skulptiert, die Samen sind ungeflügelt.

JOLIFFIEAE: Samenanlagen meist waagrecht, Blütenbecher kurz, Kronblätter gefranst oder mit grundständigen Schuppen, Pollenoberfläche netzig; zur Tribus gehören *Telfairia* (tropisches Afrika) und *Momordica* (altweltliche Tropen).

BENINCASEAE: Samenanlagen waagrecht, Blütenbecher bei den weiblichen Blüten kurz, Frucht meist glatt und nicht aufspringend, Pollensäcke gewunden, Pollenoberfläche meist netzig; die Tribus umfaßt *Acanthosicyos* (südliches tropisches Afrika, mit *Acanthosicyos horrdius*, einem dornigen Strauch in den Dünen der Namibischen Wüste), *Ecballium* (Mittelmeergebiet), *Benincasa* (tropisches Asien), *Bryonia* (Eurasien), *Coccinia* (Tropen der Alten Welt) und *Citrullus* (Tropen und Subtropen der Alten Welt).

MELOTHRIEAE: Samenanlagen waagrecht, Blütenbecher glockenförmig oder zylindrisch, bei beiden Geschlechtern gleich, Pollensäcke fast oder ganz gerade, Pollenoberfläche netzig. Zu den Gattungen dieser Tribus gehören *Dendrosicyos* (Sokotra, mit *Dendrosicyos socotranus*, einem kleinen Baum mit sukkulentem Stamm), *Trochomeria* (tropisches Afrika), *Corallocarpus* (altweltliche Tropen), *Cucumeropsis* (tropisches Afrika), *Cucumis* (Afrika und Asien), *Ibervillea* (südliches Nordamerika), *Kedrostis* (Tropen der Alten Welt), *Seyrigia* (Madagaskar; blattlose, sukkulente Lianen), *Zehneria* (Tropen der Alten Welt) und *Gurania* (Tropen der Neuen Welt; Lianen mit rötlichem oder orangem Blütenbecher und gleichfarbigen Kelchblättern; Bestäubung durch Kolibris).

SCHIZOPEPONEAE: Samenanlagen hängend in einem dreifächerigen Fruchtknoten, 3 freie Staubblätter, Frucht mit 3 Klappen explosionsartig aufspringend, Pollenkörner mit netzartigem Relief; zur Tribus gehört *Schizopepon* (Ostasien).

CYCLANTHEREAE: eine bis viele aufrechte oder aufsteigende Samenanlagen in einem ungefächerten Fruchtknoten mit einer bis 3 Plazenten, Staubfäden zu einer zentralen Säule vereinigt, Frucht oft stachelig, meist explosionsartig aufspringend, Pollenoberfläche punktiert, nicht stachelig. Zur Tribus gehören *Apatzingania* (Mexiko; Früchte in der Erde reifend), *Cyclanthera* (Neue Welt), *Elateriopsis* (Tropen der Neuen Welt), *Marah* (Südwesten der USA) und *Echinocystis* (Nordamerika).

SICYOEAE: eine hängende Samenanlage in einem ungefächerten Fruchtknoten, Staubfäden zu einer zentralen Säule vereinigt, einsamige Schließfrucht, meist hart oder ledrig, Pollenkörner stachelig; zu den Vertretern dieser Tribus gehören *Polakowskia* (Zentralamerika), *Sechium* (Zentralamerika) und *Sicyos* (Neue Welt, Pazifik und Australien).

TRICHOSANTHEAE: Samenanlagen waagrecht, Blütenbecher bei beiden Geschlechtern lang und röhrenförmig, Kronblätter gefranst oder ganzrandig, Frucht fleischig oder trocken und mit 3 Klappen aufspringend, Pollenoberfläche streifig, glatt oder mit knötchenartigem Relief, nicht stachelig. Vertreter dieser Tribus sind *Hodgsonia* (tropisches Asien), *Peponium* (Afrika und Madagaskar) und *Trichosanthes* (tropisches Asien).

CUCURBITEAE: Samenanlagen waagrecht oder aufrecht, teilweise fleischige und ein- bis vielsamige Schließfrucht, Pollenkörner groß, stachelig, mit vielen Poren; zu dieser Gruppe gehören *Calycophysum* (tropisches Südamerika, Bestäubung durch Fledermäuse), *Cucurbita* (Neue Welt, Bestäubung durch Solitärbienen der Gattungen *Peponapis* und *Xenoglossa*) und *Sicana* (neuweltliche Tropen).

UNTERFAMILIE ZANONIOIDEAE: Diese Unterfamilie enthält eine einzige Tribus, ZANONIEAE; 2 oder 3 Griffel, Ranken, die nahe am Scheitel gabelig verzweigt und ober- und unterhalb des Verzweigungspunktes spiralig gewunden sind, Samenanlagen hängend, Pollenkörner klein, streifig, Samen oft geflügelt. Zu dieser Gruppe gehören *Fevillea* (tropisches Südamerika), *Alsomitra* (tropisches Asien, mit *Alsomitra macrocarpa*, einer Liane mit großen Früchten und großen, schön geflügelten Samen), *Gerrardanthus* (tropisches Afrika), *Xerosicyos* (Madagaskar; Blattsukkulenten), *Cyclantheropsis* (tropisches Afrika und Madagaskar; Frucht eine einsamige Flügelnuß) und *Zanonia* (Indomalesien).

Die systematische Stellung der Cucurbitaceae ist völlig unklar. Diesem Umstand wird durch das Aufstellen einer eigenen Ordnung mit nur einer Familie, den Cucurbitales, Rechnung getragen. Sie sind mit den meisten in oder den Campanulales nahe stehenden Familien, zu denen sie einst gerechnet wurden, nicht verwandt. Nur oberflächlich ähneln sie den Passifloraceae, in deren Nähe sie von einigen Autoren gestellt wurden, während sich die Caricaceae, Loasaceae, Begoniaceae und Achariaceae trotz einiger Ähnlichkeiten in bezug auf gewisse Merkmale stark von den Cucurbita-

ceae unterscheiden. Die Cucurbitaceae zeigen einen hoch entwickelten Habitus und Blütenbau und enthalten viele verschiedene Inhaltsstoffe. Von den beiden Unterfamilien sind die Zanonioideae in gewisser Hinsicht noch ursprünglicher.
Nutzwert: Der menschlichen Ernährung dienen die Früchte einiger Arten von *Cucurbita* (Pâtisson-Kürbis, Gartenkürbis,

CUCURBITACEAE. **1.** *Gurania speciosa:* weibliche Blüten (× ²/3). **2.** *Cucurbita moschata:* **a)** männliche Blüte (× ²/3); **b)** Querschnitt durch den Fruchtknoten (× ²/3); **c)** männliche Blüte nach Entfernung der Kron- und Kelchblätter (× ²/3). **3.** *Sechium edule:* **a)** weibliche Blüte mit scheibenförmiger Narbe (× 1¹/3); **b)** teilweise zu einer Säule verwachsene Staubblätter (× 2); **c)** Längsschnitt durch den Fruchtknoten mit der einzigen, hängenden Samenanlage (× 2). **4.** *Kedrostis courtallensis:* ausgebreitete männliche Blüte mit einem einfachen und 2 doppelten Staubblättern, die mit der Krone verwachsen sind (× 4). **5.** *Trichosanthes tricuspidata:* Blatt, Ranke und weibliche Blüte (× ²/3). **6.** *Gynostemma pentaphyllum:* **a)** weibliche Blüte (× 6); **b)** junge Frucht mit Griffelresten (× 8); **c)** beblätterter Sproß mit Ranken und Blütenstand (× ²/3). **7.** *Zanonia indica:* **a)** geflügelter Same (× ¹/4); **b)** Früchte (× ²/3). **8.** *Echinocystis lobata:* Frucht (× ²/3). **9.** *Coccinia grandis:* Blätter, Ranken, weibliche Blüten und Frucht (× ²/3).

Riesenkürbis, Zucchetti usw.), *Cucumis* (*Cucumis melo*, Melone, und *C. sativus*, Gurke) und *Citrullus lanatus* (Wassermelone) in tropischen, subtropischen und gemäßigten Zonen. Andere wichtige Kulturpflanzen sind *Cucumis anguria* (tropisches Amerika), *Lagenaria siceraria* (Kalebasse, Flaschenkürbis), *Benincasa hispida* (Wachskürbis), *Sechium edule* (Chayote), *Luffa cylindrica* und *L. acutangula* (Luffa-Schwämme), *Trichosanthes cucumerina* var. *anguina* (Schlangenkürbis), *Momordica charantia* (Balsambirne), *Sicana odorifera* (Cassabanana), *Cyclanthera pedata* (Achocha), *Telfairia occidentalis* (die Samen liefern ein Speiseöl) und *Cucumeropsis mannii* (Egussi, mit eßbaren Samen). Trockene Früchte von *Lagenaria siceraria* werden von alters her als Behälter verwendet; diese Art ist eine der ältesten Kulturpflanzen und die einzige mit archäologisch belegter Vorgeschichte in der Alten wie auch Neuen Welt. Früchte der wilden *Citrullus lanatus*, *Acanthosicyos naudinianus* und *A. horridus* (Naraspflanze) bilden wichtige Nahrungs- und Wasserquellen in den Wüstengebieten des südlichen Afrika.
Als Cucurbitacine bekannte Bitterstoffe sind in der Familie sehr verbreitet. Die Cucurbitaceae sind als Zierpflanzen von untergeordneter Bedeutung. C.J.

SALICALES *Weidenartige*

SALICACEAE *Weidengewächse*
Die Salicaceae sind eine Familie von Bäumen und Sträuchern meist nördlich-gemäßigter Breiten, darunter die Espen, Pappeln und Weiden.
Verbreitung: Die Familie ist in der nördlichen gemäßigten Zone überall und häufig anzutreffen. 2 Gattungen sind allgemein bekannt: *Salix*, die Weiden, und *Populus*, die Espen und Pappeln; die beiden andern enthalten sehr wenige, auf Nordostasien beschränkte Arten. Es gibt auch wenige tropische und auf der Südhalbkugel verbreitete Arten.
Die meisten Weiden sind Sträucher und kleine Bäume, einige Waldbäume. Nur wenige dominieren in den entsprechenden Pflanzengesellschaften. Die meisten wachsen als kleine Sträucher und Pionierpflanzen, die an nassen Standorten oder in den Bergen besonders häufig sind. Die meisten Pappeln andererseits sind große Bäume und können in den nördlichen Regionen die Landschaft beherrschen.
Merkmale: Die Salicaceae sind fast durchwegs laubwerfend. Die Blätter sind einfach, meist wechselständig, mit Nebenblättern versehen. Die Blüten sind eingeschlechtig.

SALICACEAE. **1.** *Populus sieboldii:* **a)** beblätterter Sproß mit hängendem, fruchtendem Kätzchen (× ²/3); **b)** junge weibliche Kätzchen (× ²/3); **c)** weibliche Blüte mit becherartigem Diskus (× 6); **d)** Fruchtknoten (× 6); **e)** Narben (× 6); **f)** Trieb mit jungem männlichem Kätzchen (× ²/3); **g)** männliche Blüte (× 6); **h)** reife männliche Blüte, mit Resten eines vorjährigen Kätzchens (× ²/3). **2.** *P. nigra* «Italica» (Säulenpappel): Habitus. **3.** *Salix caprea:* **a)** Blätter (× ²/3); **b)** junge weibliche Kätzchen (× ²/3); **c)** weibliche Blüte mit Tragblatt (× 6); **d)** Längsschnitt durch weibliche Blüte (× 6); **e)** Querschnitt durch Fruchtknoten (× 8); **f)** reife weibliche Kätzchen (× ²/3); **g)** männliche Kätzchen; **h)** männliche Blüte (× 6).

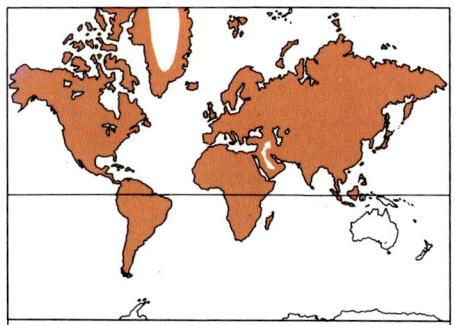

Gattungen: 4
Arten: rund 350
Verbreitung: vor allem gemäßigte
Zone, einige Arten in den Tropen und
auf der südlichen Erdhalbkugel
Nutzwert: Das Holz wird zur Herstel-
lung von Papier, Streichhölzern und
Kisten verwendet, Korbweiden für
Körbe; einige beliebte Zierpflanzen

Die Blüten stehen in Kätzchen, die normalerweise vor oder gleichzeitig mit den Blättern zeitig im Frühjahr austreiben. Die einzelnen Blüten stehen in der Achsel eines
kleinen Tragblattes und besitzen weder
Kelch- noch Kronblätter. Die männlichen
Blüten bestehen aus 2 bis 30 freien oder verwachsenen Staubblättern. Die weibliche

Blüte weist einen zweikarpelligen, ungefächerten und oberständigen Fruchtknoten
auf, mit zahlreichen anatropen Samenanlagen an parietalen, zum Teil fast grundständigen Plazenten. Der kurze oder lange
Griffel teilt sich oft in mehrere Narben.
Bei den beiden Hauptgattungen unterscheiden sich die Bestäubungsweisen deutlich.
Bei *Populus* sind die Kätzchen schlaff über-
hängend und geruchlos. Die Bestäubung erfolgt durch den Wind. Nektarien fehlen,
aber am Grunde jeder Blüte ist eine schei-
ben- oder becherförmige Drüse mit unbekannter Funktion zu finden. Bei *Salix* stehen die Kätzchen aufrecht. Eine oder 2
kleine, knopfartige Drüsen sitzen am
Grunde jeder Blüte. Diese Drüsen geben
einen wohlriechenden Nektar ab und wirken stark anziehend auf Insekten, besonders auf Bienen und Kleinschmetterlinge,
die die Blüten bestäuben. Weiden können
im zeitigen Frühjahr eine wichtige Futterquelle für Honigbienen sein und sind auch
beliebt bei Schmetterlingssammlern, die
frühfliegende Falter sammeln. Von den
kleinen Gattungen ist *Chosenia* wind-,
Toisusu insektenbestäubt.
Die Früchte sind kleine Kapseln mit zahlreichen Samen, von denen jeder mit einem
der Windverbreitung dienenden Haarbüschel versehen ist. Viele Arten werfen das

ganze Kätzchen ab, wenn die Samen reif
sind. Unter den Bäumen findet sich dann
oft ein «Wattegestöber». Die Samen besitzen kein Endosperm und einen geraden
Embryo.
Hybriden sind sowohl bei den Pappeln als
auch Weiden sehr häufig. In Japan gibt es
einen Gattungsbastard zwischen *Chosenia*
und *Toisusu*.
Systematik: Die Salicaceae stehen im System isoliert. Einige Bearbeiter schlagen
vor, sie als im Blütenbereich reduzierte Ab-
kömmlinge der Violales zu betrachten; andere erwägen eine engere Beziehung zu den
Flacourtiaceae und Tamaricaceae.
Nutzwert: Das Weiden- und Pappelholz
wird vielfältig verwendet. Das schnelle
Wachstum der Pflanzen erweist sich dabei
als Vorteil. In einigen Ländern dienen sie
als wichtige, natürliche Nutzholzquelle, in
anderen werden sie häufig angepflanzt. Das
Holz findet hauptsächlich zur Papierherstellung sowie für Streichhölzer und Kisten
Verwendung. Weiden — besonders Trauer-
weiden — gelten als beliebte Zierpflanzen.
Die biegsamen Zweige werden in der Korb-
flechterei gebraucht. Als Besonderheit ist
die Anfertigung von Kricketschlägern aus
Weidenholz zu erwähnen. Weidenrinde
wird in der Gerberei und für einige Arzneimittel benützt.   C.A.S.

CAPPARACEAE. **1.** *Capparis spinosa:* **a)** beblätterter Sproß mit dornigen, zurückgebogenen Nebenblättern und großen, achselständigen Einzelblüten (× ²/₃); **b)** Frucht ganz und **c)** im Querschnitt (× ²/₃). **2.** *Buhsia trinervia:* trockene, aufgeblähte Frucht (× 1). **3.** *Cleome hirta:* **a)** beblätterter
Sproß mit Blüten und schotenförmigen Früchten (× ²/₃); **b)** halbierte Blüte mit gezähnten Kelch-, 2 Kron-, 6 gekrümmten Staubblättern und Fruchtknoten mit zahlreichen Samenanlagen (× 2¹/₂). **4.** *Podandrogyne brachycarpa:* Kapsel (× 1). **5.** *Dipterygium glaucum:* geflügelte Frucht (× 6).

CAPPARALES *Kapernartige*

CAPPARACEAE *Kaperngewächse*

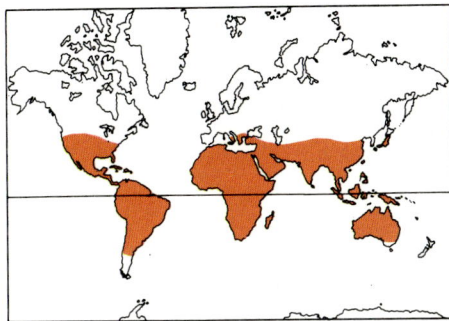

Gattungen: 40 bis 50
Arten: rund 700
Verbreitung: Tropen (besonders Afrika) und Subtropen
Nutzwert: Kapern; Gartenpflanzen

Die Capparaceae sind eine mittelgroße, mit den Cruciferaceae verwandte Familie und bestehen aus Kräutern, Bäumen, Sträuchern und einigen Lianen. Wenige ihrer Vertreter spielen im Gartenbau oder in der Wirtschaft eine Rolle; am bekanntesten sind die Kapern.
Verbreitung: Die Familie ist in den wärmeren Teilen der Erde anzutreffen, hauptsächlich in den Tropen und Subtropen beider Erdhalbkugeln und im Mittelmeergebiet. Mit rund 15 Gattungen ist sie in Afrika ein auffälliger Bestandteil der Flora trockener Gebiete.
Merkmale: Die Blätter sind wechsel-, selten gegenständig und einfach, handförmig oder gefingert. Sie weisen 2 bis 7 Fiedern und winzige oder dornige Nebenblätter auf, die bleibend oder hinfällig sind. Die end- oder achselständigen Blütenstände sind meist traubig oder schirmförmig. Die Blüten können auch einzeln stehen und sind oft auffällig. Sie sind zwittrig oder selten eingeschlechtig (in diesem Falle sind die Pflanzen zweihäusig). Sie sind häufig zygomorph, haben meist 4 freie oder verschieden stark verwachsene Kelchblätter, die in einigen Fällen eine zur Blütezeit aufspringende, hinfällige Kapuze bilden. Es sind meist 6 Kronblätter vorhanden; manchmal fehlen sie jedoch. Meist sind sie gleich groß; das hintere Paar kann aber größer sein. Die Zahl der Staubblätter variiert zwischen 4 und vielen. Sind 6 vorhanden, kann man 4 als durch Spaltung aus den einzelnen Staubblattanlagen hervorgegangen ansehen. Höhere Zahlen kommen auf ähnliche Weise zustande, und vielen Filamenten fehlen dann die Staubbeutel. Oft streckt sich der Achsenabschnitt zwischen den Kron- und Staubblättern und hebt (als Androgynophor) Staub- und Fruchtblätter aus der Blüte heraus. Oft wird nur der Fruchtknoten emporgehoben, in diesem Falle auf einem Gynophor. Der Fruchtknoten ist oberständig und ungefächert; er besteht aus 2 verwachsenen Fruchtblättern, weist parietale Plazenten

mit wenigen bis vielen Samenanlagen auf und kann durch falsche Scheidewände in 2 oder mehr Fächer geteilt sein. Es ist ein einziger Griffel vorhanden, und die Narbe ist zweilappig oder kopfig. Die Frucht ist eine Kapsel, die klappig aufspringt, manchmal eine Schote oder eine runde bis längliche Beere, selten eine einsamige Nuß. Die Samen besitzen kein Endosperm, und der Embryo ist gefaltet. Eine merkwürdige Erscheinung ist die Erweiterung der Blütenachse zu ring- oder schuppenförmigen Diskusbildungen innerhalb oder außerhalb der Krone. Die Bestäubung erfolgt durch Insekten, bei einigen südamerikanischen Arten möglicherweise durch Fledermäuse.
Systematik: Es herrscht allgemein Übereinstimmung darüber, daß die Capparaceae mit den Cruciferae verwandt sind und auf gemeinsame Vorfahren zurückgehen dürften.
Nutzwert: Die Blütenknospen von *Capparis*-Arten (Kapernstrauch) liefern die als Gewürz verwendeten Kapern. Gelegentlich kommen auch Beerenfrüchte als «Kaperngurken» in den Handel. Die Blätter von *Gynandropsis gynandra* fanden als Heilmittel bei Skorbut Anwendung. Einige Arten werden als Gartenpflanzen kultiviert, besonders die einjährige *Cleome spinosa*, die Spinnenpflanze, mit ihren stark duftenden weißen oder rosaroten Blüten. *Capparis*-, *Gynandropsis*- und *Polanisia*-Arten werden ebenfalls gelegentlich als Zierpflanzen gezogen. V.H.H.

TOVARIACEAE

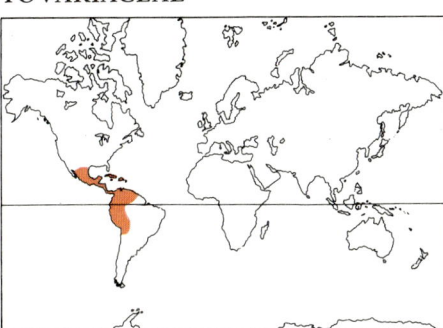

Gattungen: 1
Arten: 2
Verbreitung: tropisches Amerika und Karibische Inseln
Nutzwert: keiner

Die Tovariaceae sind eine kleine, aus einer Gattung (*Tovaria*) und 2 Arten bestehende Familien tropischer Sträucher und einjähriger Kräuter.
Verbreitung: Die Familie ist im tropischen Amerika und im karibischen Raum heimisch.
Merkmale: Die 2 Arten sind scharfriechende Kräuter und Sträucher, mit wechselständigen, dreizähligen Blättern ohne Nebenblätter. Die Blüten sind radiär, zwitterig, hypogyn, stehen in lockeren, endständigen Trauben und besitzen 8 überlappende schmale Kelch-, 8 Kron- und 8 freie Staubblätter mit behaarten, am Grunde verbreiterten Filamenten. Der gefächerte Fruchtknoten ist oberständig und besteht aus 6 bis

8 verwachsenen Fruchtblättern mit zahlreichen Samenanlagen an zentralwinkelständigen Plazenten. Die Fächer werden von häutigen Scheidewänden gebildet. Der Griffel ist kurz und endet in einer gelappten Narbe. Die Früchte sind im jungen Stadium schleimige Beeren mit einer häutigen Außenwand. Ihr Durchmesser beträgt 1 cm. Die vielen kleinen, glänzenden Samen besitzen gekrümmte Embryonen und wenig Endosperm.
Systematik: Beide Arten sind Sträucher mit grüner Rinde, die sich oft wie Einjährige verhalten. Bei der von Peru und Bolivien bis nach Venezuela auftretenden *Tovaria pendula* sind Blüten und Früchte grünlich, die Staubbeutel braun oder gelb. Die andere Art, *T. diffusa*, wächst in dichten, feuchten Dickichten in den Bergen Mittelamerikas und auf den Westindischen Inseln. Sie trägt blaßgrüne oder gelbe Blüten in sehr langen, armblütigen Trauben.
Die Tovariaceae sind mit den Capparaceae verwandt, bringen aber ähnliche Früchte wie einige Phytolaccaceae hervor.
Nutzwert: Es ist keine wirtschaftliche Nutzung dieser Familie bekannt. B.M.

CRUCIFERAE *Kreuzblütler*

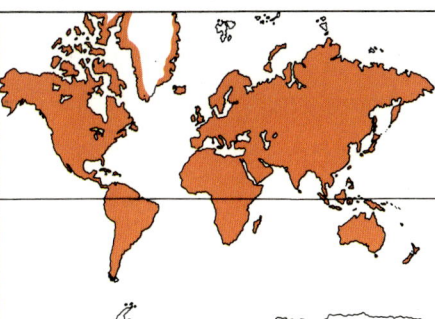

Gattungen: etwa 380
Arten: rund 3000
Verbreitung: weltweit, meist gemäßigt, mit Schwerpunkten im Mittelmeergebiet, in Südwest- und Zentralasien
Nutzwert: viele wichtige Gemüse-, Futter- und Ölpflanzen; beliebte Gartenblumen

Die Cruciferae sind eine sehr vielgestaltige und große natürliche Familie von großer wirtschaftlicher Bedeutung. Sie umfassen eine stattliche Menge von Nutzpflanzen, die als Salate, Gemüse, Tierfutter, Gewürze und Ölsaat mannigfaltige Verwendung finden. Daneben enthalten sie auch einige bekannte Gartenzierpflanzen, z.B. Goldlack, Mondviole und Aubrietie sowie zahlreiche Unkräuter.
Verbreitung: Vertreter der Familie findet man in den meisten Teilen der Erde, hauptsächlich aber besiedeln sie die nördlich-gemäßigte Zone. Hier sind sie besonders zahlreich in den Mittelmeerländern und in Südwest- und Zentralasien vertreten, wo die Zahl der Gattungen größer ist als anderswo auf der Welt. Die Familie ist auf der Südhalbkugel nur schwach vertreten, und die sehr wenigen tropischen Arten sind auf die höheren Lagen, wie beispielsweise die Anden und die zentralasiatischen Gebirge, beschränkt. Im Mittelmeerraum finden sich

113 Gattungen, von denen 21 (17%) endemisch sind. Die irano-turanische Region beherbergt 147 Gattungen, von denen 62 (42%) endemisch sind, mit 874 Arten, von denen 524 (60%) endemisch sind, während in der saharo-sindischen Region 65 Gattungen vorkommen, von denen 19 (30%) endemisch sind, mit 180, darunter 62 (34%) endemischen Arten. 2 der Tribus sind nur in Südafrika anzutreffen — die Chamireae mit einer einzigen Art, *Chamira circaeoides*, und die Heliophileae, die hauptsächlich aus der Gattung *Heliophila* mit ungefähr 70 Arten besteht, welche nur das Winterregengebiet um das Kap besiedeln. Eine weitere, monotypische Tribus bilden die Pringleeae mit der einzigen Art *Pringlea antiscorbutica*, dem Kerguelenkohl. Sie wächst nur auf den Kerguelen und den Crozetinseln (Südhalbkugel).

Merkmale: Die Cruciferae sind meist einjährige bis ausdauernde Kräuter, selten kleine Sträucher (z.B. *Alyssum spinosum*) oder große, bis zu 2 m hohe Sträucher (z.B. *Heliophila glauca* aus Südafrika) und sehr selten Kletterpflanzen (z.B. *H.scandens*), mit einer Höhe von bis zu 3 m. Bestimmte Arten sind sehr anpassungsfähig an verschiedene Standorte und können sowohl in extrem trockenen Gebieten wie auch in Regionen mit sehr tiefen Temperaturen überleben. Eine ungewöhnliche Art ist *Subularia aquatica*, eine im Wasser lebende, meist untergetauchte einjährige Pflanze mit schmalen, im Querschnitt kreisrunden Blättern. Die merkwürdigen Hartpolstersträucher von *Xerodraba pycnophylloides* aus den argentinischen Anden sind als «Pflanzenschafe» bekannt. Bei *Vella* und einigen Arten von *Alyssum* verdornen die Sprosse und schützen die Pflanzen vor Tierfraß.

Ein sehr bemerkenswertes Verhalten zeigt *Anastatica hierochuntica*, die Rose von Jericho: Zu Beginn der Samenreife (in der trockenen Jahreszeit) fallen die Blätter ab, und die Zweige rollen sich ein, so daß die ganze Pflanze zu einem Ball wird, der die Schoten enthält. Die losgerissene Pflanze wird vom Wind über die Wüste gerollt, bis sie eine feuchte, der Keimung förderliche Stelle erreicht.

Die Blätter sind meist wechselständig. Die immer einzelligen Haare variieren in der Form von einfach über gegabelt und vielfach verzweigt bis zu schild- und sternförmig. Sie liefern nützliche Merkmale zur Bestimmung der Gattungen und Arten.

Der Blütenstand ist in der Regel eine Traube oder ein Ebenstrauß ohne Endblüte. Die Blüten besitzen häufig weder Trag- noch Vorblätter. Ihr Bau ist sehr charakteristisch und erstaunlich einheitlich: 4 Kelchblätter, 4 kreuzförmig angeordnete Kronblätter, 6 Staubblätter (4 lange, 2 kurze) und ein Fruchtknoten mit 2 parietalen Plazenten. Einige Abweichungen kommen jedoch vor. Die Blüten sind meist zwittrig, radiär und hypogyn. Von den 4 Kelchblättern sind die inneren am Grunde manchmal sack- oder spornartig entwickelt. Der Sporn sammelt den Nektar, der von den Nektarien am Grunde der Staubblätter abgegeben wird. Die 4 Kronblätter sind in Form eines Kreuzes angeordnet (daher der Name der Familie), selten fehlen sie, so etwa bei einigen Arten von *Lepidium* und *Coronopus*. Sie sind frei, oft mit einem Nagel versehen, und decken sich in der Knospe dachig oder gedreht. Bei einigen Gattungen sind die äußeren Kronblätter (besonders jene der Randblüten eines Ebenstraußes) größer als die inneren, z.B. bei *Teesdalia* und *Iberis* (Schleifenblume). Von den 6 Staubblättern ist das äußere, seitliche Paar kurz, die 2 inneren Paare (ein hinteres und ein vorderes) weisen längere Filamente auf. Bei einigen *Cardamine*-Arten sind nur 4 Staubblätter vorhanden, bei *Megacarpaea* bis zu 16. Die Staubfäden sind manchmal geflügelt oder mit zahnartigen Anhängen versehen. Die wechselnde Form und Anordnung der grünen Nektarien am Grunde der Staubblätter wird zur Unterteilung der Familie mitberücksichtigt. Die Nektarien sehen meist wie Schwielen oder kleine Kissen aus. Der oberständige Fruchtknoten besteht aus 2 verwachsenen Fruchtblättern; er weist 2 parietale Plazenten auf. In der Regel wird eine häutige, falsche Scheidewand ausgebildet, die durch die Vereinigung von 2 Auswüchsen der Plazenten entsteht und den Fruchtknoten in 2 Fächer teilt. Manchmal ist der Fruchtknoten quer in Teilfrüchte gegliedert. Die Narbe ist kopfig bis zweilappig.

Ebenso charakteristisch wie die Blüte ist auch die Frucht, die grundsätzlich durch die falsche Scheidewand zweifächerig wird und meist vom Grunde her mit 2 Klappen aufspringt. Die Scheidewand bleibt in der Regel stehen. Die Frucht wird Schote genannt, wenn sie mindestens dreimal so lang wie breit ist, Schötchen, wenn gedrungen und wenig länger als breit. Die Frucht kann auch quer in einsamige Teile zerbrechen. In diesem Falle handelt es sich um eine Gliederschote. Auch Schließfrüchte, welche längs in 2 Teile zerfallen, sind bekannt, ebenso geschlossen bleibende, einsamige Nußschötchen. Die Früchte variieren in der Form von lineal-länglich bis eiförmig oder kugelig; sie sind geflügelt oder ungeflügelt und gestielt oder ungestielt. Die Samen sind in einer oder 2 Reihen angeordnet. Ein Beispiel für eine ungewöhnliche Frucht findet sich bei *Cakile*, deren Schote sich quer in 2 einsamige Glieder teilt, wobei das untere unfruchtbar wird und einen dicken Stiel bildet, während das obere sich zu einer einsamigen, geschlossen bleibenden Teilfrucht entwickelt. Diese teils großen Unterschiede in der Ausbildung der Früchte zieht man weitgehend dazu heran, die Familie in Tribus, Gattungen und Arten zu unterteilen.

Bei *Lunaria* (Mondviole, Silberling) ist das Schötchen seitlich abgeplattet, was eine sehr breite Scheidewand ergibt. Das Schötchen kann auch vom Rücken her zusammengedrückt sein, so daß eine schmale Scheidewand entsteht (z.B. bei *Capsella*, Hirtentäschel). *Geococcus pusillus* (Australien) schlägt zur Fruchtzeit die Fruchtstiele scharf zurück und treibt so die Früchte in den Boden. Ähnlich verhält sich *Morisia hypogea* aus Sardinien und Korsika, eine stengellose Pflanze, deren Blütenstiele sich zur Blüte herabneigen und die geschlossenen Schoten im Boden versenken. Die Samen besitzen kein Endosperm, und die Samenschalen enthalten oft Schleimzellen verschiedener Art, die nach der Anfeuchtung aufquellen und die Samen mit Schleim überziehen. Die Samenanlagen sind kampylotrop, der Embryo ist quer zusammengeklappt.

Große systematische Bedeutung wird der Gestalt des Embryos und der Lage des Würzelchens in bezug auf die Keimblätter beigemessen. Die wichtigsten Typen sind: a) rückenwurzelig, d.h. das Würzelchen liegt den Kanten eines Keimblattes auf; die Keimblätter selbst sind nicht gefaltet; b) seitenwurzelig, d.h. das Würzelchen liegt den Kanten der Keimblätter an; c) längsgefaltet: die längsgefalteten Keimblätter umschließen das Würzelchen; d) spiralig gerollt, d.h. wie a), aber mit eingerollten Keimblättern; e) doppelt gefaltet, d.h. wie d), aber mit doppelt oder mehrfach gefalteten Keimblättern.

Systematik: Die verschiedenen Versuche einer natürlichen Unterteilung der Familie in Tribus stützen sich auf Merkmale der Früchte, Embryonen, Nektardrüsen, die Verteilung der Myrosinzellen in den Embryonen u.a.m. Die Klassifikation von O.E. Schulz, 1936 posthum veröffentlicht, wird am häufigsten verwendet. Ihr liegt ein breites Spektrum von Merkmalen zugrunde. Viele Änderungen sind vorgeschlagen worden, besonders von Janchen, und man muß zugeben, daß die Systematik einiger Tribus weitgehend unbefriedigend ist. Außer der auf Südafrika beschränkten, monotypischen Tribus (Pringleae und Chamireae) können nur weitere 2 (die Brassiceae und Lepideae) als natürlich angesehen werden; die andern sind möglicherweise weitgehend künstlich. Gewöhnlich werden folgende Tribus unterschieden:

THELYPODIEAE: *Stanleya, Macropodium*.
PRINGLEEAE: *Pringlea*.
SISYMBRIEAE: *Sisymbrium, Braya, Alliaria, Arabidopsis*.
HESPERIDEAE: *Hesperis, Cheiranthus, Matthiola, Anastatica*.
ARABIDEAE: *Arabis, Aubrieta, Barbarea, Cardamine, Armoracia, Nasturtium, Isatis, Rorippa*.
ALYSSEAE: *Alyssum, Lunaria, Lesquerella, Draba, Berteroa*.

CRUCIFERAE. 1. *Iberis pinnata*: beblätterter Sproß mit Blütenstand, äußere Kronblätter länger als die inneren ($\times$ 2/3). 2. *Heliophila coronopifolia*: Trieb mit Blättern, Blüten und Früchten ($\times$ 2/3). 3. *Moricandia arvensis*: a) Trieb mit sitzenden Blättern, Blüten und Früchten ($\times$ 2/3); b) halbierte Blüte, die Staubblätter mit langen und kurzen Filamenten zeigend ($\times$ 3). 4. *Biscutella didyma* var. *leiocarpa*: a) Trieb mit Blättern, Blüten und Früchten ($\times$ 2/3); b) die Frucht — ein Schötchen ($\times$ 4). 5. *Crambe cordifolia*: kugeliges Schötchen ($\times$ 4). 6. *Isatis tinctoria*: Frucht ($\times$ 2). 7. *Lunaria annua*: Frucht — ein abgeflachtes Schötchen ($\times$ 1). 8. *Capsella bursa-pastoris*: aufspringende Frucht — ein Schötchen mit schmaler Scheidewand ($\times$ 6). 9. *Berteroa incana*: Frucht — ein vom Scheitel her aufspringendes Schötchen ($\times$ 4). 10. *Thlaspi arvense*: Querschnitt durch den zweifächerigen Fruchtknoten mit falscher Scheidewand ($\times$ 12). 11. *Cheiranthus cheiri*: Frucht — eine Schote ($\times$ 1).

1

2

3b

5

6

4a

7

8

9

4b

11

10

3a

LEPIDIEAE: *Lepidium, Cochlearia, Camelina, Capsella, Iberis, Biscutella, Thlaspi.*
BRASSICEAE: *Brassica, Raphanus, Sinapis, Diplotaxis, Crambe, Rapistrum, Cakile, Morisia, Eruca, Moricandia.*
CHAMIREAE: *Chamira.*
SCHIZOPETALEAE: *Schizopetalum.*
STENOPETALEAE: *Stenopetalum.*
HELIOPHILEAE: *Heliophila.*
CREMOLOBEAE: *Cremolobus, Hexaptera.*

Man nimmt allgemein an, daß die Capparaceae die engsten Verwandten der Cruciferae sind, denen sie in bezug auf Androeceum, Gynoeceum und andere Merkmale ähnlich sind. Die Gattung *Cleome* der Capparaceae steht einigen Cruciferae besonders nahe. Auch chemisch zeigen die beiden Familien Ähnlichkeiten. Andererseits besteht kein Grund, die Cruciferae als von den Capparaceae abgeleitet zu betrachten, wie früher vorgeschlagen wurde. Wahrscheinlicher ist, daß die beiden Familien sich von gemeinsamen Vorfahren herleiten lassen.

Nutzwert: Obwohl die Cruciferae eine beträchtliche Anzahl und Vielfalt von Nutzpflanzen hervorbringen, sind sie mit den Leguminosae oder Gramineae doch nicht vergleichbar. Die den Cruciferae angehörenden Nahrungspflanzen haben keinen großen Anteil an den Grundnahrungsmitteln. Viele Cruciferen-Arten werden als Gewürze oder Garnierung benutzt, z.B. Senf und Kresse, und viele werden eher wild gesammelt als kultiviert. Zu den Cruciferen, die von altersher angepflanzt werden, gehören die verschiedenen Sippen des Gemüsekohls, *Brassica oleracea.* Die Vorfahren unseres Kohls wurden wahrscheinlich schon vor ungefähr 8000 Jahren in nordeuropäischen Küstengebieten kultiviert. Eine Inkulturnahme an verschiedensten Orten erscheint aber möglich. Brokkoli wurde wahrscheinlich erstmals in Griechenland und Italien in vorchristlicher Zeit gezüchtet. Die Zuchtwahl dieser Arten ergab eine große Mannigfaltigkeit an Kulturformen.

Angebaut werden Cruciferen als Lieferanten von Öl und Senfgewürzen, als Grün- und Trockenfutter. Sie werden auch als Gemüse und Salate gegessen. Cruciferen-Ölsaat nimmt heute die fünftwichtigste Stelle hinter Sojabohnen, Baumwollsamen, Erdnüssen und Sonnenblumensamen ein. Die Haupterträge werden aus *Brassica campestris* (*B. rapa*, Rübsen) gewonnen; *B. juncea* ist ein wichtiger Öllieferant in Asien, und *B. napus* (Raps) wird in 2 Formen, nämlich Sommer- und Winterraps, im gemäßigten Europa und in Asien angebaut. Senf erhält man aus gemahlenen Samen von *Brassica juncea* (Sareptasenf), *B. nigra* (Schwarzer Pfeffer) und *Sinapis alba* (Weißer Pfeffer).

Die Futterpflanzen werden in Form von Silage, Ölkuchen (Preßrückstände), Grünfutter und Wurzeln (Winterfütterung) genutzt. Die von den Cruciferen gebildeten charakteristischen Senfölglukoside beeinträchtigen die wirtschaftliche Nutzung vieler Arten. Sie sind Vorstufen der Senföle, die den scharfen Geschmack der meisten Cruciferen bewirken. Obwohl bei einigen Feldfrüchten wie Senf, Rettich, Radieschen und

Meerrettich durchaus wünschenswert, können sie auch für die toxische Wirkung von Tierfutter oder Nahrungspflanzen verantwortlich sein. Die Reihe der als Grünfutter genutzten Arten umfaßt *Brassica oleracea* (Blätterkohl), *B. campestris, B. napus* und *Raphanus sativus* (Rettich), die als Winterfutter genutzten Arten jene mit verdicktem Sproß oder Speicherwurzeln, z.B. *B. oleracea* var. *gongylodes* (Kohlrabi) und *B. napus* var. *napobrassica* (Kohlrübe).

In Europa und Asien werden bedeutende Teile der Gemüseanbaufläche von Cruciferen-Arten eingenommen — in einigen europäischen Ländern bis zu 30 %, in den USA rund 6 %. Es gibt einige interessante geographische Unterschiede in bezug auf angebaute Pflanzenarten, die eher die nationalen Vorlieben als die geographische Herkunft dieser Feldfrüchte widerspiegeln. Der Blumenkohl (*Brassica oleracea* var. *botrytie*) wird hauptsächlich auf dem europäischen Festland angepflanzt. Allgemein die wichtigsten Arten sind *Brassica oleracea* — mit den Kulturformen Wirsingkohl, Kohlrabi, Kohl, Brokkoli, Grünkohl und Blumenkohl — und *B. campestris* (z.B. Wasserrübe, Teltower-Rübchen), daneben auch *B. pekinensis* (Chinakohl).

Als Zierpflanzen geschätzt sind Goldlack (*Cheiranthus*), Mondviole (*Lunaria*), Schleifenblume (*Iberis*), Strandkresse (*Lobularia maritima*), Steinkresse (*Alyssum* spp.), Levkoje (*Matthiola*), Nachtviole (*Hesperis*), Gänsekresse (*Arabis*), Felsenblümchen (*Draba*), Steintäschel (*Aethionema*), Erysimum und Aubrieta. V.H.H.

RESEDACEAE *Waugewächse*

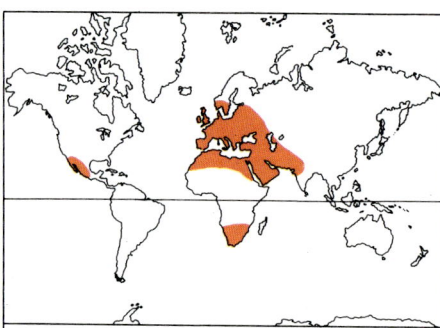

Gattungen: 6
Arten: rund 75
Verbreitung: mit Schwerpunkt im Mittelmeergebiet
Nutzwert: unbedeutende Nutzungsweisen als Färberpflanzen, für Parfümöl und als Zierpflanzen (*Reseda odorata*)

Die Resedaceae sind eine kleine Familie von Kräutern und Sträuchern meist trockener Standorte. Zu ihnen gehören einige Zierpflanzen.

Verbreitung: Der Schwerpunkt der Verbreitung liegt im Mittelmeergebiet. Die Familie kommt aber auch in Teilen Nordeuropas und ostwärts bis nach Zentralasien und Indien vor. *Oligomeris* (9 Arten) ist weit verbreitet, mit Ausläufern im südlichen Afrika, auf den Kanaren und mit einer einzigen Art im Südwesten der USA und in Mexiko. *Caylusea* (3 Arten) ist von den

Kapverdischen Inseln über Nordafrika bis nach Indien anzutreffen. *Reseda* (60 Arten) bildet mit Abstand die größte Gattung; sie ist auf Europa, das Mittelmeergebiet und Teile von Zentralasien beschränkt.

Merkmale: Die Blätter sind wechselständig und ganzrandig oder geteilt und haben drüsige Nebenblätter. Die zygomorphen, meist zwitterigen Blüten bilden mit Tragblättern versehene Trauben oder Ähren. Die 2 bis 8 häufig freien Kelchblätter sind manchmal ungleich ausgebildet. Die 2 bis 8 gelegentlich fehlenden Kronblätter erscheinen nicht immer in der gleichen Zahl wie die Kelchblätter. Die Staubblätter und der Fruchtknoten sitzen mitunter auf einem kurzen Androgynophor (einer Verlängerung der Blütenachse), das sich unterhalb der 3 bis 45 Staubblätter zu einem unregelmäßig geformten Diskus erweitert. Der oberständige, einfächerige Fruchtknoten besteht aus 2 bis 7 mehr oder weniger verwachsenen, oben nicht geschlossenen Fruchtblättern. Die Samenanlagen sitzen an meist parietalen Plazenten. Die Frucht ist häufig eine oben offene Kapsel oder besteht selten aus getrennten, auseinandersspreizenden Fruchtblättern; *Ochradenus* bildet eine Beere. Die Samen sind nierenförmig, mit einem Samenanhängsel, einem gekrümmten Embryo und sehr wenig Endosperm.

Systematik: Die Familie wurde hauptsächlich aufgrund der Plazentation in 3 Tribus aufgeteilt. So trägt *Sesamoides*, die einzige Gattung der ASTROCARPEAE, eine oder selten 2 hängende Samenanlagen in der Mitte der abaxialen Wand ihrer fast freien Fruchtblätter. Die CAYLUSEEAE, ebenfalls mit nur einer Gattung (*Caylusea*), besitzen 10 bis 18 aufrechte Samenanlagen an einer verwachsenen, basalen Plazenta. Die RESEDEAE weisen viele hängende Samenanlagen an parietalen, randständigen Plazenten auf.

Die Familie wird allgemein mit den Cruciferae und Capparaceae in Beziehung gebracht.

Nutzwert: *Reseda odorata* (Duftende Resede) liefert ein ätherisches Öl und wird als Zierpflanze gezogen. Die rötlich-gelbe Farbe von *R. luteola* wird zum Färben von Stoffen verwendet. I.B.K.R.

MORINGACEAE *Bennußgewächse*

Die Moringaceae sind eine Familie kleiner, schnell wachsender und laubwerfender Bäume. Sie enthalten Gummi und besitzen eine helle Rinde; ihre Stämme sind oft verdickt und weisen Myrosinzellen auf.

Verbreitung: Die Familie ist vom Mittelmeergebiet und von Nordafrika bis zur Arabischen Halbinsel und Indien sowie in SW-Afrika und in Madagaskar verbreitet.

Merkmale: Die sehr zierlichen Blätter sind zwei- bis dreifach gefiedert und wechselständig. Nebenblätter sind vorhanden oder durch gestielte Drüsen ersetzt. Die zahlreichen Blüten sind zygomorph, zwitterig, wohlriechend, cremefarben oder rot und stehen in achselständigen Rispen. Die 5 Kronblätter sind ungleich und etwas länger als der Kelch; dieser weist 5 ungleiche und zurückgeschlagene Zipfel auf. 5 Staubblätter wechseln mit 5 Staminodien ab; sie alle sind am Grunde zu einem

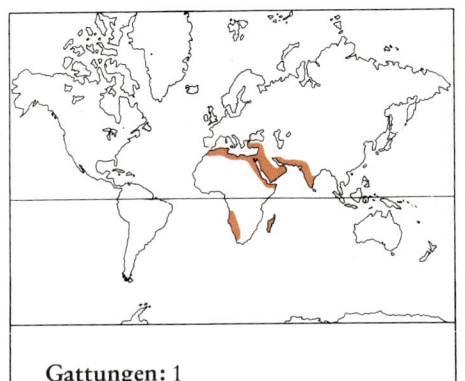

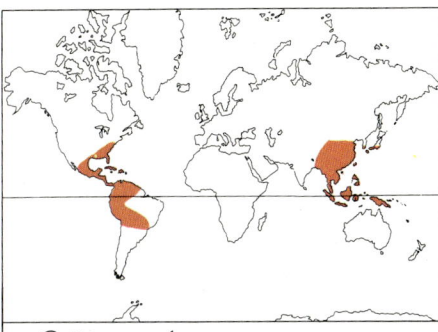

Gattungen: 1
Arten: 12
Verbreitung: mit Schwerpunkt im Mittelmeergebiet
Nutzwert: Benöl, einige Zierpflanzen

viele schwarze, rundliche, geflügelte oder ungeflügelte Samen mit einem geraden Embryo und ohne Endosperm.
Systematik: Die Familie ist nur durch eine Gattung vertreten, *Moringa* (12 Arten). Zu ihr gehört *Moringa oleifera*, der Meerrettichbaum. Die Moringaceae bilden ein Bindeglied zwischen den Capparaceae und Leguminosae.
Nutzwert: Die Samen von *M. peregrina* (Bennußbaum) liefern Benöl, das früher nur gerade von Uhrmachern als Schmiermittel verwendet wurde. Heute dient es als Salatöl und zur Seifenherstellung. Die jungen, verdickten Wurzeln dienen als Gemüse. Alle Arbeiten wachsen rasch aus Samen auf und werden als Grenzmarkierungen gepflanzt; einige gelten als Zierpflanzen.   S.A.H.

Gattungen: 1
Arten: rund 120
Verbreitung: tropische und subtropische Gebiete Amerikas und Asiens; Madeira
Nutzwert: einige Zierpflanzen

becherförmigen Diskus vereinigt. Die Staubbeutel besitzen nur einen Pollensack, der mit Schlitzen aufreißt. Der oberständige Fruchtknoten besteht aus 3 verwachsenen Fruchtblättern und wird meist einfächerig. Die parietalen Plazenten tragen zahlreiche, in 2 Reihen angeordnete, hängende und anatrope Samenanlagen. Die Frucht ist eine längliche Kapsel mit 3 Klappen. Sie enthält

ERICALES *Heidekrautartige*

CLETHRACEAE *Scheinellergewächse*
Die Clethraceae sind eine Familie tropischer und subtropischer, immergrüner oder laubwerfender Sträucher, die von einer Gattung, *Clethra* (mit rund 120 Arten) gebildet wird. «Clethra» ist der griechische Name für Erle; er wurde dieser Gattung verliehen,

weil einige ihrer Arten Erlen *(Alnus)* ähnlich sehen. Auf diese Ähnlichkeit weist auch der deutsche Name hin — Eller ist die niederdeutsche Bezeichnung für Erle.
Verbreitung: Man findet die Familie im tropischen und subtropischen Asien und Amerika, zudem auch auf Madeira.
Merkmale: Die Mehrheit der Glieder dieser Familie, mit Ausnahme von *Clethra arborea*, erreichen nur hohen Strauchwuchs

RESEDACEAE. 1. *Randonia africana:* **a)** Sproß mit Blüten und Früchten (× ²/₃); **b)** Blüte mit zerschlitzten Kronblättern (× 4); **c)** Längsschnitt durch eine Blüte, die zahlreichen Staubblätter und den oberständigen Fruchtknoten mit Samenanlagen an zentralwinkelständigen Plazenten zeigend (× 4); **d)** Frucht — eine Kapsel (× 4). **2.** *Sesamoides canescens:* **a)** beblätterter Sproß, Blütenstände und Früchte (× ²/₃); **b)** Blüte mit gleichartigen, grünen Kelch- sowie zerschlitzten und linealen Kronblättern (× 10); **c)** aufspringende Frucht (× 8). **3.** *Reseda villosa:* **a)** Sproß mit Früchten (× ²/₃); **b)** oberer Teil des Blütenstandes (× ²/₃); **c)** Längsschnitt durch die Blüte, die sitzende Narbe zeigend (× 3); **d)** Blüte mit den kleinen Kronblättern (× 2); **e)** reife Frucht mit Öffnung an der Spitze (× 3).

und tragen wechselständige, einfache Blätter ohne Nebenblätter. Die Blüten sind zwitterig, radiär, weiß und stehen ohne Vorblätter in Trauben oder Rispen. Es sind 5 Kelch-, 5 freie Kronblätter und 2 Kreise aus je 5 Staubblättern vorhanden. Die Staubbeutel sind in der Knospe nach außen gebogen und öffnen sich mit Poren. Der oberständige, dreifächerige Fruchtknoten besteht aus 3 verwachsenen Fruchtblättern und enthält zahlreiche, zentralwinkelständige Samenanlagen in jedem Fach. Der Griffel ist dreilappig. Die Frucht ist eine fachspaltige Kapsel mit vielen, oft geflügelten Samen, die fleischiges Endosperm und einen zylindrischen Embryo enthalten.

Systematik: Die Familie ist mit den Ericaceae und Cyrillaceae eng verwandt.

Nutzwert: Die bekannteste Zierpflanze ist *C. arborea*, die Scheineller aus Madeira. Im späten Frühjahr und frühen Sommer entfaltet sie eine Kaskade von duftenden, weißen, glockenförmigen Blüten, die in endständigen, herabhängenden Rispen angeordnet sind. Diese Rispen können bis 15 cm lang werden. Die Blüten sind denen von *Erica* ähnlich; die Blätter gleichen jenen von *Rhododendron* — rund 10 cm lang und halb so breit, mit gesägten Rändern und einer wolligen Unterseite. Die jungen Triebe sind mit feinen Haaren bedeckt und rostfarben.

Einige andere Arten werden ebenfalls als Zierpflanzen kultiviert und bringen duftende Blüten hervor, z.B. *C. alnifolia*, *C. acuminata*, *C. monostachya* und *C. tomentosa*. S.A.H.

GRUBBIACEAE

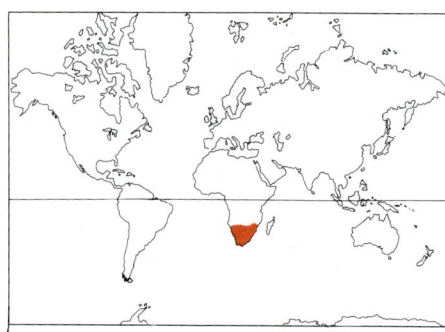

Gattungen: 2
Arten: 5
Verbreitung: südliches Afrika
Nutzwert: keiner

Die Grubbiaceae sind eine Familie mit 2 Gattungen und 5 Arten kleiner, erikaartiger Sträucher.

Verbreitung: Die Familie ist in Südafrika heimisch.

Merkmale: Die Blätter sind kreuzgegenständig, einfach, schmal und nebenblattlos, die Blüten zwitterig, klein und sitzend. Sie treten zu kleinen, zapfenartigen Blütenständen zusammen, die in den Blattachseln stehen. Der Blütenbau wird unterschiedlich interpretiert. Wahrscheinlich handelt es sich aber um 2 hochblattartige und 2 verkümmerte Kelchblätter, die sich klappig decken.

Kronblätter fehlen oder umgeben in einer Anordnung von 2 + 2 die 8 Staubblätter. Diese stehen in 2 Kreisen; manchmal sind die Filamente seitlich zusammengedrückt. Die Staubbeutel tragen 2 Theken, deren hintere Fächer nicht entwickelt sind, und reißen seitlich durch Zurückschlagen der Pollensackwand auf. Die Blüten besitzen einen ringförmigen, behaarten Diskus. Der unterständige Fruchtknoten besteht aus 2 verwachsenen Fruchtblättern. Er weist 2 Fächer auf, jedes mit einer einzigen, von seiner Spitze hängenden, anatropen Samenanlage, welche nur ein Integument aufweist. Der einfache Griffel endet in einer gabeligen Narbe. Die Frucht ist eine Steinfrucht. In einigen Fällen hängen die Fruchtknoten mehrerer benachbarter Blüten zusammen oder sind verwachsen. In diesen Fällen handelt es sich um einen steinfruchtartigen oder nußartigen Fruchtstand, in welchem nur ein Same pro Fruchtblatt vorhanden ist. Der Same hat eine dünne Samenschale und fleischiges oder ölhaltiges Endosperm, das den in der Mitte liegenden Embryo umgibt.

Systematik: Einige Systeme ordnen dieser Familie nur die einzige Gattung zu — *Grubbia*, mit 5 Arten. Eine dieser Arten, *Grubbia stricta*, unterscheidet sich aber so stark, daß die Bildung einer selbständigen Gattung, *Strobilocarpus*, gerechtfertigt erscheint.

Die Grubbiaceae könnten mit den Olacaceae oder Santalaceae verwandt sein. Mit diesen beiden Familien teilen sie eine Reihe von Merkmalen: den holzigen Habitus, einfache Blätter, kleine Blütenhülle, Diskus und endospermhaltige Samen. Eine engere Verwandtschaft besteht vielleicht zu den Empetraceae, die eine weitere Familie erikaähnlicher Sträucher bilden.

Nutzwert: Es ist keine wirtschaftliche Nutzung dieser Familie bekannt. S.R.C.

CYRILLACEAE

Die Cyrillaceae sind eine kleine Familie mit 3 Gattungen laubwerfender oder immergrüner Sträucher oder kleiner Bäume.

Verbreitung: 2 der 3 Gattungen, *Cyrilla* und *Cliftonia* (jede mit einer Art), sind im Südosten Nordamerikas heimisch. Die meisten der 12 Arten von *Purdiaea* sind auf Kuba zu finden; ihr Verbreitungsgebiet erstreckt sich aber bis Mittel- und Südamerika.

Merkmale: Die Blätter sind wechselständig, einfach und nebenblattlos, die Blüten radiär, zwitterig und in razemösen Blütenständen angeordnet. Die 5 Kelchblätter sind frei oder am Grunde verwachsen, bleibend und zur Fruchtzeit oft vergrößert. Die freien oder am Grunde verwachsenen Kronblätter können sich dachig decken.

In der Regel stehen 10 freie Staubblätter in 2 fünfzähligen Kreisen. Der innere Kreis kann jedoch durch Staminodien ersetzt sein oder bei einigen Arten gänzlich fehlen. Die Staubblätter umgeben den oberständigen, aus 2 bis 5 verwachsenen Fruchtblättern bestehenden Fruchtknoten und sind der Blütenachse eingefügt. Der Fruchtknoten besitzt 2 bis 4 Fächer mit einer bis zahlreichen, hängenden Samenanlagen an zentralwinkelständigen Plazenten. Der Frucht-

Gattungen: 3
Arten: 14
Verbreitung: Südosten von Nordamerika; Mittel- und Südamerika
Nutzwert: wenige Zierpflanzen

knoten wird von einem kurzen Griffel überragt, der in einer bis 3 schmalen Narben endet (bei einigen Arten fehlt der Griffel). Die Frucht ist eine Kapsel oder Steinfrucht und trägt bei den Arten mit vergrößertem Kelch 2 bis 4 Flügel. Die Samen enthalten einen kleinen, in fleischiges Endosperm eingebetteten Embryo.

Systematik: Die Gattungen können aufgrund des Vorhandenseins oder Fehlens eines vergrößerten Kelches zur Fruchtzeit und von Blütenmerkmalen wie Zahl der Staubblätter und Form des Griffels abgegrenzt werden. So ist *Cliftonia* charakterisiert durch den Besitz von 10 Staubblättern, einen abfallenden Kelch und sehr kurzen Griffel, der sich in 3 Narben teilt. *Purdiaea* besitzt ebenfalls 10 Staubblätter, aber der vergrößerte Kelch hüllt die Frucht ein, und der Griffel ist schlank und ungeteilt. *Cyrilla* andererseits hat nur 5 Staubblätter und einen dicken, kurzen Griffel, der in einer zwei- oder dreilappigen Narbe endet.

Die Familie wird oft als Angehörige der Ericales betrachtet. Sie unterscheidet sich jedoch von den übrigen Sippen dieser Ordnung durch das Vorhandensein von razemösen Blütenständen, den geringen Verwachsungsgrad der Kronblattbasen und die geflügelten, kapseligen oder steinfruchtartigen Früchte. Manchmal wird sie in eine andere Ordnung, die Celastrales, gestellt.

Nutzwert: Es gibt in dieser Familie keine wirtschaftlich wichtige Art. 2 Sträucher, *Cyrilla racemosa* und *Cliftonia monophylla*, bringen auffällige weiße Blüten und rötlich gefärbtes Herbstlaub hervor; sie werden als Zierpflanzen in Gärten gezogen. S.R.C.

ERICACEAE *Heidekrautgewächse*

Die Ericaceae sind eine große Familie von hauptsächlich Zwergsträuchern und Sträuchern, die viele bekannte Gattungen umfaßt, z.B. *Rhododendron* (u.a. Alpenrosen, Azaleen), *Erica* (Erika oder Heide), *Calluna* (Heidekraut), *Vaccinium* (Heidelbeeren, Moosbeeren, Preiselbeeren usw.) und *Gaultheria* (Scheinbeere).

Verbreitung: Die Familie ist fast überall auf der Erde zu finden. Sie fehlt jedoch zum großen Teil in Australien, wo sie weitgehend durch die verwandte Familie der Epacridaceae ersetzt wird. Die Verbreitung einiger Gattungen ist interessanter als die-

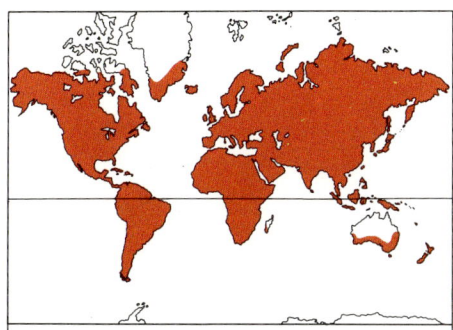

Gattungen: rund 100
Arten: rund 3000
Verbreitung: kosmopolitisch, mit starker Häufung im Himalajagebiet, auf Neuguinea und im südlichen Afrika
Nutzwert: viele wichtige Gartenpflanzen (Rhododendren, Azaleen, Erika und Heidekraut), einige eßbare Beeren (Moos- und Heidelbeeren); gelegentliche Verwendung des Holzes

jenige der Familie als ganzer. Die beiden größten Gattungen sind *Rhododendron* mit rund 1200 beschriebenen Arten und *Erica* mit über 500 Arten. Beide Gattungen zeigen eine bemerkenswerte Häufung von Arten in verhältnismäßig kleinen Gebieten. *Rhododendron* bringt mehr als 700 Arten im Grenzgebiet von China, Tibet und Assam bzw. Burma hervor, in dem Erdteil also, wo die großen Flüsse Ostasiens (der Brahmaputra, Irawadi, Saluen, Mekong und Yangtse) den Himalaja durchschneiden. Ein zweiter Schwerpunkt dieser Gattung mit fast 300 Arten liegt in Neuguinea. Die übrigen Arten kommen im Himalajagebiet und in Japan vor; eine kleine Zahl tritt in Europa, Südasien und den USA auf. *Erica* weist eine noch bemerkenswertere Artenkonzentration im südlichen Afrika auf; von den rund 450 Arten sind viele auf die Kapprovinz beschränkt. Die übrigen Arten sind in Afrika, Westeuropa und im Mittelmeergebiet verbreitet. *Gaultheria* umspannt nahezu den ganzen Pazifischen Ozean, ohne einen deutlichen Schwerpunkt zu bilden, eine für den Pflanzengeographen interessante Verbreitung; bisher wurde allerdings noch keine allgemein annehmbare Erklärung für dieses Phänomen gefunden.

Merkmale: Wie bei einer großen Familie zu erwarten ist, zeigt sie im Bau eine solch große Vielfalt, daß eine allgemeine Beschreibung nicht ohne die Erwähnung zahlreicher Ausnahmen auskommt. Fast alle Vertreter der Ericaceae sind an sauren Standorten zu finden, und alle in dieser Hinsicht untersuchten Arten sind in ihrem Wachstum bis zu einem gewissen Grad von einem Mycorrhiza-Pilz abhängig. Das Ausmaß dieser Abhängigkeit von einem Wurzelpilz schwankt; die meisten Arten besitzen gut entwickelte Blätter und betreiben normale Photosynthese. Eine Unterfamilie, die Monotropoideae (oft als eigene Familie, Monotropaceae, betrachtet) ist jedoch völlig von ihrem Symbiosepartner abhängig. In dieser Gruppe fehlt das Blattgrün, die Blätter sind zu kleinen, gelblichen Schuppen reduziert, und die Pflanzen leben saprophytisch auf modernder Blattstreu, aus der sie mit Hilfe des Blattpilzes alle Nährstoffe aufnehmen.

Die meisten Arten der Familie sind Sträucher oder Kletterpflanzen; in der Unterfamilie der Monotropoideae finden sich auch krautige Formen. Die Blätter sind immer einfach und nebenblattlos, meist wechselständig und oft immergrün. Bei einigen Arten sind sie an trockene Lebensbedingungen angepaßt. Solche Blätter sind nadelartig oder gefaltet, und der Blattrand ist oft nach unten eingerollt; sie setzen der Umwelt so eine verringerte Oberfläche aus. Beispiele dafür sind *Erica*, *Calluna* und *Cassiope*.

CYRILLACEAE. 1. *Purdiaea nutans:* **a)** Sproß mit endständigen Blütenständen (× ²/₃); **b)** halbgeschlossene Blüte mit ungleichen Kelchblättern (× 1¹/₃); **c)** ganz geöffnete Blüte mit 10 Staubblättern und schlankem, ungeteiltem Griffel (× 1¹/₃); **d)** junge Frucht mit bleibendem Kelch (× 1¹/₃); **e)** Längsschnitt durch das Gynoeceum; in jedem Fach ist eine hängende Samenanlage zu sehen (× 14); **f)** Staubblatt (× 2²/₃). **2.** *Cyrilla racemosa:* **a)** Trieb mit seitlichen Blütenständen (× ²/₃); **b)** Blüte (× 4); **c)** Querschnitt durch den Fruchtknoten (× 14); **d)** halbierte Blüte (× 6); **e)** Gynoeceum (× 6); **f)** Frucht (× 6). **3.** *Cliftonia monophylla:* **a)** Trieb mit endständigen Blütenständen (× ²/₃); **b)** geflügelte Frucht (× 3).

Die Blütenstände der Ericaceae sind extrem variabel; sie reichen von doldenartigen Trauben bis zu Büscheln oder Einzelblüten. Die Blüten sind meist radiär und zwitterig. Der Kelch besteht aus 4 oder 5 Blättern, die am Grunde verwachsen sind. Bei vielen *Rhododendron*-Arten ist der Kelch zu einem welligen Saum reduziert. Die Krone besteht aus 4 oder 5 meist am Grunde röhrig verwachsenen Blättern (selten mehr, so bei einigen *Rhododendron*-Arten, meist am Grunde röhrig verwachsen, bei *Ledum*, *Leiophyllum* und ein paar anderen Gattungen völlig freie Kronblätter). Die Staubblätter weisen meist die doppelte Zahl wie die Kronblätter auf, also 8 oder 10. Bei einigen Gattungen und Arten verringert sich ihre Zahl auf 4 oder 5; sie entspringen meist direkt der Blütenachse. Bei *Kalmia* passen die Staubbeutel in Taschen der Krone, aus denen sie entlassen werden, um ihren Blütenstaub abzugeben. Die Staubbeutel drehen sich während des Wachstums um und öffnen sich mit Poren an der scheinbaren Spitze (in Wirklichkeit das untere Ende). Oft sind sie mit hornartigen Anhängseln versehen. Die Pollenkörner werden meist als Tetraden (Vierergruppen) abgegeben, bei einigen Gattungen aber auch einzeln. Der Fruchtknoten besteht aus 4 bis 5 (bei *Rhododendron* manchmal mehr) verwachsenen Fruchtblättern. Er ist ungefächert oder besitzt 5 (manchmal bis zu 10) Fächer mit vielen winzigen, meist zentralwinkelständigen Samenanlagen (parietale Plazentation tritt bei Monotropoideae auf). Meist ist er oberständig; unterständige Fruchtknoten kommen aber vielen Gattungen der Unterfamilie Vaccinioideae zu. Der einfache Griffel endet in einer meist kopfigen Narbe. Die Frucht ist häufig eine Kapsel, die sich fach- oder wandspaltig öffnet, oder, bei vielen Gattungen mit unterständigem Fruchtknoten, eine Beere. Die Samen besitzen wenig fleischiges und öliges Endosperm und einen geraden Embryo, der bei *Monotropa hypopitys* aus 3 Zellen besteht, die in einem neunzelligen Nährgewebe eingebettet sind.

Systematik: Die gesamte Systematik der Familie und einiger ihrer Verwandten ist seit vielen Jahren umstritten. Vor kurzer Zeit griff Stevens das Problem noch einmal auf und schuf eine brauchbare Systematik. Er führte überzeugende Gründe dafür an, die herkömmlicherweise als eigene Familien behandelten Pyrolaceae und Monotropaceae (als Unterfamilien Pyroloideae und Monotropoideae) unter die Ericaceae einzuordnen. Hier werden die Pyrolaceae allerdings als selbständige Familie behandelt. Das System von Stevens mit 5 Unterfamilien (die Pyroloideae sind hierbei ausgelassen) präsentiert sich wie folgt:

RHODODENDROIDEAE: Sträucher; die Blütenstände stehen meist am Ende der Hauptäste; Krone abfallend; Blütenstaub oft mit einer Klebsubstanz (Viscin) vermischt, die ihn zu Klumpen oder Ketten verklebt; Fruchtknoten oberständig; in 7 Tribus mit 19 Gattungen unterteilt, von denen *Rhododendron*, *Andromeda*, *Kalmia*, *Ledum* und *Daboecia* die bekanntesten sind.

ERICOIDEAE: Sträucher oder Sträuchlein; Blütenstände stehen nicht am Ende der Hauptzweige; Krone zur Fruchtzeit bleibend; Viscin fehlend; Fruchtknoten oberständig; rund 20 Gattungen, die meisten von ihnen im südlichen Afrika, alle mit erikaartigem Habitus; am bekanntesten sind *Erica* und *Calluna* (Heidekraut).

VACCINIOIDEAE: Sträucher oder Kletterpflanzen; Blütenstände nicht immer die Hauptzweige abschließend; Viscin fehlt; Fruchtknoten ober- oder unterständig; Frucht oft mit Beere; in 5 Tribus mit rund 50 Gattungen unterteilt, von denen viele in den südamerikanischen Anden heimisch sind. Am bekanntesten sind *Agapetes*, *Arbutus*, *Enkianthus*, *Gaultheria*, *Cassiope*, *Lyonia* und *Vaccinium*.

WITTSTEINIOIDEAE: Zwergstrauch; Staubblätter mit der Krone verwachsen; Staubbeutel öffnen sich mit Rissen; Fruchtknoten unterständig; eine Gattung in Australien (*Wittsteinia*), die manchmal zu den Epacridaceae gestellt wird und deren Verwandtschaft noch unklar ist.

MONOTROPOIDEAE: In dieser Unterfamilie, die noch gründlich erforscht werden muß, werden Gattungen in verschiedener Zahl anerkannt. Versuche, diese Pflanzen zu kultivieren, sind meist gescheitert. Viele Einzelheiten in bezug auf Bau und Verwandtschaft sind ungeklärt. Einige Fachleute stellen die Glieder dieser Unterfamilie in eine eigene Familie, die Monotropaceae. Die Hauptgattung ist *Monotropa*.

Die Ericaceae gehören zu einer früher als Bicornes bekannten Gruppe (heute Ericales) und sind nahe verwandt mit den Clethraceae, Epacridaceae, Empetraceae und Diapensiaceae.

Nutzwert: Viele der Ericaceae sind Ziersträucher und werden weitherum in Gärten gezogen. *Rhododendron* mit rund 700 kultivierten Arten dürfte die wohl wichtigste sein. Bei den meisten von ihnen handelt es sich um sino-himalajische Arten, die in den nördlich-gemäßigten Breiten winterhart sind. Eine große Vielfalt an Wuchsformen ist erhältlich, von kriechenden Sträuchlein bis zu mäßig großen Bäumen. Die meisten von ihnen sind immergrün, einige aber laubwerfend (die Azaleen — in der Sprache des Gartenbaus). Spezialisten haben sehr viele Hybriden gezüchtet, und gut angepaßte Pflanzen sind für ganz unterschiedliche Standorte und Bedingungen im Garten erhältlich. Eine neue Entwicklung im Gartenbau ist in der Einfuhr zahlreicher Arten aus Neuguinea zu erkennen. Sie sind im allgemeinen aber nicht winterhart und halten sich im nördlichen Europa und in den USA nicht gut.

Erica spielt im Gartenbau ebenfalls eine wichtige Rolle. Gegen Ende des 19. Jahrhunderts waren exotische Heidearten vom Kap in Mode; sie wurden in Kalthäusern gezogen. In jüngster Zeit hat sich diese Vorliebe verschoben zugunsten von winterharten Arten, d.h. solchen, die in Europa und Südwestasien heimisch sind.

Andere wichtige Gattungen im Zierpflanzenbau sind *Menziesia*, *Ledum* (Porst), *Cladothamnus*, *Elliottia*, *Kalmia* (Lorbeerrose), *Phyllodoce* (Moosheide), *Daboecia* (Irische Heide), *Calluna* (Heidekraut), *Arbutus* (Erdbeerbaum), *Arctostaphylos* (Bärentraube), *Enkianthus* (Prachtglocke), *Cassiope* (Schuppenheide), *Pieris* (Lavendelheide), *Leucothoe*, *Zenobia*, *Gaultheria* (Scheinbeere), *Vaccinium* (z.B. Preißelbeere), *Cavendishia*, *Macleania*, *Oxydendrum* (Sauerbaum) und *Pernettya* (Torfmyrte).

Einige *Vaccinium*-Arten bringen eßbare Beeren hervor, die in bestimmten Erdteilen eine wichtige Nahrungsquelle darstellen, unter ihnen *Vaccinium corymbosum*, *V. oxycoccus* (Moosbeere), *V. angustifolium* und *V. myrtillus* (Heidelbeere). Aus den Beerenfrüchten von *Arbutus unedo* wird Marmelade, Likör und Obstwein hergestellt. Das Holz einiger Arten ist von lokaler Bedeutung, besonders im Himalaja.   J.C.

EPACRIDACEAE *Australheidegewächse*

Die Epacridaceae sind eine Familie von erikaartigen Sträuchern und kleinen Bäumen. Die meisten ihrer Arten wachsen an ziemlich offenen Standorten und sind ausgesprochen lichtbedürftig.

Verbreitung: Die Familie ist weitgehend auf Australien beschränkt. Ihr Verbreitungsgebiet dehnt sich jedoch bis Neuseeland aus; einige wenige Arten kommen in Indomalesien, und eine Art im südlichen Teil Südamerikas vor. Sie bildet ausgedehnte Heidelandschaften, ähnlich jenen, die von *Erica* und *Calluna* in anderen Weltgegenden beherrscht werden. In Malesien wachsen einige Arten tatsächlich auch mit *Erica* vermischt.

Merkmale: Die Blätter sind meist wechselständig, einfach, schmal, steif, sitzend und nebenblattlos, die Blüten klein, radiär und meist zwitterig. Sie stehen in den Achseln von Tragblättern in Ähren, Trauben oder selten Rispen, gelegentlich auch einzeln. Die 4 oder 5 Kelchblätter fallen nicht ab. Die Krone ist röhrenförmig und weist 4 oder 5 dachige oder klappige Zipfel auf. Die 4 oder 5 Staubblätter setzen an der Krone oder selten unterhalb des Fruchtknotens an und wechseln mit den Kronzipfeln ab. Gelegentlich finden sich Drüsen oder Haarbüschel zwischen den Filamenten. Die Staubbeutel öffnen sich mit einem einzigen Längsriß. Der oberständige Fruchtknoten ist oft von einem Diskus um-

---

ERICACEAE. 1. *Agapetes macrantha*: Teil eines beblätterten Triebes mit seitlichem Blütenstand (× ²/3). 2. *Arctostaphylos uva-ursi*: a) Sproß mit endständigen Blütenständen (× ²/3); b) halbierte Blüte (× 4); c) Staubblatt mit breitem, behaartem Filament und von zurückgekrümmten Anhängseln gekröntem Staubbeutel, der sich an der Spitze mit Poren öffnet (× 10); d) Querschnitt durch den Fruchtknoten (× 4). 3. *Cassiope selaginoides*: Stengel mit kleinen, eng anliegenden Blättern (× ²/3). 4. *Epigaea repens*: a) beblätterter Stengel und Blütenstand (× 1); b) Gynoeceum mit gelapptem Fruchtknoten und gelappter Narbe (× 4). 5. *Phyllothamnus erectus*: blühender Trieb (× ²/3). 6. *Gaultheria* sp.: a) Sproß mit Beeren (× ²/3); b) Beere (× 2²/3). 7. *Erica vallis-aranearum*: blühender Trieb (× ²/3). 8. *E. versicolor* var. *costata*: blühender Trieb. 9. *Rhododendron yunnanense*: a) blühender Trieb (× ²/3); b) Androeceum und Gynoeceum (× 1¹/3).

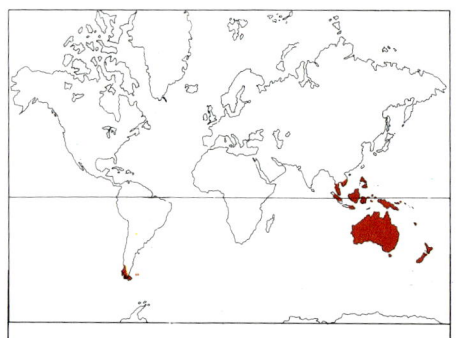

Gattungen: 30
Arten: rund 400
Verbreitung: hauptsächlich Australien, einige Arten in Indomalesien, Neuseeland und Südamerika
Nutzwert: einige Ziersträucher; gelegentliche medizinische Verwendung

geben. Er besteht aus 2 bis 5 verwachsenen Fruchtblättern und weist einen bis 10 Fächer auf. Jedes Fach enthält eine bis mehrere Samenanlagen. Die Plazentation ist zentralwinkelständig oder apikal, der Griffel einfach, die Narbe kopfig. Die Frucht ist eine fachspaltige Kapsel mit 5 Klappen oder eine Steinfrucht mit einem bis mehreren

Samen. Die Samen besitzen einen geraden Embryo und fleischiges Endosperm.

Die Epacridaceae werden meist von Insekten oder von Vögeln (hauptsächlich Honigfressern und Sittichen) bestäubt.

Systematik: Die Familie wird in 3 Tribus unterteilt:

STYPHELIEAE: Staubblätter dem Grunde der Krone eingefügt; Fruchtknoten mit einer Samenanlage pro Fach; meist fleischige Schließfrucht; 18 Gattungen, darunter *Styphelia* und *Trochocarpa*.

EPACRIDEAE: Staubblätter meist dem Grunde der Krone eingefügt; Fruchtknoten mit mehreren Samenanlagen pro Fach; Frucht eine fachspaltige Kapsel; 10 Gattungen, darunter *Richea*, *Dracophyllum* und *Epacris*.

PRIONOTEAE: Staubblätter auf dem Rande des Diskus stehend und frei; Fruchtknoten mit mehreren Samenanlagen pro Fach; Frucht eine fachspaltige Kapsel; 2 monotypische Gattungen (*Prionotes* in Tasmanien und *Lebetanthus* in Feuerland und Patagonien).

Die Familie ist sehr eng mit den Ericaceae verwandt, von denen sie sich durch die handnervigen Blätter und anhängsellose Staubbeutel, die sich mit Rissen statt Poren öffnen, unterscheidet.

Nutzwert: *Epacris* (Australheide), *Richea* und *Styphelia* werden als winterblühende Sträucher in Kalthäusern gezogen. *Styphelia malayana* wird lokal für medizinische Zwecke benützt. D.M.M.

EMPETRACEAE
Krähenbeerengewächse

Die Empetraceae bilden eine kleine Familie immergrüner Sträucher mit erikaähnlichem Habitus, kleinen, dichtstehenden Blättern, unauffälligen Blüten und fleischigen oder trockenen Früchten.

Verbreitung: Die Familie ist insofern interessant, als 2 der Gattungen geographisch stark disjunkt verbreitet sind. *Empetrum* (Krähenbeere) bildet einen wichtigen Bestandteil der Heiden kühlgemäßigter Regionen der nördlichen Halbkugel und des südlichen Teils von Südamerika, während die 2 Arten von *Corema* im östlichen Teil Nordamerikas *(Corema conradii)* und in Südosteuropa *(C. alba)* auftreten. Die dritte Gattung, *Ceratiola*, ist mit ihrer einzigen Art im Südosten Nordamerikas vertreten.

Merkmale: Die Familie besteht aus Zwergsträuchern mit kleinen, linealen Blättern ohne Nebenblätter. Die Blüten sind radiär, meist eingeschlechtig und zweihäusig verteilt, selten zwitterig. Sie stehen einzeln oder zu dreien in den Achseln der oberen

EPACRIDACEAE. **1.** *Richea sprengelioides:* blühender Trieb mit scheidigen Blattbasen und endständigen Blütenständen (× ²/₃). **2.** *R. gunnii:* **a)** Querschnitt durch den fünffächerigen Fruchtknoten (× 12); **b)** aufgesprungene Frucht – eine Kapsel (× 6). **3.** *Epacris longiflora:* blühender Trieb (× ²/₃). **4.** *Styphelia laeta:* **a)** blühender Trieb mit nicht-scheidigen Blättern und Blüten an Kurztrieben (× ²/₃); **b)** halbierte Blüte (× 2²/₃). **5.** *Dracophyllum rosmarinifolium:* **a)** blühender Trieb (× 1); **b)** halbierte Kapsel (× 4). **6.** *D. capitatum:* halbierte Blüte (× 6). **7.** *Trochocarpa laurina:* **a)** blühender Trieb (× ²/₃); **b)** Steinfrucht (× 2²/₃); **c)** Querschnitt durch die Frucht (× 2). **8.** *Styphelia enervia:* Frucht (× 4).

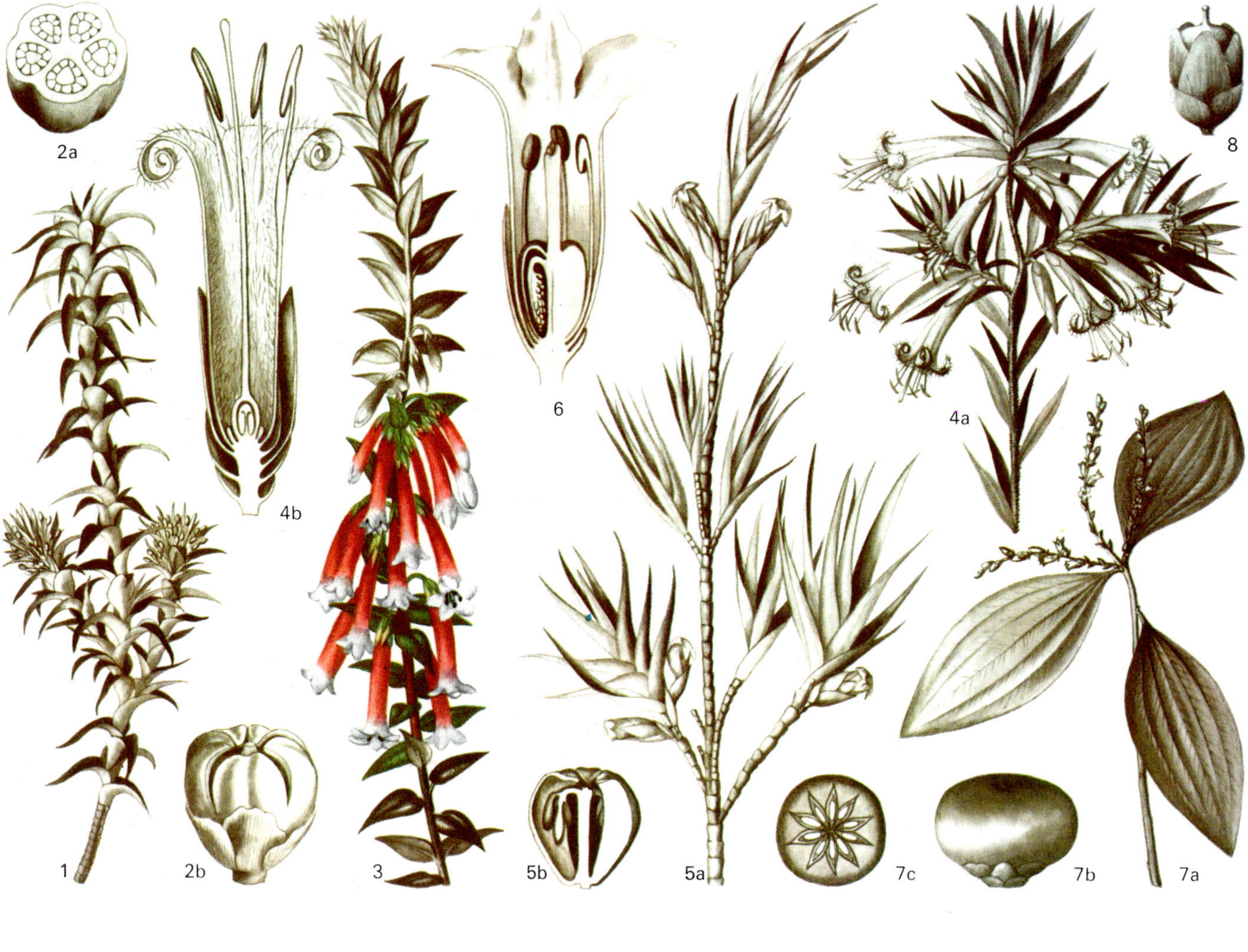

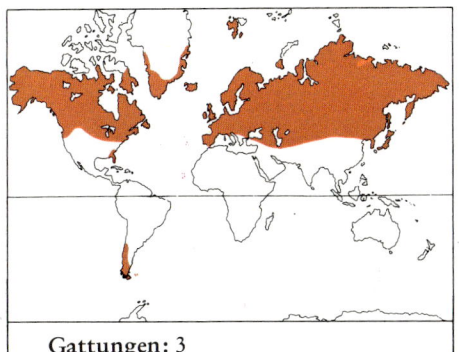

Gattungen: 3
Arten: 4 bis 6
Verbreitung: kühlgemäßigte Zonen, daneben auch Südwesteuropa sowie östliches und südöstliches Nordamerika
Nutzwert: Steingartenpflanzen, Beeren

Blätter oder in endständigen Köpfchen, die 4 bis 6 freien Blütenhüllblätter in 2 meist gleichzähligen Wirteln. Die 2 bis 4 Staubblätter sind frei und befinden sich vor den Kelchblättern. Die Staubbeutel springen längs auf; ein Diskus fehlt. Der oberständige Fruchtknoten besteht aus 2 bis 9 verwachsenen Fruchtblättern. Er weist 2 bis 9 Fächer mit je einer anatropen oder kampylotropen Samenanlage pro Fach auf. Der

einfache kurze Griffel endet in 2 bis 9 gefransten oder gelappten Narbenästen. Die Frucht ist eine kugelige, fleischige oder trockene Steinfrucht mit 2 oder mehr einsamigen Kernen. Die Samen enthalten reichlich fleischiges Endosperm; der Embryo ist lang und gerade.

Systematik: Die 3 Gattungen können einfach unterschieden werden. *Empetrum:* Blüten einzeln in einer Blattachsel, 2 Staubblätter; *Ceratiola:* 2 bis 3 Blüten in einer Blattachsel, 2 Staubblätter; *Corema:* Blüten in endständigen Köpfchen; 3 bis 4 Staubblätter.

Alle Gattungen sind diploid, außer *Empetrum*, das auch tetraploide Arten enthält. Die diploiden Arten sind typischerweise zweihäusig; Zwitterblüten und Einhäusigkeit sind abgeleitete Merkmale.

Die Empetraceae sind wohl enge Verwandte der Ericaceae, mit denen sie auch embryologische Merkmale und mehrere Inhaltsstoffe (Anthocyanin, Galactosin und einige seltene Flavonole) gemeinsam haben.

Nutzwert: *Empetrum* und *Corema album* sind bekannte Zierpflanzen in Stein- und Heidegärten. Die Früchte der Krähenbeere (*Empetrum nigrum*) werden lokal zu Marmeladen und Konserven verarbeitet.

D.M.M.

PYROLACEAE *Wintergrüngewächse*

Die Pyrolaceae sind eine Familie ausdauernder, immergrüner Pflanzen mit kriechenden Rhizomen.

Verbreitung: Die Familie ist hauptsächlich in kühlgemäßigten, nördlichen Gebieten und in der Arktis verbreitet; einige Vertreter besiedeln aber auch die Hochgebirge der neuweltlichen Tropen.

Merkmale: Die Blätter sind meist wechselständig, ganzrandig oder gezähnt und nebenblattlos. Die Blüten stehen in endständigen Trauben, Cymen oder einzeln. Sie sind radiär und zwitterig und tragen 4 oder 5 Kelch- und Kronblätter. Die Kelchblätter decken sich dachig, die Kronblätter stehen frei oder sind in seltenen Fällen wenig verwachsen. Die 8 oder 10 Staubblätter stehen in 2 Wirteln, der äußere vor den Kron-, der innere vor den Kelchblättern. Die freien Staubbeutel öffnen sich mit Poren; der Blütenstaub wird häufig in Tetraden (Vierergruppen) abgegeben. Die Staub- und Kronblätter sind meist dem Rande eines Diskus eingefügt. Der Fruchtknoten ist oberständig. Er besteht aus 5 oder 4 verwachsenen Fruchtblättern und ist meist nur im unteren Abschnitt in 5 oder 4 Fächer geteilt. An den fleischigen, zentralwinkelständigen Plazenten sitzen zahlreiche, kleine,

EMPETRACEAE. 1. *Ceratiola ericoides:* **a)** Sproß mit Blüten in den Blattachseln (× ²/₃); **b)** männliche Blüte mit 2 längsseits aufspringenden Staubbeuteln (× 8); **c)** von der gelappten Narbe gekrönter Fruchtknoten (× 12); **d)** Querschnitt durch die Frucht mit 2 Samen (× 6). **2.** *Corema conradii:* **a)** Sproß mit Blüten in endständigen Köpfchen (× ²/₃); **b)** Blütenköpfchen, jede Blüte mit auffallenden Staubblättern (× 4). **3.** *Empetrum rubrum:* **a)** Trieb mit Einzelblüten in den Blattachseln (× 2); **b)** Querschnitt durch den neunfächerigen Fruchtknoten (× 10); **c)** männliche Blüte mit 2 dreizähligen Kreisen der Blütenhülle (× 8); **d)** Gynoeceum mit kurzem Griffel, 6 Narbenäste tragend (× 12); **e)** fruchtender Trieb (× ²/₃); **f)** Steinfrucht (× 2).

1a   3b   3a   3d   3e   1b   3c   1c   1d   2a   3f   2b

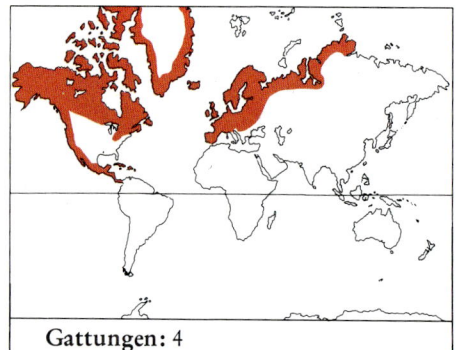

Gattungen: 4
Arten: rund 30
Verbreitung: gemäßigte Breiten und Arktis
Nutzwert: medizinische Verwendung

anatrope Samenanlagen. Der Griffel ist einfach, gerade oder abwärts gekrümmt. Der Embryo besteht aus wenigen Zellen und besitzt keine Keimblätter. Die Frucht ist eine fachspaltige Kapsel mit zahlreichen, winzigen, windverbreiteten Samen und einer lockeren Samenschale.

Systematik: Die Familie besteht aus 4 Gattungen — *Pyrola*, *Chimaphila*, *Moneses* und *Orthilia*. *Pyrola* umfaßt 20 hauptsächlich im gemäßigten Norden verbreitete Arten. Es sind schlanke, kriechende Pflanzen mit kurzen, oft weit voneinander entfernt stehenden, aufrechten Sprossen, die häufig auf eine grundständige Blattrosette reduziert sind. Der Blütenstand ist eine Traube von rosaroten oder weißen Blüten. Aufgrund der Griffelmerkmale lassen sich die häufigsten der 20 Arten unterscheiden. *Pyrola minor* weist einen geraden, in der Krone eingeschlossenen Griffel auf, während derjenige von *P. rotundifolia* aus der Blüte herausragt und gebogen ist. Die Klappen der Kapsel von *Pyrola* sind an den Rändern miteinander lose verbunden. Vom Grunde der Kronblätter wird Nektar abgegeben.

Die Gattung *Orthilia* umfaßt eine, möglicherweise 2 Arten der zirkumpolaren Gebiete. Sie gleicht *Pyrola*; die in Trauben stehenden grünlich-weißen Blüten sind aber einseits wendig. Der Diskus besteht aus 10 kleinen Drüsen. Die Blattstiele sind ebenfalls kürzer als diejenigen von *Pyrola*.

Moneses ist durch eine boreale und eine arktische Art vertreten und unterscheidet sich von *Orthilia* und *Pyrola* durch gegenständige Blätter, Einzelblüten und das Fehlen einer Verbindung zwischen den Kapselklappen. Der Diskus ist deutlich zehnlappig, scheidet aber keinen Nektar ab.

Chimaphila, mit 8 eurasischen, nord- und mittelamerikanischen Arten, besitzt stark gezähnte, dunkelgrüne, ledrige Blätter und rosarote Blüten in einem doldenartigen Blütenstand. Sie ist eine charakteristische, sehr seltene Kiefernwaldpflanze.

Die Gattung *Monotropa*, manchmal zu den Pyrolaceae gezählt, wird in diesem Werk als Angehörige der Ericaceae betrachtet.

Die Pyrolaceae sind mit den Ericaceae verwandt, unterscheiden sich aber von diesen durch ihren krautigen Habitus, den unvollständig gefächerten Fruchtknoten und den wenigzelligen Embryo.

Nutzwert: Die Blätter einiger Arten werden zur Wundheilung verwendet.   S.A.H.

DIAPENSIALES

DIAPENSIACEAE

Die Diapensiaceae sind eine kleine Familie von Kräutern und Zwergsträuchern.

Verbreitung: Eine Art (*Diapensia lapponica*) ist zirkumpolar verbreitet, von Nordamerika über Grönland und das nördliche Eurasien bis nach Südkorea. 3 andere Gattungen — *Shortia*, *Pyxidanthera* und *Galax* sind in Nordamerika vertreten; die beiden letzteren sind im Osten der Vereinigten Staaten endemisch. Alle anderen Arten beschränken sich in ihrer Verbreitung auf

PYROLACEAE. 1. *Pyrola rotundifolia:* Trieb mit Blütenstand (× ²/₃). **2.** *P. dentata:* **a)** Blüte (× 2); **b)** Fruchtknoten (× 3). **3.** *Chimaphila umbellata:* **a)** Trieb mit Blütenstand (× ²/₃); **b)** Blüte (× 1¹/₃); **c)** halbierte Blüte (× 2); **d)** Staubblatt, Seiten- (links) und Innenansicht (rechts) (× 4); **e)** Querschnitt durch den Fruchtknoten (× 4); **f)** Fruchtstand (× ²/₃); **g)** aufgesprungene Frucht (× 3). Die nachfolgenden Arten werden manchmal den Pyrolaceae, hier aber den Ericaceae zugeordnet. **4.** *Monotropa hypopitys:* **a)** Habitus (× ²/₃); **b)** und **c)** Blüte (× 2); **d)** Gynoeceum und Staubblätter (× 3); **e)** Staubblatt (× 12); **f)** Längsschnitt durch das Gynoeceum (× 3); **g)** Frucht (× 4). **5.** *Sarcodes sanguinea:* **a)** Blüte (× 1); **b)** halbierte Blüte (× 2); **c)** Gynoeceum (× 2); **d)** Staubblatt (× 3).

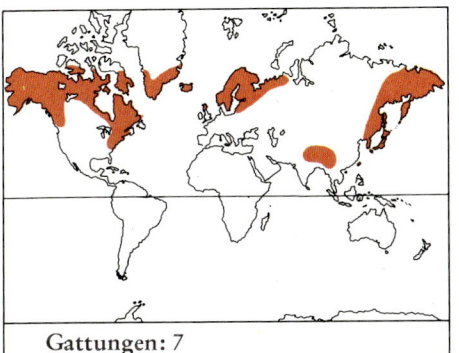

Gattungen: 7
Arten: 20
Verbreitung: gemäßigte und kalte Gebiete der nördlichen Erdhalbkugel
Nutzwert: Zierpflanzen *(Shortia, Galax, Schizocodon)*

Ostasien, vor allem auf das Himalajagebiet, dehnen sich aber ostwärts bis nach Japan (einige Arten von *Shortia* und *Schizocodon*) und Taiwan (eine Reihe endemischer Arten von *Shortia*) aus.

Merkmale: Alle Glieder der Familie sind kleine Sträucher oder stengellose Kräuter, mit meist in Rosetten stehenden, einfachen Blättern. Die radiären, zwitterigen Blüten stehen einzeln oder in Trauben und weisen 5 mehr oder weniger stark verwachsene Kelch- und Kronblätter auf. Die meist 5 Staubblätter sind teilweise mit der Krone verwachsen und stehen vor den Kelchblättern. *Diplarche* besitzt 2 Kreise mit je 5 fruchtbaren Staubblättern; der innere entspricht den Staminodien anderer Gattungen. Der oberständige Fruchtknoten besteht aus 3 (manchmal 5) verwachsenen Fruchtblättern und weist meist 3 Fächer (bei *Diplarche* 5) und einen einfachen Griffel auf. Die wenigen bis zahlreichen Samenanlagen stehen an zentralwinkelständigen Plazenten. Die Frucht ist eine fachspaltige Kapsel mit vielen kleinen Samen, welche fleischiges Endosperm und einen zylindrischen Embryo enthalten.

Systematik: Allgemein nimmt man an, daß die Familie 7 Gattungen umfaßt, die auf 3 Gruppen verteilt werden können. Eine Gruppe enthält *Diplarche* (2 Arten, östliches Himalajagebiet), Zwergsträucher mit traubigen Blütenständen und rosaroten Blüten. *Galax aphylla*, die einzige Art in dieser Gattung, bildet die zweite Gruppe. Sie besteht aus krautigen, mehrjährigen Pflanzen mit kriechenden Rhizomen, herzförmigen Blättern und traubigen Blütenständen mit vielen kleinen weißen Blüten. Die Gattungen der dritten Gruppe sind durch Einzelblüten oder armblütige Trauben charakterisiert. 2 Gattungen sind polsterartige oder kriechende Zwergsträucher mit gedrängt stehenden, linealen Blättern und Einzelblüten: *Diapensia* (arktisch und montan, einige Arten im Himalaja) und *Pyxidanthera* (2 Arten an sandigen Standorten im östlichen Teil der USA). Die übrigen 3 Gattungen — *Shortia, Schizocodon* und *Berneuxia*, ausdauernde Kräuter mit Ausläufern — wachsen hauptsächlich in Bergwäldern und bringen gut entwickelte, lanzettliche, ei- oder herzförmige Blätter und auffällige weiße oder rosarote Blüten hervor.

Die ganze Familie, besonders *Diplarche*, ähnelt einigen Vertretern der Ericaceae. Die Staubblätter der Ericaceae sind jedoch frei, stehen in einem einzigen Kreis und entleeren den Pollen durch Poren. Die Diapensiaceae hingegen besitzen längs aufspringende Staubbeutel.

Nutzwert: Einige Arten werden im Gartenbau genutzt. Die vielleicht weiteste Verbreitung hat *Galax aphylla*, die als Bodenbedeckung dient. Sie und einige Arten von *Schizocodon* (Fransenglöckchen) und *Shortia* fallen im Herbst durch ihre bronzene oder scharlachrote Laubfärbung auf. *Diapensia*- und *Pyxidanthera*-Arten werden manchmal in Steingärten gezogen.　T.T.E.

DIAPENSIACEAE. 1. *Diapensia himalaica:* **a)** kriechender Trieb mit kleinen, einfachen Blättern und Einzelblüten (× ²/₃); **b)** fruchtender Trieb (× ²/₃); **c)** aufgeschnittene fünfzipflige Blütenhülle, die 5 mit der Krone verwachsenen Staubblätter zeigend (× 2); **d)** Querschnitt durch den Fruchtknoten (× 6); **e)** aufspringende Frucht (× 3); **f)** Staubblatt (× 8). **2.** *Schizocodon soldanelloides:* **a)** Habitus (× ²/₃); **b)** Teil einer ausgebreiteten Krone mit fruchtbaren Staubblättern, die oben an der Kronröhre eingefügt sind, und lineale Staminodien am Grunde (× 2); **c)** in bleibende Hochblätter und bleibenden Kelch eingeschlossene Frucht (× 2); **d)** Gynoeceum (× 2); **e)** Querschnitt durch den Fruchtknoten (× 3); **f)** Staubblätter — von der Seite (links) und von innen (rechts) (× 6). **3.** *Galax aphylla:* Habitus (× ²/₃).

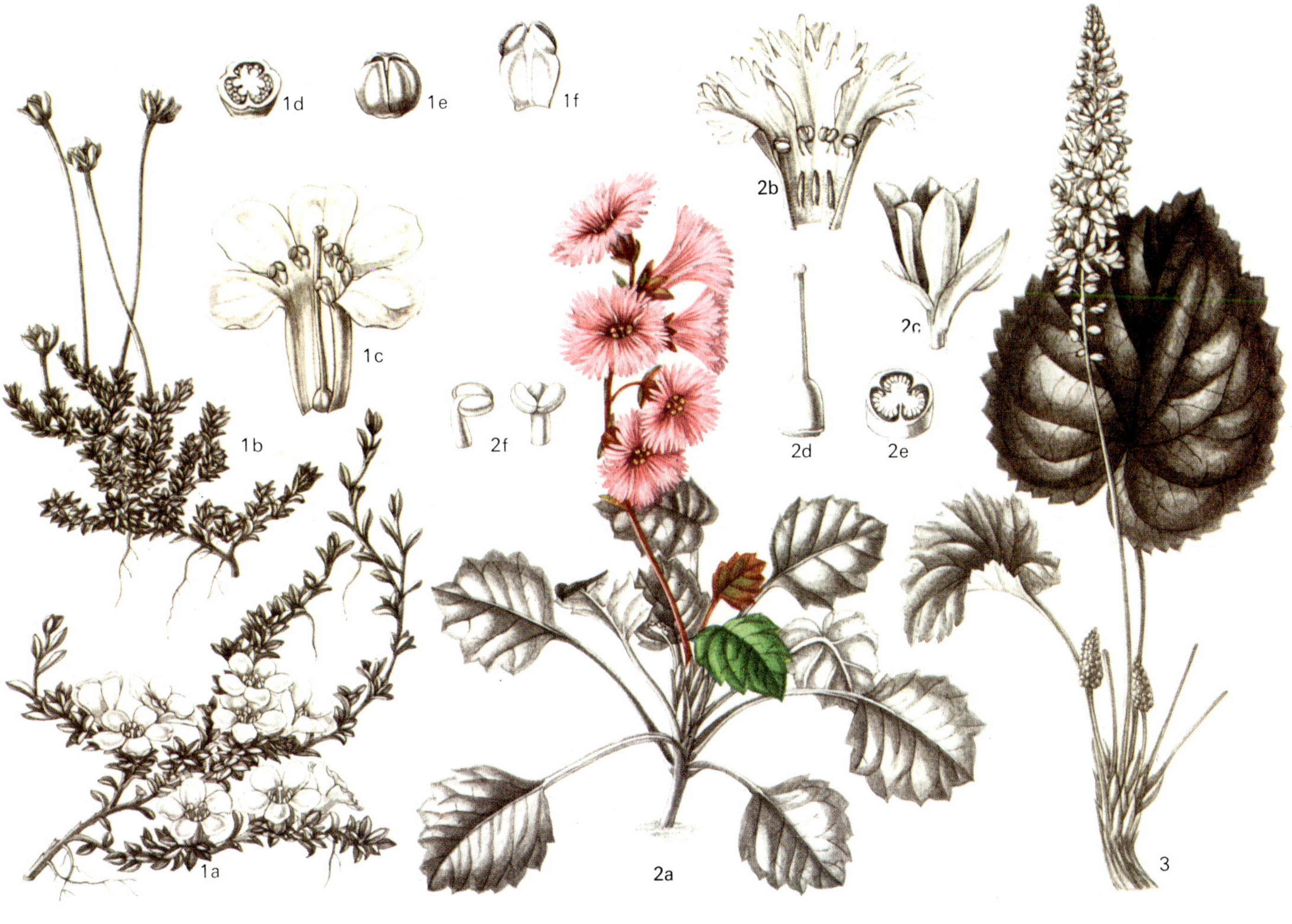

EBENALES

SAPOTACEAE *Breiapfelgewächse*
Diese große Familie tropischer Bäume liefert Holz, Guttapercha und eßbare Früchte.
Verbreitung: Die Sapotaceae sind pantropisch verbreitet, hauptsächlich in den Regenwäldern des Tieflandes und in tieferen Bergregenwäldern.
Merkmale: Milchsaft ist manchmal in großen Mengen vorhanden. Die Blätter sind einfach, ganzrandig und spiralig angeordnet, oft in falschen Wirteln zusammengedrängt. Die Blüten stehen oft in Büscheln in den Blattachseln oder direkt am Stamm. Sie sind zwitterig, radiär oder zygomorph, weiß oder cremefarben und duften. Da sie sich nachts öffnen, werden sie häufig von Fledermäusen bestäubt.
Die freien Kelchblätter stehen in 2 Wirteln, die zwei-, drei- oder vierzählig sein können, oder in einem einzigen, fünfzähligen Wirtel. Die Kronblätter sind den Kelchblättern meist gleichzählig (selten vielkreisig) und am Grunde verwachsen. Die oft zahlreichen Staubblätter sind mit der Krone verwachsen und wechseln gelegentlich mit Staminodien ab. Der mehrfächerige, oberständige Fruchtknoten besteht aus vielen verwach-

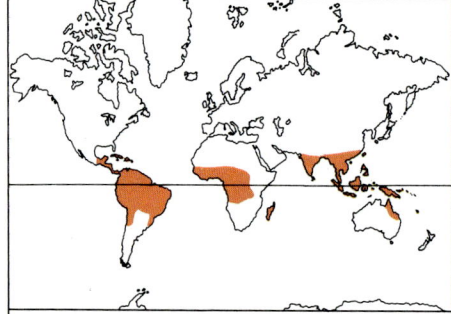

Gattungen: 35 bis 75
Arten: rund 800
Verbreitung: pantropisch in Tiefland- und Bergregenwäldern
Nutzwert: Holz, Guttapercha, Balata, Kaugummirohstoff und eßbare Früchte (Sapodille, Sternapfel, Sapote)

senen Fruchtblättern, jedes mit einer einzigen Samenanlage. Der Griffel ist einfach, die Frucht eine Beere. Die Samen (einer bis wenige) besitzen ölhaltiges Endosperm, eine sehr harte Samenschale und einen großen Embryo.
Systematik: Die Sapotaceae gehören zu

jenen Familien, bei denen die Abgrenzung von Gattungen sehr schwierig ist. Zwischen 35 und 75 nicht klar abgrenzbare Gattungen werden unterschieden, und es erscheinen laufend Arbeiten mit neuen Gattungsbegrenzungen. *Sarcosperma* ist eine außerordentlich stark abgeleitete Pflanze; sie wird gelegentlich als einzige Gattung einer selbständigen Familie (Sarcospermataceae) angesehen. Die Sapotaceae bilden eine in sich geschlossene Familie, die größte der Ebenales.
Nutzwert: Die Sapotaceae sind ein wichtiger Bestandteil vieler tropischer Regenwälder, z.B. in Malesien und Borneo. Sie erreichen eine Höhe von bis 30 m und 2 m im Umfang. Ihr Holz gewinnt heute zunehmend an Bedeutung. Einige Arten liefern schweres, hartes und dauerhaftes, oft jedoch kieselsäurehaltiges Holz (Eisenhölzer), andere leichteres Holz, z. T. ohne Kieselsäure. Das aus dem Milchsaft von *Palaquium*-Arten gewonnene Guttapercha — besonders aus *Palaquium gutta* (Guttaperchabaum, Malesien) — stellte einst das bedeutendste Produkt der Sapotaceae dar. Es ist unelastisch, isoliert besser gegen Hitze und Elektrizität als Kautschuk und läßt sich nur erhitzt verformen. Guttapercha entwickelte sich im 19. Jahrhundert von einem nur lokal

SAPOTACEAE. **1.** *Madhuca parkii:* a) Spitze eines beblätterten Triebes mit Blütenbüschel (× ²/₃); b) Querschnitt durch den Fruchtknoten, 8 Fächer mit je einer zentralwinkelständigen Samenanlage zeigend (× 3). **2.** *Mimusops zeyheri* var. *laurifolia:* a) beblätterter Trieb mit achselständigen Blütenbüscheln (× ²/₃); b) ausgebreitete Blütenhülle (× 3); c) Kronblatt mit Anhängseln (× 3); d) Staubblatt (× 4); e) Staminodium (× 4); f) Längsschnitt durch den Fruchtknoten (× 3). **3.** *Sideroxylon costatum:* a) blühender Trieb (× ²/₃); b) Blüte (× 3); c) ausgebreitete Krone (× 3); d) Gynoeceum (× 4); e) Längsschnitt durch den Fruchtknoten (× 4). **4.** *Achras sapota:* a) Frucht — die Sapodille (× ¹/₃); b) Querschnitt durch die Frucht (× ¹/₃).

1a 3b 3d 1b 3e 4b 4a 3c 2d 2c 2f 2e 2a 2b 3a

verwendeten Erzeugnis zu einem wichtigen Industrieprodukt (hauptsächlich als Isolator für Telefonkabel unter Wasser). Weitere Verwendung fand es für Golfbälle und, bis heute, provisorische Zahnfüllungen. Den Milchsaft extrahierte man meist durch Anritzen des Stammes. Diese Anbaumethode führte zum Raubbau, da der Baum durch sie zerstört wird. Heute werden die Sapotaceae in Plantagen kultiviert (z.B. in Singapur und auf Java) und nur ihre Blätter angezapft.

Manilkara bidentata (Ballotabaum, nördliches Südamerika) liefert ebenfalls Milchsaft: Balata. Chicle, früher die elastische Komponente des Kaugummis, wird aus dem Milchsaft von *Manilkara* (Sapodillbaum) hergestellt.

M. zapota liefert auch die beliebte Sapodille (oder Breiapfel) und *Chrysophyllum cainito* den Sternapfel. Beide sind amerikanischen Ursprungs, werden heute aber auch in anderen Gebieten der feuchten Tropen angebaut. Einige der Sapote genannten Früchte stammen von *Calocarpum*-Arten. Die Samen des aus dem nördlichen tropischen Afrika stammenden *Butyrospermum paradoxum*, des Schibutterbaumes, liefern ein Speiseöl.

EBENACEAE *Ebenholzgewächse*

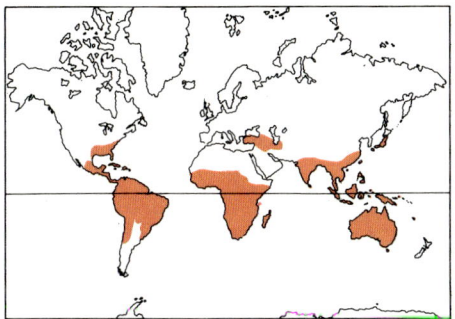

Gattungen: 2
Arten: 400 bis 500
Verbreitung: tropisch, Schwerpunkt in den indomalesischen Regenwäldern; einige Arten in nördlich-gemäßigten Regionen
Nutzwert: Holz (Ebenholz) und Früchte (Persimone, Dattelpflaume und Kakipflaume)

Die Ebenaceae sind eine mittelgroße Familie hauptsächlich tropischer Bäume; sie liefern Ebenholz und Kakipflaumen.
Verbreitung: Mit rund 200 Arten bilden die Tiefland-Regenwälder des Malaiischen Archipels den Schwerpunkt der Verbreitung. Ebenfalls hohe Artenzahlen weisen das tropische Afrika und Lateinamerika auf. Einige wenige Arten sind in der nördlich-gemäßigten Zone heimisch.
Merkmale: Die Vertreter dieser Familie sind meist kleine Bäume mit monopodial verzweigter Krone und abgeflachten Laubzweigen; einige sind Sträucher. Die Borke ist meist schwarz und rauh. Die Blätter sind meist wechselständig, einfach, ganzrandig und nebenblattlos.

Die meist eingeschlechtigen Blüten sind zweihäusig verteilt, selten zwitterig. Die kurzen Blütenstände weisen eine Endblüte auf. Sie stehen in den Blattachseln und sind mitunter auf eine einzige Blüte reduziert (vor allem die weiblichen). Die radiären Blüten besitzen einen gegliederten Stiel und sind radiär, meist drei- bis fünfzählig (gelegentlich sechs- oder siebenzählig). Die Kelchblätter sind verwachsen. Die dem Kelch gleichzähligen Kronblätter sind zu einer Röhre verwachsen. Sie sind weiß, cremefarben oder rosarot überlaufen. Die Staubblätter stehen meist in 2 Kreisen vor oder zwischen den Kronzipfeln. Durch Verdoppelung kann ihre Zahl weiter vermehrt werden; sie bilden dann radial angeordnete Büschel. Die weiblichen Blüten haben meist Staminodien. Der oberständige (selten unterständige) Fruchtknoten weist 2 bis viele Fächer mit je 2 hängenden Samenanlagen auf. Meist sind die Fächer durch eine falsche oder unvollständige Scheidewand unterteilt. Die 2 bis vielen Griffel sind zumindest am Grunde verwachsen. Die männlichen Blüten weisen meist ein Stempelrudiment auf. Die Frucht ist eine Beere mit fleischiger bis faseriger Fruchtwand. Sie sitzt auf dem bleibenden, oft vergrößerten Kelch, besitzt einen steinigen inneren Teil und springt selten auf. Die Samen enthalten Endosperm (oft ruminiert).
Systematik: Heute werden fast alle Arten dieser Familie der Gattung *Diospyros* zugerechnet (einschließlich *Lissocarpa* und *Maba*), die somit 400 bis 500 Arten enthält. *Diospyros* ist, abgesehen von einigen Vorposten, pantropisch verbreitet. *Euclea* (14 Arten) ist auf Ost- und Südafrika beschränkt. *Diospyros* selbst bildet eine in sich geschlossene Gattung. Nur einige besondere, kleine Sektionen können von der Hauptgruppe abgetrennt werden.
Zusammen mit den Sapotaceae stellt die Familie den Haupthorst der Ordnung Ebenales.
Nutzwert: Die Familie ist wegen ihres schwarzen, harten Kernholzes, dem Ebenholz, besonders bekannt; dieses stammt von den meisten, jedoch nicht allen *Diospyros*-Arten. *Diospyros reticulata* (Mauritius) und *D. ebenum* (Sri Lanka) liefern die besten Ebenhölzer. Manche Arten werden auch in Kultur genommen. Am bekanntesten sind die Persimonen, Arten der nördlich-gemäßigten Gebiete: *Diospyros kaki* (Kakipflaume) aus Ostasien, die in China und Japan allgemein kultiviert wird und bis ins Mittelmeergebiet bekannt ist; *D. lotus* (Dattelpflaume) Eurasiens und *D. virginiana* (Persimone) aus Nordamerika. Gemahlene Samen bestimmter malesischer Arten werden als Fischgift verwendet. Bei allen Arten sind die Früchte außerordentlich gerbstoffreich, bevor sie die volle Reife erlangt haben.

STYRACACEAE
Storaxgewächse
Die Styracaceae bilden eine Familie von Sträuchern und Bäumen, die vor allem als Quelle von Benzoëharz und Storax bekannt

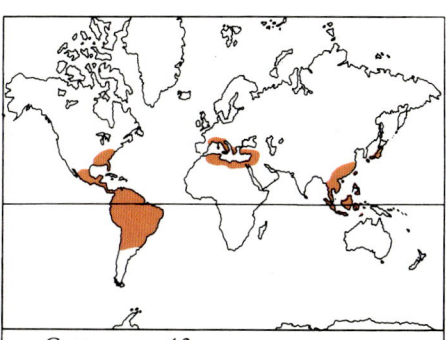

Gattungen: 12
Arten: 180
Verbreitung: Schwerpunkt in Ostasien, Westmalesien, Südosten Nordamerikas, Mittel- und Südamerika
Nutzwert: zur Parfümherstellung; medizinisch verwendete Harze; Zierpflanzen (*Halesia* und *Styrax*)

sind. Erwähnenswert sind auch einige schöne Zierpflanzen.
Verbreitung: Man kann 3 Verbreitungszentren unterscheiden — Ostasien bis Westmalesien, südliches Nordamerika bis Mittel- und Südamerika sowie das Mittelmeergebiet mit einer Art, *Styrax officinalis*.
Merkmale: Die Blätter sind wechselständig, einfach, meist ganzrandig und nebenblattlos. Die radiären, meist zwitterigen Blüten stehen häufig in Trauben oder Rispen. Der bleibende Kelch ist röhrenförmig, mit 4 oder 5 Zipfeln. Die am Grunde wenig verwachsene Krone zeigt 4 bis 7 Zipfel. Die Staubblätter sind mit den Kronzipfeln gleichzählig und wechseln mit ihnen ab. Ihre Zahl kann auch verdoppelt sein. Sie sind der Kronröhre meist angewachsen oder unter sich zu einer Röhre verbunden. Der drei- bis fünffächerige Fruchtknoten ist ober- oder unterständig und besteht aus 3 bis 5 verwachsenen Fruchtblättern. Jedes Fach enthält eine bis viele anatrope, zentralwinkelständige Samenanlagen. Der einfache Griffel trägt eine kopfige oder gelappte Narbe. Die Frucht ist eine Steinfrucht oder Kapsel. Die ein bis wenigen Samen enthalten reichlich Endosperm und werden von Tieren ausgebreitet. Der Embryo ist gerade oder leicht gekrümmt.
Systematik: *Styrax* (130 Arten) ist die wichtigste Gattung. Sehr wahrscheinlich ist die Familie mit den Ebenaceen und Sapotaceae verwandt, ist aber sehr heterogen und vermutlich nicht natürlich. *Afrostyrax* (tropisches Afrika) wird heute oft zusammen mit *Hua* (tropisches Afrika) in eine getrennte Familie gestellt — die Huaceae. Die verwandtschaftlichen Beziehungen dieser letztgenannten Familie sind jedoch völlig ungeklärt.
Nutzwert: Das Holz ist meist weich und von geringem Nutzen. Harz bildet das Hauptprodukt. Die tropischen Harze (hauptsächlich von *Styrax benzoin*) werden durch Ritzen der Rinde gewonnen, als Benzoëharz gehandelt und medizinisch (z.B. in Wundbalsam) sowie auch als Weihrauch verwendet. Die wichtigsten Produktionsländer sind Thailand, Sumatra und Bolivien. Das Harz besteht zur Hauptsache aus 2 Zimtsäure-Estern, daneben auch aus Ben-

zoë-Säure und Zimtsäure selber. Die Bäume sind selten und stehen zerstreut in tropischen Tiefland-Regenwäldern; die Produktion hängt vom stetigen und sorgfältigen Ritzen der Rinde ab. *Styrax officinalis* (Mittelmeergebiet) liefert das Storaxharz, das als Antiseptikum und Mittel zum Inhalieren und Schleimlösen gebraucht wird. Storaxharz war bereits in der Antike bekannt und wurde als Weihrauch für rituelle Zwecke schon im Alten Testament empfohlen. *Halesia* (Schneeglöckchenbaum) und *Styrax* (Storaxbaum) sind schöne, auffallende Zierpflanzen. T.C.W.

PRIMULALES *Primelartige*

PRIMULACEAE *Primelgewächse*

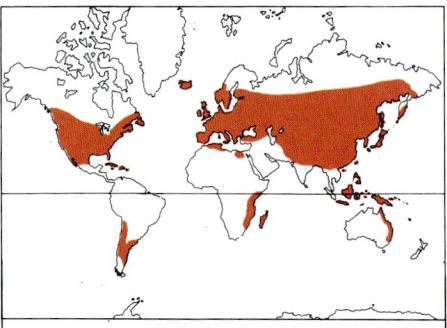

Gattungen: etwa 28
Arten: fast 1000
Verbreitung: kosmopolitisch, doch hauptsächlich in der nördlich-gemäßigten Zone, mit einigen alpinen Arten
Nutzwert: viele beliebte Zierpflanzen (z. B. Primel, Aurikel, Alpenveilchen)

Die Primulaceae sind eine Familie ausdauernder oder einjähriger Kräuter und enthalten eine ganze Reihe beliebter Gartenpflanzen, darunter die Primeln und Alpenveilchen sowie die bekannte Frühlingsschlüsselblume, *Primula veris.*
Verbreitung: Die Familie ist kosmopolitisch verbreitet; die meisten ihrer Vertreter sind aber in der nördlich-gemäßigten Zone heimisch.
Merkmale: Die meisten Arten überdauern mit Hilfe sympodial verzweigter Rhizome (z. B. *Primula*) oder Knollen (z. B. *Cyclamen*) und besitzen einfache Blätter ohne Nebenblätter (*Coris* ausgenommen). Die Blätter sind gegen- oder wechselständig oder stehen in einer basalen Rosette. Meist sind sie ganzrandig (die untergetauchten Blätter der wasserlebenden Gattung *Hottonia* sind fiederschnittig). Oft sitzen an Blättern und Stengeln einfache oder zusammengesetzte Drüsenhaare.
Die Blüten stehen häufig entweder einzeln oder in Dolden, auf Schäften (z. B. bei *Primula veitchii, Soldanella alpina*) oder in Trauben oder Rispen. Sie haben Tragblätter und sind meist radiär (bei *Coris* zygomorph), zwitterig und oft heterostyl. In der Regel sind 5 (seltener 4 bis 9) zu einer Röhre verwachsene und bleibende Kelchblätter vorhanden. Die Krone besteht aus 5 (ge-

legentlich 4 bis 9) meist röhrig verwachsenen Kronblättern. Bei einigen Gattungen (z. B. *Dodecatheon* und *Cyclamen*) werden die Zipfel zurückgeschlagen. *Glaux* besitzt keine Krone. In wenigen Fällen (z. B. bei *Samolus* und *Soldanella*) sind außerdem noch 5, mit den Kronblättern abwechselnde Staminodien vorhanden. Das kann darauf hinweisen, daß im Laufe der Evolution der äußere Staubblattkreis unterdrückt wurde und die fruchtbaren Staubblätter dem inneren, vor den Kronblättern stehenden Kreis angehören. Die Staubbeutel besitzen 4 Pollensäcke und springen längs auf. Der Fruchtknoten besteht aus 5 Fruchtblättern, die zu einem ungefächerten, ober- oder halbunterständigen Fruchtknoten mit freier Zentralplazenta und wenigen bis zahlreichen Samenanlagen verwachsen sind. Der einzige Griffel endet in einer kopfartigen Narbe. Die Frucht ist eine fünfklappige Kapsel, gelegentlich eine Deckelkapsel (z. B. bei *Anagallis*). Sie enthält meist zahlreiche, kleine Samen mit einem kleinen, geraden, von fleischigem oder hartem Endosperm umgebenen Embryo.
Systematik: Die Gattungen können aufgrund der Blütensymmetrie, der Position des Fruchtknotens und der Knospendeckung der Kronblätter in Tribus unterteilt werden.
PRIMULEAE: Fruchtknoten oberständig, Kronzipfel mit dachiger Knospendeckung, Kapsel klappig; *Primula* (z. B. Schlüsselblumen, rund 500 Arten), *Androsace* (100 Arten), *Soldanella* (11 Arten), *Hottonia* (2 Arten), *Dodecatheon* (rund 50 Arten).
CYCLAMINEAE: Fruchtknoten oberständig, Kapsel klappig aufspringend, Blüten mit zurückgeschlagenen Kronblättern, Pflanzen mit Knollen; nur *Cyclamen* (15 Arten).
LYSIMACHIEAE: Fruchtknoten oberständig, Kapsel mit Klappen oder Deckel, Kronzipfel in der Knospe gedreht; *Lysimachia* (rund 200 Arten), *Trientalis* (4 Arten), *Glaux* (eine Art), *Anagallis* (28 Arten).
SAMOLEAE: Fruchtknoten halbunterständig; nur *Samolus* (10 bis 15 Arten, hauptsächlich Südhalbkugel).
CORIDEAE: stacheliger Kelch, Blüten zygomorph; nur *Coris* (2 Arten, hauptsächlich Mittelmeergebiet). *Coris* ist eine merkwürdige Gattung kleiner, thymianartiger Halbsträucher und wird mitunter als eigene Familie, Coridaceae, behandelt.
Die Primulaceae faßte man früher als Verwandte der Caryophyllaceae auf. Diese Ansicht wurde mit dem Bau des Gynoeceums begründet. Der Verlauf der Leitbündel und andere anatomische Merkmale schienen für eine Entwicklung der Primulaceen-Form aus dem Caryophyllaceen-Typ zu sprechen. Die Primulaceae sind jedoch stärker abgeleitet in bezug auf Merkmale wie verwachsene Krone und Reduktion des Androeceums auf meist 5 Staubblätter. Sie werden hier zusammen mit den Myrsinaceae in eine eigene Ordnung − Primulales − gestellt, die mit den Ebenales verwandt ist.
Nutzwert: Obwohl die Primulaceae hauptsächlich als Zierpflanzen bekannt sind, soll hier noch erwähnt werden, daß *Cyclamen purpurascens* (*C. europaeum*, Gemeines Alpenveilchen) das giftige Glycosid Cyclamin

enthält und *Anagallis arvensis* (Ackergauchheil) einst eine wichtige Heilpflanze war, da sie ein giftiges, saponinähnliches Glycosid enthält. *Lysimachia vulgaris* (Gilbweiderich) liefert eine gelbe Farbe und ist als fiebersenkendes Mittel bekannt. Blüten von *Primula veris* werden für Hustentee verwendet.
Viele *Primula*-Arten werden wegen ihrer attraktiven Blüten als Topfpflanzen (z. B. *Primula* × *kewensis* und *P. obconica*, Becherprimel), in Steingärten (*P. auriculata*, Aurikel, und *P. allionii*) oder in Rabatten (*P. denticulata*, Kugelprimel, und *P. bulleyana*) kultiviert.
Eine Reihe von Alpenveilchenarten, darunter *Cyclamen hederifolium*, werden im Freien gezogen. Die Wildform der beliebten, im Winter blühenden Topfalpenveilchen ist *C. persicum*, von dem es unzählige Kulturformen gibt, so z. B. die zartgefärbten sogenannten Pastellzyklamen, die Rokoko-, Kolibri-, Harlekin- und Viktoria-Rassen oder auch die duftende, kleinblütige Wellensiek-Rasse.
Einige *Anagallis*-Arten (z. B. *A. arvensis* und *A. linifolia*) sind Ausgangsarten für Gartenformen, die sich für Rabatten oder Steingärten eignen.
Lysimachia nummularia (Pfennigkraut) ein nützlicher Bodenbedecker; *Dodecatheon*-Arten (Götterblumen) mit rosaroten Blüten ergeben schöne, ausdauernde Rabattenpflanzen. S.R.C.

MYRSINACEAE

Die Myrsinaceae sind eine mittelgroße Familie von Bäumen und Sträuchern von geringer wirtschaftlicher Bedeutung, mit Ausnahme der wenigen Zierpflanzen.
Verbreitung: Die Familie ist hauptsächlich in warmgemäßigten, subtropischen und tropischen Zonen verbreitet, mit Vertretern im Süden (Neuseeland und Südafrika) und im Norden (Japan, Mexiko und Florida).
Merkmale: Die Blätter sind wechselständig, einfach, ledrig, nebenblattlos und meist mit Drüsen oder auffälligen Harzgängen punktiert. Die Blüten sind klein, radiär, zwitterig oder eingeschlechtig (dann zweihäusig verteilt) und stehen in der Regel in Büscheln an Kurztrieben oder endständig in Rispen oder Cymen. Es sind 4 bis 6 freie oder am Grunde verwachsene, kleine Kelchblätter und ebensoviele Kronblätter vorhanden, die zu einer tellerförmigen Krone mit klappigen oder gedrehten Zipfeln verwachsen sind.

PRIMULACEAE. 1. *Dodecatheon meadia:* Habitus, grundständige Blattrosette, Blüten mit zurückgeschlagenen Kronblättern und den blattlosen Schaft zeigend (× ²/₃). 2. *Primula veitchii:* a) Habitus (× ²/₃); b) halbierte Blüte, die vor den Kronzipfeln stehenden Staubblätter und die Samenanlagen an der freien Zentralplazenta zeigend (× 4); c) Querschnitt durch den ungefächerten Fruchtknoten (× 6). 3. *Samolus valerandi:* halbierte Blüte mit Staminodien und Staubblättern (× 8). 4. *Soldanella alpina:* Habitus, Blüten mit geschlitzten Kronblättern zeigend (× ²/₃). 5. *Primula veris:* offene Kapsel, bleibender Kelch teilweise entfernt (× 3). 6. *Cyclamen hederifolium:* a) Habitus mit Knolle (× ²/₃); b) offene Kapsel (× 4). 7. *Lysimachia punctata:* durchblätterter, endständiger Blütenstand (× ²/₃).

2c

2b

3

5

6b

2a

7

1

4

6a

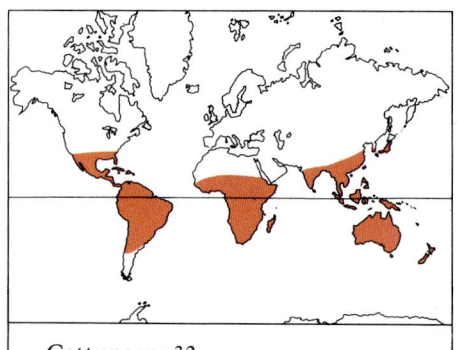

Gattungen: 32
Arten: 1000
Verbreitung: weit verbreitet in warmgemäßigten bis tropischen Gebieten
Nutzwert: einige Zierpflanzen, beschränkte lokale Nutzung als Arznei

Die Staubblätter sind den Kronzipfeln gleichzählig und stehen meist vor ihnen. Die Staubbeutel weisen 4 Pollensäcke auf, die sich mit nach innen gerichteten Längsrissen öffnen. Sie sind meist länger als die oft mit der Krone verwachsenen Filamente. Der Fruchtknoten ist ober- oder halbunterständig, ungefächert (gelegentlich vier- bis sechsfächerig) und enthält wenige bis zahlreiche Samenanlagen an zentralwinkelständigen Plazenten oder eine freien Zentralplazenta. Die Frucht ist eine fleischige Steinfrucht. Die Samen weisen einen geraden oder leicht gebogenen Embryo und fleischiges Endosperm auf.

Systematik: Die Myrsinaceae gliedern sich in 2 Unterfamilien — die MAESOIDEAE mit der Gattung *Maesa*, die durch den halbunterständigen Fruchtknoten und die vielsamigen Früchte charakterisiert ist, und die MYRSINOIDEAE mit oberständigen Fruchtknoten und einsamigen Früchten. Die Myrsinoideae werden weiter in 2 Tribus unterteilt: die MYRSINEAE mit wenigen, in einer Reihe stehenden Samenanlagen (z.B. *Oncostemon*, *Embelia*, *Rapanea*) und die ARDISIEAE mit zahlreichen Samenanlagen, die in vielen Reihen stehen (z.B. *Aegiceras* und *Ardisia*).
Die 5 Gattungen *Theophrasta*, *Neomezia*, *Deherainia*, *Clavija* und *Jacquinia* mit rund 110 Arten tropischer, amerikanischer und westindischer Bäume und Sträucher werden manchmal zu den Myrsinaceae gestellt, in der Regel aber als eigene Familie, Theophrastaceae, abgetrennt. Sie unterscheiden sich von den Myrsinaceae durch extrorse Staubbeutel, den Besitz von 5 Staminodien, die vor den Kelchblättern stehen, und Blätter ohne große Drüsen oder Harzgänge.

Die Myrsinaceae werden meist in die Ordnung der Primulales und damit in die Nähe der Primulaceae gestellt. Diese Einteilung wird jedoch von einigen Fachleuten zurückgewiesen, da sie die Ähnlichkeit zwischen den Myrsinaceae und den übrigen, vorwiegend krautigen Primulales als nur oberflächlich bezeichnen und die Familie in die Ordnung der Myrsinales stellen, zusammen mit den Theophrastaceae, der ihnen am nächsten stehenden Familie.
Nutzwert: Die Myrsinaceae sind eine Familie von geringem wirtschaftlichem Wert. Arten der Gattungen *Ardisia*, *Maesa*, *Myrsine* und *Suttonia* werden manchmal als Zierpflanzen gezogen. *Myrsine africana* aus Afrika, China und Indien wird in Gärten wärmerer Gegenden wegen ihrer schönen, purpurblauen Früchte angepflanzt. Einige *Maesa*-Arten aus Indien, dem Himalaja und Sikkim sowie rund 16 *Ardisia*-Arten (besonders *A. crispa*, Spitzenblume) mit roten Früchten, die lange am Strauch bleiben, findet man ebenfalls in Gärten oder Treibhäusern. Die Blätter von *Ardisia colorata* werden in Malaysia als Tee gegen Magenbeschwerden verwendet. Dort werden auch die Früchte von *A. crispa* gegessen. In Java wird der Saft von *A. fuliginosa* zur Behandlung von Skorbut verwendet. D.B.

MYRSINACEAE. **1.** *Ardisia humilis:* **a)** beblätterter Trieb mit achselständigen Blütenständen (× ²/₃); **b)** halbierte Blütenknospe (× 4); **c)** ausgebreitete Krone (× 2); **d)** aufgerissenes Staubblatt (× 3); **e)** Frucht (× ¹/₃). **2.** *Myrsine africana:* **a)** beblätterter Trieb mit Früchten (× ²/₃); **b)** weibliche Blüte (× 5); **c)** männliche Blüte (× 4); **d)** aufgeschnittene männliche Blüte mit rudimentärem Gynoeceum (× 4); **e)** aufgeschnittene weibliche Blüte mit Staminodien (× 6). **3.** *Embelia kraussii:* **a)** beblätterter Trieb mit seitlichen Blütenständen (× ²/₃); **b)** Blüte (× 6). **4.** *Aegiceras corniculatum:* **a)** Blüte (× 1¹/₃); **b)** aufgeschnittene Blüte (× 1²/₃); **c)** reifer Staubbeutel, die Querwände in den Pollensäcken zeigend (× 6); **d)** beblätterter Trieb mit Früchten (× ²/₃). **5.** *Maesa alnifolia:* Längsschnitt durch Fruchtknoten und Kelch (× 6).

ROSIDAE

ROSALES *Rosenartige*

CUNONIACEAE

Die Cunoniaceae sind eine Familie von Bäumen und Sträuchern der Südhalbkugel, die wegen ihres leichten Holzes von wirtschaftlicher Bedeutung sind.

Verbreitung: Ihre Verbreitungszentren liegen in Ozeanien und Australasien, doch gibt es auch einige Gattungen in Südafrika und im tropischen Amerika. Die wichtigste Gattung ist *Weinmannia* mit 160 Arten, die von Madagaskar über Malesien, den pazifischen Raum und Neuseeland bis nach Chile, Mexiko und zu den Westindischen Inseln reichen. *Pancheria* enthält 25 in Neukaledonien vorkommende Arten. *Geissois* umfaßt 20 in Australasien, Neukaledonien und auf den Fidschiinseln verbreitete Arten. Die 20 Arten von *Spiraeanthemum* sind in Neuguinea und Polynesien heimisch. *Cunonia* und *Lamanonia* sind kleinere Gattungen, die aus 15 bzw. 10 Arten bestehen. *Cunonia* hat eine disjunkte Verbreitung in Südafrika und Neukaledonien, während

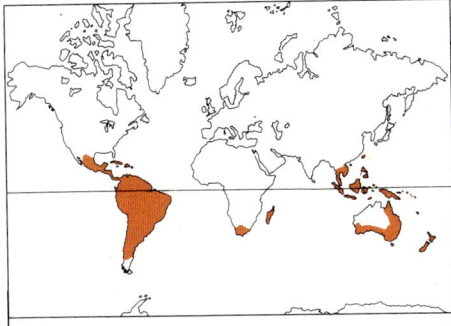

Gattungen: 26
Arten: rund 250
Verbreitung: Südhalbkugel, hauptsächlich Australasien und pazifischer Raum
Nutzwert: Nutzholz

Lamanonia in Brasilien und Paraguay einheimisch ist.

Merkmale: Die Blätter sind ledrig, oft drüsig, gegenständig oder selten wirtelig, gelegentlich einfach, häufiger jedoch gefingert oder gefiedert. Die Nebenblätter können groß und paarweise verwachsen sein.

Die kleinen Blüten sind radiär, zwitterig, bei einigen Arten hingegen eingeschlechtig und zweihäusig. Sie stehen selten einzeln, meist aber in kopfigen oder traubigen Blütenständen. Die 3 bis 6 Kelchblätter sind frei oder am Grunde verwachsen, ebenso die ihnen gleichzähligen Kronblätter. Sie sind meist kleiner als die Kelchblätter und fehlen bei einigen Arten. Die meisten Arten weisen zahlreiche Staubblätter auf, einige nur 4 oder 5, die mit den Kronblättern abwechseln; wieder andere besitzen 8 oder 10 Staubblätter. Sie setzen meist mit freien Filamenten an einem ringförmigen Diskus am Grunde des Fruchtknotens an. Dieser ist oberständig und besteht aus 2 bis 5 freien oder verwachsenen Fruchtblättern. Es sind meist 2 (manchmal 5) Fächer vorhanden, wobei jedes Fach oder freie Fruchtblatt meist zahlreiche Samenanlagen enthält, die in 2 Reihen an zentralwinkelständigen oder apikalen Plazenten stehen. Die Griffel sind immer getrennt. Die Frucht ist meist eine Kapsel oder Nuß, und die Samen weisen einen kleinen Embryo auf, der von reichlich Endosperm umgeben ist.

CUNONIACEAE. **1.** *Pancheria elegans:* **a)** Trieb mit Wirteln einfacher Blätter und Blütenköpfchen (× 2/3); **b)** weibliche Blüte mit 3 freien Kelchblättern, Kronblättern und 2 freien Griffeln (× 12); **c)** männliche Blüte mit 6 Staubblättern (× 12); **d)** aufgeschnittene männliche Blüte, Staubblätter mit Filamenten von unterschiedlicher Länge zeigend (× 12); **e)** Frucht (× 12). **2.** *Cunonia capensis:* Trieb mit gefiedertem Blatt und Blütenstand (× 2/3). **3.** *Weinmannia hildebrandtii:* **a)** Trieb mit dreizähligen Blättern und Blütenstand (× 2/3); **b)** Blüte (× 8); **c)** halbierte Blüte (× 8). **4.** *Geissois imthurnii:* kronblattlose Blüte mit 4 Kelchblättern und zahlreichen Staubblättern, die an einem Diskus ansetzen (× 2). **5.** *Davidsonia prunens:* Frucht (× 2/3).

PITTOSPORACEAE. 1. *Pittosporum crassifolium:* a) beblätterter Trieb und männliche Blütenstände (× ²/₃); b) männliche Blüte (× 1); c) männliche Blüte, Blütenhülle entfernt, mit großen Staubblättern und einem rudimentären Gynoeceum (× 1¹/₃); d) Gynoeceum der weiblichen Blüte mit rudimentären Staubblättern (× 1¹/₃); e) Querschnitt durch den Fruchtknoten (× 1¹/₃); f) aufspringende Kapsel (× 1¹/₃). **2.** *Billardiera mutabilis:* a) blühender und fruchtender Trieb (× ²/₃); b) Beere (× 1¹/₃). **3.** *Sollya heterophylla:* blühender Trieb (× ²/₃). **4.** *Marianthus ringens:* a) windender Stengel mit Blütenstand (× ²/₃); b) Blüte (× 1¹/₃); c) Androeceum (× 2); d) Staubblatt mit verbreitertem Filament (× 2²/₃); e) Gynoeceum (× 2²/₃).

Systematik: Diese Familie zeigt klare Beziehungen zu den Saxifragaceae, unterscheidet sich von ihnen aber durch den vorwiegend baumartigen Habitus, gegenständige oder wirtelige Blätter und zurückgekrümmte Plazenten.
Nutzwert: Als einziges wirtschaftlich wichtiges Mitglied der Cunoniaceae ist *Ceratopetalum apetalum* zu nennen, ein großer, in Neusüdwales heimischer Baum. Das Holz wird im Zimmerhandwerk und in der Kunsttischlerei verwendet; Daneben dient es auch für Fußböden, Vertäfelungen, Fußleisten sowie Flugzeugauskleidungen und liefert Furnierholz. S.R.C.

PITTOSPORACEAE
Klebsamengewächse
Die Pittosporaceae sind eine mittelgroße Familie immergrüner Sträucher und Bäume. *Pittosporum* umfaßt eine Reihe attraktiver Zierpflanzen.
Verbreitung: Die Familie ist überwiegend in den Tropen der Alten Welt heimisch (8 der 9 Gattungen in Australasien endemisch).
Merkmale: Die Pflanzen sind Sträucher oder kleine Bäume, mitunter auch Kletterpflanzen, die Blätter immergrün und lederig, typischerweise ganzrandig und nebenblattlos. Die radiären (nur bei *Cheiran-*

thera schwach zygomorphen) Blüten sind zwitterig und neigen nur selten zu Eingeschlechtigkeit und Polygamie. Sie weisen 5 freie Kelchblätter auf. Die 5 Kronblätter sind oft genagelt und am Grunde meist lose vereint. Die 5 Staubblätter stehen vor den Kelchblättern. Der oberständige Fruchtknoten besteht aus 2, manchmal 3 bis 5 verwachsenen Fruchtblättern. Er ist ungefächert oder mehrfächerig, mit zentralwinkelständigen oder parietalen Plazenten und Samenanlagen in 2 Reihen. Der Griffel ist einfach, die Frucht eine fachspaltige Kapsel oder Beere. Die meist zahlreichen Samen sind manchmal geflügelt, oft mit einem bräunlichen, klebrigen Schleim überzogen (z.B. bei *Pittosporum*, daher der Name — *pittos* bedeutet im Griechischen «Pech»). Endosperm ist reichlich vorhanden. Die Rinde wird von Harzkanälen durchzogen.
Systematik: Aufgrund der Fruchttypen wird die Familie in 2 Tribus unterteilt:
PITTOSPOREAE: Frucht eine Kapsel; *Pittosporum* (140 bis 200 Arten, von den Kanarischen Inseln über West- und Ostafrika bis Hawaii und Polynesien, mit Schwerpunkt in Australasien), *Cheiranthera* (4 Arten, Australien), *Hymenosporum* (eine Art, *H. flavum,* Australien und Neuguinea), *Bursaria* (3 Arten, Australien).

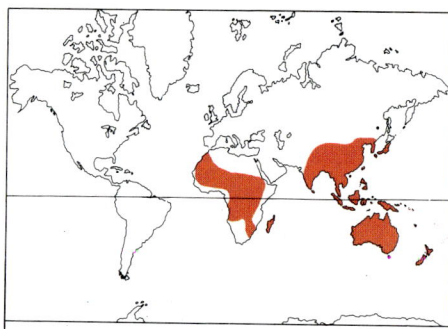

Gattungen: 9
Arten: 200 bis 240
Verbreitung: Australasien und altweltliche Tropen
Nutzwert: Zierpflanzen (Arten von *Pittosporum* und *Billardiera),* lokale Nutzung von *Pittosporum*-Holz

BILLARDIEREAE: Frucht eine Beere; *Sollya* (2 Arten, Australien), *Citriobatus* (4 Arten, Australien, von denen eine Art bis Malaysia vorstößt).
Die Gattungen können auch aufgrund anderer Merkmale unterschieden werden:
Kleine Bäume oder Sträucher ohne Dornen; Blüten blau; Samen geflügelt (*Hymenosporum)* oder ungeflügelt (*Pittosporum).*

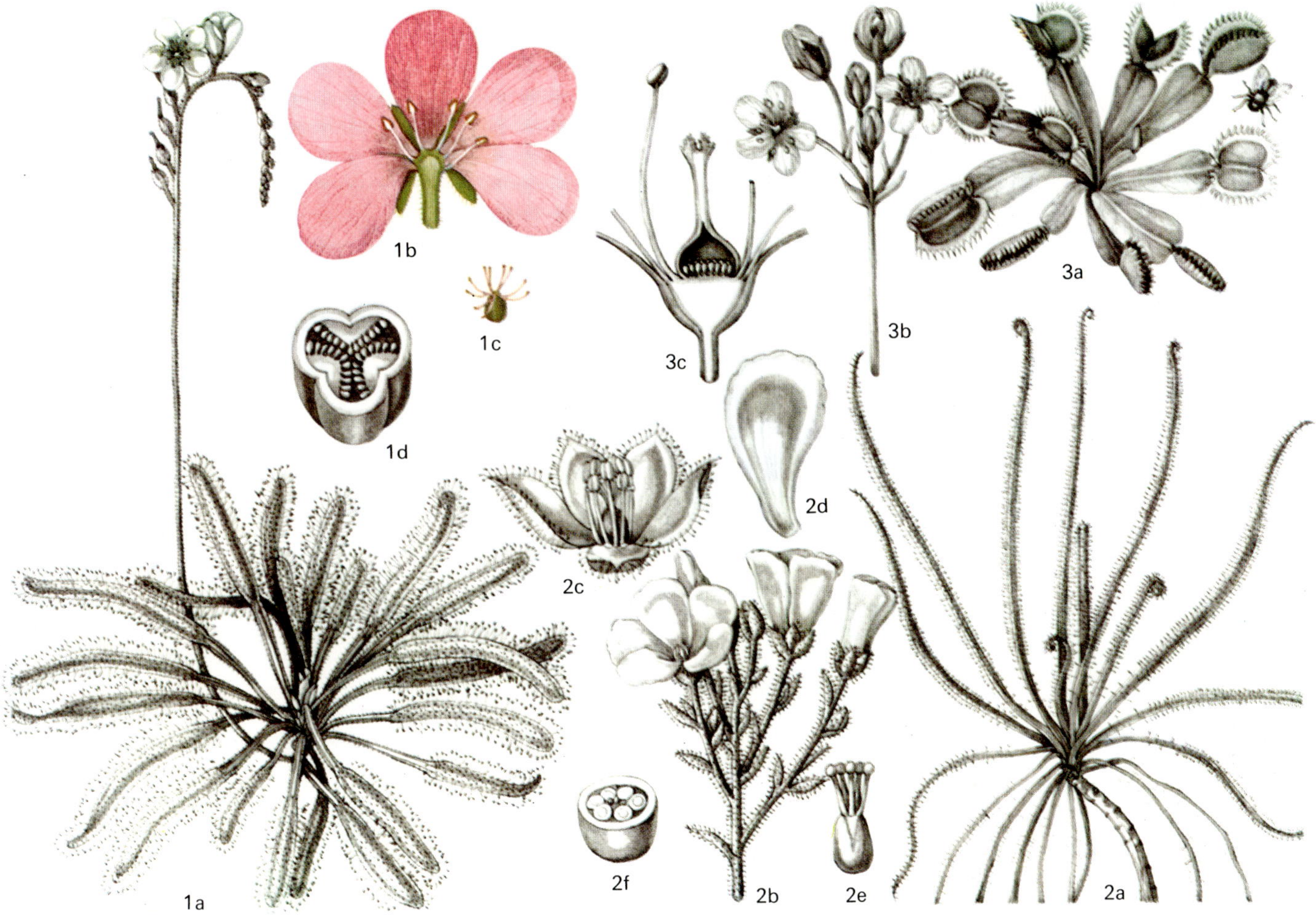

DROSERACEAE. **1.** *Drosera capensis:* **a)** Habitus mit grundständiger Blattrosette, Blätter mit gestielten Drüsen (× 2/3); **b)** aufgeschnittene Blütenhülle mit Staubblättern (× 2); **c)** Gynoeceum (× 2); **d)** Querschnitt durch den Fruchtknoten (× 10). **2.** *Drosophyllum lusitanicum:* **a)** Habitus (× 2/3); **b)** Blütenstand (× 2/3); **c)** Blüte, Kronblätter entfernt (× 2); **d)** Kronblatt (× 2) **e)** Gynoeceum mit freien Griffeln und kopfigen Narben (× 3); **f)** Querschnitt durch den Fruchtknoten (× 4). **3.** *Dionaea muscipula:* **a)** Habitus mit zu Fallen umgewandelten Blättern (× 2/3); **b)** Blütenstand (× 2/3); **c)** Längsschnitt durch die Blüte, Fruchtknoten mit basalen Samenanlagen zeigend (× 4).

Sträucher mit Dornen; Blüten in dichten, endständigen Rispen *(Bursaria);* Blüten achselständig *(Citriobatus).*

Kletternde Halbsträucher mit leicht zygomorphen Blüten *(Cheiranthera).*

Kletternde Halbsträucher, Blüten radiär und oft blau; Staubbeutel länglich, Frucht eine Kapsel *(Marianthus);* Staubbeutel länglich, Frucht eine Beere *(Billardiera);* Staubbeutel lineal und spitz zulaufend, einen geschlossenen Kegel um den Griffel bildend *(Sollya);* Staubbeutel lineal, am Ende vom Griffel weggekrümmt *(Pronaya).*

Die Familie ist eng verwandt mit den Escallonioideae, einer Unterfamilie der Saxifragaceae, die bisweilen als eigene Familie, Escalloniaceae, geführt wird. Sie unterscheidet sich von dieser jedoch durch den Besitz von Harzgängen.

Nutzwert: Der wirtschaftliche Wert ist gering; er beschränkt sich zur Hauptsache auf *Pittosporum,* dessen Holz lokal für Täfelungen verwendet wird. Vor allem wird *Pittosporum* (Klebsame) aber als Zierpflanze kultiviert. Viele der Arten (Sträucher und kleine Bäume) werden wegen ihrer Blüten (rosarot, weiß oder grünlich-gelb, manchmal stark duftend) und glänzenden Blätter gezogen. Die tasmanische, immergrüne Liane *Billardiera longiflora* wird wegen ihrer cremeweißen bis rosaroten Blüten und ihrer blauen, eßbaren Beeren angepflanzt.

F.B.H.

DROSERACEAE *Sonnentaugewächse*

Die Droseraceae sind tierfangende, ein- oder mehrjährige Kräuter, die bisweilen verholzt sind. Sie umfassen die Gattungen *Drosera* (Sonnentau), *Drosophyllum, Aldrovanda* und *Dionaea* (Venusfliegenfalle).

Verbreitung: *Drosera* ist kosmopolitisch, mit Schwerpunkten in Australien und Neuseeland. *Drosophyllum* findet man auf der Iberischen Halbinsel, *Aldrovanda* in großen Teilen Eurasiens, südlich bis Australien und ins tropische Afrika, *Dionaea* in den südöstlichen USA. Außer *Drosophyllum* wachsen die Droseraceae meist in Mooren oder auf anderen nassen Böden. *Aldrovanda* ist wasserlebend; das «Fleischfressen» kann als Anpassung an Standorte mit wenig oder ohne verfügbaren Stickstoff verstanden werden.

Merkmale: Die Blätter sind wechselständig, selten wirtelig. Sie stehen oft in grundständigen Rosetten und können Nebenblätter tragen. Auf der Oberseite sind sie mit sitzenden oder gestielten Drüsen besetzt. Dem Mittelnerv entlang verläuft manchmal ein Scharnier; das Blatt bildet dann eine Falle

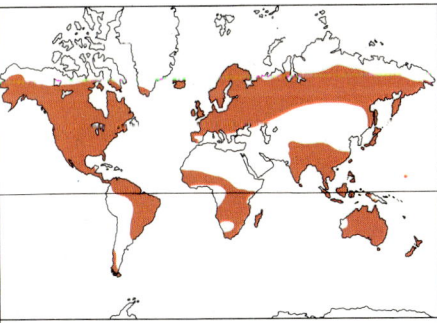

Gattungen: 4
Arten: etwa 83
Verbreitung: kosmopolitisch, mit Schwerpunkten in Australien und Neuseeland
Nutzwert: gärtnerische Kuriositäten

(Dionaea). Die radiären, zwitterigen Blüten stehen oft in eingerollten Wickeln, gelegentlich einzeln. Die 5 (bisweilen 4) Kelchblätter sind am Grunde mehr oder weniger verwachsen; im weiteren zählt man 5 (4) freie Kronblätter und 4 bis 20 meist freie Staubblätter. Die Pollenkörner bilden Vierergruppen. Der ungefächerte oberständige

Fruchtknoten besteht aus 2, 3 oder 5 verwachsenen Fruchtblättern. Die 3 bis zahlreichen Samenanlagen sitzen an basalen oder parietalen Plazenten. Die 2 bis 5 Griffel sind frei, selten verwachsen. Die Frucht ist eine fachspaltige, zwei- bis fünfklappige Kapsel. Die meist zahlreichen Samen enthalten Endosperm und einen kleinen, basalen Embryo. *Drosophyllum* und *Drosera* besitzen lange, rote Drüsenhaare, die bei *Drosera* beweglich sind. Am zähen Schleim der Drüsenköpfe hängenbleibende Insekten werden mit Hilfe eiweiß- und nukleinsäurespaltender Enzyme verdaut. Dieser Prozeß wird meist durch bakterielle Aktivität unterstützt. Bei *Drosophyllum* wurden allerdings keine Bakterien gefunden. Vielleicht hat die ebenfalls abgegebene Ameisensäure antiseptische Eigenschaften.

Bei *Dionaea* sind die Blätter längsseits in 2 nierenförmige Hälften geteilt, die wie eine Falle zusammenklappen können. Jede Blatthälfte ist am Rande mit langen Wimpern und einigen langen Fühlhaaren an der Oberfläche versehen. Sobald diese berührt werden, klappen die Blatthälften in weniger als einer Sekunde zu. Die Wimpern greifen wie Finger ineinander und bilden so einen geschlossenen Käfig. Das gefangene Insekt kommt dann durch weitere Bewegungen mit den beiden Blatthälften in Berührung. Die Beute wird verdaut und in abgebautem Zustand über die Sekretionsdrüsen aufgenommen. Nun öffnet sich die Falle wieder und kann innerhalb von ungefähr 24 Stunden erneut aktiv werden. Wiederholte Reizung vermindert die Schnelligkeit der Klappbewegung stark. Die Blätter der wasserlebenden *Aldrovanda* besitzen einen keilförmigen Blattgrund, der 4 bis 6 lange, schmale seitliche Zipfel und einen kreisrunden Mittellappen trägt, dessen Mittelrippe scharnierartig funktioniert. Die beiden Hälften des Lappens schließen sich sehr schnell (in etwa 1/50 Sekunde) und erbeuten so kleine Wassertiere. Diese werden von den Sekretionsdrüsen der Blattoberfläche verdaut und absorbiert.

Systematik: Die Droseraceae wurden früher mit den anderen Familien tierfangender Pflanzen, den Nepenthaceae und Sarraceniaceae, in einer einzigen Ordnung, den Sarraceniales, zusammengefaßt. Heute jedoch werden diese Familien aufgrund individueller Verwandtschaftsbeziehungen in verschiedene Ordnungen gestellt.

Die tierfangenden Gattungen *Byblis* und *Roridula* werden bisweilen zu den Droseraceae gerechnet, denen sie oberflächlich gesehen ähnlich sind. Bestimmte Bearbeiter trennen sie als 2 selbständige Familien (Byblidaceae und Roridulaceae) ab oder vereinigen sie in einer einzigen Familie (Byblidaceae).

Nutzwert: *Dionaea, Drosophyllum* und *Drosera* werden kultiviert. D.M.M.

BRUNELLIACEAE

Die Brunelliaceae sind eine kleine Familie tropischer Bäume der Neuen Welt. Die einzige Gattung dieser Familie, *Brunellia* (nicht zu verwechseln mit *Brunella*, einem Synonym für die Lippenblütlergattung *Prunella*) besteht aus rund 45 Arten. *Brunellia*

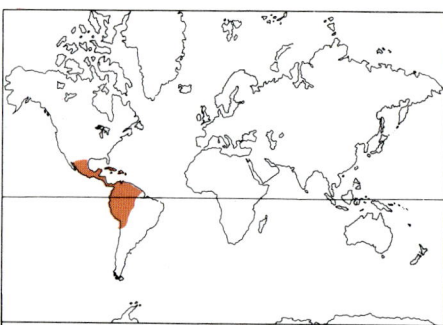

Gattungen: 1
Arten: rund 45
Verbreitung: Tropen der Neuen Welt
Nutzwert: keiner

trägt ihren Namen zum Gedenken an Gabriel Brunelli, den ehemaligen Professor für Botanik und Leiter des Stadtparks von Bologna (Italien). Die Brunelliaceae sind auf die Tropen der Neuen Welt beschränkt und von Mexiko über die Karibischen Inseln bis nach Peru verbreitet. Ihre Blätter sind einfach, gegenständig oder wirtelig, dreiblättrig oder zusammengesetzt und oft dicht behaart, mit kleinen, hinfälligen Nebenblättern. Die Blüten sind radiär, eingeschlechtig (zweihäusig verteilt) und stehen in achsel- oder endständigen Rispen. Kronblätter fehlen. Die 4 bis 7 Kelchblätter sind am Grunde verwachsen. Die männlichen Blüten weisen 8 bis 14 Staubblätter auf, die weiblichen ein oberständiges Gynoeceum aus 2 bis 5 freien Fruchtblättern, die sich zu langen Griffeln verjüngen. Jedes Fruchtblatt reift zu einem geschnäbelten Balg heran, der einen oder 2 Samen enthält. Die Samen sind schwarz und glänzend und enthalten einen Embryo mit flachen Keimblättern und fleischiges Endosperm.

Die Familie scheint mit den Cunoniaceae und Simaroubaceae verwandt zu sein. Ihre Arten haben keinen Nutzwert. B.M.

EUCRYPHIACEAE

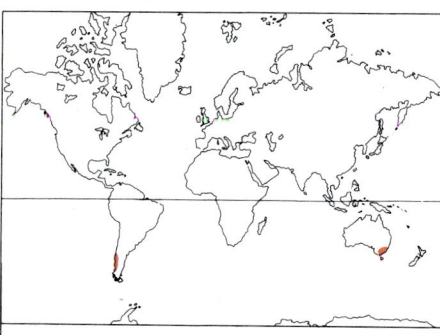

Gattungen: 1
Arten: 5
Verbreitung: Chile, Tasmanien, Neusüdwales
Nutzwert: hartes Nutzholz, Zierbäume und -sträucher

Die Eucryphiaceae sind immergrüne, selten laubwerfende Bäume oder Sträucher, die aus einer einzigen, auf der Südhalbkugel verbreiteten Gattung, *Eucryphia*, bestehen.

Verbreitung: Von den 5 Arten sind 2 in Chile, eine in Neusüdwales (Australien) und 2 in Tasmanien heimisch.

Merkmale: Die Blätter sind gegenständig, einfach oder gefiedert, bisweilen dreizählig, die Nebenblätter winzig und verwachsen. Die Blüten sind zwitterig und radiär, groß, weiß und achselständig, meist einzeln. Die 4 dachigen Kelchblätter verbinden sich an der Spitze haubenartig, lösen sich am Grunde jedoch früh und fallen als Einheit ab; die 4 (selten 5) Kronblätter decken sich häufig dachig. Die Staubblätter sind zahlreich. Die Filamente sind von röhrenförmigen Achsenwucherungen umgeben, die an der verlängerten Blütenachse unterhalb des Fruchtknotens angeheftet sind. Dieser besteht aus 5 bis 12 (selten 18) verwachsenen Fruchtblättern und weist 5 bis 12 Fächer und ebensoviele Griffel auf. Jedes Fach enthält mehrere hängende, zentralwinkelständige Samenanlagen in 2 Reihen. Die Frucht ist eine holzige oder ledrige, wandspaltige Kapsel. Die Samen sind geflügelt; der Embryo ist in Endosperm eingebettet.

Systematik: Trotz ihrer sehr disjunkten Verbreitung ist die monogenerische Familie sehr natürlich. Phytochemische Untersuchungen ihrer Flavonoide zeigen eine enge Korrelation mit der Verbreitung, da das Flavonoid-Muster der 3 australasiatischen Arten deutlich einfacher ist. Leider gibt der Bestand an Flavonoiden keine Auskunft über die Stellung der Familie im System. Er weist allerdings indirekt daraufhin, daß die Eucryphiaceae in die Nähe der Cunoniaceae (Rosales) gestellt werden können.

Nutzwert: In ihrer Heimat Chile wächst *Eucryphia cordifolia* zu einem stattlichen, gut 24 m hohen Baum heran. Ihr Holz wird für Eisenbahnschwellen, Telegrafenmasten, Kanus, Ruder und Viehjoche verwendet, ebenso für Möbel und Fußböden. Die Rinde liefert Tannin. Das Holz der tasmanischen Art *E. lucida* ist rötlich und wird allgemein zu Bauzwecken und in der Kunsttischlerei gebraucht. *Eucryphia moorei* aus Neusüdwales findet eine ähnliche Verwendung. F.B.H.

BRUNIACEAE

Die Bruniaceae sind heideähnliche, strauchige Pflanzen (12 Gattungen), von denen einige attraktive Zierpflanzen ergeben.

Verbreitung: Diese Familie ist fast ausschließlich auf die Sandsteingebiete des Tafelberges in der Kapregion (Südafrika) beschränkt.

Merkmale: Die schlanken Zweige der Pflanzen sind dicht mit kleinen, wechselständigen Blättern bedeckt, die ganzrandig, oft nadelförmig und steif sind. Oft zeigen sie eine schwarze Spitze, die bei jungen Blättern eine klebrige Flüssigkeit abscheidet. Nebenblätter fehlen. Die als Zierpflanzen bekannten Arten tragen endständige Ähren, Rispen oder Köpfchen aus zwittrigen, radiären Blüten; andere bringen kleine, achselständige Einzelblüten hervor. Die 4 oder 5 Kelchblätter sind frei oder bisweilen zu einer Röhre verwachsen. Die 4 oder 5 Kronblätter können genagelt sein; sie sind frei oder selten am Grunde verwachsen. Die 4 oder 5 Staubblätter wechseln mit den Kron-

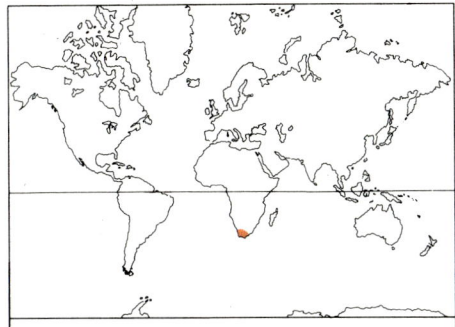

Gattungen: 12
Arten: rund 70
Verbreitung: Kapland in Südafrika
Nutzwert: wenige Zierpflanzen

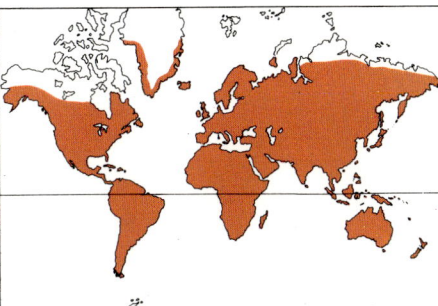

Gattungen: 122
Arten: 3370
Verbreitung: weltweit, mit Schwerpunkt in nördlich-gemäßigten Gebieten
Nutzwert: Obstgehölze gemäßigter Gebiete (Äpfel, Birnen, Kirschen, Pflaumen usw.) und viele beliebte Zierpflanzen (Rosen, *Spiraea*, *Filipendula*, *Sorbus*, *Cotoneaster* usw.)

blättern ab. Sie sind meist frei oder selten mit der Krone verwachsen. Die Staubbeutel besitzen 4 Pollensäcke, die sich längs öffnen. Der Fruchtknoten ist halbunterständig, selten unterständig; er besteht aus 2 bis 3 verwachsenen Fruchtblättern und wird von 2 oder 3 mehr oder weniger zusammenhängenden Griffeln gekrönt. Das Ovar ist ungefächert oder dreifächerig und enthält in jedem Fach eine bis 4 hängende, anatrope Samenanlagen. Die Früchte sind entweder Kapseln, die sich in 2 Teile mit einem bis 4 Samen aufspalten, oder auch Nüsse, und oft mit Kelchblatt- oder Kronblattresten verziert. Die winzigen, länglichen Samen enthalten reichlich fleischiges Endosperm und einen geraden Embryo.
Systematik: Die wichtigsten Gattungen sind *Thamnea* (7 Arten), *Raspalia* (9 Arten), *Staavia* (10 Arten), *Pseudobaeckea* (10 Arten), *Berzelia* (7 Arten) und *Brunia* (7 Arten). Sie bilden eine isoliert stehende und vielleicht mit den Hamamelidaceae verwandte Familie, werden hier aber zu den Rosales gestellt.
Nutzwert: Einige Arten werden als Schnittblumen oder als Topfpflanzen gezogen, andere dienen als Brennholz.   B.M.

ROSACEAE   *Rosengewächse*

Die Rosaceae sind eine große Familie holziger und krautiger Pflanzen. Sie werden wegen ihrer Fruchtbäume und -sträucher der gemäßigten Zonen geschätzt, die Äpfel, Kirschen, Pflaumen, Pfirsiche, Himbeeren und Erdbeeren liefern; zu ihnen gehören auch viele beliebte Garten- und Zierpflanzen.
Verbreitung: Die Rosaceae sind weltweit verbreitet, in den nördlichen, gemäßigten Zonen jedoch am reichsten ausgebildet.
Merkmale: Die Rosaceae umfassen laubwerfende oder immergrüne Bäume, Sträucher, Halbsträucher oder Kräuter, die meist ausdauernd, selten einjährig sind. Es gibt unter ihnen nur wenige Lianen und keine Wasserpflanzen. Die Anatomie des Holzes ist unspezialisiert; die Gefäße zeigen leiterförmige Durchbrechungen. Sproßdornen treten bei *Crataegus*, *Prunus* und anderen Gattungen auf, Stacheln bei *Rosa* und *Rubus*. Die Blätter sind wechselständig (selten gegenständig), einfach oder zusammengesetzt und tragen meist Nebenblätter. Bei einigen wenigen Gattungen fehlen sie (Un-

terfamilie Spiraeoideae), Nektardrüsen treten auch außerhalb der Blüten auf. Sie finden sich oft am oberen Ende des Blattstiels. Die Blüten sind gewöhnlich insektenbestäubt und oft groß und auffällig. Meist sind die Blüten radiär und zwitterig. Auffallend ist die Mannigfaltigkeit des Blütenbechers. Er kann flach bis schalen- oder becherförmig sein, sogar eng krugförmig. *Rosa* ist insofern einzigartig, als die unterständigen Fruchtblätter nicht miteinander oder mit der Blütenachse verwachsen sind. Ein verbreitetes Merkmal der Rosaceenblüten ist der Besitz eines Außenkelchs. Meist zählt man 5 Kelch- und Kronblätter. Gefüllte Formen entstehen durch Abwandlung der zahlreichen Staubblätter und manchmal auch der Griffel zu kronblattartigen Organen. In Extremfällen (Zierkirschen und ältere Kulturrosen) kann die Mitte der Blüte vergrünt sein, da die Fruchtblätter laubblattartige Gestalt annehmen. In solchen Fällen ist die Blüte meist völlig unfruchtbar. Das Farbenspektrum innerhalb der Familie ist groß, doch fehlt Blau fast völlig. Die Staubblätter sind meist zahlreich und wirtelig, nicht spiralig angeordnet. Sie können bis zu viermal so zahlreich sein wie die Kronblätter. Die Staubbeutel tragen 4 Pollensäcke, die sich längs öffnen. Die Fruchtblätter sind in der Regel zahlreich und frei, seltener verschieden stark verwachsen. Die Prunoideae besitzen ein einziges Fruchtblatt. Jedes Fruchtblatt enthält meist 2 anatrope Samenanlagen.
Die Früchte der Rosaceae sind sehr verschieden gebaut, fleischig oder trocken. Sie liefern wichtige Merkmale zur Unterteilung der Familie. Arten mit fleischigen Früchten sind oft wichtige europäische Obstgehölze. Sie gehören hauptsächlich zu den Maloideae (Apfel, Quitte), Prunoideae (Pflaume, Kirsche) und Rosoideae (Brombeeren, Erdbeeren). Die Samen enthalten kein oder sehr wenig Endosperm.
Holzige Vertreter der Rosaceae können sich vegetativ durch Wurzelsprosse vermehren, wie z. B. *Rubus*, der auch an den Enden der niederliegenden Sprosse Wurzeln bildet. Ausläufer sind ein typisches Merkmal eini-

ger krautiger Gattungen (*Fragaria*).
Die Rosaceenblüten sind im Hinblick auf die Bestäubung meist wenig spezialisiert. Sie erzeugen verschwenderische Mengen von Blütenstaub, der verschiedenste Arten von großen und kleinen Insekten anzieht. Bei einigen Gattungen (z. B. *Rosa*) dient nur Pollenstaub als Anlockungsmittel. Bei den meisten scheidet aber ein Diskus, der die Fruchtblätter umgibt, Nektar ab. Er wird oft mehr oder weniger durch die Staubfäden verborgen (*Geum*) oder liegt frei (*Rubus*). Blüten mit verdecktem Diskus werden als stärker abgeleitet betrachtet, da nur langrüßlige Fliegen und Bienen als Bestäuber in Betracht kommen. In der Regel wird der Pollen freigegeben, bevor die Narben reif sind. Nur ausnahmsweise geschieht die Bestäubung durch eigenen Pollen. Bei einigen Gattungen ist die sexuelle Fortpflanzung gestört, was als «evolutionäre Sackgasse» angesehen werden kann. Bei den Hundsrosen (*Rosa*, Sektion Caninae) bleibt die Hälfte der Chromosomen oder mehr ungepaart und geht so verloren, bevor die Geschlechtszellen gebildet werden. *Alchemilla*, *Sorbus* und die Brombeeren (*Rubus*) sind apomiktisch oder fakultativ apomiktisch. Nur selten werden die Pollen durch den Wind übertragen, so z. B. bei den Sanguisorbeae, besonders bei den Gattungen *Acaena* und *Poterium*. Die Blüten sind dann stark vereinfacht, teilweise eingeschlechtig und in kugeligen oder ährigen Köpfchen zusammengedrängt. Sie haben keine Kronblätter; auch scheiden sie keinen Nektar ab.
Systematik: Die Familie kann wie folgt in Gruppen, Unterfamilien und Tribus unterteilt werden:
GRUPPE I: CHROMOSOMEN-
          GRUNDZAHL 7, 8 oder 9
    UNTERFAMILIE SPIRAEOIDEAE
Zwei- bis fünfzähliger Fruchtblattkreis (selten ein Fruchtblatt oder bis zu 12), ober- oder schwach unterständiges Gynoeceum, 2 bis viele Samenanlagen pro Fruchtblatt; Teilfrüchte meist Bälge.

SPIRAEEAE: Bälge mit ungeflügelten Samen; Nebenblätter fast oder ganz fehlend (*Aruncus*, *Gillenia*, *Neillia*, *Physocarpus*, *Sibiraea*, *Sorbaria*, *Spiraea*, *Stephanandra*).
EXOCHORDEAE: Kapseln mit geflügelten Samen (*Exochorda*).
HOLODISCEAE: Schließfrucht (*Holodiscus*).
    UNTERFAMILIE ROSOIDEAE
Viele (selten wenige) Fruchtblätter auf einer meist vorgewölbten Blütenachse oder von einer ausgehöhlten, bleibenden Blütenachse eingeschlossen; jedes Fruchtblatt mit einer oder 2 Samenanlagen; Nüßchen oder Steinfrüchtchen.

ULMARIEAE: Blütenachse flach oder schwach ausgehöhlt; Filamente fast keulenförmig, früh abfallend (*Filipendula*, *Ulmaria*).
KERRIEAE: Blütenachse flach oder gewölbt; wenige Fruchtblätter; zahlreiche, aus breitem Grund verjüngte Staubblätter (*Kerria*, *Rhodotypos*).
POTENTILLEAE: Wie Kerrieae, aber meist viele Fruchtblätter auf vorgewölbter Blütenachse (*Dryas*, *Fragaria*, *Geum*, *Potentilla*, *Rubus*).
CERCOCARPEAE: Blütenachse röhrig, ein Fruchtblatt einschließend (*Cercocarpus*).

1b

1a

2

3

4

5

6

7

8

9

10b

10a

10c

10d

15

11a

11b

14

16

13

12

ROSACEAE. 1. *Rubus ulmifolius*: a) blühender Trieb (× ²/₃); b) fleischige Früchte (× ²/₃). 2. *Rubus occidentalis*: halbierte Blüte mit hypogynen Kelch-, Kron- und Staubblättern (× 2). 3. *Fragaria* sp.: Längsschnitt durch die Scheinfrucht – die fleischige Blütenachse, in die die Früchtchen eingebettet sind (× 1). 4. *Acaena* sp.: fruchtender Trieb (× ²/₃). 5. *Agrimonia odorata*: Frucht; die mit Haken besetzte Blütenachse schließt die Nüßchen (nicht sichtbar) ein (× 4). 6. *Rosa* sp.: Längsschnitt durch eine Hagebutte mit urnenförmiger Blütenachse, die Nüßchen einschließend (× 1¹/₃). 7. *Potentilla argyrophylla* var. *atrosanguinea*: blühender Trieb (× ²/₃). 8. *Kerria japonica*: blühender Trieb (× ²/₃). 9. *Rosa pendulina*: blühender Trieb, die Nebenblätter am Grunde der Blattstiele deutlich zeigend (× ²/₃). 10. *Chaenomeles speciosa*: a) blühender Trieb (× ²/₃); b) Längsschnitt durch die Scheinfrucht mit fleischiger, die eigentliche Frucht umschließender Blütenachse (× ²/₃); c) Querschnitt durch den Fruchtknoten (× 6); d) Längsschnitt durch die Blüte mit epigynen Kelch-, Kron- und Staubblättern (× 2). 11. *Cotoneaster salicifolius*: a) beblätterter Trieb mit Früchten (× ²/₃); b) Längsschnitt durch die Frucht (× 2²/₃). 12. *Sorbus aria*: blühender Trieb (× ²/₃). 13. *Prunus domestica*: beblätterter Trieb und Steinfrüchte (× ²/₃). 14. *Prunus* sp.: Längsschnitt durch die Frucht (× 1¹/₃). 15. *Prunus avium*: Längsschnitt durch die Blüte, Kronblatt entfernt, mit perigynen Kelch- und Staubblättern (× 2²/₃). 16. *Spiraea cantoniensis*: Längsschnitt durch die Blüte (× 4).

SANGUISORBEAE: Blütenachse urnenförmig, meist hart, 2 oder mehr Nüßchen einschließend (*Acaena, Agrimonia, Alchemilla, Poterium, Sanguisorba*).

ROSEAE: Blütenachse krug- bis flaschenförmig, zur Fruchtzeit fleischig, viele freie Fruchtblätter einschließend (*Hulthemia, Rosa*).

Unterfamilie Neuradoideae

5 bis 10 Fruchtblätter, untereinander und mit dem konkaven Blütenbecher verwachsen; Blütenbecher an der Frucht trocken (*Neurada*).

Unterfamilie Prunoideae

Ein freies Fruchtblatt (selten bis zu 5) mit endständigem Griffel und hängenden Samenanlagen; Frucht eine Steinfrucht (*Prunus*, einschließlich *Amygdalus, Armeniaca, Cerasus, Laurocerasus, Padus, Persica*).

GRUPPE II: CHROMOSOMEN-GRUNDZAHL 17

Unterfamilie Maloideae

Fruchtblätter 2 bis 5, meist mit der Innenwand des Blütenbechers verwachsen; der Blütenbecher wird zur Fruchtzeit zusammen mit dem unteren Teil der Kelchblätter fleischig und mit den Fruchtblättern zur Kernfrucht (Apfelfrucht); *Amelanchier, Aronia, Chaenomeles, Cotoneaster, Crataegus, Cydonia, Eriobotrya, Malus, Mespilus, Photinia, Pyracantha, Pyrus, Quillaja, Raphiolepis, Sorbus, Stranvaesia*).
Die Rosaceae sind die namengebende Familie der Ordnung Rosales. Einige Botaniker fassen sie sehr eng und ordnen ihr noch 2 andere, kleinere Familien zu; andere fassen sie viel weiter und zählen die Leguminosae, Saxifragaceae und einige weitere, große Familien dazu. Diese große Divergenz besagt aber eigentlich nur, daß die Ordnung als Sippe künstlichen Charakter hat.
Die wahrscheinlich am engsten mit den

Rosaceae verwandte Familien sind die Saxifragaceae. Die Rosengewächse haben jedoch auch viele Merkmale mit den Ranunculaceae gemein. Diese 3 großen, durch viele Merkmale miteinander verbundenen Familien können nur aufgrund von Merkmalskombinationen abgetrennt werden, nicht aufgrund von Einzelmerkmalen. Die Ranunculaceae unterscheiden sich von den Rosaceae durch das Fehlen von Nebenblättern und fast immer hypogyne Blüten, spiralig angeordnete Staubblätter, (meist) zahlreichere Fruchtblätter und endospermhaltige Samen. Die Saxifragaceae unterscheiden sich ihrerseits durch ihren vorwiegend krautigen Wuchs, meist fehlende Nebenblätter, wenige, in Kreisen stehende Staubblätter und mehr oder weniger verwachsene Fruchtblätter. Sie haben endospermhaltige Samen.
Fossile Funde weisen die Rosaceae als zu den ältesten Dikotyledonen zählende Pflanzen aus. Ihr Bau und ihre Blütenbiologie legen die Vermutung nahe, daß sie zu den ursprünglicheren gehören. Hutchinson ist der Ansicht, sie seien von den holzigen Ranunculales abgeleitet und würden derselben Evolutionslinie angehören, die auch zu so spezialisierten Ordnungen wie den Leguminales (Fabales), Araliales (Apiales) und den windblütigen Fagales und Juglandales führt. Er weist auf die kätzchenartigen, windbestäubten Blütenstände von *Poterium* hin, die zuvor erwähnt wurden, um anzudeuten, welchen Weg die Entwicklung hätte einschlagen können.
Die Unterteilung der Rosaceae ist auf allen taxonomischen Ebenen schwierig. Viele Kontroversen sind schon recht alt. Die tropischen Gattungen zeigen größere Vielfalt im Blüten- und Fruchtbau als jene der gemäßigten Breiten und weisen abgeleitete Merkmale — wie Verlust der Krone, verwachsene Staubblätter, zygomorphe Blüten, Einhäusigkeit usw. — auf. Es überrascht nicht, daß die Unterfamilien und die meisten Tribus hin und wieder als eigene Familien von den Rosaceae abgetrennt wurden; Hutchinson zählt 26 abgespaltene Familien auf. Von den Unterfamilien scheinen die Spiraeoideae morphologisch am wenigsten spezialisiert zu sein. Im Gegensatz dazu steht die gut abgrenzbare Unterfamilie Maloideae (Pomoideae) isoliert da, nicht nur wegen ihres Fruchtbaus (Apfelfrucht), sondern auch wegen der Grundchromosomenzahl 17, die vermutlich schon sehr früh durch Kreuzung und nachfolgende Verdopplung des Chromosomensatzes aus Sippen mit n = 8 und n = 9 entstanden sind. Einige Botaniker betrachten sie als selbständige Familie, Malaceae.
Die Abgrenzung vor allem der Gattungen mit großer wirtschaftlicher Bedeutung ist umstritten, zweifellos weil ihre intensive Erforschung zur Entdeckung von mehr und feineren Merkmalen geführt hat. Nicht einmal die Streitfrage, ob Apfel und Birne in einer Gattung vereint werden sollen, ist einer Lösung näher als vor zwei Jahrhunderten! Die Untergattungen von *Prunus* werden von einigen Botanikern als eigene Gattungen geführt, z.B. *Amygdalus* (Mandeln), *Cerasus* (Kirschen), *Padus* (Trauben-

kirschen) und *Laurocerasus* (Kirschlorbeer) usw.
Die Arten sind besonders schwierig abzugrenzen innerhalb von Gattungen, bei denen ungeschlechtliche oder fakultativ geschlechtliche Fortpflanzung vorherrscht. Solche Sippen zeigen nicht die üblichen Muster disjunkter Populationen, und Systematiker sind in bezug auf ihre Stellung verschiedener Meinung. *Rubus fructicosus* (nach Linnaeus) ist z.B. aus den genannten Gründen von einigen Bearbeitern in Hunderte von sich unverändert fortpflanzenden Kleinarten unterteilt worden.

Nutzwert: Die meisten der beeren-, kern- oder steinobstliefernden Arten gemäßigter Zonen gehören zu den Rosaceae. Wirtschaftlich ist der Apfel (*Malus*) mit Abstand am wichtigsten. Er wird in zahlreichen Kulturformen mit über 2000 benannten Varietäten gezogen. Äpfel werden hauptsächlich zum Rohverzehr gezogen; ein großer Teil wird jedoch auch vergoren. Die jährliche Weltproduktion beträgt über 20 Millionen Tonnen.
Als zweitwichtigste Gattung ist *Prunus* zu nennen, die Mandeln, Aprikosen, Kirschen, Zwetschgen, Nektarinen, Pfirsiche und Pflaumen hervorbringt; alle diese Früchte werden als Frischobst, für Eingemachtes, Marmeladen, Konserven und Liköre verwendet. Andere wichtige Rosaceenfrüchte sind Brombeeren, Loganbeeren und Himbeeren (*Rubus*), Japanische Mispeln (*Eriobotrya*), Mispeln (*Mespilus*), Birnen (*Pyrus*), Quitten (*Cydonia*) und Erdbeeren (*Fragaria*).
Viele *Prunus*-Arten werden auch als Zierpflanzen kultiviert, besonders die Japanischen Kirschen.
Es ist jedoch die Rose, die «Königin der Blumen», die alle anderen Zierpflanzen in den Schatten stellt und mit rund 5000 Sorten wahrscheinlich die beliebteste und am weitesten verbreitete Zierpflanze der Welt ist. Von alters her sie wegen ihrer Schönheit und ihres Duftes geschätzt. Die modernen Rosen sind Mehrfachbastarde, die von ungefähr 9 Wildarten abstammen. Die Rosenzucht ist heute eine große Industrie.
Weitere beliebte Gattungen sind Stauden wie *Alchemilla* (Frauenmantel), *Geum* (Nelkenwurz), *Filipendula* (Mädesüß) und *Potentilla* (Fingerkraut) sowie Bäume und Sträucher wie *Amelanchier* (Felsenbirne), *Chaenomeles* (Japanische Quitten, darunter *C. lagenaria*, besser bekannt als *C. japonica*), *Cotoneaster* (Zwergmispel), *Exochorda* (Prunkspiere), *Sorbus* (Eberesche), *Photinia* (Glanzmispel) und *Pyracantha* (Feuerdorn).
Rosenöl wird aus Blüten von *Rosa damascena* extrahiert. Seine Produktion bildet einen wichtigen Industriezweig in Teilen Westasiens und Bulgariens. Die Rinde von *Moquilea utilis* (Amazonasgebiet) wird zur Herstellung hitzebeständiger Gefäße verwendet, während diejenige von *Quillaja*-Arten (Seifenbaum) Saponin enthält, das als Waschmittelersatz zur Reinigung von Textilien dient; Tannin wird ebenfalls aus der Rinde extrahiert. Manche Gattung findet auch medizinische Verwendung. G.D.R.

CRASSULACEAE *Dickblattgewächse*

Die Crassulaceae sind sukkulente Kräuter und kleine Sträucher.

Verbreitung: Die Mitglieder dieser Familie sind fast weltweit verbreitet, hauptsächlich in warmen, trockenen Regionen, mit Schwerpunkt in Südafrika. Wie die anderen 2 großen Sukkulentenfamilien, die Aizoaceae und Cactaceae, sind sie charakteristisch für heiße, exponierte, felsige Standorte, die langen Trockenperioden ausgesetzt sind; die Crassulaceae sind jedoch auch an andere Standorte angepaßt: *Sempervivum*-Arten und einige *Sedum*-Arten sind frosthart, und einige *Crassula*- und *Sedum*-Arten wachsen an wasserreichen Standorten; eine *Crassula*-Art ist sogar eine Wasserpflanze.

Merkmale: Die Pflanzen sind ausdauernd (selten ein- oder zweijährig), schwach verholzt und meist kleine Halbsträucher. Die Blätter sind immer mehr oder weniger fleischig und meist ganzrandig, weisen keine Nebenblätter auf und stehen gewöhnlich in Rosetten, die zur Reduktion der Oberfläche oft kugelig sind *(Crassula columnaris)*. Man findet mannigfaltige xerophytische Anpassungen; so sind z.B. die Blattoberflächen mit Papillen, Haaren, Stacheln und Wachs bedeckt. Vegetative Vermehrung durch Brutknospen an Blättern und abgebrochene Blätter und Stengelstücke ist häufig. Die

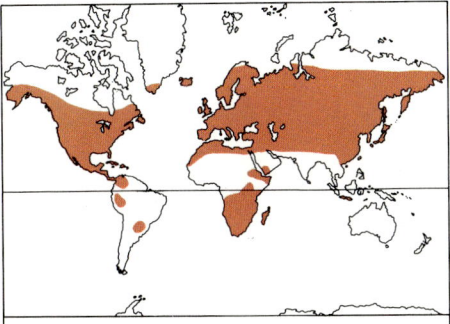

Gattungen: etwa 35
Arten: rund 1500
Verbreitung: wegen der krautigen *Crassula*-Arten kosmopolitisch, mit Schwerpunkt im südlichen Afrika
Nutzwert: geschätzte Zierpflanzen für Steingärten und Kalthäuser, z.B. *Sedum* (Fetthenne) und *Sempervivum* (Hauswurz)

Blüten sind klein, aber in auffälligen Ebensträußen oder Thyrsen zusammengedrängt. Sie besitzen gleichzählige Kreise (meist fünf-, manchmal auch nur drei- oder bis zu dreißigzählig) von meist hypogynen, freien Kelch-, Kron- und Fruchtblättern und einen oder 2 Kreise von Staubblättern. Der Fruchtknoten ist meist oberständig;

die Fruchtblätter können am Grunde leicht verwachsen sein. Die zahlreichen (selten wenigen) Samenanlagen setzen an der Bauchnaht an. Der Griffel ist kurz oder verlängert. Die Sammelfrucht besteht aus Bälgen, welche winzige Samen (wenig oder kein Endosperm) enthalten.

Systematik: Die Familie kann in 2 Gruppen unterteilt werden — eine, in der Staubblatt- und Kronblattkreis gleichzählig und die Blätter gegenständig sind (z.B. bei *Crassula* und *Rochea*), und eine zweite, in der doppelt soviele Staub- wie Kronblätter vorhanden und die Blätter wechsel- oder gegenständig sind, z.B. *Kalanchoë* (Blüte vierzählig), *Umbilicus*, *Cotyledon* (Krone verwachsenblättrig), *Sedum*, *Pachyphytum*, *Echeveria* (Blüte fünfzählig) und *Monanthes*, *Sempervivum* und *Greenovia* (Blüte sechs- oder mehrzählig).

Die Crassulaceae sind eng verwandt mit den Saxifragaceae.

Nutzwert: Die Familie wird hauptsächlich wegen der Zierpflanzen geschätzt: winterharter Mauerpfeffer (*Sedum*-Arten) und Hauswurz (*Sempervivum*-Arten) für den Steingarten und empfindlichere Arten für die Sukkulentensammlung, *Echeveria* für den Garten und *Kalanchoë*, *Rochea* und einige andere als Topfpflanzen. *Aeonium* wird in warmen Gebieten kultiviert. G.D.R.

CRASSULACEAE. **1.** *Echeveria nodulosa:* **a)** Habitus (× ²/₃); **b)** halbierte Blüte mit fleischigen Kronblättern und am Grunde verwachsenen Fruchtblättern (× 4¹/₂). **2.** *Pachyphytum longifolium:* **a)** Triebspitze mit einem Büschel fleischiger Blätter und seitlichem Blütenstand (× ²/₃); **b)** Frucht (× 3). **3.** *Kalanchoë crenata:* **a)** Habitus; die gegenständigen, sukkulenten Blätter sitzen an einem fleischigen Stengel (× ²/₃); **b)** Teil des Blütenstandes: Wickel mit röhrenförmigen Blüten (× 1).

CEPHALOTACEAE *Krugblattgewächse*

Die Cephalotaceae bestehen aus einer einzigen, tierfangenden Art, *Cephalotus follicularis*.

Verbreitung: Die Art ist im südwestlichen Australien heimisch, wo sie in trockeneren Teilen torfiger Sümpfe wächst.

Merkmale: Sie ist ein ausdauerndes Kraut mit kurzen Rhizomen und besitzt neben normalen, ganzrandigen Blättern noch andere, krugförmige, die aus einem sitzenden Deckel und einer Spreite bestehen, die zu einem Krug abgewandelt ist. Dieser ist an der Außenseite mit gefransten Rippen versehen. Die Öffnung des Kruges zeigt einen gerieften Rand. Es treten auch vermittelnde Blattformen auf. Der Blütenstand, ein blattloser Thyrsus, entspringt der grundständigen Rosette. Die radiären, zwitterigen Blüten besitzen einen farbigen, bleibenden Kelch mit 6 kapuzenförmigen Zipfeln, aber keine Kronblätter. Von den 12 freien Staubblättern sind 6 länger als die übrigen. Das Konnektiv ist angeschwollen und drüsig. Der Fruchtknoten ist mittelständig und besteht aus 6 freien Fruchtblättern, die eine oder selten 2 grundständige, aufrechte Samenanlagen enthalten und von einem zurückgekrümmten Griffel gekrönt sind. Die Frucht besteht aus Bälgen, die je einen einzigen Samen mit fleischigem Endosperm und einem kleinen, geraden Embryo enthalten.

Gattungen: 1
Arten: 1
Verbreitung: Westaustralien
Nutzwert: Zierpflanze

Die normalen Blätter beginnen im Juli oder August zu wachsen, sind bis Oktober voll entwickelt und werden ungefähr 13 cm lang. Im Januar sind die Krüge ausgereift und messen ungefähr 5 cm. Die gefangenen Insekten werden wahrscheinlich durch die Sekrete, welche von den Schlauchblättern abgeschieden werden, wie auch durch Bakterien abgebaut. Die Pflanzen gedeihen jedoch auch ohne stickstoffhaltige Substanzen, sind also keine obligaten «Fleischfresser».

Die Innenseite des Kruges besteht aus 2 Zonen. Die obere ist glatt, glänzend und durchscheinend, ihrem unteren Rand entlang mit einem Überhang versehen. Die Oberfläche ist mit nach unten gerichteten Haaren bedeckt. Die untere, glatte Zone ist reichlich mit sekretorischen Drüsen ausgestattet, die Verdauungssaft absondern. Daneben besitzt sie 2 seitliche, rötliche und mit großen Drüsen versehene Gewebeklumpen. Der Grund des Kruges ist drüsenfrei.

Systematik: Über die merkwürdige konvergente Evolution der krugartigen Blätter von *Nepenthes, Sarracenia* und *Cephalotus*, von denen jede in einer anderen geographischen Region auftritt und zu einer anderen Familie gehört, wird schon lange diskutiert. Aufgrund der Blütenmorphologie sind die Cephalotaceae mit den Saxifragaceae verwandt.

Nutzwert: Man sieht die Pflanzen sehr selten in Gewächshäusern. B.M.

SAXIFRAGACEAE *Steinbrechgewächse*

Die Saxifragaceae sind eine große und weit verbreitete Familie, die hauptsächlich aus

CEPHALOTACEAE. 1. *Cephalotus follicularis:* **a)** Habitus mit Laubblättern, Kannen und blattlosem Blütenstandstiel (× ²/₃); **b)** Blütenstand – ein Thyrsus (× ²/₃); **c)** Kanne mit Deckel (× 1¹/₃); **d)** Längsschnitt durch die Kanne mit eingekrümmtem Häkchen (× 1¹/₃); **e)** Längsschnitt durch die Blüte, mit kapuzenförmigen Kelchblättern, verschieden langen Staubblättern, breitem, papillösem Diskus und aus 6 freien Fruchtblättern bestehendem Gynoeceum (× 8); **f)** langes Staubblatt mit an der Spitze angeschwollenem, drüsigem Konnektiv (× 24); **g)** kurzes Staubblatt von außen (× 24); **h)** Längsschnitt durch ein Fruchtblatt mit der einzigen, basalen Samenanlage (× 24); **i)** Blüte von oben (× 4); **j)** Blüte (× 6); **k)** Frucht, Wand teilweise entfernt, mit einzigem Samen (× 24); **l)** Same (× 32).

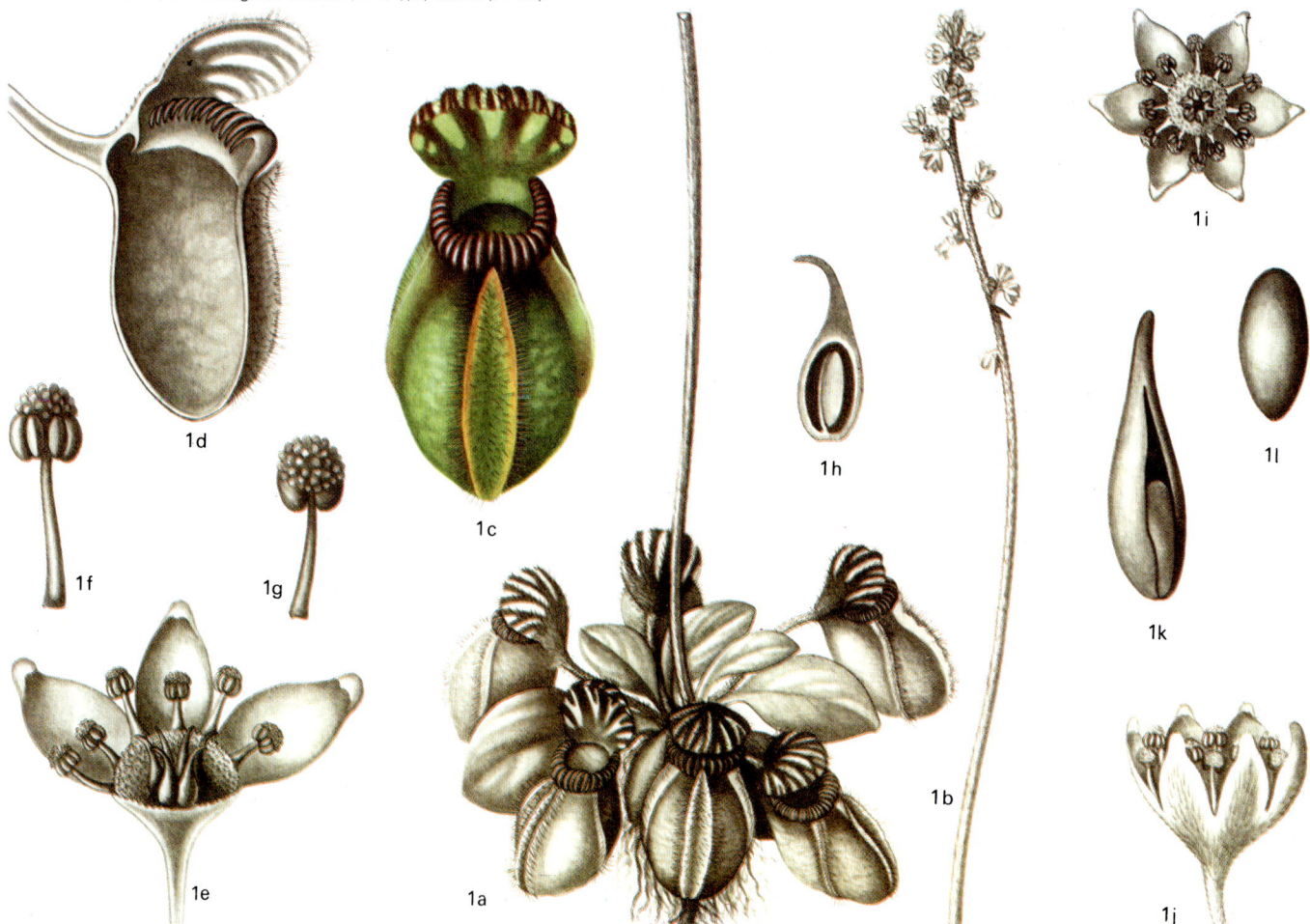

1d · 1c · 1h · 1i · 1l · 1f · 1g · 1k · 1e · 1a · 1b · 1j

ausdauernden Kräutern und Sträuchern, ein paar einjährigen Pflanzen und einer sehr geringen Zahl kleiner Bäume besteht. Sie umfaßt Johannis- und Stachelbeeren (beides *Ribes*-Arten) sowie viele beliebte Gartenpflanzen, darunter Hortensien und Steinbrecharten. Die Familie wird hier weit gefaßt. Einige Autoren ziehen sehr viel engere Grenzen und geben den meisten der nachstehend beschriebenen Unterfamilien den Status selbständiger Familien.

Verbreitung: In dem hier angenommenen Umfang ist die Familie fast kosmopolitisch. Sie ist jedoch in den Tropen, in Südafrika, Australien und Neuseeland sehr schwach vertreten. Die Mehrzahl der Arten kommt in der nördlich-gemäßigten Zone vor, besonders in Ostasien, Nordamerika und im Himalaja.

Merkmale: Die Unsicherheit bezüglich der Abgrenzung der Saxifragaceae gegen verwandte Familien beruht auf ihrer «zentralen» Stellung und folglich auf dem Fehlen jeglicher familieneigener Merkmale. Die Blätter bringen keine Nebenblätter hervor und sind meist einfach und wechselständig, doch findet man bei einigen Gattungen zusammengesetzte sowie gegenständige Blätter. Es sind meist 4 oder 5 klappige oder dachige Kelchblätter vorhanden, meist 4

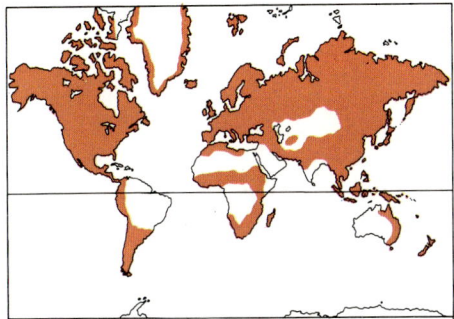

Gattungen: 80
Arten: rund 1250
Verbreitung: fast kosmopolitisch
Nutzwert: Früchte (Johannisbeeren, Stachelbeeren) und Gartenpflanzen (z.B. Steinbrecharten und Hortensien)

oder 5 freie, klappige oder dachige Kronblätter (manchmal fehlen sie) und doppelt so viele Staubblätter. Diese können aber zahlreicher sein. Der Fruchtknoten ist ober- oder unterständig und weist meist 2 oder 4 Fruchtblätter auf, die wenigstens am Grunde verwachsen sind. Jedes enthält einige Reihen anatroper, zentralwinkelständiger Samenanlagen. Die Frucht ist eine meist kleine Kapsel, bei den Ribesoideae

eine Beere, die zahlreiche Samen enthält. Die Samen enthalten viel Endosperm.

Systematik: Die wichtigsten Unterfamilien der Saxifragaceae sind (einige kleinere wurden weggelassen):

ASTILBOIDEAE: Stauden mit zusammengesetzten Blättern; Kronblätter oft reduziert; Fruchtblätter selten frei. *Astilbe; Rodgersia* mit kriechendem Rhizom und gefingerten Blättern.

SAXIFRAGOIDEAE: Kräuter, Blätter meist einfach, meist 2 Fruchtblätter. *Saxifraga; Bergenia,* mit ähnlichen Blüten, aber kräftigen, kohlartigen Blättern; *Heuchera, Tellima, Tolmiea, Mitella,* alle mit einem *Heuchera*-ähnlichen Habitus, jedoch mit weniger auffälligen Blüten, meist Wald- und Feuchtwiesenpflanzen; *Chrysosplenium* (Milzkraut) ohne Kronblätter.

FRANCOOIDEAE: Kräuter, Blätter einfach, aber tief gelappt, 4 Fruchtblätter; *Francoa.*

PARNASSIOIDEAE: Kräuter, Blätter ganzrandig, 4 Fruchtblätter. *Parnassia* (Herzblatt), mit gefransten Staminodien, von denen jedes zahlreiche, glänzende, gelbe Drüsen trägt.

RIBESOIDEAE: Sträucher, Fruchtknoten unterständig, Frucht eine Beere, Blätter einfach und wechselständig. *Ribes (Grossularia).*

SAXIFRAGACEAE. 1. *Parnassia palustris:* a) Habitus (× ²/₃); b) Blüte (von oben) mit fächerartigen Staminodien, die mit den Staubblättern abwechseln (× 1¹/₂); c) Frucht – Kapsel mit bleibenden Staminodien am Grunde (× 2). 2. *Peltiphyllum peltatum:* a) Blatt (× ²/₃); b) Blütenstand (× ²/₃); c) Blüte, ein Kronblatt entfernt, um die Staubblätter zu zeigen (× 2); d) Frucht (× 2). 3. *Bergenia crassifolia:* a) Sproßspitze und Blütenstand (× ²/₃); b) ausgebreitete Blüte mit zentralem, zweifächerigem Fruchtknoten (× 2); c) Längsschnitt durch den Fruchtknoten (× 2). 4. *Itea virginica:* a) Trieb mit Blütenstand (× ²/₃); b) Frucht – eine Kapsel (× 3).

HYDRANGEOIDEAE: vorwiegend Sträucher, Blätter einfach, meist gegenständig, Frucht eine Kapsel. *Hydrangea, Philadelphus, Deutzia, Kirengeshoma.*
ESCALLONIOIDEAE: Sträucher, Blätter einfach und wechselständig, Frucht eine Kapsel. *Escallonia; Itea,* mit immergrünen, stechpalmenartigen Blättern und hängenden Kätzchen mit kleinen, grünlichen Blüten.

Verschiedentlich werden einige dieser Unterfamilien und sogar Tribus als eigene Familien angesehen, z.B. Francoaceae, Parnassiaceae, Grossulariaceae, Hydrangeaceae, Philadelphaceae, Escalloniaceae, Iteaceae.

Die Familie ist offensichtlich eng mit den Rosaceae verwandt, und tatsächlich ist *Astilbe* wiederholt mit *Aruncus, Filipendula* und anderen Vertretern der Rosaceae verwechselt worden.

Nutzwert: Stachelbeeren und Johannisbeeren aus der Gattung *Ribes* werden weithin wegen ihrer eßbaren Früchte angebaut. Die beliebtesten Gartenpflanzen der Familie sind die Hortensien und Steinbrecharten.
D.A.W.

CHRYSOBALANACEAE
Goldpflaumengewächse

Die Chrysobalanaceae sind Bäume und

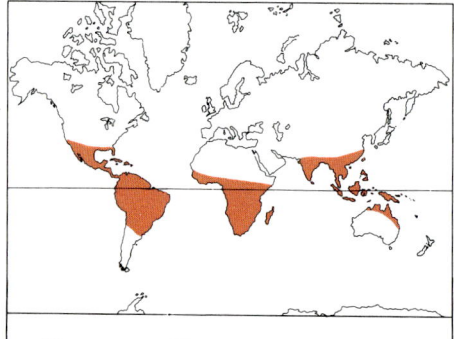

Gattungen: 17
Arten: rund 400
Verbreitung: tropische und subtropische Tieflagen
Nutzwert: Früchte (Ikakopflaume), Öl und lokale Nutzung des Holzes

Sträucher, von denen einige in den Tropen lokale Bedeutung als Obstbäume haben.

Verbreitung: Die meisten Arten sind auf das Tiefland der Tropen und Subtropen beschränkt. Große Gattungen sind *Parinari* (pantropisch, 43 Arten), *Hirtella* (89 Arten im tropischen Amerika und eine in Afrika und auf Madagaskar), *Couepia* (58 Arten, tropisches und subtropisches Südamerika),

Licania (151 Arten im tropischen Afrika, eine in Malaysia, eine in Mittelamerika). Einige Arten zeigen eine interessante Verbreitung: *Parinari excelsa* und *Chrysobalanus icaco* treten angeblich sowohl im tropischen Amerika als auch in Afrika auf, und die asiatische Art *Maranthes corymbosa* ist eng mit den amerikanischen Arten verwandt.

Merkmale: Die Blätter sind einfach, wechselständig und tragen Nebenblätter. Die Blüten sind zwitterig, seltener eingeschlechtig, mehr oder weniger zygomorph und deutlich perigyn. Sie besitzen 5 Kelch-, bis zu 5 Kron- und 2 bis 300 (*Couepia*) Staubblätter. Die Staubbeutel, die an fadenförmigen Filamenten sitzen, springen intrors auf. Der Fruchtknoten ist mittelständig und besteht aus 3 Fruchtblättern, von denen sich meist nur eines entwickelt und 2 aufgerichtete, basale Samenanlagen besitzt. Der einfache Griffel trägt eine einfache Narbe. Die Frucht ist eine trockene oder fleischige Steinfrucht mit einem harten Endokarp (Stein). Die Samen sind endospermlos.

Systematik: Obwohl viele der Gattungen sich oberflächlich stark ähneln, sind sie gut abgegrenzt und leicht kenntlich.

Die Familie ist eng verwandt mit den Rosaceae und wird mitunter zu diesen gestellt,

CHRYSOBALANACEAE. 1. *Moquilea canomensis:* **a)** Sproß mit achselständigen Blütenständen (× 2/3); **b)** Blüte mit 5 freien Kelch- und Kronblättern sowie zahlreichen Staubblättern (× 3); **c)** Längsschnitt durch den Fruchtknoten mit 2 aufrechten Samenanlagen (× 3). **2.** *Licania incana:* halbierte Blüte, an der Krone angewachsene Staubblätter und Fruchtknoten mit einer einzigen, basalen Samenanlage (× 8). **3.** *Acioa pallescens:* **a)** Blüte mit Staubblattbündel und fädigem Griffel (× 2); **b)** Frucht (× 2/3). **4.** *Hirtella zanzibarica:* **a)** ausgebreitete Blüte: mehrere an der Krone angewachsene Staubblätter mit langen Filamenten und kugeligen Staubbeuteln sowie seitlichen Fruchtknoten (× 3); **b)** Längsschnitt durch den Fruchtknoten mit einer einzigen, basalen Samenanlage und Grund des federigen Griffels (× 6); Frucht **c)** ganz und **d)** im Längsschnitt (× 1).

1b   1c   1a   2   4c   4d   3b   3a   4b   4a

unterscheidet sich aber unter anderem durch ihre aufrechten Samenanlagen. Die australische, holzige Gattung *Stylobasium* mit 2 Arten wird manchmal als eigene, vielleicht mit der Anacardiaceae verwandte Familie, Stylobasiaceae, abgetrennt.

Nutzwert: Das Holz von *Licania ternatensis* ist hart und wird für unterirdische und Unterwasserbauten verwendet, daneben auch für Holzkohle. Auf den Salomoninseln sind *Maranthes* und *Parinari* 2 wichtige Nutzholzgattungen.

Einige Arten werden wegen ihrer Früchte kultiviert. Die wichtigste ist *Chrysobalanus icaco*, die Ikakopflaume. *Licania pyrifolia* wird in Venezuela angebaut. *Parinari excelsa* trägt die ziemlich trockene und mehlige «Grey Plum», *P. macrophylla* die Ingwerpflaume und *P. curatellifolia* eine Frucht mit Erdbeeraroma − sie alle werden in Afrika gegessen. Die Frucht der letztgenannten Art wird zur Bierherstellung verwendet, während aus ihren jungen Blättern in Westafrika eine rote Farbe gewonnen wird. Auch die Früchte der afrikanischen *P. capensis* und von *Magnistipula butayei* sind eßbar; letztere spielt eine wichtige Rolle bei Zeremonien zur Regenbeschwörung. Aus den Samen vieler Arten kann Öl extrahiert werden; *Licania rigida* wird zu diesem Zweck in Brasilien angebaut und liefert das Oiticica-Öl, das als Ersatz für Tungöl gebraucht wird. Das Öl von *L. arborea* findet in der Kerzen- und Seifenherstellung Verwendung.   D.J.M.

FABALES *Hülsenfrüchtige*

LEGUMINOSAE *Hülsenfrüchtler*

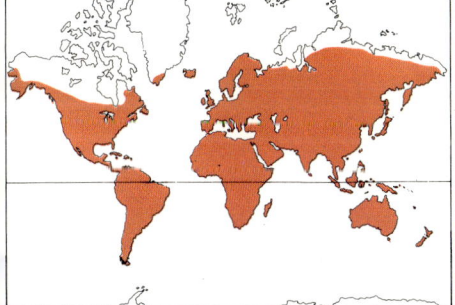

Gattungen: 700
Arten: 17 000
Verbreitung: kosmopolitisch
Nutzwert: wichtige Nahrungspflanzen (Erbsen, Bohnen, Erdnuß, Sojabohnen usw.), Futterpflanzen (Klee, Luzerne) oder Zierpflanzen (Besenginster, *Acacia*, Garten-«Wicke» usw.) und vieles andere, z.B. Farbstoffe und Holz

Die Leguminosae oder Fabaceae sind eine sehr große Familie von Kräutern, Sträuchern und Bäumen mit vielfältigem Habitus. Sie schließt sogar wasserlebende, xerophytische und kletternde Formen ein. Viele Arten sind für den Menschen von sehr großer Bedeutung.

Verbreitung: Die ungefähr 700 Gattungen und 17 000 Arten sind kosmopolitisch und in den tropischen, subtropischen und gemäßigten Zonen verbreitet. Die Papilionoideae sind die einzige der 3 Untergruppen mit Hauptverbreitung in den gemäßigten Zonen.

Merkmale: Die Blätter sind meist wechselständig, gefiedert und mit Nebenblättern versehen. Es gibt jedoch viele Ausnahmen: Beim Stechginster (*Ulex*) sind sie einfach und klein, während die Keimlinge vieler *Acacia*-Arten keine gefiederten Blätter entwickeln und die Blattstiele sich blattartig verbreitern. Die Nebenblätter einiger Arten von *Acacia* und *Robinia* entwickeln sich zu Dornen, während jene der Gartenerbse (*Pisum*) sehr groß sind. Die Zahl der Fiedern schwankt stark und kann für die Bestimmung wichtig sein. Beispielsweise weisen die Blätter von Klee (*Trifolium*) und Schneckenklee (*Medicago*) nur 3 Fiedern auf, während diejenigen der meisten Wikken-Arten (*Vicia*) 3 bis 12 Fiederpaare besitzen. Die Blätter vieler Leguminosen-Arten verändern ihre Stellung nachts; meist werden auch die Fiedern zusammengefaltet. Bei einigen *Mimosa*-Arten (z.B. *Mimosa pudica*) können die Blätter durch einen Reiz (z.B. Berührung) zum Zusammenfalten veranlaßt werden. Die kletternden Vertreter der Familie haben windende Stengel (wie *Wisteria*) oder zu Ranken oder Haken abgewandelte Zweige, Blätter oder Fiedern.

Fast alle Leguminosen besitzen Wurzelknöllchen, die Bakterien (*Rhizobium*-Arten) enthalten; diese können den freien Luftstickstoff binden und in Stickstoffverbindungen umwandeln. Aufgrund der erhöhten Stickstoffversorgung können die Leguminosen auch auf relativ nährstoffarmen Böden wachsen.

Der Blütenstand ist meist eine einfache oder zusammengesetzte Traube; mitunter sind die Blüten in Köpfchen angeordnet, wie bei *Mimosa*. Die Blüten sind radiär und eingeschlechtig oder zwitterig bei den Mimosoideae, zygomorph und zwitterig bei den Caesalpinioideae und Papilionoideae. Die 5 Kelchblätter sind mehr oder weniger verwachsen; bei einigen zygomorphen Blüten kann der Kelch zweilippig und vierzipflig sein. Bei den Mimosoideae sind die 5 Kronblätter klein und gleichartig, während bei den Caesalpinioideae der Bau der Krone sehr verschieden ist. So sind z.B. die 5 Kronblätter von *Cassia* fast gleich groß, und die Krone des Judasbaumes (*Cercis siliquastrum*) ist derjenigen der Papilionoideae ähnlich. Die 5 Kronblätter der Papilionoideae-Blüten sind «schmetterlingsartig», mit einem aufgerichteten hinteren Kronblatt (der Fahne), 2 seitlichen (den Flügeln) und 2 vorderen Kronblättern, die mit ihren benachbarten Rändern mehr oder weniger stark verklebt sind und das sog. Schiffchen bilden.

Die Staubblätter sind bei den Mimosoideae meist zahlreich und die Filamente teilweise verwachsen, während bei den Caesalpinioideae meist 10 oder weniger freie Staubblätter vorhanden sind. Die 10 Staubblätter der Papilionoideae-Blüten können frei sein wie bei *Sophora*, doch sind bei vielen Arten alle Filamente verwachsen (monadelphisch) wie bei *Ulex*, oder es sind nur die Filamente von 9 Staubblättern verwachsen und das obere bleibt frei (diadelphisch) wie bei *Vicia*. Die Staubblätter werden vom Schiffchen eingeschlossen; ihre Filamente bilden eine Röhre um den Fruchtknoten.

Alle Leguminosen sind durch den Besitz eines einzigen, oberständigen Fruchtblattes gekennzeichnet. Die 2 bis zahlreichen Samenanlagen setzen abwechselnd in 2 Reihen an den Plazenten an. Die Frucht ist meist eine Hülse, die zwischen den Samen eingeschnürt sein kann (Gliederhülse). Sie ist manchmal eine Schließfrucht wie bei der Erdnuß (*Arachis*), oder sie kann explosionsartig aufspringen wie beim Besenginster (*Cytisus*), Stechginster (*Ulex*) und bei der Lupine (*Lupinus*), wenn die 2 Wände der Hülse sich plötzlich spiralig verdrehen und die Samen wegschleudern. Die Hülsen können trocken oder fleischig sein, aufgebläht oder zusammengedrückt, geflügelt oder ungeflügelt, grünlich oder kräftig gefärbt, von ein paar Millimetern bis über 30 cm lang. Die ein bis vielen Samen besitzen oft eine zähe Samenschale. Sie enthalten einen großen Embryo und wenig oder kein Endosperm; bei einigen Gattungen entwickeln sie ein farbiges Anhängsel, die Caruncula.

Systematik: Die Hauptmerkmale der 3 Unterfamilien (oder Familien) sind:

MIMOSOIDEAE (Mimosaceae): hauptsächlich tropische und subtropische Bäume und Sträucher (ungefähr 56 Gattungen und 500 bis 3000 Arten).

Die Blätter sind oft doppelt gefiedert. Die Blüten sind radiär und haben klappige Kronblätter und 10 oder mehr Staubblätter.

CAESALPINIOIDEAE (Caesalpiniaceae): hauptsächlich tropische und subtropische Bäume und Sträucher (rund 180 Gattungen und 2500 bis 3000 Arten).

Die Blätter sind meist einfach, manchmal auch doppelt gefiedert, die Blüten meist mehr oder weniger zygomorph, wobei die seitlichen Kronblätter (Flügel) die Fahne in der Knospe decken. Die 10 oder weniger Staubblätter sind frei oder alle zu einer Röhre verwachsen.

PAPILIONOIDEAE (Papilionaceae): in gemäßigten, tropischen und subtropischen Gebieten verbreitet, vorwiegend Kräuter, doch finden sich auch einige Bäume und Sträucher unter den rund 400 bis 500 Gattungen und über 10 000 Arten. Die Blätter sind meist gefiedert, manchmal einfach. Die Blüten sind zygomorph; die seitlichen Kronblätter werden in der Knospe von der Fahne umschlossen. Von den 10 Staubblättern ist meist eines frei, gelegentlich sind aber alle verwachsen oder alle frei.

Die Mimosoideae können hauptsächlich aufgrund der Blattform und der Zahl und dem Verwachsungsgrad der Staubblätter in 5 oder 6 Tribus unterteilt werden. So haben *Inga* (einfach gefiederte Blätter), *Pithecellobium*, *Calliandra* (doppelt gefiederte Blätter) und *Acacia* Blüten mit zahlreichen Staubblättern, die bei den erstgenannten 3 Gattungen zu einer Röhre verwachsen, bei der letztgenannten hingegen frei sind. *Mimosa*, *Neptunia* und *Prosopis* besitzen 5 bis 10 Staubblätter; die Staubbeutel von *Neptunia* und *Prosopis* werden von einer Drüse

1

2

3

4

5

6a

6b

7

8

9

10a

10b

11b

13

12c

11a

12a

12b

LEGUMINOSAE. 1. *Spartium junceum:* Blütenstand – eine Traube (× ²/₃). **2.** *Piptanthus nepalensis:* Trieb mit dreizähligen Blättern, Nebenblättern, Blüten und Früchten (× ²/₃). **3.** *Onobrychis radiata:* Blütenstand und gefiedertes Blatt (× ²/₃). **4.** *Erythrina humeana:* Blütenstand (× ²/₃). **5.** *Erythrina abyssinica:* aufspringende Hülse mit Samen (× ²/₃). **6.** *Phaseolus vulgaris:* a) Sproß mit Blüten und unreifen Früchten (× ²/₃); b) reife Frucht, halbe Hülse entfernt, um die Samen zu zeigen (× ²/₃). **7.** *Lathyrus sylvestris:* Trieb mit Blättern, Ranken und Blütenstand (× ²/₃). **8.** *Ulex europaeus:* blühende Blüte mit behaarten Kelchblättern, aufrechtstehendem Fahnenkronblatt, seitlichem Flügelkronblatt, davor das Schiffchenkronblatt, das die Staubblätter mit verwachsenen Filamenten umgibt, und Fruchtknoten mit zahlreichen Samenanlagen (× 2²/₃). **9.** *Caesalpinia gilliesii:* Sproß mit doppelt gefiedertem Blatt und endständigem Blütenstand (× ²/₃). **10.** *Mimosa pudica:* a) Trieb mit berührungsempfindlichen Blättern, 4 nochmals gefiederten Seitenfiedern und achselständigen Blütenköpfchen (× ²/₃); b) Büschel reifer Früchte – flache Bruchhülsen (× ²/₃). **11.** *Bauhinia galpinii:* a) Trieb mit einfachen, zweilappigen Blättern und endständigem Blütenstand (× ²/₃); b) reife Frucht (× ²/₃). **12.** *Acacia podalyriifolia:* a) Trieb mit einfachen Blättern und kugeligen Blütenständen (× ²/₃); b) reife Frucht (× ²/₃); c) radiäre Blüte mit zahlreichen Staubblättern (× ²/₃). **13.** *Dichrostachys cinerea:* Büschel von gekrümmten Hülsen (× ²/₃).

gekrönt. Nach den Pollentypen ist eine andere Unterteilung der Mimosoideae in 5 Gruppen möglich.

Die Caesalpinioideae können aufgrund einer Reihe von Merkmalen (Blattform, Symmetrieverhältnisse der Blüte, Verwachsungsgrad der Kelchblätter und Art des Aufspringens der Staubbeutel) in 7, 8 oder 9 Tribus oder Gattungsgruppen unterteilt werden. Viele der Gruppen sind jedoch unbefriedigend abgegrenzt oder nicht natürlich. Sowohl *Poinciana* (Kelch mit 5 ungleichen Zipfeln) als auch *Caesalpinia* (Kelchblätter frei) besitzen doppelt gefiederte Blätter, während *Cassia* (Staubbeutel mit Poren) und *Cynometra* (Staubbeutel mit Schlitzen aufspringend) einfach gefiederte oder einfache Blätter und freie Kelchblätter tragen. *Bauhinia* und *Cercis* haben hingegen einen kurz gezähnten Kelch und einfache, ganzrandige oder gelappte Blätter.

Die Stellung der Tribus *Swartziae* ist umstritten. Sie umfaßt eine kleine Gruppe von 10 tropischen, afrikanischen und südamerikanischen Gattungen und weicht durch den im Knospenzustand geschlossenen, ungeteilten Kelch ab, welcher später unregelmäßig aufreißt. Sie wird meist als letzte Tribus zu den Caesalpinioideae gestellt, doch manche Bearbeiter zählen sie zu den Papilionoideae oder trennen sie sogar als eigene Unterfamilie ab.

Die Papilionoideae werden meist in 10 oder 11 Tribus unterteilt, denen die Gattungen nach Merkmalen wie Habitus, Blattform und Verwachsungsgrad der Staubblätter zugeteilt werden.

SOPHOREAE: hauptsächlich Bäume oder Sträucher mit gefiederten oder einfachen Blättern, Staubblätter frei.

PODALYRIEAE: vorwiegend Sträucher (ein paar Kräuter) mit einfachen oder gefingerten Blättern, Staubblätter frei.

GENISTEAE: hauptsächlich Sträucher (ein paar Kräuter) mit einfachen, gefingerten oder gefiederten Blättern, Staubblätter meist alle verwachsen, Staubbeutel oft verschieden groß.

TRIFOLIEAE: hauptsächlich Kräuter (wenige Sträucher) mit gefiederten oder dreizähligen Blättern, Staubblätter gelegentlich alle verwachsen, meist eines frei, Staubbeutel gleich groß.

LOTEAE: Kräuter oder Halbsträucher mit gefiederten oder gefingerten Blättern mit 3 oder mehr ganzrandigen Fiedern, ein Staubblatt frei oder alle verwachsen, Staubbeutel gleich groß.

GALEGEAE: Kräuter, Sträucher (ein paar Bäume und kletternde Sträucher), Blätter meist mit 5 oder mehr Fiedern.

HEDYSAREAE: Kräuter, Sträucher oder holzige Lianen, meist mit einem freien Staubblatt, Gliederhülsen.

VICIEAE: Kräuter mit gefiederten Blättern, die in einem Spitzchen oder einer Ranke enden, meist ein Staubblatt frei.

PHASEOLEAE: meist kletternde Kräuter (ein paar Sträucher und Bäume, z.B. *Erythrina*) mit gefiederten, meist dreizähligen Blättern, meist ein Staubblatt frei.

DALBERGIEAE: Bäume oder Sträucher (ein paar Lianen), Blätter mit 5 bis zahlreichen Fiederpaaren, ein Staubblatt frei oder alle verwachsen, Frucht eine Schließfrucht.

Es herrschen kaum Zweifel über die enge Verwandtschaft der 3 Unterfamilien der Leguminosae. Die Gruppe als Ganzes stammt wahrscheinlich von den Vorfahren der Rosengewächse ab. Die Caesalpinioideae sind vielleicht am engsten mit den Rosaceae im weiteren Sinne, besonders mit der abgetrennten Familie der Chrysobalanaceae verwandt.

Nutzwert: Die Familie ist von großer wirtschaftlicher Bedeutung. Von den Mimosoideae liefert *Acacia* eine Reihe wertvoller Produkte. Die Rinde der australischen Arten, *Acacia decurrens* und *A. pycnantha*, wird in der Gerberei verwendet. Eine Reihe von Arten, z.B. die australischen *A. melanoxylon* (Tropische Akazie) und *A. visco* sind Nutzhölzer. Arten wie *A. stenocarpa* und *A. senegal* liefern Gummi arabicum, während Hülsen und Bohnen der mexikanischen Mesquite (*Prosopis juliflora*) gemahlen und als Viehfutter verwendet werden. Eine Reihe von *Albizia*-Arten liefert wertvolle Nutzhölzer.

Die Caesalpinioideae enthalten ebenfalls eine Reihe von nützlichen Arten, u.a. *Cassia acutifolia* und *C. angustifolia* (Naher Osten), deren getrocknete Blätter die abführenden Sennesblätter sind. Einige *Caesalpinia*-Arten liefern Farbe und Holz. Die Schoten der Tamarinde (*Tamarindus indica*) werden in Indien als Frischobst und für medizinische Zwecke verwendet, während eine Reihe von Arten — wie der Flammenbaum, *Delonix regia* (*Poinciana regia*) und *Caesalpinia*-Arten (z.B. *C. pulcherrima*, «Pride of Barbados» — als Zierpflanzen in den Tropen und in Gewächshäusern der gemäßigten Zonen kultiviert wird.

Die Samen und Schoten vieler krautiger Arten der Papilionoideae werden für die menschliche und tierische Ernährung ver-

wendet. Sie sind in Eiweißmangel-Gebieten von besonderem Wert, da sie einen hohen Eiweiß- und Mineralgehalt aufweisen. Bestimmte Arten wie Rotklee (*Trifolium pratense*) und Luzerne (*Medicago sativa*) dienen als Viehfutter oder werden untergepflügt und wirken als ausgezeichneter Dünger, der den Stickstoffgehalt des Bodens stark anhebt. Unter den für die menschliche Ernährung genutzten Arten befinden sich Gartenerbse (*Pisum sativum*), Kichererbse (*Cicer arietinum*), Ackerbohne (*Vicia faba*), Traubenerbse (*Cajanus cajan*), Saat-Platterbse (*Lathyrus sativus*), Helmbohne (*Dolichos lablab*), Jack- oder Schwertbohne (*Canavalia ensiformis*), Gartenbohne (*Phaseolus vulgaris*), Limabohne (*P. lunatus*), Mungbohne (*P. aureus*), Feuerbohne (*P. coccineus*), Linse (*Lens culinaris*), Sojabohne (*Glycine max*) und Erdnuß (*Arachis hypogea*). Die Kuhbohne (*Vigna sinensis*), Klee und Luzerne sind weitverbreitete Grünfutterpflanzen.

Vertreter vieler Gattungen sind als Zierpflanzen hochgeschätzt, so z.B. Lupine (*Lupinus*), Geißklee und Besenginster (*Cytisus*), Goldregen (*Laburnum*), Garten-«Wicke» (*Lathyrus*) und Glyzine (*Wisteria*). *Genista tinctoria* (Färberginster) liefert eine gelbe Textilfarbe, Arten von *Indigofera* das blaue Indigo. S.R.C.

PODOSTEMALES

PODOSTEMACEAE *Blütentange*

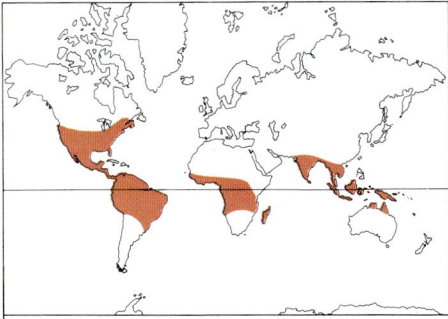

Gattungen: 45
Arten: rund 130
Verbreitung: hauptsächlich tropisch, in Bächen und Wasserfällen
Nutzwert: keiner

Die Podostemaceae sind im Wasser lebende, an Tange oder Moose erinnernde Kräuter. **Verbreitung:** Man findet die Pflanzen weit verbreitet in tropischen, rasch fließenden Gewässern, an Felsen und Steinen angeheftet.

Merkmale: Diese untergetaucht lebenden Süßwasserkräuter zeigen einen stark abgewandelten Bau. Die vegetativen Teile des Pflanzenkörpers sind thallusartig und mittels Haftorganen am Untergrund verankert. Die radiären Zwitterblüten stehen einzeln oder in einem cymösen Blütenstand. Im jungen Zustand werden sie oft von einer Hülle aus vergrößerten, teilweise verwachsenen Hochblättern umschlossen. Die Blü-

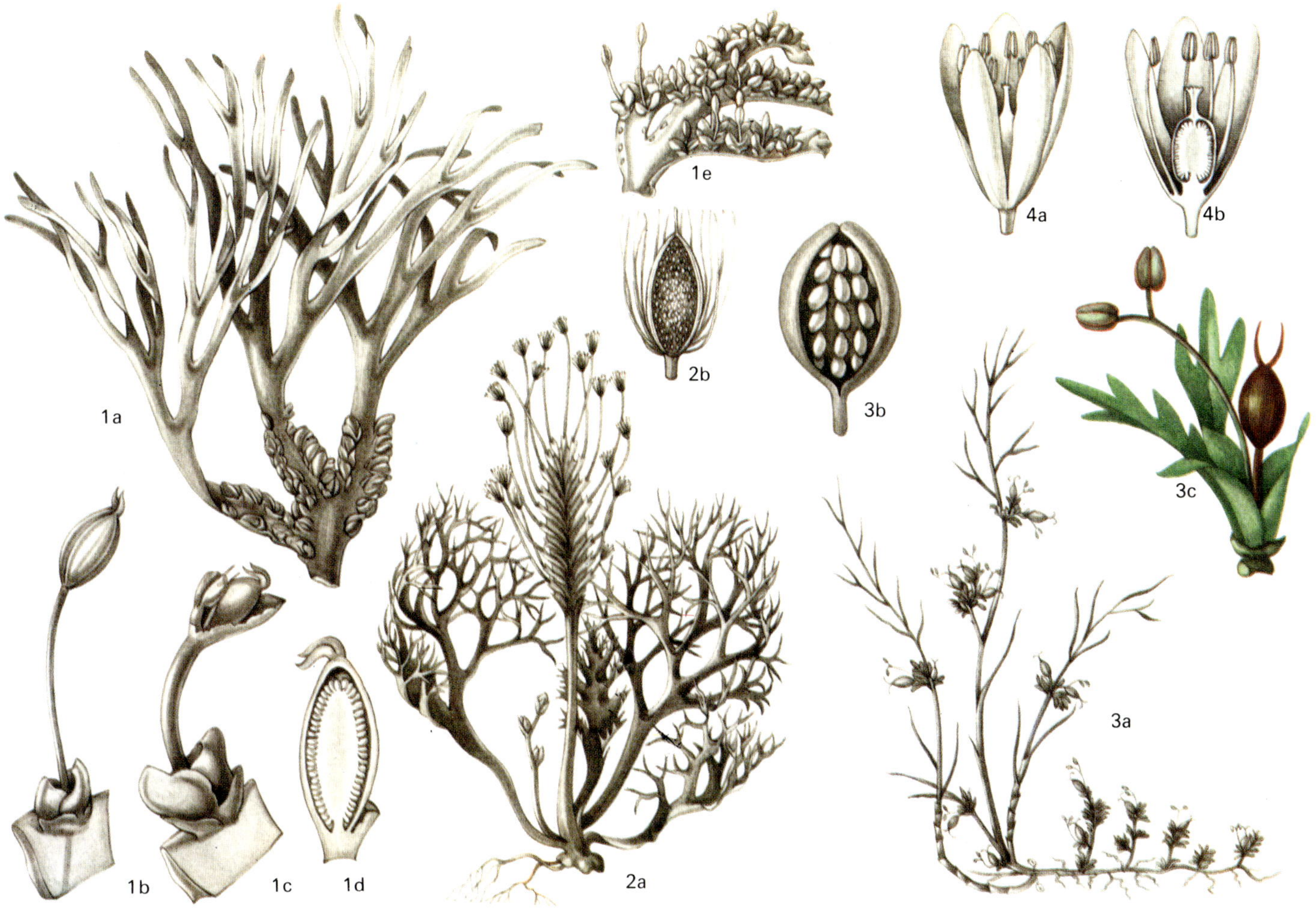

PODOSTEMACEAE. 1. *Dicraeia algiformis:* **a)** bandförmiger «Thallus» (Trieb) mit Blüten (× ²/₃); **b)** Frucht – eine Kapsel (× 3); **c)** Blüte mit grund-ständiger Hülle (× 3); **d)** Längsschnitt durch den Fruchtknoten mit zahlreichen, zentralwinkelständigen Samenanlagen (× 6); **e)** «Thallusstück» mit Blüten und Früchten (× ²/₃). **2.** *Mourera weddelliana:* **a)** Habitus mit Haftorgan und aufrechtem Blütenstand (× ²/₃); **b)** Längsschnitt durch den von bleibenden Staubblättern umgebenen Fruchtknoten (× 4). **3.** *Podostemum ceratophyllum:* **a)** Habitus (× ²/₃); **b)** Frucht mit angeschnittener Wand (× 6); **c)** Blüte mit 2 gelappten Tragblättern, 3 grünen Kelchblättern, gestieltem Fruchtknoten und 2 Staubblättern, deren Filamente am Grunde ver-wachsen sind (× 3). **4.** *Weddellina squamulosa:* **a)** ganze und **b)** halbierte Blüte (× 9).

tenhülle besteht aus 2 bis 3 am Grunde ver-wachsenen Kelchblättern. Kronblätter feh-len. Es sind ein bis 4 (manchmal zahlreiche) Staubblätter vorhanden. Die Filamente sind frei oder teilweise verwachsen, und die meist vierfächerigen Staubbeutel springen längs auf. Der zweifächerige Fruchtknoten ist oberständig und besteht aus 2 verwach-senen Fruchtblättern. Jedes Fach enthält zahlreiche zentralwinkelständige Samenan-lagen an dicken Plazenten. Die Griffel sind frei und schlank. Die Frucht ist eine Kapsel mit zahlreichen, winzigen und endosperm-losen Samen.

Die Samen werden in der Trockenzeit aus-gestreut und keimen erst, wenn sie in der Regenzeit überflutet werden. Aus dem Sa-men wächst ein «Thallus», an dem die Haft-organe ausgebildet werden. Blüten entwik-keln sich bei niedrigem Wasserstand. Der «Thallus» stirbt oft nach dem Fruchten ab.
Systematik: Die häufigsten Gattungen sind *Apinagia* (50 Arten, Südamerika), *Ryncho-lacis* (25 Arten, Südamerika), *Marathrum* (25 Arten, tropisches Amerika), *Podoste-mum* (17 Arten, pantropisch), *Castelnavia* (9 Arten, Brasilien), *Mourera* (6 Arten, tro-pisches Amerika), *Dicraeia* (5 Arten, Mada-gaskar) und *Wedellina* (eine Art, tropisches Südamerika).

Wegen des stark abgewandelten Baus der Vertreter dieser Familie ist ihre systemati-sche Stellung noch nicht eindeutig geklärt. Die Familie wird deshalb in eine eigene Ordnung, Podostemales, und diese allge-mein in die Nähe des Rosales gestellt. Viel-leicht steht sie den Saxifragaceae oder Cras-sulaceae (besonders den amphibischen Ar-ten von *Crassula*) nahe. Sie könnte auch mit den Hydrostachyaceae verwandt sein, die gelegentlich zu den Podostemales gestellt wurde.
Nutzwert: keiner. D.J.M.

HALORAGALES
Seebeerenartige

THELIGONACEAE
Hundskohlgewächse

Die Theligonaceae bilden eine kleine Fami-lie ein- oder mehrjähriger Kräuter.
Verbreitung: Die Familie findet sich im Mittelmeergebiet, in China und Japan.
Merkmale: Die Vertreter der Familie haben ganzrandige, eiförmige und fleischige Blät-ter. Die unteren Blätter sind gegen-, die oberen wechselständig, da ein Blatt eines jeden Paares unterdrückt ist. Sie tragen

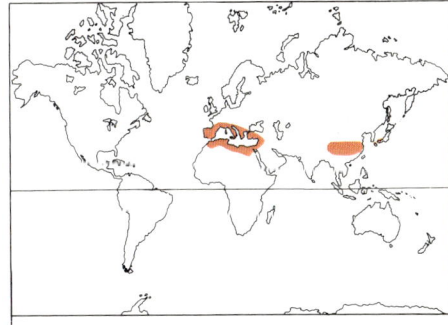

Gattungen: 1
Arten: 2 oder 3
Verbreitung: gemäßigte Zone der Nordhalbkugel
Nutzwert: Gemüse aus jungen Trieben

merkwürdige, verwachsene und häutige Nebenblätter. An der Spitze der Blätter sit-zen große, keulenförmige Drüsen. Die Blü-ten sind eingeschlechtig (einhäusig) und ste-hen in ein- bis dreiblütigen Knäueln. Die männlichen Blüten besitzen eine keulige und klappige Blütenhülle, die sich zur Blüte-zeit zwei- bis fünfzipflig öffnet. Die 7 bis 12 (manchmal nur 2 oder bis 30) Staubblätter weisen fädige Filamente und in der Knospe aufrechte, später aber hängende Staubbeutel

THELIGONACEAE. 1. *Theligonum cynocrambe:* **a)** Habitus mit am Grunde des Stengels gegen- und an der Spitze wechselständigen Blättern (× ²/₃); **b)** häutige Nebenblätter (× 6); **c)** männliche Blüte mit zweilappiger Blütenhülle und zahlreichen Staubblättern mit kurzen, fädigen Filamenten und langen Staubbeuteln (× 10); **d)** männliche Blütenknospe (× 10); **e)** halbierte weibliche Blüte mit seitlicher, röhrenförmiger Blütenhülle und dem vom Grunde des Fruchtknotens aufsteigenden Griffel (× 10); **f)** Frucht – eine Steinfrucht (× 10); **g)** Querschnitt durch die Frucht (× 10); **h)** Längsschnitt durch die Frucht, den einzigen Samen mit gekrümmtem, im fleischigen Endosperm eingebetteten Embryo zeigend (× 10); **i)** Embryo mit 2 großen, kugeligen Keimblättern (× 12).

auf. Die weiblichen Blüten zeigen eine röhrenförmige, kurz gezähnte Blütenhülle und einen Fruchtknoten aus einem einzigen Fruchtblatt mit basaler Samenanlage. Der einfache Griffel kommt durch einseitig gefördertes Wachstum des Fruchtknotens zur Fruchtzeit in eine seitliche Stellung. Die Frucht ist eine halbkugelige Steinfrucht, die einen Samen mit fleischigem Endosperm enthält.

Die Gattung *Theligonum* liefert ein Beispiel für Myrmekochorie (Ameisenverbreitung). Ameisen fressen die Anhängsel (Elaiosom) der Samen und schleppen diese oft ein Stück weit von der Mutterpflanze weg. Das Anhängsel der Samen von *Theligonum* wird von einem Teil der Fruchtwand gebildet, der am Grunde des Samens haften bleibt. Die Ameisen fressen das Elaiosom und lassen den Samen unbeschädigt zurück.

Systematik: Die Familie ist durch eine Gattung vertreten. *Theligonum*, mit 2 oder möglicherweise 3 Arten. *Theligonum cynocrambe* wächst an feuchten, schattigen Felsstandorten des Mittelmeergebietes, als kahle, manchmal etwas sukkulente Einjährige. *Theligonum japonicum* wächst in den Bergen und Wäldern Westchinas und Japans als kriechendes, verzweigtes, ausdauerndes Kraut, dessen Stengel mit einer Leiste aus

kurzen, zurückgebogenen Haaren versehen ist.

Die Beziehung der Familie Theligonaceae (manchmal Cynocrambaceae genannt) zu anderen Familien ist sehr umstritten. Morphologische Befunde sprechen für eine Verwandtschaft mit den Haloragaceae, Hippuridaceae oder Portulacaceae, doch scheinen nur wenige anatomische Merkmale diese Ansicht zu unterstützen.

Nutzwert: Junge Triebe von *Theligonum cynocrambe* (Hundskohl) werden manchmal als Gemüse gegessen. S.A.H.

HALORAGACEAE *Seebeerengewächse*

Diese Familie im Wasser oder an feuchten Standorten lebender Kräuter schließt sowohl zarte Wasserpflanzen (wie *Myriophyllum*, Tausendblatt) als auch große, kräftige *Gunnera*-Arten ein, welche an Waldrändern wachsen und Blätter bis zu 6 m Umfang und derbe Blütenstände bis 1,5 m Höhe hervorbringen.

Verbreitung: Die Familie tritt in gemäßigten und subtropischen Gebieten hauptsächlich der Südhalbkugel auf.

Merkmale: Die wasserlebenden Vertreter zeigen Heterophyllie, wie viele vergleichbare Arten anderer Familien auch: die untergetauchten Blätter sind (bis zur Mittel-

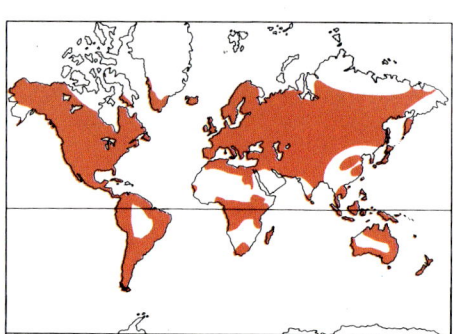

Gattungen: 7
Arten: rund 180
Verbreitung: gemäßigt und subtropisch, hauptsächlich auf der Südhalbkugel
Nutzwert: Gartenpflanzen und Bodenbedecker *(Gunnera)*, begrenzter Gebrauch in der Gerberei *(G. chilensis)*

rippe) fiederig in unverzweigte, haarfeine Abschnitte geteilt; die Luftblätter sind meist einfach und gezähnt oder ganzrandig.

Die Pflanzen wachsen im Wasser oder am Land als einjährige oder ausdauernde Kräuter, manchmal mit holzigem Wurzelstock. Die Blätter sind gegen- bis wechselständig oder wirtelig, ganzrandig bis gelappt, wenn

HALORAGACEAE. 1. *Myriophyllum spicatum:* Trieb mit untergetauchten, tief geteilten Blättern, Blütenstände über Wasser (× ²/₃). **2.** *M. pedunculatum:* **a)** Spitze des Blütenstandes mit männlichen und weiblichen Blüten (× 6); **b)** männliche Blüte (× 8); **c)** weibliche Blüte mit federigen Narben (× 8). **3.** *Gunnera magellanica:* **a)** Habitus (× ²/₃); **b)** weiblicher Blütenstand (× ²/₃); **c)** Spitze des männlichen Blütenstandes, jede Blüte mit nur 2 Staubblättern (× 4); **d)** weibliche Blüte (× 4); **e)** Frucht (× 4). **4.** *Haloragis cordigera:* **a)** blühender Trieb (× ²/₃); **b)** Blüte (× 6); **c)** Blüte mit herzförmigen Kelchblättern, zurückgebogenen Kronblättern und großen Staubbeuteln (× 4); **d)** Blüte, Kron- und Staubblätter entfernt, um Griffel und Narben zu zeigen (× 8). **5.** *H. acanthocarpus:* Frucht (× 8).

untergetaucht meist geteilt; Nebenblätter können vorhanden sein oder fehlen. Die Blüten sind zwitterig oder eingeschlechtig, radiär, meist sehr klein und stehen einzeln in den Achseln oder in Ähren oder Rispen. Die Kelchröhre ist mit dem Fruchtknoten verwachsen und weist 2 bis 4 (gelegentlich keine) Zipfel auf. Die 2 (oder selten 3) Kronblätter sind frei, löffel- und oft kapuzenförmig oder fehlen. Die 8 oder 2 bis 6 Staubblätter besitzen meist lange und schlanke Filamente und basifixe Staubbeutel, die seitlich aufspringen. Der zwei- bis vierfächerige Fruchtknoten ist unterständig, besteht aus 2 bis 4 verwachsenen Fruchtblättern mit je einer hängenden Samenanlage. Die ein bis 4 freien Griffel enden in federigen oder papillösen Narben. Die Frucht ist meist sehr klein, trocken oder fleischig; sie bleibt geschlossen oder zerfällt in einsamige Teilfrüchte. Die Samen enthalten reichlich Endosperm und einen geraden Embryo.
Systematik: Die Haloragaceae werden meist wie folgt unterteilt:

Unterfamilie Haloragoideae
Fruchtknoten zwei- bis vierfächerig, Blätter ohne Nebenblätter, Blütenstände klein, Frucht trocken, Kronblätter vorhanden oder fehlend.

HaloRageae: Schließfrucht; *Loudonia* (Australien), *Haloragis* (Seebeere; Australasien, nördlich bis zum Himalaja), *Meziella* (Australien), *Laurembergia* (tropisches Afrika und Asien), *Proserpinaca* (Nordamerika).
Myriophylleae: Frucht zerfällt in 2 oder 4 Teilfrüchte; *Myriophyllum* (kosmopolitisch in Süßwasser).

Unterfamilie Gunneroideae
Fruchtknoten ungefächert, Blätter mit Nebenblättern, Blütenstände groß, Frucht fleischig, Kronblätter fehlen meist; *Gunnera*. Manchmal wird *Gunnera* in eine eigene Familie, Gunneraceae, gestellt.
Die Familie ist am engsten mit den Hippuridaceae (Tannenwedelgewächse) verwandt, die mitunter mit ihr vereint wurden. In den Blütenmerkmalen ähnelt sie den Onagraceae; die Beziehungen sind jedoch unklar.
Nutzwert: Einige *Gunnera*-Arten (Mammutblatt) werden als Zierpflanzen oder Bodenbedecker verwendet.   D.M.M.

HIPPURIDACEAE
Tannenwedelgewächse
Die Hippuridaceae enthalten eine einzige, wasserlebende Art, *Hippuris vulgaris*, mit einer Reihe spezialisierter Rassen.
Verbreitung: *Hippuris* findet man überall

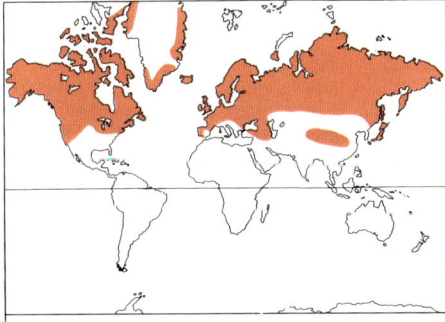

Gattungen: 1
Arten: 1
Verbreitung: gemäßigte bis kalte Feuchtgebiete der Nordhalbkugel
Nutzwert: Wildgemüse

in den gemäßigten und kalten Gebieten der Nordhalbkugel an nassen Stellen.
Merkmale: *Hippuris* (Tannenwedel) ist ein ausdauerndes Kraut, das meist in seichtem Wasser wächst. Die Pflanze besitzt ein kriechendes Rhizom, an dem aufrechte, beblätterte Triebe stehen. Diese tragen die Blüten über der Wasseroberfläche; nach der Blüte sterben sie bis zum Rhizom ab. Die nicht blühenden, untergetauchten Sprosse bleiben meist während des ganzen Winters grün. Die Blätter stehen in vier- bis zwölfzähligen

Wirteln. Die untergetauchten Blätter sind lineal, blaßgrün und schlaff, die Überwasserblätter kürzer, eiförmig bis lineal, dunkelgrün und steif. Die Blüten sind unauffällig und stehen einzeln in den Achseln der Blätter. Obwohl die Blüten klein und stark reduziert sind, können sie an ein und derselben Pflanze zwitterig, eingeschlechtig oder verkümmert und anscheinend steril sein. Die Blütenhülle ist auf einen kleinen Saum an der Spitze des unterständigen Fruchtknotens reduziert. Das einzige Staubblatt ist relativ kräftig; seine Größe könnte eine Anpassung an Windbestäubung sein. Der Fruchtknoten besteht aus einem Fruchtblatt mit einer einzigen, hängenden Samenanlage. Der Griffel ist lang und schlank und trägt auf seiner ganzen Länge Narbenpapillen. Die Frucht ist eine kleine, glatte Nuß.

Systematik: Es wurden einige ökologisch spezialisierte Rassen von *Hippuris* in der Arktis und in der Ostsee gefunden. Da jedoch keine klaren morphologischen Unterschiede festzustellen sind, werden die einzelnen Formen in die eine Art, *Hippuris vulgaris*, gestellt. Wie bei so vielen anderen dikotylen Wasserpflanzen mit vereinfachtem Bau sind die Verwandtschaftsbeziehungen auch der Hippuridaceae umstritten. Man nimmt allgemein an, daß sie mit den Haloragaceae verwandt sind. Hier werden sie zu den Haloragales gerechnet. Embryologische und neuere phytochemische Untersuchungen sprechen jedoch für eine Verbindung zu den Tubiflorae. Bei den Tubiflorae treten allerdings nie einzelne, unterständige Fruchtblätter auf. In neueren Arbeiten wird deshalb vorgeschlagen, die Familie in die Nähe der Cornaceae zu stellen.

Nutzwert: Die Unterwassersprosse von *Hippuris* bleiben im Winter grün und bilden für viele Tiere ein wichtiges Winterfutter. Eskimos sammeln die jungen *Hippuris*-Triebe als Wildgemüse. C.D.C.

MYRTALES

SONNERATIACEAE

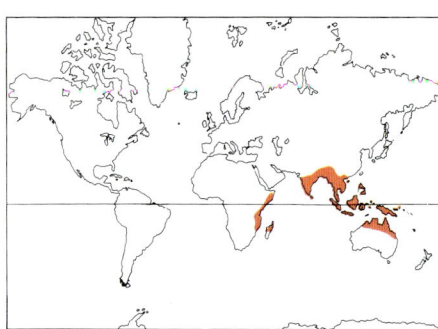

Gattungen: 2
Arten: 8
Verbreitung: tropisch
Nutzwert: lokale Nutzung von Holz, Früchten und Blättern

Diese Familie von Bäumen und Sträuchern umfaßt *Sonneratia* und *Duabanga*.

Verbreitung: Die Familie ist von Ostafrika über Asien bis nach Australien und dem Westpazifik verbreitet.

Merkmale: Die Blätter sind gegenständig, einfach, ganzrandig und nebenblattlos. Die auffälligen Blüten sind radiär, zwitterig oder eingeschlecht (einhäusig); sie stehen einzeln oder zu dreien und besitzen eine glockenförmige, ledrige, vier- bis achtzipflige Kelchröhre, 4 bis 8 freie Kronblätter (die manchmal fehlen) und viele freie Staubblätter, die am Blütenbecher ansetzen und in der Knospe nach innen geschlagen sind. Die Staubbeutel sind nierenförmig und öffnen sich längs. Der Fruchtknoten ist teilweise unterständig und besteht aus zahlreichen verwachsenen Fruchtblättern, die manchmal am Grunde mit der Blütenachse verwachsen sind. 4 bis viele Fächer enthalten zahlreiche zentralwinkelständige Samenanlagen. Der lange Griffel endet in einer kopfigen Narbe. Die Früchte sind bei *Duabanga* Kapseln, bei *Sonneratia* Beeren. Sie enthalten viele endospermlose Samen und einen Embryo mit kurzen, laubblattartigen Keimblättern.

Systematik: Die 5 *Sonneratia*-Arten wachsen an Küsten in der Gezeitenzone. Sie besitzen aufrechte, spindelförmige Atemwurzeln, die aus dem Schlamm herausragen. *Duabanga* umfaßt 3 Arten von Bäumen aus Tiefland- und Bergwäldern und wird bis 30 m hoch. Ihre großen Blüten, die nur eine Nacht lang blühen, weisen einen Durchmesser von bis 7 cm auf; sie sind außen grün, innen weiß und ähneln in der Größe den *Sonneratia*-Blüten.

In mancher Hinsicht stehen die Blüten beider Gattungen morphologisch denen von *Lagerstroemia* aus der Familie der Lythraceae nahe, mit der die Sonneratiaceae ebenso wie mit den Punicaceae verwandt sind.

Nutzwert: Das Holz der meisten Arten wird lokal verwendet; die Früchte oder Blätter einiger Arten von *Sonneratia* sind eßbar. B.M.

TRAPACEAE *Wassernußgewächse*

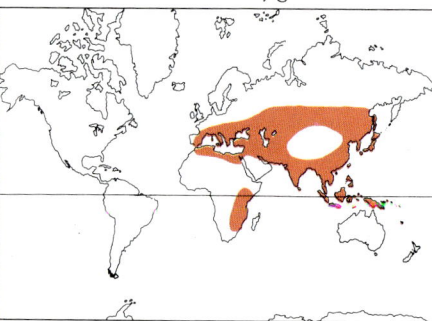

Gattungen: 1
Arten: 1, 3 oder rund 30
Verbreitung: Alte Welt, in N-Amerika und Australien eingebürgert
Nutzwert: Grundnahrungsmittel (Wassernüsse) in Teilen Asiens

Diese Familie schwimmender Wasserpflanzen besteht aus einer einzigen Gattung, *Trapa*. Ihre Früchte, die Wassernüsse, die-

nen in Teilen Asiens als wichtige Nahrung.

Verbreitung: Mit Ausnahme der arktischen Gebiete tritt *Trapa* fast in der gesamten Alten Welt auf. Sie hat sich in Nordamerika und Australien eingebürgert.

Merkmale: *Trapa* ist eine einjährige oder kurzlebige, ausdauernde Wasserpflanze. Die Stengel sind im Schlamm verwurzelt und fluten im Wasser. Die untergetauchten Blätter sind gegenständig, lineal und sehr kurzlebig; sie werden bald durch grüne, fiederig verzweigte Wurzeln ersetzt, die irrtümlicherweise oft für Blätter gehalten werden. Die Schwimmblätter sind wechselständig und bilden eine Rosette. Der Blattstiel weist oft ellipsoidische, schwammige Anschwellungen auf, die als Schwimmkörper wirken; die Blattspreiten sind rhombisch und besitzen einen gezähnten Rand. Die unauffälligen Blüten sind radiär und zwitterig und stehen einzeln und kurz gestielt in den Blattachseln. Die 4 Kelchblätter sind dreieckig, setzen am Fruchtknoten an und entwickeln sich an der Frucht zu 2, 3 oder 4 harten Hörnern oder Dornen. Die 4 Kronblätter sind weiß oder lila. Es sind 4 Staubblätter vorhanden. Der aus 2 verwachsenen Fruchtblättern bestehende Fruchtknoten ist halbunterständig mit 2 Fächern, von denen jedes eine einzige hängende, anatrope und zentralwinkelständige Samenanlage enthält. Die Frucht ist eine große, holzige, unterschiedlich geformte und dornige Nuß. Die Samen enthalten kein Endosperm; die beiden Keimblätter sind in Größe und Form sehr verschieden.

Systematik: Die Früchte sind von sehr verschiedener Gestalt. Es läßt sich schwer entscheiden, welche Formen als Arten anerkannt werden sollen. Die Artenzahl wird unterschiedlich mit eins, 3 oder bis zu ungefähr 30 angegeben. Die Trapaceae sind mit den Onagraceae verwandt.

Nutzwert: Die Früchte von *Trapa*, die Wassernüsse, enthalten viel Stärke und Fett und bilden in Ostasien, Malesien und Indien ein Grundnahrungsmittel. *Trapa* wächst sehr rasch und bildet feste, schwimmende Matten, die in verschiedenen Teilen der Welt die Schiffahrt behindern können. Die Laichgründe des Störs im Kaspischen Meer sind von *Trapa* bedroht. C.D.C.

LYTHRACEAE *Weiderichgewächse*

Die Lythraceae sind eine kleine Familie von Kräutern, Sträuchern und Bäumen, zu denen einige Zier- und Färberpflanzen gehören, z.B. der Hennastrauch (*Lawsonia inermis*).

Verbreitung: Die Familie ist hauptsächlich in den Tropen verbreitet, kommt aber auch in den gemäßigten Zonen vor, wo sie meist durch einjährige und ausdauernde Kräuter vertreten ist, die oft in feuchten Gebieten wachsen.

Merkmale: Die Blätter sind gegenständig, wirtelig oder spiralig angeordnet, einfach und ganzrandig und haben sehr kleine oder gar keine Nebenblätter. Die in Trauben, Rispen oder Cymen stehenden Blüten sind meist radiär und zwitterig. Sie bringen 4 (oder 6) Kelch- und Kronblätter und doppelt so viele Staubblätter hervor. Gelegentlich wird außerhalb der Kelchblätter ein weiterer Wirtel von Anhängen, ein Außen-

LYTHRACEAE. 1. *Lawsonia inermis:* **a)** beblätterter Trieb mit achsel- und endständigen Blütenständen (× ²/₃); **b)** Frucht (× 3); **c)** Querschnitt durch die Frucht (× 3). **2.** *Peplis portula:* **a)** Habitus mit Adventivwurzeln (× ²/₃); **b)** Längsschnitt durch die Frucht (× 4). **3.** *Cuphea ignea:* **a)** beblätterter Trieb mit achselständigen Einzelblüten (× ²/₃); **b)** Längsschnitt durch die Blüte (× 1¹/₂). **4.** *Lythrum salicaria:* bringt 3 Blütentypen hervor (nur je ein Typ pro Pflanze), wobei die Narbe und die 2 Staubblattwirbel von verschiedener Länge sind (Tristylie); der Samenansatz ist viel reicher, wenn die Narbe mit Pollen aus Staubblättern bestäubt wird, die die gleiche Länge wie der Griffel haben (siehe Pfeile), als wenn sie von längeren oder kürzeren Staubblättern bestäubt wird.

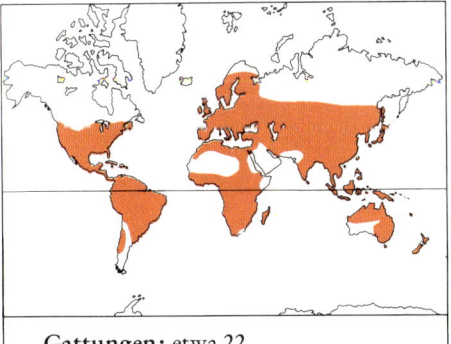

Gattungen: etwa 22
Arten: rund 450
Verbreitung: hauptsächlich tropisch, gelegentlich gemäßigt
Nutzwert: Farben, Nutzholz und Zierpflanzen

kelch, gebildet. Die in der Knospe meist zerknitterten Kronblätter sind frei, stehen am Rand der tiefen Kelchröhre und wechseln mit den Kelchblättern ab. Die Staubblätter setzen auf unterschiedlicher Höhe an der Kelchröhre an, selten jedoch in der Nähe der Kronblätter. Heteromorphie der Blüten ist ein recht häufiges Merkmal. Der Fruchtknoten ist oberständig, manchmal gestielt, mit 2 bis 6 Fächern, von denen jedes 2 oder viele, zentralwinkelständige Samenanlagen enthält. Selten ist er ungefächert, mit parietalen Plazenten. Der Griffel ist einfach, die Narbe meist kopfig. Die Frucht ist eine trockene Kapsel oder Schließfrucht. Die Samen sind zahlreich und enthalten einen geraden Embryo und kein Endosperm.

Systematik: Die Lythraceae werden meist in 2 Tribus unterteilt, die Lythreae und die Nesaeeae, die sich in einem Baumerkmal unterscheiden: bei den Lythreae sind die Scheidewände des Fruchtknotens unvollständig, so daß die Spitze der Frucht ungefächert ist, während sie bei den Nesaeeae vollständig sind. Die größten Gattungen der Lythreae sind *Cuphea, Diplusodon, Rotala* und *Lythrum,* unter den Nesaeeae *Nesaea* und *Lagerstroemia.*

Die Lythraceae gehören wegen ihrer charakteristischen 4 Kronblätter und des Leitbündelbaus zu den Myrtales. Die Familie hat verwandtschaftliche Beziehungen zu den Myrtaceae, Onagraceae, Punicaceae, Sonneratiaceae und Combretaceae, stellt aber eine gut begrenzte Gruppe dar, die mit keiner anderen durch Zwischenglieder verbunden ist. Die zuvor erwähnten Familien unterscheiden sich von den Lythraceae durch unterständige Fruchtknoten, fleischige Früchte und Staubblätter, die meist zusammen mit den Kronblättern am Rande der Kelchröhre ansetzen.

Nutzwert: Die Lythraceae sind hauptsächlich als Farbstofflieferanten bekannt. Die bekannteste Farbe ist Henna; sie wird aus *Lawsonia inermis* gewonnen. Die Blätter von *Woodfordia fruticosa* liefern eine rote Farbe; Rinde und Holz einiger *Lafoensia*-Arten (einschließlich *L. pacari*) ergeben eine gelbe Farbe. Einige Arten besitzen wertvolles Holz, besonders *Physocalymma scaberrima* (Brasilianisches Rosenholz), *Lafoensia speciosa* (Guayacan) und verschiedene *Lagerstroemia*-Arten. *Lagerstroemia indica* (Kräuselmyrte), *Lawsonia inermis* (Hennastrauch) und *Woodfordia fruticosa* werden als Zierbäume und -sträucher in warmen Klimaten gezogen, *Cuphea*-Arten (Köcherblümchen) als Topfpflanzen.

F.K.K.

RHIZOPHORACEAE
Mangrovengewächse
Die Rhizophoraceae sind eine tropische Familie von Sträuchern, Lianen und Bäumen, darunter 4 Gattungen von Mangrove-Gehölzen, welche die Hälfte der wichtigsten Mangrove-Gattungen der Welt ausmachen.
Verbreitung: Die Familie ist fast nur in den Tropen, dort aber praktisch überall an-

RHIZOPHORACEAE. 1. *Anisophylla griffithii:* **a)** Trieb mit wechselständigen Blättern und achselständigen Blütenständen (× 2/3); **b)** Blüte mit 4 Kelchblättern (× 4); **c)** Blüte, Kelchblätter entfernt (× 6); **d)** halbierte Blüte mit unterständigem Fruchtknoten und freien Griffeln (× 4); **e)** Kron- und Staubblatt (× 14); **f)** Staubblatt (× 14); **g)** Querschnitt durch den Fruchtknoten (× 5). **2.** *Bruguiera gymnorhiza:* **a)** Trieb mit wechselständigen Blättern und achselständigen Einzelblüten (× 2/3); **b)** halbierte Blüte mit grob gezähnten Kronblättern und unterständigem Fruchtknoten (× 2/3); **c)** Kronblatt und Staubblätter (× 1 1/3); **d)** Frucht (× 2/3). **3.** *Cassipourea rowensorensis:* **a)** halbierte Blüte mit oberständigem Fruchtknoten und Griffel (× 4); **b)** Frucht (× 2 2/3).

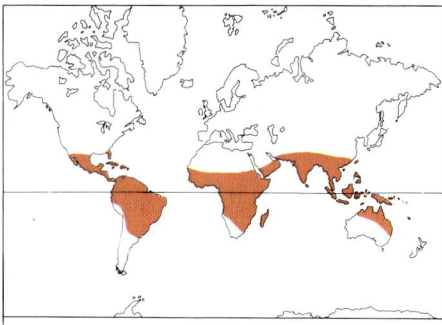

Gattungen: 16
Arten: rund 120
Verbreitung: tropische Regenwälder und Mangrove
Nutzwert: Gerbstoff (Rinde), Holz für Holzkohle und als Brennmaterial, lokaler Gebrauch als Nahrung und Arznei

zutreffen. *Cassipourea* (keine Mangrove-Arten), eine der 4 amerikanischen Gattungen, enthält mehr als die Hälfte der Arten dieser Familie.
Merkmale: Eigentliche Mangrove-Pflanzen sind nur 16 Arten aus 4 Gattungen. Trotzdem ist die Familie gerade ihretwegen bekannt (Name). Die übrigen Arten sind Sträucher oder Kletterpflanzen (selten

Bäume) der tropischen Regenwälder. Ihre Blätter sind meist gegenständig, einfach und ganzrandig und tragen meist große, hinfällige Nebenblätter. Die Blüten sind zwitterig (selten eingeschlechtig), radiär und hypo- oder epigyn, stehen in Cymen oder Trauben, weniger oft einzeln in den Blattachseln. Sie bringen 3 bis 16 bleibende, klappige Kelchblätter und die gleiche Zahl von Kronblättern (meist genagelt und gefranst) hervor. Die 8 bis vielen Staubblätter setzen am Rande eines Diskus an; die Staubbeutel haben 4, selten viele Pollensäcke, die mit Klappen aufspringen. Die weiblichen Blüten besitzen Staminodien, die mitunter mit den Kronblättern verwachsen sind. Der Fruchtknoten ist unter- bis oberständig und weist 2 bis 12 verwachsene Fruchtblätter auf, von denen jedes meist 2 anatrope, hängende Samenanlagen enthält. Der Griffel ist häufig einfach. Die Frucht ist eine Beere, Steinfrucht oder trockene Schließfrucht, selten eine Kapsel oder geflügelt. Die Samen tragen gelegentlich einen Arillus und keimen bei den Mangrove-Arten auf der Mutterpflanze. Das Endosperm ist fleischig oder fehlt.
Systematik: Die Familie besteht aus 3 Tribus. Die 4 bekanntesten Mangrove-Gattungen sind: *Rhizophora* (pantropisch), *Bru-*

guiera und *Ceriops* (tropisches Asien und Afrika) sowie *Kandelia* (auf Südostasien beschränkt). Sie enthalten, zusammen mit 3 Combretaceen-Gattungen und der Gattung *Avicennia*, die wichtigsten Mangrove-Gehölze der Welt. Ihnen sind viele ökologische Merkmale sowie Wuchsform und Fortpflanzungsbiologie gemein.
Die Rhizophoraceae sind eng verwandt mit den Combretaceae. Sie teilen mit ihnen den holzigen Habitus und einfache, meist ganzrandige Blätter. In bezug auf morphologische und ökologische Merkmale stehen sie ihnen nahe, doch besitzen sie meist Nebenblätter und zeigen eine größere Mannigfaltigkeit im Blütenbau.
Nutzwert: Die Rhizophoraceae dienen lokal vielfach als Nahrung und Arznei; einige Arten liefern wertvolle Nutzhölzer. Dies trifft besonders auf Mangrove-Arten zu, deren Holz hart und schwer, jedoch nicht sehr dauerhaft ist und hauptsächlich zur Holzkohleproduktion und als Brennmaterial verwendet wird. Die Rinde mancher Arten wird zum Gerben von Leder gebraucht. C.A.S.

PENAEACEAE
Die Penaeaceae, eine Familie heideartiger Sträucher, stellen einige Zierpflanzen.

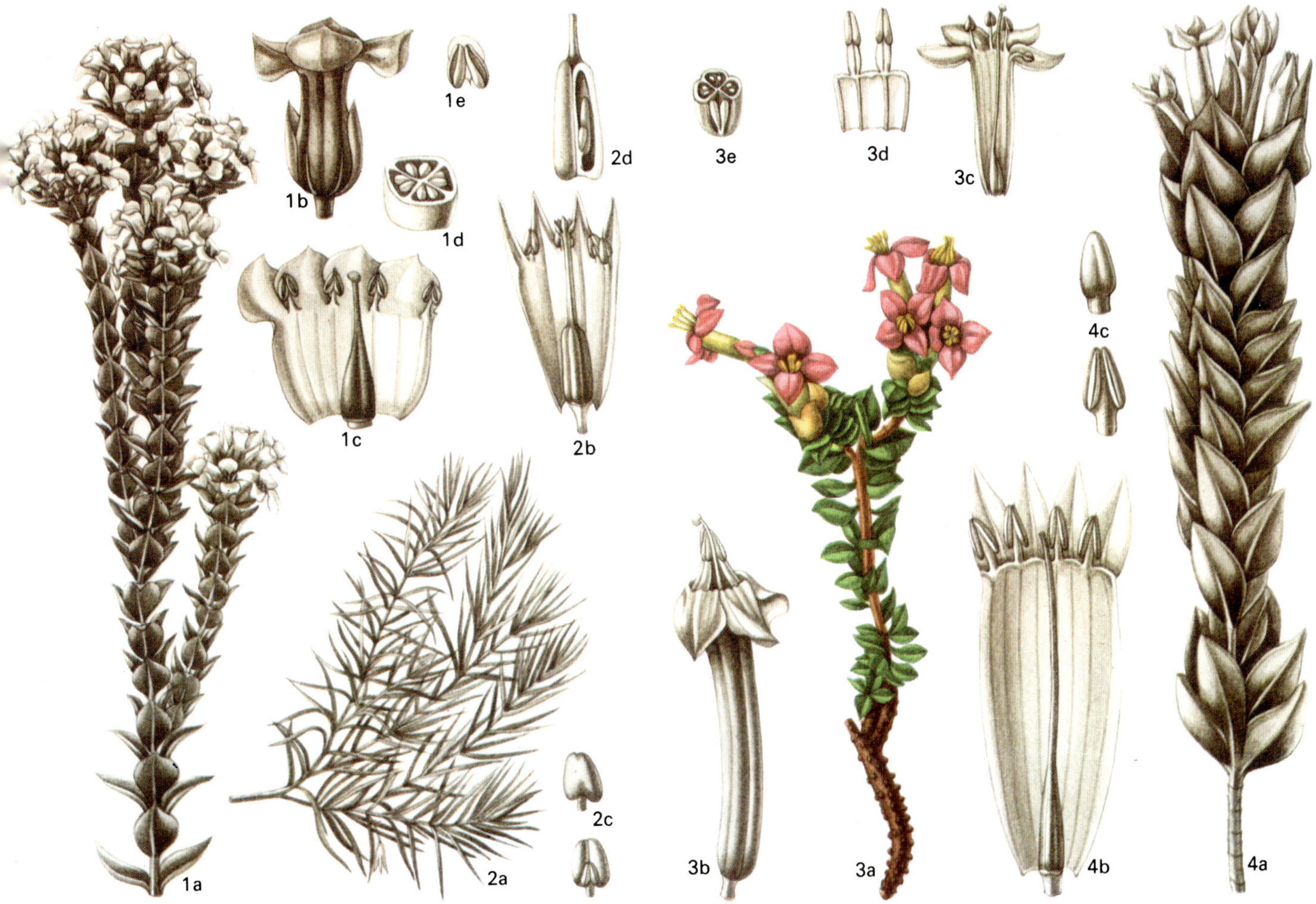

PENAEACEAE. 1. *Brachysiphon fucatus:* **a)** beblätterter, blühender Trieb (× ²/₃); **b)** Blüte (× 3); **c)** ausgebreitete Blüte mit am Kelch angewachsenen Staubblättern (× 3); **d)** Querschnitt durch den Fruchtknoten (× 6); **e)** Staubbeutel (× 6). **2.** *Penaea ericifolia:* **a)** Trieb (× ²/₃); **b)** ausgebreitete Blüte (× 4); **c)** Staubblätter, Ansicht von vorne (unten) und von hinten (oben) (× 8); **d)** angeschnittener Fruchtknoten (× 6). **3.** *P. squamosa:* **a)** blühender Trieb (× ²/₃); **b)** Blüte (× 2¹/₂); **c)** ausgebreitete Blüte (× 1¹/₂); **d)** Staubblätter (× 3); **e)** Querschnitt durch den Fruchtknoten, Wand teilweise entfernt, um die basalen Samenanlagen zu zeigen (× 4). **4.** *Glischrocolla formosa:* **a)** blühender Trieb (× ²/₃); **b)** ausgebreitete Blüte (× 2); **c)** Staubblätter, Ansicht von hinten (oben) und von vorne (unten) (× 3).

Gattungen: 5
Arten: 27
Verbreitung: südliches Afrika
Nutzwert: einige Zierpflanzen

Verbreitung: Die Familie tritt nur in Südafrika auf.

Merkmale: Alle Vertreter der Familie sind strauchig und zeigen einen erikaartigen Habitus mit kleinen, gegenständigen, sitzenden und ganzrandigen Blättern mit winzigen oder fehlenden Nebenblättern. Die Blüten sind radiär, zwitterig und stehen einzeln, oft jedoch zusammengedrängt in den Achseln von Laub- oder Hochblättern; Kronblätter fehlen. Die 4 Staubblätter setzen am Schlund des röhrigen Kelches an und wechseln mit den 4 Zipfeln ab. Sie besitzen nur kurze Filamente und Theken, die sich gegen innen mit langen Schlitzen öffnen. Der Fruchtknoten ist oberständig und weist 4 Fächer auf, die vor den Kelchzipfeln liegen. Jedes Fach enthält 2 bis 4 basale oder 4 zentralwinkelständige Samenanlagen. Der Griffel endet in einer vierlappigen Narbe. Die Frucht ist eine vierklappige Kapsel mit bleibendem Kelch. In jedem Fach reifen nur ein bis 2 Samen. Die Samen enthalten kein Endosperm, jedoch einen dicken Embryo mit kleinen Keimblättern. Die Samenschale ist oft glatt und glänzend.

Systematik: Die größten Gattungen sind *Penaea* (12 Arten) und *Brachysiphon* (11 Arten), die zusammen mit *Saltera* (eine Art) in die Tribus PENAEEAE gestellt werden; diese ist durch basale Plazentation charakterisiert. Bei *Penaea* ist der Griffel vierkantig und oben kreuzförmig, mit je einer Narbenlappe in den Winkeln des Kreuzes. Der Griffel von *Brachysiphon* ist zylindrisch und die Narbe kopfig. Bei *Saltera* ist die Kelchröhre dreimal so lang wie ihre freien Zipfel, nicht nur doppelt so lang wie bei *Penaea* und *Brachysiphon*. Die Gattungen mit zentralwinkelständiger Plazentation, die monotypische *Glischrocolla* und *Endonema* (2 Arten) werden zur Tribus ENDONEMEAE gestellt. Bei *Endonema* stehen die Blüten seitlich an den Zweigen, und die Kelchröhre ist ungefähr viermal so lang wie die freien Zipfel, während *Glischrocolla* an den Zweigenden stehende Blüten aufweist. Die Kelchröhre ist ungefähr dreimal so lang wie die freien Zipfel.

Von einigen Botanikern wird die Familie in die Nähe der Lythraceae, von anderen in die Nähe der Thymelaeaceae gestellt.

Nutzwert: Einige Arten der Familie sind Zierpflanzen, so etwa *Brachysiphon fucatus* und *Endonema retzioides*. Das von *Penaea mucronata* und *Saltera sarcocolla* gelieferte Gummi (Sarcocolla) wurde lokal als Medizin verwendet.　　　B.M.

THYMELAEACEAE *Seidelbastgewächse*
Die Thymelaeaceae sind eine mittelgroße Familie von hauptsächlich strauchigen Pflanzen. Zu *Daphne* gehören hübsche Zierpflanzen.

Verbreitung: Thymelaeaceae finden sich in gemäßigten wie auch tropischen Gebieten, sind aber auf der Südhalbkugel in größerer Vielfalt vertreten als auf der Nordhalbkugel, mit einem besonderen Schwerpunkt in Afrika. Viele Gattungen kommen auf den Pazifischen Inseln vor.

Merkmale: Die Blätter sind wechselständig

THYMELAEACEAE. 1. *Octolepis flamignii:* **a)** beblätterter Trieb mit Blüten und Blütenknospen (× ²/₃); **b)** Blüte (× 3); **c)** halbierte Blüte (× 4); **d)** Blütenbecher mit Staubblättern, Griffel und Narbe (× 4); **e)** Gynoeceum (× 5); **f)** Staubblatt (× 5); **g)** offene Frucht (× 1¹/₃). **2.** *Pimelea buxifolia:* **a)** beblätterter Trieb mit endständigen Blütenständen (× ²/₃); **b)** Blüte (× 3); **c)** ausgebreitete Blüte (× 3); **d)** Längsschnitt durch den Fruchtknoten (× 4). **3.** *Daphne mezereum:* **a)** blühender Trieb (× ²/₃); **b)** beblätterter, fruchtender Trieb (× ²/₃); **c)** ausgebreitete Blüte (× 2); **d)** Frucht (× 2). **4.** *Gonystylus augescens:* Blüte, 2 Kelchblätter entfernt (× 4).

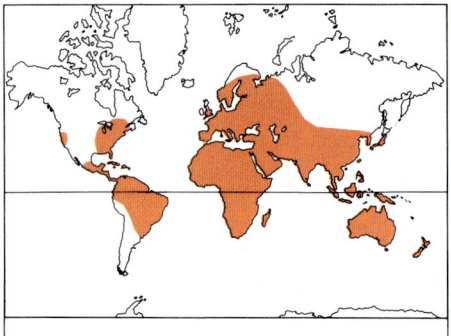

Gattungen: rund 45
Arten: rund 500
Verbreitung: kosmopolitisch, in Afrika besonders reich vertreten
Nutzwert: einige Zierpflanzen; die Rinde wird lokal zur Papierherstellung verwendet

(gelegentlich gegenständig), ganzrandig und nebenblattlos. Die Blüten sind radiär, meist zwitterig und vier- oder fünfzählig; sie stehen in traubigen Köpfchen oder Büscheln. Die Blütenhülle setzt am Rande der gewöhnlich tief becherförmigen Blütenachse an. Die Kelchblätter sind kronblattartig und scheinen die Fortsetzung der Röhre des Blütenbechers zu bilden. Die Staubblätter, meist halb bis doppelt soviele wie Kelch-

blätter, setzen an der Innenseite der Röhre an; die Krone ist unauffällig oder fehlt. Der Fruchtknoten sitzt am Grunde des Blütenbechers und besteht aus einem oder 2 (selten 3 bis 8) verwachsenen Fruchtblättern, die ebensoviele Fächer bilden; jedes Fach enthält eine zentralwinkelständige oder parietale, hängende Samenanlage. Der Griffel ist einfach. Die Frucht ist als Nuß, Beere oder Steinfrucht, gelegentlich als Kapsel ausgebildet. Die Samen enthalten wenig oder kein Endosperm; der Embryo ist gerade.

Systematik: Die Familie ist verhältnismäßig einheitlich und wird meist in 4 Unterfamilien aufgespalten (die man sogar zu Familien erhoben hat), da sich einige wenige Gattungen vom Hauptteil der Familie unterscheiden. Die meisten Gattungen gehören zur Unterfamilie THYMELAEOIDEAE, so auch *Gnidia,* die größte Gattung mit 100 Arten, die von Afrika und Madagaskar über Indien bis Ceylon verbreitet ist. Die anderen großen Gattungen dieser Gruppe sind *Pimelea* mit 80 Arten (Australasien), *Wikstroemia* mit 70 Arten (Australasien bis Südchina), *Daphne* mit 70 Arten (von Australasien über Asien bis Europa und Nordafrika) und *Lasiosiphon* mit 50 Arten, die ungefähr das gleiche Areal wie *Gnidia* besiedeln. Die Thymelaeoideae besitzen eine

einzige hängende Samenanlage, die nächst kleinere Unterfamilie, die AQUILARIOIDEAE, deren 2 (selten mehr). Diese Untergruppe umfaßt 7 kleine Gattungen im pazifischen Raum und in Afrika; *Octolepis* aus Westafrika zeigt einen vier- bis fünffächerigen Fruchtknoten, und die Frucht ist eine Kapsel. Die GONYSTYLOIDEAE mit 3 kleinen Gattungen in Südostasien und Borneo schließen *Gonystylus* (mit zahlreichen Staubblättern) ein. Die vierte Unterfamilie, GILGIODAPHNOIDEAE, enthält eine Gattung (*Gilgiodaphne*) aus dem tropischen Westafrika, mit je 4 zu einer Röhre vereinigten Staubblättern und Staminodien, wobei die 4 fruchtbaren Staubblätter scheinbar achselständig nahe am Grund ansetzen und die Staminodien größtenteils verwachsen sind.

Die verwandtschaftlichen Beziehungen der Thymelaeaceae sind nicht klar. Sie werden meist (so auch hier) zu den Myrtales gestellt, obwohl einige Bearbeiter sie als Verwandte der Flacourtiaceae betrachten.

Nutzwert: Wohlriechende *Daphne*-Arten (Seidelbast, Steinröschen) werden als Ziersträucher kultiviert. Einige sind immergrün. Die Rinde einiger Gattungen, besonders von *Wikstroemia,* liefert Fasern, die lokal zur Papierherstellung verwendet werden. In einigen Mittelmeerländern wird die Rinde von *Daphne*-Arten dazu benützt, Fische zu

MYRTACEAE. 1. *Callistemon subulatus:* **a)** beblätterter Trieb und Blütenstände (× ²/₃); **b)** halbierte Blüte mit zahlreichen Staubblättern und unterständigem Fruchtknoten mit einzigem Griffel und Samenanlagen (× 3); **c)** Früchte (× ²/₃). **2.** *Darwinia citriodora:* halbierte Blüte mit der Krone angewachsenen Staubblättern und einem langen Griffel mit behaarter Narbe (× 3). **3.** *Eucalyptus melanophloia:* **a)** Habitus; **b)** ausgewachsene Blätter (× ²/₃). **4.** *Eugenia gustavioides:* Frucht – Beere mit Griffelrest (× 1).

betäuben, und *Lagetto lintearia* (Spitzenbaum, Westindische Inseln) liefert spitzenartigen Bast, der für Zierspitzen verwendet werden kann.   I.B.K.R.

MYRTACEAE *Myrtengewächse*

Die Myrtaceae sind eine große Familie von kriechenden und kleinen Sträuchern bis zu den hoch aufragenden, in den Hartholzwäldern Australiens vorherrschenden *Eucalyptus*-Bäumen.

Verbreitung: Die Familie ist vorwiegend tropisch und subtropisch, mit Schwerpunkten in Mittel- und Südamerika und im östlichen und südwestlichen Australien.

Merkmale: Bei den Myrtaceae, meist strauchigen bis baumförmigen Pflanzen, sind die Blätter häufig gegenständig (seltener wechselständig), ledrig, immergrün und fast immer ganzrandig. Sie besitzen keine Nebenblätter und — ebenso wie die jungen Sprosse, Blüten und Früchte — kugelige Ölbehälter mit ätherischen Ölen. Die radiären und zwitterigen Blüten stehen meist in cymösen, seltener traubigen Blütenständen, selten einzeln *(Myrtus communis)*. Sie sind im allgemeinen epigyn, doch findet man auch Perigynie verschiedenen Grades. Die meist 4 oder 5 Kelchblätter sind häufig frei (manchmal mehr oder weniger stark verwachsen und dann oft eine Kappe bildend, die beim

Öffnen der Blüte wie ein Becher abfällt). Die zahlreichen (selten wenigen) Staubblätter stehen hin und wieder in Büscheln vor den Kronblättern *(Melaleuca)*. Sie sind meist frei und weisen bewegliche Staubbeutel auf; das Konnektiv ist an der Spitze oft drüsig. Der Fruchtknoten ist meist unterständig, mit einem bis vielen (oft 2 bis 5) Fächern, die meist je 2 bis viele Samenanlagen an zentralwinkelständigen (selten parietalen) Plazenten enthalten. Der Griffel ist lang und einfach und zeigt eine kopfige Narbe. Die Frucht ist meist eine fleischige Beere (selten eine Steinfrucht) oder trocken (dann eine Kapsel oder Nuß). Es ist wenig oder kein Endosperm vorhanden.

Systematik: Die Familie wird in 2 Unterfamilien geteilt. Myrtoideae: Blüten epigyn, Blätter immer gegenständig, Frucht fleischig, fast immer eine Beere, selten eine Steinfrucht. Leptospermoideae: Blüten in der Regel epigyn, selten perigyn, Blätter gegen- oder wechselständig, Frucht eine Kapsel oder nußartig.

Die Myrtaceae haben Beziehungen zu den Lythraceae und Melastomataceae.

Nutzwert: Die wirtschaftlich wichtigste Gattung ist *Eucalyptus*, hauptsächlich wegen ihres Holzes. Die Familie liefert auch einige der am meisten geschätzten Gewürze: Gewürznelken (auch Nelkenöl) von

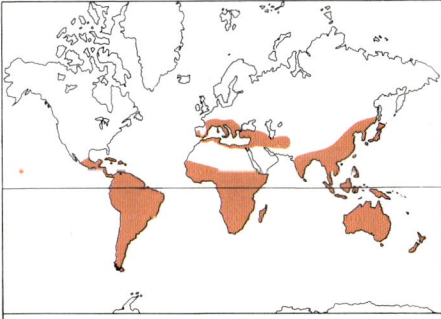

Gattungen: rund 100
Arten: rund 3000
Verbreitung: tropisch und subtropisch, hauptsächlich in Amerika und Australien
Nutzwert: Holz, Gewürze, ätherische Öle, Zierpflanzen, eßbare Früchte

Syzygium aromaticum (Eugenia caryophyllata) und Nelkenpfeffer oder Englisch Gewürz von *Pimenta dioica (P. officinalis)*; *P. racemosa* liefert Bayöl und *Melaleuca leucadendron* Kajeputöl. Eukalyptusöl stammt von mehreren *Eucalyptus*-Arten und ist weit herum bekannt als Aromastoff, schleimlösendes bzw. infektionshemmendes Mittel und Antiseptikum.

Eßbar sind die Früchte von *Psidium guajava* (Guava), *Syzygium jambos* (Jambosen) sowie jene von *Eugenia-, Myrciaria-* und *Feijoa*-Arten (alle Neue Welt).

Als Zierpflanzen werden *Acmena smithii*, der Zylinderputzer *(Callistemon)*, die Myrtenheide *(Melaleuca)*, *Eucalyptus* (Fieberbäume), der Manukabaum *(Leptospermum scoparium)* und die Myrte *(Myrtus communis)*, die einzige europäische Myrtaceae, geschätzt. Die Brautmyrte, eine kleinblättrige Form der letztgenannten Art, dient oft als Schmuck und gilt auch als Symbol der Beständigkeit. F.B.H.

PUNICACEAE *Granatapfelgewächse*

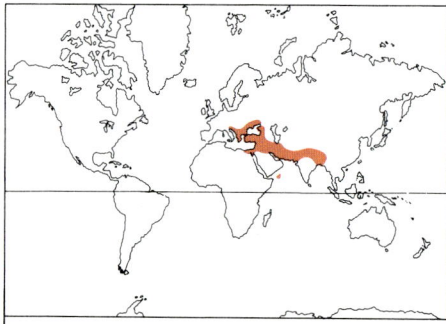

Gattungen: 1
Arten: 2
Verbreitung: Südosteuropa bis zum Himalaja, Sokotra
Nutzwert: Granatapfel (frisch und als Getränk); Rinde und Fruchtschale werden lokal verwendet

Die Punicaceae bestehen aus einer einzigen Gattung mit 2 Arten von Sträuchern und kleinen Bäumen.

Verbreitung: Die Familie tritt vom südöstlichen Europa bis zum Himalaja und in Sokotra auf.

Merkmale: Die Pflanzen sind laubwerfende, manchmal dornige Sträucher oder kleine Bäume mit einfachen, gegenständigen oder fast gegenständigen, ganzrandigen Blättern ohne Nebenblätter. An jungen Trieben entwickeln sich 4 Flügel, die jedoch bald abfallen. Die Blüten stehen meist einzeln. Sie sind zwitterig, radiär und besitzen 5 bis 8 Kelch-, 5 bis 8 Kron-, zahlreiche Staubblätter und einen unterständigen Fruchtknoten aus zahlreichen verwachsenen Fruchtblättern. Es werden 2 Kreise von Fruchtblättern angelegt. Durch peripheres Wachstum des Fruchtbechers kommen die zahlreichen Fruchtfächer in 2 Stockwerke zu liegen. Zahlreiche anatrope Samenanlagen sitzen in den oberen Fächern an parietalen, in den unteren an zentralwinkelständigen Plazenten. Diese Anordnung kann man in der Frucht, dem Granatapfel, deutlich sehen. Die runde Frucht (bis 9 cm Durchmesser) zeigt eine ledrige, bräunlich-rötlich-gelbe Schale und als Besonderheit eine harte, bleibende Kelchröhre. Das Fruchtmark besteht aus dem fleischigen Teil der Schale zahlreicher, endospermloser Samen.

Systematik: Die einzige Gattung, *Punica*,

enthält 2 Arten — *Punica protopunica*, in Sokotra heimisch, und *P. granatum*, die vom Balkan bis zum Himalaja vorkommt und vorwiegend in Südeuropa kultiviert wird.

Die Punicaceae stehen den Lythraceae und Sonneratiaceae nahe.

Nutzwert: Hauptsächlich die Früchte, die Granatäpfel, werden genutzt. Sie gären leicht, und man stellt aus ihnen Grenadine her. Frucht und Rinde wurden in Ägypten in der Gerberei und als Arznei verwendet. Aus den Blüten wird ein roter, aus den Fruchtschalen ein gelber Farbstoff gewonnen. Zwergwüchsige und gefüllte Sorten der rotblütigen *P. granatum* sind als Kulturpflanzen bekannt. S.A.H.

ONAGRACEAE *Nachtkerzengewächse*

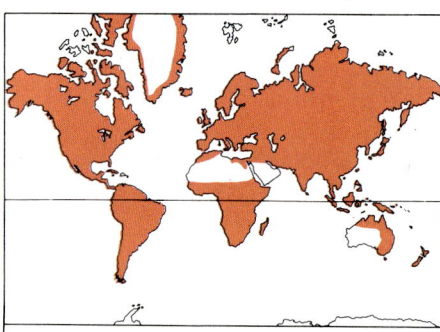

Gattungen: 18
Arten: rund 640
Verbreitung: kosmopolitisch, Schwerpunkt im Südwesten Nordamerikas
Nutzwert: hauptsächlich Zierpflanzen *(Fuchsia*, Nachtkerze)

Diese weit verbreitete und gut abgegrenzte Familie von Kräutern und einigen Sträuchern umfaßt auch eine Reihe von Wassergewächsen und beliebten Zierpflanzen.

Verbreitung: Obwohl eigentlich kosmopolitisch, tritt die Familie am vielfältigsten im Westen der USA und in Mexiko auf, wo alle bekannten Gattungen vorkommen. Die meisten Onagraceae sind an offenen, trockenen oder feuchten Standorten zu finden; *Ludwigia* ist jedoch weitgehend wasserlebend, während *Fuchsia* feuchte Wälder bewohnen kann.

Merkmale: Die Pflanzen sind Kräuter, selten Sträucher und oft wasserlebend. Ihre Blätter sind einfach, gegen- oder wechselständig und tragen meist keine Nebenblätter. Die Blüten stehen einzeln in den Blattachseln oder in Trauben und sind zwitterig oder eingeschlechtig und dann zweihäusig verteilt *(Fuchsia)*. Einige sind zygomorph und bilden meist einen farbigen, perigynen Blütenbecher aus. Die 2, 4 oder 6 Kelchblätter sind frei und decken sich klappig. Es sind 2, 4 oder 6 freie Kronblätter vorhanden, selten keine. Die meist 8 Staubblätter stehen in 2 Kreisen; es können aber auch ein, 2, 4, 6 oder 12 Staubblätter da sein. Die Staubbeutel zeigen 2 längs aufspringende Theken. Der Fruchtknoten ist unterständig oder selten halbunterständig, besteht meist aus 4 verwachsenen Fruchtblättern und ist manchmal ungefächert. Meist sind aber 2

oder 4 Fächer vorhanden, von denen jedes eine bis viele anatrope und zentralwinkelständige Samenanlagen enthält. Der Griffel ist ungeteilt und besitzt 4 Narbenlappen. Die Frucht ist meist eine fachspaltige Kapsel, manchmal eine Beere oder Schließfrucht; sie enthält einen einzigen oder zahlreiche Samen, die bei *Epilobium* und *Zauschneria* ein Haarbüschel tragen. Der Embryo ist gerade oder fast gerade.

Die Entwicklung verlief wohl von ursprünglich radiären, vierzähligen zu stärker abgeleiteten, oft zygomorphen Blüten mit verminderter Kronblattzahl. Dies kann mit einem Wechsel von Fremdbestäubung zu ausschließlicher Selbstbestäubung einhergehen, z.B. bei *Camissonia, Gaura* und *Ludwigia*. Die ursprünglichsten Onagraceae wurden vermutlich von Insekten bestäubt, doch werden gerade die am wenigsten spezialisierten Arten, z.B. von *Lopezia* wie auch viele Fuchsien, von Vögeln bestäubt. Insektenblütigkeit könnte hier also auch abgeleitet sein. Bei vielen Onagraceae erfolgt die Bestäubung durch Falter. *Lopezia coronata* zeigt einen merkwürdigen Mechanismus, bei dem das einzige Staubblatt und die reifen Narben durch die Staminodien unter Spannung gehalten werden, bei Berührung auseinanderschnellen und den Blütenstaub gegen die Bauchseite der bestäubenden Fliegen schleudern.

Systematik: Seit vor über 60 Jahren mit intensiver Vererbungsforschung an Nachtkerzen *(Oenothera)* begonnen wurde, sind die Onagraceae Gegenstand umfangreicher Studien auf diesem Gebiet geworden. Die jüngsten Arbeiten weisen ihnen 18 Gattungen zu, die in eine große Tribus, die ONAGREAE *(Calylophus, Camissonia, Clarkia* — einschließlich *Godetia* —, *Gaura, Gayophytum, Gongylocarpus, Hauya, Heterogaura, Oenothera, Stenosiphon, Xylonagra)* und 5 kleinere Tribus eingeteilt werden: FUCHSIEAE *(Fuchsia)*, LOPEZIEAE *(Lopezia)*, CIRCAEEAE *(Circaea)*, JUSSIAEAE *(Ludwigia)* und EPILOBIEAE *(Boisduvalia, Epilobium, Zauschneria)*.

Obwohl die ältesten Fossilien der Familie zu *Ludwigia* gehören, scheint *Fuchsia* mit fleischigen Früchten und ursprünglicher Plazentation von den heute lebenden Gattungen den Vorfahren der Onagraceae am nächsten zu stehen. Die Blütenröhre, die früher als abgeleitetes Merkmal betrachtet wurde, ist auch bei den Lythraceae, Melastomataceae und Myrtaceae vorhanden, für welche gemeinsame Ausgangsformen mit den Onagraceae angenommen werden.

Nutzwert: Viele Arten werden als ausdauernde oder einjährige Gartenpflanzen gezogen, z.B. *Clarkia, Oenothera* (Nachtkerze), *Epilobium* (Weidenröschen) oder als winterharte oder Gewächshaussträucher *(Fuchsia)*. Einige *Ludwigia*-Arten (Heusenkraut) werden als Wasserpflanzen in Gewächshäusern kultiviert. D.M.M.

OLINIACEAE

Die Oliniaceae sind eine Familie aus nur einer Gattung *(Olinia)* mit 10 Arten von Bäumen und Sträuchern, die im östlichen und südlichen Afrika heimisch sind.

Die Blätter sind einfach, tragen verküm-

ONAGRACEAE. 1. *Fuchsia regia* var. *alpestris:* a) blühender Trieb (× ²/₃); b) halbierte Blüte mit freien Kelchblättern, die länger als die violetten Kronblätter sind (× 1¹/₂); c) Frucht im Querschnitt (× 3). 2. *Circaea cordata:* a) offene Kapsel (× 6); b) Frucht im Querschnitt (× 6). 3. *Epilobium hirsutum:* a) blühender Trieb (× ²/₃); b) Kapsel mit teilweise entfernter Wand (× 2); c) reife Frucht, die behaarten Samen freigebend (× 2). 4. *Lopezia coronata:* Blüte mit oberen Kronblättern mit nektarienähnlichen Flecken, einem aufrechten, fruchtbaren Staubblatt und kronblattartigen, löffelförmigen Staminodien – alles Anpassungen an eine besondere Art von Insektenbestäubung (× 3). 5. *Oenothera biennis:* a) blühender Trieb (× ²/₃); b) aufgeschnittene Blüte, Kronblätter entfernt (× 2).

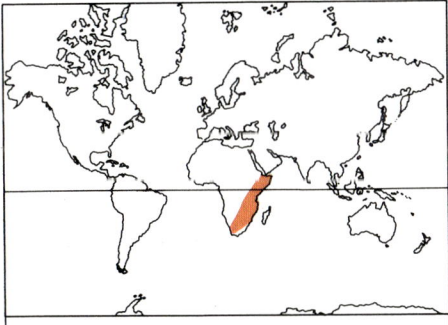

Gattungen: 1
Arten: 10
Verbreitung: östliches und südliches Afrika
Nutzwert: keiner

merte Nebenblätter und stehen gegenständig an vierkantigen Zweigen. Die Blüten sind zwitterig, radiär und stehen in Cymen in den Blattachseln oder an den Zweigenden. 4 oder 5 Kelchblätter setzen an der Mündung eines röhrenförmigen Blütenbechers an, ebenso die Kronblätter, welche mit genauso vielen, nach innen gebogenen, farbigen Schuppen (Staminodien) abwechseln. Der nächste Kreis besteht aus Staubblättern. Ihre sehr kurzen Filamente ver-

breitern sich zu einem dicken Konnektiv. Der unterständige, gefächerte Fruchtknoten besteht aus 3 bis 5 verwachsenen Fruchtblättern und trägt einen einfachen Griffel mit keulenförmiger Narbe. In jedem Fach finden sich 2 oder 3 hängende, zentralwinkelständige Samenanlagen. Die Frucht ist steinfruchtartig, mit einem einzigen, endospermlosen Samen in jedem Fach; dieser enthält einen spiraligen oder zusammengerollten Embryo.

Die Familie wurde zu den Cunoniaceae in Beziehung gebracht, doch scheint es sich nur um eine entfernte Verwandtschaft zu handeln. Möglicherweise sind die Oliniaceae enger mit den Thymelaeaceae verwandt. Es ist kein wirtschaftlicher Nutzen bekannt. S.R.C.

MELASTOMATACEAE
Schwarzmundgewächse

Die relativ große Familie der Melastomataceae enthält hauptsächlich Sträucher und kleine Bäume, aber auch einige Kletterpflanzen, Kräuter, Sumpfpflanzen und wenige Epiphyten. Eine Reihe von Arten wird wegen ihrer prächtigen Blüten kultiviert.

Verbreitung: Die Familie ist in den Tropen häufig, in gemäßigten Zonen selten anzutreffen. Sie bildet eine der größten Familien südamerikanischer Pflanzen und ist besonders charakteristisch für die Flora Brasiliens.

Merkmale: Die wichtigsten Erkennungsmerkmale findet man in der Blattnervatur und in der Gestalt der Staubblätter. Die Blätter sind kreuzgegenständig, selten wechselständig durch Unterdrückung des einen Blattes; Nebenblätter fehlen. 3 bis 9 bogenförmig verlaufende Hauptnerven fallen besonders auf. Die Zweige sind oft vierkantig. Die Blüten sind zwitterig, radiär und weisen meist je 4 oder 5 Kelch- und Kronblätter auf. Es sind meist doppelt soviele Staub- wie Kronblätter vorhanden. Die Staubfäden sind geknickt (ellbogenförmig) und tragen unfruchtbare Anhänge von verschiedenartiger Gestalt: pfriemlich, dornig, keulenförmig, gebogen oder gegabelt. Die Staubbeutel öffnen sich meist mit einer einzigen, endständigen Pore. Der gefächerte Fruchtknoten ist ober- oder häufiger unterständig durch Verwachsung mit der Blütenachse. Es sind ein bis 14 Fruchtblätter vorhanden. Die 2 bis zahlreichen Samenanlagen stehen an zentralwinkelständigen, basalen oder parietalen Plazenten. Der Griffel ist einfach. Die Frucht ist eine Beere oder fachspaltige Kapsel mit zahlreichen Samen.

MELASTOMATACEAE. 1. *Melastoma malabathricum:* **a)** blühender Trieb mit charakteristischen parallelnervigen Blättern (× ²/₃); **b)** halbierte Blüte: Staubblätter mit knieförmig gebogenen Filamenten und sich mit einer einzigen Pore öffnenden Staubbeuteln (× 1¹/₃); **c)** Fruchtknoten im Querschnitt (× 2²/₃); **d)** Staubblatt mit gelappten Anhängen am Grunde des Konnektivs (× 3¹/₃); **e)** Kapsel (× 2²/₃); **f)** Same (× 8). **2.** *Dissotis* sp.: blühender und fruchtender Trieb mit vierkantigem Stengel (× ²/₃). **3.** *Sonerila grandiflora:* Sproß mit cymösem Blütenstand (× ²/₃). **4.** *Memecylon laurinum:* halbierte Blüte mit unterständigem Fruchtknoten und fast grundständigen Plazenten (× 3¹/₃). **5.** *M. intermedium:* Beeren (× ²/₃).

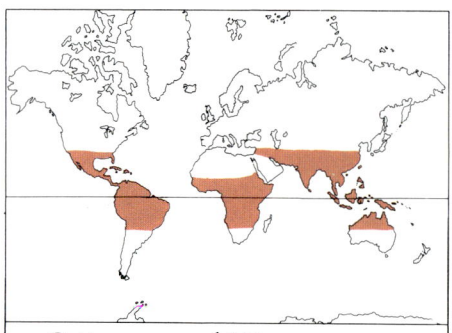

Gattungen: rund 240
Arten: rund 3000
Verbreitung: hauptsächlich tropisch und subtropisch, mit Schwerpunkt in Südamerika, aber auch in gemäßigten Gebieten
Nutzwert: lokale Nutzung von Hartholz und eßbaren Früchten, einige Zierpflanzen

Systematik: Die Familie wird in 3 Unterfamilien und ungefähr 13 Tribus unterteilt. Die größte Unterfamilie, die MELASTOMATOIDEAE, zeigt einen Fruchtknoten aus 2 bis vielen Fruchtblättern, der oberständig oder aber mehr oder weniger mit der Blütenachse verwachsen und unterständig ist. Die zahlreichen Samen sind zentralwinkelstän-

dig. Die Frucht ist eine Kapsel oder Beere; die wichtigsten Gattungen sind *Tibouchina*, *Melastoma*, *Oxyspora*, *Sonerila* und *Miconia*. Bei den ASTRONIOIDEAE besteht der Fruchtknoten ebenfalls aus 2 bis vielen Fruchtblättern. Die zahlreichen Samen sitzen an fast grundständigen oder parietalen Plazenten. Die Frucht ist eine Kapsel oder Beere. *Astronia* und *Kibessia* sind die wichtigsten Gattungen. Die MEMECYLOIDEAE bringen Fruchtknoten aus 2 bis 6 Fruchtblättern (gelegentlich eines) hervor, mit vielen fast grund- oder zentralwinkelständigen Samen. Die Frucht ist eine Kapsel oder Beere. Die wichtigsten Gattungen sind *Memecylon* und *Mouriri*. Die Memecyloideae werden von einigen Fachleuten als selbständige Familie, Memecylaceae, aufgefaßt.
Die Verwandtschaftsbeziehungen dieser Familie sind unklar. Möglicherweise sind einige der Memecyloideae mit Vertretern der Myrtaceae verwandt, da beide 4 bis viele Fruchtblätter und 2 bis viele, zentralwinkelständige Samenanlagen in jedem Fach haben. Vielleicht bestehen auch Beziehungen zu den Combretaceae, die wie die Melastomataceae doppelt soviele Staub- wie Kronblätter und meist einen unterständigen Fruchtknoten haben.

Nutzwert: Außer im Gartenbau ist kein Vertreter der Familie wirtschaftlich von Bedeutung. Das Hartholz einiger Arten von *Astronia* und *Memecylon* wird lokal im Möbel- und Hausbau verwendet. Auf Sumatra ißt man Früchte und Blätter von *Medinilla hasseltii*, im tropischen Amerika die Früchte einiger Arten von *Melastoma* und *Mouriri*. Ein paar Arten liefern Farben (z.B. Gelb von *Memecylon edule*).
Eine Reihe von strauchigen Arten wird wegen ihrer hübschen Blüten in Gärten und Gewächshäusern kultiviert. Zu ihnen zählen *Dissotis grandiflora*, *Medinilla curtisii*, *M. magnifica*, *Tibouchina urvilleana* (*T. semidecandra*), *Melastoma malabathricum* und *Monochaetum alpestre*.   H.P.W.

COMBRETACEAE
Strandmandelgewächse
Die Combretaceae sind tropische Bäume, Sträucher und Lianen; zu ihnen zählen auch einige Nutz- und Zierpflanzen.
Verbreitung: Die Familie ist überall in den Tropen verbreitet, aber kaum je außerhalb anzutreffen.
Merkmale: Die Familie enthält Pflanzen von 50 m hohen oder noch höheren Waldriesen bis zu Zwergsträuchern mit unterirdischen Rhizomen und kurzen oberirdi-

COMBRETACEAE. 1. *Combretum grandiflorum:* **a)** blühender Sproß (× ²/₃); **b)** Blüte mit fünflappigem, grünem Kelch, 5 roten Kron-, 10 Staubblättern und fadenförmigem Griffel (× 1); **c)** halbierte Blüte mit unterständigem, ungefächertem Fruchtknoten und hängender Samenanlage (× 1); **d)** geflügelte Frucht (× ²/₃). 2. *Quisqualis indica:* Sproß, Blüten mit langem, röhrenförmigem Blütenbecher (× ²/₃). 3. *Terminalia chebula:* **a)** Sproß mit Blütenstand (× ²/₃); **b)** Blüte mit gezähntem Kelch und zahlreichen Staubblättern (× 7); **c)** Blüte, Kelch halbiert und Staubblätter z. T. entfernt, um die Haare an der Spitze des Fruchtknotens zu zeigen (× 8); **d)** holzige Früchte (× ²/₃).

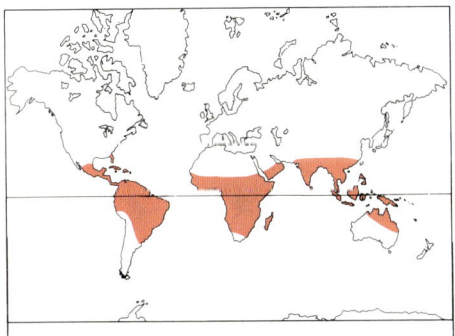

Gattungen: 20
Arten: rund 475
Verbreitung: hauptsächlich tropisch, mit wenigen subtropischen Arten
Nutzwert: Nutzholz, tropische Zierpflanzen, Gerberei (Früchte von *Terminalia* spp.)

schen Trieben, die häufig abgefressen oder abgebrannt werden und so mehr oder weniger einjährig scheinen. In Wäldern herrschen die großen Bäume und Lianen vor, während im Grasland die strauchigen Arten häufiger sind. Die Blätter sind ganzrandig, wechsel- oder gegenständig und nebenblattlos. Die kleinen, radiären und zwitterigen Blüten (selten eingeschlechtig) bilden kugelige oder längliche Blütenstände. Sie produzieren oft Nektar. Es sind meist 5 (manchmal 4) klappige Kelchblätter und 5 (manchmal 4) sich dachig deckende oder klappige Kronblätter vorhanden, die aber auch völlig fehlen können. Die Staubblätter stehen in einem oder 2 Wirteln zu vier oder fünft; selten sind sie zahlreicher. Der unterständige, ungefächerte Fruchtknoten enthält 2 bis 5 hängende Samenanlagen. Der Griffel ist einfach.

Bei vielen Gattungen besteht eine Tendenz zur Entwicklung windverbreiteter, geflügelter Früchte. Leichtere Früchte werden in der Luft verweht, schwerere über den Boden gerollt, wobei die steifen Flügel wie Speichen wirken. In Wäldern jedoch, wo diese Ausbreitungsart ungeeignet ist, besitzen die meisten Arten ungeflügelte Früchte, die fleischig sind und von Tieren verschleppt werden oder schwammiges Gewebe aufweisen und vom Wasser verbreitet werden. Die Mangrove-Gattungen bringen vivipare Früchte hervor, die bereits auf der Mutterpflanze keimen. Die Samen besitzen kein Endosperm, und die Keimblätter sind sehr unterschiedlich geformt.

Systematik: Abgesehen von einem ungewöhnlichen afrikanischen Vertreter bilden die Gattungen 3 Gruppen. Eine von diesen umfaßt 3 Gattungen, von denen 2 in der Mangrove vorkommen: *Lumnitzera* in Ostafrika, Asien und Australien, *Laguncularia* in Westafrika und Amerika.

Die anderen beiden Gruppen enthalten als größte Gattung *Combretum* (200 Arten), meist mit Kronblättern, gegenständigen Blättern mit Drüsenhaaren und kaum verholzten Früchten, und *Terminalia* (150 Arten), meist ohne Kronblätter, mit spiralig angeordneten Blättern ohne Drüsenhaare und stark verholzten Früchten. Beide Gattungen findet man praktisch überall in den Tropen (*Combretum* fehlt in Australien). Ihre Verwandten sind viel weniger weit verbreitet; die meisten sind auf einen Kontinent beschränkt. *Conocarpus* aus der mit *Terminalia* verwandten Gruppe ist die dritte Mangrove-Gattung der Combretaceae.

Die Combretaceae sind wahrscheinlich am engsten mit den Myrtaceae verwandt. Alle Combretaceae der Familie besitzen merkwürdige einzellige Haare, die sonst innerhalb der Angiospermen nur noch von einigen Gattungen der Myrtaceae bekannt sind.

Nutzwert: Einige Bäume aus der Gattung *Terminalia* liefern wichtiges Holz für den Export, z.B. *Terminalia ivorensis* und *T. superba* (Limbaholz), beide aus Westafrika.

Viele andere werden eher lokal genutzt, z.B. *T. sericea.* Einige der größeren Bäume pflanzt man als Schattenspender (*T. catappa;* Indischer Mandelbaum). Kletterpflanzen mit attraktiven Blüten werden als Zierpflanzen gezogen; die bekanntesten sind *Quisqualis indica* aus Asien und verschiedene *Combretum*-Arten, besonders *Combretum grandiflorum* (Langfaden) aus dem tropischen Westafrika.

Viele Combretaceen-Arten werden lokal als Medizin und Nahrung genutzt. Die Indische Mandel ist der eßbare Kern von *Terminalia catappa* aus dem tropischen Asien; sie wird heute in vielen Teilen des tropischen Afrika und auch in Amerika kultiviert. *Terminalia*-Arten liefern Früchte, die für die Gerberei verwendet werden. C.A.S.

CORNALES *Hartriegelartige*

NYSSACEAE *Tupelobaumgewächse*

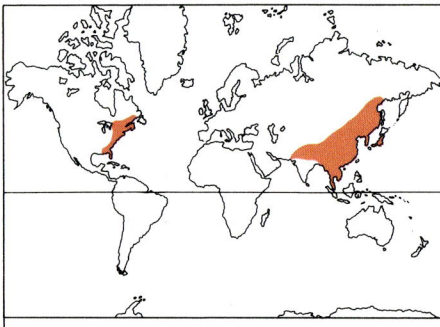

Gattungen: 3
Arten: 8
Verbreitung: östliches Nordamerika, China und Tibet
Nutzwert: Früchte, Nutzholz und geschätzte Zierpflanzen

Die Nyssaceae sind eine kleine Familie von Bäumen und Sträuchern, zu der auch der Taubenbaum und der Tupelo (Zierbäume) gehören.

Verbreitung: Die Familie ist durch 3 Gattungen, *Nyssa, Camptotheca* und *Davidia,* vertreten. Es existieren 6 *Nyssa*-Arten, 4 davon im östlichen Nordamerika und 2 in Ostasien. *Camptotheca* besteht aus einer Art, *Camptotheca acuminata* (nur in China und im Tibet). Die einzige *Davidia*-Art ist in China heimisch.

Merkmale: Die Blätter sind wechselständig, ganzrandig oder gezähnt und besitzen keine Nebenblätter. Die Blüten sind radiär, eingeschlechtig und zwitterig, die Pflanzen polygam. Die männlichen Blüten bilden Köpfchen, Trauben und Dolden; die weiblichen und zwitterigen treten als Einzelblüten oder in Köpfchen aus 2 bis 12 Blüten auf. Der sehr kleine Kelch wird zu 5 winzigen Zähnen gebildet oder fehlt. Es sind meist 5, manchmal 4 bis 8 Kronblätter vorhanden. Die Staubblätter (meist 10, manchmal 8 bis 16) bestehen aus langen, dünnen Filamenten und kleinen Staubbeuteln. Der ungefächerte, unterständige Fruchtknoten setzt sich aus einem oder 2 bis mehreren Fruchtblättern zusammen. Er enthält eine

einzige, apikale, hängende Samenanlage. Der Griffel ist einfach oder gegabelt, aufrecht oder spiralig gewunden. Die Frucht ist eine Steinfrucht oder flügelartig. Der einzige Same enthält wenig Endosperm und einen ziemlich großen Embryo.

Systematik: Die 3 Gattungen können aufgrund mehrerer Merkmale unterschieden werden. Der Fruchtknoten von *Davidia* besitzt 6 bis 10 Fächer. Ihren männlichen Blüten fehlt die Blütenhülle; die weiblichen und zwitterigen Blüten zeigen hingegen zahlreiche Blütenhüllblätter. Der Griffel ist gelappt und die Frucht eine Steinfrucht. *Nyssa* und *Camptotheca* haben einen ungefächerten Fruchtknoten. Alle Blüten bringen Kelch- und Kronblätter hervor. Der Griffel ist pfriemlich. Bei *Nyssa* ist der Griffel ungeteilt und die Frucht eine Steinfrucht; bei *Camptotheca* ist der Griffel gegabelt und die Frucht eine Flügelfrucht. Die Familie ist mit den Cornaceae verwandt. *Davidia* wird oft als eigene Familie, Davidiaceae, aufgefaßt.

Nutzwert: *Nyssa* (Tupelo) liefert eßbare Früchte und Holz. Ihre größte Bedeutung hat die Gattung jedoch als Gartenpflanze wegen ihres schönen Herbstlaubes. *Davidia involucrata* ist der Taubenbaum. *Camptotheca acuminata* wird ebenfalls als Zierpflanze kultiviert. S.A.H.

GARRYACEAE

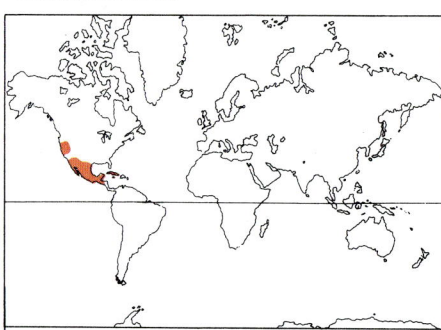

Gattungen: 1
Arten: rund 18
Verbreitung: südwestliches Nordamerika, nördliches Mittelamerika, Westindische Inseln
Nutzwert: winterblühende Ziersträucher

Die Garryaceae umfassen eine einzige Gattung (*Garrya*) immergrüner Sträucher.

Verbreitung: Die Familie ist auf das westliche und südwestliche Nordamerika, Mexiko, Guatemala und die Westindischen Inseln beschränkt.

Merkmale: Die Blätter sind gegenständig, oval bis lanzettlich, ganzrandig, oft leicht gewellt. Die eingeschlechtigen, zweihäusig verteilten Blüten stehen in end- oder achselständigen, kätzchenartigen, hängenden Trauben. Die männlichen Blüten enthalten 4 introrse Staubbeutel auf kurzen Filamenten, die von 4 klappigen Blütenhüllblättern umgeben sind. Die weiblichen Blüten sind nackt oder weisen 2 bis 4 kleine, kreuzgegenständige Hochblätter auf, die oft zu einem Becher verwachsen und bisweilen als Kelchblätter oder Teile der Blütenhülle gedeutet werden. Der ungefächerte, unterstän-

dige Fruchtknoten besteht aus 2 bis 3 verwachsenen Fruchtblättern und enthält 2 hängende Samenanlagen an parietalen Plazenten. Die Frucht ist eine trockene, runde, ein- oder zweisamige Beere mit kleinen Samen und reichlich Endosperm.

Systematik: Die kätzchenartigen Trauben und kronblattlosen, eingeschlechtigen Blüten veranlaßten Systematiker im 19. Jahrhundert, die Garryaceae mit anderen kätzchentragenden Pflanzen in eine Gruppe zu stellen. Heute herrscht übereinstimmend die Auffassung, daß die Familie über die Gattungen *Griselinia* und *Aucuba* mit den Cornaceae verwandt ist.

Nutzwert: Einige *Garrya*-Arten werden als Ziersträucher kultiviert. F.B.H.

ALANGIACEAE

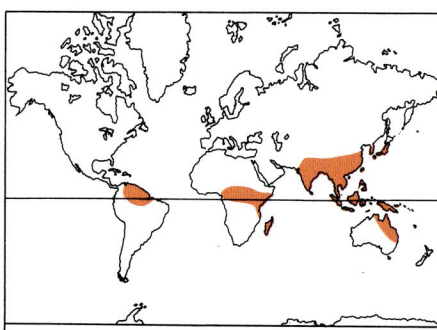

Gattungen: 2
Arten: rund 23
Verbreitung: altweltliche Tropen und nördliches Südamerika
Nutzwert: einige Zierpflanzen

Die Alangiaceae sind eine kleine Familie von Holzgewächsen. Ihre Verwandtschaftsbeziehungen sind noch ungeklärt.

Verbreitung: Die hauptsächlich tropische Familie enthält eine einzige altweltliche Gattung, *Alangium* (rund 20 Arten von Afrika bis nach Japan und Ostaustralien), und eine einzige neuweltliche Gattung, *Matteniusa* (3 Arten im nördlichen Südamerika).

Merkmale: Beide Gattungen sind Bäume oder Sträucher mit wechselständigen, gelegentlich stacheligen, meist einfachen Blättern ohne Nebenblätter. Die zwitterigen, radiären Blüten stehen an Blütenstandsstielen, die mit Vorblättern besetzt sind und Gelenke aufweisen. Sie bilden achselständige Cymen und besitzen gleichviele Kelch- wie Kronblätter (4 bis 10), wobei die Kelchblätter nach hinten und unten gebogen und oft mehr oder weniger gedreht sind. Die Kronblätter sind bisweilen am Grunde verwachsen und auf der Innenseite mehr oder weniger stark behaart. Die Zahl der Staubblätter variiert von 4 bis 40. Sie sind frei oder mit den Kronblättern verwachsen und bestehen aus oft behaarten Filamenten und meist basifixen, introrsen Staubbeuteln. Am Grunde des einzigen Griffels sitzt meist ein Diskus. Die Narbe ist keulenförmig, der Fruchtknoten meist ungefächert, unter- oder oberständig und enthält eine hängende, anatrope Samenanlage. Die steinfruchtartige Frucht ist einsamig, weist ein hartes Endokarp auf und wird meist

ALANGIACEAE. 1. *Alangium salviifolium:* a) Sproß mit achselständigen Blüten (× ²/₃); b) Blüte mit kurzer Kelchröhre, langen, zurückgebogenen Kronblättern, zahlreichen Staubblättern und einfachem Griffel mit gelappter Narbe (× 2); c) Fruchtknoten mit hängender Samenanlage im Längsschnitt (× 6); d) Staubblatt mit behaartem Filament und basifixem Staubbeutel (× 3); e) fruchtender Sproß (× 1); f) Frucht im Querschnitt (× 2).

vom bleibenden Kelch gekrönt. Der Same enthält fleischiges Endosperm.

Systematik: Die Alangiaceae werden meist in die Nähe der Cornaceae und der mit ihnen verwandten Familien gestellt.

Nutzwert: Einige *Alangium*-Arten werden als Ziersträucher kultiviert.   I.B.K.R.

CORNACEAE   *Hartriegelgewächse*

Die Cornaceae sind eine kleine Familie von Bäumen und Sträuchern, selten Kräutern, die hauptsächlich wegen der Hartriegel (verschiedene *Cornus*-Arten) und einiger *Aucuba*-Varietäten (Goldblatt) bekannt sind.

Verbreitung: Die Familie findet sich hauptsächlich in nördlich-gemäßigten Gebieten, einige Arten kommen in den Tropen und Subtropen von Mittel- und Südamerika, Afrika, Madagaskar, Indomalesien und Neuseeland vor.

Merkmale: Vertreter dieser Familie sind holzige, manchmal immergrüne Pflanzen (z.B. *Aucuba, Mastixia*) mit gegenständigen oder gelegentlich wechselständigen, einfachen Blättern. Die Blütenstände sind meist Ebensträuße und Dolden, die mitunter von großen, auffälligen Hochblättern umgeben sind. Die Blüten sind klein, zwitterig oder eingeschlechtig (dann zweihäusig verteilt, z.B. bei *Aucuba, Griselinia*). Die radiären Blüten weisen eine vier- oder fünf-

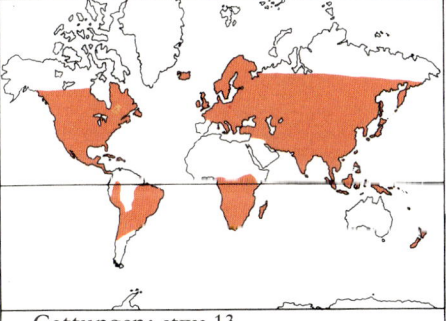

Gattungen: etwa 13
Arten: über 100
Verbreitung: hauptsächlich nördlich-gemäßigte Region, einige Arten in den Tropen und Subtropen
Nutzwert: beliebte Ziersträucher (Hartriegel), Früchte von *Cornus mas* (Getränke, Eingemachtes) und einige Nutzhölzer

zipfelige Kelchröhre auf (bisweilen fehlt sie). Es sind meist 4 oder 5 freie Kronblätter vorhanden (selten keine). Die ihnen gleichzähligen Staubblätter wechseln mit den Kronblättern ab. Die kurzen Staubbeutel öffnen sich längs. Der unterständige Fruchtknoten besteht aus 2 (selten einem, 3 oder 4) verwachsenen Fruchtblättern. Er ist ungefächert bis vierfächerig und zeigt zentralwinkelständige Plazentation (parietale bei *Aucuba*) mit einer anatropen, hän-

genden Samenanlage in jedem Fach. Der Griffel ist einfach, die Narbe gelappt. Die Frucht ist eine Steinfrucht oder Beere mit einem bis 4 Fächern und einem oder 2 Samen.

Systematik: *Cornus* (im engeren Sinne rund 4 Arten) hat eine weite Verbreitung von Mittel- und Südeuropa bis zum Kaukasus, in Ostasien und Kalifornien. *Cornus* im weiten Sinn umfaßt Sippen, die oft als selbständige Gattungen aufgefaßt werden, z.B. *Afrocrania, Chamaepericlymenum, Benthamidia, Dendrobenthamia* und *Swida. Chamaepericlymenum*, die einzige krautige Gattung der Familie, wächst in den Gebirgen von Nordamerika, Europa, Asien und Japan. *Benthamidia* (3 Arten) gedeiht im östlichen und westlichen Nordamerika, Himalaja und in Japan. 36 Arten von *Swida* sind in nördlich-gemäßigten Zonen anzutreffen, 3 Arten in Mexiko und eine in den nördlichen Anden. *Aucuba* ist eine Gattung mit 3 Arten winterharter, immergrüner, zweihäusiger Sträucher, die vom Himalaja bis nach Japan verbreitet sind. *Toricellia* (3 Arten), *Helwingia* (5 Arten) und *Dendrobenthamia* (12 Arten) reichen ebenfalls vom Himalaja bis nach Japan. 2 Mitglieder der Familie wachsen im tropischen, südlichen Ostafrika: *Curtisia* und *Afrocrania* (ein Gebirgsbaum). *Melanophylla* umfaßt 8 in Madagaskar heimische Arten. In der in-

1d **1c** **2b**

1e

4b **4c**

4a **4d**

4e

2a

3b

3d

3f

3e **3a** **3c**

1b **1a**

CORNACEAE. **1.** *Curtisia faginea:* **a)** Sproß mit endständigem Blütenstand (× ²/₃); **b)** Blüte (× 6); **c)** Frucht (× 3); **d)** Frucht im Querschnitt (× 3); **e)** Same (× 3). **2.** *Chamaepericlymenum canadense:* **a)** Sproß mit Blütenstand aus kleinen Blüten, von weißen Hochblättern umgeben (× ²/₃); **b)** Früchte (× ²/₃). **3.** *Corokia buddleoides:* **a)** blühender Sproß (× ²/₃); **b)** Blütenknospe (× 3); **c)** ausgebreitete Blütenhülle (× 3); **d)** Fruchtknoten im Längsschnitt (rechts) (× 3); **e)** Frucht: ganz (links) und im Längsschnitt (rechts) (× 3); **f)** Fruchtstand (× ²/₃). **4.** *Aucuba japonica:* **a)** Sproß mit weiblichen Blüten (× ²/₃); **b)** männliche Blüte (× 2); **c)** weibliche Blüte (× 2); **d)** Früchte (× ²/₃); **e)** Frucht im Querschnitt (× ²/₃).

domalaiischen Region kommen über 25 *Mastixia*-Arten vor, mittelgroße bis große, immergrüne Bäume. *Griselinia* umfaßt 6 Arten von Bäumen und bisweilen epiphytischen Sträuchern mit stark disjunkter Verbreitung: 4 Arten in Brasilien und 2 in Neuseeland.

Die Familie wird in 2 Unterfamilien mit mehreren Tribus unterteilt. Die Unterfamilien sind:

CURTISIOIDEAE: Samenanlagen mit ventraler Raphe; Blüten zwitterig; Fruchtknoten aus einem bis 4 Fruchtblättern, ein- bis vierfächerig; *Curtisia, Mastixia.*

CORNOIDEAE: Samenanlagen mit dorsaler Raphe; Blüten zwitterig oder eingeschlechtig; Fruchtknoten immer ungefächert, mit einem bis 4 Fruchtblättern; *Toricellia, Helwingia, Cornus, Aucuba, Griselinia, Melanophylla.*

Einige Systematiker stellen *Curtisia, Mastixia, Toricellia, Helwingia, Aucuba, Griselinia* und *Melanophylla* je in eine eigene Familie.

Die Cornaceae sind mit den Alangiaceae und Nyssaceae verwandt, doch haben diese Familien mehr Staub- als Kronblätter (abgesehen von einigen Alangiaceae), und ihre Blätter sind streng wechselständig.

Nutzwert: *Cornus, Aucuba* und *Griselinia*

bringen Arten hervor, die verbreitet als Ziersträucher kultiviert werden. Früchte von *Cornus mas* können als Eingemachtes genossen werden. Das Holz einiger *Cornus-* und *Curtisia*-Arten wird für Möbel, landwirtschaftliche Geräte, Spulen und Weberschiffchen gebraucht.   H.P.W.

PROTEALES *Silberbaumartige*

ELAEAGNACEAE *Ölweidengewächse*
Die Elaeagnaceae bilden eine kleine Familie reichverzweigter Sträucher mit silbrigen oder goldfarbenen Schuppenhaaren. Sie enthalten einige Zierpflanzen, z.B. die Ölweide *(Elaeagnus angustifolia)* und den Sanddorn *(Hippophaë).*
Verbreitung: Die Familie ist hauptsächlich in Nordamerika, Europa, Südasien und Australien verbreitet, häufig in Küstenregionen oder Steppen.
Merkmale: Eine beträchtliche Zahl von Arten ist dornig (z.B. in der Gattung *Hippophaë).* Die Zweige und Blätter sind mit silbrigen, braunen oder goldfarbenen Haaren bedeckt, die schild- oder schuppenförmig sind. Die Blätter sind wechselständig, gegenständig oder wirtelig und ledrig, nebenblattlos, einfach und ganzrandig.

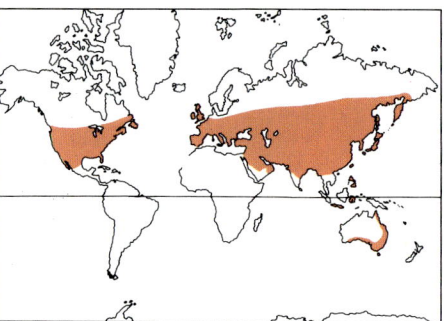

Gattungen: 3
Arten: rund 50
Verbreitung: Nordamerika, Europa, Südasien, Australien; hauptsächlich Küsten und Steppen
Nutzwert: Zierpflanzen und begrenzte Nutzung von Früchten und Holz

Die Blüten sind radiär und stehen einzeln oder in Büscheln oder Trauben. Die Kronblätter fehlen; die Blütenhülle besteht aus einem einzigen Kreis von 2 bis 8 verwachsenen Kelchblättern. Bei den männlichen Blüten ist der Kelch oft flach, bei den zwitterigen und weiblichen Blüten röhrenförmig. Es sind 4 bis 8 freie Staubblätter vorhanden. Der Fruchtknoten ist oberständig und be-

ELAEAGNACEAE. 1. *Shepherdia argentea:* **a)** blühender Trieb mit Dornen und männlichen Blüten (× ²/₃); **b)** Sproß mit weiblichen Blüten (× ²/₃); **c)** weibliche Blüte (× 6); **d)** männliche Blüte (× 6); **e)** Frucht: fleischige Hülle entfernt, um den einen Samen zu zeigen (× 3). **2.** *Hippophaë rhamnoides:* **a)** dorniger, fruchtender Sproß (× ²/₃); **b)** weibliche Blüte mit zweilappiger Kelchröhre (× 3); **c)** Gynoeceum (× 3); **d)** Frucht (× 2); **e)** Frucht, fleischiger Kelch teilweise entfernt (× 2); **f)** männliche Blüte (× 3); **g)** aufgeklappte männliche Blüte (× 2). **3.** *Elaeagnus multiflora:* **a)** Sproß mit fleischigen Früchten (× ²/₃); **b)** Sproß mit zwitterigen Blüten (× ²/₃); **c)** ausgebreitete Blüte mit ungefächertem Fruchtknoten im Längsschnitt (× 2).

steht aus einem einzigen Fruchtblatt, das eine einzige aufrechte und anatrope Samenanlage enthält. Der Griffel ist lang und trägt eine einfache Narbe. Die Frucht ist eine Nuß und wird von dem verdickten, unteren Teil des bleibenden Kelchs umgeben. Sie enthält einen einzigen Samen mit wenig oder ohne Endosperm und einen geraden Embryo mit dicken, fleischigen Keimblättern.

Systematik: Die 3 Gattungen *Elaeagnus* (45 Arten), *Hippophaë* (2 oder 3 Arten) und *Shepherdia* (3 Arten) können aufgrund folgender Merkmale unterschieden werden:
Shepherdia (Nordamerika): Blätter gegenständig, Pflanzen zweihäusig, männliche Blüten mit 4 Kelch- und 8 Staubblättern.
Hippophaë (Europa und Asien): Blätter wechselständig, Pflanzen meist zweihäusig, weibliche Blüten mit zweizipfliger Kelchröhre, männliche Blüte mit 2 großen Kelch- und 4 Staubblättern.
Elaeagnus (Europa, Asien, Nordamerika, Australien): Blätter wechselständig, Blüten zwitterig oder eingeschlechtig, einhäusig verteilt; die vierzipflige Kelchröhre ist länger als der Fruchtknoten; 4 Staubblätter.
Es wird angenommen, daß die Eleagnaceae mit den Thymelaeaceae oder möglicherweise mit den Rhamnaceae verwandt sind.

Sie unterscheiden sich aber von ihnen durch die goldfarbene oder silbrige Behaarung, den Bau der Früchte und den Besitz einer grundständigen Samenanlage. Hier werden sie in die Nähe der Proteaceae gestellt, mit denen sie Merkmale wie (möglicherweise) perigyne Blüten, reduzierte oder fehlende Kronblätter und ein einziges Fruchtblatt teilen.

Nutzwert: Einige Arten werden als Ziersträucher gezogen, besonders *Elaeagnus angustifolia* (Ölweide), *E. pungens*, *E. umbellata* und *E. macrophylla*. Es handelt sich um laubwerfende oder immergrüne Sträucher, die wegen ihres hübschen Laubes kultiviert werden. Die weiblichen Pflanzen von *Hippophaë rhamnoides* (Sanddorn) tragen im Herbst und Winter kräftig orange gefärbte Früchte.
Die Früchte einiger Arten sind eßbar, z.B. diejenigen von *Shepherdia argentea* (Büffelbeere). Ihre Früchte werden zu Gelee verarbeitet und in verschiedenen Teilen der USA und Kanadas getrocknet mit Zucker gegessen. Die Beeren von *S. canadensis* (Rostrote Büffelbeere) werden getrocknet oder geräuchert von den Eskimos gegessen. Aus Beeren von *Hippophaë rhamnoides* wird in Frankreich eine Soße zubereitet, andernorts Gelee. Das Holz dieser Arten

ist fein gemasert und wird für Drechslerarbeiten verwendet. Die Früchte des japanischen Strauches *Elaeagnus multiflora* verarbeitet man zu Konserven und zu einem alkoholischen Getränk. S.R.C.

PROTEACEAE *Silberbaumgewächse*
Die Proteaceae sind eine der bekanntesten Familien der Südhalbkugel. Sie liefern zahlreiche Beispiele für Verbindungsglieder zwischen den Floren von Südamerika, Südafrika und Australasien. Bei der Gattung *Gevuina* ist beispielsweise eine Art in Chile heimisch, während die beiden anderen in Queensland (Australien) und Neuseeland heimisch sind. Viele der Arten sind trockenen Lebensräumen angepaßt; einige ursprüngliche Arten sind jedoch Regenwaldpflanzen.
Verbreitung: Die Familie ist im südlichen Afrika, in Asien, Australasien sowie Mittel- und Südamerika vertreten, besonders in Gebieten mit langen Trockenzeiten.
Merkmale: Fast alle Arten sind Bäume oder Sträucher mit wechselständigen, ganzrandigen oder geteilten Blättern. Nebenblätter fehlen; die Blätter sind ledrig und oft behaart. Die Blüten stehen in bisweilen prächtigen Trauben, Ähren oder Köpfchen mit einem Kranz von Hochblättern. Die

PROTEACEAE. 1. *Leucospermum conocarpodendron:* **a)** Sproß mit endständigem, zapfenartigem Blütenstand (× ²/₃); **b)** Blüte: Staubblätter mit den Blütenhüllblättern verwachsen, Griffel lang mit pfeilförmiger Narbe (× 1¹/₂); **c)** ausgebreitete Frucht mit Samen (× 10); **d)** behaartes Tragblatt (× 4). **2.** *Grevillea robusta:* **a)** Blatt (× ²/₃); **b)** Blütenstand, jede Blüte mit herausragender Narbe (× ²/₃); **c)** junge Blüte, Narbe in der Knospe zurückgehalten (× 2); **d)** Kronblatt mit angewachsenem Staubbeutel (× 5¹/₂); **e)** entfaltete Blüte mit herausragendem Griffel (× 2); **f)** Früchte (× ²/₃); **g)** geflügelter Same (× ²/₃).

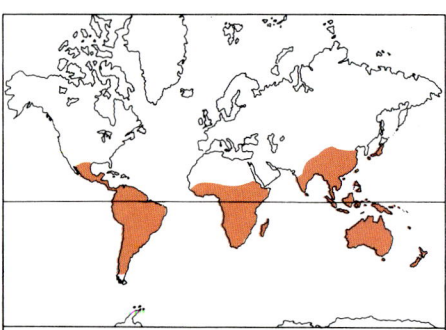

Gattungen: 62
Arten: über 1000
Verbreitung: Asien, südliches Afrika, Australasien, Mittel- und Südamerika; besonders in trockenen Gebieten
Nutzwert: Zierpflanzen, eßbare Samen, Honig und Holz

Blütenstände von *Banksia* bringen bis zu 1000 Blüten hervor. Diese sind meist zwitterig, manchmal aber eingeschlechtig und zweihäusig verteilt. Sie sind zygomorph und weisen 4 Blütenhüllzipfel (die einige Botaniker als Kelchblätter deuten) mit zurückgeschlagenen Spitzen auf. 2 bis 4 Schuppen (mitunter als Kronblätter angesehen) wechseln mit ihnen ab. An den Blütenhüllzipfeln setzen 4 Staubblätter an; dabei sind oft nur die Staubbeutel frei und auffällig, während die verwachsenen Filamente kaum sichtbar sind. Der oberständige Fruchtknoten kann gestielt sein; er besteht aus einem Fruchtblatt und enthält eine bis viele Samenanlagen. Der Griffel ist lang, oft nach innen gebogen, manchmal fleischig oder drahtig. Die Frucht ist eine Nuß, Stein- oder Balgfrucht. Die endospermlosen Samen sind oft geflügelt.

Die Blüten neigen zu Vormännlichkeit: Die männlichen Blütenteile reifen vor den weiblichen, und der Blütenstaub wird auf der noch nicht belegungsfähigen Griffeloberfläche den Bestäubern, etwa Vögeln und Insekten, angeboten — ein Verhalten, das Proteaceae feuchterer Klimate nicht zeigen.

Systematik: Es können 2 Unterfamilien unterschieden werden — die GREVILLEOIDEAE und PROTEOIDEAE. Die erstgenannte, allgemein als ursprünglicher angesehene besitzt paarweise angeordnete Blüten, die Proteoideae hingegen Einzelblüten. *Protea* (Schimmerbaum) und *Leucadendron* (Silberbaum) zeigen ähnliche Blütenstände wie einige Compositae oder Pinaceae. Die Proteaceae werden allgemein als isolierte Familie mit unklaren Verwandtschaftsbeziehungen angesehen. Sie sind möglicherweise am engsten mit den Elaeagnaceae verwandt, mit denen sie Merkmale wie teils perigyne Blüten mit reduzierten oder fehlenden Kronblättern und den Besitz eines einzigen Fruchtblattes teilen.

Nutzwert: Wegen ihres hohen Zierwertes werden viele Proteaceen-Gattungen (z. B. *Banksia, Embothrium, Grevillea* und *Telopea*) erfolgreich in tropischen, subtropischen und gemäßigten Klimaten kultiviert. Bekannt sind *Grevillea robusta* (Silbereiche), *Protea cynaroides, P. neriifolia,* die seltene *P. stokoei, P. grandiceps, P. barbigera, Embothrium coccineum* und *Hakea laurina.* Sowohl *Gevuina avellana* als auch *Macadamia integrifolia* liefern eßbare Samen, z.B. die Macadamia-Nuß, die in Australien und auf Hawaii angebaut wird. *Grevillea*-Arten liefern ein geschätztes Furnierholz. B.M.

SANTALALES *Sandelholzartige*

SANTALACEAE *Sandelholzgewächse*
Die Santalaceae sind Kräuter, Sträucher und Bäume der Tropen und gemäßigter Gebiete. Die meisten (wenn nicht alle) sind Halbparasiten. Sie sind fähig, ihren Bedarf

SANTALACEAE. **1.** *Quinchamalium majus:* a) Sproß mit endständigem Blütenstand (× ²/₃); b) Blüte (× 3); c) mit einem Blütenhüllblatt verwachsenes Staubblatt (× 4); d) Fruchtknoten im Längsschnitt (× 12). **2.** *Thesium lacinulatum:* a) blühender Sproß (× ²/₃); b) Triebspitze mit Schuppenblättern (× 3); c) Blüte (× 6); d) Blüte, 2 Blütenhüllblätter entfernt (× 6); e) Frucht (× 6). **3.** *Santalum yasi:* a) blühender Sproß (× ²/₃); b) Blüte (× 6); c) ausgebreitete Blüte (× 8); d) Fruchtknoten im Querschnitt (× 18); e) Fruchtknoten im Längsschnitt (× 18); f) Frucht (× ²/₃). **4.** *Anthobolus foveolatus:* a) fruchtender Sproß (× ²/₃); b) halb entfaltete Blüte (× 4); c) Blüte (× 4); d) Frucht im Längsschnitt (× 1¹/₃). **5.** *Scleropyrum wallichianum:* Früchte (× ²/₃).

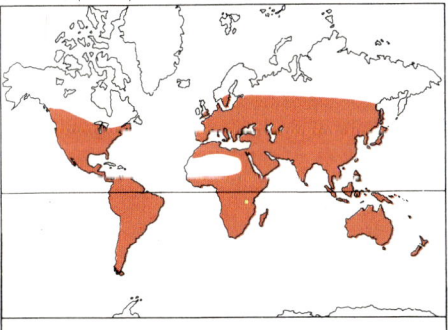

Gattungen: rund 35
Arten: rund 400
Verbreitung: weit verbreitet in den Tropen und gemäßigten Gebieten
Nutzwert: Holz (Sandelholz), Öl, eßbare Früchte

an Betriebsstoffen durch Photosynthese zu decken, doch brauchen sie eine Wirtspflanze, von der sie Wasser und Mineralstoffe über Haustorien aufnehmen. Sie parasitieren meist auf Wurzeln; einige sind jedoch epiphytisch.
Verbreitung: Die Familie ist an trockenen Standorten in den Tropen und gemäßigten Gebieten weit verbreitet.

Merkmale: Die Blätter sind meist einfach und ganzrandig. Sie besitzen keine Nebenblätter und stehen spiralig oder gegenständig. Einige Gattungen, z.B. *Santalum*, bringen gegenständige Blätter hervor. Vertreter bestimmter Gattungen, z.B. *Anthobolus*, *Exocarpos* und *Phacellaria*, tragen Schuppenblätter, und die Pflanzen sehen oberflächlich Ginster oder Zypressen ähnlich. Einige strauchige Arten sind mit Sproßdornen versehen. *Exocarpos phyllanthoides* und andere Arten besitzen abgeflachte, grüne Zweige, die echte Blätter imitieren. Die in Ähren, Trauben oder Köpfchen stehenden Blüten sind allgemein klein und unauffällig. Die Blütenhülle umfaßt einen einzigen Wirtel von 3 bis 6 verwachsenen Blütenhüllblättern, die grünlich oder farbig sind. Die Staubblätter sind der Blütenhülle angewachsen und stehen vor ihren Zipfeln. Der Fruchtknoten ist meist unter- oder halbunterständig, ungefächert und enthält eine bis 5 nackte Samenanlagen (d.h. ohne Integument), die an einer zentralen Plazenta hängen. Der Griffel ist meist einfach. Nur eine der Samenanlagen entwickelt sich zum Samen. Die Frucht ist eine Nuß oder Steinfrucht, die einen einzigen Samen (ohne Samenschale, mit reichlich Endosperm) enthält.

Systematik: Die Santalaceae werden in 3 Tribus unterteilt:
SANTALEAE: Fruchtknoten unterständig; Blütenachse eine eher flache Schale, von einem Nektardiskus gesäumt. 27 Gattungen, darunter *Acanthosyris*, *Okoubaka*, *Osyris*, *Phacellaria* und *Santalum*.
THESIEAE: Fruchtknoten unterständig; Blütenachse ein tiefer Becher, ohne Diskus. 5 Gattungen, darunter *Arjona*, *Quinchamalium* und *Thesium*.
ANTHOBOLEAE: Fruchtknoten ober- bis unterständig; Samenanlagen nicht vollständig ausgegliedert; Blütenstiel zur Fruchtzeit dick und fleischig. 3 Gattungen, darunter *Anthobolus* und *Exocarpos*.
Die Santalaceae sind mit den Loranthaceae verwandt; letztere unterscheiden sich von ihnen durch den Besitz eines (stark reduzierten) Kelchs und klebrige Früchte (Vogelverbreitung).
Nutzwert: Der bekannteste Vertreter der Santalaceae ist *Santalum album*, der Sandelholzbaum. Das Splintholz dieses mittelgroßen Baumes ist weiß und enthält wohlriechende ätherische Öle. Es wird für feine Schnitzereien und im Zimmerhandwerk verwendet. Sandelöl, das in östlichen Ländern zur Körperpflege und zur Herstellung von Seife und Parfüm gebraucht wird,

MEDUSANDRACEAE. 1. *Medusandra richardsiana:* **a)** Sproß mit seitlichen, hängenden Blütenständen (× ²/₃); **b)** Blüte mit 5 langen, behaarten Staminodien (× 6); **c)** Blüte, Kronblätter entfernt, um die 5 kurzen, fruchtbaren Staubblätter und den Grund der Staminodien zu zeigen (× 18); **d)** Staubblatt mit offenen Staubbeuteln (× 26); **e)** Spitze des Staminodiums (× 26); **f)** do. mit geöffneten, rudimentären Staubbeuteln (× 26); **g)** Staubbeutel im Querschnitt (× 26); **h)** Querschnitt durch aufgesprungenen Staubbeutel (× 26); **i)** Gynoeceum mit 3 kurzen Griffeln (× 26); **j)** Fruchtknoten im Querschnitt (× 10); **k)** Fruchtknoten mit hängenden Samenanlagen im Längsschnitt (× 14); **l)** Kapsel (× 1); **m)** reife Frucht mit 3 Klappen (× 1).

destilliert man vor allem aus dem gelben Kernholz. *Exocarpos cupressiformis* und *Acanthosyris falcata* bringen eßbare Früchte hervor, *Arjona tuberosa* (Südamerika) eßbare Knollen.   F.K.K.

MEDUSANDRACEAE

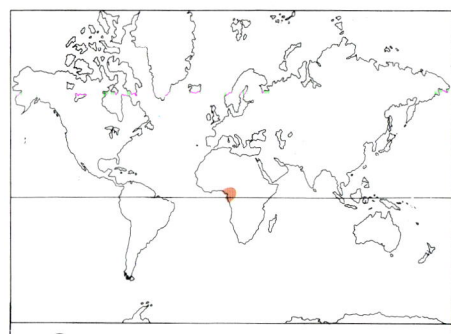

Gattungen: 1
Arten: 1
Verbreitung: Kamerun, vielleicht auch Nigeria
Nutzwert: keiner

Die Medusandraceae sind eine seltsame Familie von Bäumen im äquatorialen Westafrika. Man ist allgemein der Ansicht, daß

sie nur durch eine Gattung vertreten ist — *Medusandra*, mit einer einzigen Art, *M. richardsiana*.

Verbreitung: *Medusandra richardsiana* wächst in den Regenwäldern von Kamerun und vielleicht Nigeria.

Merkmale: *M. richardsiana* ist ein glattrindiger, bis 10 m hoher Baum in der unteren Baumschicht der Regenwälder. Das Holz ist rötlich, mit weißem Splintholz und dicht gemasert. Die Blätter sind wechselständig, elliptisch-eiförmig, ledrig, schwach gezähnt und 10 bis 30 cm lang, mit 8 Paaren von Seitennerven. Junge Blätter erscheinen rötlich-grün. Die langen Blattstiele sind an beiden Enden angeschwollen. Die kleinen, zwittrigen Blüten stehen in dichten, hängenden Trauben von 3 bis 15 cm Länge, die einzeln oder paarweise in den Blattachseln stehen. Es sind 5 kleine Kelch- und Kronblätter vorhanden. 5 kurze Staubblätter mit großen Staubbeuteln und 4 Pollensäcken stehen vor den Kronblättern, 5 dicht behaarte Staminodien vor den Kelchblättern. Die Staminodien sind lang und weiß — ein auffälliges Merkmal der sonst unscheinbaren Blüten. 3 verwachsene Fruchtblätter bilden eine ungefächerte Höhle mit 6 Samenanlagen, die vom Ovardach herabhängen. Es sind 3 kurze Griffel vorhanden. Die

Frucht ist eine dreiklappige, blaßgelbe oder grüne, einen einzigen Samen enthaltende Kapsel mit seidig behaartem Inneren, umgeben von 5 bleibenden Kelchblättern. Anscheinend werden nur wenige Früchte gebildet; diese sind im reifen Zustand braun und spröde und werden gern von Papageien und Pavianen gegessen. Die Samen enthalten reichlich Endosperm.

Systematik: 2 morphologische Merkmale scheinen die Medusandraceae von anderen Familien zu unterscheiden: der Staminodien- und der Fruchtknotenbau. Die Staminodien sind in der Knospe gefaltet, zur Blütezeit dann viel länger als die Kronblätter. Der Fruchtknoten ist durch seine zentrale Säule ausgezeichnet. Auf der Unterseite der Blätter finden sich eigenartig gebogene Haare; die Blattstiele zeigen einen sehr komplexen Gefäßverlauf und besitzen Drüsenzellen. Die Dipterocarpaceae weisen ähnliche Drüsenzellen und eine ähnliche Gefäßanordnung im Blattstiel auf, die Lacistemataceae ähnliche Haare, doch werden diese 2 Familien nicht für enge Verwandte der Medusandraceae gehalten. Es wurden Verwandtschaftsbeziehungen zu den Olacaceae, Icacinaceae und Euphorbiaceae vorgeschlagen.

Nutzwert: keiner bekannt.   S.A.H.

OLACACEAE. 1. *Heisteria parvifolia:* **a)** Sproß mit Blüten (× ²/₃); **b)** halbierte Blüte (× 7); **c)** Fruchtknoten im Querschnitt (× 7); **d)** Frucht (× ²/₃).
2. *Ximenia caffra:* **a)** Früchte (× ²/₃); **b)** Frucht im Längsschnitt (× 1). **3.** *Olax obtusifolia:* **a)** blühender Trieb (× ²/₃); **b)** Blüte – Kelch nur ein schmaler Saum unterhalb der zurückgekrümmten Kronblätter (× 3); **c)** Teil einer Blüte – Gynoeceum, Staubblätter und Kronblatt (× 3). **4.** *Schoepfia vacciniiflora:* **a)** blühender Sproß (× ²/₃); **b)** Blüte (× 2); **c)** ausgebreitete Blüte mit Diskus um den Fruchtknoten, darunter reduzierter Kelch (× 2); **d)** Fruchtknoten, teilweise im Diskus versenkt (Längsschnitt) (× 4); **e)** Fruchtknoten im Querschnitt (× 4); **f)** Früchte (× ²/₃).

OLACACEAE *Olaxgewächse*

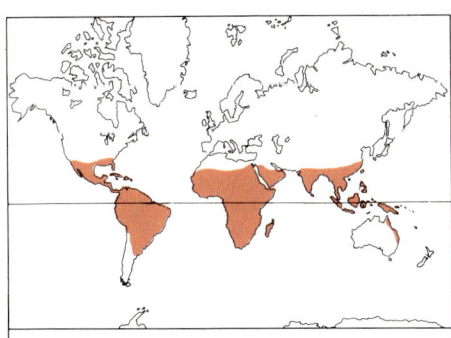

Gattungen: etwa 25
Arten: rund 250
Verbreitung: hauptsächlich tropisches Afrika, Asien und Amerika
Nutzwert: Holz, Früchte (lokal) und wenige Zierpflanzen

Die Olacaceae sind Sträucher, Bäume, Kletterpflanzen und Lianen, von denen die meisten in den altweltlichen Tropen heimisch sind. Einige Arten sind Halbparasiten, einige liefern Nutzholz oder eßbare Früchte.
Verbreitung: Die Familie ist pantropisch verbreitet, hauptsächlich aber in Afrika und Asien vertreten; ein zweiter Schwerpunkt liegt in Amerika, und einige Arten kommen in Australien und auf den Pazifischen Inseln vor.
Merkmale: Die Blätter sind wechselständig und ganzrandig; sie tragen keine Nebenblätter, zeigen aber eine charakteristische, rauhe und pergamentähnliche Textur. Die radiären, grünen oder weißen Blüten besitzen einen stark reduzierten Kelch mit 4 bis 6 kurzen Zähnen. Die Kronblätter sind klappig und mit den Kelchzipfeln gleichzählig. Die in doppelter Zahl vorhandenen Staubblätter tragen Staubbeutel, die sich oft mit Poren öffnen. Abgesehen von *Strombosia* ist der ungefächerte bis dreifächerige Fruchtknoten nie unterständig, aber meist nur teilweise in einen Diskus versenkt. Jedes Fach enthält eine Samenanlage. Der einfache Griffel endet in einer zwei- bis fünflappigen Narbe. Die Frucht ist eine einsamige Nuß oder Steinfrucht. Bei *Harmandia* sitzt die Steinfrucht auf einer auffälligen, fleischigen Scheibe, dem bleibenden Kelch. Der Same enthält einen kleinen, geraden Embryo und reichlich Endosperm.
Systematik: Mit ihren kleinen, reduzierten Blüten werden die Olacaceae in die Ordnung Santalales eingeschlossen, von denen viele Vertreter Halbparasiten sind. Es bestehen auch Beziehungen zwischen den Olacaceae und Vertretern der Ordnung der Celastrales. Eng verwandt sind *Opilia* und 7 andere Gattungen, die manchmal zu den Olacaceae gestellt, öfter jedoch als eigene Familie, Opiliaceae, abgetrennt werden.
Nutzwert: Einige Gattungen sind in ihrer Heimat gut bekannt und deshalb erwähnenswert. *Olax*, eine altweltliche Gattung, ist durch einige Kletterpflanzen vertreten. Mehrere Arten besitzen nach Knoblauch riechende Blätter und Früchte, so z.B. *Olax subscorpioidea* und *O. gambecola*. Samen dieser Art werden in Teilen von Westafrika als Gewürze verwendet. In Indien ist *O. nana* gut bekannt als eine der ersten Arten, die nach Waldbränden wieder erscheinen, da die Triebe aus unterirdischen Wurzeln aufwachsen.
Scorodocarpus (wörtlich «Knoblauchfrucht») ist eine weitere stark nach Knoblauch riechende Gattung. Trotz des Geruches wird das Holz wegen seiner großen Festigkeit für Bauten benützt.
Ximenia americana, ein Halbparasit, liefert ein hartes, gelblich-rosarotes Holz, das in Südamerika als Ersatz für Sandelholz (Gelbes Sandelholz) verwendet wird. Die Früchte von *Ximenia* sind außerordentlich

bitter, da ihr Fleisch Blausäure enthält. *Heisteria* ist vorwiegend in Amerika heimisch. Ihr Holz ist hart und wird im Bau verwendet. *Harmandia coccinea* wird gelegentlich als Zierpflanze in Tropenhäusern gezogen. *Coula edulis* trägt walnußähnliche Früchte und liefert Bauholz. S.W.J.

LORANTHACEAE *Mistelgewächse*

Die Loranthaceae sind Halbparasiten mit grünen Blättern; die meisten von ihnen sind in einer Wirtspflanze verankert mittels Senkern, die oft als abgewandelte, sproßbürtige Wurzeln interpretiert werden. Viele Arten parasitieren auf Pflanzen verschiedener Familien, andere befallen nur eine einzige Wirtsart; einige sind Wurzelparasiten. Die westaustralische *Nuytsia* (Flammenbaum) ist ein kleiner Baum.

Verbreitung: Die Familie ist in Waldgebieten der Tropen weit verbreitet. Ihr Areal erstreckt sich aber bis in gemäßigte Gebiete. Einige Gruppen sind entweder auf die Alte oder Neue Welt beschränkt.

Merkmale: Diese meist strauchigen Halbparasiten sind sympodial, oft dichasial, verzweigt. An der Stelle, wo der Senker in das Wirtsgewebe eindringt, befindet sich häufig eine Haftscheibe; die Wurzel verzweigt sich im Wirtsgewebe oft beträchtlich. Die

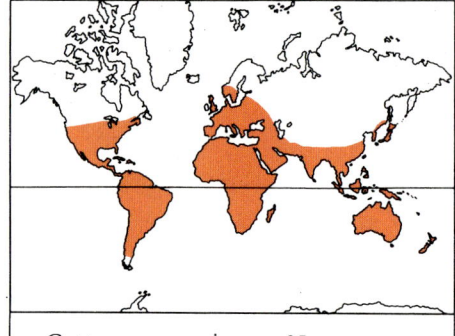

Gattungen: wenigstens 35
Arten: rund 1300
Verbreitung: hauptsächlich tropisch, in die gemäßigten Zonen vordringend
Nutzwert: keiner, abgesehen vom Zierwert und der mythologischen Bedeutung der Mistel

Blätter sind meist immergrün, ledrig, gegenständig und nebenblattlos. Die radiären, selten zygomorphen Blüten stehen in Cymen, die oft auf 3 (selten 2) Blüten reduziert sind. Seltener ist der Blütenstand eine Ähre. In diesem Fall stehen die Blüten auch an den Internodien. Die becherförmige Blütenachse trägt am Rande grüne oder kronblattartige Blütenhüllblätter. Die Blüten sind zwitterig oder eingeschlechtig (dann ein- oder zweihäusig verteilt). Die Staubblätter sind mit den Blütenhüllblättern gleichzählig und oft mit ihnen verwachsen. Bei einigen Arten sind die Staubbeutel ungewöhnlich stark gefächert. Der Fruchtknoten ist ungefächert und in die Blütenachse eingesenkt. Die meist zahlreichen Samenanlagen sind mehr oder weniger stark in der Plazenta versenkt. Der Griffel ist einfach oder fehlt. Die Frucht ist meist eine Beere oder Steinfrucht. Eine charakteristische Schicht von klebrigem Viscin umgibt die Samen; diese bleiben an den Schnäbeln der Vögel, die die Früchte fressen, hängen.

Systematik: Die Familie kann in 2 gut begrenzte Unterfamilien geteilt werden, die Loranthoideae und Viscoideae. Manchmal werden sie als 2 eigene Familien aufgefaßt, die Loranthaceae und Viscaceae. Die Blüten der LORANTHOIDEAE besitzen unterhalb der meist relativ langen und farbigen Blütenhülle an der Blütenachse einen eigentümlichen, gezähnten Wulst oder Saum (Außenkelch). Eine Ausnahme macht *Nuytsia*. Der Pollen ist in Polansicht meist dreieckig. In der Frucht liegt die klebrige Schicht außerhalb der Gefäßbündel, die zur Blütenhülle führen. *Nuytsia* wird in eine eigene Tribus,

LORANTHACEAE. **1.** *Nuytsia floribunda:* **a)** Trieb, Blüten in Dreiergruppen (× ²/₃); **b)** Blüte (× 4); **c)** trockene, dreiflügelige Frucht (× 1). **2.** *Dendrophthora cupressoides:* **a)** blühender Zweig (× ²/₃); **b)** männlicher Blütenstand (× 4); **c)** männliche Blüte von oben (× 8); **d)** Teil des weiblichen Blütenstandes (× 4); **e)** weibliche Blüte mit sitzender Narbe (× 8). **3.** *Viscum album* (Mistel): **a)** Sproß mit Beeren (× ²/₃); **b)** Blattgrund (× 2); **c)** männliche Blüten (× 6); **d)** Staubblatt, mit Blütenhüllblatt verwachsen (× 8); **e)** weibliche Blüten (× 6); **f)** Fruchtknoten (× 10); **g)** fleischige Frucht (× 2). **4.** *Loranthus kimmenzeae:* **a)** endständiger Blütenstand (× ²/₃); **b)** Blüte mit Saum (Außenkelch) am Grunde (× 2); **c)** halbierte Blütengrund mit Außenkelch (× 5); **d)** vor dem Kronblatt stehendes Staubblatt (× 4).

NUYTSIEAE, gestellt. Sie bringt eine trockene, dreiflügelige Frucht hervor. Die restlichen Arten (rund 850) gehören zur Tribus LORAN-THEAE und verteilen sich auf über 24 Gattungen, von denen die größte *Loranthus* (600 Arten) ist. Die VISCOIDEAE besitzen keinen Außenkelch. Ihre Blüten sind meist stark reduziert und nur selten farbig. Der Pollen ist kugelig, und die klebrige Schicht liegt zwischen den Gefäßbündeln, die zur Blütenhülle, und den Bündeln, die zum Fruchtknoten führen. Die Samenanlagen sind auf die Embryosäcke reduziert; diese sind in das Gewebe der Plazenta eingebettet. Die rund 450 Arten gehören 11 Gattungen in 4 Tribus an: EREMOLEPIDEAE, PHORADENDREAE, ARCEUTHOBIEAE und VISCEAE.

Die Verwandtschaftsbeziehungen der Familie sind ziemlich unklar, doch gleichen sie oberflächlich gesehen in Laubwerk und Blütenständen stark den Myrtaceae. Wahrscheinlich sind sie mit den Santalaceae und Misodendraceae am engsten verwandt.

Nutzwert: Die Familie ist wirtschaftlich von geringem Wert; sie bringt die Misteln hervor (*Viscum album* in Europa, *Phoradendron flavescens* in Nordamerika). Es gibt immer mehr Beweise dafür, daß einige Arten das Gedeihen einheimischer Hartholzbäume in Teilen der Tropen, besonders in Ostindien, stark bedrohen. Nadelbäume in Nord- und Zitrusplantagen in Mittelamerika werden durch sie eindeutig in Mitleidenschaft gezogen.   I.B.K.R.

MISODENDRACEAE
Federmistelgewächse

Die Misodendraceae sind halbparasitische, kleine Sträucher einer einzigen Gattung, *Misodendrum* (Federmistel). Die mistelähnlichen Pflanzen von etwa 60 cm Durchmesser parasitieren fast ausschließlich auf Stämmen und Ästen der Südbuchen (*Nothofagus*).

Verbreitung: Die Familie ist auf die *Nothofagus*-Wälder der Anden südlich des 38. Breitengrades und das südliche Feuerland beschränkt.

Merkmale: Die Primärwurzel ist in ein Haustorium umgewandelt. Die Stämme sind holzig, anscheinend dicho- oder trichotom verzweigt und oft an den Knoten gegliedert. Sie besitzen zahlreiche weißliche Lentizellen. Die sommergrünen Blätter stehen wechselständig und sind grün oder klein, braun und schuppenartig. Nebenblätter fehlen. Die Blüten sind eingeschlechtig und zweihäusig verteilt. Sie sind dreizählig (selten zweizählig) und winzig, sitzend oder kurz gestielt und besitzen weder Trag- noch Vorblätter. Sie bilden Ährchen oder Büschel, die manchmal paarweise oder einzeln stehen. Der Gesamtblütenstand ist rispig. Die männlichen Blüten bringen 2 oder 3 Staubblätter hervor, deren Staubbeutel nur eine Theke aufweisen. Der Fruchtknoten fehlt. Die weiblichen Blüten besitzen 3 bleibende Staminodien, die teilweise in Furchen an den Kanten des Fruchtknotens eingeschlossen sind und später sehr lang und federartig werden. Der Fruchtknoten ist oberständig, besteht aus 3 verwachsenen Fruchtblättern und ist zunächst dreifächerig, später ungefächert. Die Pla-

Gattungen: 1
Arten: etwa 11
Verbreitung: südliches Südamerika
Nutzwert: keiner

zenta ist frei und zentral. An ihrer Spitze hängen 3 nackte Samenanlagen. Die Griffel sind sehr kurz (manchmal fast fehlend) und weisen je eine Narbe mit kurzen Haaren auf. Die Frucht ist eine Nuß. Der einzige, endospermhaltige Same enthält einen kurzen, aufrechten Embryo mit einer winzigen, klebrigen Scheibe am Wurzelende.

Systematik: Die Gattung wird meist in 2 Untergattungen geteilt – *Misodendrum* (beblätterte Blütenstände und Blüten mit 3 Staubblättern) und *Gymnophyton* (Blütenstände mit nur kleinen Tragblättern und Blüten mit 2 Staubblättern). Die Familie ist mit den Loranthaceae und Santalaceae verwandt.

Nutzwert: Die Pflanzen sind wirtschaftlich ohne Bedeutung.   D.M.M.

CYNOMORIACEAE
Hundskolbengewächse

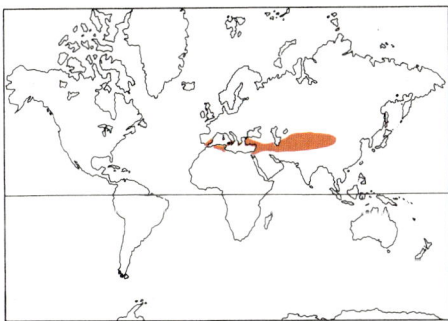

Gattungen: 1
Arten: 1 oder 2
Verbreitung: gemäßigtes Eurasien und Mittelmeergebiet
Nutzwert: gelegentliche Verwendung als Gewürz

Die Cynomoriaceae umfassen eine oder 2 parasitische Arten im gemäßigten Eurasien und in der Mittelmeerregion.

Verbreitung: Die Familie enthält eine einzige Gattung, *Cynomorium*, mit einer oder 2 Arten, die man örtlich sehr beschränkt an trockenen Küstenstandorten von den Kanarischen Inseln über das Mittelmeerbecken bis zu den Steppen Zentralasiens und der Mongolei findet.

Merkmale: Die ganze Pflanze ist rötlichbraun bis purpur-schwärzlich. Der größte

Teil wächst unterirdisch und besteht aus einem dicken Rhizom, das viele Haustorien bildet und auf dicken, unverzweigten und am Grunde beschuppten Schäften oberirdische, kolbenförmige Blütenstände mit zahlreichen epigynen Blüten entwickelt. Die Pflanzen sind polygam.

Die männlichen Blüten bestehen aus einem bis 5 oder selten bis zu 8 linealen Kronblättern und einem Staubblatt, während die weiblichen ein bis 5 Kronblätter (ein Staminodium) und ein unterständiges Fruchtblatt besitzen; dieses enthält eine einzige Samenanlage mit einem dicken Integument. Der Griffel ist endständig. Die Frucht ist eine Nuß und enthält einen einzigen Samen mit reichlich Endosperm und einem sehr kleinen Embryo.

Cynomorium coccineum (Mittelmeerraum) parasitiert auf vielen Pflanzen der Salzsümpfe, z.B. auf *Obione* und *Salsola* (Chenopodiaceae), *Inula* (Compositae), *Tamarix* (Tamaricaceae), *Melilotus* (Leguminosae) und *Limonium* (Plumbaginaceae). Die Pflanze war im Mittelalter als Malteser Schwamm bekannt.

Systematik: Die Familie wird oft in die Balanophoraceae eingeschlossen. *Cynomorium* ist mit dieser Familie über die afrikanische Gattung *Mystropetalon* verwandt, der einzigen Balanophoraceen-Gattung mit unterständigem Fruchtknoten. Dennoch unterscheidet sich *Cynomorium* vom Rest der Familie durch skulptierte Pollen und Samenanlagen mit gut entwickeltem Integument.

Nutzwert: Die Wurzeln von *Cynomorium coccineum* werden lokal als Gewürz verwendet.   D.J.M.

BALANOPHORACEAE
Kolbenschmarotzer

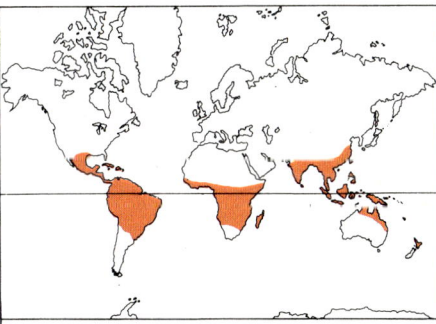

Gattungen: 18
Arten: 120
Verbreitung: pantropisch, vor allem feuchte Hochlandwälder
Nutzwert: in Java dient ihr Wachs als Lichtquelle

Die Balanophoraceae sind Vollparasiten, die wegen ihres reduzierten Baus, ihrer merkwürdigen Entwicklung und unklaren Stellung im System bemerkenswert sind.

Verbreitung: Die Balanophoraceae (unter Ausschluß der Cynomoriaceae) sind eine pantropische Familie, die meist in feuchten Hochlandwäldern wächst. Die Wirte, deren Wurzeln allein angegriffen werden, sind verschiedenartig, meistens Bäume. Wirts-

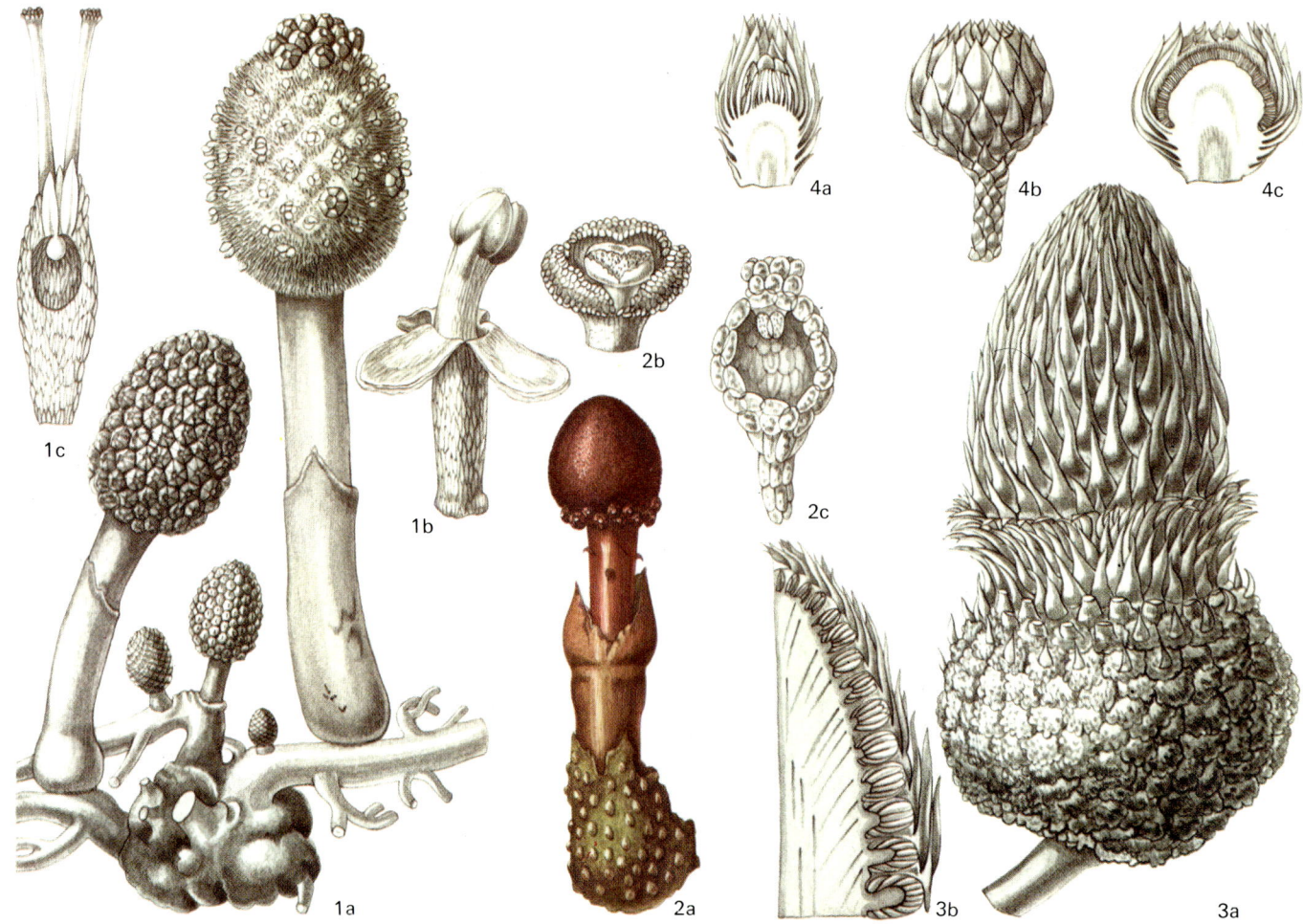

BALANOPHORACEAE. 1. *Helosis floribunda:* **a)** Habitus – unregelmäßige, unterirdische Knolle und deren Fortsätze sowie oberirdische, keulenförmige Blütenstände (× ²/₃); **b)** männliche Blüte mit röhrig verwachsenen Staubblättern (× 40); **c)** weibliche Blüte, Wand teilweise entfernt, um die hängende Samenanlage zu zeigen (× 40). **2.** *Balanophora involucrata:* **a)** Knolle und Blütenstand (× ²/₃); **b)** männliche Blüte (× 40); **c)** Fruchtknoten im Längsschnitt (× 100). **3.** *Lophophytum weddellii:* **a)** Habitus (× ²/₃); **b)** männlicher Blütenstand im Längsschnitt (× ²/₃). **4.** *Thonningia sanguinea:* **a)** männlicher Blütenstand (× ²/₃); **b)** weiblicher Blütenstand (× ²/₃); **c)** weiblicher Blütenstand im Längsschnitt (× ²/₃).

spezifität muß erst nachgewiesen werden.
Merkmale: Die oberirdischen Teile sind meist fleischige, kolbenförmige Blütenstände, die Pilzen sehr ähnlich sehen. Sie sind blaßgelb bis braun, rosa oder rötlich und tragen viele Blüten, die zu den kleinsten überhaupt bekannten Blüten gehören. Die unterirdischen Teile stehen mit dem Wirt in Verbindung. Sie sind knollig und können die Größe eines Kinderkopfes erreichen. Bei *Lophophytum* tragen sie Schuppenblätter.
Die Knolle kann gänzlich aus Parasitengewebe bestehen, so bei *Dactylanthus* (Neuseeland), *Helosis, Lophophytum* und *Scybalium* (alle amerikanisch). Bei anderen ist die Knolle ein «corpus intermedium», d.h. teils Parasit, teils Wirt. Dies erkannte der holländische Botaniker Karl Blume bereits 1827, als man diese Pflanzen allgemein noch für Pilze hielt. Die Knolle ist ein außergewöhnliches Gebilde, unter höheren Pflanzen einzigartig. Die Blütenstände entwickeln sich in der Knolle und brechen durch das Knollengewebe, das als Scheide am Grunde zurückbleibt. Bei *Chlamydophytum* sind sie bereits blühreif, bevor sie die Knolle durchbrechen. Der Blütenstand kann spiralig angeordnete Zweige tragen, z.B. bei *Sarcophyte*: die Kolben können aber auch unverzweigt und abgeflacht sein. Die Blüten sind

eingeschlechtig und zwei- oder einhäusig verteilt; im zweitgenannten Falle können getrennte männliche und weibliche Blütenstände oder gemischtgeschlechtliche, bei denen die männlichen Blüten eher am Grunde stehen, vorhanden sein. Bei *Helosis* ist der Blütenstand von auffallend regelmäßig angeordneten, sechseckigen Schuppen bedeckt. Jede dieser Schuppen ist von 2 konzentrischen Ringen weiblicher Blüten umgeben, während die männlichen Blüten die Winkel unter den Schuppen besetzen. Die Blütenhülle der männlichen Blüten ist klappig und drei- bis achtzipfelig, oder sie fehlt. Bei den nackten männlichen Blüten sind ein oder 2 Staubblätter vorhanden, bei jenen mit Blütenhülle gleichviele wie Blütenhüllzipfel. Die Staubbeutel besitzen 2, 4 oder viele Fächer. Bei *Hachettea* ist das Filament verkürzt, und das einzige Staubblatt weist nur ein Fach auf. Bei *Helosis* und *Scybalium* sind die unteren Teile der Staubblätter zu einer Röhre verwachsen, welche freie Staubbeutel trägt. Bei anderen Gattungen sitzen der Röhre nur Pollensäcke auf. Der Blütenstaub ist stark reduziert, wie dies bei vielen parasitischen Pflanzen der Fall ist, und die äußere Wand (Exine) ist nicht skulptiert. Den weiblichen Blüten fehlt eine Blütenhülle, und sie sind

so stark reduziert, daß Samenanlagen, Plazenten und Fruchtblätter kaum ausgemacht werden können.
Der Fruchtknoten ist meist ober-, bei *Mystropetalon* unterständig. Er ist ungefächert bis dreifächerig, wobei jedes Fach eine einzige, meist hängende, auf den Embryosack zurückgebildete Samenanlage enthält. Es sind ein oder 2 Griffel mit endständiger Narbe vorhanden. Gelegentlich ist die Narbe sitzend. Die Früchte sind Nüsse oder Steinfrüchte und enthalten Samen mit reichlich Endosperm und einem kleinen Embryo.
Man nimmt an, daß kleine Fliegen Arten mit unangenehm süßlichem Geruch aufsuchen; *Juelia*, eine vorwiegend unterirdische Pflanze, ist möglicherweise apomiktisch. Die «Blütenstiele» einiger weiblicher Blüten werden zu Elaiosomen; herbeigelockte Ameisen verbreiten z.B. die Samen von *Mystropetalon*.
Systematik: Verschiedentlich wurden die Balanophoraceae in 6 getrennte Familien aufgeteilt, die heute aber als Tribus behandelt werden. 5 von ihnen besitzen Speichersubstanzen, die Stärke ähneln, während Arten der sechsten Tribus (Balanophoreae) eine wachsartige Substanz, Balanophorin, speichern. Die Pollenkörner von *Mystro-*

RAFFLESIACEAE. **1.** *Cytinus sanguineus:* **a)** Blütenstände auf Wirtswurzel (× ²/₃); **b)** weibliche Blüte (× ²/₃); **c)** halbierte weibliche Blüte (× ²/₃); **d)** halbierte männliche Blüte (× ²/₃); **e)** Staubblattsäule (× 2). **2.** *Rafflesia manillana:* **a)** männliche Blüte (× ¹/₃); **b)** Blütenknospen (× ¹/₃). **3.** *R. patma:* halbierte männliche Blütenknospe mit Zellfäden, die das Wirtsgewebe durchdringen (× ¹/₄). **4.** *R. rochussenii:* Frucht im Längsschnitt (× ¹/₃). **5.** *Apodanthus welwitschii:* **a)** männliche Blüte (× 4); **b)** Schnitt durch Wirtszweig mit Blüten und Blütenknospen (× 2); **c)** Wirtszweig mit Blüten des Parasiten (× ²/₃); **d)** männliche Blüte, Kelch teilweise entfernt (× 4); **e)** weibliche Blüte, Blütenhülle entfernt (× 3); **f)** Fruchtknoten im Querschnitt (× 3); **g)** Fruchtknoten im Längsschnitt (× 4¹/₂).

petalon sind unter den Blütenpflanzen einmalig.

Die Balanophoraceae sind wohl eng verwandt mit den Cynomoriaceae. Es ist schwer zu entscheiden, ob die beiden Familien eine «natürliche» Gruppe darstellen oder einander ähnliche Endglieder verschiedener Entwicklungslinien sind. Spezialisten neigen eher der letztgenannten Vorstellung zu. Die Balanophoraceae sind wahrscheinlich mit anderen Parasitengruppen nicht verwandt, obwohl sie oft für Verwandte der Hydnoraceae und Rafflesiaceae gehalten werden. Sie sollen aber Beziehungen zu anderen Familien der Santalales haben. Nach neuerer Auffassung könnte eine echte, wenn auch entfernte Verwandtschaft zu *Gunnera* (Haloragaceae) bestehen. **Nutzwert:** Diesen Pflanzen werden gelegentlich aphrodisische Eigenschaften zugeschrieben. In Java wird Wachs aus Kolbenschmarotzern zu Beleuchtungszwecken verbrannt. D.J.M.

RAFFLESIALES

RAFFLESIACEAE

Die Rafflesiaceae sind Vollparasiten, die Stämme und Wurzeln anderer Blütenpflan-

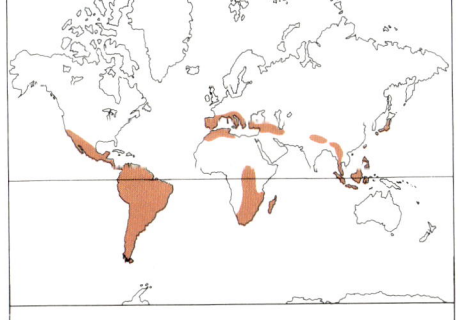

Gattungen: etwa 9
Arten: 30 bis 50
Verbreitung: Tropen und Subtropen
Nutzwert: keiner

zen durchdringen. Die Blüten von *Rafflesia* sind die größten bekannten überhaupt. Einige erreichen bis zu 1 m Durchmesser. **Verbreitung:** Die Familie ist hauptsächlich in den Tropen und Subtropen zu finden. **Merkmale:** Nur die Merkmale der Fortpflanzungsorgane weisen die Rafflesiaceae als Angiospermen aus. Außer ein paar schuppigen Hochblättern unterhalb jeder Blüte besteht der Vegetationskörper aus Zellfäden, die sich im Kambium des Wirtes verzweigen. Die Blütenknospen entwickeln

sich im Wirt und durchstoßen die Rinde. Bei einigen Arten dringen die Fäden in die Vegetationspunkte der ober- oder unterirdischen Teile des Wirts ein, und der Parasit entwickelt sich gleichzeitig mit diesem. So stehen bei der iranischen Pflanze *Pilostyles haussknechtii*, die auf Tragant-Sprossen parasitiert, die Blüten der Parasiten regelmäßig in Paaren am Grunde der Wirtsblätter, welche zu Beginn der Vegetationsperiode gebildet wurden. Eine japanische *Mitrastemon*-Art, die die Wurzeln von *Quercus* befällt, entfaltet ihre Blüten in jährlich erscheinenden «Hexenringen», wenige Zentimeter innerhalb des Umrisses des Wirtswurzelsystems. In solchen Fällen zerfällt der Vegetationskörper des Parasiten in mehrere Teile, deren Blütenstände endständigen Zweigen oder Wurzeln aufsitzen.

Die Blüten besitzen keine Kronblätter, sondern einen fleischigen, kronblattartigen Kelch mit 4 bis 6 Zipfeln. Sie sind meist eingeschlechtig (dann ein- oder zweihäusig verteilt), selten zwittrig. In der Mitte der Blüte befindet sich eine kräftige Säule mit gerieftem Rand. In den männlichen Blüten sitzen die zahlreichen Staubblätter unterhalb des Säulenrandes, während bei den weiblichen die entsprechende Zone die Narbenregion bildet. Der Fruchtknoten ist unterständig (selten oberständig) und besteht aus 4 bis zahlreichen, verwachsenen Fruchtblättern. Er ist ungefächert mit 4 bis 14 parietalen, viele Samen tragenden Plazenten oder besteht aus unregelmäßigen Kammern, deren Wände von Samenanlagen besetzt sind *(Rafflesia)*. Die Frucht ist fleischig und enthält zahlreiche winzige, harte Samen.

Systematik: Die Rafflesiaceae werden in 4 Tribus unterteilt:

MITRASTEMONEAE: Blüten zwitterig und einzeln, Fruchtknoten oberständig; *Mitrastemon* (Südostasien, Mittelamerika).

APODANTHEAE: Blüten eingeschlechtig und einzeln, klein; Staubblätter in 2 bis 4 Ringen an der zentralen Säule stehend, Fruchtknoten unterständig, mit 4 Plazenten oder Samenanlage an ganzer Innenfläche; *Apodanthes, Pilostyles, Berlinianche* (tropisches Amerika, tropisches Afrika, Iran).

RAFFLESIEAE: Blüten eingeschlechtig und einzeln, groß; Staubblätter in einem Kreis, Fruchtknoten unterständig, mit vielen, unregelmäßigen Kammern; *Rafflesia, Sapria, Rhizanthes* (SO-Asien: Indien bis Indonesien).

CYTINEAE: Blüten eingeschlechtig und in Trauben, Staubblätter in einem Kreis, Fruchtknoten unterständig, mit 8 bis 14 Plazenten; *Cytinus, Bdallophytum* (Mittelmeerraum, Südafrika, Madagaskar, Mexiko).

Die engsten Verwandten der Rafflesiaceae sind zweifellos die Hydnoraceae, die sich von ihnen durch wurzelähnliche Strukturen, das Fehlen von Hochblättern, Zwitterblüten und Staubblätter, die nicht an einer Säule stehen, unterscheiden. Einige Botaniker ziehen es vor, *Mitrastemon* als eigene Familie abzutrennen und zwischen die Rafflesiaceae und Hydnoraceae zu stellen. Die Verwandtschaftsbeziehungen der Rafflesiales sind sehr unklar. Die meisten Fachleute bringen die Rafflesiaceae mit den Aristolochiaceae in Verbindung, weil sie eine ähnliche Blütenhülle tragen; diese Beziehung ist jedoch nicht gesichert.

Nutzwert: Es ist keiner bekannt. F.K.K.

HYDNORACEAE
Lederblumengewächse

Die Hydnoraceae sind Parasiten, die die Wurzeln ihrer Wirtspflanzen befallen. Man findet sie in Madagaskar und im tropischen Afrika (12 *Hydnora*-Arten) sowie in Südamerika (6 *Prosopanche*-Arten).

Die Pflanzen sind blatt- und wurzellos. Die großen, zwitterigen Einzelblüten (als einzige oberirdische Teile) stehen an dicken, unterirdischen Rhizomsprossen. Kronblätter fehlen; die 3 bis 5 Kelchblätter (oder Blütenhüllblätter) sind aber am Grunde zu einer Röhre verwachsen und öffnen sich klappig. Die vielen Staubbeutel sind zu höckerartigen Auswüchsen auf der Kelchröhre vereint. Sie sind mit vielen parallelen, längs- oder quergerichteten und gewundenen Pollensäcken besetzt. Filamente fehlen. Der Fruchtknoten ist unterständig und liegt meist unter der Erdoberfläche. Er besteht aus 3 bis 5 verwachsenen Fruchtblättern, ist ungefächert und enthält viele reduzierte Samenanlagen an blattartigen, parietalen oder von der Spitze des Fruchtknotens herab-

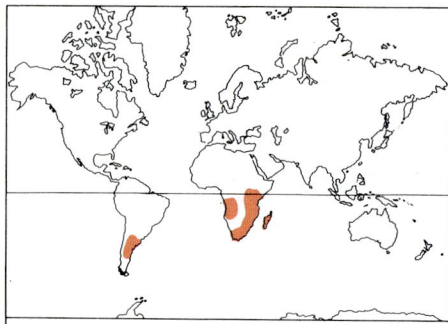

Gattungen: 2
Arten: 18
Verbreitung: Madagaskar, tropisches Afrika, Südamerika
Nutzwert: keiner

hängenden Plazenten. Die Narbe ist kopfartig und krönt den Fruchtknoten; dieser reift zu einer großen, dickwandigen, fleischigen Beere heran, die viele winzige Samen enthält. Man nimmt an, daß die Blüten durch Aasgeruch Käfer anlocken, die dann die Bestäubung durchführen.

Die Hydnoraceae sind sehr eng mit den Rafflesiaceae verwandt, von denen sie sich hauptsächlich durch Zwitterblüten unterscheiden. Keine Nutzung ist bekannt. B.M.

CELASTRALES
Spindelbaumartige

GEISSOLOMATACEAE

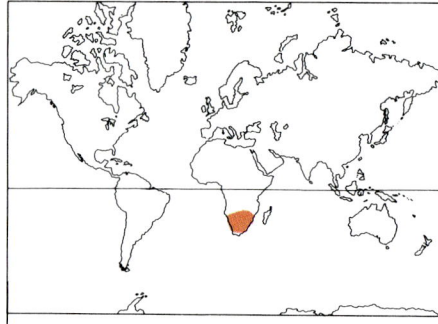

Gattungen: 1
Arten: 1
Verbreitung: Südafrika
Nutzwert: keiner

Die Geissolomataceae sind monotypisch. Ihre einzige Art, *Geissoloma marginatum*, ist in Südafrika heimisch.

Geissoloma ist ein kleiner, xerophytischer Strauch mit ganzrandigen, sitzenden und kreuzgegenständigen Blättern; Nebenblätter fehlen. Die Blüten sind zwitterig, radiär und in einem stark reduzierten, achselständigen und traubenartigen Blütenstand angeordnet. Unterhalb der Blüten sitzen 6 bleibende Hochblätter. Die 4 kronblattartigen Kelchblätter verwachsen am Grunde zu einer kurzen Röhre. Kronblätter fehlen, und die 8 freien Staubblätter mit schlanken Filamenten sind dem Grunde des Kelches eingefügt. Die Staubblätter stehen je zu viert in 2 Wirteln vor und zwischen den Kelchblättern. Der vierfächerige Fruchtknoten ist oberständig und besteht aus 4

verwachsenen Fruchtblättern mit je 2 am Scheitel hängenden Samenanlagen. Der Griffel läßt sich leicht in 4 spitz zulaufende Äste spalten. Die Frucht ist eine vierfächerige Kapsel mit meist nur je einem Samen pro Fach. Der Same enthält einen geraden Embryo und wenig Endosperm.

Die systematische Stellung der Geissolomataceae ist umstritten. Sie wurden mit den Thymelaeaceae und Penaeaceae (Ordnung Myrtales) in Verbindung gebracht, mit denen sie bestimmte Merkmale teilen, z.B. den holzigen Habitus, kronblattlose Blüten, einen kronblattartigen Kelch, eher laubige Tragblätter und einen geraden Embryo. Die Blüten von *Geissoloma* sind jedoch fast nicht perigyn, und internes Phloem fehlt. Ihr Pollen ähnelt demjenigen der Celastraceae.

Es ist keine wirtschaftliche Nutzung bekannt. S.R.C.

CELASTRACEAE
Spindelbaumgewächse

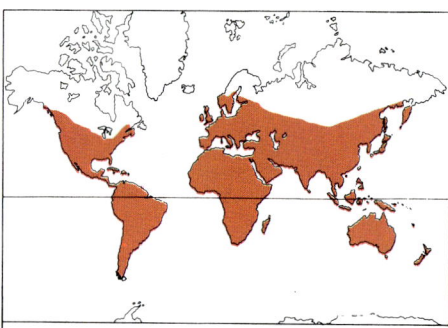

Gattungen: 55
Arten: 850
Verbreitung: hauptsächlich tropische und subtropische Gebiete
Nutzwert: liefern Khat-Tee, ein Öl und eine gelbe Farbe; Zierpflanze, Holz (für Schnitzereien)

Die Celastraceae sind eine Familie von Bäumen und Sträuchern, von denen viele einen kletternden (z.B. *Salacia*) oder windenden (z.B. *Hippocratea*) Habitus haben.

Verbreitung: Die Familie ist weit verbreitet, besonders zahlreich aber in subtropischen und tropischen Regionen.

Merkmale: Die Blätter sind gegen- oder wechselständig, selbst innerhalb einer einzigen Gattung (etwa bei *Cassine*). Sie sind einfach, oft ledrig und besitzen kleine oder gar keine Nebenblätter. Die Blüten sind klein, grünlich, radiär, zwitterig oder eingeschlechtig und bilden meist cymöse Blütenstände. Die Kelch- und Kronblätter setzen auf oder unter dem Rand eines deutlich abgesetzten, drüsigen und fleischigen Diskus an. Die 3 bis 5 Kelchblätter sind frei oder am Grunde verwachsen. Die Staubblätter wechseln mit den 3 bis 5 Kronblättern, die selten fehlen, ab, sind mit ihnen gleichzählig und setzen am Diskus an. Die Staubbeutel springen längs (bei *Hippocratea* quer) auf. Der zwei- bis fünffächerige Fruchtknoten ist oberständig und besteht aus 2 bis 5 verwachsenen Fruchtblättern mit je 2 (manchmal einer, selten vielen) auf-

CELASTRACEAE. 1. *Euonymus myrianthus:* **a)** Sproß mit fachspaltigen Kapseln (× 2/3); **b)** Blüte mit 4 freien, an fleischigem Diskus ansetzenden Kronblättern (× 2); **c)** halbierte Blüte – am Diskus ansetzende Staubblätter und Gynoeceum mit zentralwinkelständigen Samenanlagen (× 4); **d)** Staubblatt (× 12). **2.** *E. vagans:* Fruchtknoten im Querschnitt (× 14). **3.** *Hippocratea welwitschii:* **a)** Trieb mit aufspringender Frucht (× 2/3); **b)** Same mit Arillus (× 2/3). **4.** *Celastrus articulatus:* **a)** Sproß mit cymösen Blütenständen (× 2/3); **b)** Blüte (× 2); **c)** 2 Staubblätter und Gynoeceum (× 2); **d)** Kapsel (× 2). **5.** *Elaeodendron aethiopicum:* **a)** Blüte (× 6); **b)** halbierte Blüte (× 8).

rechten, zentralwinkelständigen Samenanlagen. Der einfache, sehr kurze Griffel endet in einer kopfigen oder zwei- bis fünflappigen Narbe. Die Frucht ist eine fachspaltige oder nicht aufspringende Kapsel, eine Flügelnuß, Beere oder Steinfrucht. Die Kapseln einiger *Euonymus*-Arten weisen stachelige Auswüchse auf. Die Samen enthalten einen großen, geraden Embryo, der in fleischiges Endosperm eingebettet ist. Sie sind oft von einem kräftig gefärbten Arillus umgeben, der die Verbreitung durch Vögel begünstigt.

Systematik: Die wichtigsten Gattungen sind *Maytenus* (225 tropische Arten), *Salacia* (200 tropische Arten), *Euonymus* (176 Arten, hauptsächlich im Himalaja, in China und Japan), *Hippocratea* (120 Arten, tropisches Südamerika, Mexiko und Süden der USA), *Cassine* (40 Arten, Südafrika, Madagaskar, tropisches Asien und Pazifik), *Celastrus* (30 subtropische und tropische Arten), *Elaeodendron* (16 subtropische und tropische Arten), *Paxistima* (5 Arten, Nordamerika) und *Gyminda* (3 Arten, Mittelamerika, Mexiko und Florida).

Die Celastraceae sind wahrscheinlich mit den Aquifoliaceae verwandt, unterscheiden sich aber von ihnen durch den drüsigen Diskus und den kräftig gefärbten Arillus. Das

Fehlen von Arillus und Endosperm und die abweichende Öffnungsweise des Staubbeutels bei *Hippocratea* rechtfertigen für einige Systematiker ihre Abtrennung als selbständige Familie (Hippocrateaceae).

Nutzwert: Der niedrige Khatbaum, *Catha edulis,* wird im Nahen Osten und in Äthiopien kultiviert. Aus seinen Blättern wird Tee (Khat-Tee) oder Honigwein (in Äthiopien) hergestellt. Aus den Samen von *Kokoona zeylanica* wird in Ceylon Öl gewonnen. Eine Reihe von *Euonymus*-Arten liefert nützliche Produkte, so auch das Pfaffenhütchen *(Euonymus europaeus),* dessen fein gemasertes Holz in der Drechslerei und Schnitzerei sowie für Holzkohle verwendet wird. Die Samen dieser Art liefern ein Öl, das zur Herstellung von Seife dient, und eine gelbe Farbe, die zum Färben von Butter verwendet wird. Das schwere, dauerhafte, fein gemaserte Holz des japanischen Strauches *E. hians* wird ebenfalls in der Drechslerei und zur Herstellung von Druckstöcken verwendet. Stämme und Wurzeln einiger Arten, z. B. *E. japonicus* und *E. sieboldiana* liefern einen gummiartigen Milchsaft. Extrakte von *E. purpureus* und *E. americanus* werden in der Eingeborenenmedizin Nordamerikas verwendet. Arten anderer Gattungen, aus denen Arz-

neimittel extrahiert werden, sind *Elaeodendron glaucum, Maytenus boania, M. senegalensis* und *Hippocratea acapulcensis.*

Arten von *Celastrus, Euonymus, Elaeodendron, Paxistima* und *Maytenus* werden als Zierpflanzen kultiviert. *Celastrus orbiculatus* und *C. scandens* (Baumwürger) sind attraktive, raschwüchsige Klettersträucher. Obwohl die Blüten von *Euonymus* unauffällig sind, wird eine Reihe laubwerfender Arten wegen ihrer bunten Herbstfärbung und der auffälligen, kräftig gefärbten Früchte kultiviert, u. a. *E. alatus, E. europaeus, E. latifolius* und *E. yedoensis.*

S.R.C.

STACKHOUSIACEAE

Die Stackhousiaceae sind eine kleine Familie von 3 Gattungen mehr oder weniger xerophytischer Kräuter mit verzweigtem Rhizomsystem.

Verbreitung: Die Familie tritt hauptsächlich in Australasien, aber auch in Malesien auf.

Merkmale: Die Blätter sind wechselständig, einfach, besitzen Nebenblätter und sind oft ledrig oder sukkulent. Die radiären und zwitterigen Blüten stehen in Trauben oder lockeren Büscheln und bestehen aus einer fünfzipfeligen Kelchröhre, an der die 5

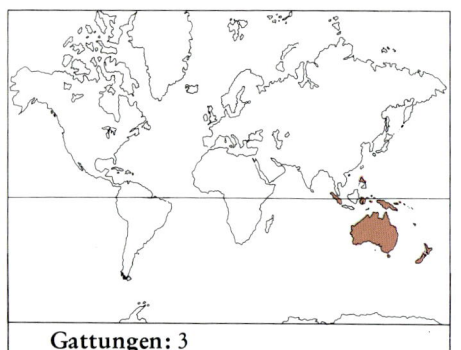

Gattungen: 3
Arten: 27
Verbreitung: hauptsächlich
Australasien
Nutzwert: keiner

Kronblätter und mit ihnen abwechselnde Staubblätter (oft 3 lange und 2 kurze) ansetzen. Die Kronblätter können lineal oder löffelförmig sein, stehen frei oder bilden im Mittelteil, jedoch nicht am Grunde, eine Röhre. Der Fruchtknoten ist oberständig und besteht aus 2 bis 5 Fächern mit einer aufrechten Samenanlage am Grunde eines jeden Faches. Die Griffel sind den Fächern gleichzählig und teilweise verwachsen. Die Frucht ist eine Spaltfrucht, die in 2 bis 5 einsamige Teilfrüchte zerfällt.
Systematik: *Macgregoria* unterscheidet sich von *Stackhousia* und *Tripterococcus* durch vollkommen freie Kronblätter und Staubblätter von gleicher Länge. Sie wird gelegentlich in eine eigene Unterfamilie, die MACGREGORIOIDEAE, gestellt.
Die einzige *Macgregoria*-Art, *M. racemigera* (Trockengebiete Australiens), ist eine schlanke, kahle Einjährige mit sternförmigen, weißen und endständigen Blütenständen. *Stackhousia* umfaßt 25 vorwiegend australische Arten. *Stackhousia intermedia* (Malesien) ist ein schlankes, bis 50 cm hohes Kraut, das an offenen, grasigen Standorten wächst. *S. minima* (Neuseeland) ist ein schlankes, nur bis 5 cm großes Kraut mit Einzelblüten. *S. monogyna* (Ost- und Südaustralien) bringt weiße bis cremefarbene, dichtblütige Trauben hervor. *Tripterococcus* umfaßt eine einzige Art im Südwesten von Australien. Die Stackhousiaceae wurden schon in die Nähe der Euphorbiaceae, Celastraceae und der Ordnung der Sapindales gestellt.
Nutzwert: Es ist nichts darüber bekannt.
B.M.

SALVADORACEAE
Senfbaumgewächse
Die Salvadoraceae sind eine kleine Familie von Bäumen und Sträuchern.
Verbreitung: Die Familie ist an trockenen, oft versalzten Orten in Afrika, Madagaskar, Arabien, Indien und Asien heimisch.
Merkmale: Die Blätter sind gegenständig und einfach und besitzen winzige Nebenblätter. Einige *Azima*-Arten bringen Sproßdornen hervor. Die Blüten stehen in dichten, achselständigen Büscheln, Trauben oder Rispen. Sie sind radiär, zwittrig oder eingeschlechtig (zweihäusig verteilt). Der Kelch umfaßt 2 bis 4 verwachsene Kelchblätter. Die 4 oder 5 Kronblätter sind frei oder teilweise verwachsen und weisen auf

der Innenseite Zähne oder Drüsen auf. Die 4 oder 5 Staubblätter wechseln mit den Kronblättern ab. Die Filamente können zu einer Röhre verwachsen sein und setzen oft am Grunde der Kelchblätter an. Oft steht ein Diskus in Form von getrennten Drüsen zwischen den Filamenten. Der oberständige Fruchtknoten besteht aus einem oder 2 Fruchtblättern mit einer oder 2 aufrechten Samenanlagen in jedem Fach. Die Frucht ist eine Beere oder Steinfrucht und enthält einen einzigen Samen.
Systematik: Die 3 Gattungen unterscheiden sich in Habitus und Blütenbau: *Azima* (4 Arten), dornige Sträucher, deren Blüten freie Kron- und Staubblätter besitzen;

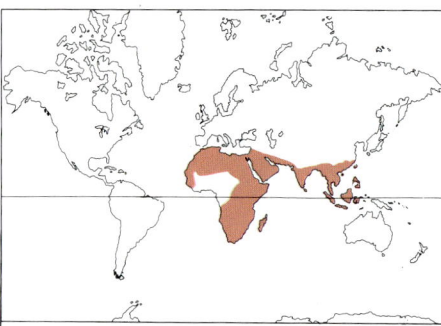

Gattungen: 3
Arten: 11
Verbreitung: Afrika, Madagaskar, Arabien und Asien
Nutzwert: Triebe und Blätter dienen als Salat; lokale Nutzung als Arznei, Fett für Kerzen, Salz und ätherische Öle

Dobera (2 Arten) und *Salvadora* (5 Arten), dornlose Bäume und Sträucher. *Dobera* besitzt freie Kronblätter und am Grunde verwachsene Staubfäden. Die Kronblätter von *Salvadora* sind am Grunde verwachsen; die Staubblätter stehen vor den Kronzipfeln.
Die Verwandtschaftsbeziehungen dieser Familie sind unklar.
Nutzwert: Die Triebe und Blätter von *Salvadora persica* dienen als Salat oder Kamelfutter. Kegr-Salz gewinnt man aus der Asche der verbrannten Pflanze. Die ausgefransten Zweige wurden früher als Zahnbürsten gebraucht. Die Rinde der Sprosse und Wurzeln wirkt blasenziehend. Die Blüten von *Dobera roxburghii* liefern ein ätherisches Öl, das von den Frauen im Sudan als Parfüm verwendet wird. Die Früchte von *D. loranthifolia* wie auch diejenigen von *Salvadora persica* sind eßbar. S.R.C.

CORYNOCARPACEAE
Die Corynocarpaceae sind eine kleine Familie pazifischer Bäume und Sträucher.
Verbreitung: Die Familie ist in Polynesien, Neuseeland und Australien sowie auf einigen benachbarten Inseln des südwestlichen Pazifiks heimisch.
Merkmale: Die fleischig-ledrigen Blätter sind wechselständig, einfach, ganzrandig und nebenblattlos. Die zwitterigen, radiären Blüten stehen in offenen Rispen. Die 5 Kelchblätter decken sich dachig. Die 5 Kronblätter sind mit dem Grunde der Kelchblätter verwachsen, die Filamente der

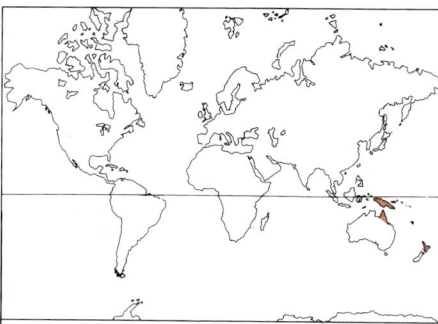

Gattungen: 1
Arten: 5
Verbreitung: Australasien und Polynesien
Nutzwert: Die Samen werden von den Maoris gegessen; Kanus aus Stämmen

5 Staubblätter mit dem Grunde der Kronblätter. Die Staubblätter stehen vor den Kronblättern und wechseln nicht mit ihnen ab. Zusätzlich sind 5 genagelte, kronblattartige Staminodien vorhanden, vor denen je eine große Diskusdrüse sitzt. Der oberständige Fruchtknoten besteht aus einem oder 2 verwachsenen Fruchtblättern, ist ungefächert oder zweifächerig und trägt einen oder 2 freie Griffel. Sind 2 Fächer vorhanden, so ist nur eines fruchtbar. Der Fruchtknoten enthält eine einzige, vom Scheitel herabhängende Samenanlage. Die Frucht ist eine Steinfrucht; der Same ist endospermlos, und der Embryo trägt eine winzige Radikula.
Systematik: Die einzige Gattung, *Corynocarpus*, umfaßt 5 Arten. Die systematische Stellung der Familie ist unsicher. Die Corynocarpaceae wurden schon in viele Ordnungen gestellt, so zu den Ranunculales und Sapindales. Hier werden sie aufgrund einiger gemeinsamer Merkmale den Celastrales zugeordnet.
Nutzwert: Die Früchte von *Corynocarpus laevigatus* werden von den Maoris gegessen. Ihre Samen sind zwar sehr giftig, bilden aber, wenn richtig zubereitet, ein Grundnahrungsmittel. Eingeborene im südwestlichen Pazifikraum stellen aus den Stämmen Kanus her. S.R.C.

ICACINACEAE
Diese Familie umfaßt Bäume, Sträucher und Lianen, von denen fast alle in tropischen Regenwäldern vorkommen.
Verbreitung: Die Familie tritt hauptsächlich in Malesien und den tropischen Gebieten von Indien, Afrika und Mittelamerika auf und nimmt in bezug auf die Artenzahl gegen die Subtropen hin rasch ab. Die wenigen Arten großer Bäume gehören u. a. *Apodytes* (Malesien, Nordostaustralien und Südafrika) an, die in ursprünglichen Regenwäldern an steilen Hängen, in Schluchten und an Flußufern zu finden ist, und der malaiischen *Stemonurus*, die in Torfmooren (gelegentlich in der Mangrove), Sumpfwäldern, im Tiefland oder sogar im trockenen Hügelland wächst. Zu den größten der südafrikanischen Icacinaceae gehören *Poraqueiba* und *Dendrobangia*. Kleinere Bäume und Sträucher, z.B. *Gonocaryum* (Südost-

ICACINACEAE. 1. *Pyrenacantha volubilis:* **a)** Sproß mit seitlichen Blütenständen (× ²/₃); **b)** weibliche Blüte (× 6); **c)** männliche Blüte (× 6);
d) Fruchtknoten im Längsschnitt (× 6). **2.** *Phytocrene bracteata:* Früchte (× ²/₃). **3.** *Citronella suaveolens:* **a)** Blatt und Früchte (× ²/₃); **b)** Blütenknospe (× 3); **c)** Blütenstand (× ¹/₃); **d)** Frucht im Querschnitt (× 5). **4.** *Stemonurus vitiensis:* **a)** Blüte (× 6); **b)** Fruchtknoten (× 16); **c)** Fruchtknoten im Querschnitt (× 16). **5.** *Iodes usambarensis:* **a)** Sproß mit Ranke und Blütenstand (× ²/₃); **b)** weibliche Blüte (× 6); **c)** Früchte (× 1); **d)** männliche Blüte (× 6).

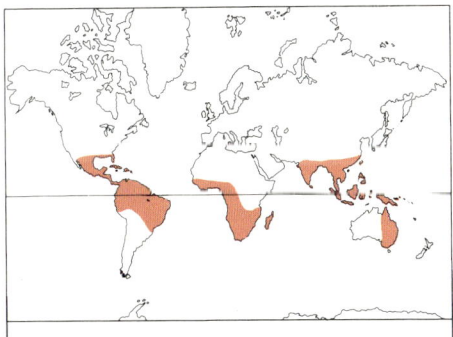

Gattungen: rund 60
Arten: rund 400
Verbreitung: hauptsächlich tropische
Regenwälder
Nutzwert: Nutzholz, Stärke, Öl,
Ersatz für Matetee

asien bis zu den Salomoninseln) bilden den
Unterwuchs tiefer gelegener Bergwälder.
Einige *Citronella*-Arten (Südamerika) fand
man sowohl auf trockenen, armen und offenen Böden als auch in dichten, feuchten
Wäldern. Die meisten Regenwaldlianen
sind zweihäusig, so z.B. *Miquelia* (Indochina und Indonesien) und *Phytocrene*
(hauptsächlich Malesien, aber auch Asien).
Merkmale: Die Blätter sind meist wechselständig, ganzrandig und ledrig; Nebenblät-

ter fehlen. Die Blütenstände sind häufig Cymen oder Thyrsen. Die Blüten sind klein,
radiär, geruchlos, zwitterig oder eingeschlechtig (dann zweihäusig verteilt). Es
sind je 4 oder 5 Kelch-, Kron- und Staubblätter vorhanden (bei *Pyrenacantha* fehlen
die Kelchblätter). Die Staubblätter wechseln
mit den Kronblättern ab, und die Staubbeutel öffnen sich längs oder mit Deckel. Der
Fruchtknoten ist oberständig und besteht
ursprünglich aus 3 (manchmal 2 oder 5)
Fruchtblättern; er ist meist ungefächert,
selten zwei- oder mehrfächerig. Die 2 anatropen Samenanlagen hängen von der Spitze
eines jeden Faches herab. Der Griffel ist
einfach und kurz, mit 3 (selten 2 oder 5)
Narben. Die Frucht ist meist eine einsamige
Steinfrucht, manchmal eine Flügelnuß. Das
Endokarp ist oft seitlich abgeflacht und mit
Furchen oder Gruben verziert. Die Samen
enthalten meist Endosperm und einen klei-
nen, geraden Embryo.
Systematik: Die *Icacinaceae* werden in 4
Tribus unterteilt:
ICACINEAE: Bäume oder Sträucher, selten
Kletterpflanzen, Blüten zwitterig, Gefäße
des Holzes mit leiterartigen Durchbrechun-
gen; wichtigste Gattungen: *Citronella,
Gonocaryum, Gomphandra, Poraqueiba*
und *Icacina.*
IODEAE: Kletterpflanzen oder windende

Sträucher, Pflanzen zweihäusig, Gefäße mit
einfachen Durchbrechungen; Hauptgattung
Iodes.
SARCOSTIGMATEAE: kletternde Sträucher, innere Oberfläche des Endokarps schwach
runzelig; Hauptgattung *Sarcostigma.*
PHYTOCRENEAE: kletternde oder windende
Sträucher, Innenseite des Endokarps immer
warzig; Hauptgattungen: *Pyrenacantha*
und *Phytocrene.*
Die Icacinaceae zeigen Beziehungen zu den
Celastraceae, Aquifoliaceae und Olacaceae.
Nutzwert: Das harte, schwere und wohlriechende Holz von *Cantleya corniculata*
wird aus Sarawak und Brunei exportiert
und für Haus- und Schiffbau sowie als San-
delholz-Ersatz verwendet. Das Holz von
Apodytes dient in Indochina der Kunsttischlerei. Die Knollen und Samen von
Humirianthera enthalten reichlich Stärke.
Früchte und Samen von *Poraqueiba* liefern
Stärke und Öl. Blätter von *Citronella*-Arten
werden als Ersatz für Matetee verwendet.
Die Samen von *Sarcostigma kleinii* (Indien)
liefern ein Öl, mit dem Rheumatismus behandelt wird.
Blätter und Rinde von *Cassinopsis madagascariensis* ergeben ein Mittel gegen Durchfall. Durchsägte Stämme von *Miquelia*
und *Phytocrene* (Wasserrebe) liefern Trink-
wasser. H.P.W.

AQUIFOLIACEAE. 1. *Ilex aquifolium:* **a)** Sproß mit Früchten (× ²/₃); **b)** weibliche Blüte mit 4 Staminodien (× 4); **c)** männliche Blüte mit 4 Staubblättern, die mit den Kronblättern abwechseln (× 4); **d)** ausgebreitete Krone der männlichen Blüte, die am Grunde der Kronblätter ansetzenden Staubblätter zeigend (× 4); **e)** Gynoeceum mit sitzender Narbe (× 4). 2. *I. anomala:* **a)** blühender Sproß (× ²/₃); **b)** zwitterige Blüte (× 3); **c)** ausgebreitete Krone, die am Grunde (zwischen den Kronzipfeln) stehenden Staubblätter zeigend (× 3); **d)** Steinfrucht (× 4). 3. *I. paraguensis:* **a)** Sproß mit Früchten (× ²/₃); **b)** Frucht, äußere Wand entfernt, um die 4 Steinkerne zu zeigen, die je einen Samen enthalten (× 4).

AQUIFOLIACEAE
Stechpalmengewächse
Diese Familie von Bäumen und Sträuchern umfaßt die große Gattung *Ilex* (Stechpalme, rund 400 Arten), *Nemopanthus* (2 Arten) und *Phelline* (10 Arten).
Verbreitung: Die Familie ist sowohl in gemäßigten als auch tropischen Gebieten weit verbreitet, in Afrika und Australien aber relativ schwach vertreten. *Nemopanthus* ist auf den Nordosten Nordamerikas und *Phelline* auf Neukaledonien beschränkt.
Merkmale: Die Blätter sind ledrig, manchmal immergrün und meist wechselständig. Die Nebenblätter sind oft hinfällig (bei *Phelline* fehlen sie). Die unscheinbaren, grünlich-weißen Blüten sind zwitterig oder eingeschlechtig (dann normalerweise zweihäusig verteilt). Sie sind radiär, stehen meist in Büscheln oder Cymen (bei *Phelline* in Ähren oder Rispen), selten einzeln, und bringen winzige Tragblätter hervor. Die Kelch- und Kronblätter, meist je 4 (bei *Phelline* 4 bis 6), decken sich dachig (die Kronblätter bei *Phelline* klappig); die Kronblätter sind am Grunde verwachsen (bei *Nemopanthus* und *Phelline* frei). Die Staubblätter, meist gleichzählig und abwechselnd mit den Kronblättern, sind häufig mit diesen verwachsen. Andernfalls sind sie frei und in den weiblichen Blüten oft als Staminodien ausgebildet. Die Staubbeutel besitzen 2 Theken und öffnen sich nach innen. Der drei- bis mehrfächerige Fruchtknoten ist oberständig, besteht aus 3 oder mehr verwachsenen Fruchtblättern und trägt einen einzigen, endständigen, manchmal winzigen Griffel. Die Plazentation ist zentralwinkelständig, mit einer oder selten 2 hängenden,

Gattungen: 3
Arten: rund 400
Verbreitung: weit verbreitet in den tropischen und gemäßigten Zonen
Nutzwert: geschätzte Zierbäume und -sträucher, Hartholz und Matetee

meist anatropen Samenanlagen in jedem Fach. Die Frucht ist eine Steinfrucht, meist mit 4 Steinkernen.
Systematik: Die Gattung *Phelline* wird manchmal als eigene Familie abgetrennt. Eng mit den Celastraceae verwandt, unterscheiden sich die Aquifoliaceae von ihnen hauptsächlich durch das Fehlen eines ringförmigen Nektardiskus am Grunde der Staubblätter und die meist einzelne Samenanlage in jedem Fach.
Nutzwert: Die Familie ist wegen des harten, weißen Holzes der *Ilex*-Arten von Bedeutung; es wird für Schnitzereien, Einlegearbeiten und vieles andere verwendet. Stechpalmen werden seit langem wegen ihres schönen Laubes und ihrer Früchte in Gärten gezogen. In vielen Gegenden kann man zur Weihnachtszeit Stechpalmenzweige kaufen. Aus den Blättern von *Ilex paraguensis* bereitet man Matetee. I.B.K.R.

DICHAPETALACEAE
Diese Familie enthält tropische Sträucher, wenige Kletterpflanzen und kleine Bäume, von denen einige sehr giftig sind.
Verbreitung: Ungefähr 200 Arten verteilen sich auf 4 Gattungen: *Dichapetalum* (150 oder mehr tropische Arten, besonders in Afrika), *Stephanopodium* (7 Arten, tropi-

DICHAPETALACEAE. 1. *Stephanopodium peruvianum:* a) Sproß, mit dem Blattstiel verwachsene, seitliche Blütenstände (× 2/3); b) halbierte Blüte mit der Krone ansitzenden Staubbeuteln (× 8); c) Fruchtknoten mit hängenden Samenanlagen im Längsschnitt (× 14); d) behaarte Steinfrucht (× 2/3); e) Blüte (× 8). 2. *Dichapetalum mombongense:* a) blühender und fruchtender Sproß (× 2/3); b) halbierte Blüte (× 8); c) Fruchtknoten im Querschnitt (× 21); d) Frucht im Querschnitt (× 1½). 3. *Dichapetalum toxicarium:* a) Blüte, Gynoeceum entfernt (× 14); b) Gynoeceum (× 14). 4. *Tapura ciliata:* a) Sproß mit kleinen Nebenblättern und seitlichen Blütenständen (× 2/3); b) Blüte (× 4); c) ausgebreitete Krone (× 6); d) hypogyne Nektardrüse (× 12); e) Fruchtknoten (× 12).

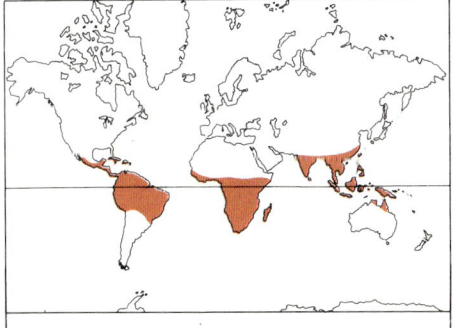

Gattungen: 4
Arten: rund 200
Verbreitung: pantropisch, eine Art in Südafrika
Nutzwert: einige Zierpflanzen; Blätter und Samen werden als Gift benutzt

sches Südamerika), *Tapura* (20 Arten im tropischen Südamerika und auf den Westindischen Inseln, 4 Arten im tropischen Afrika) und *Gonypetalum* (5 Arten im tropischen Südamerika). Die einzige außertropische Art ist ein südafrikanisches *Dichapetalum.*
Merkmale: Die wechselständigen Blätter besitzen Nebenblätter und sind oft mit fei-

nen, grauen Haaren bedeckt. Die Blütenstände sind seitliche Cymen oder Büschel, deren Stiel oft mit dem Tragblattstiel verwachsen ist, so bei einigen Arten von *Dichapetalum* und *Tapura.* Die Blüten weisen meist je 5 sich dachig deckende Kelch- und Kronblätter auf. Die Kronblätter sind zweispaltig oder -lappig und im trockenen Zustand oft schwarz. Die 5 Staubblätter sind mit den Kronblättern vereint oder frei. Der Fruchtknoten ist oberständig und besteht aus 2 oder 3 verwachsenen Fruchtblättern mit je 2 hängenden Samenanlagen. Er ist von einem becherförmigen oder gelappten Diskus umgeben und trägt 2 getrennte oder verwachsene Griffeläste. Die Steinfrucht ist meist flaumig behaart und ungefächert bis dreifächerig; pro Fach enthält sie einen einzigen Samen. Die Samen tragen oft ein Anhängsel und besitzen kein Endosperm, hingegen einen großen, geraden Embryo.
Systematik: Sowohl *Dichapetalum* als auch *Stephanopodium* besitzen 5 fruchtbare Staubblätter in jeder zwitterigen Blüte; bei *Stephanopodium* sind die Staubbeutel sitzend. *Tapura* und *Gonypetalum,* von einigen Autoren in einer Gattung vereint, bringen nur 3 fruchtbare Staubblätter hervor. Die verwandtschaftlichen Beziehungen der

Dichapetalaceae sind umstritten; sie wurden schon den Rosales, Celastrales oder Euphorbiales zugerechnet.
Nutzwert: Ein paar Arten werden in den Tropen als Zierpflanzen gezogen; die Früchte einiger ostafrikanischer Arten sollen eßbar sein. Die Blätter und Samen aller untersuchten *Dichapetalum*-Arten sind giftig. In Ostafrika werden die Blätter von *Dichapetalum stuhlmannii* zur Vergiftung von Wildschweinen, Affen und Ratten benützt; ein Extrakt dient angeblich auch als Pfeilgift. Die Samen von *D. toxicarium* werden in Westafrika ähnlich verwendet, besonders als wirksames Rattengift. *D. cymosum* aus dem Hochland-Veldt in Südafrika erscheint vor den Gräsern; es wird deshalb vom Vieh gefressen, was zur «gifblaar»-Vergiftung führt. Der giftige Bestandteil ist Fluoressigsäure, welche die innere Atmung hemmt.   D.J.M.

EUPHORBIALES
Wolfsmilchartige

BUXACEAE *Buchsbaumgewächse*
Die Buxaceae sind eine kleine Familie mit 6 Gattungen immergrüner Sträucher (selten

1e 1f 1d 2d 2c

2b

1c

2f

1a 1b 2e 2a

BUXACEAE. 1. *Buxus sempervirens:* **a)** beblätterter Trieb mit seitlichen Blütenbüscheln (× ²/₃); **b)** von männlichen Blüten umgebene weibliche Blüte (× 6); **c)** männliche Blüte, 4 Staubblätter mit gegen innen aufspringenden Staubbeuteln (× 8); **d)** weibliche Blüte mit 3 von gefalteten Narben gekrönten Griffeln (× 8); **e)** dreiklappig aufspringende Kapsel (× 2); **f)** Same (× 4). **2.** *Pachysandra terminalis:* **a)** blühender Sproß (× ²/₃); **b)** halbierte männliche Blüte (× 3); **c)** weibliche Blüte (× 6); **d)** Fruchtknoten im Längsschnitt (× 6); **e)** Frucht (× 4); **f)** Same (× 4).

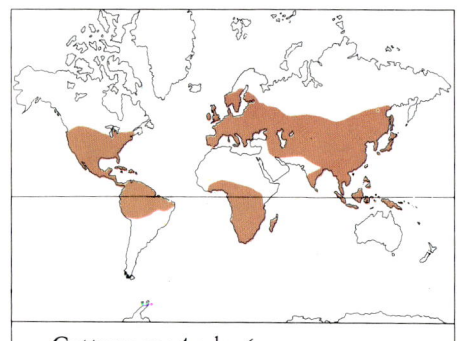

Gattungen: 4 oder 6
Arten: rund 100
Verbreitung: gemäßigt bis tropisch (Karte zeigt auch Verbreitung in Kultur)
Nutzwert: Zierpflanzen (Buchsbaum, *Sarcococca*) und hochwertiges Holz

Bäume oder Kräuter), deren bekanntester Vertreter der Buchsbaum ist.
Verbreitung: Die Familie kommt zerstreut in gemäßigten, subtropischen und tropischen Gebieten vor.
Merkmale: Die recht ledrigen Blätter sind wechsel- oder gegenständig, einfach und nebenblattlos. Die Blüten sind radiär, eingeschlechtig, ein- oder zweihäusig verteilt und stehen in Ähren, Trauben oder Köpfchen. Sie besitzen Hochblätter, aber keine

Kronblätter. Es sind meist 4 sich dachig deckende, am Grunde verwachsene Kelchblätter (manchmal 6 oder mehr) vorhanden. Die männlichen Blüten weisen meist 4 oder 6 Staubblätter (selten 7 bis 10) auf; in 2 Gattungen sind sie zahlreich. Wenn 4 Staubblätter da sind, stehen sie vor den Kelchblättern; wenn es 6 sind, stehen 2 Paare vor den inneren 2 Kelchblättern. Die Staubbeutel sind oft groß und besitzen lange oder keine Filamente. Ihre 2 Theken springen mit Klappen oder Längsrissen auf. Manchmal ist ein verkümmerter Fruchtknoten da. Die weiblichen Blüten sind weniger zahlreich (manchmal Einzelblüten) und bringen einen oberständigen, dreifächerigen Fruchtknoten aus 3 verwachsenen Fruchtblättern (4 bis 6 bei *Styloceras*) hervor. Die Plazentation ist zentralwinkelständig, mit meist einer oder 2 Samenanlagen pro Fach. Der Fruchtknoten endet in 3 Griffeln, die frei oder am Grunde verwachsen sind. Die Frucht ist eine fachspaltige Kapsel oder eine Steinfrucht mit schwarzen, glänzenden Samen, die manchmal ein Samenanhängsel besitzen. Die Samen enthalten fleischiges Endosperm und einen geraden Embryo mit flachen Keimblättern.
Systematik: *Simmondsia* (Kalifornien) und *Styloceras* (Südamerika) unterscheiden sich

von anderen Gattungen genügend stark, um bisweilen als eigene Familien abgetrennt zu werden (Simmondsiaceae und Stylocerataceae). *Styloceras* (3 Arten) trägt wechselständige Blätter, 6 bis 30 Staubblätter und männliche Blüten ohne Blütenhülle. *Simmondsia* (eine Art) besitzt gegenständige Blätter und zahlreiche Staubblätter. Bei beiden Gattungen fehlt den männlichen Blüten jede Spur des Fruchtknotens. Alle anderen Gattungen zeigen Blüten entweder mit 4 Staubblättern − z.B. *Sarcococca* (16 bis 20 Arten, China und Indomalesien) mit wechselständigen Blättern oder *Buxus* (70 Arten, gemäßigte Zonen der Nordhalbkugel, südliches und tropisches Afrika, Westindische Inseln) mit gegenständigen Blättern − oder aber mit 6 Staubblättern, z.B. *Notobuxus* (7 Arten, Südostafrika) und *Pachysandra*. Die 4 *Pachysandra*-Arten (Ostasien und USA) unterscheiden sich durch ihren krautigen Habitus und wechselständige Blätter.
Man betrachtet diese Familie als Verwandte der Euphorbiaceae und Celastraceae. Sie zeigt jedoch eine Reihe guter Unterscheidungsmerkmale, u.a. das Fehlen von Milchsaft, kronblattlose Blüten und schwarze, glänzende Samen mit Samenanhängsel.
Nutzwert: Die Buxaceae enthalten einige wichtige Zierpflanzen. Am bekanntesten ist

Buxus sempervirens (Immergrüner Buchsbaum), eine Art mit eiförmigen, glänzenden, dunkelgrünen Blättern, die oft für Hecken, Abgrenzungen usw. verwendet wird, nicht zuletzt, weil sie gegen Rauch und Ruß unempfindlich ist. Ysander, *Pachysandra procumbens* (östliches Nordamerika), und *P. terminalis* (Japan) sind kriechende Zwergsträucher, die gute Bodendecker sind. *Sarcococca*-Arten (Schleimbeeren) entfalten ihre kleinen, stark duftenden Blüten im Winter. Das Holz des Immergrünen und des Kapländischen Buchsbaumes (*B. macowani*) ist besonders wertvoll für Schnitzereien, Einlegearbeiten sowie für Lineale und Blasinstrumente; es wird auch von Graveuren geschätzt. S.R.C.

PANDACEAE

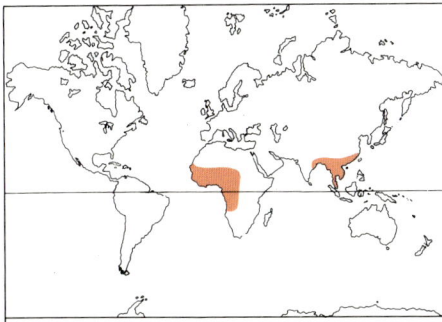

Gattungen: 3
Arten: rund 28
Verbreitung: Westafrika, Asien und Indomalesien
Nutzwert: lokal werden die Samen gegessen

Die Pandaceae sind eine kleine Familie tropischer Bäume; sie umfaßt rund 28 Arten in 3 Gattungen.
Verbreitung: Die Gattung *Panda* ist auf das tropische Westafrika beschränkt, *Microdesmis* auf das tropische Westafrika und Asien und *Galearia* auf Indomalesien.
Merkmale: Alle Vertreter der Familie besitzen wechselständige, einfache, oft gesägte Blätter, die an den Trieben in 2 Zeilen angeordnet sind. Über der Ansatzstelle der Triebe findet sich eine Knospe. Die Blätter tragen keine Knospen in den Achseln; die Endknospe des beblätterten Triebes ist verkümmert und treibt nicht aus. Der ganze beblätterte Trieb macht deshalb den Eindruck eines Fiederblattes. Eine ähnliche Anordnung findet man bei einigen Vertretern der Euphorbiaceae.
Die Blüten sind radiär, eingeschlechtig und zweihäusig verteilt. Sie stehen in eng zusammengedrängten Blütenständen unmittelbar über der Ansatzstelle der Triebe (*Microdesmis*) oder am Stamm (*Galearia* und *Panda*), mit 5 verwachsenen Kelch- und Kronblättern. Es sind ein, 2 oder 3 Kreise mit je 5 Staubblättern und ein verkümmerter Fruchtknoten in den männlichen Blüten vorhanden, in den weiblichen ein oberständiger Fruchtknoten mit 2 bis 5 Fächern und je einer apikalen, hängenden Samenanlage. Die Frucht ist eine Steinfrucht. Der Steinkern besitzt bei *Panda* 3 im Querschnitt halbmondförmige, von den Samen ausgefüllte Hohlräume. Die Samen sind flach und enthalten reichlich ölhaltiges Endosperm. Der Embryo weist herzförmige Keimblätter auf.
Systematik: Obwohl die Pandaceae mit den Euphorbiaceae verwandt sind, genügen die Ähnlichkeiten nicht, um sie dieser ohnehin großen Familie einzuverleiben. Steinfrüchte wie bei den Pandaceae kommen bei den Euphorbiaceae selten vor.
Nutzwert: *Panda oleosa* liefert eßbare, ölhaltige Samen, die nur lokal zum Kochen verwendet werden. S.W.J.

EUPHORBIACEAE
Wolfsmilchgewächse
Die Euphorbiaceae gehören zu den größten Familien von Blütenpflanzen. Sie umfassen über 300 Gattungen und mehr als 5000 Arten von dikotylen Kräutern, Sträuchern und Bäumen. Einige Gattungen sind sehr umfangreich, z.B. *Phyllanthus*, *Euphorbia*, *Croton* und *Acalypha*. Eine große Zahl dagegen ist monotypisch, wie z.B. *Heywoodia* und *Ricinus*. Wichtige Produkte der Familie sind Maniok, Gummi (von *Hevea brasiliensis*) und Tungöl (*Vernicia*-Arten).
Verbreitung: Die Familie ist vorwiegend in den Tropen verbreitet. Einige Gattungen, besonders *Euphorbia*, kommen lokal gehäuft auch in außertropischen Regionen vor, so im Süden der USA, im Mittelmeerbecken, im Nahen Osten und im südlichen Afrika. Die meisten Gattungen sind jedoch rein tropisch. Innerhalb der Tropen ist die Familie am reichsten im indomalaiischen Gebiet und in den neuweltlichen Tropen vertreten. Die Gattung *Croton* ist z.B. besonders gut in Südamerika entwickelt (rund 300 Arten allein in Brasilien). Obwohl viele Vertreter der Familie in Afrika vorkommen, ist sie dort nicht so reich und vielfältig wie in den beiden anderen tropischen Gebieten.
Merkmale: Die wechsel- oder selten gegenständigen Blätter besitzen häufig Nebenblätter. Sie sind meist einfach; wenn zusammengesetzt, sind sie niemals gefiedert, sondern immer handförmig. Die Blüten sind radiär, eingeschlechtig, entweder einhäusig (*Euphorbia*) oder zweihäusig (*Mercurialis*) verteilt. Die Blütenhülle besteht meist nur aus 5 Blättern. Bei einigen Gattungen (z.B. *Jatropha*, *Aleurites* und *Caperonia*) ist sie aus Kelch und Krone zusammengesetzt, bei anderen fehlt sie völlig (*Euphorbia*-Arten). Es sind ein bis viele, freie oder verwachsene Staubblätter und Staubbeutel mit 2 (manchmal 3 oder 4) Pollensäcken vorhanden, die sich meist längs, selten mit Poren, öffnen. In den männlichen Blüten ist oft ein unfruchtbarer Stempel zu finden, in den weiblichen Blüten bisweilen Staminodien. Der dreifächerige Fruchtknoten ist oberständig und besteht meist aus 3 verwachsenen Fruchtblättern mit je einer oder 2 hängenden Samenanlagen. Die Griffel sind frei oder verschieden stark verwachsen.
Die Frucht ist meist eine Spalt-, manchmal eine Steinfrucht. Bei der Spaltfrucht springen die Teilfrüchte selber erst auf, nachdem sie sich voneinander gelöst haben. Die Samen enthalten meist reichlich Endosperm.

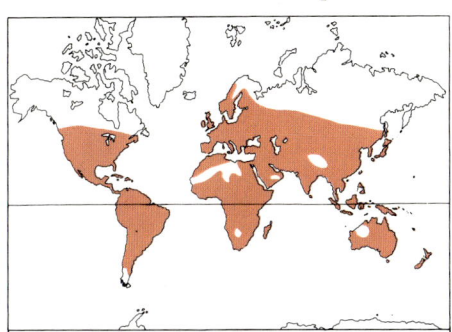

Gattungen: rund 300
Arten: über 5000
Verbreitung: vorwiegend tropisch, mit einigen Arten in gemäßigten Gebieten
Nutzwert: Kautschuk, Rizinusöl, Maniok, Tungöl, Talg, Holz, Abführmittel, Farben, viele Zierpflanzen, z.B. Weihnachtsstern

Bei einer Reihe von Gattungen besitzen sie Anhängsel (z.B. bei *Euphorbia*, *Jatropha* und *Ricinus*). Diese sind oft als ölhaltiges Elaiosom entwickelt und stehen im Dienste der Samenausbreitung, da die Ameisen solche Samen verschleppen.
Milchsaft ist in der Tribus Euphorbieae vorhanden, fehlt jedoch allgemein bei anderen Tribus. Er ist meist giftig, besonders bei *Hippomane mancinella*, dem Manzanillo-Baum der Westindischen Inseln, und kann vorübergehend zu Erblindung führen.
Nektardrüsen bilden ein nennenswertes Merkmal vieler Euphorbiaceae. Sie finden sich meist in der Nähe der Blüten und bilden entweder einen Ring um die Staubblätter, stehen zwischen ihnen oder umgeben den Fruchtknoten ringförmig. Sie können sich auch am Rande der becherförmigen Hülle der Blütenstände finden (Tribus Euphorbieae), oder, wie bei vielen andern Tribus, an vegetativen Organen. Die Blattdrüsen von *Macaranga aethiadenia* aus Borneo z.B. sind sehr groß und wie Vulkankegel geformt.
Charakteristisch für die Tribus Euphorbieae und die Gattung *Dalechampia* ist die Zusammenfassung von winzigen, stark vereinfachten Blüten zu Blütenständen, die in Verbindung mit Tragblättern, Drüsen und kronblattartigen Anhängen oft den Eindruck einer zwittrigen Einzelblüte erwecken. So hat *Dalechampia roezliana* große, tief rosa gefärbte Tragblätter, *Euphorbia fulgens* kräftig scharlachrote Drüsen und *E. corollata* weiße Drüsenanhänge. Alle diese Eigenschaften tragen dazu bei, die Ähnlichkeit des Blütenstandes mit einer Blüte zu erhöhen. Das gleiche läßt sich z.B. bei den Compositae beobachten, wo die Einzelblüten zu blütenähnlichen Köpfchen zusammentreten. Der hochspezialisierte Blütenstand von *Euphorbia* wird Cyathium genannt. Es handelt sich meist um eine kleine, becherartige Struktur, die aus einer becherförmigen Hülle besteht und am Rande meist 4 oder 5 verschiedenartig geformte, oft gefärbte Nektardrüsen trägt. Innerhalb dieser Hülle umgeben zahlreiche, aus nur einem Staubblatt bestehende männliche Blüten eine einzige, auf den Frucht-

1

2a

2b

3a

3b

4a

4b

4c

5a

5b

knoten reduzierte weibliche Blüte. Die Blütenstände sind meist vorweiblich, und Fremdbestäubung geschieht hauptsächlich durch Fliegen, die von den Nektardrüsen angezogen werden. Nach der Befruchtung verlängert sich der Stiel der weiblichen Blüte und hebt die sich entwickelnde Frucht aus der Blütenstandshülle heraus. Er biegt sich durch eine Lücke zwischen den Drüsen nach unten, so daß die Frucht neben oder unter die Hülle zu liegen kommt. Die Frucht springt fast immer explosionsartig auf.

Systematik: Die Familie kann in die folgenden Haupttribus unterteilt werden.

PHYLLANTHEAE, z.B. *Phyllanthus, Breynia.*

BRIDELIEAE, z.B. *Bridelia.*

CROTONEAE, z.B. *Croton, Chrozophora, Mallotus, Mercurialis, Dalechampia.*

ACALYPHEAE, *Acalypha.*

RICINEAE, *Ricinus.*

JATROPHEAE, z.B. *Jatropha, Aleurites, Manihot, Codiaeum, Ricinodendron, Hevea.*

SUREGADEAE, *Suregada.*

EUPHORBIEAE, z.B. *Hippomane, Hura, Sapium, Sebastiania, Euphorbia.*

Einige Gattungen, die üblicherweise zu den Euphorbiaceae gezählt wurden, obwohl sie im Bau vom Hauptteil der Familie recht stark abweichen, wurden in den letzten Jahren meist als eigene kleine Familien abgetrennt. Erwähnenswert sind in diesem Zusammenhang *Buxus* und Verwandte, die als Buxaceae, sowie *Panda, Microdesmis* und *Galearia,* die als Pandaceae zusammengefaßt werden. Andere Gattungen, die oft ähnlich behandelt werden, sind *Aextoxicon, Androstachys, Antidesma, Bischofia, Centroplacus, Daphniphyllum, Hymenocardia, Pera* und *Uapaca.*

Die Familie hat Verbindungen zu einigen anderen Familien, etwa zu den Flacourtiaceae, Malvaceae und Urticaceae, doch werden diese Beziehungen von anderen Bearbeitern als wenig wichtig betrachtet. Hier wird die Familie als selbständige Ordnung in die Nähe der Celastrales gestellt.

Obwohl die Familie nach *Euphorbia* benannt ist (der größten Gattung innerhalb der Familie), ist *Euphorbia* aufgrund der extrem starken Reduktionserscheinungen im Blütenbereich kein typischer Vertreter. Die Euphorbiaceen-Blüten sind im allgemeinen nicht so stark reduziert wie diejenigen der namengebenden Gattung.

EUPHORBIACEAE. 1. *Euphorbia stapfii:* eine kaktusähnliche Art (× ²/₃). 2. *Phyllanthus* sp.: a) Trieb mit abgeflachten, Blättern ähnlichen Seitentrieben, welche Blüten tragen (× ²/₃); b) weibliche Blüte mit einem einzigen Blütenhüllkreis und dreilappiger Narbe (× 12). 3. *Acalypha* sp.: a) Sproß mit seitlichen Blütenständen (× ²/₃); b) weibliche Blüte mit großen, verzweigten Narben (× 6). 4. *Euphorbia amygdaloides:* a) blühender Trieb mit Einzelblüten vortäuschenden Teilblütenständen (Cyathien) (× ²/₃); b) becherförmiges Cyathium mit hufeisenförmigen, randständigen Drüsen, darin ein Ring männlicher, je aus einem einzigen Staubblatt bestehender Blüten; in der Mitte die weibliche Blüte, die aus einem gestielten Fruchtknoten mit verzweigten Narben besteht (× 6); c) Frucht (× 4). 5. *Croton fothergillifolius:* a) blühender Trieb (× ²/₃); b) Frucht (× 4).

Nutzwert: Eine Reihe von Gattungen bringt Arten von beträchtlicher wirtschaftlicher Bedeutung hervor. Zu *Hevea* gehört z.B. *Hevea brasiliensis,* der Parakautschukbaum, Lieferant des größten Teils des natürlichen Kautschuks der Welt. *Manihot* enthält ebenfalls kautschukproduzierende Arten, etwa *Manihot glaziovii* (Ceara-Kautschuk). Besser bekannt ist diese Gattung jedoch wegen der Maniokpflanzen, *M. esculenta,* auch Kassave genannt, deren Knollen ein Grundnahrungsmittel der ärmeren Bevölkerungsschichten vieler Tropenländer sind. Rizinusöl stammt von *Ricinus communis. Aleurites moluccana* ist der Lieferant eines Samenöls, das in der Seifen-, Farben- und Lackherstellung verwendet wird. Aus dem Samenbrei wurden früher Kerzen gezogen, daher der Name Kerzennußbaum. *Vernicia* ist eine mit *Aleurites* verwandte Gattung. Sie umfaßt 3 Arten, von denen man das wertvolle Tungöl gewinnt, das hauptsächlich in der Lack- und Farbenindustrie gebraucht wird. Diese ursprünglich chinesischen Nutzpflanzen werden mittlerweile in den Südoststaaten der USA, in Südamerika und Malawi in Plantagen kultiviert. Zur großen Gattung *Sapium* gehört der Chinesische Talgbaum, *Sapium sebiferum,* dessen Samen von einer fettigen Talgmasse umgeben sind; diese dient zur Herstellung von Seife und Kerzen. Die Blätter liefern eine schwarze Farbe.

Zur Gattung *Jatropha* gehört die Purgiernuß, *Jatropha curcas,* deren Samen ein starkes Abführmittel enthalten. Das stärkste abführende Mittel, Crotonöl, stammt von den Samen von *Croton tiglium.* Es wird heute jedoch allgemein für nicht ungefährlich gehalten, da es die Wirkung von krebsauslösenden Verbindungen erhöht. Aus den Früchten von *Mallotus philippinensis* gewinnt man eine rote Farbe, aus *Chrozophora tinctoria* rosarote und blaue Farben. Das Holz von *Ricinodendron*-Arten im Handel unter dem Namen Afrikanisches Mahagoni bekannt, dasjenige von *Oldfieldia africana,* eines mächtigen Urwaldbaumes, als Afrikanisches Teakholz. Die unreifen Früchte des Sandbüchsenbaumes, *Hura crepitans,* wurden früher als Sandbehälter für das Löschen von Tinte, oder, mit Blei gefüllt, als Briefbeschwerer benützt. Die sich im Samen von *Sebastiania pringlei* («Springende Bohnen») entwickelnden Larven der Motte *Carpocapsa saltitans* lassen ihn charakteristische Springbewegungen ausführen. Einige Arten der Gattung *Colliguaja* sind ebenfalls «Springbohnenpflanzen».

Eine Reihe von Gattungen enthält interessante Zierpflanzen, z.B. *Euphorbia* (so Weihnachtsstern, *Euphorbia pulcherrima*), *Breynia, Jatropha, Codiaeum* (Croton), *Acalypha* (Katzenschwanz), *Ricinus* und *Dalechampia.*   A.R.-S.

RHAMNALES *Kreuzdornartige*

RHAMNACEAE *Kreuzdorngewächse*
Die Rhamnaceae sind eine große, in gemäßigten und tropischen Gebieten verbreitete Familie von Bäumen und Sträuchern

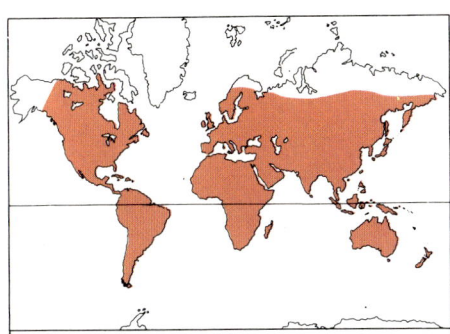

Gattungen: 58
Arten: rund 900
Verbreitung: kosmopolitisch
Nutzwert: Arzneien (hauptsächlich Abführmittel), einige Zierpflanzen, Farben, Holzkohle und Seifenersatz

sowie einigen Kletterpflanzen. Die amerikanische Gattung *Ceanothus* stellt die schönsten Zierpflanzen der Familie. Die bekanntesten Pflanzenprodukte sind Kreuzdornsirup und Chinesische Datteln.

Verbreitung: Die Familie ist weltweit verbreitet.

Merkmale: Die meisten Arten sind Bäume und Sträucher; einige klettern jedoch mit Hilfe windender Stämme (*Berchemia*), Ranken (*Gouania*) oder Haken (*Ventilago*). Einige sind mit Dornen bewaffnet, z.B. *Rhamnus* und *Paliurus.* (Die Dornenkrone Christi bestand angeblich aus Zweigen von *Paliurus spina-christi.*) *Colletia* ist insofern ungewöhnlich, als sie nicht eine, sondern 2 Knospen in jeder Blattachsel trägt, von denen die obere zu einem Dorn, die untere zu einem Trieb wird. Die Blätter sind wechsel- oder gegenständig, einfach und mit Nebenblättern versehen. Die Blüten aller Arten sind einander ähnlich. Sie sind klein, unauffällig, manchmal kronblattlos, zwitterig (selten eingeschlechtig), radiär und stehen meist in Cymen. Es sind 4 oder 5 klappige Kelchblätter und 4 oder 5 kleine, nach innen gebogene Kronblätter vorhanden, die oft die 4 oder 5 Staubblätter umfassen. Der oberständige Fruchtknoten ist bisweilen in die mit einem Diskus versehene Blütenachse eingesenkt. Es sind 3 oder 2 Fächer vorhanden (oder durch Fehlschlagen einer), mit je einer einzigen (selten 2) grundständigen, anatropen Samenanlage. Der Griffel ist einfach oder geteilt.

Die Früchte sind je nach Verbreitungsart verschieden gebaut. Einige sind trocken, windverbreitet und springen auf (z.B. *Paliurus*). Meistens handelt es sich um fleischige Steinfrüchte oder Nüsse, welche durch Säuger und Vögel, die sie fressen, verbreitet werden.

Systematik: Die größten Gattungen sind *Rhamnus, Hovenia, Zizyphus, Ceanothus, Ventilago, Phylica* und *Frangula.* Verschiedentlich wurden die Rhamnaceae mit den Vitaceae und Celastraceae in Verbindung gebracht. Die Vitaceae sind wahrscheinlich die engsten Verwandten. Sie unterscheiden sich nur durch ihre größeren Kronblätter, durch Merkmale der Blütenachse und Früchte sowie ihre gelappten oder zusammengesetzten Blätter von den Rhamnaceae.

RHAMNACEAE. **1.** *Zizyphus jujuba:* **a)** Sproß mit unscheinbaren Blüten und zu Dornen umgewandelten Nebenblättern (× ²/3); **b)** Früchte (× ²/3); **c)** Frucht im Querschnitt (× ²/3). **2.** *Gouania longipetala:* **a)** Blütenstand, Blatt und Ranke (× ²/3); **b)** halbierte Blüte (× 6); **c)** Fruchtknoten im Querschnitt (× 12); **d)** geflügelte Frucht (× 4). **3.** *Phylica nitida:* **a)** blühender Trieb (× ²/3); **b)** Blüte (× 6); **c)** Längsschnitt durch Gynoeceum und Blütenachse (× 12); **d)** Frucht im Querschnitt (× 3). **4.** *Paliurus virgatus:* geflügelte Frucht (× ²/3). **5.** *Ceanothus veitchianus:* **a)** blühender Trieb (× ²/3); **b)** Blüte (× 8). **6.** *Colletia cruciata:* **a)** Blühender Trieb (²/3); **b)** Blüte, geöffnet (× 4); **c)** Längsschnitt durch den Blütengrund (× 4); **d)** Querschnitt durch den Blütengrund (× 6).

Nutzwert: Einige *Rhamnus*-Arten werden zur Herstellung von Farben verwendet. Saftgrün wird aus den Beeren von *Rhamnus catharticus* gewonnen, Gelb aus den Beeren von *R. infectorius* und ein weiteres Grün aus der Rinde von *R. chlorophorus*. Andere Arten sind offizinell, hauptsächlich wegen ihrer abführenden Eigenschaften. Bekannt ist *R. catharticus* (Purgierkreuzdorn, Europa und Asien), dessen Früchte als Kreuzdornsirup abführend wirken. Auf den Westindischen Inseln wird die Rinde von *Gouania domingensis* als Anregungsmittel gekaut. Die getrockneten, roten Fruchtstandsachsen von *Hovenia dulcis* (Japan, China) verwendet man lokal als Arzneimittel. Blatt- und Rindenextrakt von afrikanischen *Gouania*-Arten dienen zur Behandlung von Wunden. Umschläge aus Wurzelrinde von *Ventilago oblongifolia* werden in Malaya zur Heilung von Cholera verwendet.

Auf den Philippinen wird der Wurzelextrakt von *Gouania tiliifolia* als Seifenersatz verwendet. Die Wurzeln enthalten Saponin, das schäumt, wenn es mit Wasser vermischt wird. *Zizyphus jujuba* liefert die eßbare Jujube oder Chinesische Dattel. *Zizyphus lotus* wird für die Lotuspflanze der Antike gehalten. Das Holz der Rhamnaceae wird wenig genutzt. *Hovenia dulcis*

liefert allerdings das geschätzte Japanische Mahagoni.

Die bekannteste Zierpflanze ist *Ceanothus* (Säckelblume), die viele schön blühende Sträucher enthält. Andere Gattungen, die gelegentlich kultiviert werden, sind *Pomaderris*, *Phylica* (Kapmyrte), *Noltea*, *Rhamnus* und *Colletia*. S.W.J.

VITACEAE   *Weinrebengewächse*

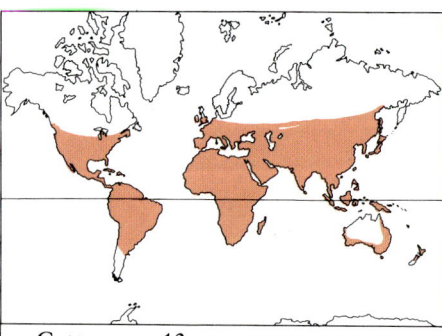

Gattungen: 12
Arten: rund 700
Verbreitung: v.a. Tropen und Subtropen (Karte zeigt auch Verbr. in Kultur)
Nutzwert: Wein, Trauben, Rosinen, Sultaninen, Korinthen, Zierpflanzen

Die Vitaceae sind hauptsächlich Kletterpflanzen, enthalten aber auch einige Sträucher. Sie sind berühmt durch den Weinstock, *Vitis vinifera*, der eine der ältesten Kulturpflanzen ist. Einige Gattungen werden zur Zierde gezogen, z.B. *Cissus*, *Parthenocissus* und *Vitis* selbst.

Verbreitung: Die Vitaceae sind hauptsächlich in den Tropen und Subtropen vertreten. *Vitis vinifera* wird weiterum in gemäßigten Klimaten kultiviert, nördlich bis zum Niederrhein.

Merkmale: Die meisten Vertreter dieser Familie sind kletternde Sträucher mit Ranken, doch gibt es auch einige kleine, aufrechte Sträucher und Bäume, deren Knoten oft angeschwollen sind. Die Ranken sind abgewandelte Sprosse oder Blütenstände und können in scheibenförmigen Saugnäpfen enden. Beim Weinstock *(Vitis)* wendet sich die Ranke vom Licht ab und der Unterlage zu. In Spalten der Unterlage schwellen die Rankenenden zu klebrigen und schleimigen Gewebebällen an, welche die Pflanze fest verankern.

Die Blätter sind wechselständig und einfach, gefingert oder gefiedert. Sie besitzen oft Nebenblätter und durchscheinende Punkte auf der Spreite. Die weißlichen, gelblichen oder grünlichen Blüten sind un-

VITACEAE. 1. *Vitis thunbergii:* a) Blütenstand (× ²/₃); b) Blütenknospe (× 3); c) Blüte, Kronblätter entfernt, mit becherförmigem Kelch und 5 Staubblättern (× 3); d) Gynoeceum (× 3); e) Teil eines Triebes mit Blatt sowie reifen und unreifen Beeren (× ²/₃). 2. *Tetrastigma obtectum:* a) Sproß mit Blütenständen (× ²/₃); b) Blütenknospe (× 4); c) Blüte mit 4 Kron- und Staubblättern (von oben) (× 3); d) Staubblätter (× 6). 3. *Cissus velutinus:* a) Sproß mit Blütenstand und unverzweigten Ranken (× ²/₃); b) Blüte (× 4); c) Längsschnitt durch das Gynoeceum (× 4).

ansehnlich, radiär und zwitterig oder eingeschlechtig (meist einhäusig verteilt). Sie bilden häufig cymöse, traubige oder rispige Blütenstände, die jeweils einem Blatt gegenüberstehen. Die 4 oder 5 Kelchblätter sind zu einem gezähnten oder gelappten Becher verwachsen. Die ihnen gleichzähligen Kronblätter stehen meist frei; bisweilen sind sie an der nach innen umgebogenen Spitze vereinigt und fallen zusammen als Haube ab. Die Staubblätter sind mit den Kronblättern gleichzählig und stehen vor ihnen. Sie setzen an einem ringförmigen oder gelappten Diskus an. Die Staubbeutel sind frei oder vereinigt. Der oberständige Fruchtknoten besteht fast immer aus 2 verwachsenen Fruchtblättern, die meist je 2 aufrechte Samenanlagen enthalten. Der Griffel ist kurz und endet in einer scheibenförmigen oder selten vierlappigen Narbe (z.B. bei *Tetragyna*). Die Frucht ist eine Beere; die Samen enthalten einen geraden Embryo, der von reichlich Endosperm umgeben ist.

Systematik: Die größte Gattung ist *Cissus;* ihre 350 Arten sind fast alle tropisch. Die Blüten von beinahe allen Arten sind zwitterig und haben 4 freie Kron- und 4 Staubblätter. Einige *Cissus*-Arten sind Büsche, andere klettern mittels Ranken. *Vitis* (50 kletternde Arten in den Subtropen und warmgemäßigten Gebieten) trägt meist

fünfzählige Blüten mit verwachsenen Kronblättern. Andere wichtige Gattungen sind *Ampelopsis* (rund 25 Arten in Asien und Nordamerika, meist Kletterpflanzen, welche fünfzählige Blüten mit freien Kronblättern besitzen) und *Parthenocissus* (rund 15 Arten von Kletterpflanzen mit Ranken, welchen der sonst übliche Diskus fehlt, Asien und Nordamerika). Zu den Vitaceae gehören außerdem *Pterisanthes* (rund 20 Arten, Burma und Westmalesien) und *Leea* (rund 70 Arten, überall in den Tropen), manchmal als Leeaceae abgetrennt.

Die Vitaceae sind am engsten mit den Rhamnaceae verwandt, mit denen sie folgende Merkmale teilen: vorwiegend holziger, kletternder Habitus, zwitterige oder eingeschlechtige Blüten, Staubblätter in einem einzigen Wirtel und vor den Kronblättern stehend, eine oder 2 Samenanlagen pro Fach, Fruchtknoten verwachsen.

Nutzwert: Wirtschaftlich am wichtigsten ist die Weinrebe (*Vitis vinifera*), die aus den östlichen Mittelmeerländern und aus Vorderasien stammt und von der mehr als 5000 Kultursorten bekannt sind. Über 25 Millionen Tonnen Wein werden jährlich aus den Früchten dieser Art gewonnen, und der Weinbau hat sich zu einer eigentlichen Wissenschaft entwickelt. Aus den Weinbeeren wird aber auch alkoholfreier Traubensaft

und Weinessig hergestellt. Die getrockneten Früchte werden Rosinen oder Sultaninen (kernlos) genannt. Korinthen sind die getrockneten Früchte der korinthischen Varietät. Die Muskateller-Trauben werden zur Herstellung des gleichnamigen Weines verwendet, daneben auch für Rosinen. Aus den Früchten einiger anderer *Vitis*-Arten wird ebenfalls Wein bereitet, z.B. aus *V. aestivalis* und *V. labrusca*, allerdings eher als Kreuzungspartner mit *V. vinifera*. Diese nordamerikanischen Arten sind gegen das Insekt *Phylloxera* resistent. Da die Reblaus unter den europäischen Weinreben große Verwüstung angerichtet hat, werden diese heute meist auf Wurzelstöcke amerikanischer Reben gepfropft. Die Sprosse einiger Arten, z.B. *V. papillosa* (Java) werden lokal als Taue verwendet.

Geschätzte Zierpflanzen sind z.B. die 10 kletternden *Parthenocissus*-Arten (Wilder Wein). *Parthenocissus quinquefolia* (Nordamerika) besitzt Blätter mit 3 bis 5 grob gesägten Fiedern, die sich im Herbst karminrot färben. Sie und andere *Parthenocissus*-Arten, z.B. *P. inserta* (Prinzeßwein) sind zur Bedeckung von Mauern, Zäunen und Lauben geeignet, ebenso einige Arten von *Vitis* (z.B. *Vitis amurensis*) und *Cissus* (Klimmen), z.B. *Cissus discolor*, eine buntblättrige Warmhauspflanze.　　　　S.R.C.

STAPHYLEACEAE. 1. *Tapiscia sinensis:* **a)** Blattfieder (× ²/₃); **b)** Blütenstand (× ²/₃); **c)** Blüte mit verwachsenen Kelchblättern (× 4); **d)** Längsschnitt durch eine Blüte (× 6); **e)** Schließfrüchte (× ²/₃). **2.** *Staphylea holocarpa:* **a)** Trieb mit seitlichem Blütenstand und dreizählig gefiederten Blättern mit paarigen Nebenblättern (× ²/₃); **b)** Blüte mit freien Kelchblättern (× 2); **c)** Querschnitt durch einen Fruchtknoten (× 7); **d)** aufspringende Frucht (× ²/₃). **3.** *Turpinia insignis:* **a)** Blütenstand und Blatt, dessen Stiel am Grunde ein Paar Nebenblätter und weiter oben Stipellen trägt (× ²/₃); **b)** Blüte (× 2); **c)** Blüte, Kron- und Kelchblätter entfernt (× 3); **d)** Gynoeceum (× 3); **e)** Querschnitt durch den Fruchtknoten (× 3).

SAPINDALES *Seifenbaumartige*

STAPHYLEACEAE *Pimpernußgewächse*

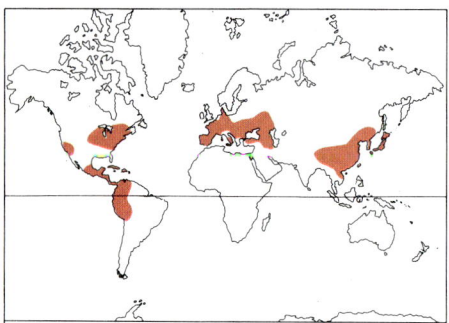

Gattungen: 5
Arten: rund 60
Verbreitung: nördlich-gemäßigte Zone, Kuba, Haiti, Südamerika und Asien
Nutzwert: Ziersträucher, lokale Verwendung der Früchte (medizinische Zwecke) und des Holzes

Die Familie der Staphyleaceae besteht aus 5 Gattungen von Bäumen und Sträuchern, die in den gemäßigten und tropischen Zonen beheimatet sind. Einige Arten von *Staphylea* und *Euscaphis* werden als Zierpflanzen gezogen.

Verbreitung: *Staphylea* kommt in der ganzen nördlich-gemäßigten Zone vor. *Tapiscia* ist in China heimisch, *Huertea* in Kuba, Haiti, Kolumbien und Peru, *Euscaphis* in Ostasien und *Turpinia* im tropischen und gemäßigten Asien und Amerika.

Merkmale: Die Blätter sind gegen- oder wechselständig, drei- oder mehrzählig gefiedert; sie tragen paarige Nebenblätter. Die radiären, zwitterigen oder manchmal eingeschlechtigen Blüten (ein-, selten zweihäusigen) stehen in rispigen Büscheln. Die je 5 Kelch- und Kronblätter decken sich dachig. 5 Staubblätter mit manchmal abgeflachten Filamenten wechseln mit den Kronblättern ab. Der oberständige Fruchtknoten besteht aus 2 bis 4 verwachsenen Fruchtblättern (bei *Euscaphis* 3 bis 4 freie). Jedes Fach enthält eine oder mehrere Samenanlagen an zentralwinkelständigen Plazenten. Die 2 bis 4 Griffel sind frei bis vollständig verwachsen, die Früchte entweder beerenartig oder aufgeblasene, an der Spitze offene Kapseln. Die wenigen Samen enthalten gerade Embryonen mit flachen Keimblättern und fleischiges oder horniges Endosperm. *Euscaphis* besitzt Balgfrüchte und Samen mit Arillus. Der Name *Staphylea* ist vom griechischen «staphyle» (Weintraube) abgeleitet und bezieht sich auf die Anordnung der rosaroten oder weißen Blüten.

Systematik: Die Familie zeigt keine sichere und offensichtliche Verwandtschaft mit anderen Vertretern der Sapindales. Einige Bearbeiter deuten eine Beziehung zu den Cunoniaceae oder Celastraceae an.

Nutzwert: Die in Europa heimische *Staphylea pinnata* mit ihren aufgeblasenen Früchten ist unter dem Namen Pimpernuß bekannt. Seit langem findet sie als Zierstrauch Verwendung. Vom gärtnerischen Standpunkt aus bringt die kaukasische *S. colchica* schönere Blüten, aber kleinere Früchte als *S. pinnata* hervor. Man versuchte deshalb, die Vorzüge der beiden Arten in Hybriden zu vereinigen: *S. × coulombieri* und *S. × elegans* sind angeblich solche Kreuzungen. Eine der schönsten Pimpernüsse ist die chinesische *S. holocarpa* var. *rosea*, eine rosablühende Varietät der aus Zentralchina eingeführten Art.

Die Gattung *Euscaphis* umfaßt 4 Arten in Japan, China und Vietnam. *Euscaphis japonica*, bekannt als «hung-liang», ist ein häufig anzutreffender Baum oder Strauch Japans und Zentralchinas. Die Früchte werden dort als Droge verwendet. In Japan heißt die Pflanze «gonzui zoku».

MELIANTHACEAE. 1. *Melianthus pectinatus:* **a)** Trieb mit gefiederten Blättern und kleinen Nebenblättern, Blütenstand mit Blüten und unreifen Früchten (× ²/₃); **b)** Längsschnitt durch eine Blüte mit asymmetrischen Kelch- und Kronblättern und angeschwollenem Diskus (× 1); **c)** Kapsel (× ²/₃). **2.** *Bersama tysoniana:* **a)** Zweig mit Nebenblättern an den Blattachseln (× ²/₃); **b)** Blütenstand (× ²/₃); **c)** offene Blüte mit langen Staubblättern (× 3); **d)** junges Androeceum mit 4 kurzen, an der Basis verwachsenen Staubblättern und Fruchtknoten, der vom ungeteilten Griffel mit gelappter Narbe gekrönt ist (× 4¹/₂); **e)** Querschnitt durch einen Fruchtknoten mit 4 Fächern und Samenanlagen an zentralwinkelständigen Plazenten (× 3); **f)** Früchte (× ²/₃); **g)** Same mit Arillus (× 1).

Die Gattung *Turpinia* zählt zwischen 30 und 40 Arten. *Turpinia nepalensis* ist im westlichen China ein verbreiteter Baum mit nützlichem, zähem Holz.　　　B.M.

MELIANTHACEAE
Honigstrauchgewächse

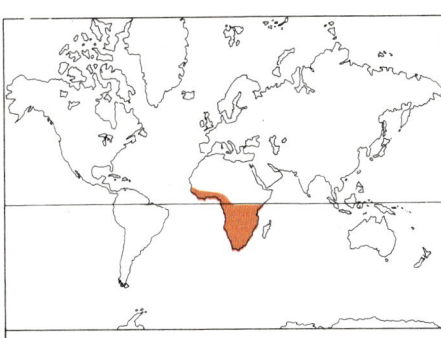

Gattungen: 3
Arten: 18
Verbreitung: südliches Afrika
Nutzwert: Verwendung für Nutzholz, als Zierpflanzen und in der Medizin

Die Melianthaceae sind eine kleine Familie von Sträuchern und kleinen Bäumen. Sie umfassen 3 Gattungen und ungefähr 18 Ar-

ten. Ihre wirtschaftliche Bedeutung ist gering.

Verbreitung: Die Familie ist im südlichen Afrika heimisch.

Merkmale: Die Blätter sind wechselständig, meist gefiedert, gelegentlich auch einfach. Die Nebenblätter befinden sich zwischen Blattstiel und Achse (intrapetiolar). Die zygomorphen Blüten stehen in end- und achselständigen Trauben. Meist zwittrig, besitzen sie jedoch manchmal keine Staub- oder Fruchtblätter. Die Blütenstiele drehen sich zur Blütezeit um 180 Grad. Es sind 4 oder 5 ungleiche, am Grunde verwachsene und oft auf einer Seite verdickte Kelchblätter vorhanden. Die 4 oder 5 ungleich großen Kronblätter besitzen einen deutlichen Nagel. Der Innenseite des Kelches folgt ein ring- oder sichelförmiger Diskus, an dessen Innenseite 4, 5 oder 10 Staubblätter stehen. Sie wechseln mit den Kronblättern ab und sind oft nach vorne geneigt. Der oberständige Fruchtknoten ist vier- oder fünffächerig, mit zentralwinkelständiger Plazentation, oder ungefächert, mit 5 wandständigen Plazenten. An jeder Plazenta stehen eine bis mehrere aufrechte oder hängende Samenanlagen. Der Griffel endet in 4 oder 5 Narbenlappen, die manchmal abgeflacht oder gezähnt sind. Die Frucht ist eine

pergamentartige oder holzige Kapsel, die an der Spitze aufreißt. Der Same enthält einen geraden Embryo, der von Endosperm umgeben ist. Bei einigen Arten trägt er einen Arillus.

Systematik: 2 Gattungen (*Melianthus* und *Bersama*) zeigen zentralwinkelständige Plazentation, während sie bei der dritten (*Greyia*) parietal ist. Dies sowie andere, vegetative und Blütenmerkmale genügen einigen Botanikern, um *Greyia* in eine eigene Familie zu stellen.
Melianthus (6 Arten) ist eine Gattung mit gefiederten Blättern, 4 Staubblättern und 2 bis 4 Samenanlagen in jedem Fruchtknotenfach, während *Greyia* (3 Arten) einfache Blätter und 10 Staubblätter besitzt. *Bersama* (2 vielgestaltige Arten) weist gefiederte Blätter, 4 oder 5 Staubblätter und nur eine Samenanlage pro Fach auf.
Die Familie ist mit den Sapindaceae nah verwandt. Merkmale wie Blattform, Einfügung der Staubblätter innerhalb eines Diskus und der oberständige Fruchtknoten sind ihnen gemeinsam. Die Melianthaceae unterscheiden sich jedoch von ihnen durch die Drehung der Blütenstiele und das reichliche Endosperm in ihren Samen.

Nutzwert: Die Familie ist wirtschaftlich nicht wichtig. Als Zierpflanzen werden je-

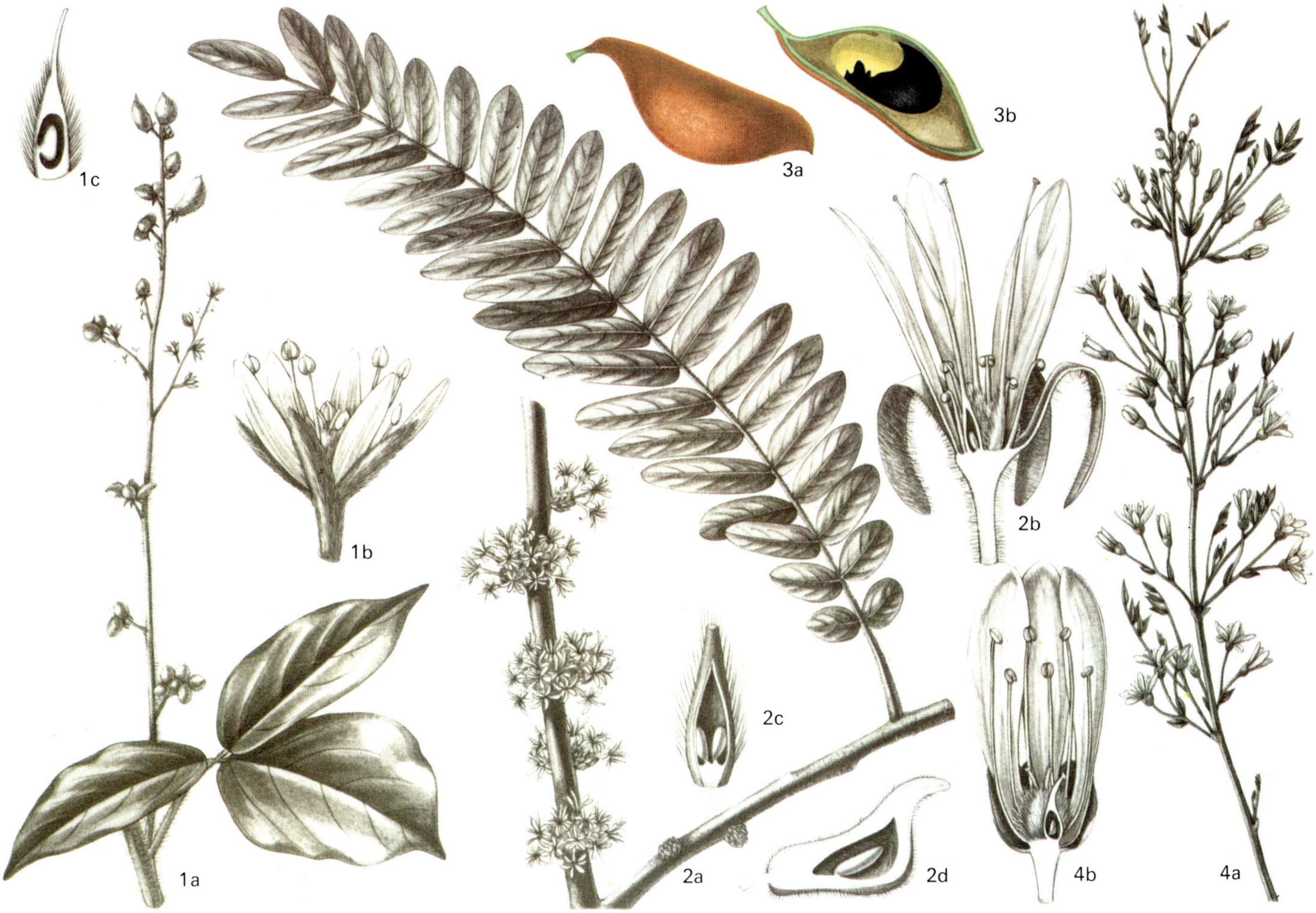

CONNARACEAE. **1.** *Agelaea hirsuta:* **a)** blühender Sproß mit dreizählig gefiedertem Blatt und Rispe (× ²/₃); **b)** Blüte mit 5 nur an der Basis verwachsenen, behaarten Kelchblättern, 5 freien Kronblättern, 8 Staubblättern und freien Griffeln und Narben (× 6); **c)** Längsschnitt durch ein einzelnes Fruchtblatt (× 12). **2.** *Cnestis laurentii:* **a)** Blütenzweig (× ²/₃); **b)** halbierte Blüte (× 6); **c)** Längsschnitt durch ein einzelnes Fruchtblatt mit 2 aufrechten Samenanlagen (× 12); **d)** Längsschnitt durch eine Frucht (Balg) (× ²/₃). **3.** Frucht von *Connarus monocarpus:* **a)** Ansicht (× ²/₃); **b)** Längsschnitt, den großen Samen mit Arillus zeigend (× ²/₃). **4.** *Rourea foenum-graecum:* **a)** Blütenzweig (× ²/₃); **b)** halbierte Blüte (× 6).

doch in warmen Gebieten Arten aller 3 Gattungen gezogen. Arten von *Melianthus* (Honigstrauch) verströmen einen starken Duft, so z. B. *M. major*, ein Strauch mit großen, rötlich-braunen Blüten, oder der kleinere *M. comosus* mit langen Trauben aus orangen, rotgefleckten Blüten. Aus der Gattung *Greyia* wird *G. sutherlandii* angepflanzt, ein kleiner Baum mit heller Rinde und großen auffälligen, scharlachroten Blütentrauben. Wurzel, Rinde und Blätter von *Melianthus comosus* werden in Südafrika zur Behandlung von Schlangenbissen verwendet, während ein Absud der Blätter von *M. major* zur Wundheilung gebraucht wird. *Bersama abyssinica*, ein Baum mittlerer Größe, liefert ein hartes, schweres Holz, das in Westafrika zum Hausbau dient.

S. R. C.

CONNARACEAE

Die Connaraceae sind eine Familie tropischer Bäume und windender Sträucher.
Verbreitung: Die Familie ist pantropisch. Die wichtigsten Gattungen sind *Byrsocarpus* (rund 20 Arten in Afrika und auf Madagaskar), *Connarus* (rund 100 Arten in Afrika, Asien, Ozeanien, Australien und im tropischen Amerika), *Rourea* (mit rund 90 Arten in Australien und im pazifischen Raum

weit verbreitet), *Cnestis* (rund 40 Arten in Afrika, Malesien und auf Madagaskar) und *Agelaea* (50 Arten im tropischen Afrika, auf Madagaskar, in Südostasien und Malesien).
Merkmale: Die wechselständigen, gefiederten oder dreiteiligen Blätter weisen keine Nebenblätter auf. Die meist zwittrigen, radiären oder leicht zygomorphen Blüten

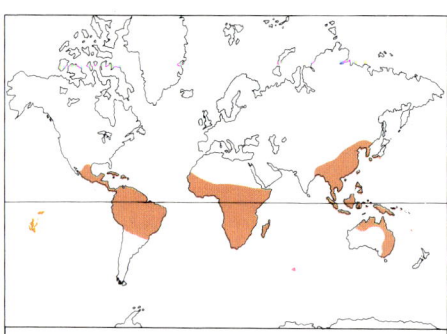

Gattungen: 16
Arten: rund 350
Verbreitung: pantropisch
Nutzwert: Nutzholz (Zebraholz); aus einigen Arten gewinnt man Heilmittel, lokal auch Gerbstoffe und Fasern

erscheinen in Rispen. Der Kelch weist 5 freie oder verwachsene Blätter auf. Die 5 Kronblätter sind frei oder schwach verwachsen. Die meist 5 oder 10, selten 4 oder 8 Staubblätter neigen sich oft nach unten und sind am Grunde verwachsen. Manchmal ist ein schmaler Diskus da. Der oberständige Fruchtknoten besteht aus einem bis 5 freien Fruchtblättern und enthält 2 aufrechte Samenanlagen pro Fach. Die Fruchtblätter werden gewöhnlich zu Bälgen, die einen einzigen Samen mit oder ohne Endosperm enthalten. Die Samen zeigen oft ein äußeres Anhängsel (Arillus).
Systematik: Die Familie wird manchmal als Verwandte der Dilleniaceae, Crossosomataceae und Brunelliaceae betrachtet. Mit diesen Familien teilt sie ihre baumförmige oder strauchartige Gestalt, die gefiederten Blätter, die zwittrigen Blüten, die oberständigen, freien Fruchtblätter und die Samen mit Arillus. Verglichen mit den Leguminosae wird sie als stärker abgeleitet eingestuft; möglicherweise liegt sie auf einer Linie, die zu den Oxalidaceae führt. Hier wird ihr traditioneller Platz unter den Sapindales beibehalten.
Nutzwert: Die Familie ist wirtschaftlich wichtig wegen des Zebraholzes, das von *Connarus guianensis*, einem in Guayana

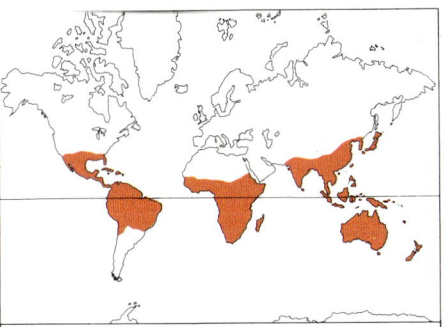

SAPINDACEAE. **1.** *Dodonaea bursarifolia:* **a)** Blütenzweig (× ²/₃); **b)** männliche Blüte (× 4); **c)** weibliche Blüte (× 4); **d)** Frucht (× 1¹/₂); **e)** Querschnitt durch eine Frucht (× 1¹/₂); **f)** Längsschnitt durch einen Teil der Frucht (× 4). **2.** *Litchi chinensis:* Früchte, ganz und angeschnitten (× ²/₃). **3.** *Serjania exarata:* Triebspitze mit eingerollten Ranken, geflügelten Früchten und Blütenständen (× ²/₃). **4.** *Paullinia thalictrifolia:* **a)** Blütenzweig (× ²/₃); **b)** Blüte (× 4); **c)** Blüte nach Entfernen von 2 Kronblättern (× 4); **d)** Gynoeceum (× 6). **5.** *Cupaniopsis anacardioides:* **a)** gefiedertes Blatt (× ²/₃); **b)** Blütenstand (× ²/₃); **c)** Blüte von oben (× 2); **d)** Gynoeceum, von Diskus und Kelch umgeben (× 2); **e)** Querschnitt durch Fruchtknoten (× 4).

heimischen Baum, stammt. Die Samen des afrikanischen *Connarus africanus* werden zu einem Mehl verarbeitet, das als Wurmmittel wirkt. Die Blätter des westafrikanischen Baumes *Agalaea villosa* setzt man zur Behandlung der Ruhr ein, während diejenigen von *A. emetica* (Madagaskar) ein ätherisches Öl enthalten, das Brechreiz verursacht. Die Blätter der westafrikanischen Arten *Cnestis corniculata* und *C. ferruginea* bilden die Basis für ein adstringierendes bzw. abführendes Mittel. Die Rinde der zentralamerikanischen *Rourea glabra* dient zum Blau- oder Violettfärben von Tierhäuten. Die Wurzeln dieser Pflanze liefern eine starke Faser, aus der Seile gedreht werden. Ihre Samen und die Früchte der pazifischen *R. volubilis* benützt man zum Vergiften von Hunden. S.R.C.

SAPINDACEAE *Seifenbaumgewächse*

Die Sapindaceae umfassen rund 150 tropische und subtropische Gattungen und 2000 Arten. Etwa 300 von ihnen sind Lianen, die übrigen Bäume und Sträucher. Zu den Gattungen *Litchi* und *Blighia* gehören auch wirtschaftlich bedeutende Nahrungspflanzen, zu *Koelreuteria, Xanthoceras* und *Dodonaea* Zierpflanzen.

Verbreitung: Die Familie ist in allen tropischen und subtropischen Gebieten anzutreffen.

Merkmale: Die Blätter sind meist wechselständig, einfach oder zygomorph, oft eingeschlechtig. Den rankenden Arten fehlen die Nebenblätter. Die radiären oder zygomorphen, oft (wenigstens funktionell) eingeschlechtigen Blüten erscheinen in cymösen Blütenständen. Meist sind 5 freie oder verwachsene Kelch-, 5 freie Kronblätter und ein gut ausgebildeter Diskus zwischen Kron- und Staubblättern vorhanden. Letztere bilden 2 Fünferkreise, wobei oft 2 Staubblatt fehlen. Die Filamente sind oft behaart. Der oberständige Fruchtknoten besteht aus 3 verwachsenen Fruchtblättern und kann gelappt oder geteilt sein. Er weist ein bis 4 Fächer auf, jedes mit einer oder 2 (selten vielen) Samenanlagen an zentralen oder selten parietalen Plazenten. Der Griffel ist einfach, teilweise oder vollständig geteilt. Die Früchte sind oft rot und sehr verschieden: Kapseln, Nüsse, Beeren, Steinfrüchte, Flügelnüsse oder Spaltfrüchte, deren Samen oft einen Arillus tragen. Das Endosperm fehlt.

Die verholzten Lianen aus Gattungen wie *Serjania* oder *Paullinia* bilden einen wichtigen ökologischen Bestandteil tropischer Wälder. Sie klettern mittels Sproßranken und weisen eine anomale Stammanatomie auf, die mit dem Kletterwuchs und dem dadurch im Stamm entstehenden Zug zusammenhängt. Die Gewebe mancher Sapindaceen enthalten als Absonderung spezialisierter Zellen Harze oder Milchsaft.

Gattungen: rund 150
Arten: rund 2000
Verbreitung: tropisch und subtropisch
Nutzwert: eßbare Früchte (Akee, Litschi und Rambutan), anregende Getränke aus *Paullinia*-Arten (Guaraná), einige Ziersträucher

Systematik: Die Sapindaceae sind mit den Aceraceae, Hippocastanaceae und Melianthaceae verwandt. Die monotypische australische Gattung *Akania* wird manchmal zu den Sapindaceae gestellt. Andere Bearbeiter behandeln sie allerdings als selbständige Familie, Akaniaceae.

Nutzwert: *Blighia sapida* wird bei uns manchmal Akipflaume genannt. Der Arillus wird gegessen. Gekocht schmeckt er ähnlich wie Rührei, ist aber giftig, wenn man ihn nicht im richtigen Reifestadium ißt. Die Pflanze wurde auf den Westindischen Inseln eingeführt und hat sich vor allem auf Jamaica eingebürgert; die Akipflaume wurde dort zur Nationalfrucht. Die Litschi oder Zwillingspflaume, *Litchi chinensis* (*Nephelium litchi*) stammt aus dem südlichen China. Sie wird aber wegen ihres süß-sauren Arillus in allen tropischen Gebieten gepflanzt. Ihre Verwandte, die Honigbeere, *Melicocca bijuga*, wird in Amerika kultiviert. *Nephelium lappaceum*, Rambutan, trägt eine schmackhafte Frucht.

Paullinia cupana dient zur Herstellung von Guaraná, einem beliebten brasilianischen Getränk. *Paullinia* liefert auch Yoco, ein ähnlich koffeinhaltiges Getränk.

Sapindus saponaria aus Florida, den Westindischen Inseln und Südamerika bringt saponinreiche Beeren hervor, die mit Wasser vermischt Schaum bilden und als Seifenersatz Verwendung finden. *Schleichera trijuga* dient zur Herstellung von Makassaröl, das für Salben und zu Beleuchtungszwecken gebraucht wird.

Koelreuteria (Blasenbaum) ist vielleicht die wichtigste Zierpflanze unter den Sapindaceae, da sie sich gut als Alleebaum eignet. *Cardiospermum halicacabum* aus den Tropen und Subtropen besitzt ebenfalls Blasenfrüchte. Der Baum *Xanthoceras sorbifolia* wird seiner reizvollen Blüten wegen angepflanzt.
B.M.

SABIACEAE

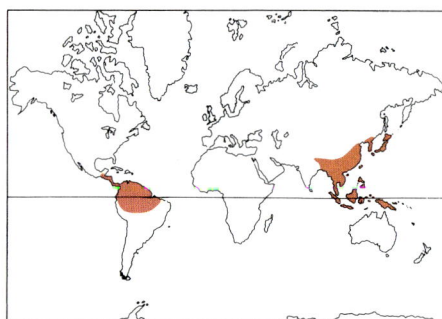

Gattungen: 4
Arten: rund 80
Verbreitung: Tropen und Subtropen von Asien und Amerika
Nutzwert: wenige Arten als Ziersträucher angepflanzt

Die Sabiaceae sind eine kleine tropische und subtropische Familie von Bäumen und Sträuchern sowie einigen kletternden Arten. Sie enthalten einige Zierpflanzen.

Verbreitung: Die 4 Gattungen sind *Sabia* (20 bis 30 Arten in Südostasien und Malesien), *Meliosma* (50 bis 60 Arten im tropischen und subtropischen Asien und Amerika), *Phoxanthus* (eine Art im Amazonasbecken) und *Ophiocaryon* (eine Art in Guayana).

Merkmale: Die Blätter sind wechselständig und unpaarig gefiedert oder einfach; Nebenblätter fehlen. Die radiären, zwitterigen oder eingeschlechtigen und einhäusigen Blüten erscheinen in end- oder achselständigen Cymen oder Rispen. Vor den 5 (selten 3 oder 4) dachigen, ungleichen Kelchblättern stehen 5 (selten 4) dachige Kronblätter. Die 2 inneren sind oft kleiner. Vor den Kronblättern stehen die 5 Staubblätter (selten 4 oder 6), deren äußere 3 oft zu Staminodien reduziert sind. Der oberständige Fruchtknoten weist 2 verwachsene Fruchtblätter und am Grunde meistens einen Diskus auf. Er besitzt 2 Fächer (selten 3) mit je einer Samenanlage (selten 2). Die Samen der Beere enthalten wenig oder kein Endosperm.

Systematik: *Sabia* bildet 5 fruchtbare Staubblätter aus. Die übrigen 3 Gattungen besitzen nur 2 und werden manchmal als eigene Familie, Meliosmaceae, betrachtet. Die Anordnung der Kelch-, Kron- und Staubblätter, die alle auf den gleichen Radien stehen, ist höchst ungewöhnlich, und einige Bearbeiter betrachten die Familie als enge Verwandte der Menispermaceae (Ranunculales), andere wiederum reihen sie unter die Sapindales ein.

Nutzwert: *Sabia latifolia* und *S. schumanniana* werden ihrer blauen Früchte wegen angepflanzt. Mehrere Arten von *Meliosma* zieht man als Zierpflanzen, darunter die reichblühende *M. beaniana* (westliches China) mit 20 cm langen, hängenden Blütenrispen.
M.C.D.

JULIANIACEAE

Die Julianiaceae sind eine kleine Familie von Bäumen und Sträuchern, die Harz enthalten. Sie umfaßt 2 Gattungen und 5 Arten (im Habitus der Gattung *Rhus* ähnlich).

Verbreitung: Man findet die Familie in Mittelamerika, von Mexiko bis nach Peru.

Merkmale: Die wechselständigen Blätter sind gefiedert (selten einfach), gesägt, mit feinen Haaren bedeckt, und bilden keine Nebenblätter. Die grünen, kleinen, eingeschlechtigen Blüten sind zweihäusig verteilt. Die zahlreichen männlichen Blüten bilden hängende oder aufrechte Rispen und zeigen einen drei- bis neunzipfeligen Kelch, aber keine Krone. Die Zahl der Staubblätter entspricht derjenigen der Kelchblätter, mit denen sie abwechseln. Die nackten weiblichen Blüten stehen zu dritt oder viert in gestielten Büscheln, die von einem Kranz aus Hochblättern umgeben sind. Der oberständige, ungefächerte Fruchtknoten endet in einem dreilappigen Griffel. Die Samenanlage ist am Grunde der Fruchtknotenhöhle eingefügt. Ein vergrößerter Kranz von Hochblättern umgibt die trockenen, keulenförmigen Schließfrüchte. Der Fruchtstiel kann breit und flach sein, wie bei *Amphipterygium* (*Juliania*), oder nicht, wie beim monotypischen *Orthopterygium*.

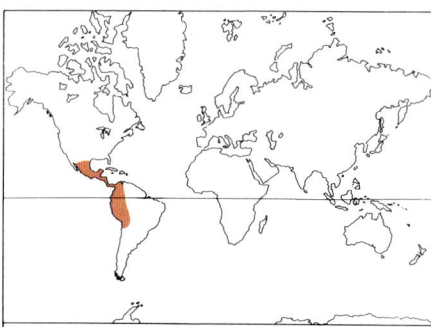

Gattungen: 2
Arten: 5
Verbreitung: Mittelamerika
Nutzwert: z. T. in der Medizin verwendet; Gerbstoffe und ein roter Farbstoff

Systematik: Aufgrund von Anatomie, Pollen und Habitus ist diese Familie mit den Anacardiaceae verwandt.

Nutzwert: Die Rinde der mexikanischen Art *Amphipterygium adstringens* («quetchalalatl») wird in der Volksmedizin als Adstringens, gegen Malaria und zur Stärkung des Zahnfleisches benützt. Sie enthält auch Gerbstoffe und liefert einen roten Farbstoff.
B.M.

HIPPOCASTANACEAE
Roßkastaniengewächse

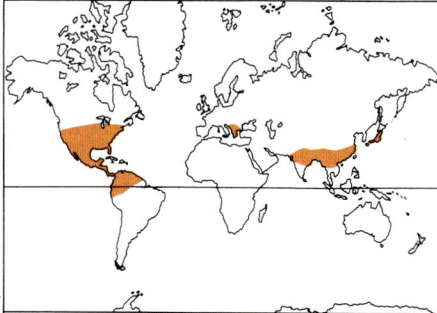

Gattungen: 2
Arten: 15
Verbreitung: nördlich-gemäßigte Zone (*Aesculus*), südliches Mexiko und tropisches Südamerika (*Billia*)
Nutzwert: Zierbäume, Nutzholz; lokal auch medizinische Verwendung

Die Hippocastanaceae bestehen aus 2 Gattungen von Bäumen: *Aesculus* (Roßkastanie) mit 13 laubwerfenden und *Billia* mit 2 immergrünen Arten.

Verbreitung: *Aesculus* ist in nördlich-gemäßigten Gebieten weit verbreitet, während *Billia* auf das südliche Mexiko und tropische Südamerika beschränkt ist.

Merkmale: Charakteristisch sind die großen, mit harzigen Schuppen bedeckten Winterknospen. Die gegenständigen, handförmigen Blätter besitzen keine Nebenblätter. Der Blütenstand ist meist ein Thyrsus, bei *Billia* eine Rispe. Die oberen, funktionell männlichen Blüten öffnen sich zuerst, dann

HIPPOCASTANACEAE. 1. *Billia hippocastanum:* **a)** Blatt (× ²/3); **b)** Kelchblatt (× 2); **c)** Blüte, Kelchblätter entfernt, 5 etwas ungleiche Kron- und 6 Staubblätter zeigend (× 1¹/2); **d)** Gynoeceum mit gebogenem Griffel und ungeteilter Narbe (× 4¹/2); **e)** Querschnitt durch dreifächerigen Fruchtknoten, mit Samenanlagen an zentralwinkelständigen Plazenten (× 10). **2.** *Aesculus hippocastanum:* **a)** ausgewachsener Baum (im Winter); **b)** gefingertes Blatt und Blütenstand (× ²/3); **c)** halbierte Blüte mit verwachsenen Kelch- und ungleichen Kronblättern (× 1); **d)** aufreißende Frucht (Kapsel) mit Samen (× ¹/2); **e)** Samen mit großem Hilum (× ¹/2); **f)** Querschnitt durch Fruchtknoten (× 4); **g)** Längsschnitt durch Fruchtknoten (× 4).

folgen die unteren, vorweiblichen und zwitterigen Blüten. Die zygomorphen Blüten weisen 5 Kelchblätter auf, die an der Basis verwachsen sind (bei *Billia* frei), und eine große weißliche, gelbliche oder rote Krone, die aus 4 oder 5 freien Blättern besteht. Der unregelmäßige Diskus steht zwischen den Kronblättern und den 4 bis 8 Staubblättern. Der oberständige Fruchtknoten besteht aus 3 verwachsenen Fruchtblättern (selten 2 oder eines durch Verkümmerung). Jedes der 3 Fächer enthält 2 zentralwinkelständige Samenanlagen. Der lange Griffel trägt eine einfache Narbe. Die Frucht ist eine ledrige, dreiklappige, meist einsamige Kapsel. Dem großen Samen fehlt das Endosperm.

Systematik: Die Familie ist wahrscheinlich mit den Sapindaceae verwandt. Sie ist aber leicht kenntlich an den handförmigen Blättern, der ledrigen Frucht und den ziemlich großen, meist einzelnen Samen.

Nutzwert: *Aesculus*-Arten finden verschiedenartige medizinische Verwendung. Der Absud gewisser Arten wird von nordamerikanischen Indianern zum Betäuben von Fischen verwendet. Das Holz ist nicht sehr dauerhaft; es dient zur Herstellung von Kisten und Holzkohle. Am bekanntesten ist die Gattung wegen ihrer Zierbäume, vor allem wegen der Roßkastanie *(Aesculus hippocastanum)*. Sie werden wegen ihrer Winterknospen, der großen Blätter und der auffallenden Blütenstände gepflanzt.

I.B.K.R.

ACERACEAE *Ahorngewächse*

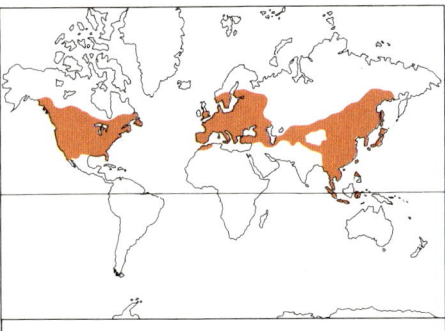

Gattungen: 2
Arten: 102 bis 152
Verbreitung: fast nur auf der Nordhalbkugel, mit Schwerpunkt in China
Nutzwert: Zierbäume (Ahorne), Nutzholz und Ahornzucker

Die Aceraceae sind eine Familie von mittleren bis kleinen, laubwerfenden Bäumen der nördlich-gemäßigten Zone. Zu ihnen gehören einige hohe Bäume, ein paar immergrüne Pflanzen und eine Reihe von subtropischen Arten. Es gibt nur 2 Gattungen: *Acer*, die Ahorne, und *Dipteronia*.

Verbreitung: Die 2 *Dipteronia*-Arten finden sich in Zentral- und Südchina. Die Ahorne besitzen ein riesiges Verbreitungsgebiet mit Schwerpunkt in China, wo 100 bis 150 Arten vorkommen. Mehrere immergrüne Arten sind im südlichen China und in Malesien anzutreffen. Auch einige der zahlreichen Arten des Himalajagebietes sind immergrün. Es gibt 19 Ahornarten in Japan und 2 auf Taiwan. 8 Arten sind in Kleinasien und im Kaukasus heimisch, 9 in Mittel- und 10 in Südeuropa. Eine von ihnen, *Acer campestre*, ist die einzige afrikanische Art. In Nordamerika sind 4 Arten nur in den westlichen Staaten beheimatet, 8 in den östlichen und südlichen Staaten; *A. negundo* hingegen findet sich von Montreal bis ins südliche Kalifornien.

Merkmale: Blätter und Zweige sind gegenständig, die Blätter einfach oder zusammengesetzt, ganzrandig oder tief gezähnt, ungelappt oder tief gelappt. Nebenblätter fehlen.

Die radiären Blüten weisen 5 freie Kelch- und Kronblätter auf; letztere fehlen aller-

ACERACEAE. 1. *Acer platanoides:* **a)** Zweig mit gegenständigen, handförmig gelappten Blättern und Früchten, je 2 geflügelte Teilfrüchte (× ²/₃); **b)** Zweig mit endständigem Blütenstand, jungen Blättern und Knospenschuppen (× ²/₃); **c)** männliche Blüte mit 4 Kelch-, 4 Kron- und 8 Staubblättern, in der Mitte verkümmerter Fruchtknoten (× 3); **d)** halbierte zwitterige Blüte, geflügelter Fruchtknoten mit gegabeltem Griffel und kurzen Staubblättern auf gelapptem Diskus (× 3); **e)** Baum im Winter.

dings oft. Es gibt andromonözische Arten (männliche und zwitterige Blüten an verschiedenen Bäumen), androdiözische (männliche und zwitterige Blüten an verschiedenen Bäumen) und zweihäusige. Die männlichen und zwitterigen Blüten zählen 4 bis 10 Staubblätter, in der Regel 8. Oft enthalten die männlichen Blüten einen verkümmerten Fruchtknoten. Dieser ist oberständig und besitzt 2 verwachsene Fruchtblätter und 2 Fächer, jedes mit 2 zentralwinkelständigen Samenanlagen. Die beiden Teile der Spaltfrüchte sind geflügelt. Jede Teilfrucht enthält einen Samen ohne Endosperm.

Systematik: *Acer* unterscheidet sich von *Dipteronia* durch die seitlichen, verkehrt eiförmigen Flügel der Teilfrüchte. Bei *Dipteronia* sind sie kreisförmig, und die Samen liegen in der Mitte. Die Familie ist mit den Sapindaceae und Hippocastanaceae verwandt.

Nutzwert: Viele Ahorne werden zur Zierde gepflanzt. Man schätzt sie wegen ihres prächtigen Laubes und ihrer herrlichen Herbstfarben.

Viele Arten liefern gutes Holz, vor allem der Bergahorn (*Acer pseudoplatanus*), während der Zuckerahorn (*Acer saccharum*) und einige andere Arten Ahornzucker produzieren.   A.F.M.

BURSERACEAE

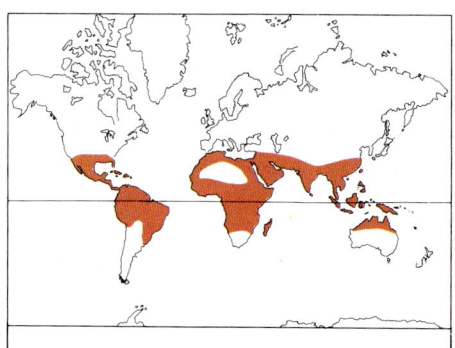

Gattungen: etwa 17
Arten: rund 500
Verbreitung: tropisch, besonders Malesien, Afrika und Amerika
Nutzwert: aromatische Harze (z.B. Weihrauch und Myrrhe), die zum Räuchern und zur Herstellung von Kosmetika verwendet werden

Die Burseraceae sind eine Familie tropischer Bäume und Sträucher; wichtige Produkte sind Weihrauch und Myrrhe.
Verbreitung: Die Familie kommt in tropischen Gebieten vor, vor allem in Male-

sien, Südamerika und Afrika. Bäume der Burseraceae sind häufig Bestandteile der wichtigsten Baumschicht der Dipterocarpaceen-Wälder im Tiefland von Zentral- und Südmalesien. *Canarium*, *Dacryodes* und *Santiria* sind die 3 Hauptgattungen. Sie kommen vor allem im Tiefland vor. *Commiphora* ist einer der wichtigsten Vertreter dieser Familie in Afrika und auf Madagaskar. Verschiedene andere Arten kommen reichlich in heißen, trockenen Strauchsteppen des Hochlandes, in Wüsten und weiten Savannengebieten vor. Wieder andere Arten gedeihen in tropischen Regenwäldern oder begleiten die Küsten, entlang von Mangrovesümpfen. Hohe Bäume wie *Dacryodes* und *Canarium* und kleinere wie *Santiria* sind in Afrika häufig, aber durch andere Arten vertreten als in Malesien. *Boswellia serrata* ist Bestandteil laubwerfender Wälder und wächst oft gesellig im trockenen Hügelland Indiens. Bäume und Sträucher der Gattungen *Bursera* und *Protium* sind vor allem in Südamerika gut vertreten. *Tetragastris* und *Dacryodes* wachsen ebenfalls in verschiedenen Gebieten Südamerikas und auf den Westindischen Inseln.

Merkmale: Alle Teile der Pflanzen, vor allem die Rinde, enthalten Harz. Die spiralig angeordneten Blätter sind gewöhnlich an den Zweigspitzen gedrängt und unpaarig

BURSERACEAE. **1.** *Boswellia popoviana:* **a)** Zweig mit an der Spitze gehäuften Blättern (× ²/3); **b)** Blüte (× 4); **c)** Querschnitt durch Fruchtknoten mit 5 Fächern (× 12). **2.** *Commiphora marlothii:* **a)** endständiges Fruchtbüschel (× ²/3); **b)** Frucht (× 1). **3.** *Canarium hirtellum:* **a)** Blütenstand (× ²/3); **b)** Blüte (× 2); **c)** Blüte, Blütenhülle entfernt, um Staubblätter und kugelige Narbe zu zeigen (× 3); **d)** Querschnitt durch dreifächerigen Fruchtknoten (× 3). **4.** *Boswellia papyrifera:* Habitus. **5.** *Protium guianense:* **a)** Blütenstand (× ²/3); **b)** Querschnitt durch den fünffächerigen Frucht-knoten (× 6); **c)** Zweig mit unpaarig gefiedertem Blatt und Früchten (× ²/3).

gefiedert. Nebenblätter können fehlen. Die Blüten erscheinen in reichen, an den Zweig-enden gehäuften oder in seitenständigen Rispen. Sie sind unscheinbar, oft einge-schlechtig (zweihäusig) und meist grünlich oder beige. Sie besitzen drei- bis fünfzäh-lige Blütenkreise. Die Kelchblätter sind ver-wachsen und dachig oder klappig, die Kron-blätter meist frei mit gleicher Knospendek-kung. Auf sie folgt ein mehr oder weniger ausgeprägter Diskus, der oft mit den Fila-menten verwachsen ist. Die Staubblätter sind den Kronblättern gleichzählig oder er-scheinen in doppelter Zahl. Der oberstän-dige, zwei- bis fünffächerige Fruchtknoten besteht aus 2 bis 5 Fruchtblättern und je 2 zentralwinkelständigen Samenanlagen (sel-ten eine). Der Griffel ist einfach. Die Frucht ist meist eine Steinfrucht, manchmal eine Kapsel. Dem Samen fehlt das Endosperm. **Systematik:** Die Familie kann in 3 Tribus eingeteilt werden:
PROTIEAE: Steinfrucht mit 2 bis 5 freien oder locker miteinander vereinigten, aber nicht verwachsenen Steinkernen; das Exokarp springt gelegentlich mit Klappen auf. 6 Gat-tungen, darunter *Protium* und *Tetragastris*. BURSEREAE: Frucht mit verwachsenen Stein-kernen, Exokarp mit Klappen aufsprin-gend; 5 Gattungen, darunter *Boswellia*, *Bursera* und *Commiphora*.

CANARIEAE: Endokarp aller Fruchtblätter zu einem einzigen Steinkern verwachsen; Steinfrucht; 6 Gattungen, darunter *Cana-rium* und *Santiria*.
Die Familie unterscheidet sich von den Rutaceae und Simaroubaceae durch Harz-gänge in der Rinde, in bezug auf die Staub-blätter und den kurzen, einfachen Griffel. **Nutzwert:** Das Holz von *Canarium lit-torale, Dacryodes costata, Santiria laevigata* und *S. tomentosa* wird in Malesien und das-jenige von *Aucoumea* und *Canarium schweinfurthii* in Afrika in der Zimmerei verwendet. Weihrauch kommt von *Boswel-lia carteri* (Somalia) und einigen anderen Arten. Myrrhe (zum Räuchern und für Par-füm verwendet) stammt von *Commiphora abyssinica, C. molmol* und einigen weiteren Arten, die in Arabien und Äthiopien ange-baut werden. Lack wird aus Arten von *Bur-sera* in Mexiko gewonnen. Zahlreiche Sip-pen liefern ein «Elemi» genanntes Harz.
H.P.W.

ANACARDIACEAE *Sumachgewächse*
Die Anacardiaceae umfassen rund 600 Ar-ten von Bäumen, Sträuchern und Kletter-pflanzen. Dazu gehören einige bekannte Zier-bäume sowie Arten, die wirtschaftlich wert-volle Früchte und Nüsse hervorbringen, z.B. die Cashewnüsse, Pistazien und Mangos.

Verbreitung: Die Familie kommt vor allem in tropischen und subtropischen Ge-bieten vor; sie ist in Südamerika, Afrika und Malesien gleich stark vertreten. Einige Gat-tungen sind im gemäßigten Nordamerika und in Eurasien heimisch.
Merkmale: Die meisten Vertreter dieser Familie besitzen harzhaltiges Gewebe, ob-schon die Blätter nicht drüsig punktiert sind. Manchmal ist das ausgeschiedene Harz giftig und ruft eine sehr starke Rei-zung der Haut hervor, so beim Kletternden Giftsumach *(Rhus radicans)*. Die Reizstoffe können in der ganzen Pflanze verteilt oder in gewissen Organen konzentriert sein, wie z.B. in der Fruchtwand der Cashewnuß, *Anacardium occidentale*. Die Blätter sind wechselständig (selten gegenständig) und meist gefiedert; einfache Blätter kommen bei *Cotinus, Anacardium* und *Mangifera* vor. Nebenblätter fehlen. Die radiären Zwitterblüten sind in der Regel fünfzählig. Die Blütenachse ist oft erweitert und flei-schig, besonders zwischen den Staubblät-tern und dem Fruchtknoten. Dieser ist meist oberständig und zählt ein bis 5 fast immer verwachsene Fruchtblätter, von denen jedes eine einzige, anatrope Samen-anlage enthält. Die ein bis 3 Griffel stehen oft voneinander entfernt. Die Frucht ist häufig eine Steinfrucht. Das Endosperm ist

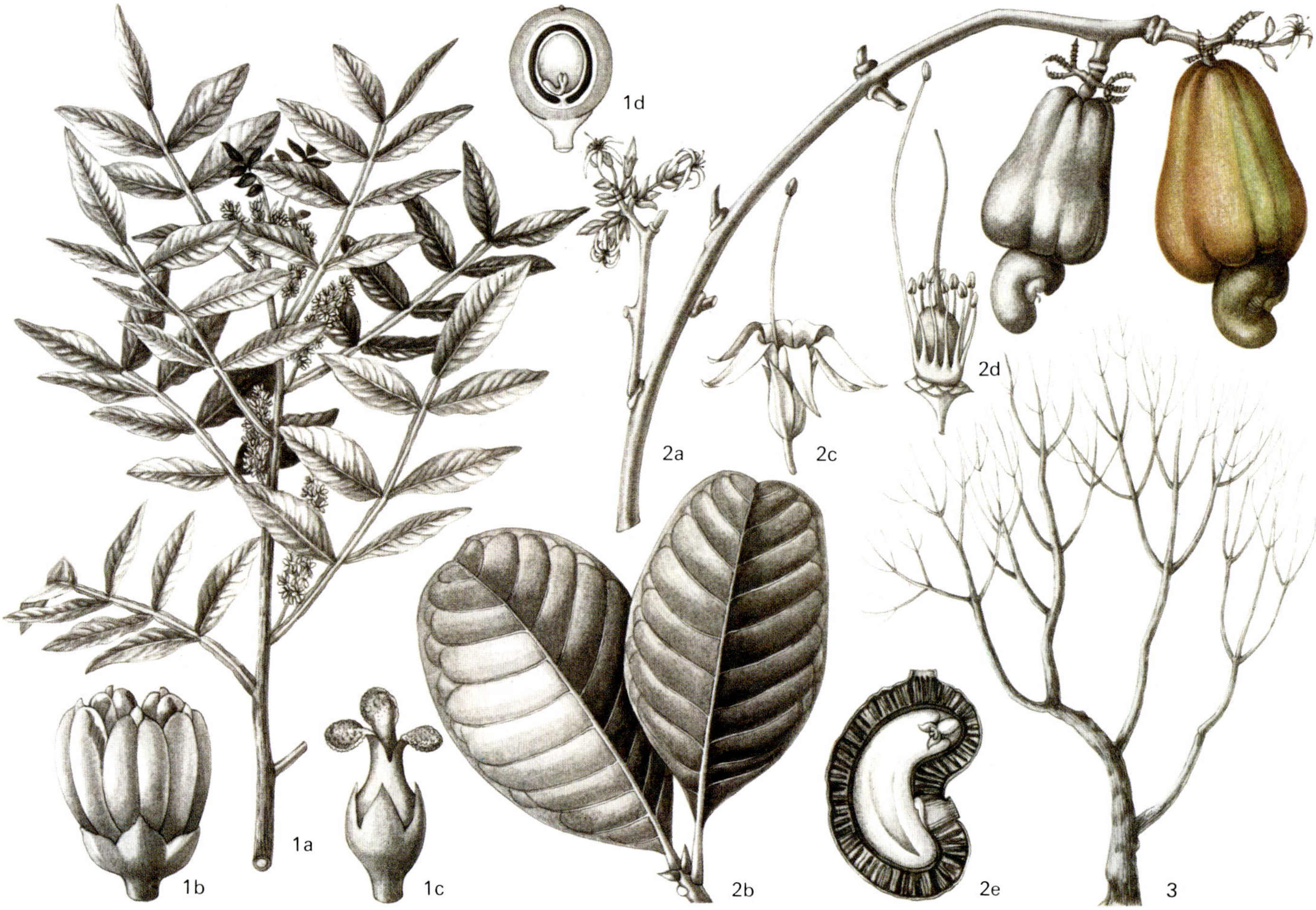

ANACARDIACEAE. 1. *Pistacia lentiscus:* **a)** Zweig mit unpaarig gefiederten Blättern und männlichen Blütenständen (× ²/₃); **b)** männliche Blüte mit kurzem, gelapptem Kelch und Staubblättern mit sehr kurzen Filamenten (× 10); **c)** weibliche Blüte mit 3 spreizenden Narben (× 14); **d)** Längsschnitt durch die Frucht (× 4). **2.** *Anacardium occidentale:* **a)** Zweig mit Blütenstand und Früchten, letztere nierenförmig mit verdicktem, birnförmigem Stiel (× ²/₃); **b)** Blätter (× ²/₃); **c)** männliche Blüte, aus der ein einziges Staubblatt hervorragt (× 3); **d)** Zwitterblüte, Kronblätter entfernt; alle Staubblätter mit einer Ausnahme zeigen kurze Filamente (× 4); **e)** Längsschnitt durch die Frucht (× 1). **3.** *Rhus trichocarpa:* Habitus.

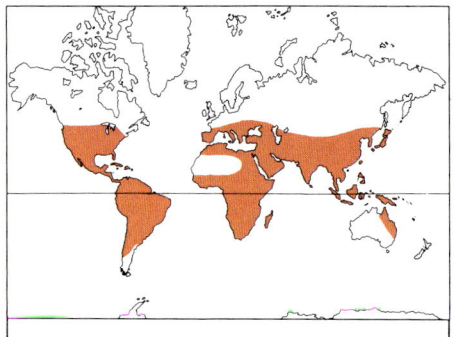

Gattungen: etwa 77
Arten: rund 600
Verbreitung: hauptsächlich tropisch und subtropisch, mit ein paar Vertretern in gemäßigten Gebieten
Nutzwert: Gerbstoffe *(Cotinus, Pistacia, Schinopsis* und *Rhus);* Früchte (z. B. Cashewnuß, Pistazie und Mango); Zierpflanzen (z. B. Sumach, Perücken-baum)

schwach entwickelt oder fehlt, aber der Embryo besitzt fleischige Keimblätter.
Systematik: Die aus etwa 77 Gattungen bestehende Familie wurde aufgrund der Unterschiede in der Zahl und dem Grad der

Verwachsung der Fruchtblätter in 4 Tribus eingeteilt:

ANACARDIEAE: Blüten mit 5 freien Frucht-blättern und zusammengesetzten Laubblättern, oder mit einem einzelnen Fruchtblatt und einfachen Laubblättern; Tropen der Alten Welt (8 Gattungen, darunter *Mangifera)* und Südamerika *(Anacardium).*

SPONDIEAE: Blüten mit 4 bis 5 verwachsenen Fruchtblättern mit je einer Samenanlage; Frucht vier- bis fünfsamig; pantropisch (21 Gattungen, darunter *Spondias).*

SEMECARPEAE: Blüten mit unterständigem Fruchtknoten aus 3 verwachsenen Fruchtblättern; nur eine Samenanlage entwickelt sich weiter; Tropen der Alten Welt (6 Gattungen, u. a. *Semecarpus).*

RHOIDEAE: Blüten mit oberständigem Fruchtknoten aus 3 verwachsenen Fruchtblättern; nur eine Samenanlage entwickelt sich weiter; pantropisch, gemäßigtes Eurasien, Südafrika und Nordamerika (42 Gattungen, u. a. *Cotinus, Pistacia, Rhus, Schinopsis* und *Schinus.*

Die Anacardiaceae sind nah verwandt mit einigen anderen Familien der Sapindales, ganz besonders mit den Sapindaceae, Aceraceae, Hippocastanaceae, Burseraceae und Julianiaceae. Die beiden letztgenannten besitzen auch Harzkanäle.

Nutzwert: Mehrere der wichtigeren Verwendungsarten der Anacardiaceae stehen mit ihrem Harzgehalt im Zusammenhang. Arten von *Cotinus, Pistacia, Schinopsis* und *Rhus* sind wichtige Lieferanten von Gerbstoffen für die Lederindustrie. Das Harz von *Rhus verniciflua* (China) bildet den Grundstoff für Japanischen Firnis. Mastix und Echtes Terpentinöl werden aus *Pistacia*-Arten gewonnen.

Die Familie liefert einige wichtige Früchte und Nüsse, z. B. Cashewnüsse und -äpfel *(Anacardium occidentale),* Pistazien *(Pistacia vera),* Ostindische Elefantenläuse *(Semecarpus anacardium),* Mango *(Mangifera indica),* Tahitiapfel, Schweinspflaume und Mombinpflaume (Früchte von *Spondias*-Arten). Einige Arten liefern Nutzholz, z. B. *Schinopsis quebracho-colorado* (Quebracho) und der Cashew-Baum. Zu den Anacardiaceae gehören auch einige häufig kultivierte Zierbäume, etwa Sumach *(Rhus*-Arten), der Perückenbaum *(Cotinus coggygria)* und der Peruanische Pfefferbaum *(Schinus molle).* Aus letzterem wird in Peru ein mildes, alkoholisches Getränk gewonnen, und die Wurzeln können zum Verfälschen von Pfeffer verwendet werden. Der Baum liefert auch ein mastixartiges Harz. Vom Perückenbaum stammt ein gelber Farbstoff. F.K.K.

SIMAROUBACEAE. **1.** *Quassia amara:* **a)** Zweig mit dreizählig gefiederten Blättern und Blütenstand (× ²/₃); **b)** Blüte, Kronblätter entfernt, die zahlreichen Staubblätter zeigend (× ¹/₂); **c)** Kelch und Gynoeceum mit Diskus am Grunde (× 1¹/₂); **d)** Frucht (× ²/₃); **e)** Querschnitt durch eine Teilfrucht (× ²/₃). **2.** *Harrisonia abyssinica:* **a)** Blütenzweig mit gefiederten Blättern (× ²/₃); **b)** Blütenknospe (× 3); **c)** Blüte (× 3); **d)** Kelch und Gynoeceum mit 5 Griffeln (× 3¹/₃); **e)** Staubblatt mit behaarter Schuppe am Grunde (× 6); **f)** fruchtender Zweig (× ²/₃); **g)** Frucht (× 2). **3.** *Ailanthus excelsa:* **a)** Teil eines gefiederten Blattes (× ²/₃); **b)** Frucht mit gedrehten Flügelnüßchen (× ²/₃); **c)** Querschnitt durch eine Teilfrucht mit dem einzigen Samen (× ²/₃).

SIMAROUBACEAE *Bitterholzgewächse*

Die Simaroubaceae sind eine mittelgroße Familie von Bäumen und Sträuchern, zu der die Heilpflanzengattung *Quassia* und die Zierpflanzengattung *Ailanthus* gehören.

Verbreitung: Die Familie findet sich überall in den Tropen und Subtropen.

Merkmale: Die wechselständigen Blätter sind gefiedert, selten einfach, und besitzen meist keine Nebenblätter. Die oft kleinen, radiären, zwitterigen oder eingeschlechtigen Blüten stehen in Scheinähren oder dichten Rispen. Sie besitzen meist 3 bis 7 freie oder verwachsene Kelch- und Kronblätter. Ein ring- oder becherförmiger Diskus umgibt die freien Staubblätter. Der oberständige Fruchtknoten besteht aus 2 bis 5 verwachsenen oder unten freien und oben durch Griffel oder Narben vereinten Fruchtblättern. Jedes der ein bis 5 Fächer enthält eine einzige, zentralwinkelständige Samenanlage (selten 2). Die Frucht ist eine Spaltfrucht mit manchmal geflügelten Teilfrüchten oder eine Steinfrucht. Die Samen können Endosperm enthalten; der gerade oder gekrümmte Embryo weist dicke Kotyledonen auf.

Systematik: Die Familie ist eine nahe Verwandte der Rutaceae, unterscheidet sich von ihnen aber durch das Fehlen durch-

Gattungen: rund 20
Arten: rund 120
Verbreitung: tropisch und subtropisch
Nutzwert: Bitterholz und andere Heilpflanzen; Zierbäume und Nutzholz

scheinender Drüsen in den Blättern.

Nutzwert: *Ailanthus* (10 Arten) ist die wichtigste Zierpflanzengattung der Familie; *Ailanthus altissima,* der Götterbaum, wird weiterhin angepflanzt. Die männlichen Bäume riechen zur Blütezeit sehr unangenehm; deshalb werden in städtischer Umgebung am besten weibliche Bäume angepflanzt. *Quassia amara,* eine von 40 tropi-

schen Arten, wird sowohl ihrer roten Blüten als auch ihres bitteren Holzes (durch den Bitterstoff Quassiin medizinisch wertvoll) wegen angepflanzt. Die Eigenschaften des Bitterholzes gleichen denen der Gattung *Picrasma* (6 Arten, Alte Welt). *Picrasma* wird deshalb als Bitterholz-Ersatz verwendet.

Die Gattung *Picramnia* (tropisches Amerika), die aus etwa 50 Arten besteht und oft in montanen Waldgebieten anzutreffen ist, besitzt ebenfalls medizinischen Wert. *P. antidesma* (Westindische Inseln, Mittelamerika) hat bitter schmeckende Blätter und Rinde, die im Geschmack an Lakritze erinnert. Sie ist auch heute noch ein Volksheilmittel und wurde früher zur Behandlung von Windrose und Geschlechtskrankheiten nach Europa exportiert.

Kirkia umfaßt 8 südafrikanische Baumarten, unter denen *K. acuminata* die schönste und häufigste Art ist. Sie wächst als anmutiger, etwa 18 m hoher Baum mit korkiger Rinde, gefiederten, bis 45 cm langen Blättern und Holz, das zu Möbeln, Böden oder Verzierungen verarbeitet eine schöne Färbung und Musterung zeigt. Die verdickten Wurzeln speichern eine Flüssigkeit, die in Dürrezeiten gerne abgezapft wird.

Die «Beeren» gewisser Arten der Gattung

CORIARIACEAE. 1. *Coriaria terminalis:* **a)** Laubsproß und Fruchtstand (fleischige Kronblätter deutlich sichtbar) (× ²/₃); **b)** Blütenstand (× ²/₃); **c)** Frucht, 2 Kronblätter entfernt (× 2); **d)** Längsschnitt durch ein Nüßchen (× 3); **e)** Blüte mit großen Staubbeuteln (× 2); **f)** Blüte, 2 Kelchblätter entfernt, um die kleinen Kronblätter zu zeigen (× 2); **g)** Gynoeceum, Fruchtknoten von 5 Kronblättern umgeben (× 3); **h)** Staubblatt (× 3).
2. *C. ruscifolia:* **a)** junge, vorweibliche Blüte mit herausragenden Narben (× 6); **b)** bestäubte Blüte mit reifen Staubblättern (× 6); **c)** Teil der Blütenhülle mit 3 Kelch- und 2 kleinen Kronblättern (× 6); **d)** Staubbeutel (× 12); **e)** Längsschnitt durch Fruchtknoten (× 8); **f)** junge Blüte, Blütenhülle teilweise entfernt, um die freien Fruchtblätter zu zeigen (× 6).

Brucea werden zur Behandlung von Ruhr verwendet. B.M.

CORIARIACEAE *Gerbersträucher*

Die Coriariaceae sind eine kleine Familie von Sträuchern warmgemäßigter Gebiete mit der einzigen Gattung *Coriaria.*
Verbreitung: Man findet die Familie in warmgemäßigten Gebieten des mittleren und westlichen Südamerika, im Mittelmeergebiet und Himalaja, bis nach Ostasien, Neuguinea und Neuseeland. Auffallend ist ihr Fehlen in Afrika und Australien. *Coriaria* liefert ein gutes Beispiel für eine Gattung mit disjunktem Areal. Die Gerbersträucher der nördlichen Hemisphäre gehören zu der einen, jene der südlichen zur anderen Sektion dieser Gattung.
Merkmale: Die Familie besteht aus manchmal weit ausladenden Sträuchern mit gegenständigen oder quirlig gestellten, kantigen Zweigen, die oft wedelartig wirken. Die Blätter sind gegenständig, eiförmig bis lanzettlich, ganzrandig, mit 3 oder mehr bogenförmigen Längsnerven versehen und nebenblattlos. Die Blüten sind radiär, klein, grün, zwitterig oder eingeschlechtig (einhäusig). Sie erscheinen oft achselständig am Holz des Vorjahres oder endständig an einem diesjährigen Trieb und stehen einzeln

Gattungen: 1
Arten: 8
Verbreitung: warmgemäßigte Zonen
Nutzwert: *Coriaria myrtifolia* liefert Fliegengift, Gerbstoff und Tinte; einige Arten werden als Ziersträucher gezogen

oder in razemösen Blütenständen. Sie besitzen 5 bleibende Kelch-, 5 kürzere, gekielte, fleischige Kron- und 10 Staubblätter mit großen Staubbeuteln, entweder alle frei oder 5 von ihnen mit dem Kiel des Kronblattes verwachsen. Der oberständige Fruchtknoten besteht aus 5 bis 10 freien Fruchtblättern mit 5 bis 10 Fächern, von denen jedes eine einzelne, hängende und

anatrope Samenanlage enthält. Die Griffel sind lang und auffällig. Die oft violetten Kronblätter werden nach der Befruchtung sukkulent, drängen sich zwischen die Fruchtblätter und umschließen so die Frucht. Die ganze Anordnung ist steinfruchtähnlich, bevor die zusammengedrückten Samen entlassen werden. Der reife Same enthält wenig Endosperm. Die Fruchtstände sind oft besonders schön, doch sind mehrere Arten giftig; bei ihrer Bewertung als Gartenziersträucher sollte darauf geachtet werden.
Systematik: Es ist schwierig, die Familie in befriedigender Weise irgendeiner systematischen Einheit zuzuordnen. Im hier verwendeten System steht sie bei den Sapindales.
Nutzwert: Der Schmack, *Coriaria myrtifolia*, ist im Mittelmeergebiet heimisch. Im Wasser zerdrückte Früchte ergeben ein gutes Fliegengift. Die Blätter sind reich an Gerbstoffen und werden zur Herstellung von Tinte und zum Gerben von Leder verwendet. Der laubwerfende Strauch wird bis 2 m hoch und treibt kleine, grünliche und 3 cm lange Blütentrauben am vorjährigen Holz. Eine beliebte Zierpflanze ist der ausladende Rhizomstrauch *C. terminalis* aus dem chinesischen Himalaja, die eine schöne Herbstfärbung und gelbe oder schwarze,

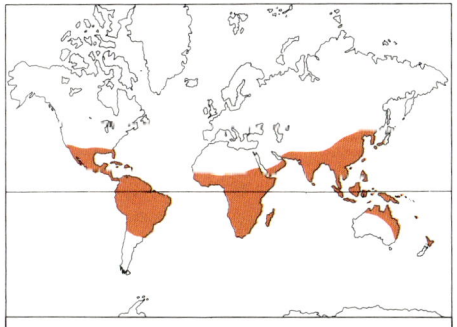

MELIACEAE. **1.** *Melia azedarach:* **a)** doppelt gefiedertes Blatt und achselständiger Blütenstand (× ²/₃); **b)** Früchte (× ²/₃); **c)** geöffnete Staubblatt-röhre mit Staubbeuteln und Gynoeceum mit Diskus am Grunde (× 2); **d)** Längsschnitt durch den Fruchtknoten mit Samenanlagen an zentralwinkel-ständigen Plazenten (× 6); **e)** Querschnitt durch eine Frucht (× ²/₃); **f)** Same (× 4). **2.** *Swietenia mahagoni:* **a)** Zweig mit gefiedertem Blatt und achselständigem Blütenstand (× ²/₃); **b)** halbierte Blüte mit Staubblattröhre (× 8); **c)** geflügelter Same (× ²/₃). **3.** *Cedrela australis:* **a)** geöffnete Blüte mit freien, dem Diskus entspringenden Staubblättern und oberständigem, von scheibenförmiger Narbe gekröntem Fruchtknoten (× 3¹/₂); **b)** Teil eines Blütenstandes (× ²/₃); **c)** geflügelte Samen (× 1); **d)** Früchte (× ²/₃).

etwa 22 cm lange Fruchttrauben aufweist. Jede Frucht erreicht einen Durchmesser von rund 1 cm. Der Strauch wird etwa 1,3 m hoch. *Coriaria japonica*, eine weitere Zierpflanze, erreicht nur etwa 60 cm Höhe, besitzt aber ebenfalls schöne, farbige Herbstblätter und korallenrote bis schwarze Früchte.

Mehrere Bearbeiter geben an, die saftigen Früchte verschiedener Arten seien eßbar und im Geschmack Heidelbeeren ähnlich (außer *C. myrtifolia*). Da die Samen und andere Pflanzenteile jedoch als giftig gelten, ist Vorsicht geboten. Eine *Coraria*-Vergiftung ist von Krämpfen begleitet, ähnlich wie jene durch Strychnin.   B.M.

MELIACEAE *Zedrachgewächse*

Die Meliaceae sind eine meist aus Bäumen und Sträuchern bestehende Familie, die wirtschaftlich wichtig ist, vor allem wegen ihrer hochwertigen Nutzhölzer (darunter die Echten Mahagonibäume). Zu ihnen gehört auch eine Anzahl Fruchtbäume.

Verbreitung: Die Familie ist auf tropische und subtropische Gebiete beschränkt und umfaßt rund 50 Gattungen und etwa 550 Arten, die besonders häufig ein Bestandteil der unteren Baumschichten von Regenwäldern sind.

Gattungen: rund 50
Arten: rund 550
Verbreitung: tropisch und subtropisch
Nutzwert: wichtige Nutzhölzer (u. a. Mahagoni), einige eßbare Früchte und einige Zierpflanzen

Merkmale: Die Familie besteht aus Bäumen und Sträuchern. Gelegentlich sind es unverzweigte «Schopfbäume», selten krautige Pflanzen, die am Grunde verholzen. Die Blätter sind wechselständig und meist gefiedert, manchmal einfach, selten doppelt. Nebenblätter fehlen. Die Blüten erscheinen oft in Rispen am Stamm, an den Ästen oder in den Achseln nicht-entwickelter Blätter.

Sie können auch endständig sein oder auf den Blättern entstehen *(Chisocheton)*. Sie sind radiär und meist zwitterig, oft auch eingeschlechtig zweihäusig (können aber zwitterig scheinen) und besitzen 3 bis 5 verwachsene oder freie Kelchblätter, 3 bis 5 (selten bis 14) meist freie Kronblätter und 5 (selten 3) bis 10 (selten bis 23) Staubblätter. Letztere sind meist zu einer Röhre verwachsen. Der Griffel kann fehlen, und die Narbe ist oft scheibenförmig oder kopfig. Der oberständige Fruchtknoten besteht aus 2 bis 6 (selten einem oder bis 20) Fächern mit je einer, 2 oder mehr hängenden Samenanlagen. Die Frucht ist eine Kapsel, Beere oder Steinfrucht, selten eine Nuß. Die Samen sind oft geflügelt; andere wiederum besitzen einen fleischigen Arillus oder eine fleischige Samenschale (Sarcotesta). Endosperm kann fehlen; der Embryo ist gerade oder gekrümmt.

Systematik: Die Familie wird in 5 Unterfamilien aufgeteilt, von denen 3 klein und auf Madagaskar beschränkt sind, während die beiden restlichen, Melioideae und Swietenioideae, pantropisch sind.

Die MELIOIDEAE zeichnen sich durch ungeflügelte Samen und meist durch eine Sarcotesta oder einen Arillus aus. Zu ihnen gehören *Turraea* (etwa 65 Arten, Alte Welt),

Melia (5 Arten, Alte Welt), *Azadirachta* (2 Arten, Indomalesien und Pazifik), *Guarea* (35 Arten, Afrika und Amerika), *Chisocheton* (52 Arten, Indomalesien), *Dysoxylum* (60 Arten, Indomalesien und Pazifikraum) und *Xylocarpus* (2 oder 3 Arten, Mangrove- und Küstenwälder der Alten Welt).

Die SWIETENIOIDEAE besitzen geflügelte Samen und umfassen die wirtschaftlich genutzten Mahagonibäume: *Swietenia* (7 oder 8 Arten, Amerika), *Entandrophragma* (11 Arten, Afrika), *Khaya* (8 Arten, Afrika), *Cedrela* (9 Arten, Amerika), *Toona* (15 Arten, Asien und Australien) und *Lovoa* (2 Arten, Afrika).

Die Meliaceae sind zweifellos mit den fiederblättrigen, holzigen Familien der Sapindales verwandt, etwa mit den Anacardiaceae, Burseraceae, Sapindaceae, Simaroubaceae und Rutaceae; von ihnen allen unterscheiden sich die Meliaceae durch den Bau des Androeceums.

Nutzwert: Die echten Mahagonibäume gehören zu den Swietenioideae, vor allem zu den Gattungen *Swietenia* in Amerika und *Khaya* in Afrika. Ihr Holz wird seiner schönen Farbe, Verarbeitungseigenschaften und seines Glanzes wegen hoch geschätzt. Wichtige Nutzhölzer aus der Familie der Meliaceae sind neben den genannten das Punkwa-Mahagoni (*Entandrophragma cylindricum*), Assang assié (*E. utile*), Sapeli-Mahagoni (*E. candollei*) sowie Arten von *Melia, Carapa, Azadirachta* (Nimbaum), *Guarea, Cedrela* (Westindisches Zedernholz), *Toona, Soymida, Chukrasia, Dysoxylum, Lovoa, Aglaia* und *Owenia*.

Öle zur Seifenherstellung wurden in Uganda aus den Samen von *Trichilia emetica* gewonnen; das Öl des malaiischen *Chisocheton macrophyllus* wurde zu Beleuchtungszwecken verwendet. *Melia-* und *Azadirachta*-Arten liefern Insektizide. Die Blüten von *Aglaia odorata* werden im Osten zum Parfümieren von Tee verwendet. Die Früchte gewisser *Aglaia-* und *Lansium*-Arten sind von lokaler Bedeutung; wirtschaftlich am wichtigsten sind jene von *Lansium domesticum* und von *Sandoricum koetjape*. Viele Gattungen sind besonders dekorativ und werden in zunehmendem Maße angepflanzt, vor allem *Aglaia, Chisocheton, Dysoxylum, Melia* (Zedrachbaum) und *Turraea*. D.J.M.

CNEORACEAE *Zwergölbäume*

Die Cneoraceae bestehen aus einer einzigen Gattung, *Cneorum*, und 2 Arten, *Cneorum tricoccum* (Zwergölbaum) und *C. pulverulentum*. Die zweitgenannte Art wird von einigen Botanikern in eine eigene Gattung, *Neochamaelea*, gestellt.

Verbreitung: *Cneorum tricoccum* ist im westlichen Mittelmeergebiet heimisch, *C. pulverulentum* auf den Kanarischen Inseln.

Merkmale: *Cneorum* umfaßt immergrüne Sträucher mit wechselständigen, graugrünen, schmalen und ledrigen Blättern; Nebenblätter fehlen. Die gelben Blüten erscheinen einzeln (*C. pulverulentum*) oder in kleinen Ebensträußen (*C. tricoccum*) in den Achseln der obersten Blätter. Sie sind

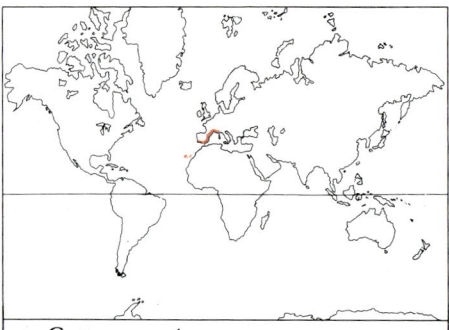

Gattungen: 1
Arten: 2
Verbreitung: westliches Mittelmeergebiet und Kanarische Inseln
Nutzwert: lokale medizinische Verwendung als Abführmittel und gegen Juckreiz

radiär, zwittrig und tragen meist 3 (manchmal 4) freie Kelch-, Kron- und Staubblätter, einen einfachen Griffel und eine verlängerte Blütenachse oder einen Diskus. Der unterständige und gelappte Fruchtknoten weist 3 oder 4 verwachsene Fruchtblätter mit 2 hängenden Samenanlagen pro Fach auf. Die harte, rotbraune Frucht besteht aus 3 (manchmal 4) kugeligen Teilen, jeder mit 2 Samen, die Endosperm enthalten.

Systematik: Die Cneoraceae werden als nahe Verwandte der Zygophyllaceae betrachtet, unterscheiden sich aber insofern, als sie nur einen Staubblattkreis, keine Staubblattanhängsel und keine Nebenblätter, hingegen Öldrüsen in den Blättern besitzen. Das letztgenannte Merkmal teilen die Cneoraceae mit anderen Familien der Sapindales, z.B. mit den Rutaceae.

Nutzwert: Blätter und Früchte von *C. tricoccum* werden lokal als Abführmittel und gegen Juckreiz angewendet. M.C.D.

RUTACEAE *Rautengewächse*

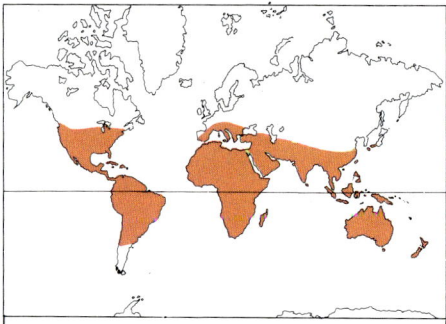

Gattungen: 150
Arten: rund 900
Verbreitung: tropische und warmgemäßigte Gebiete, vor allem Südafrika und Australien
Nutzwert: Agrumen (Zitrone, Apfelsine, Grapefruit usw.); Öle für Parfümeriezwecke und Medizin (*Ruta, Galipea, Toddalia*)

Die Rutaceae sind eine große Familie von Sträuchern und Bäumen (gelegentlich auch Kräutern). Sie sind von großer wirtschaft-

licher Bedeutung, da sie die Zitrusfrüchte des Handels – Zitronen, Apfelsinen, Mandarinen, Tangerinen, Limetten und Grapefruits – liefern. Außerdem enthalten sie einige hübsche Zierpflanzen, z.B. *Choisya* und *Skimmia*.

Verbreitung: Die Rutaceae sind mehr oder weniger kosmopolitisch, konzentrieren sich aber weitgehend auf die tropischen und gemäßigten Gebiete der südlichen Hemisphäre, vor allem auf Australien und Südafrika. Zitrusfrüchte für den Handel werden in der tropischen und warmgemäßigten Agrumenzone, die die ganze Welt umspannt, angepflanzt, insbesondere im Mittelmeergebiet, in den Südstaaten der USA, in Mexiko, Südafrika und Australien.

Merkmale: Die Familie verdankt ihren Namen *Ruta graveolens*, einer kleinen, winterharten, immergrünen und aromatischen Staude, die seit Jahrhunderten in Kräutergärten als Heilpflanze gezogen wird. Wie bei den meisten Vertretern der Familie entwickeln die Öldrüsen der zerdrückten Blätter der Raute einen starken, unangenehmen Geruch. Sie sind als kleine, durchscheinende, schwarze Punkte auf den Blättern zu sehen – das hervorstechendste Merkmal der Rutaceae.

Ruta ist ziemlich typisch für die Familie. Es handelt sich um eine Gattung von 60 winterharten Sträuchern, Halbsträuchern und Stauden, die stark riechende, wechselständige, drei- oder mehrzählig gefiederte Blätter ohne Nebenblätter und endständige Blütenstände (oft schirmförmige Thyrsen) tragen. Die von Insekten bestäubten, grünlich-gelben Blüten bestehen aus einem vier- oder fünfzipfligen, bleibenden Kelch und 4 oder 5 gezähnten oder (mit feinen Haaren oder Fortsätzen) gewimperten Kronblättern. Gegen innen folgen ein dicker Diskus aus 8 bis 10 Nektardrüsen oder -gruben und 8 bis 10 Staubblätter. Der oberständige Fruchtknoten ist tief gelappt und weist 5 oder 4 verwachsene Fruchtblätter auf, die 4 oder 5 Fächer mit zahlreichen Samenanlagen bilden. Die Frucht ist eine Beere; die Samen enthalten Endosperm. Von diesem Muster gibt es zahlreiche Abweichungen; zu den offensichtlichsten gehören: der baumförmige Wuchs bei verschiedenen bekannten Gattungen, z.B. *Citrus, Poncirus* und *Phellodendron*; einfache Blätter bei *Diosma, Boronia* und *Skimmia*; zu Dornen reduzierte Blätter bei verschiedenen Arten der Unterfamilie der Agrumen (Aurantioi-

RUTACEAE. 1. *Ruta graveolens:* a) Sproß mit doppelt gefiederten Blättern und mit Blütenständen (× ²/₃); b) Blüte mit 4 Kelch-, 4 Kron- und 8 Staubblättern sowie einem oberständigen, gelappten Fruchtknoten mit Diskus am Grunde und einem einzigen Griffel (× 2²/₃); c) Längsschnitt durch den Fruchtknoten (× 6); d) Querschnitt durch den Fruchtknoten mit 4 Fächern und Samenanlagen an zentralwinkelständigen Plazenten (× 4). 2. *Citrus sinensis* (Apfelsine): a) halbierte Blüte mit zahlreichen Staubblättern und vorspringendem Diskus am Grunde des Fruchtknotens (× 2); b) Frucht: eine fleischige Beere (× ²/₃). 3. *Ptelea trifoliata:* geflügelte Frucht – ein ungewöhnliches Merkmal in dieser Familie (× 1¹/₃). 4. *Citrus limon* (Zitrone): blühender Zweig (× ²/₃). 5. *Crowea saligna:* blühender Sproß (× ²/₃).

deae); Blätter ohne Drüsen bei *Leptothyrsa* und *Phellodendron;* mehr als 10 Staubblätter bei *Peltostigma, Citrus* und *Asterolasia;* epiphylle, d.h. auf den Blättern stehende Blüten bei einigen Arten von *Erythrochiton.* Bei *Cusparia* sind die Blüten zygomorph, bei *Toddalia* eingeschlechtig. Bei *Platyspermatica* ist der Fruchtknoten halbunterständig. Viele Arten besitzen 2 Samenanlagen in jedem Fach. Die Früchte sehen bei den verschiedenen Unterfamilien und Tribus sehr verschieden aus (Steinfrüchte und Beeren). Es kommen Samen ohne Endosperm vor.

Systematik: Die Rutaceae können in 4 Unterfamilien aufgeteilt werden.

RUTOIDEAE: Fruchtknoten mit 2 bis 5 Aufwölbungen, Fruchtblätter frei, aber Griffel und Narben miteinander vereint. Die Frucht ist eine Beere. Tribus RUTEAE: Kräuter und Sträucher der nördlichen Hemisphäre *(Ruta, Dictamnus* und *Thamnosma).* Tribus ZANTHOXYLEAE: südamerikanische und australische Bäume und Sträucher *(Melicope, Pelea, Choisya, Euodia, Fagara* und *Zanthoxylum).* Tribus BORONIEAE: meist ausdauernde Kräuter und Sträucher aus Australien *(Eriostemon, Phebalium, Asterolasia, Correa, Boronia* und *Dipholaena).* Tribus DIOSMEAE: meist ausdauernde Kräuter und Sträucher, seltener Bäume aus Südafrika *(Diosma, Calodendrum, Barosma, Agathosma* und *Macrostylis).* Tribus CUSPARIEAE: Sträucher und Bäume aus Südamerika *(Flindersia, Esenbeckia, Galipea, Cusparia* und *Ravenia).*

TODDALOIDEAE: Fruchtknoten nicht gelappt oder schwach zwei- bis fünflappig mit 2 bis 5 unvollständig oder vollständig verwachsenen Fruchtblättern. Die Frucht besteht aus 2 bis 4 Steinfrüchtchen oder ist eine dickwandige Steinfrucht. Es handelt sich vor allem um Bäume und Sträucher der Tropen und gemäßigten Breiten der Alten Welt *(Phellodendron, Ptelea, Amyris, Vepris, Toddalia* und *Skimmia).*

RHABDODENDROIDEAE: zwei- bis fünflappiger Fruchtknoten mit verwachsenen Fruchtblättern; charakterisiert durch den Besitz von einzigartigen becherförmigen Blütenachsen; eine einzige Gattung von Bäumen *(Rhabdodendron).*

AURANTIOIDEAE: Fruchtknoten nicht gelappt; Frucht eine große, fleischige Beere (Hesperidium) *(Aegle, Citrus, Atalantia, Glycosmis, Murraya, Clausena* und *Micromelum).*

Die Rutaceae gehören zu den Sapindales, einer aus 16 Familien bestehenden Ordnung, die fast ausnahmslos holzige Pflanzen mit meist zusammengesetzten Blättern hervorbringt. Das wichtigste Merkmal, das die Rutaceae von den anderen Familien unterscheidet, sind die Öldrüsen in den Blättern.

Nutzwert: Zu den Rutaceae gehören wichtige Nutz- und Zierpflanzen, unter ihnen die Agrumen aus der Unterfamilie Aurantioideae. 3 Gattungen werden ihrer Früchte wegen kultiviert: *Citrus, Fortunella* und *Poncirus. Citrus* ist zweifellos die wichtigste Gattung der ganzen Familie; die meisten ihrer 60 bekannten Arten sind in Kultur. Botanisch gesehen ist die *Citrus*-Frucht eine Beere mit einer zähen, ledrigen, aromatische Öldrüsen enthaltenden Haut und mit

Fruchtfleisch, das aus vergrößerten, mit Saft gefüllten Zellen besteht. Die in Kultur am weitesten verbreiteten Arten sind u.a. die Zitrone *(Citrus limon),* die Zitronat-Zitrone *(C. medica),* die Pomeranze *(C. aurantium),* die Apfelsine oder Orange *(C. sinensis),* die Mandarine, Satsuma und Tangerine *(C. reticulata),* die Limette *(C. aurantiifolia),* die Grapefruit *(C. paradisi)* und die Pomelofrucht *(C. grandis).* Weniger bekannt sind die zur Gattung *Fortunella* gehörenden Cumquats und die ungenießbare Bitterorange, *Poncirus trifoliata.*

Viele Arten werden wegen ihrer ätherischen Öle angepflanzt. Die Frucht der Bergamotte, einer Zwergvarietät der Pomeranze, liefert das wertvolle Bergamottöl (für die Parfümherstellung). Von ihren Blüten stammt das Neroliöl (für Eau de Cologne). Die mexikanische *Choisya ternata* (Orangenblume) ist ein außerordentlich schöner Strauch, der oft in Treibhäusern und geschützten Gärten gezogen wird. Beliebte Parkpflanzen sind u.a. strauchige Arten von *Skimmia,* vor allem *Skimmia japonica, S. reevesiana* und ihre Hybride, *S. × foremannii,* der stark duftende Lederstrauch aus Nordamerika *(Ptelea trifoliata)* und die Korkbäume *Phellodendron japonicum, P. amurense* und *P. sachalinense.* Begehrte Zimmerpflanzen sind u.a. die stark duftenden Sträucher der Gattung *Diosma,* verschiedene Arten von *Agathosma* und *Barosma* und die duftenden, heidekrautähnlichen Sträucher *Coleonema album* und *C. pulchrum.*

Der Diptam *(Dictamnus albus)* ist mit Drüsen besetzt, die ein starkes und würzig duftendes Öl ausscheiden. Das verdunstete Öl ist brennbar und wird an heißen Tagen in so großer Menge abgegeben, daß man es in Brand setzen kann («brennender Busch»). Die giftige Raute *Ruta graveolens,* ist ein altes Heilkraut gegen Schwindelanfälle, Krämpfe, Hysterie und Gebärmutterkrankheiten, daneben sonderbarerweise auch zur Behandlung von Krupp beim Geflügel. Ihre Blätter gelten aber auch als appetitanregend. Weitere wertvolle Öle wurden aus den Rindendrüsen von Arten der Gattungen *Galipea* und *Toddalia* gewonnen. Nur eine Art der Rutaceae ist als Lieferant von Hartholz von Wert, nämlich *Zanthoxylum flavum.* Jaborandi-Blätter (Quelle des Alkaloids Pilocarpin) stammen von den südamerikanischen Sträuchern *Pilocarpus jaborandi* und *P. microphyllus. Barosma betulinum* liefert eine psychotherapeutische Droge.

C.J.H.

ZYGOPHYLLACEAE
Jochblattgewächse

Die Zygophyllaceae sind eine vor allem tropische und subtropische Familie von Sträuchern, einigen Kräutern und wenigen Bäumen. Viele von ihnen sind an trockene oder salzige Standorte angepaßt. Hierzu gehören einige wertvolle Nutzhölzer, z.B. Pockholz *(Guaiacum*-Arten).

Verbreitung: Die Familie ist in den Tropen und Subtropen weit verbreitet, oft in trockeneren Gebieten, wo sie einen ansehnlichen Teil der Gebüschvegetation bildet. Es gibt auch Vertreter in der gemäßigten Zone.

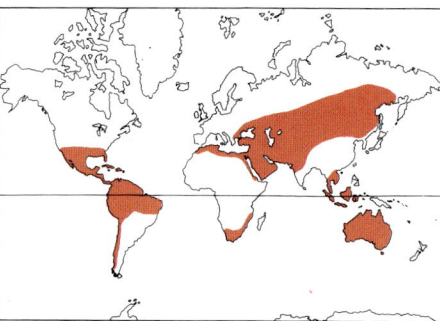

Gattungen: etwa 25
Arten: rund 240
Verbreitung: vor allem tropisch und subtropisch, meistens in trockenen Gebieten
Nutzwert: Nutzholz (Pockholz), medizinisch verwendete Harze, einige eßbare Früchte sowie Farbstoffe

Merkmale: Die Zweige sind manchmal knotig gegliedert, die fleischigen oder ledrigen Blätter meist gegen- oder wechselständig. Sie besitzen manchmal dornige Nebenblätter.

Mit Ausnahme einer Gattung *(Neoluederitzia)* sind die Blüten zwitterig, meist radiär und stehen einzeln, paarig oder in Cymen. Sie weisen 4 oder 5 freie Kelchblätter und 4 oder 5 freie Kelchblätter (selten fehlend) auf. Die Staubblätter stehen in einem, 2 oder 3 Fünferkreisen, diejenigen des äußeren Kreises vor den Kronblättern. Die Filamente sind frei und tragen am Grunde oft eine Schuppe. Meist ist ein Diskus vorhanden. Der oberständige fünffächerige Fruchtknoten besteht aus 5 verwachsenen, oft geflügelten Fruchtblättern (selten 2 bis 12). Jedes Fach enthält eine bis viele hängende, zentralwinkelständige Samenanlagen. Die gelappten oder abgeflachten Narben sind oft sitzend. Die Frucht ist meist eine Kapsel, die manchmal in 5 Teile zerfällt, selten beeren- oder steinfruchtartig.

Systematik: Die Familie wird weitgehend aufgrund des Fruchtbaues in 5 oder 6 Unterfamilien aufgeteilt. Die wichtigsten Gattungen sind *Guaiacum, Bulnesia, Nitraria, Peganum, Balanites, Neoschroetera, Zygophyllum* und *Tribulus.* Die Familie gehört eindeutig zur Ordnungsgruppe Sapindales-Geraniales-Polygalales; nähere Verwandtschaftsbeziehungen sind jedoch schwierig festzulegen.

Nutzwert: Verschiedene Arten von *Guaiacum,* vor allem *Guaiacum officinale* und *G. sanctum* (aus dem tropischen Amerika und von den Westindischen Inseln), liefern Pockholz, ein schweres, dauerhaftes Holz, das sich nicht spalten läßt. Die Früchte einiger *Balanites*- und *Nitraria*-Arten sind eßbar. Die neotropischen Bäume *Bulnesia arborea* (Maracaibo-Pockholz) und *B. sarmienti* (Argentinisches Pockholz) liefern Nutzholz und ätherisches Öl für die Parfümherstellung. *Neoschroetera tridentata* aus Mexiko und den umliegenden Gebieten wird medizinisch verwendet; ihre Blütenknospen dienen als Kapernersatz, ebenso die Knospen von *Zygophyllum fabago.* Die Samen des mediterranen *Peganum harmala* liefern den Farbstoff Türkischrot. S.R.C.

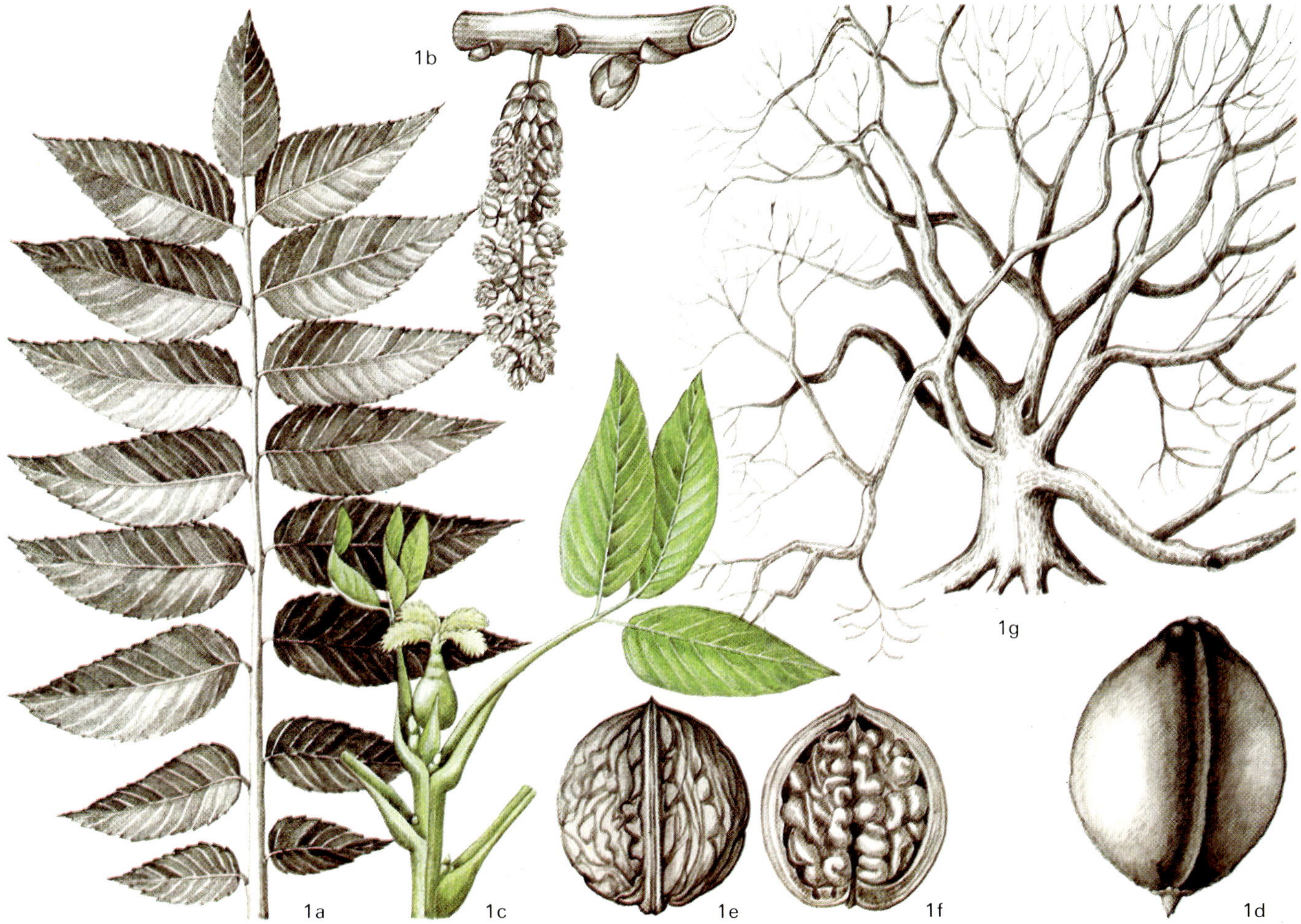

JUGLANDACEAE. 1. *Juglans* sp.: **a)** unpaarig gefiedertes Blatt (× ²/₃); **c)** bis **g)** *Juglans regia:* **c)** Zweigspitze und weibliche Blüte mit Narben (× ²/₃); **d)** Frucht (× ²/₃); **e)** Steinkern (nach Entfernen der fleischigen Schale), das harte, runzelige Endokarp zeigend (× ²/₃); **f)** Steinkern, eine Hälfte des Endokarps entfernt, um den Samen mit den gewundenen Kotyledonen zu zeigen (× ²/₃); **g)** Habitus eines alten Baumes.

JUGLANDALES
Nußbaumartige

JUGLANDACEAE *Nußbaumgewächse*
Die Juglandaceae sind eine kleine Familie laubwerfender Bäume, deren bekannteste Vertreter die Nußbäume *(Juglans)* und Hickory *(Carya)* sind.
Verbreitung: Die Familie kommt vor allem in den nördlich-gemäßigten und subtropischen Zonen vor, mit Ausstrahlungen südwärts nach Indien, Indochina und den Anden entlang nach Südamerika.
Merkmale: Im Winter tragen die Zweige braune, behaarte Knospen. Die Blätter sind wechselständig (selten gegenständig) und gefiedert, Nebenblätter fehlen. Die eingeschlechtigen, einhäusig verteilten Blüten entspringen den Achseln von Tragblättern; die männlichen Blüten erscheinen meist in kätzchenartigen, hängenden Blütenständen an vorjährigen Zweigen; die weiblichen Blüten werden in kleineren, aufrechten Ähren an den neuen Zweigen gebildet. Die Blütenhülle ist typisch vierzipflig, jedoch oft verkümmert oder ganz fehlend. Die männlichen Blüten besitzen 3 bis 40 freie Staubblätter mit kurzen Filamenten und Staubbeuteln, die sich längs öffnen. Die Bestäubung erfolgt durch den Wind. In der weiblichen Blüte besteht der unterständige, un-

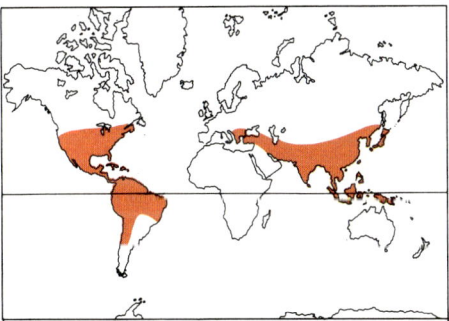

Gattungen: 7
Arten: rund 50
Verbreitung: vor allem nördlich-gemäßigt und subtropisch
Nutzwert: Nüsse und Öle (Walnuß, Hickorynuß und Pekannuß), Nutzholz und Zierbäume

gefächerte Fruchtknoten aus 2 verwachsenen Fruchtblättern und enthält eine aufrechte, atrope Samenanlage. Der kurze Griffel trägt 2 Narben. Die Frucht ist eine Steinfrucht oder Nuß; die beiden Schalenhälften einer Walnuß entsprechen nicht den Fruchtblättern; die Naht verläuft vielmehr ihren Mittelrippen entlang. Die Samen enthalten kein Endosperm.
Systematik: Die Familie ist in 2 Unterfamilien aufgeteilt worden — die JUGLANDOIDEAE mit 2 Gattungen, *Juglans* und *Carya*,

und die OREOMUNNEOIDEAE mit 5 Gattungen, *Pterocarya, Engelhardia, Oreomunnea, Platycarya* und *Alfaroa.* Die Unterfamilien werden durch ihre Früchte voneinander geschieden — im einen Fall Steinfrüchte, im anderen Flügelnüsse.
Die Verwandtschaft der Familie ist unklar; es mag eine Verbindung zu den Anacardiaceae bestehen. Die durch eine einzige, chinesische Baumart *(Rhoiptelea chiliantha)* vertretene Familie Rhoipteleaceae wird oft als ursprüngliche Form der Ordnung Juglandales betrachtet. Sie unterscheidet sich von der anderen Familie durch zwitterige und weibliche Blüten, einen oberständigen Fruchtknoten, Blätter mit Nebenblättern und die Flügelnuß.
Nutzwert: Die Familie ist durch ihre eßbaren Nüsse am besten bekannt: Walnüsse *(Juglans regia* und andere Arten), Pekannüsse *(Carya pecan, C. illinoensis)* und Hickorynüsse *(C. ovata).* Das Öl aus den Nüssen wird bei der Herstellung von Lebensmitteln, Kosmetika, Seife und Farben verwendet.
Sowohl *Juglans* wie auch *Carya* liefern wertvolles Nutzholz und werden wegen ihrer schönen Maserung und Elastizität sehr geschätzt.
Nußbäume, Hickory und Arten von *Pterocarya* (Flügelnuß) werden auch ihrer Herbstfärbung wegen gepflanzt. I.B.K.R.

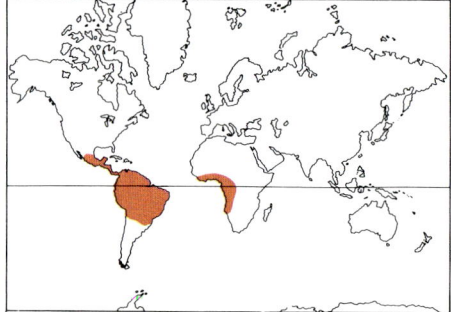

HUMIRIACEAE. 1. *Sacoglottis amazonica:* **a)** Teil eines Zweiges mit Blättern und achselständigen Blütenständen (× ²/₃); **b)** Blüte (× 2); **c)** Kelchblatt (× 4¹/₂); **d)** Gynoeceum (× 4); **e)** Querschnitt durch den Fruchtknoten (× 8); **f)** Androeceum (× 4); **g)** verschiedene Ansichten eines Staubbeutels (× 7); **h)** Frucht – eine Steinfrucht (× ²/₃). **2.** *Humiria balsamifera:* **a)** Blatt (× ²/₃); **b)** Blüte, ein Kronblatt entfernt (× 6); **c)** Gynoeceum mit gezähntem, ringförmigem Diskus (× 6); **d)** Längsschnitt durch ein Gynoeceum (× 6); **e)** Staubblätter (× 14). **3.** *Duckesia verrucosa:* Staubblätter mit vierlappigen Staubbeuteln (× 14). **4.** *Vantanea parviflora:* **a)** Sproß (× ²/₃); **b)** Blüte (× 2); **c)** Staubbeutel (× 14); **d)** Gynoeceum (× 7); **e)** Blütenknospe, vor und nach dem Entfernen eines Kronblattes (× 1¹/₂); **f)** Längsschnitt durch den Fruchtknoten (× 10).

GERANIALES
Storchschnabelartige

HUMIRIACEAE

Die Humiriaceae sind eine Familie meist tropisch-amerikanischer Bäume und Sträucher.

Verbreitung: Die Familie ist im tropischen Süd- und Mittelamerika beheimatet. 2 Arten (von *Sacoglottis*) kommen auch in Westafrika vor.

Merkmale: Die wechselständigen Blätter sind einfach. Nebenblätter fehlen. Bei einigen Gliedern der Familie (z. B. *Sacoglottis*) ist der Blattstiel an der Ansatzstelle verdickt. Die Blüten sind radiär und zwitterig und erscheinen in achsel- oder endständigen Cymen. Es sind 5, manchmal fein behaarte Kelchblätter und 5 freie Kronblätter vorhanden. 10, 20, 30 oder mehr Staubblätter mit im unteren Teil mehr oder weniger verwachsenen Filamenten stehen in einem, 2 oder mehreren Kreisen. Die Staubbeutel sind versatil (in der Mitte befestigt und beweglich), mit 2 oder 4 Fächern, die sich mit Längsrissen öffnen. Die Blüte besitzt einen ringförmigen Diskus, der oft gezähnt ist oder aus einzelnen, zwischen den Staubblättern stehenden Drüsen besteht und den

Gattungen: 8
Arten: rund 50
Verbreitung: mittleres und tropisches Südamerika; 2 Arten auch in Westafrika
Nutzwert: lokale Verwendung von Holz und Früchten

Grund des Fruchtknotens umgibt. Der oberständige Fruchtknoten besteht aus 5 verwachsenen Fruchtblättern und trägt einen ungeteilten Griffel mit einer kopfigen Narbe; die 5 Fächer bergen je eine oder 2 anatrope Samenanlagen, die vom Fruchtknotendach herabhängen.

Die Steinfrucht besteht aus einem eher dünnen, fleischigen Perikarp und einem harten, holzigen Endokarp, das oft harzerfüllte Höhlungen enthält. Sie weist 5 Fächer auf, meist aber nur einen oder 2 Samen. Die Samen enthalten reichlich fleischiges, öliges Endosperm, das einen Embryo mit kurzen Kotyledonen umgibt.

Systematik: Die Familie besteht aus *Humiria (Houmiria)* (3 oder 4 Arten), *Endopleura*, *Duckesia* und *Hylocarpa* (je eine Art), *Vantanea* (14 Arten), *Schistostemon* (7 Arten) und *Humiriastrum* (12 Arten). Unterscheidende Merkmale sind die Zahl der Staubblätter und der Bau der Staubbeutel und des Fruchtknotens. *Vantanea*-Blüten bringen zahlreiche Staubblätter mit 4 Pollensäcken hervor, während *Humiria* und *Sacoglottis* 10 oder 20 Staubblätter mit 2 Pollensäcken in den Staubbeuteln entwikkeln. Der Fruchtknoten von *Humiria*-Blüten enthält 2 Samenanlagen pro Fach, derjenige von *Sacoglottis* nur eine. Die Familie ist mit den Linaceae verwandt.

Nutzwert: Der einzige Vertreter dieser Familie mit wirtschaftlicher Bedeutung ist *Humiria floribunda;* ihr dauerhaftes, rotbraunes Hartholz «Umiri» wird lokal zu Bauzwecken verwendet. Die Frucht von *Sacoglottis gabonensis* dient lokal zur Zubereitung eines alkoholischen Getränkes.

S.R.C.

LINACEAE. 1. *Linum grandiflorum:* **a)** Sproß mit cymösem Blütenstand (× ²/₃); **b)** Kronblatt (× 2); **c)** Blüte (Kronblätter entfernt), 5 blaue Staubblätter und 5 rosarote Staminodien zeigend (× 3); **d)** Längsschnitt durch einen Fruchtknoten mit zentralwinkelständigen, hängenden Samenanlagen
(× 4). **2.** *Hugonia castaneifolia:* **a)** Sproß mit hakenartigen Bildungen am Grunde des Blütenstandes (× 1); **b)** Blüte (× 3); **c)** Staubblätter in 2 Fünferkreisen, die das dreigriffelige Gynoeceum umgeben (× 4); **d)** Längsschnitt durch eine Frucht (× 1¹/₂). **3.** *Reinwardtia sinensis:* **a)** Sproß mit Blütenstand (× ²/₃); **b)** Frucht — eine Kapsel (× ²/₃); **c)** Querschnitt durch den Fruchtknoten (× 3); **d)** Staubblattkreis mit kleinen Staminodien (× 3);
e) Kelch und 4 Griffel (× 3).

LINACEAE *Leingewächse*

Die Linaceae sind eine kleine, aber weitverbreitete Familie von Kräutern und Sträuchern. Flachs *(Linum usitatissimum)* ist ihr
wirtschaftlich wichtigster Vertreter.
Verbreitung: Die Familie kommt vor allem in den gemäßigten Zonen vor, besitzt
aber auch einige tropische Arten.
Merkmale: Die meist wechselständigen
Blätter sind klein und ganzrandig und können Nebenblätter besitzen.
Der cymöse Blütenstand trägt radiäre, zwitterige Blüten. In der tropischen Gattung
Hugonia sind die unteren Teile des Blütenstandes zu Kletterhaken umgebildet. Der
meist bleibende Kelch besteht aus 5 (manchmal 4) Blättern, die frei oder an der Basis
verwachsen sind. Die gleichzähligen Kronblätter welken schnell und fallen ab. Die
Staubblätter wechseln mit ihnen ab. Der
oberständige Fruchtknoten besteht aus 2
bis 5 Fruchtblättern. Er kann jedoch 4 bis
10 Fächer aufweisen, da sich manchmal
weitere (falsche) Scheidewände bilden. Die
Plazentation ist zentralwinkelständig, mit
einer oder 2 hängenden Samenanlagen in
jedem Fach. Die 2 bis 5 Griffel sind getrennt.
Die Frucht ist meist eine Kapsel, bei einigen
Arten hingegen eine Steinfrucht. Der Same

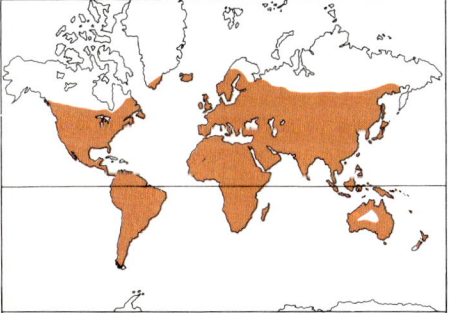

Gattungen: 13
Arten: rund 300
Verbreitung: hauptsächlich gemäßigt,
mit einigen tropischen Vertretern
Nutzwert: Textilfasern, Leinöl und
Viehfutter (Leinkuchen), einige Früchte
und lokale Verwendung als Nutzholz;
Zierpflanzen für Gewächshaus und
Garten

enthält einen geraden Embryo; das Endosperm kann fehlen oder reichlich vorhanden sein. Leinsamen *(Linum)* besitzen eine
schleimige Schale, die bei Benetzung auf-
quillt.
Systematik: Die Gattungen können nach
Habitus und Blütenmerkmalen — wie Vorhandensein oder Fehlen von Staminodien,

Anzahl der Fächer im Fruchtknoten, Zahl
der Griffel oder Samentyp — unterschieden
werden. Die wichtigsten Gattungen sind:
Linum (230 Arten, meist im Mittelmeergebiet), *Hugonia* (40 Arten, Afrika und Ferner Osten), *Reinwardtia* (2 Arten von
Sträuchern, Nordindien und China), *Anisadenia* (2 Arten, China), *Roucheria* (8 Arten,
tropisches Südamerika) und die monotypische Gattung *Radiola* (Europa und
Nordafrika). Die Gattung *Ctenolophon*
wird von einigen Bearbeitern als eine eigene
Familie von den Linaceae abgetrennt (Cte-
nolophonaceae).
Die Familie ist durch die meist schon früh
abfallenden Kronblätter und das Verwachsen der kurzen Filamente gekennzeichnet.
Sie wird in dieselbe Ordnung eingereiht wie
die Geraniaceae, mit denen sie Merkmale
teilt, etwa radiäre Blüten, 2 Kreise von
Staubblättern oder Staminodien und ein
Gynoeceum mit 2 bis 5 verwachsenen
Fruchtblättern und zentralwinkelständiger
Plazentation. Die Gattung *Anisadenia* weist
Merkmale auf, die die Linaceae mit den
stärker abgeleiteten Plumbaginaceae verbin-
den.
Nutzwert: *Linum* (Lein) ist die wichtigste
Gattung; zu ihr gehören Flachs und Lein-
saat, *Linum usitatissimum,* ein einjähriges

GERANIACEAE. 1. *Geranium malviflorum:* **a)** Trieb mit zusammengesetzten Blättern und mit Blütenständen (× ²/₃); **b)** Längsschnitt durch eine Blüte mit zweilappigen Kronblättern (× 1¹/₃). **2.** *G. sanguineum:* Frucht mit bleibendem Kelch; eine Teilfrucht löst sich von der Mittelsäule und entläßt den Samen (× 1¹/₃). **3.** *Erodium romanum:* **a)** Triebspitze mit Blättern, Blütenstand und Fruchtstand (× ²/₃); **b)** Frucht vor der Aufspaltung (× 1¹/₃). **4.** *Sarcocaulon patersonii:* **a)** fleischiger Stengel mit Dornen (Überreste von Blattstielen) und Einzelblüten (× 1); **b)** Blüte, Kronblätter entfernt, 5 bespitzte Kelch- und 15 Staubblätter verschiedener Länge mit am Grunde verwachsenen Filamenten zeigend (× 3).

Kraut, das wegen seiner Stengelfasern und Samen angebaut wird. Die Fasern sind dauerhaft und von großer Reißfestigkeit. Sie werden zur Herstellung von Leinen sowie feinem Schreib- und Zigarettenpapier verwendet. Leinöl wird aus den gepreßten Samen gewonnen und vor allem bei der Herstellung von Farben, Lacken und Druckerschwärze gebraucht; der Preßrückstand (Leinkuchen) ergibt ein wertvolles Viehfutter. Europa ist das Hauptzentrum der Faserproduktion, Argentinien der weltgrößte Produzent von Leinöl.

Das kleine weißblühende, in Europa häufige *Linum catharticum* wurde in der Volksmedizin als Abführ- und Wurmmittel gebraucht.

Die afrikanischen *Hugonia*-Arten (*H. obtusifolia* und *H. platysepala*) bringen eßbare Früchte hervor, während der malaiische Baum *Ctenolophon parvifolium* ein hartes, dauerhaftes Holz liefert, das zum Häuserbau dient.

Eine Reihe weiterer *Linum*-Arten werden als Ziersträucher in Steingärten (z.B. *L. arboreum*) oder in Rabatten (*L. flavum*) angepflanzt. *Reinwardtia trigyna* wiederum ist ein im Winter blühender Strauch in Gewächshäusern der gemäßigten Zone.
                                                            S.R.C.

GERANIACEAE
Storchschnabelgewächse

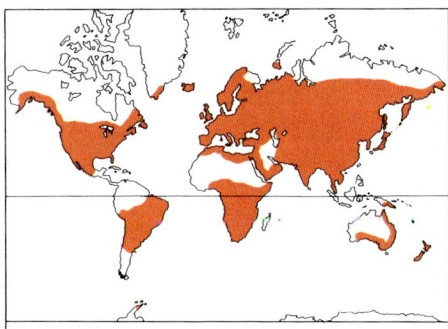

Gattungen: 11
Arten: rund 750
Verbreitung: vor allem gemäßigt und subtropisch
Nutzwert: Geranienöl von *Pelargonium*-Arten; Zierpflanzen für Gärten und Gewächshäuser, u. a. *Pelargonium* (Geranien), *Geranium* (Storchschnabel) und *Erodium* (Reiherschnabel)

Die Geraniaceae sind eine Familie ein- oder mehrjähriger Kräuter und einiger kleiner Sträucher in meist gemäßigten und subtropischen Gebieten. Sie enthalten die Gartengeranien (*Pelargonium*-Arten), die nicht mit der Gattung *Geranium* (Storchschnabel) aus derselben Familie verwechselt werden sollten.

Verbreitung: Die Familie ist in gemäßigten und subtropischen Gebieten beider Hemisphären weit verbreitet. Einige *Geranium*-Arten findet man in der Arktis, während andere in Antarktika vorkommen.

Merkmale: Die Stengel sind oft knotig gegliedert und, wie die Blätter, häufig mit Drüsenhaaren bedeckt. Die Blätter sind gegen- oder wechselständig, einfach oder zusammengesetzt und besitzen oft Nebenblätter. Die Blüten sind radiär (selten schwach zygomorph), zwitterig und erscheinen einzeln oder in cymösen Blütenständen. Meist entwickeln sie je 5 Kelch- und Kronblätter; letztere sind oft groß und leuchtend farbig. In einem, 2 oder 3 Kreisen stehen je 5 Staubblätter (und bzw. oder Staminodien); die Filamente sind meistens am Grunde verwachsen. Im Falle von 2 Kreisen stehen die äußeren vor den Kronblättern. Oft sind Nektarien am Grunde der Staubblätter vorhanden. Der oberständige Fruchtknoten besteht meist aus 5 verwachsenen Fruchtblättern; in jedem der 5 Fächer stehen eine oder 2 Samenanlagen an zentralwinkelständigen Plazenten. Die

OXALIDACEAE. 1. *Eichleria blanchetiana:* **a)** Sproß mit unpaarig gefiederten Blättern und cymösem Blütenstand (× ²/₃); **b)** Längsschnitt durch einen Teil des Fruchtknotens (× 14). **2.** *Oxalis adenophylla:* **a)** Habitus, die handförmigen Blätter zeigend (× ²/₃); **b)** Gynoeceum aus 5 verwachsenen Fruchtblättern, mit kopfigen Narben (× 4¹/₂); **c)** Blüte, Kronblätter entfernt (× 2); **d)** Androeceum und Gynoeceum, Blüten trimorph (vgl. Text) (× 3) **e)** Querschnitt am Grund einer Frucht (× 2); **f)** Blattfieder mit kurzem Stiel (× 2). **3.** *Biophytum sensitivum:* **a)** Habitus – gefiederte Blätter mit zu einer Borste reduzierter Endfieder (× ²/₃); **b)** sich entfaltendes Blatt (× ²/₃); **c)** aufspringende Frucht (× 3).

Frucht ist eine Spaltfrucht (selten eine Kapsel, z.B. bei *Viviania*). Die Außenwände der Fruchtblätter lösen sich von unten nach oben von einer stehenbleibenden Mittelsaule ab. Ihr oberer Teil ist lang und grannenartig. Die Samen enthalten einen gekrümmten Embryo und wenig oder gar kein Endosperm.

Systematik: Die 11 Gattungen können auf 5 Unterfamilien verteilt werden — die GERANIOIDEAE, gekennzeichnet durch einen geschnäbelten Fruchtknoten, umfassen beinahe die Hälfte der Gattungen: *Geranium, Erodium, Pelargonium, Monsonia* und *Sarcocaulon.* 3 weiterer Unterfamilien (BIEBERSTEINIOIDEAE, VIVIANIOIDEAE und DIRACHMOIDEAE) fehlt der Schnabel, und jede von ihnen besteht aus einer einzigen Gattung: *Biebersteinia* (Fruchtknoten mit nur einem Samen), *Viviania* (Kapselfrucht) und *Dirachma* (8 Fruchtblätter). *Viviania* (mit 30 südamerikanischen Arten) wird manchmal als eigene Familie, Vivianiaceae, aufgefaßt. Die letzte Unterfamilie, WENDTIOIDEAE (manchmal mit geschnäbeltem Fruchtknoten) enthält die restlichen 3 Gattungen *Balbisia, Wendtia* und *Rhynchotheca* und wird von einigen Bearbeitern als Familie der Ledocarpaceae abgetrennt.
Die Familie ist mit den Tropaeolaceae,

Oxalidaceae, Linaceae und (möglicherweise) Balsaminaceae nah verwandt.
Nutzwert: Die sogenannten Geranien, die vielerorts in Gärten und Gewächshäusern gezogen werden, gehören eigentlich zur südafrikanischen Gattung *Pelargonium.* Die meisten Gartengeranien sind Hybriden wie etwa die Zonalgeranien — hervorgegangen aus Kreuzungen zwischen *Pelargonium zonale* und *P. inquinans,* oder die großblütigen Englischen Geranien, die ein Resultat von Kreuzungen zwischen *P. cucullatum, P. fulgidum* und *P. grandiflorum* sind. Andere *Pelargonium*-Arten — vor allem *P. graveolens, P. odoratissimum, P. capitatum* und *P. radula* werden des Geranienöls wegen angebaut, welches aus den Blättern und Trieben destilliert werden kann und in der Parfüm- und Ölindustrie weite Verwendung findet. Eine Anzahl von *Geranium*- (Storchschnäbel) und *Erodium*-Arten (Reiherschnäbel) werden als Steingarten- und Rabattenpflanzen gezogen. S.R.C.

OXALIDACEAE *Sauerkleegewächse*
Die Oxalidaceae sind eine Familie von meist tropischen und subtropischen, ein- und mehrjährigen Kräutern, darunter eine Anzahl von Zierpflanzen.
Verbreitung: Der größte Teil der Familie

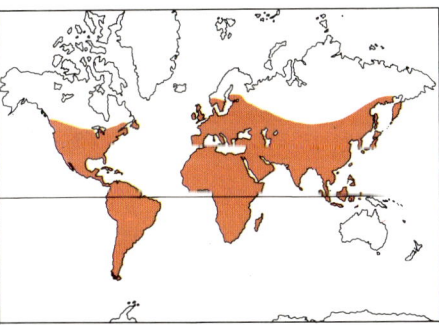

Gattungen: 3
Arten: rund 900
Verbreitung: Schwerpunkte in den Tropen und Subtropen, in den gemäßigten Zonen jedoch weitverbreitet
Nutzwert: Knollen und Blätter einiger *Oxalis*-Arten werden gegessen; einige Zierpflanzen für Steingärten

ist im tropischen und subtropischen Asien und Afrika und im tropischen Amerika heimisch, einige wiederum in den gemäßigten Zonen.
Merkmale: Die wechselständigen Blätter tragen keine Nebenblätter und sind oft gefiedert oder handförmig zusammengesetzt. Manche *Oxalis*-Arten besitzen Blattfiedern,

die sich nachts oder bei kaltem Wetter nach unten falten; manche *Biophytum*-Arten zeigen diese Reaktion auf Berührung hin. Bei einigen *Oxalis*-Arten, z.B. bei *Oxalis bupleurifolia,* sind die Laubblätter durch Phyllodien ersetzt.

Die fünfzähligen Blüten erscheinen einzeln oder in cymösen Blütenständen. Es sind 10, in 2 Kreisen angeordnete und am Grunde verwachsene Staubblätter vorhanden. Die äußeren 5 stehen vor den Kronblättern und sind manchmal unfruchtbar. Die Staubbeutel öffnen sich längs. Der oberständige Fruchtknoten besteht aus 5 freien (z.B. bei *Biophytum*) oder verwachsenen Fruchtblättern (z.B. bei *Oxalis*) mit freien Griffeln und kopfigen Narben. Es sind 5 Fächer da, jedes mit einer oder 2 Reihen von Samenanlagen an zentralwinkelständigen Plazenten. Manche *Oxalis*-Arten zeigen trimorphe Blüten, d.h. Blüten mit langen Griffeln und mittleren und kurzen Staubblättern, Blüten mit mittleren Griffeln und langen und kurzen Staubblättern und schließlich Blüten mit kurzen Griffeln und langen und mittleren Staubblättern. Fruchtbare Kreuzungen sind nur zwischen verschiedenen Blütentypen möglich. Die eurasische Art *Oxalis acetosella* (Waldsauerklee) bringt Blüten hervor, die bei kalter Witterung Kleistogamie zeigen.

Die Frucht ist eine Kapsel. Die Samen besitzen einen geraden, von fleischigem Endosperm umgebenen Embryo. Die Samen einiger *Biophytum*- und *Oxalis*-Arten tragen manchmal einen fleischigen Arillus. Die unter Saftdruck stehenden inneren Zellschichten des Arillus lösen sich von der Samenschale und stülpen diesen plötzlich um, wodurch der Same explosionsartig weggeschleudert wird.

Systematik: Die 3 Gattungen sind *Oxalis* (rund 800 Arten, Blätter mit bis 20 oder mehr Fiedern), *Biophytum* (70 Arten, Blätter mit einer Borste, die die Endfieder darstellt) und *Eichleria* (2 Arten, Blätter mit einer Endfieder). Die Systematik innerhalb der Gattung *Oxalis* basiert auf Merkmalen wie Anzahl, Form und Größe der Blattfiedern, Form des Blütenstandes und Farbe der Blüten. Die baumförmigen Gattungen *Averrhoa* und *Connaropsis* werden manchmal gesondert als Familie Averrhoaceae geführt.

Die Familie ist mit den Geraniaceae und Linaceae verwandt, unterscheidet sich jedoch z.B. von den Geraniaceae durch die 5 getrennten Griffel und den Arillus.

Nutzwert: Die Oxalidaceae sind von geringer wirtschaftlicher Bedeutung. *Oxalis crenata,* eine kleine peruanische Staude, hat Knollen, die gekocht und als Gemüse gegessen werden, und Blätter, die zu Salaten verwendet werden. Die Blätter von *O. acetosella* ersetzen manchmal Sauerampfer in Salaten, und die zwiebelförmigen Stengel von *O. pes-caprae* (*O. cernua*) dienen manchmal in Südfrankreich und Nordafrika als Gemüse. Die Knollen der mexikanischen Art *O. deppei* (Glücksklee) finden ebenfalls als Nahrungsmittel Verwendung und werden in Frankreich und Belgien angepflanzt.

Einige *Oxalis*-Arten werden in Steingärten gezogen; manche sind Unkräuter.   S.R.C.

ERYTHROXYLACEAE
Kokastrauchgewächse

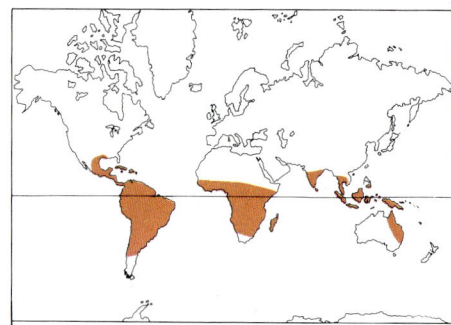

Gattungen: 4
Arten: etwa 260
Verbreitung: tropisch und subtropisch, mit Schwerpunkt in Südamerika
Nutzwert: Kokain für medizinische Zwecke; lokale Verwendung von Holz, Rindenfarbstoff und ätherischen Ölen

Zu dieser tropischen und subtropischen Familie von Bäumen und Sträuchern gehört der wichtige, Kokain liefernde Kokastrauch.

Verbreitung: Die Familie ist auf die Anden und das Amazonasbecken konzentriert; sie kommt aber auch in Afrika, auf Madagaskar, in Südostasien und im tropischen Australien vor.

Merkmale: Die Pflanzen besitzen wechselständige (selten gegenständige) und eiförmige Blätter mit Nebenblättern vor den Blattstielen (intrapetiolar). Die end- oder achselständigen Blüten sind sehr klein und erscheinen in Büscheln. Der glockige Kelch weist 5 Zipfel auf, die Krone besteht aus 5 freien, dachigen, hinfälligen Kronblättern. Die 10 Staubblätter stehen in 2 Kreisen. Der oberständige Fruchtknoten besteht aus 3 oder 4 verwachsenen Fruchtblättern mit ebensovielen Fächern. Davon ist nur eines oder 2 fruchtbar; jedes enthält eine oder 2 hängende, anatrope Samenanlagen. Die Steinfrucht ist eiförmig und steht oberhalb des bleibenden Kelches. Die Samen besitzen Endosperm und einen geraden Embryo.

Systematik: Die Familie besteht aus 4 Gattungen, die sich an Blatt- und Blütenmerkmalen leicht unterscheiden lassen. *Aneulophus* (2 Arten, Teile des tropischen Afrika) bringt gegenständige Blätter hervor. *Erythroxylum* (rund 250 Arten, tropisches Südamerika, Afrika und Madagaskar) besitzt wechselständige Blätter und zu einer Röhre verwachsene Filamente. *Nectaropetalum* (6 Arten, tropisches und südliches Afrika) weist wechselständige Blätter, freie Filamente und büschelig in den Blattachseln sitzende Blüten auf. *Pinacopodium* (2 Arten, Teile des tropischen Afrika) zeigt wechselständige Blätter, freie Filamente und gestielte Blüten in achsel- oder endständigen Büscheln.

Die Erythroxylaceae sind eine gutumgrenzte, mit den Linaceae nah verwandte Gruppe, die oft auch mit diesen vereinigt wird.

Nutzwert: Die Blätter von *Erythroxylum coca* und *E. novagranatense* (Kokasträu-

cher) liefern das wichtige Alkaloid Kokain, ein in der modernen Medizin häufig verwendetes Betäubungsmittel. Sie werden von südamerikanischen Indianern als Anregungsmittel gekaut. Kokasträucher pflanzt man in Südamerika, auf Sri Lanka und Java wegen des Kokains an, das für Medikamente und für örtliche Betäubung verwendet wird. Andere Arten sind wegen ihres Holzes, Rindenfarbstoffes, Holzteers, ätherischen Öls oder als Heilmittel von lokaler Bedeutung.   C.J.H.

LIMNANTHACEAE
Sumpfblumengewächse

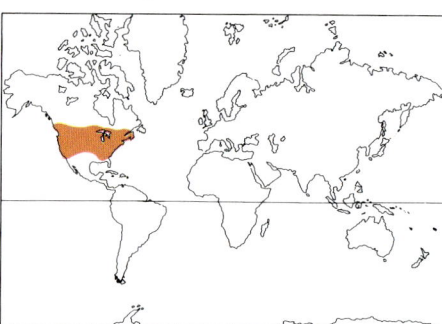

Gattungen: 2
Arten: 11
Verbreitung: Nordamerika, vor allem Kalifornien
Nutzwert: nur als Zierpflanzen

Die Limnanthaceae sind eine kleine nordamerikanische Familie von zarten, einjährigen Kräutern in 2 Gattungen.

Verbreitung: Alle 11 Arten wachsen an feuchten Standorten und sind in Nordamerika, die meisten in Kalifornien, heimisch.

Merkmale: Diese zarten einjährigen Kräuter haben wechselständige, fiederschnittige Blätter. Nebenblätter fehlen.

Die Blüten sind radiär, meist weiß, zwitterig und erscheinen einzeln in Blattachseln. Es sind 3 bis 5 klappige Kelch- und gleichviele gedrehte Kronblätter sowie 6 oder 10 Staubblätter vorhanden. Der oberständige Fruchtknoten besteht aus 3 oder 5 Fruchtblättern mit gemeinsamem gynobasischem Griffel. Jedes Fach enthält eine Samenanlage; zur Reifezeit zerbricht die Frucht in 3 oder 5 warzige, nußartige Teile. Die Samen besitzen einen geraden Embryo, jedoch kein Endosperm.

Systematik: Bei *Limnanthes* sind die Blüten fünf-, bei der monotypischen *Floerkea* dreizählig und die Kronblätter kürzer als die Kelchblätter. Trotz ihrer allgemeinen Ähnlichkeit mit den Polemoniaceae und Hydrophyllaceae ist die Familie den Geraniaceae näher verwandt.

Nutzwert: Unter den Arten von *Limnanthes* (griech. Sumpfblume) ist *L. douglasii* die bekannteste. Ihre Blüten fallen durch gelbe Kronblätter mit weißen Spitzen auf. Durch ihre Reichblütigkeit zieht sie viele Bienen an. Man pflanzt sie in Gärten und Treibhäusern. Gelegentlich werden ihre Blätter zu Salat verwendet.   B.M.

BALSAMINACEAE. **1.** *Hydrocera triflora:* **a)** zygomorphe Blüte (× 1); **b)** Schnitt durch die Beere (× 1). **2.** *Impatiens walleriana:* Sproß mit Blüten (× ²/₃). **3.** *I. balsamina:* **a)** Frucht (× 1¹/₃); **b)** Trieb mit Blättern und seitlichen Blüten (× ²/₃). **4.** *I. glandulifera:* **a)** zygomorphe Blüte mit gesporntem hinterem Kelchblatt und kleinen seitlichen Kelchblättern (× 1); **b)** rund um den Fruchtknoten verklebte Staubblätter (× 3); **c)** seitliches Kelchblatt (× 3); **d)** seitliches Kronblattpaar (× 1); **e)** vorderes Kronblatt (× 1); **f)** Kapselfrucht (× 1¹/₂).

BALSAMINACEAE
Springkrautgewächse

Die Balsaminaceae sind eine Familie von ein- und mehrjährigen Kräutern mit wasserreichen, durchscheinenden Stengeln. Die wichtigste Gattung ist *Impatiens* (Springkraut), die sehr viele Arten umfaßt.

Verbreitung: Die Familie ist im ganzen gemäßigten und tropischen Eurasien, in Afrika, auf Madagaskar und in Mittel- und Nordamerika vertreten.

Merkmale: Die Blätter sind wechsel- oder gegenständig, gezähnt und meist nebenblattlos. Die stark zygomorphen Zwitterblüten weisen 5 freie Kelchblätter auf. Das hintere ist kronblattartig und häufig gespornt; die beiden vorderen, ohnehin kleinen Kelchblätter können auch fehlen. Von den 5 ungleichen Kronblättern sind die 4 seitlichen paarweise verwachsen. Die 5 Staubblätter weisen kurze, flache Filamente und introrse Staubbeutel auf, die mehr oder weniger stark zu einer Haube über dem Fruchtknoten verwachsen sind. Der oberständige Fruchtknoten besteht aus 5 verwachsenen Fruchtblättern mit 5 Fächern, die zahlreiche Samenanlagen an zentralwinkelständigen Plazenten enthalten. Es sind eine bis 5 meist sitzende Narben vorhanden. Die Frucht ist eine Kapsel oder (selten) eine Beere.

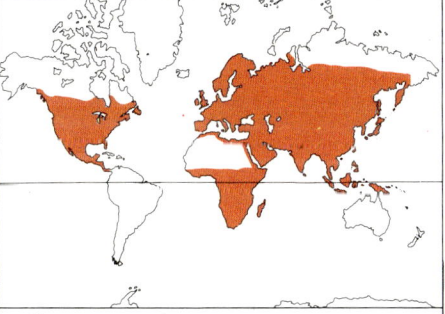

Gattungen: 4
Arten: 500 bis 600
Verbreitung: gemäßigte und tropische Gebiete
Nutzwert: geschätzte Gewächshaus- und Topfpflanzen aus der Gattung *Impatiens*

Systematik: Die Gattung *Impatiens* weist Blätter auf, die oval bis lanzettlich, gezähnt und gestielt, wechsel- oder gegenständig sind. Da die Blüte an ihrem Stiel hängt, kann das hintere Kelchblatt als vorderes erscheinen; es ist das größte und bildet einen dicken Sporn. Die leuchtend rosa, purpurn, weiß, rot oder gelb gefärbte Krone besteht aus 5 Kronblättern, deren seitliche paarweise verwachsen sind. Die Frucht ist eine «explodierende» Kapsel mit fleischiger

Wand, deren äußere Zellen unter hohem Saftdruck stehen und einen starken Druck auf die ganze Frucht ausüben. Bei diesem Springmechanismus werden die Scheidewände zerrissen. Ausgelöst wird er durch Berührung: In einer heftigen Explosion, die für das menschliche Ohr deutlich hörbar ist, rollen sich die Klappen einwärts und schleudern die schwarzen Samen in alle Richtungen. *Impatiens* zeigt 2 Blütenformen — einerseits kleine, kleistogame Blüten, die in der Knospe bestäubt werden und sich nie öffnen, andererseits die großen, auffallenden Blüten, die selten reife Samen hervorbringen.

Impatiens (mit 500 bis 600 Arten) unterscheidet sich durch 2 Merkmale von der Gattung *Hydrocera:* Bei *Impatiens* sind die seitlichen Kronblätter paarweise verwachsen und die Frucht ist eine Kapsel, während bei *Hydrocera* die seitlichen Kronblätter frei sind und die Frucht eine Beere ist. *Hydrocera* wird durch eine indomalaiische Art, *Hydrocera trifolia* (*H. angustifolia*) vertreten, eine aufrechte, etwa 1 m hohe Sumpfpflanze mit kantigem Stengel und wechselständigen, schmalen Blättern. Die Blüten erscheinen einzeln oder in Gruppen bis 3. Die äußeren Kronblätter sind groß und konkav, die Kelchblätter farbig. Die Frucht ist eine rote Beere. 2 weitere Gat-

TROPAEOLACEAE. 1. *Tropaeolum majus:* **a)** niederliegender Stengel mit schildförmigen Blättern, gespornten Einzelblüten und einer Spaltfrucht aus 3 Teilfrüchten (× 1); **b)** Längsschnitt durch eine Teilfrucht mit dem einzigen Samen (× 2). **2.** *Magallana porifolia:* **a)** Stengel mit tief handförmig geteilten Blättern sowie Blüten und Früchten (× ²/₃); **b)** zygomorphe Blüte mit 2 von den 3 andern verschiedenen Kronblättern und 8 Staubblättern (× 2); **c)** aufgeschnittener Blütengrund mit freien Staubblättern (× 3); **d)** Gynoeceum (× 10); **e)** geflügelte Früchte (× 10).

tungen der Balsaminaceae (von etwas zweifelhaftem systematischem Rang) sind *Semeiocardium* (eine Art in Indomalesien) und *Impatientella* (eine Art auf Madagaskar). Das Vorhandensein eines Sporns an den Blüten der Balsaminaceae hat dazu geführt, daß man diese Familie mit den Geraniaceae und Tropaeolaceae in Verbindung bringt; der Sporn ist jedoch nur eine Aussackung des Kelches, während es bei den anderen Familien Hinweise dafür gibt, daß Blütenachsengewebe an der Spornbildung beteiligt ist. So ist es zweifelhaft, ob die angenommene Verwandtschaft so eng ist, wie dies oft behauptet wird.

Nutzwert: Die einzige wirtschaftliche Bedeutung der Balsaminaceae liegt in der Kultur von *Impatiens*-Arten als Gewächshaus-, Topf- oder Gartenzierpflanzen. Die im Handel unter dem Namen «Fleißiges Lieschen» bekannten Pflanzen sind Hybriden von *Impatiens holstii* und *I. sultani* und tragen weiße, rosarote, rote oder orangefarbene Blüten. S.A.H.

TROPAEOLACEAE
Kapuzinerkressengewächse

Zu dieser kleinen Familie von kletternden, saftigen Kräutern gehört die Kulturpflanze *Tropaeolum majus* (Kapuzinerkresse).
Verbreitung: Die Familie ist vor allem im

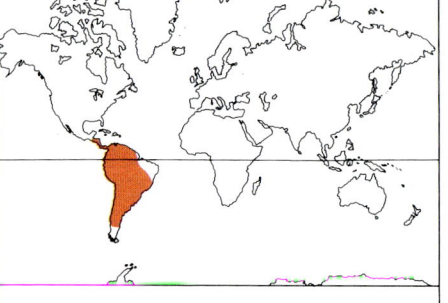

Gattungen: 2
Arten: rund 90
Verbreitung: Gebirge Mittel- und Südamerikas
Nutzwert: Zierpflanzen (Kapuzinerkresse), eingelegte Früchte von *Tropaeolum majus* als Kapern-Ersatz

Gebirge, von Mexiko bis nach Mittelchile und Argentinien, heimisch.
Merkmale: Die Pflanzen sind meist saftige Kräuter mit einem scharfen Senföl im Saft, ähnlich wie bei der Familie der Cruciferae. Manchmal werden Wurzelknollen gebildet. Die Stengel sind niederliegend, klettern aber oft mittels berührungsempfindlicher Blattstiele, die sich um jede Stütze winden (ähnlich wie bei *Clematis*). Die wechselständi-

gen Blätter sind schildförmig und manchmal tief gelappt. Die auffälligen Blüten sind zwitterig, zygomorph und gespornt und erscheinen meist einzeln in den Blattachseln. Die Blütenhülle besteht aus einem Kelch mit 5 freien Blättern, von denen eines zu einem langen Nektarsporn umgebildet ist und aus einer Krone mit 5 freien, meist genagelten Blättern besteht, deren 2 obere kleiner sind als die 3 unteren. Es sind 8 Staubblätter vorhanden. Der oberständige Fruchtknoten besteht aus 3 verwachsenen Fruchtblättern mit 3 Fächern, von denen jedes eine zentralwinkelständige, hängende Samenanlage enthält; der einzige Griffel weist 3 Narben auf. Die Frucht ist eine Spaltfrucht mit 3 Samen, wobei jede Teilfrucht sich loslöst und zu einem nichtaufspringenden «Samen» wird. Der Embryo ist gerade und zeigt dicke, fleischige Kotyledonen; Endosperm fehlt.

Systematik: Es gibt nur 2 Gattungen – *Tropaeolum* mit rund 90 Arten und *Magallana* mit einer Art. *Magallana* stammt aus Patagonien und wurde nach dem portugiesischen Seefahrer Fernão de Magalhães (1480 bis 1521) benannt. Die Gattung unterscheidet sich von *Tropaeolum* durch geflügelte Früchte.
Die Familie wurde ursprünglich zu den Geraniaceae gestellt, wird aber jetzt ge-

MALPIGHIACEAE. 1. *Malpighia coccigera:* **a)** blühender Zweig (× ²/₃); **b)** Blüte, Kronblätter entfernt (× 2²/₃); **c)** Kelchblatt von außen (× 5¹/₃); **d)** Gynoeceum (× 5). **2.** *M. heterantha:* **a)** Querschnitt durch den Fruchtknoten (× 6); **b)** Frucht (× 2). **3.** *Acridocarpus natalitius:* **a)** Blütenstand (× ²/₃); **b)** Blüte, Kronblätter entfernt (× 2); **c)** Gynoeceum (× 2²/₃); **d)** Längsschnitt durch den Fruchtknoten (× 3); **e)** Querschnitt durch den Fruchtknoten (× 2²/₃); **f)** geflügelte Frucht (× 2). **4.** *Sphedamnocarpus pruriens:* **a)** Sproß mit endständigem Blütenstand (× ²/₃); **b)** Blüte mit an der Basis ringförmig verwachsenen Filamenten (× 2); **c)** Gynoeceum (× 3).

trennt geführt, da sie sich durch freie Staubblätter und das Fehlen eines Schnabels auf
der Frucht unterscheidet.
Nutzwert: Ungefähr 8 Arten werden als
Zierpflanzen gezogen; am häufigsten begeg
net man *Tropaeolum majus* (Kapuzinerkresse) und *T. peregrinum* (*T. canariense*).
Die unreifen Früchte von *T. majus* werden
gelegentlich in Essig oder Salzwasser eingelegt und wie Kapern verwendet. Lokal
dienen die Blätter und Knollen einiger Arten (z. B. *T. tuberosum*) als Nahrung. S.L.J.

POLYGALALES
Kreuzblumenartige

MALPIGHIACEAE
Die Malpighiaceae umfassen zahlreiche tropische Kletterpflanzen, daneben auch Sträucher und Bäume. Die Früchte und die Blüten vieler Arten sind sehr hübsch.
Verbreitung: Man findet Vertreter dieser
Familie in den Tropen, vor allem in Südamerika.
Merkmale: Die einfachen Blätter sind meist
gegenständig und an der Unterseite oder am
Stiel drüsig; Nebenblätter können vorhanden sein. Die Blüten erscheinen in Trauben,
sind radiär oder zygomorph und zwitterig

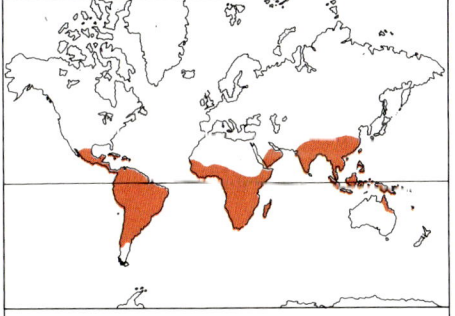

Gattungen: 60
Arten: 800
Verbreitung: Tropen, besonders Südamerika
Nutzwert: einige Zierpflanzen, wenige
eßbare Früchte; für Tauwerk und lokal
gelegentlich anderweitig verwendet

(selten männliche, weibliche und zwitterige
Blüten auf einer Pflanze). Oft trägt jedes der
5 Kelchblätter paarige Drüsen am Grunde;
daneben erscheinen 5 dachige, meist benage-
gelte Kronblätter und 10 (selten weniger)
Staubblätter mit oft am Grunde verwachsenen Filamenten. Der oberständige Fruchtknoten besteht aus 3 verwachsenen Fruchtblättern mit nur einer hängenden, zentralwinkelständigen Samenanlage in jedem der

3 Fächer. Er steht schief zur Längsachse der
Blüte. Die Griffel sind meist frei. Die Teile
der Spaltfrucht sind oft geflügelt; auch
Steinfrüchte kommen vor. Die Samen ent-
halten kein Endosperm. Die Familienzuge-
hörigkeit ist oft an einer besonderen Form
von einzelligen, verzweigten Haaren zu er-
kennen.
Systematik: Innerhalb der Familie sind 2
Gruppen unterscheidbar — HIRAEOIDEAE
(Blütenachse pyramidenförmig und
Früchte geflügelt; wichtigste Gattungen:
*Tetrapteris, Banisteriopsis, Heteropterys,
Acridocarpus, Stigmaphyllon*) und MAL-
PIGHIOIDEAE (Blütenachse flach oder konkav,
Früchte ungeflügelt; wichtigste Gattungen:
Malpighia, Bunchosia und *Byrsonima*).
Die Gattung *Stigmaphyllon* besteht aus et-
wa 65 neotropischen Arten. Es handelt sich
um holzige Lianen, deren Blätter an der
Spitze des Blattstiels 2 Drüsen aufweisen.
Die auffälligen, gelben Blüten erscheinen in
doldenartigen Ebensträußen. Es sind 6
Staubblätter mit Staubbeuteln und 4 unfruchtbare vorhanden; letztere stehen vor
den Kelchblättern, von denen jedes 2 Drüsen besitzt. Die 5 kahlen Kronblätter sind
von ungleicher Größe. Die Narben sind
blattartig. *Tristellateia* besteht aus etwa 20
Arten der Alten Welt, von Afrika über Madagaskar, Südostasien bis nach Australien.

Banisteria ist von einigen Bearbeitern in 2 Gattungen mit je 100 Arten aufgeteilt worden — *Banisteriopsis* und *Heteropterys*.

Die afrikanische Gattung *Acridocarpus* umfaßt rund 50 Arten und kommt auch auf Madagaskar, in Arabien und in Neukaledonien vor. In der strauchigen Gattung *Camarea* (ungefähr 8 brasilianische Arten vorwiegend trockener Savannen) hat sich ein zäher, zwiebelartiger Wurzelstock entwickelt, welcher der Pflanze bei periodischer Austrocknung oder bei Bränden das Überleben ermöglicht.

Die Malpighiaceae sind zu den Trigoniaceae und Tremandraceae aus der Ordnung der Polygalales sowie zu den Humiriaceae (Geraniales) und Zygophyllaceae (Sapindales) in Beziehung gesetzt worden. Meist werden sie innerhalb der Polygalales als ursprüngliche Familie betrachtet.

Nutzwert: Eine Reihe von Arten sind schmucke Zierpflanzen, vor allem in Gärten warmgemäßigter und tropischer Gebiete; zu ihnen gehören *Stigmaphyllon ciliatum*, *Tristellateia australasiae*, *Hiptage benghalensis*, *Acridocarpus alternifolius*, *A. smeathmannii* und *A. natalitus*, *Heteropterys beecheyana*, *Banisteria laevifolia* und *Malpighia glabra*. Aus gewissen *Banisteria*-Arten werden Seile angefertigt. Die Blätter und Triebe von *Banisteria caapi* liefern eine halluzinogene Droge. In Indien werden Hautkrankheiten mit Blättern von *Hiptage benghalensis* behandelt. Die Früchte gewisser Arten von *Malpighia* sind eßbar (roh oder als Gelee). B.M.

TRIGONIACEAE

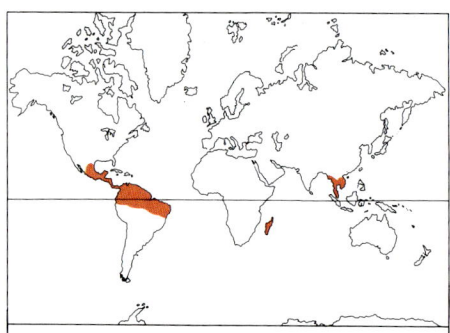

Gattungen: 4
Arten: etwa 35
Verbreitung: tropisches Südamerika, Malesien und Madagaskar
Nutzwert: Holz wird lokal zu Möbeln verarbeitet

Die Trigoniaceae sind eine kleine Familie von Sträuchern und Bäumen ohne besondere wirtschaftliche Bedeutung.
Verbreitung: Die Familie ist im tropischen Südamerika, in Malesien und auf Madagaskar heimisch.
Merkmale: Die gegen- oder wechselständigen Blätter sind einfach und besitzen meist kleine Nebenblätter. Bei einigen Arten sind die Nebenblätter der Blattpaare am Grunde verwachsen.

Die Blüten sind zygomorph, zwitterig und erscheinen in razemösen Blütenständen. Es entwickeln sich 5 freie oder an der Basis verwachsene Kelchblätter und 5 oder 3 un-

gleiche Kronblätter, von denen das hintere das größte ist. Die Staubblätter und Staminodien treten in schwankender Zahl auf; die Filamente sind an der Basis verwachsen. Oft liegt vor dem hinteren Kronblatt eine Nektardrüse. Der oberständige Fruchtknoten besteht aus 3 verwachsenen Fruchtblättern mit 3 Fächern (selten eines); er enthält pro Fach 2 bis zahlreiche Samenanlagen an zentralwinkelständigen Plazenten und wird von einem einzigen Griffel überragt. Die Frucht ist eine Kapsel, manchmal geflügelt, selten eine Flügelnuß. Sie enthält Samen, die meistens behaart sind, mit einem geraden Embryo, aber ohne Endosperm.

Systematik: Die Merkmale, welche zur Unterscheidung der 4 Gattungen verwendet werden, betreffen die Anordnung der Blätter, das Vorhandensein oder Fehlen von Flügeln an der Frucht, die Anzahl der Samenanlagen im Fruchtknoten und der Staubblätter pro Blüte. Die Familie besteht aus den Gattungen *Euphronia* (3 Arten, tropisches Amerika), *Trigonia* (30 Arten, tropisches Amerika), *Trigoniastrum* (eine Art, Malesien) und *Humbertiodendron* (eine Art, Madagaskar). *Euphronia* z.B. hat gegen-, *Trigonia* wechselständige Blätter.

Die Familie ist mit den Polygalaceae, Vochysiaceae und möglicherweise Sapindaceae verwandt.

Nutzwert: *Trigoniastrum* liefert Holz, das lokal zur Herstellung von Möbeln verwendet wird. S.R.C.

TREMANDRACEAE

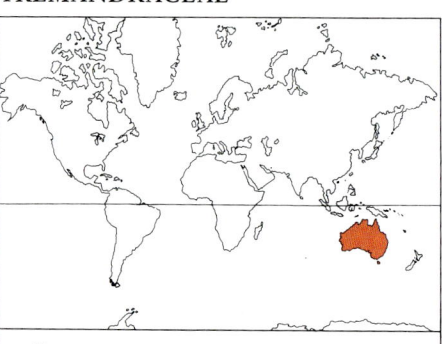

Gattungen: 3
Arten: 43
Verbreitung: Australien
Nutzwert: Ziersträucher

Die Tremandraceae sind eine kleine Familie kleiner Sträucher, deren Blüten von mittlerer Größe sind, manchmal aber ausgefallene Farben zeigen.
Verbreitung: Die Familie ist auf Australien beschränkt.
Merkmale: Die kleinen Sträucher mit gelegentlich geflügelten Zweigen und verkümmerten Blättern besitzen oft Drüsen-, selten Sternhaare. Die Blätter sind wechsel-, manchmal gegen- oder quirlständig, einfach, ganzrandig oder gezähnt, oft schmal und nebenblattlos. Die Blüten sind radiär, zwitterig, oft rot oder purpurfarben, einzeln und achselständig, mit 3 bis 5 freien Kelch- und Kronblättern. Es sind doppelt soviele Staub- wie Kronblätter vorhanden; die Staubbeutel weisen 2 oder 4 Pollensäcke auf und öffnen sich durch eine einzige api-

kale Pore. Die Blütenachse ist manchmal drüsig verdickt und zwischen den Staub- und Kronblättern gelappt. Am oberständigen Fruchtknoten sind 2 verwachsene Fruchtblätter beteiligt, die 2 Fächer bilden, jedes mit einer bis 3 apikalen, hängenden Samenanlagen. Der Griffel ist schlank und trägt eine kleine Narbe. Die Frucht ist eine zusammengedrückte Kapsel; sie öffnet sich mit Rissen, die den Scheidewänden folgen oder rechtwinklig zu ihnen stehen. Die Samen tragen ein Anhängsel und enthalten einen geraden Embryo und viel Endosperm. Manchmal sind sie behaart.

Systematik: Die Tremandraceae bestehen aus den 3 Gattungen *Tremandra* (2 Arten), *Tetratheca* (39 Arten) und *Platytheca* (2 Arten). Einige Botaniker bringen die Familie mit den Pittosporaceae, andere mit den Polygalaceae in Verbindung. Im Wuchs gleichen viele Arten gewissen Rutaceae oder Ericaceae.

Nutzwert: Eine oder 2 Arten von *Tetratheca* werden gelegentlich in australischen Gärten gezogen; die Familie hat sonst keine wirtschaftliche Bedeutung. B.M.

VOCHYSIACEAE *Rittersporbäume*

Die Vochysiaceae sind eine kleine Familie von Bäumen, Sträuchern und Kletterpflanzen.

Verbreitung: Diese Familie ist im tropischen Mittel- und Südamerika sowie in Westafrika heimisch.

Merkmale: Die einfachen Blätter sind gegen-, quirl- oder wechselständig; Nebenblätter fehlen oder sind klein. Die Zwitterblüten sind schwach zygomorph und meist traubig angeordnet. Die 5 Kelchblätter sind am Grunde verwachsen; das äußerste Kelchblatt ist oft das größte und zudem am Grunde erweitert oder gespornt. Die Kronblätter sind von ungleicher Größe; ihre Zahl schwankt zwischen einem und 5. Es sind nur ein fruchtbares Staubblatt und 2 bis 4 Staminodien vorhanden. Der Fruchtknoten ist meist oberständig. Er besteht aus 3 verwachsenen Fruchtblättern und zeigt 3 Fächer oder besteht nur aus einem Fruchtblatt. In jedem Fach sind eine bis zahlreiche zentralwinkelständige Samenanlagen vorhanden. Der einzige Griffel endet in einer einfachen Narbe. Die Frucht ist eine Kapsel oder gleicht einer Flügelnuß und enthält einen oder mehrere Samen (oft geflügelt und manchmal mit weichen Haaren).

Systematik: Eine der 6 Gattungen, *Erismadelphus* (3 Arten), ist im tropischen Westafrika heimisch, während die anderen alle aus dem tropischen Mittel- und Südamerika stammen: *Erisma* (20 Arten), *Callisthene* (10 Arten), *Qualea* (60 Arten), *Salvertia* (eine Art) und *Vochysia* (105 Arten). 2 Gattungen (*Erisma* und *Erismadelphus*) besitzen einen unterständigen Fruchtknoten und eine ungefächerte Frucht; diese ist von den bleibenden Kelchblättern, die als Flügel dienen, umschlossen. *Erisma* besitzt einen Fruchtknoten mit 2 Samenanlagen; er wird von einem schlanken, fadenartigen Griffel überragt. Die Krone ist auf ein einziges Blatt reduziert. *Erismadelphus* zeigt eine einzige Samenanlage im Fruchtknoten, der in einen kurzen, dicken Griffel ausläuft,

VOCHYSIACEAE. 1. *Vochysia divergens:* a) Zweig mit Blütenstand (× ²/₃); b) geflügelte Frucht (× 1¹/₃). 2. *V. guatemalensis:* a) Längsschnitt durch eine Blüte (× 1¹/₃); b) Staubblatt (× 2); c) Staminodium (× 4); d) Querschnitt durch den Fruchtknoten (× 2); e) Längsschnitt durch den Fruchtknoten (× 2); 3. *V. obscura:* geflügelter Same (× 1). 4. *Salvertia convallariodora:* Teil des Blütenstandes (× ²/₃). 5. *S. convallariodora:* Blüte mit dem einzigen fruchtbaren Staubblatt (× ²/₃). 6. *Erismadelphus exsul* var. *platyphyllus:* a) Blüte (× 4); b) Längsschnitt durch den Blütengrund (× 6); c) geflügelte Frucht (× ²/₃).

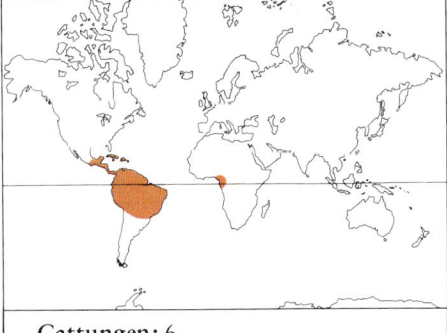

Gattungen: 6
Arten: rund 200
Verbreitung: tropisches Mittel- und Südamerika sowie Westafrika
Nutzwert: Nutzholz; Fett aus den Samen wird zur Seifen- und Kerzenherstellung verwendet

während die Krone aus 5 nahezu gleichen Blättern besteht. Alle anderen Gattungen besitzen Blüten mit einem oberständigen, dreifächerigen Fruchtknoten, der sich zu einer dreikammerigen Kapsel mit geflügelten Samen entwickelt. *Salvertia* zeigt Blüten mit 5 fast gleichen Kronblättern und einem keulenförmigen Griffel mit einer seitlichen Narbe; *Vochysia* hat wiederum ein bis 3 oder mehr Kronblätter und einen Grif-

fel mit endständiger Narbe. *Qualea* und *Callisthene* besitzen Blüten mit nur einem Kronblatt und einem Fruchtknoten, der zahlreiche Samenanlagen enthält.
Die Familie ist mit den Trigoniaceae und Polygalaceae verwandt und teilt mit ihnen die Wuchsform (Bäume, Sträucher oder Kletterpflanzen), die Anordnung der Blätter, den Blütenbau, den ein- bis dreifächerigen Fruchtknoten und die behaarten, endospermlosen Samen.
Nutzwert: Einige Glieder dieser Familie sind wirtschaftlich wertvoll, z.B. *Vochysia tetraphylla,* deren Holz zum Möbelbau verwendet wird. In Brasilien wird das Holz von *Vochysia hondurensis* für den Bootsbau und für Einzäunungen gebraucht. Die Samen von *Erisma calcaratum* liefern ein Fett, das bei der Kerzen- und Seifenherstellung verwendet wird.   S.R.C.

POLYGALACEAE
Kreuzblumengewächse
Die Polygalaceae sind eine Familie von Kräutern, Sträuchern, kleinen Bäumen, Kletterpflanzen und sogar Saprophyten. Sie sind bemerkenswert wegen ihrer Blüten, die eine oberflächliche Ähnlichkeit mit den bekannten Schmetterlingsblüten der Leguminosae aufweisen. Über 500 der rund

1000 Arten gehören zur Gattung *Polygala.*
Verbreitung: Die Familie ist kosmopolitisch; sie fehlt nur Neuseeland, vielen Inseln des südlichen Pazifik und den kalten Zonen beider Hemisphären.
Merkmale: Die Blätter sind meist wechselständig, immer einfach und meist nebenblattlos. Die Zwitterblüten sind zygomorph. Jede steht in der Achsel eines Tragblattes und trägt Vorblätter. Der Kelch besteht aus 5 (selten 4 bis 7) Blättern und ist auf verschiedene Art umgebildet. Am häufigsten sind die 2 untersten Kelchblätter verwachsen oder die 2 inneren (seitlichen) vergrößert und oft kronblattartig. Die Krone ist meist auf 3 Blätter reduziert, von denen das unterste tellerförmig ist und manchmal ein gefranstes Anhängsel aufweist. Die Staubblätter (meist 8) sind im allgemeinen ganz am Grunde mit der Krone verwachsen; ihre vereinigten Filamente bilden eine hinten offene Röhre. Die Staubbeutel sind basifix und springen meist mit einer apikalen Pore auf. Ein ringförmiger Diskus befindet sich manchmal am Grunde des Staubblattkreises. Der oberständige Fruchtknoten besteht meist aus 2 Fruchtblättern. In jedem der 2 Fächer befindet sich eine hängende Samenanlage. Die Frucht ist meist eine fachspaltige Kapsel.

POLYGALACEAE. 1. *Xanthophyllum scortechinii:* **a)** Sproß mit zygomorphen Blüten (× ²/₃); **b)** Blüte, Kronblätter entfernt, die freien Staubblätter zeigend (× 1¹/₂); **c)** Kronblätter (× 1¹/₂); **d)** Gynoeceum (× 2); **e)** Querschnitt durch den Fruchtknoten (× 2); **f)** kugelige Frucht (× ²/₃). **2.** *Polygala apopetala:* **a)** Blütenstand (× ²/₃); **b)** Blüte, seitliche Kelchblätter entfernt (× 2); **c)** Androeceum mit zu einer gespaltenen Röhre verwachsenen Filamenten (× 3); **d)** Staubblätter (× 4); **e)** Gynoeceum (× 3); **f)** Längsschnitt durch den Fruchtknoten (× 8). **3.** *Carpolobia lutea:* **a)** Blätter und Steinfrucht (× ²/₃); **b)** Frucht — ganz und im Querschnitt (× ²/₃). **4.** *Bredemeyera colletioides:* blühender Zweig (× ²/₃). **5.** *Securidaca longipedunculata:* Flügelnüsse (× ²/₃).

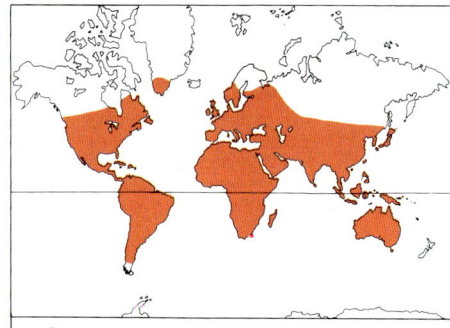

Gattungen: etwa 17
Arten: rund 1000
Verbreitung: nahezu kosmopolitisch
Nutzwert: beschränkte lokale Verwendung

Die manchmal behaarten Samen tragen meist einen Arillus und enthalten einen geraden Embryo und fleischiges Endosperm. Von diesem allgemeinen Bau gibt es jedoch verschiedene Ausnahmen.
Systematik: Die Familie wurde in 3 Tribus unterteilt — die POLYGALEAE (etwa 12 Gattungen), die MOUTABEAE (4 Gattungen) und die XANTHOPHYLLEAE (eine Gattung). *Xanthophyllum* ist mit etwa 40 Arten in der indomalaiischen Region heimisch und wird von einigen Bearbeitern als eigene Familie,

Xanthophyllaceae, behandelt — dies aufgrund ihrer beinahe freien Staubblätter und der starken äußerlichen Ähnlichkeit mit den Caesalpinioideae bei den Leguminosae. Die übrigen Tribus und Gattungen unterscheidet man vor allem nach ihren Früchten: Während *Polygala* und *Bredemeyera* Kapseln entwickeln, bringen *Securidaca* Flügelnüsse, *Monnina* und *Carpolobia* Steinfrüchte und *Atroximia* Nüsse hervor. Bei den Schließfrüchten ist eines der Fruchtblätter verkümmert.
Die den Polygalaceae am nächsten stehende Familie ist diejenige der Krameriaceae. Die Leguminosae hingegen sind nicht mit ihnen verwandt. Ähnlichkeiten sind einer gleichsinnigen Entwicklung zuzuschreiben; an ihrem einblättrigen Fruchtknoten und den Nebenblättern sind sie leicht zu unterscheiden.
Nutzwert: Die Familie ist wenig bedeutend. Von verschiedenen Arten werden lokal Heilmittel gewonnen; am bekanntesten ist die nordamerikanische Klapperschlangenwurzel von *Polygala senega*, die von Indianern zur Behandlung von Schlangenbissen verwendet wird. Einige Arten von *Polygala* (Kreuzblume) liefern Farbstoffe, *P. butyracea* aus dem tropischen Afrika eine Faser. I.B.K.R.

KRAMERIACEAE
Die Krameriaceae sind eine Familie von Sträuchern und Stauden mit nur einer Gattung, *Krameria*.
Verbreitung: Die Familie ist in den USA, auf den Westindischen Inseln und in Mittel- und Südamerika heimisch.
Merkmale: Die Stengel sind oft mit kurzen, weichen oder seidigen Haaren bedeckt, ebenso die Blätter, die wechselständig, ganzrandig, einfach oder dreizählig gefiedert sind und keine Nebenblätter besitzen. Bei einigen Arten wurde nachgewiesen, daß sie halbparasitisch leben.
Die zygomorphen Blüten erscheinen in Blattachseln oder endständigen Trauben. Die Blütenstiele tragen 2 gegenständige, laubige Vorblätter. Es sind 4 oder 5 freie, ungleiche Kelch- und 5 Kronblätter vorhanden, von denen die 3 oberen groß und lang genagelt sind, während die beiden unteren viel kleiner und manchmal breit und dick sind. Die 3 oder 4 Staubblätter sind entweder der Blütenachse oder den Nägeln der 3 oberen Kronblätter eingefügt. Die 2 Pollensäcke der Staubbeutel öffnen sich mit Endporen. Das einzige Fruchtblatt enthält 2 hängende, anatrope Samenanlagen. Der zylindrische Griffel weist eine scheibenförmige Narbe auf. Die Schließfrucht ist kuge-

3g 3c 3i 3f 3e 3b 2b 1 2c 2a 4 3a 3h 3d 3j

KRAMERIACEAE. 1. *Krameria triandra:* Trieb mit wechselständigen Blättern sowie Blüten und Früchten (× ²/₃). **2.** *K. tomentosa:* **a)** halbierte Blüte (× 2); **b)** Querschnitt durch den Fruchtknoten (× 4); **c)** widerhakig beborstete Schließfrucht (× 2²/₃). **3.** *K. cistoidea:* **a)** Trieb mit Blüten (× ²/₃); **b)** Blatt (× 3); **c)** Blüte mit 2 gegenständigen Vorblättern, 5 großen Kelch-, 5 ungleichen Kron- und 4 Staubblättern sowie einem einfachen Griffel (× 2); **d)** Seitenansicht einer Blüte (× 2); **e)** kleines, vorderes Kronblatt (× 4); **f)** großes, hinteres Kronblatt (× 4); **g)** Staubblatt (× 4); **h)** Staubbeutel mit Poren (× 12); **i)** Querschnitt durch den Staubbeutel (× 12); **j)** Gynoeceum (× 6). **4.** *K. argentea:* Frucht (× 1¹/₃).

Gattungen: 1
Arten: 25
Verbreitung: USA, Westindische Inseln, Mittel- und Südamerika
Nutzwert: medizinische Extrakte, Gerb- und Farbstoffe aus den Wurzeln

lig und trägt zahlreiche, oft mit Widerhaken versehene Borsten und enthält einen einzigen Samen mit geradem Embryo. Endosperm fehlt.
Systematik: Die Familie besteht aus einer einzigen Gattung, *Krameria*. In früheren Systemen wurde sie unter die Polygalaceae oder Leguminosae (Unterfamilie Caesalpinioideae) eingereiht. Diese Verwandtschaft wurde teils anatomisch, teils mit vegetativen oder Blütenmerkmalen begründet. So teilt *Krameria* seinen Habitus als Kraut oder Strauch, die zwitterigen, zygomorphen Blüten und den Samen mit dem geraden Embryo mit Gliedern der Polygalaceae. Auf der andern Seite zeigt *Krameria*, abgesehen von den fehlenden Nebenblättern, zahlreiche Ähnlichkeiten mit den Caesalpinioideae, etwa die zygomorphen Blüten mit 5 Kronblättern, das Öffnen der Staubbeutel mit Poren und das einzige Fruchtblatt. Die kennzeichnenden Merkmale von *Krameria* jedoch, d.h. die Form der Kronblätter und die Zahl der Staubblätter, rechtfertigen wahrscheinlich ihre Abtrennung als eigene Familie.
Nutzwert: Wirtschaftlich gesehen ist *Krameria triandra*, ein niedriger Strauch aus Bolivien und Peru, als Lieferant eines medizinischen Extraktes, der aus seinen getrockneten Wurzeln gewonnen wird, von Bedeutung. Er hat adstringierende Eigenschaften und wurde früher zum Schutz der Zähne verwendet. Die Wurzel enthält Gerbstoffe und wird wie diejenige von *K. tomentosa* aus dem tropischen Amerika zum Gerben gebraucht, während man aus den Wurzeln von *K.parvifolia* (Westen der USA und Mexiko) einen Textilfarbstoff gewinnt.
S.R.C.

APIALES *Doldenblütige*

ARALIACEAE *Efeugewächse*
Die Araliaceae sind eine Familie mittlerer Größe, die aus Kräutern, Sträuchern und Bäumen der Tropen und gemäßigter Breiten besteht. Ihre bekanntesten Vertreter sind Efeu und Ginseng.
Verbreitung: Obwohl die Familie hauptsächlich tropisch ist und sich die wichtigsten Verbreitungszentren in Indomalesien und im tropischen Amerika befinden, gibt es auch Arten in den gemäßigten Zonen der ganzen Welt.
Merkmale: Die meist wechselständigen Blätter sind oft groß und zusammengesetzt; sie weisen kleine Nebenblätter auf und sind oft mit Sternhaaren bedeckt. Bei den kletternden Arten sind Luftwurzeln zum Festhalten an der Unterlage umgebildet. Die Blüten sind radiär, klein, oft grünlich oder weißlich und zu razemösen, oft doldigen Blütenständen vereinigt. Sie sind zwitterig oder eingeschlechtig (dann zweihäusig oder gelegentlich polygam). Der sehr kleine Kelch ist vier- oder fünfzähnig oder ein schmaler Saum. Die Kronblätter sind frei oder teilweise verwachsen. Die freien Staubblätter sind den Kronblättern gleichzählig

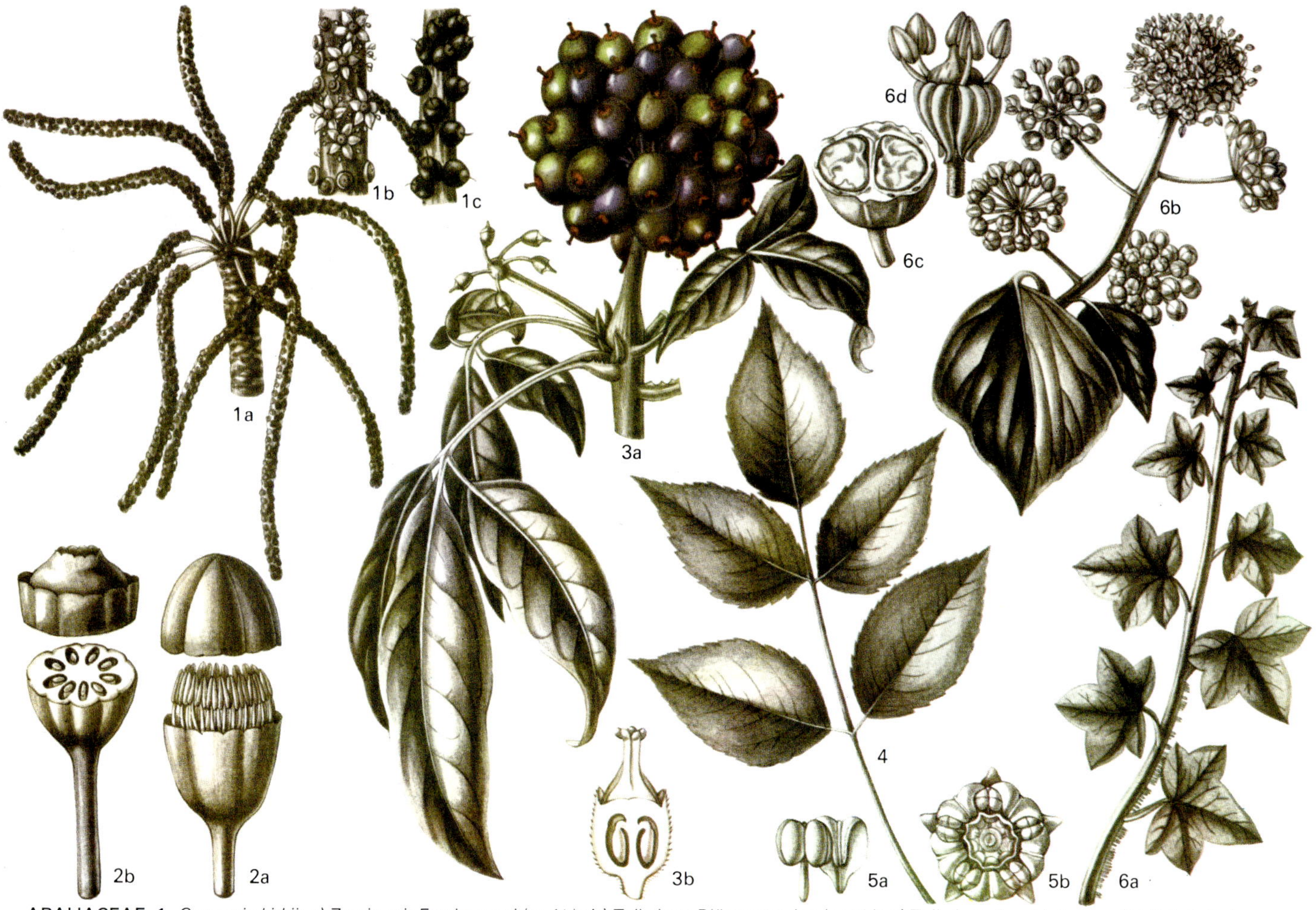

ARALIACEAE. 1. *Cussonia kirkii:* **a)** Zweig mit Fruchtstand (× ¹/₈); **b)** Teil eines Blütenstandes (× ²/₃); **c)** Teil eines Fruchtstandes (× ²/₃). **2.** *Tetraplasandra hawaiensis:* **a)** Blüte mit mützenartiger, abfallender Krone (× 2); **b)** Querschnitt durch die Frucht (× 2). **3.** *Acanthopanax henryi:* **a)** Zweig, dreizählig gefiederte Blätter mit Nebenblättern, junge und reife Früchte (× ²/₃); **b)** Längsschnitt durch den Fruchtknoten (× 3). **4.** *Aralia scopulorum:* gefiedertes Blatt (× ²/₃). **5.** *Mackinlaya macrosciadea:* **a)** Kron- und Staubblatt (× 12); **b)** Blüte von oben (× 12). **6.** *Hedera helix:* **a)** kletternder Trieb mit Jugendblättern und Nebenwurzeln (× ²/₃); **b)** Trieb mit Altersblättern und Blütendolden (× ²/₃); **c)** Querschnitt durch eine Frucht (× 2); **d)** Blüte (× 3).

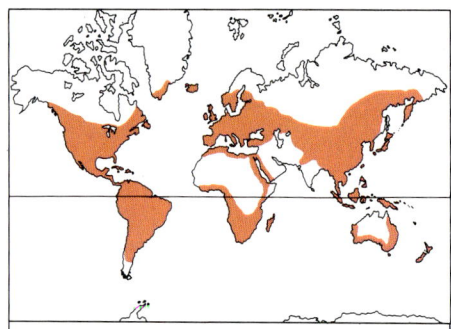

Gattungen: etwa 55
Arten: rund 700
Verbreitung: kosmopolitisch
Nutzwert: Ginseng und andere pharmazeutische Produkte; Reispapier; Efeu (*Hedera*) und andere als Zierpflanzen gezogene Gattungen

und wechseln mit ihnen ab. Sie sind mit dem Diskus, der auf dem Fruchtknoten liegt, verwachsen. Der unterständige Fruchtknoten wird von 5 (gelegentlich weniger oder 10) freien oder verwachsenen Griffeln überragt, die am Grunde mit dem Diskus verwachsen sind. Der Fruchtknoten mit 5 verwachsenen Fruchtblättern weist 5 Fächer auf, jedes mit einer einzigen,

hängenden Samenanlage. Die Steinfrucht enthält 5 Samen, jeder mit viel Endosperm und einem kleinen Embryo.
Systematik: Verschiedene vegetative und Blütenmerkmale dienen zur Unterscheidung der wichtigsten Gattungen. *Kalopanax, Fatsia, Hedera* und *Tetrapanax* z.B. weisen alle einfache (aber häufig tief gelappte) Blätter auf, während *Aralia, Polyscias, Dizygotheca, Acanthopanax* und *Panax* zusammengesetzte Blätter hervorbringen. In dieser Gruppe zeigen *Aralia* und *Polyscias* gefiederte Blätter, die 3 anderen Gattungen handförmige. *Dizygotheca* besitzt Blüten mit 10 Griffeln, *Panax* und *Acanthopanax* solche mit 5 oder weniger.
Die Familie zeigt Beziehungen zu den Umbelliferae und Cornaceae. Merkmale wie der doldige Blütenstand, die kleinen, einfachen Blüten mit einer Samenanlage in jedem Fach und der unterständige Fruchtknoten sind den meisten Gliedern der 3 Familien gemeinsam; trotzdem betrachtet man die Cornaceae heute als Angehörige einer selbständigen Ordnung.
Nutzwert: Wirtschaftlich wichtig ist die Familie durch den Ginseng (*Panax ginseng*), aus dessen Wurzeln ein Extrakt mit stimulierenden und angeblich aphrodisischen Eigenschaften gewonnen wird. Die

Chinesen gebrauchen auch die Wurzeln von *P. repens* für ein Stärkungsmittel. Das dünne «Reispapier» stammt aus dem Mark von *Tetrapanax papyrifera.* Medizinische Extrakte erhält man aus einer Anzahl von *Aralia*-Arten, darunter *A. cordata* und *A. racemosa.*
Zu den Araliaceae gehören zahlreiche Zierpflanzen. Manche Efeu-Arten werden als Zimmerpflanzen gezogen, vor allem Sorten von *Hedera helix.* Der Efeu der Kanarischen Inseln, *H. canariensis,* erreicht in sonnigen Lagen bis 5 m Höhe. *Fatsia japonica* (Zimmeraralie) mit ihren glänzend grünen Blättern ist ebenfalls eine beliebte Zimmerund Gartenpflanze. Die Gattungshybride aus *Fatsia* und *Hedera* (× *Fatshedera*) wird oft als bodenbedeckende Pflanze gezogen, im Freiland auch mehrere Efeu-Arten. Strauchige Arten von *Polyscias* und *Acanthopanax* werden als Gartenziersträucher geschätzt.   S.R.C.

UMBELLIFERAE *Doldenblütler*
Die Umbelliferae oder Apiaceae sind eine der bekanntesten Familien unter den Blütenpflanzen. Sie zeichnen sich aus durch ihre Blütenstände, Früchte und Inhaltsstoffe, die Geschmack, Duft und sogar Giftigkeit mancher Vertreter bedingen. Ver-

schiedene Umbelliferen waren schon den alten Chinesen und mexikanischen Indianerkulturen, ebenso in Mykene und im Griechenland und Rom der Antike bekannt. Die Familie erhielt von Theophrast den Namen «narthekodes»; das griechische Wort «narthex» wurde im Lateinischen durch «ferula» ersetzt; diesen Ausdruck wandte man auf die getrockneten Stengel von Umbelliferen an, etwa auf den Fenchel *(Foeniculum)* oder auf *Ferula.* In der griechischen Kunst ist Dionysos häufig mit einer *Ferula* in der Hand abgebildet. Kräuter und Gewürze wie Anis, Kreuzkümmel, Koriander, Dill und Fenchel waren Theophrast bereits bekannt; er kennzeichnete sie mit Merkmalen wie «nackte Samen» und «krautige Stengel». Die Familie der Umbelliferae scheint die erste Familie der Blütenpflanzen zu sein, die von den Botanikern gegen Ende des 16. Jahrhunderts als solche erkannt wurde, obschon damals nur die Arten im gemäßigten Teil der Alten Welt bekannt waren. Als erste Pflanzengruppe wurde sie Gegenstand einer systematischen Untersuchung, die Robert Morison 1672 veröffentlichte.

Verbreitung: Die Familie der Umbelliferae umfaßt rund 300 Gattungen und 2500 bis 3000 Arten. Sie kommt in beinahe allen Weltgegenden vor; am häufigsten ist sie in gemäßigten Hochlandgebieten anzutreffen, relativ selten in tropischen Breiten. Ihre 3 Unterfamilien zeigen besondere Verbreitungsmuster: Die größte, die Apioideae, ist bipolar, jedoch vor allem auf der nördlichen Hemisphäre der Alten Welt heimisch; die Saniculoideae sind ebenfalls bipolar verbreitet, finden sich jedoch auf der südlichen Hemisphäre stärker vertreten als die Apioideae; die dritte, die Unterfamilie der Hydrocotyloideae, ist eine vorwiegend südhemisphärische Gruppe. Etwa zwei Drittel aller Arten der Umbelliferae sind in der Alten Welt heimisch. In der Alten und der Neuen Welt sind die Unterfamilien verschieden stark vertreten: 80 % der Apioideae findet man in der Alten Welt, 60 % der Hydrocotyloideae in der Neuen Welt, davon fast 90 % in Südamerika, wo sie in der gemäßigten südlichen Zone einen bezeichnenden Bestandteil der Flora bilden. Nur die Unterfamilie der Saniculoideae ist fast gleichmäßig auf die Alte und Neue Welt verteilt. Dieses Muster spiegelt die lange Entwicklung und Differenzierung dieser beinahe kosmopolitischen Familie wider. Manche Gruppen der Umbelliferae zeigen merkwürdige Verbreitungsgebiete: Die auf den Kanarischen Inseln endemische *Drusa glandulosa* ist offenbar mit den chilenischen Arten von *Bowlesia* und *Homalocarpus* am nächsten verwandt. Für diese große geographische Entfernung fehlt noch jede Erklärung. Die nächsten Verwandten der kürzlich entdeckten *Naufraga balearica* (Mallorca) sind in südamerikanischen Gattungen zu finden.

Merkmale: Die meisten Umbelliferae sind ein-, zwei- oder mehrjährige Kräuter mit hohlen Internodien; manchmal kriechen sie *(Hydrocotyle),* bilden Ausläufer *(Schizeilema)* oder wachsen als Rosetten- *(Gingidia)* oder Polsterpflanzen *(Azorella).* Mehrere

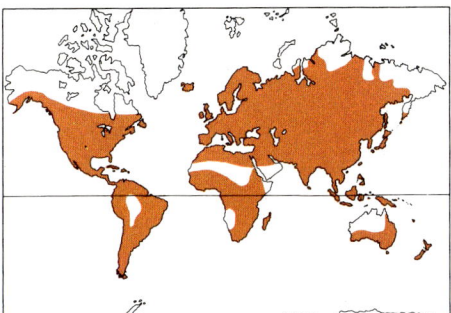

Gattungen: rund 300
Arten: 2500 bis 3000
Verbreitung: kosmopolitisch, besonders in Hochländern der gemäßigten Zone
Nutzwert: wichtige Nahrungsmittel, Kräuter und Gewürze (Möhre, Pastinak, Sellerie, Petersilie, Fenchel, Dill, Anis, Engelwurz); Quelle von Gummiharzen, Medikamenten und Parfüms; wenige Zierpflanzen

der krautigen Arten erreichen einen gewissen Grad der Verholzung; es kommen aber auch Bäume oder Sträucher vor, z.B. *Eryngium bupleuroides, E. sarcophyllum* und *E. inaccessum* auf den Juan-Fernández-Inseln, die einen holzigen Stamm entwickeln, *Myrrhidendron*-Arten auf Berggipfeln über 3000 m in Mittel- und Südamerika und verschiedene strauchige *Bupleurum*-Arten (z.B. *Bupleurum fruticosum).* Mehrere Arten sind dornig, z.B. die distelartigen *Eryngium*-Arten und die neuseeländischen *Aciphylla*-Arten mit steifen Blatt- und Hochblattabschnitten, die in nadelscharfe Spitzen auslaufen.

Die wechselständigen Blätter sind nebenblattlos und meist geteilt bis zusammengesetzt (dreizählig oder anderswie gefiedert). Ganzrandige Blätter findet man bei *Hydrocotyle* und *Bupleurum,* bei letzterem oft mit Streifennervatur versehen und Monokotylen gleichend.

Die bei den Umbelliferae hauptsächlich vorkommende Blütenstandsform ist die einfache oder zusammengesetzte Dolde, die manchmal aber stark abgewandelt und auf eine einzige Blüte reduziert ist, z.B. bei gewissen *Hydrocotyle-* und *Azorella*-Arten. Bei *Eryngium* sind die Blüten sitzend und dicht zu Köpfchen zusammengedrängt, die von dornigen Hochblättern umgeben sind. Dichasien findet man bei *Petagnia.* Die typische Dolde ist ein oben abgeflachter Blütenstand, bei dem die einzelnen Blütenstiele am gleichen Punkt des Blütenstandsstieles entspringen, jedoch von verschiedener Länge sind, so daß die Blüten alle dieselbe Höhe erreichen. Bei einer zusammengesetzten Dolde sind die Dolden letzter Ordnung (als Döldchen bezeichnet) wiederum in Dolden angeordnet. Am Grunde der Strahlen zusammengesetzter Dolden erscheinen häufig Hochblätter (Hüllblätter); am Grunde der Döldchen können «Hüllchenblätter» das sog. Hüllchen bilden. Die Hüll- und Hüllchenblätter schwanken in Zahl und Größe. Die Blüten einer Dolde und ihrer Döldchen öffnen sich nacheinander, von außen nach innen. Die meisten Dolden

sind vormännlich, bei einigen Gattungen hingegen vorweiblich, z.B. *Hydrocotyle* und *Sanicula.* Die Geschlechtertrennung zwischen den Dolden ist in einigen Fällen deutlich ausgeprägt. Sie schwankt von Gattung zu Gattung zwischen gemischten Dolden und solchen, die nur aus männlichen Blüten bestehen. Hinzu kommt, daß der Anteil der vollständigen (zwitterigen) Blüten bei den ersten Dolden höher ist und in den folgenden abnimmt, so daß die zuletzt hervorgebrachten fast ausschließlich männliche Blüten enthalten. Die Dolden sind in einigen Fällen so hoch organisiert, daß sie den Köpfchen der Compositae vergleichbar sind. Bei gewissen Dolden übernehmen ganze Blüten, die funktionell eingeschlechtig sind, die Rolle von Staubblättern oder Stempeln (z.B. *Astrantia, Petagnia, Sanicula);* in verwickelteren Blütenständen erfüllen sogar Döldchen diese Funktion.

Die randlichen Blüten einer Dolde sind manchmal zygomorph, wie bei *Daucus carota* (Möhre), *Turgenia latifolia* und *Artedia squamata;* sie locken auf diese Weise bestäubende Insekten an. Der optische Eindruck wird durch eine Zunahme in Zahl und Größe der Döldchen und ein näheres Zusammenrücken der einzelnen Blüten verstärkt. Die Hüllblätter können ebenfalls vergrößert, gefärbt und auffällig geformt sein, so bei verschiedenen Arten von *Eryngium* und *Bupleurum.* Eines der erstaunlichsten Beispiele liefert die mexikanische Art *Mathiasella bupleuroides,* die eine prächtige Hülle besitzt und Hüllchen zeigt, welche an die Krone von Malvaceen erinnern; sie umgeben Döldchen aus weiblichen und männlichen Blüten mit Kronblättern.

Die meisten Umbelliferae sind wenig wählerisch in bezug auf Bestäuber: Sie werden von einer großen Zahl von Insekten, vor allem Fliegen und Mücken sowie einigen ursprünglicheren Bienen, Schmetterlingen und Faltern besucht. Fruchtansatz nach Bestäubung mit eigenem Blütenstaub ist der Normalfall; selbststerile Pflanzen sind sehr selten. Oft findet Geitonogamie statt, d.h. die Stempel werden durch die Staubbeutel benachbarter Blüten der selben Dolde bestäubt. Eine Eigenheit der Familie ist das beinahe vollständige Fehlen von Bastardierung; es gibt praktisch keine bestätigten Kreuzungen zwischen verschiedenen Arten. Dies führt zu ernsthaften Problemen in der Züchtung.

Die Blüten der Umbelliferae sind im Grunde sehr einheitlich; auf beinahe monotone Weise bestehen sie aus einem stark reduzierten Kelch, 5 Kronblättern, 5 freien Staubblättern, einem unterständigen Fruchtknoten mit 2 Fruchtblättern, 2 Fächern und einem Griffelpolster, das 2 Griffel trägt. Eine einzige, anatrope Samenanlage hängt in jedem Fach. Abweichungen von diesem Grundmuster treten nur begrenzt auf: zygomorphe Kronen, wobei die äußeren Kronblätter manchmal größer sind und strahlen, oder Eingeschlechtigkeit. Ein Organ, das eine beträchtliche Variationsbreite zeigt und bis vor kurzem weitgehend vernachlässigt wurde, ist das Griffelpolster, der verdickte, oft farbige, Nektar ausscheidende Grund der Griffel, der für die Fami-

1

4b

4a

7

6a

6b

5

9

8

3

10b

10a

2

11

12a

12b

lie bezeichnend ist. Die Unterschiede betreffen Form, Größe, Farbe und Nektarausscheidung.

Die Früchte zeigen eine bemerkenswerte Formenvielfalt. Es sind grundsätzlich trockene Spaltfrüchte, die sich längs durch die Scheidewand (Fugenfläche) in 2 einsamige Teilfrüchte spalten; diese hängen eine Zeitlang an einem gemeinsamen, gegabelten Träger, dem Karpophor, und lösen sich bei vollständiger Reife schließlich ab. Die äußere Oberfläche der Teilfrucht weist normalerweise 5 Hauptrippen auf (eine mittlere und 2 seitliche, am Rücken 2 Randrippen über der Scheidewand und dazwischen 4 Nebenrippen (in den Tälchen zwischen den Hauptrippen). Alle verlaufen längs, vom Grunde der Frucht zum Griffelpolster. In den Furchen zwischen den Rippen, in den Rippen selbst oder auf der ganzen Frucht finden sich oft Ölstriemen oder Harzgänge (Vittae). Kalziumoxalat-Kristalle können in der Fruchtwand vorhanden sein. Die Oberfläche der Frucht kann Stacheln, Haken, Haare oder Warzen verschiedener Art aufweisen; bei einigen Früchten sind die seitlichen Ränder zu Flügeln erweitert. All diese Merkmale stehen im Zusammenhang mit den Ausbreitungsmechanismen. Variationen in Form, Größe, Farbe, Flügel und Stacheln sind zahlreich; einige Früchte sind ganz außergewöhnlich geformt und gleichen kaum mehr dem Umbelliferen-Typ, z.B. jene von *Petagnia*, *Scandix* und *Thecocarpus*. Der Same enthält öliges Endosperm und einen kleinen Embryo.

Systematik: Die Umbelliferae werden meist nach dem von Drude (1897/98) vorgeschlagenen System in 3 Unterfamilien und verschiedene Tribus eingeteilt. Andere Einteilungen sind von späteren Autoren vorgenommen worden, vor allem durch den Russen Kozo-Poljansky (1915). Sie stützen sich sehr stark auf die anatomischen Merkmale der Früchte, haben jedoch nicht viel Anerkennung gefunden. Die 3 Unterfamilien sind offensichtlich natürlich. Ihre Einteilung in Tribus ist jedoch nicht ganz

befriedigend (vor allem bei der Unterfamilie der Apioideae) und stellenweise offensichtlich künstlich. Ein Überblick über Drudes System mit den wichtigsten Gattungen präsentiert sich wie folgt:

UNTERFAMILIE HYDROCOTYLOIDEAE
Frucht mit holzigem Endokarp, ohne freies Karpophor; keine Ölstriemen, oder nur in den Hauptrippen; Nebenblätter vorhanden.
HYDROCOTYLEAE: vor allem südliche Hemisphäre; Früchte mit schmaler Fugenfläche, seitlich abgeflacht; *Hydrocotyle*.
MULINEAE: südliche Hemisphäre; Früchte mit abgeflachtem oder gerundetem Rücken; *Azorella*.

UNTERFAMILIE SANICULOIDEAE
Frucht mit weichem, parenchymatischem Endokarp; Griffelgrund von einem ringförmigen Diskus umgeben; Ölstriemen verschieden.
SANICULEAE: Fruchtknoten mit 2 Fächern; Frucht zweisamig mit breiter Kommissur; Ölstriemen ausgeprägt; *Eryngium*, *Astrantia*, *Sanicula*.
LAGOECIEAE: Fruchtknoten ungefächert; Frucht einsamig; Ölstriemen undeutlich; *Lagoecia*, *Petagnia* (beide im Mittelmeergebiet).

UNTERFAMILIE APIOIDEAE
Frucht mit weichem Endokarp, manchmal unter der Epidermis verholzt; Griffel auf zugespitztem Diskus; Nebenblätter fehlen.
ECHINOPHOREAE: Frucht von verhärteten Stielen männlicher Blüten umschlossen; *Echinophora*.
SCANDICEAE: Parenchym um das Karpophor mit Kristallschicht; *Scandix*, *Chaerophyllum*, *Anthriscus*, *Myrrhis*.
CORIANDREAE: Parenchym ohne Kristallschicht; Früchte meist eiförmig bis kugelig, nußartig, unter der Epidermis verholzt; *Coriandrum*.
SMYRNIEAE: nach außen gewölbte Teilfrüchte; *Smyrnium*, *Conium*, *Cachrys*, *Scaligeria*.
APIEAE (Ammieae): Hauptrippen der Teilfrüchte alle ähnlich; Samen im Querschnitt halbkreisförmig; *Bupleurum*, *Pimpinella*, *Apium*, *Seseli*, *Oenanthe*, *Ligusticum*, *Foeniculum*.
PEUCEDANEAE: Randrippen viel höher, Flügel bildend; Samen im Querschnitt schmal; *Angelica*, *Ferula*, *Heracleum*, *Pastinaca*.
LASERPITIEAE: Nebenrippen an Teilfrüchten sehr deutlich, oft zu Flügeln vergrößert; *Laserpitium*, *Thapsia*.
DAUCEAE (Caucalideae): Teilfrucht mit stacheligen Rippen; *Daucus*, *Torilis*, *Caucalis*.

Die Umbelliferae werden oft in Verbindung gebracht mit der hauptsächlich tropischen Familie der Araliaceae in der Ordnung Apiales, manchmal auch mit ihr zu einer einzigen Familie zusammengeschlossen. Man kann zwischen Umbelliferae und Araliaceae keine klare Trennungslinie ziehen, und beinahe jedes vegetative oder Blütenmerkmal, das die Umbelliferae charakterisiert, trifft auch auf einzelne Araliaceae zu. Es sind auch Ähnlichkeiten in der Chemie und im Pollenbau feststellbar. Beide Familien stammen wahrscheinlich von den gleichen Ahnen ab und haben sich dann getrennt, zum Teil aber gleichsinnig entwik-

kelt. Die Cornaceae im weiteren Sinne werden von einigen Bearbeitern als Verwandte der Apiales betrachtet und ihnen zugerechnet oder als eigene Schwesterordnung behandelt. Man vermutete, daß der ganze Komplex aus den Hamamelidales, Rosales, Myrtales oder Rhamnales entstanden sei. Neuere Untersuchungen ziehen Verbindungen zwischen Cornales und Rosales einerseits und Umbelliferae und Sapindales andererseits in Betracht.

Nutzwert: Eine der bemerkenswerten Eigenschaften der Umbelliferen sind die zahlreichen Verwendungsmöglichkeiten verschiedener Arten. Allerdings ist nur die Möhre (*Daucus carota*) für die Ernährung von einiger Bedeutung; sie wird auch als Tierfutter verwendet. Möhren und Pastinak (*Pastinaca sativa*) sind die einzigen Doldenblütler, die als Hackfrüchte weltweites Ansehen genießen. Andere Mitglieder der Familie werden, angebaut oder wild, ebenfalls als Hackfrüchte geschätzt, z.B. die Knollen der Erdkastanie (*Bunium bulbocastanum*) und der Französischen Erdkastanie (*Conopodium majus*). Arten von *Lomatium* (die größte Umbelliferen-Gattung in den USA) waren Grundnahrungsmittel für mehrere Indianerstämme im Nordwesten des Landes und im westlichen Kanada. Stengel, Blattstiele und Blätter können als Gemüse dienen, so z.B. Engelwurz (Arten von *Angelica* und *Archangelica*) und Sellerie (*Apium graveolens*).

Zu den Kräutern, die zum Würzen verwendet werden, gehören u.a. Gartenkerbel (*Anthriscus cerefolium*), Fenchel (*Foeniculum vulgare*, auch als Salat gebräuchlich), Liebstöckel (*Levisticum officinale*) und Petersilie (*Petroselinum crispum*). Gewürze, die aus Früchten oder Samen (mit ätherischen Ölen) gewonnen werden, sind bei den Doldenblütlern häufig. Beispiele dafür sind Dill (*Anethum graveolens*), Koriander (*Coriandrum sativum*), Kreuzkümmel (*Cuminum cyminum*), Kümmel (*Carum carvi*) und Anis (*Pimpinella anisum*). Verschiedene geben alkoholischen Getränken ihren Geschmack, vor allem Anis.

Viele Umbelliferen dienen medizinischen Zwecken, etwa bei Magen- und Darmbeschwerden oder Kreislauferkrankungen; sie werden auch zur Anregung oder Beruhigung und als krampflösendes Mittel geschätzt. Außerdem liefern sie Gummiharze und Harze, z.B. «Teufelsdreck» aus *Ferula asafoetida* oder anderen Arten. Diese Drogen werden gesammelt, indem man Schnitte an der Stengelbasis oder oben an der Wurzel anbringt. Galbanum, ein Gummiharz, wird aus *Ferula galbaniflua* gewonnen. Es gibt viele giftige Arten; die bekannteste ist der Schierling (*Conium maculatum*); er wird aber auch als Heilmittel gebraucht. Nur wenige Umbelliferen werden in Gärten als Zierpflanzen gezogen. Beispiele sind *Eryngium giganteum* (Elfenbeindistel) und ihre Gartenhybriden, *Astrantia* (Sterndolde), *Bupleurum fruticosum*, *Ferula communis* und *F. tingitana* (Steckenkräuter), eine bunte Form von *Aegopodium podagraria* (Geißfuß) und *Heracleum*-Arten (Bärenklau), vor allem *H. mantegazzianum*.

V.H.H.

UMBELLIFERAE. 1. *Eryngium bicuspidatum*: Trieb mit dornigen Blättern und Hochblättern, Blüten in dichten Köpfchen (× ²/₃). 2. *Centella asiatica*: niederliegender Sproß mit seitlichen Blüten (× ²/₃). 3. *Sanicula europaea*: Trieb mit Blatt und Blütenständen (zusammengesetzte Dolden) (× ²/₃). 4. *Heracleum sphondylium*: a) Trieb mit Blättern und großen Blütenständen – man beachte die äußeren, zygomorphen Blüten und tief eingeschnittenen Kronblätter (× ²/₃); b) radiäre Blüte aus der Mitte des Blütenstandes (× 6). 5. *Eryngium maritimum*: Spaltfrucht mit hakigen Haaren (× 6). 6. *Petroselinum crispum*: a) Spaltfrucht mit 2 Teilfrüchten (× 8); b) Querschnitt durch eine einzelne Teilfrucht mit dem Samen in der Mitte und Ölstriemen in der Fruchtwand (× 12). 7. *Psammogeton canescens*: Spaltfrucht (× 8). 8. *Daucus carota*: Spaltfrucht mit Stacheln auf den Rippen (× 6). 9. *Artedia squamata*: geflügelte Teilfrucht (× 3). 10. *Hydrocotyle vulgaris*: a) Spaltfrucht (× 10); b) Querschnitt durch die abgeflachte Spaltfrucht mit schmaler Scheidewand zwischen den einsamigen, stark gerippten Teilfrüchten (× 10). 11. *Sanicula europaea*: Spaltfrucht (× 6). 12. *Peucedanum ostruthium*: a) geflügelte Spaltfrucht (× 4); b) Querschnitt durch die Spaltfrucht (× 4).

ASTERIDAE

GENTIANALES
Enzianartige

LOGANIACEAE *Brechnußgewächse*
Die Loganiaceae sind eine formenreiche Familie von Bäumen, Sträuchern und Kletterpflanzen. Als Lieferanten von Nutzholz, wohlbekannten Zierpflanzen und einigen tödlichen Giften (vor allem Strychnin) sind sie von Bedeutung.
Verbreitung: Vertreter der Familie finden sich vor allem in den Tropen und Subtropen. Sie wachsen an trockenen Standorten des Tieflandes, selten höher als 3000 m. Trotz ihrer weltweiten Verbreitung treten sie selten reichlich auf und bilden nie dichte Bestände, sondern finden sich meist einzeln oder in kleinen Gruppen von geringer ökologischer Bedeutung.
Merkmale: Die gegenständigen, ungeteilten Blätter zeigen Fiedernervatur und oft reduzierte Nebenblätter. Im Mark findet sich manchmal zusätzliches (internes) Phloem. Die Blüten sind radiär, zwittrig und erscheinen in endständigen Thyrsen,

Gattungen: rund 30
Arten: rund 600
Verbreitung: v.a. Tropen und Subtropen (Karte zeigt auch Einbürgerungen)
Nutzwert: Strychnin und Curare aus *Strychnos*-Arten; verschiedene Zierpflanzen (z. B. Sommerflieder)

selten einzeln; die 4 oder 5 Kelchzipfel decken sich immer dachig. Die Krone ist röhrenförmig, vier- oder fünfzipflig (gelegentlich bis sechzehnzipflig) und in der Knos-

pendeckung meist mehr oder weniger dachig, manchmal auch klappig. Die Form der Kronzipfel erleichtert die Unterteilung der Familie. 4 oder 5 (selten 16) Staubblätter setzen in einem Kreis an den Kronblättern an. Der oberständige Fruchtknoten besteht aus 2 verwachsenen Fruchtblättern und ist bei einigen Gattungen in einen Diskus eingesenkt. Von den 2 bis 5 Fächern besitzt jedes eine bis zahlreiche zentralwinkelständige Samenanlagen. Die Narbe ist zweilappig, die Frucht eine Kapsel oder Beere. Die Samen enthalten fleischiges Endosperm und einen geraden Embryo; sie sind oft geflügelt.
Systematik: Die Familie läßt sich leicht in 7 Tribus gliedern – POTALIEAE (Potaliaceae), BUDDLEJEAE (Buddlejaceae), ANTONIEAE (Antoniaceae), GELSEMIEAE, STRYCHNEAE (Strychnaceae), LOGANIEAE und SPIGELIEAE (Spigeliaceae). Einige Autoren haben die Familie aufgrund anatomischer Merkmale in 2 Unterfamilien aufgeteilt: die LOGANIOIDEAE (mit internem Phloem, oberflächlicher Korkbildung und einfachen Haaren) und BUDDLEJOIDEAE, bestehend aus der einzigen

LOGANIACEAE. 1. *Fagraea lanceolata:* **a)** Blütenzweig (× ²/₃); **b)** aufgeschnittene fünfzipflige Krone, Staubblätter mit der Krone verwachsen (× ¹/₂); **c)** Kelchröhre und Griffel mit kopfiger Narbe (× ¹/₂); **d)** Beere (× ²/₃). **2.** *Buddleja crispa:* **a)** Sproß mit endständigem Blütenstand (× ²/₃); **b)** Blüte (× 2²/₃); **c)** halbierte Blüte (× 3); **d)** Staubblatt (× 8); **e)** Gynoeceum (× 5). **3.** *Strychnos tieute:* Sproß mit seitlichen Blütenständen und Ranken (× ²/₃). **4.** *Spigelia marilandica:* **a)** Querschnitt durch den Fruchtknoten (× 4); **b)** Frucht (× 2). **5.** *Logania campanulata:* Blüte (× 1¹/₃).

Tribus Buddlejeae (internes Phloem fehlt, Kork entsteht aus tieferer Schicht, Haare sind Stern- oder Drüsenhaare).

Chemie und Anatomie liefern Hinweise auf die Verwandtschaft der Loganiaceae, einer sehr uneinheitlichen Familie, die wahrscheinlich aus mehreren gut umgrenzten Gruppen besteht, die untereinander nicht enger verwandt sind als mit Gliedern anderer Familien. Die Buddlejoideae scheinen mit den Scrophulariaceae verwandt zu sein, während die Loganioideae eher den Apocynaceae und Rubiaceae gleichen.

Nutzwert: Viele Vertreter der Loganiaceae sind äußerst giftig; ihre Einnahme kann durch Krämpfe zum Tod führen. Die giftigen Eigenschaften stammen weitgehend von den Derivaten der Indol-Alkaloide, wie man sie bei *Strychnos*, *Gelsemium* und *Mostuea* findet. Glykoside in der Form von Pseudoindikanen sind ebenfalls vorhanden, z.B. als Loganin bei *Strychnos* und als verwandter Stoff Aucubin bei *Buddleja*.

2 große Gattungen liefern bekannte Zierpflanzen: *Buddleja* (Sommerflieder) und *Fagraea*. Die Sommerflieder in den Gärten und Kalthäusern stammen aus tropischen oder subtropischen Gebieten, meist aus China. Sie wachsen als Sträucher oder Bäume mit wohlriechenden Blüten in Lila-, Orange- oder Weißtönen und ziehen auffallend viele Schmetterlinge an. *Buddleja davidii* wird vielerorts angepflanzt und bürgert sich in Mitteleuropa zunehmend ein. *Fagraea* ist eine asiatische Gattung mit einigen hohen Bäumen, welche gutes Nutzholz liefern, z.B. *Fagraea fragrans*, *F. elliptica* und *F. crenulata*. *F. fragrans* wird in tropischem Klima wegen ihrer großen, prächtigen Blüten oft als Zierbaum gepflanzt. Einige der strauchigen Arten besitzen außerordentlich große, im Durchmesser bis zu 30 cm messende Blüten, die wahrscheinlich von Fledermäusen bestäubt werden (z.B. *F. auriculata*). S.W.J.

GENTIANACEAE Enziangewächse

Die Gentianaceae sind eine Familie ein- und mehrjähriger Kräuter (und einiger Sträucher), darunter die Enziane und andere Pflanzen mit Bitterstoffen.

Verbreitung: Viele Arten dieser kosmopolitischen Familie sind Rosettenkräuter der Arktis und der Gebirge, andere findet man in salzreichen oder sumpfigen Gebieten, und wieder andere leben auf modernden Pflanzenteilen, so z.B. *Voyria* im tropischen Amerika und in Westafrika.

Merkmale: Es handelt sich meist um Rhizompflanzen mit gegenständigen Blättern (gelegentlich wechselständig), ohne Nebenblätter und mit radiären, zwitterigen Blüten

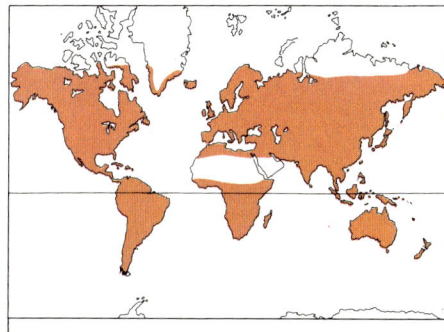

Gattungen: rund 80
Arten: rund 90
Verbreitung: kosmopolitisch
Nutzwert: zahlreiche Zierpflanzen; mehrere Arten liefern Bitterstoffe, die in der Medizin und als Aroma verwendet werden

in cymösen Blütenständen. Es sind 4 oder 5 (selten mehr) verwachsene Kelchblätter und meist 4 oder 5 verwachsene Kronblätter vorhanden, die eine glocken- oder stieltellerförmige Krone bilden. Die Staubblätter sind mit der Krone verwachsen und erscheinen in der gleichen Anzahl wie deren Zipfel, mit denen sie abwechseln. Gelegentlich zeigen die Zipfel lange, fadenartige

GENTIANACEAE. **1.** *Chironia purpurascens:* **a)** Blütenstand (× ²/₃); **b)** aufgeschnittene Krone, an der Krone sitzende Staubblätter mit schraubig gedrehten Staubbeuteln (× 1); **c)** Querschnitt durch Fruchtknoten mit 2 parietalen Plazenten (× 3). **2.** *Voyria primuloides:* **a)** Habitus (× ²/₃); **b)** Blüte von oben (× ²/₃); **c)** halbierte Blüte, mit der Krone verwachsene Staubblätter und kugelige Narbe (× 3). **3.** *Gentiana depressa:* **a)** Habitus (× ²/₃); **b)** Fruchtknoten, Wand teilweise weggeschnitten (× 3); **c)** ausgebreitete Krone (× 1). **4.** *Sabatia campestris:* **a)** blühender Sproß (× ²/₃); **b)** Querschnitt durch einen Fruchtknoten (× 2); **c)** aufgeschnittene Krone (× 1).

APOCYNACEAE. **1.** *Vinca minor* (Immergrün): **a)** Trieb mit gegenständigen Blättern und Einzelblüte (× ²/₃); **b)** Teil einer aufgeschnittenen Blüte, mit der Krone verwachsene Staubblätter und verdickte, behaarte Narbe (× 3); **c)** Frucht (× 1). **2.** *Plumeria rubra:* **a)** Blüte (× 1); **b)** Blatt (× 1). **3.** *Allamanda cathartica* var. *grandiflora:* **a)** blühender Sproß (× 1); **b)** aufspringende Frucht (× 1). **4.** *Nerium oleander:* **a)** blühender Sproß (× ²/₃); **b)** aufgeschnittene Blüte (2 Kronblätter entfernt), mit pfeilförmigen Staubbeuteln, deren verlängerte Spitzen an ihren Enden verklebt sind (× 1¹/₂).

Fortsätze (so z.B. bei der ostafrikanischen *Urogentias*). Den oberständigen Fruchtknoten bilden 2 verwachsene Fruchtblätter mit Nektardrüsengewebe am Grunde. Er ist meist ungefächert und mit 2 parietalen, manchmal zweifächerig und mit zentralwinkelständigen Plazenten versehen. Die Samenanlagen sind anatrop und meist zahlreich. Der Griffel ist einfach, die Narbe einfach oder zweilappig. Die Frucht ist gewöhnlich eine aufspringende Kapsel, selten eine Beere, mit kleinen, endospermhaltigen Samen. Die Leitbündel sind bikollateral, d.h. sie zeigen sowohl außer- wie innerhalb des Xylems Phloemstränge. Mycorrhiza ist sehr häufig.

Systematik: Die Gattungsabgrenzung innerhalb dieser Familie wird immer noch diskutiert. Die heute anerkannten großen Gattungen umfassen *Gentiana* (rund 400 Arten, kosmopolitisch, mit Ausnahme von Afrika), *Gentianella* (125 Arten, nördliche und südliche gemäßigte Zonen, mit Ausnahme von Südafrika), *Sebaea* (100 Arten, Tropen der Alten Welt bis Neuseeland) und *Swertia* (100 Arten, meist gemäßigte nördliche Gebiete), *Menyanthes, Nymphoides* und *Villarsia*, die früher zu dieser Familie gezählt wurden, werden heute als Menyanthaceae abgetrennt.

Einige Bearbeiter betrachten die Gentiana-

ceae als verwandt mit den Menyanthaceae, andere mit den Loganiaceae, möglicherweise den Asclepiadaceae und Apocynaceae oder sogar Melastomataceae.

Nutzwert: Manche Arten von *Gentiana* (Enzian) werden als Zierpflanzen gezogen. Die Bitterstoffe der Rhizome, z.B. jene aus den «Enzianwurzeln» *(Gentiana)*, dem Chirettakraut *(Swertia chirata)* und gebietsweise *Centaurium* (Tausendgüldenkraut), sind von medizinischer Bedeutung. Suze, ein in Frankreich beliebtes Getränk, wird aus Enzian hergestellt. In Südafrika wird *Chironia baccifera* in Butter gebraten und auf Wunden gelegt. Aus den Samen der europäischen *Blackstonia perfoliata* (Bitterling) wurde ein gelber Farbstoff gewonnen. D.J.M.

APOCYNACEAE *Hundsgiftgewächse*

Die Apocynaceae sind eine große, tropische Familie von hohen Regenwaldbäumen und vielen kleineren Bäumen, Sträuchern und Lianen, die meist einzeln wachsen. Zu ihnen gehören auch einige Stauden der gemäßigten Zonen.

Verbreitung: Die Familie ist pantropisch, mit einigen Vertretern in gemäßigten Gebieten, z.B. *Vinca*. Die tropischen Regenwälder und Sümpfe Indiens und Malesiens enthalten kleine bis sehr große, immer-

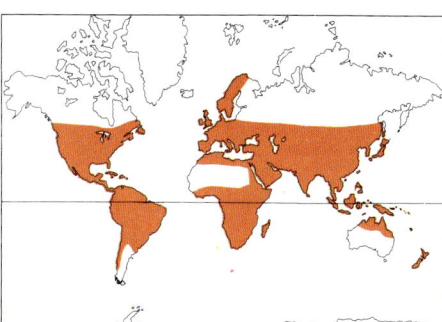

Gattungen: rund 180
Arten: rund 1500
Verbreitung: in allen tropischen Gebieten, vor allem in jenen mit Regenwäldern
Nutzwert: Heilpflanzen, Alkaloide, Milchsaft (Kautschuk), Zierpflanzen wie Oleander und Immergrün

grüne Bäume, die oft Brettwurzeln besitzen, z.B. *Alstonia* und *Dyera. Cerbera* und *Ochrosia* sind kleinere, immergrüne Bäume, die von Madagaskar bis ins nördliche Australien an den Küsten vorkommen. Kleinere, laubwerfende Bäume wie *Carissa, Wrightia* und *Holarrhena* sind zerstreut in den laubwerfenden Wäldern Afrikas und Indiens anzutreffen. Immergrüne Bäume und Sträucher sind häufiger, so z.B. *Rau-*

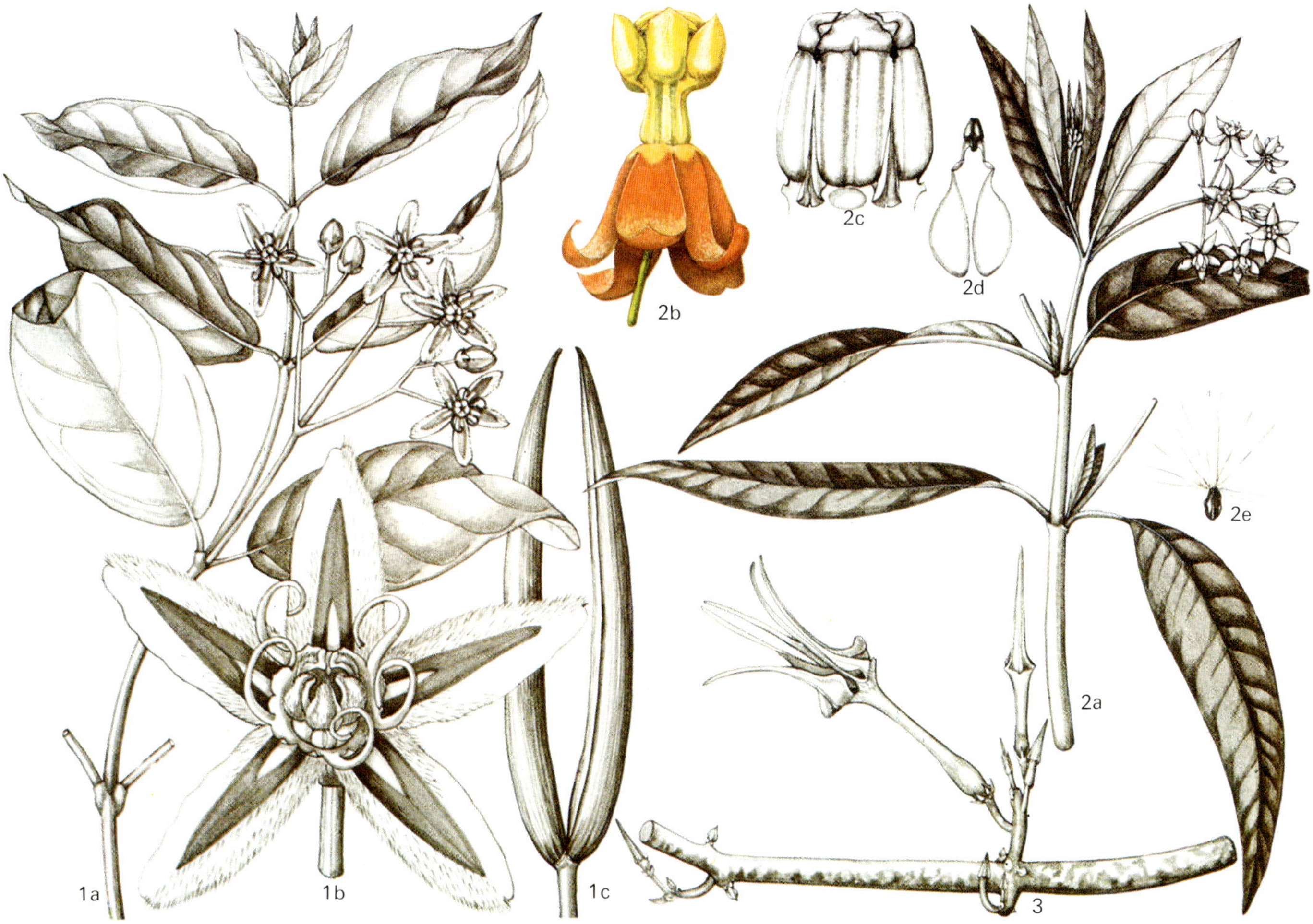

ASCLEPIADACEAE. 1. *Periploca graeca:* **a)** Trieb mit gegenständigen Blättern und seitlichem Blütenstand (× ²/₃); **b)** Blüte mit eingerollten Nebenkronzipfeln (× 3); **c)** Frucht aus 2 Bälgen (× ²/₃). **2.** *Asclepias curassavica:* **a)** Sproß mit doldigem Blütenstand (× ²/₃); **b)** Blüte mit zurückgeschlagenen Kronblättern und Nebenkrone (× 3); **c)** Gynostegium (Narbenkopf und damit verklebte Staubbeutel) (× 10); **d)** Pollinien mit Translatoren und Klemmkörper (× 14); **e)** Samen mit endständigem Haarschopf (× 10). **3.** *Ceropegia stapeliiformis:* Zweig mit Blüten, deren Kronröhre an der Basis erweitert ist (× ²/₃).

volfia und *Tabernaemontana* (tropisches Amerika, Indien, Burma und Malesien) sowie *Acokanthera*. Die weiterum angepflanzte *Plumeria* stammt aus Mittelamerika. In den Wäldern von Südamerika, Afrika und Madagaskar wachsen zahlreiche Lianen, z.B. *Landolphia*. Oleander (*Nerium*) bevorzugt wassernahe Standorte des Mittelmeergebietes.
Merkmale: Die Blätter sind einfach, gegen- oder quirlständig und tragen selten Nebenblätter. Alle Pflanzenteile führen Milchsaft. Der Blütenstand ist cymös. Die Blüten sind zwitterig, radiär und oft groß, prächtig und duftend. Es sind meist 5 zu einer Röhre verwachsene Kelch- und 5 unten ebenfalls zu einer Röhre verwachsene Kronblätter mit freien Zipfeln vorhanden. Die Staubbeutel der 5 Staubblätter sind miteinander verklebt. Der Fruchtknoten ist ober- oder halbunterständig und besteht aus 2 verwachsenen oder freien Fruchtblättern. Er ist ungefächert oder zweifächerig, mit 2 bis zahlreichen hängenden, anatropen Samenanlagen. Die oft zweiteiligen Früchte sind entweder fleischige Schließfrüchte oder trocken und aufspringend. Die Samen können Endosperm enthalten; der Embryo ist gerade.
Systematik: Die Apocynaceae werden in 2 Unterfamilien aufgeteilt – die PLUMERIOI-

DEAE (Staubblätter frei vom Narbenkopf, Staubbeutel in der ganzen Länge mit Pollen, Samen meist kahl) und die APOCYNOI-DEAE (Staubblätter fest mit dem Narbenkopf verklebt, Staubbeutel am Grunde leer, Samen behaart). Die Familie ist mit den Asclepiadaceae sehr nah verwandt.
Nutzwert: Aus *Cerbera, Thevetia, Apocynum, Nerium, Strophanthus* und *Acokanthera* werden Herzglykoside gewonnen. *Strophanthus*-Samen liefern u.a. Ouabain. *Rauvolfia* enthält Alkaloide, darunter Reserpin. Der Milchsaft einiger Arten von *Landolphia, Carpodinus, Hancornia, Funtumia* und *Mascarenhasia* ist wirtschaftlich wichtig (Kautschuk). Zierpflanzen liefern *Amsonia, Nerium* (Oleander), *Vinca* (Immergrün), *Carissa, Allamanda* (Dschungelglocke), *Plumeria, Thevetia* («Gelber Oleander») und *Mandevilla*. H.P.W.

ASCLEPIADACEAE
Seidenpflanzengewächse
Die Asclepiadaceae sind eine recht große Familie, am bekanntesten durch die Zierpflanzen der Gattungen *Asclepias* (Seidenpflanzen) und *Hoya* (Wachsblume).
Verbreitung: Die Familie ist vor allem tropisch und subtropisch verbreitet (mit zahlreichen Vertretern in Südamerika). Es gibt mehrere große Gattungen im südlichen

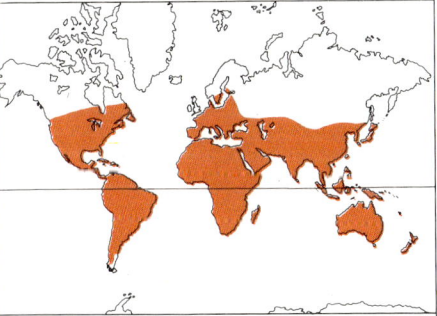

Gattungen: rund 250
Arten: 1800 bis 2000
Verbreitung: hauptsächlich tropisch und subtropisch, mit Schwerpunkten in Südamerika und im südlichen Afrika
Nutzwert: viele Zierpflanzen (z.B. Seidenpflanzen), billige «Daunen» aus Samenhaaren, lokale medizinische Verwendung

Afrika; in gemäßigten Gebieten kommen gewöhnlich nur sehr wenige vor.
Merkmale: Die Asclepiadaceae sind Stauden, Sträucher, holzige Kletterpflanzen oder Bäume, die manchmal sukkulent sind und meist Milchsaft enthalten. Die Blätter sind meist gegen- oder quirl-, selten wechselständig, einfach und meist ganzrandig;

OLEACEAE. 1. *Forsythia viridissima:* **a)** Zweig mit Blüten am vorjährigen Holz (× ²/₃); **b)** Längsschnitt durch Fruchtknoten (× 4); **c)** ausgebreitete Kronröhre, die mit ihr verwachsenen Staubblätter zeigend (× 1). **2.** *Fraxinus platypoda:* **a)** geflügelte Früchte (× ²/₃); **b)** Längsschnitt durch unteren Teil einer Flügelnuß (× 2); **c)** Längsschnitt durch Samen (× 2). **3.** *Phillyrea vilmoriniana:* fleischige Früchte (× ²/₃). **4.** *Syringa vulgaris:* **a)** Blätter und Blütenstand (× ²/₃); **b)** halbierte Blüte (× 1¹/₂); **c)** Fruchtknoten im Längsschnitt (× 6); **d)** ausgebreitete Krone, Staubblätter mit der Krone verwachsen (× ²/₃); **e)** aufspringende Früchte – zweifächerige Kapseln (× ²/₃).

bei einigen sukkulenten Sippen sind sie hinfällig oder verkümmert. Normalerweise sind winzige Nebenblätter vorhanden. Der Blütenstand ist meist cymös; er kann aber auch razemös bzw. doldig sein. Die Blüten sind radiär und zwitterig. Der aus 5 teilweise verwachsenen Blättern bestehende Kelch ist tief geteilt, wobei das fünfte Blatt adaxial steht. Die Krone ist aus 5 verwachsenen Kronblättern mit gedrehten oder klappigen Zipfeln zusammengesetzt. Krone und Staubblätter können verschiedenartige Anhängsel tragen, die eine doppelte oder einfache Nebenkrone bilden. Die Filamente sind kurz oder fehlen ganz; die Staubbeutel sind zweifächerig, die Pollenkörner jeder Staubbeutelhälfte meist zu einem wachsartigen Pollinium verkittet. Jeweils 2 Pollinien sind mit je einem Translator (oder Arm) an einem Klemmkörper befestigt. In der Unterfamilie der Periplocoideae ist der Blütenstaub körnig und in Vierergruppen angeordnet; er wird mittels eines löffelförmigen Translators übertragen, der in einer Klebscheibe endet. Die Translatoren und damit auch die Pollinien haften mittels Klemmkörper oder Klebscheiben an Köpfen und Beinen von besuchenden Insekten; diese tragen bei ihrem Wegflug die ganzen Pollinien mit und können diese beim Besuch

anderer Blüten auf der Narbenfläche abstreifen.

Der Fruchtknoten besteht aus 2 fast freien Fruchtblättern mit je einem Griffel, aber mit einem gemeinsamen, fünfeckigen Narbenkopf. Jedes Fruchtblatt enthält zahlreiche Samenanlagen in mehreren Reihen an einer einzigen Plazenta. Die Frucht besteht aus einem Paar von Balgfrüchtchen (von denen oft nur eines voll entwickelt ist). Die Samen sind meist abgeflacht und tragen einen Schopf von langen, seidigen Haaren.

Systematik: Es gibt 2 Unterfamilien:

Periplocoideae: Pollen körnig und in Vierergruppen.

Asclepiadoideae: Pollen zu Pollinien verkittet; 4 Tribus: Asclepiadeae, Secamoneae, Tylophoreae (zu ihnen gehören sukkulente Vertreter, z.B. *Ceropegia* und *Stapelia*) und Gonolobeae.

Die Asclepiadaceae sind mit den Apocynaceae nah verwandt; sie unterscheiden sich von ihnen durch ihr stark spezialisiertes Androeceum, den Bestäubungsmechanismus und die Verklebung der Staubbeutel mit dem Narbenkopf.

Nutzwert: In wärmeren Gebieten werden verschiedene Gattungen als Zierpflanzen gezogen, z.B. die Seidenpflanzen der Gattung *Asclepias*, die Wachs- oder Porzellan-

blume *(Hoya carnosa)*, *Stephanotis floribunda* (Kranzschlinge) und zahlreiche Sukkulente wie *Stapelia, Huernia, Caralluma* (Fliegenblume) und *Ceropegia* (Leuchterblume).

In einigen Gebieten werden die Samenhaare als minderwertige «Daunen» verwendet (z.B. im Süden der USA). Verschiedenen Arten schreiben gewisse Indianerstämme medizinische Wirkungen zu (Verwendung als Brech- und Abführmittel). D.B.

OLEACEAE *Ölbaumgewächse*

Die Oleaceae sind eine Familie mittlerer Größe von Bäumen und Sträuchern, die in der tropischen und in den gemäßigten Zonen weitverbreitet sind. Dazu gehören verschiedene Gattungen von wirtschaftlichem oder gärtnerischem Wert, z.B. *Olea* (Ölbaum) *Fraxinus* (Esche), *Jasminum* (Jasmin) und *Syringa* (Flieder).

Verbreitung: Die Familie ist fast weltweit verbreitet. Die 29 Gattungen und 600 Arten zeigen verschiedene Verbreitungsmuster, mit Schwerpunkten in Südostasien und Ozeanien. Gattungen mit eingeschränkter Verbreitung sind *Abeliophyllum* (Korea), *Amarolea* (östliche Teile von Nordamerika), *Haenianthus* (Westindische Inseln), *Hesperelaea* (Nordwesten Mexikos, Insel

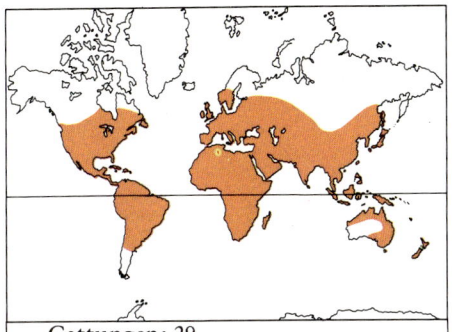

Gattungen: 29
Arten: rund 600
Verbreitung: fast kosmopolitisch, Schwerpunkte in Südostasien und Australasien
Nutzwert: Oliven und Olivenöl, Nutzholz von *Fraxinus*-Arten, Flieder, Forsythien, Jasmin und weitere Zierpflanzen

Guadalupe), *Noronhia* (Madagaskar, Mauritius, Komoren), *Notelaea* (östliches Australien), *Picconia* (Kanarische Inseln, Madeira, Azoren) und *Tessarandra* (Brasilien). Zu den Gattungen mit weiter Verbreitung gehören *Fraxinus* (Eurasien und Nordamerika), *Jasminum* (Eurasien, Afrika, Australien, Ozeanien und tropisches Amerika) und *Ligustrum* (Europa bis in den Norden Irans, Asien, Indomalesien und Neue Hebriden).

Merkmale: Es handelt sich durchwegs um laubwerfende oder immergrüne Holzgewächse (oft Kletterpflanzen). Neben der gewöhnlichen Behaarung sind zusätzliche schuppenförmige Haare vorhanden, was den Zweigen und Blättern ein grauliches oder silbriges Aussehen verleiht. Die Blätter sind meist gegenständig, nebenblattlos, einfach, drei- oder mehrzählig gefiedert, oft ganzrandig oder gelappt. Die Blütenstände sind Dichasien oder Rispen, die oft jedoch zu Trauben oder Büscheln vereinfacht sind. Die Blüten sind zwitterig, selten eingeschlechtig (dann zweihäusig oder polygam). Die Blütenhülle fehlt manchmal; meist sind jedoch je 4 Kelch- und Kronblätter vorhanden. Letztere sind meist zu einer Röhre verwachsen. Die 2 oder 4 Staubblätter setzen mit kurzen Filamenten an den Kronblättern an und wechseln mit den Fruchtblättern ab. Der oberständige Fruchtknoten besteht aus 2 verwachsenen Fruchtblättern mit 2 Fächern; jedes Fach enthält meist 2 (manchmal eine, 4 oder zahlreiche) anatrope Samenanlagen, die an der Spitze, in der Mitte oder am Grund der Scheidewand ansetzen. Der Griffel ist einfach und besitzt eine ungeteilte, zweilappige oder gabelige Narbe. Die Früchte sind verschiedenartig − Kapseln, Beeren, Nüsse, Steinfrüchte oder Flügelnüsse, trocken oder fleischig, aufspringend oder nicht.

Systematik: Die neueste Einteilung gliedert die Familie in 2 Unterfamilien und 7 Tribus:

UNTERFAMILIE OLEOIDEAE

In jedem Fach 2 (selten mehr) hängende Samenanlagen; Kronblätter meist zu viert, gelegentlich zu fünft oder sechst, manchmal fehlend.

FRAXINEAE: Frucht trocken, nicht aufspringend (Flügelnuß); sommergrün, Blätter unpaarig gefiedert, selten dreizählig oder mit gegliedertem Blattstiel; einzige Gattung: *Fraxinus*.

OLEEAE: oft immergrün, Frucht fleischig (Steinfrucht oder Beere) oder eine zweifächerige Kapsel; Blätter einfach, selten gelappt oder fiederschnittig; *Syringa, Ligustrum, Olea, Tetrapilus, Linociera, Haenianthus, Tessarandra, Noronhia, Notelaea, Gymnelaea, Amarolea, Osmanthus, Siphonosmanthus, Phillyrea, Picconia, Hesperelaea.*

UNTERFAMILIE JASMINOIDEAE

Eine, 4 oder zahlreiche Samenanlagen pro Fach; falls 2, aufsteigend, Kronblätter 4 bis 12, nie fehlend.

JASMINEAE: niedrige Sträucher mit einfachen oder fiederschnittigen Blättern, oder dann aufrechte oder kriechende Sträucher, oder holzige Kletterpflanzen mit unpaarig gefiederten Blättern (drei- oder einzählig). Große Krone mit gut ausgebildeter Röhre und 4 bis 12 Zipfeln. Frucht eine Kapsel oder Beere; *Menodora, Jasminum.*

FONTANESIEAE: Sträucher mit einfachen Blättern. Krone mit freien oder am Grunde paarig verwachsenen Kronblättern; Schließfrucht zusammengedrückt, von einem Flügel umgeben; einzige Gattung: *Fontanesia.*

FORSYTHIEAE: laubwerfende Sträucher mit einfachen, dreilappigen oder dreizählig gefiederten Blättern; Krone verwachsen, vierzipflig; ledrige oder harte Kapsel oder Flügelnuß; *Abeliophyllum, Forsythia.*

SCHREBEREAE: immergrüne Sträucher oder Bäume mit unpaarig gefiederten oder einfachen Blättern; Krone verwachsen, mit 4 Zipfeln; Frucht eine holzige Kapsel; *Comoranthus, Schrebera, Noldeanthus.*

MYXOPYREAE: Kletterpflanzen; Blätter einfach; Krone verwachsenblättrig, mit kurzer Röhre und 4 Zipfeln; fleischige Frucht; einzige Gattung: *Myxopyrum.*

Die Verwandtschaft dieser Familie ist ungeklärt. Sie zeigt Ähnlichkeiten mit den anderen Familien der Gentianales, zu denen sie hier gerechnet wird, unterscheidet sich jedoch von ihnen, z.B. in der Plazentation und im Bau des Androeceums. Die Familie ist auch schon, zusammen mit den Loganiaceae, zu einer eigenen Ordnung Loganiales oder zu einer eigenen Ordnung, Ligustrales, gestellt worden. Sie zeigt Merkmale, die für eine Ableitung von Familien mit freien Kronblättern sprechen.

Nutzwert: Die wichtigste Art ist der Öl- oder Olivenbaum *(Olea europaea)*. Verschiedene Gattungen liefern wertvolle Bäume oder Sträucher, die in Parkanlagen oder Gärten angepflanzt werden. *Fraxinus* umfaßt u.a. die Gemeine Esche *(Fraxinus excelsior)*, die ein wertvolles Nutzholz liefert, die Weiß-Esche *(F. americana)* und die Manna-Esche *(F. ornus)*, die in Sizilien wegen ihres süßen Saftes angepflanzt wird (Manna). *Forsythia* umfaßt verschiedene Arten frühblühender Sträucher, deren Blüten vor den Blättern erscheinen, vor allem *Forsythia suspensa* und *F. viridissima* (beide aus China) sowie deren Hybriden *(F. × intermedia). Jasminum*, eine tropische und subtropische Gattung mit 200 bis 300 Arten, enthält mehrere beliebte und weiterum angepflanzte Arten, u.a. den Echten Jasmin, *Jasminum officinale*, und den Winter-Jasmin, *J. nudiflorum*; einige Arten werden wegen Geruchsstoffen kultiviert, z.B. *J. sambac. Ligustrum* umfaßt verschiedene Zierbäume und -sträucher, die manchmal in Hecken gepflanzt werden, u.a. Liguster, *L. vulgare* (Europa und Mittelmeergebiet). Arten von *Osmanthus* (Duftblüte) und *Siphonosmanthus* werden zur Zierde angepflanzt; in China verwendet man die wohlriechenden Blüten und Blätter von *Osmanthus fragrans* zum Parfümieren von Tee. *Syringa vulgaris*, der Gemeine Flieder, ist einer der bekanntesten Gartensträucher. Auch andere Arten werden als Ziersträucher gezogen. V.H.H.

POLEMONIALES
Sperrkrautartige

NOLANACEAE

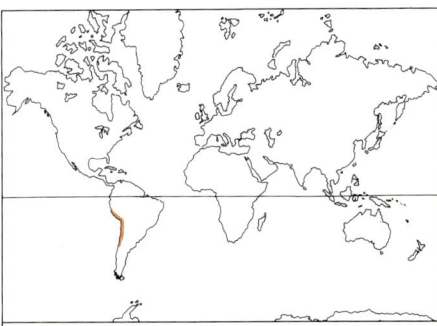

Gattungen: 2
Arten: 83
Verbreitung: Chile und Peru
Nutzwert: einige Zierpflanzen

Die Nolanaceae sind eine kleine, eigenartige Familie von Kräutern und niedrigen Sträuchern, von denen viele an Meeresküsten wachsen und fleischige Blätter tragen.

Verbreitung: Die Familie ist auf Südamerika beschränkt.

Merkmale: Die Blätter sind wechselständig, einfach, oft fleischig und mit Drüsenhaaren besetzt. Nebenblätter fehlen. Die zwitterigen und radiären Blüten erscheinen einzeln in den Blattachseln. Es sind 5 verwachsene und bleibende Kelchblätter vorhanden. In der Knospe ist die Krone wie ein Fächer gefaltet; die fünfzipfligen, blauen bis rosaroten oder weißen Blüten öffnen sich glocken- oder trichterförmig. Die 5 Staubblätter sind ungleich und wechseln mit den Kronzipfeln ab. Der Diskus ist gut ausgebildet, der Griffel einfach und die Narbe zwei- bis fünflappig. Der oberständige Fruchtknoten mit zentralwinkelständigen Samenanlagen weist 5 Fruchtblätter auf, die oft längs- oder quergeteilt sind, so daß 10 bis 30 Abschnitte entstehen. Die Teilfrüchte sind nußartig, ein- bis siebensamig und entsprechen in der Zahl den Abschnitten der Fruchtblätter. Die Samen enthalten Endosperm.

1a

1b

1c

2a

2b

3a

3b

4a

4b

5

Systematik: Die 6 *Alona*-Arten sind niedrige Sträucher, bei denen die Teilfrüchte wenig voneinander abgesetzt sind. Die 77 Arten von *Nolana* sind Kräuter oder niedrige Sträucher, deren Teilfrüchte stärker abgesetzt oder vollständig getrennt und oft längs und quer noch weiter aufgeteilt sind. Die Familie gleicht den Convolvulaceae und Boraginaceae, wird jedoch als den Solanaceae am nächsten stehend betrachtet.

Nutzwert: Einige *Nolana*-Arten, vor allem die chilenische *Nolana paradoxa*, werden als einjährige Gartenpflanzen gezogen.

D.M.M.

SOLANACEAE *Nachtschattengewächse*

Die kosmopolitischen Nachtschattengewächse sind vorwiegend Kräuter, seltener Sträucher oder Bäume. Selbst wenn man nur ihren direkten Nutzen für die Menschheit betrachtet, können sie als eine der wichtigsten Pflanzenfamilien gelten. Sie umfassen nicht nur wichtige Früchte und Gemüse wie Kartoffeln, Tomaten, Auberginen, Paprika, Chilis und Kapstachelbeeren, sondern auch Gartenzierpflanzen wie etwa die Petunien. Viele Arten sind giftig (z. B. Tollkirsche).

Verbreitung: Die Familie ist in der tropischen und den gemäßigten Zonen weit verbreitet. Solanaceae kommen in allen Erdteilen (ohne Antarktika) vor, sind aber besonders reich entwickelt in Mittel- und Südamerika, wo rund 40 Gattungen endemisch sind. Die starke Häufung in Südamerika hat zur Annahme geführt, die Familie sei dort entstanden.

Merkmale: Die meisten Solanaceae sind aufrechte oder kletternde, ein- oder mehrjährige Kräuter, einige von ihnen Sträucher (z. B. *Lycium* und *Cestrum*) und wenige kleine Bäume (z. B. einige *Cyphomandra*-Arten und *Dunalia*). Die Blätter sind in Größe und Form mannigfaltig, einfach oder verschiedenartig geteilt und meist welchselständig. Nebenblätter fehlen immer. Die typischen Blütenstände sind achselständige Cymen oder Thyrsen, in einigen Fällen aber auf eine Einzelblüte vereinfacht (z. B. bei *Datura*). Die zwitterigen Blüten sind meist radiär und bestehen in der Regel aus 5 Kelch- und 5 Kronblättern. Die Kelchblätter sind teilweise verwachsen, meist bleibend und oft an der Frucht vergrößert (z. B. bei *Physalis* und *Nicandra*). Die Kronblätter sind auf verschiedene Weise verwachsen; die Krone erscheint rund und flach (z. B. bei *Solanum* und *Lycopersicon*), glockenförmig (z. B. bei *Nicandra*, *Withania* und *Mandragora*) oder

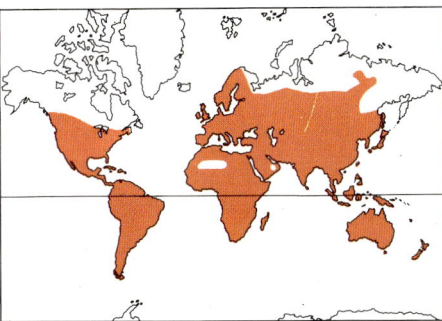

Gattungen: rund 90
Arten: 2000 bis 3000
Verbreitung: kosmopolitisch, mit Schwerpunkten in Mittel- und Südamerika
Nutzwert: Nahrungspflanzen (Kartoffel, Aubergine, Tomate, Paprika), Zierpflanzen, in der Medizin verwendete Alkaloide und Tabak

röhrenförmig (z. B. bei *Cestrum* und *Nicotiana*), selten zweilippig (z. B. bei *Schizanthus*). Die 5 (selten 4) Staubblätter sind mit der Kronröhre verwachsen und wechseln mit den Kronzipfeln ab. Die Staubbeutel berühren sich meist, ohne verklebt zu sein; alle sind gleich (selten ungleich wie bei *Browallia*) und reißen gegen innen oder mit Endporen auf. Der oberständige Fruchtknoten besteht aus 2 (selten 3 bis 5) verwachsenen Fruchtblättern mit einem einzigen Griffel, meist 2 (manchmal mehr) Fächern und im allgemeinen zahlreichen zentralwinkelständigen Samenanlagen. Die vielsamige Frucht ist entweder eine Beere (z. B. bei *Solanum*, *Atropa*, *Saracha* und *Lycopersicon*) oder weniger oft eine Kapsel (z. B. bei *Petunia*, *Datura*, *Hyoscyamus*, *Scopolia* und *Salpiglossis*). Die Samen enthalten reichlich Endosperm.

Systematik: Mehr als 90 Gattungen mit zwischen 2000 und 3000 Arten wurden zu den Solanaceae gezählt. Die Familie kann in 5 Tribus gegliedert werden, von denen die ersten 3 gekrümmte, die übrigen gerade oder nur schwach gekrümmte Embryonen haben.

NICANDREAE: Fruchtknoten ungleich drei- bis fünffächerig; die einzige Gattung ist *Nicandra* (eine Art, *N. physalodes*).

SOLANEAE: Fruchtknoten meist zweifächerig; u. a. *Lycium* (80 bis 90 Arten), *Atropa* (4 Arten), *Hyoscyamus* (20 Arten), *Physalis* (100 Arten), *Capsicum* (50 Arten), *Solanum* (rund 1700 Arten), *Lycopersicon* (7 Arten) und *Mandragora* (6 Arten).

DATUREAE: Fruchtknoten mit 4 gleichen Fächern; nur *Datura* (10 Arten) und *Solandra* (10 Arten).

CESTREAE: 5 fruchtbare Staubblätter; umfassen z. B. *Cestrum* (150 Arten), *Nicotiana* (21 Arten) und *Petunia* (40 Arten).

SALPIGLOSSIDEAE: 2 bis 4 fruchtbare Staubblätter; hiezu gehören *Salpiglossis* (18 Arten) und *Schizanthus* (15 Arten).

Die Familie ist mit den Scrophulariaceae nah verwandt, von denen sie sich leicht am Phloem innerhalb des Xylems unterscheiden läßt. Die Blütenhüllen liefern ebenfalls ein Unterscheidungsmerkmal: Die

SOLANACEAE. 1. *Salpiglossis atropurpurea*: **a)** Blütentrieb (× ²/₃) **b)** Teil einer Blüte mit je 2 ungleich langen Staubblättern und einem verkümmerten Staubblatt (× 1¹/₃) **c)** Frucht (× 2). **2.** *Datura stramonium* var. *tatula*: **a)** blühender Sproß (× ²/₃) **b)** Frucht – eine Kapsel (× ²/₃). **3.** *Solanum rostratum*: **a)** Blütentrieb (× ²/₃) **b)** Blüte nach Entfernen von 2 Kron- und 2 Staubblättern (× 2). **4.** *Physalis alkekengi*: **a)** Sproß mit von den bleibenden, orangeroten Kelchen umschlossenen Früchten (× ²/₃) **b)** Frucht, Kelch teilweise entfernt (× ²/₃). **5.** *Nicotiana tabacum*: Querschnitt durch den zweifächerigen Fruchtknoten mit zentralwinkelständiger Plazentation (× 6).

jenigen der Scrophulariaceae sind meist zygomorph, jene der Solanaceae meist radiär. Unter anderen stellt die Gattung *Schizanthus* mit ihren stark zygomorphen Blüten einen Grenzfall dar. Obschon sie manchmal zu den Scrophulariaceae gezählt wird, paßt sie mit ihren anatomischen Merkmalen und ihrem Blütenstand besser zu den Solanaceae. Die Familie zeigt außerdem Ähnlichkeiten mit den Nolanaceae, Convolvulaceae, Boraginaceae und Gesneriaceae.

Nutzwert: Verschiedene Arten von *Browallia*, *Brunfelsia*, *Datura* (Stechapfel), *Nicotiana* (Tabak), *Nierembergia* (Weißbecher), *Petunia*, *Salpiglossis* (Trompetenzunge), *Schizanthus* (Spaltblume), *Solanum* (Nachtschatten) und *Solandra* werden wegen der prächtigen Blüten kultiviert. Einige Arten von *Capsicum* (Paprika) und *Solanum* pflanzt man vielerorts ihrer farbenfrohen Früchte wegen, während gewisse Arten von *Cestrum* (Hammerstrauch), *Lycium* (Bocksdorn), *Solanum* und *Streptosolen* beliebte Sträucher sind. Zu *Physalis* gehört die Judenkirsche, *Ph. alkekengi*, die sehr oft für Trockenblumenarrangements verwendet wird.

Zu den bekanntesten Nahrungspflanzen unter den Solanaceen gehören die Kartoffel (*Solanum tuberosum*), die Aubergine (*S. melongena*), die Tomate (*Lycopersicon esculentum*) und Paprika (mehrere *Capsicum*-Arten, u. a. Gewürzpaprika und Chilis). Zu den Kulturpflanzen, die im tropischen Amerika sehr beliebt, anderswo aber wenig bekannt sind, gehören *Physalis pubescens*, *Ph. ixocarpa*, die Kapstachelbeere (*Ph. peruviana*), die Baumtomate (*Cyphomandra betacea*), der «Pepino» (*Solanum muricatum*), *S. topiro*, *S. hirsutissimum* und die Quito-Orange (*S. quitoense*).

Der Tabak (*Nicotiana tabacum*) wird weitherum zum Rauchen, Kauen und Schnupfen angepflanzt und gehört zu den bekanntesten und zugleich schädlichsten Pflanzen der Welt. Viele *Nicotiana*-Arten enthalten das stark giftige Alkaloid Nikotin, das mit Erfolg als wirksames Insektenvertilgungsmittel eingesetzt wird.

Die meisten Solanaceen-Gattungen enthalten Arten, die sowohl giftig als auch medizinisch wertvoll sind. Zu den weniger bekannten Beispielen gehören *Cestrum*, *Nicandra* (Giftbeere) und *Physalis*. Die berüchtigten Giftpflanzen sind jedoch die Tollkirsche (*Atropa belladonna*), der Stechapfel (*Datura stramonium*), die Alraune (*Mandragora officinarum*) und das Bilsenkraut (*Hyoscyamus niger*). Seit urdenklichen Zeiten haben diese Pflanzen medizinische Verwendung gefunden. Sie enthalten Alkaloide der Tropangruppe. Steroid-Alkaloide sind für viele Arten von *Solanum* und einige von *Capsicum* und *Lycopersicon* typisch.

J.M.E.

CONVOLVULACEAE
Windengewächse

Die Convolvulaceae bilden eine Familie von krautigen oder holzigen, oft kletternden Pflanzen; einige Vertreter sind als Nahrungsquellen, Unkräuter und Zierpflanzen wichtig.

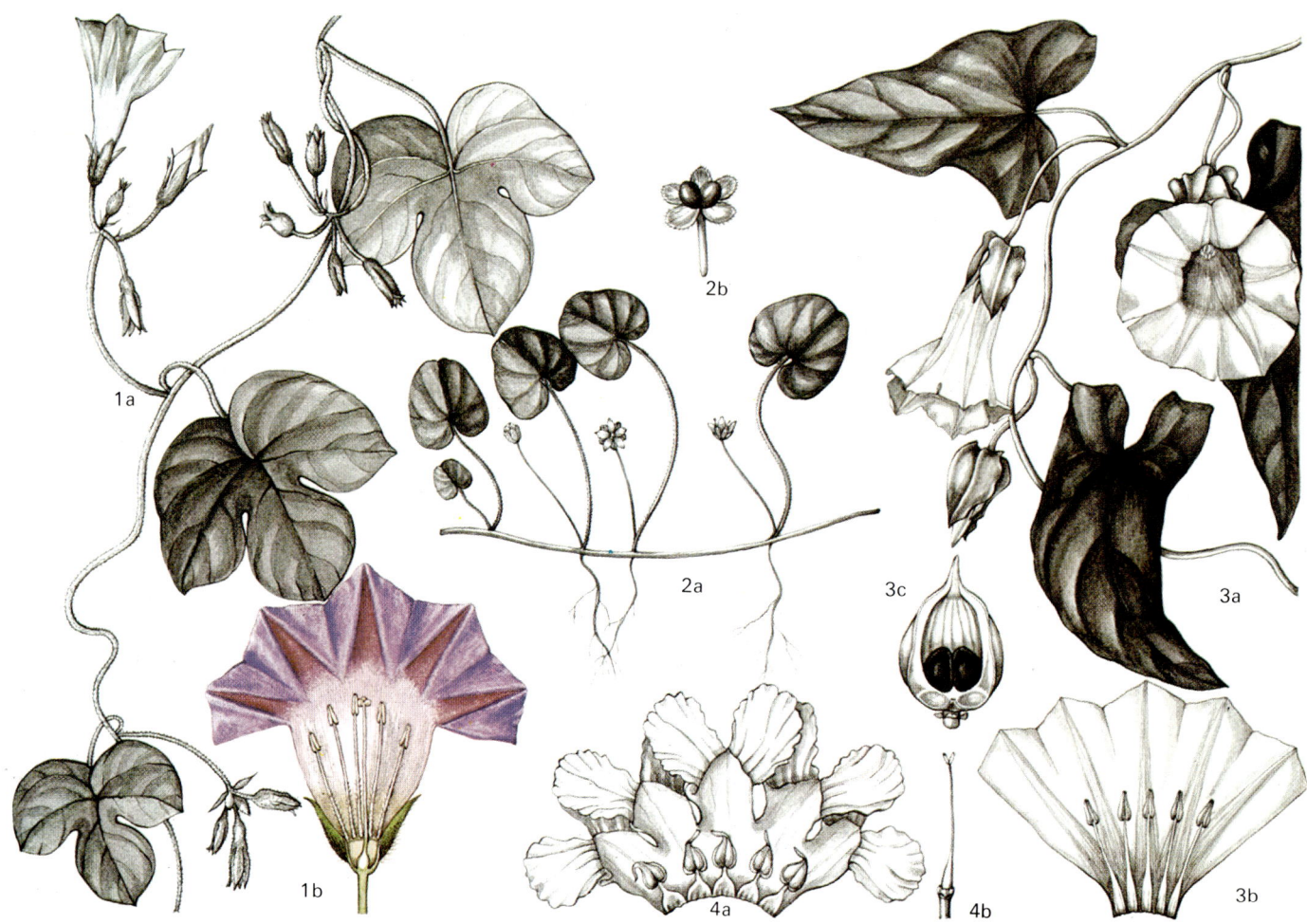

CONVOLVULACEAE. 1. *Ipomoea purpurea:* a) windender Stengel mit seitlichen Blütenständen (× ²/₃); b) Blüte – Krone aufgeschnitten, an deren Grund ansetzende Staubblätter, oberständiger Fruchtknoten mit dünnem Griffel und gelappter Narbe (× 1). 2. *Dichondra repens:* a) Habitus (× ²/₃); b) Frucht, aus 2 Teilfrüchten bestehend (× 2). 3. *Calystegia sepium:* a) windender Stengel mit achselständigen Einzelblüten (× ²/₃); b) ausgebreitete Krone und mit ihr verwachsene Staubblätter (× 1); c) Frucht, Teil der Wand entfernt (× 1). 4. *Erycibe paniculata:* a) ausgebreitete Krone, jeder Zipfel in 2 Lappen endend, am Grunde verbreiterte Filamente (× ²/₃); b) Gynoeceum (× 3).

Verbreitung: Die Familie ist weltweit in allen gemäßigten und tropischen Gebieten und an vielen verschiedenen Standorten anzutreffen.

Viele Vertreter besitzen lange, kriechende oder windende Stengel (z.B. *Ipomoea* und *Calystegia*) und sind vor allem typisch für eine reiche Buschvegetation oder für offene, trockenere Standorte (u.a. Sanddünen). In trockenem Mittelmeer- oder Halbwüsten-Klima kommen häufiger Sträucher vor, deren Jungtriebe oft kriechen oder klettern. Die holzigen Arten sind vor allem für tropische und subtropische Gebiete typisch. Im Trockenbusch oder in Savannen kommen große Sträucher oder gar Bäume von über 10 m Höhe vor. Einige Arten haben sich an Standorten wie Salzmarschen, Berggipfeln und im Süßwasser angesiedelt. *Cuscuta* (Seide) lebt mehr oder weniger parasitisch.

Merkmale: Die gegenständigen Blätter sind einfach und tragen selten Nebenblätter. Die radiären Zwitterblüten sind oft mit einer Hochblatthülle versehen. Sie bestehen aus 5 freien, manchmal verwachsenen Kelchblättern, 5 verwachsenen Kronblättern und 5 am Grunde mit ihnen verwachsenen Staubblättern. Der oberständige Fruchtknoten weist 2 (selten 3 bis 5) verwachsene Fruchtblätter auf. Sie bilden 2 Fächer, von denen

Gattungen: rund 50
Arten: rund 1800
Verbreitung: kosmopolitisch
Nutzwert: Zierpflanzen, z.B. *Ipomoea* (Prunkwinde), Nahrungspflanzen (Batate), daneben viele andere Verwendungszwecke

jedes 2 (selten eine bis 4) zentralwinkelständige Samenanlagen enthält. Der Griffel kann einfach oder gegabelt sein; die Narben sind einfach, gelappt oder kopfig. Die Frucht ist eine Kapsel. Die Samen sind manchmal behaart, enthalten wenig Endo-

sperm und einen gekrümmten Embryo mit oft gefalteten Keimblättern.

Systematik: Der Bau von Fruchtknoten, Griffel und Narben gilt als wichtiges Unterscheidungsmerkmal der 3 bis etwa 10 Tribus (je nach Ansicht). Die eigenständigsten Tribus, die DICHONDREAE (2 Gattungen, *Dichondra* und *Falkia*), die HUMBERTIEAE (eine Gattung, *Humbertia*) und CUSCUTEAE (eine Gattung, *Cuscuta*) werden manchmal als selbständige Familien abgetrennt, nämlich als Dichondraceae, Humbertiaceae bzw. Cuscutaceae.

Die Convolvulaceae sind eng verwandt mit den Solanaceae, Boraginaceae und Polemoniaceae.

Nutzwert: Die wichtigste Kulturpflanze ist *Ipomoea* (Batate oder Süßkartoffel); Hunderte von Varietäten werden in allen tropischen Gebieten angepflanzt; manche unter dem unrichtigen Namen «Yams». Japan ist ein wichtiges Erzeugerland. Auch viele andere Arten dieser Familie werden lokal gegessen (vor allem in Hungerperioden) oder als Medizin verwendet. Die Wurzeln von *Convolvulus scammonia* und von *Ipomoea purga* (die Purgier-Trichterwinde) liefern Drogen (Scammonium bzw. Jalapawurzel), die als Abführmittel dienen. Eine ganze Anzahl von Arten, vor allem der Gat-

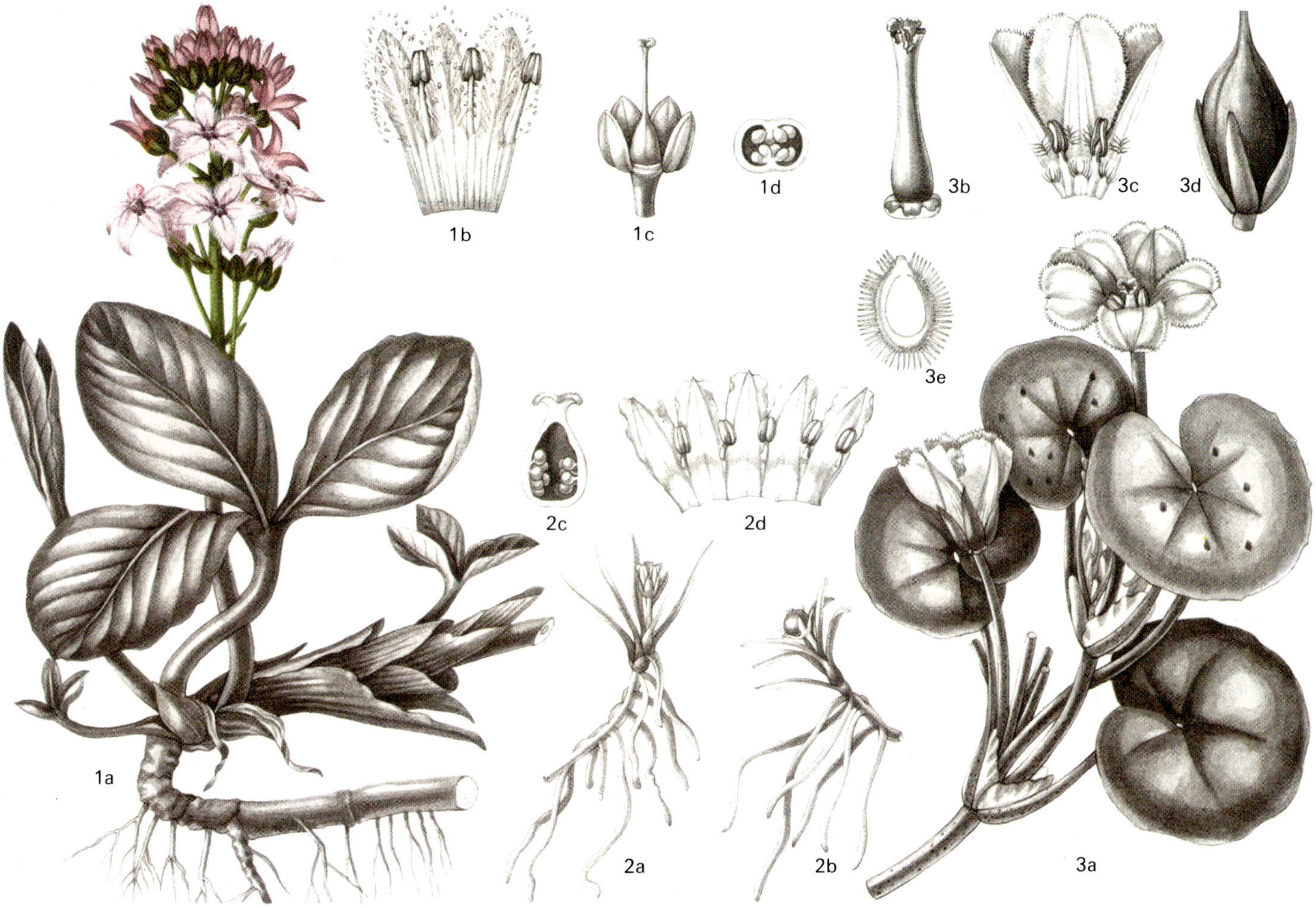

MENYANTHACEAE. 1. *Menyanthes trifoliata:* a) Habitus, dreizählig gefiederte Blätter und behaarte Blüten in aufrechter Traube (× ²/₃); b) Teil der behaarten Krone, mit ihr verwachsene Staubblätter (× 2); c) Gynoeceum und Kelch (ein Kelchblatt entfernt) (× 2); d) Querschnitt durch den einfächerigen Fruchtknoten, mit Samenanlagen an 2 parietalen Plazenten (× 4). **2.** *Liparophyllum gunnii:* ganze Pflanze a) mit Blüte und b) mit Frucht (× ²/₃); c) Längsschnitt durch Gynoeceum (× 4); d) ausgebreitete Krone, mit ihr verwachsene Staubblätter (× 3). **3.** *Nymphoides peltata:* a) Trieb mit Blättern und Einzelblüten (× ²/₃); b) Gynoeceum (× 2); c) Teil der Krone, mit ihr verwachsene Staubblätter und am Grunde Haarleisten (× 1); d) Kapsel (× 1); e) Same (× 3).

tungen *Convolvulus* (Winde) und *Ipomoea* (Prunkwinde) werden als Zierpflanzen gezogen, besonders *I.purpurea.*   C.A.S.

MENYANTHACEAE
Fieberkleegewächse

Die Menyanthaceae sind eine kleine Familie von Wasser- oder Sumpfpflanzen, zu denen einige hübsche Zierpflanzen gehören.

Verbreitung: Die Gattung *Nymphoides* ist beinahe kosmopolitisch; *Menyanthes* und *Nephrophyllidium* findet man auf der nördlichen Hemisphäre, während *Liparophyllum* und *Villarsia* auf der südlichen Hemisphäre vorkommen.

Merkmale: Die meisten mehrjährigen Arten weisen schopfige Wurzelstöcke oder kriechende Rhizome auf. Einige Arten von *Nymphoides* und *Villarsia* sind einjährig. Die Blätter, mit scheidigem Grund, sind wechselständig, einfach, lineal bis kreisrund oder dreizählig gefiedert und nebenblattlos. Die Blüten sind eingeschlechtig oder zwitterig, radiär und oft heteromorph. Sie erscheinen in Cymen oder Trauben oder in dichten Köpfen. Die 5 bleibenden Kelchblätter sind schwach verwachsen, wie auch die 5 gelb, weiß oder rosa gefärbten Kronblätter, die meist Haare oder Leisten auf ihrer Oberseite tragen. Die 5 Staubblätter

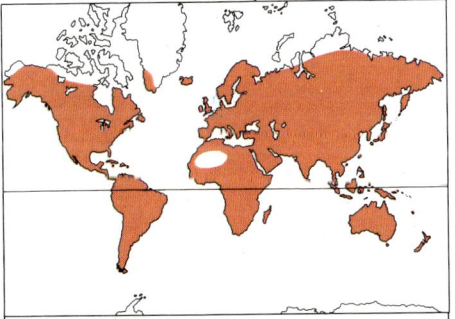

Gattungen: 5
Arten: rund 40
Verbreitung: kosmopolitisch
Nutzwert: beschränkte lokale Verwendung als Nahrungs- und Heilpflanzen; verschiedene Wasserunkräuter

sind mit dem Grund der Kronröhre verwachsen und wechseln mit den Kronzipfeln ab. Die Staubbeutel sind beweglich. Der ober- bis halbunterständige Fruchtknoten besteht aus 2 verwachsenen Fruchtblättern mit wenigen oder zahlreichen, parietalen Samenanlagen. Der Griffel ist zweinarbig, die Frucht eine regelmäßig oder unregelmäßig aufspringende Kapsel, oder etwas fleischig und nicht aufspringend. Die Sa-

men können geflügelt sein; sie enthalten viel Endosperm und einen kleinen Embryo.

Systematik: *Menyanthes* und *Nephrophyllidium*, Kräuter feuchter Standorte mit Wurzelstöcken, enthalten nur je eine Art. *Menyanthes* besitzt dreizählig gefiederte Blätter und ist in der nördlichen borealen Zone weit verbreitet. *Nephrophyllidium* trägt einfache nierenförmige Blätter und ist auf den nördlichen Pazifik von Honshu in Japan bis nach Washington im Nordwesten der USA beschränkt. *Liparophyllum* besteht ebenfalls aus einer Art; ein kleines, kriechendes Kraut mit linealen Blättern, das in Tasmanien und Neuseeland in Bergmooren wächst. *Nymphoides* mit rund 20, meist tropischen Arten zeigt den Habitus von Seerosen. Die etwa 16 Arten von *Villarsia* sind häufig Sumpfpflanzen. Die Mehrzahl der Arten ist in Australien und Südostasien anzutreffen, eine Art in Südafrika. *Nymphoides* und *Villarsia* unterscheiden sich vor allem im Habitus und im Bau ihrer Blüten. Zumindest für die australischen Arten ist diese Unterscheidung aber unbefriedigend, und eine Überprüfung der Gattungseinheiten drängt sich auf.

Die Menyanthaceae sind mit den Gentianaceae verwandt, unterscheiden sich von ihnen jedoch durch ihren Habitus, die wech-

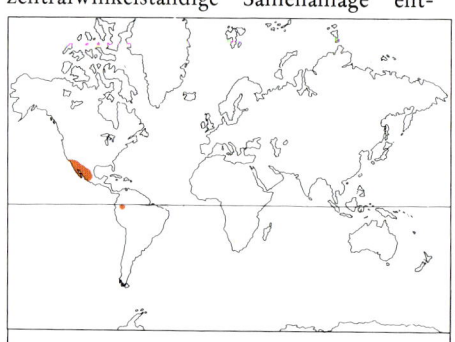

POLEMONIACEAE. 1. *Loeselia cordifolia:* **a)** Sprosse mit gezähnten, gegenständigen Blättern und kleinen cymösen Blütenbüscheln (× ²/₃); **b)** Blüte (× 4); **c)** Längsschnitt durch Fruchtknoten mit Diskus und zentralwinkelständigen Samenanlagen (× 12). **2.** *Linanthus androsaceus:* **a)** blühende Sprosse (× ²/₃); **b)** aufgeschnittene Blüte, sichtbar werden die dem Schlund der langen Kronröhre eingefügten Staubbeutel (× 1). **3.** *Phlox paniculata:* **a)** aufgeschnittene Krone mit ungleich hoch eingefügten Staubblättern (× 1¹/₂); **b)** Teil des Kelches und Gynoeceum (× 1¹/₂); **c)** Querschnitt durch Fruchtknoten (× 14). **4.** *Gilia achilleifolia:* **a)** blühender Sproß (× ²/₃); **b)** aufgeschnittene Blüte, Staubblätter zwischen den Kronzipfeln eingefügt (× 4); **c)** Querschnitt durch Frucht (× 6).

selständigen Blätter und die klappige Anordnung der Kronblätter.

Nutzwert: *Menyanthes* (Fieberklee) enthält das bittere Glykosid Menyanthin, das als Tonikum und fiebersenkendes Mittel Verwendung findet. In Skandinavien werden die Blätter gelegentlich dem Bier beigefügt oder dienen als Tee-Ersatz. In Rußland werden sie in Notzeiten gegessen. Verschiedene *Nymphoides*-Arten (Seekannen) wachsen als Unkräuter in Reisfeldern und Bewässerungskanälen und werden auch als Zierpflanzen gezogen (z.B. *N. cordata*).
C.D.C.

LENNOACEAE
Die Lennoaceae sind eine kleine Familie fleischiger und krautiger Wurzelparasiten.
Verbreitung: Sie wachsen in Wüsten und manchmal in Küstendünen im Südwesten Nordamerikas; eine *Lennoa*-Art ist aus Kolumbien bekannt.
Merkmale: Die Lennoaceae sind einfache oder verzweigte Kräuter ohne Blattgrün (in trockenem Zustand bräunlich) mit schuppenförmigen Blättern. Die radiären, selten zygomorphen Zwitterblüten stehen in Köpfchen oder in dichten Thyrsen. Der Kelch weist 5 bis 10 lange Zipfel auf; die Krone ist stieltellerförmig mit einem fünf-

bis zehnzipfligen Saum. Die Staubblätter sind den Kronzipfeln gleichzählig; sie setzen in einem oder 2 Kreisen im Schlund der Krone an. Die Staubbeutel reißen längs auf. Der oberständige Fruchtknoten zählt 6 bis 14 verwachsene Fruchtblätter und ebensoviele Fächer. Jedes Fach wird durch eine falsche Scheidewand in 2 Teile gespalten, von denen jeder eine einzige, anatrope und zentralwinkelständige Samenanlage ent-

Gattungen: 3
Arten: 4 bis 5
Verbreitung: Südwesten Nordamerikas, Kolumbien
Nutzwert: keiner

hält. Der Griffel ist einfach, die Narbe schildförmig, fein gekerbt oder undeutlich gelappt. Die Frucht ist eine in der bleibenden Blütenhülle eingeschlossene Kapsel mit 12 bis 28 einsamigen Steinkernen. Die Samen enthalten Endosperm und einen kugeligen, fast ungegliederten Embryo.
Systematik: Bei *Ammobroma* (eine Art) ist der Blütenstand ein Köpfchen; die Kelchblätter tragen einfache, steife Haare. Die Blüten der beiden andern Gattungen stehen in achselständigen Cymen, die einen kompakten Thyrsus bilden, während die Kelchblätter Köpfchenhaare besitzen: *Lennoa* (2 bis 3 Arten) besitzt 8 Staubblätter mit teilweise freien Filamenten, die in 2 Kreisen stehen, während *Pholisma* (eine Art) 5 bis 7 Staubbeutel in einem Kreis zeigt mit Filamenten, die vollständig mit der Krone verwachsen sind.
Die Familie wurde früher unter die Ericales eingereiht, wird heute aber aufgrund der Embryologie als den Hydrophyllaceae und Boraginaceae nahestehend betrachtet.
Nutzwert: Die Lennoaceae sind gegenwärtig ohne wirtschaftliche Bedeutung. Der unterirdische Wurzelstock von *Ammobroma* spielte früher für die Ernährung der Indianer in der Sonora-Wüste im Südwesten der USA eine wichtige Rolle.
D.M.M.

POLEMONIACEAE
Sperrkrautgewächse

Die Polemoniaceae, zu denen der prächtige *Phlox* gehört, bilden eine ziemlich kleine Familie. Ihr Habitus reicht von Bäumen und Lianen bis zu kleinen, blattlosen einjährigen Pflanzen. Von besonderem Interesse ist die große Zahl verschiedenartiger Bestäubungsmechanismen, die in der Familie vorkommen.

Verbreitung: Die Familie ist von den Tropen bis zu hohen Breiten beider Hemisphären, jedoch vorwiegend in der Neuen Welt verbreitet. Die meisten Arten sind in Nordamerika anzutreffen, vor allem im westlichen Teil.

Merkmale: Polemoniaceae sind ein- oder mehrjährige Kräuter, weniger oft Sträucher, Lianen oder kleine Bäume mit wechsel- oder gegenständigen, einfachen oder zusammengesetzten Blättern; Nebenblätter fehlen. Die meist radiären, achsel- oder wechselständigen Zwitterblüten stehen einzeln oder in cymösen Büscheln oder Köpfchen. Die 5 Kelchblätter sind zu einer Röhre, selten nur an der Basis verwachsen. Die 5 verwachsenen Kronblätter bilden eine teller- bis rad-, glocken- oder trichterförmige Krone. Die 5 Staubblätter, der Kronröhre angewachsen, wechseln mit den Kronzipfeln ab; die Staubbeutel reißen längs auf. Der oberständige Fruchtknoten steht auf einem Diskus und besteht aus 3 (selten 2 oder 4) verwachsenen Fruchtblättern. Jedes Fach birgt eine bis zahlreiche anatrope, zentralwinkelständige Samenanlagen. Der Griffel trägt eine Narbe mit 3 (selten 2 oder 4) Lappen. Die Frucht, eine fachspaltige Kapsel, enthält zahlreiche Samen, meist mit Endosperm. Der Embryo ist gerade oder schwach gekrümmt; die Samenschale wird bei Befeuchtung oft klebrig.

Die Familie zeigt eine bemerkenswerte Auswahl an Bestäubungsmechanismen. Bestäubung durch Bienen ist unter den nordamerikanischen Polemoniaceae am weitesten verbreitet. Davon unabhängig scheint sich bei verschiedenen Gattungen die Bestäubung durch Kolibris (z.B. *Gilia, Ipomopsis, Loeselia, Polemonium*), durch Fliegen (*Gilia, Linanthus, Polemonium*) und Käfer (*Ipomopsis, Linanthus*) abzuleiten.

Bestäubung durch Schmetterlinge und Nachtfalter ist als Höherentwicklung bei mehreren Gattungen bekannt, während bei den tropischen Tribus Bestäubung durch Fledermäuse (*Cobaea*), Kolibris (*Cantua, Loeselia, Huthia*) und Schwärmer (*Cantua, Cobaea*) sowie durch Bienen (*Bonplandia, Loeselia, Huthia*) vorkommt.

Systematik: Die Familie enthält 5 Tribus:

COBAEEAE: Lianen mit gefiederten Blättern, Einzelblüten und radiärem Kelch; tropisches Amerika; nur eine Gattung, *Cobaea*. Diese Tribus wird manchmal als eigene Familie, Cobaeaceae, betrachtet.

CANTUEAE: kleine Bäume und Sträucher mit einfachen oder fiederschnittigen Blättern, Blüten in achsel- und endständigen Büscheln und mit radiärem Kelch; auf die nördlichen Anden beschränkt; *Cantua, Huthia*.

BONPLANDIEAE: Sträucher oder Kräuter mit einfachen bis fiederschnittigen Blättern und Blüten, die einzeln, paar- oder büschelweise erscheinen; Kelch schwach zygomorph; tropisches Amerika; *Bonplandia, Loeselia*.

POLEMONIEAE: Stauden (selten einjährig) mit einfachen bis gefiederten Blättern und meist krautigem Kelch und an der Krone oft sehr unregelmäßig ansetzenden Staubblättern; gemäßigtes Amerika und Eurasien; *Polemonium, Allophyllum, Collomia, Gymnosteris, Phlox* und *Microsteris*.

GILIEAE: einjährige oder selten mehrjährige Kräuter mit einfachen, ganzrandigen oder stark eingeschnittenen Blättern; Kelch mit häutigen Buchten, die mit der Zeit einreißen; radiäre oder zygomorphe Krone und Staubblätter, die meist regelmäßig im Schlund der Röhre oder zwischen den Kronzipfeln ansetzen: trockenes südwestliches Nordamerika; kommt auch in feuchteren Gebieten und bis ins warmgemäßigte Südamerika vor; *Gilia, Ipomopsis, Eriastrum, Langloisia, Navarretia, Leptodactylon* und *Linanthus*.

Die 5 tropischen Gattungen (Tribus Cobaeeae, Cantueae, Bonplandieae) sind meist Holzpflanzen mit großen bis mittleren Blütenkronen und geflügelten Samen mit wenig oder ohne Endosperm und großen, fleischigen Kotyledonen. Die 13 Gattungen gemäßigter Gebiete (Tribus Polemonieae, Gilieae) hingegen sind häufig krautig und besitzen mittlere bis kleine Kronen, ungeflügelte Samen mit Endosperm und kleinere Kotyledonen.

Die Polemoniaceae sind mit den Hydrophyllaceae nah verwandt. Die beiden Familien bilden innerhalb der Polemoniales eine Gruppe, die Ähnlichkeiten mit einer anderen Sippe, bestehend aus den Nolanaceae, Solanaceae und Convolvulaceae, aufweist.

Nutzwert: Viele Arten von *Polemonium* (Sperrkraut), *Phlox* und *Gilia* werden wegen ihrer farbenprächtigen Blüten als Gartenpflanzen gezogen. D.M.M.

EHRETIACEAE

Die Ehretiaceae sind eine mittelgroße Familie von Bäumen und Sträuchern (sowie einigen Kräutern); sie sind wirtschaftlich bedeutend vor allem wegen einer Anzahl Bäume, die ein hochwertiges Nutzholz liefern.

Verbreitung: Ihre Arten sind in den Tropen und Subtropen zu finden. Die Verbreitungsschwerpunkte liegen in Mittel- und Südamerika.

Merkmale: Die Blätter sind einfach, wechselständig, ganzrandig oder gezähnt; Nebenblätter fehlen. Die Blütenstände sind meist cymös, die Blüten radiär und zwitterig. Der Kelch besteht aus 5 zu einer langen oder kurzen Röhre verwachsenen Blättern. Sie sind meist grün und blattartig, manchmal jedoch häutig und an der Frucht vergrößert. Die Kronblätter verwachsen zu einer Röhre mit 5 (manchmal 4 oder 6) Zipfeln. Die Staubblätter setzen an der Kronröhre an und wechseln mit den Zipfeln ab. Der oberständige Fruchtknoten besteht aus 2 bis 4 verwachsenen Fruchtblättern mit ebenso vielen Fächern, von denen jedes ein Paar grundständiger Samenanlagen birgt. Er trägt meist einen einzigen, endständigen Griffel mit 2 oder 4 Ästen oder Lappen an der Spitze. Einige Arten besitzen 2 Griffel, jeder mit einer einfachen Narbenspitze. Die Frucht (eine Steinfrucht) ist oft vom bleibenden Kelch umschlossen. Endosperm kann den Samen fehlen.

Systematik: Die Gattungen können nach verschiedenen vegetativen oder Blütenmerkmalen getrennt werden, u.a. nach dem Bau des Kelches, des Griffels und der Frucht. Sowohl *Cordia* wie *Patagonula* weisen z.B. zweilappige Griffelschenkel auf; bei ersterer ist der Kelch zur Fruchtzeit nur schwach vergrößert, bei letzterer stark. Sowohl *Rochefortia* (dornige Sträucher) wie *Coldenia* (Kräuter und Sträucher mit behaarten Blättern) zeigen 2 freie Griffel. *Ehretia, Cortesia* und *Saccellium* bringen Blüten mit einem einzigen Griffel hervor, aber nur bei *Saccellium* vergrößert sich der Kelch und hüllt die Frucht ein. Bei *Halgania* sind die Staubbeutel um den Griffel herum zu einem Kegel verklebt; bei *Auxemma* umgibt ein geflügelter Kelch die Frucht.

Die Familie ist zweifellos mit den Boraginaceae verwandt; einige Botaniker vereinigen sie sogar mit ihnen.

Nutzwert: Eine Anzahl von *Cordia*-Arten (*Cordia gerascanthus, C. alba, C. dodecan-*

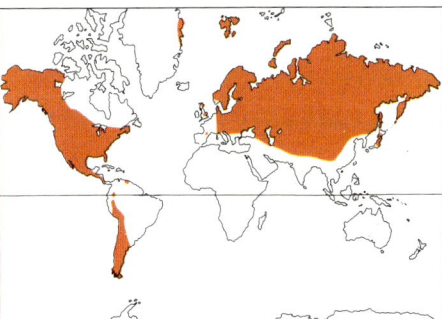

Gattungen: 18
Arten: rund 300
Verbreitung: vor allem Nordamerika, aber auch Chile, Peru, Europa und nördliches Asien
Nutzwert: viele Zierpflanzen, z.B. *Phlox, Polemonium* und *Gilia*

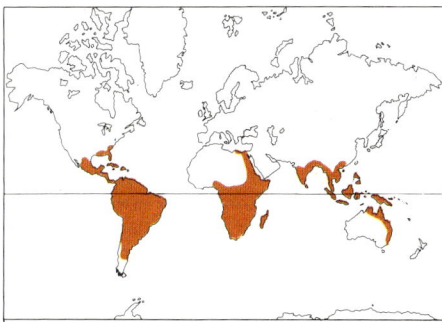

Gattungen: 13
Arten: rund 400
Verbreitung: Tropen und Subtropen, mit Schwerpunkten in Mittel- und Südamerika
Nutzwert: wertvolles Nutzholz, einige eßbare Früchte, ein paar medizinische Absude von beschränkter lokaler Bedeutung

EHRETIACEAE. 1. *Ehretia mossambicensis:* Sproß mit Blütenstand (× ²/₃). **2.** *Ehretia buxifolia:* **a)** Längsschnitt durch Frucht (× 4); **b)** Längsschnitt durch Blüte (× 4). **3.** *Patagonula americana:* blühender und fruchtender Sproß, Früchte mit bleibendem, sternförmigem Kelch (× ²/₃). **4.** *Auxemma oncocalyx:* **a)** Frucht, vom fünfflügeligen Kelch umgeben (× ²/₃); **b)** Querschnitt durch Frucht (× 1¹/₃). **5.** *Halgania littoralis:* Längsschnitt durch Blüte, Staubbeutel zu einer Röhre vereint (× 2). **6.** *Cordia decandra:* Sproß mit Blütenstand (× ²/₃). **7.** *Saccellium lanceolatum:* Sproß mit Blüten und vom aufgeblasenen Kelch umgebenen Früchten (× ²/₃). **8.** *Coldenia procumbens:* **a)** Zweigstück mit Früchten (× ²/₃); **b)** in 4 Teilfrüchte zerfallende Frucht (× 6).

dra und *Cordia alliodora,* aus dem tropischen Mittel- und Südamerika) werden ihres Holzes wegen geschätzt, das zu Möbeln, Balken und Türen verarbeitet wird. Bei einigen Arten sind die Früchte eßbar (*C. gharaf* und *C. rothii* in Afrika und Indien und *C. sebestina* in Mexiko und der Karibik). Ein Absud aus den Blättern und Früchten einiger Arten (z. B. *C. boissieri*) findet bei der Behandlung von Erkältungen Verwendung. In Mexiko dient das Holz von *Ehretia elliptica* zur Herstellung von Griffen für landwirtschaftliche Geräte. Auf den Philippinen werden die Blätter von *E. philippinensis* als Heilmittel gegen Darmkrankheiten (u.a. Ruhr) gebraucht. Zur südamerikanischen Gattung *Patagonula* gehören mindestens 2 Arten, deren Nutzholz geschätzt und zum Bauen sowie für Möbel verwendet wird (*P. americana* und *P. batensis*). S.R.C.

HYDROPHYLLACEAE
Wasserblattgewächse
Die Hydrophyllaceae sind eine eher kleine, aber weitverbreitete Familie von Kräutern und kleinen Sträuchern, zu denen verschiedene hübsche Gartenpflanzen der gemäßigten Zone gehören, u.a. Arten von *Nemophila* (Hainblume), *Wigandia* und *Phacelia* (Büschelschön).

Verbreitung: Die Familie ist fast kosmopolitisch.
Merkmale: Die Vertreter dieser Familie sind ein- oder mehrjährige Kräuter oder Halbsträucher. Die Blätter sind wechselständig (selten gegenständig), meist behaart und drüsig, einfach oder zusammengesetzt und nebenblattlos. Die normalerweise blauen bis violetten, radiären Zwitterblüten stehen oft in Cymen (Wickel) und weisen 5 freie Kelchblätter mit oder ohne Öhr-

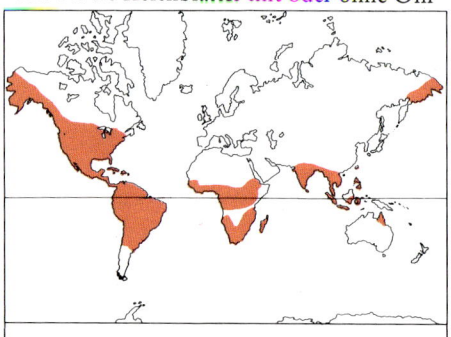

Gattungen: etwa 18
Arten: rund 250
Verbreitung: in allen Erdteilen außer Antarktika und Europa
Nutzwert: verschiedene Zierpflanzen

chen zwischen den Zipfeln auf. Die fünfzipflige Krone ist am Grunde verwachsen, rad-, glocken- oder trichterartig; 5 Staubblätter setzen am Grunde der Kronröhre an. Die Staubblätter besitzen oft ein Paar kleiner Anhängsel am Grunde der Filamente. Diese schützen die Nektarien, welche bestäubende Bienen anlocken. Der oberständige, meist ungefächerte Fruchtknoten besteht aus 2 verwachsenen Fruchtblättern, von denen jedes 2 bis viele sitzende oder hängende Samenanlagen trägt. Es sind ein oder 2 Griffel vorhanden. Die Frucht ist eine fachspaltige Kapsel. Die zahlreichen Samen enthalten einen kleinen, geraden Embryo und fleischiges Endosperm.
Systematik: Da die Familie einheitlich ist, erfolgt die Gliederung in Gattungen vorwiegend künstlich nach Frucht- und Samenmerkmalen. Ihre nächsten Verwandten sind die Polemoniaceae.
Nutzwert: Zu den Hydrophyllaceae gehört eine Anzahl von Gartenzierpflanzen, u.a. *Nemophila* (Hainblume) und *Phacelia*. *P. sericea* mit seidig behaartem Laub und bläulich-violetten oder weißen Kronen, *P. campanularia* mit dunkelblauen Kronen und *P. tanacetifolia* mit farnartig geteilten Blättern und dichten Cymen aus blauen Blüten sind einige Arten der als «Büschel-

HYDROPHYLLACEAE. **1.** *Phacelia minor:* blühender Sproß (× ²/₃). **2.** *P. tanacetifolia:* Längsschnitt durch Blüte, Filamente am Grund mit Anhängseln (× 4). **3.** *P. franklinii:* a) Querschnitt durch den Fruchtknoten mit Samenanlagen an parietalen Plazenten (× 18); b) aufspringende Kapsel mit zahlreichen Samen (× 1¹/₃). **4.** *Hydrolea floribunda:* Staubblatt, links vor dem Aufreißen, rechts danach (× 6). **5.** *H. spinosa:* a) halbierte Blüte (× 4); b) Querschnitt durch Fruchtknoten, Samenanlagen an parietalen, in der Mitte zusammenstoßenden Plazenten (× 10). **6.** *Hydrophyllum virginianum:* a) Sproß mit Fiederblatt und Blüten in köpfchenartiger Cyme (× ²/₃); b) aufspringende Kapsel mit 2 Samen (× 4).

schön» bekannten Gattung. Sie alle sind in Nordamerika heimisch.

Hydrophyllum (vom griechischen «hydro», Wasser, und «phyllon», Blatt, in Anspielung auf die «wässerige» Erscheinung der Blätter gewisser Arten) gab der Familie den Namen. Es sind hauptsächlich Mehrjährige mit vorwiegend grundständigen Blättern und grünlichen, weißen oder violetten Blüten in offenen oder kopfartigen Cymen, mit vorragenden Staubblättern. *Wigandia* umfaßt 6 Arten aus den amerikanischen Tropen. Einige von ihnen werden ihres Laubes wegen angepflanzt, z.B. *Wigandia caracasana* mit langen Blättern und violett-weißen Blüten. B.M.

BORAGINACEAE *Boretschgewächse*

Die Boraginaceae sind eine relativ große Familie von ein- bis mehrjährigen Kräutern, Sträuchern, Bäumen und einigen Lianen. Rund 30 Gattungen werden als Zierpflanzen kultiviert, und verschiedene Arten sind von medizinischem Wert oder werden als Farbstoffe oder Küchenkräuter verwendet.

Verbreitung: Die Familie ist in allen gemäßigten und subtropischen Zonen anzutreffen. Ein wichtiges Verbreitungszentrum befindet sich im Mittelmeergebiet. In kühl-gemäßigten und tropischen Gebieten ist sie weniger häufig.

Merkmale: Stengel, Blätter und Blütenstände tragen meist rauhe Haare. Die Blätter sind im allgemeinen wechselständig, einfach, meist ganzrandig, nebenblattlos und häufig mit Cystolithen versehen.

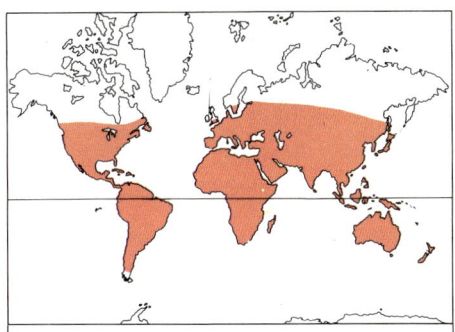

Gattungen: rund 100
Arten: 2000
Verbreitung: kosmopolitisch, mit Schwerpunkt im Mittelmeergebiet (Karte nicht ganz vollständig)
Nutzwert: Zierpflanzen (z.B. Heliotrop und Vergißmeinnicht), Küchenkräuter (z.B. Beinwell), roter Farbstoff

Der Blütenstand ist für diese Familie besonders charakteristisch. Er besteht meist aus einem oder mehreren eingerollten Wikkeln oder Schraubeln, welche sich während des Aufblühens allmählich entrollen. Die Blüten sind radiär (bei *Echium* und einigen verwandten Gattungen zygomorph) und meist zwitterig; rein weibliche Pflanzen sind jedoch recht häufig. Die 5 freien oder am Grunde verwachsenen Kelchblätter sind manchmal ungleich groß. Die Krone ist fünfzipflig und stielteller- bis glockenförmig, die Röhre oft am Grunde oder im Schlund mit Schuppen besetzt. 5 manchmal ungleiche Staubblätter, oft mit Anhängseln am Grunde, setzen in der Krone an. Der oberständige Fruchtknoten, von einem Diskus umgeben, besteht aus 2 verwachsenen Fruchtblättern mit 2 Fächern, aus denen durch falsche Scheidewände oft 4 werden. Jedes Fach weist eine aufrechte, aufsteigende oder waagrechte anatrope Samenanlage auf. Der Griffel ist gynobasisch oder endständig, meist einfach oder kopfig, bei einigen Gattungen jedoch zwei- oder vierlappig.

Die Frucht ist selten eine Steinfrucht. Meist zerbricht sie bei der Reife zu 4 einsamigen Teilfrüchten (Klausen). Die Samen können Endosperm enthalten und bergen einen ge-

BORAGINACEAE. 1. *Anchusa officinalis:* Sproß mit Blütenstand aus radiären Blüten (× ²/₃). **2.** *Cerinthe major:* **a)** Sproß mit Blütenstand (× ²/₃); **b)** ausgebreitete Krone und 5 mit dieser verwachsene Staubblätter (× 2); **c)** Kelch und Gynoeceum, Fruchtknoten vierteilig, mit gynobasischem Griffel (× 2). **3.** *Echium vulgare:* **a)** Blütenstand mit zygomorphen Blüten (× ²/₃); **b)** aufgeschnittene Blüte, mit der Krone verwachsene Staubblätter und vierteiliger Fruchtknoten mit einem dünnen, gynobasischen, an der Spitze gegabelten Griffel (× 2). **4.** *Heliotropium* sp.: aufgeschnittene Blüte mit 5 pfeilförmigen Staubblättern und dem Fruchtknoten mit endständigem Griffel und schirmförmiger Verbreiterung unterhalb der Narbe (× 2).

krümmten oder geraden Embryo.
Die blauen, weißen, rosaroten oder gelben Blüten werden vorwiegend von Insekten bestäubt. Viele Arten besitzen hängende, von Bienen bestäubte Blüten, so etwa *Borago* und *Symphytum*. Verschiedene Mechanismen fördern die Fremdbestäubung, etwa Heteromorphie bei *Pulmonaria* und rein weibliche Blüten bei *Echium;* einige Arten sind selbstinkompatibel.
Systematik: Die Familie kann in 2 Unterfamilien gegliedert werden:
HELIOTROPIOIDEAE: endständiger Griffel, einfach oder zweilappig, mit einem Haarkranz nahe der Spitze; Steinfrucht; Samen mit Endosperm (*Heliotropium, Tournefortia*).
BORAGINOIDEAE: gynobasischer Griffel; 2 oder 4 Teilfrüchte: diese Unterfamilie kann vor allem aufgrund von Griffel- und Fruchtmerkmalen weiter in 5 Tribus aufgeteilt werden: CYNOGLOSSEAE (z.B. *Omphalodes, Cynoglossum, Rindera*), ERITRICHIEAE (z.B. *Echinospermum, Eritrichium, Cryptanthe*), BORAGINEAE (z.B. *Symphytum, Borago, Anchusa*), LITHOSPERMEAE (z.B. *Myosotis, Lithospermum, Arnebia*) und ECHIEAE (*Echium*).
Die Familie wird mit anderen röhrenblütigen Familien (u.a. Hydrophyllaceae,

Polemoniaceae und Convolvulaceae) zur Ordnung der Polemoniales gestellt. 2 Unterfamilien der Boraginaceae (Cordioideae und Ehretioideae) werden oft als Ehretiaceae angetrennt (so auch hier). Andere Bearbeiter behandeln alle Unterfamilien als eigenständige Familien.
Nutzwert: Mehrere Gattungen werden zur Zierde in Gärten gepflanzt, z.B. *Heliotropium* (Heliotrop), *Mertensia* (Blauglöckchen), *Myosotis* (Vergißmeinnicht), *Pulmonaria* (Lungenkraut) und *Echium* (Natterkopf).
Symphytum officinale wurde häufig als Küchenkraut und bei der Behandlung von Knochenbrüchen verwendet (Beinwell). *Symphytum asperum* aus dem Kaukasus und *S.* × *uplandicum* (sein Bastard mit *S. officinale*) werden unter dem Namen Komfrey angebaut, neuerdings auch in Europa als Grünfutter. *Alkanna tinctoria* liefert einen roten Farbstoff, der zum Färben von Holz und Marmor, von Arzneimitteln, Wein und Kosmetika verwendet wird. Der Boretsch (*Borago officinalis*) ist eine alte Gartenpflanze, die seit dem Mittelalter wegen ihrer Heilkraft, als Küchenkraut und zum Würzen von Getränken verwendet wird. Heute pflanzt man sie eher als Zierpflanzen und Bienenweide an.   D.B.

LAMIALES *Lippenblütige*

VERBENACEAE
Eisenkrautgewächse

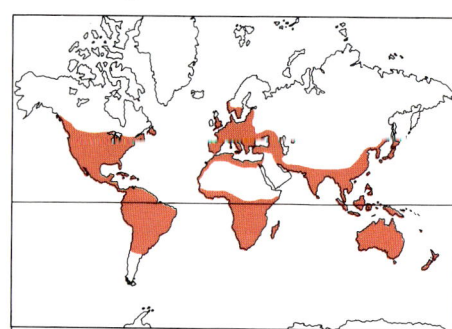

Gattungen: rund 75
Arten: über 3000
Verbreitung: tropisch und subtropisch, wenige in den gemäßigten Zonen
Nutzwert: Nutzhölzer (Teak), ätherische Öle, Tee, Heilkräuter, Früchte, Gummi, Gerbstoffe und Zierpflanzen

Diese große Familie enthält eine Anzahl von Nutzpflanzen (vor allem Teakholz) und Zierpflanzen. Zu den Verbenaceae gehören

VERBENACEAE. 1. *Clerodendrum thomsoniae:* **a)** Teil des Blütenstandes, Blüten mit aufgeblasenem, geflügeltem Kelch (× ²/₃); **b)** vierteilige Steinfrucht (× 1). **2.** *Verbena chamaedryfolia:* **a)** Sproß mit gegenständigen Blättern und endständiger Traube (× ²/₃); **b)** Blüte mit zygomorpher Krone (× 2); **c)** ausgebreitete Krone, Staubblätter mit dieser verwachsen (× 6); **d)** Gynoeceum mit Fruchtknoten, Griffel und gelappter Narbe (× 3). **3.** *Vitex agnus-castus:* **a)** Trieb mit Blütenständen und handförmig gefiederten Blättern (× ²/₃); **b)** Blüte (× 2); **c)** geöffnete Kronröhre mit Staubblättern von 2 Längen (didynamisch) (× 3); **d)** Frucht (× 4); **e)** Querschnitt durch die vierfächerige Frucht (× 4).

Kräuter, Sträucher, Bäume und viele Lianen; mehrere Vertreter sind dornige Xerophyten.
Verbreitung: Die Familie ist fast ausschließlich tropisch und subtropisch verbreitet; wenige Gattungen und Arten sind in den gemäßigten Zonen heimisch.
Merkmale: Die Blätter sind meist gegenständig, selten quirlig oder wechselständig, einfach oder geteilt und nebenblattlos. Die meist zygomorphen und zwittrigen Blüten stehen in razemösen oder cymösen Blütenständen. Der Kelch ist vier- oder fünfzipflig, die Krone röhrenförmig und ebenfalls vier- bis fünfteilig. 4 Staubblätter (selten 2 oder 3) wechseln mit den Kronzipfeln ab, die Staubbeutel öffnen sich längs. Der oberständige Fruchtknoten besteht aus 2 (selten 4 oder 5) verwachsenen Fruchtblättern, die in der Regel früh durch falsche Scheidewände in 4 (oder mehr) Fächer aufgeteilt werden. Jedes Fruchtblatt enthält 2 zentralwinkelständige, aufrechte, selten hängende Samenanlagen. Der meist endständige Griffel steht zwischen den Aufwölbungen des Fruchtknotens. Die Frucht ist eine Steinfrucht, seltener eine Kapsel, oder zerfällt in Teilfrüchte. Die Samen enthalten einen geraden Embryo und wenig oder kein Endosperm.
Systematik: Die Familie wird zunächst nach dem Blütenstandstyp gegliedert. Zu den VERBENOIDEAE mit razemösem Blütenstand gehören die Gattungen *Verbena, Lantana, Lippia, Priva* und *Citharexylum*. Die Gruppe mit cymösen, oft kopfigen Blütenständen, die sogar auf eine einzige achselständige Blüte vereinfacht sein können, wird nach dem Bau ihrer Früchte in VITICOIDEAE, NYCTANTHOIDEAE und CARYOPTERIDOIDEAE eingeteilt. Die Frucht der Viticoideae ist meist eine Steinfrucht. Zu dieser Unterfamilie gehören *Tectona, Vitex, Callicarpa* und *Clerodendrum*. Gattungen mit zweifächerigen und zweiklappigen Kapseln (z.B. *Nyctanthes*) werden den Nyctanthoideae zugeordnet. Die Caryopteridoideae weisen eine vierklappige, kapselartige Frucht auf (z.B. *Caryopteris*).
Die holzigen Verbenaceae gelten allgemein als eng verwandt mit den krautigen Labiatae, obschon letztere einen einheitlichen Pollentyp aufweisen, während es bei den Verbenaceae mehrere Typen sind.
Nutzwert: Viele Gattungen sind von wirtschaftlichem Wert. Die wichtigste ist *Tectona grandis* (Südostasien), die Quelle von Teakholz, ein dauerhaftes und wasserbeständiges, für den Schiffsbau wertvolles Nutzholz. *Citharexylum* (Weißes Eisenholz, Mexiko und Südamerika) wird für den Bau von Musikinstrumenten verwendet. *Vitex celebica* liefert ebenfalls gutes Nutzholz, *V. agnus-castus* (Schaf-Mülle) wertvolles Öl und andere Arten eßbare Früchte, Gummi und Gerbstoffe. *V. agnus-castus* wurde früher auch als Anaphrodisiakum benutzt (daher die Volksnamen Keuschbaum und Mönchspfeffer). *Petitia* ist eine weitere Nutzholz-Gattung, ebenso *Premna* (Malaya), von welcher ein sehr schön gemasertes Holz stammt, das die Japaner für Messergriffe verwenden. Der südamerikanische Strauch *Lippia citriodora* (Zitronenstrauch) trägt dicht drüsige, duftende Blätter, welche für Kräutertee gebraucht werden. Andere Arten liefern wertvolle ätherische Öle.
Eine Anzahl Gattungen sind als Zierpflanzen geschätzt, u.a. der erwähnte Zitronenstrauch, *Lantana camara* (Wandelröschen), ein Strauch, dessen Blüten sich in Rosa- und Gelbtönen öffnen und zu Rot und Orange wechseln, *Verbena*-Arten mit auffallenden Blüten sowie Arten von *Petrea* (Purpurkranz), *Clerodendrum* (Losbaum), *Vitex, Caryopteris* (Bartblume) und *Callicarpa*. *Verbena officinalis* (Eisenkraut) ist Bestandteil mehrerer Kräuterheilmittel, die u.a. der Behandlung von Hautkrankheiten dienen. S.A.H.

LABIATAE *Lippenblütler*

Die Labiatae (oder Lamiaceae), eine große und natürliche Familie, bestehen größtenteils aus Kräutern und Halbsträuchern, zu denen viele Nutzpflanzen wie Salbei (*Salvia*) und Minze (*Mentha*) gehören.

Verbreitung: Die Labiaten fehlen nur in wenigen Gebieten der Erde. Sie wachsen an fast allen Standorten und in allen Höhenlagen, von der Arktis bis zum Himalaja, von Südostasien bis Hawaii und Australasien, in ganz Afrika und in der Neuen Welt von Norden bis Süden. Einige Gattungen wie *Salvia*, *Scutellaria* und *Stachys* sind sozusagen kosmopolitisch. Der Mittelmeerraum ist eines der Gebiete mit der stärksten Häufung von Arten. *Micromeria*, *Phlomis*, *Rosmarinus*, *Sideritis* und *Thymus* sind typische Gattungen des Maquis und der Garigue. Im allgemeinen ziehen Labiaten offene Standorte vor. Nur wenige Gattungen finden sich im tropischen Regenwald (z.B. *Gomphostemma*).

Merkmale: Die meisten Arten sind strauchförmig und krautig. Bäume kommen aber in der riesigen Gattung *Hyptis* vor, von der einige Arten Höhen von 12 m erreichen. Die Stengel besitzen oft eine bezeichnende vierkantige Form. Die Blätter sind meist einfach, kreuzgegenständig und nebenblattlos. Die oft behaarten und mit Drüsen besetzten Pflanzen verströmen einen aromatischen Geruch.

Die Blüten sind grundsätzlich zwitterig. Bei vielen *Mentha*-, *Nepeta*- und *Ziziphora*-Arten tragen jedoch mitunter bis zu 50 % der Pflanzen Blüten mit verkümmerten und sterilen männlichen Organen. Die Kronen solcher Blüten sind oft kleiner und heller in der Farbe. Die zygomorphen Blüten bestehen meist aus 5 verwachsenen Kelchblättern, die gelegentlich als zweilippige Trichter oder Glocken ausgebildet sind, 5 verwachsenen Kronblättern, 4 oder 2 mit der Krone verwachsenen Staubblättern (von 2 verschiedenen Längen oder ungefähr gleich lang) und einem oberständigen Fruchtknoten aus 2 verwachsenen Fruchtblättern, welche 4 deutlich getrennte Fächer bilden; jedes Fach enthält eine grundständige Samenanlage. Ein sehr typisches Merkmal dieser Familie ist der gynobasische Griffel, der am Grunde zwischen den Aufwölbungen des Fruchtknotens entspringt. Die Frucht besteht aus 4 einsamigen Teilfrüchten (Klausen). Die Samen enthalten wenig oder kein Endosperm.

LABIATAE. 1. *Stachys sylvatica:* Trieb mit gegenständigen Blättern und endständigem Blütenstand (× ⅔). 2. *Scutellaria indica* var. *parvifolia:* blühender Sproß (× ⅔). 3. *Salvia porphyrantha:* blühender Sproß (× ⅔). 4. *Salvia* sp.: a) Längsschnitt durch Blüte, Staubblatt mit stark verlängertem Konnektiv (× 2); b) Staubblätter (× 3). 5. *Coleus frederici:* a) blühender Sproß mit dem für die Familie bezeichnenden vierkantigen Stengel (× ⅔); b) Blüte (× 2). 6. *Teucrium fruticans:* a) blühender Sproß (× ⅔); b) Blüte (× 2). 7. *Rosmarinus officinalis:* Blüte mit aus der Krone herausragenden Staubblättern und Narben (× ⅔). 8. *Lamium maculatum:* für die Labiaten typischer vierteiliger Fruchtknoten; a) ganz (× 2) und b) im Längsschnitt (× 9) mit gynobasischem Griffel.

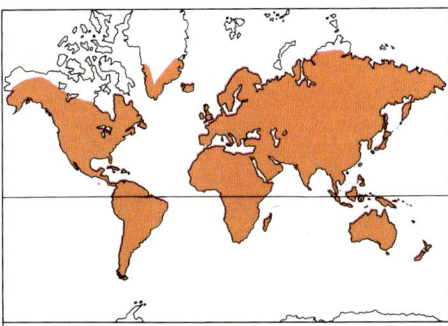

Gattungen: etwa 200
Arten: rund 3000
Verbreitung: kosmopolitisch, meist an offenen Standorten
Nutzwert: Zierpflanzen (Salbei, Lavendel, Buntnessel), Kräuter (Minze, Salbei, Thymian, Dost) und ätherische Öle

Die Kronenform und die Stellung der Staubblätter sind in dieser Familie sehr vielfältig. Die Krone ist klar in eine Unter- und Oberlippe gegliedert. Bei der Mehrzahl der Gattungen der gemäßigten Zone besteht die oft helmförmige Oberlippe aus 2 Zipfeln, die Unterlippe, welche nektarsuchenden Insekten als geeigneter Landeplatz dient, aus 3 Zipfeln. Die Staubblätter werden von der Oberlippe geschützt oder gar umschlossen. Die Krone der meisten tropischen Gattungen (z.B. *Coleus*) besitzt eine Oberlippe aus 4 und eine Unterlippe aus einem Zipfel. Die Staubblätter steigen von der Unterlippe auf. Bei weiteren Gattungen (z.B. *Teucrium*), fehlt die Oberlippe, die Unterlippe besteht aus 5 Zipfeln, und die Staubblätter liegen völlig frei. Die Kronröhre variiert ebenfalls sehr stark: Häufig gibt es Schutzvorrichtungen wie Haarringe, Engpässe oder Falten im Kronschlund, die den am Grunde des Fruchtknotens ausgeschiedenen Nektar vor allzu leichtem Zugriff möglicher Bestäuber schützen.

Man findet verschiedene Typen von spezialisierten Bestäubungsmechanismen, die meist im Zusammenhang mit Bestäubern wie Insekten oder Vögeln stehen. Der höchst entwickelte Typ kommt *Salvia* zu. Das besuchende Insekt stößt mit seinem Kopf gegen das eine Ende eines verlängerten, gebogenen Konnektivs, welches den Zugang zum Nektar ohne Betätigung des Mechanismus verhindert. Mit Hilfe eines Gelenkes senkt sich das andere Ende des Konnektivs und drückt Blütenstaub auf den Rücken des Besuchers. Obschon die Bestäubung bei der Mehrzahl der Labiaten durch Insekten erfolgt, werden viele scharlachrote, oft mit langen Kronröhren versehene Arten der Neuen Welt von Kolibris mit langen Zungen bestäubt. Explosionsmechanismen kennt man von *Hyptis* und *Aeollanthus* (tropisches Afrika). Bei diesen Gattungen sind die Kronzipfel mitbeteiligt: Die Staubblätter, durch die Oberlippe festgehalten und gespannt, werden beim Landen eines Insektes auf der Unterlippe plötzlich losgelassen, so daß sich eine Wolke von Blütenstaub auf den Bestäuber senkt.

Viele Glieder der Familie enthalten Ter-

pene, die das Wachstum anderer Arten zu hindern vermögen. Bei der kalifornischen *Salvia leucophylla* hemmen die von den Blättern an die Luft abgegebenen Terpene das Keimen und Wachsen von Gräsern.

Systematik: Die rund 200 Gattungen lassen sich nicht leicht in natürliche höhere Einheiten einfügen. Viele der gegenwärtig anerkannten etwa 9 bis 10 Unterfamilien befriedigen nicht: Zahlreiche Gattungen oder Gruppen nah verwandter Gattungen stehen sehr isoliert und ordnen sich nur schwer in das bestehende System ein. Die große Mehrheit der Gattungen gemäßigter Zonen gehört zur Unterfamilie der STACHYOIDEAE (z.B. *Stachys*). Die meisten tropischen Gattungen stehen in der Unterfamilie der OCIMOIDEAE (z.B. *Coleus*); *Scutellaria*, *Lavandula*, *Ajuga* und *Rosmarinus* werden in eigene Unterfamilien gestellt.

Die Labiatae werden allgemein als eine der am stärksten abgeleiteten dikotylen Familien betrachtet. Nahe Verwandte sind die Verbenaceae, die aber weder ätherische Öle noch stark aufgewölbte Fruchtknotenteile besitzen. Die kleine Wasserpflanzenfamilie der Callitrichaceae wird ebenfalls als den Labiatae nahestehend eingestuft.

Nutzwert: Eine große Zahl von Labiaten wird als Zierpflanzen oder als Küchenkräuter gezogen. Mehr als 60 Gattungen pflanzt man allein in den gemäßigten Gebieten an. Zu den bekanntesten gehören *Mentha* (Minze), *Monarda* (Indianernessel), *Nepeta* (Katzenminze), *Origanum* (Dost), *Phlomis* (Brandkraut), *Salvia* (Salbei), *Stachys* (Ziest), *Thymus* (Thymian) und *Ajuga* (Günsel). Viele werden ihrer hübschen Blüten wie auch ihres angenehmen Duftes wegen angepflanzt. Das ätherische Öl von *Lavandula* (Lavendel) stammte ursprünglich von Wildarten. *Coleus* (Buntnessel) und *Plectranthus* (Harfenstrauch), in kühleren Gebieten als Zimmerpflanzen bekannt, werden in den Tropen wegen ihres bunten Laubes im Freien gezogen. Dasselbe gilt für verschiedene auffallende *Salvia*- und *Leonotis*-Arten. *Ocimum sanctum*, eine heilige Pflanze der Hindu, wird oft in der Nähe von Tempeln angepflanzt.

Viele Arten werden gewerbsmäßig angebaut. Meist handelt es sich um aromatische, als Küchenkräuter bekannte Gattungen des Mittelmeergebietes, etwa Minze, Majoran und Thymian. Andere wichtige Quellen von ätherischen Ölen (zur Parfümherstellung und in der Medizin verwendet) werden häufig in den Tropen und Subtropen angepflanzt. Auch verschiedene *Ocimum*-Arten (Basilikum) trifft man häufig in Kultur. Eine *Pogostemon*-Art (Südostasien) liefert das Patchouli-Öl, ein wertvoller Grundstoff für schwere Parfüme. *Perilla* wird in Indien zur Gewinnung von Perilla-Öl gezogen (zur Herstellung von Druckerschwärze und Farben).

In verschiedenen Weltteilen werden einheimische Lippenblütler-Arten lokal verwendet: In der Türkei und auch anderswo braucht man *Sideritis*-Blätter als Teekraut, im Iran wird Joghurt mit *Ziziphora* gewürzt, und in Indien und Südostasien dienen die Knollen von *Coleus rotundifolius* (Hausapotato) als Kartoffelersatz. I.H.

CALLITRICHACEAE. 1. *Callitriche verna:* **a)** Habitus ($\times$ $^2/_3$); **b)** männliche Blüte (links) mit dem einzigen Staubblatt und weibliche Blüte (rechts), aus einem Fruchtknoten mit 2 Griffeln bestehend ($\times$ 20); **c)** eine männliche und eine weibliche Blüte in derselben Blattachsel (seltener Fall) ($\times$ 20); **d)** Querschnitt durch Fruchtknoten ($\times$ 34); **e)** Frucht mit geflügelten Kanten ($\times$ 23). **2.** *C. deflexa:* Habitus – weibliche Einzelblüten an langen Stielen ($\times$ $2^2/_3$). **3.** *C. asagraei:* **a)** untergetauchte Pflanze mit schmalen Unterwasserblättern ($\times$ $1^1/_3$); **b)** Pflanze mit spatelförmigen Schwimmblättern ($\times$ $1^1/_3$).

TETRACHONDRACEAE

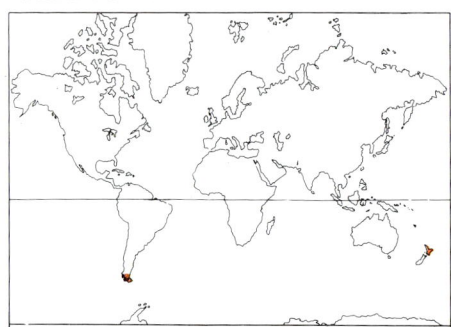

Gattungen: 1
Arten: 2
Verbreitung: Nordinsel von Neuseeland, Patagonien
Nutzwert: keiner

Diese kleine Familie besteht aus einer einzigen Gattung von kleinen, kriechenden Kräutern.
Verbreitung: Eine der *Tetrachondra*-Arten ist in Neuseeland, die andere in Patagonien heimisch. Dies illustriert die pflanzengeographischen Beziehungen zwischen Australasien und Südamerika, die sich auch in der Verbreitung anderer Familien (Winteraceae und Eucryphiaceae) feststellen lassen.

Merkmale: Im Habitus sehen sie *Crassula aquatica* ähnlich. Die einfachen, gegenständigen Blätter besitzen keine Nebenblätter. Die mehr oder weniger fleischigen Blattstiele stehen um den Stengel herum in Verbindung. Die Stengel wurzeln an den Knoten. Die radiären Zwitterblüten stehen einzeln seitlich oder endständig. Sie besitzen 4 verwachsene Kelch- und 4 verwachsene Kronblätter. Die 4 Staubblätter wechseln mit den Kronzipfeln ab und setzen an der Krone an. Der oberständige Fruchtknoten besteht aus 4 verwachsenen Fruchtblättern. Er ist bis zum Grunde, dem der gynobasische Griffel entspringt, geteilt. Jedes Fruchtblatt enthält eine aufrechte Samenanlage. Die Früchte bestehen aus 4 braunen, einsamigen, am Grunde zusammenhängenden Teilfrüchten.
Systematik: *Tetrachondra hamiltonii* kommt auf der Nordinsel Neuseelands vor, auf feuchten Wiesen oder auf dem Grund von Flüssen. *T. patagonica* ist in Südamerika heimisch.
Die Familie ist wahrscheinlich mit den Labiatae verwandt, obschon *Tetrachondra* von verschiedenen Bearbeitern auch zu den Gattungen *Veronica* (Scrophulariaceae), *Mentha* (Labiatae) oder zu den Boraginaceae gestellt wurde.
Nutzwert: Es ist keiner bekannt. B.M.

CALLITRICHACEAE *Wassersterngew.*

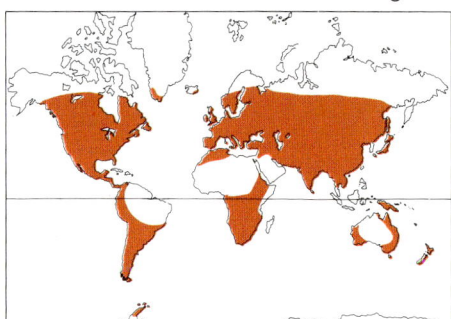

Gattungen: 1
Arten: etwa 17
Verbreitung: kosmopolitisch, Schwerpunkte in den gemäßigten Zonen
Nutzwert: keiner

Die meisten Arten dieser Familie sind untergetauchte Wasserpflanzen der einzigen Gattung *Callitriche*.
Verbreitung: *Callitriche* kommt fast auf der ganzen Erde vor. Die meisten Arten finden sich in den gemäßigten Zonen beider Hemisphären. Die Verbreitung in den Tropen ist unregelmäßig und vielleicht durch Zugvögel bedingt.
Merkmale: Einige vollständig unterge-

tauchte Arten werden unter Wasser bestäubt. Andere leben amphibisch. Die Bestäubung der wenigen Landpflanzen findet über dem Wasser statt. Alle Arten sind kleine, zarte, ein- oder mehrjährige Kräuter. Ihr im oberen Teil aufgerichteter Sproß ist unten niederliegend und wurzelt an den Knoten. Untergetauchte Internodien sind verlängert, über Wasser kurz. Die kreuzgegenständigen Blätter bilden an den Spitzen der Stengel oft schwimmende Rosetten. Die untergetauchten, meist linealen Blätter enden häufig in einer gegabelten Spitze. Die Schwimm- und Überwasserblätter sind lineal, elliptisch, länglich oder spatelig. Nebenblätter fehlen.

Die unauffälligen, eingeschlechtigen Blüten stehen meist einzeln. Selten erscheinen männliche und weibliche Blüten in derselben Blattachsel. Kelch- und Kronblätter fehlen. Die männliche Blüte besteht aus einem Staubblatt mit dünnem Filament. Der Staubbeutel reißt längs auf, wobei die Risse sich an der Spitze vereinigen. Die weibliche Blüte besteht aus einem Fruchtknoten mit 2 langen Griffeln. Die 2 verwachsenen Fruchtblätter sind längs in 2 Fächer geteilt. In jedem der 4 Fächer findet sich eine einzige hängende Samenanlage. Die Frucht ist vierteilig, jede Teilfrucht geflügelt oder gekielt.

Systematik: Wie bei andern vereinfachten dikotylen Wasserpflanzen ist auch die Verwandtschaft der Callitrichaceae umstritten. Die 4 Teilfrüchte werden oft als Hinweis auf eine Beziehung zu den Labiatae oder Boraginaceae angeführt. Bei letzteren liegt aber die echte Scheidewand in der Ebene von Stengel und Blatt, während sie hier quer dazu verläuft. Da die meisten dikotylen Wasserpflanzen einsamige Verbreitungseinheiten besitzen, sollte man vielleicht diesem Merkmal nicht zuviel Bedeutung beimessen. In mancher Hinsicht gleicht *Callitriche* den Tetrachondraceae.

Die meisten *Callitriche*-Arten sind in ihrer Gestalt sehr wandlungsfähig, was ihre Bestimmung oft stark erschwert.

Nutzwert: Von *Callitriche* kennt man keinen wirtschaftlichen Nutzen. Verschiedene Arten reagieren sehr empfindlich auf Verschmutzung. In Süddeutschland läßt sich die Menge der Schadstoffe im Wasser anhand der vorhandenen *Callitriche*-Arten und deren Zustand voraussagen.   C.D.C.

PHRYMACEAE

Die Phrymaceae bestehen aus einer einzigen Gattung aufrechter Stauden.

Verbreitung: Die Familie kommt nur in Ostasien und dem östlichen Nordamerika vor.

Merkmale: Die vierkantigen Stengel tragen einfache, gegenständige, eiförmige Blätter mit grobgezähntem Rand. Nebenblätter fehlen.

Die zwitterigen, zygomorphen Blüten erscheinen in achsel- oder endständigen, ährenartigen Trauben. Der Kelch ist zweizipflig, seine obere Lippe zweiteilig, die untere dreiteilig. Die ebenfalls zweilippige Krone besteht aus 5 verwachsenen Kronblättern. Die untere zweizipflige Lippe ist viel größer als die obere dreizipflige. Die

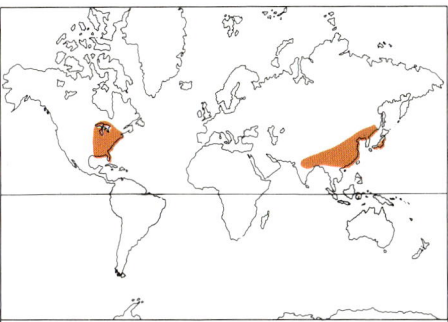

Gattungen: 1
Arten: 1 bis 3
Verbreitung: östliches Nordamerika und Ostasien
Nutzwert: keiner

4 Staubblätter (2 längere und 2 kürzere) entspringen der oberen Hälfte der Kronröhre und ragen etwas aus ihr hervor. Der oberständige Fruchtknoten besteht aus einem einzigen Fruchtblatt und trägt einen endständigen Griffel mit gegabelter Narbe. Die einzige, aufrechte Samenanlage ist grundständig. Die Frucht wird vom bleibenden, gerippten Kelch eingeschlossen. Sie ist eine einsamige Nuß mit häutiger Fruchtwand. Der Same enthält kein Endosperm; der längliche Embryo besitzt breite, gefaltete Keimblätter.

Systematik: Die Phrymaceae bestehen aus einer einzigen Gattung (*Phryma*) und — je nach Ansicht — aus einer, 2 oder 3 Arten. Sie sind mit den Verbenaceae nah verwandt. Das zur Unterscheidung dienende Merkmal ist die ungefächerte, einsamige Frucht von *Phryma*. Sonst sind sich die beiden Familien ähnlich.

Nutzwert: Keiner bekannt.   S.R.C.

PLANTAGINALES
Wegerichartige

PLANTAGINACEAE
Wegerichgewächse

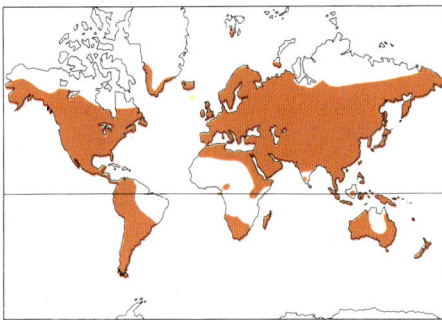

Gattungen: 3
Arten: etwa 253
Verbreitung: gemäßigte Zonen, in den Tropen auf Gebirgen
Nutzwert: keiner

Die Plantaginaceae sind eine Familie von meist ein- bis mehrjährigen Kräutern. Die meisten Arten gehören der Gattung *Plantago* (Wegerich) an.

Verbreitung: Die Familie ist in den ge-

mäßigten Zonen wie auch in den tropischen Berggebieten weit verbreitet. *Littorella*, eine Gattung beider gemäßigter Zonen, enthält 2 Arten, *Bougueria* nur die Art *B. nubigena*, welche in den südperuanischen Anden, in Bolivien und im nördlichen Argentinien heimisch ist.

Merkmale: Die Pflanzen sind meist krautig, einige besitzen jedoch bleibende, holzige Sprosse. Die einfachen oder verschiedenartig geteilten Blätter bilden häufig grundständige Rosetten oder sind selten gegenständig und paarweise am Grunde verwachsen. Nebenblätter fehlen. Die unscheinbaren, meist zwitterigen Blüten werden durch den Wind bestäubt und stehen in viel- oder wenigblütigen, seitlichen Ähren, selten einzeln. Der Kelch zählt 4 meist dachige Zipfel. Die trockenhäutige, radiäre Krone besteht aus einer kurzen Röhre, welche in 4 Zipfeln endet. Die 4 (selten 2 oder 3) Staubblätter wechseln mit den Kronblättern ab, und die beweglichen Staubbeutel öffnen sich nach innen. Der oberständige zwei-, selten dreifächerige Fruchtknoten ist aus 2 verwachsenen Fruchtblättern zusammengesetzt, von denen jedes eine bis mehrere zentralwinkelständige Samenanlagen birgt. Die Frucht ist gewöhnlich eine Deckelkapsel. Der Same enthält fleischiges Endosperm und ist in nassem Zustand schleimig.

Systematik: *Plantago* besitzt eine Deckelkapsel mit 2 bis zahlreichen Samen, während *Littorella* und *Bougueria* einsamige Schließfrüchte tragen. Die *Littorella*-Arten sind Wasser- oder Uferpflanzen mit eingeschlechtigen Blüten. *Bougueria nubigena*, eine niedrige Staude, trägt zwitterige Blüten, die allein oder mit männlichen und weiblichen Blüten zusammen an derselben Pflanze vorkommen.

Die Verwandtschaft der Familie ist nicht klar; einerseits besitzt sie Ähnlichkeiten mit den Polemoniaceae und verwandten Familien, andererseits gleicht sie den Scrophulariaceae und deren Verwandten.

Nutzwert: Verschiedene *Plantago*-Arten sind lästige Unkräuter, andere wertvolle Weidepflanzen.   D.M.M.

SCROPHULARIALES
Rachenblütige

COLUMELLIACEAE

Die Columelliaceae, eine kleine Familie mit der einzigen Gattung *Columellia*, enthalten 4 Arten immergrüner Bäume und Sträucher, die auf die Anden beschränkt sind.

Die einfachen, gegenständigen Blätter besitzen keine Nebenblätter. Die zwitterigen, leicht zygomorphen Blüten erscheinen in endständigen Cymen. Die 5 Kelchblätter bilden eine fünfzipflige Röhre, die 5 Kronblätter eine ebenfalls fünfteilige, kurze Röhre. 2 Staubblätter setzen nahe dem Grund der Krone an und stehen zwischen den adaxialen und seitlichen Kronzipfeln. Der unterständige, unvollständig zweifächerige Fruchtknoten besteht aus 2 verwachsenen Fruchtblättern und enthält zahlreiche parietale Samenanlagen. Der Griffel endet in einer zweilappigen Narbe. Die

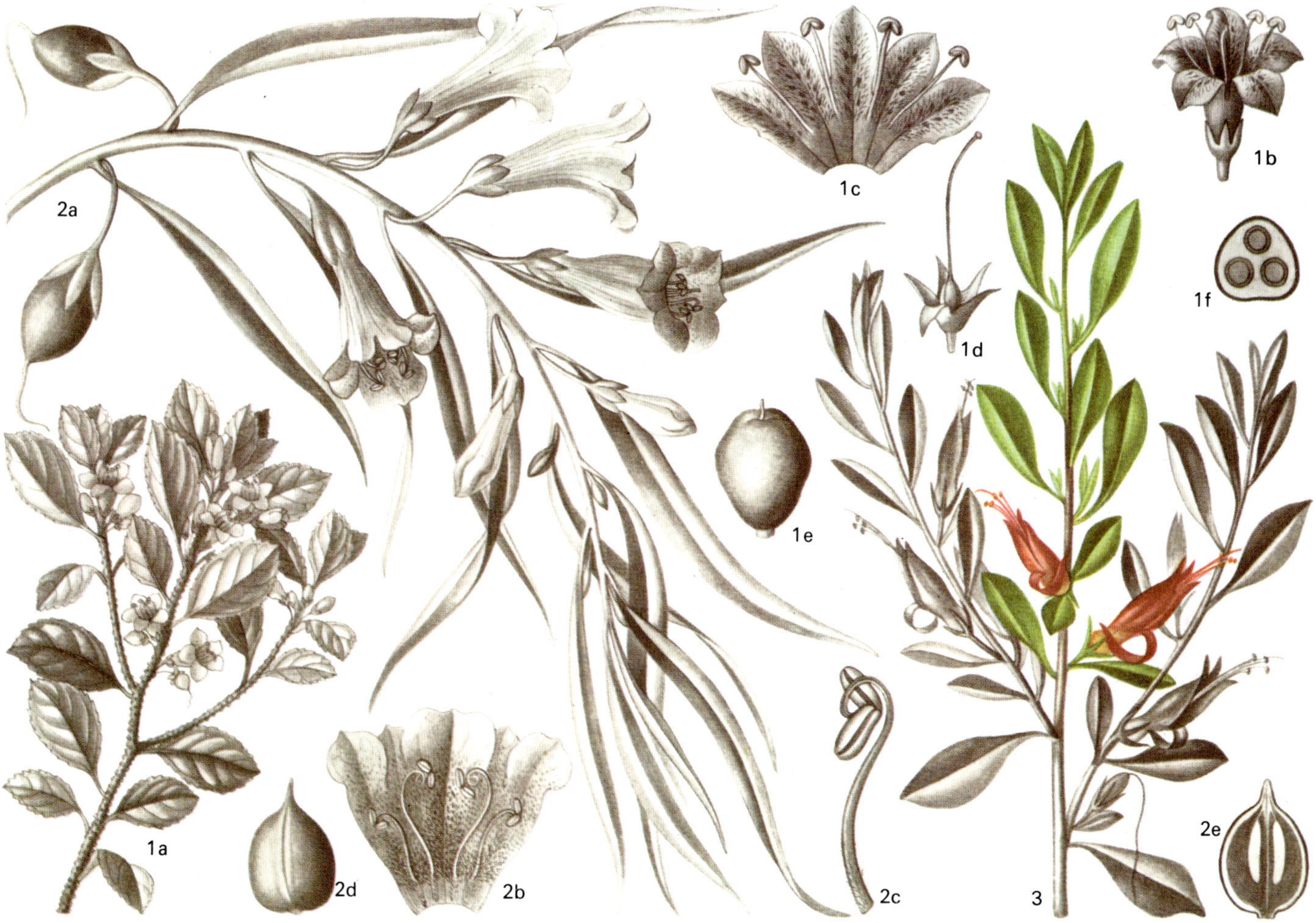

MYOPORACEAE. 1. *Myoporum viscosum:* a) blühender Zweig (× 2/3); b) Blüte mit fünfzipfligem verwachsenem Kelch und ebensolcher Krone, 4 Staubblättern und einem einfachen Griffel (× 1 1/3); c) ausgebreitete Krone, mit dieser verwachsene und mit ihren Zipfeln abwechselnde Staubblätter (× 2); d) Kelch und Gynoeceum (× 2 2/3); e) Steinfrucht (× 2); f) Querschnitt durch Frucht (× 2). 2. *Eremophila bignoniiflora:* a) Zweig mit linealen Blättern, Blüten mit unregelmäßiger zweilippiger Krone und Früchten (× 2/3); b) ausgebreitete Krone mit Staubblättern zweier Längen (× 2/3); c) Staubblatt, spreizende Theken mit Längsrissen (× 2); d) Frucht (× 2/3); e) Längsschnitt durch Frucht (× 2/3). 3. *Stenochilus glaber:* Zweig mit Blättern, Blüten und Frucht (× 2/3).

Gattungen: 1
Arten: 4
Verbreitung: Südamerika
Nutzwert: keiner

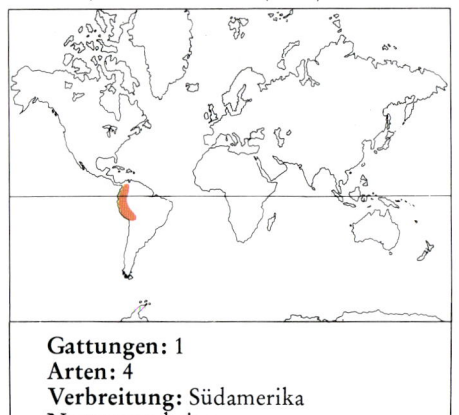

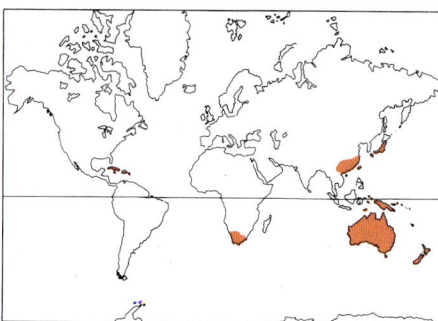

Früchte (Kapseln) bergen zahlreiche Samen mit fleischigem Endosperm und einem winzigen geraden Embryo. Vielleicht die bekannteste Art ist *Columellia oblonga,* ein kleiner Baum mit silbrigen, flaumigen Zweigen, länglichen Blättern und gelben Blüten in endständigen, beblätterten Büscheln.
Die Verwandtschaft dieser Familie ist unsicher. Bis anhin mit den Gentianales und Rosales in Verbindung gebracht, wird sie hier jedoch zu den Scrophulariales gestellt. Es ist keine Verwendung bekannt. B.M.

MYOPORACEAE

Die Myoporaceae sind eine kleine Familie, die hauptsächlich aus Bäumen und Sträuchern besteht.
Verbreitung: Die Familie findet sich vor allem in Australien und im südlichen Pazifik, einige Arten zerstreut auf Mauritius, in Südafrika, Ostasien und Westindien.
Merkmale: Die Blätter sind wechsel-, selten gegenständig, ganzrandig oder gezähnt, nebenblattlos und oft drüsig, schuppig oder wollig. Die zwitterigen, meist zygomorphen Blüten erscheinen einzeln oder in cymösen Büscheln in den Blattachseln. Der Kelch besteht aus 5 verwachsenen Blättern, ebenso die Krone, welche eine fünfzipflige Röhre bildet. Die 4 Staubblätter, mit der Krone verwachsen, wechseln mit den Kronzipfeln ab. Der oberständige Fruchtknoten besteht aus 2 verwachsenen Fruchtblättern, die 2 Fächer bilden, jedes mit einer bis 8 hängenden Samenanlagen, oder, durch weitere Unterteilung (3 bis 10 Fächer), mit nur einer Samenanlage. Die Plazentation ist zentralwinkelständig, der Griffel einfach. Die Frucht, eine Steinfrucht, enthält Samen mit wenig Endosperm und einem geraden oder schwach gekrümmten Embryo.
Systematik: *Myoporum* ist mit 32 Arten die am weitesten verbreitete Gattung. In

Gattungen: 4
Arten: rund 150
Verbreitung: vor allem Australien und südpazifischer Raum
Nutzwert: Ziersträucher, einige wertvolle Nutzhölzer

Australien besteht sie aus kleinen Bäumen und niederliegenden Sträuchern mit wechselständigen Blättern, kleinen gelblich-weißen bis lavendelfarbenen Blüten mit einer kurzen Kronröhre, welche in einem vier- bis fünfzipfligen Saum endet. Sie tragen gelblich-weiße, gelbe oder purpurne Steinfrüchte.
Eremophila ist mit rund 105 Arten auf Australien beschränkt. Sie unterscheidet sich

von *Myoporum* durch ihre farbenprächtigen Blüten, mit röhrenförmigen, oft zweilippigen Kronen. Die 15 Arten der eng verwandten Gattung *Stenochilus* (hier zu *Eremophila* gestellt) kommen ebenfalls nur in Australien vor.

Beide Arten von *Oftia* sind in Südafrika endemisch; die Blätter von *Oftia africana* sind flach, gezähnt und flaumig behaart, diejenigen von *O. revoluta* besitzen einen welligen, gezähnten Rand und sind flaumig behaart. Beide Arten tragen achselständige, weiße Einzelblüten und kugelige Steinfrüchte. Sie werden von einigen Botanikern zu den Scrophulariaceae gerechnet.

Bontia daphnoides, die einzige Art dieser Gattung, vertritt die Familie auf den Westindischen Inseln. Sie ist ein Strauch oder kleiner Baum mit fleischigen, elliptischen oder lanzettlichen Blättern. Ihre bräunlichgrünen Blüten stehen einzeln, selten in Büscheln. Die reifen Früchte sind gelblich. Auf Trinidad und Barbados wird sie angepflanzt; sie stammt jedoch möglicherweise aus dem nördlichen Südamerika.

Die Familie ist eng verwandt mit den Scrophulariaceae und den Gesneriaceae.

Nutzwert: *Myoporum parvifolium* wird wegen seines niederliegenden Wuchses in australischen Gärten als nützlicher Bodendecker gepflanzt. *M. insulare*, ein niedriger, gegen Feuer und Wind unempfindlicher Baum, trägt dichtes, glänzend grünes Laub, *M. floribundum*, ein aromatischer Strauch, schmale, hängende Blätter. *Eremophila*-Arten sind als Gartenpflanzen in Gebieten mit heißen, trockenen Böden besonders erfolgreich.

Verschiedene Arten, vor allem *Eremophila mitchelli* und *Myoporum sandwicense*, liefern ein gutes Nutzholz.   B. M.

SCROPHULARIACEAE *Rachenblütler*

Die Scrophulariaceae sind eine große Familie, die meist aus Kräutern der nördlich-gemäßigten Zone und einigen Sträuchern und Lianen besteht. *Paulownia* (Blauglockenbaum) ist die einzige Baumgattung. Einige der krautigen Gattungen sind halbparasitisch und entnehmen ihre Nahrung zum Teil den Wurzeln ihrer Wirtspflanzen, meist Gräsern. Verschiedene Gattungen enthalten Zierpflanzen.

Verbreitung: Die Scrophulariaceae sind eine kosmopolitische Familie, von der die meisten, größeren Gattungen vor allem der nördlich-gemäßigten Zone angehören: z. B. *Pedicularis* (500 Arten), *Penstemon* (250 Arten), *Verbascum* (360 Arten), *Linaria* (150 Arten), *Mimulus* (100 Arten), *Veronica* (300 Arten), *Castilleja* (200 Arten). Von den südhemisphärischen Gattungen stammt *Hebe* (130 Arten) aus Australien und *Calceolaria* (350 Arten) aus Südamerika. Da die Familie keine großen Bäume enthält, ist sie in den dicht bewaldeten Gebieten relativ schwach vertreten.

Merkmale: Die meist wechsel- oder gegenständigen Blätter sind bei *Hebe* immergrün. Nebenblätter fehlen. Man findet einfache oder fiederlappige wie auch tief eingeschnittene Formen. Der Blütenstandstyp, razemös oder cymös, kann sogar innerhalb einer Gattung schwanken. Auch Größe und

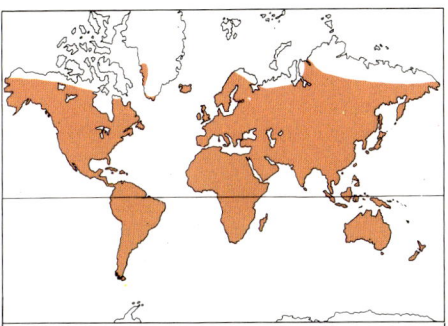

Gattungen: etwa 220
Arten: rund 3000
Verbreitung: kosmopolitisch, vor allem in der nördlichen gemäßigten Zone
Nutzwert: Herz-Drogen des Fingerhutes (v. a. Digitoxin); viele Gattungen von Gartenzierpflanzen, u.a. *Antirrhinum, Veronica, Calceolaria, Penstemon, Mimulus* und *Verbascum*

Gestalt der Hochblätter sind sehr verschieden. Bei *Castilleja* fallen sie durch ihre oft prächtige Färbung am stärksten auf. Die zwitterigen Blüten sind meist zygomorph, manchmal sogar gespornt, wie z. B. bei *Linaria* und einigen *Verbascum*-Arten, aber beinahe radiär. *Antirrhinum* zeigt den häufigsten Blütenbau: der Kelch ist fünfzipflig, die Krone fünfzählig und zweilippig. Die 4 Staubblätter, 2 lange und 2 kurze, setzen an der Krone an. Die zweifächerigen, introrsen Staubbeutel reißen längs auf. Am Grunde des oberständigen Fruchtknotens befindet sich ein Diskus. Das zweifächerige Gynoeceum besteht aus 2 verwachsenen Fruchtblättern (eines adaxial, das andere abaxial). Jedes Fach enthält zahlreiche anatrope, zentralwinkelständige Samenanlagen. Der Griffel endet oft in 2 Narbenlappen.

Zahlreichen Blüten kommt ein abweichender Bau zu. Einige dieser Abweichungen lassen sich zu «Reduktionsreihen» anordnen, wobei die Zahl der Organe, ausgehend von der angenommenen Grundzahl 5 (bei Kelch-, Kron- und Staubblättern), vermindert wird. *Verbascum* und *Capraria* haben 5 fruchtbare Staubblätter, *Scrophularia* und *Penstemon* 4, das fünfte, hintere ist durch ein Staminodium ersetzt; *Castilleja* und viele *Linaria*-Arten besitzen 4 Staubblätter, aber kein Staminodium, *Stemotria* hat 3, und bei *Calceolaria* und *Veronica* sind es 2. Die stärkste Verminderung aller Blütenteile zeigen *Veronica* und *Hebe* mit 4 Kelch-, 4 Kron- und 2 Staubblättern.

Weitere Unterschiede im Blütenbau, vor allem in der Form der Krone, zeugen von der Entwicklung besonderer, an Insektenbestäubung angepaßter Mechanismen. Am häufigsten scheint es sich, wie bei *Scrophularia*, um Dichogamie zu handeln: Die Samenanlagen reifen vor den Staubbeuteln. Viele Arten fördern Fremdbestäubung dadurch, daß die Narbe weiter vorragt als die Staubbeutel, so daß das besuchende Insekt, welches von einer anderen Pflanze Pollenkörner mitbringt, sie vor den Staubbeuteln berührt. Die weiblichen Blüten von *Scrophularia* besitzen einen relativ kurzen Grif-

fel und werden von Wespen besucht. Die flachen Blüten mit kurzer Röhre von *Verbascum* und *Veronica* sind eher Fliegen- und Bienenbesuch angepaßt, während *Digitalis* und *Linaria* Blüten mit langen Röhren tragen, deren Staubbeutel und Narbe den Rücken der besuchenden Bienen berühren. *Pedicularis* und *Euphrasia* haben stachelige Staubbeutel, welche von der Oberlippe der Krone geschützt werden und trockenen Pollen auf den Bestäuber schütteln, wenn dieser auf der Unterlippe landet.

Die Früchte sind meist trockene Kapseln mit verschiedenen Öffnungsweisen (selten eine trockene oder fleischige Schließfrucht). Die Samen können auch durch Poren ausgestreut werden. Sie enthalten Endosperm und sind glatt oder besitzen eine verschiedenartig und oft kompliziert skulptierte Oberfläche, manchmal auch Kanten oder Flügel. Der Embryo ist gerade oder schwach gekrümmt.

Systematik: Die Familie läßt sich nach der Knospenlage der Kronzipfel und der Anordnung der Blätter in 3 Unterfamilien einteilen:

VERBASCOIDEAE (Pseudosolaneae): 2 Tribus und rund 10 Gattungen, bei denen die hinteren Kronzipfel (die der Oberlippe entsprechen) in der Knospe die seitlichen überdecken; alle Blätter sind wechselständig. Oft besitzen sie 5 Staubblätter. Die bekannteste Gattung ist *Verbascum* (Königskerze). SCROPHULARIOIDEAE (Antirrhinoideae): 7 Tribus und über 100 Gattungen, bei denen die Knospenlage ähnlich ist, aber wenigstens die unteren Blätter gegenständig sind. Das fünfte Staubblatt ist unfruchtbar oder fehlt. Zu dieser Unterfamilie zählen so bekannte Gattungen wie *Calceolaria, Linaria, Antirrhinum, Scrophularia, Penstemon* und *Mimulus*. Die Tribus Selagineae (gegen 8 Gattungen) mit einem einzigen Samen pro Fach wird manchmal als eigene Unterfamilie oder sogar als Familie, Selaginaceae, aufgefaßt und zeigt große Ähnlichkeit mit den Globulariaceae.

RHINANTHOIDEAE: 3 Tribus und über 100 Gattungen. Sie unterscheiden sich von den anderen Unterfamilien durch ihre Knospenlage: Die 2 hinteren Kronzipfel werden in der Knospe von einem der beiden seitlichen überdeckt. Zu dieser Gruppe gehören *Veronica* und *Hebe*, die wegen ihres ähnlichen Blütenbaus immer nebeneinander gestellt werden, *Digitalis* und viele halbparasitische Gattungen, u.a. *Castilleja, Euphrasia, Melampyrum, Odontites, Pedicularis, Rhinanthus* und *Striga*.

Die verwachsene Krone und der oberständige, 2 verwachsene Fruchtblätter zählende Fruchtknoten haben dazu geführt, daß die Scrophulariaceae zu einer Gruppe einander oberflächlich ähnlicher Familien gestellt werden, den sogenannten Tubiflorae. Die bekanntesten unter ihnen sind die Orobanchaceae, Gesneriaceae, Bignoniaceae und Acanthaceae. Einige Vertreter der Solanaceae können nur aufgrund der Stellung der Fruchtblätter von den Scrophulariaceae unterschieden werden.

Nutzwert: Diese große Familie ist nur von beschränkter wirtschaftlicher Bedeutung. Die bekannteste Verwendungsmöglichkeit

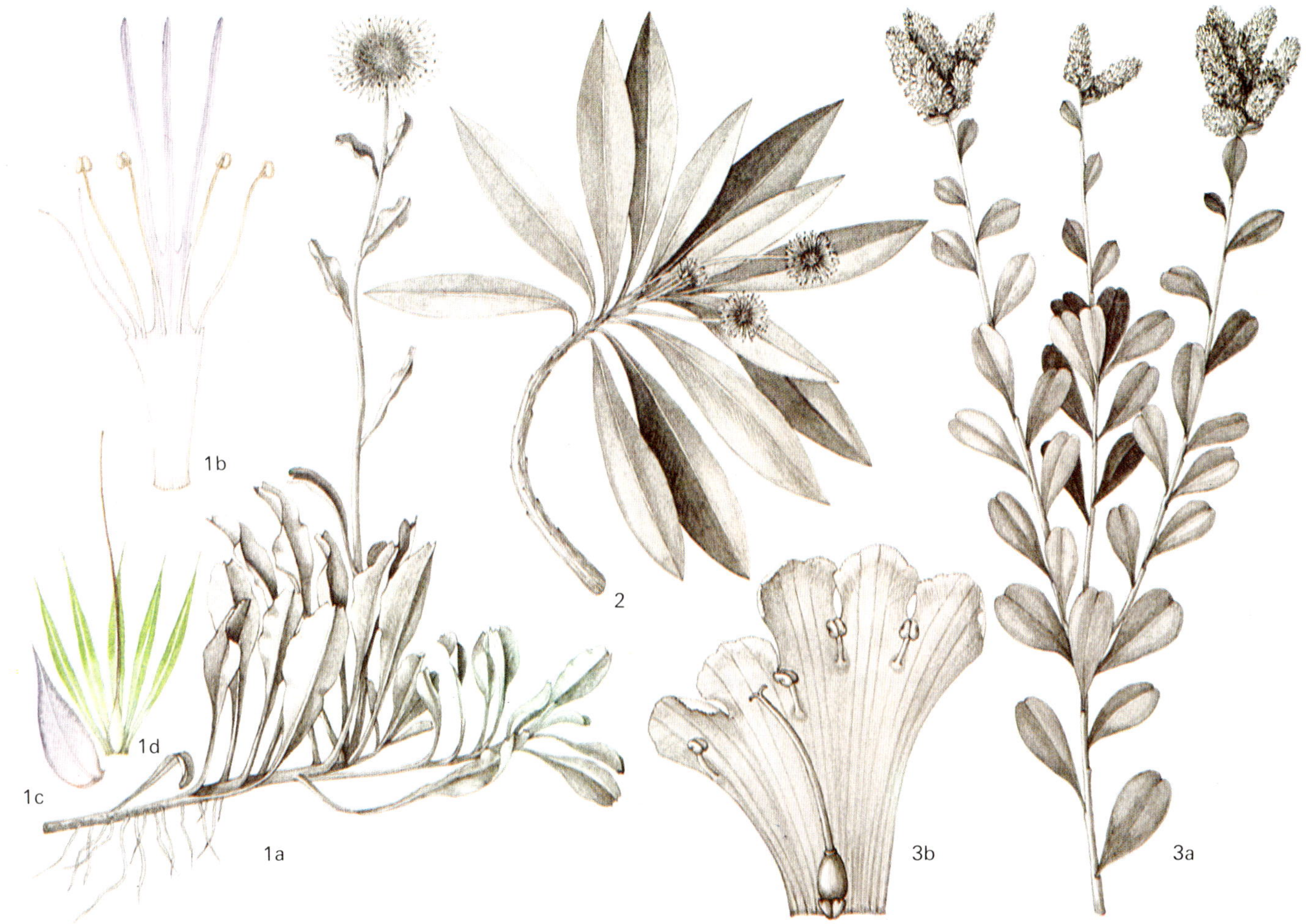

GLOBULARIACEAE. 1. *Globularia trichosantha:* a) Sproß mit aufrechtem, kopfigem Blütenstand (× 2/3); b) ausgebreitete Krone und 4 mit dieser verwachsene Staubblätter (× 6); c) Hüllblatt (× 6); d) geöffneter Kelch mit Gynoeceum (× 6). 2. *G. salicina:* blühender Sproß (× 2/3). 3. *Poskea socotrana:* a) blühender Sproß (× 2/3); b) ausgebreitete fünfzipflige Krone und 4 mit ihr verwachsene Staubblätter, Fruchtknoten mit von gegabelter Narbe gekröntem Griffel (× 16).

dürften die aus gewissen *Digitalis*-Arten extrahierten Drogen Digitoxin und Lanatosid darstellen. Viele Gattungen sind als Gartenzierpflanzen bekannt, so z.B. Arten von *Antirrhinum* (Löwenmaul), *Veronica* (Ehrenpreis), *Hebe* (Strauchveronika), *Calceolaria* (Pantoffelblume), *Penstemon* (Bartfaden), *Mimulus* (Gauklerblume), *Digitalis* (Fingerhut) und *Nemesia*. Weitere kultivierte Gattungen sind u.a. *Collinsia*, *Cymbalaria* (Zymbelkraut), *Torenia*, *Verbascum* und *Wulfenia* (Kuhtritt). Einige Arten, besonders Halbschmarotzer der Unterfamilie Rhinanthioideae, können schädliche Unkräuter sein: *Rhinanthus minor* (Kleiner Klappertopf) und *Pedicularis palustris* (Sumpfläusekraut) sind in der nördlich-gemäßigten Zone gebietsweise häufig, während in Indien *Centranthera humifusa* auf Gräsern und Seggen parasitiert. Die schädlichsten Arten der Familie finden sich in der tropischen Gattung *Striga*. Es handelt sich um Wurzelparasiten ohne Wurzelhaare, die für Nährsalze und Wasser gänzlich auf ihre Wirtspflanzen angewiesen sind. I.B.K.R.

SCROPHULARIACEAE. 1. *Erinus alpinus:* Habitus – Blattrosette und Blütenstände mit zygomorphen Blüten (× 2/3). 2. *Verbascum betonicifolium:* Trieb mit wechselständigen Blättern und Blütenstand mit zygomorphen Blüten (× 2/3). 3. *Rhinanthus* sp.: Trieb mit gegenständigen Blättern und Blütenstand (× 2/3). 4. *Linaria vulgaris:* a) Trieb mit linealen Blättern und Blütenstand (× 2/3); b) Längsschnitt durch Blüte mit gespornter Krone und 2 verschieden langen Staubblättern (× 3). 5. *Digitalis obscura:* Sproß mit Blütenstand (× 2/3). 6. *Veronica fruticans:* Sproß mit Blütenständen (× 2/3). 7. *Scrophularia macrantha:* a) ausgebreitete Krone mit 4 Staubbeuteln und kleinem Staminodium (× 4 2/3); b) Querschnitt durch den zweifächerigen Fruchtknoten mit zentralwinkelständigen Plazenten (× 6). 8. *Sibthorpia europaea:* Sproß mit zygomorphen Blüten und jungen Früchten (× 2/3). 9. *Penstemon lyallii:* Sproß mit zygomorphen Blüten und jungen Früchten (× 2/3).

GLOBULARIACEAE

Kugelblumengewächse

Die Globulariaceae enthalten nur 2 Gattungen: *Globularia* (rund 28 Arten) und *Poskea* (2 Arten).

Verbreitung: Die Familie ist im Mittelmeerraum im weitesten Sinne endemisch. Verschiedene Arten finden sich sowohl in Makaronesien, auf Sokotra, in Somaliland, im nördlichen Europa und in den Alpen wie auch im Mittelmeergebiet. *Poskea* ist auf Sokotra und in Somaliland endemisch.

Merkmale: Bei allen Globulariaceae handelt es sich um krautige oder strauchige Mehrjährige mit wechselständigen, ganzrandigen glatten Blättern ohne Nebenblätter. Eine Hülle umgibt die Blütenstände, kopfige Rispen *(Globularia)* oder Ähren *(Poskea)*. Die zwitterigen Blüten sind schwach zygomorph. Der Kelch ist röhrig und fünfzipflig. Die fünfzählige Krone bildet eine zweizipflige Ober- und eine dreizipflige Unterlippe. 4 Staubblätter setzen im oberen Teil der Krone an. Die Staubbeutel öffnen sich mit einem Längsriß. Das ober-

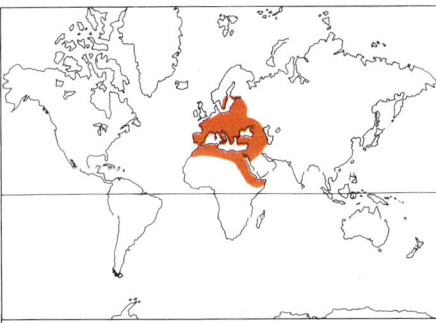

Gattungen: 2
Arten: rund 30
Verbreitung: Mittelmeergebiet bis nach Makaronesien, Sokotra, Somaliland, Nordeuropa und den Alpen
Nutzwert: Zierpflanzen für Steingärten

ständige Gynoeceum besteht aus einem freien eingriffligen Fruchtblatt, das eine einzige hängende Samenanlage enthält. Die Frucht ist eine einsamige, im Kelch eingeschlossene Nuß. Der Same enthält Endosperm und einen geraden Embryo.

Systematik: Die Globulariaceae werden von einigen Bearbeitern als den Scrophulariaceae nahestehend aufgefaßt, vor allem der südafrikanischen Tribus Selagineae, mit der sie manchmal zu einer einzigen Familie vereinigt werden. Hutchinson jedoch zieht es vor, die Globulariaceae in die Ordnung der Lamiales einzubeziehen, die aus den Labiatae, Myoporaceae, Globulariaceae und Selaginaceae (d.h. den von den Scrophulariaceae abgetrennten Selagineae) besteht. Neuere Pollenuntersuchungen jedoch sprechen im allgemeinen für eine enge Verwandtschaft zwischen den Scrophulariaceae und Globulariaceae sowie die Zugehörigkeit der letzteren zu den Scrophulariales. Die Pollenkörner der Globulariaceae sind isopolar und tricolporat (3 Furchen und 3 Poren), mit zusammengesetzten Aperturen. Ähnliche Körner finden sich bei gewissen Scrophulariaceen-Gattungen, jedoch nicht unter den Labiatae.

Nutzwert: Die Familie hat keine größere wirtschaftliche Bedeutung. Wenige Arten von *Globularia* (Kugelblume) werden gelegentlich als Zierpflanzen in Steingärten angetroffen. D.B.

GESNERIACEAE *Gesneriengewächse*

Die Gesneriaceae sind eine große Familie von meist tropischen Kräutern und Sträuchern. Dazu gehören viele beliebte Zierpflanzen. Die bekanntesten sind Gloxinien und Usambaraveilchen.

Verbreitung: Die 125 Gattungen und rund 2000 Arten sind meist tropisch, einige finden sich in den gemäßigten Zonen. In Amerika kommen sie von Mexiko bis Chile vor, in der Alten Welt in Ost-, West- und Südafrika, auf Madagaskar, in Südostasien, Polynesien, Australien, China, Japan und im südlichen Europa.

Merkmale: Die Gesneriaceen, Kräuter und Sträucher, selten Bäume, gelten oft als tropisches Gegenstück zu der vorwiegend in gemäßigten Zonen vorkommenden Familie der Scrophulariaceae. Die Blätter sind gegen- oder wechselständig, manchmal grundständig (selten ein einzelnes Blatt), einfach, ganzrandig oder gezähnt (selten fiederschnittig) und nebenblattlos. An unterirdischen Teilen besitzen sie Faserwurzeln, holzige Knollen oder schuppige Rhizome. Auch oberirdische Ausläufer kommen vor. Die zygomorphen Zwitterblüten erscheinen in Trauben, Cymen oder einzeln. Die 5 Kelch- und 5 Kronblätter bilden meist eine kurze Röhre; das freie Ende der Krone ist schief abgeschnitten oder zweilippig, selten radförmig. Die 2 oder 4 Staubblätter kleben oft paarweise zusammen und geben die Pollenkörner durch Längsrisse frei. Der ober- oder unterständige Fruchtknoten ist ungefächert und enthält viele Samenanlagen, meist an 2 parietalen, oft vorspringenden Plazenten. Der Griffel endet in einer zweilappigen oder mundförmigen Narbe. Zwischen dem Fruchtknoten und den

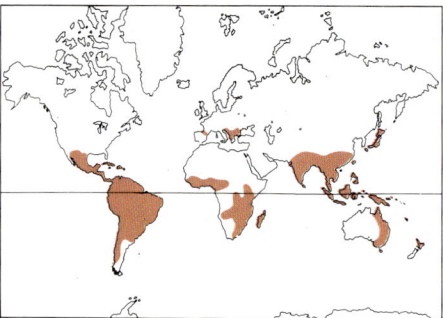

Gattungen: etwa 125
Arten: rund 2000
Verbreitung: pantropisch, mit einigen Arten in den gemäßigten Zonen
Nutzwert: viele beliebte Zierpflanzen, u.a. Usambaraveilchen und Gloxinien

Kronblättern liegt ein ringförmiges, gelapptes oder einseitiges Nektarium. Die Früchte sind runde oder längliche Kapseln, selten Beeren, und enthalten viele kleine Samen mit geradem Embryo. Endosperm kann fehlen. Die Evolution etwa der Hälfte der neuweltlichen Gesneriaceen erfolgte teilweise unter gegenseitiger Anpassung und gemeinsam mit der vor allem auf Amerika beschränkten Familie der Kolibris. Die typischen Kolibriblüten sind zweilippig und oft rot, wie bei *Columnea*, *Asteranthera* und einigen *Sinningia*-Arten. Andere Bestäuber wie Bienen, Fledermäuse, Schmetterlinge, Nachtfalter und Fliegen waren an der Evolution der Gesneriaceae ebenfalls beteiligt. Bei *Hypocyrta*, *Besleria* und *Alloplectus* besitzen einige Arten eine ausgesackte Krone mit verengtem Schlund, was in seiner Bedeutung noch nicht geklärt ist. Die altweltliche Gattung *Aeschynanthus* wird als Parallelentwicklung zu *Columnea* betrachtet, da auch sie von Vögeln bestäubt wird. Nicht nur die Blüten selbst dienen der Anlockung der Bestäuber, sondern z.B. auch auffällig gefärbte Laub- und Kelchblatthaare oder eine Blattfärbung, die im Gegenlicht einen ähnlichen Effekt erzielt wie farbige Kirchenfenster.

Systematik: Zu den bemerkenswerten Arten der Neuen Welt gehören: *Columnea* mit 250 Arten, Sträucher und Kletterpflanzen, oft epiphytisch; *Sinningia*, 60 Arten, Kräuter, einige davon als «Gloxinien» bekannt; *Achimenes*, 20 Arten, oft behaarte Kräuter mit roten bis blauen Blüten; *Episcia*, 10 Arten, kleine, kriechende Immergrüne; *Gesneria* (46 Arten) und *Rhytidophyllum* (20 Arten), zwei verwandte Gattungen mit gelbgrünen, weißen oder roten Blüten; *Gloxinia* (nicht mit den bekannten Gloxinien zu verwechseln), 15 Arten, Kräuter mit lilafarbenen glockigen oder zinnoberroten beutelförmigen Blüten; *Smithiantha*, 4 mexikanische Arten mit grünen oder violett-braunen, samtigen Blättern und Pyramiden orange-gelber oder gelblicher Röhrenblüten; *Phinaea*, 10 Arten mit weißlichen Blüten; *Kohleria*, 20 Arten, oft mit samtig behaarten Blättern und Trauben orange-roter Blüten, die auf der Innenseite ein Muster konstrastierender Flecken tragen.

Bemerkenswerte Gattungen der Alten Welt sind u.a. *Ramonda*, 3 Arten, stengellose, behaarte südeuropäische Kräuter mit auffälligen Blüten an blattlosen Schäften; *Saintpaulia*, 12 ostafrikanische Arten, meist Rosettenkräuter; *Aeschynanthus*, 70 Arten, kriechende oder kletternde Sträucher aus dem Fernen Osten; *Streptocarpus*, 130 afrikanische Arten, immergrüne Kräuter, oft mit fingerhutartigen Blüten und nur einem Blatt; *Cyrtandra*, 350 Arten aus Südostasien und Ozeanien; *Jankaea* (eine Art) und *Haberlea* (eine Art), im südlichen Europa heimische Rosettenpflanzen der Gebirge mit lila oder violetten Blüten; *Chirita*, 80 Arten, tropisch-asiatische Kräuter mit fleischigen, oft durchscheinenden Teilen und großen weißlichen, blauen, violetten oder gelben Blütenbüscheln; *Titanotrichum*, eine einzige Art aus China und Taiwan mit gelb berandeten, röhrigen Blüten, die außen leuchtend gelb, innen rotbraun gefleckt sind; *Conandron*, 3 japanische Arten, Rosettenkräuter der Gebirge (wird als Gegenstück zu *Ramonda* angesehen); *Petrocosmea* (15 Arten aus Südostasien) gleicht *Saintpaulia*.

Ungefähr die Hälfte der Gattungen (mit Kotyledonen von ungleicher Länge) werden zur altweltlichen Unterfamilie der Cyrtandroideae gestellt. Die Gesnerioideae aus der Neuen Welt haben gleich lange Keimblätter. Diese Unterteilung wird durch Untersuchungen der Farbstoffe und der Chromosomen gestützt. Die Unterfamilien enthalten folgende Tribus (dazu die wichtigsten Gattungen in Klammern):

CYRTANDROIDEAE: CYRTANDREAE (*Cyrtandra*), TRICHOSPOREAE (*Aeschynanthus* = *Trichosporum*), KLUGIEAE (*Rhynchoglossum*), LOXONIEAE (*Loxonia*), DIDYMOCARPEAE (*Ramonda, Chirita, Streptocarpus*). GESNERIOIDEAE: GESNERIEAE (*Gesneria*), GLOXINIEAE (*Achimenes, Sinningia*), EPISCIEAE (*Episcia, Columnea*), BESLERIEAE (*Besleria*), NAPEANTHEAE (*Napeanthus*), CORONANTHEREAE (*Asteranthera, Mitraria, Sarmienta*).

Die Gattungen *Asteranthera*, *Mitraria* und *Sarmienta* — alles Kletterpflanzen mit roten Blüten aus den Anden — und *Rhabdothamnus*, eine strauchige Gattung aus Neuseeland, deren schöne Blüten auf gelbem Grund rote Streifen aufweisen, lassen sich zwanglos weder der einen noch der andern Unterfamilie zuordnen. Bestimmte Botaniker schlagen für sie eine eigene Unterfamilie vor, die MITRARIOIDEAE.

GESNERIACEAE. 1. *Chrysothemis pulchella:* Trieb mit gegenständigen Blättern und Blütenständen (× ²/₃). 2. *Aeschynanthus microtrichus:* Frucht — eine längliche Kapsel (× ²/₃). 3. *Columnea crassifolia:* Trieb mit kreuzgegenständigen Blättern und zweilippiger Einzelblüte (× ²/₃). 4. *Ramonda myconi:* Blattrosette und Blütenstände (× ²/₃). 5. *Gesneria cuneifolia:* a) Blattrosette mit Einzelblüten (× ²/₃); b) Blüte, Kelch und Krone teilweise entfernt, die Staubbeutel zweier Staubblätter zusammenhängend (× 2). 6. *Aeschynanthus pulcher:* blühender Sproß (× ²/₃). 7. *Streptocarpus caulescens:* Sproß mit Blütenständen (× ²/₃). 8. *Aeschynanthus pulcher:* halbierte Blüte, Kronröhre streckenweise verengt, unterteiliger Fruchtknoten mit langem Griffel, Staubblätter mit gekrümmten Filamenten (× 1).

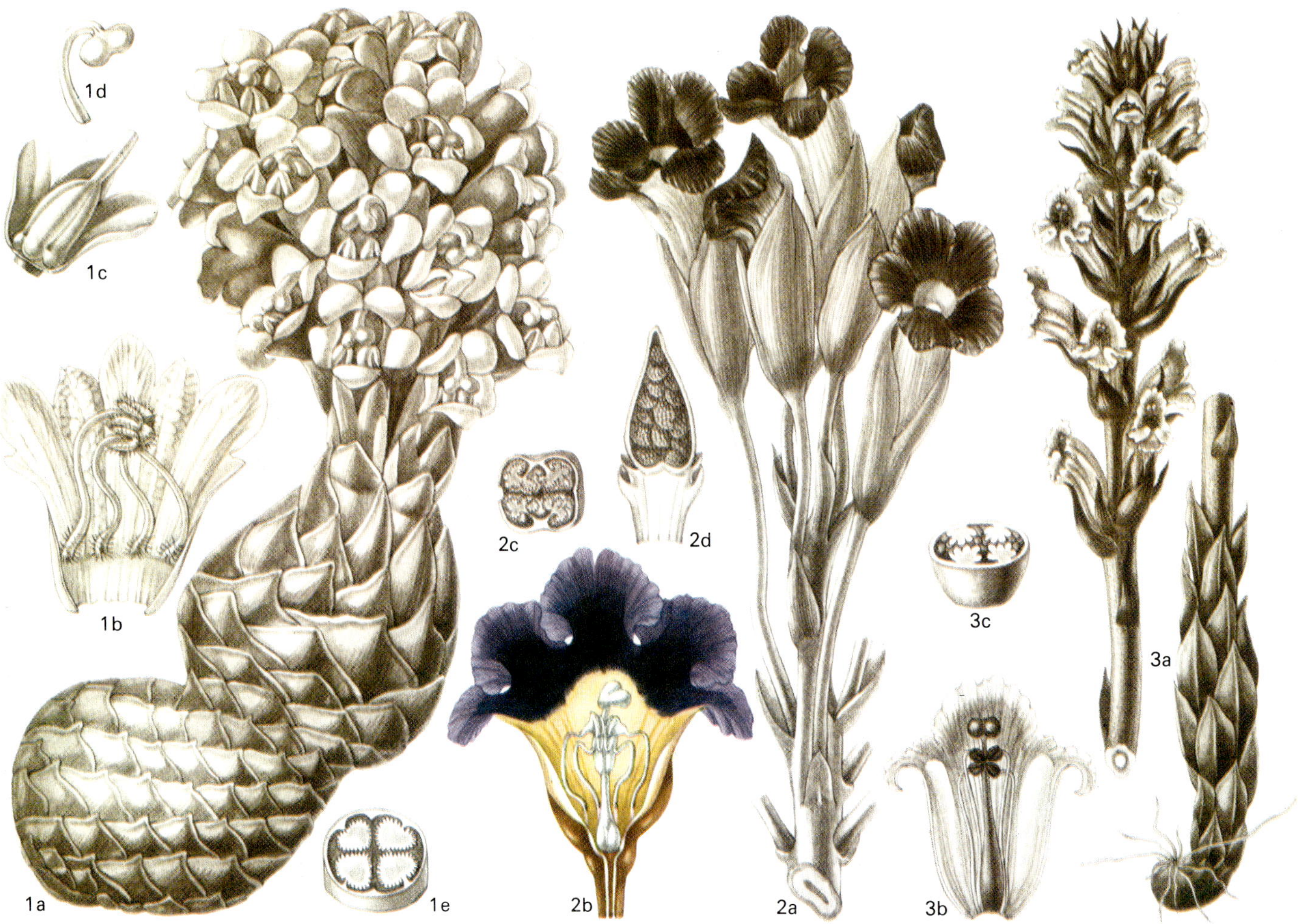

OROBANCHACEAE. 1. *Cistanche violacea:* **a)** Habitus – unterirdischer Teil und Blütenähre (× ²/₃); **b)** aufgeschnittene Blüte mit verklebten Staubbeuteln (× 1); **c)** Fruchtknoten und Kelchblätter (× 1); **d)** zweilappige Narbe (× 1); **e)** Querschnitt durch den ungefächerten Fruchtknoten (× 2). **2.** *Aeginetia pedunculata:* **a)** Blütenstand (× ²/₃); **b)** aufgeschnittene Blüte (× 1¹/₂); **c)** Querschnitt durch Fruchtknoten (× 4); **d)** Längsschnitt durch Fruchtknoten (× 4). **3.** *Orobanche major:* **a)** Habitus – einziger, aufrechter Stengel mit Schuppenblättern und endständiger Blütenähre (× ²/₃); **b)** ausgebreitete Blüte, Staubblätter von 2 Längen mit paarweise verbundenen Staubbeuteln (× 1¹/₂); **c)** Querschnitt durch Fruchtknoten (× 5).

Krautige Familien, welche den Gesneriaceae nahe stehen, sind die Scrophulariaceae, Orobanchaceae und Lentibulariaceae. Die vorwiegend holzigen Bignoniaceae sind im Blütenbau ähnlich, haben aber holzige, zweifächerige Früchte, geflügelte Samen und geteilte Blätter. Der Gesneriaceen-Fruchtknoten ist unter- oder oberständig wie bei den Scrophulariaceae, hingegen meist ungefächert. Die häufig parietalen Plazenten der Gesneriaceen mit oberständigem Fruchtknoten unterscheiden sich von den grundständigen der Fettkräuter (Lentibulariaceae). Orobanchaceen sind Schmarotzer und führen kein Chlorophyll; sie unterscheiden sich somit ebenfalls von den Gesneriaceae.

Nutzwert: Einige Arten sollen volkstümliche Heilmittel sein; die Bedeutung der Familie liegt jedoch bei den Zierpflanzen. Beliebte Garten- und Zimmerpflanzengattungen sind u.a. *Achimenes* (Schiefteller), *Columnea*, *Episcia* (Schattenröhre), *Gesneria*, *Haberlea*, *Hypocyrta* (Kußmäulchen), *Kohleria*, *Ramonda* (Felsenteller), *Saintpaulia* (Usambaraveilchen), *Sinningia* (Gloxinie), *Smithiantha*, *Streptocarpus* (Drehfrucht) und *Aeschynanthus* (Sinnblume), welche z.T. mit mehreren Arten in Kultur zu finden sind. B.M.

OROBANCHACEAE
Sommerwurzgewächse

Die Orobanchaceae sind eine Familie von Parasiten, denen Blattgrün fast vollständig fehlt.

Verbreitung: Sie kommen vor allem in der gemäßigten Zone Eurasiens vor. Die größte Gattung, *Orobanche* (Sommerwurz) mit rund 140 Arten, ist in diesem Gebiet allgemein verbreitet. Anderswo ist die Familie nur spärlich vertreten; es gibt wenige tropische und amerikanische Arten.

Merkmale: Die meisten Arten wurzeln in der Erde; nur wenige haben ein ausgedehntes Wurzelwerk. Statt dessen findet man eine Anhäufung kurzer, dicker Wurzeln oder eine große, einfache oder zusammengesetzte Knolle. An einer oder mehreren Stellen ist dieses Gebilde über verdickte, klammerartige Haustorien mit der Wurzel der Wirtspflanze verbunden, von welcher der Parasit praktisch alle Nährstoffe bezieht. Über der Erde erscheint oft nur ein einzelner, aufrechter Stengel mit bräunlichen Schuppenblättern, der in einer Blütenähre endet. Die Pflanzen sind meist einjährig. *Lathraea squamaria* weist ein Rhizom mit fleischigen, weißlichen Schuppenblättern auf, die der Pflanze den Namen Schuppenwurz eingetragen haben.

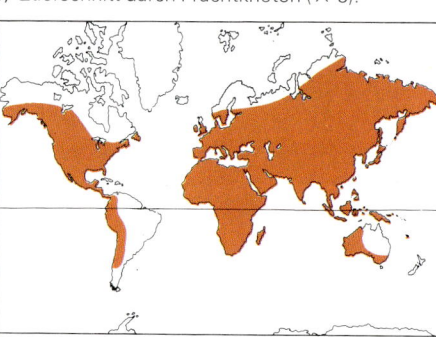

Gattungen: etwa 14
Arten: rund 180
Verbreitung: vor allem gemäßigte Zone Eurasiens
Nutzwert: keiner

Die zygomorphen, zwitterigen Blüten stehen in Trauben oder Ähren. Der Kelch besteht aus 2 bis 5 oft nur teilweise verwachsenen Blättern. Die zweilippige Krone zählt 5 verwachsene Blätter. 4 Staubblätter (2 längere und 2 kürzere) setzen in der unteren Hälfte der Kronröhre an und wechseln mit deren Zipfeln ab. Ein fünftes Staubblatt ist als Staminodium ausgebildet oder fehlt ganz. Die Staubbeutel öffnen sich längs.

BIGNONIACEAE. 1. *Catalpa ovata:* a) Trieb mit Blüten in endständiger Rispe und einfachen, gegenständigen Blättern (× ²/₃); b) Längsschnitt durch eine Blüte mit fruchtbarem und unfruchtbarem Staubblatt (× 1¹/₃); c) Staubblatt mit spreizenden Theken (× 2²/₃); d) Teil einer Frucht (× ²/₃); e) Same mit Haarbüscheln (× 1¹/₃). 2. *Bignonia capreolata:* a) blühender Trieb mit zusammengesetzten Blättern, bei denen der obere Blatteil eine Ranke ist (× ²/₃); b) Längsschnitt durch eine Blüte, alle Staubblätter fruchtbar (× 1). 3. *Eccremocarpus scaber:* a) aufspringende Frucht (× ²/₃); b) Querschnitt durch Fruchtknoten (× 5). 4. *Parmentiera cereifera:* Querschnitt durch unteren Teil der fleischigen Schließfrucht mit zahlreichen Samen (× ²/₃). 5. *Pithecoctenium aubletii:* Längsschnitt durch·Frucht (× ²/₃).

Der oberständige, ungefächerte Fruchtknoten zählt 2 oder selten 3 verwachsene Fruchtblätter mit parietalen Plazenten, zahlreichen Samenanlagen und nur einem Griffel. Die Frucht ist eine zweilappig aufspringende Kapsel; die kleinen, sehr zahlreichen Samen enthalten fleischiges Endosperm und einen winzigen Embryo.

Manche Arten sind auf einen bestimmten Wirt beschränkt, einige auf eine Reihe miteinander verwandter Wirtspflanzen (z. B. eine Familie). Andere wiederum sind weniger wählerisch. Es ist aber durchaus möglich, daß letztere auf verschiedenen Wirtspflanzen mit verschiedenen Rassen parasitieren. Dies ist noch nicht erwiesen, da es nicht nur schwierig ist, Samen zum Keimen zu bringen, sondern auch in einer gemischten Vegetation die unterirdischen Verbindungen zwischen Parasit und Wirt zu finden.

Die Samen der Sommerwurz und der meisten anderen Gattungen sind sehr klein und leicht, diejenigen der Schuppenwurz wesentlich größer. Da manche Sommerwurz-Arten einjährig sind, scheint die Bildung kleiner und leichter Samen eine Anpassung zu sein, da die Produktion einer großen Zahl von Samen die Chance vergrößert, eine Wirtspflanze zu finden. Der Wind ist ein wirksames Hilfsmittel bei der Ausbreitung dieser Samen.

Systematik: Die Familie ist sehr eng verwandt mit den Scrophulariaceae, von denen viele Halbschmarotzer sind und mit denen sie beinahe alle Blütenmerkmale teilt. Eigentlich gibt es zwischen diesen beiden Familien keine klaren Grenzen, und viel spricht dafür, sie zu vereinigen. In der Tat erscheinen einige Gattungen, wie z.B. die Schuppenwurz (*Lathraea*), je nach Urteil der verschiedenen Bearbeiter, einmal in der einen, dann wieder in der anderen Familie. (Anmerkung der wissenschaftl. Redaktion der dt. Ausgabe: Die Zugehörigkeit von *Lathraea* zu den Scrophulariaceae ist seit über 100 Jahren klar erwiesen).

Nutzwert: Einige Arten können in warmgemäßigten Klimaten in Kulturen beträchtlichen Schaden anrichten. Im Mittelmeergebiet z.B. befällt *Orobanche crenata* oft Bohnen- und Erbsenfelder und verringert die Ernte beträchtlich. Ein eigentlicher Nutzen ist nicht bekannt.　　　C.A.S.

BIGNONIACEAE
Trompetenbaumgewächse
Die Bignoniaceae sind eine Familie von Bäumen, Lianen und Sträuchern.
Verbreitung: Die Familie ist vor allem tro-

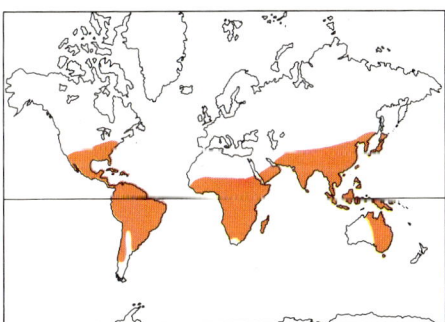

Gattungen: rund 120
Arten: rund 650
Verbreitung: vor allem tropisch, Schwerpunkt in Südamerika
Nutzwert: Nutzholz und viele Zierpflanzen

pisch und hat ihren Schwerpunkt im nördlichen Teil Südamerikas. Nur wenige Gattungen finden sich anderswo. *Catalpa* (Trompetenbaum) und *Campsis* kommen sowohl in der Neuen wie auch in der Alten Welt vor.

Merkmale: Außer einigen Gattungen wie *Incarvillea* sind die Arten dieser Familie holzig und meist auf die eine oder andere Weise fähig, in feuchten Wäldern, wo sie

ACANTHACEAE. 1. *Acanthus longifolius:* **a)** Blatt, Stengelgrund und endständiger Blütenstand (× ²/₃); **b)** Blüte, Krone aufgeschnitten, 4 Staubblätter sichtbar (× 1); **c)** Fruchtknoten — Ansicht und Längsschnitt (× 1). 2. *Thunbergia grandiflora:* blühender Sproß (× 1). 3. *Ruellia dipteracanthus:* **a)** aufgeschnittene Krone und mit dieser verwachsene Staubblätter (× 1); **b)** Kelch und Gynoeceum (× 1). 4. *Beloperone guttata:* Tragblatt und aufgeschnittene Blüte, 2 Staubblätter mit breitem Konnektiv (× 2). 5. *Justicia* sp.: ausgebreitete Blüte (× 3). 6. *Justicia patentiflora:* Längsschnitt durch Fruchtknoten mit zentralwinkelständigen Samenanlagen (× 9).

meist reichlich vorhanden sind, zu klettern. Oft haben sie windende Stämme; die Endfieder fiederblättriger Arten ist häufig als Ranke ausgebildet. Die meist kreuzgegenständigen, zusammengesetzten Blätter besitzen keine Nebenblätter. Am Grunde des Blattstiels finden sich oft Drüsen.

Die auffälligen Blüten erscheinen meist büschelig in cymöser Anordnung, mit relativ unauffälligen Trag- und Vorblättern. Die manchmal zweilippige Kelchröhre zählt 5 Zipfel; die größere, glocken- oder trichterförmige Krone zeigt denselben Bau. Sie trägt 4 mit ihr verwachsene und unter die Oberlippe gebogene Staubblätter, die ihre Staubbeutel für den Besuch eines passenden Bestäubers bereit halten. Manchmal sind die Staubblätter auf 2 reduziert (z.B. bei *Catalpa*); oft finden sich die fehlenden Staubblätter (die angenommene Grundzahl ist 5, entsprechend der Zahl der Kelch- und Kronzipfel) als Staminodien wieder, wie z.B. bei den Scrophulariaceae. Die beiden abstehenden Theken jedes Staubblattes reißen längs auf. Der oberständige Fruchtknoten mit eher langem Griffel und zweilappiger Narbe trägt einen Diskus und besteht aus 2 verwachsenen Fruchtblättern. Er ist meist zweifächerig und zeigt zentralwinkelständige Plazentation, gelegentlich (z.B. bei *Eccremocarpus*) ungefächert, und hat 2

parietale, gegabelte Plazenten. Zahlreiche anatrope Samenanlagen entwickeln sich zu flachen, geflügelten Samen in einer wand- oder fachspaltigen Kapsel. Einige Gattungen (z.B. *Kigelia*) tragen eine fleischige Schließfrucht mit ungeflügelten Samen. Die Samen enthalten einen geraden Embryo, aber kein Endosperm.

Systematik: Die Familie wird meist in etwa 5 Tribus aufgeteilt, größtenteils aufgrund des Fruchtknotenbaus und der Frucht- und Samenmerkmale. Sie ist eng mit den Scrophulariaceae verwandt.

Nutzwert: Die Familie genießt als Nutzholzlieferant und wegen ihrer Zierpflanzen einen gewissen Ruf. *Tabebuia* (z.B. Grünes Ebenholz) und *Catalpa* (für Zaunpfähle geeignet) sind die häufigsten genutzten Hölzer.

Viele, vor allem tropische Gattungen enthalten oft auffallend schöne Zierbäume. Beispiele sind: *Spathodea, Kigelia* (Leberwurstbaum), der venezolanische Nationalbaum (eine *Tabebuia*-Art), *Crescentia* (Kalebassenbaum) und *Jacaranda*. Kletterpflanzen wie *Campsis*- (Trompetenblume), *Bignonia*- und *Eccremocarpus*-Arten (Schönranke) sind sehr beliebt, ebenso die krautige *Incarvillea* (Freilandgloxinie) und die Kletterpflanzen (*Doxantha unguiscati, Tecomaria, Pandorea* und *Pyrostegia*). I.B.K.R.

ACANTHACEAE *Akanthusgewächse*

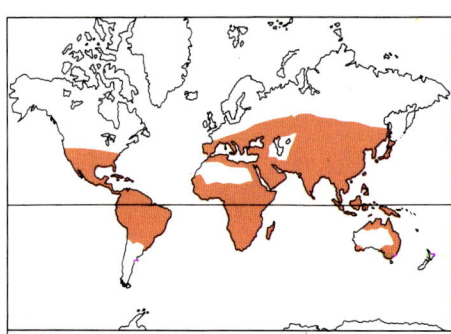

Gattungen: rund 250
Arten: etwa 2500
Verbreitung: kosmopolitisch, aber Schwerpunkte in den Tropen
Nutzwert: vor allem als Zierpflanzen kultiviert (*Aphelandra* und Thunbergie), in beschränktem Rahmen lokale medizinische Verwendung

Die Acanthaceae enthalten vor allem tropische Sträucher. Einige Arten kommen aber auch in gemäßigten Zonen vor. Die bekannteste Gattung ist *Acanthus*, dessen Blätter angeblich als Vorbild für die korinthischen Säulenkapitelle der klassischen griechischen Tempel dienten.

Verbreitung: Die rund 250 Gattungen und mehr als 2000 Arten sind vor allem in den Tropen heimisch, obschon einige davon bis in gemäßigte Gebiete vorstoßen. Die wichtigsten Verbreitungsschwerpunkte befinden sich in Indomalesien, Afrika, Brasilien und Mittelamerika.

Merkmale: Die Acanthaceae sind meist strauchig oder krautig, selten baumförmig. Trockenheitsunempfindliche, an Naßstandorte angepaßte und kletternde Formen kommen ebenfalls vor. Die kreuzgegenständigen, einfachen Blätter besitzen Cystolithen, welche als Streifen auf den Spreiten sichtbar sind. Nebenblätter fehlen.

Die meist zygomorphen, zweilippigen Zwitterblüten stehen einzeln oder treten zu Cymen oder Trauben zusammen. Die oft großen und petaloiden Tragblätter umhüllen gelegentlich die einzelnen Blüten, welche 4 oder 5 Kelchblätter und die gleiche Zahl Kronblätter besitzen. An der Krone setzen 2 oder 4 Staubblätter, mitunter ein oder mehrere Staminodien an. Manchmal sind die beiden Staubbeutelhälften ungleich. Der oberständige Fruchtknoten zählt 2 verwachsene Fruchtblätter, die 2 Fächer, jedes mit 2 bis zahlreichen, zentralwinkelständigen Samenanlagen, bilden.

Der Fruchtknoten reift zu einer Kapsel, in der die Samen meist an kleinen, hakenförmigen Auswüchsen sitzen. Die Samen enthalten meist große Embryonen, aber kein Endosperm. Die Samenschale ist bei gewissen Gattungen (z.B. *Crossandra* und *Blepharis*) mit Haaren oder Schuppen bedeckt; diese werden bei Befeuchtung klebrig oder schleimig.

Systematik: Die Gattungen können aufgrund von Merkmalen auseinandergehalten werden, wie etwa Größe und Bau der Tragblätter, Form der Krone, Anzahl und Form der Staubblätter und Staminodien sowie Zahl der Samenanlagen. *Acanthus, Aphelandra, Crossandra* und *Thunbergia* besitzen z.B. Blüten mit 4 Staubblättern, während diejenigen von *Sanchezia, Eranthemum, Mackaya* und *Odontonema* nur deren 2 ausbilden. Die Blütenstände der 2 letztgenannten Gattungen weisen kleine und unauffällige Tragblätter auf. *Fittonia* und *Graptophyllum* tragen Blüten mit deutlich zweilippigen Kronen; *Graptophyllum* besitzt zudem Staminodien.

Die Acanthaceae sind eng mit den Scrophulariaceae verwandt. Die zygomorphen, fünfzähligen Blüten mit verminderter Staubblattzahl und der oberständige Fruchtknoten mit 2 Fruchtblättern sind Merkmale, die beide Familien gemeinsam haben.

Nutzwert: Eine Anzahl Acanthaceae werden als Zierpflanzen kultiviert. *Aphelandra squarrosa* aus Brasilien z.B. mit gelben Röhrenblüten und auffälligen Tragblättern ist sehr beliebt. Aus der Gattung *Crossandra*, die rund 50 Arten umfaßt, eignen sich einige für das Gewächshaus. *C. nilotica* bringt während 6 Wochen große, rote Blüten hervor. Verschiedene beliebte Kletterpflanzen gehören zu *Thunbergia*, so z.B. *T. alata* («Schwarzäugige Susanne»). Einige Arten von *Beloperone* (Garnelenblume), *Pseuderanthemum, Fittonia* und *Sanchezia* werden ebenfalls kultiviert.

Bestimmte *Acanthus*-Arten finden medizinische Verwendung. In gewissen Teilen Malesiens wird ein Extrakt aus den Blättern von *A. ebracteatus* als Hustenmittel gebraucht; in einigen Gebieten Europas wird Durchfall mit Wurzeln von *A. mollis* behandelt. Blätter und Blüten von *Blechum pyramidatum* dienen in einigen Teilen Mittel- und Südamerikas als wassertreibendes Mittel und zur Behandlung von Husten und Fieber. S.R.C.

PEDALIACEAE
Sesamgewächse

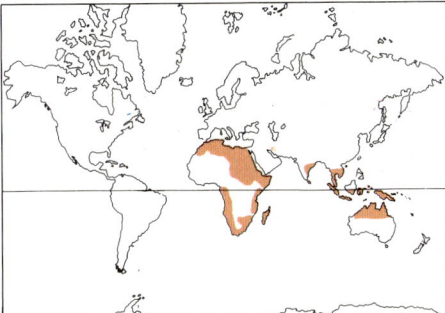

Gattungen: 12
Arten: rund 50
Verbreitung: trockene und küstennahe Gebiete von Afrika, Madagaskar, Indomalesien und Australien
Nutzwert: Sesam und Sesamöl, gelegentliche Verwendung als Gemüse

Die Pedaliaceae bestehen aus ein- oder mehrjährigen Kräutern und einigen Sträuchern.

Verbreitung: Die Familie ist in Afrika, Madagaskar, Indomalesien und Australien vertreten. Sie wächst vor allem in Wüsten und an Meeresküsten.

Merkmale: Die Blätter sind gegenständig, die obersten gelegentlich wechselständig, einfach, ganzrandig oder gelappt. Sie besitzen oft Drüsenhaare; Nebenblätter fehlen. Die Blüten stehen meist einzeln oder in wenigblütigen, seitlichen cymösen Büscheln. Der Grund der Blütenstiele trägt Drüsen. Die zwitterigen zygomorphen Blüten besitzen einen Kelch aus 5 verwachsenen Blättern und eine fünfzählige, röhrige Krone. Außer bei *Trapella* mit nur 2 Staubblättern, von denen 2 länger sind als die andern, besteht das Androeceum aus 4 fruchtbaren, mit der Krone verwachsenen Staubblättern. Das fünfte (hintere) ist durch ein kleines Staminodium ersetzt. Die Staubbeutel stehen oft paarweise genähert und öffnen sich längs. Der oberständige, zwei- bis vierfächerige Fruchtknoten besteht meist aus 2 verwachsenen Fruchtblättern, der lange Griffel endet in 2 Narben. Jedes Fach birgt eine bis zahlreiche zentralwinkelständige Samenanlagen. Die Frucht ist eine Kapsel oder Nuß, oft, wie beim südafrikanischen *Harpagophytum procumbens* (Wollspinne), mit Widerhaken versehen. Die Samen enthalten einen geraden Embryo und häutiges Endosperm.

Systematik: Die wichtigsten Gattungen sind *Pedalium* (eine Art), *Sesamum* (30 Arten), *Ceratotheca* (15 Arten), *Harpagophytum* (8 Arten) und *Uncarina* (5 Arten). Die Familie ist mit den Martyniaceae und den Bignoniaceae verwandt.

Nutzwert: Die wirtschaftlich wichtigste Art ist Sesam *(Sesamum indicum)*, ein einjähriges Kraut aus dem tropischen Asien, das weiterum, vor allem in Indien, angebaut wird. Aus seinen Samen wird Sesamöl gewonnen, oder er wird auf Brot und anderes Gebäck gestreut. Das Öl findet beim Kochen und bei der Herstellung von Seife und Margarine Verwendung. Der Preßrückstand dient als Tierfutter. Die Samen von *S. angustifolium* werden zu ähnlichen Zwecken gebraucht. Die Blätter zahlreicher afrikanischer Arten, vor allem von *Ceratotheca sesamoides* und *Pedalium murex*, werden als Gemüse gegessen. S.R.C.

HYDROSTACHYACEAE

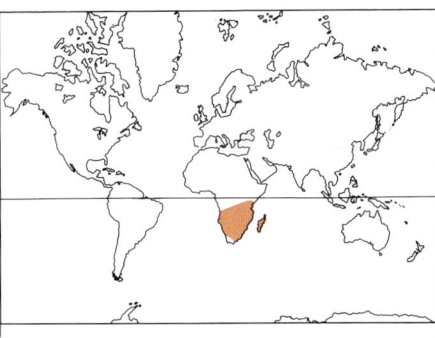

Gattungen: 1
Arten: etwa 22
Verbreitung: südliches Afrika, die meisten Arten auf Madagaskar
Nutzwert: keiner

Die Hydrostachyaceae sind eine kleine Familie von untergetauchten Süßwasserpflanzen. Sie enthalten eine einzige Gattung, *Hydrostachys*, mit rund 22 Arten.

Verbreitung: Die meisten Arten sind auf Madagaskar endemisch; einige finden sich im südlichen Afrika, von Tansania und Zaire bis nach Südafrika.

Merkmale: Die Pflanzen sitzen an Steinen und Felsen in fließendem Wasser. Sie blühen, wenn sich der Wasserspiegel senkt. Die Wurzeln haften sehr fest am Fels. Die Stengel sind flach und scheibenförmig oder dick und knollig. Die Blätter wachsen in Büscheln und tragen Schuppen am Grund, die wahrscheinlich Nebenblättern entsprechen. Die Blätter können von sehr verschiedener Form sein, nicht nur innerhalb der Familie, sondern auch innerhalb einer Art. Sie sind länglich und schwanken von ungeteilt bis zu dreifach gefiedert. Die Blattabschnitte letzter Ordnung sind meist lineal, gelegentlich jedoch schuppenartig. Die zusammengesetzten Blätter wurden oft fälschlicherweise als verzweigte Stengel angesehen, vor allem dann, wenn die Fiedern am Grunde nebenblattähnliche Schuppen tragen. Die eingeschlechtigen (zweihäusigen) Blüten erscheinen in dichten Ähren, welche aus dem Wasser auftauchen. Jede

MARTYNIACEAE. **1.** *Proboscidea fragrans:* behaarter Sproß mit zygomorphen Blüten in endständiger Traube (× ²/₃). **2.** *Proboscidea louisianica:* halbierte Blüte mit Staubblättern von 2 Längen (× 1). **3.** *Martynia annua:* **a)** blühender Sproß (× ²/₃); **b)** Teil einer Krone mit 2 fruchtbaren, an den Staubbeuteln zusammenhängenden Staubblättern und 2 Staminodien (× 2); **c)** junge Frucht (× ²/₃). **4.** *Martynia lutea:* **a)** Querschnitt durch Fruchtknoten mit T-förmigen, parietalen Plazenten (× 4); **b)** Gynoeceum (× 1); **c)** Frucht (eine Kapsel) mit Hörnern, die der Verbreitung durch Tiere dienen (× ²/₃).

Blüte sitzt in der Achsel eines Tragblattes. Kelch- und Kronblätter fehlen. Die männlichen Blüten sind auf ein einziges Staubblatt reduziert, die weiblichen auf einen oberständigen Fruchtknoten mit 2 verwachsenen Fruchtblättern und zahlreichen parietalen Samenanlagen pro Fach. Die 2 Griffel sind gespreizt. Die Frucht ist eine zweiklappige Kapsel. Endosperm fehlt.

Systematik: Im Habitus gleichen die Hydrostachyaceae stark den Podostemaceae, und viele Bearbeiter betrachten die beiden Familien als verwandt. Neuere morphologische und embryologische Untersuchungen zeigten jedoch, daß die Hydrostachyaceae der Ordnungsgruppe Polemoniales − Lamiales − Plantaginales − Scrophulariales (Tubiflorae) zugeordnet werden sollten, und daß sie wahrscheinlich eng mit den Solanaceae und Plantaginaceae verwandt sind.

Nutzwert: Es ist keiner bekannt. C.D.C.

MARTYNIACEAE *Gemshorngewächse*
Die Martyniaceae sind eine kleine Familie von Kräutern mit nur 3 Gattungen und rund 13 Arten.

Verbreitung: Die Arten dieser Familie kommen nur in der Neuen Welt vor. 2 Gattungen, *Proboscidea* (9 Arten) und *Craniolaria* (3 Arten), finden sich im tropischen

Gattungen: 3
Arten: etwa 13
Verbreitung: hauptsächlich trockenere Gebiete des tropischen und subtropischen Südamerika und Mexikos
Nutzwert: Verwendung der Früchte

und subtropischen Südamerika, während die monotypische Gattung *Martynia* auf Mexiko beschränkt ist. Sie ziehen trockene und küstennahe Gebiete vor.

Merkmale: Alle Arten sind klebrig behaarte Kräuter, teils einjährig, teils mehrjährig (dann oft mit knolligen Wurzeln). Die gegen- oder wechselständigen Blätter besitzen keine Nebenblätter. Der endständige, gelegentlich von Hochblättern umgebene Blütenstand besteht aus Trauben von meist auffälligen zwitterigen Blüten, die mehr

oder weniger ausgeprägt zweilippig sind. Der Kelch ist entweder Spatha-artig oder besteht aus freien Blättern. Die Krone, eine walzliche, glocken- oder trichterförmige, oft gebogene Röhre, endet in 5 Zipfeln. Die Staubblätter setzen an der Krone an. Bei *Proboscidea* und *Craniolaria* finden sich 4 (2 länger als die andern), das fünfte ist als hinteres Staminodium vorhanden, bei *Martynia* 2 fruchtbare Staubblätter und 3 Staminodien. Die Staubbeutel hängen paarweise zusammen und öffnen sich längs. Den oberständigen Fruchtknoten umgibt ein Diskus. Die 2 verwachsenen Fruchtblätter bilden nur eine Fruchtknotenhöhle mit wenigen bis zahlreichen, anatropen Samenanlagen an parietalen Plazenten. Der schlanke Griffel trägt eine gegabelte, reizbare Narbe, deren 2 flache Äste sich bei Berührung durch bestäubende Insekten aneinanderlegen. Die Frucht ist eine fachspaltige Kapsel (mehr oder weniger gefächert, da die geflügelten Plazenten oft zusammenstoßen). Der bleibende Griffel bildet meist einen hakigen Fortsatz. Die Verbreitung durch Tiere wird weiterhin durch die klebrige äußere Fruchtwand gefördert. Diese platzt später an der Spitze auf und fällt ab, wobei die holzige innere Fruchtwand sichtbar wird. Die Samen sind skulptiert, etwas zusammengedrückt, aber nicht geflügelt; sie

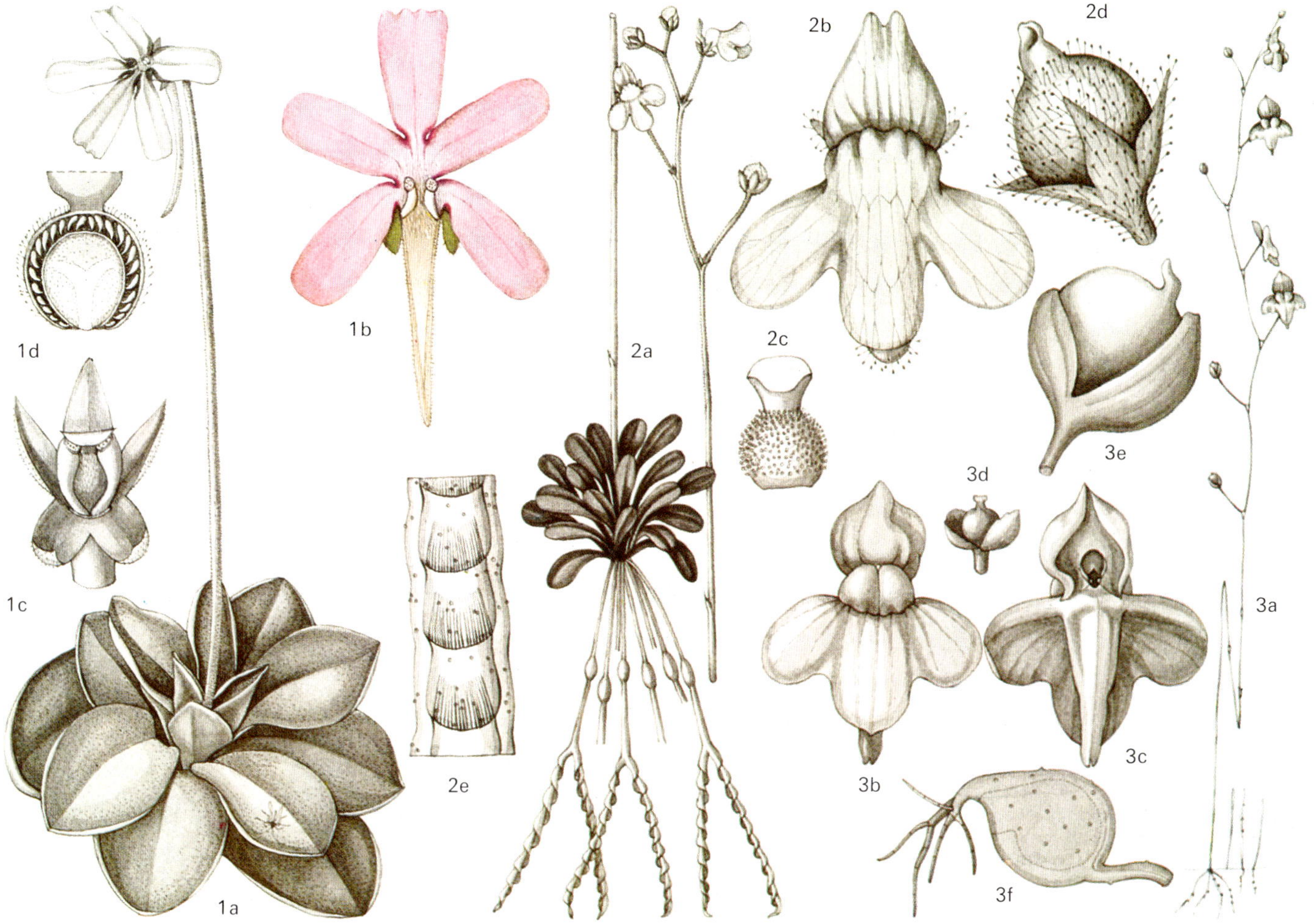

LENTIBULARIACEAE. 1. *Pinguicula moranensis*: a) Habitus (× ²/₃); b) gespornte Blüte (× 1); c) Kelch, Fruchtknoten und Staubblätter (× 3); d) Längsschnitt durch Fruchtknoten mit der großen Zentralplazenta (× 8). 2. *Genlisea africana*: a) Habitus (× 1); b) Blüte (× 4¹/₂); c) Gynoeceum mit sitzender Narbe (× 12); d) Kapsel (× 8); e) Längsschnitt durch Teil eines Fallenblattes (× 14). 3. *Utricularia subulata*: a) Habitus (× 1); b) Blüte von vorn (× 6) und c) von hinten (× 6); d) Gynoeceum und Kelch (× 6); e) Frucht (× 12); f) Falle mit vorstehenden Borsten am Eingang (× 40).

bergen einen Embryo, aber kein Endosperm.

Systematik: Die Martyniaceae zeigen enge Beziehungen zu den Bignoniaceae; ihre nächste Verwandtschaft ist jedoch in einer anderen kleinen Familie, den Pedaliaceae, zu suchen. Manchmal werden sie sogar vereinigt. Die parietale Plazentation und der ungefächerte Fruchtknoten unterscheiden sie jedoch von jenen. Die Gesneriaceae, eine große Familie, die oft als Teil dieser Familiengruppe gilt, hat eine ähnliche Plazentation, jedoch oft einen unterständigen Fruchtknoten. Diese und weitere Abweichungen im Bau der Früchte unterscheiden sie von den andern Familien.

Nutzwert: Gewisse Arten werden ihrer gemshornartigen Früchte wegen als «Gemshorn» gezogen (z.B. *Proboscidea louisianica*). Junge Früchte können, nachdem sie in Essig eingelegt worden sind, gegessen werden. I.B.K.R.

LENTIBULARIACEAE
Wasserschlauchgewächse

Die Familie der Lentibulariaceae umfaßt tierfangende und oft wurzellose, gelegentlich epiphytische, im Wasser und an anderen feuchten Standorten vorkommende Kräuter. Dazu gehören Wasserschlauch (*Utricularia*) und Fettkraut (*Pinguicula*).

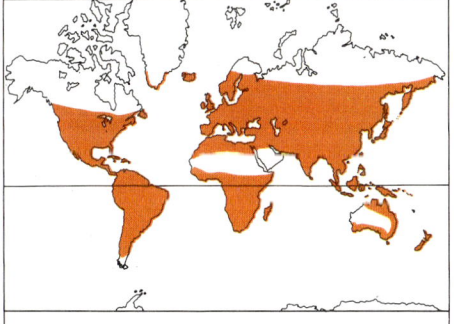

Gattungen: 4
Arten: rund 180
Verbreitung: kosmopolitisch
Nutzwert: als Kuriositäten gezogen (Wasserschlauch und Fettkraut)

Verbreitung: Die in tropischen und gemäßigten Gebieten vorkommenden, wasser- und landlebenden Wasserschläuche umfassen rund 120 Arten; die 46 landlebenden Arten der Fettkräuter finden sich in den gemäßigten Zonen Eurasiens und der Neuen Welt. *Polypompholyx*, in Süd- und Südwestaustralien heimisch, zählt 2 Arten, während die in Süd- und Mittelamerika und Afrika vorkommende *Genlisea* 15 Arten enthält.

Merkmale: Die Blätter sind einfach, ganzrandig und wechselständig, manchmal in Rosetten angeordnet und mit Drüsenhaaren bedeckt (*Pinguicula*) oder fein zerschlitzt und mit Blasen ausgestattet (*Utricularia*). Die Verdauung gefangener Tiere findet an den Drüsenhaaren oder in den Blasen statt. Die Unterschiede zwischen Blatt und Achse sind bei *Utricularia* stark verschleiert. Die Fallen bestehen aus einem gestielten Sack mit einer kleinen Öffnung in der Nähe oder auf der Gegenseite des Stieles. Um diese Öffnung herum sind meist einige abstehende Borsten so angeordnet, daß ein Insekt oder ein Krebschen, das sich der Blase nähert, gegen deren Mündung gelenkt wird. Die Öffnung selbst ist durch eine halbrunde Klappe mit 4 Haaren hermetisch verschlossen. Wenn diese berührt werden, schnellt die Klappe zurück, und das Tier wird mit dem Wasserstrom hineingezogen.

Die Blütenstände sind Trauben oder Ähren aus zygomorphen Blüten, mit zwei- bis fünfzipfligem Kelch und einer fünfzipfligen, zweilippigen Krone, deren Unterlippe mehr oder weniger gespornt ist. 2 Staubblätter setzen an den Kronblättern an. Der oberständige, ungefächerte Fruchtknoten zählt 2 verwachsene Fruchtblätter mit einer bis zahlreichen Samenanlagen an einer freien Zentralplazenta. Die Frucht ist meist eine zwei- bis vierklappige Kapsel.

Systematik: Arten von *Utricularia* und *Polypompholyx* tragen Schläuche. *Genlisea* zeichnet sich durch Blattrosetten und flaschenähnliche Fallenblätter mit Haarstreifen und Verdauungsdrüsen aus, während die Blätter von *Pinguicula* mit Drüsenhaaren bedeckt sind. Die Lentibulariaceae sind mit den Scrophulariaceae verwandt, unterscheiden sich aber von ihnen in der Plazentation und dadurch, daß sie Tiere fangen.

Nutzwert: Einige *Utricularia*-Arten (Wasserschlauch) können in Reisfeldern als Unkräuter auftreten. Da die Lentibulariaceae Tiere fangen, sind sie für Biologen von großem Interesse. Einige Arten von *Pinguicula* (Fettkraut) werden kultiviert. D.J.M.

CAMPANULALES
Glockenblumenartige

CAMPANULACEAE
Glockenblumengewächse

Die Familie besteht vorwiegend aus Kräutern (ein-, zweijährig oder häufiger ausdauernd). Sträucher oder Halbsträucher sind selten. Oft werden große prächtige, in den meisten Fällen blaue Blüten hervorgebracht. Arten der Gattungen *Campanula* (Glockenblumen), *Symphyandra*, *Phyteuma* (Rapunzel), *Edraianthus* (Büschelglocke) und *Jasione* (Sandglöckchen) sind als Gartenzierpflanzen sehr beliebt.

Verbreitung: Die große Mehrheit der Campanulaceae hat ihre Heimat in der nördlichen gemäßigten Zone. Die südliche Hemisphäre ist sehr arm an Glockenblumengewächsen; nur in Südafrika wurden 7 kleine, endemische Gattungen gefunden. Südamerika kann nur gewisse Arten von *Wahlenbergia*, *Legousia* und *Cephalostigma* vorweisen. Die letztgenannte ist die einzige, auf die Tropen beschränkte Gattung. Sie ist auch in Afrika und Asien vertreten. In Australien und Neuseeland gibt es nur einige Arten von *Wahlenbergia*.

Merkmale: Die Blätter sind wechselständig, manchmal gegenständig oder quirlig, einfach oder selten gefiedert. Nebenblätter fehlen.

Die Blüten sind radiär, zwittrig und in der Regel fünfzählig. Sie stehen einzeln oder häufiger in Trauben oder cymösen Blütenständen. Zwischen den Kelchzähnen befinden sich kleine Anhängsel, so bei *Michauxia* und bei bestimmten Arten von *Campanula*, *Edraianthus* und *Symphyandra*. Die Kronblätter sind fast immer teilweise oder ganz verwachsen (sympetal), und die Krone entspringt an der Stelle, an welcher der Kelch vom Fruchtknoten frei wird. Bei *Jasione*, *Asyneuma*, *Michauxia*, *Cephalostigma* und *Lightfootia* sind die Kronblätter nicht verwachsen; bei *Phyteuma* lösen sie sich erst später voneinander. Es gibt soviele Staubblätter wie Kronzipfel. Die Staubbeutel sind frei, aber bei gewissen Gattungen und Arten neigen sie zum Verkleben; sie springen intrors auf. Der Fruchtknoten ist unterständig oder halbunterständig, bei *Cyananthus*, *Codonopsis* und *Campanumoea* oberständig. Er wird von 5, 3 oder 2 verwachsenen Fruchtblättern gebildet, mit 5, 3 oder 2 Fächern (selten eines, 6 oder 10). Jedes

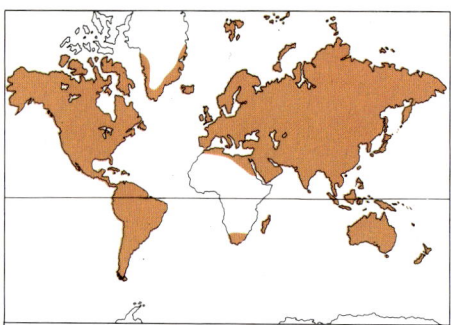

Gattungen: etwa 35
Arten: rund 600
Verbreitung: hauptsächlich in der nördlich-gemäßigten Zone, einige wenige auf der Südhalbkugel
Nutzwert: viele Arten als Zierpflanzen, z.B. die Glockenblumen (*Campanula*)

Fach enthält eine große Zahl von zentralwinkelständigen Samenanlagen. Der Griffel trägt 5, 3 oder 2 Narben.

Die Frucht ist eine Kapsel. Sie öffnet sich auf verschiedene Weise. Bei einigen Gattungen, wie z.B. *Peracarpa* im Himalaja und *Merciera* in Südafrika, springt die Frucht nicht auf. Nur 2 Gattungen, *Canarina* und *Campanumoea*, tragen Beeren. Die zahlreichen kleinen Samen enthalten einen geraden Embryo und fleischiges Endosperm. Anatomisch sind die Vertreter der Familie an den in ihren Geweben stets vorhandenen Milchröhren kenntlich. Ihr Reservestoff ist nicht Stärke wie bei der Mehrzahl der Pflanzen, sondern ein Polysaccharid – Inulin.

Die Blüten sind gewöhnlich groß und auffällig. Die vorherrschende, blaue Farbe zieht besonders Bienen an. Aber auch andere Insektengruppen kommen als Pollenüberträger in Frage. Eine Drüsenscheibe (in wenigen Fällen ein Becher) am Grunde des Griffels scheidet Nektar aus. Dieser ist gewöhnlich vom verbreiterten Grund der Staubblätter bedeckt, kann aber durch Lücken von einem Insektenrüssel erreicht werden.

Die Familie hat einen interessanten Mechanismus entwickelt, um Fremdbestäubung zu erleichtern und Selbstbestäubung zu erschweren. Die Blüten sind deutlich vormännlich, und der Pollen wird in der Knospe auf den Griffel (mit gegeneinander geschlossenen Narbenlappen) gebracht. Der Griffel ist entweder klebrig (bei *Wahlenbergia*) oder behaart, um den Pollen zu halten. Technisch gesehen ist dies das männliche Stadium der Blüte. Die Staubblätter welken schnell, sobald sich die Krone öffnet. Nach einiger Zeit (meist etliche Tage), wenn die Hauptmasse des Pollens durch Insekten weggetragen worden ist, entfalten sich die Narbenlappen, und das weibliche Stadium beginnt. Bei einigen Arten rollen sich die Narbenlappen spiralig um, können so den noch am Griffel verbliebenen Pollen berühren und somit Selbstbestäubung gewirken.

Legousia-Arten bringen zusätzlich zu den normalen noch kleine, reduzierte Blüten

hervor, die sich nicht öffnen und sich selbst bestäuben – ein Fall von Kleistogamie (Bestäubung und Befruchtung ohne Öffnen der Blüte). Auch *Campanula* hat etliche kleistogame Arten.

Systematik: Im engeren Sinne, d.h. unter Ausschluß der abweichenden Gattungen *Cyphia*, *Pentaphragma* und *Sphenoclea*, ist die Familie der Campanulaceae ziemlich natürlich und einheitlich. Ihre Unterteilung aber bietet ernsthafte Probleme, denn die Korrelation zwischen den verschiedenen Merkmalen scheint gering. Nach dem Bau des Fruchtknotens und der Kapsel kann man die 3 nachfolgenden Subtribus unterscheiden. Diese stellen nicht unbedingt unabhängige Entwicklungslinien dar.

CAMPANULINAE: Der Fruchtknoten ist unterständig, und die Fruchtblätter stehen vor den Kelchzähnen. Die Frucht ist eine sich seitlich öffnende Kapsel, manchmal eine Schließfrucht, bei einer Gattung eine Beere. Gattungen: *Campanula*, *Symphyandra*, *Adenophora*, *Legousia*, *Ostrowskia*, *Michauxia* und *Canarina*.

WAHLENBERGIINAE: Der Fruchtknoten ist unterständig oder halbunterständig bis oberständig. Die Fruchtblätter stehen vor den Kelchzähnen. Die Frucht ist eine Kapsel, die sich an der Spitze öffnet, bei einer Gattung eine Beere. Gattungen: *Wahlenbergia*, *Campanumoea*, *Codonopsis*, *Cyananthus*, *Roella*, *Githopsis*, *Lightfootia*, *Edraianthus* und *Jasione*.

PLATYCODINAE: Der Fruchtknoten ist unterständig bis halbunterständig. Die Fruchtblätter wechseln mit den Kelchzähnen ab. Die Frucht ist eine Kapsel, die sich entweder oben oder seitlich öffnet. Die Typus-Gattung ist *Platycodon*.

Die Cyphiaceae, Lobeliaceae, Pentaphragmataceae und Sphenocleaceae, die oft zu den Campanulaceae gerechnet werden, sind hier als getrennte Familien behandelt.

Die Cyphiaceae sind ein Verbindungsglied zwischen den Glockenblumen- und den Lobeliengewächsen. Ihre Blüten sind radiär, die Staubblätter zu einer Röhre zusammengefügt, und die Staubbeutel frei. Es gibt 4 Gattungen und etwa 70 Arten in Südafrika. Die Pentaphragmataceae zeichnen sich durch asymmetrische Blätter aus. Ihre radi-

CAMPANULACEAE. 1. *Canarina eminii:* Sproß mit gegenständigen Blättern und seitlicher, radiärer Blüte (× 2/3). **2.** *Trachelium rumelianum:* Trieb mit wechselständigen Blättern und endständigen Blütenständen (× 2/3). **3.** *Campanula rapunculoides:* a) Sproß mit traubigem Blütenstand (× 2/3); b) halbierte Blüte, Staubblätter mit freien Staubbeuteln, unterständiger Fruchtknoten, ein einziger Griffel mit gelappter Narbe (× 1); c) Querschnitt durch dreifächerigen Fruchtknoten, mit Samenanlagen an zentralwinkelständigen Plazenten (× 3). **4.** *C. rapunculus:* Frucht – eine Kapsel (× 1¹/3). **5.** *Phyteuma orbiculare:* Blütenstand (× 2/3). **LOBELIACEAE. 6.** *Lobelia cardinalis* cv. «Red Flush»: zygomorphe Blüten mit um den Griffel herum verklebten Staubblättern – Merkmale, die von den Campanulaceae abweichen. Zu beachten ist, daß bei den oberen Blüten des Blütenstandes die Narbe nicht zwischen den Staubbeuteln hervorragt, im Gegensatz zu den unteren (männliches und weibliches Stadium der Blüte) (× 2/3). **7.** *Pratia arenaria:* a) kriechender Sproß (× 2/3); b) Blüte (× 4).

1

3a

3b

3c

4

2

5

6

7b

7a

ären Blüten sind in wickeligen Cymen angeordnet und ihre Früchte beerenartig. Die einzige Gattung, *Pentaphragma*, mit rund 30 Arten (meist sukkulent) ist auf Südostasien und Malesien beschränkt. Einige Autoren bringen sie mit den Begoniaceae in Verbindung. Die Sphenocleaceae haben 2 Arten, *Sphenoclea dalzielii* (Westafrika) und *S. zeylanica* (pantropisch, in Amerika eingeschleppt). Beide sind einjährige Kräuter. Sie wachsen an feuchten Standorten oder in seichtem Wasser. Gewisse Merkmale lassen an eine Verwandtschaft mit den Lythraceae denken.

Es scheint möglich, daß die Campanulaceae — oder besser: ihre stammesgeschichtlichen Vorfahren — der Grundstock sind, aus dem sich die riesige Familie der Compositae entwickelt hat. Diese Behauptung wird durch morphologische Befunde gestützt: kopfartige Blütenstände bei *Jasione* und *Phyteuma*, verklebte Staubbeutel bei verschiedenen Arten und Gattungen, Vormännlichkeit, Vorhandensein von Milchsaft und nicht zuletzt Inulin.

Nutzwert: Viele, wenn nicht alle Arten von *Campanula* (Glockenblume), *Endraianthus* (Büschelglocke), *Symphyandra*, *Phyteuma* (Rapunzel) und *Jasione* (Sandglöckchen) werden als Zierpflanzen sehr geschätzt. Einige sind in Steingärten beliebt. Sehr beliebt bei Gärtnern sind auch *Adenophora* (Becherglocke), *Michauxia*, *Ostrowskia*, *Trachelium* (Halskraut), *Codonopsis* (Glockenwinde) und *Platycodon* (Ballonblume). *Campanula rapunculus*, die Rapunzel-Glockenblume, ist eine der wenigen Arten mit einem gewissen Nährwert. Ihre Wurzeln und Blätter werden manchmal für Salate verwendet. M.K.

LOBELIACEAE *Lobeliengewächse*

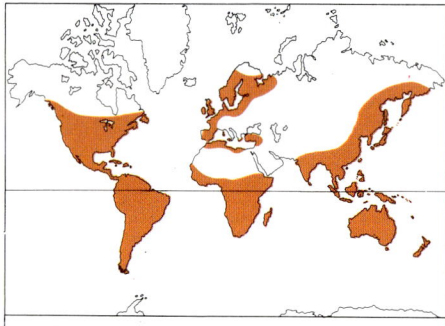

Gattungen: etwa 30
Arten: rund 1200
Verbreitung: kosmopolitisch, besonders häufig in Amerika und den Tropen
Nutzwert: viele Zierpflanzen; *Lobelia inflata* liefert medizinisch wichtige Alkaloide

Die Lobeliaceae sind eine mittelgroße Familie mit Lebensformen, die von winzigen Einjährigen bis zu Bäumen mit oft eigenartigem Habitus reichen. Arten der hawaiischen Gattung *Cyanea* sehen Palmen ähnlich. In der Wüste vorkommende Arten von *Lobelia* und *Monopsis* haben nadelähnliche Blätter entwickelt, und die australische *Lobelia gibbosa* ist sukkulent. Einige Vertreter von *Clermontia* sind Epiphyten und mehrere *Lobelia*-Arten Wasserpflanzen.

Verbreitung: Die Familie ist weltweit verbreitet, wobei sie in Nord- und Südamerika besonders reich vertreten ist und viele tropische Arten und Gattungen aufweist.

Merkmale: Die Blätter sind wechselständig, einfach und haben keine Nebenblätter. Die Blüten sind zygomorph, meist blau, rot oder violett, gewöhnlich zwitterig und um 180° gedreht. Einige australische Arten von *Lobelia* und *Pratia* sind jedoch zweihäusig und in Trauben oder Rispen ohne Endblüte angeordnet. Einblütige Arten sind selten. Der Kelch ist fünfzipflig. Die Krone hat 5 verwachsene (selten freie) Blätter und ist zweilippig, wobei die Lippen gleich oder ungleich sind. Bei den meisten Arten ist die Kronröhre gebogen. Die 5 Staubblätter sind entweder frei oder mit der Krone verwachsen, die Staubbeutel zu einer Röhre verklebt. Die 3 oberen Staubblätter sind länger als die beiden unteren. Der unterständige, selten oberständige Fruchtknoten besteht aus verwachsenen Fruchtblättern und ist meist gefächert. Zahlreiche Samenanlagen sitzen an zentralwinkelständigen Plazenten. Der einfache Griffel trägt 2 oder 3 Narben. Die breiigen oder trockenen Früchte springen manchmal nicht auf; häufiger aber öffnen sie sich auf verschiedene Weise.

Da die Blüten vormännlich sind, wird Fremdbefruchtung erzielt. Der Griffel stößt durch die von den verklebten Staubbeuteln gebildete Röhre und stößt den Blütenstaub an der Spitze heraus, wo er von Insekten gesammelt werden kann. Sobald der Griffel voll herausgetreten ist, trennen sich die Narben, und das weibliche Stadium der Blüte beginnt. Ausnahmen bilden die afrikanische Gattung *Monopsis* mit gleichzeitig reifenden Staubbeuteln und Narben und *Lobelia dortmanna* (die in Mitteleuropa einheimische Lobelie), bei der sich die Narben innerhalb der Staubbeutelröhre entfalten und durch den darin befindlichen Blütenstaub selbstbestäubt werden. Pollenüberträger sind Blattläuse, Bienen und Schmetterlinge. Einige großblütige Arten werden durch Vögel bestäubt.

Viele Vertreter dieser Familie sind sehr giftig. So liefert z.B. *Laurentia longiflora* das Isotomin, ein Herzgift, und der Geruch der chilenischen *Lobelia tuba* kann allein schon eine Vergiftung verursachen.

Systematik: Zwei hauptsächlich auf dem Bau des Fruchtknotens und der Frucht begründete Tribus werden allgemein anerkannt.

LOBELIEAE: Fruchtknoten an der Spitze konisch, Frucht aufspringend; dazu gehören: *Lobelia*, *Siphocampylus*, *Laurentia* und *Monopsis*.

DELISSEEAE: Fruchtknoten an der Spitze flach, Schließfrucht breiig oder trocken. Dazu gehören: *Centropogon*, *Burmeistera*, *Hypsela*, *Pratia*, *Clermontia*, *Cyanea* und *Delisseea*.

Die Lobeliaceae lassen sich von den Campanulaceae ableiten. Sie unterscheiden sich von diesen durch ihre zygomorphen Blüten, verklebten Staubbeutel und das Auftreten von Alkaloiden. Doch die Verwandtschaft zwischen den beiden Familien ist so eng, daß einige Kenner die Lobeliaceae als Unterfamilie der Campanulaceae betrachten.

Nutzwert: Die Gattung *Lobelia* (Lobelie) weist viele Zierpflanzen auf, die wegen ihrer langen Blütezeit sehr geschätzt werden. Die bekannteste dürfte *Lobelia erinus* sein, welche aus Südafrika stammt. Seit dem 17. Jahrhundert ist sie in Kultur. *Lobelia cardinalis*, *L. splendens*, *L. amoena* und *L. fulgens* sind im Staudengarten sehr wirkungsvoll. Auch Arten von *Pratia*, *Centropogon*, *Downingia*, *Monopsis*, *Laurentia* und *Hypsela* als Zierpflanzen dienen.

Lobelia inflata liefert neben wichtigen Alkaloiden auch ein Mittel gegen Asthma und Keuchhusten. Ein Absud der Wurzeln von *Lobelia syphilitica* wurde von den Indianern als Heilmittel gegen Geschlechtskrankheiten verwendet. Die Beeren von *Centropogon* und *Clermontia* sind eßbar. M.K.

STYLIDIACEAE

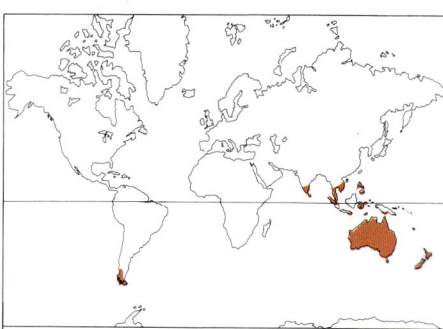

Gattungen: 6
Arten: rund 150
Verbreitung: vor allem Australien
Nutzwert: einige Zierpflanzen

Die Stylidiaceae sind eine kleine Familie ein- oder mehrjähriger Kräuter und weniger Sträucher der Subtropen und gemäßigten Breiten. Die größte Gattung, *Stylidium*, enthält 103 Arten.

Verbreitung: Die Familie ist auf Australien beschränkt, mit Ausnahme einiger weniger Arten in Neuseeland, Südamerika, Indien und im östlichen Asien. Die Pflanzen dieser Familie sind gewöhnlich etwas an Trockenheit angepaßt. *Donatia* und *Phyllachne* sind dagegen wichtig in den Mooren Neuseelands und des südlichsten Teils von Südamerika.

Merkmale: Die einfachen Blätter sind wechselständig oder bilden eine grundständige Rosette und haben meist keine Nebenblätter. Die Blüten sind zygomorph und zwitterig oder eingeschlechtig. Es gibt 5 bleibende Kelchblätter, die gewöhnlich mehr oder weniger stark zu 2 Lippen verbunden sind. Die Krone ist meist tief fünfzipflig, mit einem kleineren abwärts gerichteten Zipfel (Lippe). Die anderen 4 zeigen paarweise nach oben. Es sind 2 (selten 3) Staubblätter vorhanden, die gewöhnlich mit dem Griffel zu einer Säule vereinigt sind. Die Staubbeutel öffnen sich nach außen und verdecken oft die ungeteilte oder zweilappige Narbe. Die Säule ragt vor und ist so gekrümmt, daß sie von einem Insekt, das auf der Lippe der Krone landet, in Schwingung versetzt wird und so Blütenstaub vom Rücken des Insekts übernehmen bzw. an diesen abgeben kann. Der unterständige Fruchtknoten besteht aus 2 verwachsenen Fruchtblättern. Er ist oft gefächert und enthält wenige oder zahlreiche anatrope Samenanlagen. Die Frucht ist eine zweiklappige Kapsel mit kleinen Samen.

Systematik: Die Familie wird meist in 2 Unterfamilien geteilt:

DONATIOIDEAE: Kronblätter frei und 2 oder 3 freie Staubblätter. Die einzige Gattung ist *Donatia*, welche von einigen Autoren in eine eigene Familie, die Donatiaceae, gestellt wird.

STYLIDIOIDEAE: Kronblätter am Grunde verwachsen, 2 Staubblätter mit dem Griffel bis zur Spitze vereinigt. In der Tribus PHYLLACHNEAE sind die beiden Theken eines Staubbeutels an der Spitze verschmolzen (*Phyllachne* und *Forstera*). Die Tribus STYLIDIEAE hat getrennte Theken (*Oreostylidium, Levenhookia, Stylidium*).

Die verwandtschaftlichen Beziehungen der Stylidiaceae stehen noch nicht fest. Immerhin gleichen die Pollenkörner meist denjenigen der Campanulaceae.

Nutzwert: Wenige Arten werden als Zierpflanzen gezogen. Die wichtigsten sind die westaustralischen, immergrünen Sträucher aus der Gattung *Stylidium* (von Gärtnern oft als *Candollea* bezeichnet).   D.M.M.

BRUNONIACEAE

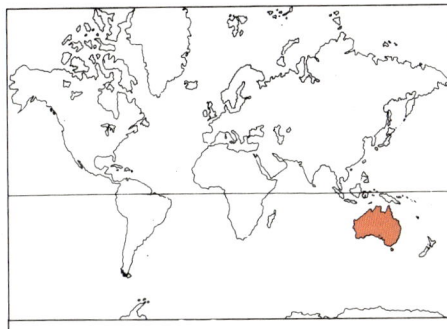

Gattungen: 1
Arten: 1
Verbreitung: Australien und Tasmanien
Nutzwert: keiner

Die Brunoniaceae sind eine australische Familie, die aus einer einzigen Gattung seidenhaariger, mehrjähriger Stauden besteht — *Brunonia*.

Verbreitung: Die einzige Art der Gattung, *Brunonia australis*, ist auf Australien und Tasmanien beschränkt. Ihr englischer Name, «blue pincushion» («blaues Nadelkissen»), gibt eine treffende Beschreibung ihrer Blütenstände.

Merkmale: Alle Blätter entspringen den untersten Teilen der Pflanze. Sie sind ganzrandig, werden etwa 10 cm lang und tragen keine Nebenblätter. Die radiären Zwitterblüten stehen in dichten, halbkugeligen Köpfchen, die einen Kreis von Hüllblättern besitzen. Die 5 verwachsenen Kelchblätter bilden eine Röhre. Sie bleiben an der Frucht erhalten. Die Krone besteht aus 5 blauen Zipfeln, die am Grunde verwachsen, aber oben frei und ausgebreitet sind. Die 5 Staubblätter fügen sich dem Grunde der Kron-

röhre ein, und die Staubbeutel bilden in der Kronröhre um den Griffel herum eine Röhre. Der Fruchtknoten ist oberständig und ungefächert und enthält eine aufrechte Samenanlage. Eine kleine Narbe, die von einem Kragen (Pollenbecher) umgeben ist, krönt den einzigen Griffel. Die Frucht ist eine Nuß mit einem einzigen Samen, welcher einen geraden Embryo, aber kein Endosperm besitzt.

Systematik: Man hält die Familie für verwandt mit den Goodeniaceae, in welche sie oft einbezogen wurde, weil beide an der Spitze des Griffels einen Pollenbecher besitzen. Gleichzeitig zeigt die Familie aber im Bau ihrer Blütenstände einige Ähnlichkeit mit den Dipsacaceae und Compositae.

Nutzwert: Es ist keine Nutzung bekannt.   B.M.

GOODENIACEAE

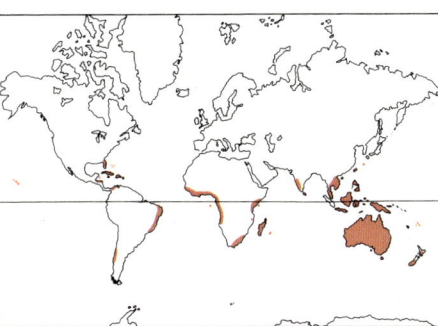

Gattungen: 14
Arten: rund 300
Verbreitung: vor allem Australien
Nutzwert: verschiedene Zierpflanzen für Garten und Gewächshaus

Die Goodeniaceae sind eine kleinere Familie von Kräutern und einigen Sträuchern. Sie enthält einige außergewöhnliche Zierpflanzen, die in wärmeren Klimaten im Garten, in den gemäßigten Zonen im Gewächshaus kultiviert werden.

Verbreitung: Die Familie ist im wesentlichen auf Australien, besonders auf den westlichen Teil, beschränkt. Nur einige wenige Arten von *Scaevola* reichen bis nach Neuseeland, Afrika, Mittel- und Südamerika, zu den pazifischen und Westindischen Inseln und ins östliche Asien. *Selliera radicans* kommt in Australien, Neuseeland und Zentralchile vor.

Merkmale: Es handelt sich um manchmal am Grund verholzte Kräuter, selten Sträucher. Die Blätter sind meist wechsel- oder grundständig und ganzrandig bis fiederschnittig. Nebenblätter fehlen. Die zygomorphen Zwitterblüten stehen entweder einzeln oder in seitlichen Ähren, Trauben oder Cymen. Der Kelch ist gewöhnlich fünfzählig oder zu einem Ring vereinfacht. Die Krone ist an ihrer Oberseite fast bis zum Grunde aufgeschlitzt, ihr Saum entweder gleichmäßig oder ungleich fünfzipflig, gewöhnlich zweilippig und gelb oder weiß bis blau, selten rot bis purpurn. Die 5 freien oder wenig mit der Krone verwachsenen Staubblätter wechseln mit den Kronzipfeln ab. Die Staubbeutel sind mit ihrem unteren Ende an den Filamenten befestigt und umgeben den Griffel frei oder zu einem

Ring vereint. Der Fruchtknoten ist ganz oder teilweise unterständig. 2 verwachsene Fruchtblätter bilden meist 2 Fächer. Jedes enthält eine bis zahlreiche aufrechte oder aufsteigende, anatrope oder selten kampylotrope Samenanlagen. Der Griffel trägt am Ende einen Auswuchs (Pollenbecher), der die meist zweilappige Narbe umgibt. Die Frucht ist eine Steinfrucht, Nuß oder Kapsel. Die Samen sind gewöhnlich flach und oft geflügelt.

Systematik: Die meisten Arten der Familie gehören zu *Goodenia* und *Scaevola* (je etwa 90 Arten) und *Dampiera* (rund 60 Arten). Die Goodeniaceae zeichnen sich — wie auch die verwandte Familie der Brunoniaceae, die manchmal dazugerechnet wird — durch einen becherförmigen oder zweilippigen Pollenbecher aus, der oft fein behaart ist. Dieser enthält die Narbe an der Spitze des Griffels und scheint bei der Pollenübernahme von besuchenden Insekten eine Rolle zu spielen.

Nutzwert: Verschiedene Arten von *Goodenia, Dampiera, Leschenaultia* und *Scaevola* werden als Zierpflanzen in Gewächshäusern oder in wärmeren Klimaten im Garten gezogen. *Leschenaultia* enthält einige der schönsten Gewächshaussträucher. Dazu gehört *Leschenaultia biloba*, die wegen ihrer blauen Blüten gepriesen wird. *Selliera radicans*, eine unbehaarte, kriechende Mehrjährige, wird manchmal in feuchten Steingärten gepflanzt.   D.M.M.

RUBIALES *Krappartige*

RUBIACEAE *Krappgewächse*

Die Rubiaceae sind eine der größten Familien der Blütenpflanzen. Die meisten tropischen Arten sind Bäume oder Sträucher, diejenigen der gemäßigten Breiten meist krautig. Kaffee ist das wichtigste Erzeugnis dieser Familie; er wird hauptsächlich von *Coffea arabica* und *C. canephora* gewonnen. *Cinchona*-Arten liefern die Droge Chinin. Von den vielen tropischen Arten, die als Zierpflanzen in Kultur sind, soll *Gardenia jasminoides* erwähnt werden, von den europäischen Gattungen *Galium* (Labkräuter) und *Asperula* (Meier).

Verbreitung: Diese sehr weitverbreitete Familie ist in den Tropen und Subtropen am stärksten vertreten, mit einigen Arten auch in den gemäßigten Zonen und selbst in der Arktis und Antarktis.

Merkmale: Die Blätter sind gegenständig (oder scheinbar quirlig), einfach und meist ganzrandig. Die Nebenblätter sind besonders bezeichnend; oft sind sie paarweise verwachsen und stehen entweder zwischen Blattstiel und Stengel (intrapetiolar) oder seitlich zwischen den Blattstielen, wobei sie manchmal Blättern gleichen (wie bei *Galium* und *Asperula*). Die Blüten stehen in Rispen oder Cymen oder sind zu dichten Köpfen gehäuft. Sie sind meist zwitterig, radiär (eines der Kelchblätter ist aber oft vergrößert) und vier- oder fünfzählig. Die Staubblätter fügen sich der Kronröhre ein, deren Mündung häufig von abgeflachten, bandartigen Haaren erfüllt ist. Der fast immer unterständige Fruchtknoten besteht

RUBIACEAE. 1. *Ixora chinensis:* a) blühender Sproß, der Nebenblätter zwischen den Blattstielen zeigt (× ²/₃); b) röhrige Krone (geöffnet, um mit ihr verwachsene Staubblätter und den einfachen Griffel mit den Narben zu zeigen) und Längsschnitt durch den Fruchtknoten (× 1¹/₂). 2. *Asperula suberosa:* blühender Sproß (× ²/₃). 3. *Mussaenda luteola:* Blüte mit einem stark vergrößerten Kelchzipfel (× 1¹/₂). 4. *Coffea arabica:* a) Früchte (× ²/₃); b) Querschnitt durch Frucht (× 1). 5. *Nauclea pobeguinii:* Längsschnitt durch Frucht (× ¹/₂). 6. *Sherbournia calycina:* a) blühender Sproß (× ²/₃); b) Längsschnitt (× 2) und c) Querschnitt durch Fruchtknoten (× 3).

aus einem bis vielen Fruchtblättern (gewöhnlich 2) und ebenso vielen Fächern. Diese enthalten eine bis viele zentralwinkelständige, apikale oder grundständige Samenanlagen. Die Früchte sind Kapseln, Beeren, Steinfrüchte oder Spaltfrüchte. Die Samen sind manchmal geflügelt. Sie besitzen einen geraden oder gekrümmten Embryo.

Interessante Beispiele von Ameisenpflanzen findet man bei den Gattungen *Myrmecodia* und *Hydnophytum;* beide sind im tropischen Asien und Australien heimisch. Alle Glieder dieser Gattungen sind Epiphyten, die sich mit ihren Wurzeln an die Äste von Bäumen klammern. Große Anschwellungen, die ein Netzwerk von Höhlen enthalten, entwickeln sich an den Wurzeln und werden von Ameisen bewohnt. Trotz der Vermutung, Pflanze und Insekten hätten eine Symbiose zu gegenseitigem Nutzen entwickelt (die Ameise beschützt die Pflanze, liefert ihr zusätzlich Nährstoffe und erhält als Gegenleistung Unterschlupf) fehlt der Beweis dafür, daß sie tatsächlich voneinander abhängig sind.

Systematik: Obwohl die Rubiaceae eine klar abgegrenzte Gruppe bilden, ist die Systematik innerhalb der Familie umstritten. Es besteht Uneinigkeit darüber, welche Merkmale am geeignetsten wären, um

Gattungen: etwa 500
Arten: rund 7000
Verbreitung: hauptsächlich in den Tropen und Subtropen, mit einigen wenigen Arten in gemäßigten und kalten Gebieten
Nutzwert: Kaffee, Chinin und einige weniger bekannte Drogen wie Brechwurzel, Farbstoffe von Krapp und Gambir; viele Zierpflanzen (z. B. *Gardenia,* Meier und Labkräuter)

Tribus und Unterfamilien abzugrenzen. Ältere Systeme anerkennen 2 Unterfamilien, die durch eine bzw. viele Samenanlagen pro Fach charakterisiert sind. Später wurden jedoch 3 vollkommen verschiedene Unterfamilien vorgeschlagen:

RUBIOIDEAE: Calciumoxalat-Rhaphiden (na-delförmige Kristalle) in den Blättern vorhanden, Haare an den Stengeln und Blättern oft mit Querwänden, Heteromorphie der Blüten häufig, Nebenblätter oft in mehrere schmale Zipfel geteilt, Samen ohne Endosperm. Vorwiegend krautig; 11 Tribus.

CINCHONOIDEAE: ohne Raphiden, Haare ohne Querwände, keine deutliche Heteromorphie der Blüten, Nebenblätter selten geteilt, Samen mit Endosperm. Vorwiegend holzig; 17 Tribus.

GUETTARDOIDEAE: ohne Raphiden, Haare ohne Querwände, keine Heteromorphie der Blüten, Samen ohne Endosperm, holzig; eine Tribus.

Eine Verwandtschaft scheint sowohl mit den Gentianales als auch mit den Dipsacales zu bestehen, die beide im allgemeinen gegenständige Blätter und zweiblättrige Gynoeceen haben. Die Rubiaceae sind den Gentiales, ganz besonders den Loganiaceae, in folgenden Merkmalen ähnlich: gut entwickelte Nebenblätter, die oft besondere Drüsen tragen (Kolleteren), und gewisse Alkaloide. Andererseits unterscheiden sie sich von ihnen durch das Fehlen von internem Phloem und ihren unterständigen Fruchtknoten. Diese beiden Merkmale sind typisch für die Dipsacales; diese neigen jedoch zum Verlust der Nebenblätter und bilden keine Alkaloide.

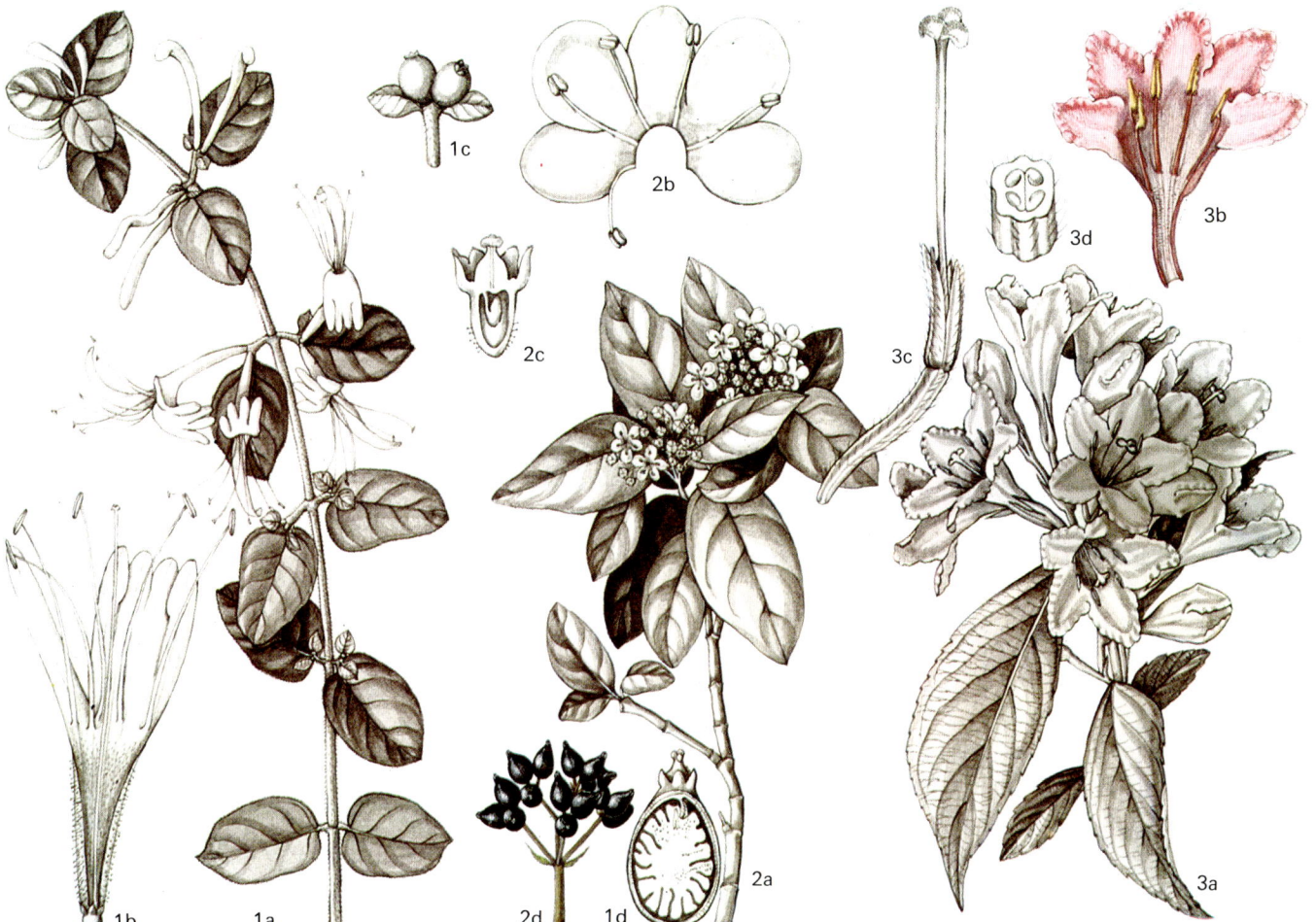

CAPRIFOLIACEAE. **1.** *Lonicera biflora:* **a)** windender Stengel mit gegenständigen Blättern und paarigen Blüten (× ²/₃); **b)** aufgeschlitzte Blüte, Staubblätter mit der Krone verwachsen (× 2); **c)** Fruchtpaar – Beeren (× 4); **d)** Längsschnitt durch Frucht (× 3). **2.** *Viburnum tinus:* **a)** blühender Sproß (× ²/₃); **b)** Krone und Staubblätter (× 3); **c)** Längsschnitt durch Gynoeceum, kopfige Narbe und hängende Samenanlagen zeigend (× 3); **d)** Früchte (× ²/₃). **3.** *Weigela amabilis:* **a)** blühender Sproß (× ²/₃); **b)** aufgeschnittene Krone (× 1); **c)** Kelch, Griffel und Narbe (× 3); **d)** Abschnitt des Fruchtknotens (× 9).

Nutzwert: Die bekanntesten Produkte der Rubiaceae sind Kaffee *(Coffea)* und Chinin *(Cinchona*-Arten). Vertreter dieser Familie liefern auch die Droge Brechwurzel *(Cephaëlis)* und die Farbstoffe Krapp *(Rubia)* und Gambir *(Uncaria)*. Die bekannteste Zierpflanze ist wahrscheinlich *Gardenia* (Gardenie). Andere, so *Bouvardia, Hamelia, Manettia* und *Rondeletia*, werden ebenfalls wegen ihrer Blüten kultiviert. Gartenpflanzen sind *Asperula* (Meier), *Galium* (Labkraut) und *Houstonia* (Porzellansternchen). F.K.K.

DIPSACALES *Kardenartige*

ADOXACEAE *Moschuskrautgewächse*
Die Familie der Adoxaceae besteht aus einer einzigen Art, *Adoxa moschatellina* (Moschuskraut oder Bisamkraut), eine Rhizomstaude.
Verbreitung: *Adoxa* ist in Europa, Asien und Nordamerika an Felsen, in Hecken und Wäldern weitverbreitet.
Merkmale: Die Pflanzen tragen dreizählige, grundständige Blätter an langen Stielen sowie ein Paar gegenständiger kurzgestielter, dreischnittiger oder dreizähliger Blätter an einem aufrechten, unverzweig-

ten, blühenden Stengel. Der Blütenstand ist ein würfelförmiges Köpfchen. Es sind eine endständige und 4 seitliche, radiäre, zwitterige und grünliche Blüten vorhanden. Die endständige Blüte hat einen zweizipfligen Kelch (oder 2 Hochblätter), eine vierzipflige, grünliche Krone und 4 Staubblätter im Wechsel mit den Kronzipfeln. Die Filamente sind aber so tief gespalten, daß auf den ersten Blick der Eindruck von 8 Staubblättern entsteht. Die seitlichen Blüten sind fünfzählig. Bei beiden Blütentypen wird der

Gattungen: 1
Arten: 1
Verbreitung: Europa, Nordamerika, Nord- und Zentralasien
Nutzwert: keiner

Nektar von einem Ring um den Grund der Staubblätter ausgeschieden. Die Blüten werden von verschiedenen kleinen Insekten besucht, besonders von Fliegen. Der halbunterständige Fruchtknoten trägt 3 bis 5 Griffel und besteht aus ebenso vielen verwachsenen Fruchtblättern mit 3 bis 5 Fächern. Jedes enthält eine einzige, hängende Samenanlage. Die Frucht ist eine Steinfrucht.
Systematik: Über die Verwandtschaftsverhältnisse der Adoxaceae bestehen einige Zweifel. Früher wurde *Adoxa* in die Familie der Caprifoliaceae eingereiht. Sie unterscheidet sich aber von den Gliedern dieser Familie durch die Spaltung der Filamente fast bis zum Grund und durch den halbunterständigen Fruchtknoten. Verwandtschaftliche Beziehungen zu den Araliaceae und den Saxifragaceae wurden vermutet.
Nutzwert: Keinerlei Nutzung ist bekannt.
S.R.C.

CAPRIFOLIACEAE
Geißblattgewächse
Die Caprifoliaceae sind eine kleinere Familie hauptsächlich von kleinen Bäumen, Sträuchern oder Kletterpflanzen. Verschiedene sind bekannte Zierpflanzen.
Verbreitung: Die Familie ist weltweit verbreitet, in den gemäßigten Teilen des öst-

lichen Nordamerika und des östlichen Asien aber am reichsten vertreten. In der Sahara und dem südlichen und tropischen Afrika fehlt sie; eine Art findet man aber in den Gebirgen Ostafrikas und auf Madagaskar.

Merkmale: Die Caprifoliaceae sind meist kleine Bäume oder Sträucher; einige Arten von *Lonicera* z.B. sind Lianen, *Triosteum* ist krautig und *Sambucus* enthält sowohl Sträucher als auch Kräuter. Die gegenständigen, einfachen Blätter tragen keine Nebenblätter. Ausnahmen bilden *Sambucus* mit gefiederten Blättern und nebenblattartigen Bildungen, welche auch bei *Viburnum* und *Leycesteria* vorkommen (oft Nektardrüsen). Die zwitterigen Blüten sind grundsätzlich in cymösen Blütenständen angeordnet, oft in Paaren, die manchmal im Fruchtknotenbereich verwachsen sind. Der Kelch besteht selten aus 4, meist aber aus 5 kleinen Zähnen. Die Krone, welche oberhalb des Fruchtknotens entspringt, besitzt gewöhnlich 5 ausgebreitete oder zweilippig angeordnete Zipfel. Die Form der Krone ist sehr verschieden. So ist die Röhre bei *Viburnum* kurz, während sie bei *Lonicera* lang und eng oder kürzer kann und die Krone stieltellerförmig sein kann. In der Knospe decken sich die Zipfel dachig. Ausnahmen bilden *Alseuosmia* und verwandte Gattungen und *Sambucus*. Die 5 Staubblätter entspringen der Kronröhre im Wechsel mit den Zipfeln; gelegentlich ist eines nicht vorhanden, so bei *Linnaea*. Die Staubbeutel besitzen 2 Pollensäcke und öffnen sich mit Längsrissen, meist nach innen. Der Fruchtknoten ist unterständig und wird gewöhnlich von 3 bis 5 verwachsenen Fruchtblättern gebildet. Er enthält einen bis fünf Fächer und wird von einem einzigen Griffel überragt, der eine kopfige oder gelappte Narbe trägt. In jedem Fach gibt es eine einzige, hängende Samenanlage (zahlreiche bei *Leycesteria*) an einer zentralwinkelständigen Plazenta. Die Frucht ist sehr oft eine Beere; für die Samen ist ein kleiner, gerader Embryo mit reichlich Endosperm typisch. *Diervilla* und *Weigela* haben eine Kapselfrucht.

Systematik: Die Hauptgattungen dieser Familie sind *Abelia* (30 Arten), *Diervilla* (3 Arten), *Leycesteria* (6 Arten), *Lonicera* (200 Arten), *Sambucus* (40 Arten), *Triosteum* (6 Arten), *Viburnum* (200 Arten) und *Weigela* (12 Arten).

Die neuseeländische *Alseuosmia*, eine Gattung mit ungefähr 8 Arten, erscheint manchmal als eigene Familie, die Alseuosmiaceae. Falls sie anerkannt wird, rechnet man zu dieser kleinen Familie 2 weitere Gattungen, beide aus Neukaledonien, nämlich *Periomphale* (2 Arten) und *Memecylanthus* (eine Art). Sie alle haben wechselständige Blätter und klappige Kronzipfel. Der Bau der Pollenkörner läßt vermuten, daß sie vielleicht eher zu den Escallonioideae (eine Unterfamilie der Saxifragaceae) bzw. zu den Loganiaceae gehören.

Die anderen kleinen Gattungen im südöstlichen Asien, *Carlemannia* (3 Arten) und *Silvianthus* (2 Arten) wurden auch als weitere, eigene Familie, die Carlemanniaceae, abgetrennt. Aufgrund ihrer 2 Staubblätter,

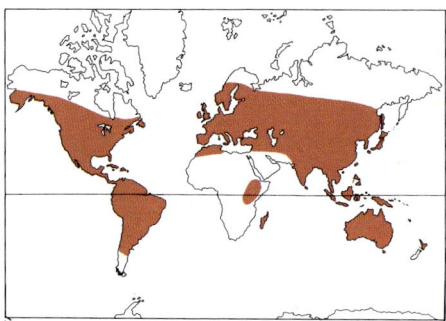

Gattungen: etwa 18
Arten: rund 450
Verbreitung: kosmopolitisch, mit Schwerpunkt im östlichen Nordamerika und in Ostasien
Nutzwert: viele Zierpflanzen (z.B. Geißblatt, Schneebeere); aus Holunder wird ein Mus bereitet

deren Staubbeutel um den Griffel herum verklebt sind, kann eine Verwandtschaft mit den Hydrangeoideae (eine Unterfamilie der Saxifragaceae) angenommen werden. Die Caprifoliaceae als Ganzes sind mit den Rubiaceae eng verwandt, ihre Mehrheit kann aber durch die Abwesenheit von Nebenblättern unterschieden werden.

Nutzwert: Obwohl einige wenige Arten, wie etwa *Lonicera japonica*, als Unkraut Probleme schaffen, ist die Familie eher wegen ihrer zahlreichen, winterharten Ziersträucher bekannt. Bemerkenswert sind *Lonicera* (Geißblatt, Heckenkirsche), *Symphoricarpos* (Schneebeere, Korallenbeere), *Sambucus* (Holunder) und Arten von *Viburnum* (Schneeball), *Abelia*, *Leycesteria* (Buntdachblume) und *Weigela* (Weigelie). Aus Holunderbeeren wird oft Mus oder Wein bereitet. I.B.K.R.

VALERIANACEAE *Baldriangewächse*

Die Valerianaceae sind eine mittelgroße Familie, deren Vertreter überwiegend zur Gattung *Valeriana* (Baldrian) gehören. Es sind meist Kräuter; einige wenige haben strauchigen Wuchs. In Teilen Südamerikas gibt es einige Polsterpflanzen.

Verbreitung: Die Valerianaceae sind in erster Linie eine nordhemisphärische Fa-

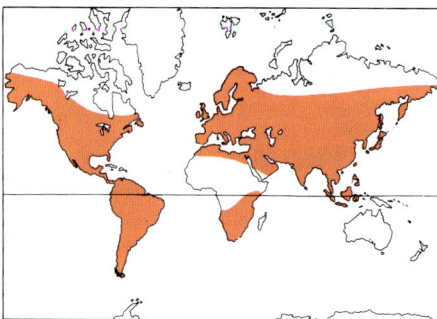

Gattungen: 13
Arten: rund 400
Verbreitung: hauptsächlich Nordhemisphäre und Südamerika
Nutzwert: begrenzte Verwendung für Arzneien, Salate, zu Parfüm und als Zierpflanzen

milie; in Australien und großen Teilen Afrikas kommen sie nicht vor, doch gibt es eine Vielfalt von Gattungen in Südamerika, besonders in Gebirgen. Das Mittelmeergebiet ist mit 2 endemischen Gattungen, *Centranthus* (9 Arten) und *Fedia* (etwa 3 Arten) ebenfalls ein Mannigfaltigkeitszentrum.

Merkmale: Die Blätter sind gegenständig und oft fiederschnittig, umfassen gewöhnlich den Stengel halb und haben keine Nebenblätter. Die getrockneten Pflanzen verströmen einen starken, bezeichnenden Geruch, der auf Valeriansäure und deren Derivate zurückgeht, welche besonders in den Wurzeln vorkommen.

Die cymösen Blütenstände bestehen meist aus zahlreichen und oft gehäuften Blüten mit Tragblättern, so z.B. in den Teilblütenständen von *Valerianella*. Die Blüten sind gewöhnlich zwitterig und zygomorph. Der grundsätzlich fünfzählige Kelch, der am oberen Rand des Fruchtknotens ansetzt, ist zur Blütezeit kaum sichtbar, zeigt aber an der Frucht eine große Vielfalt im Bau. An den Früchten von *Valeriana* und *Centranthus* entrollt er federige Zipfel (bis 30) zu einem «Fallschirm». Bei *Valerianella*, einer Gattung von etwa 80 Arten kleiner, einjähriger Kräuter, zeigt er die verschiedensten Ausbildungen, die vom eigentlichen Fehlen bei manchen Arten bis zu blasenartigen oder federigen Formen bei anderen reichen. Die 5 verwachsenen Kronblätter bilden oft eine lange Röhre, die bei *Centranthus* besonders stark entwickelt ist. Einige Arten dieser Gattung tragen am Grunde einen langen Sporn, der Nektar enthält. Die Bestäubung solcher Blüten erfolgt durch Nachtfalter. Die Staubblätter schwanken in ihrer Zahl von 4 (bei *Patrinia* und *Nardostachys*) über 3 (bei *Valeriana*), 2 (bei *Fedia*) bis zu einem (bei *Centranthus*).

Der von drei Fruchtblättern gebildete unterständige Fruchtknoten zeigt wegen ungleicher Entwicklung der Fruchtblätter nur ein Fach mit einer hängenden, anatropen Samenanlage. Die Frucht, eine Achäne, entspricht in mancher Hinsicht der zweiblättrigen Frucht der Compositae.

Systematik: Die Gattungen sind meist gut umgrenzt. Die Verminderung der Staubblattzahl und der stark umgebildete Kelch einiger Gattungen sind Hinweise darauf, wie stark eine bestimmte Gattung innerhalb dieser Familie abgeleitet ist. Die Valerianaceae gehören der Ordnung der Dipsacales an, welche allgemein als eine hochentwickelte Gruppe von Familien gilt, deren Anpassungserscheinungen denjenigen der Compositae entsprechen.

Nutzwert: Arten von *Valeriana* (Baldrian) zeigen medizinische Eigenschaften, und Extrakte werden als Mittel gegen nervöse Störungen verwendet. Einige Arten von *Valerianella* werden als Feldsalat, Rapünzchen oder Nüßlisalat gegessen. Einige wenige Arten der Valerianaceae bilden Duft- und Farbstoffe; am besten bekannt ist *Nardostachys jatamansi* aus dem Himalaja, die Narde des Altertums. Die bekannteste Gartenzierpflanze ist *Centranthus ruber*, die Rote Spornblume. I.B.K.R.

VALERIANACEAE. 1. *Valeriana officinalis:* **a)** fiederschnittiges Blatt und Blütenstand (× ²/3); **b)** Blüte mit kleinem Kronsporn (× 6); **c)** Frucht, vom federigen Kelch gekrönt. **2.** *Centranthus lecoqii:* Blüte mit deutlichem Sporn und dem einzigen Staubblatt (× 4). **3.** *Patrinia villosa:* Frucht (× 4). **4.** *Nardostachys jatamansi:* **a)** blühender Sproß (× ²/3); **b)** ausgebreitete Blüte, 4 Staubblätter und einen Griffel zeigend (× 4); **c)** Frucht (× 4). **5.** *Valerianella*-Arten haben sehr verschiedene Früchte, was mit dem Wachstum des Kelches zusammenhängt; hier diejenigen von **a)** *V.echinata;* **b)** *V.vesicaria* und **c)** *V.tuberculata* (× 5).

DIPSACACEAE *Kardengewächse*

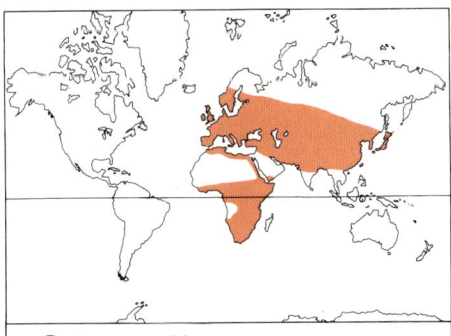

Gattungen: 11
Arten: 350
Verbreitung: Europa bis östliches Asien und zentrales bis südliches Afrika
Nutzwert: Blumengärtnerei; die Weber-Karde wurde in der Textilindustrie verwendet

Die Dipsacaceae sind eine kleine Familie von Kräutern und Halbsträuchern, die einige schöne Zierpflanzen liefern sowie ein natürliches Werkzeug (eine Seltenheit im Pflanzenreich), die Weber-Karde.
Verbreitung: Das Mannigfaltigkeitszentrum der Familie liegt im Mittelmeergebiet und im Nahen Osten. Sie reicht aber bis nach Nordeuropa, Ostasien sowie Zentral- und Südafrika.
Merkmale: Die Dipsacaceae sind ein- bis mehrjahrige Kräuter, selten Halbsträucher. Die gegenständigen oder quirligen Blätter tragen keine Nebenblätter. Die Blüten stehen in dichten, cymösen Köpfchen mit oft längeren Randblüten, selten in Scheinquirlen, von Hüllblättern umgeben. Sie sind zygomorph und zwitterig oder weiblich. Jede sitzt in einem Außenkelch aus verwachsenen Hochblättern und oft mit diesem in der Achsel eines Spreublattes.
Der Kelch ist klein und becherförmig oder in 4, 5 oder zahlreiche Zähne oder Borsten geteilt. Die Krone ist zweilippig oder mit 4 bis 5 fast gleichen Zipfeln ausgestattet. 2 oder 4 Staubblätter entspringen der Krone zwischen ihren Zipfeln. Der unterständige ungefächerte Fruchtknoten wird von 2 verwachsenen Fruchtblättern gebildet und enthält eine einzige, hängende Samenanlage. Die trockene Schließfrucht bleibt in den Außenkelch eingeschlossen und wird vom bleibenden Kelch überragt.
Mehrjährige Arten gibt es in allen Gattungen; einjährige haben sich aber an trockenen Standorten als parallele Spezialisierungen mehrfach entwickelt, besonders bei *Cephalaria, Knautia, Pterocephalus* und *Scabiosa.* Die Köpfchen sind im allgemeinen auffällig und insektenblütig, wobei Fremdbefruchtung durch häufige Selbststerilität gesichert ist. Nur einige einjährige Gruppen, darunter z.B. *Pterocephalus* und *Scabiosa,* haben unscheinbare Köpfchen mit reduzierten Blüten, die sich überwiegend selbst bestäuben.
Systematik: Die Familie wird gewöhnlich in 2 Tribus geteilt: MORINEAE und DIPSACEAE. Die Blüten der Morineae stehen scheinquirlig in den obersten Blattachseln und weisen einen blattartigen Kelch und 2 oder 4 Staubblätter auf, von denen 2 länger sind. Die Dipsaceae tragen die Blüten in Köpfchen (die äußeren oft vergrößert), mit einem Kelch aus Schuppen oder Borsten und meist 4 gleichen Staubblättern. In der ersten Tribus ist nur *Morina* enthalten, die manchmal als eigene Familie, die Morinaceae, abgetrennt wird.
Spezialisierungen werden bei den Dipsaceae besonders bei den Fruchtmerkmalen deutlich. Bei weniger hoch entwickelten *Cephalaria-* und *Succisa-*Arten sind Außenkelch und Kelch unscheinbar und nicht spezialisiert, die Blüten stehen in den Achseln grüner Tragblätter, und die Früchte sind kleine,

DIPSACACEAE. **1.** *Scabiosa anthemifolia* var. *rosea:* **a)** blühender Sproß (× ²/3); **b)** innere Blüte mit borstenartigen Kelchblättern (× 3); **c)** größere, äußere Blüte (geöffnet) (× 2); **d)** Frucht mit dornigem Kelch und Außenkelch, der schirmförmig erweitert ist (× 3); **e)** Längsschnitt durch Frucht (× 2). **2.** *Dipsacus fullonum:* **a)** dichter Blütenkopf, umgeben von dornigen Hochblättern (× ²/3); **b)** Blüte (× 3); **c)** Frucht (× 3); **d)** Querschnitt durch Frucht (× 5). **3.** *Pterocephalus perennis:* blühender Trieb (× ²/3). **4.** *Morina betonicoides:* **a)** blühender Sproß (× ²/3); **b)** Blüte (× 2); **c)** Kronröhre (geöffnet, um die verschieden langen Staubblätter zu zeigen) (× 2); **d)** Gynoeceum und Kelch (× 2).

harte Körner. Die Tragblätter sind bei *Dipsacus* verlängert und starr und dienen mit einem Katapult-Mechanismus der Ausbreitung, wenn Tiere die distelartigen Fruchtköpfe streifen. Bei anderen Gattungen, die Anpassungen an Ausbreitung durch den Wind entwickelt haben, sind die Tragblätter reduziert. Bei *Scabiosa* z. B. wird Windausbreitung mittels eines dünnen, durchscheinenden Schirms erreicht, der durch Vergrößerung des Außenkelchsaums entstanden ist. Den gleichen Effekt erzielen bei *Pterocephalus* die zahlreichen, langen Kelchborsten, die federartige Haare tragen. *Knautia* hat an der Fruchtbasis ein fetthaltiges Anhängsel, das Ameisen anzieht, welche die Frucht wegtragen. Einjährige Arten von *Cephalaria* und *Scabiosa* dagegen entwickeln aus dem Außenkelch bzw. Kelch grobe, oft verzweigte Dornen.

Durch die Tatsache, daß die Blütenstände meist Köpfchen mit einer kelchartigen Hochblatthülle sind, hat die Familie eine oberflächliche Ähnlichkeit mit den Compositae; sie ist jedoch klar von diesen zu unterscheiden an den Staubblättern mit freien Staubbeuteln, die aus der Krone herausragen, und am Außenkelch.

Nutzwert: Viele Arten von *Cephalaria* (Schuppenkopf), *Morina* (Kardendistel), *Pterocephalus* und *Scabiosa* (Grindkraut) werden als Zierpflanzen gezogen, während die Karde *(Dipsacus sativus)* in beschränktem Maße benützt wird, um Tuch (Stoffe) aufzurauhen («kardätschen»). D.M.M.

CALYCERACEAE *Kelchhorngewächse*

Gattungen: 6
Arten: etwa 52
Verbreitung: Südamerika
Nutzwert: keiner

Die Calyceraceae sind eine kleine Familie einjähriger und ausdauernder Kräuter.
Verbreitung: Die Familie ist rein südamerikanisch, am reichlichsten vertreten in den Anden von Bolivien südwärts, reicht aber ostwärts über Paraguay nach Uruguay und dem südlichen Brasilien und über fast ganz Argentinien bis zum südlichen Patagonien. Die meisten Arten leben auf trockenen Böden, die offene Busch- oder Steppenvegetation tragen.

Merkmale: Die ganzrandigen bis fiederschnittigen Blätter bilden z. T. eine grundständige Rosette. Die Blüten sind zu einem dichten Kopf zusammengedrängt, der von einem oder 2 Kreisen von Hüllblättern umgeben ist. Die Blütenköpfchen stehen einzeln oder in Cymen, gestielt oder sitzend. Die Spreuschuppen sind frei, verwachsen zu Gruppen von 2 bis 3, oder fehlen. Es ist ein bleibender Kelch mit 2 bis 6 Zähnen oder Zipfeln vorhanden. Die zylindrische Krone endet in einem vier- bis sechszipfligen Saum. Im Wechsel mit den Kronzipfeln gibt es 4 bis 6 Staubblätter, die um den Griffel zu einer Röhre verwachsen sind. Die Filamente sind teilweise frei und in verschiedener Höhe der Kronröhre eingefügt. Die freien Staubbeutel öffnen sich nach innen. Der unterständige, ungefächerte Fruchtknoten enthält eine einzige, anatrope, apikale und hängende Samenanlage. Der fadenförmige Griffel, mit einer runden

CALYCERACEAE. 1. *Calycera crassifolia:* a) Sproß mit Blütenkopf, der von einer Hülle aus Hochblättern umgeben ist (× ²/₃); b) Blüte, unmittelbar nach dem Aufblühen (× 2); c) alte Blüte (× 2); d) Frucht – eine gerippte Achäne mit bleibendem Kelch (× ²/₃). 2. *Acicarpha spathulata:* a) Habitus (× ²/₃); b) fruchtbare Randblüte mit dornigen Kelchzipfeln (Teile der Kronröhre und Fruchtknotenwand entfernt, um die Staubblattröhre um den Griffel und die einzige, hängende Samenanlage zu zeigen) (× 4); c) Längsschnitt durch Achäne (× 4). 3. *Moschopsis rosulata:* Sproß (× ²/₃). 4. *Calycera herbacea* var. *sinuata:* Achäne (× 2). 5. *Nastanthus patagonicus:* a) Habitus (× ²/₃); b) Längsschnitt durch Köpfchen (× 2); c) Achäne (× 6).

Narbe, ragt vor. Die Früchte sind Achänen mit bleibenden Kelchzipfeln am Scheitel und frei oder untereinander verwachsen. Sie enthalten einen hängenden Samen mit fleischigem Endosperm und einem geraden Embryo.

Systematik: Die 6 Gattungen können wie folgt unterschieden werden: bei *Moschopsis* ist die Hülle wenig entwickelt; bei den Köpfchen von *Acicarpha* sind nur die Randblüten fruchtbar und die äußeren Achänen im unteren Teil verwachsen; bei *Gamocarpha* sind die Spreublätter zu Gruppen von 2 oder 3 verwachsen; *Calycera* hat dimorphe Achänen, wobei die äußeren Dornen tragen; *Nastanthus* hat geflügelte Achänen und eine dicke Blütenstandsachse, während *Boopis* gerippte Achänen und eine schmächtige Blütenstandsachse aufweist.

Da ihre Blüten in Köpfen stehen, die von Hüllblättern umgeben sind, zeigt diese Familie deutliche Anklänge an die Compositae und Dipsacaceae; die Pollenform und die Anordnung der Staubbeutel dagegen sind denen der Goodeniaceae und verwandter Familien ähnlich. Der Blütenbau gleicht dem der Compositae, aber die Samenanlage ist bei den Calyceraceae apikal und nicht grundständig. Deshalb wird diese Familie meist als abweichende Verwandte der Dipsacaceae behandelt, denen sie zudem in der Anheftung der Filamente und in gewissen embryologischen Merkmalen gleicht.

Nutzwert: Über eine Nutzung ist nichts bekannt. D.M.M.

ASTERALES   *Korbblütige*

COMPOSITAE   *Korbblütler*

Die Compositae oder Asteraceae (Korbblütler) sind mit ungefähr 1100 allgemein anerkannten Gattungen und ungefähr 25 000 Arten eine der größten Familien der Blütenpflanzen. Meist handelt es sich um immergrüne Sträucher, Halbsträucher oder Rhizomstauden. Aber auch Mehrjährige mit Pfahl- oder Knollenwurzeln sowie zwei- und einjährige Kräuter kommen häufig vor. Nicht häufig sind es große Bäume und Epiphyten, selten eigentliche Wasserpflanzen. Einige Arten auf tropischen Inseln und in Gebirgen sind riesige, baumartige Kräuter, sogenannte Schopfbäume. Viele Arten sind Klimmer, einige echte Kletterpflanzen und nicht wenige sind sukkulent und besitzen fleischige Blätter oder Stengel. Zu dieser Familie gehören Kopfsalat, Artischocken, Sonnenblumen, Chrysanthemen, Dahlien und zahlreiche andere, beliebte Gartenblumen, aber auch Unkräuter wie Löwenzahn, Distel und Gänsedistel.

Verbreitung: Die Familie ist weltweit verbreitet und fehlt nur auf dem antarktischen Festland. Besonders gut vertreten ist sie in den semiariden Gebieten der Tropen und Subtropen, so im Mittelmeergebiet, in Mexiko, im Kapland (Südafrika) und in den lockeren Wäldern, Savannen, Grasländern und Strauchformationen Afrikas, Südamerikas und Australiens. Compositae sind häufig Bestandteil der arktischen, arktischalpinen, gemäßigten und montanen Floren der ganzen Welt. Nur in den tropischen Regenwäldern sind sie spärlich vertreten.

Merkmale: Die wechsel- oder gegenständigen, selten quirligen Blätter besitzen keine Nebenblätter. Sie sind einfach (selten zusammengesetzt), fiedernervig oder handförmig geadert und sitzend oder gestielt. Oft weisen sie einen verbreiterten, scheidigen oder geöhrten Grund auf. Selten enden sie in einer Ranke; manchmal sind sie auf Schuppen reduziert und fallen früh ab. Anatomisch zeichnen sich die Compositae durch Harzkanäle (mit Ausnahme der meisten Glieder der Tribus Lactuceae) oder Milchröhren (bei allen Lactuceae und einigen wenigen Gattungen der Cardueae und Arctotideae) aus. Das Vorhandensein des

1

2a

2b

3a

3b

3c

4a

4b

5

Polysaccharids Inulin an Stelle von Stärke in den unterirdischen Teilen und fetter Öle in den Samen sind kennzeichnende, biochemische Merkmale der Familie.

Die überall bekannten Gänseblümchen, Disteln und der Löwenzahn zeigen eines der charakteristischsten Merkmale der Compositae: den kopfigen Blütenstand, bekannt als Köpfchen, das aus zahlreichen kleinen Einzelblüten besteht und von einer Hülle schützender Hochblätter umgeben ist. Das Ganze gleicht einer einzigen Blüte und wird vom Laien auch gewöhnlich dafür gehalten. Biologisch funktioniert sie tatsächlich wie eine Einzelblüte. Nur dieser eine Blütenstandstyp kommt bei den Compositae vor; er ist jedoch manchmal in verschiedenster Weise stark abgewandelt.

Die grüne Hülle besteht aus einer oder mehreren Reihen überlappender Hochblätter; nur selten fehlt sie. Am Köpfchenboden können zwischen den Blüten Spreublätter, Schuppen, Borsten oder Haare stehen. Häufiger ist er aber nackt.

Die einzelnen Köpfchen sind gestauchte, offene, traubige Blütenstände, deren äußere Blüten zuerst aufblühen. Die Köpfchen selbst sind indessen im Gesamtblütenstand grundsätzlich rispig angeordnet. Dieser ist verschieden in Größe, Form, Bau, Zahl und Anordnung der Köpfchen. Meist sind die Köpfchen in schirmförmigen oder verlängerten Rispen angeordnet. Bei einigen Gattungen vereinigen sie sich sekundär zu Ähren oder zusammengesetzten Köpfchen. Gelegentlich, so bei *Echinops*, ist jedes einzelne Köpfchen eines zusammengesetzten Kopfes auf eine einzige Blüte reduziert, und das Ganze ist manchmal von einer eigenen Hülle 2. Ordnung umgeben, wie bei *Lagascea*, *Elephantopus* und einigen Arten von *Sphaeranthus*.

Der häufigste Blütentyp ist die Scheibenblüte, die meist zwitterig, manchmal männlich oder unfruchtbar ist und aus einer röhrige Krone mit 5 (selten 4) Zipfeln oder Zähnen besteht. An weiteren Typen finden sich: zweilippige Blüten mit drei- oder vierzähniger äußerer und zwei oder einzähniger innerer Lippe; die Strahlblüte, meist weiblich oder unfruchtbar und zungenförmig mit 3 oder weniger apikalen Zähnen; die Zungenblüte, zwitterig und zungenförmig, mit 5 apikalen Zähnen; die reduzierte Strahlblüte, weiblich, mit kurzer, ge-

COMPOSITAE. 1. *Gazania linearis*: niedrige Staude mit grundständiger Blattrosette und endständigen, strahlenden Blütenköpfchen, die von grünen Hochblättern umgeben sind (× ²/₃). 2. *Mutisia oligodon*: a) Klimmstaude, wechselständige Blätter mit Ranken und endständigen Köpfchen (× ²/₃); b) zwitterige, zweilippige Blüte mit dreizähniger äußerer und zweizähniger innerer Lippe (× 3). 3. *Cichorium intybus* (Wegwarte): a) blühender Sproß mit Köpfchen aus lauter Zungenblüten (× ²/₃); b) Zungenblüte (× 2); c) Krone entfernt, um die Einfügung der Staubblätter in die Kronröhre und die Staubbeutelröhre um den Griffel zu zeigen (× 4). 4. *Liatris graminifolia*: a) blühender Sproß mit scheibenförmigen Köpfchen (× ²/₃); b) Scheibenblüte mit radiärer, fünfzipfliger Krone (× 4). 5. *Centaurea montana*: Blatt und endständiges Köpfchen aus Scheibenblüten, deren äußere steril und vergrößert sind (× ²/₃).

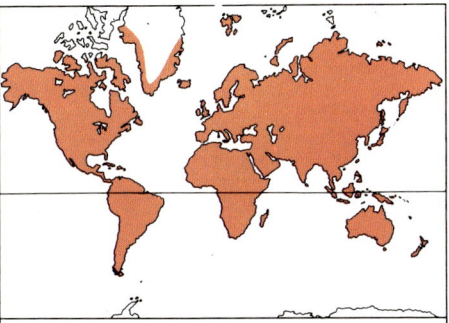

Gattungen: rund 1100
Arten: rund 25 000
Verbreitung: kosmopolitisch
Nutzwert: Nahrungspflanzen (z.B. Salat, Artischocken, Sonnenblume), Zierpflanzen (Chrysanthemen, Dahlien), Arzneien und ein Insektizid (Pyrethrum)

wöhnlich schmaler Zunge; die Fadenblüte, weiblich, die enge Kronröhre mit schiefer oder gerade abgestutzter Mündung. Selten ist die Krone stark reduziert oder gar nicht vorhanden.

Die Köpfchen können homogam sein, d.h. allein aus zwitterigen Blüten bestehen oder aber heterogam, mit inneren, gewöhnlich zwitterigen und äußeren, weiblichen oder unfruchtbaren Blüten. Andere Anordnungen sind weniger häufig. So sind in einigen Fällen die Köpfchen eingeschlechtig und rein weiblich (d.h. alle Blüten weiblich) oder rein männlich (d.h. alle Blüten männlich). Diese 2 Typen eingeschlechtiger Köpfchen stehen an der gleichen Pflanze (einhäusig) oder an verschiedenen Pflanzen (zweihäusig). Homogame Köpfchen können scheibenförmig sein (nur mit Scheibenblüten oder aber nur Zungenblüten) oder nur zweilippige Blüten enthalten. Heterogame Köpfchen sind gewöhnlich strahlend und bestehen aus äußeren Strahl- und inneren Scheibenblüten bzw. mit inneren zwitterigen Scheibenblüten und äußeren großen, trichterförmigen und sterilen Blüten oder scheibenförmig, mit äußeren Fadenblüten und inneren Scheibenblüten.

In der Regel werden die zentralen, radiären Blüten gesamthaft «Scheibe» und die äußeren zygomorphen «Strahlen» genannt, so z.B. bei *Bellis* und *Helianthus*.

Weitere kennzeichnende Blütenmerkmale sind: 1. der unterständige, ungefächerte Fruchtknoten mit einer grundständigen Samenanlage; 2. der abgewandelte Kelch (Pappus), bestehend aus Haaren, Schuppen, Borsten oder Grannen, die manchmal mehr oder weniger verwachsen und der Ausbreitung der Früchte dienen, mitunter aber fehlen; 3. die verwachsenblättrige Krone mit 5 in die Kronröhre eingefügten Staubblättern, deren Staubbeutel zu einem den Griffel umgebenden Zylinder verklebt sind; 4. die 2 Griffeläste, die an den Außenseiten Haare oder Papillen und an den Innenseiten die empfängnisfähigen Narbenflächen tragen.

Die Anordnung der Staubbeutel und Griffeläste steht in Zusammenhang mit der besonderen Weise, in der der Blütenstaub dargeboten wird. Die Staubbeutel reifen vor

den Narben und geben ihren Blütenstaub in die Röhre ab, die durch die verklebten Staubbeutel gebildet wird. In diesem Stadium ist der Griffel kurz, und die Griffeläste sind gegeneinandergepreßt. Danach verlängert sich der Griffel und wächst durch die Staubbeutelröhre empor, aus welcher der Blütenstaub durch die Haare an der Außenseite der Griffeläste herausgefegt und so allfälligen Besuchern angeboten wird. Erst später trennen sich dann die Griffeläste und geben die Narbenfläche frei. Jede Blüte durchläuft so eine männliche und eine weibliche Phase. Schließlich können sich die Griffeläste genügend weit zurückkrümmen, um den Narben den Kontakt mit dem Blütenstaub der eigenen Blüte zu ermöglichen. Dadurch kann bei selbstkompatiblen Arten Selbstbefruchtung stattfinden, wenn aus irgendeinem Grund keine Fremdbefruchtung erfolgte.

Die Staubblätter sind entweder dorsifix, wobei die Staubbeutel nur unterhalb der Anheftungsstelle Pollenkörner enthalten, oder basifix, mit allen Pollenkörnern oberhalb dieser Stelle. Der Staubbeutel endet meist in einem sterilen Anhängsel. Der Grund jeder Staubbeutelhälfte ist abgerundet, spitz oder gelappt, kurz oder lang. Ist er lang und verschmälert, wird er als geschwänzt bezeichnet. Die Griffeläste sind verschieden in Form, Länge und Verteilung der Haare oder Papillen, in der Anordnung der Narbenflächen und der Form der Narbenspitzen, die gestutzt, abgerundet, spitz zulaufend oder mit verschiedenartigen Anhängseln versehen sein können.

Die einsamige, fast immer trockene Schließfrucht wird als Achäne bezeichnet. Ihre Fruchtwand ist eng mit der Samenschale vereint. Sie ist kantig, gerundet, in verschiedenen Richtungen zusammengedrückt oder gekrümmt, skulpiert oder auf mannigfaltige Weise geflügelt. Selten ist sie eine Steinfrucht. Oft weist sie einen apikalen Pappus auf. Der Same enthält kein Endosperm und birgt einen geraden Embryo.

Systematik: Die Systematik der Compositae ist in Wandlung begriffen. Neue Entdeckungen in Biochemie, Pollenkunde, Mikromorphologie, Anatomie und Cytologie zeigen, daß die während der letzten 20 Jahre allgemein anerkannte Gliederung in 12 Tribus einer Änderung bedarf. Nicht wenige Gattungen erwiesen sich als falsch eingeordnet, während andere als eigene Tribus abgespalten werden müssen. Innerhalb der Tribus dürfte auch die Systematik der Subtribus und Gattungen aufgrund neuer Kenntnisse starke Veränderungen erfahren, und die Zahl der aufgeführten Arten wird wahrscheinlich verringert werden. Die folgende Anordnung erkennt 2 Unterfamilien und 17 Tribus an. Die Tribus Eupatorieae und Senecioneae stehen in gewisser Hinsicht zwischen den beiden Unterfamilien und könnten mit einiger Berechtigung als dritte Unterfamilie abgespalten werden.

UNTERFAMILIE LACTUCOIDEAE

Köpfchen homogam, mit Zungenblüten, zweilippigen Blüten, oder scheibenförmig, weniger häufig heterogam, strahlend oder scheibenförmig mit Fadenblüten, Schei-

8c

8b

8a

6

7

9

10

11

benblüten gewöhnlich mit langen, schmalen Zipfeln, hellpurpurn, rosa oder weißlich, seltener gelb, Staubbeutel dorsifix, Griffeläste meist mit einer einzigen Narbenfläche an der Innenseite, Pollen mit Leisten, bestachelten Leisten oder stachelig.

1. LACTUCEAE: Köpfchen mit Zungenblüten, Milchröhren vorhanden, Harzkanäle meist fehlend, Pollen gewöhnlich mit bestachelten Leisten oder stachelig; meist Kräuter, Blätter wechselständig. 9 Subtribus, 70 Gattungen, 2300 Arten, weltweit verbreitet, hauptsächlich auf der nördlichen Hemisphäre. *Catananche* (Mittelmeergebiet), *Chondrilla* (Eurasien), *Cichorium* (Mittelmeergebiet), *Crepis* (Nordhemisphäre, Afrika), *Hieracium* (gemäßigte Zonen, ausgenommen Australien), *Hypochoeris* (Nordhemisphäre und Südamerika), *Lactuca* (meist Nordhemisphäre, Afrika), *Lapsana* (Eurasien), *Picris* (Eurasien und Mittelmeergebiet), *Prenanthes* (gemäßigte Nordhemisphäre), *Scolymus* (Mittelmeergebiet), *Scorzonera* (Eurasien), *Sonchus* (Alte Welt), *Taraxacum* (meist nördliche Hemisphäre), *Tragopogon* (Eurasien).

2. MUTISIEAE: Köpfchen mit zweilippigen oder Zungenblüten, selten strahlend oder scheibenförmig, Milchröhren fehlend, Staubbeutel gewöhnlich geschwänzt, Pollen und Griffeläste unterschiedlich ausgebildet; Pflanzen holzig oder krautig, Blätter wechselständig, selten gegenständig. 3 Subtribus, 90 Gattungen, 1000 Arten, meist in Südamerika. *Barnadesia* (Südamerika), *Gerbera* (Afrika und Asien), *Mutisia* (Südamerika), *Perezia* (Neue Welt), *Stifftia* (tropisches Südamerika).

3. EREMOTHAMNEAE: Köpfchen strahlend, Milchröhren fehlend, Staubbeutel kurzgeschwänzt, Pollen bestachelt, Griffeläste verlängert, spitz; Sträucher, Blätter wechselständig. Eine Gattung, eine Art, Südamerika. *Eremothamnus.*

4. ARCTOTIDEAE: Köpfchen strahlend, selten scheibenförmig, Milchröhren gewöhnlich fehlend, Staubbeutel stumpf bis spitz, ungeschwänzt, Pollen bestachelt, Griffel mit angeschwollener, papillöser Zone unterhalb der kurzen Griffeläste, meist mit einem Haarkranz am Grunde; Kräuter oder Sträucher, Blätter wechselständig. 3 Subtribus, 15 Gattungen, 200 Arten, meist Südafrika. *Arctotis* inkl. *Venidium* (Südafrika), *Gazania* (Südafrika).

5. CARDUEAE: Köpfchen scheibenförmig, homogam oder mit sterilen, äußeren Blüten, Milchröhren gewöhnlich fehlend, Staubbeutel spitz, oft geschwänzt, Pollen bestachelt, ohne Leisten, oft mit papillöser Zone unterhalb der meist kurzen Griffeläste wie bei den Arctotideae; Kräuter oder

COMPOSITAE (Fortsetzung). 6. *Ursinia speciosa:* Sproß mit fiederschnittigen (tief geteilten) Blättern und strahlendem Köpfchen ($\times$ 2/3). 7. *Bellis perennis:* grundständige Blattrosette und einzelne, strahlende Köpfchen ($\times$ 2/3). 8. *Helianthus giganteus:* a) weibliche Strahlblüte ($\times$ 4); b) zwitterige Scheibenblüte ($\times$ 6); c) aufgeschlitzte Scheibenblüte ($\times$ 6). 9. *H. angustifolius:* blühender Sproß ($\times$ 2/3). 10. *Argyranthemum broussonetii:* blühender Sproß ($\times$ 2). 11. *Leontopodium haplophylloides:* blühender Trieb ($\times$ 2).

selten Sträucher, Blätter wechselständig. 3 gut abgrenzbare Subtribus, 80 Gattungen, 2600 Arten, meist in Eurasien. *Arctium* (gemäßigtes Eurasien), *Carduus* (Eurasien), *Carlina* (Eurasien), *Carthamus* (Mittelmeergebiet), *Centaurea* (meist Eurasien und Afrika), *Cirsium* (gemäßigte Nordhemisphäre), *Cnicus* (Mittelmeergebiet), *Cousinia* (Asien), *Cynara* (Mittelmeergebiet, südwestliches Asien), *Echinops* (Eurasien, Afrika), *Jurinea* (Eurasien), *Onopordum* (Mittelmeergebiet, südwestliches Asien), *Saussurea* (meist gemäßigtes Asien), *Silybum* (Mittelmeergebiet), *Xeranthemum* (Mittelmeergebiet).

6. VERNONIEAE: Köpfchen scheibenförmig, selten mit Zungenblüten, homogam, Milchröhren fehlend, Staubbeutel stumpf bis spitz, selten geschwänzt, Pollen stachelig oder mit bestachelten oder glatten Leisten, Griffeläste verlängert, allmählich verjüngt, spitz oder stumpf, behaart; Kräuter oder Sträucher, selten Bäume, Blätter wechsel- oder gegenständig. 50 Gattungen, 1200 Arten, vor allem tropisch. *Stokesia* (Südosten der USA), *Vernonia* (pantropisch).

7. LIABEAE: Köpfchen strahlend oder scheibenförmig, Milchröhren fehlend, Staubbeutel spitz oder kurzgeschwänzt, Pollen bestachelt, Griffeläste wie bei den Vernonieae; Kräuter, Sträucher oder niedrige Bäume, Blätter gegenständig oder quirlig. 15 Gattungen, 120 Arten, Neue Welt, vor allem tropisch. *Liabum* (Zentral- und Südamerika).

8. EUPATORIEAE: Köpfchen scheibenförmig, homogam, Milchröhren fehlend, Staubbeutel stumpf bis spitz, nicht geschwänzt, Pollen bestachelt, Griffeläste verlängert, keulenförmig, papillös; Sträucher oder Kräuter, Blätter gegen- oder wechselständig. 3 Subtribus, 120 Gattungen, 1800 Arten, meist Neue Welt. *Ageratum, Ayapana, Chromolaena* (alle Neue Welt), *Eupatorium* (gemäßigte Nordhemisphäre), *Liatris* (Nordamerika), *Mikania* (meist Tropen der Neuen Welt), *Piqueria* (Zentral- und Südamerika), *Stevia* (Neue Welt).

UNTERFAMILIE ASTEROIDEAE
Köpfchen heterogam, strahlend oder scheibenförmig, weniger oft scheibenförmig mit Fadenblüten; Scheibenblüten gewöhnlich mit kurzen, breiten Kronzipfeln, meist gelb, Staubbeutel basifix, Griffeläste gewöhnlich mit 2 klar getrennten Narbenflächen, Pollen bestachelt, Milchröhren fehlen.

9. SENECIONEAE: Hüllblätter, meist in einer Reihe, aber oft mit einer äußeren Reihe reduzierter Blätter, Köpfchenboden nackt, Staubbeutel abgerundet bis spitz, manchmal geschwänzt, Griffeläste meist gestutzt, an der Spitze sehr kurz behaart, weniger häufig mit verschiedenartigen Anhängseln, Kräuter oder Sträucher, manchmal mehr oder weniger sukkulent, Blätter wechselständig. 3 Subtribus, 85 Gattungen, 3000 Arten, weltweit verbreitet. *Cacalia* (gemäßigte Nordhemisphäre), *Cineraria* (Afrika), *Crassocephalum* (Afrika), *Doronicum* (Eurasien), *Emilia* (Tropen der Alten Welt), *Euryops* (Afrika und Arabien), *Gynura* (Afrika und Asien), *Kleinia* (meist Afrika), *Ligularia* (meist östliches Asien), *Othonna* (Südafrika), *Petasites* (Eurasien), *Senecio* (weltweit), *Tussilago* (Eurasien).

10. TAGETEAE: Hüllblätter in einer oder 2 Reihen, frei oder verwachsen, meist mit Öldrüsen, Köpfchenboden nackt, Staubbeutel stumpf bis spitz, ungeschwänzt, Griffeläste gestutzt oder mit verschiedenartigen Anhängseln, Kräuter oder Sträucher, Blätter gegen- oder wechselständig, meist mit durchscheinenden Drüsen, die stark riechende, ätherische Öle enthalten. 2 Subtribus, 20 Gattungen, 250 Arten, Neue Welt, meist Mexiko und Zentralamerika. *Tagetes, Pectis* (beide neuweltlich).

11. HELIANTHEAE: Hüllblätter in mehreren Reihen, Köpfchenboden nackt oder beschuppt, Staubbeutel stumpf bis spitz, nicht geschwänzt, Griffeläste verschieden, spitz zulaufend und überall behaart oder gestutzt, mit Haaren an der Spitze oder behaarten Anhängseln, Pappus gewöhnlich aus Grannen oder Schuppen bestehend, Kräuter, seltener Sträucher, Blätter gegenständig, weniger häufig wechselständig, häufig rauh behaart. Etwa 26 Subtribus, 250 Gattungen, 4000 Arten, weltweit verbreitet, aber hauptsächlich in der Neuen Welt. *Acanthospermum* (Südamerika), *Ambrosia* (meist Neue Welt), *Argyroxiphium* (Hawaii), *Arnica* (nördliche, gemäßigte Zone und Arktis), *Bidens* (inkl. *Coreopsis* und *Cosmos*, weltweit), *Dahlia* (Zentralamerika), *Echinacea, Eriophyllum* (beide Nordamerika), *Espeletia* (Südamerika), *Flaveria* (meist Zentralamerika), *Gaillardia* (Neue Welt), *Galinsoga* (ursprünglich Zentral- und Südamerika, aber weiterum eingebürgert), *Guizotia* (Afrika), *Helenium* (Nordamerika), *Helianthus* (meist Nordamerika), *Heliopsis* (Nordamerika), *Lagascea* (Tropen der Neuen Welt), *Layia* (Nordamerika), *Madia, Parthenium* und *Polymnia* (Neue Welt), *Ratibida* (Nord- und Zentralamerika), *Rudbeckia, Sanvitalia* und *Silphium* (Nordamerika), *Spilanthes* (pantropisch), *Tithonia* (Zentralamerika), *Xanthium, Zinnia* (beide Neue Welt).

12. INULEAE: Hüllblätter in mehreren Reihen, Köpfchenboden nackt, gelegentlich beschuppt, Staubbeutel gewöhnlich geschwänzt, Griffeläste gestutzt und an der Spitze behaart, abgerundet oder mit verschiedenartigen Anhängseln, Kräuter oder Sträucher, Blätter wechselständig. Etwa 3 Subtribus, 180 Gattungen, 2100 Arten, weltweit. *Anaphalis* (meist gemäßigte Nordhemisphäre), *Antennaria* (meist Arktis und gemäßigte Nordhemisphäre), *Blumea* (Tropen der Alten Welt), *Buphthalmum* (Eurasien), *Gnaphalium* (weltweit), *Helichrysum* (Afrika, Madagaskar, Australien, Eurasien), *Helipterum* (südliches Afrika, Australien), *Inula* (Eurasien und Afrika), *Leontopodium* (Eurasien), *Raoulia* (Australasien), *Sphaeranthus* (Tropen der Alten Welt).

13. ANTHEMIDEAE: Hüllblätter in mehreren Reihen, meist mit trockenhäutigen Spitzen oder Rändern, Köpfchenboden nackt oder beschuppt, Staubbeutel stumpf bis spitz, nicht geschwänzt, Griffeläste gestutzt, kurzhaarig gefranst, Kräuter oder weniger häufig Sträucher, Blätter wechselständig, sehr selten gegenständig, oft stark geteilt, stark riechend. Etwa 4 Subtribus, 75 Gat-

tungen, 1200 Arten, meist Nordhemisphäre. *Achillea* (gemäßigte, nördliche Hemisphäre), *Anacyclus* (Mittelmeergebiet), *Anthemis* (Europa, Mittelmeergebiet, südwestliches Asien), *Argyranthemum* (Makaronesien), *Artemisia* (meist Nordhemisphäre), *Chrysanthemum* (Europa, Mittelmeergebiet), *Dendranthema* (meist östliches Asien), *Leucanthemum* (Europa, Mittelmeergebiet, südwestliches Asien), *Lonas* (Mittelmeergebiet), *Matricaria* (Eurasien), *Santolina* (Mittelmeergebiet), *Tanacetum* (Europa, südwestliches Asien).

14. URSINIEAE: Hüllblätter in mehreren Reihen, oft mit trockenhäutigen Spitzen und Rändern, Köpfchenboden beschuppt, Staubbeutel stumpf bis spitz, ungeschwänzt, Griffeläste gestutzt, kurzhaarig gewimpert, Sträucher oder Kräuter, Blätter wechsel- oder gegenständig. Etwa 3 Subtribus, 8 Gattungen, 120 Arten, südafrikanisch. *Lasiospermum* (Südafrika), *Ursinia* (meist Südafrika).

15. CALENDULEAE: Hüllblätter in einer oder 2 Reihen, Köpfchenboden nackt, Staubbeutel spitz, mehr oder weniger geschwänzt, Griffeläste gestutzt, an der Spitze behaart, Pappus fehlt, Achänen oft von eigenartiger Form, Kräuter oder Sträucher, Blätter wechsel- oder gegenständig. 7 Gattungen, 100 Arten, Afrika, Europa und südwestliches Asien. *Calendula* (meist Mittelmeergebiet), *Dimorphotheca* (Südafrika), *Osteospermum* (Afrika und südwestliches Asien).

16. COTULEAE: Hüllblätter in einer oder 2 Reihen, Köpfchenboden nackt, Staubbeutel stumpf bis spitz, ungeschwänzt, Griffeläste gestutzt, haarig gewimpert, meist Kräuter, Blätter wechselständig. 10 Gattungen, 120 Arten, meist südliche Hemisphäre. *Cotula* (Australien, subantarktische Inseln, Südafrika, Südamerika).

17. ASTEREAE: Hüllblätter in 2 oder mehr Reihen, Köpfchenboden nackt oder selten beschuppt, Staubbeutel stumpf, ungeschwänzt, Griffeläste mit einem behaarten, dreieckigen oder lanzettlichen Anhängsel an der Spitze, Kräuter, Sträucher oder selten kleine Bäume, Blätter wechselständig oder weniger häufig gegenständig. Etwa 3 Subtribus, 120 Gattungen, 2500 Arten. *Aster* (hauptsächlich Nordhemisphäre), *Baccharis* (Neue Welt), *Bellis* (Eurasien), *Brachylaena* (Afrika, Stellung innerhalb der Tribus unsicher), *Brachycome* (Australasien), *Callistephus* (östliches Asien), *Conyza* (meist tropisch), *Erigeron* (meist nördliche Hemisphäre), *Felicia* (Afrika), *Grindelia* (gemäßigtes Nord- und Südamerika), *Haplopappus* (Neue Welt), *Olearia* (Australasien), *Solidago* (Nordhemisphäre, vor allem Neue Welt).

Die verwandtschaftlichen Beziehungen der Compositae sind unsicher. Durch die Schaffung einer eigenen Ordnung für diese Familie, die Asterales, wird dieser Tatsache Rechnung getragen. Gewisse Merkmale der Compositae sind auch von anderen Familien bekannt, deren geringe Korrelation aber nicht erlaubt, von irgendeinem anzunehmen, es zeige eine nahe Verwandtschaft an. Einige grundlegende Merkmale der Compositae entwickelten sich wahrscheinlich sehr schnell und sehr früh in der Geschichte der Familie, was sie klar von allen anderen Familien trennt. Zu diesen Merkmalen gehören das Köpfchen mit Hülle, der Köpfchenboden ohne Spreublätter (= Tragblätter), der unterständige, ungefächerte Fruchtknoten, der aus Haaren bestehende Pappus, der Mechanismus der Pollenausschüttung und die Achäne. Die Tribus der Mutisieae ist in mancher Hinsicht höchst uneinheitlich, so in der Wandstruktur der Pollenkörner und in der Form der Krone. Deshalb erscheint sie als eine ziemlich lockere Ansammlung urtümlicher, doch oft hoch spezialisierter Formen. Das sehr häufige Auftreten zweilippiger Kronen in dieser Tribus und Erwägungen in bezug auf die Blütenbiologie razemöser Blütenstände deuten darauf hin, daß sie den am wenigsten spezialisierten unter all den verschiedenen Typen der Compositae darstellt.

Von den oft als Verwandte der Compositae angesehenen Familien — Rubiaceae, Caprifoliaceae, Dipsacaceae, Valerianaceae, Stylidiaceae, Goodeniaceae, Brunoniaceae, Calyceraceae, Campanulaceae — haben die ersten 4 einen grundsätzlich cymösen, nicht razemösen Blütenstand und radiäre, nicht zygomorphe Blüten. Sie unterscheiden sich von den Compositae auch weitgehend durch biologische Merkmale, welche sie eher Familien wie den Cornaceae gleichen lassen. Die Stylidiaceae, Goodeniaceae und Brunoniaceae ähneln den Compositae darin, daß sie meist razemös und zygomorph sind und Inulin enthalten. Andererseits sind sie aber auch den oben erwähnten Familien ähnlich und unterscheiden sich von den Compositae durch einige andere, biochemische Merkmale, die allgemein für systematisch wichtig gehalten werden. Die Calyceraceae sind biochemisch zu wenig bekannt, um beurteilt zu werden. Die Campanulaceae gleichen den Compositae biochemisch durch das Vorhandensein von Inulin und die fehlenden Gerbstoffe und iridoiden Verbindungen, unterscheiden sich aber von ihnen in embryologischen Einzelheiten. Es gibt jedoch biochemische Ähnlichkeiten zwischen den Compositae und den Umbelliferae, Araliaceae und Pittosporaceae, etwas weniger mit den Rutaceae und vielleicht den Magnoliales.

Nutzwert: Die Compositae sind von unschätzbarer wirtschaftlicher Bedeutung für die Menschheit, steuern sie doch mit am meisten bei zur Mannigfaltigkeit und damit auch zur Stabilität und gleichmäßigen Produktivität der trockeneren Vegetationstypen (Grasland, Strauchformationen, Halbwüste und Savanne) der ganzen Welt, besonders in tropischen und subtropischen Gebieten. Im Verhältnis zu ihrer Größe jedoch ist die direkte wirtschaftliche Bedeutung dieser Familie relativ gering. Zu ihr gehören Nahrungs- und Rohstofflieferanten, Arznei-, Drogen- und Zierpflanzen sowie Sukkulenten. Andererseits enthalten sie Unkräuter und Giftpflanzen.

Die bedeutendste Nahrungspflanze ist *Lactuca sativa* (Gartenlattich, z.B. Kopfsalat). Angebaut werden auch *Cichorium endivia* (Endivie), *C. intybus* (z.B. Chicorée), *Scorzonera hispanica* und *Tragopogon porrifolius* (Schwarzwurzel), *Cynara scolymus* (Artischocke), *Helianthus tuberosus* (Topinambur) und das Küchenkraut Estragon (*Artemisia dracunculus*).

Helianthus annuus (Sonnenblume), *Carthamus tinctorius* (Saflor) und *Guizotia abyssinica* (Niger-Saat) werden ihrer Samen wegen kultiviert, welche wichtige Quellen für Speiseöle und trocknende Öle bilden. *Tanacetum cinerariifolium* ist der Hauptlieferant für das als Insektizid benützte natürliche Pyrethrum. *Parthenium argentatum* (Guayule) und *Taraxacum bicorne* wurden als eher unbedeutende Gummiquelle genutzt. *Brachylaena huillensis* liefert ein sehr dauerhaftes Nutzholz. Viele Vertreter dieser an chemischen Substanzen reichen Familie werden seit langer Zeit in der Volksmedizin verwendet. Gewisse *Artemisia*-Arten, wie z.B. *Artemisia cina* und *A. maritima*, liefern ein Wurmmittel, Santonin; *A. absinthium* ist die Quelle für ein ätherisches Öl, das zum Würzen von Absinth benutzt wird. *Anthemis nobilis* liefert die Römische Kamille.

In der ganzen Welt sind die Compositae wichtige Zierpflanzen in Gärten. Dazu gehören Arten bzw. Hybriden folgender Gattungen: *Gerbera, Mutisia, Arctotis* (Bärenohr), *Gazania* («Mittagsgold»), *Echinops* (Kugeldistel), *Stokesia* (Kornblumenaster), *Ageratum* (Leberbalsam), *Senecio* (*S. × hybridus*, Cinerarie), *Tagetes* (Studentenblume, Stinkende Hoffart), *Bidens* (Zweizahn), *Dahlia* (*D. × hortensis*, Dahlie), *Gaillardia* (Kokardenblume), *Helianthus* (Sonnenblume), *Zinnia, Helichrysum* (Strohblume), *Dendranthema* (Chrysantheme), *Leucanthemum* (Wucherblume), *Ursinia, Calendula* (Ringelblume), *Aster* (Astern), *Callistephus* (Sommeraster), *Olearia* (»Duftstrauch«) und *Solidago* (Goldrute). Von diesen sind *Dahlia, Dendranthema* und *Callistephus* mit Tausenden von Kultursorten die wichtigsten. Viele Arten von *Kleinia, Senecio* (Kreuzkraut) und *Othonna* werden von Sukkulenten-Liebhabern gezogen.

Mehrere Compositae sind weitverbreitete, manchmal schädliche Unkräuter geworden, häufig in weit von ihrer ursprünglichen Heimat entfernten Gebieten. Zu ihnen gehören *Chondrilla juncea* (Knorpellattich), *Sonchus oleraceus* (Gänsedistel), *Taraxacum*-Arten (Löwenzahn), *Cirsium arvense*, *C. vulgare* und *Carduus nutans* (Disteln), *Ageratum conyzoides, Chromolaena odorata, Mikania micrantha, Crassocephalum crepidioides*, mehrere *Senecio*-Arten (Kreuzkräuter), *Ambrosia artemisiifolia, Tridax procumbens, Acanthospermum hispidum, Xanthium spinosum* und *X. strumarium* (Spitzkletten), *Bidens pilosa* und *Helichrysum kraussii*. Giftige *Senecio*-Arten sind ganz besonders ernst zu nehmende Weide-Unkräuter, da sie für mehr Vergiftungsfälle bei Haustieren verantwortlich sind als alle andern giftigen Pflanzen zusammen. Der vom Wind vertragene Blütenstaub von *Ambrosia artemisiifolia* und *A. trifida* ist die Hauptursache für Heuschnupfen in den Gebieten Nordamerikas, in denen diese Arten vorkommen.　　C.J.

MONOCOTYLEDONEAE Einkeimblättrige

ALISMATIDAE

ALISMATALES
Froschlöffelartige

BUTOMACEAE
Schwanenblumengewächse

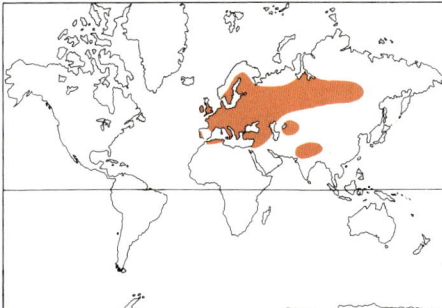

Gattungen: 1
Arten: 1
Verbreitung: Europa und gemäßigte
Zone Asiens, im Wasser oder an sumpfigen Standorten
Nutzwert: als Zierpflanze kultiviert; in
Teilen Rußlands werden die Rhizome
gegessen

Die Familie der Butomaceae besteht aus
einer einzigen krautigen, bis zu 1,50 m
hohen Wasserpflanzen-Art, *Butomus umbellatus*. Diese wird vielfach unter dem
Namen Schwanenblume oder Wasserliesch
kultiviert.
Verbreitung: *Butomus* findet man gewöhnlich in Sümpfen, Gräben und längs
der Ufer von Tümpeln, Seen und Flüssen.
In Europa und im gemäßigten Asien ist er
weitverbreitet, in Nordamerika eingebürgert.
Merkmale: *Butomus* ist eine Rhizomstaude
mit linealen Blättern, die bis zu 1 m und
länger werden. Die dreikantigen Blätter stehen in 2 Zeilen am Rhizom. Der Blütenstand ist doldenähnlich und besteht aus
einer einzigen, endständigen Blüte, die von
3 Cymen umgeben ist. Die Blüten sind
radiär und zwitterig. Die 3 kronblattähnlichen rosa, dunkel geaderten Kelchblätter
bleiben an der Frucht. Die ihnen gleichen-
den 3 Kronblätter sind etwas größer. Es
sind 6 bis 9 Staubblätter vorhanden. Die 6
bis 9 oberständigen Fruchtblätter sind an
der Basis wenig verwachsen, im reifen Zustand verkehrt eiförmig, und von den bleibenden Griffeln gekrönt. Die zahlreichen
Samenanlagen finden sich an der ganzen Innenseite des Fruchtblattes, mit Ausnahme
der Mittelrippe und der Ränder. Die Frucht
besteht aus Bälgen. Die Samen besitzen kein
Endosperm, hingegen einen geraden Embryo.
Systematik: Bezüglich der Anatomie, der
Entwicklung und des Baues ihrer Blüten
sind die Butomaceae in mancher Hinsicht

der dicotylen Familie der Nymphaeaceae
sehr ähnlich. *Butomus* gehört jedoch zweifellos zu den Monocotyledonen und ist mit
den Alismataceae, Limnocharitaceae und
Hydrocharitaceae verwandt, möglicherweise auch mit den Aponogetonaceae.
Nutzwert: *Butomus* wird häufig als Zierpflanze gezogen. In Teilen Rußlands werden ihre stärkereichen Rhizome als Nahrungsmittel genutzt.   C.D.C.

LIMNOCHARITACEAE
Wassermohngewächse

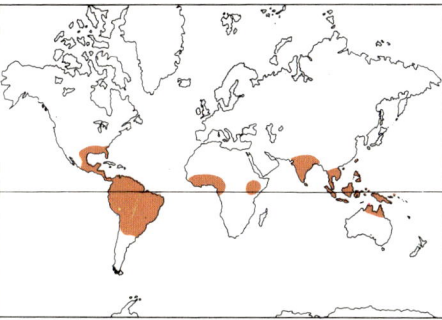

Gattungen: 3
Arten: etwa 12
Verbreitung: Tropen und Subtropen,
im Wasser
Nutzwert: *Limnocharis* wird als Nahrungsmittel angebaut, *Hydrocleis* (Wassermohn) als Zierpflanze kultiviert

Die Limnocharitaceae sind eine kleine Familie von ein- und mehrjährigen Sumpf-
oder Wasserpflanzen.
Verbreitung: Die monotypische Gattung
Tenagocharis kommt im tropischen Afrika,
in Indien, Malesien und im nördlichen Australien vor, *Hydrocleis* und *Limnocharis* im
tropischen und subtropischen Amerika.
Limnocharis flava hat sich in Indien und
Südostasien eingebürgert.
Merkmale: Alle Arten besitzen Milchröhren. Die Jugendblätter sind lineal und gewöhnlich untergetaucht, die folgenden gliedern sich in Stiel und Spreite. Die eiförmigen bis herzförmigen Spreiten weisen deutliche, gebogene, parallele Nerven auf. Der
Blütenstand ist in der Regel doldenartig;
gelegentlich stehen die Blüten einzeln. Die
auffälligen Blüten sind radiär und zwitterig.
Die 3 grünen Kelchblätter bleiben an der
Frucht und besitzen Milchröhren. 3 Kronblätter wechseln mit den Kelchblättern ab.
Sie sind weiß oder gelb, zart und vergäng-
lich. Die Limnocharitaceae besitzen 6 bis 9
oder zahlreiche Staubblätter; oft sind Staminodien vorhanden, die als Nektarien fungie-
ren. Der Pollen hat 4 oder mehr Poren. Die
3 bis vielen oberständigen Fruchtblätter
stehen in einem oder selten 2 Kreisen. Die

zahlreichen Samenanlagen finden sich über
die ganze Innenfläche des Fruchtblattes
zerstreut. Die Frucht ist aus Bälgen zusammengesetzt, welche durch adaxiale Spalten zahlreiche Samen oder Endosperm entlassen. Der Embryo ist gekrümmt oder gefaltet.
Systematik: *Tenagocharis latifolia* besitzt
relativ kleine, weiße und zarte Kronblätter, einen derben Kelch, keine Staminodien
und gleicht in mancher Hinsicht *Damasonium* (Alismataceae). Die Gattungen der
Neuen Welt haben große, auffällige, gelbe
Kronblätter und gewöhnlich einige Staminodien.
Wegen der flächenständigen Samenanlagen
werden die Limnocharitaceae oft als Verwandte der Butomaceae betrachtet. Doch
neuere, phytochemische, embryologische
und anatomische Studien deuten auf eine
enge Beziehung zu den Alismataceae und
nicht zu den Butomaceae hin.
Nutzwert: *Limnocharis flava* wird in Indien und Südostasien, wo sie aus Amerika
eingeschleppt wurde, als hochwertiges
Nahrungsmittel angebaut oder als Schweinefutter verwendet. *Hydrocleis nymphoides*
(Wassermohn) trägt große, dekorative,
leuchtend gelbe Blüten mit einem roten
Zentrum. Sie blühen jeweils nur einen Tag.
Seit 1830 wird sie in Europa in geheizten
Gewächshäusern oder als Aquarienpflanze
kultiviert.   C.D.C.

ALISMATACEAE   *Froschlöffelgewächse*

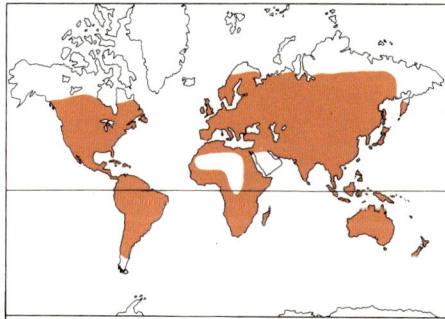

Gattungen: 11
Arten: rund 100
Verbreitung: kosmopolitisch, haupt-
sächlich in der Neuen Welt, im Wasser
und an sumpfigen Standorten
Nutzwert: wichtige Nahrung für Wild-
tiere, einige Zierpflanzen; *Sagittaria*
(Pfeilkraut) wird wegen ihrer eßbaren
Knollen angebaut

Die Alismataceae, eine kleine Familie von
im Wasser lebenden oder amphibischen
Pflanzen, kommen auf der ganzen Welt vor.
Sehr wenige werden kultiviert, aber viele
dienen wildlebenden Tieren als Nahrung.
Verbreitung: Die Familie als Ganzes ist
kosmopolitisch. Die Mehrheit der Arten
aber findet man in der Neuen Welt.
Merkmale: Die meisten Arten sind kräftig
und ausdauernd. Einige können je nach
Wasserstand ein- oder mehrjährig sein, d.h.

ALISMATACEAE. 1. *Alisma plantago-aquatica:* a) Habitus – Blätter mit scheidigem Grund, langen Stielen und Spreite mit zu den Rändern parallelen Seitennerven (× ²/₃); b) Blütenstand mit in Quirlen angeordneten Blüten (× 1); c) Blüte mit 3 grünen Kelchblättern, 3 rosa Kronblättern, 6 Staubblättern und Gynoeceum aus zahlreichen, freien Fruchtblättern (× 8); d) Frucht – ein Kopf aus Nüßchen mit Längsrippen (× 6); e) einzelnes Nüßchen mit bleibendem Griffel (× 8). 2. *Damasonium alisma:* sternförmiger Kreis von aufspringenden Früchtchen, die an ihrer Basis verwachsen sind (× 4). 3. *Sagittaria sagittifolia:* Frucht aus zahlreichen Nüßchen (× 3).

bei gleichbleibendem Wasserstand sind die Pflanzen mehrjährig, bei saisonbedingten Spiegelschwankungen verhalten sie sich wie Einjährige. Die Stengel sind knollig oder ausläuferartig. Die meisten Arten haben 2 Blattformen. Die linealen Jugendblätter bleiben gewöhnlich untergetaucht, während die folgenden Blätter von lineal zu eiförmig oder manchmal pfeilförmig variieren und meist über die Wasseroberfläche emporragen. Die meisten Arten besitzen einen deutlichen Blattstiel mit einem verbreiterten, scheidigen Grund. Sekretbehälter sind vorhanden. Der Blütenstand setzt sich in der Regel aus quirlig angeordneten Zweigen zusammen, aber manche Arten haben einen doldenartigen Blütenstand, und andere gar Einzelblüten. Die Blüten sind radiär, zwitterig oder eingeschlechtig (bei *Burnatia* männliche und weibliche an verschiedenen Pflanzen). Die 3 Kelchblätter bleiben gewöhnlich an der Frucht. Die 3 Kronblätter sind gewöhnlich auffällig, weiß, rosa oder purpurn und besitzen gelegentlich gelbe oder purpurne Flecken. Selten halten sie länger als einen Tag. Bei *Burnatia* und *Wiesneria* sind die Kronblätter winzig, in den weiblichen Blüten manchmal gar nicht vorhanden. Auf sie folgen 3, 6, 9 oder viele Staubblätter. Das oberständige Gynoeceum

enthält 3 bis zahlreiche, freie Fruchtblätter in einem Kreis oder in einem kompakten Kopf. Jedes Fruchtblatt enthält eine, selten 2, anatrope Samenanlagen. Die Frucht besteht aus Nüßchen. Eine Ausnahme bildet *Damasonium*, dessen 6 bis 10 ganz oder unvollständig aufspringende, mehrsamige Früchte in einem Kreis stehen. Diese sind an der Basis mehr oder weniger untereinander verwachsen und stehen zur Fruchtzeit sternförmig ab.

Systematik: Die Gattungsabgrenzung bei den Alismataceae befriedigt nicht ganz. Die in der Alten Welt vorkommenden Gattungen *Baldellia*, *Caldesia* und *Ranalisma* sind ziemlich künstlich voneinander und von *Echinodorus* (Neue Welt) getrennt worden. *Limnophyton* und *Wiesneria* findet man im tropischen Afrika und Asien. *Wiesneria* zeigt eine auffällige, wenn auch oberflächliche Ähnlichkeit mit *Aponogeton* (Aponogetonaceae). *Burnatia* ist monotypisch und findet sich im tropischen und südlichen Afrika. Das ebenfalls monotypische, in Europa endemische *Luronium* ist wahrscheinlich mit *Caldesia* verwandt. *Damasonium* hat, wie schon erwähnt, eine ungewöhnliche Frucht und eine etwas disjunkte Verbreitung. 4 Arten findet man in Europa, Nordafrika und dem Orient, eine im süd-

lichen Australien und eine im Westen Nordamerikas. Es wurde schon vorgeschlagen, *Damasonium* als eine selbständige Familie zu behandeln. *Alisma* (9 Arten) ist ursprünglich wohl nordhemisphärisch, aber inzwischen überall eingeführt. *Sagittaria* umfaßt 20 oder noch mehr Arten, die Mehrzahl von ihnen in der Neuen Welt.

Die Alismataceae gleichen, wenigstens oberflächlich, der dicotylen Familie der Ranunculaceae, zeigen aber ganz erhebliche anatomische und embryologische Unterschiede. Es besteht kein Zweifel, daß sie den Monocotyledonen angehören und viele ursprüngliche Merkmale besitzen.

Nutzwert: *Sagittaria sagittifolia* wird wegen ihrer eßbaren Knollen in China und Japan angebaut. Die Wurzeln von *Sagittaria latifolia* wurden von den Indianern Nordamerikas als Nahrung verwendet und werden heute noch von den Chinesen in Nordamerika gegessen. Die meisten Gattungen dienen als Futter für freilebende Tiere. Arten von *Sagittaria* (Pfeilkraut), *Echinodorus* (Igelschlauch) und *Alisma* (Froschlöffel) werden als Zierpflanzen an Teichufern gezogen, so *Sagittaria sagittifolia*, *S.lancifolia* und *S.montevidensis*. *Sagittaria subulata* und *S.latifolia* finden manchmal als Aquarienpflanzen Verwendung. C.D.C.

HYDROCHARITACEAE. **1.** *Vallisneria spiralis:* **a)** Habitus – Ausläufer, der neue Pflanzen bildet, bandförmige Blätter und langgestielte weibliche Blüten, die die Oberfläche des Wassers erreichen (× ²/₃); **b)** männliche Blüte, die sich von der Mutterpflanze löst und zur Wasseroberfläche aufsteigt (× 12); **c)** Fruchtknoten im Querschnitt (× 8) und **d)** im Längsschnitt (× 4); **e)** oberer Teil einer weiblichen Blüte (× 4). **2.** *Elodea canadensis:* **a)** Habitus – weibliche Blüten an langen Stielen (× ²/₃); **b)** Längsschnitt durch den Fruchtknoten (× 5); **c)** weibliche Blüte mit 3 gegabelten Narben (× 5). **3.** *Hydrocharis morsus-ranae:* **a)** allgemeiner Habitus der freischwimmenden Pflanze, hier mit männlichen Blüten (× ²/₃); **b)** Querschnitt durch Frucht (× 2); **c)** weibliche Blüte (× ²/₃).

HYDROCHARITALES
Froschbißartige

HYDROCHARITACEAE
Froschbißgewächse

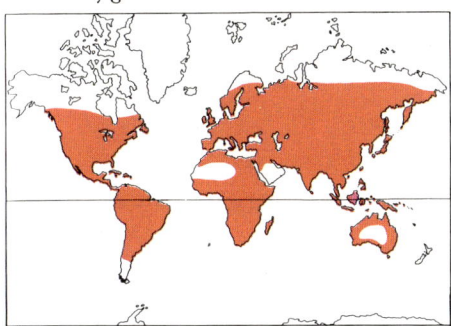

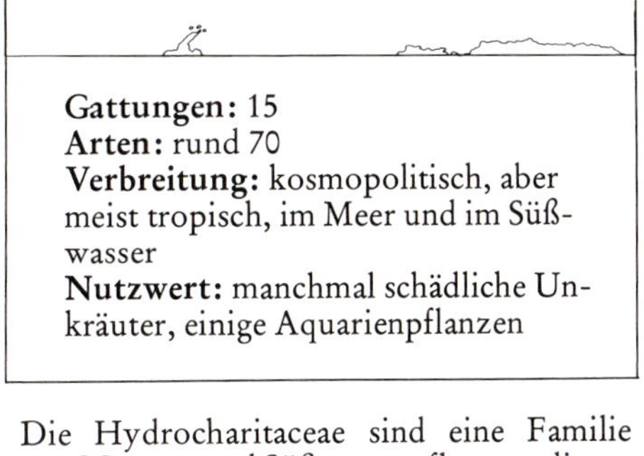

Gattungen: 15
Arten: rund 70
Verbreitung: kosmopolitisch, aber meist tropisch, im Meer und im Süßwasser
Nutzwert: manchmal schädliche Unkräuter, einige Aquarienpflanzen

Die Hydrocharitaceae sind eine Familie von Meeres- und Süßwasserpflanzen, die etliche schöne Aquarienpflanzen hervorbringen und ganz besondere Bestäubungsmechanismen besitzen.

Verbreitung: Die Familie ist kosmopolitisch in den verschiedensten Gewässern, aber die meisten Arten sind tropisch.

Merkmale: Die Familie besteht aus ein- oder mehrjährigen Wasserpflanzen mit kriechendem, monopodialem Rhizom, an dem die Blätter in 2 vertikalen Reihen angeordnet sind. Sie können aber auch einen aufrechten Hauptsproß und spiralig oder quirlig gestellte Blätter haben. Die einfachen Blätter sind gewöhnlich untergetaucht. Manchmal schwimmen sie oder ragen teilweise aus dem Wasser heraus. In ihrer Form sind sie sehr verschieden: von lineal bis kreisförmig, mit oder ohne Stiel und mit oder ohne scheidigen Blattgrund. Die Blüten werden von einem einzelnen, gegabelten oder 2 gegenständigen, spathaähnlichen Hochblättern eingeschlossen. Sie sind meist radiär, manchmal leicht zygomorph (z.B. *Vallisneria*) und entweder zwitterig oder eingeschlechtig (dann zweihäusig). Die Blütenhülle besteht aus einem oder 2 Kreisen von 3 (selten 2) freien Blättern. Der innere Kreis ist, wenn vorhanden, gewöhnlich auffällig und einer Krone ähnlich. Die Staubblätter (eines bis viele) stehen in einem oder mehreren Kreisen. Die inneren sind manchmal steril; bei *Lagarosiphon* dienen die Staminodien den freischwimmenden männlichen Blüten als Segel. Die Pollenkörner sind kugelig; bei den marinen Gattungen *Thalassia* und *Halophila* werden sie in schnurartigen Ketten freigelassen. Der unterständige, unvollständig gefächerte Fruchtknoten besteht aus 2 bis 15 verwachsenen Fruchtblättern. Die zahlreichen Samenanlagen stehen an parietalen Plazenten, die fast bis zur Mitte des Fruchtknotens vorspringen oder unvollkommen entwickelt sind. Es gibt ebensoviele Griffel wie Fruchtblätter. Die Früchte sind kugelförmig bis lineal, trocken oder fleischig, aufspringend oder viel häufiger Schließfrüchte, welche ihre meist zahlreichen, endospermlosen Samen nach Zerfall der Fruchtwand entlassen. Die Samen sind meist zahlreich und enthalten einen geraden Embryo.

Die Bestäubungsmechanismen sind von bemerkenswerter Vielfalt. Einige Gattungen wie *Egeria*, *Hydrocharis* (Froschbiß) und *Stratiotes* (Krebsschere) haben ziemlich große, auffallende Blüten, die von Insekten bestäubt werden. Einige Arten sollen kleistogam sein. Bei *Hydrilla*, *Lagarosiphon*, *Maidenia*, *Nechamandra* und

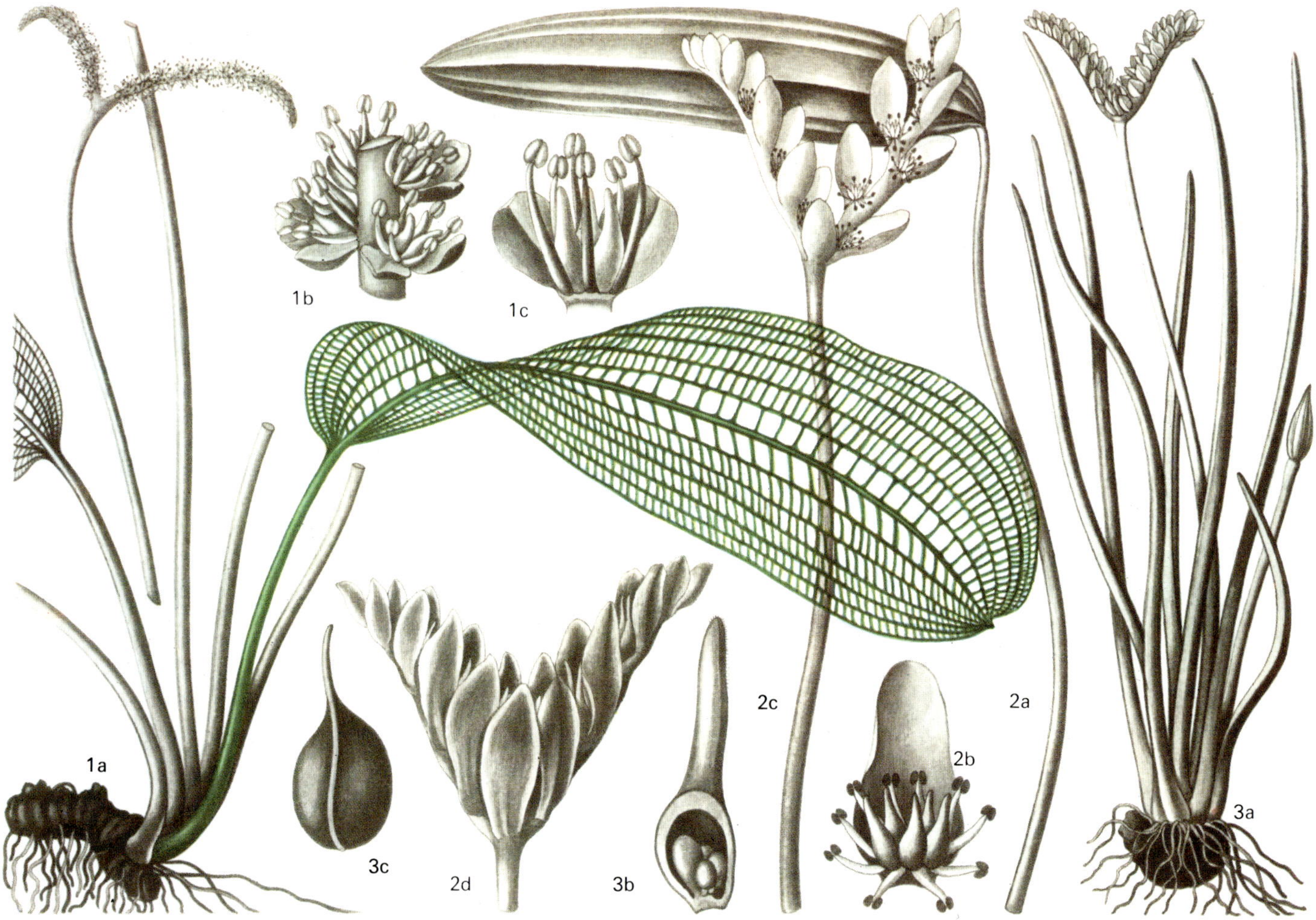

APONOGETONACEAE. 1. *Aponogeton madagascariensis:* **a)** Habitus – Rhizom, das Blätter trägt, bei welchen die Blattspreite nur ein Gitterwerk von Rippen und Nerven ist, und gegabelter Blütenstand an langem Stiel (× ²/3); **b)** Teil des Blütenstandes (× 4); **c)** Blüte mit 2 Blütenhüllblättern, 6 Staubblättern und 3 sitzenden Fruchtblättern (× 6). **2.** *Aponogeton distachyos:* **a)** Schwimmblatt (× ²/3); **b)** Blüte (× 2); **c)** Blütenstand (× ²/3); **d)** Fruchtstand mit bleibenden Blütenhüllblättern (× ²/3). **3.** *Aponogeton spathaceus:* **a)** Habitus – Sproßknollen, Büschel riemenartiger Blätter und gegabelter Blütenstand (× ²/3); **b)** Längsschnitt durch Fruchtblatt mit sitzender Samenanlage (× 16); **c)** Frucht – ein lediger Balg (× 6).

Vallisneria lösen sich die männlichen Blüten von der Mutterpflanze, steigen zur Wasseroberfläche, öffnen sich und treiben oder segeln zu den weiblichen Blüten. Bei *Elodea* lösen sich die männlichen Blüten von der Mutterpflanze oder verbleiben an ihr. In beiden Fällen explodieren die Staubbeutel und streuen Pollenkörner über die Wasseroberfläche.

Systematik: Die Hydrocharitaceae werden gewöhnlich in 3 Unterfamilien aufgeteilt: HYDROCHARITOIDEAE, THALASSIOIDEAE und HALOPHILOIDEAE. Die beiden letztgenannten sind monogenerisch (*Thalassia, Halophila*) und wachsen in tropischen Meeren. Die männliche Blütenscheide enthält eine Blüte; die Bestäubung findet unter Wasser statt, und die Pollen werden in Ketten freigelassen. Die Gattungen der Hydrocharitoideae werden auf oder über dem Wasser durch kugelige Pollenkörner bestäubt. Diese Gattungen, mit Ausnahme von *Enhalus*, kommen im Süßwasser vor.

Die Hydrocharitaceae haben häufig Anthocyane. Dieses Merkmal, zusammen mit der Pollenmorphologie und zahlreichen embryologischen Merkmalen, deuten auf eine Verwandtschaft mit den Butomaceae und auf eine etwas entferntere mit den Nymphaeaceae hin. In den meisten Systemen wird den Hydrocharitaceae eine zentrale Stellung in der als Helobiae bekannten Gruppe eingeräumt. Heute aber sieht es so aus, als wären sie eine sehr primitive Gruppe innerhalb der Monocotyledonen.

Nutzwert: Viele Arten sind Aquarienpflanzen. Verschiedene eingebürgerte Arten wurden an neuen Standorten ernstzunehmende Unkräuter, so *Hydrilla* (Grundnessel) in den Vereinigten Staaten von Amerika, *Elodea canadensis* (Wasserpest) in Europa und *Lagarosiphon* in Neuseeland.   C.D.C.

NAJADALES
Nixenkrautartige

APONOGETONACEAE
Wasserährengewächse

Die Aponogetonaceae enthalten nur eine einzige Gattung von Süßwasserpflanzen oder amphibischen Stauden mit Knollen oder Rhizomen.

Verbreitung: Die Familie kommt in den warmen und tropischen Gebieten der Alten Welt und im nördlichen Australien vor. Die meisten Arten werden in Afrika und auf Madagaskar gefunden. *Aponogeton distachyos* (Wasserähre) stammt aus Südafrika und ist im südlichen Australien, im Westen

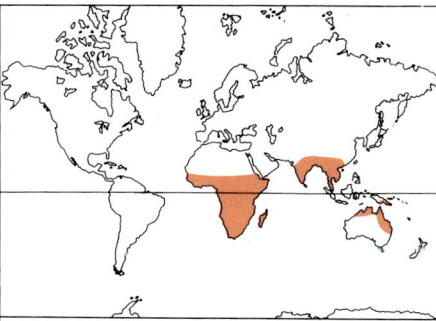

Gattungen: 1
Arten: etwa 45
Verbreitung: wärmere und tropische Gebiete der Alten Welt, in Gewässern oder an sumpfigen Standorten
Nutzwert: Knollen werden von Mensch und Vieh gegessen

Südamerikas und in Westeuropa eingebürgert.

Merkmale: Die ausdauernden Stengel sind knollige oder verlängerte und verzweigte Rhizome, die Wurzeln faserig. Viele Arten wachsen in zeitweise stehendem oder fließendem Wasser und überdauern die Trockenzeit als ruhende Knollen. Die Blätter werden in Büscheln an der Stengelspitze getragen. Die Mehrzahl der *Aponogeton*-Arten entwickelt 2 Blattformen: Die Jugendblätter sind gewöhnlich bandförmig, während die folgenden Blätter meist eine gestielte, verbreiterte, lineale, elliptische oder längliche Spreite tragen. Diese ist häufig mit einer deutlichen Mittelrippe und einem oder mehreren Paaren von parallel verlaufenden Hauptnerven ausgestattet, welche durch zahlreiche Quernerven verbunden sind. Bei der Madagassischen Gitterpflanze (*A.madagascariensis* = *A.fenestralis*) besteht die ganze Blattspreite oft aus nicht mehr als einem Gitterwerk von Rippen und Nerven. Unterwasserblätter sind meist dünn. Verschiedene Arten entwickeln dicke, ledrige Schwimmblätter. Bei einigen Arten, so bei *A.junceus,* sind die Blätter zu verlängerten Mittelrippen reduziert und gleichen denjenigen von Binsen.

Die Blüten sind gewöhnlich zwitterig, manchmal eingeschlechtig. Einige Arten sind apomiktisch, d.h. sie bilden Samen ohne Verschmelzung von Geschlechtszellen. Die ährenartigen Blütenstände ragen an langen Stielen über die Wasseroberfläche hinaus. Als Knospe ist jede Ähre in eine Spatha eingeschlossen. Bei allen asiatischen und den meisten australischen Arten stehen die Ähren einzeln. Bei der Mehrzahl der afrikanischen Arten bilden sie Paare, und bei einigen Arten Madagaskars findet man bis zu 10 Ähren an einem einzigen Stiel. Anzahl und Form der Blütenteile sind sehr verschieden. An Blütenhüllblättern finden sich bis zu 6; sie können aber auch fehlen. Sie sind kronblatt- und hochblattähnlich und bleibend oder hinfällig. Die 6 oder mehr Staubblätter stehen in 2 oder mehr Kreisen. Das oberständige Gynoeceum besteht aus 2 bis 9 freien, meist sitzenden Fruchtblättern, von denen jedes 2 bis mehrere, anatrope, grundständige Samenanlagen birgt. Jedes Fruchtblatt reift zu einem freien, ledrigen Balg heran, der einen bis zahlreiche Samen enthält. Die Samenschale ist manchmal doppelt, wobei das innere Integument den Embryo eng umschließt, während das äußere lose und durchscheinend ist.
Systematik: Die Aponogetonaceae werden als Verwandte der Familiengruppe der Potamogetonaceae — Najadaceae betrachtet.
Nutzwert: Die Knollen verschiedener Arten werden sowohl von den Menschen als auch vom Vieh gegessen. Viele Arten geben dekorative Aquarienpflanzen ab, ganz besonders *A.distachyos.* Die Folge des Handels mit der Madagassischen Gitterpflanze, *A.madagascariensis,* ist ihre Ausrottung in vielen Teilen Madagaskars. C.D.C.

SCHEUCHZERIACEAE
Blasenbinsen (Blumenbinsen)
Die Scheuchzeriaceae bestehen aus einer einzigen Gattung grasartiger Sumpfpflanzen (*Scheuchzeria*). Sie tragen unscheinbare Blüten und blasig aufgetriebene Früchtchen. Daher ihr deutscher Name Blasenbinse.
Verbreitung: *Scheuchzeria* ist auf die kalte und die gemäßigte Zone der Nordhalbkugel beschränkt. Besonders häufig wächst sie in kalten Torfmooren.
Merkmale: Die Pflanzen sind Stauden mit

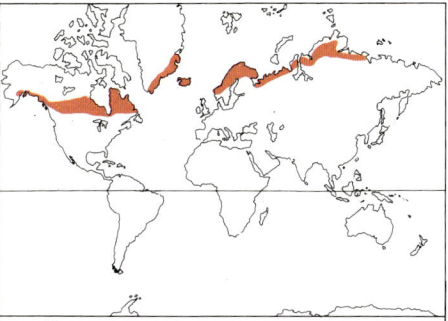

Gattungen: 1
Arten: 2
Verbreitung: Nordhemisphäre, besonders in Torfmooren (Karte unvollständig)
Nutzwert: keiner

wechselständigen, linealen Blättern, deren Scheiden den Stengel umfassen und in einem Blatthäutchen enden. Die radiären, zwitterigen Blüten bilden endständige Trauben mit Tragblättern. Die Blütenhülle besteht aus 2 einander ähnlichen Kreisen von 3 freien Blättern. Die 3 freien, in 2 Kreisen angeordneten Staubblätter tragen basifixe Staubbeutel. Das Gynoeceum ist oberständig. Es umfaßt 3 bis 6 nur am Grunde verwachsene Fruchtblätter, welche 2 oder wenige grundständige, aufrechte, anatrope Samenanlagen enthalten und eine sitzende Narbe tragen. Die Frucht setzt sich aus ein- oder zweisamigen Bälgen zusammen.
Systematik: Nach Ansicht einiger Botaniker sollte diese Familie auch *Triglochin* einschließen, welche hier in der Familie der Juncaginaceae geführt wird. Zweifellos besteht eine enge Verwandtschaft zwischen *Scheuchzeria* (Blasenbinse) und *Triglochin,* teilen sie doch im vegetativen und im Blütenbereich viele Merkmale. Die 6 Fruchtblätter in 2 Kreisen und die freien Blütenhüllblätter werden als ursprünglich angesehen und könnten eine Verwandtschaft mit den Alismataceae andeuten.
Nutzwert: Über eine Nutzung ist nichts bekannt. S.R.C.

JUNCAGINACEAE *Dreizackgewächse*

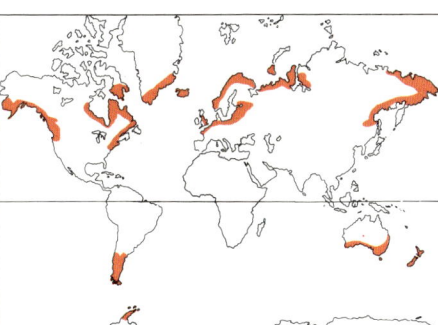

Gattungen: 3
Arten: 14
Verbreitung: gemäßigte und kalte Gebiete der nördlichen und südlichen Hemisphäre, an sumpfigen Standorten
Nutzwert: gering, örtlich als Nahrung verwendet

Die Juncaginaceae sind einjährige oder ausdauernde Sumpfkräuter.

Verbreitung: Die Familie kommt in den gemäßigten und kalten Gebieten beider Hemisphären, hauptsächlich in Küstennähe, vor.
Merkmale: Das Rhizom entwickelt faserige oder knollige Wurzeln und grundständige, flache, lineale Blätter mit scheidigem Grund (manchmal Schwimmblätter).
Der Blütenstand ist eine tragblattlose Traube oder Ähre. Die Blüten sind radiär, zwitterig oder eingeschlechtig (männliche und weibliche Blüten an verschiedenen Pflanzen oder männliche, weibliche und zwitterige Blüten an derselben Pflanze). Sie besitzen eine grüne oder rote Blütenhülle in 2 Kreisen von je 3 freien Blättern. Die 4 bis 6 Staubblätter tragen beinahe sitzende Staubbeutel. Das oberständige Gynoeceum setzt sich aus 4 bis 6 freien oder teilweise verwachsenen Fruchtblättern zusammen, von denen jedes eine einzige, grundständige, anatrope Samenanlage (selten apikal und atrop) enthält. Die Griffel sind kurz oder fehlen vollständig; die Narben sind oft federig. Die Samen der Spaltfrüchte oder Nüßchen bergen kein Endosperm. Die Blüten werden vom Wind bestäubt, eine Art von *Triglochin* trägt ein bootförmiges Konnektivanhängsel unterhalb der Staubbeutel; hier wird der Blütenstaub gesammelt, bevor er vom Wind verweht wird.
Systematik: Die Gattungen *Triglochin* (Dreizack, 12 Arten), *Maundia* (eine Art) und *Tetroncium* (eine Art) sind untereinander und auch mit den Lilaeaceae eng verwandt. Sie zeigen Ähnlichkeiten mit anderen, monokotylen Wasser- und Sumpfpflanzen der Familien Aponogetonaceae und Najadaceae. Der Besitz eines doppelten Kreises von Fruchtblättern wird als ursprüngliches Merkmal angesehen.
Nutzwert: Die Blätter von *Triglochin maritima* (Strand-Dreizack) der nördlichen, gemäßigten Zonen sind eßbar, und die Rhizome von *T.procerum* werden von den Ureinwohnern Australiens gegessen. S.R.C.

LILAEACEAE
Die Lilaeaceae sind eine Familie von Wasser- oder Sumpfkräutern. Sie enthält nur eine einzige Gattung mit einer einzigen Art. Die Pflanzen sind wegen ihrer auffälligen, ungewöhnlichen Blütenstände bemerkenswert.
Verbreitung: *Lilaea* kommt im westlichen Nordamerika und im westlichen Südamerika südwärts bis Chile und Argentinien vor, in seichten Gewässern, die zeitweise austrocknen können. Auch in Viktoria (Australien) kommt sie vor; hier wurde sie wahrscheinlich aber eingeführt.
Merkmale: *Lilaea* ist eine büschelig wachsende, grasartige Einjährige mit einfachen, linealen und zylindrischen Blättern und scheidigem Grund, dessen häutige Ränder zusammenlaufen und ein kurzes Blatthäutchen bilden. Der Blütenstand ist sehr kompliziert gebaut: Jede Blattachsel besitzt eine oder 2 weibliche Blüten und eine gestielte Ähre, die zwitterige und männliche Blüten trägt. Die weiblichen Blüten sind in der Blattscheide eingeschlossen und bestehen aus einem nackten Fruchtblatt mit einem

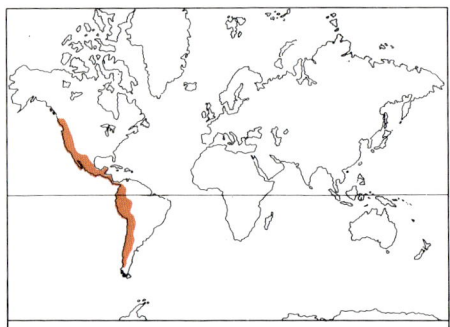

Gattungen: 1
Arten: 1
Verbreitung: westliches Nord- und Südamerika, in Gewässern und an sumpfigen Standorten
Nutzwert: keiner bekannt

licherweise am Rand gezähnt und hat einen scheidigen, manchmal geöhrten Grund. Die eingeschlechtigen, kleinen Blüten stehen einzeln oder in kleinen Gruppen in den Blattachseln. Einige Arten sind einhäusig, andere zweihäusig. Die männlichen Blüten sind in einer häutigen Scheide (Spatha) eingeschlossen, die in 2 verdickten Lippen endet. Das einzige Staubblatt trägt einen fast sitzenden Staubbeutel. Die Bestäubung findet unter Wasser statt. Die Pollenkörner sind ellipsoidisch und besitzen keine Aperturen. Die weiblichen Blüten sind nackt oder von einer Spatha umgeben. Das oberständige Gynoeceum besteht aus einem einzigen Fruchtblatt, das spitz in einen kurzen Griffel ausläuft. Der Griffel besitzt 2 bis 4 lineale Narben. Es gibt eine einzige, grundständige, anatrope Samenanlage. Die Frucht ist eine einsamige Nuß. Die Samen enthal-

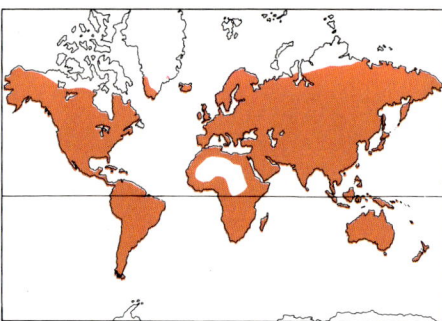

Gattungen: 2
Arten: rund 100
Verbreitung: kosmopolitisch, in Gewässern
Nutzwert: wichtige Futterpflanzen für viele Tiere

bis zu 30 cm langen, fädigen Griffel, der oben seitlich am Fruchtblatt ansetzt und dann aufsteigt. Die Frucht ist eine eckige Nuß, die an der Spitze oft mit Widerhaken oder Hörnern versehen ist. Die zwitterigen Blüten zeigen ein einzelnes, tragblattähnliches Blütenhüllblatt, das am Grunde des einzigen, sitzenden Staubbeutels und des nackten, eingriffeligen Fruchtblattes sitzt. Die Länge des Griffels ist von Blüte zu Blüte verschieden. Alle Fruchtblätter enthalten eine einzige, grundständige, aufrechte und anatrope Samenanlage. Die Früchte der Zwitterblüten sind abgeflachte Nüsse mit einer dorsalen Furche und welligen, seitlichen Flügeln. Abgesehen vom Fehlen des Fruchtblattes sind die männlichen Blüten gleich gebaut.

Die einzige Art, *Lilaea scilloides*, wächst im seichten Wasser. Ihre Blütezeit beginnt gewöhnlich, wenn der Wasserspiegel fällt. Die Trockenzeit überdauert sie als Samen. Sie ist somit eine kennzeichnende Pflanze von Frühlingstümpeln.

Systematik: Der Bau der Blüte und des Blütenstandes von *Lilaea* ist umstritten. Einige Autoren halten die zwitterigen Blüten für Teilblütenstände, die aus einer männlichen und einer weiblichen Blüte bestehen sollen, und die Blütenhülle für ein Anhängsel des Konnektivs. Trotzdem besteht wenig Zweifel, daß die Lilaeaceae zu den Helobiae (= Alismatidae) gehören. Man kann sie als Brücke zwischen den Zannichelliaceae und den Najadaceae betrachten.
Nutzwert: Eine Nutzung ist nicht bekannt. C.D.C.

NAJADACEAE *Nixenkräuter*
Die Najadaceae sind eine Familie kleiner, untergetauchter, ein- oder mehrjähriger Wasserpflanzen mit nur einer Gattung, *Najas* (Nixenkraut).
Verbreitung: *Najas*-Arten kommen in den gemäßigten und warmen Gebieten der ganzen Welt vor.
Merkmale: Die Stengel sind schlank, entweder weitläufig und wenig verzweigt oder stark verzweigt und zusammengedrängt. Die Blätter stehen gewöhnlich in den Blattachseln gedrängt und können deshalb als scheinquirlig oder büschelig bezeichnet werden. Jedes Blatt ist einfach, lineal, üb-

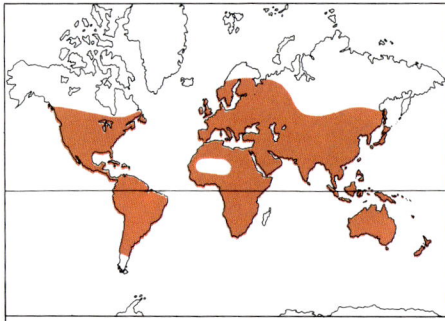

Gattungen: 1
Arten: rund 50
Verbreitung: kosmopolitisch, in Gewässern
Nutzwert: Fischnahrung, Gründünger und Packmaterial

ten einen geraden Embryo, aber kein Endosperm.

Systematik: Die Verwandtschaftsverhältnisse der Najadaceae sind unklar. Die Familie wird gewöhnlich in die Unterklasse der Alismatidae eingereiht. Ihre nächsten Verwandten sind wahrscheinlich die Aponogetonaceae und die Potamogetonaceae. Es werden rund 50 Arten anerkannt. Ihre Bestimmung ist aber schwierig.
Nutzwert: In wärmeren Gebieten können die *Najas*-Arten zu problematischen Unkräutern in Reisfeldern und Bewässerungsgräben werden. *Najas* liefert aber auch wertvolles Fischfutter. Da die Pflanze leicht zu sammeln ist, wird sie als Gründünger oder Packmaterial verwendet. C.D.C.

POTAMOGETONACEAE
Laichkrautgewächse
Die Potamogetonaceae, eine Familie von Wasserpflanzen, sind ein vertrauter Anblick auf der ganzen Welt. Sie besiedeln oft Gräben und Teiche.
Verbreitung: Alle Arten wachsen in Süßwasser oder in etwas brackigem Wasser. *Potamogeton* (Laichkraut) ist kosmopolitisch und kommt in vielen verschiedenen Gewässern vor. *Groenlandia* (Fischkraut) findet man in Westeuropa, im nördlichen Afrika und in Südwestasien. Sie zeigt eine Vorliebe für nährstoffreiches Wasser, ist

aber gegen organische Verschmutzung empfindlich.
Merkmale: Die Potamogetonaceae sind gewöhnlich ausdauernd, einige Arten aber einjährig. Die langen, biegsamen Stengel wachsen aufrecht, kriechen oder schwimmen. Einige Arten entwickeln besondere Überwinterungsknospen (Hibernakeln) an den kriechenden Stengeln. Bei *Potamogeton* sind die Blätter wechselständig, bei *Groenlandia* gegenständig oder quirlig. Sie sind einfach, ganzrandig und treten oft in 2 Formen auf: breite Schwimmblätter und oft lineale oder fadenförmige, untergetauchte Blätter. Nebenblattscheiden sind bei *Potamogeton* gewöhnlich vorhanden, fehlen aber bei *Groenlandia*, außer am Tragblatt des Blütenstandes. Der Blütenstand, eine gestielte Ähre, trägt zwitterige, radiäre und ziemlich unauffällige Blüten. Die Blütenhülle besteht aus 4 freien, hochblattähnlichen, genagelten Schuppen, die außerhalb der Staubblätter eingefügt sind (die Blütenhüllblätter werden oft als Konnektivanhängsel betrachtet). Jedes der 4 Staubblätter ist mit einem Blütenhüllblatt verbunden; die Staubbeutel sind sitzend und bestehen aus 2 Pollensäcken. Das oberständige Gynoeceum besteht aus 4 (selten weniger) freien oder teilweise verwachsenen Fruchtblättern. Jedes davon enthält eine einzige, kampylotrope Samenanlage. Die Frucht besteht bei *Potamogeton* aus Steinfrüchtchen, bei *Groenlandia* aus Nüßchen mit dünner Fruchtwand.
Systematik: *Groenlandia* unterscheidet sich von *Potamogeton* durch gegenständige oder quirlige Blätter ohne Blattscheide und dünnwandige Nüßchen. Es gibt nur eine Art, *Groenlandia densa*. *Potamogeton* mit seinen ungefähr 100 Arten ist die größte, ausschließlich im Wasser lebende Gattung von Blütenpflanzen. Die meisten Arten werden über dem Wasser bestäubt, die Untergattung *Coleogeton* aber unter Wasser. Die Familie der Potamogetonaceae nimmt in der Unterklasse der Alismatidae (= Helobiae) eine ziemlich zentrale Stellung ein. Sie wird gewöhnlich zwischen die mehr oder weniger terrestrischen Familien der Juncaginaceae und Scheuchzeriaceae und die stark vereinfachten Wasserpflanzenfamilien der Ruppiaceae und Zannichellia-

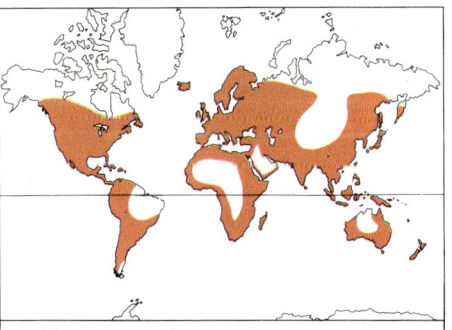

ZANNICHELLIACEAE: **1.** *Althenia filiformis:* **a)** Habitus – schmale Blätter mit scheidigem Grund (× ²/₃); **b)** weibliche Blüten (× 4). **2.** *Zannichellia palustris:* **a)** Habitus (× ²/₃); **b)** männliche Blüte mit einem Staubblatt und weibliche Blüte mit 4 Fruchtblättern (× 6); **c)** Fruchtblatt (× 16); **d)** Längsschnitt durch Fruchtblatt (× 16); **e)** Frucht (× 4); **f)** Früchtchen (× 8). **3.** *Lepilaena preissii:* **a)** Trieb mit weiblichen Blüten (× ²/₃); **b)** Trieb mit männlichen Blüten (× ²/₃); **c)** weibliche Blüten (× 2); **d)** Gynoeceum aus 3 freien Fruchtblättern mit löffelförmigen Narben (× 6); **e)** männliche Blüten (× 2); **f)** Staubblätter (× 6).

ceae gestellt. Die Potamogetonaceae sind wahrscheinlich sehr eng mit den Familien Posidoniaceae und Zosteraceae verwandt. **Nutzwert:** Einige Arten von *Potamogeton* (Laichkraut) sind eine Plage in Kanälen und Gräben, allerdings auch wichtige Futterpflanzen. Der stärkehaltige Wurzelstock von *Potamogeton natans* und die Überwinterungsknospen dienen als Grundlage für menschliche Nahrung. C.D.C.

ZANNICHELLIACEAE
Teichfadengewächse

Die Zannichelliaceae sind eine kleine Familie untergetauchter Wasserpflanzen mit graziösen, schlanken Blättern und Stengeln sowie unscheinbaren Blüten.
Verbreitung: Die Familie findet sich auf der ganzen Welt in Süß- oder Brackwasser.
Merkmale: Die oberen Teile der dünnen und biegsamen Stengel schwimmen gewöhnlich, die unteren kriechen als Rhizom. Die Blätter sind wechselständig, gegenständig oder büschelig und einfach, ganzrandig und lineal, oder auf eine Scheide reduziert. Der Blattgrund ist scheidig, die Scheide frei oder teilweise mit dem Blatt verbunden. Diese Scheiden können morphologisch als Nebenblätter gedeutet werden. Die eingeschlechtigen Blüten stehen einzeln oder in

Gattungen: 4
Arten: etwa 7
Verbreitung: kosmopolitisch, in Süß- oder Brackwasser
Nutzwert: einige Arten stabilisieren Schlamm und reinigen verschmutztes Wasser

Gruppen in den Blattachseln. Die Pflanzen sind ein- oder zweihäusig. Die Blütenhülle ist eine schmale, becherförmige Scheide oder besteht aus einigen Schuppen. Sie kann auch fehlen. Die Staubblätter stehen einzeln oder bilden Zweier- oder Dreiergruppen. Die Pollenkörner sind mehr oder weniger kugelig, und die Bestäubung findet unter Wasser statt. Das oberständige Gynoeceum besteht aus einem bis 9 freien

Fruchtblättern, von denen jedes eine einzige, hängende Samenanlage birgt. Die einfachen Griffel bleiben normalerweise an der Frucht. Die ansehnliche Narbe ist gewöhnlich unregelmäßig abgeflacht oder löffelförmig, ganzrandig oder gefranst. Die Frucht besteht aus Nüßchen; Endosperm fehlt.
Systematik: Die kosmopolitische Gattung *Zannichellia* besteht aus einer Art (*Z. palustris*, Sumpf-Teichfaden), bei der die Blattscheide frei ist und die Blätter gewöhnlich einander gegenüber oder in falschen Quirlen stehen. Die Pflanzen sind einhäusig. Die Blattscheiden von *Althenia* und *Lepilaena* sind fast auf ihrer ganzen Länge mit den Blättern verwachsen. Die Blätter sind wechselständig, die Pflanzen zweihäusig. *Althenia* kommt mit einer oder 2 Arten im Mittelmeergebiet, in Persien und Südafrika vor, gewöhnlich in Brackwasser. *Lepilaena* ist mit 4 Arten in Australien und Neuseeland heimisch. Obwohl *Althenia* und *Lepilaena* geographisch getrennt sind, sollten sie teilweise oder vielleicht ganz vereinigt werden. Eine neue Gattung aus Südafrika, *Vleisia*, wurde erst kürzlich beschrieben.
Die Zannichelliaceae gehören zur Unterklasse der Alismatidae (= Helobiae) der Monocotyledonen. Überzeugende Argumente sprechen für die Theorie, sie hätten

sich aus der marinen Familie der Cymodoceaceae entwickelt. Sicher lassen sich enge Beziehungen zwischen den beiden Familien feststellen, die oft vereinigt werden und dann wahrscheinlich mit den Potamogetonaceae verwandt sind.

Nutzwert: Es ist keiner bekannt. *Zannichellia* (Teichfaden) kann aber als nützliche Pflanze angesehen werden, stabilisiert sie doch den Schlamm und trägt zur Reinigung des Wassers bei. C.D.C.

RUPPIACEAE *Saldengewächse*

Die Familie der Ruppiaceae besteht aus einer einzigen Gattung untergetauchter Wasserpflanzen, *Ruppia* (Salde).

Verbreitung: Die kosmopolitische *Ruppia* wächst gewöhnlich in Brackwasser von Küstengebieten. Einige wenige Arten besiedeln Seen mit Süßwasser in Südamerika und Neuseeland. Pflanzen wurden sogar in 4000 m Höhe in den Anden gesammelt.

Merkmale: Der obere Teil der schwachen Stengel schwimmt, der untere Teil kriecht. Die wechsel- oder gegenständigen, einfachen Blätter sind lineal und an der Spitze etwas gezähnt. Der Blattgrund ist scheidig verbreitet, der Blütenstand eine doldenähnliche, endständige Traube. Die kleinen, zwitterigen Blüten stehen paarweise auf schlanken, anfänglich kurzen, von einem spathaähnlichen Blattgrund umhüllten Stielen. Sobald sich die Blütenknospe öffnet (oder nach der Bestäubung), werden diese Stiele länger und rollen sich manchmal auf. Die Blütenhülle ist verkümmert oder fehlt. Die 2 Staubblätter bestehen aus sitzenden Staubbeuteln mit 2 Pollensäcken. Das oberständige Gynoeceum besteht aus 4 (selten mehr) freien Fruchtblättern, von denen jedes eine einzige, hängende, kampylotrope Samenanlage enthält. Zu Beginn sind die Fruchtblätter sitzend, bei der Reife aber gestielt. Die Narbe ist eine kleine, sitzende Scheibe. Die Frucht besteht gewöhnlich aus Nüßchen, manchmal aber aus Steinfrüchtchen mit einem etwas schwammigen Exokarp. Die Samen besitzen kein Endosperm.

Systematik: Die Ruppiaceae stellen wahrscheinlich eine Familie dar, die sich durch Vereinfachung aus den Potamogetonaceae entwickelt hat. Bei einigen Rassen findet die Bestäubung unter Wasser statt, während bei anderen der Blütenstaub auf der Wasseroberfläche zu den schwimmenden Narben gelangt. Wie bei vielen Wasserpflanzen sind auch bei den Ruppiaceae die Blüten reduziert und die Pflanzen in ihrer Form so verändert, daß man sich über die Zahl der Arten kaum einig werden kann. Wahrscheinlich sind es etwa 7 Arten. Einige Bearbeiter erkennen aber nur eine oder vielleicht 2 vielgestaltige Arten an.

Nutzwert: keiner bekannt. C.D.C.

ZOSTERACEAE
Seegrasgewächse

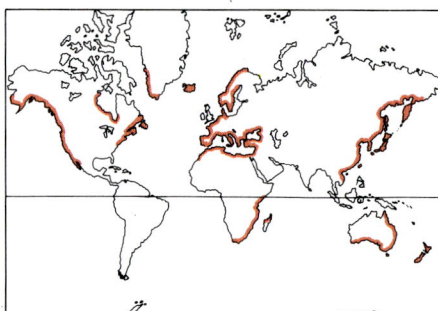

Gattungen: 3
Arten: 18
Verbreitung: in den Meeren hauptsächlich der gemäßigten Zonen
Nutzwert: getrocknete Blätter und Stengel, als Packmaterial auch zur Verstärkung von Gips oder Zement

Die Zosteraceae sind eine Familie grasartiger, vollständig untergetauchter Meerespflanzen.

Verbreitung: Diese Pflanzen wachsen nur im Salzwasser, in den Meeren der gemäßigten Zonen beider Hemisphären. Die Verbreitungsgebiete einiger Arten erstrecken sich aber bis in die tropischen Meere.

Merkmale: Der Stengel ist ein kriechendes Rhizom, monopodial bei *Phyllospadix* und *Zostera*, sympodial bei *Heterozostera*. Die linealen und grasähnlichen Blätter besitzen einen deutlich scheidigen Grund. Der Blütenstand, ein abgeflachter Kolben, ist zur Blütezeit in eine Spatha (die Scheide des obersten Blattes) eingeschlossen. Die Blüten sind eingeschlechtig und zweihäusig oder einhäusig verteilt. In letzterem Fall sind die männlichen und weiblichen Blüten am Kolben wechselständig angeordnet. Jede männliche Blüte besteht aus einem Staubblatt, dessen kammartiges Konnektiv 2 voneinander freie Theken mit 2 Pollensäcken trägt. Die Pollenkörner sind lange Fäden von gleichem spezifischem Gewicht wie das Meerwasser, so daß sie, wenn entlassen, frei schwimmen und damit gute Aussichten haben, sich an Narben heften zu können. Bei den meisten Arten findet man einen eigenartigen hakigen Fortsatz (Retinaculum) neben jedem Staubblatt oder, bei *Phyllospadix*, an den weiblichen Kolben, wo sie zwischen den weiblichen Blüten stehen. Die weibliche Blüte besteht aus einem einzigen, nackten Fruchtblatt mit einem kurzen Griffel und 2 relativ langen Narbenästen. Die einzige Samenanlage ist atrop und hängend. Die Frucht ist eiförmig oder ellipsoidisch, mit einer trockenen, dünnen Fruchtwand, oder halbmondförmig mit z.T. fleischiger Fruchtwand.

Systematik: *Zostera* (12 Arten) ist weit verbreitet, *Heterozostera* (eine Art) dagegen kommt nur an den Küsten Australiens und Chiles vor. *Phyllospadix* (5 Arten) ist an den Küsten Japans und des pazifischen Nordamerika heimisch.

Die Familie ist wahrscheinlich mit den Posidoniaceae und den Potamogetonaceae verwandt. In verschiedenen Bearbeitungen werden alle 3 Familien vereinigt.

Nutzwert: Die getrockneten Blätter und Stengel von *Zostera* (Seegras) werden besonders als Packmaterial für venetianisches Glas benützt sowie als Dünger verwendet. Man mischt sie auch mit Gips oder Zement zu deren Verstärkung. *Zostera*-Bestände beherbergen eine Flora und Fauna, die wiederum Nahrung für viele Vogel- und Fischarten bietet. C.D.C.

POSIDONIACEAE *Neptunsgräser*

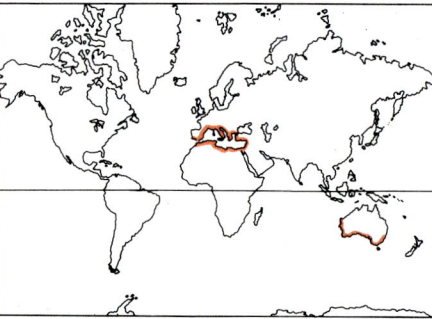

Gattungen: 1
Arten: 3
Verbreitung: Mittelmeer und Küste von Südaustralien
Nutzwert: Fasern für Textilien und Packmaterial

Die Posidoniaceae sind eine Familie von untergetauchten, ausdauernden Meerespflanzen mit einer einzigen Gattung, *Posidonia* (Neptunsgras).

Verbreitung: *Posidonia* zeigt eine weite Disjunktion. 2 Arten wachsen in den außertropischen Meeren Australiens, die dritte Art kommt im Mittelmeer vor. Einige zweifelhafte Funde werden von der atlantischen Westküste Europas gemeldet.

Merkmale: Der Stengel ist ein kriechendes, monopodiales Rhizom. Die linealen Blätter besitzen eine deutlich geöhrte, mit Blatthäutchen versehene Scheide, die den Stengel umgreift. Die Blattspreite und Blattscheide zeigen zahlreiche dunkle, durch lokale Gerbstoffanhäufungen hervorgerufene Flecken und Streifen.

Die Blütenstände sind gestielte Cymen. Den zwitterigen oder nur männlichen Blüten fehlt die Blütenhülle. Die 3 Staubblätter sitzen; die Staubbeutel besitzen 2 Pollensäcke, verbunden durch ein breites Konnektiv, das die Theken wenig überragt. Die Staubbeutel öffnen sich extrors. Der Pollen ist fädig, und die Bestäubung findet unter Wasser statt. Das einzige, oberständige Fruchtblatt enthält eine einzige, kampylotrope, an der Bauchseite angeheftete Samenanlage. Die Narbe ist sitzend und unregel-

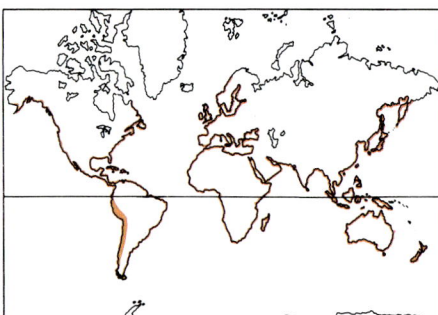

Gattungen: 1
Arten: etwa 7
Verbreitung: kosmopolitisch, fast nur in Brackwasser
Nutzwert: keiner

mäßig gelappt. Die Frucht besitzt ein fleischiges Perikarp.

Systematik: *Posidonia oceanica* aus dem Mittelmeer unterscheidet sich von den australischen Arten in mehrfacher Weise: Die Blattscheide umschließt den Stengel nicht ganz, das Blatthäutchen ist sehr kurz, die Tragblätter des Blütenstandes sind größer als dessen Scheiden, und die Samenschale ist ungeflügelt. Die australischen Arten sind relativ leicht zu unterscheiden: *Posidonia australis* trägt 6 bis 14 mm breite, häutige Blätter mit ungefähr 11 Nerven und 2 bis 7 endständigen, blühenden Ähren. *Posidonia ostenfeldii* dagegen hat 1 bis 4 mm breite, ledrige Blätter mit ungefähr 7 Nerven und 6 bis 14 endständigen, blühenden Ähren.

Die Posidoniaceae gehören bestimmt den Helobieae (d.h. der Unterklasse der Alismatidae) an. Allgemein wird angenommen, daß sie den Potamogetonaceae und Zosteraceae nahe stehen.

Nutzwert: *Posidonia australis* ist die Quelle für die *Posidonia*-Faser (Meerjute). Allein oder mit Wolle gemischt wird sie zur Herstellung von Säcken oder groben Stoffen verwendet. Ihre Blätter werden auch als Pack- oder Füllmaterial gebraucht. C.D.C.

CYMODOCEACEAE *Tanggrasgewächse*

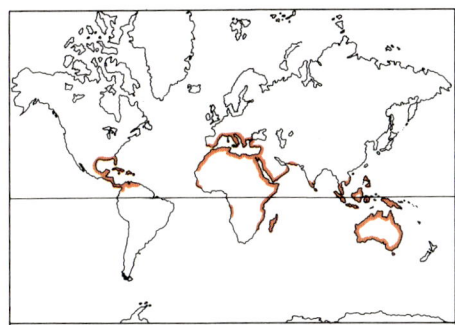

Gattungen: 5
Arten: 16
Verbreitung: hauptsächlich tropische und subtropische Meere
Nutzwert: kein unmittelbarer

Die Cymodoceaceae sind eine Familie von vollständig untergetauchten Meerespflanzen. Sie bieten den Fischen sowohl Nahrung als auch Unterschlupf.

Verbreitung: Die Cymodoceaceae sind Pflanzen der tropischen und subtropischen Meere, die mit wenigen Arten in warmen Gewässern der gemäßigten Zonen vertreten sind. Die Gattung *Amphibolis* ist auf die mäßig warmen Meere Australiens beschränkt.

Merkmale: Der kriechende Stengel ist krautig und monopodial, oder holzig und sympodial. Die linealen oder pfriemlichen Blätter stehen in 2 Zeilen und besitzen einen scheidigen Blattgrund und eine Spitze, deren Form sehr verschieden ist. Die eingeschlechtigen nackten Blüten stehen am Ende eines kurzen Zweiges, bei *Syringodium* in einem cymösen Blütenstand. Die männliche Blüte besteht aus 2 rückseits verwachsenen Staubblättern. Einige Botaniker halten die männliche Blüte für einen Blütenstand mit 2 aus je einem Staubblatt bestehenden Blüten. Der Blütenstaub ist fädig, und die Bestäubung findet unter Wasser statt. Die weibliche Blüte besteht aus 2 freien Fruchtblättern mit einem langen *(Halodule)* oder kurzen Griffel mit 2 oder 3 Narbenästen. Jedes Fruchtblatt enthält eine einzige, hängende Samenanlage. Die einsamigen Früchtchen springen nicht auf und besitzen ein hartes oder fleischiges Exokarp (z.B. *Amphibolis*). Die Frucht kann auch in ein fleischiges Hochblatt eingeschlossen sein (z.B. *Thalassodendron),* welches die bestäubte Blüte umschließt.

Systematik: Die Familie enthält folgende Gattungen: *Cymodocea* (Tanggras, 4 Arten), *Syringodium* (2 Arten), *Amphibolis* (2 Arten), *Halodule* (6 Arten) und *Thalassodendron* (2 Arten). Sie zeigen Beziehungen zu den Zannichelliaceae.

Nutzwert: Wenn auch die Tanggras-Bestände nicht von direktem Nutzen für die Menschheit sind, so bieten sie doch Fischen Nahrung und Laichgründe. C.D.C.

TRIURIDALES

TRIURIDACEAE

Die Triuridaceae sind eine kleine Familie niedriger, tropischer Kräuter, die von toten oder verwesenden Stoffen leben.

Verbreitung: Die Familie ist in den Tropen Amerikas, Afrikas und Asiens heimisch.

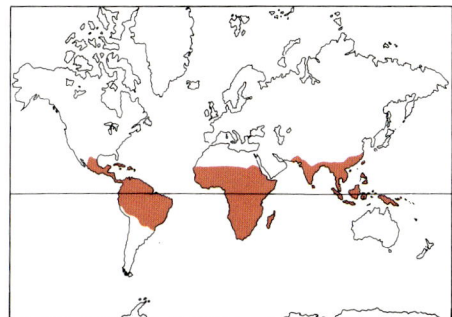

Gattungen: 7
Arten: 80
Verbreitung: tropisches Amerika, Afrika und Asien
Nutzwert: keiner

Merkmale: Die Pflanzen, kleine, farblose oder purpurrote Saprophyten, tragen Schuppenblätter. Die traubig angeordneten, kleinen Blüten sind radiär, zwitterig oder eingeschlechtig (dann ein- oder zweihäusig verteilt). Die Blütenhülle besteht aus einem Kreis von 3 bis 10 Blättern, die gleich oder verschieden groß sind und nach der Blütezeit zurückgeschlagen werden. Bei einer Reihe von Arten enden die Blütenhüllblätter in einem schwanzartigen Fortsatz oder in einem Haarbüschel. Die 2 bis 6 freien Staubblätter bestehen aus kurzen Filamenten und Staubbeuteln mit 2 bis 4 Pollensäcken, die gelegentlich quer aufreißen. Das Konnektiv ist mitunter zu einem langen Anhängsel ausgezogen, so bei *Andruris*. Die männlichen Blüten weisen manchmal 3 fruchtbare Staubblätter und 3 Staminodien auf; weibliche Blüten können Staminodien besitzen. Das Gynoeceum besteht aus zahlreichen und freien Fruchtblättern, die von der Blütenachse umfaßt werden. Jedes Fruchtblatt enthält eine aufrechte und grundständige Samenanlage. Die Früchtchen bilden ein dichtes Köpfchen.

Systematik: Die wichtigsten Gattungen der Familie sind *Triuris* (eine Art), *Sciaphila* (50 Arten), *Seychellaria* (3 Arten) und *Andruris* (16 Arten). Die Verwandtschaft der Triuridaceae ist unklar; ihre nächsten Verwandten sind die Alismataceae.

Nutzwert: keiner bekannt. S.R.C.

COMMELINIDAE

COMMELINALES
Commelinenartige

XYRIDACEAE

Die Xyridaceae sind eine kleine Familie krautiger Sumpfpflanzen.

Verbreitung: Die Familie kommt hauptsächlich in tropischen und subtropischen Sumpfgebieten vor, besonders im Südosten der Vereinigten Staaten, im tropischen Amerika und im südlichen Afrika.

Merkmale: Die gelegentlich einjährigen, meist aber ausdauernden, binsenartigen Kräuter tragen die Blätter gewöhnlich als Büschel an der Spitze des Wurzelstockes. Diese sind lineal, flach und schlank, oder stielrund und mit deutlich scheidigem Blattgrund versehen.

Die zwitterigen, leicht zygomorphen Blüten bilden kugelförmige oder zylindrische Köpfchen und blühen nur wenige Stunden. Sie sitzen in den Achseln dachziegelig angeordneter, steifer oder lederiger Tragblätter. Von den 3 Kelchblättern bildet das innere, auffällig verbreiterte anfänglich eine Kapuze über die Kronblätter, während 2 kleine und kielförmige seitlich stehen. Die Krone besteht aus 3 gewöhnlich gelben Kronblättern, die zu einer kurzen oder langen Röhre verwachsen; diese läuft an der Spitze in 3 Zipfel aus. Die 3 fruchtbaren Staubblätter liegen vor den Kronzipfeln. Bei einigen Arten findet man 3 kleine Staminodien, die mit den Kronlappen abwechseln. Die Staubblätter sind mit ihren kurzen, flachen Filamenten der Kronröhre angewachsen; die Staubbeutel besitzen 2 Pollensäcke, die sich der Länge nach öffnen. Das oberständige Gynoeceum setzt sich aus 3 verwachsenen Fruchtblättern zusammen, die eine einzige Höhle mit

RAPATEACEAE. 1. *Rapatea pandanoides:* Habitus – längliche Blätter mit breitscheidigem Grund (× ¹/₃). **2.** *R. paludosa:* **a)** Blütenstand mit Hülle áus 2 Hochblättern (× ²/₃); **b)** halbierte Blüte – steife äußere und kronblattartige innere Blütenhüllblätter, mit letzteren verwachsene Staubblätter mit basifixen Staubbeuteln, oberständiger Fruchtknoten mit einfachem Griffel und einsamigen Fächern (× 5²/₃); **c)** mit 3 Klappen aufspringende Kapsel, einen Samen pro Fach zeigend (× 5²/₃). **3.** *Schoenocephalium arthrophyllum:* **a)** Habitus – lineale Blätter und Blütenstand (× ¹/₃); **b)** aufspringende Kapsel mit 2 Samen in jedem Fach (× 4).

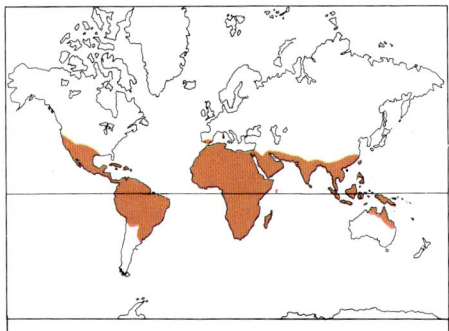

Gattungen: 2
Arten: rund 240
Verbreitung: in Sümpfen hauptsächlich des Südwestens der USA, im tropischen Amerika und südlichen Afrika
Nutzwert: Aquarienpflanzen und lokale medizinische Verwendung

zahlreiche Samenanlagen umschließen. Diese sind grundständig oder stehen an 3 parietalen Plazenten. Der Fruchtknoten wird von einem einfachen oder dreilappigen Griffel überragt. Die Kronröhre bleibt an der Frucht, einer Kapsel mit zahlreichen Samen. Jeder dieser Samen enthält reichlich Endosperm.
Systematik: Die Gattung *Xyris* (rund 240

Arten) hat eine viel weitere Verbreitung als *Achlyphila* (eine Art im tropischen Südamerika) und kann von ihr weitgehend aufgrund von Blütenmerkmalen abgetrennt werden. So hat z.B. *Xyris* keine Anhängsel an der Griffelbasis.
Die Familie ist mit den Commelinaceae und den Eriocaulaceae verwandt.
Nutzwert: Die Blätter und Wurzeln zweier nordamerikanischer Arten *(Xyris ambigua* und *X. caroliniana)* dienten als Hausmittel der Heilung von Erkältungskrankheiten bzw. Hautausschlägen. Wenige Arten von *Xyris* sind Aquarienpflanzen.   S.R.C.

RAPATEACEAE
Die Rapateaceae sind eine kleine Familie niedriger bis mittelhoher tropischer Stauden.
Verbreitung: Die Familie ist im tropischen Südamerika heimisch, eine Art kommt in Westafrika vor *(Maschalocephalus)*, und wächst oft an sumpfigen Standorten.
Merkmale: Die Blätter entspringen einem dicken Rhizom oder einem fleischigen Wurzelstock. Sie sind schmal oder lineal, gewöhnlich verdreht, mit scheidigem Blattgrund, und können radiäre und zwitterige Blüten bilden, Köpfchen, welche aus Ährchen bestehen und von 2 großen Spatha-

Gattungen: 16
Arten: rund 80
Verbreitung: Sümpfe im tropischen Südamerika, eine Art in Liberia
Nutzwert: keiner

blättern umhüllt auf einem blattlosen Schaft stehen. Die Blütenhülle bestehe aus 2 Kreisen, von denen der äußere 3 starre Zipfel, der innere 3 kronblattähnliche Glieder hat, die am Grunde verwachsen sind und deren freier Abschnitt sich zu 3 breiten, eiförmigen Lappen ausdehnen. Die 6, in 2 Kreisen stehenden Staubblätter sind mit der Kronröhre verwachsen. Die basifixen Staubbeutel öffnen sich durch 2 oder 4 apikale Poren oder Schlitze. Das Gynoeceum, bestehend aus 3 verwachsenen Fruchtblättern, ist oberständig und enthält ein bis 3 Fächer, von denen jedes aus je mehrere Samenanlagen birgt. Es trägt einen einfachen Griffel. Die Frucht ist eine fachspaltige Kapsel, die mehrere Samen mit reichlich mehligem Endosperm enthält.

Systematik: In einem der gebräuchlichen Systeme werden die Gattungen nach der Beschaffenheit der Fruchtblätter 2 Unterfamilien zugeordnet.

SAXOFRIDERICIOIDEAE: Fruchtblätter mit mehreren Samenanlagen, die zentralwinkelständig sind oder an den Scheidewänden stehen; Samen prismatisch oder pyramidenförmig; hierher gehören *Saxofridericia*, *Stegolepis* und *Schoenocephalium*.

RAPATEOIDEAE: Fruchtblätter mit je einer am oder fast am Grunde stehenden Samenanlage; hierher gehören *Rapatea*, *Cephalostemon* und *Monotrema*.

Die Gattungen können auch aufgrund anderer Merkmale gruppiert werden, u.a. nach der Art des Blütenstandes und der Öffnungsweise der Staubbeutel. So besitzen z.B. *Rapatea* (Blüten gestielt), *Cephalostemon* (Blüten sitzend, Staubbeutel mit apikalem Schlitz aufreißend), *Schoenocephalium* (Blüten sitzend, Staubbeutel mit 2 apikalen Poren) und *Amphiphyllum* (Blüten sitzend, Staubbeutel mit einer apikalen Pore) Blütenbüschel, die von einer gemeinsamen Hochblatthülle umgeben sind. Andererseits fehlt den Blütenbüscheln von *Windsorina* (Blüten gestielt), *Stegolepis* (Blüten sitzend) und *Maschalocephalus* (fast sitzend) eine gemeinsame Hülle.

Die deutliche Verschiedenheit von Kelch und Krone, das Fehlen der Nektarien, der oberständige Fruchtknoten und die Kapselfrucht stellen die Rapateaceae in die Nähe der Commelinaceae, Mayacaceae und am nächsten zu den Xyridaceae.

Nutzwert: Ein Nutzen ist nicht bekannt.
S.R.C.

MAYACACEAE *Moosblümchen*

Die Mayacaceae, eine monogenerische Familie, enthält kleine, mattenbildende Wasserpflanzen oder amphibische Kräuter, von denen einige als Aquarienpflanzen verwendet werden.

Verbreitung: Die Familie kommt hauptsächlich in Amerika vor, vom Südwesten der USA bis nach Paraguay. Eine Art, *Mayaca baumii*, findet sich in Angola. Die Pflanzen wachsen auf schlammigen Böden oder in seichtem Wasser.

Merkmale: Die Stengel sind gewöhnlich verzweigt, wobei die unteren Teile kriechen und wurzeln, während die oberen aufrecht stehen oder schwimmen. Oft verfilzen sie zu dichten Matten. Die dicht stehenden Blätter bekleiden den Stengel in spiraliger Anordnung. Sie sind einfach, lineal, bis zu 3 cm lang und zweispitzig. Die radiären und zwitterigen Blüten stehen einzeln an langen Stielen in den Achseln häutiger Tragblätter, die nach der Blütezeit meist zurückgeschlagen werden. Die Blütenhülle besteht aus einem äußeren Kreis von 3 kelchartigen, länglichen Blättern, die an der Frucht bleiben, und einem inneren Kreis aus 3 kron-

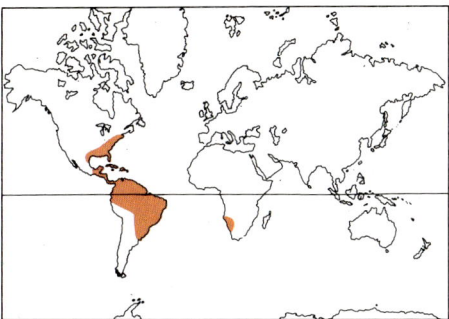

Gattungen: 1
Arten: rund 10
Verbreitung: hauptsächlich Amerika, vom Südosten der USA bis Paraguay, eine Art in Angola, in Gewässern und Sümpfen
Nutzwert: einige Arten sind dekorative Aquarienpflanzen

blattartigen, breiten, weißen, rosa oder violetten Blättern. Die 3 Staubblätter wechseln mit den letzteren ab. Die Staubbeutel öffnen sich mit einer apikalen Pore oder einem porenähnlichen Spalt. Das oberständige Gynoeceum besteht aus 3 verwachsenen Fruchtblättern, die eine einzige Höhle mit zahlreichen, atropen Samenanlagen umschließen. Diese stehen in 2 Reihen an 3 wandständigen Plazenten. Der einzige Griffel ist einfach oder kurz dreilappig, die Frucht eine dreiklappige, fachspaltige Kapsel. Die Samen zeigen eine grubige oder netzige Oberfläche.

Systematik: *Mayaca*, die einzige Gattung, enthält 10 Arten. Die Mayacaceae sind mit den Commelinaceae verwandt. Sie unterscheiden sich von ihnen durch die parietale Plazentation, die sich durch Poren oder porenähnliche Spalten öffnenden Staubbeutel und die scheidenlosen Blätter.

Nutzwert: Einige Arten werden als Zierpflanzen in Aquarien kultiviert. C.D.C.

COMMELINACEAE
Commelinengewächse

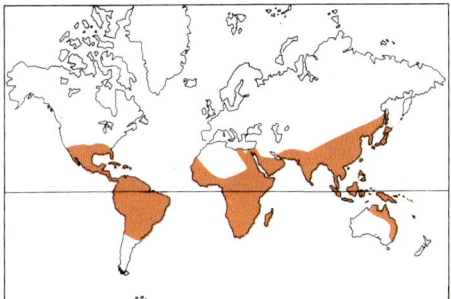

Gattungen: 38
Arten: rund 600
Verbreitung: tropisch, subtropisch und warmgemäßigt
Nutzwert: Gartenzierpflanzen, Gewächshaus- und Zimmerpflanzen: *Commelina*, *Tradescantia* (Dreimasterblume und Wasserranke), *Rhoeo*, *Cyanotis* und *Zebrina*

Die mittelgroße Familie der Commelinaceae enthält sukkulente, ein- oder mehrjährige Kräuter. Viele von ihnen sind beliebte Zierpflanzen für Haus und Garten oder für Gewächshäuser.

Verbreitung: Die Commelinaceae ziehen im allgemeinen feuchte Bedingungen vor. Meist wachsen sie in tropischen, subtropischen und warmgemäßigten Gebieten. Einige wenige kommen im Süden der USA, in China, Japan und Australien vor.

Merkmale: Die Pflanzen sind stengellos oder bilden knotige, sukkulente, oberirdische Stengel mit wechselständigen Blättern. Die flachen, ganzrandigen Blätter zeichnen sich durch eine geschlossene Blattscheide aus. Der unterirdische Teil des Stengels bringt sproßbürtige, oft angeschwollene und knollige Büschelwurzeln hervor.

Die Blütenstände sind im wesentlichen Wickel oder Doppelwickel und stehen am Ende des Stengels oder in einer Blattachsel. Die Blüten sind zwitterig und meist radiär, mitunter auch zygomorph. Die Blütenhülle besteht aus 2 Kreisen mit je 3 Blättern. Der äußere Kreis umfaßt 3, im allgemeinen freie, dachige und grüne Kelchblätter, der innere 3 freie, meist gleich große Kronblätter. Bei einigen wenigen Arten verwachsen die Kronblätter zu einer Röhre, wobei selten eines von ihnen kleiner ist. Die Staubblätter stehen in 2 Kreisen mit je 3 Staubblättern mit gewöhnlich freien Filamenten. Bei einigen Gattungen tragen nur 3 der Staubblätter Staubbeutel; die anderen 3 sind steril und zu Staminodien umgebildet. Eine Gattung (*Callisia*), besitzt nur ein einziges funktionsfähiges Staubblatt und keine Staminodien. Leuchtend gefärbte Haare zieren die Filamente verschiedener Gattungen. Einige wenige Arten zeichnen sich durch ein ungewöhnliches Merkmal aus: Ihre Staubbeutel setzen den Pollen durch eine apikale Pore statt durch Längsrisse frei. Das oberständige Gynoeceum besteht aus 3 verwachsenen Fruchtblättern und 3 (selten 2) Fächern. Jedes dieser Fächer birgt eine bis mehrere atrope, zentralwinkelständige Samenanlagen. Der Fruchtknoten trägt einen einzigen Griffel, der in einem abgeflachten Narbenkopf oder in 3 Narbenästen endet. Die Frucht ist eine dünnwandige, fachspaltige Kapsel, seltener dagegen eine trockene oder fleischige Schließfrucht. Die Samen besitzen gewöhnlich eine rauhe oder gefurchte Oberfläche, welche von einem Arillus bedeckt ist. Sie enthalten reichlich mehliges Endosperm. Der Embryo liegt unter einer scheibenartigen Bildung (Embryostega) der Samenschale.

Systematik: Die Gliederung dieser Familie und die Umgrenzung der einzelnen Gattungen ist noch umstritten. In einem der Systeme wird die Familie in 2 Unterfamilien gegliedert – die TRADESCANTIOIDEAE (radiäre Blüten) und die COMMELINOIDEAE (zygomorphe Blüten). Die Gliederung der Tradescantioideae erfolgt nach der Zahl der fruchtbaren Staubblätter (3 oder 6). Die Untergruppen der Commelinoideae werden nach der Stellung der Blütenknospe in bezug auf die Sproßachse (Stengel) gebildet.

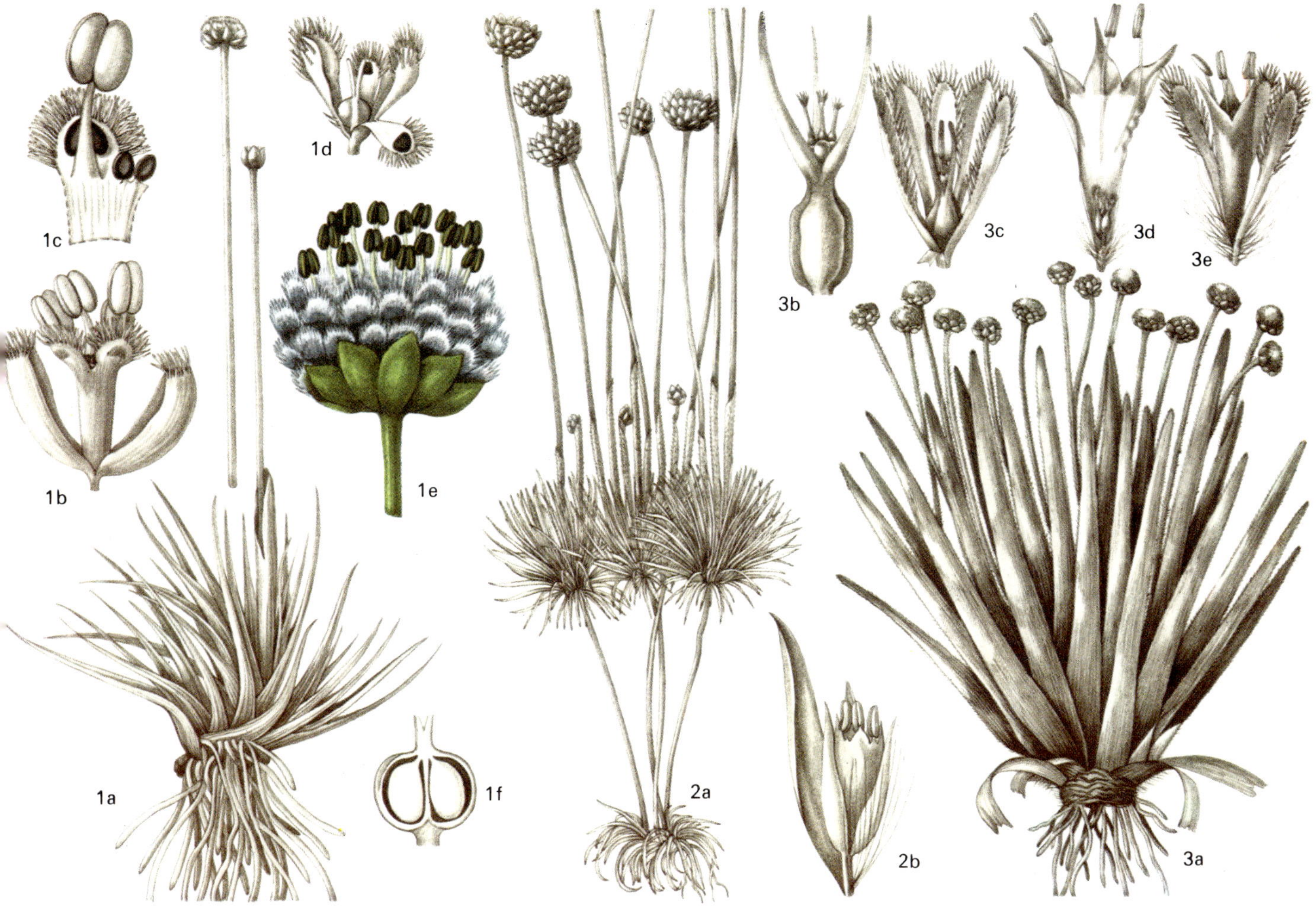

ERIOCAULACEAE. **1.** *Eriocaulon aquaticum:* **a)** Habitus – kompakte Blütenköpfchen und grundständige Blattrosette (× ²/₃); **b)** männliche Blüte mit freien äußeren und verwachsenen inneren Blütenhüllblättern (× 8); **c)** inneres Blütenhüllblatt einer männlichen Blüte mit verkümmertem Staubblatt und fruchtbarem Staubblatt mit Drüse dahinter (× 12); **d)** weibliche Blüte (× 8); **e)** Köpfchen mit männlichen und weiblichen Blüten (× 3); **f)** Längsschnitt durch Frucht (Kapsel) mit hängenden Samen (× 12). **2.** *Syngonanthus laricifolius:* **a)** Habitus (× ²/₃); **b)** männliche Blüte (× 15). **3.** *Paepalanthus riedelianus:* **a)** Habitus (× ²/₃); **b)** Gynoeceum (× 16); **c)** weibliche Blüte (× 8); **d)** ausgebreitete innere Blütenhülle einer männlichen Blüte mit 3 Staubblättern und verkümmertem Gynoeceum (× 10); **e)** männliche Blüte (× 8).

Eine andere erste Gruppierung der Gattungen erfolgt danach, ob der Blütenstand die Scheide des Tragblattes am Grunde durchbricht oder nicht. In die erste Gruppe gehören z.B. *Forrestia* (freie Keimblätter) und *Coleotrype* (verwachsene Kronblätter). Zu den Gattungen, deren Blütenstand die Tragblattscheide nicht durchbricht, gehören *Callisia* und *Cochliostema* (ein bis 3 Staubblätter), *Cyanotis* und *Rhoeo* (6 Staubblätter).

Die Commelinaceae teilen eine ganze Anzahl von Merkmalen mit den Flagellariaceae und Mayacaceae. Es sind dies einerseits vegetative Merkmale wie geschlossene

COMMELINACEAE. **1.** *Commelina erecta:* Sproß, Blattgrund scheidig, Blüten mit 3 Kronblättern, 3 Staubblättern und 3 Staminodien (× ²/₃). **2.** *Gibasis graminifolia:* **a)** blühender Trieb (× ²/₃); **b)** Frucht (× 3). **3.** *Zebrina pendula:* beblätterter Stengel mit einer Blüte (× ²/₃). **4.** *Tradescantia sillamontana:* **a)** beblätterter Trieb, Blütenstände in den Achseln kahnförmiger Hochblätter (× ²/₃); **b)** Blüte mit 6 Staubblättern (× 2); **c)** Querschnitt durch den dreifächerigen Fruchtknoten (× 10). **5.** *Rhoeo spathacea:* Trieb mit Rosette aus bromelienartigen Blättern, Blütenstand mit kahnförmigen Hochblättern (× ¹/₂). **6.** *Tradescantia navicularis:* junge Pflanze (links), ausgewachsener Trieb (rechts) (× ²/₃).

Blattscheiden, andererseits die radiären oder zygomorphen Blüten, die doppelte, in Kelch und Krone gegliederte Blütenhülle, die in der Regel 3 bis 6 Staubblätter und das verwachsene, oberständige Gynoeceum, das Samen mit Endosperm und Embryostega enthält.

Nutzwert: Die Familie hat keine landwirtschaftliche Bedeutung. Die Gattungen *Commelina* (rund 180 Arten), *Tradescantia* (rund 35 Arten), *Zebrina* (rund 4 Arten), *Cyanotis* (rund 5 Arten), *Dichorisandra* (rund 30 Arten) und *Rhoeo* (eine Art) sind jedoch als Topf- oder Gartenpflanzen weit herum bekannt. Die rotblühende *Zebrina pendula* (Zebrakraut), mit silberweiß gestreiften Blättern, wird besonders häufig kultiviert, ebenso *Tradescantia albiflora*. Die Freilandstaude *T.virginiana* ist als Dreimasterblume bekannt.

Ein Extrakt aus den Blättern und Stengeln der Staude *Aneilema beninense* aus dem tropischen Afrika wird als Abführmittel benützt. Mit dem Saft der Blätter von *Floscopa scandens* werden im tropischen Asien Augenentzündungen behandelt. Die jungen Triebe und Blätter von *Tradescantia virginiana* sind eßbar, ebenso die Rhizome oder Blätter einiger Arten von *Commelina*. Einige Arten sind Unkräuter. S.R.C.

ERIOCAULALES

ERIOCAULACEAE

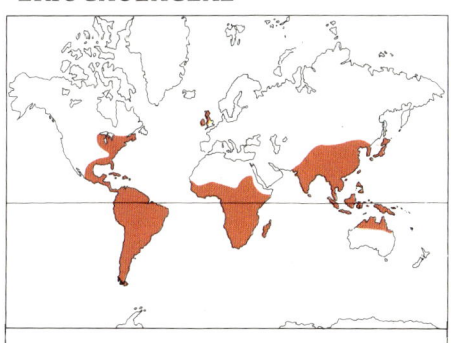

Gattungen: 13
Arten: rund 1200
Verbreitung: hauptsächlich tropisch und subtropisch, mit Schwerpunkt in der Neuen Welt
Nutzwert: begrenzte Verwendung als Trockenblumen

Die Eriocaulaceae sind eine größere Familie von ausdauernden oder einjährigen Kräutern, die oft grasartige Blätter besitzen.

1b

1i

1j

1d

1h

1g

1f

1e

1a

1c

FLAGELLARIACEAE. 1. *Flagellaria guineensis:* **a)** Trieb mit endständigem, razemösem Blütenstand, Blätter mit engscheidigem Grund und zu gewundenen Ranken umgebildeten Spitzen (× ²/₃); **b)** Triebspitze mit Früchten (× ²/₃); **c)** Blattunterseite, parallele Nervatur zeigend (× 2); **d)** Zwitterblüte (× 3¹/₃); **e)** Blütenhüllblatt (× 7¹/₂); **f)** Staubblatt, an einem Blütenhüllblatt ansetzend (× 5); **g)** Gynoeceum mit breitem Griffel und 3 behaarten Narbenflächen (× 5); **h)** Querschnitt durch Fruchtknoten (× 5); **i)** fleischige Schließfrucht (× 2²/₃); **j)** Querschnitt durch eine Frucht (× 1¹/₃).

Verbreitung: Die Familie findet sich überall in den Tropen und Subtropen; einige wenige Arten wachsen auch in gemäßigten Gebieten. Die Mehrzahl ist in der Neuen Welt heimisch. Die meisten Arten kommen an sumpfigen Orten oder in regelmäßig überschwemmten Gebieten vor. Einige Arten sind echte Wasserpflanzen, andere wiederum wachsen in trockenen Gegenden.
Merkmale: Die Stengel können knollenartig sein. Die Blätter stehen in grundständigen Rosetten oder am Stengel. Sie sind gewöhnlich lineal und etwas grasartig. Die aktinomorphen, eingeschlechtigen Blüten bilden dichte Köpfchen, die von einer Hochblatthülle umgeben sind. Die Köpfchen stehen einzeln oder in Dolden. Die Blütenstandsstiele ragen gewöhnlich über die Blätter, welche sie am Grund umscheiden können, hinaus. In jedem Kopf sind die männlichen und weiblichen Blüten gemischt. Nicht selten sitzen die männlichen Blüten in der Mitte, umgeben von den weiblichen Blüten. Gelegentlich sind die männlichen und weiblichen Blüten zweihäusig verteilt. Die doppelte Blütenhülle ist nicht klar in Kelch- und Kronblätter unterteilt. Die 2 oder 3 Blätter der äußeren Blütenhülle können sowohl frei als auch teilweise oder vollständig verwachsen sein. Der innere Kreis besteht aus 2 oder 3 ver-

wachsenen oder teilweise verwachsenen Blättern oder fehlt. Gleich viele Staubblätter wie Blätter der äußeren Blütenhülle oder doppelt soviele entspringen den Blättern der inneren Blütenhülle, wenn diese vorhanden ist. Die Aperturen der Pollenkörner sind schraubig. Das oberständige Gynoeceum besteht aus 2 oder 3 verwachsenen Fruchtblättern. Jedes Fach birgt eine atrope, hängende Samenanlage. Die Frucht ist eine häutige, fachspaltige Kapsel.
Systematik: Die Familie ist relativ gleichförmig im Habitus; die Gattungen werden durch fast mikroskopische Blütenmerkmale unterschieden. Die größten Gattungen sind *Eriocaulon* (400 Arten), *Paepalanthus* (485 Arten), *Syngonanthus* (195 Arten) und *Leiothrix* (65 Arten).
Die Familie hat keine nahen Verwandten und nimmt eine etwas isolierte Stellung ein. Gewöhnlich wird sie in die Nähe der Xyridaceae und Rapateaceae gestellt, die auch Köpfchen bilden.
Nutzwert: Man kennt keinen wirtschaftlichen Nutzen dieser Familie, mit Ausnahme des Verkaufs als gefärbte Trockenblumen zu Dekorationszwecken. Einige Arten von *Eriocaulon* findet man als Unkräuter in Reisfeldern; sie richten aber keinen Schaden an. In Indien nutzt man *E. setaceum* als Heilmittel gegen Krätze.   C.D.C.

RESTIONALES

FLAGELLARIACEAE *Peitschenklimmer*

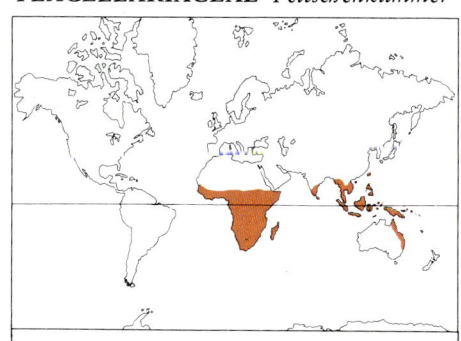

Gattungen: 1 bis 3
Arten: 3 bis 7
Verbreitung: tropisch und subtropisch
Nutzwert: Stengel einer Art zum Korbflechten verwendet

Die Flagellariaceae sind eine kleine Familie tropischer, oft kletternder Kräuter.
Verbreitung: Die tropische und subtropische Familie kommt von Afrika über Sri Lanka (Ceylon) und Malesien bis zum Pazifik vor.

Merkmale: Die Stengel sind verzweigt oder unverzweigt und entspringen einem sympodialen, kriechenden oder schwimmenden Rhizom. Die langen Blätter enden mitunter in einer Ranke und besitzen eine stengelumfassende Scheide. Bei *Hanguana* sind die gestielten Blätter meist grundständig.

Die radiären, zwitterigen oder eingeschlechtigen Blüten bilden endständige, zusammengesetzte und traubige Blütenstände. Die zweikreisige Blütenhülle besteht aus 6 freien oder wenig verwachsenen Blättern. Bei *Flagellaria* und *Hanguana* sind sie petaloid, bei *Joinvillea* schuppenförmig. Die Staubblätter (2 dreizählige Kreise) sitzen mit den freien Filamenten am Grunde der Blütenhüllblätter. Das oberständige Gynoeceum besteht aus 3 verwachsenen Fruchtblättern und 3 Fächern. Jedes Fach enthält eine zentralwinkelständige Samenanlage. Der Fruchtknoten trägt einen Griffel, der in 3 Narbenlappen endet. Die Frucht ist fleischig oder steinfruchtartig. Der Samen enthält einen kleinen Embryo und reichlich Endosperm.

Systematik: Die typischen, sehr verschiedenen Merkmale jeder der 3 Gattungen lassen Zweifel an der natürlichen Einheit dieser Familie aufkommen.

Flagellaria (3 Arten, tropisches Afrika, Indomalesien, Australien, pazifischer Raum) ist eine Gattung von Kletterpflanzen. Sie zeigt gabelig verzweigte Stengel, massive Stengelglieder, Blätter mit geschlossenen Scheiden und zu Ranken umgebildete Blattspitzen. Die Blätter enthalten keine Kieselsäure, besitzen aber Sekretzellen. Die Blüten sind zwitterig, die Blütenhüllblätter frei und petaloid.

Hanguana (eine bis 2 Arten, Sri Lanka, Indochina und Malesien) umfaßt kräftige, aufrechte Kräuter, gestielte Blätter und eingeschlechtige Blüten (zweihäusig). Die männlichen Blüten besitzen ein verkümmertes Gynoeceum, die weiblichen 6 unfruchtbare Staubblätter. Die Blütenhüllblätter sind grünlich oder gelb und am Grunde etwas verwachsen.

Joinvillea (2 Arten, Malesien, pazifischer Raum) enthält aufrechte Kräuter mit unverzweigten Stengeln. Die Stengelglieder sind hohl. Die langen, schmalen Blätter mit offenen Blattscheiden sind mit einem dichten Filz verzweigter Haare oder Borsten bedeckt und enthalten reichlich Kieselsäure, aber keine Sekretzellen. Die Blüten sind zwitterig, die 6 freien Blütenhüllblätter schuppen- oder hochblattartig.

Einige Botaniker sind der Auffassung, diese und andere Verschiedenheiten (z.B. der Bau des Pollens) reichten aus, um für jede der Gattungen eine eigene Familie zu schaffen. Nach ihrem System ist *Flagellaria* die einzige Gattung der Flagellariaceae, *Hanguana* die einzige Gattung der Hanguanaceae und *Joinvillea* die einzige Gattung der Joinvilleaceae.

Flagellaria zeigt einige anatomische Eigenschaften und Pollenmerkmale, die eine Verwandtschaft mit den Gramineae anzeigen. Einige Besonderheiten von *Hanguana* lassen an eine Verwandtschaft mit *Lomandra* (Xanthorrhoeaceae) und möglicherweise

auch mit den Palmae denken. Alle 3 Gattungen könnten auch in Beziehung zu den Commelinaceae und Mayacaceae stehen, mit denen sie Merkmale teilen, z.B. eine doppelte Blütenhülle, normalerweise 6 Staubblätter und einen oberständigen Fruchtknoten mit einem einzigen Griffel.

Nutzwert: Nur von *Flagellaria indica* ist bekannt, daß sie vom Menschen genutzt wird. Ihre zähen Stengel werden in Thailand und Malesien zu Körben geflochten, während ihre Blätter medizinisch verwendet werden.   S.R.C.

CENTROLEPIDACEAE

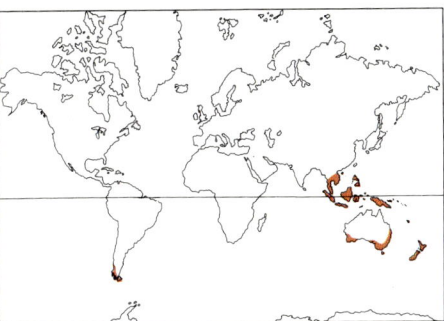

Gattungen: 5
Arten: rund 30
Verbreitung: von Australien und Neuseeland bis Südostasien, südliches Südamerika
Nutzwert: keiner

Die Centrolepidaceae sind eine Familie kleiner, gras-, binsen- oder sogar moosartiger, einjähriger oder ausdauernder Kräuter.

Verbreitung: Die Familie findet sich hauptsächlich in Australien und Neuseeland, dehnt sich aber auch nach Südostasien und zum südlichsten Teil Südamerikas aus. Das Hauptentwicklungsgebiet im australisch-neuseeländischen Gebiet, von wo sich die Familie dann nordwärts und südwärts ausbreitete, weist ganz offensichtlich auf eine Beziehung zur Antarktis hin.

Merkmale: Die schopfigen oder polsterförmigen Kräuter besitzen lineale, borstenartige Blätter, die bei Einjährigen in dichten, grundständigen Rosetten, bei Ausdauernden dachziegelig an den Stengeln stehen. Der Bau des Blütenstandes und der Blüte gab Anlaß zu einigen Diskussionen. Die «Blüten» von *Centrolepis* und *Gaimardia*, früher als zwitterig aufgefaßt, werden heute als reduzierte Blütenstände oder «Pseudanthien» betrachtet, cymöse Gebilde, die aus einer (manchmal 2) männlichen Blüten und 2 bis vielen weiblichen Blüten bestehen, wobei alle Blüten auf ein Staub- oder Fruchtblatt reduziert sind. Der Blütenstand ist endständig und ährenartig; er trägt ein bis mehrere Pseudanthien innerhalb von 2 oder mehr spelzenartigen Hochblättern. Die oft verwachsenen Blüten stehen manchmal in dünnen, durchscheinenden Tragblättern; Blütenhüllblätter fehlen. Die männlichen Blüten bestehen aus einem einzigen Staubblatt, mit einem fadenartigen Filament und einem beweglichen Staubbeutel mit meist 2 Fächern, die sich längs öffnen. Die

weiblichen Blüten enthalten einen einfächerigen Fruchtknoten mit einer hängenden, atropen Samenanlage und einem (selten 3 bis 10) Griffeln, die mitunter an der Basis verwachsen sind. Die Frucht besitzt eine häutige Fruchtwand; sie öffnet sich mit einer Längsspalte. Selten ist sie eine Schließfrucht, z.B. bei *Hydatella*. Der einzige Same enthält reichlich Endosperm und einen kreiselförmigen Embryo.

Systematik: Die Familie wird gewöhnlich in 2 Tribus geteilt, TRITHURIEAE und CENTROLEPIDEAE. Die Trithurieae mit 4 Pollensäcken pro Staubbeutel umfassen die Gattungen *Trithuria* und *Hydatella*, die Centrolepideae mit 2 Pollensäcken die Gattungen *Brizula*, *Centrolepis* und *Gaimardia*. Die Centrolepidaceae sind sehr eng mit den Restionaceae verwandt.

Nutzwert: Es ist keiner bekannt.   D.M.M.

RESTIONACEAE

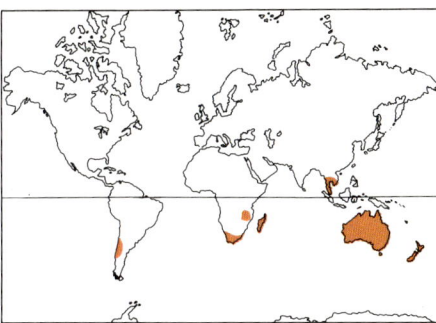

Gattungen: rund 30
Arten: rund 320
Verbreitung: hauptsächlich südliche Hemisphäre, mit Schwerpunkten in Südafrika, Australien, Tasmanien und Neuseeland
Nutzwert: begrenzte Verwendung für Strohdächer und zum Besenbinden

Die Restionaceae sind eine kleine Familie binsenartiger Kräuter mit kleinen, unscheinbaren Blüten.

Verbreitung: Mit Ausnahme einer Art im nördlichen Vietnam kommt die Familie nur in der südlichen Hemisphäre vor. Die meisten Arten sind auf Südafrika (Tiefländer an der Küste oder nahe der Küste und Gebirge), Australien, Tasmanien und Neuseeland konzentriert. Einige kommen auch in Malawi, auf der Malayischen Halbinsel, auf den Chatham-Inseln, in Chile, Patagonien und auf Madagaskar vor. Australasien und Südafrika haben keine Gattung gemeinsam. Interessante Beziehungen bestehen aber zwischen den Arten von *Leptocarpus* in Australasien, Malesien und Südafrika. Diese Verbreitung ist bedeutsam für die Kontinentalverschiebungs-Theorie.

Die Restionaceae gedeihen unter den verschiedensten Bedingungen, bevorzugen aber feuchte Standorte, die jahreszeitlich regelmäßig austrocknen. Einige Arten können sehr trockene Bedingungen ertragen, andere wieder wachsen in stehendem Wasser. Interessanterweise zeigen die oberirdischen Teile der Pflanze offensichtlich Anpassungen an Trockenheit, obwohl die

RESTIONACEAE. 1. *Willdenowia lucoeana:* a) männliche Ährchen (× ²/₃); b) weibliche Ährchen (× ²/₃); c) männliche Blüte mit scheidenartiger Spatha (× 2); d) Frucht (× 2). 2. *Restio monocephalus:* a) Habitus (× ²/₃); b) männliche Blüte mit 3 Staubblättern (× 4); c) weibliche Blüte mit 2 Griffeln und 3 Staminodien (× 4); d) Querschnitt durch eine Frucht (× 6); e) ganze Frucht (× 4). 3. *Thamnochortus insignis:* a) weibliche Ährchen (× ²/₃); b) Längsschnitt durch weibliches Ährchen (× 1¹/₂); c) weibliche Blüte (× 3). 4. *Leptocarpus simplex:* a) Trieb mit männlichen Ährchen (× ²/₃); b) männliche Blüte (× 4); c) weibliche Blüte (× 4); d) Längsschnitt durch Fruchtknoten (× 4). 5. *Elegia juncea:* a) Trieb mit männlichen Ährchen (× ²/₃); b) Trieb mit verborgenen, weiblichen Ährchen (× ²/₃); c) Frucht (× 6).

Rinde der Wurzeln Lufthöhlen enthält, was im allgemeinen nur bei Wurzeln in nassen Böden zu beobachten ist.

Merkmale: Die Höhe der Arten liegt zwischen etwa 10 cm und 2 m. Die oberirdischen Teile bestehen meist aus wenig- bis vielknotigen, drahtigen, zähen Trieben, von denen nicht alle zur Blüte gelangen. Die Triebe sind meist einfach oder wenig verzweigt, nur einige Arten zeichnen sich durch starke Verzweigung aus. Funktionsfähige Blattspreiten werden selten entwickelt; eine kleine, trockene Spreite kann jedoch vorhanden sein. Gewöhnlich steht an jedem Knoten nur eine bis zum Grund offene Blattscheide. Diese kann abstehend und gut entwickelt sein und wird in manchen Fällen abgeworfen. Sehr wenige Arten haben Blatthäutchen.

Die Funktion der Blattspreiten (Photosynthese) übernehmen die Stengel. Sie tragen viele Spaltöffnungen und haben eine bis 4 Schichten palisadenartiger Zellen. Im Querschnitt sind die Stengel kreisförmig, halbkreisförmig, mehr oder weniger quadratisch oder verschiedenartig gerippt, massiv oder hohl. Die Rhizome sind kriechend oder schopfig, von unter 1 cm bis zu 2 cm im Durchmesser. Bei den meisten Arten werden sie dicht mit trockenen, braunen Schuppen bedeckt. Die Wurzeln sind fleischig oder drahtig.

Die radiären Blüten sind eingeschlechtig und zweihäusig, sehr selten einhäusig verteilt. Sie bilden gewöhnlich Ährchen, die in lockeren Blütenständen stehen. Die Ährchen sind ein- bis vielblütig und im allgemeinen von einer scheidenartigen Spatha umgeben. Die zweikreisige Blütenhülle besteht aus 3 bis 6 dünnen, trockenen Blättern. Bei einigen wenigen Arten wird keine Blütenhülle entwickelt. Vor den 3 inneren Blütenhüllblättern stehen in den männlichen Blüten 3 Staubblätter. Ein verkümmerter Fruchtknoten kann ebenfalls vorhanden sein. Die weiblichen Blüten besitzen eine veränderliche Zahl von Staminodien. Der Fruchtknoten ist oberständig; die ein bis 3 Fruchtblätter bilden ebenso viele Fächer, von denen jedes am Scheitel eine einzige, hängende und atrope Samenanlage trägt. Die ein bis 3 Griffel sind frei oder verschieden stark verwachsen.

Die Früchte sind trocken und nußartig, oder aber dreiseitige Kapseln.

Systematik: In systematischer Hinsicht gilt die Familie als schwierig. Oft sehen die männlichen Pflanzen der Arten einer Gattung einander so ähnlich, daß es schwierig ist, die beiden Geschlechter ein- und derselben Art zuzuordnen, wenn man nur die Blütenmerkmale und den äußeren Bau betrachtet. Es stellte sich heraus, daß die Anatomie der Stengel für die Systematik von Bedeutung ist und in gewissen Fällen zur Bestimmung der Gattungs- und selbst der Artzugehörigkeit verwendet werden kann. Es gibt wahrscheinlich mehr Gattungen als die allgemein anerkannten 30. Zu den wichtigsten dieser Familie gehören: *Restio, Leptocarpus, Elegia, Chondropetalum, Thamnochortus* und *Willdenowia.* Mehrere Gattungen enthalten eine Art. *Anarthria* und *Ecdeiocolea* sind in den Rang eigener Familien erhoben worden, nämlich Anarthriaceae bzw. Ecdeiocoleaceae.

Die Restionaceae scheinen eng mit den Centrolepidaceae, Juncaceae und Thurniaceae verwandt zu sein. Obwohl es schwierig ist, eine mehr oder weniger «blattlose» Familie wie die Restionaceae mit anderen, beblätterten zu vergleichen, wird diese Beziehung doch durch eine Anzahl von Merkmalen in Anatomie und Samenbau gestützt. Neuere Arbeiten lassen die Restionaceae mit den Centrolepidaceae enger verwandt erscheinen als mit den Juncaceae.

Nutzwert: Einige wenige Arten dieser Familie liefern Material für Matten, Bedachungen und Besen.   D.C.

POALES *Gräser*

GRAMINEAE *Gräser*

Die Gräser oder Gramineae (Poaceae ist ein erlaubter Alternativname) umfassen an die 9000 Arten, die in ungefähr 650 Gattungen gegliedert sind. Obwohl die Gramineae nicht die größte Familie darstellen, sind sie ökologisch doch vorherrschend und wirtschaftlich die wichtigste Sippe der Welt. Sie liefern alle Getreide (inkl. Reis), den größten Teil des Zuckers, Weide für Haus- und Wildtiere, dazu Bambus, Schilf und Rohr. Gräser bestimmen auch den Charakter vieler Landschaften der Erde.

Verbreitung: Die Familie ist kosmopolitisch; sie kommt vom Polarkreis bis zum Äquator vor, von Berggipfeln bis zum Meer. Nach einer Schätzung bildet sie den Hauptbestandteil (mit rund 20 %) der die Erde bedeckenden Vegetation. Nur wenige ökologische Formationen enthalten keine Gräser, viele aber — wie Steppe, Prärie und Savanne — werden von ihnen beherrscht. Die großen Grasländer bedecken eine klimatische Zone zwischen Wald und Wüste. Es ist aber schwierig, sie zu irgendeinem einfachen Klimafaktor in Beziehung zu setzen, weil ihre Verbreitung ebenso durch andere Pflanzen (als Gräser) oder durch Tiere beeinflußt worden ist. In der Tat ist die Ausbreitung der Gräser eine Geschichte gegenseitiger Anpassung, zuerst an pflanzenfressende Säugetieren, dann an den Menschen.

Merkmale: Bei einem typischen Gras ist das Wurzelsystem büschelig. Es wird oft durch Nebenwurzeln an den unteren Knoten des Stengels ergänzt. Verzweigung erfolgt meist an der Bodenoberfläche, wodurch eine Rosette oder ein Horst entsteht. Diese dehnen sich mittels unterirdischer Rhizome oder oberirdischer Ausläufer seitlich aus und bilden einen geschlossenen Rasen. Die aufrechten Stengelhalme sind zylindrisch, gewöhnlich hohl, gelegentlich mit Mark erfüllt und meist krautig, manchmal mehr oder weniger rohrartig oder gar verholzt. Die Blätter stehen zweizeilig in Abständen am Stengel. Ihre Ursprungsstelle wird Knoten genannt. Sie werden in 2 Abschnitte gegliedert — die Scheide und die Spreite. Die Scheide, ein kennzeichnendes Merkmal der Gräser, umschließt den Stengel eng und bildet so eine Stütze für die oberhalb eines jeden Knotens gelegene weiche, meristematische Zone. Unterschiedliches Wachstum am Knoten ermöglicht es dem Stengel, sich wieder aufzurichten, wenn er durch Regen oder Tritt niedergedrückt wurde. Die Scheide geht an ihrem oberen Ende in eine parallelnervige Spreite über. Auch diese hat am Grund eine meristematische Zone, die trotz Verlust des oberen Teiles durch Beweidung oder Schnitt ein Weiterwachsen erlaubt. Die Spreite ist überlicherweise lang und schmal; bei tropischen, schattenliebenden Arten kann sie aber lanzettlich bis eiförmig sein. Bei einigen Gattungen wird sie ohne die Scheide abgeworfen; gelegentlich ist sie am Grund in einen falschen Stiel verschmälert (die Scheide entspricht einem echten Blattstiel).

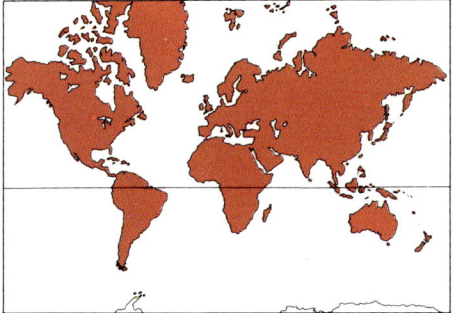

Gattungen: etwa 650
Arten: rund 9000
Verbreitung: kosmopolitisch
Nutzwert: Getreide (u. a. Weizen, Reis, Mais, Hafer, Gerste, Hirse, Mohrenhirse oder Durrha), Tierfutter, Zuckerrohr, Bambus und Rohr; einige als Zierpflanzen oder für Rasen verwendet

In der Größe schwanken die Blätter von den spreitenlosen Scheiden der australischen *Spartochloa scirpoidea* bis zu den riesigen Spreiten von bis 5 m Länge des südamerikanischen Bambus *Neurolepis nobilis*. Am Übergang von der Scheide zur Spreite befindet sich ein kurzer, häutiger oder gewimperter Kranz (Blatthäutchen), dessen Funktion nicht sicher bekannt ist, möglicherweise aber darin besteht, das Eindringen von Wasser in die Scheide zu verhindern. Die Kombination von grundständiger Verzweigung und Meristemen an den Knoten und am Grund der Blattspreiten ermöglicht es den Gräsern, ein recht hohes Maß an Abbrennen, Tritt oder Beweidung zu ertragen, was die Konkurrenz durch die meisten anderen Familien wirksam ausschaltet. Dies dürfte wesentlich zum Erfolg der Familie beigetragen haben.

Der Blütenstand ist ein stark abgeleitetes, blattloses Sproßsystem, das gewöhnlich am Ende des Stengels steht. Die ein- bis mehrblütigen Grundeinheiten des Blütenstandes werden Ährchen genannt. Sie sind in verschiedener Weise angeordnet, von einer einzigen Ähre oder Traube (im letzteren Fall ist der Ährchenstiel meist so kurz, daß der Unterschied Ähre — Traube bedeutungslos wird) über eine Zwischenform von mehreren fingerförmig oder traubig angeordneten Ähren bis zu einer stark verzweigten Rispe, die oft so dicht zusammengezogen ist, daß sie ährenartig erscheint. Der Blütenstand entwickelt sich innerhalb der obersten Blattscheide und wird erst in fast reifem Zustand frei. Die Größenextreme sind der spektakuläre, 2 m lange «Federbusch» von *Gynerium sagittatum* und das einzelne, einblütige Ährchen von *Aciachne pulvinata*.

Für die Bestimmung von Gräsern ist es wesentlich, den Bau der Ährchen zu verstehen. Von außen bemerkt man 2 einander gegenüberstehende Zeilen von wechselständigen Schuppen (Spelzen) an einer Achse (Rhachilla). Die 2 untersten Spelzen (Hüllspelzen) sind leer, von den übrigen Spelzen (Deckspelzen) trägt jede eine Blüte in ihrer Achsel. Diese wird außen von der Deckspelze und innen von einer zarten, häutigen Schuppe (Vorspelze) eingeschlossen. Hüll- oder Deckspelzen sind oft in eine oder mehrere steife Borsten verlängert, die man Grannen nennt. Die Blüte besteht aus 2 (selten keine oder 3) winzigen Schuppen, sogenannten Schwellkörpern, 3 (selten einem bis 6 oder mehr) Staubblättern und 2 (selten einer oder 3) federigen Narben. Der oberständige, ungefächerte Fruchtknoten enthält eine einzige Samenanlage, die gewöhnlich der adaxialen Seite der Fruchtwand angewachsen ist. Das Ährchen kann von einem Sproßsystem abgeleitet werden, in welchem die Hüll- und Deckspelzen umgebildete Blattscheiden, die Vorspelze ein Vorblatt (das erste Blatt an einem Seitensproß) darstellen. Da es bei wenigen Bambusarten (z.B. *Ochlandra*) Übergangsformen zwischen Staubblättern und Schwellkörpern gibt, hält man letztere für Glieder einer verkümmerten Blütenhülle. Ihre Funktion besteht wahrscheinlich darin, durch Anschwellen die Blüte zu öffnen. Abgesehen von wenigen Ausnahmen unter den bambusartigen Gräsern, wird dieses Grundmuster (2 Hüllspelzen und mehrere Blüten) mit bemerkenswerter Konstanz von der Familie eingehalten, doch hat sich aus diesem einfachen Grundthema durch Veränderungen in Größe, Form und Oberfläche, des Geschlechts der Teile oder durch Verringerung ihrer Zahl eine außergewöhnliche Fülle von Unterschieden ergeben.

Zwitterige Ährchen sind die Regel, obwohl einige ihrer Blüten oft eingeschlechtig oder unfruchtbar sind. Manchmal stehen männliche und weibliche Ährchen an der gleichen Pflanze, selten an verschiedenen. Die Blüten öffnen sich nur für wenige Stunden, um Staubblätter und Narbe der Windbestäubung zugänglich zu machen. Kreuzbestäubung wird meist durch Vormännlichkeit sichergestellt. Der Blütenstaub selbst ist weniger als einen Tag lebensfähig — der kurzlebigste Angiospermen-Pollen. Er ist von einem besonderen Typ (monoporatoperculat) mit einer feinkörnigen Oberfläche.

Abweichungen vom normalen Blühverhalten werden gelegentlich beobachtet. Apomixis (Weiterentwicklung der Samenanlage ohne Beteiligung einer männlichen Keimzelle) kommt in der Familie häufig vor, doch wird sie immer wieder abgelöst durch geschlechtliche Fortpflanzung. Kleistogamie (Selbstbestäubung innerhalb der geschlossenen Blüte) ist nicht ungewöhnlich. Sie kann an besondere Ährchen gebunden sein, die in der Achsel der Blattscheide oder selbst unterhalb der Erdoberfläche verborgen sind. Proliferation (Umbildung der Ährchen zu kleinen, beblätterten Sprossen) ist gewöhnlich das Ergebnis eines hormonellen Ungleichgewichts genetisch dafür empfänglicher Rassen, das durch kurze Tage am Ende der Vegetationsperiode hervorgerufen wird. Die Umbildung von Ährchen zu Brutknospen ist aber bei einigen Arten der Gebirge und hohen Breiten die natürliche Vermehrungsweise geworden. Ähnliche, aber abnorme Wachstumseffekte werden manchmal durch hormonhaltige

Unkrautvertilger hervorgerufen. Viviparie (Keimen des Samens auf der Mutterpflanze) wurde bei *Melocanna* festgestellt.

Die Gräser haben eine Mannigfaltigkeit in ihren Chromosomenverhältnissen entwickelt, die, mehr als bei anderen Pflanzengruppen, die Abgrenzung von Arten erschwert. Um die 80 % der Gräser sind polyploid (d. h. ihr Chromosomensatz ist in jedem Zellkern mehr als zweimal vorhanden), und das Vorkommen von Polyhaplodie (Halbierung der Chromosomenzahl) ist auch schon beschrieben worden. Apomiktische Schwärme sind nicht ungewöhnlich, und über 2000 Kreuzungen, 200 von ihnen fruchtbar, wurden beschrieben. Eine Neigung gewisser Tribus zu Kreuzungen zwischen Gattungen macht es schwierig, befriedigende Gattungsgrenzen zu ziehen. Die oft als Beispiel angeführte Kreuzung von *Saccharum* und *Bambusa* ist aber reiner Unsinn. Die Rolle rein vegetativer Klone in der Geschichte vieler, mehrjähriger Arten sollte ebenfalls beachtet werden. Eine Schätzung besagt, daß eine einzige Pflanze von *Festuca rubra*, die sich durch Rhizome ausbreitet, bis zu 250 m im Durchmesser und bis 400 Jahre alt werden kann, und daß ein großer, 8 m breiter Horst von *F. ovina* 1000 Jahre alt werden könnte.

Die Frucht ist eine Karyopse, doch besitzen einige Bambusarten eine ziemlich fleischige Fruchtwand. *Melocanna* z. B. entwickelt eine mehrere Zentimeter lange Beere. Bei einigen wenigen Gattungen (besonders bei *Sporobolus*) liegt der Same lose innerhalb der Fruchtwand. Fast immer jedoch umfassen die Ausbreitungseinheiten (ebenso die «Grassamen» des Handels) auch einen Teil des Blütenstandes. Dies geht von der anhaftenden Vorspelze bis zum ganzen Blütenstand, der als Windroller ausgebreitet wird. Ausbreitung erfolgt durch vom Wind erfaßte Federschweife verschiedener Art, durch eine große Vielfalt verschiedener Häkchen und Widerhaken, gelegentlich mittels Leim und manchmal mittels einer dunklen Färbung, die Vögel zum Verzehren der Früchte einlädt. *Streptogyna* und *Streptochaeta* sind ihrer eleganten Haarfallen wegen bemerkenswert. Grannen haben oft teil an der Ausbreitung. Bei vielen Arten scheint jedoch ihre Fähigkeit, die Frucht durch hygroskopische Bewegungen unter die Erdoberfläche zu bringen, viel wichtiger zu sein. Der eigenartige Embryo hat keine genaue Entsprechung unter den übrigen Angiospermen-Embryonen. Sein bezeichnendstes Merkmal ist die Umbildung eines Keimblattes zu einem «Saugorgan» (Scutellum), das dem stärkereichen (selten flüssigen) Endosperm anliegt. Bei vielen Arten beträgt die Lebensdauer der Frucht ungefähr 5 Jahre, während sie bei einigen mehr als 30 Jahre sein kann.

Systematik: Die Gräser sind in ihren vegetativen Teilen ziemlich einheitlich, so daß sich ihr Wiedererkennen stark auf den Bau der Ährchen stützt. Tatsächlich entsprachen die älteren Systeme einer Anordnung der Ährchen-Typen nach zunehmend komplexem Bau. Doch allmählich zeigte sich, daß eine natürlichere Gruppierung erreicht werden kann aufgrund von Merkmalen wie Blattanatomie, Photosyntheseweg, Chromosomengrundzahl und Bau des Embryos. Die mühselige Arbeit des Katalogisierens dieser verborgenen Eigenschaften ist noch nicht abgeschlossen und die Bedeutung der Unterschiede nicht immer einfach abzuschätzen. Folglich ist die Systematik der Gräser noch im Fluß, und es gibt keine ganz befriedigende, vollständige Übersicht. Die Grundzüge einer verbesserten Systematik werden aber immer klarer. Es gibt 6 Unterfamilien und über 50 Tribus, von denen im folgenden nur die größeren und interessanteren aufgeführt werden. Von bloßem Auge betrachtet können nichtverwandte Gräser sehr ähnlich aussehen. Selbst ein Fachmann kann getäuscht werden, es sei denn, er untersuche die Ährchen sorgfältig mit Hilfe einer Lupe.

Unterfamilie Bambusoideae

Eine Gruppe von Tribus mit gemeinsamen Merkmalen der Blattanatomie, die nur für Fachleute von näherem Interesse sind. Viele Gattungen zeigen ungewöhnliche Eigenschaften, durch welche sie entweder in Verbindung zur Hauptmasse der Monokotyledonen gestellt werden oder aber isoliert stehen. Erstere werden als ursprünglich eingestuft, letztere als Überbleibsel unterbrochener Entwicklungstendenzen. Zusammen kennzeichnen sie die Unterfamilie als Ausgangsgruppe.

BAMBUSEAE: Einige wenige Kräuter, meist aber strauch- oder baumartige Bambusarten von bis 40 m Höhe. Einige Gattungen zeigen anscheinend ursprüngliche Merkmale. So besitzen manche Blüten 3 Schwellkörper, 6 Staubblätter und 3 Narben und erinnern an den üblichen, dreizähligen Blütentyp der Monokotyledonen. Die Zahl der Hüllspelzen kann unbestimmt sein; sie können teilweise achselständige Ährchen tragen, welche wiederum Ährchenknospen in ihren unteren Achseln bergen, usw. Zweigsysteme, die Ährchen tragen, sind oft nur unvollkommen von den beblätterten abgesetzt. Dem muß der hochentwickelte, verholzte Stengel gegenübergestellt werden und die beträchtliche Vielfalt des Ährchenbaus, die Typen mit einer einzigen Blüte oder mit Geschlechtsdimorphismus der Blüten umfaßt. Die Bambuseae sind somit nur in einem begrenzten Sinne «ursprünglich». Eine biologische Eigenheit besteht darin, daß viele nur in Abständen von 10 bis 120 Jahren blühen, im ganzen Verbreitungsgebiet erstaunlich genau zur gleichen Zeit. Hauptsächlich tropische Waldpflanzen, die auch warmgemäßigte Gebiete erreichen. Hauptgattungen: *Arundinaria, Bambusa, Chusquea, Dendrocalamus, Phyllostachys, Sasa.*

STREPTOCHAETEAE: Die einzige Gattung dieser Tribus trägt einblütige Ährchen. Sie ist bemerkenswert wegen der 3 riesigen, bis 2 cm langen Schwellkörper, der bis zum Grund gespaltenen Vorspelze und der Deckspelze mit langer, gewundener Granne. Eine vermutete Entsprechung zu 6 Blütenhüllblättern hat einige Autoritäten dazu verleitet, diese Gattung als ausgesprochen ursprünglich zu betrachten. Sie hat zweifellos primitive Merkmale (4 bis 5 Hüllspelzen, 6 Staubblätter, 3 Narben), besitzt aber andererseits einen raffinierten Ausbreitungsmechanismus. Die Ährchen baumeln wie Angelhaken an den Grannen, und die Schwellkörper lenken Tierhaare zur Vorspelze, wo sie von den zusammenlaufenden Seiten der Spalte festgehalten werden. Regenwald des tropischen Südamerika. Einzige Gattung: *Streptochaeta.*

STREPTOGYNEAE: Die einzige Gattung besitzt mehrblütige Ährchen, die mit einem anderen, genialen Angelhaken-Mechanismus ausgestattet sind. Die Blüten haben lange, verflochtene Narben. Ein federnder, gekrümmter Abschnitt der Ährchenachse, der gegen den Rücken der Vorspelze drückt, bildet die Haarfalle. Regenwald des tropischen Afrika und Amerika. Einzige Gattung: *Streptogyna.*

OLYREAE: Kleine Kräuter, die im tiefen Schatten den Boden mit einem Teppich überziehen, oder größere Pflanzen von ähnlichem Habitus am Rande von Lichtungen. Wie viele waldbewohnende Gräser haben sie oft breite Blätter, deren Zugehörigkeit zu Gräsern kaum erkennbar ist. Die einblütigen Ährchen sind eingeschlechtig, eine Erscheinung, die man hie und da in der Familie findet. Die Geschlechter sind gemischt oder stehen an verschiedenen Teilen des Blütenstandes. Eine kleine Tribus, meist in Südamerika. Hauptgattung: *Olyra.*

PHAREAE: Ähnlich den Olyreae, aber die Nerven der Blattspreite verlaufen schief zur Mittelrippe und nicht, wie bei den meisten anderen Gräsern, parallel dazu; eine kleine Tribus des tropischen Regenwaldes. Hauptgattungen: *Leptaspis, Pharus.*

PARIANEAE: Die einzige Gattung ist bemerkenswert wegen der großen Zahl von Staubblättern (meist etwa 30) in jeder Blüte. Sie wird von Insekten bestäubt, doch dürfte dies eine sekundäre Anpassung sein. Regenwald Südamerikas. Einzige Gattung: *Pariana.*

ORYZEAE: Eine kleine, aber wirtschaftlich wichtige Tribus mit einblütigen Ährchen, deren Hüllspelzen fast vollständig unterdrückt sind, doch täuschen bei *Oryza* 2 sterile Deckspelzen die Hüllspelzen vor. Tropische und warmgemäßigte Gebiete, hauptsächlich in Sümpfen; Reis wird in vielen Ländern angebaut. Hauptgattungen: *Oryza, Zizania.*

Unterfamilie Centostecoideae

Eine rätselhafte Gruppe mit Ähnlichkeiten zu den Bambusoideae und Panicoideae; wahrscheinlich den Bambusoideae näherstehend, aber in isolierter Stellung.

CENTOSTECEAE: Breitblättrige Kräuter mit Rispen aus ein- bis mehrblütigen Ährchen.

GRAMINEAE. 1. *Arundinaria japonica:* Sproßspitze mit Blättern und Blütenstand (× 2/3). **2.** *Phleum pratense:* Blütenstand (× 2/3). **3.** *Stipa pennata:* Frucht mit einer Karyopse mit langer, federig begrannter Deckspelze (× 2/3). **4.** *Aristida kerstingii:* Frucht mit einer dreispaltigen Granne (× 2/3). **5.** *Tristachya decora:* Blütenstand (× 2/3). **6.** *Avena sativa:* a) Blütenstand (× 2/3); b) Frucht (× 6). **7.** *Lolium perenne:* Habitus, mit Nebenwurzeln, Blättern, Scheiden und Blütenstand (× 2/3). **8.** *Poa annua:* mittlerer Teil des Blattes, Blattscheide mit Blatthäutchen am Übergang zur Spreite (× 6).

1

2   3   4   5   6b   8   7

6a

Lophatherum ist wegen seiner Wurzelknollen ungewöhnlich. Eine kleine Tribus mit weltweiter Verbreitung, hauptsächlich in Regenwäldern. Hauptgattungen: *Centosteca, Lophatherum, Orthoclada*.

UNTERFAMILIE ARUNDINOIDEAE

Eine nicht spezialisierte Unterfamilie, die mehr durch das Fehlen kennzeichnender Merkmale als durch deren Vorhandensein definiert ist. Aus diesem Grunde betrachtet man sie meist als derjenigen Ausgangsgruppe nahestehend, von der sich die ersten, nicht bambusartigen Gräser ableiten.

DANTHONIEAE: Rispen aus Ährchen mit 2 bis 10 Blüten, Deckspelze gewöhnlich zweilappig, Granne zwischen den Lappen. Ein Ring von Haaren anstelle des Blatthäutchens. Subtropen und warmgemäßigte Gebiete, besonders in der südlichen Hemisphäre, einige wenige, wie das Pfeifengras (*Molinia*), in kühlgemäßigten Gebieten. Hauptgattungen: *Chionochloa, Danthonia, Molinia, Pentaschistis*.

ARUNDINEAE: Robuste Gräser mit stattlichen Rispen aus federigen Ährchen. Aufgrund anderer Merkmale stehen die Gattungen einander nicht besonders nahe, und ihre herkömmliche Vereinigung zu einer Tribus ist zweifelhaft. Subtropen bis kühlgemäßigte Gebiete; eingeschlossen sind das Schilf in den Sümpfen der ganzen Welt und das Pampas-Gras (*Cortaderia selloana*) aus Südamerika, welche man als Blickfang in vielen Gärten der gemäßigten Zone sehen kann. Hauptgattungen: *Arundo, Cortaderia Phragmites*.

LYGEEAE: Ährchen zweiblütig, Hüllspelzen unterdrückt, die beiden Deckspelzen unten zu einer starren Röhre verwachsen, welche durch 2 ebenfalls verwachsene Vorspelzen längs geteilt ist. Eine eigenartige Tribus aus dem Mittelmeergebiet. Ihre einzige Art ist eines der Esparto-Gräser. Einzige Gattung: *Lygeum*.

MICRAIREAE: Die einzige Gattung ist eine moosähnliche Pflanze, die wegen der spiraligen Anordnung ihrer Blätter einmalig in der Familie ist. Australien. Einzige Gattung: *Micraira*.

UNTERFAMILIE CHLORIDOIDEAE

Gekennzeichnet durch das «Kranz-Syndrom», eine Reihe anatomischer Merkmale in Verbindung mit einem besonderen Weg im Ablauf der Photosynthese, der bei hoher Lichtintensität leistungssteigernd ist. Die Ährchen zerbrechen bei der Reife.

ERAGROSTIDEAE: Rispen oder Trauben mit mehrblütigen Ährchen und dreinervigen Deckspelzen. Eine große, tropische Tribus mit vielen Pionier-Arten auf nacktem Boden und an gestörten Standorten; Tef und Korakan werden als Getreide angebaut. Hauptgattungen: *Dactyloctenium, Eleusine, Eragrostis, Leptochloa*.

CHLORIDEAE: Trauben aus Ährchen, die nur eine fruchtbare Blüte enthalten (teilweise auch unfruchtbare); möglicherweise ziemlich willkürlich von den Eragrostideae abgetrennt. Eine große Tribus, hauptsächlich der tropischen und subtropischen Savannen. Sie enthält u.a. das Hundszahn-Gras (*Cynodon dactylon*), die häufigste Art der tropischen Kunstrasen, das Moskitogras (*Bouteloua*) und das zweihäusige Büffelgras

(*Buchloë*) der nordamerikanischen Ebenen, aber auch *Spartina* auf dem Schlickwatt beiderseitig des Atlantiks. Hauptgattungen: *Bouteloua, Chloris, Cynodon, Lepturus, Spartina*.

SPOROBOLEAE: Rispen mit kleinen, einblütigen Ährchen, sonst kaum von den Eragrostideae abzutrennen. An offenen Stellen der Tropen und Subtropen. Hauptgattungen: *Muhlenbergia, Sporobolus*.

ZOYSIEAE: Wie die Chlorideae; die oft bizarr geformten Ährchen fallen aber bei der Reife als Ganzes ab. Tropen der Alten Welt. Hauptgattungen: *Perotis, Tragus, Zoysia*.

ARISTIDEAE: Rispen mit einblütigen, nadelartigen Ährchen, die Deckspelze mit einer dreiästigen Granne. Tropen, besonders an heißen, trockenen Stellen. Hauptgattung: *Aristida*.

UNTERFAMILIE PANICOIDEAE

Das «Kranz-Syndrom» ist meist vorhanden, doch nicht immer sehr ausgeprägt. Die Ährchen sind ausnahmslos zweiblütig, die untere Blüte männlich oder unfruchtbar, die obere zwitterig und gewöhnlich anders aussehend.

ARUNDINELLEAE: Relativ wenig spezialisiert; Ährchen bei der Reife in der üblichen Weise zwischen den Blüten zerbrechend. Bei vielen Arten trägt die heraustretende Rispe winzige, junge Ährchen, im Gegensatz zu den meisten Gräsern, deren Ährchen fast ausgewachsen aus der obersten Blattscheide hervortreten. Hauptsächlich tropische Savanne der Alten Welt. Hauptgattungen: *Arundinella, Loudetia*.

PANICEAE: Bei der Reife fallen die Ährchen als Ganzes ab, die Frucht ist von der oft knochenharten Deckspelze und der Vorspelze der oberen Blüte eingeschlossen, der Blütenstand eine Rispe oder aus Trauben verschiedenartig zusammengesetzt. Bei einigen Gattungen (vor allem *Setaria* und *Pennisetum*) sind die Ährchen von einer Hülle aus Borsten umgeben, die umgebildete Rispenzweige darstellen. Eine große und wirtschaftlich wichtige, pantropische Tribus. Dazu gehören die Getreidearten Hirse, Kolbenhirse und Negerhirse. Hauptgattungen: *Axonopus, Brachiaria, Digitaria, Echinochloa, Panicum, Paspalum, Pennisetum, Setaria*.

ANDROPOGONEAE: Bei der Reife fallen die Ährchen, geschützt durch die zähen Hüllspelzen, als Ganzes ab. Sie stehen paarweise in Trauben, ein Ährchen jedes Paares sitzend, das andere gestielt. Manchmal sind beide Ährchen gleich, meist aber völlig verschieden, das gestielte oft steril. Die Ausbreitungseinheit kann dann ein äußerst kompliziertes Gebilde sein, bei welchem das benachbarte Internodium der Blütenstandsachse, der Ährchenstiel und das umgebildete, gestielte Ährchen am Schutz des fruchtenden, sitzenden Ährchens beteiligt sind. Manchmal wird dieser Schutz noch ergänzt durch besondere, unfruchtbare Ährchenpaare, die am Grunde der Traube eine Art Hülle bilden. Die Trauben können eine endständige Rispe bilden; meist aber stehen sie einzeln oder in Paaren, wobei oft reichlich Seitensprosse auftreten. Das ganze System von seitlichen Blütenständen und stark umgebildeten Tragblät-

tern kann sich am Stengelende zusammendrängen und eine Rispe vortäuschen. Eine große und wirtschaftlich wichtige pantropische Tribus, die Arten oft sehr verschiedenartig gebaut; umfaßt u.a. die Nutzpflanzen Mohrenhirse, Mais, Zuckerrohr und Lemongras. Hauptgattungen: *Andropogon, Coix, Cymbopogon, Erianthus, Euchlaena, Hyparrhenia, Miscanthus, Saccharum, Sorghum, Themeda, Vetiveria, Zea*.

UNTERFAMILIE POOIDEAE

Unterscheidet sich von den anderen, hauptsächlich tropischen Unterfamilien in vielen, verborgenen Merkmalen der Anatomie, Cytologie und Physiologie. Tatsächlich stellt diese Unterfamilie eine bedeutende Seitenlinie der Stammesgeschichte der Gräser dar, obwohl dies in ihrem äußeren Bau nicht zutage tritt. Ein Großteil der systematischen Forschungen der letzten 20 bis 30 Jahre war in der Tat darauf ausgerichtet, falsch eingegliederte Gattungen anderer Tribus allmählich auszusondern.

POEAE: Mehrblütige Ährchen, meist in Rispen, mit fünf- bis siebennervigen Deckspelzen, die länger sind als die Hüllspelzen, mit oder ohne eine gerade Granne an der Spitze der Deckspelze (vgl. die dreinervigen Deckspelzen der Eragrostideae). Eine große Tribus aller gemäßigten Gebiete, enthält u.a. das Englische Raygras (*Lolium perenne*), die wichtigste Art in Weiden der gemäßigten Gebiete, *Festuca*, die für feinen Kunstrasen verwendet wird, und *Poa annua*, die von allen Gräsern wohl am ehesten die Bezeichnung «allgegenwärtig» verdient. Hauptgattungen: *Briza, Cynosurus, Dactylis, Festuca, Lolium, Poa. Glyceria* (Glycerieae) und *Melica* (Meliceae) gehören Tribus an, die sich nur in Einzelheiten von den Poeae unterscheiden.

AVENEAE: Von den Poeae unterschieden durch die langen, pergamentartigen Hüllspelzen, welche die Deckspelzen einschließen; Deckspelzen oft mit geknieter Granne am Rücken, Blatthäutchen häutig (vgl. Danthonieae, früher hier eingeordnet). Eine große Tribus aller gemäßigten Gebiete, inkl. die Kulturhafer. Hauptgattungen: *Anthoxanthum, Avena, Deschampsia, Helictotrichon, Holcus, Phalaris*.

AGROSTIDEAE: Eine einblütige Variante der Aveneae; von einigen Autoren auch dieser Tribus zugerechnet. Eine große Tribus aller gemäßigten Gebiete; dazu gehören *Agrostis*, eine typische Gattung zweitklassiger, europäischer Weiden sowie einige andere, gebräuchliche Heu- und Grünfutterarten. Hauptgattungen: *Agrostis, Alopecurus, Ammophila, Lagurus, Milium, Phleum*.

GRAMINEAE (Fortsetzung). 9. *Andropogon fastigiatus*: Blütenstände (× 2/3). 10. *Imperata cylindrica*: Blütenstand (× 2/3). 11. *Cynodon dactylon*: Habitus – verzweigter, kriechender Stengel mit Nebenwurzeln (× 2/3). 12. *Brachiaria brizantha*: Blütenstand (× 2/3). 13. *Bromus commutatus*: a) Blüte mit begrannter Deckspelze und behaarter Vorspelze; die 3 Staubblätter und Fruchtknoten mit 2 federigen Narben sind herauspräpariert (× 4); b) Ährchen mit 2 Hüllspelzen (ohne Grannen) und 9 Deckspelzen (mit Grannen). 14. *Olyra ciliatifolia*: Blätter (mit parallelen Nerven und Blütenstand) (× 2/3).

9

10

11

12

13a

13b

14

BROMEAE: Äußerlich den Poeae ähnlich, aber mit den ungewöhnlichen Stärkekörnern der Triticeae und somit ein Bindeglied zwischen den beiden Tribus. In allen gemäßigten Gebieten. Hauptgattung: *Bromus.*

TRITICEAE: Ein- bis mehrblütige Ährchen zu Ähren angeordnet. Zudem kenntlich an den ungewöhnlichen, runden Stärkekörnern im Samen. Eine Eigenart der Tribus ist ihre Neigung zu Kreuzungen zwischen Gattungen, die eine Abgrenzung der Gattungen ungewöhnlich erschwert. Eine Tribus aller gemäßigten Gebiete, die wegen ihrer Getreidegattungen Weizen, Gerste und Roggen von großer Bedeutung ist. Hauptgattungen: *Aegilops, Agropyron, Elymus, Hordeum, Secale, Triticum.*

STIPEAE: Rispen mit einblütigen, nadelartigen Ährchen, oft mit auffallenden, federigen Grannen, Blätter typisch rauh und schmal. Eine kleine Tribus, deren größte Gattung, *Stipa*, kennzeichnend ist für die trockenen Steppen der ganzen Welt. Hauptgattung: *Stipa.*

Die Verwandtschaft der Gräser mit anderen Familien ist unklar. Aufgrund ihrer Ährchen können sie von allen anderen Familien unterschieden werden, ausgenommen von den Cyperaceae. Bei näherer Betrachtung erweist sich ihre große Ähnlichkeit mit dieser Familie als rein äußerlich. Wahrscheinlich ist sie nur Ausdruck einer gleichsinnigen Entwicklung aus ziemlich fernen gemeinsamen Vorfahren. Hinweise auf eine Ableitung von einer allgemein commelinaceenartigen Form wurden bei den Bambusoideae gefunden. Die meisten Grasspezialisten schlugen versuchsweise die Flagellariaceae als mögliche, lebende Verwandte vor. Diese Bewohner tropischer Wälder stellen demnach die dürftige Verbindung zwischen Gräsern und anderen Monokotyledonen dar. Das deutet auf den Lebensraum Wald als Wiege der Gräser hin, läßt aber ihre frühe Anpassung an Windbestäubung unerklärt. Die ersten von den Waldrändern in die trockene Savanne vordringenden Gräser waren wahrscheinlich mit den heutigen Arundinoideae verwandt. Von ihnen spalteten sich im Laufe der Zeit die beiden wichtigsten tropischen Gruppen, die Chloridoideae und Panicoideae, ab. Man nimmt an, daß sie auch den Pooideae nahestanden, welche sich an kühle Klimate anpaßten und die gemäßigten Zonen in Besitz nahmen.

Nutzwert: Die Verwendung der Gräser als eine der Hauptnahrungsquellen war ein Meilenstein in der menschlichen Entwicklung. Viele, wenn nicht fast alle großen Hochkulturen gründen auf dem Getreidebau. Das gelegentliche Sammeln der Körner wilder Gräser war bei primitiven Völkern die Regel. Erst die Inkulturnahme brachte die Züchtung von Stämmen mit sich, deren Fruchtstand nicht vor der Ernte zerbrach und die Früchte ausstreute. Dies ereignete sich vor 8000 bis 10 000 Jahren im südwestlichen Asien und im mittleren Osten, wo wilde Arten von *Triticum* und *Hordeum* die Getreide Weizen und Gerste lieferten. Mit dem Vormarsch der Landwirtschaft durch die gemäßigten Zonen Europas und Asiens paßten sich verschiedene Gräser dem Leben

als Ackerunkräuter an, von denen dann einige in Kultur genommen wurden, so z.B. Hafer (*Avena sativa*) und Roggen (*Secale cereale*). Reis (*Oryza sativa*) wurde das wichtigste Getreide im tropischen Asien, ergänzt durch Kolbenhirse (*Setaria italica*) und Hirse (*Panicum miliaceum*). Die wichtigsten einheimischen Getreidearten Afrikas sind Mohrenhirse (*Sorghum bicolor*) und Duchn oder Negerhirse (*Pennisetum glaucum*); sie werden ergänzt durch Körner von geringerer und eher örtlicher Bedeutung wie Korakan (*Eleusine coracana*), *Digitaria exilis*, Tef (*Eragrostys tef*) und eine unabhängig in Kultur genommene Reisart (*Oryza glaberrima*). Mais (*Zea mays*) ist das einheimische Getreide Amerikas. Obwohl das Zuckerrohr (*Saccharum officinarum*) aus Südostasien kein Getreide ist, soll es hier doch erwähnt werden.

Eine weitere Abhängigkeit des Menschen von den Gräsern begann mit der Domestizierung von Tieren; sie fällt grob geschätzt mit dem Beginn der Landwirtschaft zusammen. Bis in unsere Zeit beruht Viehzucht auf der Nutzung natürlichen Graslandes, obwohl die Aufbewahrung von Futter als Heu schon zur Römerzeit eingeführt worden war. Mit Englischem Raygras angepflanzte Weiden waren seit dem späten 12. Jahrhundert in Norditalien bekannt.

In vielen Teilen der Welt liefern Bambusarten ideales Baumaterial, und auch Gras wird für Strohdächer und Matten in Behausungen verwendet. Für Kulturingenieure sind Gräser als Befestiger von Sanddünen, Straßenrändern und anderen Flächen von unschätzbarem Wert. Viele Arten wurden zur Papierherstellung verwendet, die bekanntesten sind *Stipa tenacissima, Ampelodesma tenax* und *Lygeum spartum*, für die abwechselnd die Namen Halfa und Esparto gebraucht werden.

Aus den Blättern von Lemongras (mehrere Arten von *Cymbopogon*) wird ein aromatisches Öl destilliert, das Seifen und anderen Kosmetika Zitronenduft verleiht. Aus der Vielfalt weniger bedeutender Verwendungen seien erwähnt: Perlen für Halsketten (Fruchthüllen von *Coix*), Reisbürsten (aus Rispenästen von *Sorghum*), Pfeifenköpfe (aus Maiskolben), eßbare Bambussprosse, Rohrblätter für Klarinettenmundstücke (Stengel von *Arundo donax*), Angelruten (Bambusarten) und Strohpüppchen. Als Kunstrasen nehmen die Gräser einen Ehrenplatz im Gartenbau ein, doch wenige wurden freiwillig in Staudengärten aufgenommen. Wohlbekannte Ausnahmen sind u.a. *Phalaris arundinacea* (Rohr-Glanzgras) und *Festuca glauca* (Blauschwingel).

Die unangenehmen Eigenschaften der Gräser liegen hauptsächlich in ihrem Gedeihen als Ackerunkräuter. Arten mit scharfen Dornen oder Widerhaken an den Ährchen können zu einer ernsthaften Plage für Haustiere werden. Einzelne tropische Futterarten können u.U. eine tödliche Menge von Blausäure enthalten. Auch Pilzinfektionen können giftige Eigenschaften hervorrufen. So verursacht z.B. der Genuß von Brot aus Getreide, das vom Mutterkornpilz (*Claviceps*, besonders *C.purpurea*) befallen wurde, die berüchtigte Kribbelkrankheit.　　　W.D.C.

JUNCALES *Simsenartige*

JUNCACEAE *Simsengewächse*

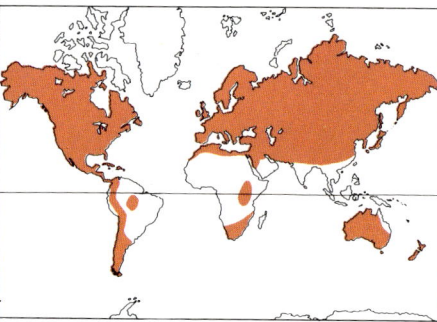

Gattungen: 9
Arten: rund 400
Verbreitung: weltweit, aber hauptsächlich in kühlgemäßigten Gebieten oder Gebirgen, an feuchten Standorten
Nutzwert: Stengel zum Korbflechten, für Matten und Stuhlgeflechte verwendet; einige Zierpflanzen für Uferzonen

Die Juncaceae sind eine kleinere Familie schopfiger, mehr- oder einjähriger Kräuter und (selten) holziger Sträucher (*Prionium*).
Verbreitung: Die Familie kommt weltweit vor, hauptsächlich aber in kühlgemäßigten Gebieten oder Gebirgen an nassen oder feuchten Standorten.

Merkmale: Die mehrjährigen Arten besitzen aufrechte oder kriechende Rhizome. Die aufrechten, stielrunden Stengel tragen gewöhnlich nur an der Basis Blätter. Diese sind stielrund oder flach und grasartig, mit scheidigem Grund oder vollständig auf die Scheiden reduziert und meist in grundständigen Schöpfen angeordnet. Die Blüten sind radiär, zwitterig oder eingeschlechtig (einhäusig oder zweihäusig verteilt), windbestäubt und daher klein und unscheinbar. Gelegentlich stehen sie einzeln, häufiger aber bilden sie offene Rispen, Ebensträuße oder Büschel von Köpfchen. Die Blütenhülle besteht aus 2 Kreisen (selten ein Kreis) von je 3 ledrigen oder dünnen und pergamentartigen Blättern, die manchmal an den Spitzen und Rändern vertrocknet aussehen. Diese sind oft grün, braun oder schwarz, mitunter aber auch weiß oder gelblich. Die 6 oder 3 Staubblätter stehen meist vor den Blütenhüllblättern. Die Staubbeutel öffnen sich längs. Der oberständige Fruchtknoten wird von 3 verwachsenen Fruchtblättern gebildet und enthält ein oder 3 Fächer mit wenigen oder zahlreichen Samenanlagen an zentralwinkelständigen oder parietalen Plazenten. Er trägt einen oder 3 Griffel, aber immer 3 Narben. Die Frucht ist eine trockene Kapsel, die sich fachspaltig öffnet. Sie enthält einen bis viele kugelige, eckige oder zusammengedrückte Samen mit stärkehaltigem Endosperm und einem geraden Embryo.

Systematik: Unter den 9 Gattungen finden sich die antarktische Rhizomstaude *Rostkovia* (einhäusig, Blütenhüllblätter gleich

JUNCACEAE. 1. *Prionium serratum:* a) holziger Strauch (× ¹/₁₅); b) Querschnitt durch dreifächerigen Fruchtknoten (× 20). 2. *Luzula nodulosa:* Staude, Blätter mit Scheiden (× ¹/₄). 3. *L. spadicea:* a) Blüte (× 20); b) Querschnitt durch dreifächerigen Fruchtknoten (× 100). 4. *Distichia muscoides:* niedrige Polsterpflanze mit zweizeiligen Blättern und endständigen Kapseln (× ²/₃). 5. *Juncus* sp.: Staude – lineale, aufrechte Blätter mit weiten Scheiden, Blütenstände mit laubartigen Hüllblättern (× ²/₃). 6. *J. acutiflorus:* Blütenstand (× ²/₃). 7. *J. bulbosus:* halbierte Blüte (× 14). 8. *J. capitatus:* dreiklappig aufspringende Kapsel (× 18).

lang, verkehrt eiförmige Samen) und *Marsippospermum* (ähnlich, aber innere Blütenhüllblätter kürzer; spitze, spindelförmige Samen). Die in den Anden vorkommenden Rhizomstauden der Gattung *Andesia* mit gleichlangen Blütenhüllblättern und eiförmigen Samen wachsen in dichten Polstern. Andere südamerikanische Gruppen enthalten die 3 nahe verwandten, diözischen Gattungen aus den Anden: *Oxychloë* (Blätter mit abstehenden Spreiten) und die Polsterpflanzen *Distichia* und *Voladeria* aus Ecuador. Die ungewöhnlichste Gattung dieser Familie ist wohl *Prionium*, eine Gruppe von 1 bis 2 m hohen, bäumchenförmigen Sträuchern aus Südafrika mit einem endständigen Schopf gesägter Blätter, geschlossenen Blattscheiden und in großen, reich verzweigten Rispen angeordneten Blüten. *Juncus* ist eine kosmopolitische Gattung binsenartiger Pflanzen, die durch ihre ganzrandigen Blätter mit offenen Blattscheiden, die kleinen Blütenstände mit zwitterigen Blüten und die vielsamigen Kapseln gekennzeichnet sind. *Luzula*, eine andere, ziemlich weitverbreitete Gattung, findet sich am häufigsten auf der nördlichen Hemisphäre. In vielen Merkmalen ist sie *Juncus* sehr ähnlich, unterscheidet sich aber durch ihre geschlossenen Blattschei-

den, die behaarten Spreiten und die dreisamigen Kapseln.
Die Juncaceae werden z.Z. entweder als Verwandte der Liliaceae betrachtet — nämlich über *Prionium*, die mutmaßlich ursprünglichste Gattung — oder der Restionaceae, welchen sie stärker gleichen. Die beiden Familien sind wahrscheinlich unabhängige Entwicklungslinien, deren gemeinsame Vorfahren den heutigen Commelinales ähnlich sahen.
Nutzwert: Die Familie hat keine große wirtschaftliche Bedeutung. Unter den bekannten Rohstoffen findet man immerhin die Strand-Simse, *Juncus maritimus*, die zum Binden verwendet wird, außerdem eine starke Faser, die aus den Blättern des Palmietschilfs, *Prionium serratum (P. palmitum),* gewonnen wird, und die Stengel der Flatter-Simse, *J. effusus,* sowie der Sparrigen Simse, *J. squarrosus,* die zu Körben und Stuhlsitzen geflochten werden. C.J.H.

THURNIACEAE

Die Thurniaceae sind eine kleine Familie seggenartiger Rhizomstauden, die in Guayana und bestimmten Teilen des Amazonasgebietes endemisch ist.
Die Blätter besitzen einen scheidigen Grund und sind lang, ledrig, fein gesägt, wie bei

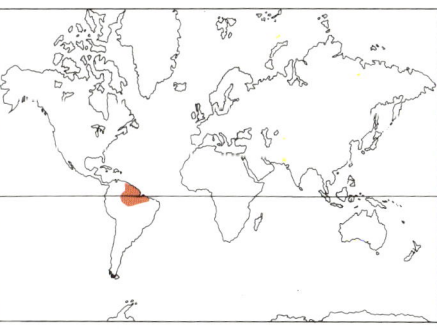

Gattungen: 1
Arten: 3
Verbreitung: Guayana und Teile des Amazonasgebietes
Nutzwert: keiner bekannt

Thurnia sphaerocephala und *T. polycephala,* oder ganzrandig, wie bei *T. jenmanii.* Die drei- oder vierkantigen Stengel tragen einen bis mehrere Blütenköpfe, die von mehreren laubblattartigen Hochblättern umgeben sind. Die kleinen, zygomorphen, hängenden und zwitterigen Blüten weisen 6 bleibende, schmale und freie Blütenhüllblätter auf, die unterhalb des Fruchtknotens unregelmäßig angeordnet sind. Die 6 Staubblätter ragen weit aus der Blütenhülle her-

CYPERACEAE. 1. *Carex decurtata:* **a)** ganze Pflanze (× ²/₃); **b)** Teilblütenstand mit männlichen (links) und weiblichen Blüten (rechts) (× 3); weibliche Blüte: **c)** mit Hochblatthülle, nur die 3 Narben sichtbar (× 6) und **d)** Hülle geöffnet, um den oberständigen Fruchtknoten zu zeigen (× 8); **e)** männliche Blüte mit 3 Staubblättern (× 6). **2.** *Cladium tetraquetrum:* **a)** unterer Teil einer Pflanze mit Blattscheiden (× ²/₃); **b)** Blütenstand (× 6); **c)** Scheinährchen (× 6); **d)** Blüte mit Spelze (× 6). **3.** *Cyperus compressus:* **a)** Habitus (× ²/₃); **b)** Blüte mit dreispaltigem Griffel (× 18); **c)** Ährchen aus zwitterigen Blüten (× 3); **d)** Blüte mit 3 Staubblättern und einem oberständigen Fruchtknoten mit 3 Griffeln (× 12).

vor. Der aus 3 verwachsenen Fruchtblättern bestehende Fruchtknoten enthält 3 Fächer mit je einer bis zahlreichen, zentralwinkelständigen Samenanlagen. Er trägt 3 fadenförmige Narben. Die Frucht ist eine dreikantige, fachspaltige Kapsel. Die Samen enthalten Endosperm.

Die Familie ist sehr eng mit den Juncaceae verwandt und wurde ihnen zeitweise auch zugerechnet. Anatomische Befunde (so das Vorhandensein von Kieselsäurekörpern in der Blattepidermis) zeigen aber klar, daß die Thurniaceae als eine eigene Familie beibehalten werden sollten oder sogar überhaupt nicht in die Nähe der Juncaceae zu stellen sein.

Eine wirtschaftliche Bedeutung ist nicht bekannt. S.A.H.

CYPERALES *Riedgrasartige*

CYPERACEAE *Riedgräser (Sauergräser)*
Die Cyperaceae sind eine große Familie hauptsächlich mehrjähriger und einiger einjähriger, grasartiger Kräuter. Sie enthalten allerdings eine baumförmige Art (*Microdracoides,* bis 1 m hoch).
Verbreitung: Die Familie ist über die ganze Welt verbreitet. Besonders reich ist

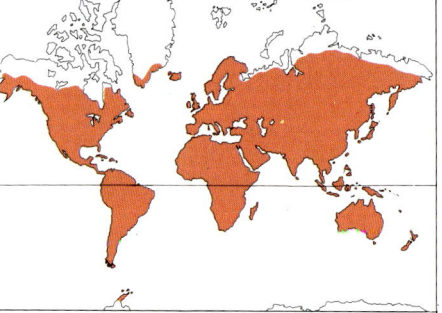

Gattungen: rund 90
Arten: rund 4000
Verbreitung: kosmopolitisch, besonders an feuchten Standorten der gemäßigten und subarktischen Breiten
Nutzwert: Stengel und Blätter werden zur Matten-, Hut-, Korb- und Papierherstellung verwendet, auch als Tierfutter; einige eßbare Knollen (z. B. Erdmandeln), lokale Arzneien, Topfpflanzen, Zierpflanzen für den Wassergarten

sie in feuchten, nassen und sumpfigen Gebieten der gemäßigten und subarktischen Zonen beider Hemisphären ausgebildet. Vor allem die Gattung *Carex* (Seggen) ist

von beträchtlicher ökologischer Bedeutung.
Merkmale: Die Pflanzen besitzen ein kriechendes, unterirdisches Rhizom, von welchem massive, oberirdische, selten knotig gegliederte Stengel abgehen. Diese sind oft dreikantig, im allgemeinen unterhalb des Blütenstandes nicht verzweigt und häufig blattlos. Die gewöhnlich in einem Schopf um den Stengelgrund stehenden Blätter sind meist in 3 Zeilen angeordnet. Sie besitzen eine grasartige Spreite, eine um den Stengel geschlossene (selten offene) Scheide und gewöhnlich kein Blatthäutchen.

Die kleinen, unscheinbaren Blüten sind zwitterig oder eingeschlechtig (dann einhäusig verteilt) und treten zu Ährchen zusammen. Jede Blüte steht in der Achsel einer Spelze (Tragblatt). Die Blütenhülle besteht aus Schuppen, Borsten oder Haaren, bei einigen Arten fehlt sie ganz. Die Filamente der ein bis 6 Staubblätter (häufig aber 3) sind frei. 2 bis 3 verwachsene Fruchtblätter bilden einen oberständigen, ungefächerten Fruchtknoten mit einer einzigen, grundständigen Samenanlage. Der Griffel ist in 2 oder 3 (selten mehr) Zähne oder Äste aufgeteilt und bleibt manchmal an der Frucht. Diese ist eine einsamige Nuß. Sie ist frei oder wird von einem Fruchtschlauch (Utriculus) umschlossen.

Systematik: Die beiden hauptsächlich verwendeten Systeme dieser Familie verteilen die Gattungen auf 3 Unterfamilien oder 7 Tribus. Die 3 Unterfamilien des ersteren (nach Engler) sind: SCIRPOIDEAE (dazu *Cyperus*, *Eriophorum*, *Scirpus*, *Eleocharis*), RHYNCHOSPOROIDEAE (dazu *Rhynchospora*, *Scirpodendron*, *Cladium* und *Scleria*) und CARICOIDEAE (dazu *Carex* und *Uncinia*). Sowohl dieses System als auch das andere (nach Hutchinson) beruhen hauptsächlich auf Merkmalen des Blütenstandes, der Blüten und der Frucht. So besitzen z.B. *Cyperus* und *Scirpus* mehr- bis vielblütige Ährchen, während sie bei *Rhynchospora* und *Cladium* ein- bis zweiblütig sind. Alle diese Gattungen tragen zwitterige Blüten; bei *Scleria* und *Carex* sind sie hingegen eingeschlechtig (ein- oder zweihäusig verteilt). Die Cyperaceae stehen vielleicht den Gräsern (Gramineae) am nächsten, die Verwandtschaft ist aber trotz der oberflächlichen Ähnlichkeit im Habitus sicher nicht eng. Die Riedgräser erkennt man im allgemeinen an den oft massiven und dreikantigen Stengeln, den meist geschlossenen Blattscheiden und dem Fehlen eines Blatthäutchens. Ein anderes bezeichnendes Merkmal ist darin zu sehen, daß zu jeder Blüte nur eine einzige Spelze gehört.

Nutzwert: Die Familie enthält eine große Zahl nützlicher Arten, die für die verschiedensten Zwecke verwendet werden können. Zu *Cyperus* (Zypergras) gehört die Papyrusstaude *(Cyperus papyrus)*, deren Stengel den im Altertum viel benutzten Papyrus liefern. Die Stengel einer Anzahl anderer *Cyperus*-Arten wie *C. malacopsis* und *C. tegetiformis* werden zur Mattenherstellung verwendet, während einige wenige Arten (so z.B. *C. esculentus,* die Erdmandel oder Chufa) eßbare, öl- und zuckerhaltige Speicherorgane haben. Wieder andere Arten, so *C. longus* und *C. articulatus* besitzen süß riechende Rhizome oder Wurzeln, die zur Parfümherstellung verwendet werden. Zur Gattung *Carex* (Seggen) gehört z.B. *Carex atherodes,* die in den Vereinigten Staaten als Heu Verwendung findet. Stengel und Blätter von *C. brizoides* benützt man in einigen mitteleuropäischen Ländern als Pack- oder Polstermaterial. Die beiden Arten *C. paniculata* und *C. riparia* werden anstelle von Stroh gebraucht, und *C. dispalatha* wird in Japan wegen ihrer Blätter, aus denen man Hüte flicht, kultiviert. Stengel von *Cladium mariscus* (Schneide) verwendet man in Europa und Teilen Nordafrikas, um Dächer zu decken. Die Stengel der tropischen und subtropischen amerikanischen Art *C. effusum* bilden die Grundlage für billiges Papier. Die Stengel der pazifischen Art *Eleocharis austro-caledonica* verwendet man zum Korbflechten, und *E. tuberosa* wird in China und Japan ihrer eßbaren Knollen wegen angebaut. Die Stengel und Blätter von *Lepironia mucronata* finden als Packmaterial und zum Korbflechten Verwendung. *Mariscus umbellatus* hat eßbare Rhizome, während *M. sieberianus* auf Sumatra als Wurmmittel verwendet wird. *Scirpus* (Binse) enthält eine große Zahl von Nutzpflanzen; einige von ihnen haben medizinische Eigenschaften. So

werden die Wurzeln von *Scirpus grossus* und *S. articulatus* in der Hindu-Medizin als Mittel gegen Durchfall bzw. als Abführmittel gebraucht. Die Knollen von *S. tuberosus* werden in Japan und China als Gemüse gegessen. Aus den Stengeln von *S. totara* (tropisches Südamerika) baut man Kanus und Flöße, und diejenigen von *S. lacustris,* der See-Binse, werden für Korbwaren, Matten und Stuhlsitze verwendet.

Einige Arten von *Carex, Cyperus, Leiophyllum* und *Scirpus* werden als Topfpflanzen oder in Wassergärten kultiviert.   S.R.C.

TYPHALES   *Rohrkolbenartige*

TYPHACEAE   *Rohrkolbengewächse*

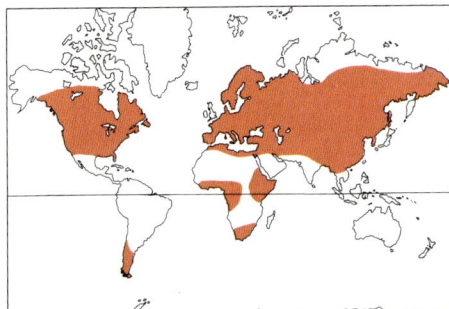

Gattungen: 1
Arten: etwa 15
Verbreitung: kosmopolitisch im Süßwasser (Karte nicht ganz vollständig)
Nutzwert: besonders aus Blättern des Breitblättrigen Rohrkolbens *(Typha latifolia)* werden Korbwaren geflochten

Die Typhaceae sind eine kleine Familie bestandbildender Wasserpflanzen. Sie besteht aus der einzigen Gattung *Typha,* zu welcher u.a. der Breitblättrige Rohrkolben gehört.

Verbreitung: Die Typhaceae wachsen in seichtem Süßwasser – in Röhrichten, Seen, Flüssen und Teichen – der gemäßigten und tropischen Breiten, vom Polarkreis bis zum südlichen Südamerika.

Merkmale: Die meisten Arten sind sehr große, bis zu 2 m hohe Pflanzen mit langen, unverzweigten Stengeln, deren Grund gewöhnlich untergetaucht ist. Die Blätter stehen hauptsächlich am untergetauchten Teil des Stengels und tragen über dem Wasser durchwegs lange, lineale, ziemlich dicke und schwammige Spreiten. Die eingeschlechtigen Blüten werden vom Wind bestäubt. Sie stehen eng gedrängt in einem charakteristischen, langen, dichten, keulenförmigen und endständigen Kolben, die weiblichen Blüten in der unteren Hälfte des Blütenstandes, die männlichen darüber. Die beiden Geschlechter sind entweder nicht zu unterscheiden, grenzen aneinander und bilden eine einzige «Keule», oder aber sie sind durch ein abgesetztes Stengelstück völlig voneinander getrennt und bilden eine Doppelkeule. Zwischen den Blüten bzw. an ihren Stielen stehen zahlreiche, dünne Fäden oder verlängerte, löffelförmige Schuppen,

die sich nicht mit Sicherheit als Blütenhüllen deuten lassen. Die männlichen Blüten weisen 2 bis 5 schlanke, freie oder schwach verwachsene Filamente mit linealen, basifixen Staubbeuteln auf. Jede weibliche Blüte besteht aus einem ungefächerten Fruchtknoten. Die Früchte sind Nüsse. An ihrem langen Stiel stehen Haare, welche die Ausbreitung durch den Wind ermöglichen. Die Samen enthalten mehliges Endosperm und einen langen, schmalen Embryo.

Systematik: Zusammen mit den Sparganiaceae bilden die Typhaceae eine gut abgegrenzte Ordnung, aber die weitere Verwandtschaft dieser beiden Familien ist etwas unklar. Wahrscheinlich stellen sie eine unabhängige Entwicklungslinie dar, ausgehend von Vorfahren, die ungefähr den heutigen Commelinaceae ähnlich sahen.

Nutzwert: Die Blätter des Breitblättrigen Rohrkolbens *(Typha latifolia)* werden als Flechtmaterial für Stuhlsitze, Matten und Körbe verwendet. Die Pflanze wird aber auch wegen ihrer schönen, großen, braunen, walzenförmigen Frucht-«Speere» angepflanzt.   C.J.H.

SPARGANIACEAE   *Igelkolbengewächse*

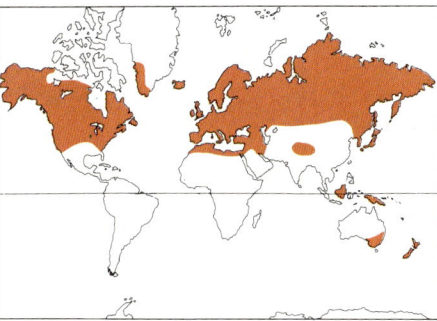

Gattungen: 1
Arten: etwa 15
Verbreitung: in Gewässern und Sümpfen hauptsächlich der gemäßigten Zone der Nordhemisphäre und in der Arktis
Nutzwert: Nahrung und Schutz für Wasservögel

Die Sparganiaceae sind eine Familie mehrjähriger Wasserpflanzen oder amphibischer Kräuter mit einer einzigen Gattung, *Sparganium* (Igelkolben), die zahlreichen Lebewesen, besonders Wasservögeln, Schutz und Nahrung bietet.

Verbreitung: Die meisten Arten kommen in den gemäßigten und arktischen Breiten der nördlichen Hemisphäre vor, wo sie gesellig im Wasser und in Sümpfen wachsen. Eine oder 2 Arten sind in Südostasien und Australasien heimisch.

Merkmale: Die knollenartigen Stengel entwickeln Ausläufer. Die linealen, am Grund scheidigen Blätter stehen in 2 Längsreihen. Die Jugendblätter sind dünn, bandförmig und untergetaucht, während die folgenden schwimmen oder aufrecht aus dem Wasser ragen. Die eingeschlechtigen Blüten stehen dicht in voneinander abgesetzten, kugeligen Köpfchen. Die weiblichen Köpfe befinden sich am Grunde jedes Blütenstandes. Die Blütenhülle besteht aus 3 bis 6 länglichen

Schuppen. Die männliche Blüte besitzt ein bis 8 Staubblätter. Die weibliche Blüte zeigt ein, gelegentlich 2, selten 3 oberständige, verwachsene Fruchtblätter. Sie bilden 3 Fächer, von denen jedes eine hängende Samenanlage enthält. Ungeachtet der Zahl der Fruchtblätter ist der Griffel einfach und bleibt als Schnabel an der Frucht. Die Steinfrucht weist trockenes, schwammiges Exokarp und sehr hartes Endokarp auf.

Systematik: In jüngster Zeit erschienene anatomische und embryologische Arbeiten weisen nach, daß die Sparganiaceae eng mit den Typhaceae verwandt sind; wie diese beiden Familien aber an den Rest der Monocotyledonen anzuschließen sind, bleibt umstritten. Einige Hinweise deuten auf eine Verwandtschaft mit der als Helobiae (Alismatales, Hydrocharitales und Najadales) bekannten Gruppe hin. Es ist interessant festzustellen, daß die Sparganiaceae einige parasitische Pilze mit den Araceae gemeinsam haben. Fossilfunde von *Sparganium* zeigen, daß die früheren Arten größer und in ihrem Bau komplizierter waren als die heutigen.

Nutzwert: Bestände von *Sparganium* (Igelkolben) bieten Wasservögeln geschützte Nist- und Ruheplätze. Im Herbst bilden die Früchte von *Sparganium* einen wichtigen Teil ihrer Nahrung. Das Stroh wurde als Deckmaterial genutzt. C.D.C.

BROMELIALES *Ananasartige*

BROMELIACEAE *Ananasgewächse*

Gattungen: rund 50
Arten: rund 2000
Verbreitung: Schwerpunkt im tropischen und warmgemäßigten Amerika
Nutzwert: Früchte (Ananas), Fasern (Louisiana-Moos, Ananashanf, Caroa-Faser) und verschiedene Zierpflanzen (Billbergia, Cryptanthus, Pitcairnia)

Die Bromeliaceae sind eine große und gut gekennzeichnete Familie, zu der Ananas, «Greisenbart» oder Louisiana-Moos (*Tillandsia*) und verschiedene Gewächshaus- und Zimmerpflanzen gehören.

Verbreitung: Die Familie findet sich in den Tropen und den warmgemäßigten Breiten der Neuen Welt. Eine Ausnahme bildet *Pitcairnia feliciana*, welche in Westafrika vorkommt. Das Verbreitungsgebiet der übrigen Arten reicht von den südlichen Vereinigten Staaten bis ins mittlere Argentinien und Chile. Eine Art, *Tillandsia usneoides*, besiedelt ein ebenso großes Gebiet wie die ganze Familie. Als Ganzes ist die Familie an trockene Verhältnisse angepaßt; viele Gattungen haben sich epiphytischen Standorten angepaßt.

Merkmale: Die meisten Bromeliaceen sind kurzstengelige, krautige Pflanzen mit grundständigen Rosetten aus starren, riemenförmigen und oft dornigen Blättern, die am Grunde häufig farbig sind. Einige wenige sind Halbsträucher; einige Arten der Gattung *Puya* aus den Anden erreichen eine Höhe von 3 m und zeigen einen ähnlichen Habitus wie die Riesenlobelien in den Gebirgen des tropischen Afrika. Die am wenigsten spezialisierten Glieder dieser Familie (z.B. *Pitcairnia, Puya*) sind terrestrische Pflanzen mit voll entwickeltem Wurzelsystem. Ihre Blätter sind am Grunde nicht verbreitert, und ihre Haare dienen allein der Verringerung der Verdunstung. Die Ananasstaude z.B. hat nur wenige Erdwurzeln, aber die einander überlappenden Blattbasen dienen als Behälter (Zisternen) für Wasser und Humus, die von zwischen den Blättern emporwachsenden, sproßbürtigen Wurzeln verwertet werden. Die meisten Gattungen sind stärker spezialisiert und verfügen über noch größere Zisternen. Die Stoffaufnahme aus dem Wasserbehälter besorgen nicht hauptsächlich Wurzeln, sondern als Saugorgane ausgebildete Schuppenhaare an den Blättern. Diese Zisternen können bis zu 5 l Wasser enthalten, und man findet in ihnen eine erstaunliche Pflanzen- und Tierwelt, u.a. *Utricularia*-Arten (Wasserschlauch), Baumfrösche und verschiedene Insekten. Die am stärksten spezialisierten Gattungen (wie *Tillandsia*) leben vollkommen epiphytisch. Sie besitzen nur als junge Keimlinge Wurzeln, bilden keine Zisterne aus und beziehen das Wasser aus der Atmosphäre mittels vielzelliger Schuppenhaare. Bei Befeuchtung dehnen sich diese Saughaare aus, so daß Wasser in die toten Zellen der Schuppe gelangt und über die lebenden Zellen des Schuppenstieles vom Blatt aufgenommen werden kann. Die Schuppen fallen bei Trockenheit zusammen. Dadurch wird der Gasaustausch durch die Spaltöffnungen nicht behindert, zugleich aber der Wasserverlust von der Blattoberfläche verringert. So kann die Pflanze an sehr trockenen Standorten überleben, nicht aber an sehr feuchten wie z.B. im Regenwald.

Der Blütenstand ist endständig. Er wird bei den spezialisierten Formen aus der Mitte der Zisterne hervorgebracht und kann eine Ähre, Traube oder Rispe sein. Viele Bromeliaceen sterben nach der Blüte ab, darunter auch einige Gattungen, die wegen ihres Blütenstandes gezogen werden. Diese bilden aber Seitensprosse und können somit leicht vermehrt werden. Die Blüten sind zwittrig (selten eingeschlechtig), radiär (etwas zygomorph bei *Pitcairnia*) und stehen in den Achseln von Tragblättern, die oft lebhaft gefärbt sind. Die Blütenhülle ist gewöhnlich deutlich in einen grünlichen Kelch und eine auffälligere Krone gegliedert. Beide bestehen aus 3 Blättern. Die 6 Staubblätter sind oft dem Grund der Blütenhülle eingefügt.

Der aus 3 verwachsenen Fruchtblättern bestehende Fruchtknoten ist ober- oder unterständig und dreifächerig. Jedes Fach enthält viele zentralwinkelständige Samenlagen. Die 3 oft gedrehten Narben werden an einem schlanken Griffel getragen. Die Frucht ist eine Beere oder eine fach-, seltener wandspaltige Kapsel. Die einzelnen Früchte der Ananas und der verwandten *Pseudananas* sind verwachsen. Der Blütenstand reift zu einem zusammenhängenden Fruchtstand heran. Bei mehreren Gattungen tragen die Samen Flügel oder lange Anhängsel.

Bei den meisten Gattungen stellen der auffällige Blütenstand und die Scheidewandnektarien Anpassungen an Bestäubung durch Insekten oder Vögel dar. Einige wenige Gattungen (z.B. *Navia*) scheinen windbestäubt zu sein. Bewegliche Staubbeutel sind für die Familie charakteristisch.

Systematik: Die Bromeliaceen werden in 3 Unterfamilien gegliedert:

PITCAIRNIOIDEAE: Ungefähr 13 Gattungen und ein Drittel aller Arten; hauptsächlich am Boden wachsende Xerophyten. Der Fruchtknoten ist oberständig, die Frucht ist eine Kapsel, und die Samen sind geflügelt oder geschwänzt. Hauptgattungen: *Pitcairnia, Puya, Dyckia*.

BROMELIOIDEAE: Ungefähr 30 Gattungen mit terrestrischen und epiphytischen Formen. Der Fruchtknoten ist unterständig, die Frucht eine Beere, und die Samen besitzen keine Anhängsel. Hauptgattungen: *Bromelia, Ananas, Billbergia, Aechmea*.

TILLANDSIOIDEAE: 6 bis 12 Gattungen, alle vollkommen epiphytisch. Der Fruchtknoten ist oberständig, die Frucht eine Kapsel, und die Samen haben federige Anhängsel (durch Ausfransen des verlängerten, äußeren Integuments und Teile des Funiculus). Hauptgattungen: *Tillandsia, Vriesea*.

Die Familie ist mit keiner anderen nah verwandt, zeigt aber Beziehungen zu den Commelinaceae und den Zingiberaceae.

Nutzwert: Die Ananas (*Ananas comosus*) ist eine wirtschaftlich wichtige, eßbare Frucht der Tropen und Subtropen. Die jährliche Weltproduktion beträgt mehr als 3,5 Millionen Tonnen. Ungefähr 2 Drittel davon werden in den Anbaugebieten verbraucht. Die für den Handel angebauten Ananas werden in Büchsen verpackt oder zu Saft verarbeitet. Sie sind eine bedeutende Quelle von Vitamin A und B.

Verschiedene Bromeliaceen-Arten liefern Fasern, die lokal zur Herstellung von Klei-

BROMELIACEAE. 1. *Aechmea nudicaulis* var. *nudicaulis*: Blütenstand und Blatt (× ²/₃). 2. *Pitcairnia integrifolia*: a) Blatt (× ²/₃); b) Blütenstand (× ²/₃); c) Längsschnitt durch Fruchtknoten, viele zentralwinkelständige Samenanlagen (× 4). 3. *Billbergia pyramidalis*: a) Blatt mit dornigen Rändern und Blütenstand mit großen, roten Hochblättern (× ²/₃); b) halbierte Blüte mit unterständigem Fruchtknoten, gekrönt von einem einzigen Griffel mit gelappter Narbe und mit Staubblättern, die dem Grund der Krone eingefügt sind (× 1¹/₃); c) Querschnitt durch dreifächerigen Fruchtknoten, zentralwinkelständige Plazenten (× 4). 4. *Vriesea carinata*: Habitus (× ²/₃). 5. *Ananas comosus* (Ananas): Fruchtstand (× ¹/₃).

1

3b

3c

3a

2b

2c

2a

4

5

derstoffen oder Seilen verwendet werden. Besonders erwähnenswert ist die Ananas der Philippinen, Pita *(Aechmea magdalenae)* in Kolumbien und Caroa *(Neoglaziovia variegata)* aus Brasilien. Blattfasern der Ananas wurden auch schon versuchsweise zur Herstellung von Papier verwendet. Ananasstengel und Ananasfrüchte stellen vielleicht eine kommerziell auswertbare Quelle dar für ein eiweißspaltendes Ferment, das Bromelain. Fasern des Louisiana-Mooses *(Tillandsia usneoides)* ergeben ein ausgezeichnetes Polstermaterial. Verschiedene Gattungen werden als Zimmerpflanzen gezogen. Sie sind schon allein des Blattwerkes wegen sehr beliebt, so die bunten Formen der Ananas, die gestreiften Blätter gewisser Arten von *Billbergia, Cryptanthus* (Versteckblume) und *Guzmania* und die dichten Rosetten von *Dyckia* und *Nidularium* (Nestbromelie). Andere Arten wiederum fallen durch ihre Blütenstände auf, so z.B. *Pitcairnia, Billbergia, Aechmea* und *Vriesea.* Auch *Bromelia* und *Neoregelia* werden kultiviert.

In Teilen der trockenen Tropen gibt das in den Zisternen stehende Wasser einheimischer Bromeliaceen eine Brutstätte für *Anopheles*-Mücken ab, wodurch die Bekämpfung der Malaria behindert wird. B.P.

ZINGIBERALES

Ingwerartige

MUSACEAE   *Bananengewächse*

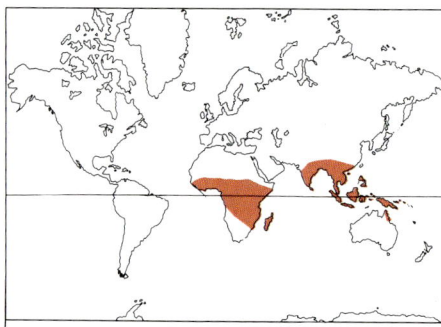

Gattungen: 2
Arten: rund 40
Verbreitung: hauptsächlich feuchte, tropische Tiefländer, von Westafrika bis zum Pazifik
Nutzwert: bedeutende Nahrungspflanzen (Bananen) und Fasern für Tauwerk

Die kleine Familie der Musaceae enthält vorwiegend riesige, immergrüne Stauden;

die wichtigste in Kultur ist die Bananenstaude.

Verbreitung: Die Musaceae sind eine Familie der Alten Welt, mit einer Verbreitung von Westafrika bis zum Pazifik (südliches Japan bis Queensland). *Musa* zeigt ihre größte Mannigfaltigkeit im Gebiet von Burma bis Neuguinea. Die meisten Arten leben in den feuchten, tropischen Niederungen, mit einigen Vorposten im kühleren Hügelland, vom südlichen Japan bis zum Himalaja. Diese Kräuter besiedeln im wesentlichen gestörte Standorte. Die wenigen Vorposten von *Musa*-Arten im mittleren Pazifikraum und an der Küste Ostafrikas (Pemba) können sehr wohl auf Ansiedlung durch den Menschen zurückgehen. Die Gattung *Ensete* ist vorwiegend afrikanisch. Einige Vertreter kommen aber auch in Südostasien und im südlichen China vor.

Merkmale: Alle Arten sind große bis riesige, milchsaftführende Kräuter, deren Scheinstamm aus den Blattscheiden gebildet wird. Die Rhizomstauden von *Musa* sind mehrstengelig; *Ensete* ist unverzweigt und hapaxanth. Die sehr großen Blätter besitzen eine lange Scheide und stehen spiralig. Sie sind länglich und weisen eine dicke Mittelrippe und parallele Nerven, die von der Mittelrippe zum Rand verlaufen, auf.

MUSACEAE. **1.** *Musa rubra:* **a)** Ähre mit unteren weiblichen und oberen männlichen Blüten in den Achseln großer Tragblätter (× ²/₃); **b)** weibliche Blüte (× 1); **c)** männliche Blüte (× 1); **d)** Frucht – eine fleischige Beere (× ²/₃); **e)** Saum des verwachsenen Teils der Blütenhülle (× 1); **f)** freies Blütenhüllblatt (× 1). **2.** *Ensete edule:* **a)** großes Kraut (bis 10 m hoch) mit einem aus Blattscheiden gebildeten Scheinstamm; **b)** Tragblatt mit zahlreichen Blüten in der Achsel (× ¹/₅); **c)** männliche Blüte (× ²/₃); **d)** Zwitterblüte (× ²/₃); **e)** Querschnitt durch Fruchtknoten (× 1); **f)** Same, eröffnet, um den Embryo zu zeigen (× 1). STRELITZIACEAE. **3.** *Strelitzia reginae:* **a)** Blütenstand – eine Wickel in der Achsel eines kahnförmigen Hochblattes, in dem sich die Blüten nacheinander entfalten (× ¹/₂); **b)** halbierte Blüte (× ¹/₂).

1e

1f

3b

1c   1d

3a

1a   1b   2b   2c   2e   2a   2f   2d

Die Blütenstände mit vielen großen Tragblättern werden an den Spitzen kurzer Stengel gebildet. Die Blüten sind zygomorph, gewöhnlich eingeschlechtig und einhäusig verteilt, die weiblichen im unteren und die männlichen im oberen Teil des Blütenstandes. Die Blüten tragen 2 Kreise mit je 3 kronblattartigen Blättern, 5 Staubblätter und ein kleines Staminodium. Der Blütenstaub ist klebrig, und die Bestäubung erfolgt oft durch Fledermäuse. Der unterständige Fruchtknoten besteht aus 3 verwachsenen Fruchtblättern. Jedes der 3 Fächer enthält zahlreiche, zentralwinkelständige Samenanlagen. Der Griffel ist fadenförmig, die Narbe gelappt. Die Frucht ist oft eine fleischige Beere und enthält zahlreiche, steinharte Samen. Die Früchte bilden einen dichten Fruchtstand. Der Same enthält reichlich Perisperm und einen geraden Embryo.

Systematik: Die beiden Gattungen sind *Musa* (30 bis 40 Arten) und *Ensete* (ungefähr 6 Arten). Die Gattung *Heliconia,* die gewöhnlich den Musaceae angegliedert wird, steht hier bei den Strelitziaceae.

Nutzwert: Die Familie liefert eines der wichtigsten Nahrungsmittel, die Banane. Kulturbananen wurden in Südostasien aus 2 wilden Arten, *Musa acuminata* und *M. balbisiana* gezüchtet. Die Pflanzen werden aus Rhizomstücken gezogen; die Bananensorten sind Klone. Die Früchte entwickeln sich, ohne Samen zu bilden, und enthalten ein süß-saures, aromatisches Fruchtfleisch. Bananen sind in den Tropen als Nahrung äußerst wichtig (lokal sogar Grundnahrungsmittel) und ein wichtiges Produkt des Welthandels.

Abaca oder Manilahanf, ein an Bedeutung verlierendes Erzeugnis der Philippinen, das zur Herstellung von Seilen und Sacktuch verwendet wird, erhält man von *Musa textilis. Ensete ventricosum (= Musa ensete)* wird wegen ihrer Faser und als Nahrungsmittel angebaut (Mark und junge Triebe). Wie einige Zwergsorten von *Musa* (z.B. von *M. acuminata*) wird auch sie gelegentlich in Gewächshäusern der gemäßigten Zonen kultiviert.　　　　　N.W.S.

STRELITZIACEAE

Die Strelitziaceae sind eine kleine und wirtschaftlich unbedeutende, aber abwechslungsreiche, ornamentale und interessante Gruppe tropischer, bananenartiger Kräuter und Bäume.

Verbreitung: Die 4 Gattungen zeigen eine disjunkte Verbreitung in den Tropen: *Ravenala* (eine Art, Madagaskar), *Phenakospermum* (eine Art, Guayana), *Strelitzia* (4 Arten, Südafrika) und *Heliconia* (ungefähr 50 Arten, tropisches Amerika).

Merkmale: *Heliconia* ist krautig, die anderen 3 Gattungen neigen hingegen zur Verholzung, und *Ravenala madagascariensis* kann tatsächlich zu einem hohen Baum heranwachsen. Die Scheinstämme werden von den Blattscheiden gebildet. Die wechselständigen Blätter stehen in 2 Zeilen. Sie sind mittelgroß bis sehr groß und besitzen lange Blattstiele. Im übrigen zeigen sie den gleichen Bau wie diejenigen der Musaceae. Die

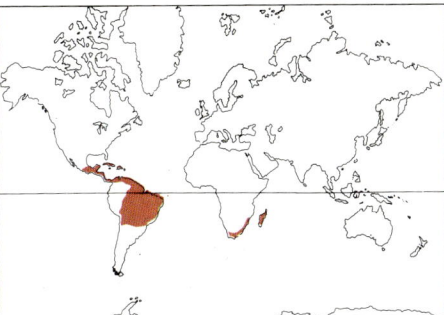

Gattungen: 4
Arten: etwa 55
Verbreitung: tropisches Amerika, Südafrika, Madagaskar
Nutzwert: Zierpflanzen, z.B. Paradiesvogelblume *(Strelitzia)* und «Baum der Reisenden» *(Ravenala)*

zygomorphen, zwitterigen Blüten bilden endständige oder seitliche, langgestielte Wickel, die in ein großes, kahnförmiges, oft leuchtend gefärbtes Hochblatt eingeschlossen sind. Die Blütenhülle besteht aus 2 Kreisen von je 3 Blättern, der äußere mit 3 mehr oder weniger gleichen Blättern, während die beiden seitlichen Glieder des inneren Kreises miteinander ein pfeilförmiges Organ bilden, welches sich um den Griffel faltet. Die 5 (selten 6) freien Staubblätter besitzen lange, steife Filamente, die lineale Staubbeutel tragen. Der unterständige Fruchtknoten umfaßt 3 verwachsene Fruchtblätter. Jedes der 3 Fächer enthält eine grundständige bis viele zentralwinkelständige Samenanlagen. Der Griffel ist fadenförmig und endet in einer dreilappigen Narbe. Die Frucht ist eine dreiklappige, fachspaltig aufspringende, holzige Kapsel oder eine fleischige Spaltfrucht. Die Samen enthalten einen geraden Embryo und mehliges Perisperm. Sie können einen Arillus tragen.

Systematik: *Strelitzia, Ravenala* und *Phenakospermum* besitzen freie Blütenhüllblätter, der Fruchtknoten enthält viele Samenanlagen, und die Frucht ist eine Kapsel. Bei *Strelitzia* sind die Blüten stark zygomorph, und die Samen tragen einen Arillus. Die Blüten von *Ravenala* und *Phenakospermum* sind nur wenig zygomorph. Erstere weist 6 Staubblätter und einen Arillus auf, letztere 5 Staubblätter, der Arillus fehlt. *Heliconia* birgt nur eine einzige, grundständige Samenanlage in jedem Fach; die Spaltfrucht zerfällt in 3 Teile mit je einem Samen ohne Arillus. *Phenakospermum* wurde früher *Ravenala* angegliedert, wird heute aber als systematisch verschieden betrachtet. *Heliconia* kann auch als eigene Familie, Heliconiaceae, abgetrennt oder aber den Musaceae zugeordnet werden.

Die Strelitziaceae sind mit den Musaceae und Lowiaceae am engsten verwandt, unterscheiden sich aber von den Musaceae durch zweizeilige Laub- und Hochblätter, zwitterige Blüten und eine Frucht, die keine Beere ist.

Die Lowiaceae werden in diesem Buch nicht gesondert aufgeführt. Sie bestehen nur aus einer einzigen Gattung *Orchidantha (Lowia)* mit 2 Arten in Malesien und Borneo. Sie wachsen als mehr oder weniger

stengellose Kräuter im Regenwald. Die Hauptunterschiede zu den Musaceae und Strelitziaceae sind die zwitterigen Blüten mit einem langen Blütenbecher, der den Fruchtknoten weit überragt.

Nutzwert: Alle Gattungen enthalten weit verbreitete Zierpflanzen. *Ravenala* («Baum der Reisenden») ist ein stattlicher, in den Tropen häufig angepflanzter Baum. Ihre Blattscheiden enthalten bis zu 1,5 l Wasser. *Strelitzia*-Arten (Paradiesvogelblumen) blühen in Warmhäusern gemäßigter Breiten fast zu jeder Jahreszeit. *Heliconia*, mit etwa gleichen Kulturansprüchen wie die Bananen, wurde vor 30 Jahren kaum kultiviert, erscheint aber nun zu Recht immer häufiger in tropischen Gärten.　　N.W.S.

ZINGIBERACEAE　　*Ingwergewächse*

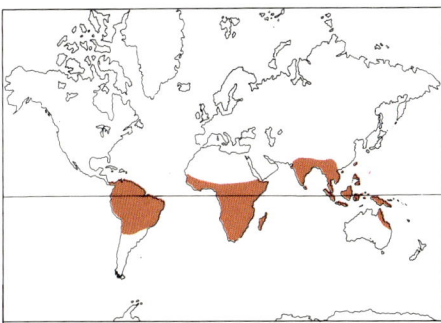

Gattungen: 49
Arten: rund 1300
Verbreitung: tropisch, hauptsächlich Indomalesien
Nutzwert: Gewürze (z.B. Ingwer, Kardamomen, Gelbwurzel), Parfüme, Arzneien, Farbstoffe sowie Tropen- und Warmhauszierpflanzen (z.B. *Hedychium, Costus*)

Die Zingiberaceae sind eine gut kenntliche Familie mehrjähriger, aromatischer Waldpflanzen, die Gewürze (etwa Ingwer), Farbstoffe, Parfüme und Arzneien liefern. Sie enthalten auch eine Anzahl von Zierpflanzen, die ihrer prächtigen Blüten wegen gezogen werden.

Verbreitung: Die Familie ist auf die Tropen beschränkt und kommt hauptsächlich in Indomalesien vor.

Merkmale: Alle Arten besitzen verzweigte, unterirdische, fleischige Rhizome und bilden oft Wurzelknollen aus. Die oberirdischen Stengel sind, wenn überhaupt vorhanden, ausnahmslos kurz und tragen gewöhnlich keine Laubblätter. Die Blätter entspringen den Rhizomen in 2 deutlichen Zeilen und verschmälern sich zum Grund hin zu offenen oder geschlossenen Scheiden. Die Spreiten sind ziemlich groß und von vielen parallelen Fiedernerven durchzogen, die von der Mittelrippe aus schief auseinanderlaufen. Ein kennzeichnendes, langes Blatthäutchen sitzt am Übergang von der Scheide zur Spreite. Der Blütenstand ist meist ein dichter Kopf oder eine Cyme, kann aber auch eine Traube sein oder nur aus einer einzigen Blüte bestehen. Der Bau der zygomorphen und zwitterigen Blüten ist einmalig und sehr kompliziert.

ZINGIBERACEAE. 1. *Costus afer:* **a)** Blütenstand und obere Laubblätter mit Blatthäutchen (× ²/₃); **b)** Blüte (× 1); **c)** Blüte, Blütenhülle entfernt, um Staminodium, fruchtbares Staubblatt und kapuzenförmige Narbe zu zeigen (× ¹/₂). **2.** *Aframomum melegueta* var. *minor:* **a)** Habitus (× ²/₃); **b)** Fruchtknoten, Griffel, Narbe und petaloides, fruchtbares Staubblatt mit 2 Theken (× ²/₃); **c)** Narbe, zwischen die Theken eingebettet (× 1); **d)** Frucht (× ²/₃); **e)** Querschnitt durch eine Frucht (× ²/₃). **3.** *Zingiber officinale* (Ingwer): **a)** Habitus (× ¹/₂); **b)** Blüte (× 1); **c)** halbierte Blüte (× 1); **d)** Staubbeutel mit um den Griffel gefaltetem, verbreitertem Konnektiv (× 10). **4.** *Alpinia officinarum:* **a)** obere Blätter und Blütenstand (× ²/₃); **b)** Blüte (× 1); **c)** Gynoeceum (× 1¹/₃); **d)** Narbe (× 4); **e)** Staubbeutel (× 1¹/₃).

Der auffälligste Teil ist eine zwei- oder dreizipflige Lippe (Labellum), die aus 2 verwachsenen Staminodien des äußeren Staubblattkreises besteht. Das einzige fruchtbare Staubblatt entspricht einem Glied des inneren Staubblattkreises. Die beiden anderen Staubblätter können auf seitliche Staminodien reduziert sein oder fehlen. Die Blütenhülle besteht aus 3 zu einer Kelchröhre verwachsenen äußeren und 3 inneren Blättern, die kronblattartig, oft groß und mehr oder weniger verwachsen sind. Das Ganze ist von einem oft scheidigen Hochblatt umgeben. Der Griffel ist oft so dünn, daß er alleine nicht stehen könnte. Er liegt in einer Rinne des Staubbeutels, und nur die Narbe ragt darüber hinaus. Der aus 3 verwachsenen Fruchtblättern bestehende Fruchtknoten ist unterständig und besteht aus 3 (gelegentlich 2) Fächern und zentralwinkelständigen Plazenten, oder aus einem Fach mit parietalen (selten grundständigen) Plazenten. Gewöhnlich enthält jedes Fach viele anatrope Samenanlagen. Die Frucht ist lebhaft gefärbt und manchmal sehr fleischig. Die Samen sind groß und rund oder eckig, mit reichlich Perisperm. Viele sind von einem auffälligen roten Arillus umgeben.

Systematik: Die Hauptgattungen sind *Zingiber* (80 bis 90 Arten), *Costus* (150 Arten), *Alpinia* (250 Arten), *Curcuma* (70 Arten), *Kaempferia* (55 Arten) und *Hedychium* (50 Arten).

Die Gattungen *Costus, Dimerocostus, Monocostus* und *Tapeinochilos* werden von einigen Bearbeitern als Costaceae abgetrennt.

Nutzwert: Die Hauptgattungen haben zum Teil wunderschone Blüten. Viele von ihnen werden in den Tropen und in Warmhäusern der gemäßigten Zonen als Zierpflanzen gezogen. Ganz besonders prächtig sind verschiedene Arten von *Hedychium, Kaempferia* (Gewürzlilie), *Costus* und *Roscoea* (Ingwerorchidee).

Viele Zingiberaceae enthalten reichlich flüchtige Öle und werden fast überall als Gewürze und Heilpflanzen und zum Färben verwendet. Die bekannteste Art der Familie dürfte der Ingwer (*Zingiber officinale*) sein. Andere wichtige Rohstoffe sind: ein wohlriechendes Pulver aus dem Rhizom von *Hedychium spicatum*; Ostindisches Arrowroot aus den Knollen von *Curcuma angustifolia*; Gelbwurzel, eine der wichtigsten Farb- und Aromazutaten des Curry und auch als gelber Farbstoff genutzt, aus *C. longa* (*C. domestica*); Zitwerwurzel, ein Gewürz, Stärkungsmittel und Parfüm aus den Rhizomen von *C. zedoaria*; das als Arznei und Aroma benutzte Rhizom (Galgant) von *Alpinia officinalis* aus Hainan und *A. galanga* von den Molukken; schließlich das fernöstliche Gewürz Cardamomen von *Elettaria cardomomum* aus Indonesien. Andere, nützliche Produkte liefern verschiedene Arten von *Aframomum*, so die «Paradieskörner» von *A. melegueta*, die als Pfefferkörner und zur Likörbereitung benutzt werden.   C.J.H.

CANNACEAE *Blumenrohrgewächse*
Canna, die einzige Gattung der Familie, umfaßt große Stauden mit auffallenden Blüten. *Canna edulis* liefert Queensland-Arrowroot, und mehrere Arten werden als Zierpflanzen in Gewächshäusern und tropischen Gärten gezogen.

Verbreitung: Die Familie ist einheimisch in den Tropen und Subtropen der Westindischen Inseln und Mittelamerikas. Einige Arten sind im tropischen Asien und Afrika eingebürgert.

Merkmale: Die Pflanzen besitzen ein verdicktes, unterirdisches, knolliges Rhizom, dem die oberirdischen Stengel entspringen, welche große, breite, fiedernervige Blätter mit einer deutlichen Mittelrippe tragen. Die

CANNACEAE. 1. *Canna* sp.: Spitze des Blütenstandes (× ²/₃). **2.** *Canna glauca:* **a)** Grund einer Pflanze mit verdicktem Rhizom und Blattscheiden (× ²/₃); **b)** Blatt (× ²/₃); **c)** Blütenstand (× ²/₃); **d)** Blüte (von unten nach oben): warziger, unterständiger Fruchtknoten, 2 (von 3) grüne Kelchblätter, 2 (von 3) lanzettliche Kronblätter (orange), 3 breite, flügelartige Staminodien (gelb), zurückgerolltes Staminodium (Labellum), an der Spitze eingerolltes, bandartiges Staubblatt mit seitlich ansetzender, verdrehter Theke, in der Mitte petaloider Griffel mit behaarter Narbenfläche (× 1). **3.** *Canna generalis:* **a)** Hälfte des Blütengrundes (× 1); **b)** Querschnitt durch Fruchtknoten (× 2); **c)** warzige Früchte (× ²/₃); **d)** Querschnitt durch eine Frucht (× ²/₃).

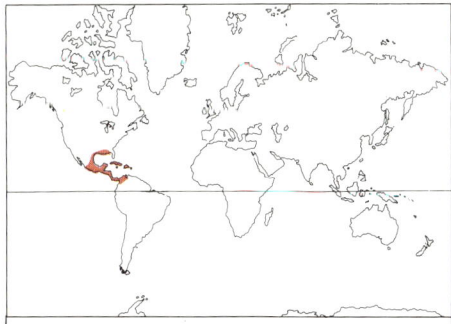

Gattungen: 1
Arten: 30 bis 55
Verbreitung: tropisch und subtropisch, in Mittelamerika und auf den Westindischen Inseln
Nutzwert: Queensland-Arrowroot wird für den Handel angebaut; zahlreiche Zierpflanzen (Blumenrohr) für Gewächshäuser und tropische Gärten

Blattstiele umscheiden den Stengel; ein Blatthäutchen fehlt.
Die großen, asymmetrischen, zwitterigen Blüten stehen in razemösen Blütenständen mit Tragblättern. Die Blütenhülle umfaßt 3 freie, dachige, meist grüne Kelchblätter und 3 ähnliche Kronblätter, die aber schmäler und am Grund verwachsen sind. Eines davon ist meist kleiner als die anderen. Die Kronblätter sind mit der Staubblattsäule verwachsen. Diese besteht aus 4 bis 6 vorwiegend sterilen, kronblattartigen und lebhaft gefärbten Staubblättern, die den auffälligsten Teil der Blüte bilden. Im wesentlichen stehen die Staubblätter in 2 Kreisen, von denen der äußere aus 3 petaloiden Staminodien besteht. Das größte von ihnen (Labellum) ist zurückgeschlagen und aufgerollt. Der innere Kreis enthält 2 Staminodien und ein freies, kronblattartiges, fruchtbares Staubblatt, das am Rande einen halben Staubbeutel trägt. Der aus 3 verwachsenen Fruchtblättern bestehende Fruchtknoten ist unterständig. Jedes der 3 Fächer birgt je 2 Reihen von zahlreichen, zentralwinkelständigen Samenanlagen. Der einzige, petaloide Griffel überragt meist die Staubblattröhre. Die Frucht ist eine warzige, zuweilen nicht aufspringende Kapsel und enthält viele kugelige Samen.
Systematik: Die schwankende Artenzahl von *Canna* spiegelt die unterschiedlichen Auffassungen verschiedener Botaniker wider. Zu den Richtlinien für die Gattungseinteilung gehören die Form der Laub- und Blütenhüllblätter, Länge der Staubblattröhre und Zahl und Form der Staminodien.
Die Familie gehört der gleichen Ordnung an wie die Familien der Bananen (Musaceae), des Ingwers (Zingiberaceae) und der Pfeilwurz (Marantaceae). Mit ihnen teilt sie Merkmale wie zygomorphe Blüten, Verringerung der Zahl funktionsfähiger Staubblätter, unterständigen Fruchtknoten und Samen mit wenig Endosperm. Sie unterscheidet sich von den eng verwandten Zingiberaceae durch das Fehlen des Blatthäutchens und die Asymmetrie der Blüten.
Nutzwert: *Canna edulis* ist eine Art von beträchtlicher wirtschaftlicher Bedeutung. Aus ihren Rhizomknollen gewinnt man ein Stärkemehl, bekannt als Queensland-Arrowroot. Im Pazifik und in Teilen Asiens wird sie als Nahrungsmittel, in Australien für den Handel angebaut. Die Stärke ist leicht verdaulich und deshalb als Kranken- und Kindernahrung gut geeignet. Die Rhizome einiger anderer Arten, *C. bidentata*, dienen manchmal während Hungersnöten als Nahrung, während diejenigen von *C. gigantea* und *C. speciosa* medizinische Eigenschaften aufweisen. Einige Arten, ganz besonders *C. indica* (Blumenrohr), wurden zu Zierpflanzen für geheizte Gewächshäuser der gemäßigten Zonen oder für tropische Gärten entwickelt. S.R.C.

MARANTACEAE. 1. *Calathea villosa:* **a)** Blatt mit Scheide, Stiel und Spreite (× ²/₃); **b)** Blütenstand, Blüten in den Achseln grüner Hochblätter (× ²/₃). **2.** *C. concolor:* **a)** Blüte, bestehend aus verwachsenen Kelchblättern, 3 ungleichen Kronblättern, petaloiden Staminodien, einem petaloiden Staubblatt mit fruchtbarer Theke und einem Griffel (× 1); **b)** oberer Teil einer Blüte, aufgeschnitten (× 1). **3.** *Stromanthe sanguinea:* **a)** oberes Blatt und Blütenstand (× ²/₃); **b)** Blüte (× 2); **c)** aufgeschnittene Blüte (× 3). **4.** *Maranta arundinacea:* **a)** Trieb mit Blättern und Blütenstand (× ²/₃); **b)** Knolle (× ²/₃); **c)** Blüte (× 1); **d)** petaloide Staminodien, fruchtbares Staubblatt und Griffel (× 1¹/₃); **e)** Querschnitt durch einfächerigen Fruchtknoten (× 3); **f)** Frucht (× 2).

MARANTACEAE *Pfeilwurzgewächse*

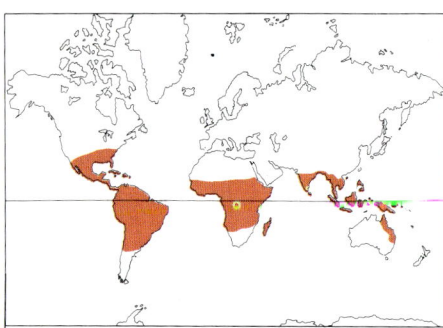

Gattungen: 30
Arten: rund 350
Verbreitung: hauptsächlich tropisch, besonders in Amerika
Nutzwert: Pfeilwurz (*Maranta arundinacea*), Blüten und Knollen der *Calathea*-Arten werden gegessen, Blätter lokal zum Dachdecken und Korbflechten verwendet; viele sind Warmhaus-Zierpflanzen (*Calathea* und *Maranta*)

Zu dieser kleineren Familie tropischer Stauden gehören mehrere nützliche Arten, so die Pfeilwurz (*Maranta arundinacea*).

Verbreitung: Die meisten der 30 Gattungen sind im tropischen Amerika einheimisch, 7 in Afrika und 6 in Asien.

Merkmale: Die Pflanzen bilden meist unterirdische Rhizome oder Knollen aus. Die Blätter stehen in 2 Zeilen; die Blattstiele sind am Grunde scheidig. Die schmale oder breite Blattspreite besitzt parallele Fiedernerven, die von der Mittelrippe abgehen. Der Blattstiel kann geflügelt sein; an der Stelle, wo er in die Spreite übergeht, ist er gewöhnlich zu einem sog. Pulvinus verdickt – ein Gewebe, das auf Reize wie ein Gelenk mit Blattbewegungen reagiert.

Der Blütenstand ist eine Ähre oder Rispe und trägt meist spatha-artige Hochblätter. Die nicht sehr auffälligen asymmetrischen und zwitterigen Blüten besitzen meist einen äußeren Kreis aus 3 freien Kelchblättern und einen inneren aus 3 deutlich petaloiden Blättern, die mehr oder weniger zu einer Röhre verwachsen sind. Das Androeceum ist der Krone eingefügt und besteht aus einem einzigen fruchtbaren Staubblatt (meist petaloid und mit einer einzigen Theke). Andere Staubblätter fehlen oder sind auf verschiedene Weise zu kronblattartigen Staminodien umgebildet. Der aus 3 verwachsenen Fruchtblättern bestehende Fruchtknoten ist unterständig und drei-

oder einfächerig (2 Fächer können verkümmern) mit je einer grundständigen, aufrechten Samenanlage. Es gibt einen einzigen Griffel. Die Frucht ist entweder fleischig oder eine fachspaltige Kapsel. Die Samen zeigen einen Arillus und enthalten reichlich mehliges Perisperm.

Systematik: Die Gattungen können auf 2 Tribus verteilt werden, die PHRYNIEAE (Fruchtknoten dreifächerig) und MARANTEAE (Fruchtknoten einfächerig). Zu den Phrynieae gehören Gattungen wie *Calathea* (ein Staminodium), *Marantochloa* (2 Staminodien und abfallende Hochblätter) und *Phrynium* (2 Staminodien und bleibende Hochblätter), zu den Maranteae *Ischnosiphon* (bleibende Hochblätter), *Thalia* (ein äußeres Staminodium) und *Maranta* (2 auffällige, äußere Staminodien). Die Marantaceae sind eng mit den Musaceae, den Zingiberaceae, den Cannaceae und den Strelitziaceae verwandt. Diese Familien haben genügend vegetative und Blütenmerkmale gemeinsam, um in die gleiche Ordnung (Zingiberales) eingereiht zu werden. Mit ihrer extremen Reduktion der Staub- und Fruchtblätter sind die Marantaceae die am stärksten abgeleitete Familie dieser Sippe.

Nutzwert: Die wirtschaftlich wichtigste

Gattung ist *Maranta.* Westindisches Arrowroot oder Marantastärke wird durch Zerreiben und Auswaschen der 0,5 bis 0,25 m langen Rhizome von *Maranta arundinacea* gewonnen. Wegen dieses Stärkemehls wird die Art auf den Westindischen Inseln und im tropischen Amerika für den Handel angebaut. Da es leicht verdaulich ist, eignet es sich für Schondiäten. Aus den zähen und dauerhaften Blättern von *Calathea discolor* werden wasserfeste Körbe hergestellt; diejenigen von *C.lutea* (Karibik und Mittelamerika) braucht man zum Decken von Häusern. Die Blüten zweier mexikanischer Arten, *C.macrosepala* und *C.violacea,* werden gekocht und als Gemüse gegessen. Die Knollen der Westindischen Art *C.allouia* sind ebenfalls eßbar. Wegen ihres Blattwerks werden einige Arten von *Calathea* (Marante) und *Maranta* (Pfeilwurz) als Zimmerpflanzen gezogen.   S.R.C.

ARECIDAE

ARECALES *Palmenartige*

PALMAE *Palmen*

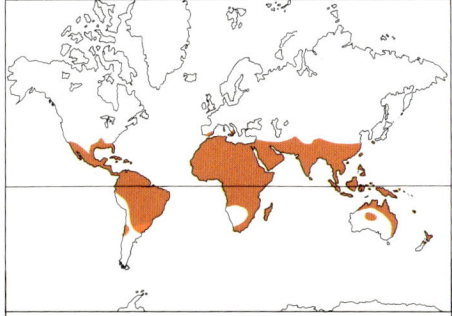

Gattungen: etwa 212
Arten: etwa 2780
Verbreitung: hauptsächlich tropisch, einige subtropisch und wenige Vorposten in gemäßigten Breiten
Nutzwert: die wichtigsten Erzeugnisse sind Kokosnuß, Kopra, Datteln, Sago, Palmkernöl, Fasern (z.B. Coïr, Raphiabast); viele Arten werden als Zierpflanzen gezogen

Die Palmae (Arecaceae) sind eine natürliche und alte Pflanzengruppe. Unter den Monocotyledonen haben nur die Orchidaceae, Gramineae und Liliaceae mehr Gattungen und Arten, und in den feuchten Tropen, welche die Palmen bevorzugen, können sich nur die Orchideen an Schönheit mit ihnen messen.
Verbreitung: Palmen sind hauptsächlich tropisch und besiedeln alle Standorte, von den immerfeuchten Tiefland-Regenwäldern bis in die Wüsten und von den Mangrovesümpfen bis zu den Dickichten hoher Gebirge. Es gibt einige wenige Vorposten in subtropischen und gemäßigten Gebieten, z.B. die europäische Art, *Chamaerops humilis,* die 44° nördlicher Breite erreicht. Fast alle Palmen haben eine einzige Scheitelknospe. Wenn diese erfriert, stirbt die ganze Pflanze. Nur wenige Arten haben diesen Nachteil überwunden durch die Fähigkeit, sich zu verzweigen. *Trachycarpus* wächst noch auf 32° nördlicher Breite im Himalaja in einer Höhe von 2400 m, wo vom November bis März Schnee liegt; *Serenoa* gedeiht auf 30° nördlicher Breite in Nordamerika. Die Verbreitung der Palmen ist auffallend ungleichmäßig. In Afrika sind 16 Gattungen und 116 Arten heimisch. Das steht in klarem Gegensatz zu den 29 Gattungen und 132 Arten der nahe gelegenen, aber viel kleineren Inseln des Indischen Ozeans (Maskarenen, Komoren und Madagaskar). Die Neue Welt beheimatet 64 Gattungen und 857 Arten, die meisten davon in Südamerika. Die östlichen Tropen sind mit 97 Gattungen und 1385 Arten bei weitem das palmenreichste Gebiet. Man vermutet, daß die Palmenarmut Afrikas (auf dem ganzen Kontinent wachsen weniger Palmenarten als auf der Insel Singapur) das Ergebnis der Trockenzeiten im Pleistozän ist, während welcher die Fläche von feuchten Standorten erheblich verringert wurde. Bemerkenswert ist die Tatsache, daß fast alle Palmen auf jeweils eines der 4 oben erwähnten Gebiete beschränkt sind. Ausnahmen bilden die Dattelpalme (*Phoenix dactylifera*) und die Kokospalme (*Cocos nucifera*), die beide weitverbreitet kultiviert werden, und 2 andere Arten, die sowohl in Afrika als auch auf den Inseln des Indischen Ozeans vorkommen. Sogar für die Gattungen gilt diese Regel. Nur die Weinpalme (*Raphia*) und die Ölpalme (*Elaeis*) überbrücken den Atlantik, und 4 Gattungen sind Afrika und Asien gemeinsam (*Borassus, Calamus, Hyphaene* und *Phoenix*).
Merkmale: Die Wuchsform der Palmen ist bezeichnend. Ein typisches Beispiel ist die Kokospalme mit ihrem einzigen, unverzweigten Stamm, der einen endständigen Schopf von federartigen Blättern, achselständige Blütenstände und eine große Menge schlanker Wurzeln trägt, die beständig erneuert werden. Die Familie als Ganzes ist sehr mannigfaltig, weniger jedoch in den jetzt anerkannten, natürlichen Gruppen. Der Stamm hat kein sekundäres Dickenwachstum (der Keimling bildet vor Beginn des Längenwachstums einen verkehrten Kegel aus, der die endgültige Dicke des Stammes bereits erreicht. Er wird von vielen, kleinen, getrennten Gefäßbündeln mit harten, faserigen Scheiden durchzogen. Diese sind mehr oder weniger gleichmäßig verteilt (wie bei der Kokospalme) oder zur Oberfläche hin gehäuft (dann sind die Stämme stahlhart, doch lassen sich daraus harte, federnde Bretter schneiden). Die Oberfläche ist oft von ringförmigen Blattnarben gezeichnet. Verzweigung kommt sehr selten vor und ist in den meisten Fällen gabelig — eine Ausnahme bei Blütenpflanzen. Die Scheitelknospe ist durch Blattbasen oder Dornen gut geschützt. Ihr Gewebe kann sogar giftig sein. Das Gefäßsystem mit Hauptbündeln auch in der Mitte des Stammes ist für Monocotyledonen kennzeichnend und von der Anordnung der Gefäße bei den Dicotyledonen grundsätzlich verschieden.
Monocotyle Bäume haben etliche Merkmale gemeinsam: Wenige große Blätter mit breitem, scheidigem Grund werden nacheinander an der Stammspitze gebildet. Das junge, noch gefaltete Blatt steht aufrecht wie ein Schwert in der Mitte des Schopfes. Das Palmblatt ist komplizierter gebaut als dasjenige anderer Monocotyledonen. Die Spreite ist plikat (fächerartig gefaltet). Die Falten liegen bei den Fiederpalmen mehr oder weniger senkrecht zu beiden Seiten längs der Mittelrippe, bei den Fächerpalmen sind sie strahlig um eine gestauchte Mittelrippe angeordnet. Bei wenigen Arten beider Typen sind die Spreiten nicht zerschlitzt (z.B. *Licuala grandis, Verschaffeltia splendida*). Die Falten bilden sich, während das Blatt in der Knospe wächst. Sobald das Blatt sich aus der Knospe schiebt, entwickeln sich «Gelenke» (Pulvini), die die gefalteten Fiedern in ihre endgültige Stellung bringen. Die Fiedern sind ein- oder mehrfach gefaltet und lineal, fischschwanzförmig, spitz oder wie ausgebissen. Vor dem Auswachsen des Blattes teilen sich oft die Oberflächenzellen und bilden sehr komplizierte, aber schöne Haare oder Schuppen. Diese lose Oberflächenschicht wirkt während der Entwicklung des Blattes wie ein Schmiermittel. Große Fächerblätter mit kurzer, massiver Mittelrippe stehen zwischen dem Feder- und dem Fächertyp. Ein wichtiger Unterschied besteht zwischen Blättern mit V-förmig (eingeschlagenen Fiederhälften) und ∧-förmig gefalteten (zurückgeschlagenen Fiederhälften) Fiedern. Die ersteren haben niemals eine Endfieder, die letzteren immer. Fast alle Fächerblätter zeigen zurückgeschlagene Fiederhälften. Die Blätter sind von sehr verschiedener Größe. *Raphia fainifera* hat das größte Blatt aller Blütenpflanzen; es wird gelegentlich über 20 m lang.
Die Blütenstände der Palmen sind sehr verschiedenartig, von riesigen Rispen (*Calamus*) oder baumartigen Formen mit an die 250 000 Blüten bis hinunter zu einfachen Ähren. Sie stehen gewöhnlich seitlich im oder unter dem Blattschopf; gelegentlich sind sie endständig (*Corypha, Metroxylon*). Bäume mit endständigen Blütenständen sind hapaxanth, speichern in ihrem Stamm Stärke und brauchen diese in einem gewaltigen Fortpflanzungsschub auf; danach stirbt die ganze Pflanze. Die caryotoiden Palmen bilden die seitlichen Blütenstände meist in absteigender Reihenfolge, und der Stamm stirbt von oben nach unten ab.
Die Blüten sind zwitterig oder eingeschlechtig und ein- oder zweihäusig verteilt. Bei einigen Arten sitzen die zwitterigen und eingeschlechtigen Blüten an der gleichen Pflanze (polygam). In der Regel sind die Blüten dreizählig. Die 3 freien oder

verwachsenen Kelchblätter können sich dachig decken. Die 3 freien oder verwachsenen Kronblätter decken sich in den weiblichen Blüten dachig und in den männlichen klappig. Die Staubblätter stehen in 2 Kreisen zu je 3 Gliedern, und die Staubbeutel bestehen aus 4 Pollensäcken. Die Staubbeutel öffnen sich mit Längsrissen. Der oberständige Fruchtknoten besteht aus 3 freien (chorikarp) oder verwachsenen (synkarp) Fruchtblättern. Sind sie verwachsen, so ist der Fruchtknoten ungefächert oder dreifächerig. Jedes Fach enthält 3 (manchmal eine) aufrechte oder hängende, anatrope (selten halb anatrope oder aufrechte) Samenanlagen. Der Fruchtknoten ist in männlichen Blüten verkümmert oder fehlt ganz. *Cocos*, *Elaeis* und *Phoenix* zeigen Anpassungen an Windbestäubung, *Bactris* und *Johannesteijsmannia* an Bestäubung durch Käfer oder durch andere Insekten. Zahlreiche Staubblätter (z. B. *Phytelephas*) oder andere Teile können Abwandlungen darstellen, die eine Beköstigung der Insekten ermöglichen. Die Blüten halten in der Regel nur einen Tag oder weniger. Die Pollen sind monocolpat.

Die Früchte sind sehr verschieden groß und meist einsamige Beeren oder Steinfrüchte. *Lodoicea* (Seychellenpalme) besitzt die größten Samen, die es überhaupt gibt. Die Fruchtoberfläche ist sehr oft glatt; sie kann aber auch warzig oder mit schönen, regelmäßig angeordneten Schuppen bedeckt sein. Das Mesokarp ist fleischig oder trocken und faserig, das Endokarp meist dünn. Viele Früchte sind lebhaft gefärbt, und fast alle öffnen sich nicht. Die Samen sind dem Endokarp oft fest angewachsen. Das Nährgewebe ist Endosperm; es ist eher ölig oder fettig als stärkehaltig und manchmal äußerst hart. In solchen Fällen ist es als Vegetabilisches Elfenbein bekannt, das für Schnitzereien (früher für Knöpfe) Verwendung findet. Bei der Keimung bleibt das Keimblatt — wie bei den Monocotyledonen üblich — unter der Erde, oft sogar als Haustorium in der Samenschale.

Systematik: Die Palmen könnten ohne Bedenken als eine Gruppe von Familien betrachtet werden, obwohl man sie in der Regel als eine einzige Familie behandelt.

PALMAE. 1. *Livistona rotundifolia*: Teil eines Zweiges mit Schließfrüchten (× 2/3). 2. *Corypha umbraculifera*: Habitus (zu beachten ist der mächtige, endständige Blütenstand). 3. *Elaeis guineensis*: Längsschnitt durch eine Frucht mit dem einzigen Samen. 4. *Arenga westerhoutii*: a) Längsschnitt durch eine Frucht mit 2 Samen (× 2/3); b) Frucht (× 2/3). 5. *Roystonea regia*: Habitus. 6. *Chamaedorea geonomiformis*: eine kleine, rohrartige Palme mit männlichen Blütenständen. 7. *Caryota mitis*: doppelt gefiedertes Blatt (× 2/3). 8. *C. cumingii*: a) männliche Blüte mit 3 Kelchblättern, 3 Kronblättern und 6 Staubblättern (× 6); b) weibliche Blüte (× 5). 9. *Raphia vinifera*: schuppige Frucht, ein bezeichnendes Merkmal der lepidocaryoiden Linie (× 2/3). 10. *Chamaedorea fragrans*: männlicher Blütenstand (× 2/3). 11. *Corypha umbraculifera*: Zwitterblüte (× 6). 12. *Hyphaene thebaica*: Habitus (die Verzweigung ist für Palmen ungewöhnlich). 13. *Phoenix sp.*: Querschnitt durch ungefächerten Fruchtknoten mit einer einzigen Samenanlage (× 6).

Mit Palmen zu arbeiten ist schwierig; sie wurden wenig gesammelt und lassen sich nicht in ein Herbarium pressen. Deshalb wurden sie von den Systematikern etwas vernachlässigt. Sie sind in höchstem Maß eine Pflanzengruppe für Feldbotaniker, für die sie eine eigentliche Herausforderung darstellen.

Klassische Einteilungen dieser großen Familie werden den natürlichen Verwandtschaften nicht ganz gerecht. Kürzlich wurde eine überarbeitete Unterteilung in 15 natürliche Gruppen vorgeschlagen, die 5 stammesgeschichtlichen Linien angehören.

CORYPHOIDE LINIE

Die 3 Gruppen dieser Linie enthalten alle Gattungen mit eingeschlagenen Fiederhälften (ausgenommen die caryotoide Linie), alle Fächerpalmen (mit Ausnahme zweier lepidocaryoiden) und 14 der 15 chorikarpen Gattungen, von denen viele auch Zwitterblüten besitzen.

CORYPHA-ÄHNLICHE: umfassen die zweifellos ursprünglichsten Palmen, mit stark verzweigten Blütenständen, zwitterigen Blüten und sehr primitiven Gefäßen (*Trithrinax*-Verwandtschaft). Große Gruppe (32 Gattungen, 300 Arten) mit sehr unterschiedlichem Blütenstands- und Blütenbau und freien oder verwachsenen Fruchtblättern. Chromosomenzahl immer n = 18. Viele Gattungen mit lebhaft gefärbten Früchten, offensichtlich eine Anpassung an Ausbreitung durch Vögel.

PHOENIX-ÄHNLICHE: Einzige Gattung: *Phoenix*; klar mit den *Corypha*-Ähnlichen verwandt, aber Fiederblätter mit eingeschlagenen Fiederhälften, eine einmalige Erscheinung, zweihäusig und Geschlechter etwas verschieden. Blüten wahrscheinlich windbestäubt. *Phoenix* kommt in Afrika und Asien vor, hauptsächlich an trockenen Standorten, doch findet man verschiedene Arten in Sümpfen und 2 von ihnen in der Mangrove, eine Art auf Kreta.

BORASSUS-ÄHNLICHE: 6 Gattungen mit 56 Arten stärker spezialisierter Palmen, klar mit den *Corypha*-Ähnlichen verwandt und von solchen abstammend. Zweihäusig mit kräftigen Blütenständen und dimorphen Blüten, die oft in Gruben der Achse versenkt sind, Blätter groß mit kurzer Mittelrippe. Chromosomenzahl n = 18, 17 oder 14. Fruchtwand oder korkig. Auf die Alte Welt beschränkt. *Borassus* ist am wenigsten spezialisierte und am weitesten verbreitete Gattung (von Afrika und Madagaskar bis Indien, Neuguinea und möglicherweise Queensland). Andere Gattungen: *Latania* und *Lodoicea*.

LEPIDOCARYOIDE LINIE

Diese Gruppe hat ihren Namen von den einmaligen, sehr bezeichnenden, schuppigen Früchten. Zu ihr gehören fast alle Kletterpalmen, einschließlich die Rotang-Palmen (*Calamus*) sowie *Raphia*, die geheimnisvolle *Pigafetta*, die Sagopalme (*Metroxylon*) und als wichtige Gattungen der Neuen Welt *Mauritia* und *Mauritiella*. Fast alle sind am Stamm, an den Blattscheiden, den Blättern und im Blütenstand mit Dornen oder Stacheln ausgestattet. Die Blütenstände erscheinen in großer Vielfalt; der Blütenbau erfolgt nach einem einheitlichen Muster. Die Blüten sind zwitterig, die Pflanzen polygam, einhäusig oder zweihäusig. Die Früchte besitzen gewöhnlich eine fleischige Schicht, die süß bis sehr sauer schmeckt, wahrscheinlich ein Anlockungsmittel für Säugetiere und Vögel, welche die Früchte verschleppen. Die Chromosomenzahl ist n = 14. Diese große Gruppe (22 Gattungen, 664 Arten) ist hauptsächlich auf Gebiete zwischen 25° nördlicher und 25° südlicher Breite bzw. auf die feuchten Tropen beschränkt.

NYPOIDE LINIE

Die einzige, monotypische Gattung, *Nypa*, ist ein Bewohner salziger Küstensümpfe. Sie ist die einzige nicht *Corypha*-ähnliche Gattung mit chorikarpem Gynoeceum. Der Leitbündelverlauf der Fruchtblätter weicht von demjenigen aller anderen Palmen ab. Die Chromosomenzahl ist n = 17. *Nypa* ist die älteste bekannte Palme; die frühesten fossilen Nachweise stammen aus der oberen Kreide und sind somit 100 bis 110 Millionen Jahre alt. Damit ist sie eine der sieben ältesten bekannten Blütenpflanzen. Ihr gegenwärtiges Verbreitungsgebiet ist der Ferne Osten, aber Fossilien fanden sich auch in Europa (Eozän), was eine Verbreitung entlang dem früheren Tethysmeer bis nach Westafrika und Amerika anzeigt. *Nypa* ist sehr eigenartig und hat keine nahen Verwandten. Möglicherweise steht sie der arecoiden Linie näher als jeder anderen.

CARYOTOIDE LINIE

Diese Linie besteht aus 3 Gattungen mit 35 einhäusigen Arten. Bei einigen sind die Blätter doppelt gefiedert (*Caryota*), andere weisen fiedernervige Fiedern auf. Die Blüten sind eingeschlechtig. Bei den meisten Arten blühen die Blütenstände stammabwärts auf, worauf die Pflanze abstirbt. Die Früchte sind fleischig und enthalten oft unangenehme, feine Kristallnadeln. Trotzdem werden sie von Tieren ausgebreitet. Die Chromosomenzahl ist n = 5.

ARECOIDE LINIE

Diese umfaßt 9 Untergruppen. Mit 146 Gattungen und 1684 Arten gehören 68 % der bekannten Palmengattungen und 60 % aller Arten zu ihr.

PSEUDOPHOENIX: Diese Gattung mit 4 karibischen Arten ist die ursprünglichste Sippe dieser Linie. Sie trägt reichverzweigte Blütenstände, zwitterige Blüten und Früchte mit einem bis 3 Samen.

COCOS-ÄHNLICHE: 28 Gattungen und 583 Arten, darunter die bekannte Ölpalme (*Elaeis guineensis*) und die Kokospalme (*Cocos*). 24 Gattungen finden sich in Südamerika (einige wenige Kletterer), 2 auf den Westindischen Inseln, eine in Südafrika und *Cocos* ursprünglich wohl in Melanesien. Viele der weniger spezialisierten Arten paßten sich an kühlere, trockenere Klimate mit stärker ausgeprägten Jahreszeiten an. Früher wurde diese Gruppe als eigene Linie betrachtet. Tatsächlich aber steht sie den *Areca*-Ähnlichen sehr nahe. Der auffälligste Unterschied ist das knochenharte Endokarp mit 3 «Keimporen». Das einzige große Hochblatt des Blütenstandes (Spatha) ist bezeichnend, aber ein Merkmal, das auch andere arecoide Palmen besitzen. Die Blüten sind dimorph und stehen in Dreiergruppen; die Chromosomenzahl ist n = 15 oder 16.

ARECA-ÄHNLICHE: Im engeren Sinn ist dies eine weit verbreitete und große Gruppe (88 Gattungen, 760 Arten). Sie ist hoch entwickelt, weist eine große Spatha und auffallend dimorphe, in Dreiergruppen angeordnete Blüten auf. Die Chromosomenzahl ist n = 16 oder 18. Sie sind hauptsächlich auf die feuchten, tropischen Regenwälder beschränkt. 18 natürliche Gattungsgruppen können anerkannt werden. 10 Gattungen in Amerika, nur eine in Afrika, 19 auf den Inseln des Indischen Ozeans und 58 in den östlichen Tropen, unter denen die *Clinostigma*-Verwandtschaft eine sehr reiche Entwicklung auf Gattungsebene zeigt.

Die anderen Gruppen der arecoiden Linie sind die CEROXYLON-ÄHNLICHEN (Amerika, Indischer Ozean), CHAMAEDOREA-ÄHNLICHEN (Amerika, Indischer Ozean), IRIARTEA-ÄHNLICHEN (Amerika), PODOCOCCUS-ÄHNLICHEN (Afrika), GEONOMA-ÄHNLICHEN (Amerika) und PHYTELEPHAS-ÄHNLICHEN (Amerika).

Bei den primitiveren Palmen zeigt das Gynoeceum große Ähnlichkeit mit demjenigen ursprünglicher Ranunculales und Magnoliales (Dicotyledonen). Die Fruchtblätter sind kurz gestielt, balgartig gefaltet, mit nicht ganz geschlossener Bauchnaht und flächen- bis randständigen Samenanlagen. Innerhalb der Monocotyledonen haben die Palmen ursprüngliche Blüten; außerdem sind die Stämme holzig.

Die Verbreitung der 5 Linien und besonders der Gattungen mit ursprünglichen Merkmalen ist wie folgt: 13 der 15 Gruppen kommen in Südamerika und Afrika vor (wenn die fossile *Nypa* mitgerechnet wird); nur *Pseudophoenix* und die *Caryota*-Ähnlichen fehlen. Diese beiden Gebiete zeigen eine große Dichte primitiver Gattungen. Die östlichen Tropen sind zwar reicher, was hauptsächlich auf die beträchtliche Artbildung bei höherentwickelten Arecoiden und kletternden Lepidocaryoiden wie *Calamus* und *Daemonorops* zurückzuführen ist. Von besonderem Interesse sind 2 Gruppen der arecoiden Linie, nämlich die *Chamaedorea*-ähnlichen und die *Geonoma*-ähnlichen Palmen, die in Amerika und auf den Inseln des Indischen Ozeans heimisch sind.

Eine moderne Rekonstruktion der Lage der Kontinente in der Vergangenheit zeigt Südamerika und Afrika bis in die späte Jurazeit als eine einzige Landmasse, West-Gondwana, die dann durch das Aufreißen des Atlantiks geteilt wurde. Das Klima blieb durch das ganze Mesozoikum und das frühe Tertiär warm. Die damalige Umwelt könnte sich sehr gut als ein Vorteil für die Entwicklung der Palmen erwiesen haben. Die Befunde deuten darauf hin, daß sich Palmen in der Stammesgeschichte der Monocotyledonen wahrscheinlich sehr früh entwickelt haben. Schon allein das hohe Alter der Palmen (mit der hochentwickelten *Nypa*) läßt es möglich erscheinen, daß Monocotyledonen und Dicotyledonen einen getrennten Ursprung außerhalb der Angiospermen haben und sich also nicht eine Klasse aus der anderen entwickelte.

Nutzwert: Kokosnüsse und Datteln gehören für manche Länder zu den wichtigsten wirtschaftlichen Faktoren. Ein wichtiges Nebenprodukt der Kokospalme (*Cocos nucifera*) ist Kopra; Öl liefern die Ölpalme (*Elaeis guineensis*) und Arten von *Orbigyna*. Eine Hauptquelle für Kohlehydrate ist für viele in den Tropen lebende Menschen Sago, das aus dem Mark von Palmen der Gattung *Metroxylon* (Sagopalme) und einigen Arten anderer Gattungen (wie *Arenga* und *Caryota*) gewonnen wird. Ein anderes beliebtes Produkt, das aus manchen Palmen gewonnen wird, z. B. *Borassus* und *Caryota*, ist der Palmwein (Toddy). Durch Eindampfen erhält man daraus Palmzucker oder durch Destillieren den Grundstoff für die als Arrack bekannten Liköre.

Nicht nur als Nahrungsquelle sind Palmen wichtig; sie liefern auch nützliche Fasern. Von diesen sind zu erwähnen: Coïr, das aus der Faserschicht der Kokosnuß gewonnen wird, Raphiabast, den man durch Abziehen der Oberfläche von jungen Blattfiedern der Gattung *Raphia* erhält, und Piassave aus Blattscheiden oder Stämmen der südamerikanischen Arten *Leopoldinia piassaba* und *Attalea funifera*. *Caryota urens* liefert schwarze Borsten (Kitrol-Faser), die für Seile und Besen verwendet werden. Zur Herstellung von Rohrgeflecht ist das Spanische Rohr unschätzbar; es stammt hauptsächlich von *Calamus*-Arten.

Wachs erhält man von *Copernicia* (Carnauba-Wachs) und *Ceroxylon*. Das Vegetabilische Elfenbein von *Phytelephas*-Arten war einst ein wichtiger Rohstoff für Knöpfe und Ersatz für echtes Elfenbein. Betel-Nüsse von *Areca catechu* kaut man in Indien, Malesien und im tropischen Afrika.

Viele Palmen sind mit ihren schlanken, hohen Stämmen und dichten Schöpfen herrlicher Blätter ideale Zierbäume. Bemerkenswerte Beispiele sind die Königspalme (*Roystonea regia*), die auch bei uns bekannte Hanfpalme (*Trachycarpus fortunei*), *Jubaea spectabilis* (*J. chilensis*) und die Zwergpalme (*Chamaerops humilis*).　　　　T.C.W.

CYCLANTHALES

CYCLANTHACEAE *Scheinpalmen*
Die Cyclanthaceae sind eine kleine Familie von stengellosen Stauden und Kletterpflanzen, die besonders wegen ihrer Blätter, aus denen die Panamahüte gemacht werden, bemerkenswert sind.

Verbreitung: Die Familie ist auf den Westindischen Inseln und im tropischen Amerika einheimisch.

Merkmale: Die Pflanzen haben nur Rhizome (ohne oberirdische Stengel) oder etwas verholzte, kletternde Stengel. Einige wenige Arten sind teilweise epiphytisch. Ein Merkmal der Familie ist der farblose oder weiße Saft in allen Geweben. Die Blätter sind zweizeilig oder spiralig angeordnet, deutlich palmenartig und meist sehr tief zweilappig, wobei jeder Lappen oft wiederum geteilt ist. Der Blattstiel setzt mit einem scheidigen Grund am Stengel an. 2 oder mehr auffällige (manchmal petaloide) nicht bleibende Hochblätter umhüllen seitliche Kolben, die einhäusig verteilte, dicht gedrängte Blüten tragen. Die eingeschlech-

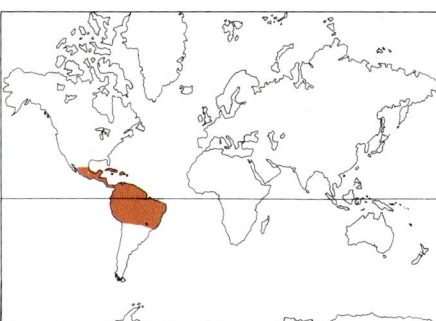

Gattungen: 11
Arten: 180
Verbreitung: Westindische Inseln und tropisches Amerika
Nutzwert: aus den Blättern werden Panamahüte gemacht; weniger wichtige Produkte sind Matten, Körbe, Bedachungen und Besen

tigen Blüten sind am Kolben entweder spiralig angeordnet, wobei jede weibliche Blüte von ungefähr 4 männlichen umgeben ist, oder männliche und weibliche Blüten stehen abwechselnd in Ringen übereinander. Die männlichen Blüten weisen eine kleine, becherförmige Blütenhülle mit Zähnen auf, die aber auch fehlen kann, ferner zahlreiche, am Grunde verwachsene Staubblätter, deren Filamente gegebenenfalls mit der Blütenhülle verwachsen sind. Den weiblichen Blüten fehlt die Blütenhülle; sie können auch aus 4 bleibenden, freien oder verwachsenen Blättern bestehen. Manchmal verwachsen die Hüllen mehrerer benachbarter Blüten. Zur Fruchtzeit sind sie vergrößert und hart. Die weiblichen Blüten besitzen zudem 4 kurze oder lange, fadenförmige Staminodien. Der Fruchtknoten, der aus 4 verwachsenen Fruchtblättern besteht, ist gewöhnlich oberständig, aber oft in die Kolbenachse eingesenkt. Zahlreiche Samenanlagen sitzen an einer apikalen oder 4 parietalen oder apikalen Plazenten in der ungefächerten Fruchtknotenhöhle. Eine bis 4 spreizende Narben sitzen auf dem Fruchtknoten oder an einem kurzen Griffel. Der fleischige Fruchtstand trägt einzelne oder verwachsene Beeren mit mehreren Samen. Eine fleischige Samenschale birgt einen winzigen, von reichlich Endosperm umgebenen Embryo.

Systematik: Aufgrund der Blütenstands- und Blattmerkmale kann die Familie in 2 Unterfamilien gegliedert werden:

CARLUDOVICOIDEAE: männliche und weibliche Blüten in spiralig angeordneten Gruppen, Blätter an der Spitze gespalten, fächerartig oder ungeteilt; *Carludovica, Schultesiophytum, Asplundia, Thoracocarpus, Evodianthus, Dicranopygium, Sphaeradenia, Stelestylis, Ludovia, Pseudoludovia*.

CYCLANTHOIDEAE: männliche und weibliche Blüten in getrennten, abwechselnden Ringen (oder manchmal teilweise spiralig), Blätter tief gespalten, mit gegabelter Hauptrippe; *Cyclanthus*.

Die Familie ist mit den Palmae, Pandanaceae und Araceae verwandt und zeigt in den stark vereinfachten, eingeschlechtigen Blüten eine beträchtliche, stammesgeschicht-

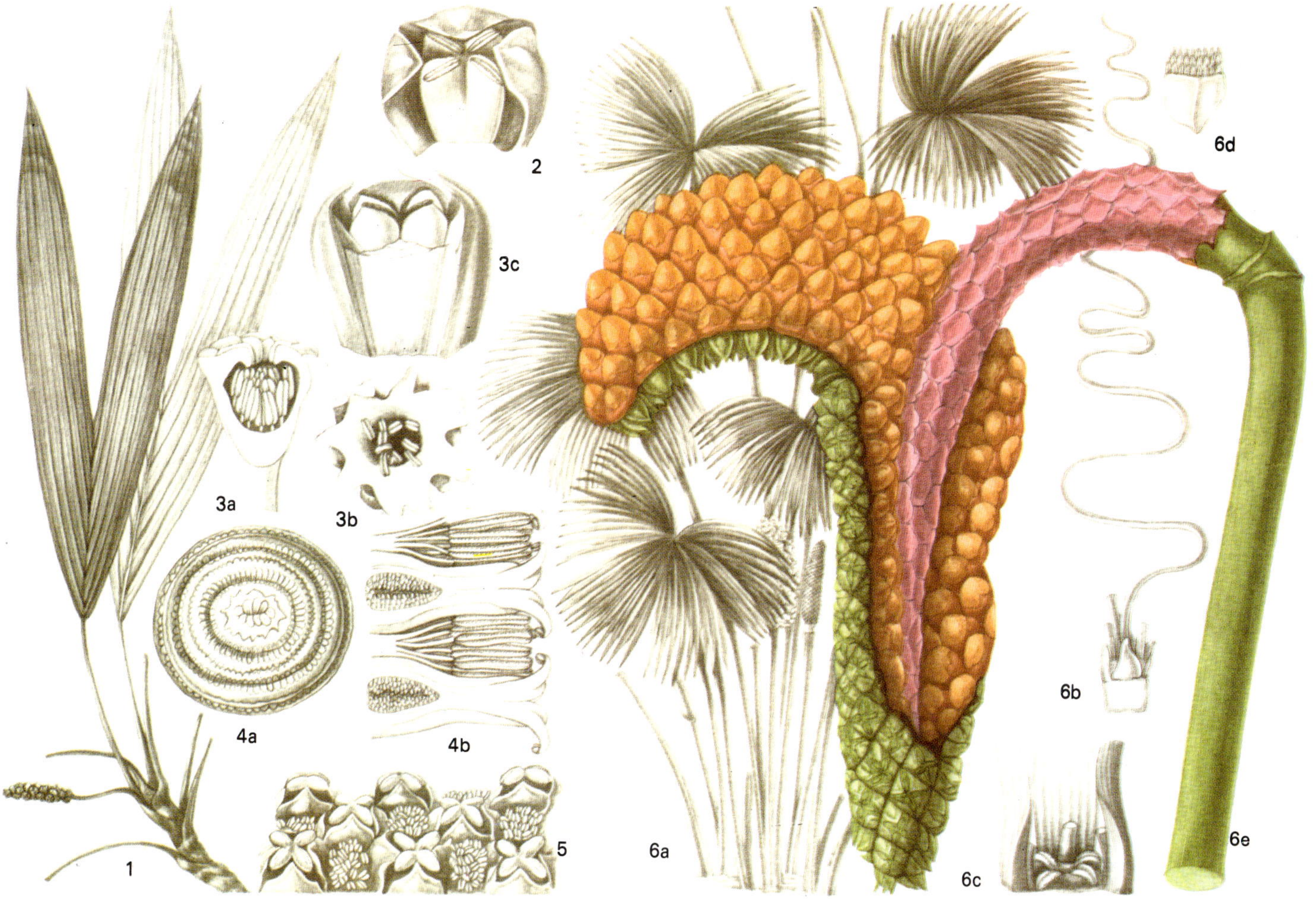

CYCLANTHACEAE. **1.** *Asplundia vagans:* Habitus (× ²/₃). **2.** *Stelestylis stylaris:* weibliche Blüte, ein Blütenhüllblatt entfernt (× 4¹/₂). **3.** *Evodianthus funifer:* **a)** halbierte, männliche Blütenknospe (× 4¹/₂); **b)** männliche Blüte (× 6); **c)** junge Frucht (× 4). **4.** *Cyclanthus bipartitus:* **a)** Kolbenspitze mit abwechselnden Ringen männlicher und weiblicher Blüten (× 1¹/₂); **b)** Schnitt durch Kolben mit männlichen und weiblichen Blüten (× 4). **5.** *Sphaearadenia chiriquensis:* Teil des Kolbens mit männlichen und weiblichen Blüten (× 2). **6.** *Carludovica rotundifolia:* **a)** Kolben und fächerförmige Blätter (× ¹/₁₂); **b)** weibliche Blüte (× 2); **c)** junge Frucht (× 4¹/₂); **d)** männliche Blüte (× 2); **e)** reifer Fruchtstand – die zusammenhängenden Beeren (orange) lösen sich von der Kolbenachse (rosa) (× ²/₃).

liche Weiterentwicklung. Man könnte sie als abgeleitete Gruppe von palmenartigem Habitus betrachten.

Nutzwert: Die wirtschaftlich wichtigste Art dieser Familie ist *Carludovica palmata,* deren junge Blätter zu Panamahüten verarbeitet werden. Ecuador allein exportiert mehr als 1 Million dieser Hüte pro Jahr. 5 bis 15 junge Blätter braucht es für einen einzigen Hut. Die älteren Blätter werden zur Matten- und Korbherstellung verwendet. Blätter von *C. angustifolia* liefern Dächer für die Hütten der Eingeborenen in Peru, und aus Blättern von *C. sarmentosa* werden in Guayana Besen hergestellt.   S.R.C.

PANDANALES
Schraubenpalmenartige

PANDANACEAE   *Schraubenpalmen*
Die Pandanaceae sind eine große Familie tropischer Bäume, Sträucher und Kletterpflanzen.
Verbreitung: Die Familie ist über die Tropen und Subtropen der Alten Welt verbreitet. Die meisten ihrer Vertreter bevorzugen Küsten- oder Sumpfgebiete.
Merkmale: Die hohen Stämme sind von Blattnarben bedeckt und verzweigt und

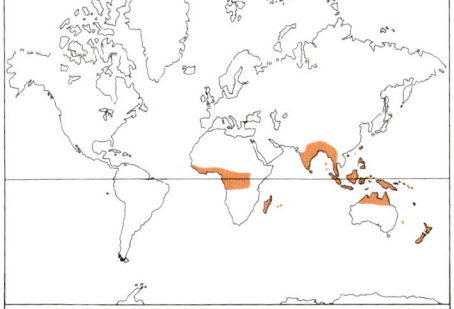

Gattungen: 3
Arten: rund 700
Verbreitung: Tropen und Subtropen der Alten Welt
Nutzwert: große, eßbare und stärkereiche Früchte; Blätter zum Korbflechten und Dachdecken verwendet, Stelzwurzeln für Tauwerk, Blüten für Parfüm; einige Zierpflanzen

werden gewöhnlich von Stelzwurzeln gestützt. Nur die Stammspitzen tragen Blätter in meist 3 schiefen Zeilen. Die Blätter sind lang und schmal, manchmal steif und schwertförmig oder in einigen Fällen fast grasartig.

Die eingeschlechtigen Blüten stehen in razemösen Kolben (ausgenommen *Sararanga*), der von einer manchmal lebhaft gefärbten Spatha umgeben ist. Sie sind zweihäusig verteilt und besitzen weder Kelch noch Krone. Die zahlreichen Staubblätter der männlichen Blüte stehen mit freien oder verwachsenen Filamenten in Büscheln. Staminodien sind in den weiblichen Blüten manchmal vorhanden. Die weibliche Blüte besitzt einen oberständigen Fruchtknoten, der gewöhnlich aus einem Kreis von vielen Fruchtblättern besteht; manchmal ist das Gynoeceum zu einer Reihe von Fruchtblättern oder gar auf ein einziges reduziert. Der Fruchtknoten ist ungefächert bis vielfächerig (je nach Verwachsungsgrad der Fruchtblätter). Jedes Fach enthält eine bis zahlreiche Samenanlagen an grundständigen oder parietalen Plazenten. Die Narben sind sitzend. Die Frucht ist eine Beere oder eine vielfächerige Steinfrucht; sie enthält kleine Samen mit fleischigem Endosperm und einem winzigen Embryo.

Systematik: Die Bäume und Sträucher der wichtigsten Gattung, *Pandanus* (ungefähr 600 Arten), tragen zapfenartige Fruchtstände, die einer Ananas gleichen. Die meisten Arten von *Freycinetia* (ungefähr 100) sind ausdauernde Kletterpflanzen mit dünnen Stengeln, die sich mittels Haftwurzeln

PANDANACEAE. **1.** *Pandanus minor:* **a)** zapfenartiger Fruchtstand (× ²/₃); **b)** 2 Früchte (× 1). **2.** *P. pygmaeus:* **a)** weibliche Blütenstände (× ²/₃); **b)** weiblicher Blütenstand mit Tragblatt (× ²/₃); **c)** Querschnitt durch weiblichen Blütenstand (× 1); **d)** weibliche Blüte mit sitzenden Narben, Fruchtknoten teilweise weggeschnitten, um die grundständigen Samenanlagen zu zeigen (× 4). **3.** *P. houlletii:* **a)** männliche Blütenstände und Tragblätter (× ²/₃); **b)** männliche Blüte – ein Kreis von Staubblättern mit verwachsenen Filamenten (× 6); **c)** aufreißender Staubbeutel (× 8). **4.** *P. kirkii:* **a)** Habitus – am Stammgrund Stützwurzeln (× ¹/₅₀); **b)** Fruchtstand (× ¹/₅). **5.** *Freycinetia angustifolia:* **a)** blühender Sproß mit schwertförmigen Blättern (× ²/₃); **b)** Fruchtknoten und Griffelgrund (× 16).

an der Stützpflanze verankern. *Sararanga* (2 Arten) unterscheidet sich von den beiden anderen Gattungen durch das Fehlen von Luftwurzeln und gestielte Blüten, die sich zu Steinfrüchten entwickeln.

Die Pandanaceae sind noch am engsten mit den Cyclanthaceae, Palmae, Araceae und Lemnaceae verwandt, doch ist diese Verwandtschaft ziemlich entfernt.

Nutzwert: Viele Arten der Gattung *Pandanus* (Schraubenpalmen) sind gute Nahrungsquellen; so liefert *Pandanus leram* eine große Frucht, die gewöhnlich in Wasser zu einem mehligen Brei gekocht wird. Auch *P.utilis* und *P.andamanensium* liefern eßbare, stärkereiche Früchte.

Die Blätter der häufigsten Art, *P.odoratissimus*, werden zur Bedachung oder zum Flechten benutzt, besonders die stachellose Varietät var. *laevis*. Diese Blätter werden zuerst getrocknet, geschlagen (um sie geschmeidig zu machen), in Wasser aufgeweicht und dann an der Sonne gebleicht. Fasern aus den Stützwurzeln werden für Seile und Bürsten verwendet. Die gleiche Art wird auch wegen ihrer Blüten gepflanzt, die zur Herstellung eines beliebten indischen Parfüms verwendet werden. Die wohlriechenden weißen Spathen des männlichen Blütenstandes werden in Wasser ge-

kocht; der Dampf wird in Sandelholz-Öl aufgefangen. Die duftenden Blätter des nie blühenden *P.odorus* sind in Malesien Bestandteil wohlriechender Kräutermischungen. Verschiedene Arten sind Zierpflanzen, besonders *Freycinetia banksii*, eine Warmhauspflanze aus Neuseeland, die meist an torfverkleideten Stützen emporgezogen wird, und *Pandanus veitchii* mit silberweißem Rand. M.C.D.

ARALES *Aronstabartige*

LEMNACEAE *Wasserlinsengewächse*

Die Lemnaceae sind eine Familie kleiner oder winziger Wasserpflanzen, die auf der Oberfläche oder untergetaucht schwimmen. Zu ihnen gehören die bekannten Wasserlinsen *(Lemna)*, die oft einen grünen Teppich über stehendem Wasser bilden, und die Gattung *Wolffia* (Zwerglinsen). Zu letzterer gehört die kleinste aller Blütenpflanzen.
Verbreitung: Man findet Vertreter der Familie in Süßgewässern der ganzen Welt.
Merkmale: Die Vereinfachung der vegetativen Teile geht so weit, daß die Unterscheidung zwischen Blatt und Stengel nicht mehr möglich ist. Pflanzen dieser Familie beste-

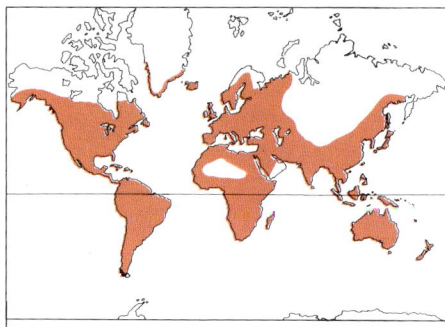

Gattungen: 6
Arten: etwa 43
Verbreitung: kosmopolitisch, im Süßwasser
Nutzwert: Nahrung für Fische und Wasservögel

hen aus äußerst einfach gebauten Sproßgliedern verschiedener Form. Einfache Wurzeln können vorhanden sein. Die Arten sind einhäusig (selten zweihäusig), und die Blüten sitzen in Taschen oder Scheiden. Eine weibliche und eine bis 2 männliche Blüten bilden den nackten oder von einer Spatha umgebenen Blütenstand. Die männliche Blüte besteht aus einem einzigen Staubblatt. Die weibliche Blüte hat einen

LEMNACEAE. 1. *Spirodela polyrhiza:* **a)** Pflanzen mit langen Nebenwurzeln und auffallenden Wurzelscheiden (× 2²/₃); **b)** Unterseite einer Pflanze (× 2²/₃); **c)** halbierte Pflanze (× 5²/₃). **2.** *Wolffia arrhiza:* **a)** schwimmende Pflanzen (× 26); **b)** Schnitt durch Pflanze mit Knospengrube und je einer männlichen und weiblichen Blüte in einer einzigen Vertiefung (× 52). **3.** *Lemna gibba:* **a)** Habitus (× 12); **b)** Längsschnitt durch Sproßglied (× 8); **c)** Blütenstand mit einer weiblichen und 2 männlichen Blüten in einer Spatha (× 20); **d)** aufgeschnittene Frucht (× 20); **e)** Querschnitt durch eine Frucht (× 20); **f)** Längsschnitt durch einen Samen (× 40). **4.** *L. minor:* Fruchtknoten, Wand teilweise entfernt (× 20). **5.** *L. trisulca:* **a)** Habitus (× 2¹/₃); **b)** Keimling (× 6); **c)** Frucht (× 26).

kurzen Griffel und einen ungefächerten Fruchtknoten mit einer bis 7 Samenanlagen. Die Frucht enthält einen bis mehrere glatte oder gerippte Samen mit geradem Embryo und fleischigem oder ohne Endosperm.

Systematik: Nur *Spirodela* und *Lemna* haben Wurzeln. *Spirodela* (kosmopolitisch, 6 Arten) unterscheidet sich von *Lemna* durch eine dorsale oder ventrale Schuppe an den Verzweigungsstellen, mehrere, manchmal viele Wurzeln und mehr als 3 deutliche Nerven (gewöhnlich 7 bis 15) am breiten, eiförmigen Sproßglied, dessen Unterseite durch Farbstoff enthaltende Zellen oft rot gefärbt ist. *Lemna* (kosmopolitisch, 15 Arten) besitzt keine Schuppen und nur eine Wurzel (manchmal keine), nur ein bis 3 Nerven; roter Farbstoff fehlt. Bei der *Wolffia*-Gruppe fehlen die Wurzeln, und die Gattungen unterscheiden sich stark voneinander. *Wolffia* und *Pseudowolffia* schwimmen an der Oberfläche, *Wolffiopsis* und *Wolffiella* untergetaucht. *Wolffia* (10 Arten in den Tropen oder in gemäßigtem Klima) hat kugelig verdickte Sproßglieder, während diese bei *Pseudowolffia* (3 Arten in Nord- und Zentralafrika) dünn und flach sind. Die Knospen entspringen einem linealen Querschlitz des Sproßglie-

des. Bei *Wolffia* ist diese Öffnung rund. *Wolffiopsis* besteht aus nur einer Art des tropischen Amerika und Afrika und gleicht *Wolffiella* mit 8 Arten und einer ähnlichen Verbreitung. *Wolffiopsis* wächst aber mit symmetrischen, rundlichen Sproßgliedern, *Wolffiella* mit schmalen, meist gekrümmten. *Wolffia arrhiza* ist die kleinste aller Blütenpflanzen. Einzelne Pflanzen sind mit bloßem Auge kaum zu sehen und werden gewöhnlich nur in größeren Mengen als grüner Schaum auf der Wasseroberfläche wahrgenommen. Ungefähr 12 blühende Pflanzen von *Wolffia arrhiza* könnten auf einem einzigen Sproßglied von *Lemna minor* untergebracht werden.

Die Lemnaceae sind mit den Araceae nah verwandt. Der Bau einer ausgewachsenen *Lemna* ist dem von Keimlingen der monotypischen, wasserlebenden Gattung *Pistia* (Araceae) sehr ähnlich, und es ist wahrscheinlich, daß sich *Lemna* durch Neotenie (ein Vorgang, bei dem die Geschlechtsreife im Jugendstadium eintritt) aus *Pistia*-artigen Vorfahren entwickelt hat.

Nutzwert: Es ist kein direkter Nutzen dieser Familie bekannt. Sie ist wichtig als Nahrung für Wasservögel und Fische. Im stehenden Wasser können einzelne Arten als Unkräuter auftreten. S.A.H.

ARACEAE *Aronstabgewächse*

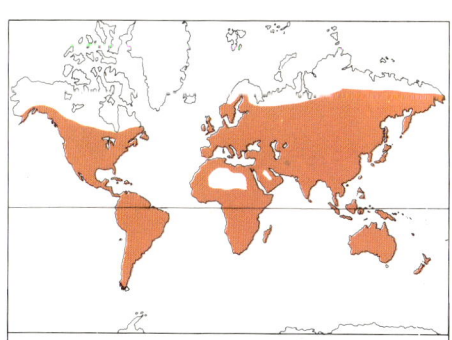

Gattungen: etwa 110
Arten: rund 2000
Verbreitung: hauptsächlich Tropen, mit einigen wenigen in gemäßigten Zonen
Nutzwert: mehrere Arten werden wegen ihrer eßbaren Stengelknollen angebaut; manche sind hübsche Zierpflanzen, vor allem die Kalla

Die große Familie der Aronstabgewächse zeigt bemerkenswerte Unterschiede im Habitus. Sie sind zur Hauptsache krautig und

1

2c

2b

2a

3a

3b

3c

3d

3e

4

haben oberirdische Stengel, unterirdische Knollen oder Rhizome; es gibt aber einige wenige holzige Arten. Die Araceae enthalten auch einige Kletterpflanzen und Epiphyten und sogar eine schwimmende Wasserpflanze *(Pistia)*.

Verbreitung: Die Familie ist pantropisch und mit nur wenigen Arten in den gemäßigten Zonen vertreten. Einige wachsen in Sümpfen.

Merkmale: Viele Arten enthalten einen farblosen oder milchigen Saft (Latex) und Kristallnadeln (Kalziumoxalat). Manche, z.B. die Arten der Gattung *Dieffenbachia*, sind giftig. Die Blätter können geteilt (selten gefiedert) sein; sie sind grundständig oder stehen an oberirdischen Stengeln. Die oft verbreiterten Spreiten sind streifen-, fieder- oder handnervig und stehen auf einem Stiel mit häutiger Scheide. Das Blatt von *Monstera deliciosa* (Fensterblatt) bekommt im Laufe seiner Entwicklung große Löcher.

Alle Arten haben Nebenwurzeln, und fast alle kletternden oder epiphytischen Formen entwickeln 2 Sorten von Wurzeln. Die eine ist zur Stoffaufnahme bestimmt und wächst nach unten der Erde zu, während die andere, von der Schwerkraft nicht beeinflußt, vom Licht wegwächst und sich in Borkenrissen des Stützbaumes festsetzt. Die Samen einiger Arten (z.B. von *Philodendron*) können mit Vogelkot an die oberen Zweige eines Baumes gelangen und dort keimen. Zuerst entstehen Klammerwurzeln, später unverzweigte Luftwurzeln, die nach unten hängend zur Erde wachsen. Viele Luftwurzeln entwickeln ein äußeres, Wasser aufnehmendes Gewebe, ähnlich demjenigen bei Orchideen. Auch einige echt epiphytische Arten von *Anthurium* (z.B. *A. gracile*) bringen beide Wurzeltypen hervor. Sie haben keine Verbindung zur Erde, und die stoffaufnehmenden Wurzeln gewinnen Wasser und Mineralsalze aus dem Humus, der sich am Stamm des Trägerbaumes ansammelt.

Der Blütenstand ist kennzeichnend für die Familie. Er besteht aus einem Kolben mit zahlreichen kleinen, zwitterigen oder eingeschlechtigen Blüten und einer großen, oft auffälligen und kronblattartigen Spatha, die jenen manchmal umhüllt. Sind die Blüten eingeschlechtig, stehen gewöhnlich beide Geschlechter am gleichen Kolben, die männlichen Blüten höher als die weiblichen.

Die Gattung *Arisaema* ist zweihäusig – eine Ausnahme. Die 4 bis 6 kleinen Blütenhüllblätter, die becherförmig verwachsen sein können, sind gewöhnlich nur bei den zwitterigen Blüten vorhanden. Die Zahl der Staubblätter schwankt zwischen einem bis 6, und diese sind oft miteinander verwachsen, wie bei *Colocasia*. Staminodien können in weiblichen Blüten vorhanden sein. Der Fruchtknoten ist oberständig oder in den Kolben eingesenkt, besteht aus einem bis zahlreichen Fruchtblättern und enthält meist ebensoviele Fächer mit einer bis zahlreichen anatropen, amphitropen oder atropen Samenanlagen an grundständigen, apikalen, zentralwinkelständigen oder parietalen Plazenten. Die Narben werden von verschiedenartigen Griffeln getragen; manchmal sitzen sie direkt auf dem Fruchtknoten. Die Frucht ist eine manchmal ledrige Beere mit einem bis vielen Samen.

Die Blütenstände vieler Aronstabgewächse verströmen einen ekelerregenden Geruch, der Aasfliegen anzieht. *Arum* zeigt einen hochentwickelten Bestäubungsmechanismus. Die Spatha umschließt den Blütenstand röhrig. Dieser trägt über den fruchtbaren Blüten einen Ring steriler Blüten, die die Röhre reusenartig verengen. An diesen vorbei fallen oder kriechen die Fliegen bis zum Grund. Die Insekten, welche mit Pollen einer anderen Pflanze des Aronstabs bedeckt sein können, krabbeln über die weiblichen Blüten im unteren Teil des Kolbens. Sie beladen sich auch mit Blütenstaub der später reifenden, männlichen Blüten. Schließlich welken die sterilen Reusenblüten, und die Fliegen können entkommen. Werden sie dann in einem anderen Blütenstand gefangen, kommt es zur Kreuzbestäubung.

Systematik: Die Systematik dieser sehr mannigfaltigen Familie ist schwierig, und es müssen dabei auch innere Merkmale hinzugezogen werden. Spezialisten haben die Gattungen auf verschiedene Weise zu Unterfamilien und Tribus geordnet. Beim einen System werden Unterschiede im Bau der Spatha und des Kolbens sehr betont, ebenso der Gegensatz von zwitterigen zu eingeschlechtigen Blüten und das Vorhandensein oder Fehlen einer Blütenhülle. Das andere dagegen ordnet die Gattungen nach dem Habitus, dem Vorhandensein oder Fehlen von Milchsaft, der Blattform und Einzelheiten des Blütenbaus. Zu den Gat-

tungen ohne Milchröhren und mit einem von zwitterigen Blüten ganz bedeckten Kolben zählt man *Anthurium*, *Acorus* und *Monstera*, wobei letztere keine Blütenhülle hat. Zu den Gattungen mit Milchsaft, einem von eingeschlechtigen Blüten ganz bedeckten Kolben und Samen mit Endosperm gehören *Philodendron* und *Zantedeschia*. Gattungen wie *Arum*, *Amorphophallus*, *Arisaema*, *Alocasia*, *Xanthosoma* und die meisten Arten von *Colocasia* enthalten Milchsaft und besitzen eingeschlechtige Blüten an einem Kolben, dessen oberer Teil unfruchtbar ist.

Die Familie ist mit den Lemnaceae verwandt und wird als Abkömmling lilienoder palmenartiger Vorfahren betrachtet.

Nutzwert: Wirtschaftlich ist die Familie von beträchtlicher Bedeutung. Die eßbaren Aronstabgewächse der Gattungen *Colocasia*, *Xanthosoma*, *Alocasia*, *Amorphophallus* und *Cyrtosperma* werden wegen ihrer stärkereichen Knollen vor allem als Grundnahrungsmittel angebaut. Der Anbau von *Colocasia* und *Xanthosoma* wird in einigen Ländern ebenfalls gewerbsmäßig betrieben. *Colocasia esculenta* (Taro) ist asiatischen Ursprungs und umfaßt viele Varietäten, von denen einige an Hochländer und gut entwässerte Gebiete angepaßt sind, andere an Überflutungen in Tiefländern. Die Knollen enthalten Kalziumoxalat-Kristalle, die durch Kochen oder Braten zerstört werden müssen. Die Stärkekörner sind klein und leicht verdaulich; deshalb sind sie als Säuglings- und Krankennahrung gut geeignet. Taya (*Xanthosoma sagittifolium*, *X. atrovirens* und *X. violaceum*) aus Südamerika ist nah mit *Colocasia* verwandt, aber fast alle Sorten haben größere Knollen mit groben Stärkekörnern. Die wichtigsten eßbaren Arten anderer Gattungen sind *Alocasia indica* und *A. macrorrhiza*, *Amorphophallus campanulatus* und *Cyrtosperma chamissonis*. Sie alle findet man hauptsächlich in Indonesien und auf den pazifischen Inseln. Der Fruchtstand von *Monstera* wird manchmal gegessen. *Acorus calamus* (Kalmus) gilt von alters her als Heilpflanze. Viele Gattungen enthalten Zierpflanzen; die bekanntesten sind *Monstera* (Fensterblatt, oft fälschlicherweise als «Philodendron» bezeichnet); *Philodendron* (Baumfreund), *Anthurium* (Flamingoblume), *Dracunculus* (Schlangenwurz) und die Kalla der Gärtner – *Zantedeschia aethiopica*.   S.R.C.

ARACEAE. **1.** *Philodendron verrucosum*: epiphytischer Sproß mit Klammerwurzeln (× ¹/₉). **2.** *Pistia stratiotes*: **a)** Habitus – schwimmende Blattrosette mit Blütenstand (× ²/₃); **b)** Blütenstand, von der Spatha umgeben (× 2); **c)** Längsschnitt durch Blütenstand, am Grunde eine einzige, weibliche Blüte mit gekrümmtem Griffel, darüber ein Quirl männlicher Blüten, jede mit einem Paar verwachsener Staubblätter (× 4). **3.** *Arum maculatum*: **a)** Blütenstand mit der von den Kolben umgebenden großen Spatha (× ²/₃); **b)** Blatt (× ²/₃); **c)** Blütenstand, Spatha aufgeschnitten (von unten nach oben): weibliche Blüten, männliche Blüten, verkümmerte, haarartige «weibliche» Blüten, Kolbenspitze ohne Blüten (× ²/₃); **d)** Fruchtkolben (× ²/₃); **e)** Fruchtknoten (× 4). **4.** *Anthurium andraeanum* var. *lindenii*: Spatha und Kolben mit Zwitterblüten auf der ganzen Länge (× ²/₃).

LILIIDAE

LILIALES   *Lilienartige*

PONTEDERIACEAE
Hechtkrautgewächse
Die Pontederiaceae sind eine kleine Familie von Süßwasserpflanzen, zu denen die Wasserhyazinthe *(Eichhornia)* gehört, wahrscheinlich das gefährlichste Unkraut der Gewässer überhaupt.

Verbreitung: Die Familie ist pantropisch. *Pontederia* (5 Arten), *Reussia* (2 Arten),

Zosterella (2 Arten) und die monotypischen *Hydrothrix* und *Eurystemon* sind auf die Neue Welt beschränkt. *Heteranthera* (10 Arten) und *Eichhornia* (7 Arten), kommen in der Neuen und der Alten Welt vor, und *Monochoria* (5 Arten) und die monotypische *Scholleropsis* sind Gattungen der Alten Welt.

Merkmale: Die Familie enthält einjährige und ausdauernde Arten; sie sind untergetaucht, schwimmen frei oder ragen über das Wasser empor. Die Stengel sind Rhizome,

PONTEDERIACEAE. 1. *Pontederia cordata* var. *lancifolia:* **a)** Blatt und Blütenstand mit umgebender Spatha (× ²/₃); **b)** Blüte (× 3); **c)** Gynoeceum (× 4); **d)** Querschnitt durch den Fruchtknoten (× 5); **e)** Längsschnitt durch den Fruchtknoten (× 5). **2.** *Heteranthera limosa:* **a)** Sproß mit Blüten (× ²/₃); **b)** Blüte (Blütenhülle entfernt), 2 Staubblätter mit kleineren Staubbeuteln als das dritte (× 2); **c)** Querschnitt durch den Fruchtknoten (× 3). **3.** *Eichhornia paniculata:* **a)** unterer Teil einer Pflanze mit Blattscheiden (× ²/₃); **b)** Blütenstand, jede Blüte mit auffälligem grün-weißem Saftmal am oberen Kronblatt (× ²/₃); **c)** aufgeschlitzte Blüte (× ¹/₃); **d)** Gynoeceum (× 3); **e)** langes Staubblatt (× 4); **f)** kurzes Staubblatt (× 6).

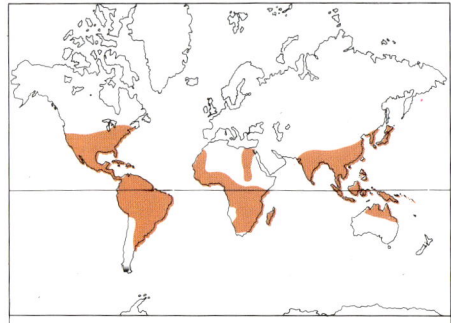

Gattungen: 9
Arten: 34
Verbreitung: pantropisch, im Süßwasser
Nutzwert: Zierpflanzen; eßbare Blätter; Unkräuter

ausläuferartig oder aufrecht und unverzweigt. In vielen Fällen werden sie von Blattscheiden umschlossen. Bei den frei schwimmenden Arten wie *Eichhornia crassipes* beruht die Schwimmfähigkeit auf dem Luftgewebe in aufgeblasenen Blattstielen. Die Blätter stehen meist zweizeilig oder rosettig und besitzen lanzettliche bis breit eiförmige oder herz- bis spießförmige Spreiten. Bei *Hydrothrix* sind sie vereinfacht, haarförmig und zu büscheligen Rosetten gehäuft. Ausdauernde Arten vermehren sich oft ungeschlechtlich durch Abgliederung von Sproßstücken.

Eine Spatha-artige Scheide umgibt den traubigen oder rispigen Blütenstand. Die oft prächtigen Blüten sind zwitterig, radiär oder selten zygomorph und blau, lila, gelb oder weiß. Die Blütenhülle besteht gewöhnlich aus 6 Blättern. Es gibt 3 bis 6 Staubblätter (selten eines). 3 Fruchtblätter bilden den oberständigen und gefächerten Fruchtknoten mit zahlreichen, zentralwinkelständigen Samenanlagen (zuweilen eine einzige). Der lange Griffel trägt eine ungeteilte oder schwach gelappte Narbe. Die Früchte sind Kapseln oder Nüsse. Letztere tragen eine knorpelige, längs gerippte Hülle, die aus dem verwachsenen Teil der Blütenhülle hervorgeht. Die Samen enthalten einen geraden Embryo und reichlich Endosperm.

Für eine so kleine Familie sind die Blüten erstaunlich verschieden gebaut. Die Gattungen *Eichhornia, Pontederia* und *Reussia* besitzen neben Arten mit Griffeln von 3 verschiedenen Längen (trimorph) auch solche, bei denen alle gleich lang sind (homomorph). Bei den trimorphen Arten gibt es 3 verschiedene Blütentypen: a) mit langem

Griffel und Staubbeuteln in 2 Stockwerken unterhalb der Narbe; b) mit einem mittellangen Griffel und einem Satz von Staubbeuteln oberhalb und einem unterhalb der Narbe; c) mit einem kurzen Griffel und Staubbeuteln in 2 Stockwerken oberhalb der Narbe. Die Pollenkörner aus Staubbeuteln verschiedener Stockwerke sind verschieden groß. Nach der Blüte zeigen Arten von *Eichhornia, Pontederia, Reussia* und *Monochoria* eine Krümmung ihrer Blütenstandsachse nach unten, und ihre Früchte reifen unter Wasser (Hydrokarpie). Einige Pontederiaceae zeigen eine interessante Blütenbiologie. Die über dem Wasser prächtig blühenden trimorphen Arten werden von Insekten bestäubt und tragen an ihrer Blütenhülle auffallende Saftmale. Zwischen der nordamerikanischen Population von *Pontederia cordata* und der kleinen Biene *Dufourea novae-angliae* gibt es eine enge Beziehung. Die Blüte der Pflanze fällt mit der Flugzeit der Biene zusammen, und es scheint, daß diese keine anderen Arten besucht.

Systematik: Die Pontederiaceae bilden, zusammen mit ihrer nächstverwandten Familie der Philydraceae, eine Randgruppe innerhalb der Liliales.

Nutzwert: Mit Ausnahme der als Zier-

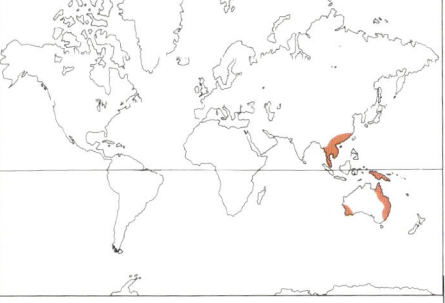

IRIDACEAE. 1. *Crocus flavus:* **a)** Habitus (× ²/3); **b)** Kapsel (× ²/3); **c)** Griffelspitze mit 3 Narben (× 4). **2.** *Crocus* sp.: Blüte mit aufgeschnittener Blütenhülle (× ²/3). **3.** *Gladiolus papilio:* **a)** Blütenstand (Ähre) (× ²/3); **b)** Querschnitt durch den dreifächerigen Fruchtknoten (× 2²/3). **4.** *G. melleri:* **a)** halbierte Blüte (× ²/3); **b)** Griffelspitze (× 3). **5.** *Iris laevigata:* **a)** Spitze des Rhizoms mit Blättern (× ²/3); **b)** Blütenstand, offene Blüte mit 3 zurückgekrümmten äußeren Perigonblättern, 3 aufrechten inneren («Domblättern») und 3 petaloiden Griffelästen hinter den Staubblättern (× ²/3); **c)** «Domblatt» (× 1); **d)** Staubblatt (× 1); **e)** petaloider Griffelast (× 1). **6.** *I. germanica:* Querschnitt durch den Fruchtknoten (× 2²/3). **7.** *I. foetidissima:* aufspringende Kapsel (× ²/3).

pflanzen gezogenen *Eichhornia crassipes* (Wasserhyazinthe) und *Pontederia cordata* (Hechtkraut) wird die Familie vom Menschen wenig genutzt. Einige Vertreter dieser Familie sind jedoch als Unkräuter in Gewässern von beträchtlicher wirtschaftlicher Bedeutung. Das am weitesten verbreitete und gefährlichste Unkraut ist die schon erwähnte Wasserhyazinthe. Andere sind Unkräuter in Reisfeldern, etwa *Heteranthera limosa* und *H. reniformis* (Vereinigte Staaten), *Reussia rotundifolia* und *Pontederia cordata* (Südamerika) und *Eichhornia natans* (Afrika). Die Blätter von *Monochoria*-Arten werden in Asien als Frischgemüse verwendet.　　S.C.H.B.

PHILYDRACEAE
Die Philydraceae sind eine kleine Familie in Südostasien, Neuguinea und Australien heimischer Stauden.
Die Pflanzen besitzen aufrechte, oberirdische Stengel, die einem unterirdischen Rhizom entspringen. Die Blätter sind lineal und mehr oder weniger grundständig. Die zwitterigen und zygomorphen Blüten stehen einzeln. Die Blütenhülle besteht aus 2 Kreisen mit je 2 freien Blättern. Das einzige Staubblatt trägt den Staubbeutel an einem abgeflachten Filament. Der oberständige

Gattungen: 4
Arten: 6
Verbreitung: Ost- und Südostasien, Malesien, Australien
Nutzwert: keiner bekannt

Fruchtknoten besteht aus 3 verwachsenen Fruchtblättern. Diese bilden eine einzige Höhlung mit parietaler oder 3 Fächer mit zentralwinkelständiger Plazentation. Die anatropen Samenanlagen sind zahlreich. Der Griffel ist ungeteilt. Die Frucht ist eine Kapsel mit zahlreichen endospermhaltigen Samen mit geraden Embryonen.
3 Gattungen, *Philydrum, Philydrella* und *Orthothylax*, sind monotypisch, während die vierte, *Helmholtzia*, 3 Arten umfaßt.

Die Philydraceae sind eng mit den Pontederiaceae verwandt, und beide Familien stehen etwas abseits vom Rest der Liliales.
Über eine wirtschaftliche Bedeutung der Familie ist nichts bekannt.　　S.R.C.

IRIDACEAE
Schwertliliengewächse
Die Iridaceae sind eine Familie von Stauden; zu ihnen gehören gärtnerisch wichtige Gattungen wie *Crocus, Freesia, Gladiolus* und *Iris* (Schwertlilien).
Verbreitung: Die Familie ist weltweit verbreitet, in tropischen wie auch in gemäßigten Gebieten; Südafrika, das östliche Mittelmeergebiet sowie Mittel- und Südamerika sind besonders reich an Arten.
Merkmale: Die meisten Iridaceae sind krautig und besitzen Speicherorgane, die entweder Knollen (z.B. *Gladiolus, Iris* spp.), Rhizome (so bei vielen *Iris*-Arten, *Sisyrinchium*) oder seltener Zwiebeln sind. Es gibt einige immergrüne Arten. Die Blätter sind meist schmal und lineal, von ziemlich zäher Beschaffenheit und sehr häufig in 2 Zeilen angeordnet, die einen flachen «Fächer» bilden.
Der Bau der Blütenstände ist recht verschieden. Gewöhnlich aber sind sie endständig. Die Zweige sind oft auf eine Blüte reduziert

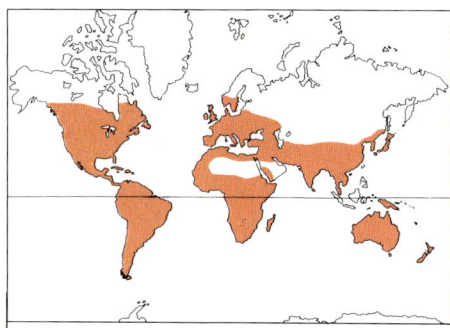

Gattungen: rund 70
Arten: etwa 1800
Verbreitung: kosmopolitisch
Nutzwert: zahlreiche Zierpflanzen für Garten und Haus (z.B. Krokus, Freesien, Gladiolen und Schwertlilien); ein Farbstoff (Safran) und Veilchenwurzel

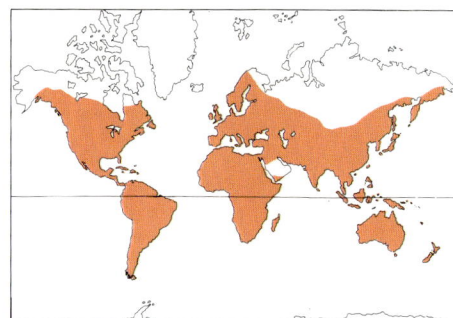

Gattungen: etwa 250
Arten: rund 3500
Verbreitung: kosmopolitisch
Nutzwert: viele bekannte Zierpflanzen (z.B. Lilien, Tulpen, Hyazinthen), Gemüse (Zwiebeln, Lauch, Knoblauch und Spargel) und medizinische Verwendung

und bilden dann eine Ähre oder Traube (z.B. *Ixia, Gladiolus*). In einigen Fällen, so bei *Crocus*, kann der ganze Blütenstand aus einer einzigen Blüte bestehen, die praktisch sitzend ist und deshalb eben über die Bodenoberfläche reicht.

Die Blüten zeigen beträchtliche Unterschiede, und einige sind, verglichen mit der Grundform, äußerst stark abgewandelt. Die ganze Familie zeichnet sich durch zwittrige Blüten mit 6 Blütenhüllblättern aus, die entweder am Grunde zu einer Röhre verwachsen (z.B. *Crocus*) oder mehr oder weniger frei sind (z.B. *Moraea*) und radiäre (z.B. *Sisyrinchium*) oder zygomorphe Symmetrie herstellen (z.B. *Gladiolus*).

Die Blütenhüllblätter stehen in 2 Kreisen, die mehr oder weniger gleich oder ganz verschieden aussehen. Ein gutes Beispiel für letzteres sind die «bärtigen» Schwertlilien mit 3 äußeren nach unten geschlagenen oder waagrecht abstehenden, mit einem Haarstreifen versehenen Blättern, während die 3 inneren «Domblätter» aufrecht und kahl sind. Es sind 3 Staubblätter vorhanden, die vor den äußeren Blütenhüllblättern stehen. Die Staubbeutel öffnen sich fast immer extrors. Der unterständige (sehr selten oberständige) Fruchtknoten besteht aus 3 verwachsenen Fruchtblättern mit 3 Fächern und zentralwinkelständigen Plazenten (seltener ungefächert mit 3 parietalen Plazenten). Die Samenanlagen treten gewöhnlich zahlreich auf; selten gibt es nur eine oder wenige.

Das veränderlichste Organ dieser Familie ist der Griffel, der sich in seiner einfachsten Form an der Spitze in 3 Äste mit endständigen Narbenflächen teilt (so bei vielen *Crocus*-Arten), doch hat sich der Griffel bei verschiedenen Gattungen (z.B. *Iris, Moraea*) zu 3 abgeflachten, oft farbigen, kronblattartigen Gebilden entwickelt, deren Fortsätze die Narbenflächen überragen. Bei *Iris* sind diese Griffeläste dachartig nach außen gebogen. Unter jedem «Dach» liegt dann ein Staubbeutel. Ein bestäubendes Insekt wird durch den Nektar im Grund der Blüte und durch den farbigen «Signalfleck» (Saftmal) auf dem äußeren Blütenhüllblatt angelockt, kriecht durch den engen Raum zwischen Blatt und «Dach», streift dabei

einen Teil des mitgebrachten Blütenstaubes an der Narbenfläche ab und wird erneut mit Pollen beladen. Dieser ganze Vorgang kann sich bei jeder Blüte an 3 Stellen abspielen. Obwohl die meisten Iridaceae sicher von Insekten bestäubt werden, haben sich doch einige an andere Möglichkeiten angepaßt, so an Bestäubung durch Vögel (z.B. die scharlachroten Blüten von *Rigidella*) oder an Windbestäubung, wie bei *Dierama*, deren Stengel und Blütenstiele sehr lang und dünn sind. Die Früchte sind Kapseln, und die Samen haben einen kleinen Embryo und reichlich Endosperm.

Systematik: Die Iridaceae können in 11 Tribus unterteilt werden, unter Verwendung von Merkmalen wie die Art des Wurzelstockes und die Symmetrieverhältnisse der Blüten. Die wichtigeren dieser Tribus sind, angefangen bei den ursprünglichen, rhizombildenden, radiärblütigen, die SISYRINCHIEAE (z.B. *Sisyrinchium, Libertia*), dann die MARICEAE (z.B. *Cypella*), IRIDEAE (z.B. *Iris*), IXIEAE (z.B. *Ixia, Freesia, Lapeyrousia*), CROCEAE (z.B. *Crocus, Romulea*), GLADIOLEAE (z.B. *Gladiolus, Tritonia, Acidanthera*) und schließlich die ANTHOLYZEAE (z.B. *Antholyza, Anomalesia*), die mit ihren extrem zygomorphen Blüten als stark abgeleitet angesehen werden.

Die Familie ist mit den Liliaceae und den Amaryllidaceae verwandt. Die Liliaceae unterscheiden sich von ihnen durch meist 6 Staubblätter und einen oberständigen Fruchtknoten.

Nutzwert: Die Familie wird hauptsächlich wegen ihrer Zierpflanzen für Garten und Haus geschätzt. Viel Arbeit wurde aufgewendet, um Kultursorten und Hybriden zu züchten von Gattungen wie *Gladiolus* (Siegwurz), *Iris* (Schwertlilien), *Crocus* (Safran), *Freesia, Ixia* (Klebschwertel), *Sparaxis* (Fransenschwertel), *Crocosmia* (Montbretien) und *Tigridia* (Tigerblume). Seit mehr als einem Jahrhundert werden bei *Gladiolus* und *Iris* Kreuzungen vorgenommen, und es ist unmöglich geworden, den Ursprung aller Hybriden festzustellen.

Abgesehen vom gärtnerischen Wert wurden die Iridaceae kaum zu Handelszwecken angebaut. Safran, den man aus den dunkelorangeroten Griffelästen von *Crocus sativus* gewinnt, wurde einst weit herum als Farbstoff und Gewürz verwendet und aus diesem Grunde in Europa und Asien angebaut. Veilchenwurzel, z.B. von *Iris florentina*, wird für Parfüm und Kosmetika benutzt.

B.F.M.

LILIACEAE *Liliengewächse*
Die Liliaceae sind eine der 10 größten Blütenpflanzenfamilien und sicherlich eine der gärtnerisch wichtigsten, enthält sie doch die Lilien und zahlreiche andere, ausnehmend schöne Gattungen. Ihr wirtschaftlich wichtigster Vertreter ist die Zwiebel.
Verbreitung: Die Familie ist kosmopolitisch, obwohl viele der kleineren Gruppen eine begrenzte Verbreitung aufweisen.
Merkmale: Die meisten Liliaceae sind Kräuter, und von diesen besitzt ein Großteil verdickte Speicherorgane wie Zwiebeln, Knollen, Rhizome oder dicke, fleischige Wurzeln. Einige Gattungen wie *Aloë* und

Haworthia sind immergrüne Sukkulente, einige wenige wie *Lapageria* immergrüne Kletterpflanzen mit holzigen Stämmen. Viele der australischen Gattungen haben sich unter extrem xerophytischen Bedingungen entwickelt und zeigen nun wenig Ähnlichkeit mit irgendwelchen anderen Gliedern der Familie. *Borya* z.B. bringt Büschel nadelförmiger Blätter und dichte Blütenköpfe hervor.

Die Blattmerkmale schwanken innerhalb dieser Familie sehr stark — von grundständig und lineal mit parallen Nerven (so z.B. bei *Ornithogalum, Endymion, Eremurus, Anthericum*) bis stengelständig, breit elliptisch und netznervig (z.B. *Paris*). *Gloriosa* bildet die Blattspitzen zu Ranken um, während die Blätter von *Asparagus* zu unscheinbaren Schuppen vereinfacht sind.

Die gewöhnlich radiären, zwittrigen Blüten stehen in einer Traube, manchmal einzeln (*Tulipa*) oder in einer mehr oder weniger dichten Cyme (z.B. *Hemerocallis*). *Allium* bildet doldenartige Cymen, die zwei- oder dreiblütig sein können oder aber viele Blüten in einer riesigen, kugelförmigen Dolde vereinigen. Gewöhnlich gibt es 6 mehr oder weniger gleiche Blütenhüllblätter (selten 4 oder mehr als 6) in 2 Kreisen (frei, z.B. bei *Tulipa*, oder zu einer Röhre verwachsen, z.B. bei *Kniphofia*). Die äußeren Blätter sind manchmal schmäler als die inneren, eher kelchblattartig; sie umschlie-

LILIACEAE. 1. *Lapageria rosea:* Sproß mit seitlichen Einzelblüten (× ²/₃). 2. *Allium cyaneum:* Habitus – Blüten in doldenartigen Cymen (× ²/₃). 3. *Calochortus uniflorus:* Pflanze mit Zwiebel (× ²/₃). 4. *Aloë jucunda:* Habitus – grundständige Rosette, fleischiger Blätter (× ²/₃). 5. *Kniphofia triangularis:* Blütenstand (× ²/₃). 6. *Lilium martagon:* a) Blütenstand (× ²/₃); b) Frucht – eine Kapsel (× ²/₃).
7. *L. canadense:* halbierte Blüte, petaloide Blütenhüllblätter, oberständiger Fruchtknoten mit zahlreichen, zentralwinkelständigen Samenanlagen und einem einzigen Griffel mit gelappter Narbe (× ¹/₂). 8. *Convallaria majalis:* Früchte – Beeren (× ²/₃). 9. *Colchicum callicymbium:* Habitus – Knolle, austreibende Blätter und Blüten mit sechszipfliger Blütenhülle, 6 gelben Staubblättern und dreispaltigem Griffel (× ²/₃).

1

2

3

4

5

6a

6b

7

8

9

ßen und schützen in der Knospe die 3 auffälligeren inneren (z.B. bei *Calochortus*). Gewöhnlich sind 6 Staubblätter vorhanden (selten 3 oder bis 12), die immer vor den Blütenhüllblättern stehen. Die Staubbeutel öffnen sich meist seitlich. Der aus 3 verwachsenen Fruchtblättern bestehende Fruchtknoten ist oberständig (selten unterständig oder halbunterständig), gewöhnlich dreifächerig und enthält zentralwinkelständige Plazenten (selten ungefächert mit parietalen Plazenten). Die zahlreichen Samenanlagen (selten einzeln) sitzen in jedem Fach in 2 Reihen. Die Griffel sind einfach oder geteilt, selten ganz frei. Die Frucht ist entweder eine trockene Kapsel oder, weniger häufig, eine fleischige Beere. Der gerade oder gekrümmte Embryo liegt in reichlichem Endosperm eingebettet.

Viele Liliaceae werden von Insekten bestäubt. Angelockt werden diese durch Nektar, den der Fruchtknoten oder freiliegende Nektarien am Grund der Blütenhüllblätter ausscheiden. Letztere zeigen sich besonders deutlich bei *Fritillaria*.

Systematik: Verschiedene Bearbeiter unterscheiden zwischen 12 und 28 Tribus in dieser Familie. Das macht es schwierig, irgend ein besonderes System zu empfehlen. Offensichtlich bedarf es noch vieler kritischer Arbeit, um die Verwandtschaftsverhältnisse innerhalb der Familie klarzustellen. Gewisse Gruppen blieben bei den verschiedenen Bearbeitungen ziemlich gleich, so z.B. die gärtnerisch wichtigen Tribus der TULIPEAE — mit *Lilium, Tulipa, Nomocharis, Erythronium* und *Calochortus* und der SCILLEAE mit *Scilla, Muscari, Chionodoxa, Eucomis, Ornithogalum* (Milchstern), *Camassia* und *Puschkinia*.

Die Gattung *Allium* und verschiedene verwandte Gattungen, wie *Tulbaghia, Agapanthus, Brodiaea* und *Triteleia*, werden von manchen Systematikern in eine eigene Familie, die Alliaceae, gestellt, von anderen den Amaryllidaceae zugerechnet. In diesem Buch aber sollen sie bei den Liliaceae bleiben. Die Hauptunterschiede in der Systematik dieser Familie bestehen in der Einbeziehung bzw. dem Ausschluß von a) *Allium* und seinen Verwandten, b) *Yucca* und *Sansevieria*, die hier den Agavaceae zugerechnet werden, und c) *Ophiopogon* und *Liriope*, die zwar Liliaceen-artig sind, früher aber bei den Haemodoraceae eingeordnet wurden.

Die Liliaceae sind eng verwandt mit 2 anderen, wichtigen Familien der lilienartigen Monocotyledonen, den Iridaceae und Amaryllidaceae.

Nutzwert: Die Liliaceae haben besonders als Zierpflanzen eine Bedeutung, denn viele ihrer Gattungen sind von ausnehmender Schönheit. Die beliebtesten dürften die Tulpen sein. Besonders in den letzten 2 Jahrhunderten wurden in der Gattung *Tulipa* sehr viele Kreuzungen ausgeführt, und heute gibt es ein riesiges Angebot großblütiger Hybriden. Einige Arten sind schon seit der Mitte des 16. Jahrhunderts als Gartenpflanzen bekannt. *Lilium* umfaßt wohl die schönsten Arten der ganzen Familie (Lilien). Viele andere Gattungen wie *Scilla* (Blausterne), *Muscari* (Traubenhyazinthe),

Hyacinthus (Hyazinthe), *Erythronium* (Hundszahn), *Agapanthus* (Schmucklilie), *Colchicum* (Zeitlose), *Kniphofia* (Fackellilie), *Aloë, Hemerocallis* (Taglilie), *Hosta* (Funkie), *Convallaria* (Maiglöckchen), *Chlorophytum* (Grünlilie), *Eremurus* (Steppenkerze), *Fritillaria* (Kaiserkrone), *Aspidistra* (Schusterpalme) und *Gloriosa* (Ruhmeskrone) sind nicht nur Gärtnern wohlbekannt.

Allium ist die einzige Gattung mit wichtigen Nahrungspflanzen: *Allium cepa* (Zwiebel), *A. porrum* (Lauch oder Porree), *A. sativum* (Knoblauch) und *A. schoenoprasum* (Schnittlauch) sind die bekanntesten Arten. *Asparagus officinalis* (Spargel) wird wegen seiner zarten, jungen Triebe angebaut. Einige Liliaceae wurden auch für medizinische Zwecke genutzt, etwa *Aloë* (Wundkaktus), *Urginea* (Meerzwiebel), *Veratrum* (Germer) und die Samen und Knollen von *Colchicum*, die das Alkaloid Colchicin liefern. Colchicin wird auch in der Vererbungsforschung benutzt, um Polyploidie (Vervielfachung des Chromosomensatzes) hervorzurufen. B.F.M.

AMARYLLIDACEAE
Narzissengewächse

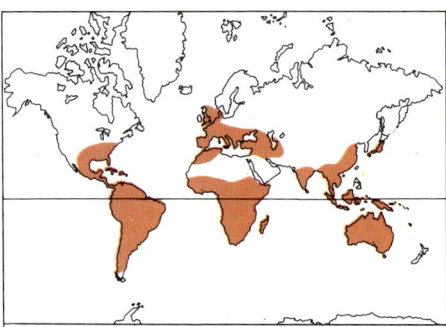

Gattungen: etwa 75
Arten: rund 1100
Verbreitung: hauptsächlich warmgemäßigt und subtropisch
Nutzwert: viele Zierpflanzen für Garten und Haus, besonders Osterglocken und Schneeglöckchen

Die Amaryllidaceae sind eine große, gärtnerisch wichtige Familie, zu der die Narzissen und Osterglocken (*Narcissus*), das Schneeglöckchen (*Galanthus*) und viele beliebte Gewächshaus- und Zimmerpflanzen gehören, wie z.B. die «Amaryllis» (*Hippeastrum*).

Verbreitung: Die Familie ist hauptsächlich in warmgemäßigten, subtropischen und tropischen Gebieten verbreitet, doch kommen die Gattungen *Narcissus, Leucojum* und *Galanthus* im Norden bis nach Mitteleuropa vor.

Merkmale: Die meisten Vertreter der Amaryllidaceae besitzen eine Zwiebel, doch einige haben Rhizome oder eine Zwiebel mit einem kurzen Rhizom am Grund. Sie sind meist sommergrün (bzw. «regengrün»), aber einige wenige (z.B. *Clivia*) immergrün. Die mehr oder weniger linealen Blätter bilden einen endständigen Schopf. Der Blütenstand besteht aus einem

Schaft, der eine Dolde trägt, doch ist diese in vielen Fällen auf nur wenige oder eine einzige Blüte vereinfacht (z.B. bei vielen *Narcissus*-Arten). Bei einigen Gattungen (z.B. *Sternbergia*) ist der Schaft stark verkürzt und erreicht die Erdoberfläche nicht. Der Fruchtknoten am Grund einer langen Blütenröhre bleibt unterirdisch. Erst zur Fruchtzeit verlängert sich der Schaft und schiebt die Kapsel an die Oberfläche. Dieses Merkmal zeigen vor allem Herbstblüher, die zu Beginn der Regenzeit blühen. Der gleiche Habitus hat sich unabhängig bei den Liliaceae (z.B. *Colchicum*) und den Iridaceae (z.B. *Crocus* mit vielen im Herbst blühenden Arten) entwickelt. Das hat den Vorteil, daß die Pflanzen eine kurze Regenzeit voll ausnützen können, da sie schon vorher blühen — oft schon vor dem Austrieb der Blätter. Somit steht die ganze Vegetationsperiode vor der nächsten Trockenzeit für Fruchtreife und Stoffproduktion zur Verfügung. Der unterirdische Fruchtknoten ist während des Winters vor strengem Frost geschützt. Andere Amaryllidaceae, die diese Anpassung zeigen und in kühleren Teilen des Verbreitungsgebietes vorkommen, sind z.B. *Haylockia* im gemäßigten Südamerika und *Gethyllis* in Südafrika. Die Mehrheit der Amaryllidaceae findet man allerdings in warmen Gebieten. Ihre Blüten stehen, von Hüllblättern umgeben, an einem oberirdischen Schaft.

Die Blüten sind zwittrig und radiär, und die prächtigen Blütenhüllen bestehen aus 2 Kreisen mit je 3 Blättern, die frei (z.B. *Galanthus, Leucojum, Amaryllis, Nerine*) oder zu einer Röhre verwachsen sind (z.B. *Crinum, Zephyranthes, Sternbergia, Cyrtanthus, Stenomesson*). Viele Gattungen entwickeln eine Nebenkrone. Diese ist bei *Narcissus* besonders augenfällig, wo sie, je nach Art, einen deutlichen Trichter oder Becher bildet. Hier erscheint sie als Anhängsel der Blütenhülle, bei *Pancratium* aber als Zipfel an den verbreiterten und verwachsenen Filamenten der Staubblätter. Es gibt 6 Staubblätter in 2 Kreisen zu je 3. Sie sind mehr oder weniger frei, mit der Blütenröhre verwachsen oder mittels ihrer Filamente zu einem Staubblattbecher verbunden. Der aus 3 verwachsenen Fruchtblättern bestehende Fruchtknoten ist unterständig und enthält 3 (selten einen) Fächer mit anatropen, gewöhnlich zahlreichen Samenanlagen an zentralwinkelständigen (selten parietalen) Plazenten. Der dünne Griffel trägt eine kopfige oder dreilappige Narbe. Die Früchte, fachspaltige Kapseln oder fleischige Beeren, enthalten Samen mit einem kleinen, geraden Embryo und fleischigem Endosperm.

Systematik: Im hier angenommenen Umfang, d.h. unter Ausschluß der Gattungen mit oberständigem Fruchtknoten (wie z.B. *Allium*) kann diese Familie nach dem Fehlen oder Vorhandensein einer Nebenkrone in 2 große Gruppen gegliedert werden. Das Fehlen — bei *Galanthus, Amaryllis, Crinum, Zephyranthes* usw. — wird als ursprünglicher Zustand betrachtet. Die höherentwickelten Gattungen mit Nebenkrone sind u.a. *Narcissus, Pancratium* und *Hymenocallis*.

AMARYLLIDACEAE. 1. *Cyrtanthus* sp.: **a)** Habitus – Zwiebel, lineale Blätter, Blütenstand an blattlosem Stiel (Schaft) und Blüten mit röhrenförmiger Nebenkrone (× ²/₃); **b)** halbierte Blüte (× 1¹/₃). **2.** *Narcissus bulbocodium* var. *citrinus:* **a)** Blüte mit Spatha und Blütenhülle mit feinen Zipfeln und großer, röhrenförmiger Nebenkrone (× ²/₃); **b)** halbierte Blüte (× 1¹/₃). **3.** *Leucojum vernum:* **a)** Blüte mit 2 Kreisen freier Blütenhüllblätter (× ²/₃); **b)** halbierte Blüte (× 1¹/₃). **4.** *Clivia miniata:* **a)** Blütenstand (× ¹/₂); **b)** Beeren (× ¹/₂).

Beträchtliche Uneinigkeit herrscht darüber, welche Gattungen zu den Amaryllidaceae gerechnet werden sollen. Die derzeitige Tendenz geht dahin, die Gattungen *Allium* und ihre Verwandten *(Brodiaea, Agapanthus)* bei den Liliaceae zu belassen; einige Bearbeiter stellen sie aber zu den Amaryllidaceae, während wieder andere sie als eigene Familie, die Alliaceae, anerkennen. *Allium* und seine Verwandten sind insofern problematisch, als sie mit ihrem doldigen Blütenstand einigen Amaryllidaceae gleichen, aber wie die Liliaceae einen oberständigen Fruchtknoten haben. Betrachtet ein Systematiker die Form des Blütenstandes als das wichtigste Merkmal der Pflanze, so wird er sie in die erste Familie einreihen; hält er aber den oberständigen Fruchtknoten für wichtiger, so weist er sie den Liliaceae zu. Für andere wiederum rechtfertigt die Kombination dieser Merkmale die Errichtung einer eigenen Familie, Alliaceae.

Auch *Agave* und *Vellozia* wurden als Glieder der Amaryllidaceae betrachtet, werden hier aber in eigene Familien gestellt. Eine weitere Familie, die Hypoxidaceae, wurde manchmal aus *Hypoxis, Curculigo* und 5 anderen Gattungen gebildet (hier bei den Amaryllidaceae), ebenso die Alstroemeriaceae aus *Alstroemeria, Bomarea, Leontochir* und *Schickendantzia.*

Die Amaryllidaceae sind eng verwandt mit den Liliaceae und den Iridaceae.

Nutzwert: Die Familie ist gärtnerisch wichtig, hat aber sonst keine wirtschaftliche Bedeutung, obwohl *Galanthus* und *Narcissus* Alkaloide besitzen, die von medizinischem Interesse sein könnten. Immerhin werden die Zwiebeln einiger Arten von *Crinum* und *Pancratium* ebenso wie die Meerzwiebel als bitterstoffhaltige Arznei verwendet. Die fleischigen Früchte der südafrikanischen *Gethyllis* sind zwar eßbar, werden jedoch nur selten genossen und auch nicht zu diesem Zwecke angebaut, obwohl sie als Delikatesse gelten.

Zur Gattung *Narcissus* (Narzissen) gehören auch die Osterglocken. Sie ist wahrscheinlich für den Gartenbau die wichtigste dieser Familie. Mehrere tausend Sorten wurden während wenigstens 400 Jahren gezüchtet; daraus entstand eine große und ertragreiche Industrie. Ganz besonders die Niederlande exportieren große Mengen von Osterglokken in die ganze Welt. Zu den vielen Hybriden kommt eine beachtliche Zahl von wilden *Narcissus*-Arten, die besonders für Steingärten von Wert sind. *Amaryllis belladonna* (Belladonnalilie) und *Nerine bowdenii*, beide aus Südafrika, werden wegen ihrer prächtigen, im Spätherbst erscheinenden Blüten als Gartenpflanzen hoch geschätzt. Die *Crinum*-Hybride, *C. × powellii* (Hakenlilie), ist eine beliebte, fast winterharte Gartenpflanze in gemäßigtem Klima, und die südamerikanische *Zephyranthes candida* (Zephirblume) mit krokusartigen Blüten kann als Septemberschönheit an sonnigen Stellen gepflanzt werden. Alle Arten von *Sternbergia* (Gewitterblume), einer kleinen Gattung aus dem Mittelmeergebiet, bringen gelbe, trichterförmige Blüten hervor. *Sternbergia lutea*, eine im Herbst blühende Pflanze, ist besonders beliebt. *Galanthus* und *Leucojum*, das Schneeglöckchen und die Knotenblume, sind nahverwandte Gattungen mit gewöhnlich weißen Blüten zu Beginn des Frühjahrs. Einige wenige *Leucojum*-Arten bringen im Herbst blattlose Blütenstände hervor. Die meisten anderen Gattungen werden am besten als Gewächshauspflanzen behandelt. Die beliebteste ist *Hippeastrum* («Amaryllis»), deren großblütige Hybriden im Winter blühen. Oft sieht man *Nerine*, *Clivia*, *Haemanthus* (Blutblume), *Alstroemeria* (Inkalilie), *Crinum*, *Sprekelia* (Jakobslilie) und *Vallota* (Sommeramaryllis), seltener *Stenomesson*, *Cyrtanthus* (Schweiflilie), *Doryanthes*, *Ixiolirion* (Blaulilie), *Pamianthe*, *Eucharis*, *Hymenocallis* (Schönhäutchen), *Phaedranassa*, *Habranthus*, *Hypoxis* und *Brunsvigia*. B.F.M.

AGAVACEAE *Agavengewächse*

Die Agavaceae sind eine kleine Familie mit Rhizom wachsender, holziger und manchmal kletternder Pflanzen. Viele Arten liefern wertvolle Fasern, so den Sisalhanf. Agaven sind die Quelle des mexikanischen Getränks «Pulque».

Verbreitung: In den ganzen Tropen und Subtropen findet man Vertreter der Familie, besonders in trockenen oder halbtrockenen Lagen.

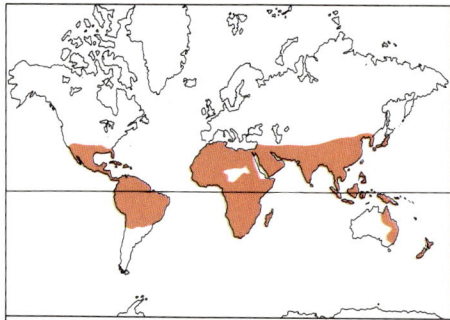

Gattungen: 20
Arten: rund 700
Verbreitung: Tropen und Subtropen, hauptsächlich Trockengebiete
Nutzwert: Fasern (Sisalhanf); alkoholische Getränke («Pulque», «Mescal»); begrenzte Verwendung als Zierpflanzen

Merkmale: Gewöhnlich sind die Blätter am Stengelgrund gedrängt, steif, oft fleischig, schmal, und haben stechende Spitzen. Sie können eine Länge von 3 m erreichen und am Rande mit Stacheln versehen sein. Viele Arten zeichnen sich durch Sukkulenz aus. Die Blüten stehen in Trauben oder Rispen, sind radiär oder schwach zygomorph und gewöhnlich zwitterig. Eingeschlechtige Blüten sind zweihäusig verteilt oder polygam, d.h. zusammen mit zwitterigen Blüten an der gleichen Pflanze. Die Blütenhülle besteht aus zweimal 3 ähnlichen, kronblattartigen Blättern, die frei oder zu einer langen oder kurzen Röhre verwachsen sind. Die 6 Staubblätter fügen sich der Röhre oder dem Grund der Blütenhüllblätter ein. Die fadenartigen Filamente verdicken sich oft etwas gegen die Basis, und die Staubbeutel öffnen sich mit Längsrissen. Der aus 3 verwachsenen Fruchtblättern bestehende Fruchtknoten ist oberständig oder unterständig und dreifächerig, mit 3 bis zahlreichen, zentralwinkelständigen Samenanlagen. Der einzige Griffel ist dünn. Die Frucht, eine Kapsel oder Beere, enthält einen bis zahlreiche Samen mit kleinem Embryo und reichlich fleischigem Endosperm.

Systematik: Die wichtigsten Gattungen sind *Agave* (ungefähr 300 Arten), *Dracaena* (150 Arten), *Sansevieria* (60 Arten), *Yucca* (40 Arten), *Furcraea* (20 Arten), *Cordyline* (15 Arten) und *Phormium* (2 Arten).

Die Glieder dieser Familie waren einst auf die Liliaceae und die Amaryllidaceae verteilt. Sie stellen die xerophytischen, faserblättrigen Vertreter dieser beiden Familien dar und bilden so eine ziemlich uneinheitliche Gruppe. Im Blütenstand und im übrigen Bau besitzen sie gemeinsame Merkmale. Sie wachsen auch unter ähnlichen Bedingungen. Einzelne Arten können aber stammesgeschichtlich näher mit einzelnen Liliaceae oder Amaryllidaceae verwandt sein als untereinander.

Nutzwert: Die Agavaceae sind eine Familie von beträchtlicher wirtschaftlicher Bedeutung. Etliche Arten liefern starke, dauerhafte Fasern zur Herstellung von Seilen, Matten, Fischernetzen usw. Beispiele da-

für sind *Agave sisalana* und *A. fourcroydes* (Sisalhanf), *A. heteracantha*, *Sansevieria zeylanica* und *Phormium tenax* (Neuseeländischer Flachs). Ein rotes Harz liefern *Dracaena cinnabari* und *D. draco* (Drachenbaum). Aus dem vergorenen Saft verschiedener Arten von *Agave* bereitet man «Pulque», das mexikanische Nationalgetränk. Durch Destillation wird aus dem gleichen Rohstoff der «Mescal»-Schnaps gewonnen. Seit langem sind die Palmlilien *(Yucca)* als Kübelpflanzen beliebt. S.R.C.

XANTHORRHOEACEAE
Grasbaumgewächse

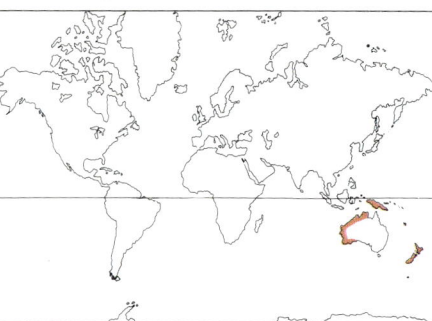

Gattungen: 8
Arten: etwa 66
Verbreitung: Australien, Neukaledonien, Neuseeland
Nutzwert: *Xanthorrhoea*-Arten liefern ein Harz, das für Firnisse Verwendung findet

Die Xanthorrhoeaceae sind eine Familie oft xerophytischer, derber Rhizomstauden oder Holzpflanzen, mit oft hohen, wenig verzweigten Stämmen.

Verbreitung: Man findet die Familie in Australien, Neukaledonien, Neuguinea und Neuseeland.

Merkmale: Die einfachen, linealen und gewöhnlich scheidigen Blätter stehen oft in einem dichten Schopf. Die Blüten sind radiär, oft trocken und pergamentartig, zwitterig oder eingeschlechtig (dann zweihäusig); sie stehen meist in Ähren, Rispen oder Köpfen. Die Blütenhülle besteht aus 2 dreizähligen Kreisen. Die Staubblätter stehen in 2 Kreisen zu dritt, wobei die inneren oft dem Grund der inneren Blütenhüllblätter eingefügt und die äußeren gewöhnlich frei sind. Die Staubbeutel reißen intrors oder seitlich auf. Der oberständige Fruchtknoten besteht aus 3 verwachsenen Fruchtblättern, ist nicht immer gefächert, und enthält 3 bis mehrere Samenanlagen an zentralwinkelständigen oder grundständigen Plazenten. Die Griffel sind frei oder mehr oder weniger verwachsen. Die Frucht ist eine Kapsel oder selten eine einsamige Nuß. Die Samen enthalten hartes Endosperm und einen geraden Embryo.

Systematik: Die 8 Gattungen sind an Merkmalen der Blütenhülle leicht zu unterscheiden. Diese kann sehr klein sein *(Chamaexeros* und *Acanthocarpus)*, spelzenartige äußere und trockenhäutige innere Teile besitzen *(Xanthorrhoea* und *Dasypogon)*, oder aber aus steifen und manchmal farbigen Blättern *(Kingia*, *Baxteria*, *Calectasia* und *Lomandra)* bestehen.

HAEMODORACEAE. 1. *Anigozanthos flavidus:* **a)** Habitus (× ²/₃); **b)** Blütenstand (× ²/₃); **c)** Blüte mit gekrümmter, grüner Perigonröhre und 6 Staubblättern (× 1); **d)** Staubblatt von vorne (unten) und von hinten (oben) (× 3); **e)** aufgeschnittene Blüte, mit der Blütenhülle verwachsene Staubblätter zeigend (× ²/₃); **f)** Querschnitt durch den dreifächerigen Fruchtknoten mit 3 zentralwinkelständigen Plazenten (× 6); **g)** Längsschnitt durch den Fruchtknoten (× 6). **2.** *Phlebocarya ciliata:* **a)** Habitus (× ²/₃); **b)** Blüte mit Blütenhülle in 2 Kreisen und 6 Staubblättern (× 6); **c)** aufgeschnittene Blüte, mit der Blütenhülle verwachsene Staubblätter zeigend (× 6); **d)** Längsschnitt durch den Fruchtknoten (× 14).

Die Familie ist nah mit den Liliaceae und den Agavaceae verwandt, wurde aber auch schon mit den Juncaceae in Verbindung gebracht.

Nutzwert: *Xanthorrhoea*-Arten (Grasbäume) liefern ein Harz, das zur Herstellung von Firnissen verwendet wird. S.A.H.

VELLOZIACEAE *Baumliliengewächse*

Die Velloziaceae sind eine kleine Familie meist strauchiger Pflanzen.

Verbreitung: Ihre Heimat liegt in trockenen Gebieten Südamerikas (bezeichnend für die Campos von Brasilien), des tropischen und subtropischen Afrika und Madagaskars.

Merkmale: Die holzigen Stengel sind gabelig verzweigt. An den Stengelspitzen stehen die schmalen, Dürre ertragenden Blätter gewöhnlich in Büscheln. Wenn sie abfallen, bleiben die dicken, faserigen Basen an den Zweigen und lassen sie dicker erscheinen als sie sind. Der Stengel ist dicht mit Nebenwurzeln bedeckt, die jedes verfügbare Wasser sehr schnell aufnehmen können.

Die Einzelblüten sind zwitterig und radiär. Sie besitzen eine kronartige Blütenhülle, die aus 2 Kreisen von 3 freien oder an der Basis verwachsenen Blättern besteht. Die Staubblätter sitzen in 2 Kreisen zu dritt oder, wenn sie zahlreicher sind, in 6 Bündeln. Das

Gattungen: 4
Arten: rund 300
Verbreitung: Trockengebiete Südamerikas, tropisches und subtropisches Afrika sowie Madagaskar
Nutzwert: keiner bekannt

Gynoeceum besteht aus 3 zu einem unterständigen Fruchtknoten verwachsenen Fruchtblättern mit 3 Fächern und zahlreichen Samenanlagen an zentralwinkelständigen Plazenten. Der einzige Griffel endet in einem abgeflachten Kopf oder in 3 deutlichen Lappen. Die Frucht ist eine trockene Kapsel und enthält zahlreiche Samen mit kleinem, von hartem Endosperm umgebenem Embryo.

Systematik: Die 4 Gattungen sind *Vellozia*

(100 Arten in Südamerika und Afrika, eine Art in Arabien), *Barbacenia* (140 Arten in Südafrika), *Xerophyta* (55 Arten in Afrika, auf Madagaskar und in Südamerika) und *Barbaceniopsis* (2 Arten in Südamerika). Merkmale zur Unterscheidung der Gattungen sind u.a. der Verwachsungsgrad der Blütenhülle und die Zahl der Staubblätter. Die Familie ist mit den Haemodoraceae und den Taccaceae verwandt.

Nutzwert: Es ist keine Nutzung bekannt.
S.R.C.

HAEMODORACEAE

Die Haemodoraceae sind eine Familie von Kräutern der Tropen und warmgemäßigter Gebiete, von denen einige wenige als Zierpflanzen gezogen werden.

Verbreitung: Die Familie kommt in Südamerika, Australasien (ausgenommen Neuseeland) und den Tropen und Subtropen Amerikas vor.

Merkmale: Die krautigen Pflanzen besitzen Büschelwurzeln, Knollen, Rhizome oder Ausläufer und lineale grundständige Blätter, die einander am Grunde scheidig umfassen. Die Blätter sind behaart oder kahl und dicht streifen- oder fächernervig. Die manchmal schwach zygomorphen Zwitterblüten stehen in Cymen, Trauben oder Rispen, welche oft eine dichte, wollige Behaa-

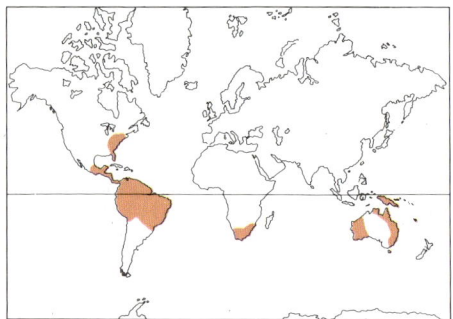

Gattungen: 17
Arten: rund 100
Verbreitung: Australasien (ohne Neuseeland), Südafrika, Tropen Amerikas und Nordamerika
Nutzwert: *Anigozanthos*-Arten und einige andere sind Zierpflanzen

rung zeigen. Diese Haare können unter der Lupe wie kleine Federn aussehen. Die bleibende Blütenhülle besteht aus einem oder 2 Kreisen von je 3 Blättern und bildet eine gerade oder gekrümmte Röhre.
Sind 2 Kreise vorhanden, so bedecken die äußeren Blätter mehr oder weniger die inneren. Es gibt 3 oder 6 Staubblätter mit freien, an den inneren Blütenhüllzipfeln ansetzenden Filamenten. Die Staubbeutel öffnen sich mit Längsrissen. Der aus 3 verwachsenen Fruchtblättern bestehende Fruchtknoten ist ober- oder unterständig und dreifächerig. Jedes Fach enthält eine bis viele, zentralwinkelständige Samenanlagen. Der gewöhnlich fadenförmige Griffel trägt eine kopfige Narbe. Die Frucht ist eine dreiklappige Kapsel, deren Samen einen kleinen Embryo und viel Endosperm enthalten.
Systematik: Die Familie kann in 2 Tribus unterteilt werden: HAEMODOREAE: Blütenhülle in 2 Kreisen, Röhre kurz oder nicht vorhanden, 3 bis 6 Staubblätter. *Lanaria* (eine Art, Südafrika), *Phlebocarya* (3 Arten, Australien), *Schiekia* (eine Art, Amerika), *Pyrrorhiza* (eine Art, Venezuela), *Wachendorfia* (25 Arten, Südafrika), *Lachnanthes* (eine Art, Nordamerika), *Dilatris* (3 Arten, Südafrika), *Xiphidium* (eine oder 2 Arten, Amerika), *Hagenbachia* (eine Art, Brasilien), *Barberetta* (eine Art, Südafrika), *Haemodorum* (20 Arten, Australien).
CONOSTYLIDEAE: Blütenhülle in einem Kreis, Röhre oft lang und gekrümmt, 6 Staubblätter, Blüten immer wollig behaart. *Lophiola* (2 Arten, Nordamerika), *Tribonanthes* (5 Arten, Australien), *Conostylis* (22 Arten, Australien), *Blancoa* (eine Art, Australien), *Anigozanthos* (10 Arten, Australien), *Macropidia* (eine Art, Australien).
Einige Botaniker stellen die Familie zu den Liliaceae, mit denen sie jedenfalls verwandt ist.
Nutzwert: Verschiedene Arten von *Anigozanthos* (Känguruhblume) werden kultiviert. Die röhrigen, in wollige Haare gekleideten Blüten stehen in Trauben oder Ähren und werden in australischen Gärten hoch geschätzt. Auch als Topfpflanzen sind sie sehr hübsch. *Anigozanthos manglesii* mit orange bis gelben, roten und grünen

sechszipfligen Blüten ist das Emblem des Staates Western Australia. Andere farbenfrohe Arten sind *A.flavidus, A.rufus* und *A.pulcherrimus*. Von den Gattungen *Conostylis, Macropidia, Blancoa* und *Lanaria* trifft man gelegentlich einzelne Arten in Kultur. B.M.

TACCACEAE *Erdbrotgewächse*

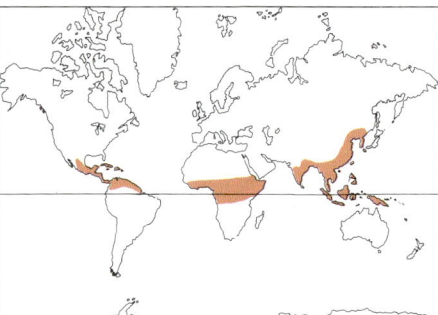

Gattungen: 2
Arten: 31
Verbreitung: pantropisch und in China
Nutzwert: Ostindisches Arrowroot

Die Taccaceae sind eine kleine Familie ausdauernder Stauden der Tropen mit Knollen oder kriechenden Rhizomen. Einige von ihnen sind im pazifischen Raum Nahrungsquellen.
Verbreitung: *Tacca* ist pantropisch, *Schizocapsa* in China einheimisch.
Merkmale: Die großen Blätter sind grundständig, breit, ganzrandig oder tief gelappt und besitzen oft lange Stiele. Die radiären Zwitterblüten werden von breiten oder verlängerten Hochblättern begleitet und stehen in doldigen Blütenständen. Die Hochblätter können zusammen einen Quirl oder eine Hülle unterhalb der Blüten bilden. Die Blütenhülle besteht aus 2 Kreisen mit je 3 Blättern, welche zu einer kurzen, sechszipfligen, becherförmigen Röhre verwachsen sind. Die 6 Staubblätter setzen mittels kurzer Filamente an der Blütenröhre an. Der unterständige, ungefächerte Fruchtknoten besteht aus 3 verwachsenen Fruchtblättern, die zahlreiche Samenanlagen an 3 parietalen Plazenten bilden. Der Griffel ist kurz und endet in 3 zurückgeschlagenen, oft petaloiden Narben. Die Frucht, gewöhnlich eine Beere (selten eine Kapsel), enthält zahlreiche Samen mit einem winzigen Embryo und reichlich Endosperm.
Systematik: Die beiden Gattungen *Tacca* (30 Arten) und *Schizocapsa* (eine Art) können am Bau ihrer Blätter und der Frucht unterschieden werden. *Tacca* bringt ganzrandige oder stark geteilte Blätter und eine Beere als Frucht hervor, während *Schizocapsa* ganzrandige Blätter und eine Kapsel besitzt.
Die Familie ist mit den Velloziaceae und den Haemodoraceae verwandt. Mit ihnen hat sie Merkmale wie vegetativen Habitus, zwitterige Blüten mit einer röhrigen Blütenhülle, 6 Staubblätter und Samen mit reichlich Endosperm gemeinsam.
Nutzwert: *Tacca pinnatifida,* deren Rhi-

zomknollen eine als Ostindisches Arrowroot bekannte Stärke liefern, verleiht der Familie eine wirtschaftliche Bedeutung. Auf den pazifischen Inseln und in Afrika wird diese Stärke für die Brotherstellung und als Wäschestärke benutzt. Die Rhizome von *T.hawaiiensis* haben ähnliche Eigenschaften. Die Blätter anderer Arten, wie *T.fatsiifolia* und *T.palmata*, werden als Medizin gegen verschiedene innere und äußere Krankheiten verwendet. S.R.C.

STEMONACEAE

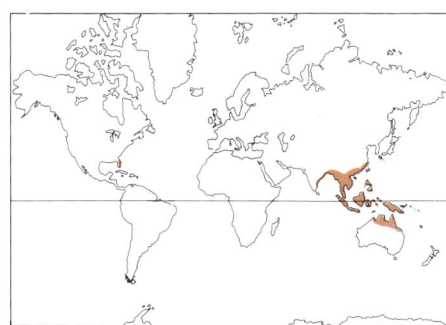

Gattungen: 3
Arten: 30
Verbreitung: Ostasien, Indomalesien, Nordaustralien, östliches Nordamerika
Nutzwert: *Stemona tuberosa* liefert ein Insektizid

Die Stemonaceae sind eine kleine Familie aufrechter oder kletternder Stauden mit Rhizomen oder Knollen.
Verbreitung: Die Familie ist über Ostasien, Indomalesien und Nordaustralien verbreitet; einige *Croomia*-Arten kommen im östlichen Nordamerika vor.
Merkmale: Die Blätter sind wechsel-, gegen- oder quirlständig. Die Spreite weist eine Anzahl paralleler Hauptnerven auf, die durch zahlreiche Quernerven verbunden sind. Die Blüten stehen einzeln, in Cymen oder in Trauben in den Blattachseln. Sie sind radiär und gewöhnlich zwitterig; die Blütenhülle besteht aus 2 Kreisen, jeder mit 2 kelch- oder kronblattartigen Blättern. Es gibt 4 freie Staubblätter; bei *Stemona* ist das Konnektiv weit über den Staubbeutel hinaus verlängert. Am oberständigen bis halbunterständigen Fruchtknoten sind 2 oder 3 verwachsene Fruchtblätter beteiligt. Er ist unterständig und enthält wenige bis viele Samenanlagen an grundständigen oder apikalen Plazenten. Bei *Croomia* und *Stichoneuron* trägt er 2 oder 3 sitzende Narben, bei *Stemona* eine einzige. Die Früchte sind eiförmige, zweiklappige Kapseln. Eine Besonderheit stellen die behaarten, oft langen Funiculi der Samen dar. Der kleine Embryo ist von reichlich Endosperm umgeben.
Systematik: Bei den 3 Gattungen handelt es sich um: *Stemona* (25 Arten), *Croomia* (3 Arten) und *Stichoneuron* (2 Arten). Einige Botaniker stellen *Croomia* und *Stichoneuron* wegen einiger Unterschiede im Blütenbau, wie z.B. Größe der Blütenhüllblätter und Art der Plazentation, in eine eigene Familie (die Croomiaceae).

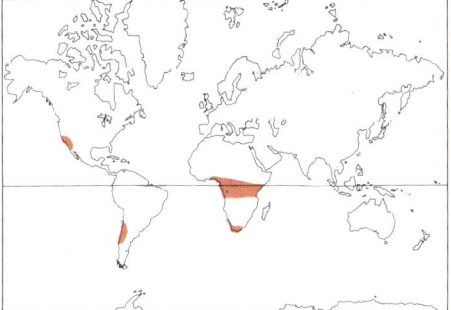

CYANASTRACEAE. 1. *Cyanastrum cordifolium:* **a)** Habitus—Knolle und herzförmiges Blatt (× ²/₃); **b)** Teil der Blüte, Staubblätter mit freien Staubbeuteln (× 2); **c)** Staubblatt (× 4). **2.** *Cyanella lutea:* **a)** Habitus – Knolle mit faseriger Hülle und lineale Blätter (× ²/₃); **b)** Blüte mit 6 Staubblättern, 5 kleinere mit verklebten Staubbeuteln, eines groß und frei (× 1¹/₃); **c)** großes Staubblatt (× 2); **d)** kleines Staubblatt mit Poren (× 2); **e)** Gynoeceum (× 2); **f)** Querschnitt durch den Fruchtknoten (× 3); **g)** Frucht – eine fleischige Kapsel (× 2²/₃). **3.** *Conanthera campanulata:* **a)** Sproß und Blütenstand (× ²/₃); **b)** Teil der Blüte mit Staubblättern (× 2²/₃); **c)** Staubbeutel mit verlängertem Konnektiv (× 4).

Die Stemonaceae zeigen einige Ähnlichkeiten mit den Dioscoreaceae. Wahrscheinlich sind sie aber am engsten mit den Liliaceae verwandt.

Nutzwert: Die Familie ist wirtschaftlich nicht von Bedeutung. Immerhin wurden die Wurzeln von *Stemona tuberosa* verwendet, um Insekten zu vertilgen. S.R.C.

CYANASTRACEAE

Die Cyanastraceae (Tecophilaeaceae) sind eine Familie von Stauden mit Sproßknollen.

Verbreitung: Von den 6 Gattungen sind 3 in Chile einheimisch (*Conanthera, Zephyra* und *Tecophilaea*), eine (*Odontostomum*) in Kalifornien und die beiden restlichen (*Cyanastrum* und *Cyanella*) im mittleren bzw. südlichen Afrika.

Merkmale: Die Pflanzen überdauern mittels einer oft abgeflachten, scheibenförmigen Knolle, die eine faserige Hülle tragen kann. Die Blätter stehen im allgemeinen entweder wechselständig am Grunde des blühenden Stengels oder entspringen direkt den unterirdischen Organen. Ihre Form ist verschieden, gewöhnlich aber herzförmig, rund, oval oder lang und schmal, und meist glatt und kahl. Die radiären Zwitterblüten stehen in einfachen oder doppelten Trauben

Gattungen: 6
Arten: etwa 22
Verbreitung: Chile, Kalifornien, mittleres und südliches Afrika
Nutzwert: keiner bekannt

in den Achseln von großen oder kleinen, oft häutigen Tragblättern. Es gibt 2 Blütenhüllkreise, jeder mit 3 Blättern. Diese sind frei oder am Grund zu einer kurzen Röhre verwachsen. Die Spitzen der Blütenhüllblätter stehen ab oder krümmen sich zurück. Die an den Blütenhüllblättern ansetzenden Staubblätter stehen in 2 Dreierkreisen. Bei einigen Arten ist einer der Kreise unfruchtbar, besteht also aus Staminodien. Die Staubbeutel der meisten Arten dieser

Familie entlassen ihren Blütenstaub nicht durch Längsrisse, sondern an der Spitze durch Poren. Ein anderes, etwas ungewöhnliches Merkmal zeigt das Konnektiv, das nicht nur am Ende ein Anhängsel trägt, sondern auch am Grunde verdickt oder gespornt ist. Der aus 3 verwachsenen Fruchtblättern bestehende, dreifächerige Fruchtknoten ist halbunterständig. Er birgt zahlreiche zentralwinkelständige Samenanlagen in Doppelreihen und trägt einen fadenartigen, schlanken Griffel, der in einer dreilappigen Narbe endet. Die Kapsel enthält zahlreiche Samen mit je einem großen, von reichlich Endosperm umgebenen Embryo.

Systematik: Die Gattungen können nach Einzelheiten im Staubblattbau zu 2 Gruppen geordnet werden. *Conanthera* (Staubbeutel zu einem Kegel zusammenlaufend), *Odontostomum* und *Cyanastrum* (Staubbeutel frei) zeigen 6 gleiche Staubblätter. Bei *Cyanella, Zephyra* und *Tecophilaea* sind nicht alle gleich bzw. einige zu Staminodien umgebildet.

Die Familie zeigt Ähnlichkeiten mit den Liliaceae, ganz besonders in bezug auf den Blütenbau (beide Familien haben radiäre Blüten, zweikreisige Blütenhüllen, gewöhnlich 6 Staubblätter und dreifächerige

Fruchtknoten mit zentralwinkelständiger Plazentation). Die Neigung zur Sterilität einiger Staubblätter und der halbunterständige Fruchtknoten deuten auf stärkere Ableitung hin, und die Cyanastraceae könnten deshalb als Zwischenglieder zwischen den Liliaceae und den Iridaceae angesehen werden.

Nutzwert: Bis jetzt ist keine Verwendung bekannt geworden; Arten von *Cyanella* werden gelegentlich kultiviert. S.R.C.

SMILACACEAE
Stechwindengewächse

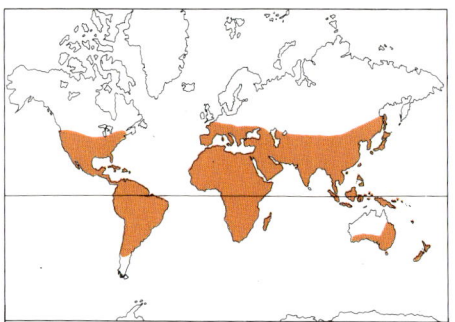

Gattungen: 4
Arten: etwa 375
Verbreitung: hauptsächlich tropisch und subtropisch, wenige in gemäßigten Zonen
Nutzwert: verschiedene *Smilax*-Arten werden in der Medizin als stärkende (Sarsaparille) oder anregende Mittel verwendet

Die Smilacaceae sind eine Familie hauptsächlich kletternder Sträucher, deren größte Zahl in der Gattung *Smilax* vereinigt ist.

Verbreitung: Die Familie ist vorwiegend tropisch und subtropisch, reicht aber bis in gemäßigte Gebiete.

Merkmale: Die stacheligen Stengel entspringen einem Rhizom und haben ziemlich ledrige, dreinervige Blätter, die — atypisch für Monocotyledonen — zwischen den Hauptnerven Netznervatur zeigen. Die Blätter sind gegen- oder wechselständig, und die Blattscheiden können, z.B. bei *Smilax*, in Ranken enden. Die Pflanzen klettern mit Hilfe dieser Ranken und der Hakenstacheln an den Stengeln. Die Blüten sind radiär, gewöhnlich eingeschlechtig und zweihäusig verteilt (zwitterig bei *Rhipogonum*) und stehen in seitlichen Trauben, Ähren oder Dolden. Die Blütenhülle besteht aus 2 Kreisen von je 3 freien oder selten zu einer Röhre verwachsenen Blättern. Meist sind 6 Staubblätter in 2 Kreisen (9 bei *Pseudosmilax* und 3 bei *Heterosmilax*) vorhanden. Die weiblichen Blüten besitzen Staminodien. Der aus 3 verwachsenen Fruchtblättern bestehende Fruchtknoten ist oberständig und dreifächerig und birgt eine oder 2 hängende, atrope oder hemianatrope (halbumgewendete) Samenanlagen pro Fach. Die Frucht, eine Beere, enthält einen bis 3 Samen mit kleinem Embryo und hartem Endosperm.

Systematik: Die 4 Gattungen sind *Smilax* (ungefähr 350 Arten), *Heterosmilax* (15 Arten), *Rhipogonum* (7 Arten) und *Pseudosmilax* (2 Arten).

Diese Familie ist eng mit den Liliaceae verwandt, unterscheidet sich aber von ihnen durch Blattmerkmale und Zweihäusigkeit.

Nutzwert: Von verschiedenen Arten von *Smilax* stammt die Sarsaparille des Handels, ein Mittel gegen rheumatische Erkrankungen und andere Leiden. Weitere Arten sind medizinisch ebenfalls von Bedeutung; die bekannteste ist *Smilax china* (China-Wurzel), deren getrocknete Rhizome einen Extrakt mit anregender Wirkung liefern. Eine neuseeländische *Rhipogonum*-Art (*R. scandens*) wird manchmal als Sarsaparille-Ersatz verwendet. S.R.C.

DIOSCOREACEAE
Yamswurzgewächse

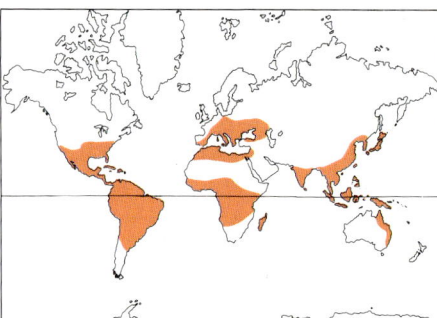

Gattungen: 6
Arten: etwa 630
Verbreitung: pantropisch, einige Arten in den gemäßigten Zonen
Nutzwert: Grundnahrungsmittel (Yams); Diosgenin als mögliches Empfängnisverhütungsmittel

Die Dioscoreaceae sind eine Familie hauptsächlich tropischer Kletterpflanzen, deren bekannteste Vertreter Yams liefern.

Verbreitung: Die Familie ist durch die Tropen bis in einige gemäßigte Gebiete verbreitet.

Merkmale: Mit Ausnahme einiger weniger Zwergsträucher sind alle Arten ausdauernde, krautige oder strauchige Kletterer mit wohlentwickelten Knollen oder Rhizomen. Die Stengel können aber von einer gewissen Höhe an ihr eigenes Gewicht nicht mehr tragen und klettern durch Winden um eine Stütze. Die Blätter sind wechselständig und gewöhnlich einfach herzförmig, manchmal aber noch gelappt.

Die zweihäusigen Pflanzen bringen unscheinbare radiäre und eingeschlechtige Blüten hervor (die übrigen zwitterige). Sie stehen gewöhnlich in seitlichen Rispen, Ähren oder Trauben und zeigen 6, meist zu einer kurzen, glockenförmigen Röhre verwachsene Blütenhüllblätter in 2 Kreisen. Es gibt 6 in 2 Kreisen an den Blütenhüllzipfeln ansetzende Staubblätter. Ein Kreis ist manchmal zu Staminodien reduziert oder fehlt. 3 verwachsene Fruchtblätter bilden den unterständigen gefächerten Fruchtknoten, der wenigstens 6 (selten viele) Samenanlagen an zentralwinkelständigen Plazenten enthält (selten ungefächert mit parietaler Plazentation). 3 Griffel oder ein einziger tragen 3 Narben. Die Früchte sind Beeren oder (oft geflügelte) Kapseln. Die Samen sind gewöhnlich ebenfalls geflügelt und enthalten einen kleinen Embryo und hornartiges Endosperm.

Systematik: 3 Gattungen (*Trichopus*, *Stenomeris* und *Avetra*) haben zwitterige Blüten, *Dioscorea*, *Rajania* und *Tamus* eingeschlechtige. *Trichopus* (südliches Indien) enthält eine einzige Zwergstrauchart mit einer Beere als Frucht. *Stenomeris* (2 Arten, westliches Malesien) und *Avetra* (eine Art, Madagaskar) sind Kletterpflanzen mit geflügelten Kapseln, wobei erstere zahlreiche Samenanlagen bildet (alle anderen Gattungen meist 2 pro Fach). *Dioscorea* (600 Arten, pantropisch), *Rajania* (25 Arten, Westindische Inseln) und *Tamus* (5 Arten, Kanaren, Madeira, Europa und Mittelmeergebiet) sind Kletterer mit oft geflügelten Kapseln bzw. Beeren. Die Familie ist sehr eng mit den Liliaceae verwandt.

Nutzwert: Die einzige wirtschaftlich wichtige Gattung ist *Dioscorea*, die Yamswurz. Die Knollen von ungefähr 60 Arten werden in den drei Hauptzentren Südostasien, Westafrika und Mittel- und Südamerika als Grundnahrung angebaut. Einige Arten liefern Diosgenin, einen chemischen Stoff, der in den letzten Jahren auf seine Verwendbarkeit zur Empfängnisverhütung geprüft wurde. C.J.H.

ORCHIDALES
Orchideenartige

BURMANNIACEAE

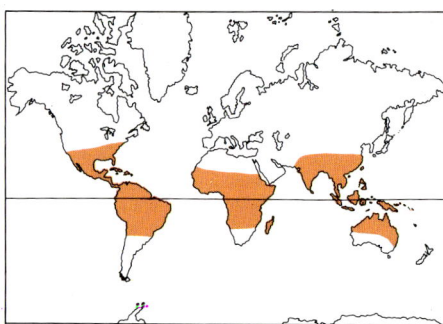

Gattungen: 5 bis 16
Arten: etwa 125
Verbreitung: pantropisch
Nutzwert: keiner bekannt

Die meisten Vertreter der Burmanniaceae leben als farblose saprophytische Kräuter in tropischen Wäldern.

Verbreitung: Die Familie findet sich in den ganzen Tropen, besonders aber in den Tropenwäldern Brasiliens, Äquatorialafrikas und Südostasiens.

Merkmale: Die meisten Arten sind kleine, ein- oder mehrjährige Kräuter mit schlanken, aufrechten, unverzweigten Stengeln, die von Rhizomen oder Knollen hervorgebracht werden. Richtige Laubblätter fehlen oft. Sind solche aber vorhanden, häufen sie sich nahe dem Stengelgrund und zeigen meist die lange und schmale Gestalt und die

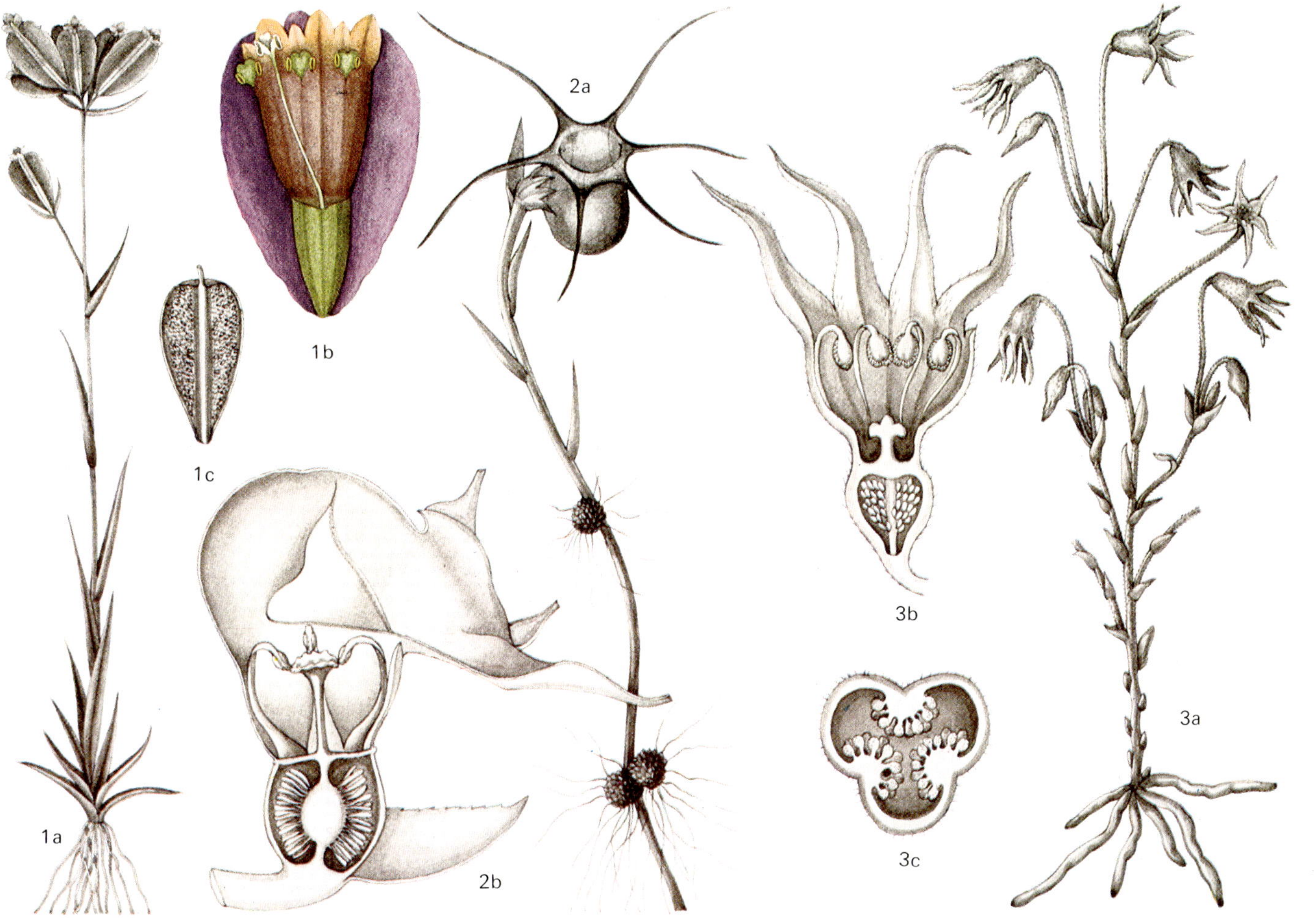

BURMANNIACEAE. **1.** *Burmannia coelestis:* **a)** Habitus – zarter, aufrechter, unverzweigter Stengel, in einem Blütenstand aus geflügelten Blüten endend (× 1); **b)** ausgebreitete Blütenhülle mit 3 sitzenden Antheren und Griffel mit 3 Narben (× 4); **c)** Längsschnitt durch den Fruchtknoten (× 4).
2. *Afrothismia* sp. nov.: **a)** Habitus (× ²/₃); **b)** halbierte Blüte, unterständiger Fruchtknoten mit zentralwinkelständigen Samenanlagen (× 8).
3. *Haplothismia exannulata:* **a)** Habitus (× ²/₃); **b)** Längsschnitt durch eine Blüte (× 3); **c)** Querschnitt durch den ungefächerten Fruchtknoten mit Samenanlagen an 3 parietalen Plazenten (× 6).

typischen parallelen Nerven monokotyler Pflanzen; die höher am Stengel stehenden sind wechselständig und wesentlich kleiner oder schuppenartig. Viele Arten zeichnen sich durch farblose vegetative Teile aus. In diesen Fällen ernähren sich die Pflanzen saprophytisch von im Boden vorhandenem, verwesendem Material und betreiben keine Photosynthese.

Die Blüten werden gewöhnlich in Trauben oder Cymen an der Spitze der aufrechten Stengel getragen. Weniger häufig stehen sie einzeln. Sie sind radiär (seltener zygomorph), zwitterig (seltener eingeschlechtig) und weiß, lebhaft blau oder seltener gelb. Die Blütenhülle besteht aus 6 Blättern in 2 Kreisen, welche am Grunde zu einer dreiflügeligen Röhre verwachsen sind. Der äußere Kreis umschließt und schützt den inneren in der Knospe. Die Blütenhülle trägt innen 3 oder 6 Staubblätter auf kurzen Filamenten. Der aus 3 verwachsenen Fruchtblättern bestehende Fruchtknoten ist unterständig und dreifächerig, mit zentralwinkelständiger oder ungefächert, mit parietaler Plazentation. In jedem Fach gibt es zahlreiche, winzige Samenanlagen. Der Griffel besitzt 3 Narben.

Die Frucht ist eine mit 3 Längsrissen aufspringende Kapsel. Die meist bleibende Blütenhülle läßt die Kapsel dreiflügig erscheinen. Die Samen haben wenig oder kein Endosperm, und der Embryo ist sehr klein.
Systematik: Die ältesten Systeme gliedern die Familie in 3 Tribus. BURMANNIEAE: Blüten mit 3 Staubblättern; hierzu gehört die wichtige Gattung *Burmannia.* THISMIEAE: Blüten mit 6 Staubblättern und zygomorpher Blütenhülle; hierzu gehört die Gattung *Thismia.* CORSIEAE: Blüten mit 6 Staubblättern und radiärer Blütenhülle.
Einige Bearbeiter geben allen 3 Tribus den Rang einer Familie, während andere nur die letzte als Corsiaceae abtrennen. Diese enthält dann 2 Gattungen, *Corsia* (zwitterige Blüten) und *Arachnites* (eingeschlechtige Blüten). Die Zahl der von verschiedenen Systematikern innerhalb dieser drei Tribus anerkannten Gattungen schwankt erheblich. Die Burmanniaceae sind mit den Orchidaceae eng verwandt.
Nutzwert: Über eine mögliche Nutzung ist bisher nichts bekannt geworden. B.N.B.

ORCHIDACEAE
Knabenkrautgewächse, Orchideen
Die Orchidaceae sind eine große, über die ganze Welt verbreitete Familie. Wegen ihrer auffallend schönen Blüten hochgepriesen, werden Orchideen mit oft fanatischer Hingebung gezogen. Es wird eine riesige

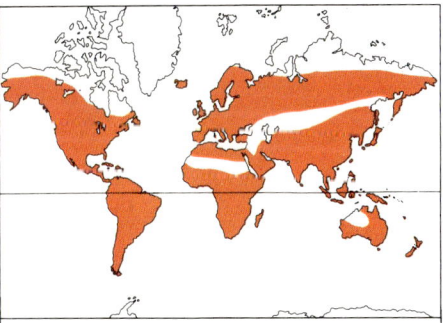

Gattungen: rund 750
Arten: rund 18 000
Verbreitung: kosmopolitisch
Nutzwert: Grundlage einer riesigen Schnittblumenproduktion und Quelle eines Aromastoffes (Vanille-Essenz)

Zahl neuer Hybriden erzeugt, die oft phantastische Preise erzielen. Für viele Arten besteht jedoch wegen der Zerstörung ihrer natürlichen Standorte die Gefahr des Aussterbens.
Verbreitung: Die Familie ist weltweit verbreitet, mit Vertretern in jedem Land, mit Ausnahme Antarktikas und einiger weniger abgelegener Inseln. Ihre ökologischen Grenzen sind ebenfalls weit gesteckt. Sie

kommen überall vor, außer unter extrem-sten Bedingungen wie im Meer, in den trok-kensten Wüsten und auf den Gipfeln der kältesten Gebirge. Orchideenarten mit erstaunlich ähnlichen Blüten kann man von den feuchten Berghängen Norwegens und Neuseelands bis zu den trockenen Savannen des tropischen Afrika und Südamerika und von südpazifischen Stränden bis zu den Felsriffen im Himalaja finden.

Merkmale: Obwohl die Orchideen sehr zahlreich sind, zeigen sie weniger Mannig-faltigkeit im vegetativen Bau und in den wichtigeren Blütenmerkmalen als manche viel kleinere Familie. Orchideen weisen meist im Blütenbereich mehrere Kennzei-chen auf, die sie von Pflanzen aller ande-ren Familien unterscheiden.

So ist der Same, aus welchem sich eine Pflanze entwickelt, sehr klein. Nur wenige Zellen bilden einen mehr oder weniger un-gegliederten Embryo. Die Frucht (Kapsel) einer einzigen, bestäubten Blüte kann ge-waltige Mengen von Samen liefern. Zahlen wie 1 Mio. und mehr sind bei vielen Arten keineswegs eine Seltenheit. Für die Kei-mung brauchen diese winzigen Samen die Hilfe eines Pilzes, mit dem sie in einer be-sonderen Symbiose leben. Trotzdem kann es oft übermäßig lange dauern, bis eine Or-chidee Blüten hervorbringt. Das Reifen der Samen in der Orchideenkapsel benötigt ge-wöhnlich 2 bis 18 Monate; die Keimperiode ist ähnlich lang. Es können aber weitere 4 Jahre vergehen, bis der Lebenskreis ge-schlossen ist. Im Laboratorium kann diese Zeit auf ungefähr 3 Jahre und, wenn der Reifeprozeß durch die Aussaat unreifer Sa-men oder gar durch die künstliche Aufzucht freigelegter Embryonen übersprungen wird, auf 2 Jahre verkürzt werden.

Für ein erfolgreiches Wachstum in der Na-tur wie auch in Kultur müssen die Orchi-deen ihre Symbiose mit verschiedenen Pilz-arten aufrechterhalten. Deren Zellfäden durchziehen alle vegetativen Gewebe, kön-nen aber hauptsächlich in den Wurzeln ge-funden werden. Ungefähr die Hälfte aller Orchideenarten ist terrestrisch und besitzt «normale» Wurzeln. Die restlichen sind meist Epiphyten der Tropen und Subtro-pen, die in der Regel ein Gewirr von oft langen, mattgrauen oder weißen Luftwur-zeln ausbilden. Diese nehmen mittels eines besonderen Gewebes (Velamen) Feuchtig-keit und das erforderliche Mindestmaß an Nährstoffen auf. Solche Epiphyten tragen im allgemeinen dicke, zungenförmige Blät-ter mit Blatthäutchen. Viele andere Typen können aber auch gefunden werden. Alle halten den Wasserverlust möglichst niedrig und fördern die Photosynthese. Die extre-

men Umweltbedingungen, welchen viele der Epiphyten und Lithophyten (Pflanzen an Felsen und Steinen) ausgesetzt sind, führten zur Entwicklung photosynthetisch-aktiver Gewebe in Organen wie Stengeln, Wurzeln und bei einigen Arten selbst Blü-ten.

Viele tropische und subtropische, sowohl terrestrische als auch epiphytische Orchi-deen besitzen besondere Speicherorgane für Wasser und Nährstoffe, die sogenannten Pseudobulben oder Luftknollen. Diese rei-chen, je nach Art, von fast unmerklich ver-dickten Stengeln bis zu apfelartigen, sehr harten und glänzend grünen Organen, denen die Blätter entspringen. Manche Ar-ten besitzen nur eine einzige, andere hin-gegen mehrere Luftknollen in einem dicht gedrängten Büschel. Bei einigen tropi-schen Arten sind diese in Abständen ent-lang einem kriechenden oder kletternden Rhizom angeordnet. Luftknollen schwan-ken von Stecknadelkopf-Größe bei einer australischen Art bis zu dicken, 3 m hohen Walzen einer asiatischen Art. Verschiedene Gruppen der terrestrischen Orchideen kühlerer, gemäßigter Gebiete bilden Wur-zelknollen im Boden. Diese gaben den Or-chideen ihren Namen, da die hodenartige Form der oft paarigen Knollen die Grie-chen dazu anregte, die Pflanzen «orchis» — das griechische Wort für Hoden — zu nen-nen.

Obwohl alle Orchideen entweder als ter-restrisch oder als epiphytisch eingestuft werden können, gibt es einige derart außer-ordentliche Abweichungen, daß sie es wert sind, erwähnt zu werden. Eine kleine Gruppe australischer Arten verbringt ihr ganzes Leben unter der Erde und tritt offenbar nicht einmal zum Blühen ans Licht. Die Ernährung dieser Pflanzen ist saprophytisch. Viele weitere Beispiele von farblosen Formen bei terrestrischen und epiphytischen Orchideen könnten ange-führt werden. Einige der epiphytischen Sa-prophyten sind so gut an die feuchten Be-dingungen der Tropen angepaßt, daß sie besser als schnell wachsende Kletterpflan-zen betrachtet würden. Auch Sumpforchi-deen kommen vor. Bis jetzt wurden aber noch keine halophytischen (salzertragende), im Wasser lebenden oder parasitischen Ar-ten nachgewiesen. Immerhin rufen einige Arten tierfangende Pflanzen in Erinne-rung, da sie Kesselfallen bilden, die jedoch im Dienste der Insektenbestäubung ste-hen.

Die Blätter der Orchideen sind wechsel-ständig, oft zweizeilig, seltener gegenstän-dig und gelegentlich zu Schuppen reduziert. Sie sind einfach, oft fleischig, am Grunde scheidig und in der Regel stengelumfas-send.

Zweifellos sind die Blüten das charakte-ristischste Merkmal der Orchideen und erlau-ben es, sie eindeutig von allen anderen Pflanzen zu unterscheiden. Sie sind fast immer zwittrig und stehen einzeln in Ähren, Trauben oder Rispen. Grundsätz-lich entspricht ihr Bau einem zygomorphen Muster mit 3 Kelch- und 3 Kronblättern. Die Kelchblätter sind gewöhnlich unter sich gleich, die Kronblätter in der Regel jedoch

ungleich, da die beiden seitlichen sich von dem mittleren stark unterscheiden. Es ist dieses mittlere und obere Kronblatt, La-bellum oder Lippe genannt, das den Orchi-deenblüten ihre charakteristische Form verleiht. Bei vielen Gattungen wird die Blüte durch eine Drehung des unterstän-digen Fruchtknotens umgewendet, so daß die Lippe nach unten zu liegen kommt. Die 2 seitlichen Kronblätter und die Kelchblät-ter sehen einander häufig sehr ähnlich (dann Perigonblätter genannt). In jedem Fall unterscheiden sich aber deutlich von der Lippe. Sie kann zwei-, drei- oder vier-lappig sein, oder so stark geteilt, daß sie einer Bartflechte gleicht. Oft ist sie viel klei-ner als die anderen Blütenhüllblätter, in der Regel aber um einiges größer. Ihre Oberfläche kann auf verschiedenste Weise mit Haaren, Schwielen oder Kielen verziert sein, und häufig trägt sie die bizarrsten Farbkombinationen. Die Farben der Or-chideenblüten reichen von weiß, gelb und grün über metallisches Blau bis zum tief-sten, samtigen Rostbraun und Purpur. Die Kron- und Kelchblätter können relativ ein-heitlich gefärbt sein, das Labellum aber ist fast immer durch auffallende Farben ge-kennzeichnet. Es kann gegen hinten zu einem Sporn ausgesackt sein, der vom klein-sten Höcker bis zu einer 30 cm langen Röhre reicht.

Der Lippe gegenüber liegen die Ge-schlechtsorgane. Bei Orchideen sind sie immer zu einem einzigen Organ, der Säule, verwachsen. Diese wird in ihrer einfachsten Form von den Staubbeuteln überragt. Die Narbenoberfläche liegt gleich unterhalb und ist vom Androeceum gewöhnlich durch ein Läppchen unfruchtbaren Gewebes, dem Rostellum, getrennt. Die Blüten besitzen eine oder 2 Staubblätter und 3 Narben, von denen eine gewöhnlich nicht belegungs-fähig und zum Rostellum umgebildet ist. Die vielen Tausende von Abwandlungen im Bau der Säule bilden die Grundlage für die praktische Gliederung der Orchi-deen. Stammesgeschichtlich gesehen wurde mit dem Säulenbau für jede Art ein beson-derer Bestäuber festgelegt, und so läßt sich die große Zahl der heutigen Arten erklä-ren.

Der Blütenstaub ist nicht staubförmig wie bei den meisten anderen Blütenpflanzen, sondern zu 2, 4, 6 oder 8 wachsartigen, hor-nigen oder mehligen Blütenstaubmassen ge-formt, den Pollinien. Diese sind an der Spitze der Säule verschiedenartig angehef-tet und meist gestielt. Die einfachste Form der Orchideenbestäubung ist das zufällige Mitnehmen eines, mehrerer oder aller Pol-linien durch eine Biene. Bei der Nektar-suche am Blütengrund oder im Sporn blei-ben diese an Kopf oder Brust der Biene kleben. Bienen, Wespen, Fliegen, Ameisen, Käfer, Kolibris, Fledermäuse und Frö-sche wurden schon als Pollenüberträger beobachtet. Die oben erwähnten unter-irdischen Arten dürften diese Liste noch um Milben oder selbst Schnecken erwei-tern. Das Festheften der Pollinien an den Insekten wird durch eine Reihe zusätzlicher Mechanismen begünstigt, wie schnell erhär-tender Leim an den Stielen oder eine Ex-

ORCHIDACEAE. **1.** *Bulbophyllum barbigerum*: Habitus – dicke Luftknollen mit Blättern (× 2/3). **2.** *Dendrobium pulchellum*: Habitus (× 2/3). **3.** *Saphronitis coccinea*: Habitus (× 2/3). **4.** *Oncidium tigrinum*: a) Blüten in starrer Traube (× 2/3); b) Säule (verwachsene Ge-schlechtsorgane) (× 1/3). **5.** *Paphiopedilum concolor*: a) eine immergrüne Orchidee (× 2/3); b) Seitenansicht (× 1) und c) Vorderansicht der Säule (× 1). **6.** *Coelogyne parishii*: a) Sproß mit großen Luftknollen (× 2/3); b) Säule (× 1 1/3).

plosionsvorrichtung, welche Pollinien bis 60 cm weit aus der Blüte herausschleudern kann, außerdem durch die Entwicklung optischer Merkmale und Gerüche, welche das richtige Insekt in der richtigen Stellung zur richtigen Blüte hinlocken. Bekannt ist z.B. die Erscheinung, daß Männchen bestimmter Insektenarten von Orchideenblüten zu Begattungsversuchen veranlaßt werden. Obwohl diese Mechanismen im großen und ganzen nur innerhalb der Beziehungen bestimmter Arten zu ihren Bestäubern funktionieren, kann doch Kreuzbefruchtung vorkommen, und bei den Orchideen gibt es mehr natürlich entstandene Kreuzungen als in allen anderen Pflanzenfamilien zusammen. Diese weitgehende Kreuzbarkeit führt sogar zu Bastarden zwischen Arten zweier verschiedener Gattungen. Unter den überwachten Bedingungen der Pflanzenzüchtung können Merkmale von 20 Arten aus 5 Gattungen in einer Pflanze vereinigt werden. Jeden Monat kommen etwa 150 neue, künstliche Hybriden auf den Markt.

Ein weiteres, kennzeichnendes Merkmal der Orchideenblüten sind ihre verschiedenartigen Düfte, die wahrscheinlich wesentlicher Bestandteil der Bestäubungsmechanismen sind. Diese reichen vom Aasgeruch über unangenehm süßliche, vanilleartige Düfte bis zu fraglos sehr angenehmen Wohlgerüchen, die oft von nicht besonders augenfälligen Blütenständen stammen. Nicht bestäubte Blüten, z.B. gewisser Arten aus Neuguinea, blühen manchmal länger als 9 Monate. Im Gegensatz dazu stehen einige während 2 bis 3 Stunden blühende Arten des tropischen Amerika.

Wie die Blüten sind auch die Früchte der Orchideen sehr verschieden: einzeln stehende, lange, schmale «Schoten» bis zu Büscheln aus vielen kleinen, weinbeerenartigen Kapseln. Die Fruchtknoten, aus denen die Früchte entstehen, sind unterständig, meist ungefächert und zeigen 3 parietale Plazenten. Jedes Fach enthält zahlreiche Samenanlagen. Die vollreifen Kapseln öffnen sich immer seitlich durch 3 oder 6 Längsschlitze.

Systematik: Die Gliederung der Familie der Orchideen ist recht künstlich und beruht hauptsächlich auf den Merkmalen der Säule und, in höheren Stufen, auf dem Bau der Pollinien. Das gewöhnlich anerkannte System gliedert die Familie in 3 Unterfamilien, 6 Tribus, rund 80 Subtribus und etwa 750 Gattungen. Die kleinste Unterfamilie (die APOSTASIOIDEAE) besteht aus einer Tribus mit 2 Gattungen, Apostasia und Neuwiedia, die zusammen rund 20 Arten ent-

halten. Die nächste Unterfamilie, die CYPRIPEDIOIDEAE, wird aus einer Tribus mit 4 Subtribus und 5 Gattungen aus ungefähr 120 Arten frauenschuhartiger Orchideen gebildet. Ihre bekanntesten Gattungen sind Cypripedium und Paphiopedilum. Viele Botaniker behandeln diese 2 Unterfamilien als getrennte Familien, die Apostasiaceae bzw. Cypripediaceae.

Die dritte Unterfamilie, die ORCHIDOIDEAE, enthält über 99 % der Arten dieser Familie und besteht aus 4 Tribus, den ORCHIDEAE, NEOTTIEAE, EPIDENDREAE und VANDEAE. Die Gattungen aller dieser Tribus können aus einer bis mehr als 1200 Arten bestehen. Viele dieser Gattungen sieht man selten, während andere, von der kleinsten bis zur größten, den Botanikern, Ökologen, Gärtnern und Züchtern gut bekannt sind.

Die Orchideae enthalten hauptsächlich terrestrische Orchideen, die im Habitus den europäischen ähnlich sind. Häufig im Feld anzutreffende Gattungen sind Aceras, Anacamptis, Coeloglossum, Dactylorhiza, Disa, Gymnadenia, Habenaria, Himantoglossum, Ophrys, Orchis und Spiranthes.

Viele Neottieae sind Saprophyten und meist terrestrisch. Bekannte Gattungen sind Anoectochilus, Cephalanthera, Goodyera, Listera, Neottia und Sparthes.

Die Epidendreae enthalten die Mehrzahl der tropischen, epiphytischen Orchideen, aber auch einige terrestrische Arten. Zu den häufigeren Gattungen gehören Bletia, Brassia, Bulbophyllum, Cattleya, Coelogyne, Dendrobium, Epidendrum, Eria, Masdevallia, Pleione, Polystachya, Sophronitis, Vanilla und Zygopetalum.

Auch die Vandeae sind vorwiegend epiphytisch, schließen aber viele, im wesentlichen terrestrische Gattungen ein. Zu den häufig erwähnten Gattungen zählen Angraecum, Catasetum, Cymbidium, Eulophia, Lycaste, Maxillaria, Miltonia, Odontoglossum, Oncidium, Phalaenopsis, Stanhopea und Vanda.

Die Verwandtschaft der Orchidaceae mit anderen Familien ist völlig ungeklärt. Die Burmanniaceae, Liliaceae und Amaryllidaceae (besonders die Gattung Hypoxis und ihre Verwandten) wurden als nahestehend vorgeschlagen. Wahrscheinlich haben die Orchidaceae mit den Burmanniaceae am meisten gemeinsam, besonders mit den oft von ihnen abgetrennten Corsiaceae.

Nutzwert: Abgesehen von dem Gewürz Vanille von Vanilla planifolia und dem etwas fraglichen Nährwert des «Salep» aus den Knollen bestimmter Arten, haben die Orchideen wenig direkte wirtschaftliche Bedeutung, außer als Grundlage einer riesigen Schnittblumen-«Industrie». Die Legenden um die frühen Entdeckungen, die Einfuhren, den Verkauf, die Kultur und Züchtung auserlesener Orchideen gehören zu den Klassikern der botanischen und gärtnerischen Literatur. Die Tatsachen sind nicht weniger bemerkenswert: Die Entbehrungen der von privater Seite finanzierten Forschungsreisenden, die gewaltigen Verluste an Pflanzen auf der langen Reise zurück nach Europa und die märchenhaften Preise, die auf Versteigerungen für frisch importierte Pflanzen erzielt wurden, sind gut

dokumentiert. Heute noch werden viele Orchideenexpeditionen organisiert, denn die erfolgreiche Kultur exotischer Arten gibt erhebliche Probleme auf.

Die gewerbliche Orchideenkultur und Orchideenzucht liegen heute vorwiegend in den Vereinigten Staaten von Amerika. Großverdienende Exporteure gibt es aber auch in Singapur, auf Hawaii, in Australien, Thailand, England, Holland und Westdeutschland. In gemäßigten Gebieten werden Orchideen in Gewächshäusern angebaut, in den Subtropen und Tropen wie andere Pflanzen im Freien. Sie werden nun in zunehmendem Maße auch als Zimmerpflanzen gezogen. Fast alle der bekanntesten kultivierten Orchideen – der Gattungen Aërides (Luftwurzelorche), Brassia, Cattleya, Coelogyne (Hohlfee), Cymbidium (Kahnorchidee), Dendrobium (Traubenorchidee), Epidendrum, Laelia, Miltonia, Odontoglossum, Oncidium, Paphiopedilum (Venusschuh), Phalaenopsis (Malaienblume), Vanda und ihre Gattungshybriden – sind Epiphyten und erfordern eine besondere Erde. Ideal ist eine Mischung von Königsfarnwurzeln und Torfmoos. Da es aber schwierig ist, genügende Mengen dieser Rohstoffe zu bekommen, wird heute natürlicher oder künstlicher Ersatz verwendet. Dazu gehören Tannenrinde, getrockneter Adlerfarn, Torf und zerkleinerter Plastikabfall. Die terrestrischen Arten aus Gattungen wie Calanthe und Cypripedium (Frauenschuh) erfordern eine Mischung aus Lehm und Lauberde.

Seit die ersten Pflanzen vor über 200 Jahren nach Europa eingeführt wurden, hat die Orchideenkultur große Fortschritte gemacht. Neuere Forschungen zeigten, daß Orchideen vor fast 1000 Jahren zuallererst in China gezogen wurden. Eine junge Entwicklung ist die Gründung von Vereinigungen, die sich ganz der Kultur und Ausstellung von Orchideen widmen. Es gibt über 400 Orchideengesellschaften in der Welt.

Auf manche Weise verbessern sich die Überlebenschancen für gewisse Orchideenarten, da sie als Zierpflanzen sehr beliebt und entsprechend häufig kultiviert werden; andererseits aber führt die bizarre, schöne und ungewöhnliche Erscheinung vieler Orchideen durch ständiges Sammeln und Pflücken der Blüten zu ihrer ernsthaften Bedrohung. Die immer weiter fortschreitende Zerstörung geeigneter Orchideenstandorte durch Siedlungswachstum, Entwässerung und andere landwirtschaftliche Maßnahmen, militärische Übungen und Luftverschmutzung durch Industrie sind jedoch dafür verantwortlich, daß wahrscheinlich ein Viertel (wenn nicht gar ein Drittel) der 18 000 Arten vom völligen Aussterben bedroht ist.

Glücklicherweise haben viele Menschen erkannt, wohin solche Gedankenlosigkeit führt. Heute gehören die Orchideen zu den bestgeschützten Pflanzen der Welt. Gesetze, die das Sammeln, den Verkauf und die Ausfuhr verbieten, die Erstellung von Naturschutzgebieten und die Verwendung neuer Verfahren zur Aufzucht bedrohter Arten in großem Stil tragen dazu bei, die Vielfalt der Orchideen zu erhalten. P.F.H.

ORCHIDACEAE (Fortsetzung). **7.** Neottia nidus-avis (Nestwurz): eine farblose, saprophytische Pflanze (× ²/3). **8.** Anoectochilus roxburghii: Blatt und Blütenähre (× ²/3). **9.** Ophrys bertolonii: Habitus (× ²/3). **10.** Orchis purpurea: Blätter und Blütenstand (× ²/3). **11.** Corybas bicalcarata: Habitus (× ²/3). **12.** Cypripedium calceolus: Blüte (Längsschnitt) (× 1). **13.** Apostasia nuda: a) Blüte (× 4); b) Säule (× 8). **14.** Disa hamatopetala: Ähre (× ²/3). **15.** Cypripedium irapeanum: Blüte und Blätter (× ²/3). **16.** Dactylorhiza fuchsii: Blüte a) in Seitenansicht (× 2²/3) und b) in Vorderansicht (× 2).

REGISTER

Das Register beinhaltet sowohl wissenschaftliche wie auch deutsche Namen von Gattungen und allen übergeordneten Pflanzengruppen. Seitenzahlen in Kursivschrift weisen auf Abbildungen hin. Fettgedruckte Namen und Seitenzahlen beziehen sich auf die Haupttexte der betreffenden Pflanzenfamilien.

QUELLEN

Annals of the Royal Botanic Garden, Calcutta (seit 1887). — Kalkutta.

BAILEY, L. H. (1949): Manual of the Cultivated Plants. Revised edition. — New York.

BAILEY, L. H. & BAILEY, E. Z. (1976). Revised by the staff of the Liberty Hyde Bailey Hortorium: Hortus Third. — New York.

BAILLON, H. (1867 — 1895): Histoire des Plantes. — Paris.

BEAN, W. J. (1970 — 1976): Trees and Shrubs hardy in the British Isles, ed. 8 (ed. G. TAYLOR and D. L. CLARKE). — London.

BENTHAM, G. & HOOKER, J. D. (1862 — 1883): Genera Plantarum, 1 — 3. — London.

CHITTENDEN, F. J. (ed.) (1951): Dictionary of Gardening, 1 — 4. — Oxford.

CRONQUIST, A. (1968): The Evolution and Classification of Flowering Plants. — London.

CURTIS'S Botanical Magazine (seit 1793). — London.

DALLA TORRE, C. G. DE & HARMS, H. (1900 — 1907): Genera Siphonogamarum. — Leipzig.

DAVIS, P. H. & CULLEN, J. (1965): The Identification of Flowering Plant Families. — Edinburgh.

EDWARDS'S Botanical Register (1815 — 1847). — London.

ENGLER, A. u.a. (Hg.) (seit 1903): Das Pflanzenreich. Regni vegetabilis Conspectus. 108 Hefte. — Leipzig und Berlin.

ENGLER, A. (1964): Syllabus der Pflanzenfamilien. Bd. 2, 12. Aufl. (Hg. H. MELCHIOR). — Berlin.

ENGLER, A. & PRANTL, K. (Hg.): (1897 — 1915): Die natürlichen Pflanzenfamilien. — Leipzig.

ENGLER, A. & PRANTL, K. (Hg.) (1924 — 1959): Die natürlichen Pflanzenfamilien. 2. (nicht abgeschlossene) Auflage. — Leipzig bzw. Berlin.

GRAF, A. B. (1963): Exotica 3. — East Rutherford, N.J.

HARRISON, S. G., MASEFIELD, G. B., WALLIS, M. & NICHOLSON, B. E. (1969): The Oxford Book of Food Plants. — Oxford.

HEGI, G. (1906 — 1931): Illustrierte Flora von Mittel-Europa. 7 Bde. — München.

HEGI, G. (seit 1935): Illustrierte Flora von Mittel-Europa. 2. Aufl. (Hg. K. SUESSENGUTH u.a.). — München bzw. Berlin und Hamburg.

HEGI, G. (seit 1966): Illustrierte Flora von Mittel-Europa. 3. Aufl. (Hg. W. SCHULTZE-MOTEL u.a.). — München bzw. Berlin und Hamburg.

HILL, A. F. (1952): Economic Botany, ed. — New York, Toronto and London.

HOOKER, W. J. (1837 — 1864): Icones Plantarum. — London.

HOWES, F. N. (1974): A Dictionary of Useful and Everyday Plants and their Common Names. — Cambridge.

HUTCHINSON, J. (1926 — 1934): The Families of Flowering Plants, 1 — 2. — London.

HUTCHINSON, J. (1959). The Families of Flowering Plants, ed. 2, 1 — 2. — Oxford.

HUTCHINSON, J. (seit 1964): The Genera of Flowering Plants (Angiospermae), 1 (1964), 2 (1967). — Oxford.

IRVINE, F. R. (1969): West African Crops. — Oxford.

JANICK, J. et al. (1974): Plant Science, ed. 2. — San Francisco.

Journal of Botany, British and Foreign (1863 — 1942). — London.

LAWRENCE, G. H. M. (1951): Taxonomy of Vascular Plants. — New York.

MARLOTH, R. (1913 — 1932): The Flora of South Africa. — Capetown and London.

MARTIUS, C. F. P. DE u.a. (Hg.) (1840 — 1906): Flora Brasiliensis. — München.

PORTER, C. L. (1967): Taxonomy of Flowering Plants. — San Francisco and London.

PURSEGLOVE, J. W. (1968): Tropical Crops. Dicotyledons. — London.

PURSEGLOVE, J. W. (1972): Tropical Crops. Monocotyledons. — London.

RADFORD, A. E., DICKISON, W. C., MASSEY, J. R. & BELL, C. R. (1974): Vascular Plant Systematics. — New York.

REHDER, A. (1940): Manual of Cultivated Trees and Shrubs, Hardy in North America, ed. 2. — New York (Reprint 1956).

RENDLE, A. B. (1904, 1938): The Classification of Flowering Plants, 1 — 2. — Cambridge.

RENDLE, A. B. (1930): The Classification of Flowering Plants, ed. 2, 1. — Cambridge.

ROSS-CRAIG, S. (1948 — 1973): Drawings of British Plants. — London.

SIMMONDS, N. W. (ed.) (1976): Evolution of Crop Plants. — London and New York.

SOO, R. (1963): Fejlödéstörténeti Növényrendszertan, 2. Aufl. — Budapest.

STEBBINS, G. L. (1974): Flowering Plants. Evolution above the Species Level. — London.

SWIFT, L. H. (1974): Botanical Classifications. — Connecticut.

SYNGE, P. M. (ed.) (1956): Supplement to the Dictionary of Gardening. — Oxford.

SYNGE, P. M. (ed.) (1969): Supplement to the Dictionary of Gardening, ed. 2. — Oxford.

TAKHTAJAN, A. (1959): Die Evolution der Angiospermen (Übers. W. HÖPPNER). — Jena.

TAKHTAJAN, A. (1969): Flowering Plants. Origin and Dispersal. (Transl. C. JEFFREY). — Edinburgh.

THORNE, R. F. (1974): The «Amentiferae» or Hamamelidae as an artificial group: a summary statement. — Brittonia, 25: 395 — 405.

THORNE, R. F. (1974): A Phylogenetic Classification of the Annoniflorae. — Aliso, 8: 147 — 209.

THORNE, R. F. (1976). A Phylogenetic Classification of the Angiospermae. — Evolutionary Biology, 9: 35 — 106.

Transactions of the Linnean Society of London (seit 1791). — London.

TUTIN, T. G. et al. (ed.) (seit 1964): Flora Europaea, 5 Bde., 1 (1964), 2 (1968), 3 (1972), 4 (1976) — Cambridge.

Urania Pflanzenreich. Höhere Pflanzen (1971 — 1974), 2 Bde. — Leipzig, Jena, Berlin bzw. Zürich und Frankfurt a.M.

WETTSTEIN, R. (1933 — 1935): Handbuch der Systematischen Botanik, 4. Aufl. — Leipzig und Wien.

WILLIS, J. C. (1973): A Dictionary of the Flowering Plants and Ferns, ed. 8, rev. by H. K. AIRY SHAW. — Cambridge.